智能建筑弱电工程设计与安装

梁 华 梁 晨 编著

中国建筑工业出版社

图书在版编目（CIP）数据

智能建筑弱电工程设计与安装/梁华，梁晨编著．—北京：中国建筑工业出版社，2011.7
ISBN 978-7-112-13078-8

Ⅰ．①智… Ⅱ．①梁…②梁… Ⅲ．①智能化建筑-电气设备-建筑设计②智能化建筑-电气设备-建筑安装工程 Ⅳ．①TU855

中国版本图书馆CIP数据核字（2011）第066804号

智能建筑弱电工程是现代信息技术与现代建筑技术相结合的产物，发展迅速。本书从工程实际出发，结合国家标准规范，阐述智能建筑工程的设计方法、安装工艺和最新技术。全书共十一章，内容包括智能建筑概论、电话通信系统、计算机网络系统、综合布线系统、厅堂扩声与公共广播系统、音频和视频会议系统、有线电视与卫星电视接收系统、视频监控系统、防盗报警与出入口控制系统、火灾自动报警及联动控制系统、建筑设备自动化系统以及住宅小区智能化系统等。书中列有大量图表和数据，还列举许多典型工程实例，以便理解和应用。

本书取材新颖、图文并茂、内容丰富、力求实用。可供从事智能建筑弱电工程的设计、安装、施工和监理等的技术人员、管理人员及施工人员使用，也可供相关院校和培训班的师生参考。

* * *

责任编辑：王玉容
责任设计：张 虹
责任校对：陈晶晶 姜小莲

智能建筑弱电工程设计与安装
梁 华 梁 晨 编著
*
中国建筑工业出版社出版、发行（北京西郊百万庄）
各地新华书店、建筑书店经销
霸州市顺浩图文科技发展有限公司
北京圣夫亚美印刷有限公司印刷
*
开本：880×1230毫米 1/16 印张：31¾ 字数：1004千字
2011年8月第一版 2018年3月第六次印刷
定价：**79.00**元
ISBN 978-7-112-13078-8
（20479）

前　　言

智能建筑（Intelligent Buildings）是现代建筑技术与现代通信技术、计算机网络技术、信息处理技术和自动控制技术相结合的产物。它是以建筑为平台，兼备建筑设备、办公自动化及通信网络系统，集结构、系统、服务、管理及其优化组合为一体，向人们提供安全、高效、便捷、节能、环保、健康的建筑环境。

智能建筑工程主要是指建筑弱电系统。所谓弱电系统是相对强电系统而言，它几乎包括了除像电力那样的强电之外的所有电子系统。本书以科学性、实用性、新颖性的原则为指导，从工程实际出发，结合有关的国家标准和行业规范，阐述智能建筑弱电工程的设计方法、安装工艺和最新技术。全书共分十一章，内容包括智能建筑概论、电话通信系统、计算机网络系统、综合布线系统、厅堂扩声与公共广播系统、音频和视频会议系统、有线电视与卫星电视接收系统、视频监控系统、安全防范系统、火灾自动报警及联动系统、建筑设备自动化系统和住宅小区智能化系统等。书中列有大量实用的图表和数据，为便于理解，还列举了许多典型工程实例。

因此，本书可供从事智能建筑弱电工程的设计、安装、监理等的工程技术人员和管理人员使用，也可供相关院校和技术培训班的师生参考。应该指出，在本书撰写过程中，得到了洪孝诒、郑正华、曾品凝、梁亮、周丹、来阳军、郑德希、田宾、周庆东、冯雪梅、曾向伟、叶寿平、梁中云、林晓辉、游绿洲、梁巧、顾用军、梁瑞钦、吴昊、方咏春等同志的大力支持和帮助，在此一併表示感谢。限于作者水平和时间，书中难免有不足或不当之处，欢迎读者给予批评指正。

目　　录

第一章　智能建筑与通信网络系统

第一节　智能建筑概论

一、智能建筑基本特征

1984年，美国联合技术公司（UTC，United Technology Corp.）的一家子公司——联合技术建筑系统公司在美国康涅狄格州的哈特福德市建设了一幢City Place大厦，从而诞生了世界公认的第一座智能建筑（Intelligent Building）。

目前国际上关于智能建筑尚未有统一的定义。美国智能大厦协会（AIBI）认为：智能建筑是通过对建筑物的结构、系统、服务和管理四项基本要素以及它们之间的内在关系进行最优化，来提供一个投资合理的、具有高效、舒适、便利的环境的建筑物。日本智能大楼研究会认为：智能大楼是指具备信息通信、办公自动化信息服务，以及楼宇自动化各项功能的、便于进行智力活动需要的建筑物。新加坡政府的公共事业部门，在其“智能大厦手册”内规定，智能建筑必须具备三个条件：一是具有先进的自动化控制系统，能对大厦内的温度、湿度、灯光等进行自动调节，并具有保安、消防功能，为用户提供舒适、安全的环境；二是具有良好的通信网络设施，以保证数据在大厦内流通；三是能够提供足够的对外通信设施。

我国对于智能建筑的定义，国家标准《智能建筑设计标准》（GB/T 50314—2000）定义如下：它是以建筑为平台，兼备建筑设备、办公自动化及通信网络三大系统，集结构、系统、服务、管理及其优化组合为一体，向人们提供一个安全、高效、便捷、节能、环保、健康的建筑环境。

智能建筑与传统建筑最主要的区别在于“智能化”。也就是说，它不仅具有传统建筑物的功能，而且具有智能（或智慧）。“智能化”可以理解为，具有某种“拟人智能”的特性或功能。建筑物的智能化意味着：

（1）对环境和使用功能的变化具有感知能力；

（2）具有传递、处理感知信号或信息的能力；

（3）具有综合分析、判断的能力；

（4）具有做出决定、并且发出指令信息提供动作响应的能力。

以上四种能力建立在上述三大系统（BAS、OAS、CNS）有机结合、系统集成的基础上，如图1-1所示。智能化程度的高低，取决于三大系统有机结合、渗透的程度，也就是系统综合集成的程度。

智能建筑主要分为两大类：一类是以公共建筑为主的智能建筑，如写字楼、综合楼、宾馆、饭店、医院、机场航站楼、体育场馆等，以示区别，习惯上称为智能大厦；另一类是以住宅及住宅小区为主的智能化住宅和小区。

智能建筑的基本内涵是：以综合布线为基础，以计算机网络为桥梁，综合配置建筑内的各功能子系统，全面实现对通信系统、办公自动化系统、大楼内各种设备（空调、供热、给排水、变配电、照明、消防、公共安全）等的综合管理。

为了将智能建筑的3个系统有机地连接起来，可以使用综合布线系统（Premises Distribution System，简称PDS）来实现。综合布线系统以双绞线和光缆为传输介质，采用一套高质量的标准配件，以模块化组合方式，把语音、数据、图像信号等的布线，综合在一套标准、灵活、开放的布线系统里。综

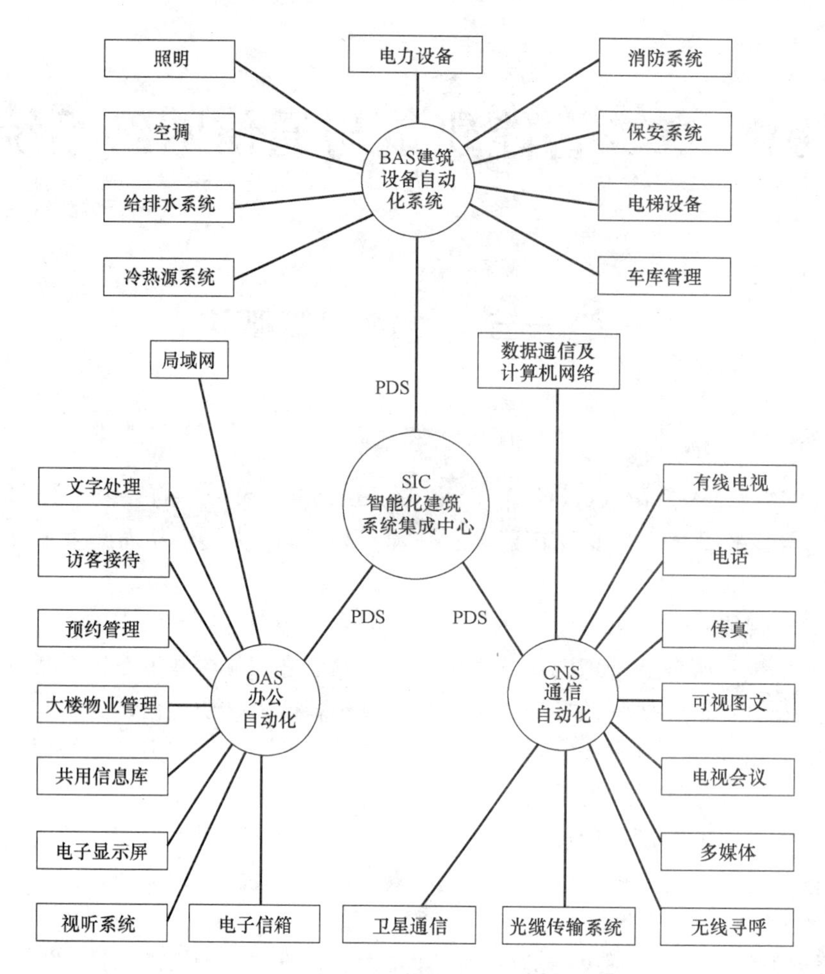

图 1-1　智能建筑的基本构成

合布线系统能支持计算机、通信及电子设备的多种应用。对于智能建筑来说，综合布线系统犹如体内的神经系统。

表 1-1 列出智能建筑弱电工程的系统构成与功能说明。

智能建筑弱电工程的系统组成与功能说明　　　　**表 1-1**

系统名称	说　明
建筑设备监控系统(BAS) building automation system	将建筑物或建筑群内的空调与通风、变配电、照明、给排水、热源与热交换、冷冻和冷却及电梯和自动扶梯等系统，以集中监视、控制和管理为目的构成的综合系统
信息网络系统(INS) information networks system	信息网络系统是应用计算机技术、通信技术、多媒体技术、信息安全技术和行为科学等先进技术和设备构成的信息网络平台。借助于这一平台实现信息共享、资源共享和信息的传递与处理，并在此基础上开展各种应用业务
通信网络系统(CNS) communication networks system	通信网络系统是建筑物内语音、数据、图像传输的基础设施。通过通信网络系统，可实现与外部通信网络(如公用电话网、综合业务数字网、互联网、数据通信网及卫星通信网等)相连，确保信息畅通和实现信息共享
智能化集成系统(IIS) intelligented integration system	智能化系统集成应在建筑设备监控系统、安全防范系统、火灾自动报警及消防联动系统等各子系统分部工程的基础上，实现建筑物管理系统(BMS)集成。BMS 可进一步与信息网络系统(INS)、通信网络系统(CNS)进行系统集成，实现智能建筑管理集成系统(IBMS)，以满足建筑物的监控功能、管理功能和信息共享的需求，便于通过对建筑物和建筑设备的自动检测与优化控制，实现信息资源的优化管理和对使用者提供最佳的信息服务，使智能建筑达到投资合理、适应信息社会需要的目标，并具有安全、舒适、高效和环保的特点

续表

系统名称	说　明
安全防范系统(SAS) security protection & alarm system	根据建筑安全防范管理的需要，综合运用电子信息技术、计算机网络技术、视频安防监控技术和各种现代安全防范技术构成的用于维护公共安全、预防刑事犯罪及灾害事故为目的的，具有报警、视频安防监控、出入口控制、安全检查、停车场(库)管理的安全技术防范体系
火灾报警系统(FAS) fire alarm system	由火灾探测系统、火灾自动报警及消防联动系统和自动灭火系统等部分组成，实现建筑物的火灾自动报警及消防联动
住宅(小区)智能化 (CI) community intelligent	它是以住宅小区为平台，兼备安全防范系统、火灾自动报警及消防联动系统、信息网络系统和物业管理系统等功能系统以及这些系统集成的智能化系统，具有集建筑系统、服务和管理于一体，向用户提供节能、高效、舒适、便利、安全的人居环境等特点的智能化系统
家庭控制器(HC) home controller	完成家庭内各种数据采集、控制、管理及通信的控制器或网络系统，一般应具备家庭安全防范、家庭消防、家用电器监控及信息服务等功能
控制网络系统(CNS) control networks system	用控制总线将控制设备、传感器及执行机构等装置连接在一起进行实时的信息交互，并完成管理和设备监控的网络系统

二、智能建筑弱电工程设计与各专业的配合

在智能建筑弱电工程设计中，与建筑、结构、给排水、暖通空调以及电气专业内部都有配合。建筑物的特性、功能要求，给排水、暖通空调的设备要求，是弱电专业设计方案的依据与对象。同时电气专业的设计方案也必须得到相关专业的配合。

1. 与建筑专业的配合

与建筑专业的配合一是合理确定本专业的设计方案、设备配置和设计深度；二是合理选择本专业的机房、控制中心位置，满足机房的功能要求，保证系统运行的安全、可靠和合理性；三是合理解决各系统的缆线敷设通道，保证系统安全和缆线的传输性能。各设计阶段与建筑专业的配合内容见表 1-2。

与建筑专业的配合内容　　　　**表 1-2**

方案设计阶段	初步设计阶段	施工图设计阶段
(1)了解建筑物的特性及功能要求 (2)了解建筑物的面积、层高、层数、建筑高度 (3)了解电梯台数、类型 (4)提出机房位置、数量	(1)了解建筑物的使用要求、板块组成、区域划分 (2)了解防火区域划分 (3)了解有否特殊区域和特殊用房 (4)提出机房及管理中心的面积、层高、位置、防火、防水、通风要求 (5)提出弱电竖井的面积、位置、防火、防水要求 (6)提出缆线进出建筑物位置	(1)核对初步设计阶段了解的资料 (2)了解各类用房的设计标准、设计要求 (3)了解各类用房的设计深度，如是否二次装修 (4)提出机房、管理中心的地面、墙面、门窗等做法及要求 (5)提出在非承重墙上的留洞尺寸 (6)提出缆线敷设的路径及其宽度、高度要求

2. 与结构专业的配合

利用基础钢筋、柱子内钢筋作为防雷、接地装置，需要在结构打基础的时候开始配合，一直到结构封顶，配合时间长。钢筋工对电气规范的焊接、绑扎要求不熟悉，所以需认真配合，可选用标准设计图集。

在承重墙上、梁上留洞；楼板上、屋顶上的荷载应认真考虑，及时提出。各设计阶段与结构专业的配合内容见表 1-3。

与结构专业的配合内容　　**表 1-3**

方案设计阶段	初步设计阶段	施工图设计阶段
一般工程不需配合	(1)了解基础形式、主体结构形式 (2)了解底层车库上及其他无吊顶用房的梁的布局	(1)提出基础钢筋、柱子内钢筋、屋顶结构做防雷、接地、等电位联结装置的施工要求 (2)提出在承重墙上留洞尺寸及标高 (3)提出机房、控制中心的荷载值 (4)提出设备基础及安装要求

3. 与给排水专业的配合

与给排水专业的配合应解决：

(1) 根据建筑物性质及给排水专业提出的各台水泵容量，确定设备的启动、控制方式。

(2) 根据提出的水泵位置，阀门、水流指示器的数量及控制要求，确定建筑设备自动控制系统的监控点与系统配置。

(3) 通过管道与设备位置的综合，合理敷设电气管线。

各设计阶段与给排水专业的配合内容见表 1-4。

与给排水专业的配合内容　　**表 1-4**

方案设计阶段	初步设计阶段	施工图设计阶段
了解主要水泵房的位置	(1)了解给排水泵的台数、容量、安装位置 (2)了解消防水泵的台数、容量、安装位置 (3)了解水箱、水池、气压罐的位置 (4)了解消火栓的位置 (5)了解安全阀、报警阀、水流指示器、冷却塔、风机等的位置	(1)了解各台水泵的控制要求 (2)了解压力表、电动阀门的安装位置 (3)综合管线进出建筑物的位置 (4)综合管线垂直、水平通道 (5)综合喷水头、探测器等设备的位置 (6)提出电气用房的用水要求 (7)综合电气用房的消防功能

4. 与暖通空调专业的配合

与暖通空调专业的配合十分重要，因为建筑设备自动控制系统的监控点集中在空调系统，是该系统的规模与设备配置的主要因素。在设备安装和缆线敷设方面，电气专业与暖通空调专业的交叉项目多，所以从方案设计至施工图设计阶段，都应密切配合，才可以减少返工、节省时间，并保证工程设计的合理性、可靠性。

各设计阶段与暖通空调专业的配合内容见表 1-5。

5. 电气专业内部的配合

建筑电气设计大致包括供配电、电力照明、防雷接地系统组成的强电和智能化系统（弱电）两部分，由于系统众多、联动关系复杂，需要密切配合才能保证供电系统的安全、可靠，保证智能化系统的传输性能和控制要求。电气专业内部的配合见表 1-6。

与暖通空调专业的配合内容　　**表 1-5**

方案设计阶段	初步设计阶段	施工图设计阶段
(1)了解制冷系统冷冻机的台数与容量 (2)了解冷冻机房的位置 (3)了解锅炉房的位置 (4)了解排烟送风机的台数 (5)了解其他空调用电设备台数	(1)核实和了解冷冻机、冷水泵、冷却泵的台数、单台容量、备用情况、控制要求 (2)核实和了解锅炉房用电设备的台数及控制要求 (3)确定排烟送风机等消防设施的台数 (4)了解其他空调用电设备的分布 (5)了解排烟系统的划分、电动阀门的位置 (6)机房通风温度要求	(1)了解制冷系统、热力系统、空气处理系统的监测控制要求 (2)了解消防送、排风系统的控制要求 (3)了解各类阀门的安装位置、控制要求 (4)综合暖气片、风机盘管、风机等设备的安装位置 (5)综合管道垂直、水平方向的安装位置 (6)提出电气用房的空调要求

与电气专业内部的配合内容　　　　**表 1-6**

方案设计阶段	初步设计阶段	施工图设计阶段
(1)了解设置的智能化系统名称 (2)了解智能化系统的机房位置	(1)了解智能化系统设备的用电负荷与负荷等级 (2)了解智能化系统的机房的照度要求、光源 (3)提出消防送、排风机和消防泵控制箱位置 (4)提出非消防电源的切断点位置 (5)提供其他专业提出的相关资料	(1)核实建筑设备自动控制系统的监控点数量、位置、类型及控制要求 (2)核实智能化机房及设备的供电点位置、容量 (3)综合智能化系统设备的安装位置，供电要求 (4)综合缆线敷设通道 (5)综合缆线进出建筑物的位置 (6)综合智能化系统的防雷、接地做法

三、智能建筑各种类型系统的配置

智能建筑有各种类型建筑，表 1-7 至表 1-15 表示各种类型智能化系统配置。

办公建筑智能化系统配置表　　　　**表 1-7**

智能化系统		商务办公	行政办公	金融办公
智能化集成系统		○	○	○
信息设施系统	通信接入系统	●	●	●
	电话交换系统	●	●	●
	信息网络系统	●	●	●
	综合布线系统	●	●	●
	室内移动通信覆盖系统	●	●	●
	卫星通信系统	○	○	●
	有线电视及卫星电视接收系统	●	●	●
	广播系统	●	●	●
	会议系统	●	●	●
	信息导引及发布系统	○	○	○
	时钟系统	○	○	○
	其他相关的信息通信系统	○	○	○
信息化应用系统	办公工作业务系统	●	●	●
	物业运营管理系统	●	●	●
	公共服务管理系统	●	○	○
	公共信息服务系统	●	●	●
	智能卡应用系统	○	●	●
	信息网络安全管理系统	○	●	●
	其他业务功能所需求的应用系统	○	○	○

智能化系统			商务办公	行政办公	金融办公
建筑设备管理系统			●	●	●
公共安全系统	火灾自动报警系统		●	●	●
	安全技术防范系统	安全防范综合管理系统	○	○	○
		入侵报警系统	●	●	●
		视频安防监控系统	●	●	●
		出入口控制系统	●	●	●
		电子巡查管理系统	●	●	●
		汽车库(场)管理系统	●	●	●
		其他特殊要求技术防范系统	○	○	○
	应急指挥系统		○	○	○
机房工程	信息中心设备机房		○	●	●
	数字程控电话交换机系统设备机房		○	○	○
	通信系统总配线设备机房		●	●	●
	智能化系统设备总控室		●	●	●
	消防监控中心机房		●	●	●
	安防监控中心机房		●	●	●
	通信接入设备机房		●	●	●
	有线电视前端设备机房		●	●	●
	弱电间(电信间)		●	●	●
	应急指挥中心机房		○	○	○
	其他智能化系统设备机房		○	○	○

注：●需配置；○宜配置。

商业建筑智能化系统配置表　　表 1-8

智能化系统		商场建筑	宾馆建筑
智能化集成系统		○	○
信息设施系统	通信接入系统	●	●
	电话交换系统	●	●
	信息网络系统	●	●
	综合布线系统	●	●
	室内移动通信覆盖系统	●	●
	卫星通信系统	○	○
	有线电视及卫星电视接收系统	○	●
	广播系统	●	●
	会议系统	●	●
	信息导引及发布系统	●	●
	时钟系统	○	●
	其他相关的信息通信系统	○	○
信息化应用系统	商业经营信息管理系统	●	—
	宾馆经营信息管理系统	—	●
	物业运营管理系统	●	●
	公共服务管理系统	●	●
	公共信息服务系统	○	●
	智能卡应用系统	●	●
	信息网络安全管理系统	●	●
	其他业务功能所需的应用系统	○	○

智能化系统			商场建筑	宾馆建筑
建筑设备管理系统			●	●
公共安全系统	火灾自动报警系统		●	●
	安全技术防范系统	安全防范综合管理系统	○	●
		入侵报警系统	●	●
		视频监控系统	●	●
		出入口控制系统	●	●
		电子巡查管理系统	●	●
		汽车库(场)管理系统	○	○
		其他特殊要求技术防范系统	○	○
	应急指挥系统		○	○
机房工程	信息中心设备机房		○	●
	数字程控电话交换机系统设备机房		○	●
	通信系统总配线设备机房		●	●
	智能化系统设备总控室		○	○
	消防监控中心机房		●	●
	安防监控中心机房		●	●
	通信接入设备机房		●	●
	有线电视前端设备机房		●	●
	弱电间(电信间)		●	●
	应急指挥中心机房		○	○
	其他智能化系统设备机房		○	○

注：●需配置；○宜配置。

文化建筑智能化系统配置选项表　　表 1-9

智能化系统		图书馆	博物馆	会展中心	档案馆
智能化集成系统		○	○	○	○
信息设施系统	通信接入系统	●	●	●	●
	电话交换系统	●	●	●	●
	信息网络系统	●	●	●	●
	综合布线系统	●	●	●	●
	室内移动通信覆盖系统	●	●	●	●
	卫星通信系统	○	○	○	○
	有线电视及卫星电视接收系统	●	●	●	○
	广播系统	●	●	●	●
	会议系统	●	●	●	●
	信息导引及发布系统	●	●	●	●
	时钟系统	○	○	○	○
	其他业务功能所需相关系统	○	○	○	○
信息化应用系统	工作业务系统	●	●	●	●
	物业运营管理系统	○	○	○	○
	公共服务管理系统	●	●	●	●
	公共信息服务系统	●	●	●	●
	智能卡应用系统	●	●	●	●
	信息网络安全管理系统	●	●	●	●
	其他业务功能所需的应用系统	○	○	○	○

智能化系统			图书馆	博物馆	会展中心	档案馆
建筑设备管理系统			●	●	●	●
公共安全系统	火灾自动报警系统		●	●	●	●
	安全技术防范系统	安全防范综合管理系统	○	●	●	○
		入侵报警系统	●	●	●	●
		视频安防监控系统	●	●	●	●
		出入口控制系统	●	●	●	●
		电子巡查管理系统	●	●	●	●
		汽车库(场)管理系统	○	○	●	○
		其他特殊要求技术防范系统	○	○	○	○
	应急指挥系统		○	○	○	○
机房工程	信息中心设备机房		●	●	●	●
	数字程控电话交换机系统设备机房		○	○	○	○
	通信系统总配线设备机房		●	●	●	●
	消防监控中心机房		●	●	●	●
	安防监控中心机房		●	●	●	●
	智能化系统设备总控室		●	●	●	●
	通信接入设备机房		●	●	●	●
	有线电视前端设备机房		○	○	○	○
	弱电间(电信间)		●	●	●	●
	应急指挥中心机房		○	○	○	○
	其他智能化系统设备机房		○	○	○	○

注：●需配置；○宜配置。

媒体建筑智能化系统配置表　　**表 1-10**

智能化系统			剧(影)院建筑	广播电视业务建筑
智能化集成系统			○	○
信息设施系统		通信接入系统	●	●
		电话交换系统	●	●
		信息网络系统	●	●
		综合布线系统	●	●
		室内移动通信覆盖系统	●	●
		卫星通信系统	○	●
		有线电视及卫星电视接收系统	●	●
		广播系统	●	●
		会议系统	○	●
		信息导引及发布系统	●	●
		时钟系统	●	●
		无线屏蔽系统	●	●
		其他相关的信息通信系统	○	○
信息化应用系统		工作业务系统	●	●
		物业运营管理系统	●	●
		公共服务管理系统	●	●
		自动寄存系统	●	○
		人流统计分析系统	●	○
		售检票系统	●	○
		公共信息服务系统	●	●
		智能卡应用系统	●	●
		信息网络安全管理系统	●	●
		其他业务功能所需的应用系统	○	○
建筑设备管理系统			●	●
公共安全系统	火灾自动报警系统		●	●
	安全技术防范系统	安全防范综合管理系统	○	○
		入侵报警系统	●	●
		视频安防监控系统	●	●
		出入口控制系统	●	●
		电子巡查管理系统	●	●
		汽车库(场)管理系统	●	●
		其他特殊要求技术防范系统	○	○
	应急指挥系统		○	○
机房工程		信息中心设备机房	●	●
		数字程控电话交换机系统设备机房	○	●
		通信系统总配线设备机房	●	●
		智能化系统设备总控室	○	○
		消防监控中心机房	●	●
		安防监控中心机房	●	●
		通信接入设备机房	●	●
		有线电视前端设备机房	●	●
		弱电间(电信间)	●	●
		应急指挥中心机房	○	○
		其他智能化系统设备机房	○	○

注：●需配置；○宜配置。

体育建筑智能化系统配置表　　**表 1-11**

智能化系统			体育场	体育馆	游泳馆
智能化集成系统			○	○	○
信息设施系统		通信接入系统	●	●	●
		电话交换系统	●	●	●
		信息网络系统	●	●	●
		综合布线系统	●	●	●
		室内移动通信覆盖系统	●	●	●
		卫星通信系统	○	○	○
		有线电视及卫星电视接收系统	○	○	○
		广播系统	●	●	●
		会议系统	○	○	○
		信息导引及发布系统	●	●	●
		竞赛信息广播系统	●	●	●
		扩声系统	●	●	●
		时钟系统	○	○	○
		其他相关的信息通信系统	○	○	○
信息化应用系统		体育工作业务系统	●	●	●
		计时记分系统	●	●	●
		现场成绩处理系统	○	○	○
		现场影像采集及回放系统	○	○	○
		售验票系统	●	●	●
		电视转播和现场评论系统	○	○	○
		升降旗控制系统	○	○	○
		物业运营管理系统	○	○	○
		公共服务管理系统	●	●	●
		公共信息服务系统	●	●	●
		智能卡应用系统	●	●	●
		信息网络安全管理系统	●	●	●
		其他业务功能所需的应用系统	○	○	○
建筑设备管理系统			●	●	●
公共安全系统	火灾自动报警系统		●	●	●
	安全技术防范系统	安全防范综合管理系统	○	○	○
		入侵报警系统	●	●	●
		视频安防监控系统	●	●	●
		出入口控制系统	●	●	●
		电子巡查管理系统	●	●	●
		汽车库(场)管理系统	●	●	●
		其他特殊要求技术防范系统	○	○	○
	应急指挥系统		●	○	○
机房工程		信息中心设备机房	●	●	●
		数字程控电话交换机系统设备机房	●	●	●
		通信系统总配线设备机房	●	●	●
		智能化系统设备总控室	●	○	○
		消防监控中心机房	●	●	●
		安防监控中心机房	●	●	●
		通信接入设备机房	●	●	●
		有线电视前端设备机房	●	●	●
		弱电间(电信间)	●	●	●
		应急指挥中心机房	●	○	○
		其他智能化系统设备机房	○	○	○

注：●需配置；○宜配置。

医院建筑智能化系统配置表 表 1-12

智能化系统			综合性医院	专科医院	特殊病医院
智能化集成系统			○	○	○
信息设施系统		通信接入系统	●	●	●
		电话交换系统	●	●	●
		信息网络系统	●	●	●
		综合布线系统	●	●	●
		室内移动通信覆盖系统	●	●	●
		卫星通信系统	○	○	○
		有线电视及卫星电视接收系统	●	●	●
		广播系统	●	●	●
		会议系统	○	○	○
		信息导引及发布系统	●	●	●
		时钟系统	●	●	●
		其他相关的信息通信系统	○	○	○
信息化应用系统		医院信息管理系统	●	●	●
		排队叫号系统	●	●	●
		探视系统	●	●	●
		视屏示教系统	●	●	●
		临床信息系统	●	●	●
		物业运营管理系统	○	○	○
		办公和服务管理系统	●	●	●
		公共信息服务系统	●	●	●
		智能卡应用系统	●	●	●
		信息网络安全管理系统	●	●	●
		其他业务功能所需的应用系统	○	○	○
建筑设备管理系统			●	●	●
公共安全系统		火灾自动报警系统	●	●	●
	安全技术防范系统	安全防范综合管理系统	●	○	○
		入侵报警系统	●	●	●
		视频安防监控系统	●	●	●
		出入口控制系统	●	●	●
		电子巡查管理系统	●	●	●
		汽车库(场)管理系统	○	○	○
		其他特殊要求技术防范系统	○	○	○
		应急指挥系统	○	—	—
机房工程		信息中心设备机房	●	●	●
		数字程控电话交换机系统设备机房	●	●	●
		通信系统总配线设备机房	●	●	●
		智能化系统设备总控室	○	○	○
		消防监控中心机房	●	●	●
		安防监控中心机房	●	●	●
		通信接入设备机房	●	●	●
		有线电视前端设备机房	●	●	●
		弱电间(电信间)	●	●	●
		应急指挥中心机房	○	—	—
		其他智能化系统设备机房	○	○	○

注：●需配置；○宜配置。

学校建筑智能化系统配置表 表 1-13

智能化系统			普通全日制高等院校	高级中学和高级职业中学	初级中学和小学	托儿所和幼儿园
智能化集成系统			○	○	○	○
信息设施系统		通信接入系统	●	●	●	●
		电话交换系统	●	●	●	●
		信息网络系统	●	●	●	○
		综合布线系统	●	●	●	●
		室内移动通信覆盖系统	●	○	○	○
		有线电视及卫星电视接收系统	●	●	●	●
		广播系统	●	●	●	●
		会议系统	●	●	●	●
		信息导引及发布系统	●	●	●	●
		时钟系统	●	●	●	●
		其他相关的信息通信系统	○	○	○	○
信息化应用系统		教学视、音频及多媒体教学系统	●	●	○	○
		电子教学设备系统	●	●	●	●
		多媒体制作与播放中心系统	●	●	○	○
		教学、科研、办公和学习业务应用管理系统	●	○	○	○
		数字化教学系统	●	○	○	○
		数字化图书馆系统	●	○	○	○
		信息窗口系统	●	○	○	○
		资源规划管理系统	●	○	○	○
		物业运营管理系统	●	●	●	○
		校园智能卡应用系统	●	●	●	○
		信息网络安全管理系统	●	●	●	○
		指纹仪或智能卡读卡机电脑图像识别系统	○	○	○	○
		其他业务功能所需的应用系统	○	○	○	○
建筑设备管理系统			●	○	○	○
公共安全系统		火灾自动报警系统	●	●	○	○
	安全技术防范系统	安全防范综合管理系统	●	●	●	●
		周界防护入侵报警系统	●	●	●	●
		入侵报警系统	●	●	●	●
		视频安防监控系统	●	●	●	●
		出入口控制系统	●	●	●	○
		电子巡查管理系统	●	●	○	○
		停车库管理系统	○	○	○	○
机房工程		信息中心设备机房	●	●	●	●
		数字程控电话交换机系统设备机房	●	●	●	●
		通信系统总配线设备机房	●	●	●	●
		智能化系统设备总控室	○	○	○	○
		消防监控中心机房	●	●	○	○
		安防监控中心机房	●	●	○	○
		通信接入设备机房	○	○	○	○
		有线电视前端设备机房	●	●	●	●
		弱电间(电信间)	●	●	●	●
		其他智能化系统设备机房	○	—	—	—

注：●需配置；○宜配置。

交通建筑智能化系统配置表　　表 1-14

智能化系统		空港航站楼	铁路客运站	城市公共轨道交通站	社会停车库（场）
智能化集成系统		●	●	●	○
信息设施系统	通信接入系统	●	●	●	○
	电话交换系统	●	●	●	○
	信息网络系统	●	●	●	●
	综合布线系统	●	●	●	●
	室内移动通信覆盖系统	●	●	●	●
	卫星通信系统	●	○	○	—
	有线电视及卫星电视接收系统	●	○	○	—
	广播系统	●	●	●	●
	会议系统	○	○	○	—
	信息导引及发布系统	●	●	●	●
	时钟系统	●	●	○	—
	其他相关的信息通信系统	○	○	○	○
信息化应用系统	交通工作业务系统	●	●	●	○
	旅客查询系统	●	●	○	—
	综合显示屏系统	●	●	○	○
	物业运营管理系统	●	○	○	○
	公共服务管理系统	●	●	●	○
	公共服务系统	●	●	●	○
	智能卡应用系统	●	●	●	●
	信息网络安全管理系统	●	●	●	●
	自动售检票系统	●	●	●	○
	旅客行包管理系统	●	●	○	—
	其他业务功能所需的应用系统	○	○	○	○

智能化系统			空港航站楼	铁路客运站	城市公共轨道交通站	社会停车库（场）
建筑设备管理系统			●	●	●	○
公共安全系统	火灾自动报警系统		●	●	●	●
	安全技术防范系统	安全防范综合管理系统	●	●	●	○
		入侵报警系统	●	●	●	●
		视频安防监控系统	●	●	●	●
		出入口控制系统	●	●	●	●
		电子巡查管理系统	●	●	●	●
		汽车库(场)管理系统	●	●	○	●
		其他特殊要求技术防范系统	○	○	○	○
	应急指挥系统		●	●	○	—
机房工程	信息中心设备机房		●	●	●	—
	数字程控电话交换机系统设备机房		●	●	●	—
	通信系统总配线设备机房		●	●	●	●
	智能化系统设备总控室		●	●	○	○
	消防监控中心机房		●	●	●	●
	安防监控中心机房		●	●	●	●
	通信接入设备机房		●	●	●	●
	有线电视前端设备机房		●	●	●	○
	弱电间(电信间)		●	●	●	●
	应急指挥中心机房		●	●	○	—
	其他智能化系统设备机房		○	○	○	○

注：●需配置；○宜配置。

住宅建筑智能化系统配置表　　表 1-15

智能化系统		住宅	别墅
智能化集成系统		○	○
信息设施系统	通信接入系统	●	●
	电话交换系统	○	○
	信息网络系统	○	●
	综合布线系统	○	●
	室内移动通信覆盖系统	○	○
	卫星通信系统	—	—
	有线电视及卫星电视接收系统	●	●
	广播系统	○	○
	信息导引及发布系统	●	●
	其他相关的信息通信系统	○	○
信息化应用系统	物业运营管理系统	●	●
	信息服务系统	●	●
	智能卡应用系统	○	○
	信息网络安全管理系统	○	○
	其他业务功能所需的应用系统	○	○

智能化系统			住宅	别墅
建筑设备管理系统			○	○
公共安全系统	火灾自动报警系统		○	○
	安全技术防范系统	安全防范综合管理系统	○	○
		入侵报警系统	●	●
		视频安防监控系统	●	●
		出入口控制系统	●	●
		电子巡查管理系统	●	●
		汽车库(场)管理系统	○	○
		其他特殊要求技术防范系统	○	○
机房工程	信息中心设备机房		○	○
	数字程控电话交换机系统设备机房		○	○
	通信系统总配线设备机房		●	●
	智能化系统设备总控室		○	○
	消防监控中心机房		●	●
	安防监控中心机房		●	●
	通信接入设备机房		●	●
	有线电视前端设备机房		●	●
	弱电间(电信间)		○	○
	其他智能化系统设备机房		○	○

注：●需配置；○宜配置。

第二节　电话通信网络

一、通信传输网络和接入网

智能建筑通信传输网络的分类如图 1-2 所示。接入网是市话局电话网与智能大楼电话用户之间的连接部分，通常由用户线传输系统、复用设备、交叉连接设备等组成。

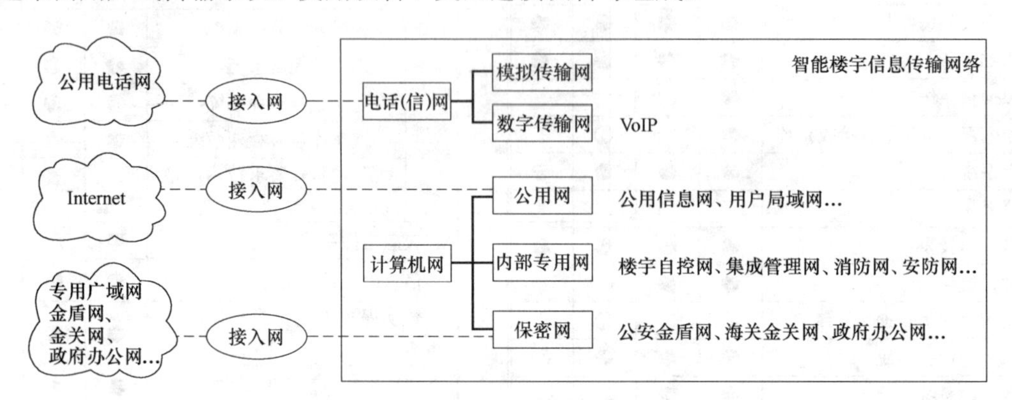

图 1-2　智能建筑信息传输网络的分类

常用接入网包括：铜缆接入网、光纤接入网、无线接入网、混合光纤同轴网和高速光纤以太网等。见表 1-16 与表 1-17。

常用接入网项目　　**表 1-16**

项　　目	说　　明
铜缆接入网(xDSL)	最常用的是非对称数字用户网，是利用普通铜缆电话网实现宽带接入的技术。其传输速率是非对称的，即上行速率最高为 640Kbps，下行速率最高为 9Mbps。我国大部分 ADSL 业务可提供每一用户下行为 512Kbps 的传输速率，以及电话业务、单向传输的影视业务和双向传输的数据业务（如 ISDN）。这些业务以无源方式耦合进入普通电话线内，ADSL 的传输距离通常为 300m 到 1.4km。通过 ADSL 适配器与用户的 LAN 或终端设备连接
光纤接入网(OAN)	当接入网采用光纤作为主要传输介质时，称为光纤接入网，主要目的是有效地解决铜缆接入网的通信瓶颈问题。光纤接入网又称 FTTx，其中又分为光纤到楼（FTTB）、光纤到户（FTTH）和光纤到办公室（FTTO）、光纤到路边（FTTC）等。光纤接入网又分为采用无源光功率分配器（耦合器）传送信息的无源光网络（PON）和有源光网络（AON）。在智能建筑中，无源光网络用处较多，由于传输距离不是很长。无源光网络采用多种复用技术，如时分复用（TDM）、波分复用（WDM）、副载波复用（SCM）和码分复用（CDM）等，来提高网络的使用效率。光纤接入网可提供电话业务、专线业务、ISDN 接入、CATV/VOD 等多种业务
无线接入网	无线接入网的种类与方式很多，其中非常小口径卫星天线（VSAT）和点对点微波两种接入方式属专线接入方式，可支持语音传真、视频通信、数据通信等多种业务。目前国内 VAST 和微波点对点通信设备主要用于数据通信业务。 固定无线接入应与移动通信区分开来。其主要包括无线 ATM 接入和符合 IEEE 802.3b.11 标准的无线接入网。 正在推广使用的无线市话系统——“小灵通”(PHS)，它是建立在市电话网基础上的一种移动通信技术，是固定电话网的一种扩展业务。“小灵通”采用建立多个“微蜂窝”基础，并用市话网连接成网络系统，每个蜂窝基站可覆盖几百米的范围。小区或者大型智能建筑群中建设“小灵通”网络，可以形成内部移动通信网络，取代广播模式通信的对讲机系统，这种网络的最大优点是通信费用低廉

续表

项　　目	说　　明
混合光纤同轴网(HFC)	是一种混合宽带网络技术,该网络以光纤为主干传输线。以同轴电缆组建用户分配网。HFC在我国智能建筑及住宅(小区)中得到了较为广泛的应用。利用HFC,可将原有的闭路电视系统(CATV)改造为既能提供原有的有线电视业务,又能实现VOD,还可支持上网服务的宽带网络,带宽为上行为1.5Kbps,下行3Mbps
高速光纤以太网	以太网所使用的网络访问方法符合IEEE 802.3协议标准,称作载波监听多路访问/冲突检测(CSMA/CD)。以太网分为标准以太网(10BaseT)、快速以太网(100BaseT)和G级以太网。用作接入网的以太网一般以光纤为传送媒介,带宽为100～1000Mbps,甚至更高
其他用作接入网的网络	令牌环网:令牌环网是以星形连线环的形式组网。该网在数据链路层执行IEEE 802.5协议,网络上的计算机都连接到一台中央组件上。该中央组件称作多站访问单元(MSAU),或称作令牌环集线器,物理环路将这些集线器连接在一起。一个"令牌"是一个特殊的比特串,该比特流在环网上传送。当该令牌被一台终端占用时,其他的终端不能发送信息,令牌的传送有点像"接力棒"的传送。 ATM网是一种信元(cell)交换网络,网上传送的是一种固定长度的数据包——信元。信元只包含基本路径信息,通信发生在点到点系统上,每个站之间都保存了一条永久虚拟数据路径。ATM网络由ATM交换机实现路由交换。ATM可提供宽带多业务支持,具有非常高的QoS,带宽可达155～622Mbps。 光纤分布式数据接口(FDD1),是一种类似令牌环网的基础网络,可提供10Mbps的带宽。分为两个方向的双环结构,由于主环和次环实际上是一个双冗余的系统,所以比令牌环网具有更高的容错性能。 帧中继(FR):帧中继是一种数据包交换网络。它的可变长度数据包比其他网络包含更多内容,除了发/收地址之外,还包括错误信息处理以及传输所必需的附加地址内容。通信在站与站之间的永久虚拟数据路径上传送,并在接收端重组成原发送的数据帧

接入方式一览表　　**表 1-17**

接入方式	媒体	分　　类		带宽	速率(Mbit/s)	传输距离(km)	传输方式	传输信息
有线接入网	铜双绞线	xDSL	HDSL	窄带	1～2	3～5	数字模拟	语音数据
			ADSL	窄带	7～10	3～5	数字	语音数据 VOD
			SDSL	窄带	1～2	3.3	数字	数据
			VDSL	窄带	13～52	1.5	数字	数据
	光纤	光纤	FTTH	无限	高速	远距离	任何方式	语音数据图像
			FTTO	无限	高速	远距离	任何方式	语音数据图像
			FTTC	宽带	高速	远距离	数字模拟	语音或图像
			FTTB	宽带	高速	远距离	数字模拟	语音或图像
		同轴	HFC	1000Mbit/s	高速	远距离	数模兼容	语音数据图像
无线接入网	移动无线接入网	蜂窝区移动电话网		窄带				电话
		无线寻呼网		窄带				
		无绳电话网		窄带				电话
		集群电话网		窄带				电话
		卫星全球移动通信网		窄带				电话
		个人通信网		窄带				电话
	固定无线接入网	微波一点多址		窄带				电话
		蜂窝区移动接入		窄带				电话
		无线用户环		窄带				电话
		蜂窝移动通信		窄带				电话
		无线技术		窄带				电话

二、程控用户交换机

1. 电话通信系统的组成

构成电话通信系统有三个组成部分：一是电话交换设备，二是传输系统，三是用户终端设备。交换设备主要就是电话交换机，是接通电话用户之间通信线路的专用设备。正是借助于交换机，一台用户电话机能拨打其他任意一台用户电话机，使人们的信息交流能在很短的时间内完成。

电话交换机的发展经历了四大阶段，即人工制交换机、步进制交换机、纵横制交换机和存储程序控制交换机（简称程控交换机）。目前普遍采用程控交换机。

传输系统按传输媒介分为有线传输（明线、电缆、光纤等）和无线传输（短波、微波中继、卫星通信等）。本节着重讲述有线传输。有线传输按传输信息工作方式又分为模拟传输和数字传输两种。模拟传输是将信息转换成为与之相应大小的电流模拟量进行传输，例如普通电话就是采用模拟语言信息传输。数字传输则是将信息按数字编码（PCM）方式转换成数字信号进行传输，具有抗干扰能力强、保密性强、电路便于集成化（设备体积小）、适于开展新业务等许多优点，现在的程控电话交换就是采用数字传输各种信息。

用户终端设备，主要指电话机，现在又增加了许多新设备，如传真机、计算机终端等。

2. 程控用户交换机的组成

程控交换机是指用计算机来控制的交换系统，它由硬件和软件两大部分组成。这里所说的基本组成只是它的硬件结构。图 1-3 是程控交换系统硬件的基本组成框图。

（1）控制设备。控制设备主要由处理器和存储器组成。处理器执行交换机软件，指示硬件、软件协调操作。存储器用来存放软件程序及有关永久和中间数据。控制设备有单机配置和多机配置，其控制方式可分为集中控制和分散控制两种。

（2）交换网络。交换网络的基本功能是根据用户的呼叫请求，通过控制部分的接续命令，建立主叫与被叫用户之间的连接通路。目前主要采用由电子开并阵列构成的空分交换网络和由存储器等电路构成的时分接续网络。

（3）外围接口。外围接口是交换系统中的交换网络与用户设备、其他交换机或通信网络之间的接

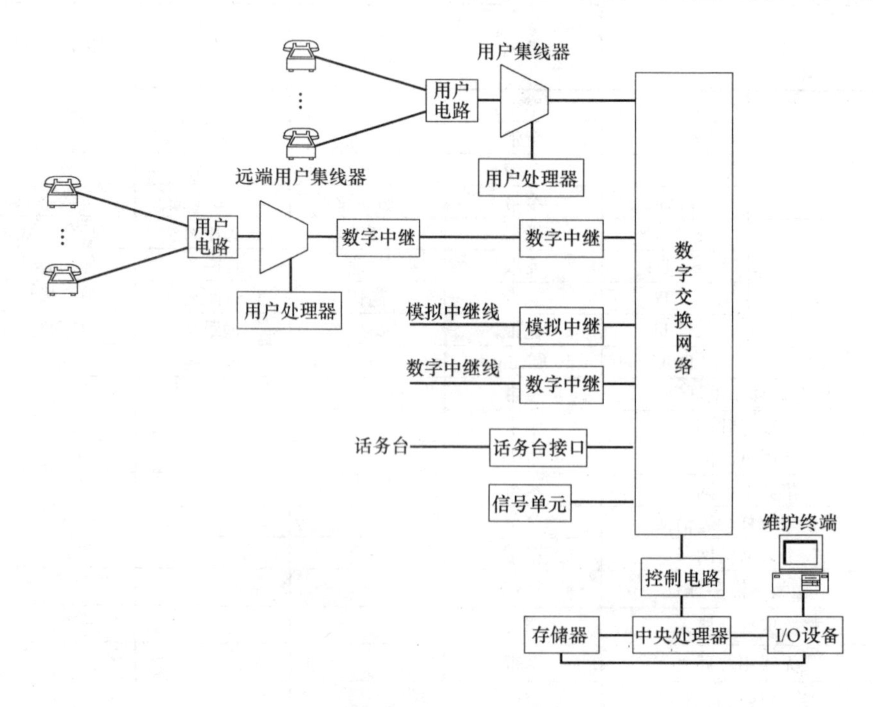

图 1-3　程控交换系统硬件基本组成框图（PABX 的结构）

口。根据所连设备及其信号方式的不同，外围接口电路有多种形式。

① 模拟用户接口电路：模拟用户接口电路所连接的设备是传统的模拟话机，它是一个 2 线接口，线路上传送的是模拟信号。

② 模拟中继电路：数字交换机和其他交换机（步进、纵横、程控模拟、数字交换机等）之间可以使用模拟中继线相连。模拟接口（包括中继和用户电路）的主要功能是对信号进行 A/D（或 D/A）转换、编码、解码及时分复用。

③ 数字用户电路：数字用户电路是数字交换机和数字话机、数据终端等设备的接口电路，其线路上传输的是数字信号，它可以是 2 线或 4 线接口，使用 2B+D 信道传送信息。

④ 数字中继电路：数字中继电路是两台数字交换机之间的接口电路。其线路上传送的是 PCM 基群或者高次群数字信号，基群接口通常使用双绞线或同轴电缆传输信号，而高次群接口则正在逐步采用光缆传输方式。

我国采用 PCM30，即 2.048Mbps 作为一次群（基群）的数据速率，它同时传输 30 个话路，又称一个 E1 中继接口。其传输介质有三种：同轴电缆、电话线路和光纤。

在使用同轴电缆时，其传输距离一般不超出 500m。当距离较远时可采用光纤。这时需要两端配置光端机，也可用 HDSL 设备在两对普通电话线路上传输 E1 数字中继信号。

（4）信号设备。信号设备主要有回铃音、忙音、拨号音等各种信号音发生器，双音多频信号接收器、发送器等。

由于现在的 PABX 功能非常多，参数设置/校验/通话计费等操作一般通过配置一台专用的系统维护管理计算机来完成，所有的参数设置/功能配置均可在 Windows 图形化操作界面下进行。许多产品具有多 PC 终端维护与控制功能。用户可以通过本地 LAN 进行终端维护、话费查询等各种操作，也可以通过 Internet 联网，进行远程维护与话费查询等操作。

图 1-4 是程控数字用户交换机的系统构成示例。

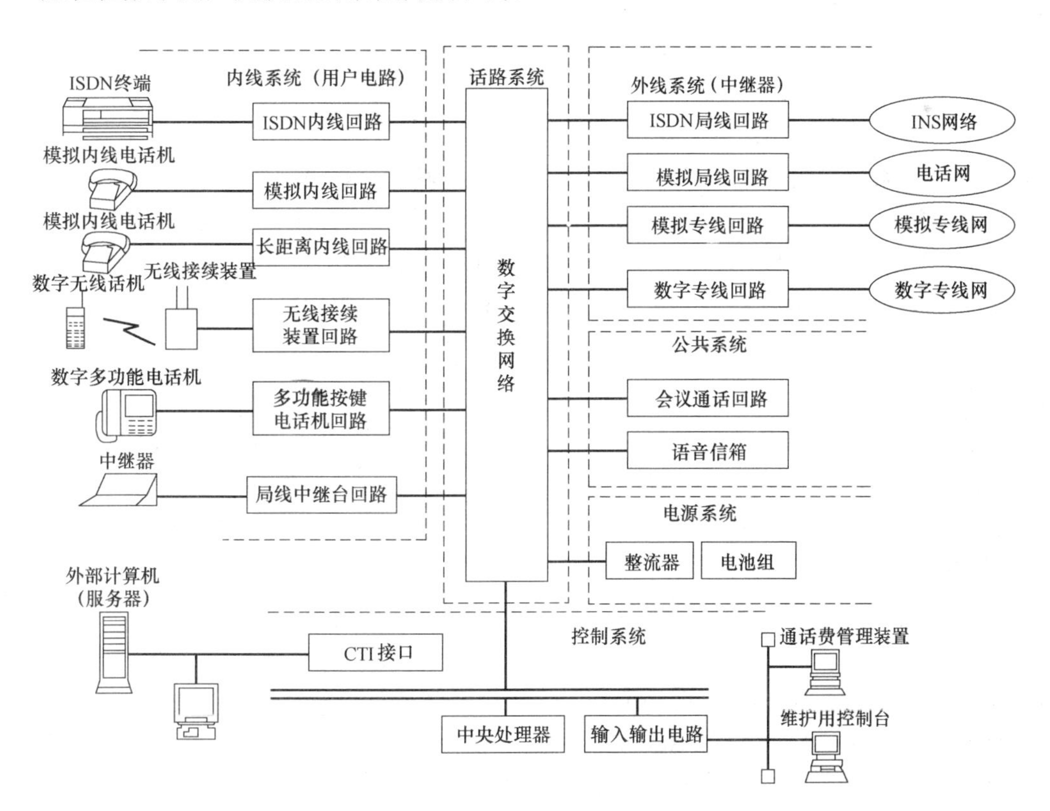

图 1-4　程控数字交换机的系统构成示例

三、智能建筑电话网组成方式

目前，智能建筑内的电话网有两种组成方式，如图 1-5 所示。一种是以程控用户交换机（PABX）为核心构成一个星形网，另一种是以当地公网电信交换机的远端模块（或端局级交换机）为核心构成星形网。

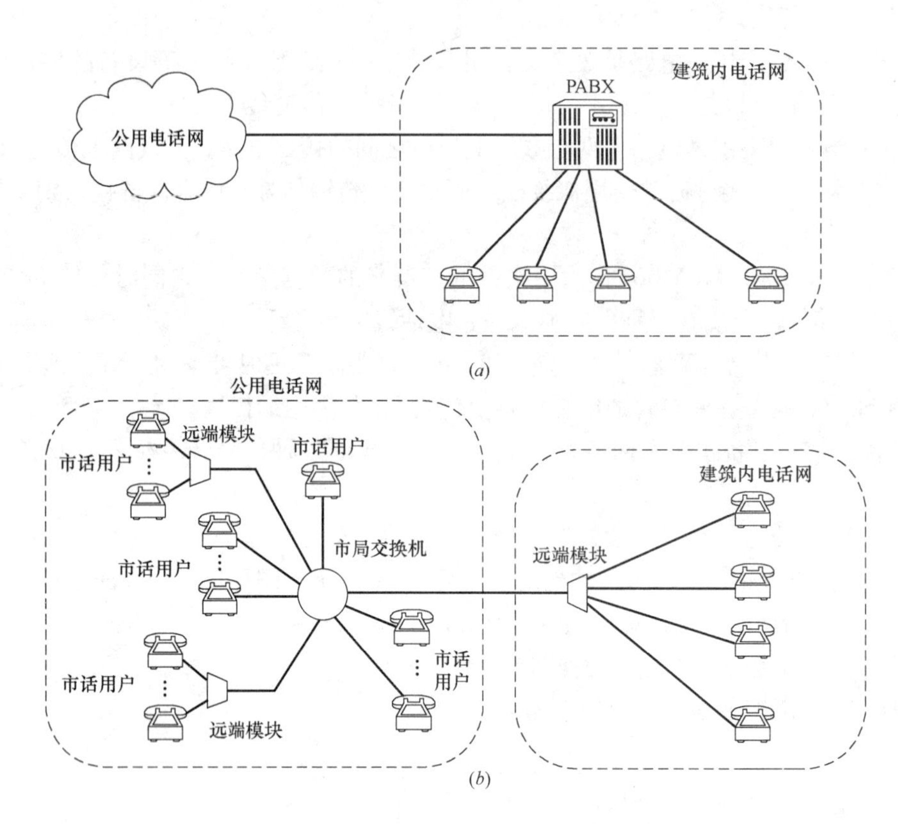

图 1-5　智能化建筑内的电话网两种组成方式

以 PABX 为核心组成以语音为主兼有数据通信的建筑内通信网，可以连接各类办公设备。它还可以提供一种“虚拟用户交换机（Centrex）”新业务，亦即将用户交换机的功能集中到局用交换机中，用局用交换机来替代用户小交换机。它不仅具备所有用户小交换机的基本功能，还可享用公网提供的电话服务功能。从而使用户节省设备投资、机房用地及维护人员的费用，且可靠性高、技术与公网同步发展。

远端模块方式是指把程控交换机的用户模块（用户线路）通过光缆放在远端（远离电话局的电话用户集中点），好像在远端设了一个“电话分局”（又称为模块局）一样，从而节省线路的投资，扩大了程控交换机覆盖范围。通常模块局没有交换功能，但也有些模块增设了交换功能。远端模块方式与接入网之区别在于远端模块与交换机采用厂家的内部协议，不同厂家的产品不能混用。而用户接入网设备是通过标准 V_5 接口与交换机相连，可以采用不同厂家的设备。

四、建筑内的 VoIP 系统

VoIP（Voice Over IP，IP 网络电话）是利用计算机网络进行语音（电话）通信的技术，它不同于一般的数据通信，对传输有实时性的要求，是一种建立在 IP 技术上的分组化、数字化语音传输技术。

其基本原理如图 1-6 所示，通过语音压缩算法对语音数据进行压缩编码处理，然后把这些语音数据按 IP 等相关协议进行打包，经过 IP 网络把数据包传输到接收地，再把这些语音数据包串起来，经过解码解压处理后，恢复成原来的语音信号，从而达到由计算机网络传送语音（电话）的目的。

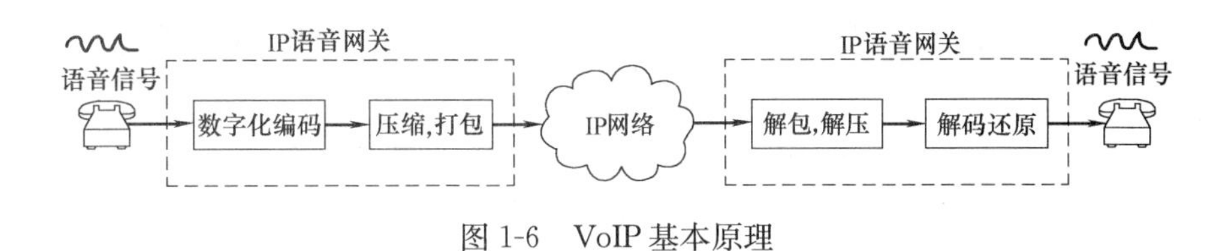

图 1-6　VoIP 基本原理

一开始的 IP 网络电话是以软件的形式呈现，同时仅限于 PC to PC 间的通话，换句话说，人们只要分别在两端不同的 PC 上安装网络电话软件，即可经由 IP 网络进行对话。随着宽频普及与相关网络技术的演进，网络电话也由单纯 PC to PC 的通话形式，发展出 IP to PSTN（Public Switched Telephone Network，公共交换电话网）、PSTN to IP、PSTN to PSTN 及 IP to IP 等各种形式。当然它们的共同点，就是以 IP 网络为传输媒介。如此一来，电信业长久以 PSTN 电路交换网络为传输媒介的惯例及独占性也逐渐被打破。人们从此不但可以享受到更便宜、甚至完全免费的通话及多媒体增值服务，电信业的服务内容及面貌也为之剧变。

虽然 VoIP 拥有许多优点，但绝不可能在短期内完全取代已有悠久历史并发展成熟的 PSTN 电路交换网，所以现阶段两者势必会共存一段时间。

目前 IP 语音的应用领域主要有三种协议分支的语音产品，包括 H. 323，SIP，MGCP（H. 248）。H. 323 是 ITU 组织标准化的一个协议簇，主要给出 IP 语音及视频的应用协议规范，H. 323 相对全面，对于运营、维护、管理等电信应用有着较好的体现。

智能化建筑内的 VoIP 电话网根据功能的区别有两类系统方案，其一是建筑内不设 PABX，完全通过 VoIP 网络实现话音通信功能，方案如图 1-7 所示；其二是在建筑内已设有 PABX 网络的前提下，再构建一个 VoIP 网络作为 PABX 网的补充和改进，达到大幅降低通信费用的目的，方案如图 1-8 所示。

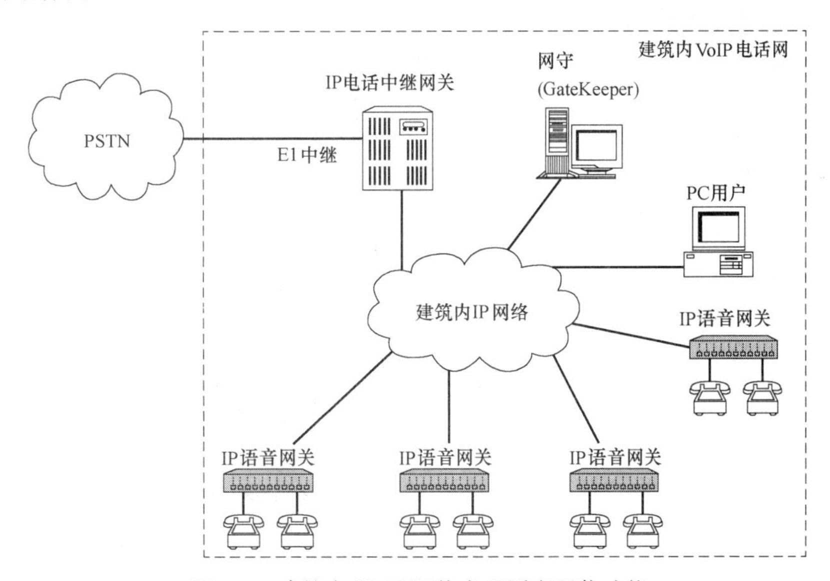

图 1-7　建筑内 VoIP 网络实现话音通信功能

五、程控用户交换机的选择

1. 容量的确定：按信息产业部规定，将程控用户交换机的容量分成三类：

（1）小容量：250 门以下；

（2）中容量：250～1000 门；

（3）大容量：1000 门以上。

程控用户交换机一般在 2000 门以下为宜。

具体选择时，应考虑所需的电话容量。要确定电话容量，首先需要进行用户分布调查。目前我国对

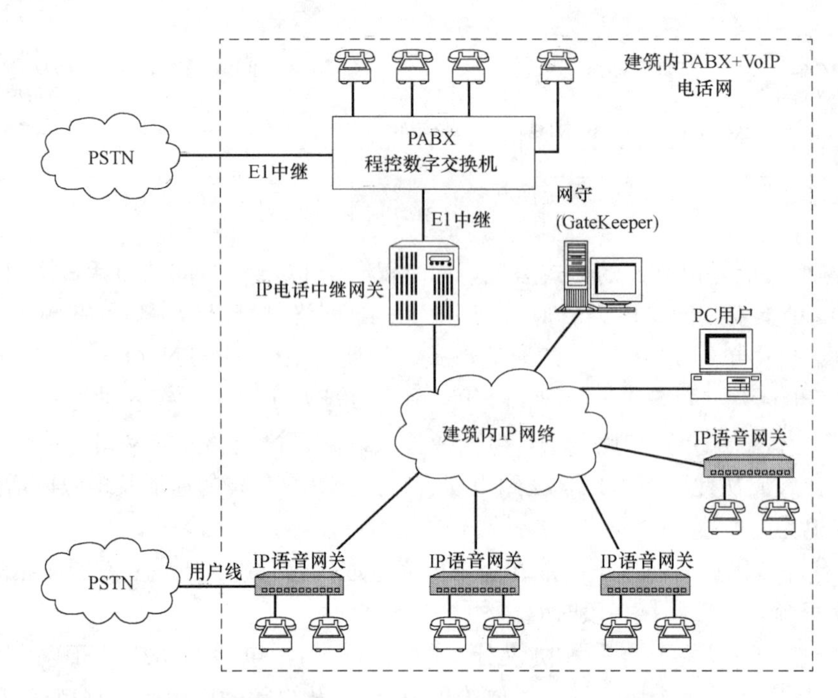

图 1-8 建筑内 PABX＋VoIP 网络实现话音通信功能

于住宅楼，每户最少应设一对电话线，建议按两对电话线考虑；对于办公楼和业务楼，可按每 15～20m² 房间设两对电话线，每开间按 2～4 对线，或者按用户要求设置。

应该指出，在确定交换机的容量时，还应该考虑满足将来终期（中远期）的容量需要，并备有维修余量。因此，交换机的初装容量和终装容量可以计算如下：

初装容量＝1.3×[目前所需门数＋(3～5)年内的近期增容数] (1-1)

终装容量＝1.2×[目前所需门数＋(10～20)年后的远期发展总增容数] (1-2)

2. 用户交换机的实装内线分机的容量，不宜超过交换机容量的 80％；

3. 用户交换机中继类型及数量宜按下列要求确定：

(1) 用户交换机中继线，宜采用单向（出、入分设）、双向（出、入合设）和单向及双向混合的三种中继方式接入公用网；

(2) 用户交换机中继线可按下列规定配置（表 1-18）：

中继线数的确定方法 **表 1-18**

可以和市话局互相呼叫的分机数(线)	接口中继线配发数目(话路)	
	呼出至端局中继	端局来话呼入中继
50线以内	采用双向中继 2～5 条	
50	3	4
100	6	7
200	10	11
300	13	14
400	15	16
500	18	19

——当用户交换机容量小于 50 门时，宜采用 2～5 条双向出入中继线方式；

——当用户交换机容量为 50～500 门，中继线大于 5 条时，宜采用单向出入或部分单向出入、部分双向出入中继线方式；

——当用户交换机容量大于 500 门时，可按实际话务量计算出、入中继线，宜采用单向出入中继线方式。

（3）中继线数量的配置，应根据用户交换机实际容量大小和出入局话务量大小等因素，可按用户交换机容量的10%～15%确定。

4. 程控用户交换机选型应满足如下要求：

（1）应符合信息产业部《程控用户交换机接入市话网技术要求的暂行规定》和国家标准《专用电话网进入公用电话网的进网条件》（GB 433—90）。

（2）应选用符合国家有关技术标准的定型产品，并执行有关通信设备国产化政策。

（3）同一城市或本地网内宜采用相同型号和国家推荐的某些型号的程控交换机，以简化接口，便于维修和管理。

（4）程控交换机应满足近期容量和功能的需要，还应考虑远期发展和逐步发展综合业务数字网（ISDN）的需要。

（5）程控交换机宜选用程控数字交换机，以数字链路进行传输，减少接口设备。数字接口参数应符合国家标准《脉冲编码调制通信系统网络数字接口标准》（GB 7611—87）。

信息产业部规定，凡接入国家通信网使用的程控用户交换机，必须有信息产业部颁发的进网许可证。因此用户在选型购机时，一定要购买有信息产业部颁发进网许可证的程控交换机。

第三节　电话通信线路的施工设计

一、电话通信线路的组成

电话通信线路从进屋管线一直到用户出线盒，一般由以下几部分组成（图1-9）：

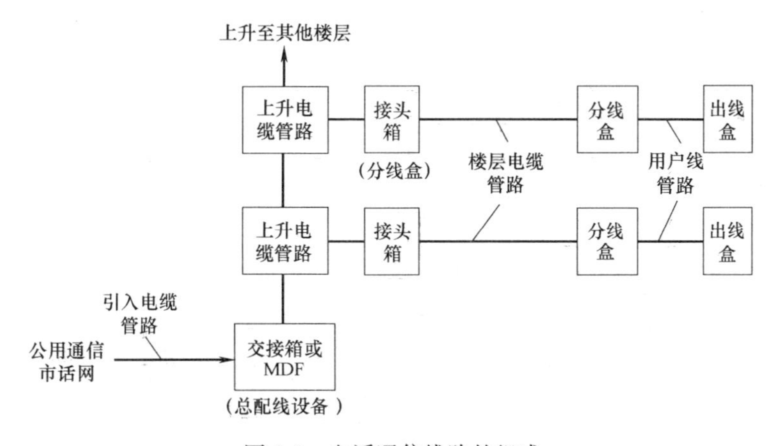

图1-9　电话通信线路的组成

（1）引入（进户）电缆管路：又分地下进户和外墙进户两种方式。

（2）交接设备或总配线设备：它是引入电缆进屋后的终端设备，有设置与不设置用户交换机两种情况，如设置用户交换机，采用总配线箱或总配线架；如不设用户交换机，常用交接箱或交接间。交接设备宜装在房屋的一二层，如有地下室，且较干燥、通风，才可考虑设置在地下室。

（3）上升电缆管路：有上升管路、上升房和竖井三种建筑类型。

（4）楼层电缆管路。

（5）配线设备：如电缆接头箱、过路箱、分线盒、用户出线盒，是通信线路分支、中间检查、终端用设备。

建筑物内的电话线应一次分线到位，根据建筑物的功能要求确定其数量。城市住宅区内的配线电缆，应采用地下通信管道敷设方式。住宅建筑室内通信线路安装应采用暗配线敷设及由暗配线管网组成。多层建筑物宜采用暗管敷设方式，高层建筑物宜采用电缆竖井与暗管敷设相结合的方式。住宅建筑物内暗配线电话管网由交接间、电缆管线、嵌式分线箱（盒）、用户线管路、过路箱（盒）和电话出线盒等组成。

民用建筑通信工程安装内容主要有：电话交接间、交接箱、壁龛（嵌式电缆交接箱、分线箱及过路箱）、分线盒和电话出线盒及配线。高层建筑物电缆竖井宜单独设置，也可与其他弱电缆线综合考虑设置，分线箱可以明装在竖井内，也可以暗装在井外墙上。

民用建筑通信工程建筑物内暗配线一般采用直接配线方式，规模较大时也可采用交接配线方式。全塑电缆芯线的接续应采用接线模块或接线子，不得使用扭绞接续。全塑电缆的外护套管宜采用热可缩套管。

二、电话线路的进户管线施工设计

进户管线有两种方式，即地下进户和外墙进户。

1. 地下进户方式

这种方式是为了市政管网美观要求而将管线转入地下。地下进户管线又分为两种敷设形式。第一种是建筑物设有地下层，地下进户管直接进入地下层，采用的是直进户管；第二种是建筑物无地下层，地下进户管只能直接引入设在底层的配线设备间或分线箱（小型多层建筑物没有配线或交接设备时），这时采用的进户管为弯管。地下进户方式如图 1-10 所示。

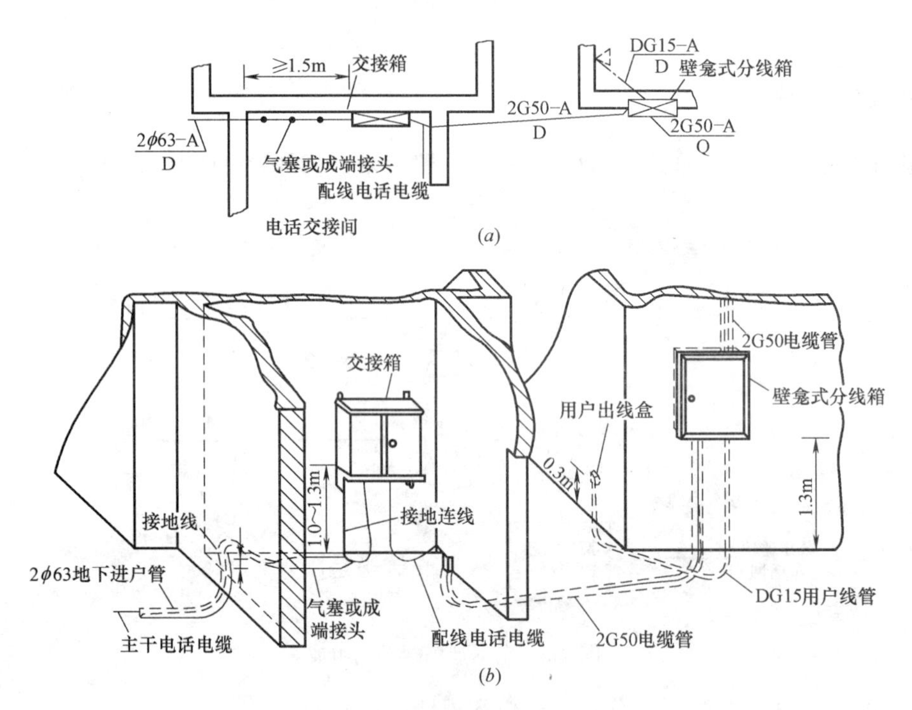

图 1-10　电话线路地下进户方式

(a) 底层平面图；(b) 立体图

(1) 建筑物通信引入管，每处管孔数不应少于 2 孔，即在核算主用管孔数量后，应至少留有一孔备用管。同样，引上暗配管也应至少留有一孔备用管。

(2) 地下进户管应埋出建筑物散水坡外 1m 以上，户外埋设深度在自然地坪下 0.8m。当电话进线电缆对数较多时，建筑物户外应设人（手）孔。预埋管应由建筑物向人孔方向倾斜。

2. 外墙进户方式

这种方式是在建筑物第二层预埋进户管至配线设备间或配线箱（架）内。进户管应呈内高外低倾斜状，并做防水弯头，以防雨水进入管中。进户点应靠近配线设施，并尽量选在建筑物后面或侧面。这种方式适合于架空或挂墙的电缆进线，如图 1-11 所示。

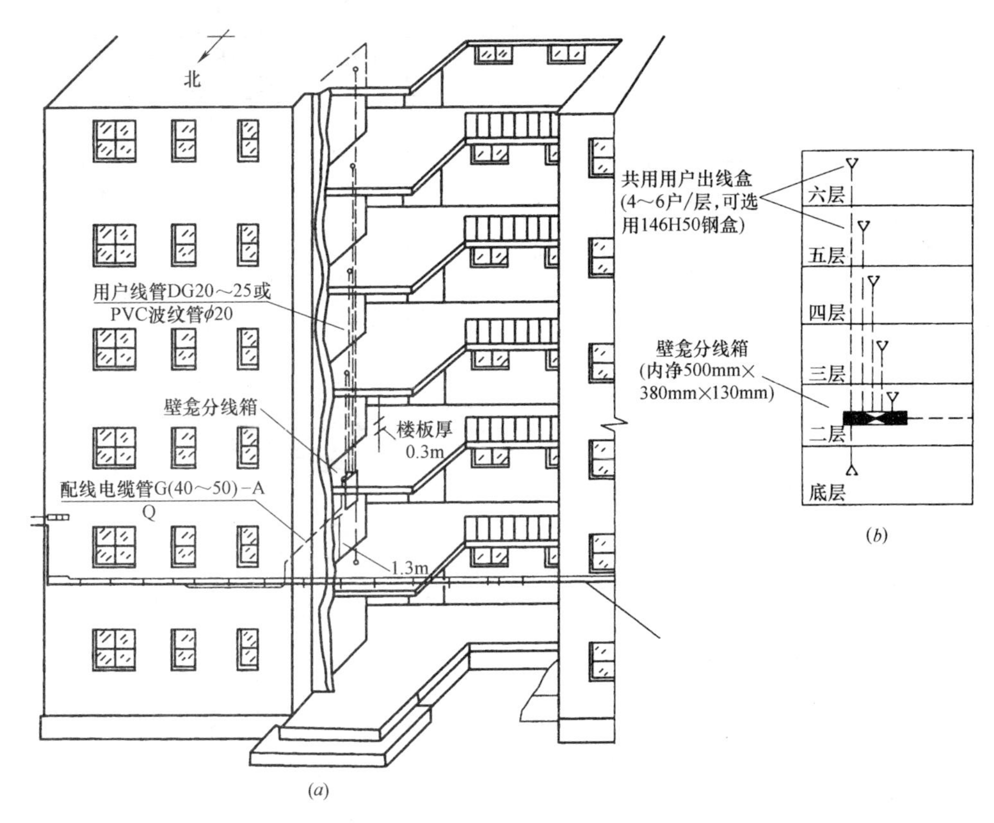

图 1-11　多层住宅楼电话进线管网图

(a) 外墙进户管网立体示意图；(b) 暗配线管网图

在有用户电话交换机的建筑物内，一般设置配线架（箱）于电话站的配线室内；在不设用户交换机的较大型建筑物内，于首层或地下一层电话引入点设置电缆交接间，内置交接箱。配线架（箱）和交接箱是连接内外线的汇集点。

塔式的高层住宅建筑电话线路的引入位置，一般选在楼层电梯间或楼梯间附近，这样可以利用电梯间或楼梯间附近的空间或管线竖井敷设电话线路。

三、电话交接间与交接箱的安装

电话交接间即设置电缆交接设备的技术性房间。交接箱是用于连接主干电缆和配线电缆的设备。

电话交接间内可设置落地式交接箱，落地电话交接箱可以横向也可以竖向放置，如图 1-12 所示。交接间与交接箱的安装必须确保通信和设备的安全可靠。

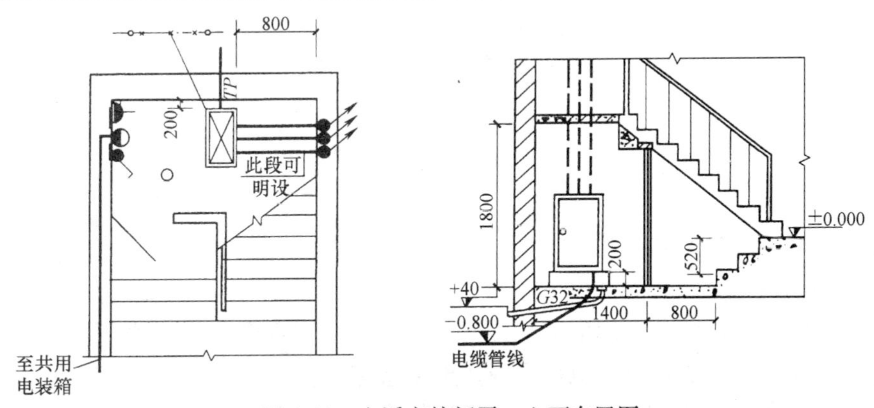

图 1-12　电话交接间平、立面布置图

楼梯间电话交接间也可安装壁龛交接箱，如图 1-13 所示。

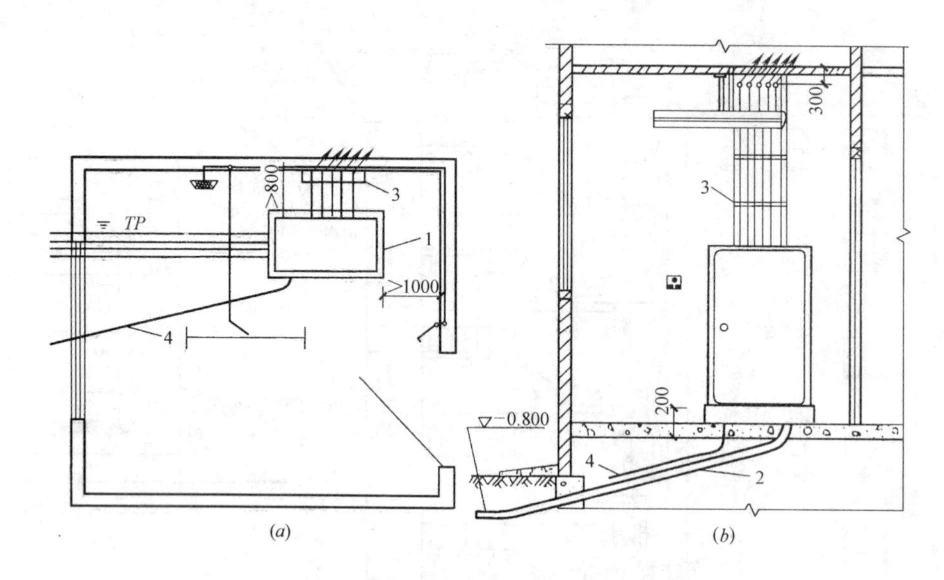

图 1-13　电话交接间布置示意图

(a) 平面图；(b) 立面图

1—电缆交接箱；2—电缆进线护管；3—电缆支架；4—接地线

交接箱按其进出线对总容量可分为 150，300，600，900，1200，1800，2400，2700，3000，3600 对等规格。交接箱的容量选择见表 1-19。

交接箱的容量选择　　**表 1-19**

类别	容量/对	主干电缆容量/对	配线电缆容量/对	配线比	终期收容线对
室内落地式（交接间）	600	250	350	1∶1.40	225
	900	350	550	1∶1.57	360
	1200	500	700	1∶1.40	450
	1800	700	1100	1∶1.57	630
	2400	1000	1400	1∶1.40	900
	3000	1300	1900	1∶1.46	1170
	3600	1500	2100	1∶1.40	1350
室外落地式（单面）	600	250	350	1∶1.40	225
	900	350	550	1∶1.57	360
	1200	500	700	1∶1.40	450
室外落地式（双面）	1800	700	1100	1∶1.57	630
	2400	1000	1400	1∶1.40	900
	3600	1300	1900	1∶1.46	1170
壁龛式挂墙式	600	250	350	1∶1.40	225
	900	350	550	1∶1.57	360
	1200	500	700	1∶1.40	450
	1500	600	900	1∶1.50	540
	2000	800	1200	1∶1.50	720

1. 电话交接间安装

(1) 每栋住宅楼内必须设置一专用电话交接间。电话交接间宜设在住宅楼底层，靠近竖向电缆管路的上升点。且应设在线路网中心，靠近电话局或室外交接箱一侧。

(2) 交接间使用面积高层不应小于 $6m^2$，多层不应小于 $3m^2$，室内净高不小于 2.4m，通风良好，有保安措施，设置宽度为1m的外开门。

（3）电话交接间内可设置落地式交接箱，落地式电话交接箱可以横向也可以竖向放置。

（4）楼梯间电话交接间也可安装壁龛交接箱（图1-14）。

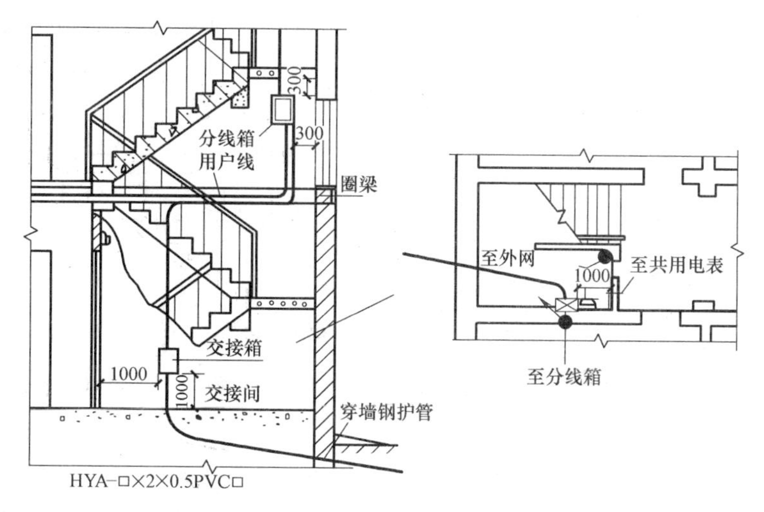

图1-14 楼梯间电话交接间壁龛交接箱

（5）交接间内应设置照明灯及220V电源插座。

（6）交接间通信设备可用住宅楼综合接地线作保护接地（包括电缆屏蔽接地），其综合接地时电阻不宜大于1Ω，独自接地时其接地电阻应不大于5Ω。

2. 落地式交接箱安装

安装交接箱前，应先检查交接箱是否完好，然后放在底座上，箱体下边的地脚孔应对正地脚螺栓，并要拧紧螺母加以固定。落地式交接箱接地做法，如图1-15所示。

（1）交接箱基础底座的高度不应小于200mm，在底座的四个角上应预埋4个M10×100长的镀锌地脚螺栓，用来固定交接箱，且在底座中央留置适当的长方洞作电缆及电缆保护管的出入口，如图1-16所示。

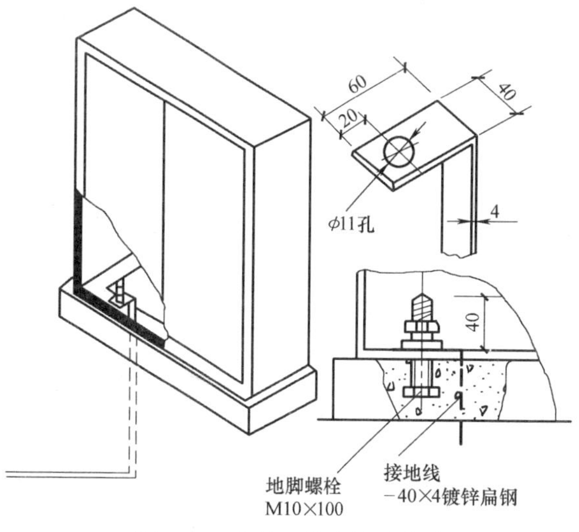

图1-15 电缆交接箱接地安装

（2）将交接箱放在底座上，箱体下边的地脚孔应对正地脚螺栓，且拧紧螺母加以固定。

（3）将箱体底边与基础底座四周用水泥砂浆抹平，以防止水流进底座。

四、壁龛的安装

暗装电缆交接箱，分线箱及过路箱统称为壁龛，以供电缆在上升管路及楼层管路内分歧、接续、安装分线端子板用。

（1）壁龛可设置在建筑物的底层或二层，其安装高度应为其底边距地面1.3m。

（2）壁龛安装与电力、照明线路及设施最小距离应为30mm以上；与燃气、热力管道等最小净距不应小于300mm。

（3）壁龛与管道随土建墙体施工预埋。接入壁龛内部的管子，管口光滑，在壁龛内露出长度为10～15mm。钢管端部应用丝扣，且用锁紧螺母固定。

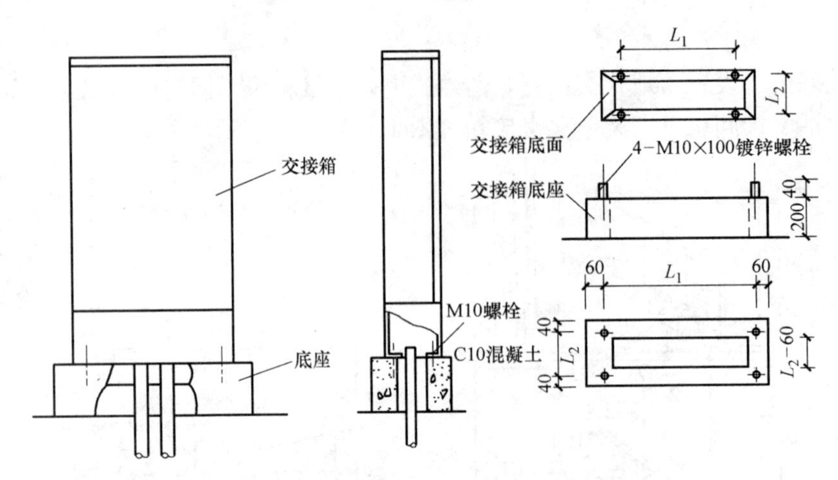

图 1-16 落地式电话交接箱安装

(4) 壁龛主进线管和进线管，一般应敷设在箱内的两对角线的位置上，各分支回路的出线管应布置在壁龛底部和顶部的中间位置上。

(5) 壁龛箱本体可为钢质、铝质或木质，并具有防潮、防尘、防腐能力。壁龛、分线小间外门形式，色彩应与安装地点建筑物环境基本协调。铝合金框室内电缆交接箱规格见表 1-20。壁龛分线箱规格见表 1-21。

铝合金框室内电缆交接箱规格表 表 1-20

规格(对)	高×宽×厚(mm)	重量(kg)
100	470×350×220	12
200	600×350×220	14
300	800×350×220	18
400	1000×350×220	21

壁龛分线箱规格表 (mm) 表 1-21

规格(对)	厚	高	宽
10	120	250	250
20	120	300	300
30	120	300	300
50	120	350	300
100	120	400	300
200	120	500	350

接入壁龛内部的管子，管口光滑，在壁龛内露出长度为 10～15mm。钢管端部应有丝扣，并用锁紧螺母固定。

一般情况下壁龛主进线管和出线管应敷设在箱内的两对角线的位置上，各分支回路的出线管应布置在壁龛底部和顶部的中间位置上。

壁龛内部电缆的布置形式和引入管子的位置有密切关系，但管子的位置因配线连接的不同要求而有不同的方式。有电缆分歧和无电缆分歧，管孔也因进出箱位置不同分为几种形式，如图 1-17 所示。

五、上升电缆管路的施工设计

1. 配线方式 (分为五种)

参见图 1-18 及表 1-22、表 1-23。

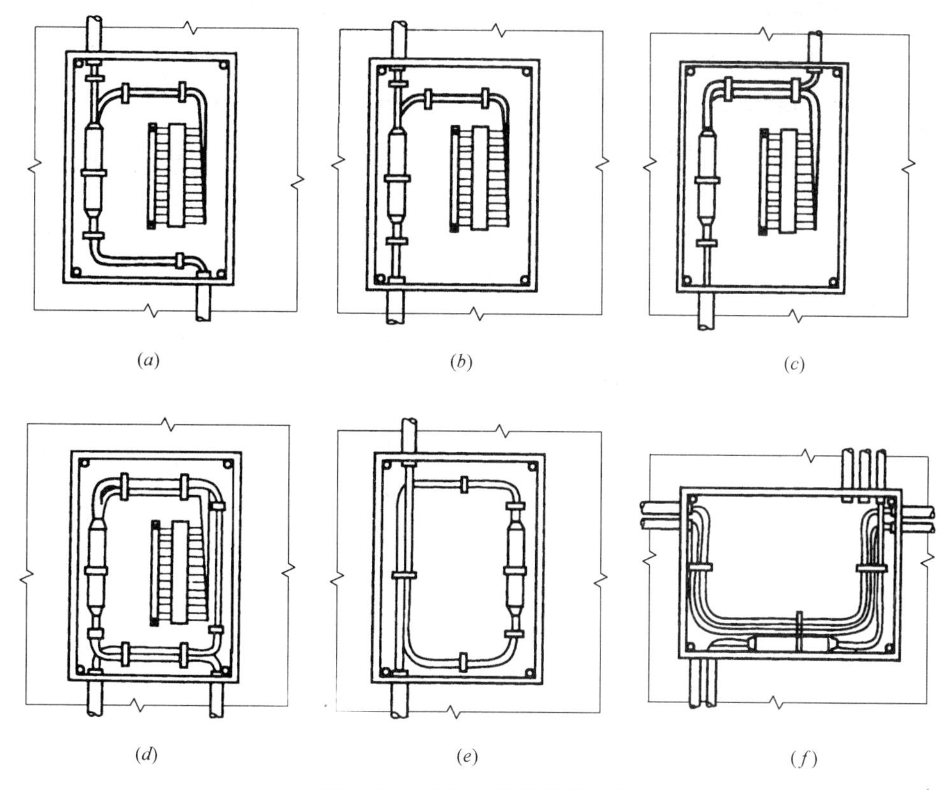

图 1-17　壁龛暗管敷设位置图

(a) 管线左上右下分歧式；(b) 管线同侧上下分歧式；(c) 管线右上左下分歧式；(d) 管线过路分歧式；(e) 单条电缆过路式；(f) 多条电缆横向过路式

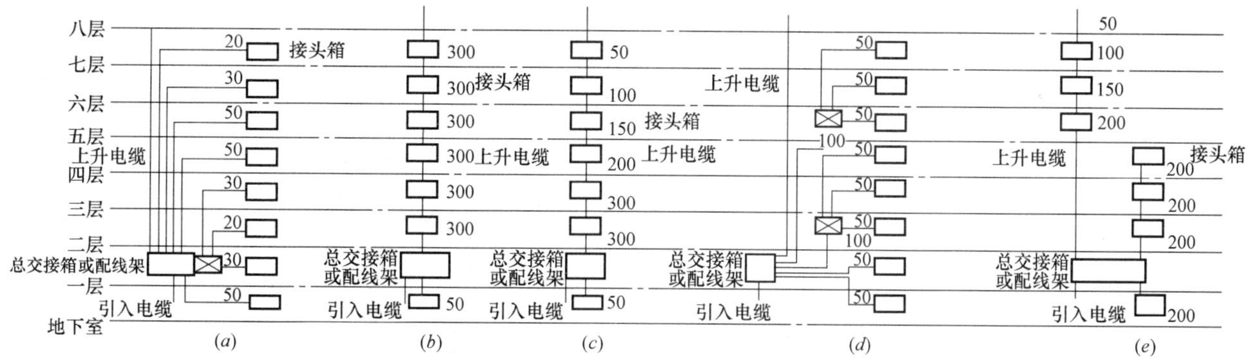

图 1-18　建筑物电话电缆的配线方式

(a) 单独式；(b) 复接式；(c) 递减式；(d) 交接式；(e) 合用式

2. 公共建筑内通信线缆竖井的规格、线缆桥架、楼板预留孔、线缆预埋钢管群的配置，应根据实际需求进行设计，也可参照表 1-22 配置。

3. 上升管路的建筑方式与安装

参见表 1-24 及图 1-19、图 1-20。

4. 电缆竖井设置与电缆穿管敷设

(1) 电缆竖井设置（图 1-21）。

① 高层建筑物电缆竖井宜单独设置，宜设置在建筑物的公共部位。

② 电缆竖井的宽度不宜小于 600mm，深度宜为 300～400mm。电缆竖井的外壁在每层楼都应装设阻燃防火操作门，门的高度不低于 1.85m，宽度与电缆井相当，每层楼的楼面洞口应按消防规范设防火

隔板。电缆竖井的内壁应设固定电缆的铁支架，且应有固定电缆的支架预埋件，铁支架上间隔宜为0.5～1m。

通信线缆竖井规格、电缆桥架、楼板预留孔、线缆预埋钢管群配置　　表 1-22

公共建筑类型	建筑物楼层	竖井规格（净宽×净深）m		选用电缆桥架时宽度（mm）	楼板孔洞尺寸宽×深（mm）	选用线缆预埋钢管群（套管）
		挂壁式配线箱	落地式配线柜			
24m以下建筑	地下层	1.2×0.5 （1.6×1.0）	1.8×0.9 （2.4×0.9）	200	300×300	4×ϕ76
	1～3			200	300×300	4×ϕ76
	4～6			150	250×300	3×ϕ76
100m以下建筑	地下层	1.6×1.0 （2.4×1.0）	2.4×1.6 （2.4×2.0）	400	500×300	12×ϕ89
	1～7			400	500×300	12×ϕ89
	8～15			400	500×300	8×ϕ89
	16～23			400	500×300	8×ϕ89
	24～30			300	400×300	6×ϕ76
100m以上建筑	地下层	2.0×1.0 （2.4×1.0）	2.4×1.6 （2.4×2.0）	500	600×300	15×ϕ89
	1～7			500	600×300	15×ϕ89
	8～15			500	600×300	12×ϕ89
	16～23			500	600×300	12×ϕ89
	24～30			400	500×300	12×ϕ76
	30及以上			300	400×300	8×ϕ76

注：1. 竖井内规格中括弧内净宽净深的尺寸为较大的电信交换设备楼、多个无源（有源）配线箱设备而设定。
2. 竖井的门应朝外开启，宽度不宜小于1.0m（1.2或1.5m），高度不宜小于2.10m。并应有良好的自然通风及防水能力。
3. 竖井内上升电缆走线槽（桥架）宜采用槽式电缆走线槽，槽深120mm（150mm），并有线缆的绑扎支架。

上升电缆的几种建设方式特点和适用场合　　表 1-23

种类	单独式	复接式	递减式	交接式	混合式
特点	（1）各楼层电话电缆分别独立地直接供线； （2）各楼层电缆线对之间毫无连接关系； （3）各楼层电缆线对数根据需要分别确定	电缆线对在各楼层之间部分或全部复接，复接对数根据各楼层需要决定，每对线的复接次数一般不超过两次，每楼层电缆是由同一条上升电缆接出，不是单独供线	各楼层电缆线对互相不复接，各楼层电缆线对引出使用后，上升电缆逐段递减电缆容量	整个高层建筑分为几个交接配线区域，除离MDF或交接间较近的楼层单独供线外，其他各楼层均需经过交接箱连接楼层配线电缆	将上述四种方式混合组成
优点	（1）各楼层电缆线路互不影响，如发生障碍只涉及一个楼层； （2）发生障碍容易判断和检修； （3）扩建或改建简单，与其他楼层无关	（1）电缆线路网灵活性较高，各层线对因有复接关系，可以适当调度； （2）电缆长度较少，且对数集中，工程造价较低	（1）各楼层电缆由同一上升电缆引出，线对互不复接，发生障碍容易判断和检修； （2）电缆长度较少，线对集中，工程造价较低	（1）各楼层电缆线路互不影响，如发生障碍影响范围小，只涉及相邻楼层； （2）提高电缆芯线使用率，灵活性高，调度线对方便； （3）发生障碍容易判断和检修	适应各种楼层的需要
缺点	（1）电缆长度增加，工程造价高； （2）灵活性差，各楼层线路无法调度	（1）各楼层电缆因有复接，发生障碍涉及范围广，影响面大； （2）不易判断检修； （3）扩建或改建时，会影响其他楼层	（1）电缆线路网灵活性差，各层线对无法调度，利用率不高； （2）扩建或改建较为复杂，要影响其他楼层	（1）增加交接箱和电缆长度，工程造价较高； （2）对施工和维护要求高	扩建和改建较为复杂

续表

种类	单独式	复接式	递减式	交接式	混合式
适用范围	各楼层需要电缆线对较多，且较为固定不变的房屋建筑，如高级宾馆的标准层或办公大楼的办公室	各楼层需要电缆线对数量不同、变化较频繁的场合，如商贸中心、交易市场及业务变化较多的办公大楼等	各楼层所需电缆线对数量不均匀，且无变化的场合，如规模较小的宾馆、办公楼及高级公寓等	各楼层需要电缆线对数量不同，且变化较多的场合，如规模较大、变化较多的办公楼、高级宾馆、科技贸易中心等	适用场合较多，可因地制宜，尤其适于体量较大的建筑

暗敷管路系统上升部分的几种建筑方式　　表 1-24

上升部分的名称	是否装设配线设备	上升电缆条数	特　点	适　用　场　合
上升房	设有配线设备，并有电缆接头，配线设备可以明装或暗装，上升房与各楼层管路连接	8 条电缆以上	能适应今后用户发展变化，灵活性大，便于施工和维护，要占用从顶层到底层的连续统一位置的房间，占用房间面积较多，受到房屋建筑的限制因素较多	大型或特大型的高层房屋建筑；电话用户数较多而集中；用户发展变化较大，通信业务种类较多的房屋建筑
竖井（上升通槽或通道）	竖井内一般不设配线设备，在竖井附近设置配线设备，以便连接楼层管路	5～8 条电缆	能适应今后用户发展变化，灵活性较大，便于施工和维护，占用房间面积少，受房屋建筑的限制因素较少	中型的高层房屋建筑，电话用户发展较固定，变化不大的情况
上升管路（上升管）	管路附近设置配线设备，以便连接楼层管路	4 条以下	基本能适应用户发展，不受房屋建筑面积限制，一般不占房间面积，施工和维护稍有不便	小型的高层房屋建筑（如塔楼），用户比较固定的高层住宅建筑

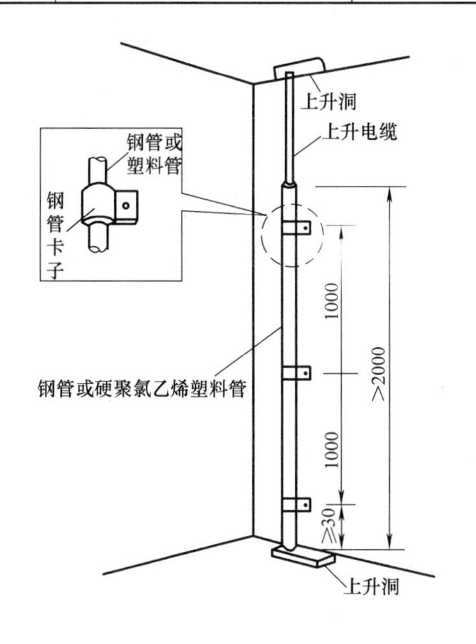

图 1-19　上升电缆直接敷设的方法

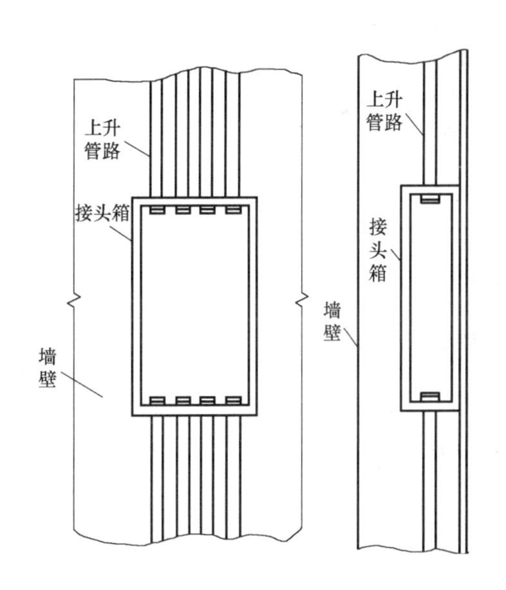

图 1-20　上升管路在墙内的敷设方式

③ 电缆竖井也可与其他弱电缆综合考虑设置。但检修距离不得小于 1m，若小于 1m 时必须设安全保护措施。

④ 安装在电缆竖井内的分线设备，宜采用室内电缆分线箱，电缆竖井分线箱可以明装在竖井内，也可以暗装于井外墙上。

⑤ 竖井内电缆要与支架间使用 4 号钢丝绑扎，也可用管卡固定，要牢固可靠，电缆间距应均匀

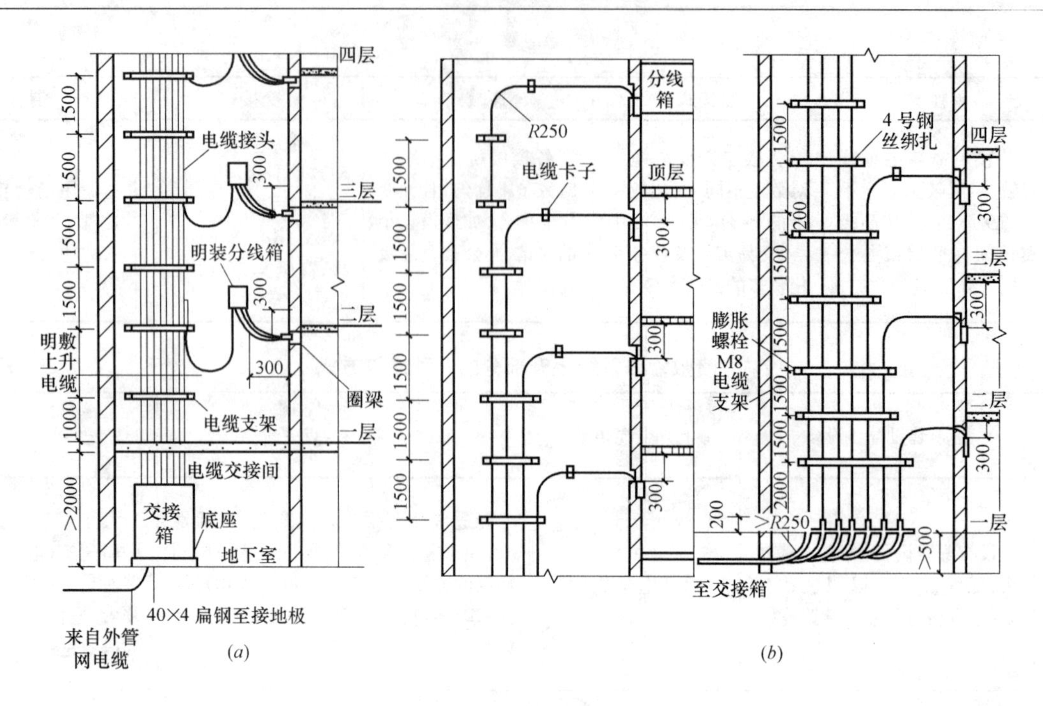

图 1-21　电缆竖井分线箱的明装与暗装

(a) 住宅楼电缆竖井做法（一）；(b) 住宅楼电缆竖井做法（二）

整齐。

(2) 电缆穿管敷设

① 穿放电缆时，应事先清刷暗管内污水杂物，穿放电缆应涂抹中性凡士林。

② 暗管的出入口必须光滑，且在管口垫以铅皮或塑料皮保护电缆，防止磨损。

③ 一根电缆管应穿放一根电缆，电缆管内不得穿用户线，管内严禁穿放电力或广播线。

④ 暗敷电缆的接口，其电缆均应绕箱半周或一周，以便拆焊接口。

⑤ 凡电缆经过暗装线箱，无论有无接口，都应接在箱内四壁，不得占用中心；并在暗线箱的门面上标明电信徽记。

⑥ 在暗装线箱分线时，在干燥的楼层房间内可安装端子板，在地下室或潮湿的地方应装分线盒。接线端子板上线序排列应由左至右、由上至下。

⑦ 在一个工程中必须采用同一型号的市话电缆。

六、楼层管路的布线和安装

1. 楼层管路的分布方式

分布方式如表 1-25 和图 1-22～图 1-25 所示。

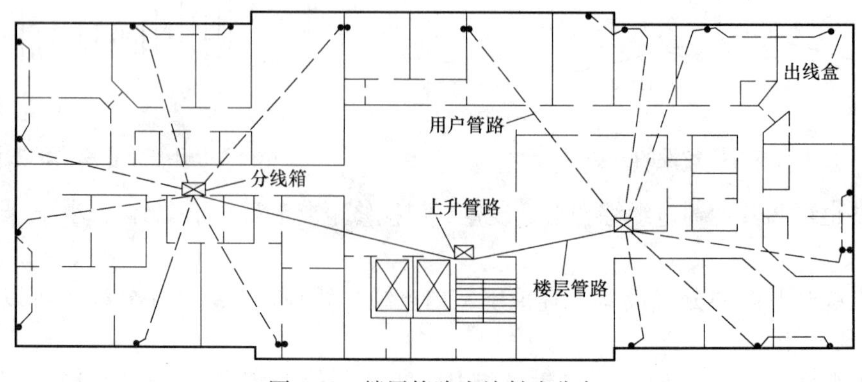

图 1-22　楼层管路为放射式分布

楼层管路的分布方式 **表 1-25**

分布方式名称	特　点	优　缺　点	适　用　场　合
放射式分布方式	从上升管路或上升房分歧出楼层管路，由楼层管路连通分线设备以分线设备为中心，用户线管路作放射式的分布	1. 楼层管路长度短，弯曲次数少； 2. 节约管路材料和电缆长度及工程投资； 3. 用户线管路为斜穿的不规则路由，易与房屋建筑结构发生矛盾； 4. 施工中容易发生敷设管路困难	1. 大型公共房屋建筑； 2. 高层办公楼； 3. 技术业务楼
格子形分布方式	楼层管路有规则地互相垂直形成有规律的格子形	1. 楼层管路长度长，弯曲次数较多； 2. 能适应房屋建筑结构布局； 3. 易于施工和安装管路及配线设备； 4. 管路长度增加，设备也多，工程投资增加	1. 大型高层办公楼； 2. 用户密度集中，要求较高，布置较固定的金融、贸易、机构办公用房； 3. 楼层面积很大的办公楼
分支式分布方式	楼层管路较规则，有条理分布，一般互相垂直，斜穿敷设较少	1. 能适应房屋建筑结构布置，配合方便； 2. 管路布置有规则性、使用灵活性，较易管理； 3. 管路长度较长，弯曲角度大，次数较多，对施工和维护不便； 4. 管路长，弯曲多，使工程造价增加	1. 大型高级宾馆； 2. 高层住宅； 3. 高层办公大楼

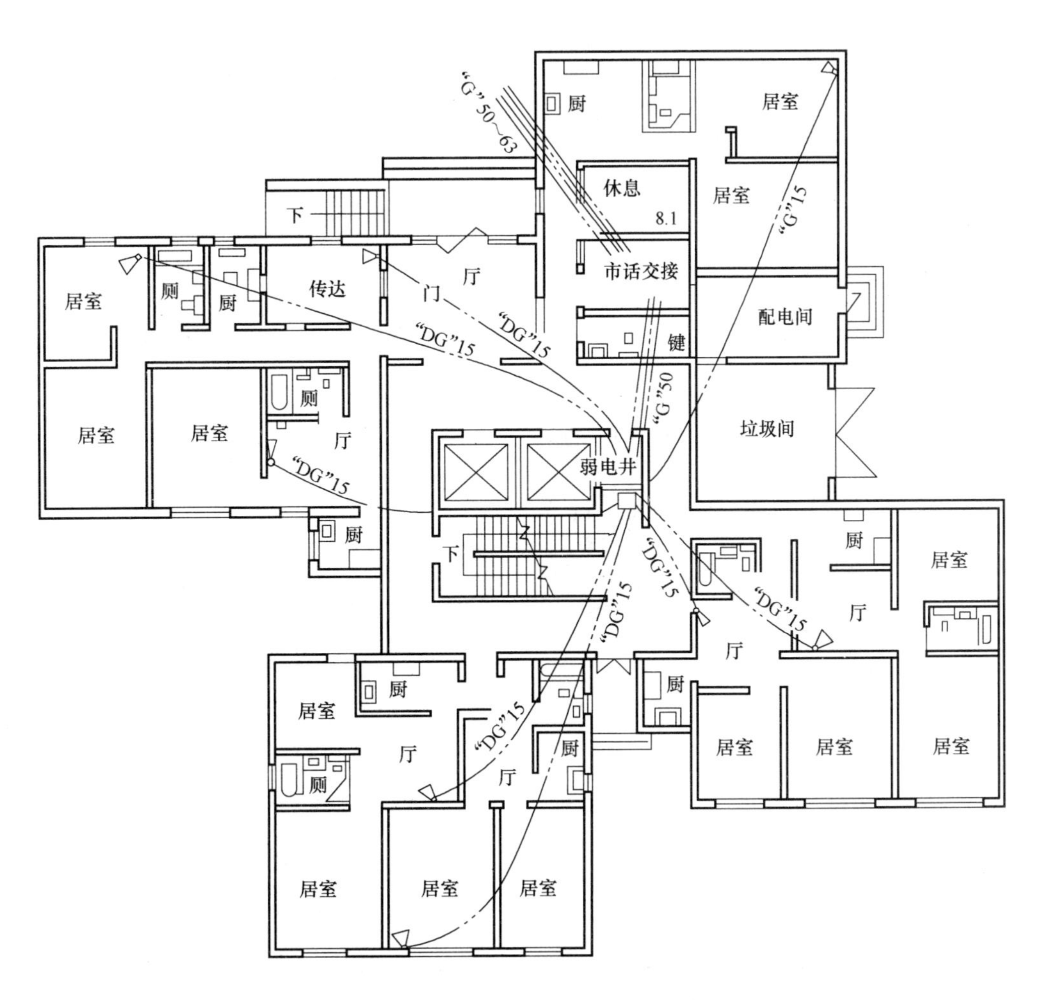

图 1-23　竖井式电话管网平面图

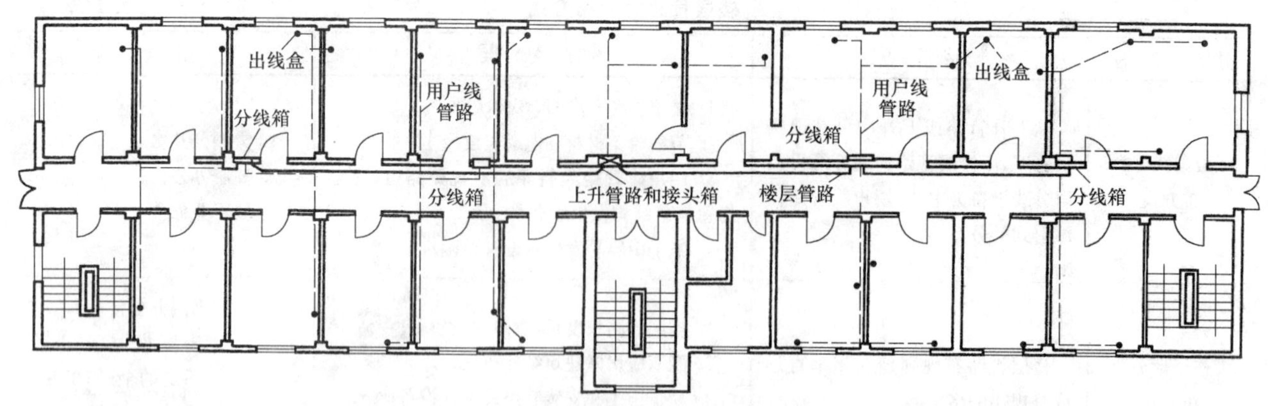

图 1-24 楼层管路为分支式分布

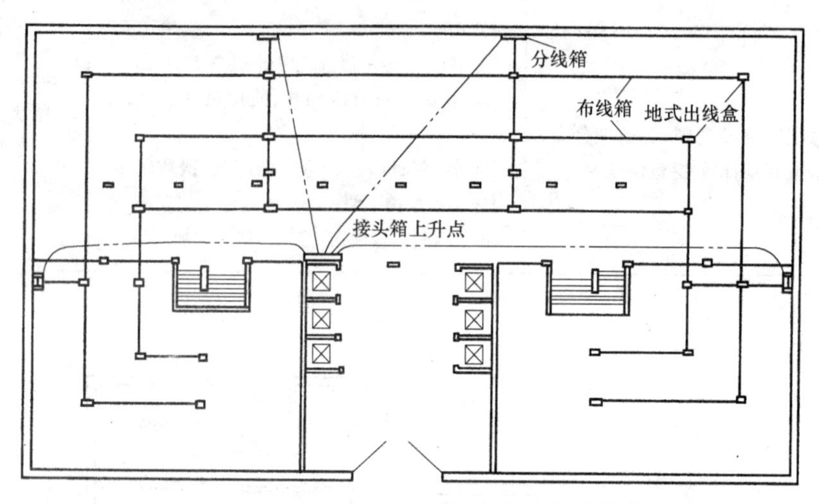

图 1-25 综合办公楼暗配管网平面图

2. 分线箱

分线箱是连接配线电缆和用户线的设备。在弱电竖井内装设的电话分线箱为明装挂墙方式，如图1-26 所示。其他情况下电话分线箱大多为墙上暗装方式（壁龛分线箱），以适应用户暗管的引入及美观要求。住宅楼房电话分线盒安装高度应为上边距顶棚 0.3m。

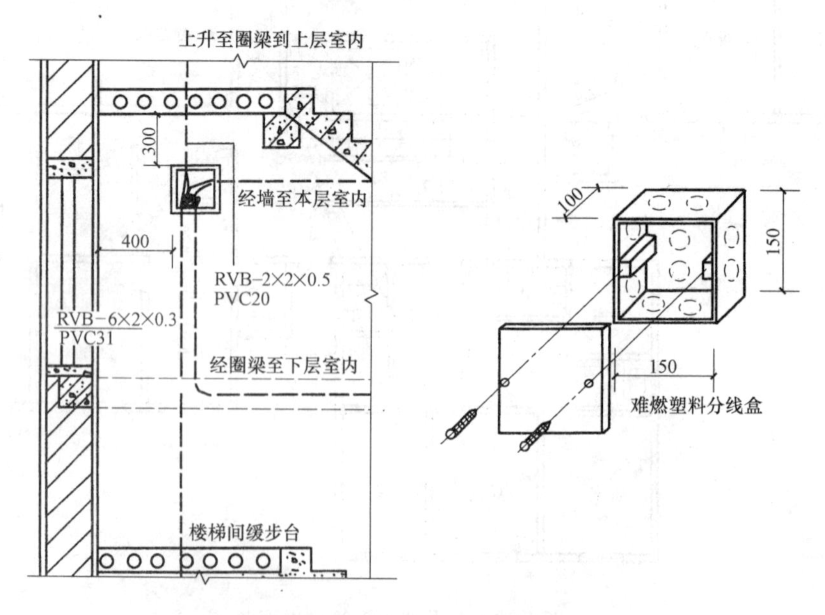

图 1-26 分线盒安装图

分线箱均应编号，箱号编排宜与所在的楼层数一致，若同一层有几个分线箱，可以第一位为楼层号，然后按照从左到右的原则进行顺序编号。分线箱中的电缆线序配置宜上层小，下层大。

3. 过路盒与用户出线盒

直线（水平或垂直）敷设电缆管和用户线管，长度超过 30m 应加装过路箱（盒），管路弯曲敷设两次也应加装过路箱（盒），以方便穿线施工。过路盒外形尺寸与分线盒相同，如图 1-26 所示。

过路箱（盒）应设置在建筑物内的公共部分，宜为底边距地 0.3～0.4m 或距顶 0.3m。住户内过路盒安装在门后时，如图 1-27 所示。若采用地板式电话出线盒，宜设在人行通道以外的隐蔽处，其盒口应与地面平齐。

电话出线盒的安装要求如下：

(1) 电话机不能直接同线路接在一起，而是通过电话出线盒（即接线盒）与电话线路连接。

(2) 室内线路明敷时，采用明装接线盒，即两根进线、两根出线。电话机两条引线无极性区别，可任意连接。

(3) 墙壁式用户出线盒均暗装，底边距地宜为 300mm。根据用户需要也可装于距地面 1.3m 处。用户出线盒规格可采用 86H50，其尺寸为 75mm（高）×75mm（宽）×50mm（深），如图 1-28 所示。

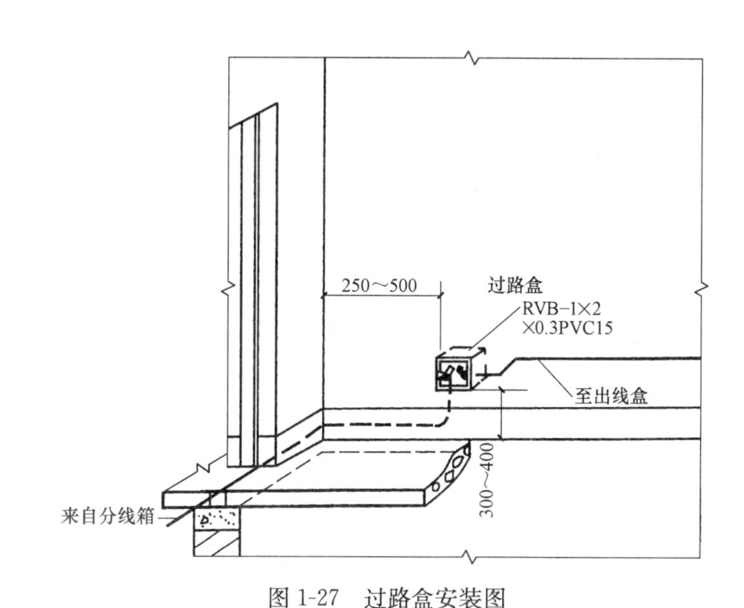

图 1-27　过路盒安装图

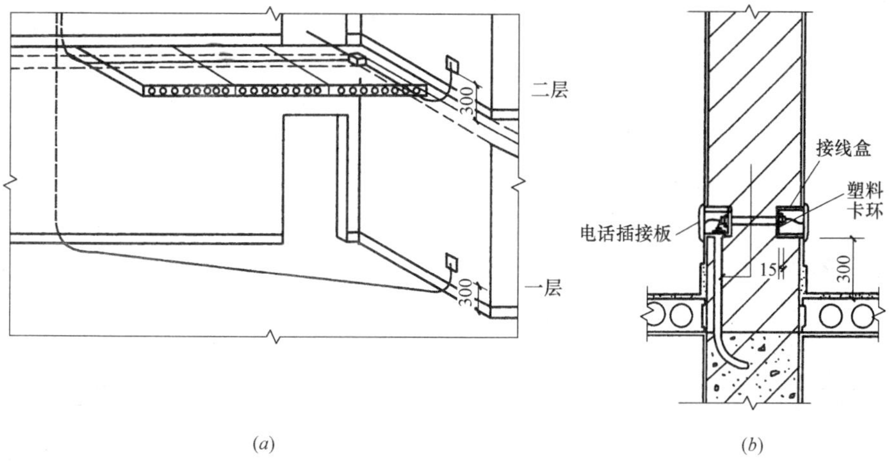

二层
300
一层
300
接线盒
塑料
卡环
电话插接板
15
300

(a)　(b)

图 1-28　电话出线盒安装

(a) 安装示意图；(b) 局部剖面图

第四节　电话线路的管线

一、电话线路的敷设安装方式

电话线路的敷设安装方式，目前常用的有通信线路明敷设安装和暗敷设安装两种类型，它们又分别有几种安装方式，根据具体条件和要求选用，有时两种类型混合使用。它们的分类情况如表1-26中所列。

室内通信线路的敷设安装方式　　表1-26

类别	敷设安装方式的名称	敷设安装方法	特　点	适　用　场　合
明敷设安装(明配线)	通信线路直接明敷设安装	将电缆或导线直接在房屋内部墙壁上用卡子或线码等附件固定安装	1. 通信线路不隐蔽，不整齐美观；2. 易受外界机械损伤，不够安全；3. 施工和维护及检修较为方便；4. 工程造价较低	1. 工业企业的一般厂房或辅助生产厂房；2. 低层或多层居住建筑；3. 中小学等建筑；4. 不易受到外界机械损伤的场合
	通信线路穿管明敷设安装	将电缆或导线穿放在管材中，管材用卡子或其他附件固定在墙上或房屋屋架结构构件上，管材可用钢管、塑料等	1. 通信线路不易受到外界机械损伤比较安全可靠；2. 能适应今后变化，维护较简便；3. 线路不隐蔽，不够整齐美观；4. 施工需穿特定管材，操作较复杂，且易触及房屋建筑内部表面；5. 造价较高	1. 内部环境不好，会受外界机械损伤的厂房(如铸造冶炼等工业企业)中车间等；2. 室内其他管线较多、互相交叉、平行较多的场合；3. 有特殊要求(如防止干扰采用钢管屏蔽)的室内通信线路
	通信线路安放在桥架或槽道中，明敷设安装	将电缆或导线安放在电缆专用桥架或槽道中，明敷设安装	1. 通信线路不易受到外界机械损伤，比较安全可靠；2. 能适应今后变化，维护和施工均较方便；3. 线路不隐蔽，不整齐美观；4. 造价较高，器材消耗也多	1. 内部环境不好，受外界机械损伤的场合；2. 与其他弱电线路可以合用的场合或段落；3. 有特殊要求的场合
暗敷设安装(暗配线)	通信线路穿管暗敷设安装	将电缆或导线穿放在房屋建筑内预埋的暗管中	1. 通信隐蔽、美观、安全可靠；2. 施工和维护较为复杂；3. 要求暗管与房屋建筑同时建成，受到房屋施工的限制；4. 造价较高；5. 能适应今后的发展	1. 要求较高的民用或工业建筑；2. 各种高级公共建筑和高层居住建筑(如高级宾馆办公大楼等)；3. 特殊需要的房屋建筑(如智能大厦等)
	通信线路安放在桥架或槽道中暗敷设安装	将电缆或导线安放在电缆专用桥架或槽道中，暗敷设安装，通常预埋在各个楼层吊顶内或设在技术夹层等场合	1. 通信线路隐蔽、美观、安全可靠，不易受到外界机械损伤；2. 能适应今后变化，维护和施工均较方便；3. 造价较高，器材消耗也多；4. 一般宜与其他弱电线路共用，受到限制较多	1. 要求较高的民用或工业建筑；2. 各种公共建筑；3. 有特殊要求的场合(如公用夹层或设备层等)

电适通信线路的常用市话电缆有HYA型、HYAT型和HYAC型等，常用的用户线有HPV型(HPVV型)和HBVVB型平行线和HBVVS型对绞线等。

电话通信线路的暗配管常用的有钢管、塑料管。钢管又分薄壁管(壁厚在2mm以下，代号为DG)和厚壁管(壁厚在2mm以上，代号为G)，其选用如表1-27所示。表1-28列出常用用户线的配线和配管穿放容量。

暗敷管材的选用　　表1-27

序号	管材代号	管材名称	别　名	特　点	适　用　场　合
1	DG	薄壁钢管	普通碳素钢电线套管、电线管、电管、黑铁管、薄管	有一定机械强度，耐压力和耐蚀性较差，有屏蔽性能	一般建筑内暗敷管路中均可采用，尤其是在电磁干扰影响大的场合采用，不宜在有腐蚀或承受压力的场合使用

续表

序号	管材代号	管材名称	别　　名	特　　点	适　用　场　合
2	G	厚壁钢管	对边焊接钢管、水管、厚管	机械强度较高、耐压力高、耐蚀性好，有屏蔽性能	可在建筑底层和承受压力的地方使用，在有腐蚀的地方使用时应作防腐蚀处理，尤其适用于电磁干扰影响较大的场合
3	VG	硬聚氯乙烯塑料管	PVC管	易弯曲、加工方便、绝缘性好，耐蚀性强，抗压力差，屏蔽性能差	不宜在有压力和电磁干扰的较大的地方使用，在有腐蚀或需绝缘隔离的地方使用较好
4	GV	软聚氯乙烯塑料管		与硬聚氯乙烯塑料管相似，绝缘性能稍低	与硬聚氯乙烯塑料管相似，一般暗敷管路系统均可使用，但与电力线路过于接近时不宜采用

注：表中所列的聚氯乙烯塑料管不论软硬，都应该是具有低烟阻燃或低烟非燃性能，在建筑中不应采用有燃烧可能的管材。

暗敷用户线管的选用　　表1-28

管　类	公称口径(mm)	内　径(mm)	用户线穿放容量(对)	
			HPVV型铜芯平行线(2×1×0.5)	HBV型铜芯对绞线(2×1×0.6)
薄壁钢管“DG”	15	12.67	1～3	1～3
	20	15.45	4～5	4
	25	21.80	6～8	5～6
无增塑刚性阻燃PVC管“VG”	15	12.0	1～3	1～3
	20	16.0	4～5	4
	25	20.0	6～8	5～6
硬质PVC波纹管	15	12.0	1～3	1～3
	20	16.0	4～5	4
	25	21.2	6～8	5～6

二、室外暗管敷设

（1）室外电话电缆应采用地下通信管道线路方式敷设，对不具备条件的多层民用住宅建筑区内的室外电话电缆，也可采用挂墙电缆线路方式敷设。

（2）地下通信管道与其他地下管线及建筑物最小净距应符合表1-29的规定。

地下通信管道与其他地下管线及建筑物的最小净距　　表1-29

其他地下管线及建筑物名称		平行净距(m)	交叉净距(m)
给水管	300mm以下	0.50	0.15
	300～500mm	1.00	
	500mm以上	1.50	
排水管		1.00①	0.15②
热力管		2.0	0.25
煤气管	压力≤300kPa	1.00	0.30③
	300kPa＜压力≤800kPa	2.00	
电力电缆	35kV以下	0.50	0.50④
	35kV及以上	2.00	
其他通信电缆		0.75	0.25
绿化	乔木	2.0	
	灌木	0.50	

续表

其他地下管线及建筑物名称	平行净距(m)	交叉净距(m)
地上杆柱	0.50～1.00	
马路边石	1.00	
电车路轨外侧	2.00	
房屋建筑红线(或基础)	1.50	

注：1. 主干排水管后敷设时，其施工沟边与地下通信管道的水平净距不宜小于1.5m。
2. 当地下通信管道在排水管下部穿越时净距应不小于0.4m；通信管道作包封时，应将包封长度自排水管两端各加长2.0m。
3. 在交越处2m范围内，煤气管不应作接合装置和附属设备，如上述情况不能避免时，地下通信管道应作包封，包封长度自交越处两端各加长2.0m。
4. 如电力电缆加保护管时，净距应不小于0.5m。

（3）管道的埋深宜为0.8～1.2m，在穿越人行道、车行道、电车轨道或铁路时，最小不得小于表1-30的规定。

管道的最小埋深　　**表1-30**

管　种	管顶至路面或铁道路基面的最小净距(m)			
	人行道	车行道	电车轨道	轨　道
混凝土管硬塑料管	0.5	0.7	1.0	1.3
钢　管	0.2	0.4	0.7	0.8

三、进户管道敷设

（1）一般用户预测在90户以下时（采用100对电缆），宜按一处进线方式；用户预测在90户以上时，可采用多处进线方式。

（2）建筑物地下通信进户管和引上管可采用铸铁管、无缝钢管或硬质塑料管。

（3）民用建筑物的电话通信地下进线管焊接点，应距建筑外墙2m，埋深0.8m，以便与市话地下通信管道连接，且应向外倾斜不小于0.4%的坡度。

（4）进线管孔应考虑设置备用管孔，也可将管径适当增大一级，以便今后抽换电缆或电话线。

四、室内管路敷设

（1）建筑物内暗配管路应随土建施工预埋，应避免在高温、高压、潮湿及有强烈振动的位置敷设。暗配管与其他管线的最小净距应符合表1-31的规定。

暗配管与其他管线最小净距（单位：mm）　　**表1-31**

其他管线名称	平行敷设时		交叉敷设时		保护措施和要求
	用户线的位置	最小水平净距	用户线的位置	最小垂直净距	
给水管	不作规定	150	在给水管上面	20	在交叉敷设时，给水管包两层胶皮或黑胶布，并包扎牢固，其长度不小于100
电力线	不作规定	150	在电力线上面	50	在交叉敷设时，用户线外套瓷管、塑料管或用黑胶布包扎，其套管或包扎长度不小于100
暖气管	不作规定	300	在暖气管上面	300	在交叉敷设时，用户线外套瓷管，长度不小于100；如不包封，最小净距应为500
煤气管	不作规定	300	不作规定	20	在交叉敷设时，用户线外套瓷管，阻燃塑料管长度不小于100
压缩空气管	不作规定	150	不作规定	20	在交叉敷设时，压缩空气管包两层黑胶布，并包扎牢固，其长度不小于100

注：本表也适用于室内通信线路暗敷管路系统与其他管线的最小净距。

（2）电缆管、用户线管应采用镀锌钢管或难燃硬质塑料管。在易受电磁干扰的场所，暗配管应采用镀锌钢管，且做好接地处理。

（3）由进户管至电话交接箱至分线箱的电缆暗管的直线电缆管直径，利用率应为管内径的50%～60%，弯曲处电缆管管径利用率应为30%～40%。

（4）由分线箱至用户电话出线盒，应敷设电话线暗管，电话线暗管内径应为15～20mm；穿放平行用户线的管子截面利用率为25%～30%；穿放绞合用户线的管子截面利用率为20%～25%。

（5）暗配长度超过30m时，电缆暗管中间应加装过路箱；用户电话线管中间应加装过路盒。

（6）暗配管必须弯曲敷设时，其路径长度应小于15m，且该段内不得有S弯；如连接弯曲超过两次时，应加装过路箱（盒）。

（7）管子的弯曲处应安排在管子的端部，管子的弯曲角度不应小于90°，电缆暗管弯曲半径不应小于该管外径的10倍，用户电话线管弯曲半径不应小于该管外径的6倍。

（8）在管子弯曲处不应有皱褶纹和坑瘪以免损伤电缆。

（9）暗配管线不宜穿越建筑物的伸缩缝或抗震缝，应改由其他位置（或由基础内通过）引上至楼层电缆供配线。当必须穿越沉降缝时，电缆管、用户线管必须做补偿装置。

（10）分线箱至用户的暗配管不宜穿越非本户的其他房间，若必须穿越时，暗管不得在其他房内开口。

（11）住宅楼应每户设置一根电话线引入暗管，户内各室之间宜设置电话线联络暗管，便于调节电话机安装位置。

（12）暗配管的出入口必须在墙内镶嵌暗线箱（盒），管的出入口必须光滑、整齐。

五、楼内上升通道的施工

从通信的角度看，强电是影响通信质量的最重要干扰源，因此，电信上升通道应避免与强电等其他竖井合用。电信竖井宜单独设置，其宽度不宜小于1m，深度宜为0.3～0.4m，操作面不小于0.8m。电缆竖井的外壁在每层楼都应装设阻燃防火操作门，门的高度不低于1.85m，宽度与电缆竖井相当。

电信竖井的内壁应设电缆铁架，其上下间隔宜为0.5～1m，每层楼的楼面洞口应按消防规范设防火隔板。同时电信竖井也可与其他弱电缆线综合考虑设置。

如设置专用竖井有困难，则在综合竖井内，与其他管线间应保持0.8m以上间距，并应采取相应的保护措施。强电与弱电线路应分别布置在竖井两侧，以防止强电对弱电的干扰。

六、交接和分线设备成端及配线的安装

（1）交接设备列号，线序号的排列。

① 单面交接箱，面对列架，自左（为第一列）往右顺序编号，每列的线序号自上往下顺序编号。

② 双面交接箱，可分为A列端和B列端，A列端的线序号编排完，B列端再继续往下编号。

（2）局线、配线安装位置，局线与配线之比例以1∶1.5～1∶2为宜，局线与配线的安装位置，原则上局线在中间列，配线在两边。

（3）旋转卡夹式、模块式交接箱成端把线绑扎及连接，把线绑扎应按色谱单位，编好线序以100对线为一个单位（每组10～25对线序）依次连接，且每百对单位留有线弯和标志板。绑扎时要使电缆顺直、圆滑匀称，不得有重叠扭绞或弯折现象。

（4）分线箱（盒）尾巴电缆制作。

① 分线箱（盒）在装配之前，应预制分线设备的尾巴电缆。尾巴电缆的气闭应做在电缆绝缘层的根部，用自粘胶带与电缆缠扎。

② 编扎尾巴电缆必须顺直，不得有重叠扭绞现象，用蜡浸麻线扎结紧密结实，分线及线扣要均匀整齐，线扣扎结串联成直线。

③ 分线箱（盒）的接线柱与尾巴电缆的连接，尾巴电缆的芯线应加焊并绕接线柱两圈，连接应牢固。

七、电话缆线

市内电话配线的种类如表 1-32 所示，表中说明其用途和规格。

市内电话配线型号规格　　　　**表 1-32**

<table>
<tr><th>型　号</th><th>名　称</th><th>芯线直径
（mm）</th><th>芯线截面
（根数×mm）</th><th>导线外径
（mm）</th></tr>
<tr><td>HPV</td><td>铜芯聚氯乙烯电话配线(用于跳线)</td><td>0.5
0.6
0.7
0.8
0.9</td><td></td><td>1.3
1.5
1.7
1.9
2.1</td></tr>
<tr><td>HVR</td><td>铜芯聚氯乙烯及护套电话软线(用于电话机与接线盒之间连接)</td><td>6×2/1.0</td><td></td><td>二芯圆形 4.3
二芯扁形 3×4.3
三芯 4.5
四芯 5.1</td></tr>
<tr><td>RVB</td><td>铜芯聚氯乙烯绝缘平行软线(用于明敷或穿管)</td><td rowspan="2"></td><td rowspan="2">2×0.2
2×0.28
2×0.35
2×0.4
2×0.5
2×0.6
2×0.7
2×0.75
2×1
2×1.5
2×2
2×2.5</td><td rowspan="2"></td></tr>
<tr><td>RVS</td><td>铜芯聚氯乙烯绝缘绞合软线(用于穿管)</td></tr>
</table>

（1）电缆网中的电话电缆应采用综合护层塑料绝缘市话电缆，且优先采用 HYA 型铜芯实心、聚烯烃绝缘涂塑铝带粘接屏蔽聚乙烯护套市话通信电缆。

（2）楼内配线也可采用 HYV 型铜芯实心聚乙烯绝缘、聚氯乙烯护套、绕包铝箔带市话通信电缆，且配线电缆的线径为 0.4mm。

市内电话电缆规格见表 1-33。

市内电话电缆规格　　　　**表 1-33**

序　号	型号及规格	电缆外径(mm)	重量(kg/km)
1	HYA10×2×0.5	10	119
2	HYA20×2×0.5	13	179
3	HYA30×2×0.5	14	238
4	HYA50×2×0.5	17	357
5	HYA100×2×0.5	22	640
6	HYA200×2×0.5	30	1176
7	HYA300×2×0.5	36	1667
8	HYA400×2×0.5	41	2217
9	HYA600×2×0.5	48	3229
10	HYA1200×2×0.5	66	6190

续表

序　　号	型号及规格	电缆外径(mm)	重量(kg/km)
11	HYA10×2×0.4	11	91
12	HYA20×2×0.4	12	134
13	HYA30×2×0.4	12	179
14	HYA50×2×0.4	14	253
15	HYA100×2×0.4	18	417
16	HYA200×2×0.4	24	774
17	HYA300×2×0.4	28	1131
18	HYA400×2×0.4	33	1458
19	HYA600×2×0.4	41	2143
20	HYA1200×2×0.4	56	4077
21	HYA1800×2×0.4	66	5967
22	HYA2400×2×0.4	76	8000

在建筑配管中，管材可分为：钢管（厚壁管，2mm以下壁管）、硬聚氯乙烯管、陶瓷管等。现广泛采用钢管及硬聚氯乙烯管。在建筑物中比较集中的缆线也大量采用多属线槽明敷的方式，容纳的根数见表1-34～表1-38。

穿管的选择　　　　表1-34

电缆、电线敷设地段	最大管径限制(mm)	管径利用率(%)	管子截面利用率(%)
		电　　缆	绞合导线
暗设于地层地坪	不作限制	50～60	30～35
暗设于楼层地坪	一般≤25 特殊≤32	50～60	30～35
暗设于墙内	一般≤50	50～60	30～35
暗设于吊顶内或明敷	不作限制	50～60	25～30(30～35)
穿放用户线	≤25		25～30(30～35)

注：1. 管子拐弯不宜超过两个弯头，其弯头角度不得小于90°，有弯头的管段长如超过20m时，应加管线过路盒。
2. 直线管段长一般以30m为宜，超过30m时，应加管线过路盒。
3. 配线电缆和用户线不应同穿一条管子。
4. 表中括号内数值为管内穿放平行导线的数值。

HYV型、HYA型、HPVV型电话电缆穿保护管最小管径一览表　　　　表1-35

保护管种类	保护管弯曲数	电缆对数													
		5	10	15	20	25	30	40	50	80	100	150	200	300	400
		最小管径(mm)													
电线管(TC)聚氯乙烯(PC)	直　　通	20	25				32	40		50		—	—	—	—
	一个弯曲时	25	32			40		50		—	—	—	—	—	—
	二个弯曲时	40			50			—	—	—	—	—	—	—	—
焊接钢管(SC)水煤气钢管(RC)	直　　通	15	20				25	32		40		50	70	80	
	一个弯曲时	20	25	32				40	50			70	80	100	
	二个弯曲时	32				40		50		70		80			

注：穿管长度30m及以下。

电话电线穿管的最小管径　　　　**表 1-36**

导线型号	穿管对数	导线截面(mm²) SC或RC管径(mm) 0.75	1.0	1.5	2.5	4.0	导线型号	穿管对数	导线截面(mm²) TC或PC管径(mm) 0.75	1.0	1.5	2.5	4.0
RVS 250V	1	15	15	15	15	20	RVS 250V	1	16	16	16	20	25
	2	15	15	20	25	25		2	16	20	25	32	32
	3	15	20	20	32	32		3	20	25	25	40	40
	4	20	20	20	32	32		4	25	32	32	40	40
	5	20	25	25	25	40		5	25	32	32	50	50
	6	25	25	32	40	50		6	32	32	40	50	50

HYV 型、HYA 型、HPVV 型电话电缆穿在线槽内允许根数一览表　　　　**表 1-37**

电缆对数	金属线槽容纳导线根数				塑料线槽容纳导线根数				
	45×30	55×40	45×45	120×65	40×30	60×30	80×50	100×50	120×50
5	5	9	7	30	5	7	16	20	25
10	3	6	5	21	3	5	11	14	16
15	3	5	5	20	3	4	10	13	16
20	2	4	4	15	2	3	8	10	12
25	2	4	4	14	2	3	8	10	12
30	2	3	3	11	1	2	6	7	8
40	1	2	2	8	1	2	3	7	8
50	—	2	2	7	1	1	3	4	5

线槽内电话电缆与电话支线换算　　　　**表 1-38**

电话支线型号	HYV-0.5 电话电缆对数					
	10	20	30	50	80	100
RVS-2×0.2	8	12	16	25	37	44
RVS-2×0.5	7	8	11	18	25	31

电话支线型号	对数	HYV-0.5 电话电缆对数（相当于电缆根数）			
		100	80	50	30
HYV-0.5	10	5	4	3	2
	20	4	3	2	1
	30	3	2	1	—
	50	2	1	—	—

八、电话配线系统与综合布线系统的关系

因为结构化综合布线（详见第三章）完全可以替代电话配线，所以电话配线在智能建筑中并不重要。但由于综合布线的造价比电话配线高出许多，在楼内电话配线设计时，如果能确定电话的位置和数量，不妨用电话配线，这样能节约投资。但如果电话数量不确定，那么，楼内可全部采用综合布线替代电话配线。此外，在某些场合，电话配线和综合布线可共用一个弱电间、竖井和配线架。如果某楼层的水平子系统有一个综合布线配线架，那么该楼层的电话壁龛完全可以取消。

第五节　电话站机房的设计

一、程控用户交换机机房的选址与设计

1. 机房选址：

（1）机房可根据需求，设置在建筑物底层或地下层（当地下多层时）或主、裙楼的中心部位，应远离产生振动、较高电磁场干扰、水蒸气、潮湿、易燃、易爆、有害气体源等场所及用户负荷中心及进出线方便的地方；

（2）机房宜设置在与计算机网络中心机房贴近；

（3）机房不宜设置在变压器室、变配电室等较高电磁干扰源的上下层或贴近的场所，机房宜远离场强大于表 1-39 所规定的电磁干扰源；

电磁干扰源限值　　　　**表 1-39**

频率	电场强度 E	磁场强度 H
30Hz～30kHz	—	50μA/m
30kHz～30MHz	0.6V/m	0.0016A/m
30MHz～50MHz	0.3V/m	0.0008A/m
0.5GHz～13GHz	1.5V/m	

（4）机房不应设置在锅炉房、洗衣房、浴室、卫生间、开水房等易积水房间及其他潮湿性场所的下方或贴邻，机房温、湿度条件应符合表 1-40 的要求；

（5）机房不宜设置在发电机房、水泵房、空调机房及通风机房等其他有较大震动场所附近；

（6）机房不宜设置在汽车库、锅炉房、洗衣房以及空气中粉尘含量过高或有腐蚀性气体，腐蚀性排泄物等场所附近；

（7）有人值班的机房附近应设卫生间；

（8）机房内主要房间或通道，不应被其他公用通道、走廊或房间隔开。

2. 机房土建设计可参照表 1-40 要求，一般容量在 2000 门以下的交换机房，传输设备、可仅设交换机室、话务员室及维修办公室。其交换机室应能容纳用户交换机、总配线设备、配电设备、免维护蓄电池组以及为机房服务的空调机柜等。

用户交换机房土建设计要求　　　　**表 1-40**

房间名称		用户交换机室	控制室	话务员室	传输设备室	蓄电池室	用户模块室	总配线室	
房屋净高(m)（梁下或风管下）		≥3.0	≥3.0	≥3.5	≥3.5	≥3.5	≥3.0	每列 100 或 120 回线	≥3.0
								每列 202 回线	≥3.5
								每列 600 回线	≥3.5
均布活荷载（kN/m²）		≥4.5	≥4.5	≥3.0	≥6.0	≥10.0	≥4.5	每列 100 或 120 回线	≥4.5
								每列 202 回线	≥4.5
								每列 600 回线	≥7.5
地面面层材料（防静电、阻燃）		活动地板或塑料地面	活动地板或塑料地面	活动地板或塑料地面	塑料地面	防酸水泥地面	活动地板或塑料地面	塑料地面	
温度(℃)	长期工作条件	18～28	18～28	10～30	10～32	10～32	10～32	10～32	
	短期工作条件	10～35	10～35		10～40	0～40	10～40		
相对湿度(%)	长期工作条件	30～75	30～75	10～80	20～80	20～80	20～80	20～80	
	短期工作条件	10～90	10～90		10～90	10～90	10～90		
最低照度(lx)（距地面 1.4m）		垂直面(1.4m) 150/50	水平面(0.8m) 150	水平面(0.8m) 300	垂直面(1.4m) 150/50	水平面(0.8m) 100	垂直面(1.4m) 150/50	垂直面(1.4m)	150/50
接地(单点接地方式)		交换机容量＜1000 门时，接地电阻设计要求≤10Ω；1000 门≤交换机容量≤10000 门时，接地电阻设计要求≤5Ω							
环境		防尘、防止有害气体：SO_2、H_2S、NH_3、NO_2 侵入，远离场强电磁干扰源							

注：1. 程控用户交换机的机架高为 2.0～2.4m。
2. 活动地板或塑料地面应能防静电并阻燃。
3. 垂直面照度上栏较高值（150lx）为无机架照明时的最低照度要求。

3. 机房内系统设备布置，应根据交换机的机架、机箱、配线架，以及配套设备配置情况、设备尺寸、安装方式及现场条件和管理要求决定。在交换机及配套设备尚未选型时，机房的使用面积宜按表1-41估算机房面积。

4. 大、中型机房应设置独立空调系统，以满足机房内全年每天24小时对程控用户交换机设备正常运行的环境要求。

程控用户交换机房的使用面积　　表1-41

交换机容量数(门)	交换机房使用面积(m^2)
≤500	≥30
501～1000	≥35
1001～2000	≥40
2001～3000	≥45
3001～4000	≥55
4001～5000	≥70

注：表中机房使用面积应包括话务台或话务员室、配线架（柜）、电源设备和蓄电池的使用面积，但不包括机房的备品备件维修室、值班室及卫生间。

5. 程控用户交换机房内设备布置，应符合以近期为主、中远期扩充发展相结合的原则。

6. 话务台的布置，应使话务员就地或通过话务员室观察窗正视或侧视交换机机柜的正面。

7. 总配线架或配线机柜室应靠近交换机室，以方便交换机中继线和用户线的进出。

8. 当交换机容量小于或等于1000门时，总配线架或配线机柜可与交换机机柜毗邻安装。

9. 机房的毗邻处，可设置多家电信业务经营者的光、电传输设备以及宽带接入等设备的电信机房。

二、程控用户交换机房的供电要求

1. 机房电源的负荷等级与配置以及供电电源质量，应符合有关规定。

2. 当机房内通信设备有交流不间断和无瞬变供电要求时，应采用不间断电源供电系统。

3. 通信设备的直流供电系统，应由整流配电设备和蓄电池组组成，采用分散或集中供电方式供电。当直流供电设备安装在机房内时，宜采用开关型整流器、密闭免维护蓄电池。

4. 通信设备的直流供电电源应采用在线充电方式，并以全浮充制运行。

5. 通信设备使用直流基础电源电压为DC：－48V，其电压变动范围和杂音电压应符合表1-42的规定。

基础电源电压变动范围和杂音电压要求　　表1-42

<table>
<tr><th rowspan="3">标准电压
(DC)
(V)</th><th rowspan="3">电信设备受电端子上电压(DV)变动范围
(V)</th><th colspan="8">电源杂音电压</th></tr>
<tr><th colspan="2">衡重杂音电压</th><th colspan="2">峰-峰值杂音电压</th><th colspan="2">宽频杂音电压
(有效值)</th><th colspan="2">离散频率杂音
(有效值)</th></tr>
<tr><th>频段
(kHz)</th><th>指标
(mV)</th><th>频段
(kHz)</th><th>指标
(mV)</th><th>频段
(kHz)</th><th>指标
(mV)</th><th>频段
(kHz)</th><th>指标
(mV)</th></tr>
<tr><td rowspan="4">－48</td><td rowspan="4">－40～－57</td><td rowspan="4">300～3400</td><td rowspan="4">≤2</td><td rowspan="4">0～300</td><td rowspan="4">≤400</td><td rowspan="2">3.4～150</td><td rowspan="2">≤100</td><td>3.4～150</td><td>≤5</td></tr>
<tr><td>150～200</td><td>≤3</td></tr>
<tr><td rowspan="2">150～30000</td><td rowspan="2">≤30</td><td>200～500</td><td>≤2</td></tr>
<tr><td>500～30000</td><td>≤1</td></tr>
</table>

6. 当机房的交流电源不可靠或交换机对电源有特殊要求时，应增加蓄电池放电小时数。

7. 交换机设备的蓄电池的总容量应按下式计算：

$$Q \geqslant KIT/\eta[1+\alpha(t-25)] \tag{1-3}$$

式中 Q——蓄电池容量（Ah）；

K——安全系数，为1.25；

I——负荷电流（A）；

T——放电小时数（h）；

η——放电容量系数，见表1-43；

t——实际电池所在地最低环境温度数值，所在地有采暖设备时，按15℃确定；无采暖设备时，按5℃确定；

α——电池温度系数（1/℃），当放电小时率大于或等于10时，应为0.006；当放电小时率小于10大于或等于1时，应为0.008；当放电小时率小于1时，应为0.01。

蓄电池放电容量系数 η　　**表1-43**

电池放电小时数(h)	0.5		1		2	3	4	6	8	10	≥20
放电终止电压(V)	1.70	1.75	1.75	1.80	1.80	1.80	1.80	1.80	1.80	1.80	≥1.85
放电容量系数	0.45	0.40	0.55	0.45	0.61	0.75	0.79	0.88	0.94	1.00	1.00

8. 机房内蓄电池组电池放电小时数，应按机房供电电源负荷等级确定。

三、电话站房的平面布置

图1-29是一种容量1000门以上的大型程控用户交换机电话站房的平面布置图示例。图中房间净高3m，活动地板或布放电缆的地槽的高度应大于25cm。话务员室与交换机房的隔墙中间，在离地面1m高左右，设有至少1m高、2m宽的透明玻璃隔墙，以便观察机房状态。蓄电池室房顶或侧墙安装12英寸排气扇。

图1-30和图1-31是又一种程控交换机电话站房的平面布置。

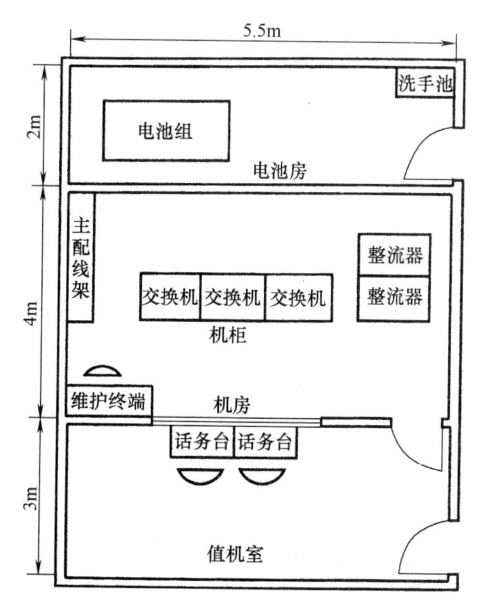

图1-29　程控交换机电话站房平面布置之一

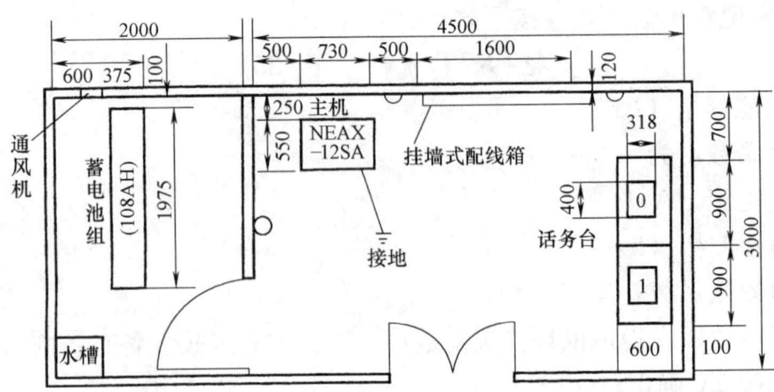

图 1-30　程控交换机电话站房平面布置之二

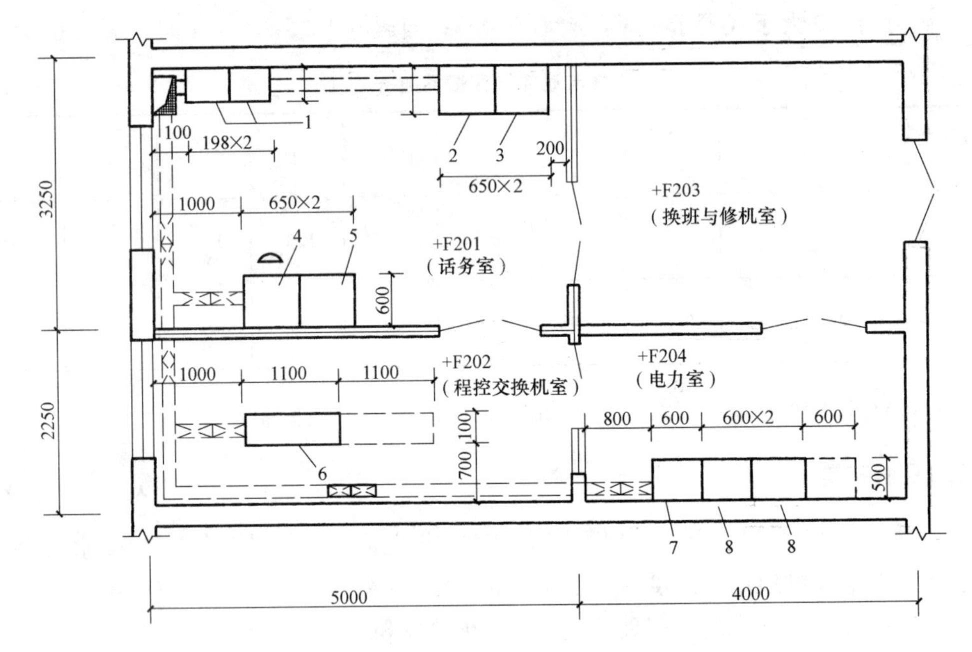

图 1-31　程控交换机电话站房平面布置之三

1—总配线架；2—用户传真机；3—用户电传机；4—话务台；

5—维护终端；6—程控交换机；7—电源架；8—电池架

四、UPS 的特性选择

目前市场上出售的各种 UPS 电源，在市电供电正常时，基本运行特性如表 1-44 所示。

各种 UPS 在市电供电正常时（占总供电时间的 99%以上）的运行特点　　**表 1-44**

UPS类型	市　电　电　压	向用户所提供的电源	逆变器的工作状态	能解决的电源问题
后备式 UPS	170～255V（220V，－23%、+15%）	稳压精度：220V±（4～7）%（100%来自市电电源）	处于停机状态	市电停电，电压瞬态下陷，电压瞬态上涌
在线互动式 UPS	150～276V（220V，－31%、+25%）	稳压精度：220V－11%，+15%（100%来自市电电源）	“逆变器/充电器”型的变换器向电池充电	市电停电，电压下陷，电压上涌，持续过压，持续欠压
Delta 变换式 UPS	187～253V（220V，±15%）	稳压精度：220V±1%（当市电电压为 220V±15%时，其中 85%来自市电电源，15%来自 Delta 变换器的逆变器电源，当市电电压为 220V 时，100%来自市电电源）	“逆变器/充电器”型的主变换器向电池充电，“Delta 变换器”负责补偿市电电压的波动	市电停电、电压下陷。电压上涌，持续过压，持续欠压，可适当抑制 15～16kHz 的传导性干扰

续表

UPS类型	市电电压	向用户所提供的电源	逆变器的工作状态	能解决的电源问题
双变换在线式UPS	①220V，－15%、＋10%(采用可控硅整流器的UPS) ② 220V ± 15%(采用脉冲调制型整流器的UPS)	稳压精度：220V±1%的高质量逆变器电源	专用充电器向电池组充电，逆变器连续不断地向负载提供电流	市电停电，电压下陷，电压上涌，持续过压，持续欠压，频率波动，电源干扰，切换瞬变，波形失真

五、电话站机房工程举例

下面以上海新光电讯厂引进生产的Hicom程控数字用户交换机说明其电话站房的要求。Hicom程控交换机包括四个容量系列：Hicom340（320端口）、Hicom370（960端口）、Hicom390（5120端口）、Hicom391（10000端口）。

1. 机房建筑要求

(1) 机房使用面积、净高及地面负荷见表1-45。交换机房高度要求如图1-32所示。Hicom370型和Hicom390型机房的面积要求如图1-33所示。Hicom系统除有交换机的主机柜外，还有与之配套的电源柜，配线柜等辅助机柜，它们的尺寸均为1885mm（高）×770mm（宽）×500mm（深）。图1-33只画交换机房，话务员室视用户情况而定。

机房使用面积、净高及地面负荷表 **表1-45**

机房		使用面积(m^3)	净高(m)	地面荷载(kg/m^2)	机柜数	备注
Hicom—340	交换机房	9.68	3	450	1(≤200门)	话务台数由用户根据中继线数量确定
	话务员室	7.24	3	450		
Hicom—370	交换机房	13.50	3	450	2(600门)	
	话务员室	10.82	3	450		
Hicom—390	交换机房	31.31	3	450	5(2000门)	
	话务员室	10.82	3	450		

(2) 电缆可以在机柜上面走，也可以在机柜下面（地板下）走，但以后者为佳。无论上走或下走都应有敷设电缆的走线槽。

(3) 地面要铺设防护静电感应的半导电活动地板。

(4) 如果程控机房与原有机电制机房距离比较近，相互间应有屏蔽网，以免受电磁及电火花的干扰。

(5) 机房内要防止有腐蚀的气体进入，特别要防止电池室的酸气进入，以免腐蚀机器设备。

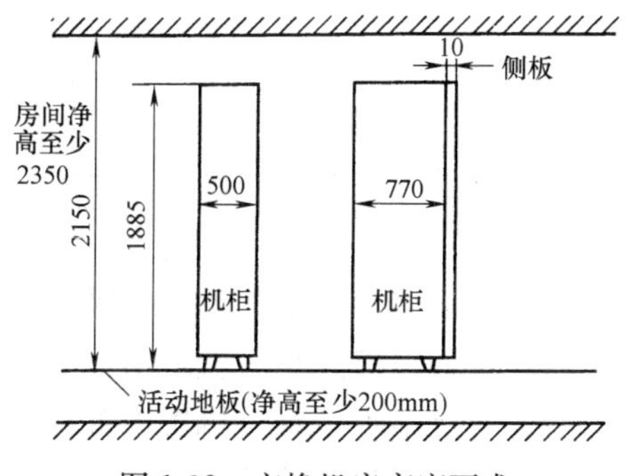

图1-32 交换机房高度要求

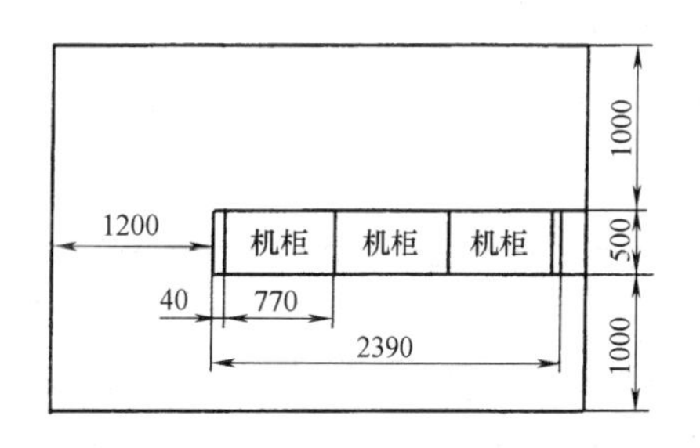

图1-33 交换机房面积要求

（6）机房内要满足国家二级防火标准。

（7）机房内要设置双层铝合多窗，在机房入口处要设有过渡走廊。

（8）话务员室宜与交换机房隔开，并在机器正面设立玻璃观察窗以了解机房内情况。

2. 环境要求

（1）机房内的温度和湿度：

1）机房内的机器设备工作的最佳条件：温度为16～28℃；相对湿度为20%～70%；绝对湿度为6～18gH_2O/m^3。

2）机房内机器设备工作的极限条件：温度为10～40℃；相对湿度为20%～80%；绝对湿度为2～25gH_2O/m^3；

3）机房内通常要设有空调机，空调机要选用中小容量的，送风量和制冷量之比为1∶2或1∶3左右。为了保证机房的空气洁净度，一般配备有粗效或中效过滤器。

（2）机房内防尘要求为：每年积尘＜10g/m^2。

（3）机房内防振要求为：振动频率5～60Hz，振幅0.035mm。在地震活动区，要求机房有固定装置，Hicom机柜上有螺孔，可用螺栓等固定牢。

（4）机房内照明采光要求：

1）要避免阳光直射，以防止长期照射引起印刷板等元件老化变形；

2）采光要求是垂直和水平面各为150lx。

3. 有关设备的配置

（1）配线架应有良好的接地，所有中继线都要加避雷器（保安器），用户线如是在机房所在的同一楼内，可不带保安器，如在其他楼内，一般也要带保安器（以防雷雨天损坏交换机电路板），但如相距很近，又是地下电缆连接，也可不带保安器。配线架分为系统端和外线端，系统端用电缆与交换机相连，外线端用电缆与用户相连。系统端的电缆对数大致与交换机容量相等，外线端的电缆对数要略多于容量数，一般可按1.2至1.8比1配置。

（2）如表1-25所述，话务台数根据中继线数量确定，一般说来，程控话务台数与入中继线之比取1∶20。而通常用户线与中继线之比采用10∶1。举例说，例如有一用户要求用户线为1600条，中继线为200条（出、入各半），即入中继线为100条，如呼出全部采用自动直拨（DOD），则话务台只承担呼入话务量的转接，在一般话务量情况下，一个话务台可承担20条入中继线的转接，则需配话务台数为100÷20＝5个。

（3）蓄电池的容量（安培·小时）可由公式算得，或由程控交换机的容量与市电断电后需要维护的时间来确定。一般可配供维持4h用电，或者根据用户需要和当地情况（如停电概率和停电时间长短等）而定。以上例为1800线（用户线＋中继线），按照Hicom程控交换机的耗电参数，平均每线为2.1VA，故上例的蓄电池总耗电量为（1800×2.1）÷48（蓄电池电压）＝78.75A。如要维持4h，则蓄电池的容量应选为4×78.75＝315安培·小时（A·h）。再由蓄电池容量和电压（48V）来确定所需蓄电池的个数。

六、电话站机房的接地

1. 大楼内程控用户交换机房接地设计要点

（1）接地装置采用共用接地极。共用接地网应满足接触电阻、接触电压和跨步电压的要求。机房的保护接地采用三相五线制或单相三线制接地方式。

（2）一般情况下，最好在机房内围绕机房敷设环形接地母线。环形接地母线作为第二级节点，按一点接地的原则，程控交换机的机架和机箱的分配点为第三级节点，第四级节点是底盘或面板的接地分配点，第三级节点的接地引线直接焊接到环形接地母线上。与上述第三级节点绝缘的机房内各种电缆的金属外壳和不带电的金属部件，各种金属管道、金属门框、金属支架、走线架、滤波器等，均应以最短的距离与环形接地母线相连，环形接地母线与接地网多点相连。

（3）有条件的电话站还须设立直流地线，一般用 120mm×0.35mm 的紫铜带敷设而成。

（4）为了减少高频电阻，电话站内设备的接地引线要用铜导线。

2. 接地电阻

关于接地电阻值，当各种接地装置分开装设时，由于各种不同型号程控交换机要求不一样，接地电阻按 2～10Ω 考虑。一般对 2000 门以下的程控交换机，接地电阻≤5Ω。当各种接地装置采用联合接地时，接地电阻等于 1Ω。图 1-34 为程控交换机星形接地方式的示意图。

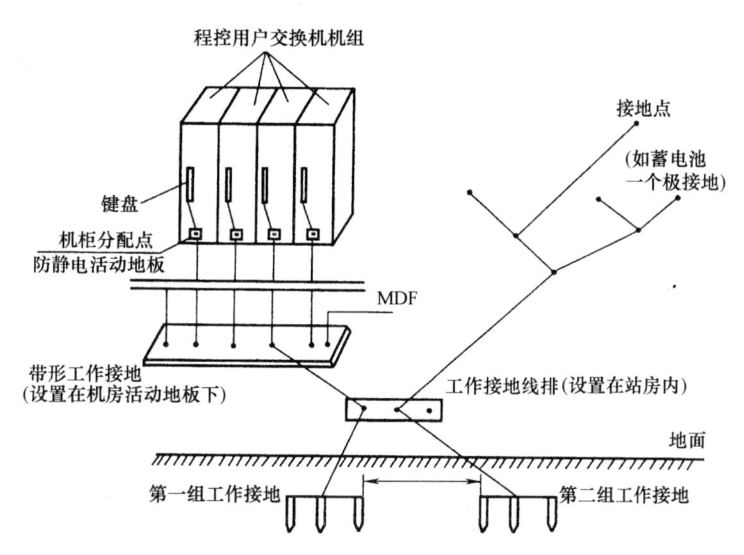

图 1-34　程控交换机星形接地方式（工作接地）示意图

第二章　计算机网络系统

第一节　概　　述

一、计算机网络的分类

计算机网络的功能非常广泛，但概括起来有两个方面的基本功能：

1. 通信

即在计算机之间传递数据。这是计算机网络最基本的功能，它使地理上分散的计算机能连接起来互相交换数据，就像电话网使得相隔两地的人们互相通话一样。

2. 资源共享

资源共享包括硬件、软件和信息资源的共享。这是计算机网络最具吸引力的功能，它极大地扩充了单机的可用资源，并使获得资源的费用大为降低，时间大为缩短。

在上述基本功能上可产生出许多其他的功能，比如利用网络使计算机互为后备，以提高可靠性；利用网络上的计算机分担计算工作，以实现协同式计算；利用网络进行电子商务；利用网络进行信息的集中管理和分布处理等。

计算机网络有不同的分类方法（表 2-1）：

计算机网络的分类　　**表 2-1**

<table>
<tr><th>地理范围</th><th>拓扑结构</th><th>传输介质</th><th>协议</th><th>网络操作系统</th><th>其他</th></tr>
<tr><td rowspan="4">广域网
城域网
局域网</td><td rowspan="4">总线形网
环形网
星形网
网状网
混合形网</td><td rowspan="4">细同轴电缆网
粗同轴电缆网
双绞线网
光纤网
无线网
多介质网</td><td rowspan="4">Ethernet
Token Ring
FDDI
X. 25
TCP/IP
SNA</td><td rowspan="4">Net Ware
Windows NT
UNIX
LAN Manager
VINES
3+OPEN
ATM</td><td>基带网
宽带网</td></tr>
<tr><td>有线网
无线网</td></tr>
<tr><td>共享式网络
交换式网络</td></tr>
<tr><td>证券业务网
银行业务网
新闻网
公共信息网</td></tr>
</table>

（1）按所用的通信手段分类　可分为有线网络、无线网络、光纤网络和人造卫星网络等。

（2）按应用角度分类　可分为专用网络、公用数据网络和综合业务数据网络（ISDN）等。

（3）按网络覆盖范围的大小分类　分为局域网（LAN）、城域网（MAN）、广域网（WAN）。

局域网覆盖范围一般在 10km 以内，属于一个部门或单位，不租用电信部门的线路；城域网的覆盖范围一般为一个城市或地区，从几千米到上百千米；广域网的覆盖范围更大，一般从几十千米，可覆盖一个地区、一个国家、直至全球，广域网一般要租用电信部门的线路。本节着重讲述局域网。

二、局域网拓扑结构

拓扑结构是指网络站点间互联的方式，也指网络形状。局域网常见的拓扑结构有星形、环形、总线形和树形等，如图 2-1 所示。其中树形拓扑结构是总线形拓扑结构的一般化，或者说总线形是树形拓扑的特例。目前局域网中广泛应用的是星形拓扑结构，详见表 2-2。

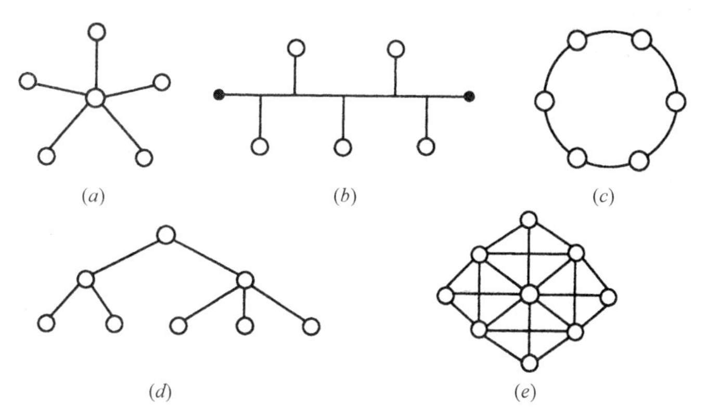

图 2-1 网络的拓扑结构

(a) 星形；(b) 总线形；(c) 环形；(d) 树形；(e) 网形

各种网络拓扑结构的比较 **表 2-2**

拓扑结构	结构特点	优　点	缺　点	局域网典型应用
总线形	由一根被称为“主干”（又称为骨干或段）的传输介质组成，网络中所有的计算机连在这根传输介质上。在每条传输介质的两端需设端接器	节省传输介质、介质便宜、易于使用； 系统简单可靠； 总线易于扩展	在网络数据流量大时性能下降； 查找问题困难； 传输介质断开将影响许多用户	对等网络或小型（10 个用户以下）基于服务器的网络
环形	用一根传输介质环接所有的计算机，每台计算机都可作为中继器，用于增强信号传送给下一台计算机	系统为所有计算机提供相同的接入，在用户数据较多时仍能保持适当的性能	一台计算机故障将影响整个网络； 查找问题困难； 网络重新配置时将终止正常操作	令牌环 LAN、FDDI 或 CDDI
星形	计算机通过传输介质连接到被称为“集线器”的中央部件	是最常用的物理拓扑结构，无论逻辑上采用何种网络类型都可采用物理星形，方便预先布线，系统易于变化和扩展； 集中式监视和管理； 某台计算机或某根传输介质故障不会影响其他部分的正常工作	需要安装大量传输介质； 如果中心点出现问题，连接于该中心点（网段）上的所有计算机将瘫痪	是最常用的拓扑结构； 以太网； 星形令牌环； 星形 FDDI
网形	每台计算机通过分离的传输介质与其他计算机相连	系境提供高冗余性和可靠性，并能方便地诊断故障	需要安装大量传输介质	主要用于城域网，也可用于特别重要的以太网主干网段
变形或混合形	根据网络中计算机的分布、网络的可靠性、网络性能要求（数据流量和通信规律）的特点，选择相应的网络拓扑结构	满足不同网段性能的要求，在可靠性与经济性之间选择最佳交点	具有相应网段拓扑结构的缺点	是实际应用最普遍的拓扑结构

三、计算机网络的基本组成

计算机网络是一个复杂的系统。不同的网络组成不尽相同。但不论是简单的网络还是复杂的网络，基本上都是由计算机与外部设备、网络连接设备、传输介质以及网络协议和网络软件等组成。

1. 计算机与外部设备

计算机网络中的计算机包括主机、服务器、工作站和客户机等。计算机在网络中的作用主要是用来处理数据。计算机外部设备包括终端、打印机、大容量存储系统、电话等。

2. 网络连接设备

网络连接设备是用来进行计算机之间的互联并完成计算机之间的数据通信的。它负责控制数据的发送、接收或转发，包括信号转换、格式变换、路径选择、差错检测与恢复、通信管理与控制等。计算机网络中的网络连接设备有很多种，主要包括网络接口卡（NIC）、集线器（HUB）、路由器（Router）、集中器（Concentrator）、中继器（Repeater）、网桥（Bridge）等。此外为了实现通信，调制解调器、多路复用器等也经常在网络中使用。

3. 传输介质

计算机之间要实现通信必须先用传输介质将它们连接起来。传输介质构成网络中两台设备之间的物理通信线路，用于传输数据信号。网络中的传输介质一般分为有线和无线两种。有线传输介质是指利用电缆或光缆等来充当传输通路的传输介质，包括同轴电缆、双绞线、光缆等。无线传输介质是指利用电波或光波等充当传输通路的传输介质，包括微波、红外线、激光等。

4. 网络协议

在计算机网络技术中，一般把通信规程称作协议（Protocol）。所谓协议，就是在设计网络系统时预先作出的一系列约定（规则和标准）。数据通信必须完全遵照约定来进行。网络协议是通信双方共同遵守的一组通信规则，是计算机工作的基础。正如谈话的两个人要相互交流必须使用共同的语言一样，两个系统之间要相互通信、交换数据，也必须遵守共同的规则和约定。例如，应按什么格式组织和传输数据，如何区分不同性质的数据、传输过程中出现差错时应如何处理等。现代网络系统的协议大都采用层次型结构，这样就把一个复杂的网络协议和通信过程分解为几个简单的协议和过程，同时也极大地促进了网络协议的标准化。要了解网络的工作就必须了解网络协议。一般来说，网络协议一部分由软件实现，另一部分由硬件实现，一部分在主机中实现，另一部分在网络连接设备中实现。

5. 网络软件

同计算机一样，网络的工作也需要网络软件的控制。网络软件一方面控制网络的工作，控制、分配、管理网络资源，协调用户对网络资源的访问；另一方面则帮助用户更容易地使用网络。网络软件要完成网络协议规定的功能。在网络软件中，最重要的是网络操作系统，网络操作系统的性能往往决定了一个网络的性能和功能。

第二节　局　域　网

一、局域网（LAN）的组成与分类

局域网的组成包括硬件和软件两大部分，如表 2-3 所示。图 2-2 是基本局域网示例，表 2-4 是其设备清单。

局域网的组成　　**表 2-3**

分类	主要部件	具体组成	实　例
硬件	计算机	服务器	文件服务器、打印服务器、数据库服务器、Web 服务器
		工作站	PC 机、工作站、终端等
	外部设备	高性能打印机、大容量磁盘等	

续表

分类	主要部件	具体组成	实　例
硬件	通信设备	网络接口卡(NIC)	10Mb/s 网卡、100Mb/s 网卡等
		通信介质	电缆(同轴、双绞线)、光纤、无线等
		交换设备	交换机、集中器、集线器、复用器等
		互联设备	网桥、中继器、路由器等
软件	网络系统软件	网络操作系统	Windows、NT、UNIX、NetWare 等
		实用程序	
		其他	
	网络应用软件	数据库	数据库软件
		Web 服务器	Web 服务器软件
		Email 服务器	电子邮件服务器软件
		防火墙和网络管理	安全防范软件
		其他	各类开发工具软件

作为示例，图 2-1 是办公室的一个最简单局域网的构成。表 2-3 列出了构建一个简单网络所需的设备及用途的简单说明。

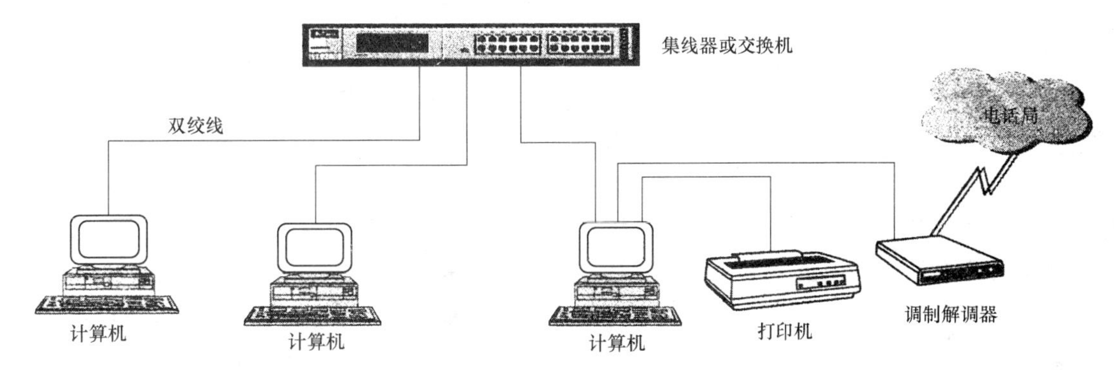

图 2-2　基本局域网组成示例

网络硬件清单　　**表 2-4**

种　类	设备名称	型号规格	用　途	数　量	备　注
计算机	各类 PC 兼容机	CPU586 以上、有足够的内存(64MB)，能运行 Windows 9x 或 2000 操作系统等	供普通用户使用	2 至 3 台或以上	如果有高的可靠性，应购买一台服务器级的高档计算机
网络设备	集线器(Hub)或交换机(Switch)	分别有 8，16，24 等端口的网络设备	连接各台计算机的网络设备，一个端口可连接一台计算机	1 台	集线器与交换机区别见注
网卡	网络适配器，又称网卡	分 10Mb/s、100Mb/s 和 10/100Mb/s 自适应三种类型	插在计算机内的 PCI 扩展槽中，负责将计算机的信息转换成到连线上的电信号	每台计算机中插一块，数量同计算机个数	建议选用 10/100Mb/s 自适应及 PCI 总线网卡
网络连线(简称网线)	非屏蔽双绞线	两端带 RJ45 插头、8 芯的五类(或更高)双绞线	连接计算机网卡与网络设备的连线	每台计算机一根，一端接计算机，一端接网络设备	目前多数场合用非屏蔽双绞线。接头可在购买网线处代做或自制

续表

种　类	设备名称	型号规格	用　途	数　量	备　注
调制解调器（MODEM）	MODEM和电话线	56KB的MODEM外置或内置均可	将局域网通过电话线连接到Internet上	一台调制解调器、一条电话线	另外还可用ISDN来获得更快上网速度
其他	可选或利用原有设备	打印机等		可选	
软件	Windows操作系统	Windows 9x、Windows 2000或以上		安装在每台计算机上	本例为一个简单的网络环境，用Windows 9x即可

注：集线器与交换机都是连接计算机的一种网络设备。不过交换机性能更好，而且近来二者价格差别不大，故常用交换机。此外，要注意每根网线的长度不得超过100m。

由于图中的计算机相互间均为平等关系，不存在特殊地位计算机，因此它是对等网。当用户少于10个节点时，宜用对等网络。如果在网络中，为了集中统一地管理网络中所有的用户，专门设置一台（或几台）具有管理作用的特殊计算机，则称其为服务器，而其他的计算机听命于该服务器。网络中的用户资料或资源的访问控制等数据都保存在该服务器上，其他计算机需先登录到服务器上，只有经过服务器验证和允许后，才能获得网络中的功能（网络所提供的服务），即成为服务器的客户，这些计算机称其为客户机。这样结构的网络称为客户/服务器网络（Client/Server），简写为C/S。

此外，还有一种基于服务器的网络结构。例如，在Internet中，用户用浏览器访问（或近或远的）Web站点服务器，其关系也类似于客户/服务器结构，称为B/S。只是服务器所管理的对象的要求要简单些，服务器（Server）只需向网页浏览者（Browse用户）提供网页（一种文件格式的内容）即可，不需要对用户开放服务器的其他资源，如打印机、文件夹或为访问的用户而建立数据库等。在用户端对一般用户也不进行身份认证，只要安装浏览器访问。这种结构称为“Web浏览”方式（B/S）。要构建这类网络结构，可以用UNIX（Linux）或Windows服务器等作为网站服务器，普通用户只要安装如微软公司的IE或网景公司的Netscape浏览器再加上接入到Internet的通信线路即可，且使用起来更为简单。

二、网络用传输线

（1）双绞线（表2-5）

网络中的传输介质主要有双绞线、同轴电缆和光纤3种。中小型局域网几乎所有的网线都是双绞线。双绞线根据结构和功能的不同一般分为非屏蔽双绞线（UTP）和屏蔽双绞线（STP）两大类，STP一般只用于特殊场合（如受电磁干扰严重、易受化学物品的腐蚀等）的布线，而UTP是局域网布线的主流，如一个办公室内部、一幢大楼内部甚至相邻几幢大楼间的布线都可以通过UTP来连接。双绞线根据所能传输数据速度的不同又分为3类、4类、5类、超5类和6类几种，关于7类双绞线的标准及相关产品正推向市场。

（2）同轴电缆

同轴电缆是早期局域网布线中的主要网线，近年来逐渐退出网络布线市场。

（3）光纤

光纤是由一组光导纤维组成的传输介质，它通过光信号间接地传输数字信号（中间要经过光信号与数字信号之间的转换过程）。光纤一般可分为单模光纤和多模光纤两种，两者相比，单模光纤的传输速度快、容量大，而多模光纤传输速度较慢，容量较小。一般在局域网布线中，当连接距离较长时（如达到几公里、几十公里）多使用单模光纤。

局域网常用传输介质的性能比较 **表 2-5**

名称	分 类	常用标准	主要特点	主要用途	连接距离
双绞线	非屏蔽双绞线(可分为3类、4类、5类、超5类和6类几种)	①5类、超5类4对 ②5类、超5类4对AWG软线	①易弯曲,易安装 ②具有阻燃性 ③布线灵活 ④将干扰减到最小	①3类线用于语音传输及最高数据传输速率为10Mbit/s的数据传输 ②4类线用于令牌网的语音传输和最高数据传输速率为16Mbit/s的数据传输。在以太网中没有使用 ③5类用于语音传输和最高数据传输速率为100Mbit/s的数据传输 ④超5类用于语音传输和最高数据传输速率为155Mbit/s的数据传输 ⑤6类用于语音传输和最高传输率为200Mbit/s的数据传输	每网段标准长度为100m,接4个中继器后最大可达到500m
	屏蔽双绞线(可分为3类、5类两种)	①5类4对24AWG100Ω ②5类4对26AWG软线	①价格高 ②安装较为复杂 ③需专用连接器		
光纤	单模光纤	8.3μm/125μm	①传输频带宽,通信容量大,短距离时达几千兆的传输率 ②线路损耗低、传输距离远 ③抗干扰能力强,安全可靠 ④抗化学腐蚀能力强 ⑤制造资源丰富	①用于高速度、长距离连接 ②成本高 ③窄芯线,需要激光源 ④耗散极小,高效	可达到几千米至十千米
	多模光纤	62.5μm/125μm; 50μm/125μm; 100μm/140μm		①用于低速度、短距离布线 ②成本低 ③宽芯线,聚光好 ④耗散大,低效	一般在2000m左右

三、以太网

表2-6列出各种类型局域网（LAN），可见现今局域网主要是以太网。

目前使用的局域网种类 **表 2-6**

名称	使用情况	标准化组织	传输速度	使用线缆	网络拓扑
以太网 (CSMA/CD)	○	IEEE802.3	10Mbps	双绞线 同轴电缆 光缆	星形 总线形
令牌环	×	IEEE802.5	4/16Mbps	双绞线	环形
FDDI	×	ANSI NCITS T12	100Mbps	光缆	环形
ATM-LAN	×	ATM Forum	2～622Mbps 1.2/2.4Gbps	双绞线 光缆	星形
100BASE-X	○	IEEE802.3	100Mbps	双绞线 光缆	星形
100VG-AnyLAN	×	IEEE802.12	100Mbps	双绞线 光缆	星形
1000BASE-X	○	IEEE802.3z	1000Mbps (1Gbps)	双绞线 光缆 同轴电缆	星形
10GBASE-X	○ (今后将普及)	IEEE802.3an IEEE802.3ae	10Gbps	双绞线 光缆	星形

注：表中○表示使用，×表示少用或被淘汰。

以太网（IEEE802.3）具有性能高、价格低、使用方便等特点，是目前最为流行的局域网体系结构。它以串行方式在线缆上传送数字信号。表 2-7 是使用铜缆的局域网。

常用以太网性能表　　　　表 2-7

名　称	标　准	传输介质类型	最大网段长度/m	传输速率/bit · s^{-1}	使用情况
以太网	10Base-T	2 对 3、4、5 类 UTP 或 FTP	100	10M	不常用
快速以太网	100Base-TX	2 对 5 类 UTP 或 FTP	100	100M	十分常用
	100Base-T4	4 对 3/4/5 类 UTP 或 FTP	100	100M	升级用
	100Base-FX	62.5/125μm 多模光缆	2000	100M	不常用
千兆以太网	1000Base-CX	150ΩSTP	25	1000M	设备连接
	1000Base-T	4 对 5 类 UTP 或 FTP	100	1000M	常用
	1000Base-TX	4 对 6 类 UTP 或 FTP	100	1000M	常用
	1000Base-LX	62.5/125μm 多模光缆或 9μm 单模光缆，使用长波长激光	多模光缆：550 单模光缆：5000	1000M	长距离骨干网段常用
	1000Base-SX	62.5/125μm 多模光缆，使用短波长激光	220	1000M	骨干网段十分常用
万兆以太网	10GBase-S	50/62.5μm 多模光缆，使用 850nm 波长激光	300	10G	可用于汇聚层和骨干层网段
	10GBase-L	9μm 单模光缆，使用 1310/1550nm 波长激光	10km	10G	可用于长距离骨干层网段
	10GBase-E	9μm 单模光缆，使用 1550nm 波长激光	40km	10G	可用于长距离骨干层网段和 WAN

1. 10Mbps 以太网

在 10Mbps 中，有 10BASE-5（粗缆以太网）、10BASE-2（细缆以太网）、10BASE-T（双绞线以太网）和 10BASE-F（光纤以太网）四种。10BASE-5 和 10BASE-2 已被淘汰。10BASE-T 和 10BASE-F 因速度过低，使用也在减少。

2. 快速以太网（IEEE802.3U）：具有 100Mbit/s 的以太网。以太网交换机端口上的 10Mbit/s/100Mbit/s 其适用技术可保证该端口上 10Mbit/s 传输速率能够平滑的过渡到 100Mbit/s。快速以太网主要有三种类型以满足不同布线环境。

100Base-TX：网络可基于传输介质 100Ω 平衡结构的 5/5e 类非屏蔽或屏蔽 4 对对绞电缆，传输时仅使用 2 对线（其中 1 对发送，1 对接收），最长传输距离 100m，采用 RJ45 型连接器件。

100Base-T4：网络可基于传输介质 100Ω 平衡结构的 3/5/5e 类非屏蔽 4 对对绞电缆，适用于从 10Mbit/s 以太网升级到 100Mbit/s 以太网。

100Base-FX：网络可基于传输介质 62.5/125μm 光纤的多模光缆或 9/125μm 光纤的单模光缆，在全双工模式下，最长传输距离多模光纤可达 2km，单模光纤达 3～5km。适用于建筑物或建筑群、住宅小区等的局域网络。

3. 千兆位以太网：千兆位以太网有两个标准（IEEE802.3z，802.3ab），以满足不同布线环境。

1000Base-T（IEEE802.3ab）：网络可基于传输介质 100Ω 平衡结构的 5/5e/6 类非屏蔽或屏蔽 4 对对绞电缆，无中继最长传输距离 100m，采用 RJ45 型连接器件。适用于建筑物的主干网。

1000Base-CX（IEEE802.3z）：网络可基于传输介质 150Ω 平衡结构的 5/5e/6 类屏蔽 4 对对绞电缆（为一种 25m 近距离使用电缆），并配置 9 芯 D 型连接器。仅适用于机房内设备之间的互连。

1000Base-LX（IEEE802.3z）：网络可基于传输介质 62.5/125μm 多模光缆或 9/125μm 单模光缆。网络设备收发器上配置长波激光（波长一般为 1300nm）的光纤激光传输器，在全双工模式下，最长传输距离多模光纤可达 550m，单模光纤可达 3～5km。适用于建筑物或建筑群、校园、住宅小区等的主干网。

1000Base-SX（IEEE802.3z）：网络基于传输介质 62.5/125μm 或 50/125μm 光纤的多模光缆。网络设备收发器上配置短波激光（波长一般为 850nm）的光纤激光传输器，在全双工模式下，最长传输距离 62.5/125μm 多模光纤可达 275m，50/125μm 多模光纤可达 550m。适用于建筑物或建筑群的主干网。

4. 万兆位以太网（包括 IEEE802.3ae，802.3an 两个标准），分为四种：

2002 年 IEEE802 委员会通过了万兆以太网（10Gigabit Etherenet）标准 IEEE802.3ae 定义了 3 种物理层标准：10GBASE-X、10GBASE-R、10GBASE-W。

① 10GBASE-X，并行的 LAN 物理层，采用 8B/10B 编码技术，只包含一个规范：10GBASE-LX4。为了达到 10Gbps 的传输速率，使用稀疏波分复用 CWDM 技术，在 1310nm 波长附近以 25nm 为间隔，并列配置了 4 对激光发送器/接收器组成的 4 条通道，每条通道的 10B 码的码元速率为 3.125Gbps。10GBASE-LX4 使用多模光纤和单模光纤的传输距离分别为 300m 和 10km。

② 10GBASE-R，串行的 LAN 类型的物理层，使用 64B/66B 编码格式，包含三个规范：10GBASE-SR、10GBASE-LR、10GBASE-ER，分别使用 850nm，短波长、1310nm 长波长和 1550nm 超长波长。10GBASE-SR 使用多模光纤，传输距离一般为几十米，10GBASE-LR 和 10GBASE-ER 使用单模光纤，传输距离分别为 10km 和 40km。

③ 10GBASE-W，串行的 WAN 类型的物理层，采用 64B/66B 编码格式，包含三个规范：10GBASE-SW、10GBASE-LW 和 10GBASE-EW，分别使用 850nm 短波长、1310nm 长波长和 1550nm 超长波长。10GBASE-SW 使用多模光纤，传输距离一般为几十米，10GBASE-LW 和 10GBASE-EW 使用单模光纤，传输距离分别为 10km 和 40km。

除上述三种物理层标准外，IEEE 还制定了一项使用铜缆的称为 10GBASE-CX4 的万兆位以太网标准 IEEE802.3ak，可以在双芯同轴电缆上实现 10Gbps 的信息传输速率，提供数据中心的以太网交换机和服务器群的短距离（15m 之内）10Gbps 连接的经济方式。10GBASE-T 是另一种万兆位以太网物理层，通过 6/7 类双绞线提供 100m 内的 10Gbps 的以太网传输链路。

万兆以太网的介质标准见表 2-8 所示。

万兆以太网介质标准 **表 2-8**

接口类型	应用范围	传送距离	波长/nm	介质类型
10GBase-LX4	局域网	300m	1310	多模光纤
10GBase-LX4	局域网	10km	1310	单模光纤
10GBase-SR	局域网	300m	850	多模光纤
10GBase-LR	局域网	10km	1310	单模光纤
10GBase-ER	局域网	40km	1550	单模光纤
10GBase-SW	广域网	300m	850	多模光纤
10GBase-LW	广域网	10km	1310	单模光纤
10GBase-EW	广域网	40km	1550	单模光纤
10GBase-CX4	局域网	15m	—	4 根 Twinax 线缆
10GBase-T	局域网	25～100m	—	双绞铜线

万兆位以太网仍采用 IEEE802.3 数据帧格式，维持其最大、最小帧长度。由于万兆位以太网只定义了全双工方式，所以不再支持半双工的 CSMA/CD 的介质访问控制方式，也意味着万兆位以太网的传输不受 CSMA/CD 冲突域的限制，从而突破了局域网的概念，进入广域网范畴。

表 2-9 是各种千兆位以太网比较，表 2-10 是各种以太网的对比，表 2-10 是使用光缆的各种局域网。

千兆位以太网技术比较　　　　**表 2-9**

	1000BASEX			1000BASET
	1000BASECX	1000BASELX	1000BASESX	
信号源	电信号	长波激光	短波激光	电信号
传输媒体	TW 型屏蔽铜缆	多模/单模光纤	多模光纤	5 类非屏蔽双绞线
连接器	9 芯 D 型连接器	SC 型光纤连接器	SC 型光纤连接器	RJ-45
最大跨距	25m	多模光纤:550m 单模光纤:3km	62.5μm 多模:300m 50μm 多模:525m	100m
编码/译码	8B/10B 编码/译码方案			专门的编码/译码方案
技术标准	IEEE802.3z			IEEE802.3ab

千兆以太网与以太网、快速以太网的比较　　　　**表 2-10**

	以太网	快速以太网	千兆以太网
速率	10Mbit/s	100Mbit/s	1000Mbit/s
5 类 UTP 线缆	100m(最小)	100m	100m
屏蔽铜线	500m	100m	25m
多模光纤	2000m	412m(半双工) 2000m(全双工)	220～550m
单模光纤	25km	20km	3km

使用光缆的局域网　　　　**表 2-11**

传输速度·规格	名　称	使用光缆	光缆要求波长	最长距离
10Mbps IEEE802.3	10BASE-FL	多模	短波长带 850nm(200MHz·km)	2km
100Mbps IEEE802.3u	100BASE-FX	多模	长波长带 1300nm(500MHz·km)	
1000Mbps IEEE802.3z	1000BAXE-LX	单模	长波长带 1310nm	5km
		多模(62.5μm)	长波长带 1300nm(500MHz·km)	550m
		多模(50μm)	长波长带 1300nm(400MHz·km)	
		多模(50μm)	长波长带 1300nm(500MHz·km)	
	1000BASE-SX	多模(62.5μm)	短波长带 850nm(160MHz·km)	220m
		多模(62.5μm)	短波长带 850nm(200MHz·km)	275m
		多模(50μm)	短波长带 850nm(400MHz·km)	500m
		多模(50μm)	短波长带 850nm(500MHz·km)	550m
10Gbps IEEE802.3ae	10GBASE-SR	多模(62.5μm)	短波长带 850nm(160/200MHz·km)	26/33m
		多模(50μm)	短波长带 850nm(400/500MHz·km)	66/82m
		多模(新 50μm)	短波长带 850nm (1500MHz·km/限定模式 2000MHz·km)	300m
	10GBASE-LR	单模(长波长)	长波长带 1310nm	10km
	10GBASE-ER	单模(超长波长)	超长波长带 1550nm	40km
	10GBASE-LX4 (4 波长多工)	多模(62.5μm)	长波长带 1300nm(160/200MHz·km)	300km
		多模(50μm)	长波长带 1300nm(400/500MHz·km)	240/300m
		单模	长波长带 1310nm	10km

四、虚拟局域网（VLAN）

虚拟网技术（VLAN）是OSI第二层的技术。该技术的实质是将连接到交换机上的用户进行逻辑分组，每个逻辑分组相当于一个独立的网段。这里的网段仅仅是逻辑上的概念，而不是真正的物理网段。每个VLAN等效于一个广播域，广播信息仅发送到同一个虚拟网的所有端口，虚拟网之间可隔离广播信息。虚拟网也是一个独立的逻辑网络，每个虚拟网都有惟一的子网号。因此，虚拟网之间通信也必须通过路由器完成。

1. VLAN的功能

使用VLAN技术后，可以大大减少当网络中的站点发生移动、增加和修改时的管理开销，可以抑制广播数据的传播，可以提高网络的安全性。这些优点都源于交换机根据管理员对VLAN的划分，即从逻辑上区分各网络工作站，实现虚拟网间的隔离，这种隔离可以不受工作站位置变化的影响。图2-3显示了3个VLAN的示意图。

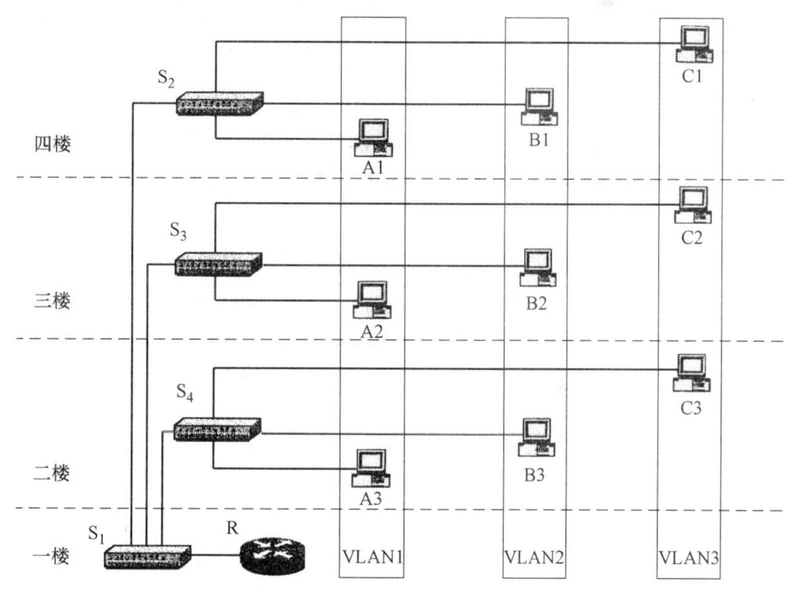

图2-3 VLAN组成示意图

图2-3中，使用位于4个楼层的4个交换机S1、S2、S3、S4和一个路由器R将位于3个LAN上的9个工作站组成3个VLAN。每个VLAN可以看成是一组工作站的集合，例如VLAN1由A1、A2、A3组成，它们可以不受地理位置的限制，就像处于同 ·LAN上那样进行通信，当A1向VLAN1中的成员发送数据时，A2、A3都能收到广播信息，尽管它们与A1没有连接在同一交换机上，而B1、C1则不会收到A1发出的广播信息，尽管A1、B1、C1连在同一个交换机S2上。交换机不向虚拟局域网以外的工作站传送A1的广播信息，从而限制了接收广播信息的工作站数，避免因“广播风暴”引起的网络性能下降。图2-4中的路由器是必要的，因为VLAN间的数据传输必须借助路由手段来实现。

总之，VLAN的主要功能是：提高管理效率，控制广播数据，增强网络安全性以及实现虚拟工作组。目前，VLAN以其高速、灵活、简便和易扩展等特点而成为未来网络发展的潮流。

2. 划分VLAN的方法

划分虚拟网的方法主要有三种：

（1）基于交换机端口划分

基于端口划分虚拟网，就是按交换机端口定义虚拟网成员，每个端口只能属于一个虚拟网，这是一种最通用也是简单的方法。在配置完成后，再为交换机端口分配一个虚拟网，使交换机的端口成为某个虚拟网的成员。

（2）基于MAC地址划分

这种方法是按每个连接到交换机设备的物理地址（即MAC地址）定义虚拟网成员。当一个交换机端口上连接一台集线器，在集线器上又连接了多台设备，而这些设备需要划入不同的虚拟网时，就可以使用这种方法定义虚拟网成员。因为它可以按用户划分，所以也把这种方法称为基于用户的虚拟网划分。在使用基于MAC地址划分时，一个交换机端口有可能属于多个虚拟网，这样端口就能接收多个虚拟网的广播信息。

（3）基于第三层协议类型或地址划分

这种方法允许按照网络层协议类型组成VLAN，也可以按网络地址（如TCP/IP的IP地址）定义虚拟网成员。这种方法的优点是有利于组成基于应用的虚拟网。

五、常见计算机网络的硬件

计算机网络的硬件是由传输媒体（连接电缆、连接器等）、网络设备（网卡、中继器、收发器、集线器、交换机、路由器、网桥等）和资源设备（服务器、工作站、外部设备等）构成。了解这些设备的作用和用途，对认识计算机网络大有帮助。

1. 服务器（server）

服务器就是指局域网或因特网中为其他节点提供管理和处理文件的计算机。而人们通常会以服务器提供的服务来对其命名。如数据库服务器、打印服务器、Web服务器、VOD（视频点播）服务器、邮件服务器等。

服务器是硬件与软件的统一体。由于网络用户均依靠不同的服务器提供不同的网络服务，所以网络服务器是网络资源管理和共享的核心。网络服务器的性能对整个网络的共享性能有着决定性的影响。

2. 工作站

连接到计算机网络上的用户端计算机，都称为网络工作站或客户机。工作站一般通过网卡连接到网络。网卡插在每台工作站和服务器主机板的扩展槽里。工作站通过网卡向服务器发出请求，当服务器向工作站传送文件时，工作站通过网卡接收响应。这些请求及响应的传送对应在局域网上就是在计算机硬盘上进行读、写文件的操作。

根据数据位宽度的不同，网卡分为8位、16位和32位。目前8位网卡已经淘汰，一般来说，工作站上常采用16位网卡，服务器上采用32位网卡。根据网卡采用的总线接口，又可分为ISA、EISA、VL-BUS、PCI等接口。目前，市面上流行的只有ISA和PCI网卡，前者为16位的，后者为32位的。在工作站上常采用ISA16位网卡，服务器上采用PCI32位网卡居多。随着100Mbps网络的流行和PCI总线的普及，PCI接口的32位网卡将会得到广泛的采用。

3. 集线器（HUB）

集线器又称为集中器或HUB（中心的意思）。集线器的主要功能是对接收到的信号进行再生整形放大，以扩大网络的传输距离，同时把所有节点集中在以它为中心的节点上。

4. 交换机（Switch）

变换机又称为交换式集线器，有10Mbps、100Mbps等多种规格。

交换机与HUB不同之处在于每个端口都可以获得同样的带宽。如10Mbps交换机，每个端口都可以获得10Mbps的带宽，而10Mbps的HUB则是多个端口共享10Mbps带宽。10Mbps的交换机一般都有两个100Mbps的高速端口，用于连接高速主干网或直接连到高性能服务器上，这样可以有效地克服网络瓶颈。

5. 中继器（Repeater）

电信号在电缆中传送时其幅度随电缆长度增加而递减，这种现象叫衰减。中继器用于局域网络的互联，常用来将几个网络连接起来，起信号放大续传的功能。中继器只是一种附加设备，一般并不改变数据信息。

6. 路由器（Router）

路由器是一种网络互联设备，工作于网络层，用于局域网之间、局域网与广域网之间以及广域网之间的连接，它可提供路由选择、流量控制、数据过滤和子网隔离等功能；可连接不同类型的局域网并完成它们之间的协议转换。

7. 网关（Gateway）

网关又称高层协议转发器，工作在传输层及其以上的层次。用于连接不同类型且差别较大的网络系统；也可用于同一物理网而在逻辑上不同的网络间的互联；还可用于网络和大型主机系统的互联或者不同网络应用系统间的互联。

8. 网卡（NIC）在网络传输介质与计算机之间作为物理连接接口，其作用是：

（1）为网络传输介质准备来自计算机的数据；

（2）向另一台计算机发送数据；

（3）控制计算机与传输介质之间的数据流量；

（4）接收来自传输介质的数据，并将其解释为计算机 CPU 能够理解的字节形式。

由于网卡是计算机与传输介质之间数据传输的桥梁，因此其性能对整个网络的性能会产生巨大的影响。因此网卡的选择必须与计算机接口类型相匹配，并与网络总体结构相适应。

目前在计算机和服务器上，内部绝大部分已配置以太网接口和无线局域网接口。在桌面计算机和笔记本电脑中，通常内嵌了 10M/100Mbit/s 以太网接口，在服务器中通常预配了 100M/1000Mbit/s 以太网接口。

六、网络设备和网络结构的选择

1. 网络交换机的类型必须与网络的总体结构相适应，在满足端口要求的前提下，可按下列原则配置：

（1）小型网络可采用独立式网络交换机，独立式交换机价格较便宜，但其端口数量固定；

（2）大、中型网络宜采用堆叠式或模块化网络交换机，堆叠式或模块化交换机便于网络的扩展。

2. 路由器与交换机的比较：交换机比路由器的运行速率更高、价格更便宜。使用交换机虽然可以消除许多子网，建立一个托管所有计算机的统一网络，但是当工作站生成广播时，广播消息会传遍由交换机连接的整个网络，浪费大量的带宽。用路由器连接的多个子网可将广播消息限制在各个子网中，而且路由器还提供给了很好的安全性，因为它使信息只能传输给单个子网。为此，导致了两种新技术的诞生：一是虚拟局域网（VLAN）技术，二是第 3 层交换机（使用路由器技术与交换机技术相接合的产物），在局域网中使用了有第 3 层交换功能的交换机时可不再使用路由器。在下列情况应采用路由器或第 3 层交换机：

（1）局域网与广域网的连接；

（2）两个局域网的广域网相连；

（3）局域网互连；

（4）有多个子网的局域网中需要提供较高网络安全性和遏制广播风暴时。

3. 路由器的主要作用是在网络层（OSI 参考模型第 3 层）上将若干个 LAN 连接到主干网上，当局域网与广域网相连时，可采用支持多协议的路由器。

对 OSI 的七个层次描述如表 2-12 和图 2-4 所示。

OSI 参考模型 **表 2-12**

OSI 分层结构	各层主要功能与网络活动
7　应用层	应用层是 OSI 模型的最高层，该层的服务是直接支持用户应用程序，如用于文件传输、数据库访问和电子邮件的软件
6　表示层	表示层定义了在连网计算机之间交换信息的格式，可将其看作是网络的翻译器。表示层负责协议转换、数据格式翻译、数据加密、字符集的改变或转换；表示层还管理数据压缩

续表

OSI分层结构	各层主要功能与网络活动
5　会话层	会话层负责管理不同的计算机之间的对话，它完成名称识别及其他两个应用程序网络通信所必需的功能，如安全性。会话层通过在数据流中设置检查点来提供用户间的同步服务
4　传输层	传输层确保在发送方与接收方计算机之间正确无误、按顺序、无丢失或无重复地传输数据包，并提供流量控制和错误处理功能
3　网络层	网络层负责处理消息并将逻辑地址翻译成物理地址，网络层还根据网络状况、服务优先级和其他条件决定数据的传输路径，它还管理网络中的数据流问题，如分组交换及路由和数据拥塞控制
2　数据链路层	1　负责将数据帧从网络层发送到物理层，它控制进出网络传输介质的电脉冲； 2　负责将数据帧通过物理层从一台计算机无差错地传输到另一台计算机
1　物理层	物理层是OSI模型的最底层，又称"硬件层"，其上各层的功能相对第一层也可被看作软件活动。 1　负责网络中计算机之间物理链路的建立，还负责运载由其上各层产生的数据信号； 2　定义了传输介质与NIC如何连接，如：定义了连接器有多少针以及每个针的作用，还定义了通过网络传输介质发送数据时所用的传输技术； 3　提供数据编码和位同步功能，因为不同的介质以不同的物理方式传输位，物理层定义每个脉冲周期以及每一位是如何转换成网络传输介质的电或光脉冲的

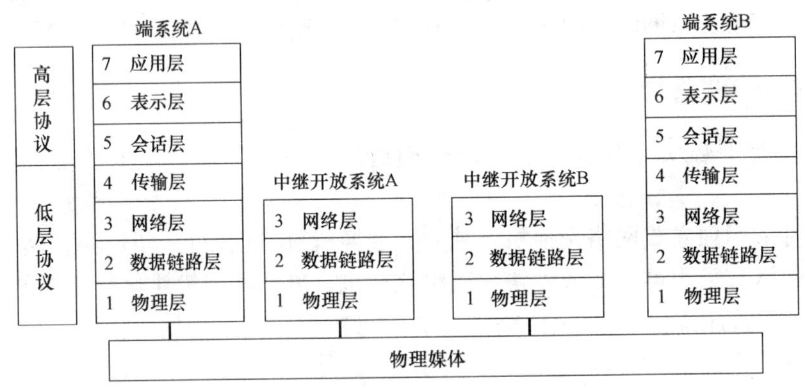

图2-4　ISO/OSI开放系统互联七层参考模型

4. 网络总体结构的层次：

(1) 建筑物和建筑群的网络一般包括主干（核心）层、汇聚层和终端接入层三个层次，规模较小的网络只包括主干层和终端接入层两个层次。特大的建筑群网络甚至具有四个层次。

① 主干（核心）层：承担网络中心的主机（或主服务器）与网络主干交换设备的联接，或者实现网络多台主干交换设备的光纤联接。其传输速率一般达到1000Mbit/s，甚至万兆，要留有一定的冗余，根据需要可方便扩展新业务。主干网应能支持多种网络协议。

② 汇聚层：一般以基于100M/1000Mbit/s传输率的局域网交换机组成，在建筑物中汇聚每个楼层或几个楼层的交换机，上链主干层，下链终端接入层。

③ 终端接入层：一般以10M/1000Mbit/s传输率的局域网交换机组成，连接用户终端及桌面设备。

(2) 若采用以太网无源光网，主干层传输率为1Gbps，通过无源分线器分成16或32路至用户端，则每个用户端的平均传输率为66Mbps或33Mbps，实现对建筑物FTTB及对用户FTTD连接。

以太网无源光网可以与传统的以太网交换机进行连接。既可实现用户端口数的扩展；还能实现更高传输率和更多端口数的主干层。

5. 在大中型规模的局域网中宜采用可管理式网络交换机。交换机的设置，应根据网络中数据的流量模式和处理的任务确定，应符合下列规定：

(1) 终端接入层交换机应采用支持VLAN划分等功能的独立式或可堆叠式交换机，宜采用第2层交换机；

(2) 汇聚层交换机应采用具有链路聚合、VLAN 路由、组播控制等功能和高速上连端口的交换机，可采用第 2 层或第 3 层交换机；

(3) 主干（核心）层交换机应采用高速、高带宽、支持不同网络协议和容错结构的机箱式交换机，并应具有较大的背板带宽。

6. 内网和外网：

(1) 为了加强信息安全性，一般要构建内网、外网两个网络。内网和外网一般是物理隔离，也可通过防火墙逻辑隔离。

① 内网可采用千兆以太网交换技术、TCP/IP 通信协议，由主干、汇聚和终端接入层（或由主干和终端接入层）构成。主干一般支持 1G 传输速率，传输介质可采用 6 类对绞线或多模光纤，在大范围建筑群中，主干可能支持 10G 传输速率，并考虑采用单模光纤。

② 内网仅限于内部用户使用，内部的远程用户要通过公网方式接入网络中心，必须经过身份认证后才能访问内部网。

③ 在某些机要部门，内网中还包括具有特殊网络安全要求的专网，专网必须在内网中独立构建。

④ 外网与 Internet 相连，应考虑防止外部入侵对外网信息的非法获取，通常以防火墙为代表的被动防卫型安全保障技术已被证明是一种较有效的措施。同时也有采取实时监测网络的非法访问的主动防护。外网与 Internet 网络互连一般由上级部门提供接入。

⑤ 作为网络运行的关键设备，交换机应采用高可靠、易扩充和有较好管理工具的产品。

(2) 网络结构。

国家机关等部门的网络结构通常由网络中心，内部网络与外部网络构成。网络中心与上级部门连接，实现 Internet 接入，并具有担负全网的运营管理及监控能力；外部网络承担对外公告及访问 Internet 服务；内部网络作为办公、生产业务处理和信息管理的平台。

(3) 网络应用带宽。

网络主干通常为 1000Mbit/s 传输速率，连接服务器机群与主干交换机；主干与汇聚层通常以 100Mbit/s/1000Mbit/s 连接；汇聚层交换机到桌面一般为 10/100Mbit/s 或 100Mbit/s 连接。

(4) 访问 Internet。

本地网络通过路由器和防火墙，一般以专线或企业网方式连至上级网络中心，实现 Internet 访问。

(5) 若物理隔离内网与外网，则其配线及线路敷设必须是彼此独立的，不得共管、共槽敷设。可选择采取以下物理防护措施：采用光缆；采用良好接地的屏蔽电缆；采用非屏蔽电缆时，内外网的隔离要求参见表 2-13。当与其他平行线平行长度大于等于 30m 时，应保持 3m 以上的隔离距离。否则，信息应加密传输。

内外网隔离要求（m） **表 2-13**

设备类型	外网设备	外网信号线	外网电源线	外网信号地线	偶然导体	屏蔽外网信号线	屏蔽外网电源线
内网设备	1	1	1	1	1	0.05	0.05
内网信号线	1	1	1	1	1	0.15	0.15
内网电源线	1	1	1	1	1	0.15	0.05
内网信号地线	1	1	1	1	1	0.15	0.15
屏蔽内网信号线	0.15	0.15	0.15	0.15	0.05	0.05	0.05
屏蔽内网电源线	0.15	0.15	0.15	0.15	0.15	0.05	0.05

注：1. 内网设备是指处理涉密信息的设备。
2. 外网设备是指处理非涉密信息或已加密涉密信息的设备。
3. 内网电源是指连接有内网设备及内网系统的电源。
4. 外网电源是指连接有外网设备及外网系统的电源。
5. 内网信号线是指携带涉密信号的信号线。
6. 外网信号线是指携带非涉密信息或已加密涉密信息的信号线。
7. 内网信号地是指内网设备、内网屏蔽电缆及内网电源滤波群的信号地。
8. 外网信号地是指外网屏蔽电缆及外网信号线滤波器的信号地。
9. 偶然导体是指与信息设备和系统无直接关系的金属物体，如暖气管、通风管、上下水管、气管、有线报警系统等。

七、无线局域网

无线局域网 WLAN（Wireless LAN）是利用无线通信技术在一定的局部范围内建立的网络，它以无线多址信道作为传输媒介，提供传统有线局域网 LAN 的功能。WLAN 作为有线局域网络的延伸，为局部范围内提供了高速移动计算的条件。随着应用的进一步发展，WLAN 正逐渐从传统意义上的局域网技术发展成为"公共无线局域网"成为 Internet 宽带接入手段。

1. 无线局域网标准

无线局域网标准是 IEEE802.11X 系列（IEEE802.11、IEEE802.11a、IEEE802.11b、IEEE802.11g、IEEE802.11h、IEEE802.11i）、HIPERLAN、HomeRF、IrDA 和蓝牙等标准。表 2-14 所示是 IEEE802.11 无线局域网标准，也是当前常用的 WLAN 标准。WLAN 的最新进展 IEEE802.11n 使用 2.4GHz 频段和 5GHz 频段，传输速度 300Mbit/s，最高可达 600Mbit/s，可向下兼容 802.11b、802.11g，目前还不是一个正式的标准。

IEEE802.11 无线局域网标准　　**表 2-14**

标准要求	IEEE802.11b	IEEE802.11a	IEEE802.11g	IEEE802.11n 标准 1.0 草案
每子频道最大的数据速率	11Mbit/s	54Mbit/s	54Mbit/s	300Mbit/s
调制方式	CCK	OFDM	OFDM 和 CCK	MIMO-OFDM
每子频道的数据速率	1,2,5.5,11Mbit/s	6,9,12,18,24,36,48,54Mbit/s	CCK:1,2,5.5,11Mbit/s OFDM:6,9,12,18,24,36,48,54Mbit/s	
工作频段	2.4～2.4835GHz	5.15～5.35GHz 5.725～5.875GHz	2.4～2.4835GHz	2.4/5GHz
可用频宽	83.5MHz	300MHz	83.5MHz	
不重叠的子频道	3	12	3	13

（1）对等无线网络

对等无线网络方案只使用无线网卡。只要在每台计算机上安装无线网卡，即可实现计算机之间的连接，构建成最简单的无线网络（如图 2-5 所示），计算机之间可以相互直接通信。其中一台计算机可以兼作文件服务器、打印服务器和代理服务器，并通过 Modem 接入 Internet。这样，只需使用诸如 Windows 9x/Me、Windows 2000/XP 等操作系统，不须使用任何电缆，即可在服务器的覆盖范围内，实现计算机之间共享资源和 Internet 连接。在该方案中，台式计算机和笔记本计算机均使用无线网卡，没有任何其他无线接入设备，是名副其实的对等无线网络。

（2）独立无线网络

所谓独立无线网络，是指无线网络内的计算机之间构成一个独立的网络，无法实现与其他无线网络和以太网络的连接，如图 2-6 所示。独立无线网络使用一个无线接入点（即 AP）和若干无线网卡。

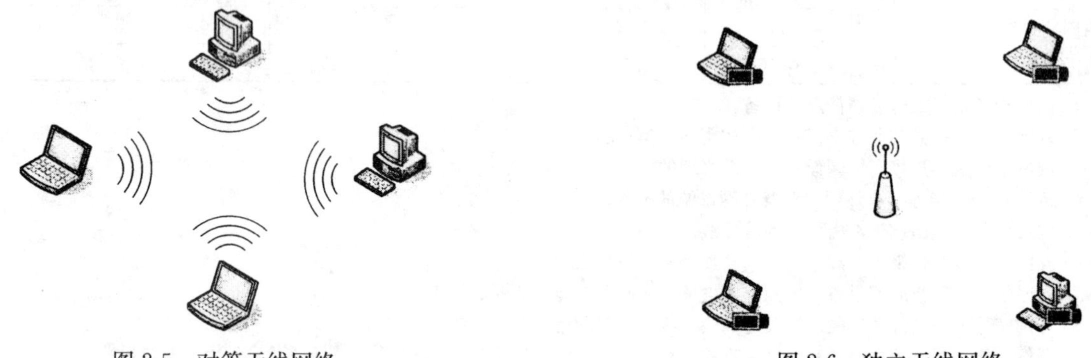

图 2-5　对等无线网络　　　　图 2-6　独立无线网络

独立无线网络方案与对等无线网络方案非常相似，所有的计算机中都安装有无线网卡。所不同的是，独立无线网络方案中加入了一个无线访问点。无线访问点类似于以太网中的集线器，可以对网络信号进行放大处理，一个工作站到另外一个工作站的信号都可以经由该AP放大并进行中继。因此，拥有AP的独立无线网络的网络直径将是无线网络有效传输距离的一倍，在室内的传输距离通常为60m左右。独立无线方案仍然属于共享式接入，也就是说，虽然传输距离比对等无线网络增加了一倍，但所有计算机之间的通信仍然共享无线网络带宽。由于带宽有限，因此，该无线网络方案仍然只能适用于小型网络（一般不超过20台计算机）。

（3）接入点无线网络

当无线网络用户足够多时，应当在有线网络中接入一个无线接入点（AP），从而将无线网络连接至有线网络主干。AP在无线工作站和有线主干之间起网桥的作用，实现了无线与有线的无缝集成，既允许无线工作站访问网络资源，同时又为有线网络增加了可用资源（图2-7）。

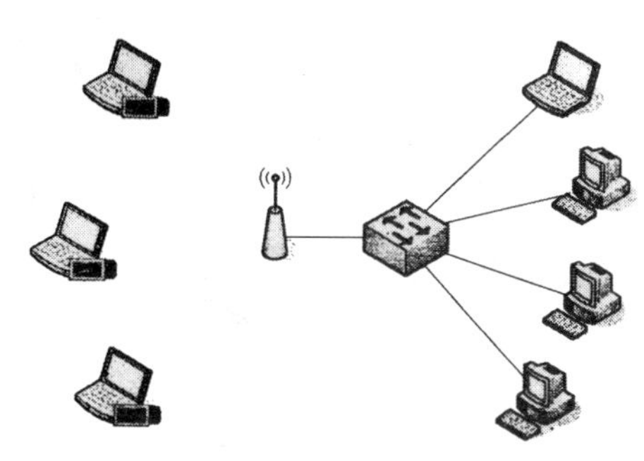
图2-7 接入点无线网络

该方案适用于将大量的移动用户连接至有线网络，从而以低廉的价格实现网络迅速扩展的目的，或为移动用户提供更灵活的接入方式。

（4）多AP模式

是指由多个AP以及连接它们的分布式系统（有线的骨干LAN）组成的基础架构模式网络，也称为扩展服务区（Extend Service Set，ESS）。扩展服务区内的每个AP都是一个独立的无线网络基本服务区（BSS），所有AP共享同一个扩展服务区标识符（ESSID）。分布式系统在802.11标准中并没有定义，但是目前大都是指以太网。相同ESSID的无线网络间可以进行漫游，不同ESSID的无线网络形成逻辑子网。多AP模式的组网如图2-8所示。

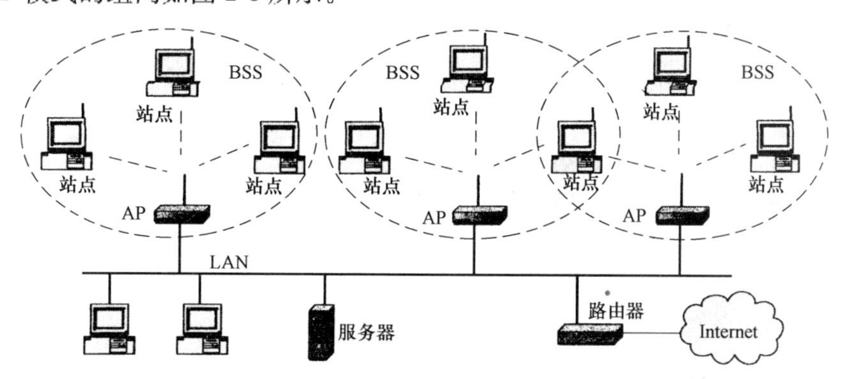

图2-8 扩展服务区ESS

2. 尽管无线网存在抗干扰性能、信息安全性、传输速率等方面的限制，但无线网具有性价比高、使用灵活的特性，是一种很有前途的网络形式，目前无线网已普及应用。无线网络在多数情况下是用于对有线局域网的拓展，如公共建筑中供流动用户使用的网络段、跨接难以布线的两个（或多个）网段，在某些工作人员流动性较大的办公建筑中也可局部采用无线网作为有线网的拓展。在下列场所宜采用无线网络，并应符合IEEE802.11相关标准。

（1）用户经常移动的区域或流动用户多的公共区域。

（2）建筑布局中无法预计变化的场所。

（3）建筑物内及建筑群中布线困难的环境。

3. 符合IEEE802.11标准系列的无线局域网与有线局域网的典型连接参见图2-8。无线终端通过无线接入点（AP）连接到有线网络上，使无线用户能够访问网络的资源。设计时应注意无线网的覆盖范围。

第三节　计算机网络系统方式

一、智能建筑计算机网络系统的构成

参见图 2-9 至图 2-11。

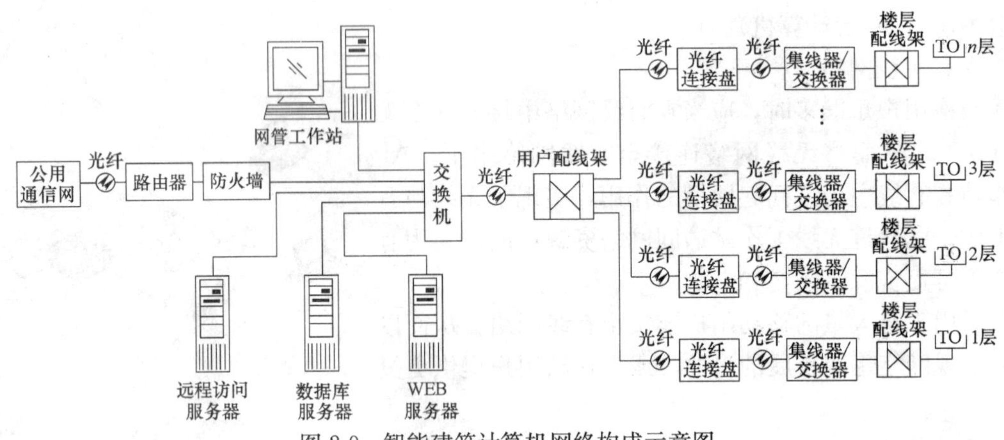

图 2-9　智能建筑计算机网络构成示意图

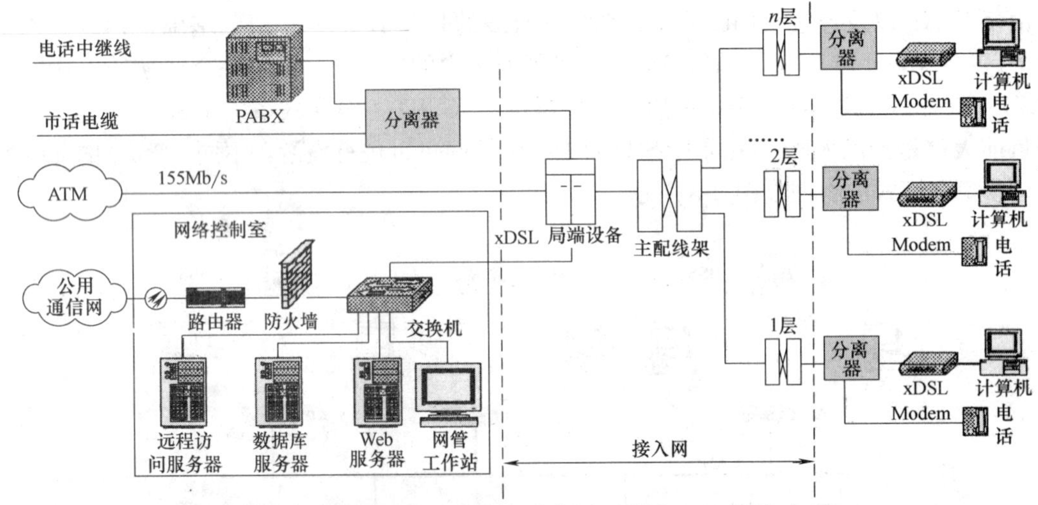

图 2-10　某智能建筑网络构成示意图（采用 xDSL 接入方式）

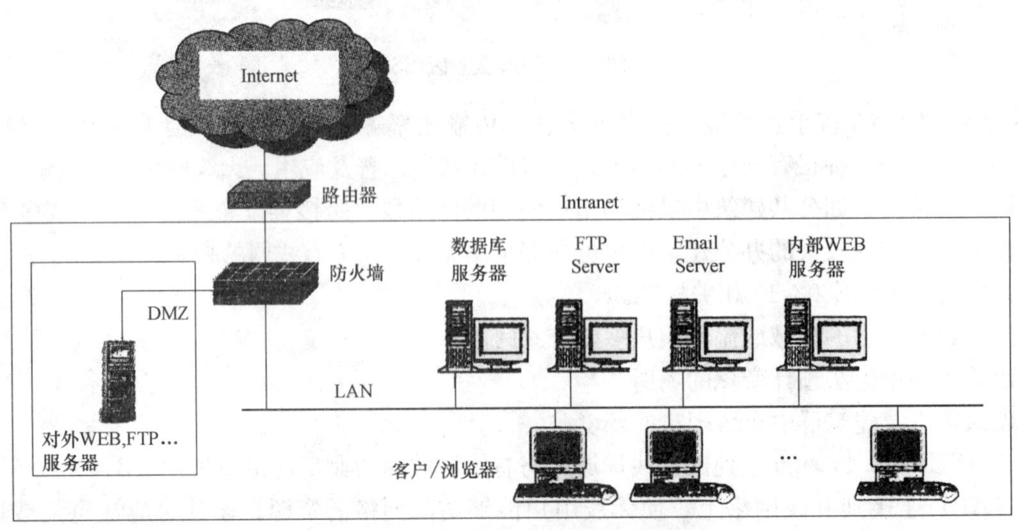

图 2-11　企业网 Intranet 的一般系统结构

二、局域网（LAN）的常用构成方式

图 2-12 表示各种规模的局域网构成方式。图 2-13 至图 2-15 表示以太网的二层网络和三层网络结构方式。图 2-16 是三层网络的系统示例。

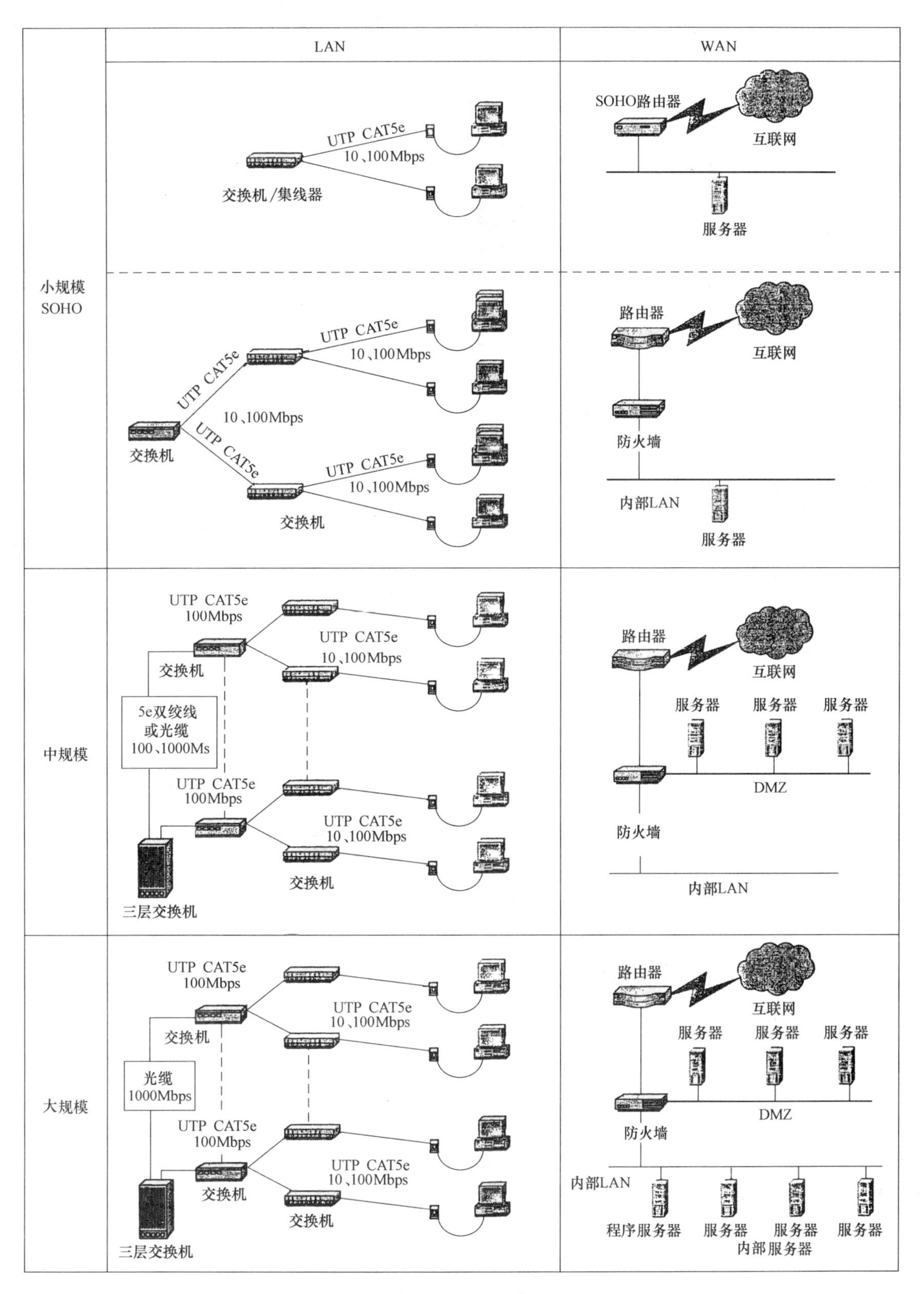

图 2-12　各种规模的局域网（LAN）

大部分的楼内计算机网络系统采用二层结构的以太网就能满足应用需求，如图 2-13 所示，由核心层和接入层组成。接入层通过带三层路由功能的核心交换机实现互联。网络系统以 1000Mbit/s/10Gbit/s以太网作为主干网络，用户终端速率 10/100Mbit/s。核心层的主要目的是进行高速的数据交换、安全策略的实施以及网络服务器的接入。接入层用于用户终端的接入。对于稳定性和安全性要求特别高的场合，核心层交换机宜冗余配置，接入层和核心层交换机之间宜采用冗余链路连接，可以采用如图 2-13（b）所示的双冗余二层结构。

三层网络结构适用于特大型的楼内计算机网络系统（如大学校园网等）应用需求，如图 2-14 所示，由核心层、汇聚层和接入层组成。核心层和汇聚层通过带三层路由功能的交换机实现互联。网络主干以 10Gbit/s 以太网为主，用户终端速率 10/100Mbit/s。

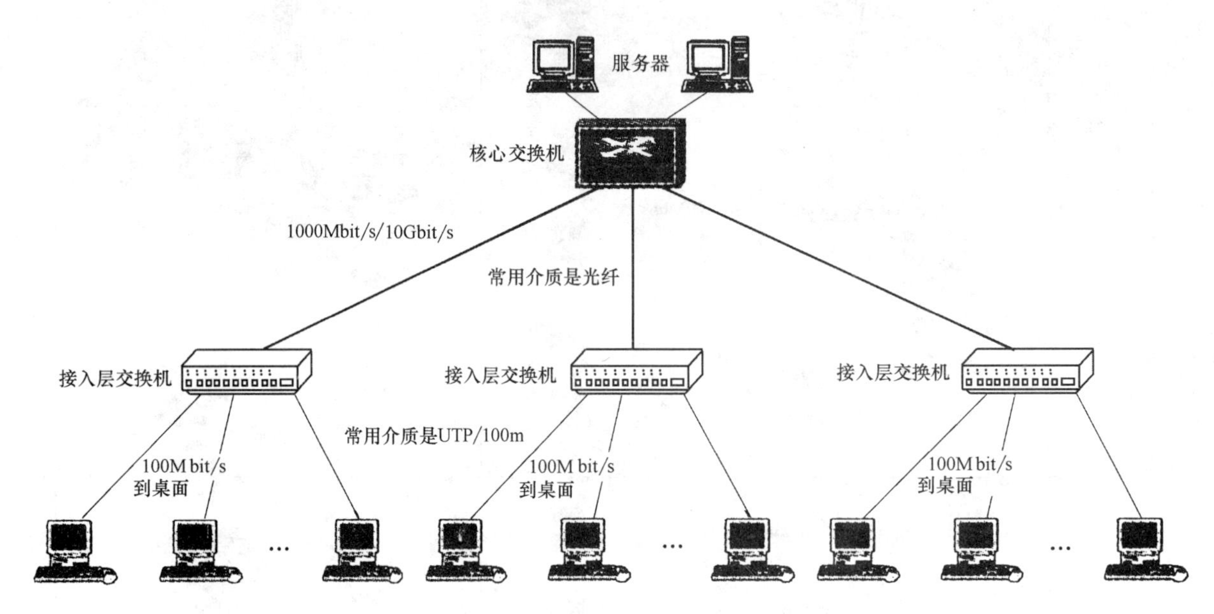

(a) 常用二层结构

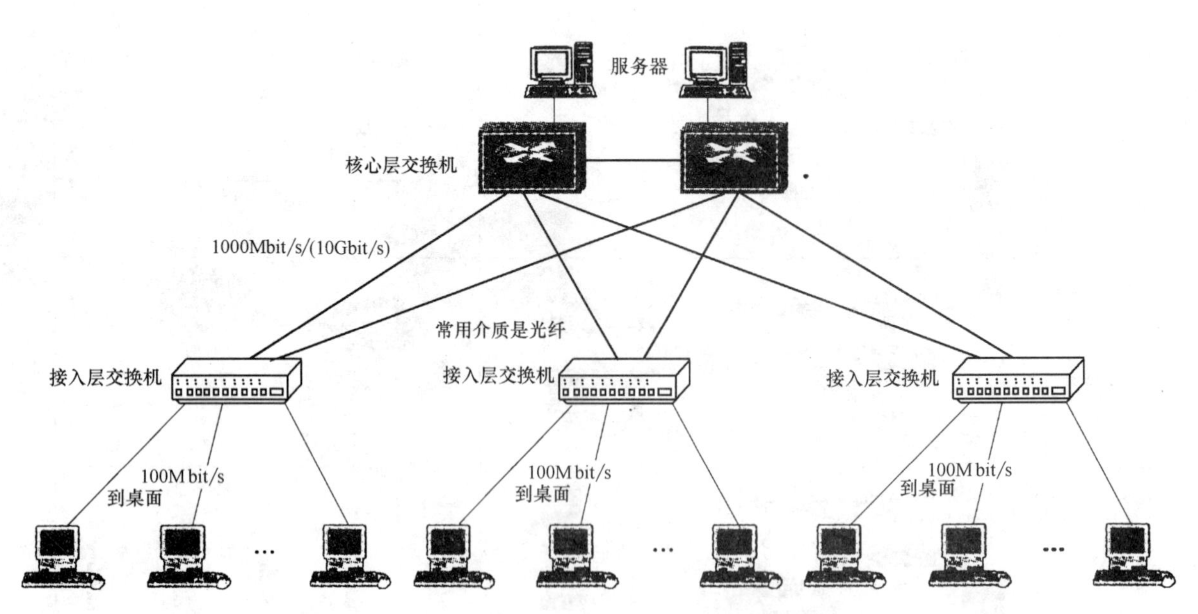

(b) 核心层及干线双冗余的二层结构

图 2-13　以太网的二层典型网络结构图

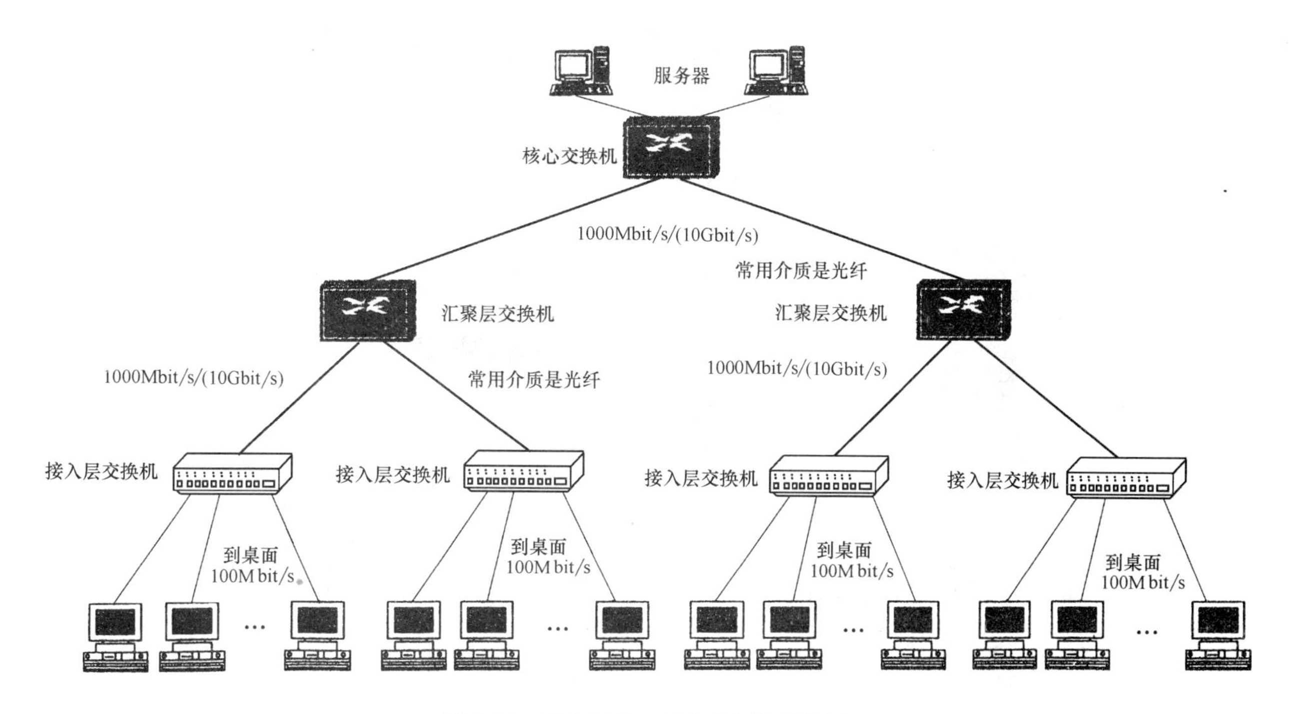

图 2-14 以太网的三层典型网络结构图

对于稳定性和安全性要求特别高的大型楼内计算机网络场合，可以采用如图 2-15 所示的三层冗余结构，汇聚层和核心层交换机冗余配置，接入层、汇聚层和核心层交换机之间采用冗余链路连接。图 2-16 为万兆校园网解决方案。

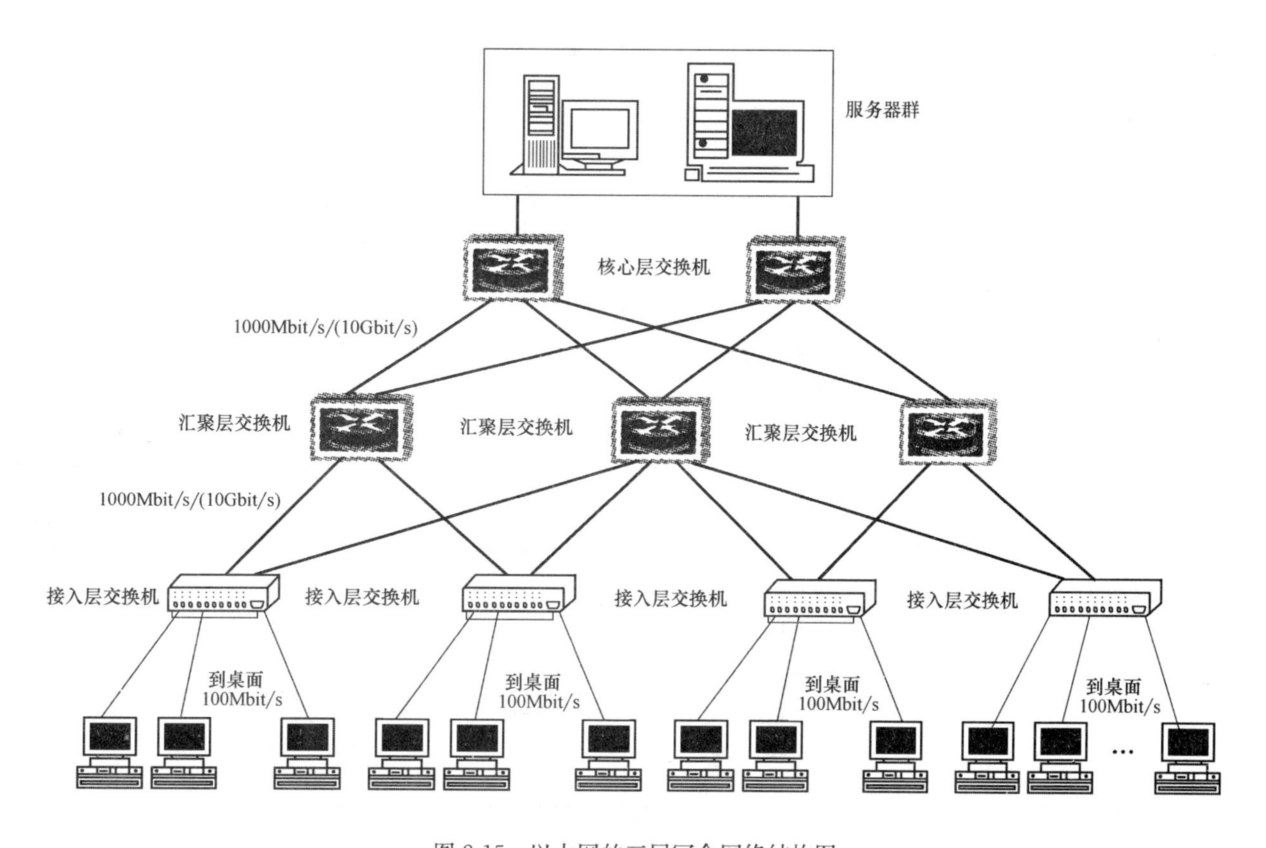

图 2-15 以太网的三层冗余网络结构图

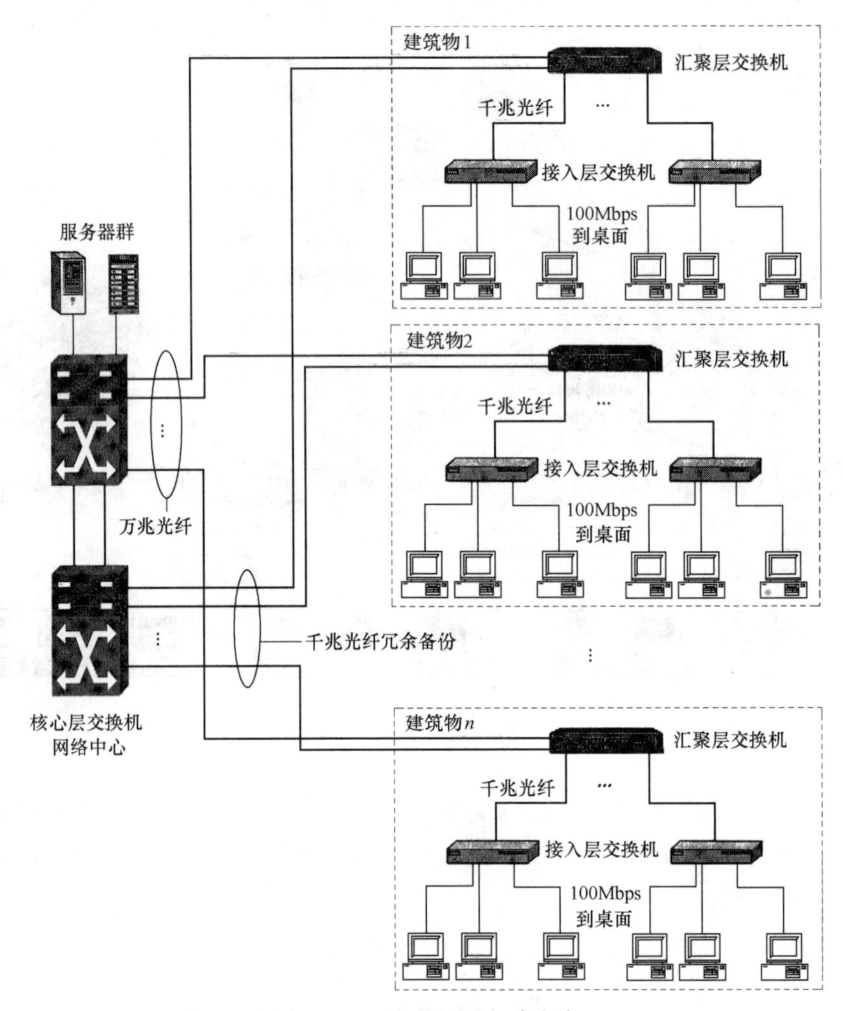

图 2-16　万兆校园网解决方案

第四节　网络工程举例

【例 1】 有一个 3 层建筑的办公大楼，拟配置的局域网（LAN）的终端和服务器，如图 2-17 所示，各部门所需终端和服务器的数量和速率汇总、整理如表 2-15 所示。图 2-17 中的接线表示设计后的网络系统连接图。

LAN 终端和服务器汇总表　　**表 2-15**

楼　层	部　门	终　端			服务器		
		台　数	10Mbit/s	100Mbit/s	台数	10Mbit/s	100Mbit/s
3	设计部	12	12	0	0	0	0
2	营业部	12	12	0	0	0	0
	电算室	0	0	0	4	0	4
1	经理部	6	6	0	0	0	0
	总务部	12	12	0	0	0	0
合计		42	42	0	4	0	4

下面着重说明一下该网络（LAN）的配线设计，具体步骤如下：

1. 信息插座的设置位置和数目的决定

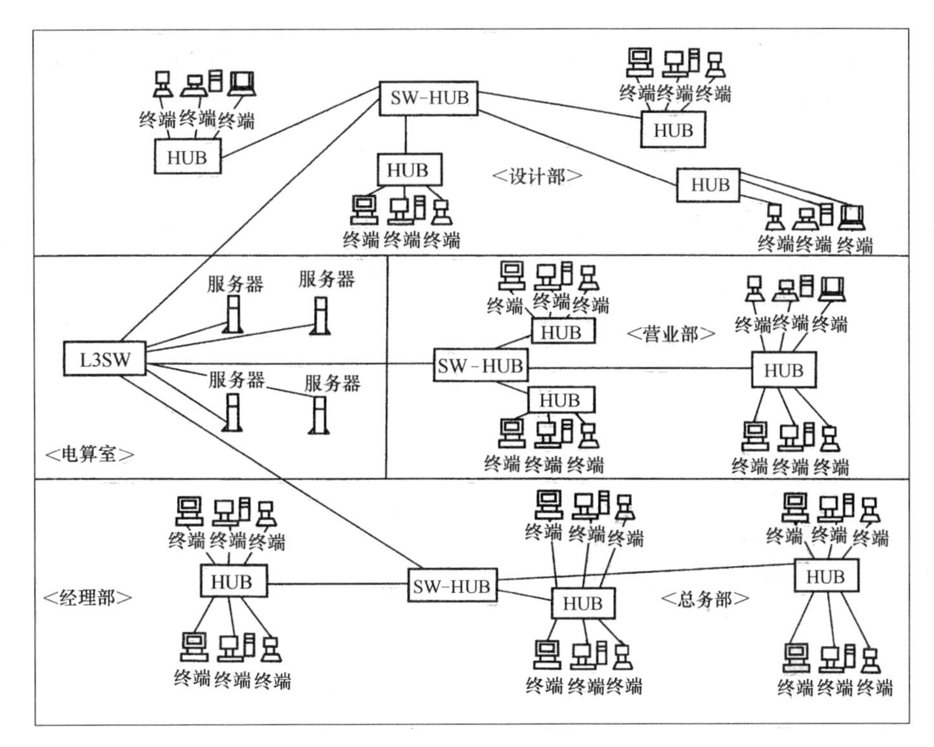

图 2-17　LAN 网络设备的确定

注：图中 L3SW：第三层交换机，SW-HUB：交换机，HUB：集线器或交换机

首先，如图 2-18 所示，标出信息插座的场所和位置。本例是活动地板，在其上设置露出型信息插座。而且对各信息插座分配管理号码，如表 2-16 所示。管理号码的编制要易懂，便于管理。

信息插座一览表　　　　**表 2-16**

楼　　层	部　　门	信息插座数量	管理号码
3	设计部	12	3-01～3-12
2	营业部	12	2-01～2-12
	电算室	4	2-49～2-52
1	经理部	6	1-01～1-06
	业务部	12	1-49～1-60

2. 网络设备设置位置的决定

对前面系统设计确定的网络设备如何在建筑物内配置，这时要考虑设置环境、电源、空间大小等，并根据规范确定网络设备与信息插座间的距离以及网络设备之间的距离，从而决定网络设备的设置位置。

如前所述，本例中网络设备有三层交换机 1 台（机器高度设定为 5U，设在二楼电算室内），交换式集线器 3 台（设备高度为 1U，1U＝44.45mm），集线器 10 台（设备高度为 1U），它们分别设在 1 楼和 3 楼的配线间（EPS）以及 2 楼电算室内。

3. 网络设备的安装方法的决定

网络设备安装可有两种方法：

（1）安装在 19 英寸的机架上；

（2）安装在墙壁上的箱盒上。

通常以（1）方法为主，它可以容纳从大型背板网络设备到集线器的各种设备。当没有空间安装 19 英寸机架时，往往采用第（2）种方法。但是，这时大型 LAN 设备等无法在箱盒内安装，最多只能安装 2U 左右的集线器。

本例 1～3 楼层的网络设备全都安装在 19 英寸的机架上，安装位置如图 2-18 所示。这时应该考虑 19 英寸机架高度、厚度以及网络设备、光缆、UTP 线缆的配线架和布线间距等，以确定 19 英寸机架的大小。

例如试求一楼 19 英寸机架的高度如下：

交换式集线器（1U）＋集线器（4×1U＝4U）＋光配线架（1U）＋铜线配线架（1U）＝7U。

考虑到将来扩容和布线（接线）预留空间，取 19 英寸机架高约 7U×2＝14U，故机架高度取为 H＝700mm。考虑到网络设备的散热等因素，所以一般希望高度是实际安装的 2 倍以上（EIA 规格 14U＝700mm）。

4. 线缆布线的考虑

考虑线缆布线路径时应注意根据如下几点进行布线：

（1）配线长度在规范值内；

（2）走线原则上应取电源线干扰少的路径；

（3）布线的弯曲半径应适当；

（4）布线还应考虑线缆的拉伸张力。

设计时，在图 2-18 的平面图上画上网络配线，这时如前所述，主干线采用光缆接入配线间 EPS 的配线架上，支线用 UTP 双绞线则在各楼层的活动地板内布线，于是得到如图 2-18 所示的网络配线平面图。

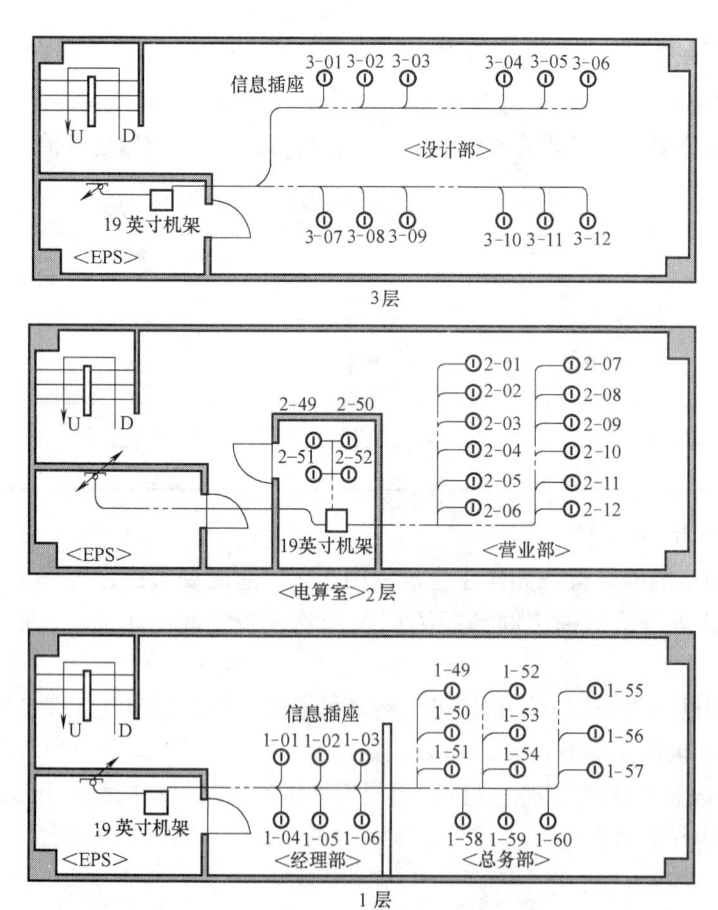

图 2-18　LAN 配线平面图

5. 网络配线材料的整理

在此确定所用的网络配线材料，并给出其数量（详细的器材给出最好在后述的系统图完成后进行）。

（1）线缆类 明确所用的光缆、UTP（STP）铜缆、同轴电缆等，分别确定其详细规格，并给出它们的数量。

（2）其他网络部件 明确所用的信息插座、光缆和铜缆的配线架、跳线以及19英寸机架等，分别确定其型号，特别是对于19英寸（in）机架，还要确定相应的排气扇、电源插座、配管和板架等的选型。本例的配线材料整理如表2-17所示。

配线材料一览表 **表2-17**

	品　名	规　格	数　量	备　注
线缆类	光缆	GI 4C(50/125μm)	40m	
	光缆跳线	GI 2C(50/125μm)	5根	两端SC(2m)
	UTP线缆	超5类	2000m	
	UTP跳线	超5类	46根	(2m)
其他网络部件	信息插座	超5类	46个	单口,露出型
	光缆配线架	24芯型(1U)	3个	
	铜缆配线架	24P型(1U)	3个	
	19英寸机架	$W700 \times D700 \times H700$	2个	13U
	19英寸机架	$W700 \times D700 \times H1500$	1个	30U

6. 确定各终端设备的IP地址（详况略）

7. 网络配线系统图的绘制

配线系统图的绘制大致考虑以下两种：

（1）网络设备接线系统图；

（2）网络布线系统图。

其中（1）的接线图虽与建筑物有关，但更应详细标明光缆或铜缆的端点接续，特别是准确给出所用器材的数量，使网络构建一目了然；（2）的布线图则是侧重于与建筑体有关的配线系统图。对于本例，根据图2-18的平面图及其有关条件，绘出如图2-19所示的接线系统图，由图可明确各线缆芯线与网络设备的接续状态。绘出的布线系统图如图2-20所示，各19英寸机架上的设备安装图如图2-21所示。

【例2】 大楼以太网的布线安装设计

1. 办公室的局域网配线

在办公室或大楼同一层楼的计算机联网时，如楼层范围较小（小于100m）、站点数少，可采用办公室的网络模式，如图2-22所示。集线器和一些网络设备放置在一间小的房间中构成一个配线房（服务器可放入其中，也可单独放置），以便网络集中布线。配线房的位置选择很重要，它应处于电缆和网络设备的中央位置，以确保配线房离最远的网络设备或节点的距离小于100m。

但当节点数量较多、距离较远（楼层中有的计算机到集线器的距离超过100m）时，就应该采用新的网络模型。一种方法就是采用双绞线在图2-22所示网络的基础上扩展，解决集线器的端口数受限的缺点。应用时，可用几个集线器级联。如果节点的数量太多，已使网络数据流量增多而造成网络阻塞时，可在整个楼层设置一个网络交换机，这样既可提升网络带宽又可将网络划分成几个网段。但这些方法要保证任何两个网络设备之间如交换机、集线器到集线器、计算机的距离小于100m，如图2-23所示的网络模型：

有一个中心网络交换机，用来提升网络的带宽，交换机和一些相关的网络设备放置在配线房中。在计算机数量较多的办公室中，可安装一个或多个集线器（如办公室二的情况），中心网络交换机与办公室的集线器的距离小于100m时可直接连接（如办公室四的情况）办公室到配线房超过100m时，该办公室集线器可与距离在100m以内的邻接办公室的集线器级联，而办公室四的集线器连接到交换机上

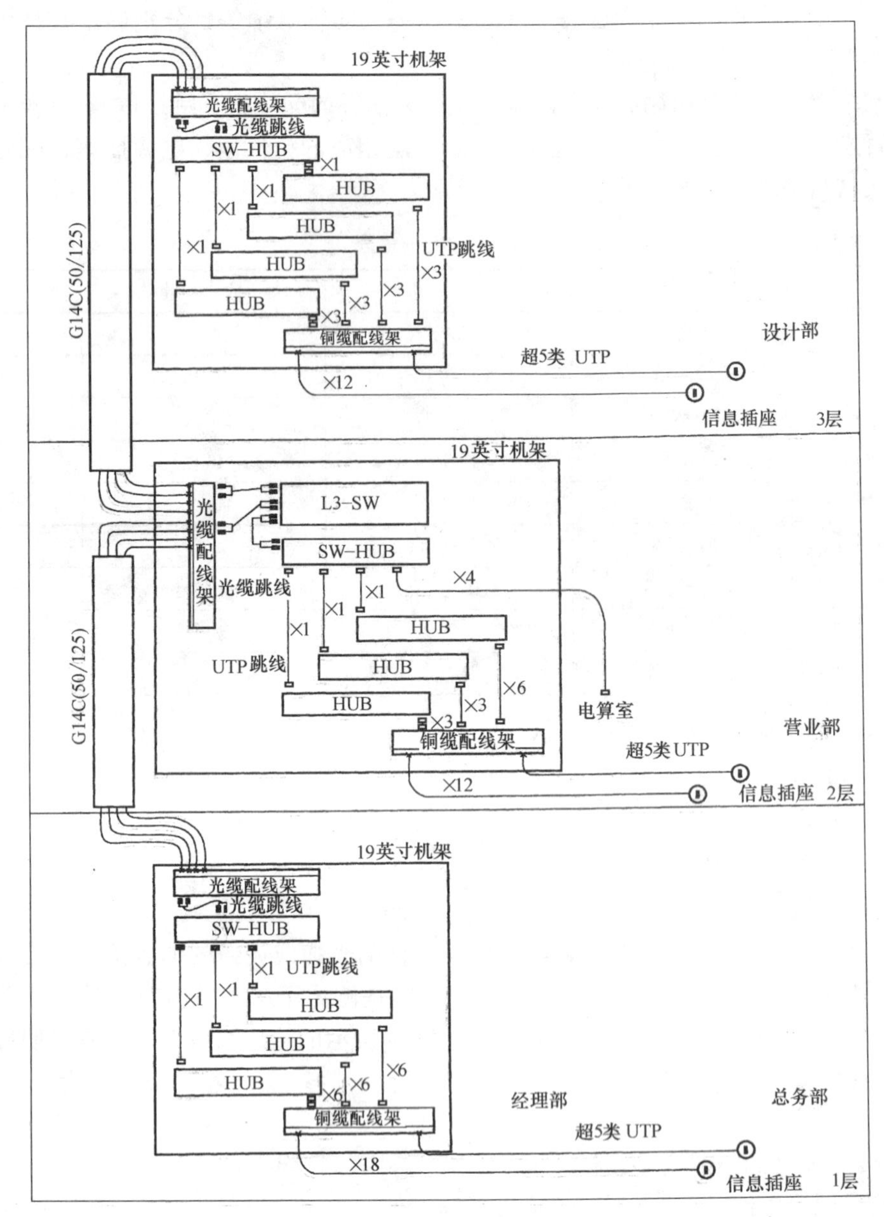

图 2-19　LAN设备接线系统图

(如办公室一的集线器与办公室四的集线器级联，而办公室四的集线器连接到交换机上)。计算机数量较少的办公室，不用专门设置集线器，则连接到最近的其他办公室的集线器上或配线房的交换机上（如办公室三的计算机连接到配线房中)。

进行单楼房的局域网络连接设计时，应对楼层的房间布局作详细的全面的调查，画好比例图，显示每间办公室的位置以确定好配线房的可用位置，同时，搞清楚每间办公室的计算机数量是否需单独设置集线器，办公室到配线房的距离是否太远以确定中间是否级联集线器等，在安装电缆和网络施工时，电缆应安装在视线看不到的地方，如通过走线槽穿在墙体或顶棚板中，电缆应避开电子干扰源，如灯光装置和电源插座。网络设备的安装应使用网络机柜配线。

2. 多层楼局域网络模型

整个大楼联网时，若楼的结构不复杂或网络范围不大时，可在图 2-23 的网络模型上进行改造。但对于复杂结构的楼宇，一般采用网络模块化设计，即整个大楼有一个主干智能交换机，每层楼的网络符合单楼层的网络模型。站点数量多的楼层有中心交换机或几个集线器级联，计算机连接到集线器上；站点数量少的楼层只有一个交换机或集线器，大楼的服务器或整个网络中被访问较多的网络设备直接接到

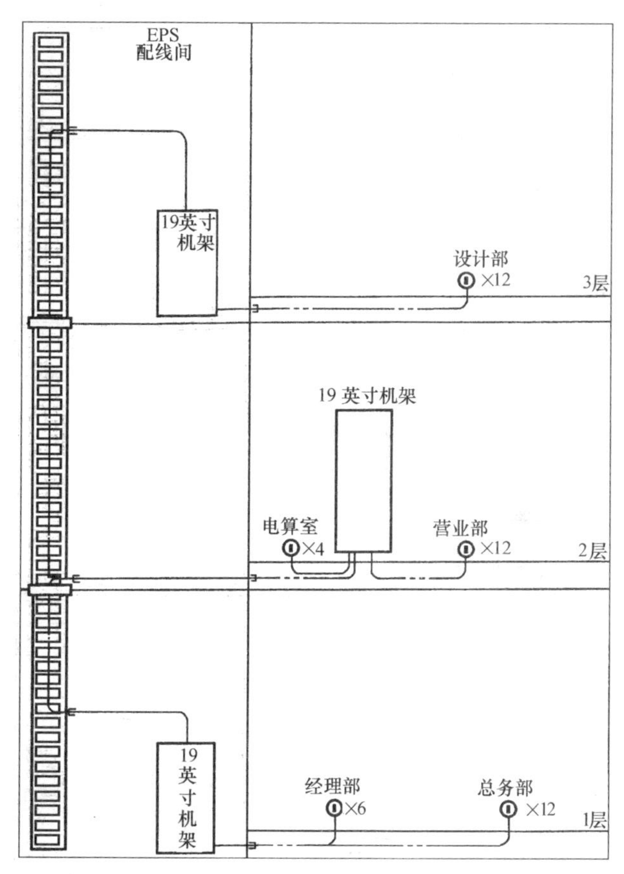

图 2-20　LAN 布线系统图

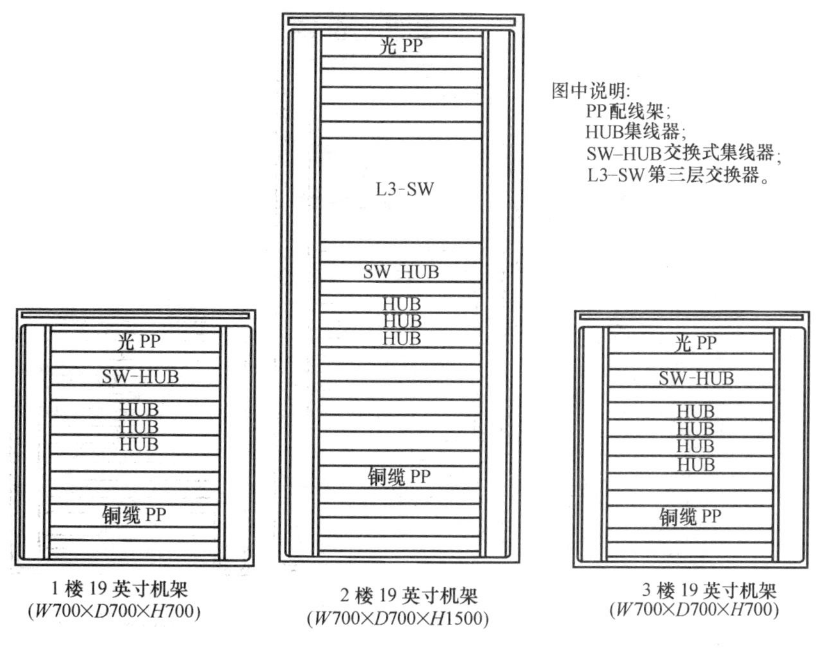

图 2-21　19 英寸机架的设备安装图

主干交换机上，如图 2-24 所示。

整个大楼有 4 层，安装一个主干智能交换机，将各楼层分成几个独立的网段，以保证某楼层节点的故障不影响其他楼层网络的运行。网络中关键的服务器和打印机等被所有节点共享，故直接连接到主干交换机上，并独占一个网段。四楼的节点数较多，因此有中心交换机；三楼则由两个集线器级联；二楼

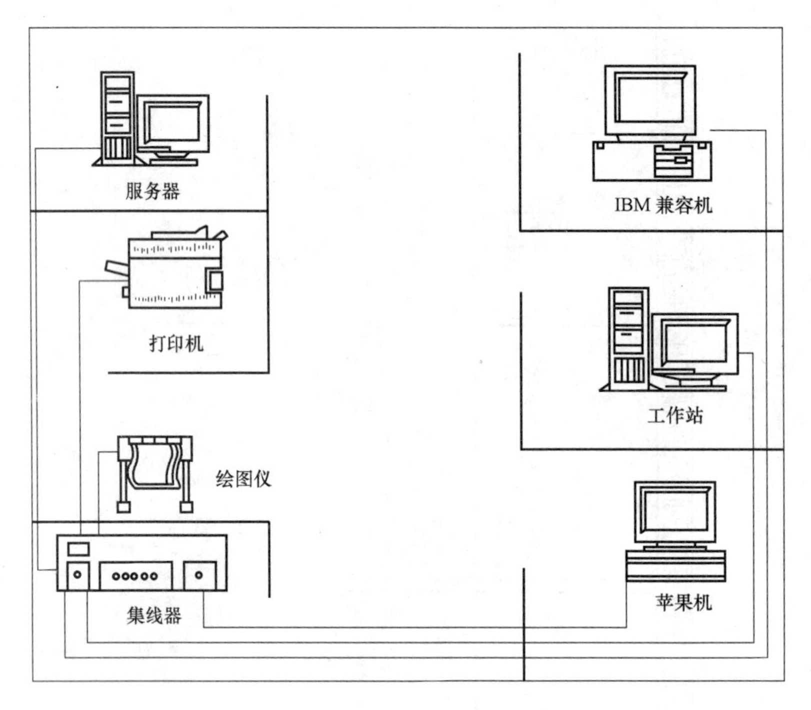

图 2-22　范围较小的单楼层网络模型

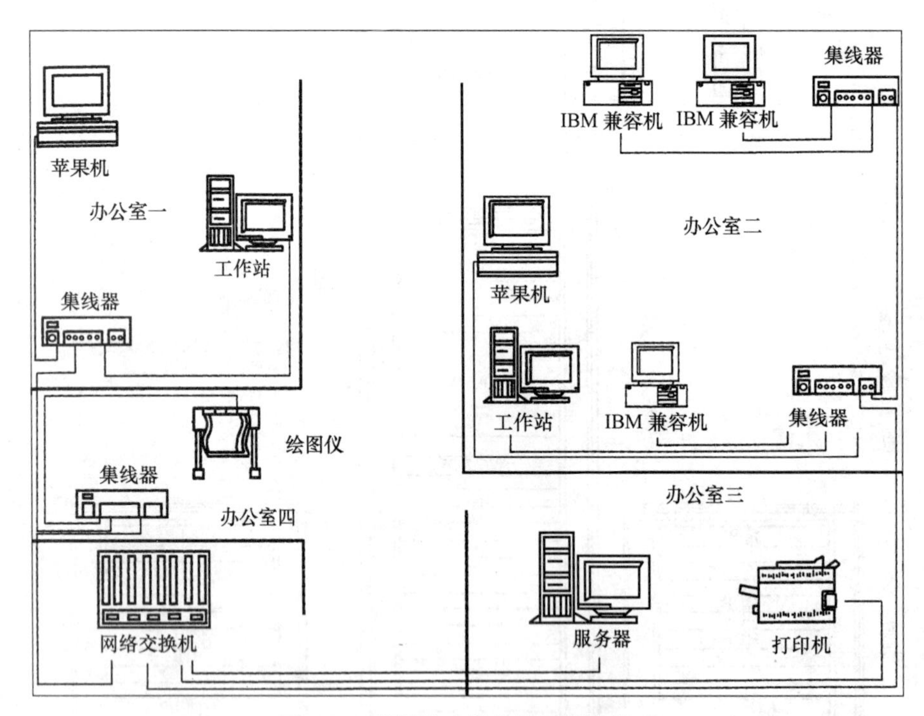

图 2-23　范围较大的单楼层网络模型

计算机的数量较少，只有一个集线器；一楼安放主干智能交换机，将大楼服务器、打印机、二楼和三楼的集线器、四楼的交换机连接起来。

图 2-24 显示的网络设计使用了交换式以太网（Switch Ethernet）和粗管道（Fat Pipe）技术，从底层的中央配线房向上链接到各层的中心交换机、集线器和服务器，将各层的主干节点连接起来。这种设计可减少各楼层之间主干网的网络数据流量。

在已有的多楼层局域网络模型基础上，可以方便的将两座大楼连接起来。大楼内部采用多楼层局域网络模型，大楼间用光纤将两座大楼中的主干智能交换机连接起来，具体在光纤或其他通信介质中使用

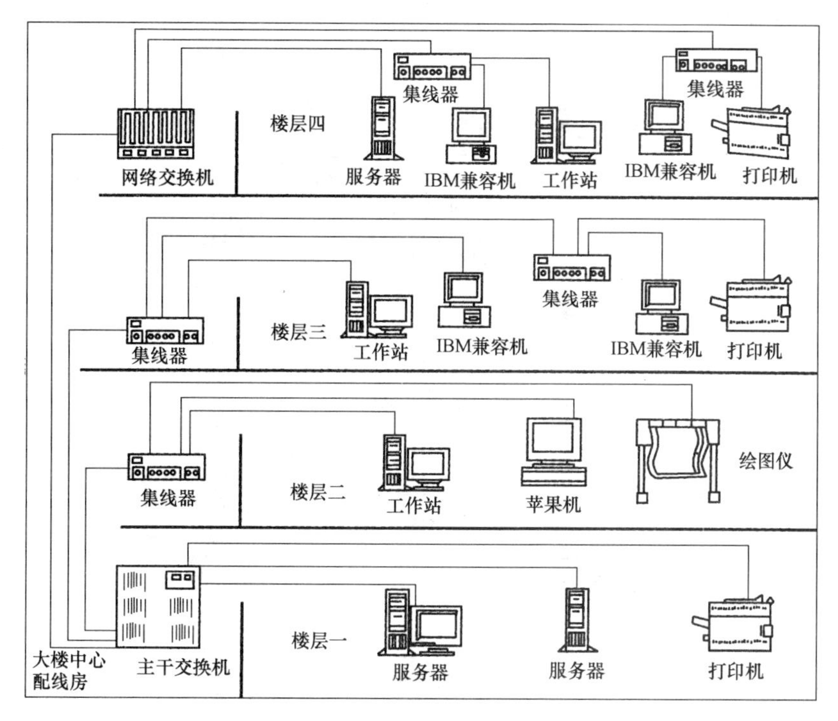

图 2-24　复杂的多层楼网络模型

何种介质连接主要取决于大楼间的网络通信流量和网络距离，一般多模光纤能连接小于 2000m 的两个大楼、提供 100Mbps 的带宽；单模光纤则达到 10km 长的距离、提供 100Mbps 带宽。当然价格也应在考虑的范围之内。

需要注意的是，对两座大楼间的通信介质要进行一些特殊处理，如防雷击、防潮、防静电和防虫咬等措施；此外，还应注意不要在大楼外面安装网络节点。

【例 3】 教学楼组网方案设计

有一幢四层教学楼，其中四楼为网络中心，分布有 6 台各种类型的服务器；三楼有 8 个教研室，每个教研室有 5 台 PC；二楼有 6 个专业机房，每个机房有 10 台 PC；一楼有 4 个公共机房，每个机房有 20 台 PC。楼内任何两个房间的距离都不超过 90m。

组网要求：教学楼内所有的计算机都能互联到一起，并且都能方便快捷地访问服务器资源。要求采用快速以太网技术，并请选择适当的网络设备、传输介质，画出网络结构图，注明网络设备和传输介质的名称、规格（速率、端口数）。

设计如下：对用户的组网要求进行分析可知，到四楼网络中心的通信链路是数据流量最大的主干，因为其他楼层的 PC 都要访问网络中心的服务器。根据快速以太网的组网原则，以四楼网络中心为中心，以四楼到其他楼层的通信链路为主干，其他通信链路为支干构建整个教学网络。网络结构图如图 2-25 所示。

设备规格：S1、S2、S3 为 8 口 100Mbit/s 快速以太网交换机，S4 为 12 口 100Mbit/s 快速以太网交换机；H11～H14 为 24 口 100Mbit/s 共享型快速以太网集线器，H21～H26 为 12 口 100Mbit/s 共享型快速以太网集线器，H31～H38 为 8 口 100Mbit/s 共享型快速以太网集线器。

传输介质：鉴于楼内任何两个房间的距离不超过 90m，因此所有的连接都采用 5 类非屏蔽双绞线是经济实惠的选择。

连接方式：采用层次方式的树形拓扑结构。所有的服务器都连接到交换机 S4 的普通端口，所有的 PC 都连接到所在房间的集线器的普通端口；集线器的级联端口连接所在楼层的交换机普通端口；交换机 S1、S2、S3 的级联端口连接 S4 的普通端口。

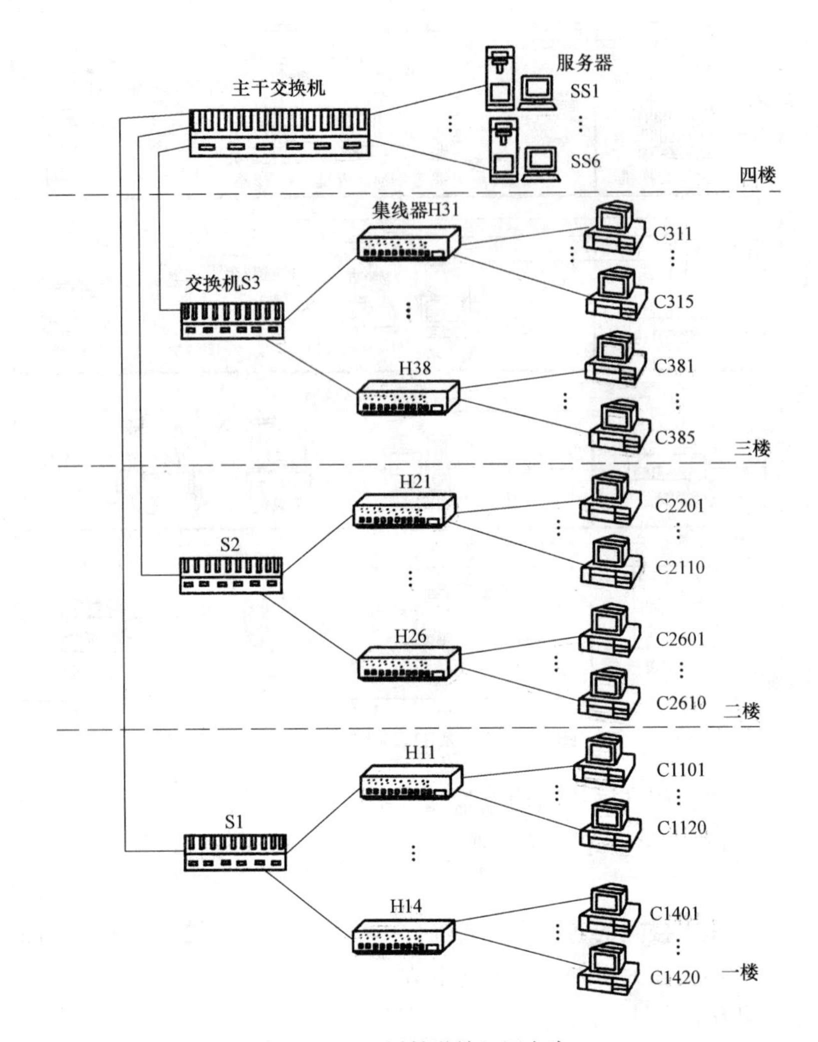

图 2-25　四层教学楼组网方案

网卡选择：所有的服务器均配置 100BASE-TX 网卡。PC 可有选择地配置 10BASE-TX 网卡或者 100BASE-TX 网卡，比如说教研室和专业机房的 PC 使用 100BASE-TX 网卡而公共机房使用 10BASE-T 网卡。注意如果选择 10BASE-T 网卡则相应的集线器应支持 10M/100Mbit/s 自适应或者直接使用 10BASE-T 集线器。

本方案特点是采用层次方式的树形拓扑结构，便于管理和扩充；服务器直接连接主干快速以太网交换机，保证了对服务器资源快捷方便的访问；网络设备留有一定的扩充能力；方案配置比较灵活，经济可行。

第五节　计算机机房的设计

一、计算机机房的位置与布置

1. 机房位置选择

按照 GB 50174—93《电子计算机机房设计规范》，在多层建筑或高层建筑内，计算机机房宜设于第二、三层。机房位置选择应符合下列要求：

(1) 水源充足，电力比较稳定可靠，交通通讯方便，自然环境清洁。

(2) 远离产生粉尘、油烟、有害气体以及生产或储存具有腐蚀性、易燃、易爆物品的工厂、仓库、堆物等。

（3）远离强振源和强噪声源。

（4）避开强电磁场干扰。当无法避开时或为保障计算机系统信息安全，可采取有效的电磁屏散措施。

2. 计算机机房的组成

（1）计算机机房组成应按计算机运行特点及设备具体要求确定。一般计算机机房由下列房间组成：

① 计算机主机房：计算机主机房是放置计算机系统主要设备的房间，是计算机机房的核心。其他房间的配置（位置）都是以此房间而确定的，所谓对计算机主机房的环境工艺要求，也主要是对计算机主机房而言的。

② 基本工作房间：基本工作房间有：数据录入室、终端室、通信室、已记录的磁媒体存放间、已记录的纸媒体存放间、上机准备间、调度控制室等。

③ 辅助房间：

第一类辅助房间有：维修室、仪器室、备件间、未记录的磁媒体存放间、资料室、软件人员办公室、硬件人员办公室。

第二类辅助房间有：高低压配电室、变压器室、变频机室、稳压稳频室、蓄电池室、发电机室、空调系统用房、灭火器材间、值班室、控制室。

第三类辅助房间有：贮藏室、更衣换鞋室、缓冲间、一般休息室、盥洗间等。上述房间，有的可以一室多用。

在机房的房间组成内，未包括行政办公等用房。但在建造机房时，还应考虑到一般的办公用房。

（2）机房使用面积应根据计算机设备的外形尺寸布置确定。在计算机设备外形尺寸不完全掌握的情况下，计算机机房使用面积应符合下列规定：

1）主机房面积可按下列方法确定：

① 当计算机系统设备已选型时，可按下式计算：

$$A=K\sum S$$

式中　A——计算机主机房使用面积（m^2）；

K——系数，取值为 5～7；

$\sum S$——计算机系统及辅助设备的投影面积（m^2）之和。

② 当计算机系统的设备尚未选型时，可按下式计算：

$$A=KN$$

式中　K——单台设备占用面积，可取 4.5～5.5（m^2/台）；

N——计算机主机房所有设备的总台数。

2）基本工作间和第一类辅助房间面积的总和，宜等于或大于主机房面积的 1.5 倍。

3）上机准备室、外来用户工作室、硬件及软件人员办公室等可按每人 3.5～4m^2 计算。

4）改建的计算机机房面积可按实际情况酌情处理。一般来说，计算机主机室使用面积为 40～80m^2。

3. 设备布置要求

（1）计算机设备宜采用分区布置，一般可分为主机区、存储器区、数据输入区、数据输出区、通信区和监控调度区等。具体划分可根据系统配置及管理而定。

（2）产生尘埃及废物的设备（如各类以纸为记录介质的输出、输入设备）应远离对尘埃敏感的设备（如磁盘机、磁带机和磁鼓），并宜集中布置在靠近机房的回风口处。

（3）主机房内通道与设备间的距离应符合下列规定：

① 两相对的柜子正面之间的距离不小于 1.5m；

② 机柜侧面（或不用面）距墙不应小于 0.5m，当需要维修测试时，则距墙不应小于 1.2m；

③ 走道净宽不应小于 1.2m。

(4) 设备布置要有利于值班人员监视计算机的运转状态，特别是磁带机、行式机印机、卡片阅读机等机器设备，必须布置在容易从控制台处观察到的地方。

4. 设备布置方式

计算机设备的布置方式，多采用集中（图 2-26）和人机分离两种。

人机分离的平面布置方式如图 2-27 所示。该形式是今后机房内平面布置的主要形式。

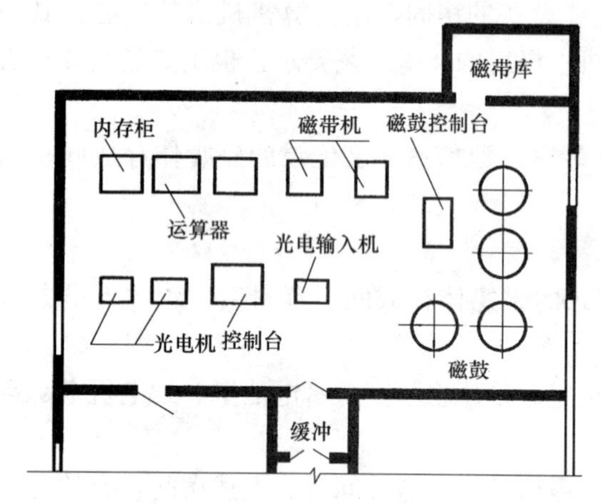

图 2-26　机房设备集中布置方式

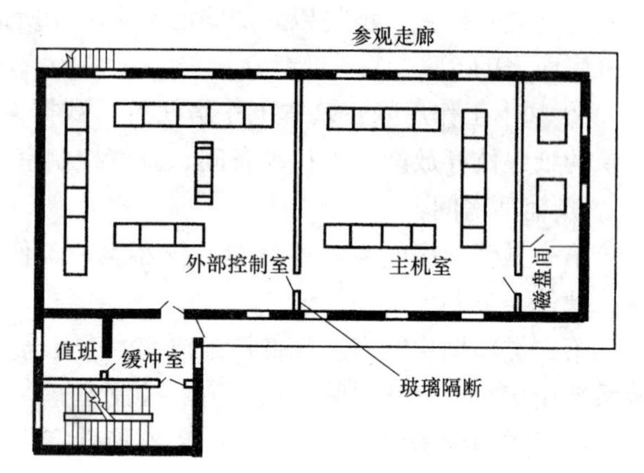

图 2-27　人机分离平面布置图

二、计算机系统的环境要求

1. 温度、湿度及空气含尘浓度

(1) 计算机机房内的温、湿度应满足下列要求：

① 开机时，计算机机房内温、湿度应符合表 2-18 的规定。

② 停机时，计算机机房内的温、湿度应符合表 2-19 的规定。

开机时计算机机房的温、湿度　　表 2-18

项目＼级别	A 级		B 级
	夏季	冬季	全年
温度(℃)	23±2	20±2	18～28
相对湿度(%)	45～65	40～70	
温度变化率(℃/h)	<5(并不得结露)	<10(并不得结露)	

停机时计算机机房的温、湿度　　表 2-19

项目＼级别	A 级	B 级
温度(℃)	5～35	5～35
相对湿度(%)	40～70	20～80
温度变化率(℃/h)	<5(并不得结露)	<10(并不得结露)

(2) 开机时主机房的温、湿度应执行 A 级，基本工作间可根据设备要求按 A、B 两级执行，其他辅助房间应按工艺要求确定。

(3) 记录介质库的温、湿度应符合下列要求：

① 常用记录介质库的温、湿度应与主机房相同。

② 其他记录介质库的要求应按表 2-20 采用。

记录介质库的温、湿度　　　　**表 2-20**

项目＼品种	卡片	纸带	磁带		磁盘	
			长期保存已记录的	未记录的	已记录的	未记录的
温度	5～40℃		18～28℃	0～48℃	0～40℃	
相对湿度	30%～70%	40%～70%	20%～80%		20%～80%	
磁场强度			<3200A/m	<4000A/m	<3200A/m	<4000A/m

（4）主机房内的空气含尘浓度，在静态条件下测试，每升空气中≥0.5μm 的尘粒数应少于1800 粒。

2. 噪声、电磁干扰、振动及静电

（1）主机房内的噪声，在计算机系统停机的条件下，在主操作员位置测量应小于 68dB（A）。

（2）无线电波的干扰影响到很多电子设备工作的稳定性，计算机工作属于弱小信号类，对干扰极为敏感。而这些干扰又会从空间、机器外壳、电缆或电线引入。因此要做必要抗干扰的处理——接地或屏蔽，使工作环境的无线电波干扰场强，在频率为 0.15～1000MHz 时应低于 126dB。

（3）工作环境要防永磁场或电磁场干扰，其值不应大于 800A/m。电子设备及显示设备极易受到几十 kVA 变压器、稳压器的影响。通常的情况下终端与它们的距离保持 5m 以上。

（4）主机房地面及工作台面的静电泄漏电阻，应符合现行国家标准《计算机机房用活动地板技术条件》的规定。

（5）主机房内绝缘体的静电电位不应大于 1kV。

（6）在计算机系统停机的条件下，主机房地板表面垂直及水平方向的振动加速度值，不应大于 500mm/s^2。

三、计算机机房的接地

1. 计算机机房应采用下列四种接地方式：

（1）交流工作接地，接地电阻不应大于 4Ω；

（2）安全保护接地，接电电阻不应大于 4Ω；

（3）直接工作接地，接地电阻应按计算机系统具体要求确定；

（4）防雷接地，应按现行国家标准《建筑防雷设计规范》执行。

2. 直流地的接法一般有三种类型：串联接地、并联接地和网格地。前两种接地方式在国内已趋淘汰，目前最好的方法是采用信号基准电位网，即网格地。

直流网格地就是用一定截面积的铜带（建议用 1～1.5mm 厚、25～35mm 宽），在活动地板下面交叉排成 600mm×600mm 的方格，其交叉点与活动地板支撑的位置交错排列。交点处用锡焊焊接或压接在一起。为了使直流网格地和大地绝缘，在铜带下应垫 2～3mm 厚的绝缘橡皮或聚氯乙烯板等绝缘物体。由于橡皮易受潮、受油而导致绝缘电阻降低，因此应采取相应的防潮措施或选用绝缘强度高、吸水性差的材料作为直流网格地的绝缘体。直流网格地如图 2-28 所示。机柜接地见图 2-29。

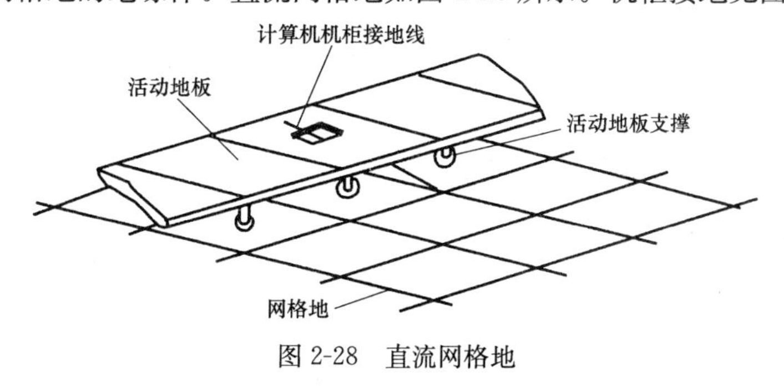

图 2-28　直流网格地

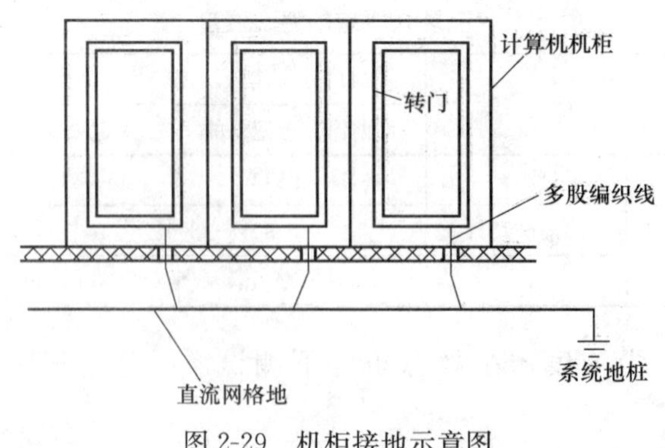

图 2-29　机柜接地示意图

3. 计算机系统的接地应采取单点接地并宜采取等电位措施。当多个计算机系统共用一组接地装置时，宜将各计算机系统分别采用接地线与接地体连接。

4. 接地引下线一般应选用截面积不小于 $35mm^2$ 的多芯铜电缆用以减少高频阻抗。

5. 机要部门计算机室内的非计算机系统的管、线、风道或暖气片等金属实体，应做接地处理。接地电阻应小于 4Ω。

6. 计算机终端及网络的节点机均不宜就做接地保护，应该由“系统”统一设计。否则因地线的电位差足可以损坏设备或器件。

7. 机房内设有防静电地板时，其地板及金属的门、窗均做接地处理，且保证等电位。

四、计算机机房的供电

1. 计算机机房供电质量要求

根据国家标准《计算站场地技术条件》(GB 2887—1989)，对机房供配电的要求如下：

(1) 计算机机房供电电源

计算机房供电电源应满足下列要求：

频率：50Hz

电压：380V/220V

相数：三相五线制或三相四线制/单相三线制

依据计算机的性能，允许供电电源变动的范围，如表 2-21 所示。

计算机机房供电允许变动的范围　　**表 2-21**

项目 \ 指标 \ 级别	A　级	B　级	C　级
电压变动(%)	−5～+5	−10～+7	−15～+10
周波变化/Hz	−0.2～+0.2	−0.5～+0.5	−1～+1

(2) 计算机机房供电方式分类

依据计算机的用途，其供电方式可分为 3 类：

① 一类供电　需建立不停电供电系统；

② 二类供电　需建立带备用的供电系统；

③ 三类供电　按一般用户供电考虑。

2. 计算机机房供电监控功能要求

根据上述建立不停电供电系统或建立备用供电系统的要求，都存在供电电源控制问题对机房供电系统的要求：系统控制应有自动、手动两种操作功能，供电系统应具有遥测、遥信、遥控功能。

供电系统的遥测功能包括：应能遥测高、低压进线柜、油机发电机组的三相电压、三相电流、功率、频率；配电屏的输入电压、输入电流；UPS输出电压、电流；蓄电池组的电压、充放电电流等。在一些特别重要的机房供电系统中，配电屏主开头触头的温度也需遥测，作为智能化监控的参数之一。

机房供电系统的遥控功能包括：应能遥开油机组、遥关油机组；遥开UPS、遥关UPS。

供电系统的遥信功能：对市电中断、机组故障、UPS故障、电池充电状态、熔丝状态、配电屏主控开关温度（反应接点的接触电阻大小）等应有遥信信息送出。

3. 计算机机房对供配电主要设备的要求

（1）对配电屏的要求

计算机房对配电屏的要求如下：

① 在市电和油机电源之间应配有自动手动倒换装置，有电气连锁和机械连锁装置，在两种电源倒换中，具有市电优先功能。

② 当市电中断或者电压超出规定范围时，自动切断市电，10s后送市电信号；当市电恢复正常10s后能自动转入市电供电。

（2）对油机发电机组的要求

计算机机房对油机发电机组的要求如下：

① 必须配备具有自启动、自保护、自动切换功能的油机发电机组。

② 机组在停机状态接到启动指令，应能立即自动启动。如要延迟启动，时间应可调，但不得超过8h。

③ 由停机到运行的启动，以主机优先启动，备用机在主机不能启动时，才启动。

④ 当机组在输出短路或超负荷运行时，应断电停机自动保护。

⑤ 油机发电机组参照我国YD/T 502—1991执行。

（3）机房设备对UPS的要求

计算机机房对UPS的要求如下：

① 当市电正常时，UPS应能自动开机。

② UPS应具有软启动性能。

③ UPS应具备在市电不稳定或负载变化比较大的条件下正常运行的能力（停电输出纯净的电压）。

④ UPS的“平均无故障时间”（MIBF）应大于或等于10000h。

⑤ 具有良好的自诊断、用户界面、通信功能。

⑥ UPS机内静态旁路模块电路以及机外热备份机均应能可靠、自动切换。

⑦ 具备外电掉电告警功能；当市电中断或超出规定范围（10%～15%）能自动发出告警信号。

⑧ 外电停电后可继续工作一定时间（依系统需要而定）。

五、机房的消防报警与灭火系统

1. 计算机机房应设火灾自动报警系统，主机房、基本工作间应设二氧化碳或卤代烷灭火系统，并应按有关规范的要求执行。报警系统与自动灭火系统应与空调、通风系统联锁。空调系统所采用的电加热器，应设置无风断电保护。

2. 凡设置二氧化碳或卤化烷固定灭火系统及火灾探测器的计算机机房，其吊顶的上、下及活动地板下，均应设置探测器和喷嘴。

吊顶上和活动地板下设置火灾自动探测器，通常有两种方式。一种方式是均布方式，但其密度要提高，每个探测器的保护面积为10～15m²。另一种方式是在易燃物附近或有可能引起火灾的部位以及回风口等处设置探测器。图2-30为机房火灾探测器布置示例。

主机房宜采用感烟探测器。当没有固定灭火系统时，应采用感烟、感温两种探测器的组合。可以在主机柜、磁盘机、宽行打印机等重要设备附近安装探测器。在有空调设备的房间，应考虑在回风口附近安装探测器。

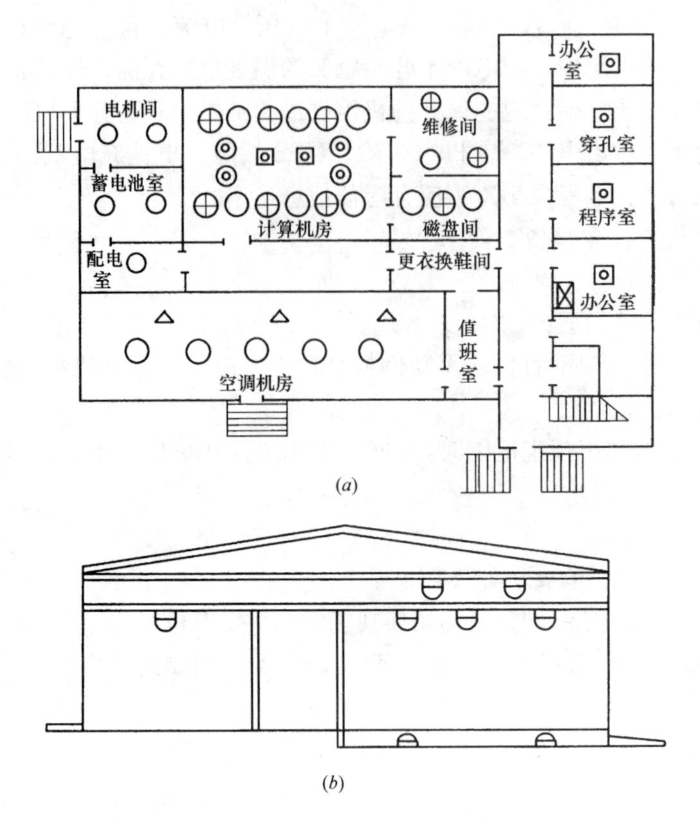

图 2-30　火灾自动探测器在机房中的布置

(a) 平面图；(b) 剖面图

图例：○装在吊顶下的感烟探测器　⊕装在活动地板下的感烟探测器

◎装在吊顶上的感温探测器　△装在通风管道的探测器

回装在吊顶下的感温探测器　☒集中报警控制器

第三章　综合布线系统

第一节　综合布线系统（PDS）的组成

建筑物综合布线系统（PDS，Premises Distribution System）又称结构化布线系统（Structured Cabling System）。它是一种模块化的、高度灵活性的智能建筑布线网络，是用于建筑物和建筑群进行话音、数据、图像信号传输的综合的布线系统。

智能建筑的综合布线系统（PDS）与传统的电话、计算机网络布线的不同主要表现在如下方面：

（1）在智能大厦系统中，除计算机网络线以外，还有众多的电话线、闭路电视线，用于大厦内空调等设备的控制线、用于火警的安全控制线和安全监视系统线等，这些线需要统一规划，一次性布好。

（2）在智能大厦系统中，许多线应可交换使用。

（3）在智能大厦系统中，同样的布线系统可适应由于用户变化而造成的某些局部网络的变化。

（4）传统的网络布线是设备在哪里，线就在哪里；而智能大厦的综合布线系统与它所连接的设备相对无关，先将布线系统铺设好，然后根据所安装设备情况调整内部跳接及相互连接机制，使之适应设备的需要。因此，同一个接口可以连接不同的设备，譬如电话、计算机、控制设备等。目前，综合布线系统主要用于电话和计算机网络。

一、系统组成

1. 综合布线系统设计宜包括工作区、配线子系统、干线子系统、建筑群子系统、设备间、进线间管理。综合布线系统的组成，应符合图 3-1 的要求。

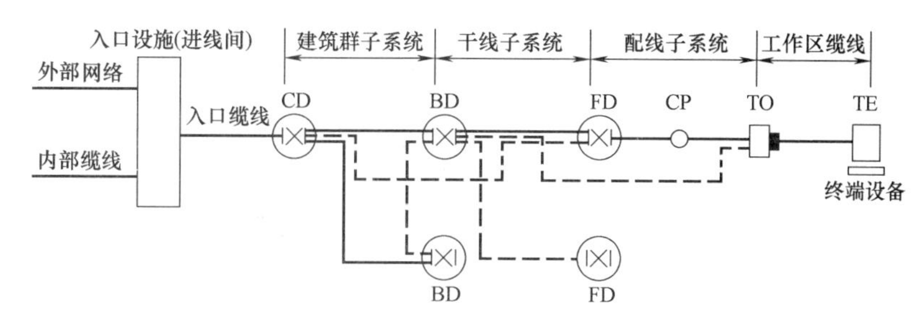

图 3-1　综合布线系统的组成

图中：CD 为建筑群配线架，BD 为建筑物配线架，FD 为楼层配线架，CP 为集合点（选用），TO 为信息插座。

2. 综合布线系统宜按下列七个部分（图 3-2、表 3-1）进行设计：

（1）工作区：一个独立的需要设置终端设备（TE）的区域宜划分为一个工作区，工作区应由配线子系统的信息插座模块（TO）延伸到终端设备处的连接缆线及适配器组成。

（2）配线子系统：配线子系统应由工作区的信息插座模块、信息插座模块至电信间配线设备（FD）的配线电缆和光缆、电信间的配线设备及设备缆线和跳线等组成。

（3）干线子系统：干线子系统应由设备间至电信间的干线电缆和光缆、安装在设备间的建筑物配线设备（BD）及设备缆线和跳线组成。

（4）设备间：设备间是在每栋建筑物的适当地点进行网络管理和信息交换的房间。对于综合布线系统工程设计，设备间主要安装建筑物配线设备。电话交换机，计算机主机设备及入口设施也可与配线设备安装在一起。

(5) 建筑群子系统：由连接多个建筑物的主干电缆和光缆、配线设备（CD）及设备缆线和跳线组成。

(6) 进线间：进线间是建筑物或多个建筑物外部通信（语音和数据）管线的入口用房，可与设备间合用一个房间。

(7) 管理：管理是对工作区、电信间、进线间的配线设备、缆线、信息插座模块等设施按一定的模式进行标识和记录。

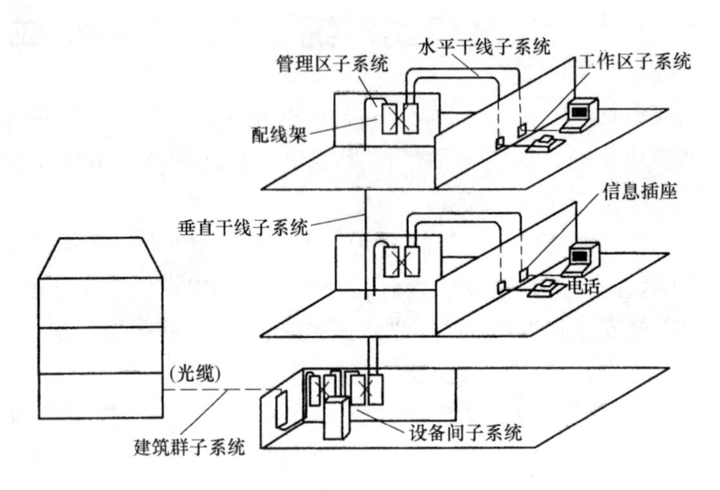

图 3-2 结构化布线系统总体图

综合布线系统的类型级别 **表 3-1**

序号	类型级别	设备配置	特点	适用场合
1	基本型（相当于最低配置）	(1)每个工作区有一个信息插座； (2)每个工作区为一个水平布线系统，其配线电缆是一条4对非屏蔽双绞线(UTP)； (3)接续设备全部采用夹接式交接硬件； (4)每个工作区的干线电缆至少有2对双绞线	(1)能支持话音、数据或高速数据系统使用； (2)能支持IBM多种计算机系统的信号传输； (3)价格较低，基本采用铜心导线电缆组网； (4)目前使用广泛的布线方案，且可适应将来发展，逐步走向综合布线系统； (5)便于技术人员管理； (6)采用气体放电管式过压保护和能自复的过流保护	这种类型适用于目前大多数的场合，因为它经济有效，并能逐步过渡到综合型布线系统。目前一般用于配置标准较低的场合
2	增强型（相当于基本配置）	(1)每个工作区有两个以上信息插座； (2)每个工作区的信息插座均有独立的水平布线系统，其配线电缆是一条4对非屏蔽双绞线(UTP)； (3)接续设备全部采用夹接式交接硬件或插接式硬件； (4)每个工作区的干线电缆至少有3对双绞线	(1)每个工作区有两个信息插座不仅灵活非凡，且功能齐全； (2)任何一个信息插座都可提供话音和高速数据系统使用； (3)采用铜心电缆和光缆混合组网； (4)可统一色标，按需要利用端子板进行管理，简单方便； (5)能适应多种产品的要求，具有经济有效的特点； (6)采用气体放电管式过压保护和能自复的过流保护	这种类型能支持话音和数据系统使用，具有增强功能，且有适应今后发展余地，适用于配置标准较高(中等)的场合

续表

序号	类型级别	设备配置	特点	适用场合
3	综合型（相当于综合配置）	(1)在基本型和增强型综合布线系统的基础上增设光缆系统，一般在建筑群间干线和水平布线子系统上配置 62.5μm 光缆； (2)在每个基本型工作区的干线电缆至少配有 2 对双绞线； (3)在每个增强型工作区的干线电缆至少有 3 对双绞线	(1)每个工作区有两个信息插座不仅灵活非凡，且功能齐全； (2)任何一个信息插座都可提供话音和高速数据系统使用； (3)采用以光缆为主与铜心电缆混合组网； (4)利用端子板管理，因统一色标用户使用简单方便； (5)能适应产品变化，具有经济有效的特点	这种类型具有功能齐全，满足各方面通信要求，是适用于配置标准很高的场合(如规模较大的智能化大厦、办公大楼等)

注：1. 表中非屏蔽双绞线是指具有特殊扭绞方式及材料结构，能够传输高速率数字信号的双绞线，不是一般市话通信电缆的双绞线。
2. 夹接式交接硬件是指采用夹接、绕接的固定连接方式的交接设备。
3. 插接式交接硬件是指采用插头和插座连接方式的交接设备。

二、综合布线系统分级与缆线长度

1. 综合布线铜缆系统的分级与对应的产品类别划分应符合表 3-2 的要求。

铜缆布线系统的分级与类别 **表 3-2**

系统分级	支持带宽(Hz)	支持应用器件		系统分级	支持带宽(Hz)	支持应用器件	
		电缆	连接硬件			电缆	连接硬件
A	100k	—	—	D	100M	5/5e 类	5/5e 类
B	1M	—	—	E	250M/500M	6/6A 类	6/6A 类
C	16M	3 类	3 类	F	1000M	7 类	7 类

2. 光纤信道的分级和其支持的应用长度，应符合表 3-3 的规定。

光纤信道的分级和其支持的应用长度 **表 3-3**

分级	支持的应用长度(m)	分级	支持的应用长度(m)	分级	支持的应用长度(m)
OF-300	≥300	OF-500	≥500	OF-2000	≥2000

光纤信道构成方式应符合以下形式：

(1) 水平光缆和主干光缆在楼层电信间的光纤配线设备经光纤跳线连接构成。

(2) 水平光缆和主干光缆在楼层电信间将光纤端接（熔接或机械连接）构成。

(3) 水平光缆布放路由经过电信间直接连至大楼设备间光纤配线设备。

(4) 当工作区用户终端设备或某区域网络设备需直接与公用电信网进行互通时，宜采用单模光缆从工作区直接布放至电信入口设施的光纤配线设备。

3. 综合布线系统缆线长度的划分（图 3-3）。

(1) 综合布线系统水平缆线与建筑物主干缆线及建筑群主干缆线之和所构成信道的总长度不应大于 2000m。

(2) 建筑物或建筑群配线设备之间（FD 与 BD、FD 与 CD、BD 与 BD、BD 与 CD 之间）组成的信道出现 4 个连接器件时，主干缆线的长度不应小于 15m。

(3) 配线子系统相关缆线长度应符合下列要求：

① 信道的缆线不应大于 100m（包括 90m 水平缆线，最长 10m 的跳线和设备缆线）。

② 永久链路的水平缆线不应大于 90m。

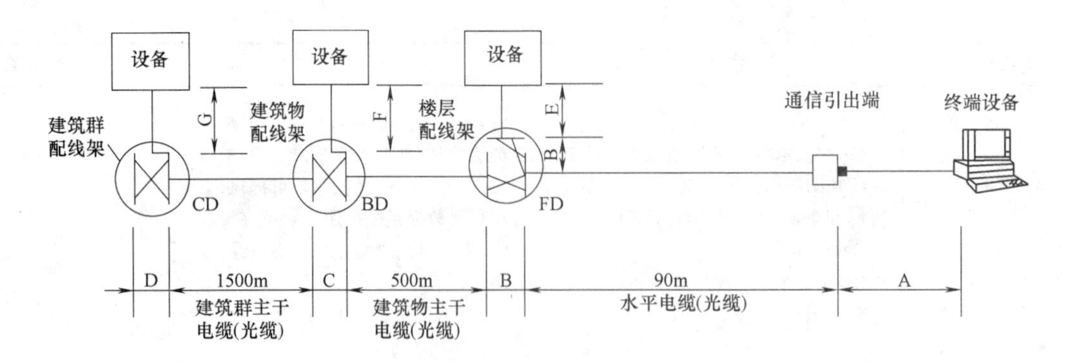

A+B+E≤10m　水平子系统中工作区电缆、工作区光缆、设备电缆、设备光缆和接插软线或跳线的总长度；

C 和 D≤20m　在建筑物配线架或建筑群配线架中的接插软线或跳线长度；

F 和 G≤30m　在建筑物配线架或建筑群配线架中的设备电缆、设备光缆长度。

图 3-3　综合布线的系统结构及其电缆、光缆最大长度

③ 工作区设备缆线，电信间配线设备的跳线和设备缆线之和不应大于 10m。当大于 10m 时，水平缆线长度（90m）应适当减少。

④ 楼层配线设备（FD）跳线，设备缆线及工作区设备缆线各自的长度不应大于 5m。

⑤ 配线电缆或光缆长度不应超过 90m，在能保证链路传输性能时，水平光缆距离可适当加长。

(4) 配线设备（BD）和（CD），跳线不应大于 20m，设备缆线不应大于 30m。

4. 干线子系统的缆线长度

干线子系统由设备间的建筑物配线设备（BD）和跳线以及设备间至各楼层配线设备（FD）的干线电缆组成，以提供设备间总（主）配线架与楼层配线间的楼层配线架（箱）之间的干线路由。干线子系统所需要的电缆总对数和光纤总芯数，应满足工程的实际需求，并留有适当的备份容量。主干缆线宜设置电缆与光缆，并互相作为备份路由。综合布线主干线线缆组成，如图 3-4 所示。表 3-4 为综合布线系统干缆线长度限值。

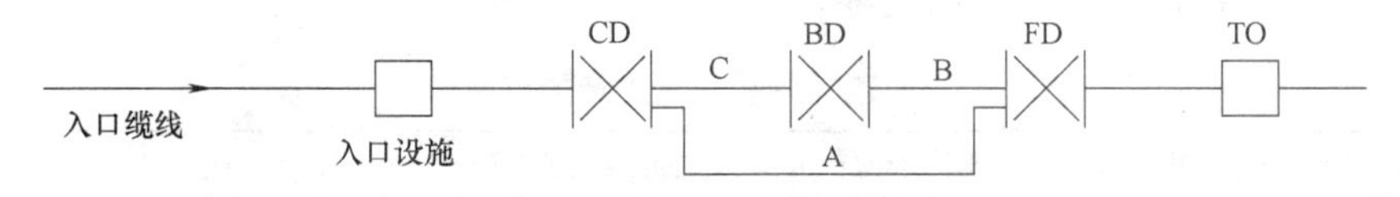

图 3-4　综合布线系统主干缆线组成

综合布线系统主干缆线长度限值　　**表 3-4**

缆线类型	各线段长度限值(m)			缆线类型	各线段长度限值(m)		
	A	B	C		A	B	C
100Ω 对绞电缆	800	300	500	50m 多模光缆	2000	300	1700
62.5m 多模光缆	2000	300	1700	单模光缆	3000	300	2700

(1) 如 B 距离小于最大值时，C 为对绞电缆的距离可相应增加，但 A 的总长度不能大于 800m。

(2) 表中 100Ω 对绞电缆作为语音的传输介质。

(3) 单模光纤的传输距离在主干链路时允许达 60km，但被认可至本规定以外范围的内容。

(4) 对于电信业务经营者在主干链路中接入电信设施能满足的传输距离不在本规定之内。

(5) 在总距离中可以包括入口设施至 CD 之间的缆线长度。

(6) 建筑群与建筑物配线设备所设置的跳线长度不应大于 20m。如超过 20m 时主干长度应相应减少。

(7) 建筑群与建筑物配线设备连至设备的缆线不应大于 30m。如超过 30m 时主干长度应相应减少。

（8）采用单模光缆作主干布线时，建筑群配线架到楼层配线架的最大距离可以延伸到3000m。

采用对称电缆作主干布线时，对于高速率系统的应用，长度不宜超过90m。否则宜选用单模或多模光缆。

在建筑群配线架和建筑物配线架中，接插软线和跳线长度不宜超过20m，超过20m的长度应从允许的主干布线最大长度中扣除。

把电信设备（如用户交换机）直接连接到建筑群配线架或建筑物配线架的设备电缆、设备光缆长度不宜超过30m。如果使用的设备电缆、设备光缆超过30m时，主干电缆、主干光缆的长度宜相应减少。

5. 开放型办公室综合布线系统

办公楼，综合楼等商用建筑物或公共区域的大开间及数据中心机房等场所，由于使用对象的不确定和流动性等因素，宜按开放式办公室综合布线系统要求进行设计，并应符合下列规定：

（1）采用多用户信息插座时，每一个多用户插座应适当考虑备用量，宜选择能支持12个工作区的8位模块通用插座，各段缆线长度可按表3-5选用，也可按下式计算：

$$C=(102-H)/1.2(\text{或}1.5)$$

$$W=C-5$$

式中　$C=W+D$——工作区电缆、电信间跳线和设备电缆的长度之和；

D——电信间跳线和设备电缆的总长度；

W——工作区电缆的最大长度，应小于或等于22m；

H——水平电缆的长度。

各段缆线长度限值　　**表3-5**

电缆总长度(m)	水平布线电缆 H(m)	工作区电缆 W(m)	电信间跳线和设备电缆 D(m)
100	90	5	5
99	85	9	5
98	80	13	5
97	75	17	5
96	70	22	5

（2）采用集合点时，集合点配线设备与FD之间水平线缆的长度应大于15m，集合点配线设备容量宜按满足12个工作区信息点需要设置。同一个水平电缆路由中不允许超过一个集合点（CP），从集合点引出的CP线缆应终接到工作区的信息插座或多用户信息插座上。

（3）多用户信息插座和集合点的配线设备应安装在建筑物的承重墙体或柱子上。

第二节　综合布线系统的结构与应用

一、布线子系统的构成

综合布线可分为以下3个布线子系统。

（1）建筑群干线子系统。

（2）建筑物干线子系统。

（3）配线（水平）子系统。

综合布线子系统构成，可根据建筑物的结构，灵活的构成不同的布线结构，如图3-5所示。图3-5（a）中的虚线表示BD与BD之间、FD与FD之间可设置主干缆线。图3-5（b）中楼层配线架FD可经过主干缆线直接连至建筑群配线架CD，无须经过建筑物配线架BD；信息插座TO也可以经过水平缆线直接连至建筑物配线架BD，无须经过楼层配线架FD。

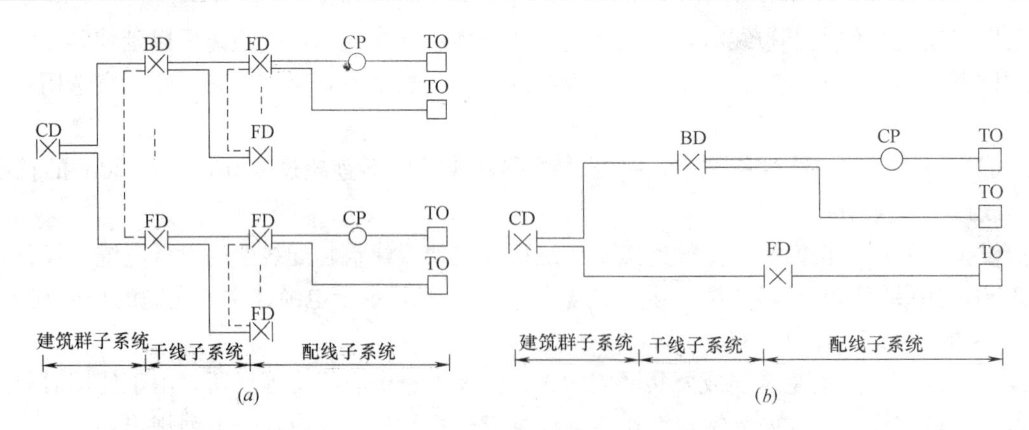

图 3-5　综合布线子系统构成

注：1. 图中的虚线表示 BD 与 BD 之间，FD 与 FD 之间可以设置主干缆线。

2. 建筑物 FD 可以经过主干缆线直接连至 CD，TO 也可以经过水平缆线直接连至 BD。

综合布线系统入口设施及引入缆线构成应符合图 3-6 的要求。

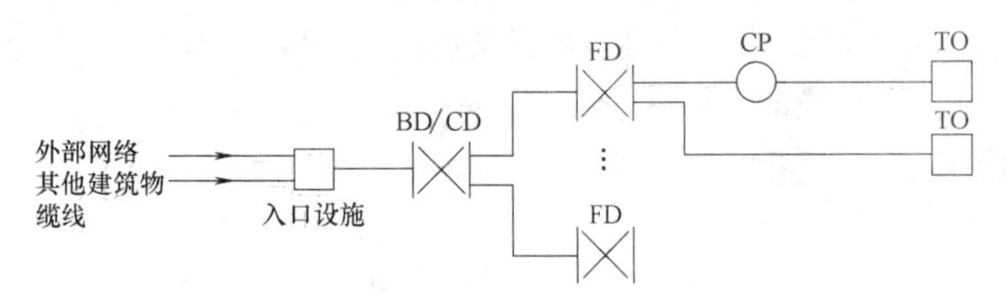

图 3-6　综合布线系统引入部分构成

注：对设置了设备间的建筑物，设备间所在楼层的 FD 可以和设备间中的 BD/CD 及入口设施安装在同一场地。

二、光纤信道构成的三种方式

(1) 水平光缆和主干光缆至楼层电信间的光配线设备经光纤跳线连接构成，如图 3-7 所示。

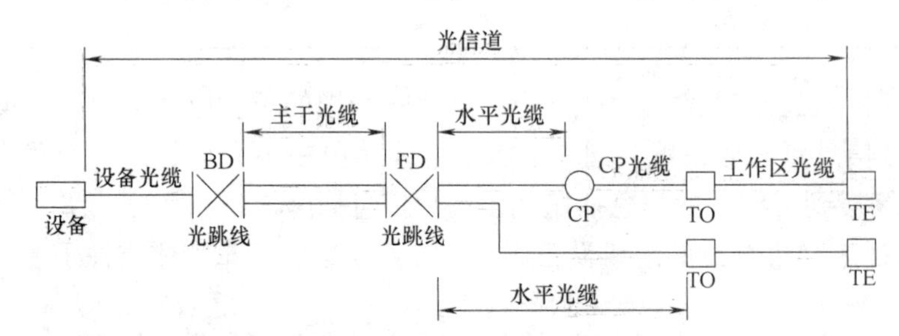

图 3-7　光缆经电信间 FD 光跳线连接的光纤信道

(2) 水平光缆和主干光缆在楼层电信间经端接（熔接或机械连接）构成，如图 3-8 所示。

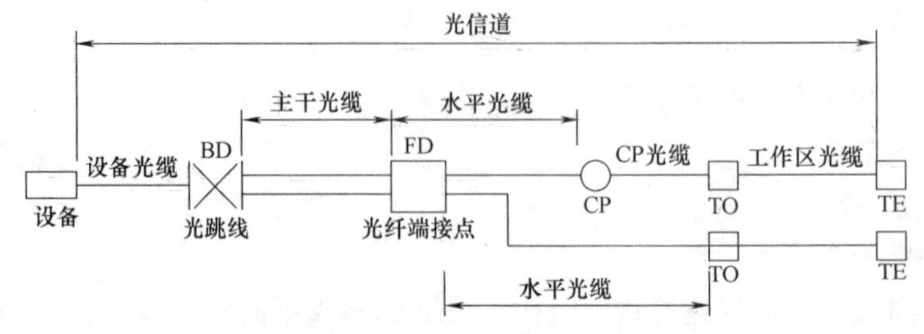

图 3-8　光缆在电信间 FD 作端接的光纤信道

注：FD 只设光纤之间的连接点。

(3) 水平光缆经过电信间直接连至大楼设备间光配线设备构成，如图 3-9 所示。

另外，当工作区用户终端设备或某区域网络设备需直接与公用数据网进行互通时，应将光缆从工作区直接布放至电信入口设施的光配线设备。

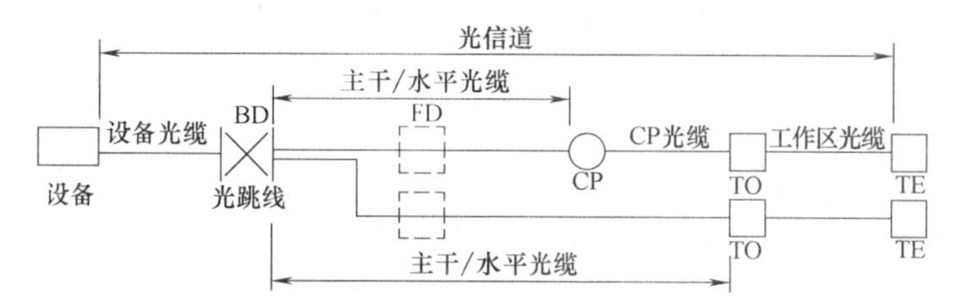

图 3-9　光缆经过电信间 FD 直接连接至设备间 BD 的光纤信道

注：FD 安装于电信间，只作为光缆路径的场合。

综合布线系统工程的产品类别及链路、信道等级确定应综合考虑建筑物的功能、应用网络、业务终端类型、业务的需求及发展、性能价格、现场安装条件等因素，并应符合表 3-6 的要求。

布线系统等级与类别的选用　　**表 3-6**

业务种类	配线子系统		干线子系统		建筑群子系统	
	等级	类别	等级	类别	等级	类别
语音	D/E	5e/6	C	3(大对数)	C	3(室外大对数)
数据	D/E/F	5e/6/7	D/E/F	5e/6/7(4 对)		
	光纤(多模或单模)	62.5μm 多模/50μm 多模/<10μm 单模	光纤	62.5μm 多模/50μm 多模/<10μm 单模	光纤	62.5μm 多模/50μm 多模/<10μm 单模
其他应用	可采用 5e/6 类 4 对对绞电缆和 62.5μm 多模/50μm 多模/<10μm 单模光缆					

三、综合布线系统的若干典型结构

综合布线系统有 FD-BD 和 FD-BD-CD 两种基本设置系统结构，常见结构如下：

1. 建筑物典型的 FD-BD 结构

如图 3-10 所示，BD 放在设备间，每层楼均有一个楼层电信间放置 FD。当该楼层的信息点数量为 400 个，水平电缆的长度在 90m 范围内，即可采用此种结构。

2. 建筑物设有楼层电信间的 FD/BD 结构

FD/BD 结构如图 3-11 所示。这种结构没有楼层电信间，BD 和 FD 都放在设备间。当建筑物中的信

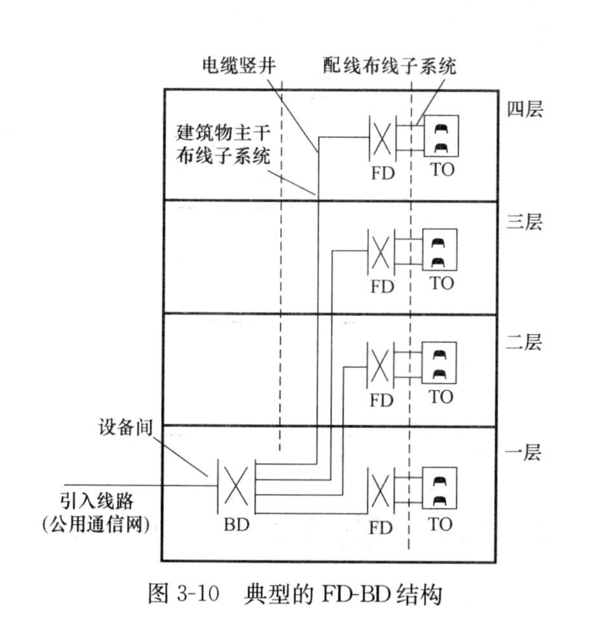

图 3-10　典型的 FD-BD 结构

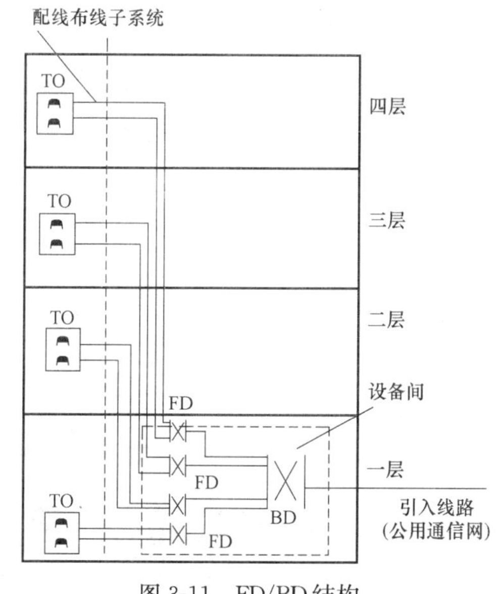

图 3-11　FD/BD 结构

息点数量少，水平电缆的最大长度不超过 90m，即可采用此种结构。

3. 建筑物 FD-BD 共用楼层电信间结构

当建筑物的楼层面积不大，楼层的信息点数量少于 400 个，为了简化网络结构和减少接续设备，可采用几层楼合用一个楼层配线架 ED。在连接中，信息插座到中间楼层配线架之间水平电缆的最大长度不应超过 90m。此种结构如图 3-12 所示。

4. 建筑物典型的 FD-BD-CD 结构

建筑物典型的 FD-BD-CD 结构如图 3-13 所示。

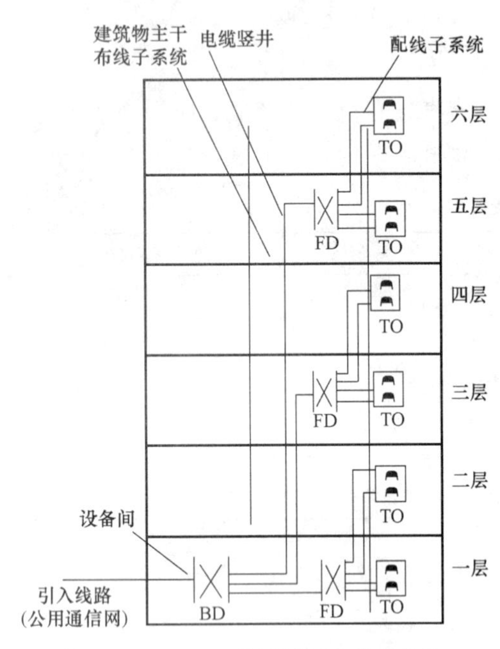

图 3-12　FD-BD 共用楼层电信间结构

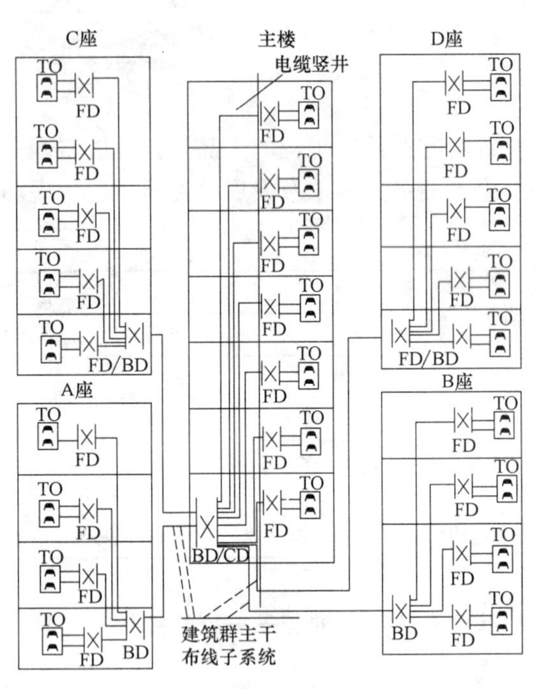

图 3-13　FD-BD-CD 结构

四、综合布线系统的应用

综合布线系统的拓扑结构如图 3-14 所示，它主要解决两类网络应用：模拟电话网和数字数据网（计算机网）。

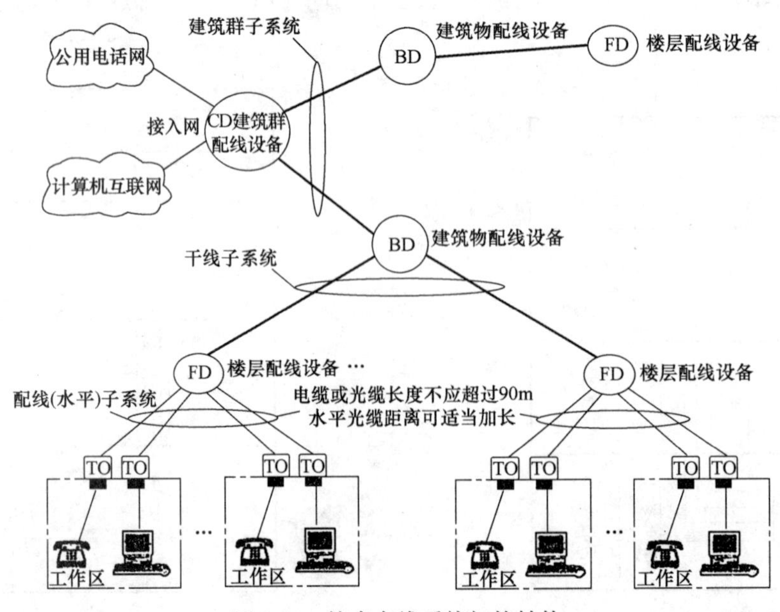

图 3-14　综合布线系统拓扑结构

1. 模拟电话网（语音）应用

针对模拟电话网的需求，综合布线系统采用铜缆布线，建筑群子系统及干线子系统采用3类大对数电缆布线，配线子系统采用5/5e/6类铜缆布线。FD、BD、CD节点采用直联设备。从交换机到电话机的链路是一条透明的铜缆电路，信道的总长度不大于2000m，最终组成的是一个星式模拟电话网，如图3-15所示。

2. 计算机网（数据）应用

针对计算机网的需求，综合布线系统采用光缆/铜缆混合布线的方案。到桌面的配线子系统通常采用5e/6类铜缆布线，支持100Mbit/s/1000Mbit/s以太网。建筑群子系统及干线子系统通常采用光缆布线，支持1GMbit/s/10Gbit/s以太网。FD、BD、CD节点放置网络交换机及服务器等设备。最终组成的是一个宽带IP网，如图3-16所示。

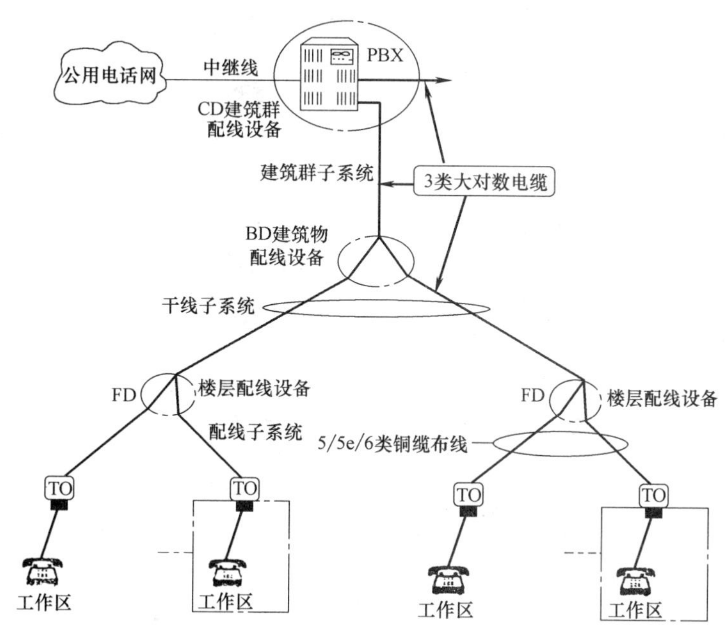

图3-15　综合布线系统的模拟电话网应用

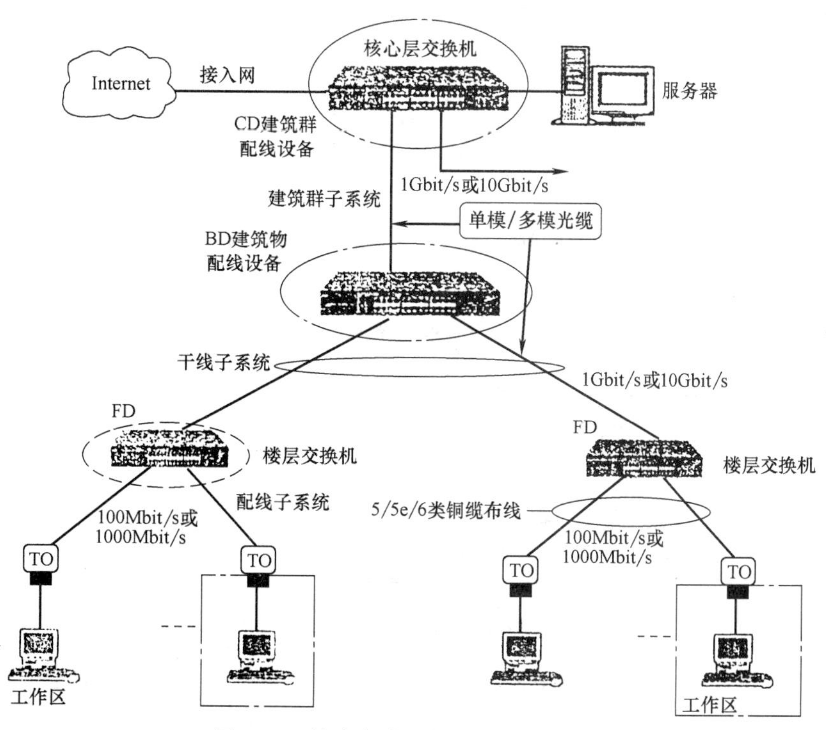

图3-16　综合布线系统的计算机网应用

第三节　综合布线系统的设计

一、设计原则与步骤

综合布线系统应根据各建筑物的使用功能，环境安全条件，信息通信网络的构成以及按用户近期的实际使用和中远期发展的需求，进行合理的系统配置和管线设计。

综合布线系统的设计应具有开放性、灵活性、可扩展性、实用性、安全可靠性和经济性的要求。综合布线系统工程设计应遵循以下主要原则：

1. 系统应采用星型拓扑结构，力求使每个分支子系统都是相对独立的单元，对每个分支单元系统改动都不影响其他子系统。

2. 系统应是开放式结构，应能支持电话交换网络及计算机网络系统，并应充分考虑多媒体业务、楼宇智能化相关业务等对高速数据通信的需求。

3. 系统应与公用配线网、通信业务网配线设备之间实现互通，接口的配线模块可安装在建筑群配线设备（CD）或建筑物配线设备（BD）。

4. 布线系统的永久链路及信道中采用的电、光缆及连接器件应保持系统等级与类别的一致性。

5. 布线系统大对数电缆应选用 3 类、5 类；4 对对绞电缆应为 5e 类或以上，特性阻抗为 100Ω 的对绞电缆及相应的连接硬件。

6. 布线系统光缆应选用光纤直径为 62.5μm 与 50μm，标称波长为 850nm 和 1300nm 的多模光缆，也可采用标称波长为 1310nm 和 1550nm 的单模光缆及相应的连接硬件。

设计步骤见图 3-17。

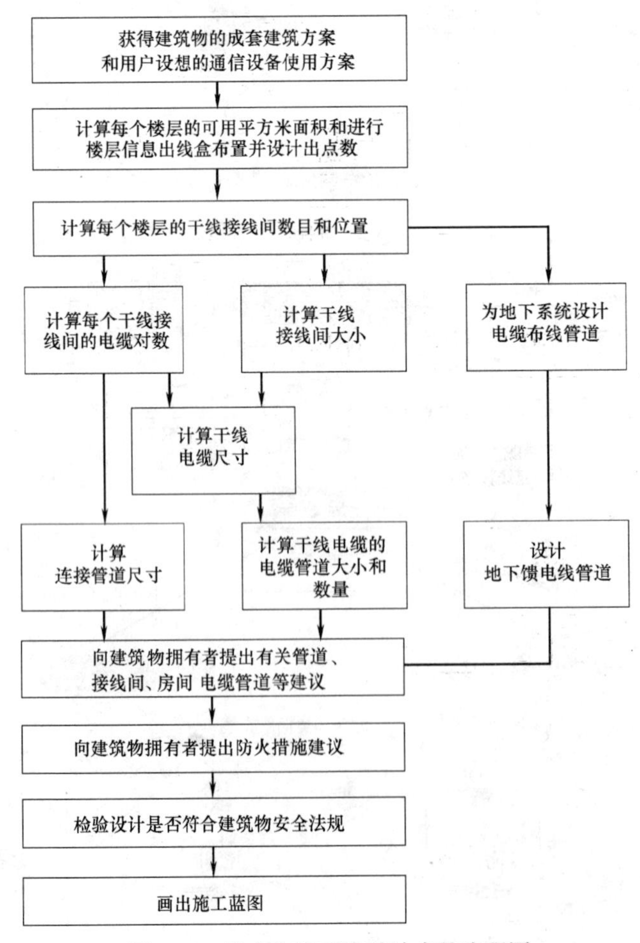

图 3-17　综合布线系统设计步骤流程图

二、工作区子系统设计

1. 工作区的面积与插座数量：

一个独立的需要设置终端设备的区域划分为一个工作区。工作区由配线（水平）布线系统的信息插座延伸到工作站终端设备处的连接电缆及适配器组成。对工作区面积的划分应根据应用的场合做具体的分析后确定，工作区面积需求可参照表 3-7 所示内容。

工作区面积需求　　**表 3-7**

建筑物类型及功能	工作区面积(m^2)	建筑物类型及功能	工作区面积(m^2)
网管中心、呼叫中心、信息中心等终端设备较为密集的场地	3～5	商场、生产机房、娱乐场所	20～60
办公区	5～10	体育场馆、候机室、公共设施区	20～100
会议、会展	10～60	工业生产区	60～200

工作区布线系统由工作区内的终端设备连接到信息插座的连接线缆（3m 左右）和连接器组成，起到工作区的终端设备与信息插座插入孔之间的连接匹配作用。

工作区子系统设计的主要任务就是确定每个工作区信息点的数量。每个工作区信息点数量可按用户的性质、网络构成和需求来确定。当网络使用要求尚未明确时，可参照表 3-8 所示配置。

信息点数量配置　　**表 3-8**

建筑物功能区	信息点数量(每一工作区)			备　注
	电话	数据	光纤(双工端口)	
办公区(一般)	1 个	1 个		
办公区(重要)	1 个	2 个	1 个	对数据信息有较大的需求
出租或大客户区域	2 个或 2 个以上	2 个或 2 个以上	1 个或 1 个以上	指整个区域的配置量
办公区(政务工程)	2～5 个	2～5 个	1 个或 1 个以上	涉及内、外网络时

注：大客户区域也可以为公共实施的场地，如商场、会议中心、会展中心等。

工作区信息插座的数量并不只是根据当前的网络使用需求来确定，综合布线系统是通过冗余布信息插座（点），来达到设备重新搬迁或新增设备时不需重新布置线缆及插座、不会破坏装修环境的目标。这样做也是最经济的。

2. 工作区信息插座的安装宜符合下列规定：

（1）安装在地面上的接线盒应防水和抗压；

（2）安装在柱子上的信息插座、多用户信息插座盒及集合点配线箱体的底部离地面的高度宜为 300mm。

3. 工作区的电源应符合下列规定：

（1）每一个工作区（或每个数据信息点）至少应配置一个 220V、10A 交流电源插座；

（2）工作区电源插座应选用带保护接地的单相电源插座，保护接地线与零线应严格分开。

三、配线子系统设计

1. 配线子系统工作区信息插座，应符合下列要求：

（1）根据建筑各功能区提出近期和远期的信息点数量；

（2）确定每层需安装信息插座的数量及其位置；

（3）终端可能因业务变更，产生位置移动，数量增减的详细情况；

（4）一次性建设和分期建设方案比较。

2. 水平配线子系统宜采用 4 对对绞电缆。在网络需求高带宽或水平电缆长度大于 90m 时的应用场合，宜采用光缆。

3. 水平布线的长度要求：

水平电缆或水平光缆最大长度为 90m，如图 3-18 所示，另有 10m 分配给电缆、光缆和楼层配线架上的接插软线或跳线。其中，接插软线或跳线的长度不应超过 5m，且在整个建筑物内应一致。

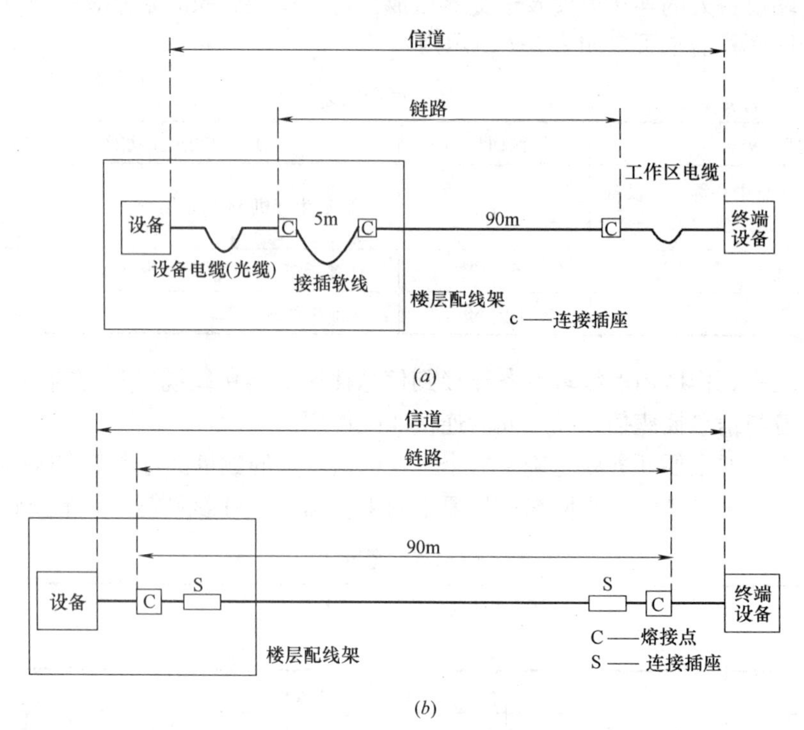

图 3-18　对称电缆与光缆的水平布线

(a) 对称电缆水平布线；(b) 光缆水平布线

注：在能保证链路性能时，水平光缆距离允许适当加长。

4. 楼层配线设备（FD）类型及数量确定

楼层配线设备分为 IDC 卡接式交连硬件和 RJ45 或 IDC 插接式交连硬件。如果用户不需经常对楼层上的线路进行修改、移位或重组，可选用卡接式交连硬件。如果用户今后需要重组或经常对楼层的线路进行修改、移动或重组，则应选用插接式交连硬件。

确定楼层配线设备数量时，应按端接水平配线系统和端接干线系统两部分来考虑。

确定端接水平配线的设备以每层的信息点数为依据，如果计算机网络的配线设备选用 RJ45 插接式模块，则所选插接式模块 RJ45 插孔总数应大于或等于该楼层的数据点数。如果电话或计算机网络的配线设备选用 IDC 交连模块，则 IDC 交连模块数量取决于该楼层的（语音或数据）信息点数以及每个配线设备上可端接的（4 对线）的线路数，其计算方法如下：

$$配线架数目=\frac{I/O_{总数}}{每个配线架可端接(4对线)的线路数}$$

例如，一个 100 对的配线架上可端接 24 条（4 对线）线路，若该层有 235 个信息点，则端接水平配线子系统的配线架数目应为：

235/24=9.8，取 10 个（100 对）配线架（或用 3 个 300 对和 1 个 100 对的配线架）。

确定端接干线的配线设备数量以干线的配置为依据，如果干线选用光纤，则每个楼层接线间应至少设一个光缆配线箱。若干线选用对绞电缆，则 IDC 交连模块数量取决于该楼层的信息点总数以及每个信息点配置的干线线对数。比如，按信息插座所需线对的 25%（1 对线）配置干线系统，则端接干线的 IDC 配线设备数量为：

5. 当水平子系统采用光纤时，应遵循以下原则：

（1）光纤插座宜采用双工方式，可以使用一个双工适配器或由两个单工适配器组合而成；

（2）光纤插座应具备极性标记；

（3）水平配线的光缆，宜采用光纤芯数不大于 4 芯的光缆，一般至桌面采用 2 芯光缆。包括所延伸的水平光缆光纤的容量在内；

（4）各类设备缆线和跳线宜按计算机网络设备的使用端口容量和电话交换机的实装容量、业务的实际需求或信息点总数的比例进行配置，比例范围为 25%～50%。

6. 楼层配线和跳接：

楼层配线和跳接相当于一个信道接通或拆线的作用，其原理如图 3-19 所示。综合布线工程一般不包括通信交换设备，当然更不包括终端设备。所以，楼层配线间的跳接工作并不是在综合布线工程中完成的，而是最终用户根据实际的通信业务、终端设备的位置、通信交换设备来进行跳接的。这个步骤也就是网络的管理工作。

楼层配线间的配线架可分为面向水平子系统的配线架和面向干线子系统的配线架。面向水平子系统的配线架主要有超 5 类 UTP 配线架、6 类 UTP 配线架和光纤配线架。面向干线子系统的配线架除上述之外，还有针对电话网应用的 110 系列配线架。楼层配线间的配线架通常称为 IDF（Intermediate Distribution Frame，又称中间配线架）。

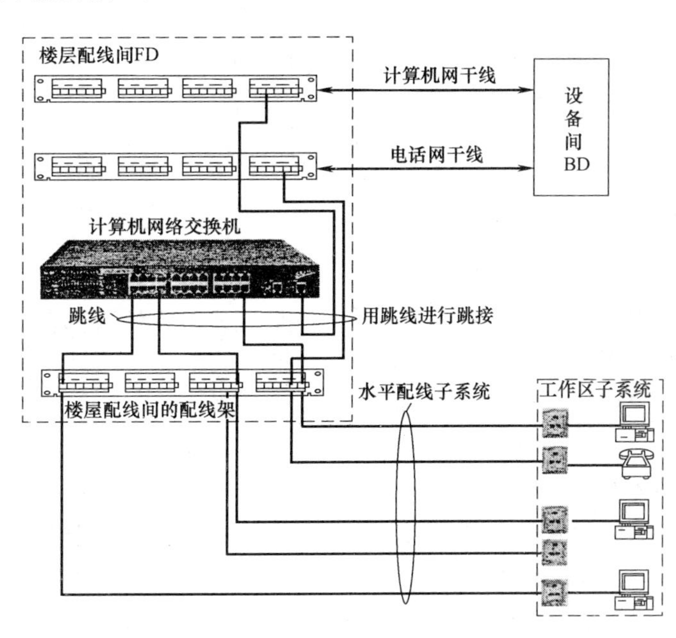

图 3-19　楼层配线和跳接原理

7. FD 的规划：

在进行综合布线系统设计时，如何合理规划 FD 是一个关键。一个 FD 所能容纳的水平布线数量并没有限制，主要是满足任一工作区的信息点至 FD 的布线距离不能超出 90m 的限制条件。如果出现某些信息点至 FD 的布线距离超出 90m，解决方法有两种：其一是在那些信息点附近增加一个新的 FD 使其重新满足布线距离限制条件；其二是使用光缆。

一般情况下，在建筑物的每一层相对中心位置设置一个 FD。对大型的建筑，每一层可在 4 个方位设置多个 FD。对小型的建筑，每 2～3 层可共设一个 FD。也有一些小型建筑不设 FD，而将 FD 和 BD 合二为一。总之需要针对实际的应用灵活处理。

四、干线子系统设计

1. 干线子系统所需要的电缆总对数和光纤总芯数，满足工程的实际需求，并留有适当的备份容量。主干缆线宜设置电缆与光缆，以互相作为备份路由。

2. 当电话交换机和计算机主机设置在建筑物内不同的设备间，宜采用不同的主干电缆分别满足语音和数据的需要。

3. 干线子系统主干缆线应选择较短的安全的路由。主干缆线中间不应有转接点和接头，宜采用点对点终接，也可采用分支递减终接。点对点端接是简单、直接的连接方法，每根干线电缆直接延伸到指定的楼层电信间。分支递减端接是用 1 根大容量干线电缆支持若干个电信间或若干楼层的通信容量，经过电缆接头保护箱分出若干根小电缆，它们分别延伸到每个电信间或每个楼层，并端接于目的地的连接硬件。

4. 在同一层若干电信间之间宜设置干线路由。

5. 主干电缆和光缆所需的容量及配置应符合以下规定：

(1) 语音业务，大对数主干电缆的对数应按每一个电话 8 位模块通用插座配置 1 对线，并在总需求线对的基础上至少预留约 10%的备用线对。

(2) 数据业务应以集线器（HUB）或交换机（SW）群（按 4 个 HUB 或 SW 组成 1 群）；或以每个 HUB 或 SW 设备设置 1 个主干端口配置。每 1 群网络设备或每 4 个网络设备宜考虑 1 个备份端口。主干端口为电端口时，应按 4 对线容量，为光端口时则按 2 芯光纤容量配置。

(3) 当工作区至电信间的水平光缆延伸至设备间的光纤配线设备（BD/CD）时，主干光缆的容量应包括所延伸的水平光缆光纤的容量在内。

(4) 各类设备缆线和跳线宜按计算机网络设备的使用端口容量和电话交换机的实装容量、业务的实际需求或信息点总数的比例进行配置，比例范围为 25%～50%。

6. 干线电缆应选择最短，最安全和最经济的路由，宜选择带门的金属竖井敷设干线电缆。

五、电信间、设备间、进线间的设计

1. 电信间

(1) 电信间的数目，应按所服务的范围来考虑，如果配线电缆长度都在 90m 范围以内时，宜设置一个电信间，当超出这一范围时，应设两个或多个电信间。

(2) 电信间的面积不应小于 $5m^2$，如覆盖的信息插座超过 400 个时，应适当增加面积。

(3) 设备间的位置及大小应根据安装设备所包括的种类、容量及要求等因素综合考虑确定，应尽可能靠近建筑物电缆引入区和网络接口处。

(4) 进线间的位置应尽可能靠近建筑物外部线缆引入区；面积大小应根据安装的入口设施或建筑群配线设备所包括的种类、容量及要求等因素综合考虑确定。

(5) 进线间内所有进出建筑物的电缆端接处的配线模块应设置适配的信号线路浪涌保护器。

(6) 在进线间缆线入口处的管孔数量应满足建筑物之间、外部接入业务及 2～3 家电信业务经营者缆线接入的需求，并应留有 2～4 孔的余量。

(7) 电信间应采用外开丙级防火门，门宽大于 0.7m，电信间内温度应为 10～35℃，相对湿度宜为 20%～80%，如果安装信息网络设备时，应符合相应的设计要求。

2. 设备间的位置

设备间的位置应符合下列规定：

(1) 应处于干线子系统的中间位置，并考虑主干缆线的传输距离与数量；

(2) 设备间宜尽可能靠近建筑物缆线竖井位置，有利于主干缆线的引入；

(3) 设备间的位置宜便于设备接地；

(4) 设备间应尽量远离高低压变配电、电动机、X 射线、无线电发射等有干扰源存在的场地；

(5) 设备间温度应为 10～35℃，相对湿度应为 20%～80%，并应有良好的通风；

(6) 设备间梁下净高不应小于 2.5m，采用外开双扇门，门宽不应小于 1.5m；

(7) 在地震区的区域内，设备安装应按规定进行抗震加固；

（8）设备安装宜符合下列规定：

① 机架或机柜前面的净空不应小于 800mm，后面的净空不应小于 600mm；

② 壁挂式配线设备底部离地面的高度不宜小于 300mm；

③ 设备间应提供不少于两个 220V 带保护接地的单相电源插座，但此不作为设备供电电源；

④ 设备间如果安装电信设备或其他信息网络设备时，设备供电电源应符合相应的设计要求。

3. 进线间

（1）进线间应设置线缆防水套管。

（2）进线间的大小应按进线间的最终容量及入口设施的最终容量设计，同时应考虑满足多家电信业务经营者安装入口设施等设备的面积。

（3）进线间宜靠近外墙和在地下设置，以便于缆线引入，进线间设计应符合下列规定：

① 进线间应采用相应防火级别的防火门，门向外开，宽度不小于 1m；

② 进线间应设置防有害气体措施和通风装置，排风量按每小时不小于 5 次容量计算；

③ 与进线间无关的管道不宜通过。

4. 电信间 FD 与电话交换配线及计算机网络设备间的连接方式与要求

电信间 FD 与电话交换配线及计算机网络设备之间的连接方式和要求如图 3-20、图 3-21 和图 3-22 所示。

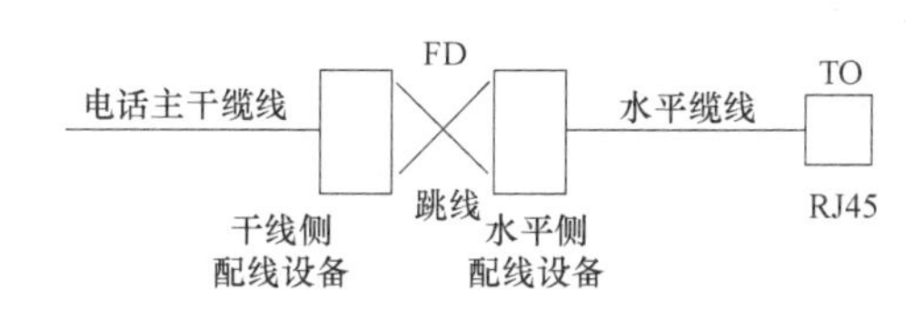

图 3-20　电话系统连接方式

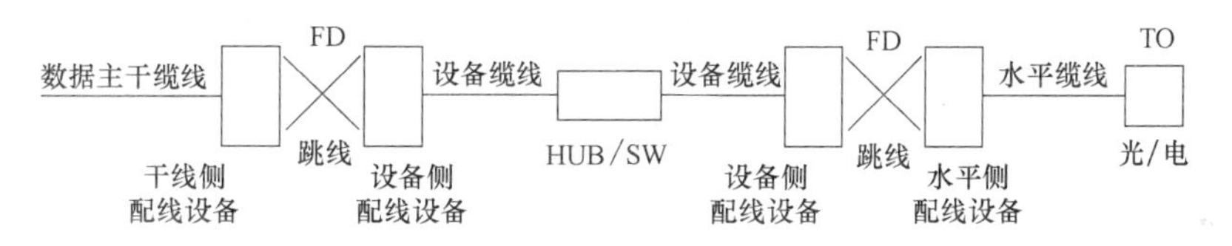

图 3-21　数据系统连接方式（经跳线连接）

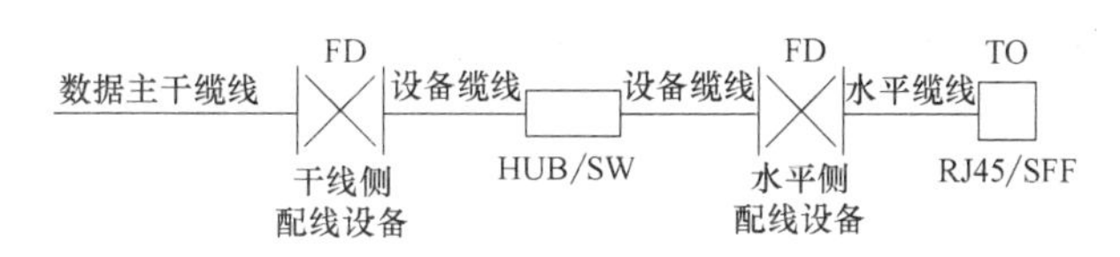

图 3-22　数据系统连接方式（经设备缆线连接）

电信间和设备间安装的配线设备的选用应与所连接的缆线相适应，具体可参照表 3-9 内容。

配线模块产品选用　　**表 3-9**

类别	产品类型		配线模块安装场地和连接缆线类型		
	配线设备类型	容量与规格	FD(电信间)	BD(设备间)	CD(设备间/进线间)
电缆配线设备	大对数卡接模块	采用 4 对卡接模块	4 对水平电缆/4 对主干电缆	4 对主干电缆	4 对主干电缆
		采用 5 对卡接模块	大对数主干电缆	大对数主干电缆	大对数主干电缆
	25 对卡接模块	25 对	4 对水平电缆/4 对主干电缆/大对数主干电缆	4 对主干电缆/大对数主干电缆	4 对主干电缆/大对数主干电缆
	回线型卡接模块	8 回线	4 对水平电缆/4 对主干电缆	大对数主干电缆	大对数主干电缆
		10 回线	大对数主干电缆	大对数主干电缆	大对数主干电缆
	RJ45 配线模块	一般为 24 口或 48 口	4 对水平电缆/4 对主干电缆	4 对主干电缆	4 对主干电缆

续表

类别	产品类型		配线模块安装场地和连接缆线类型		
光缆配线设备	ST 光纤连接盘	单工/双工，一般为 24 口	水平/主干光缆	主干光缆	主干光缆
	SC 光纤连接盘	单工/双工，一般为 24 口	水平/主干光缆	主干光缆	主干光缆
	SFF 小型光纤连接盘	单工/双工一般为 24 口、48 口	水平/主干光缆	主干光缆	主干光缆

当集合点（CP）配线设备为 8 位模块通用插座时，CP 电缆宜采用带有单端 RJ45 插头的产业化产品，以保证布线链路的传输性能。

六、管理的设计

1. 管理应对设备间、电信间、进线间和工作区的配线设备、缆线、信息插座等设施，按一定的模式进行标识和记录，并宜符合下列规定：

（1）规模较大的综合布线系统宜采用电子配线设备进行管理。简单的综合布线系统宜按图纸资料进行管理，并应做到记录准确，及时更新，便于查阅。

（2）综合布线的每条电缆、光缆、配线设备、端接点、安装通道和安装空间均应给定相应的标识符；标识符中可包括名称、颜色、编号、字符串或其他组合。

（3）配线设备、缆线、信息插座等硬件均应设置不易脱落和磨损的标签。

（4）电缆和光缆的两端均应标明相同的标识符。

（5）设备间、电信间、进线间的配线设备宜采用统一的色标区别各类用途的配线区。

2. 配线机柜应留出适当的理线空间。

七、建筑群子系统设计

1. 建筑物间的干线宜使用多模、单模光缆或大对数对绞电缆，但均应为室外型的缆线。

2. 建筑群子系统宜采用地下管道敷设方式。管道内敷设的铜缆和光缆应遵循通信管道的各项设计规定。此外至少应予留 1～2 个备用管孔，以供扩充之用。

3. 建筑群和建筑物间的干线电缆、光缆布线的交接不应多于两次。从楼层配线架（FD）到建筑群配线架（CD）之间只应通过一个建筑物配线架（BD）。

第四节　综合布线系统的传输线

一、双绞线缆

综合布线使用的传输线主要有两类：电缆和光缆。电缆有双绞线缆和同轴电缆，常用双绞线缆。双绞电缆按其包缠是否有金属层，可分为非屏蔽双绞（UTP）电缆和屏蔽双绞电缆。光缆是光导纤维线缆，按其光波传输模式可分为多模光缆和单模光缆两类。

非屏蔽双绞电缆（UTP）由多对双绞线外包缠一层绝缘塑料护套构成。4 对非屏蔽双绞线缆如图 3-23（*a*）所示。

屏蔽双绞电缆与非屏蔽双绞电缆一样，电缆芯是铜双绞线，护套层是绝缘塑橡皮，只不过在护套层内增加了金属层。按增加的金属屏蔽层数量和金属屏蔽层绕包方式，又可分为铝箔屏蔽双绞电缆（FIP），铝箔/金属网双层屏蔽双绞电缆（SFTP）和独立双层屏蔽双绞电缆（STP）三种。

FTP 是由多对双绞线外纵包铝箔构成，在屏蔽层外是电缆护套层。4 对双绞电缆结构如图3-23（*b*）所示。

SFTP 是由多对双绞线外纵包铝箔后，再加铜编织网构成。4 对双绞电缆结构如图 3-23（*c*）所示。SFTP 提供了比 FTP 更好的电磁屏蔽特性。

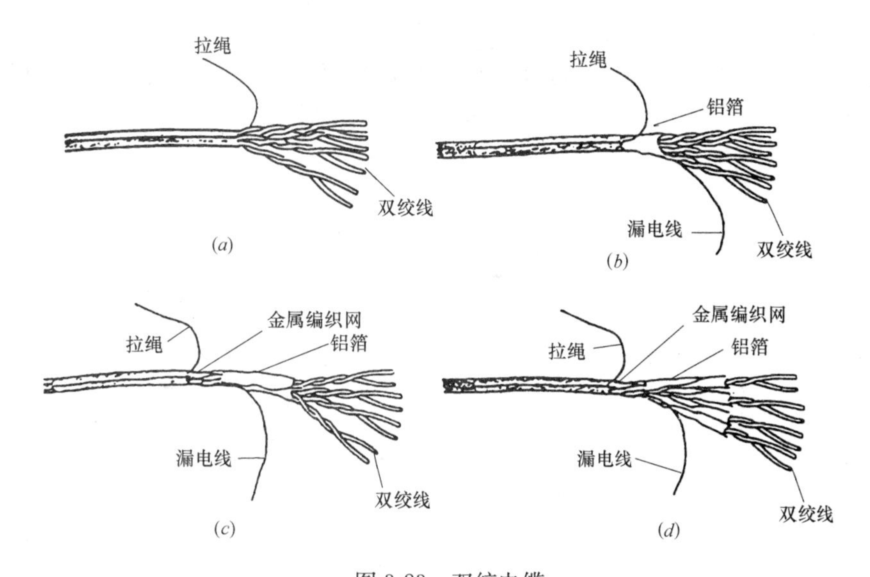

图 3-23　双绞电缆

(*a*) UTP；(*b*) FTP；(*c*) SFTP；(*d*) STP

STP 是由每对双绞线外纵包铝箔后，再将纵包铝箔的多对双绞线加铜编织网构成。4 对双绞电缆结构如图 3-23（*d*）所示。根据电磁理论可知，这种结构不仅可以减少电磁干扰，也使线对之间的综合串扰得到有效控制。

从图 3-23 中可以看出，非屏蔽双绞电缆和屏蔽双绞电缆都有一根用来撕开电缆保护套的拉绳，屏蔽双绞电缆在铝箔屏蔽层和内层聚酯包皮之间还有一根漏电线，把它连接到接地装置上，可泄放金属屏蔽层的电荷，解除线对间的干扰。

二、双绞线连接件

（一）双绞线连接件

双绞电缆连接件主要有配线架和信息插座等。它是用于端接和管理线缆用的连接件。配线架的类型有 110 系列和模块化系列。110 系列又分夹接式（110A）和插接式（110P），如图 3-24 所示。连接件的产品型号很多，并且不断有新产品推出。

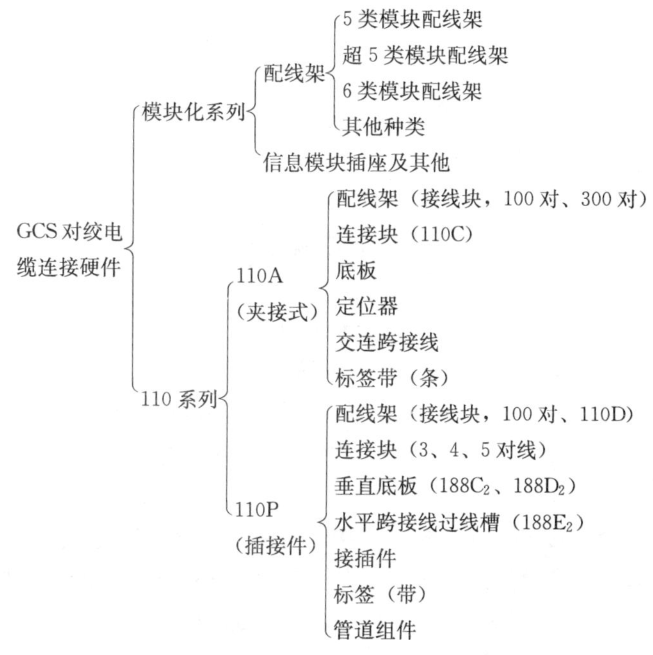

图 3-24　对绞电缆连接硬件的种类和组成

（二）信息插座

双绞线在信息插座（包括插头）上进行终端连接时，其色标和线对组成及排列顺序应按 EIA/TIA T568A 或 T568B 的规定办理，如图 3-25 所示。其接线关系如图 3-26 所示。

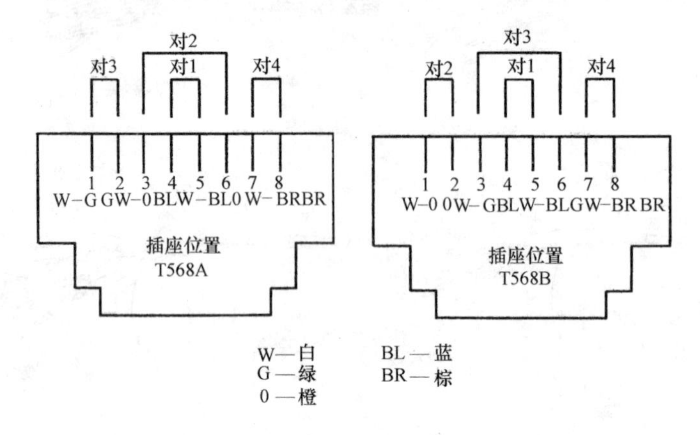

图 3-25 信息插座前视及颜色编码指定

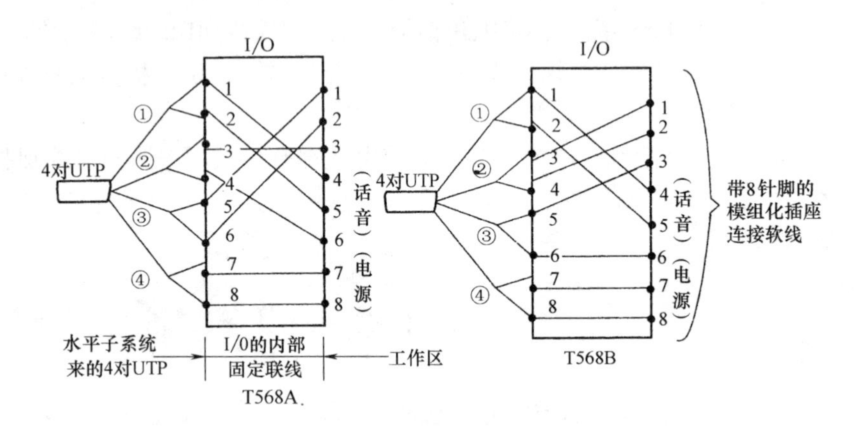

图 3-26 工作区 I/O 信息插座接线关系

三、光缆

根据光纤传输点模数的不同，光缆分为单模光缆和多模光缆两种。所谓“模”，是指以一定角速度进入光缆的一束光。多模光缆的中心玻璃芯较粗（芯径一般为 50μm 或 62.5μm），可传多种模式的光。但其模间色散较大，这就限制了传输数字信号的频率，而且随距离的增加会更加严重。例如，600Mb/km的光缆在 2km 时则只有 300Mb 的带宽了。因此，多模光缆传输的距离就比较近了，一般只有几千米。多模光缆传输速度低、距离短、整体的传输性能差，但成本低，一般用于建筑物内或地理位置相邻的环境中。

单模光缆的中心玻璃芯较细（芯径一般为 9μm 或 10μm），只能传一种模式的光。因此，其模间色散很小，适用于远程通信，但其色度色散影响较大，这样单模光缆对光源的谱宽和稳定性的要求较高，即谱宽要窄，稳定性要好。单模光缆的传输频带宽，容量大，传输距离长，但需激光作为光源，另外纤芯较细不容易制作，因此成本较高，通常用于建筑物之间或地域分散的环境中，是未来光缆通信与光波技术发展的必然趋势。

多模光缆采用发光二极管 LED 作为光源，而单模光缆采用激光二极管 LD 作为光源。单模光缆的波长范围为 1310～1550nm，而多模光缆的波长范围为 850～1300nm。光缆损耗一般是随波长加长而减小，0.85μm 的损耗为 2.5dB/km，1.31μm 的损耗为 0.35dB/km，1.55μm 的损耗为 0.20dB/km。这是光缆的最低损耗，波长 1.65μm 以上的损耗趋向加大。损耗越小，光缆支持的传输距离也就越长。

常见的单模光缆规格为 8/152μm、9/125μm 和 10/125μm，常见的多模光纤规格为 50/125μm（欧洲标准）和 62.5/125μm（美国标准），62.5/125μm 光缆得到了大量应用。表 3-10 和表 3-11，表示光缆在 100M、1G、10G 以太网的传输距离。

100M、1G 以太网中光纤的应用传输距离　　表 3-10

光纤类型	应用网络	光纤直径(μm)	波长(nm)	带宽(MHz)	应用距离(m)
—	100BASE-FX	—	—	—	2000
多模	100BASE-SX	62.5	850	160	220
	1000BASE-LX			200	275
				500	550
多模	1000BASE-SX	50	850	400	500
				500	550
	1000BASE-LX		1300	400	550
				500	550
单模	1000BASE-LX	<10	1310	—	5000

注：上述数据可参见 IEEE802.3—2002。

10G 以太网中光纤的应用传输距离　　表 3-11

光纤类型	应用网络	光纤直径(μm)	波长(nm)	模式带宽(MHz·km)	应用范围(m)
多模	10GBASE-S	62.5	850	160/150	26
				200/500	33
				400/400	66
		50		500/500	82
				2000/—	300
	10GBASE-LX4	62.5	1300	500/500	300
		50		400/400	240
				500/500	300
单模	10GBASE-L	<10	1310	—	1000
	10GBASE-E		1550	—	30000～40000
	10GBASE-LX4		1000	—	1000

注：上述数据可参见 IEEE802.3ac—2002。

四、光缆连接件

（一）光缆连接器

光缆活动连接器，俗称活接头，一般称为光缆连接器，是用于连接两根光缆或形成连续光通路的可以重复使用的无源器件，已经广泛用在光缆传输线路、光缆配线架和光缆测试仪器、仪表中，是目前使用数量最多的光缆器件。

按照不同的分类方法，光缆连接器可以为分不同的种类，按传输媒介的不同可分为单模光缆连接器和多模光缆连接器；按结构的不同可分为 FC、SC、ST、D4、DIN、Biconic、MU、LC、MT 等各种形式；按连接器的插针端面不同可分为 FC、PC（UPC）和 APC；按光缆芯数分还有单芯、多芯之分。在实际应用过程中，一般按照光缆连接器结构的不同来加以区分。多模光缆连接器接头类型有 FC、SC、ST、FDDI、SMA、LC、MT-RJ、MU 及 VF45 等。单模光缆连接器接头类型有 FC、SC、ST、FDDI、SMA、LC、MT-RJ 等。光缆连接器根据端面接触方式分为 PC、UPC 和 APC 型。

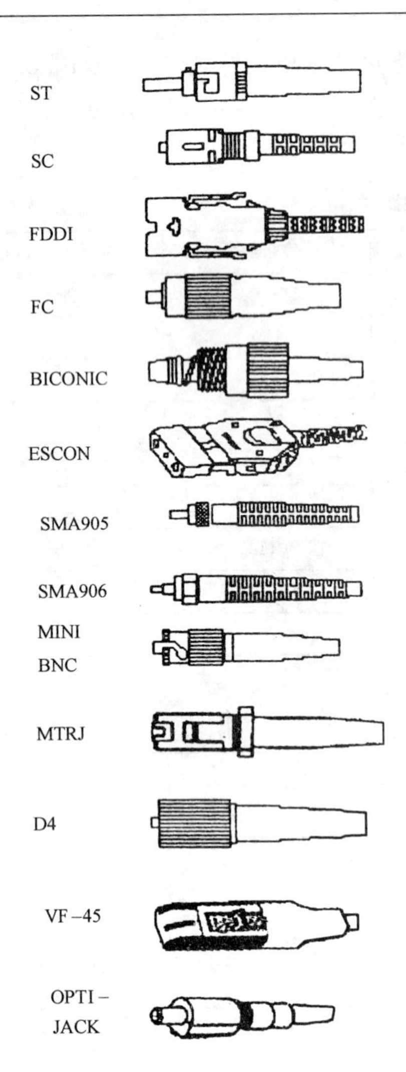

图 3-27　光缆连接器

在综合布线系统中，用于光导纤维的连接器有 STⅡ连接器、SC 连接器，还有 FDDI 介质界面连接器（MIC）和 ES-CON 连接器。各种光缆连接器如图 3-27 所示。

STⅡ连接插头用于光导纤维的端点，此时光缆中只有单根光导纤维（而非多股的带状结构），并且光缆以交叉连接或互连的方式至光电设备上，如图 3-28 所示。在所有的单工终端应用中，综合布线系统均使用 STⅡ连接器。当该连接器用于光缆的交叉连接方式时，连接器置于 ST 连接耦合器中，而耦合器则平装在光缆互连单元（LTU）或光缆交叉连接分布系统中。

（二）光缆连接件

光纤互连装置（LIU）是综合布线系统中常用的标准光纤交连硬件，用来实现交叉连接和光纤互连，还支持带状光缆和束管式光缆的跨接线。图 3-29 是光纤连接盒。

1. 光纤交叉连接

交叉连接方式是利用光纤跳线（两头有端接好的连接器）实现两根光纤的连接来重新安排链路，而不需改动在交叉连接模块上已端接好的永久性光缆（如干线光缆），如图 3-30 所示。

2. 光纤互连

光纤互连是直接将来自不同地点的光纤互连起来而不必通过光纤跳线，如图 3-31 所示，有时也用于链路的管理。

两种连接方式相比较，交连方式灵活，便于重新安排线路。互连的光能量损耗比交叉连接要小。这是由于在互连中光信号只通过一次连接，而在交叉连接中光信号要通过两次连接。

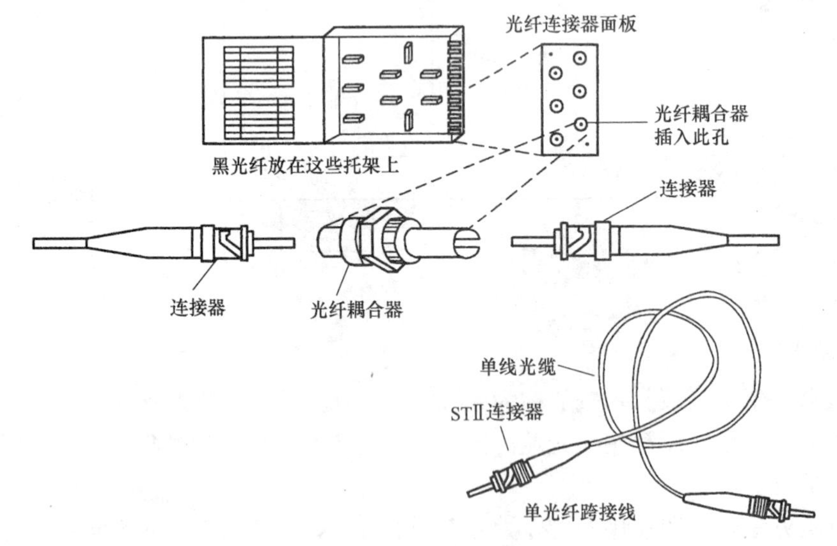

图 3-28　光纤连接

五、综合布线系统主要设备材料

（一）配线设备

配线设备有 IDC 配线架、RJ 45 配线架和光纤配线架。

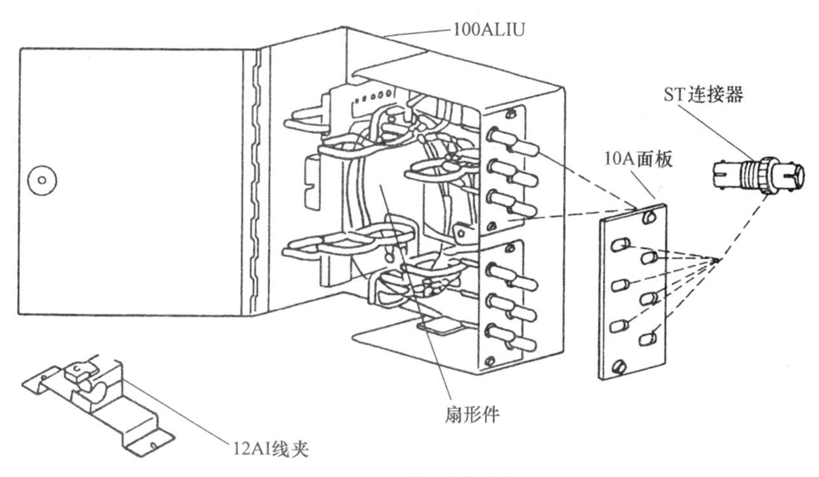

图 3-29　光纤连接盒

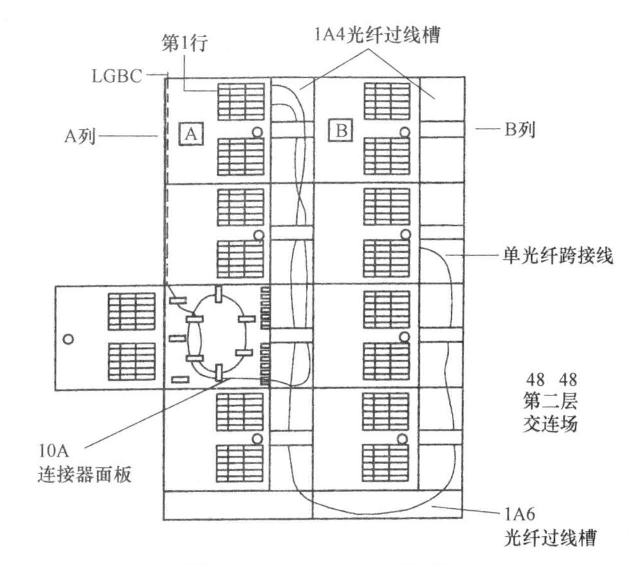

图 3-30　光纤交叉连接模块

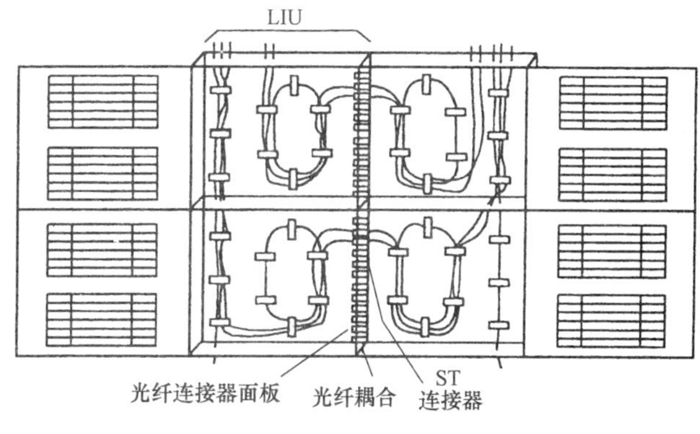

图 3-31　光纤互连模块

1. IDC 配线架

IDC 配线架又称 110 配线架，它有卡接式和插接式两种模块。IDC 卡接式模块通常用于支持电话（语音）配线，IDC 插接式模块通常用于支持计算机（数据）配线。IDC 配线架的基本单元规格为 100 对，由 4 个 25 对模块组成。1 个基本单元的 IDC 配线架在至水平电缆侧可接 20 根 4 对双绞电缆；在干线侧可接 100 对双绞电缆（即可连接 4 根 25 对的大对数电缆，或连接 24 根 4 对双绞电缆）。对于集合点 CP 盒，则采用 IDC 配线架。

2. RJ 45 配线架

RJ 45 配线架的基本单元规格为 16 口。RJ 45 为插接式模块，其配线架通常用于支持计算机（数据）配线。

3. 光纤配线架

光纤配线架的基本单元规格为 24 口。

光缆的规格可分为 2 芯、4 芯、6 芯、8 芯、12 芯等。1 个 HUB 群（或交换机群）或 1 台 HUB（或交换机）用 2 芯光纤。

（二）集线器和交换机

（1）在建筑物配线架 FD（又称主配线架 MDF）和楼层配线架 DF（又称分配线架 IDF）处的集线器和交换机的规格可分为 8 口、12 口、24 口、48 口等。

（2）在网络控制室内的网络交换机的种类很多，其端口数量规格要求不小于所连接集线器 HUB（或交换机）的电缆端口数或光纤端口（1 个光纤端口为 2 芯）数。

（3）集线器 HUB 群（或交换机群）是通过多台 HUB（或多台交换机）堆叠组成，常用于综合布线系统。但其台数不能超过 4 台，1 个 HUB 群（或交换机群）的端口数不能超过 96 口。

（三）双绞电缆的穿管敷设

以外径为 6mm 的 4 对双绞电缆为例进行设计。SC15 钢管可穿 1 根 4 对双绞电缆；SC20 钢管可穿 3 根；SC25 钢管可穿 6 根；1 根大对数电缆规格为 25 对。

（四）机柜、机箱、配线箱

（1）19in（48cm）机柜的规格：15U、20U、25U、30U、35U、40U。

（2）19in（48cm）机箱的规格：6U、8U、10U、12U。

（3）IDC 明装配线箱规格：200 对、400 对、600 对、800 对。

（4）IDC 暗装配线箱规格：125 对、250 对。

（五）设备高度

（1）1 个规格为 100 对 IDC 配线架基本单元的高度为 2U；19in（48cm）机柜 2U 可并排安装 2 个规格为 100 对 IDC 配线架基本单元；2 个 IDC 配线架基本单元为 1 组，称之为 1 组 IDC 配线架。

（2）1 个规格为 16 口 RJ 45 配线架基本单元为 1U。

（3）1 个 24 口光纤配线架基本单元高度为 1U。

（4）1 个规格为 8 口或 12 口集线器 HUB（或交换机）的高度为 1U。

（5）1 个规格为 24 口集线器 HUB（或交换机）的高度为 2U；48 口的高度为 4U。

（6）1 个光纤互连装置的高度为 1U。

（7）1 个管理线架的高度为 1U。

（8）1 个电源装置的高度为 2U～3U。

表 3-12 列出综合布线系统使用的主要材料。

综合布线系统使用的主要材料表　　**表 3-12**

序号	子系统	布线材料种类	按不同方式分类
1	工作区子系统	信息模块	按性能区分:CAT5E/CAT6/FTTP/语音模块等 按屏蔽区分:UTP/FTP
		面板	单口/双口/4 口/… 英标/美标/国标 斜口/平口
		跳线	按性能区分:CAT5/CAT6/FIBER/语音 按长度区分:
		安装底盒	86mm×86mm(国标),70mm×120mm(美标)
		表面安装盒	

续表

<table>
<tr><th>序号</th><th>子系统</th><th>布线材料种类</th><th colspan="4">按不同方式分类</th></tr>
<tr><td rowspan="2">2</td><td rowspan="2">水平子系统</td><td>铜缆</td><td colspan="4">按性能区分:CAT3/CAT5E/CAT6-4 对和普通语音 2 对
按屏蔽区分:UTP/FTP
按阻燃等级区分:LSZH/CM/CMX/CMR/CMP</td></tr>
<tr><td>光缆</td><td colspan="4">按芯数分类:2 芯/4 芯…
按传输模式分类:多模/单模,9μm、50μm、62.5μm/125μm</td></tr>
<tr><td rowspan="2">3</td><td rowspan="2">垂直子系统</td><td>铜缆</td><td colspan="4">语音应用:3 类/5 类/普通
UTP/FTP
数据应用:5 类/6 类</td></tr>
<tr><td>光缆</td><td colspan="4">按芯数分类:2 芯/4 芯…
按传输模式分类:多模/单模,9μm、50μm、62.5μm/125μm
按应用环境:室内/室外</td></tr>
<tr><td rowspan="11">4</td><td rowspan="11">管理区子系统</td><td rowspan="6">铜缆部分</td><td rowspan="3">语音应用</td><td>铜缆</td><td colspan="2">3 类/5 类/6 类/普通、UTP/FTP</td></tr>
<tr><td rowspan="2">100 系列配线架</td><td>快接式配线架</td><td>24 口/48 口</td></tr>
<tr><td>跳线</td><td>110/RJ-45、110—110、RJ-45—RJ-45</td></tr>
<tr><td rowspan="8">数据应用</td><td>铜缆</td><td colspan="2">5 类/6 类、FTP/UTP</td></tr>
<tr><td rowspan="2">110 系列配线架</td><td>快接式配线架</td><td>24 口/48/口</td></tr>
<tr><td>跳线</td><td>110/RJ-45、110—110、RJ 45—RJ-45</td></tr>
<tr><td rowspan="5">光缆部分</td><td>光纤配线架</td><td colspan="2">按安装方式分:墙装/机装
墙装:12 口/24 口
机装:24 口/48 口/72 口
按配置分:
面板/6 口/12 口/24 口/48 口</td></tr>
<tr><td>耦合器</td><td colspan="2">单/多模,ST/SC/LC/MT-RJ…</td></tr>
<tr><td>连接头</td><td colspan="2">(同上)</td></tr>
<tr><td>尾纤</td><td colspan="2">(同上)</td></tr>
<tr><td>跳线</td><td colspan="2">单芯/双芯、单/多模,ST/SC/LC/MT-RJ…</td></tr>
<tr><td rowspan="11">5</td><td rowspan="11">设备间子系统</td><td rowspan="6">铜缆部分</td><td rowspan="3">语音应用</td><td>铜缆</td><td colspan="2">3 类/5 类/6 类普通、UTP/FTP</td></tr>
<tr><td rowspan="2">110 系列配线架
(较多使用)</td><td>快接式配线架</td><td>24 口/48 口</td></tr>
<tr><td>跳线</td><td>110/RJ-45、110—110、RJ-45—RJ-45</td></tr>
<tr><td rowspan="3">数据应用</td><td>铜缆</td><td colspan="2">5 类/6 类、FTP/UTP</td></tr>
<tr><td rowspan="2">110 系列配线架
(较少使用)</td><td>快接式配线架</td><td>24 口/48 口</td></tr>
<tr><td>跳线</td><td>110/RJ-45、110—110、RJ-45—RJ-45</td></tr>
<tr><td rowspan="5">光缆部分</td><td rowspan="5">数据应用</td><td>光纤配线架</td><td colspan="2">按安装方式区分:墙装/机装
墙装:12 口/24 口
机装:24 口/48 口/72 口
按配置区分:
面板/6 口/12 口/24 口/48 口</td></tr>
<tr><td>耦合器</td><td colspan="2">单/多模,ST/SC/LC/MT-RJ…</td></tr>
<tr><td>连接头</td><td colspan="2">(同上)</td></tr>
<tr><td>尾纤</td><td colspan="2">(同上)</td></tr>
<tr><td>跳线</td><td colspan="2">单芯/双芯、单/多模,ST/SC/LC/MT-RJ…</td></tr>
</table>

续表

序号	子系统	布线材料种类	按不同方式分类	
6	建筑群子系统	铜缆部分	语音应用	3类/5类/普通大对数电缆(25/50/125对,4对较少使用) UTP/FTP 室外型
			数据应用	5类/6类
		光缆部分	数据应用	4芯/6芯… 多模/单模,9μm、50μm、62.5μm/125μm 室外轻型无金属/轻铠/重铠型(适用于架空/管道/直埋等安装方式)

第五节　PDS各子系统的安装设计

一、工作区子系统

工作区子系统又称为服务区（Corerage area）子系统，它是由跳线与信息插座所连接设备（中断或工作站）组成，其中信息插座包括墙上型、地面型、桌上型等，常用的终端设备包括计算机、电话机、传真机、报警探头、摄像机、监视器、各种传感器件、音响设备等。

在进行终端设备和I/O连接时可能需要某种传输电子装置，但这种装置并不是工作区子系统的一部分，如调制解调器可以作为终端与其他设备之间的兼容性设备，为传输距离的延长提供所需的转换信号，但却不是工作区子系统的一部分。

在工作区子系统的设计方面，必须要注意以下几点：

(1) 从RJ-45插座到设备间的连线用双绞线，且不要超过5m；

(2) RJ-45插座必须安装在墙壁上或不易被触碰到的地方，插座距地面30cm以上；

(3) RJ-45信息插座与电源插座等应尽量保持20cm以上的距离；

(4) 对于墙上型信息插座和电源插座，其底边沿线距地板水平面一般应为30cm。

建筑物内各种缆线的敷设方式和部位如图3-32所示。

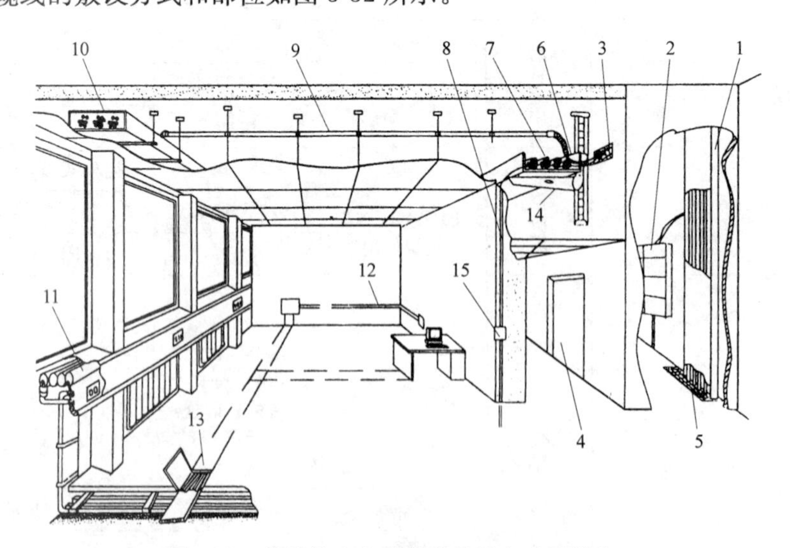

图3-32　建筑物内各种缆线敷设方式及部位

1—竖井内电缆桥架；2—竖井内配线设备；3—竖井电缆引出（入）孔洞及其封堵；4—竖井（上升房）防火门；5—上升孔洞及封堵；6—电缆桥架；7—线缆束；8—暗配管路；9—天花板上明配管路；10—天花板上布线槽道；11—窗台布线通道；12—明配线槽（管）；13—暗配线槽；14—桥架托臂；15—接线盒

二、水平子系统

水平子系统是同一楼层的布线系统，与工作区的信息插座及管理间子系统相连接。它一般采用4对双绞线，必要时可采用光缆。水平子系统的安装布线要求是：

（1）确定介质布线方法和线缆的走向；

（2）双绞线长度一般不超过90m；

（3）尽量避免水平线路长距离与供电线路平行走线，应保持一定距离（非屏蔽线缆一般为30cm，屏蔽线缆一般为7cm）；

（4）用线必须走线槽或在吊顶内布线，尽量不走地面线槽；

（5）如在特定环境中布线要对传输介质进行保护，使用线槽或金属管道等；

（6）确定距服务器接线间距离最近的I/O位置；

（7）确定距服务器接线间距离最远的I/O位置。

（一）水平布线的长度要求

水平电缆或水平光缆最大长度为90m，另有10m分配给电缆、光缆和楼层配线架上的接插软线或跳线。其中，接插软线或跳线的长度不应超过5m。

双绞线水平布线链路包括90m水平电缆、5m软电缆（电气长度相当于7.5m）和3个与电缆类别相同或类别更高的接头。可以在楼层配线架与通信引出端之间设转接点（图中未画出），最多转接一次，但整个水平电缆最长90m的传输特性应保持不变。

采用交叉连接管理和互连的水平布线参见图3-33、图3-34。

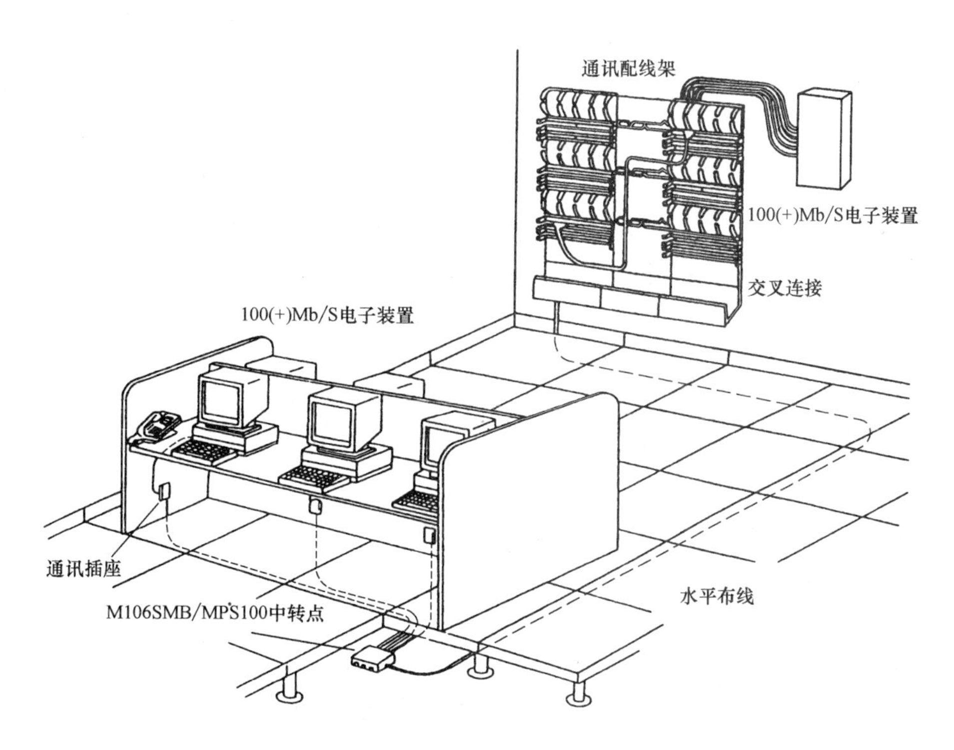

图3-33　采用交叉连接管理的水平布线

（二）布线方式

水平布线可采用各种方式，根据建筑的结构与其他工种的配合及用户的不同需要灵活掌握。一般采用走廊布金属线槽，各工作区用金属管沿墙暗敷引下的方式。对于大开间办公区可采用顶棚内敷设方式或在混凝土层下敷设金属线槽，采用地面出线的方式，如图3-35和图3-36所示。

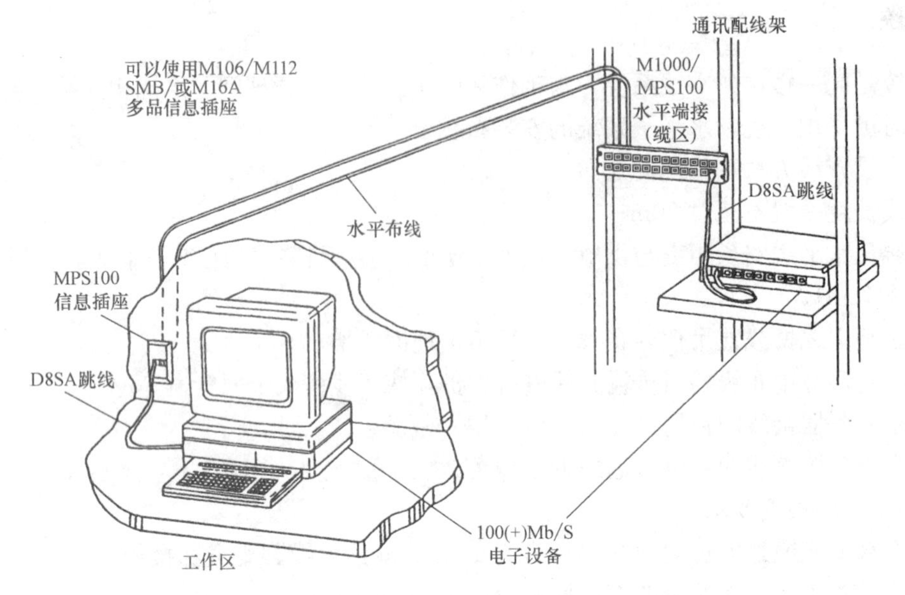

图 3-34　采用互连（HUB 直接连接）的水平布线

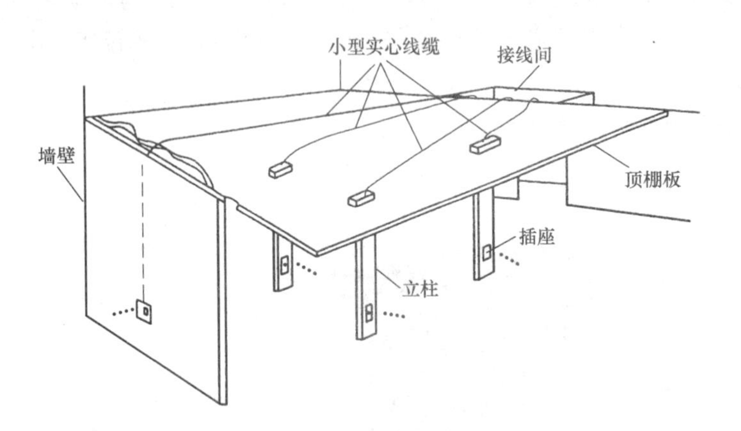

图 3-35　内部布线法

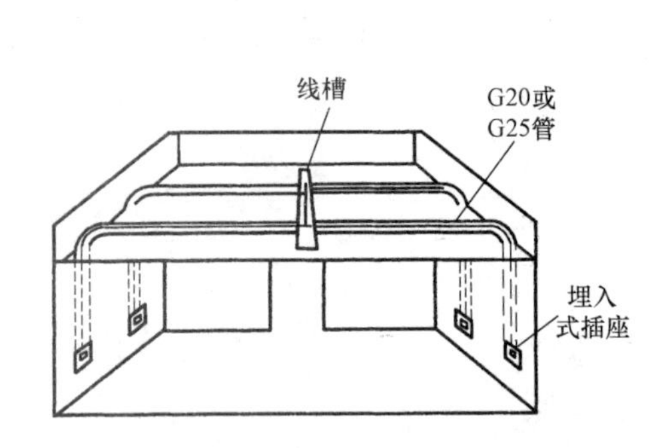

图 3-36　水平线敷设（先走线槽后分支管布线）

三、管理间子系统

管理间子系统（Administration Subsystem）主要是放置配线架的各配线间，由交连、互联和 I/O 组成。管理间子系统为连接其他子系统提供工具，它是连接垂直干线子系统和水平干线子系统的设备，其主要设备是配线架、HUB、机柜和电源。当需要多个配线间时，可以指定一个为主配线间，所有其他配线间为层配线架或中间配线间，从属于主配线间。

图 3-37 是 110 系列跳线架的示例。

管理间子系统的布线设计要点：

(1) 配线架的配线对数由管理的信息点数决定；

(2) 配线间的进出线路以及跳线应采用色表或者标签等进行明确标识；

(3) 交换区应有良好的标记系统，如建筑物名称、位置、功能、起始点等；

(4) 配线架一般由光配线盒和铜配线架组成；

(5) 供电、接地、通风良好，机械承重合适，保持合理的温度、湿度和亮度；

(6) 有 HUB、交换器的地方要配有专用稳压电源；

(7) 采取防尘、防静电、防火和防雷击措施。

图 3-38 表示管理间标准机架的连接分布。

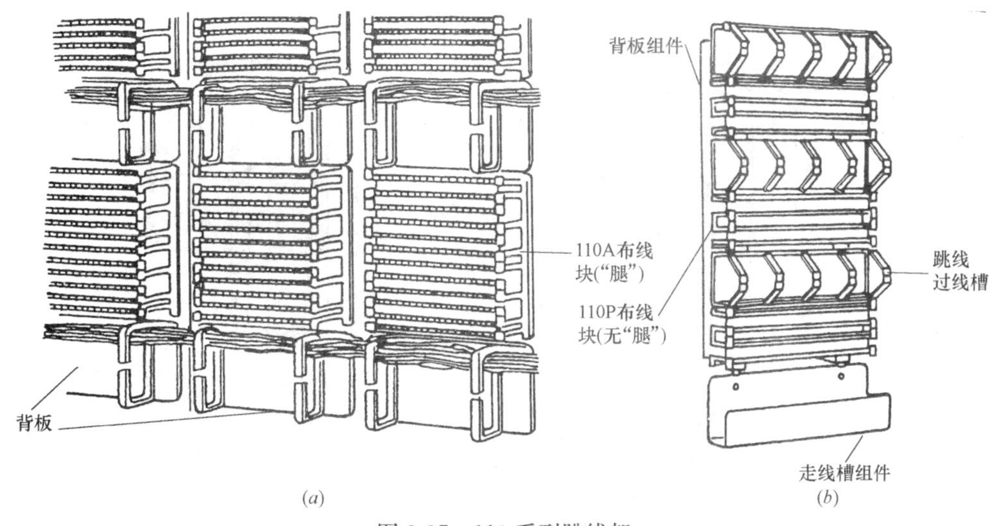

图 3-37　110 系列跳线架

(a) 110A 装置；(b) 100P 装置

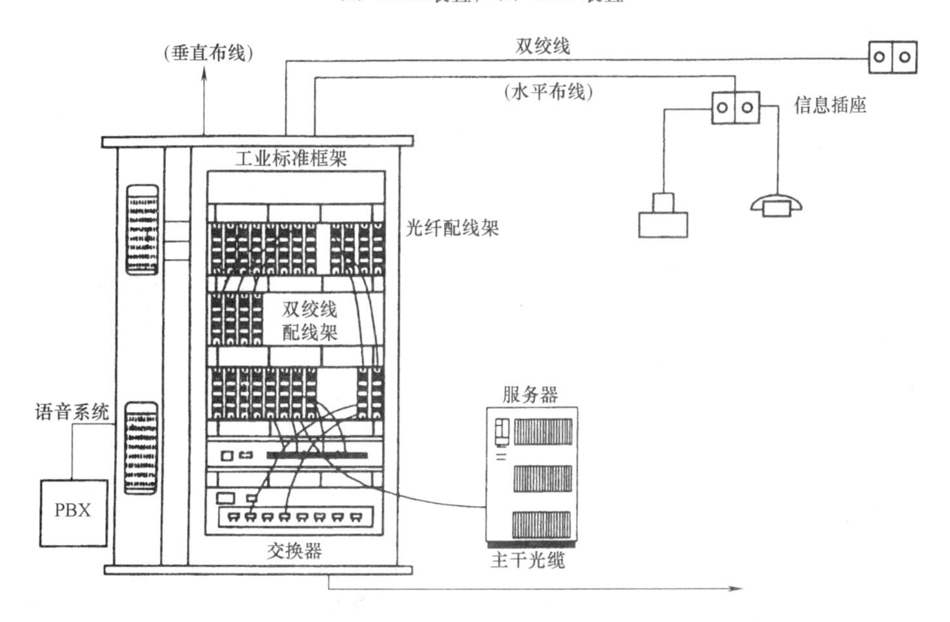

图 3-38　标准机柜连接分布

四、垂直干线子系统

在智能化建筑中的建筑物主干垂直布线都是从房屋底层直到顶层垂直（或称上升）电气竖井内敷设的通信线路，如图 3-39 所示。

建筑物垂直干线布线可采用电缆孔和电缆竖井两种方法。电缆孔在楼层交接间浇注混凝土时预留，并嵌入直径为 100mm，楼板两侧分别高出 25～100mm 的钢管；电缆竖井是预留的长方孔。各楼层交接间的电缆孔或电缆竖井应上下对齐。缆线应分类捆箍在梯架、线槽或其他支架上。电缆孔布线法也适合于旧建筑物的改造。

电缆桥架内线缆垂直敷设时，在缆线的上端和每间隔 1.5m 处缆线应固定在桥架的支架上；水平敷设时，在缆线的首、尾、转弯及每间隔 3～5m 处进行固定。电缆桥架与地面保持垂直，不应有倾斜现象，其垂直度的偏差应不超过 3mm。

竖井中缆线穿过每层楼板孔洞宜为矩形或圆形。矩形孔洞尺寸不宜小于 300mm×100mm，圆形孔洞处应至少安装三根圆形钢管，管径不宜小于 100mm。水平安装的桥架和线槽穿越墙壁的洞孔，要求其互相位置适应，规格尺寸合适，如图 3-40 所示。

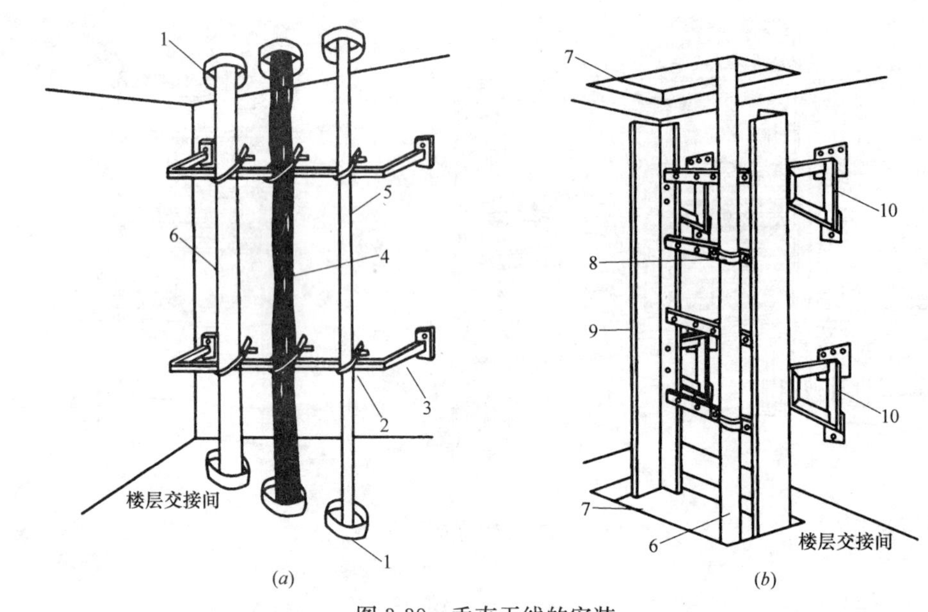

图 3-39　垂直干线的安装

(*a*) 电缆孔垂直布线；(*b*) 电缆竖井垂直布线

1—电缆孔；2—扎带；3—电缆支架；4—对绞电缆；5—光缆；6—大对数电缆；

7—电缆竖井；8—电缆卡箍；9—电缆桥架；10—梯形支架

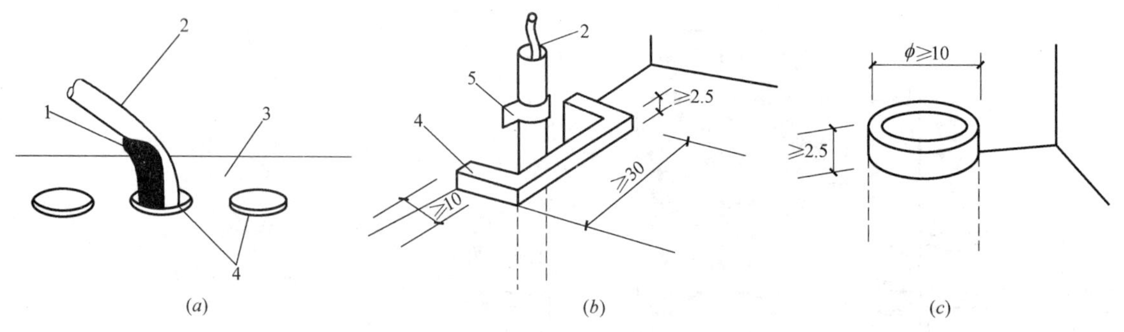

图 3-40　缆线在洞孔中的安装

(*a*) 电缆保护装置；(*b*) 电缆通槽；(*c*) 电缆洞孔

1—塑料保护装置；2—电缆；3—楼板；4—洞孔；5—电缆卡箍

干线子系统竖向配线区的划分，如表 3-13 所示。

竖向配线区的划分　　　　**表 3-13**

<table>
<tr><th rowspan="2">I/O数量(个)</th><th rowspan="2">竖向配线区(个)</th><th rowspan="2">分干线数量(个)</th><th colspan="2">干线接线间</th><th colspan="2">卫星接线间</th><th rowspan="2">点对点的配线图示</th><th rowspan="2">备　注</th></tr>
<tr><th>间数</th><th>面积(m²)</th><th>间数</th><th>面积(m²)</th></tr>
<tr><td>1～200</td><td rowspan="2">1</td><td>1</td><td rowspan="2">1</td><td>1.2×1.5</td><td>0</td><td>0</td><td>干线接线间
干线1
(a)</td><td rowspan="2">1. 一个干线接线间只能负担 600 个 I/O,大于 600 个时应另增设干线接线间。
2. 任何一个干线接线间只能负担 2 个卫星接线间,每个卫星接线间只能负担 200 个 I/O。
3. 卫星接线间设置条件:
(1)当 I/O 距干线间大于 75m;
(2)所在楼层 I/O 数量大于 200 个;
(3)当 I/O 数量不确定时,可参考 1800m² 设一个卫星间。
4. 每个接线间要预留交流电源,2 块 20A 插座板,其中一块负担 12 个终端供电,另一块作其他设备用电。
5. 图中点划线部分参见干线子系统配线方式</td></tr>
<tr><td>201～400</td><td>2</td><td>1.2×2.0</td><td>1</td><td>1.2×1.5</td><td>干线接线间　卫星间
分干线2
分干线1　(b)</td></tr>
</table>

续表

I/O数量(个)	竖向配线区(个)	分干线数量(个)	干线接线间		卫星接线间		点对点的配线图示	备　注
			间数	面积(m^2)	间数	面积(m^2)		
401～600	1	3	1	1.2×2.8	2	1.2×1.5	干线接线间 卫星间　卫星间 分干线1　分干线2　分干线3 (c)	同上

布线方式：

选择干线电缆路由的原则，应是最短、最安全、最经济。垂直干线通道有可用电缆管道法或电缆井法，如图3-41所示，每一层都应有加固。

水平干线有管道法和托架法两种敷设方法可供选择，托架法如图3-42所示。主干电缆洞孔或通槽的安装如图3-40所示。

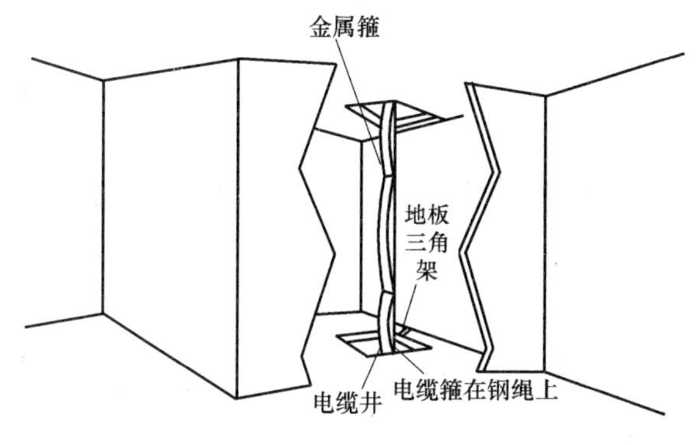

图3-41　垂直干线的安装（电缆井法）

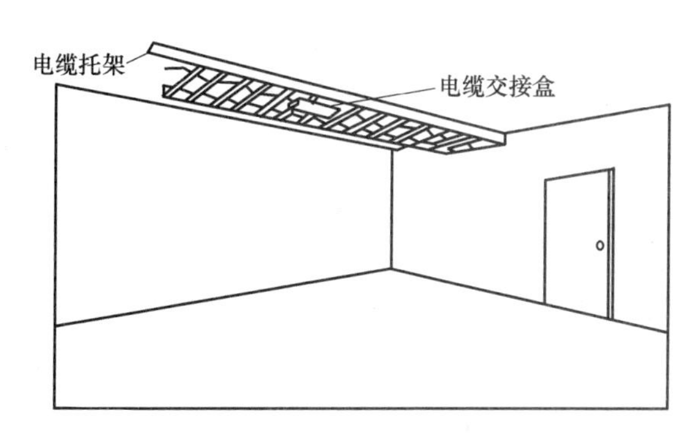

图3-42　托架法

五、设备间子系统

（一）设备间的功能

设备间是一个装有进出线设备和主配线架，并进行布线系统管理和维护的场所，设备间子系统应由综合布线系统的建筑物进线设备，如语音、数据、图像等各种设备，及其保安配线设备和主配线架等组成。

设备间的主要设备，如电话主机（数字程控交换机）、数据处理机（计算机主机），可放在一起，也可分别设置。在较大型的综合布线子系统中，一般将计算机主机、数字程控交换机、楼宇自动化控制设备分别设置机房；把与综合布线系统密切相关的硬件设备放在设备间，如计算机网络系统中的路由器、主交换机等。

计算机主机、数字程控交换机用的机房可按《计算站场地技术条件》GB 2887—89设计。楼宇自动化控制设备机房也可参照执行。

确定设备间的位置应按以下原则进行：应尽量建在建筑物平面及其综合布线系统干线综合体的中间位置；应尽量靠近服务电梯，以便装运笨重设备；应尽量避免设在建筑物的高层或地下室，以及用水设备的下层；应尽量远离强振动源和强噪声源及强电磁场的干扰源；应尽量远离有害气体源及存放腐蚀、易燃、易爆物。

设备间的位置及大小应根据设备的数量、网络的规格、多媒体信号传输共享的原则等综合考虑确定，应尽可能靠近建筑物电缆引入区和网络接口，电缆引入区和网络接口的相互间隔宜小于15m。设备间内设备的工艺设计一般由专业部门或专业公司设计。其面积宜按以下原则确定：当系统少于1000个信息点时为12m²，当系统较大时，每1500点为15m²。设备间内的所有进出线终端设备应按规范使用色标表示：

绿色表示网络接口的进线侧，即电话局线路；

紫色表示网络接口的设备侧，即中继/辅助场总机中继线；

黄色表示交换机的用户引出线；

白色表示干线电缆和建筑群电缆；

蓝色表示设备间至工作站或用户终端的线路；

橙色表示来自多路复用器的线路。

（二）设备间的建筑要求

（1）设备间应处于建筑物的中心位置，便于干线线缆的上下布置。当电话局引入大楼中继线缆采用光缆后，设备间通常宜设置在建筑物大楼总高的（离地）1/4～1/3楼层处。当系统采用建筑楼群布线时，设备间应处于建筑楼群的中心处，并位于主建筑楼的底层或二层楼层中。

（2）设备间室温应保持在18～27℃之间，相对湿度应保持在60%～80%。

（3）设备间应安装符合国家法规要求的消防系统，应采用防火防盗门以及采用至少能耐火1小时的防火墙。

（4）设备间应对房内所有通信设备按照《民用建筑电气设计规范》(JGJ/T 16—92)，持有足够的安装操作空间。

（5）设备间的内部装修、空调设备系统和电气照明等安装应满足工艺要求，并在装机前施工完毕。

（6）设备间应洁净、干燥、通风良好。防止有害气体（如SO_2、H_2S、NH_3、NO_2）等侵入，并应有良好的防尘措施，允许尘埃含量限值见表3-14所示

设备间允许尘埃含量限值 **表3-14**

灰尘颗粒的最大直径(μm)	0.5	1	3	5
灰尘颗粒的最大浓度(粒子数/m³)	1.4×10^7	7×10^5	2.4×10^5	1.3×10^5

（7）设备间应采用防静电的活动地板，并架空0.2～0.5m高度，便于通信设备大量线缆的安放走线。活动地板平均荷载不应小于500kg/m²。

（8）设备间室内净高不应小于2.5m，大门的净高度不应小于2.1m（当用活动地板时，大门的高度不应小于2.4m），大门净宽不应小于0.9m。凡要安装综合布线硬件的部位，墙壁和顶棚处应涂阻燃油漆。

（9）设备间的水平面照度应大于300lx，照明分路控制要灵活，操作要方便。

（10）设备间的位置应避免电磁源的干扰，并安装小于或等于1Ω阻值的接地装置。

（11）设备间内安放计算机通信设备时，使用电源应按照计算机设备电源要求进行工程设计。

（三）设备间的布线

设备间的进线和机房的布线如图3-43和图3-44所示。其布线方式有多种，如表3-24所示。

在设备间内如设有多条平行的桥架和线槽时，相邻的桥架和线槽之间应有一定间距，平行的线槽或桥架其安装的水平度偏差应不超过2mm。所有桥架和线槽的表面涂料层应完整无损，如需补涂油漆时，其颜色应与原漆色基本一致。

机柜、机架、设备和缆线屏蔽层以及钢管和线槽应就近接地，保持良好的连接。当利用桥架和线槽构成接地回路时，桥架和线槽应有可靠的接地装置。

在机房内的布线可以采用地板或墙面内沟槽内敷设、预埋管路敷设、机架走线架敷设和活动地板下的敷设方式，活动地板下的敷设方式在房屋建筑建成后装设。正常活动地板高度为300～500mm，简易活动地板高度为60～200mm。

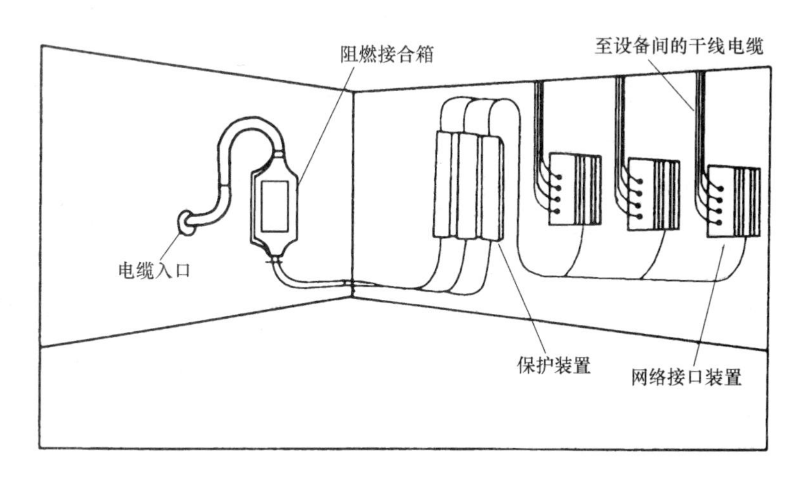

图 3-43 建筑物线缆入口区

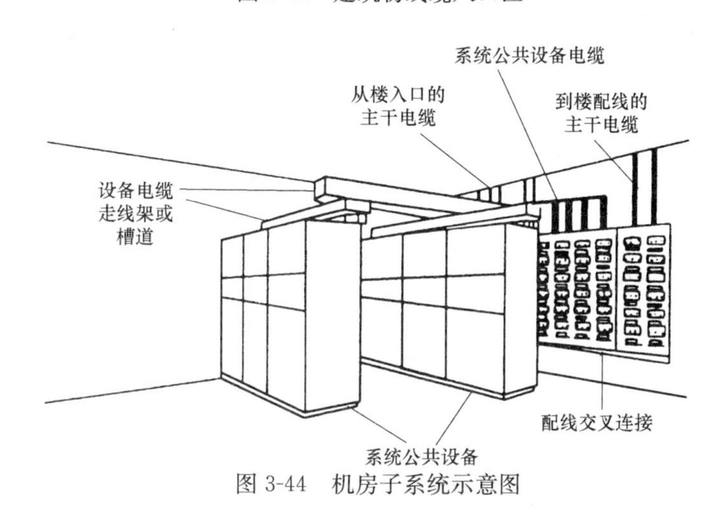

图 3-44 机房子系统示意图

六、建筑群子系统

（一）概述

建筑群子系统是指两幢及两幢以上建筑物之间的通信电（光）缆和相连接的所有设备组成的通信线路。如果是多幢建筑组成的群体，各幢建筑之间的通信线路一般采用多模或单模光缆，（其敷设长度应不大于1500m），或采用多线对的双绞线电缆。电（光）缆敷设方式采取架空电缆、直埋电缆或地下管道（沟渠）电缆等。连接多处大楼中的网络，干线一般包含一个备用二级环，副环在主环出现故障时代替主环工作。为了防止电缆的浪涌电压，常采用电保护设备。

（二）建筑群子系统缆线的建筑方式

建筑群子系统的缆线设计基本与本地网通信线路设计相似，可按照有关标准执行。目前，通信线路的建筑方式有架空和地下两种类型。架空类型又分为架空电缆和墙壁电缆两种。根据架空电缆与吊线的固定方式又可分为自承式和非自承式两种。地下类型分为管道电缆、直埋电缆、电缆沟道和隧道敷设电缆几种，如图3-45所示。

为了保证缆线敷设后安全运行，管材和其附件必须使用耐腐和防腐材料。地下电缆管道穿过房屋建筑的基础或墙壁时，如采用钢管，应将钢管延伸到土壤未扰动的地段。引入管道应尽量采用直线路由，在缆线牵引点之间不得有两处以上的90°拐弯。管道进入房屋建筑地下室处，应采取防水措施，以免水分或潮气进入屋内。管道应有向屋外倾斜的坡度，坡度应不小于0.3%～0.5%。在屋内从引入缆线的进口处敷设到设备间配线接续设备之间的缆线长度，应尽量缩短，一般应不超过15m，设置明显标志。引入缆线与其他管线之间的平行或交叉的最小净距必须符合标准要求。

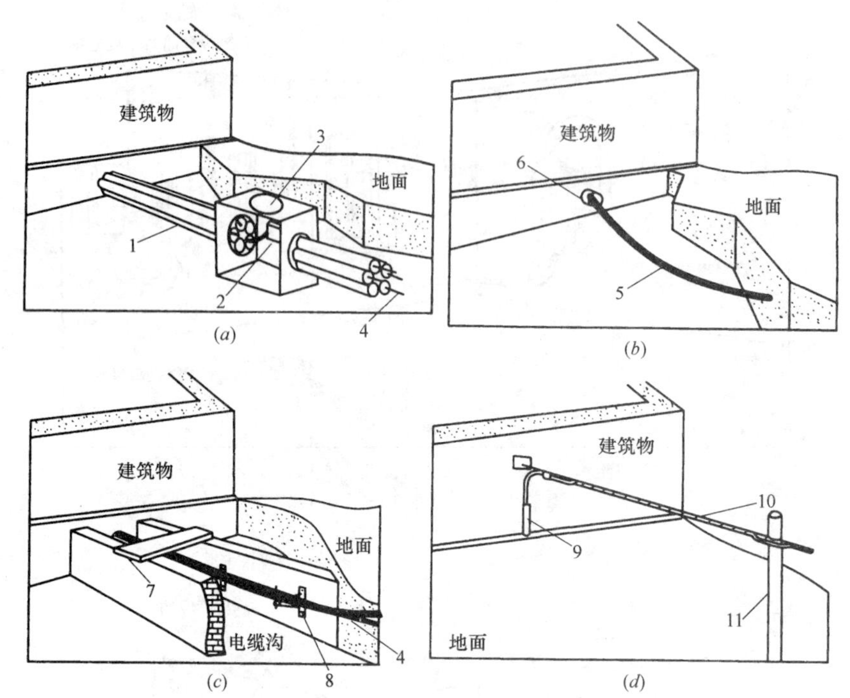

图 3-45　建筑群子系统布线

（*a*）直埋管道布线；（*b*）直埋电缆布线；（*c*）电缆沟通道布线；（*d*）架空布线

1—多孔硬 PVC 管；2—铰接盒；3—人孔；4—电缆；5—直埋电缆；6—电缆孔；

7—盖板；8—电缆托架；9—U 形电缆护套；10—架空电缆；11—电杆

（三）光缆的引入

建筑物光缆从室外引入设备间如图 3-46 所示。

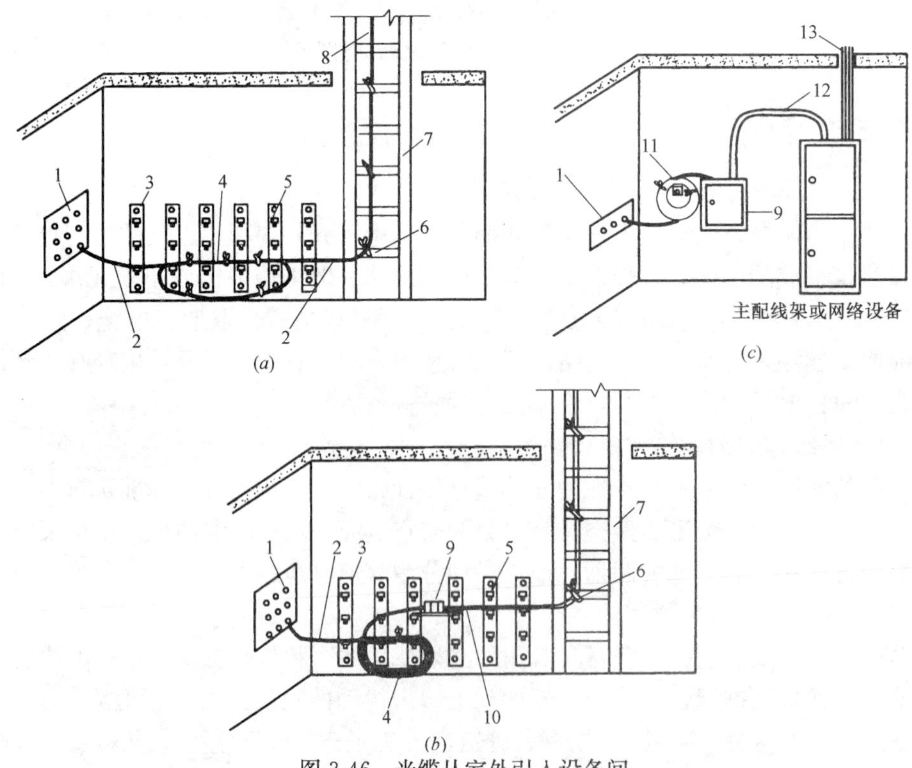

图 3-46　光缆从室外引入设备间

（*a*）在进线室将室外光缆引入设备间；（*b*）在进线室将室外光缆转为室内光缆；（*c*）进线室与设备间合用时室外光缆的引入

1—进缆管孔；2—24 芯室外引入光缆；3—托架；4—预留光缆；5—托架；6—绑扎；7—爬梯；8—引至设备间；9—光分接箱；

10—分成 2 根 12 芯阻燃光缆；11—室外引入光缆；12—室内阻燃光缆；13—至各楼层交接间

第六节 布线工艺

一、缆线的敷设

(1)缆线敷设一般应符合下列要求：

1)缆线布放前应核对规格、形式、路由及位置与设计规定相符。

2)缆线的布放应自然、平直，不得产生扭绞、打圈等现象，不应受到外力的挤压和损伤。

3)所有线缆在敷设过程中必须一根线缆放到位，中间不能有断点。

(2)缆线两端应贴有标签，应标明编号，标签书写应清晰、端正和正确。标签应选用不易损坏的材料。

(3)缆线终接后，应有余量。交接间、设备间对绞电缆预留长度宜为0.5～1.0m，工作区为10～30mm；光缆布放宜盘留，预留长度宜为3～5m，有特殊要求的应按设计要求预留长度。

(4)缆线的弯曲半径应符合下列规定：

1)非屏蔽4对对绞电缆的弯曲半径应至少为电缆外径的4倍；

2)屏蔽4对对绞电缆的弯曲半径应至少为电缆外径的6～10倍；

3)主干对绞电缆的弯曲半径应至少为电缆外径的10倍；

4)光缆的弯曲半径应至少为光缆外径的15倍。

5)缆线布放，在牵引过程中，吊挂缆线的支点相隔间距不应大于1.5m。

6)布放缆线的牵引力，应小于缆线允许张力的80%，对光缆瞬间最大牵引力不应超过光缆允许的张力。在以牵引方式敷设光缆时，主要牵引力应加在光缆的加强芯上。

拉线缆的速度，从理论上讲，线的直径越小，则拉的速度愈快。但是，有经验的安装者采取慢速而又平稳的拉线，而不是快速的拉线。原因是：快速拉线会造成线的缠绕或被绊住。

拉力过大，线缆变形，会引起线缆传输性能下降。线缆最大允许拉力为：

一根4对双绞电缆，拉力为100N(10kg)；

二根4对双绞电缆，拉力为150N(15kg)；

三根4对双绞电缆，拉力为200N(20kg)；

n根4对对绞电缆，拉力为$n\times5+50$(N)。

不管多少根线对电缆，最大拉力不能超过40kg，速度不宜超过15m/min。

为了端接线缆“对”，施工人员要剥去一段线缆的护套(外皮)，不要单独地拉和弯曲线缆“对”，而应对剥去外皮的线缆“对”一起紧紧地拉伸和弯曲。去掉电缆的外皮长度够端接用即可。对于终接在连接件上的线对应尽量保持扭绞状态，非扭绞长度，3类线必须小于25mm；5类线必须小于13mm，最大暴露双绞长度为4～5cm，最大线间距为14cm，如图3-47所示。

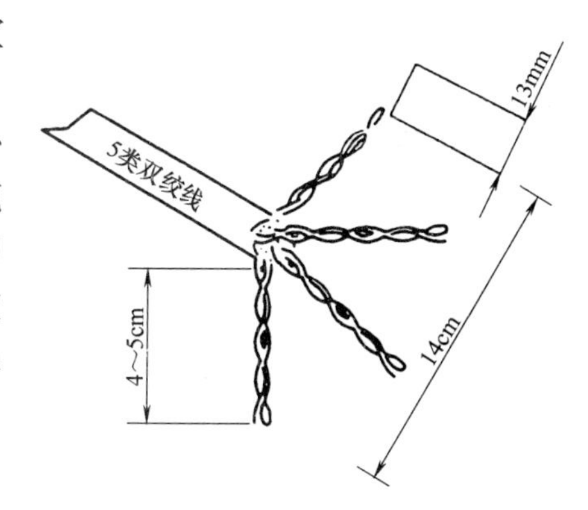

图3-47 5类双绞电缆开绞长度

7)布放光缆时，光缆盘转动应与光缆布放同步，光缆牵引的速度一般为15m/min。光缆出盘处要保持松弛的弧度，并留有缓冲的余量，又不宜过多，避免光缆出现背扣。

(5)电源线、综合布线系统缆线应分隔布放。缆线间的最小净距应符合设计要求，并应符合表3-15的规定。

(6)建筑物内电、光缆暗管敷设与其他管线最小净距见表3-16的规定。

(7)在暗管或线槽中缆线敷设完毕后，宜在通道两端出口处用填充材料进行封堵。

对绞电缆与电力线最小净距　　**表 3-15**

敷设方式	最小净距(mm)		
	380V ＜2kV·A	380V 2.5～5kV·A	380V ＞5kV·A
对绞电缆与电力电缆平行敷设	130	300	600
有一方在接地的金属槽道或钢管中	70	150	300
双方均在接地的金属槽道或钢管中	注	80	150

注：双方都在接地的金属槽道或钢管中，且平行长度小于10m时，最小间距可为10mm。表中对绞电缆如采用屏蔽电缆时，最小净距可适当减小，并符合设计要求。

电、光缆暗管敷设与其他管线最小净距　　**表 3-16**

管线种类	平行净距(mm)	垂直交叉净距(mm)	管线种类	平行净距(mm)	垂直交叉净距(mm)
避雷引下线	1000	300	给水管	150	20
保护地线	50	20	煤气管	300	20
热力管(不包封)	500	500	压缩空气管	150	20
热力管(包封)	300	300			

二、线槽和暗管敷设

（1）敷设线槽的两端宜用标志表示出编号和长度等内容。

（2）敷设暗管宜采用钢管或阻燃硬质PVC管。布放多层屏蔽电缆、扁平缆线和大对数主干电缆或主干光缆时，直线管道的管径利用率应为50%～60%，弯管道应为40%～50%。暗管布放4对对绞电缆或4芯以下光缆时，管道的截面利用率应为25%～30%，如表3-17所示。管材的种类和选用如表3-18所示。表3-19至表3-25分别表示双绞线和光缆穿管和线槽敷设时的管径选择。

管径选用参考　　**表 3-17**

序　号	缆线敷设部位	最大管径限制(mm)	管径利用率(%)		管截面利用率(%)
			直线管路	弯曲管路	对绞线
1	暗敷于底层地坪	一般≤100	50～60	40～50	25～30
2	暗敷于楼地面垫层	≤25			
3	暗敷于墙壁内	一般≤50			
4	暗敷于顶棚吊顶内	不作限制			

注：1. 电缆管径利用率＝电缆外径/管子管孔内径；
　　2. 管截面利用率＝管内导线总截面积（含绝缘层及护套）/管子管孔内径截面积。

暗敷管材的选用　　**表 3-18**

管材代号		管材名称	别　名	特　点	适用场合
新	旧				
TC	DG	电线管	薄壁钢管	有一定机械强度、耐压力和耐腐蚀性较差，有屏蔽性能	一般建筑内暗敷设管路中均可采用，尤其是电磁干扰影响大的场所，但不宜用在有腐蚀或承受压力的场合
SC	G	焊接钢管	厚壁钢管	机械强度较高、耐压力高、耐腐蚀性较好，有屏蔽性能	可在建筑底层和承受压力的地方使用，在有腐蚀的地段使用时应作防腐处理，尤其适用于电磁干扰影响较大的场合
RC		水煤气钢管			
PC	VG	硬塑料管	PVC管	易弯曲、加工方便、绝缘性好、耐腐蚀性好、抗压力差、屏蔽性能差	适用于有腐蚀或需绝缘隔离的场合使用，不宜在有压力和电磁干扰较强的场所使用
FPC	ZVG	半硬塑料管			

金属管（水煤气管）能容纳的最大导线根数 **表 3-19**

缆线类型		4对UTP				4对FTP	25类3类UTP	50对3类UTP	100对3类UTP	25对5类UTP
		3类	5类	e5类	6类	5类				
钢管规格	内径(mm)	缆线外径(mm)								
		4.7	5.6	6.2	6.35	6.1	9.7	13.4	18.2	12.45
SC15	15.8	1	0	0	0	0	0	0	0	0
SC20	21.3	5	4	2	2	3	1	0	0	0
SC25	27.0	8	6	4	4	5	2	1	0	1
SC32	35.8	14	10	8	8	9	3	1	1	1
SC40	41.0	18	15	12	12	13	4	2	1	2
SC50	53.0	26	22	19	19	20	6	3	2	3
SC65(SC70)	68.0	55	40	32	32	32	12	6	3	6
SC80	85.5	80	60	50	50	50	18	10	5	10
SC100	106.0	—	—	—	—	—	30	14	6	14
SC125	131.0	—	—	—	—	—	40	20	12	20

注：1. 表中钢管规格系指公称直径（近似内径的名义尺寸，它不等于公称外径减去两个公称壁厚所得的内径）；低压流体输送用焊接钢管依据《低压流体输送用镀锌焊接钢管标准》（CB 3091—87）。

2. 线管超过下列长度时，其中间应加装接线盒：

（1）线管全长超过30m，且无曲折时；

（2）线管全长超过20m，有1个曲折时；

（3）线管全长超过15m，有2个曲折时；

（4）线管全长超过8m，有3个曲折时。

3. 若采用硬质塑料管，同样的缆线根数宜增大一级管径。

综合布线4对对绞电缆穿管最小管径 **表 3-20**

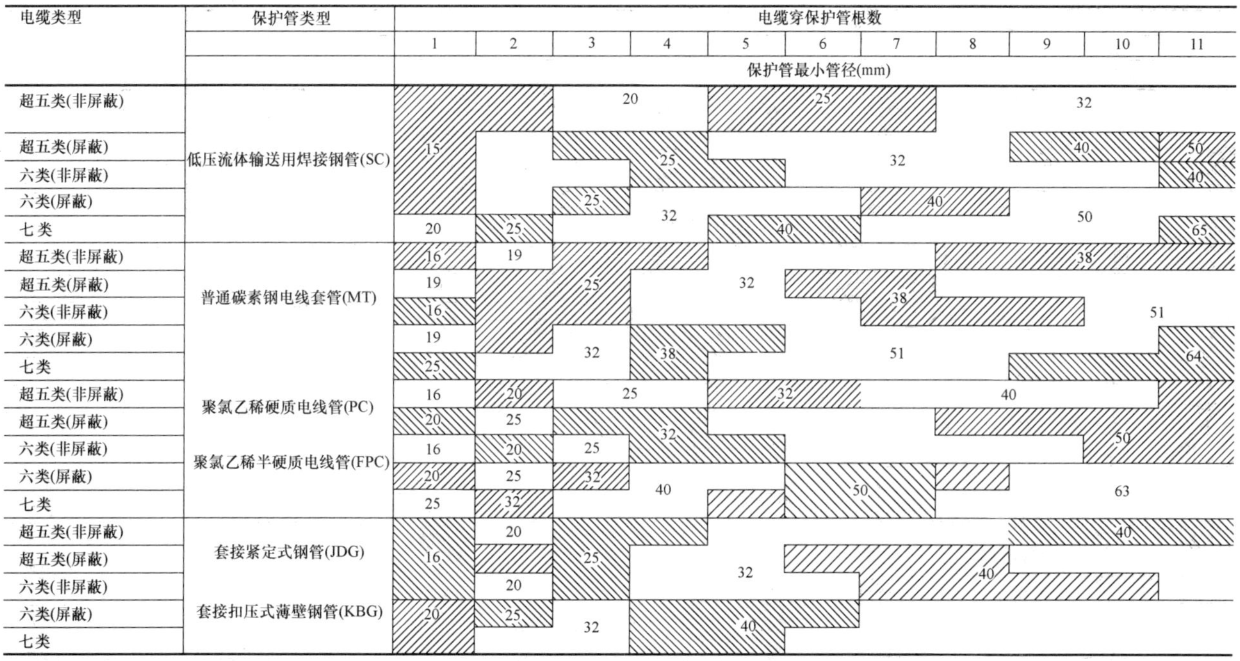

电缆类型	保护管类型	电缆穿保护管根数										
		1	2	3	4	5	6	7	8	9	10	11
		保护管最小管径(mm)										
超五类(非屏蔽)	低压流体输送用焊接钢管(SC)	15	15	20	20	25	25	25	32	32	32	32
超五类(屏蔽)		15		25	25	32	32	32	32	40	40	50
六类(非屏蔽)		15			25	25	32	32	32	32	32	40
六类(屏蔽)		15		25	32	32	32	40	40	50	50	50
七类		20	25	32	32	40	40	50	50	50	50	65
超五类(非屏蔽)	普通碳素钢电线套管(MT)	16	19	25	25	32	32	32	38	38	38	38
超五类(屏蔽)		19	25	25	32	32	38	38	51	51	51	51
六类(非屏蔽)		16	25	25	32	32	32	38	38	38	51	51
六类(屏蔽)		19	25	32	38	38	51	51	51	51	51	64
七类		25	32	32	38	51	51	51	51	64	64	64
超五类(非屏蔽)	聚氯乙稀硬质电线管(PC) 聚氯乙稀半硬质电线管(FPC)	16	20	25	25	32	32	40	40	40	40	50
超五类(屏蔽)		20	25	32	32	40	40	40	50	50	50	50
六类(非屏蔽)		16	20	25	32	32	40	40	40	40	50	50
六类(屏蔽)		20	25	32	40	40	50	50		63	63	63
七类		25	32	40	40		50	50	63	63	63	63
超五类(非屏蔽)	套接紧定式钢管(JDG) 套接扣压式薄壁钢管(KBG)	16	20	25	25	32	32	32	32	40	40	40
超五类(屏蔽)		16		25	32	32	40	40	40			
六类(非屏蔽)		16	20	25	32	32	32	40	40	40	40	
六类(屏蔽)		20	25	32	40	40	40					
七类		20	32	32	40	40						

注：1. 表中的数据是以电缆的参考外径计算得出的。

2. 管道的截面利用率为27.5%。（截面利用率的范围为25%～30%）。

3. 综合布线4对对绞电缆穿管至86面板系列信息插座底盒时，电缆根数不应超过4根。

综合布线大对数电缆穿管最小管径　　表 3-21

大对数电缆规格	管道走向	保护管最小管径(mm)			
		低压流体输送用焊接钢管(SC)	普通碳素钢电线套管(MT)	聚氯乙烯硬质电线管(PC)和聚氯乙烯半硬质电线管(FPC)	套接紧定式钢管(JDG)和套接扣压式薄壁钢管(KBG)
25 对(三类)	直线管道	20	25	32	25
	弯管道	25	32	32	32
50 对(三类)	直线管道	25	32	32	32
	弯管道	32	38	40	40
100 对(三类)	直线管道	40	51	50	40
	弯管道	50	51	65	—
25 对(五类)	直线管道	25	32	40	—
	弯管道	32	38	40	—

注：1. 表中的数据是以电缆的参考外径计算得出的。
2. 布放椭圆形或扁平形缆线和大对数主干电缆时，直线管道的管径利用率为 50%，弯管道为 40%。

4 芯及以下光缆穿保护管最小管径　　表 3-22

光缆规格	保护管种类	光缆穿保护管根数													
		1	2	3	4	5	6	7	8	9	10	11	12	13	14
		保护管最小管径(mm)													
2芯	SC	15	15	15	20	20	25	25	25	25	32	32	32	32	32
4芯	SC	15	15	20	20	25	25	25	32	32	32	32	32	32	40
2芯	MT	16	19	25	25	25	32	32	32	32	38	38	38	38	38
4芯	MT	16	19	25	25	25	32	32	32	38	38	38	38	51	51
2芯	PC FPC	15	20	20	25	25	32	32	32	40	40	40	40	40	40
4芯	PC FPC	15	20	25	25	32	32	32	40	40	40	40	40	50	50
2芯	JDG KBG	15	15	20	20	25	25	32	32	32	32	40	40	40	40
4芯	JDG KBG	15	15	20	25	25	32	32	32	32	40	40	40	40	40

4 芯以上光缆穿保护管最小管径　　表 3-23

光缆规格	管道走向	保护管最小管径(mm)			
		低压流体输送用焊接钢管(SC)	普通碳素钢电线套管(MT)	聚氯乙烯硬质电线管(PC)和聚氯乙烯半硬质电线管(FPC)	套接紧定式钢管(JDG)和套接扣压式薄壁钢管(KBG)
6 芯	直线管道	15	16	15	15
	弯管道	15	19	20	15
8 芯	直线管道	15	16	15	15
	弯管道	15	19	20	20
12 芯	直线管道	15	19	20	15
	弯管道	20	25	25	20
16 芯	直线管道	15	19	20	15
	弯管道	20	25	25	20
18 芯	直线管道	20	25	25	20
	弯管道	20	25	25	25
24 芯	直线管道	25	32	32	32
	弯管道	32	38	40	40

注：1. 表中的数据是以光缆的参考外径计算得出的。
2. 4 芯及以下光缆所穿保护管最小管径的截面利用率为 27.5%（截面利用率的范围为 25%～30%）。
4 芯以上主干光缆所穿保护管最小管径上时，直线管道的管径利用率为 50%，弯管道为 40%。

线槽内允许容纳综合布线电缆根数 **表 3-24**

线槽规格 宽×高	4对对绞电缆					大对数电缆(非屏蔽)			
	超五类(非屏蔽)	超五类(屏蔽)	六类(非屏蔽)	六类(屏蔽)	七类	25对(三类)	50对(三类)	100对(三类)	25对(五类)
	各系列线槽容纳电缆根数								
50×50	50(30)	33(19)	41(24)	24(14)	19(11)	12(7)	8(4)	4(2)	7(4)
100×50	104(62)	68(41)	85(51)	50(30)	40(24)	25(15)	16(9)	8(5)	15(9)
100×70	148(89)	97(58)	121(72)	71(43)	57(34)	36(21)	23(14)	12(7)	22(13)
200×70	301(180)	198(119)	246(147)	145(87)	116(69)	73(44)	48(28)	25(15)	45(27)
200×100	436(261)	288(172)	356(214)	210(126)	168(101)	106(63)	69(41)	36(21)	65(39)
300×100	658(394)	434(260)	538(322)	317(190)	253(152)	160(96)	104(62)	54(32)	99(59)
300×150	997(598)	658(522)	815(489)	481(288)	384(230)	242(145)	159(95)	83(49)	150(90)
400×150	1320(792)	871(702)	1079(647)	637(382)	509(305)	321(192)	210(126)	109(65)	199(119)
400×200	1773(1063)	1773(787)	1449(869)	855(513)	684(410)	431(259)	282(169)	147(88)	267(160)

线槽内允许容纳综合布线光缆根数 **表 3-25**

线槽规格 宽×高	2芯光缆	4芯光缆	6芯光缆	8芯光缆	12芯光缆	16芯光缆	18芯光缆	24芯光缆
	各系列线槽容纳电缆根数							
50×50	63(38)	54(32)	45(27)	37(22)	28(17)	28(17)	20(12)	8(5)
100×50	131(78)	112(67)	92(55)	76(46)	59(35)	59(35)	42(25)	18(10)
100×70	187(112)	160(96)	132(79)	109(65)	84(50)	84(50)	60(36)	26(15)
200×70	380(228)	325(195)	269(161)	222(133)	171(102)	171(102)	122(73)	52(31)
200×100	550(330)	471(282)	389(233)	321(193)	248(149)	248(149)	176(106)	76(45)
300×100	830(498)	711(426)	587(352)	485(291)	374(224)	374(224)	266(159)	115(69)
300×150	1258(755)	1077(646)	889(533)	735(441)	567(340)	567(340)	403(242)	175(105)
400×150	1667(1000)	1426(856)	1178(707)	973(584)	751(450)	751(450)	534(320)	231(139)
400×200	22371(1342)	1915(1149)	1582(949)	1307(784)	1008(605)	1008(605)	717(430)	311(186)

注：表中括号外（内）的数字为线槽截面利用率为50%（30%）时所穿缆线的根数。
表中的数据是以缆线的参考外径计算得出的。

三、线槽的安装

1. 线槽的安装

有槽盖的封闭式金属线槽具有耐火性，用于建筑物顶棚吊顶或沿墙敷设时，往往与金属桥架连在一起安装，所以又被称为有盖无孔型槽式桥架，习惯也被称为线槽。这种线槽安装方式与桥架安装类同。图3-48为轻型金属线槽组合安装示意图。图3-49为塑料线槽安装形式。

2. 暗装金属线槽安装

地面内暗装金属线槽布线是一种新的布线方式，尤其在智能建筑中使用更普遍。它是将光缆或电缆穿在经过特制的壁厚为2mm的封闭式矩形金属线槽内，直接敷设在混凝土地面、现浇钢筋混凝土楼板或预制混凝土楼板的垫层内。地面内暗装金属线槽的组合安装见图3-50。

暗装金属线槽为矩形断面，制造长度一般为3m，每0.6m设一出线口。当遇有线路交叉和转弯时，要装分线盒。当线槽长度超过6m时，为便于槽内穿线，也宜加装分线盒。

四、桥架的安装

桥架安装分水平安装和垂直安装。水平安装又分吊装和壁装两种形式。桥架吊装如图3-51所示。该图还表示出了桥架与墙壁穿孔采用金属软管或PVC管的连接。

桥架垂直安装主要在电缆竖井中沿墙采用壁装方式。用于固定线槽或电缆垂直敷设。用做垂直干线电缆的支撑。桥架垂直安装方法如图3-52所示。图3-53为桥架和机架的整体安装形式。

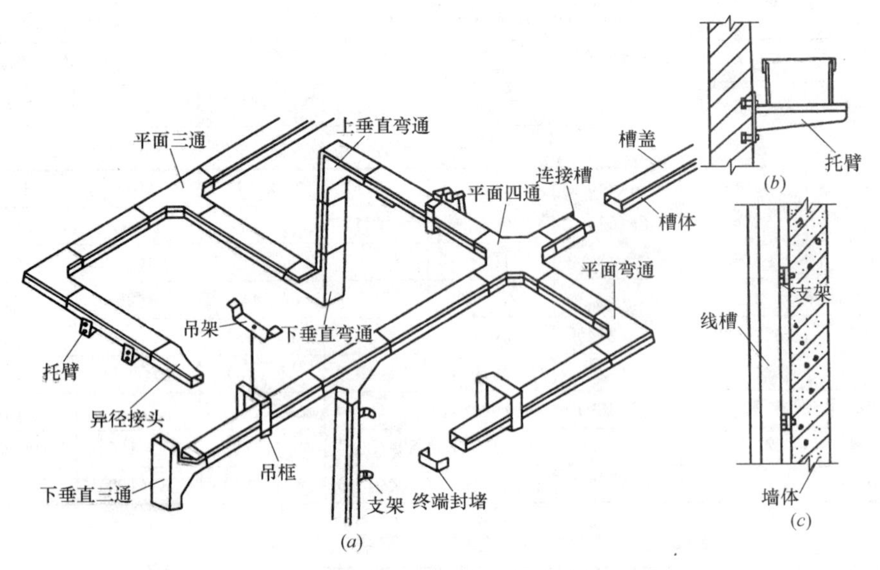

图 3-48　轻型金属线槽组合安装

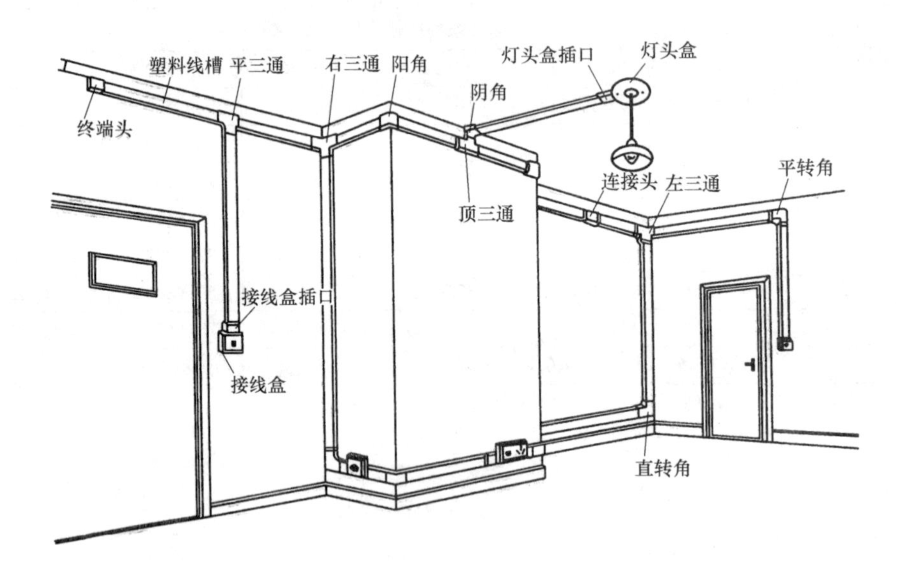

图 3-49　塑料线槽敷设法

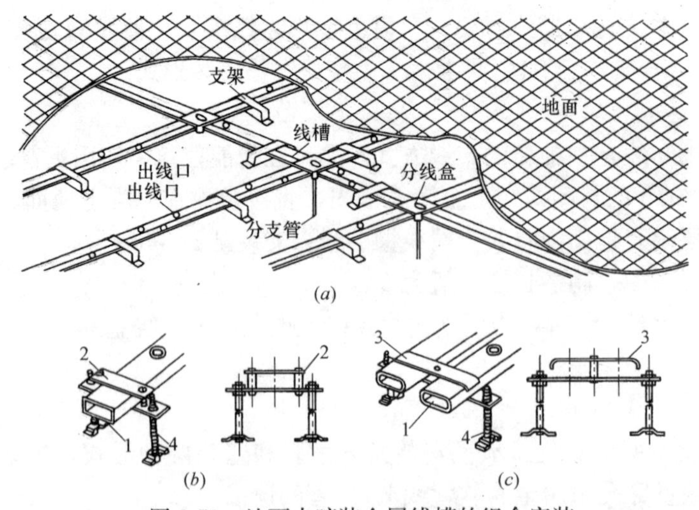

图 3-50　地面内暗装金属线槽的组合安装

(a) 地面内暗装金属线槽组装示意图；(b) 单线槽支架安装；(c) 双线槽支架安装

1—线槽；2—支架单压板；3—支架双压板；4—卧脚螺栓

五、布线的工艺要求

1. 设置电缆桥架和线槽敷设缆线应符合下列规定：

（1）电缆线槽、桥架宜高出地面 2.2m 以上，线槽和桥架顶部距楼板不宜小于 300mm；在过梁或其他障碍物处，不宜小于 50mm。

（2）槽内缆线布放应顺直，尽量不交叉，在缆线进出线槽部位、转弯处应绑扎固定，其水平部分缆线可以不绑扎。垂直线槽布放缆线应每间隔 1.5m 固定在缆线支架上。

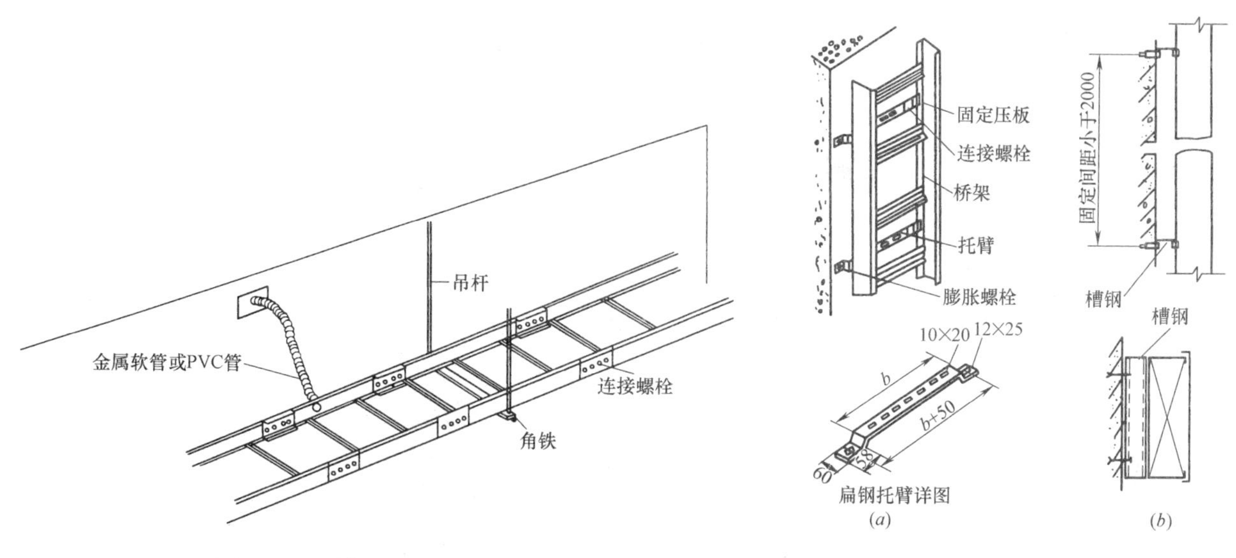

图 3-51 电缆桥架吊装示意图

图 3-52 桥架垂直安装方法

（3）电缆桥架内缆线垂直敷设时，在缆线的上端和每间隔 1.5m 处应固定在桥架的支架上；水平敷设时，在缆线的首、尾、转弯及每间隔 5～10m 处进行固定。

（4）在水平、垂直桥架和垂直线槽中敷设缆线时，应对缆线进行绑扎。对绞电缆、光缆及其他信号电缆应根据缆线的类别、数量、缆径、缆线芯数分束绑扎。绑扎间距不宜大于 1.5m，间距应均匀，松紧适度。电缆桥架或线槽与预埋钢管结合的安装方式如图 3-54 所示。

（5）楼内光缆宜在金属线槽中敷设，在桥架敷设时应在绑扎固定段加装垫套。

（6）采用吊顶支撑柱作为线槽在顶棚内敷设缆线时，每根支撑柱所辖范围内的缆线可以不设置线槽进行布放，但应分束绑扎。缆线护套应阻燃，缆线选用应符合设计要求。

2. 水平子系统缆线敷设保护应符合下列要求：

（1）预埋金属线槽保护要求如下：

① 在建筑物中预埋线槽，宜按单层设置，每一路由预埋线槽不应超过 3 根，线槽截面高度不宜超过 25mm，总宽度不宜超过 300mm。

② 线槽直埋长度超过 30m 或在线槽路由交叉、转弯时，宜设置过线盒，以便于布放缆线和维修。

③ 过线盒盖应能开启，并与地面齐平，盒盖处应具有防水功能。

④ 过线盒和接线盒盒盖应能抗压。

⑤ 从金属线槽至信息插座接线盒间的缆线宜采用金属软管敷设。

（2）预埋暗管保护要求如下：

① 预埋在墙体中间暗管的最大管径不宜超过 50mm，楼板中暗管的最大管径不宜超过 25mm。

② 直线布管每 30m 处应设置过线盒装置。

③ 暗管的转弯角度应大于 90°，在路径上每根暗管的转弯角不得多于 2 个，并不应有 S 弯出现，有弯头的管段长度超过 20m 时，应设置管线过线盒装置；在有 2 个弯时，不超过 15m 应设置过线盒。

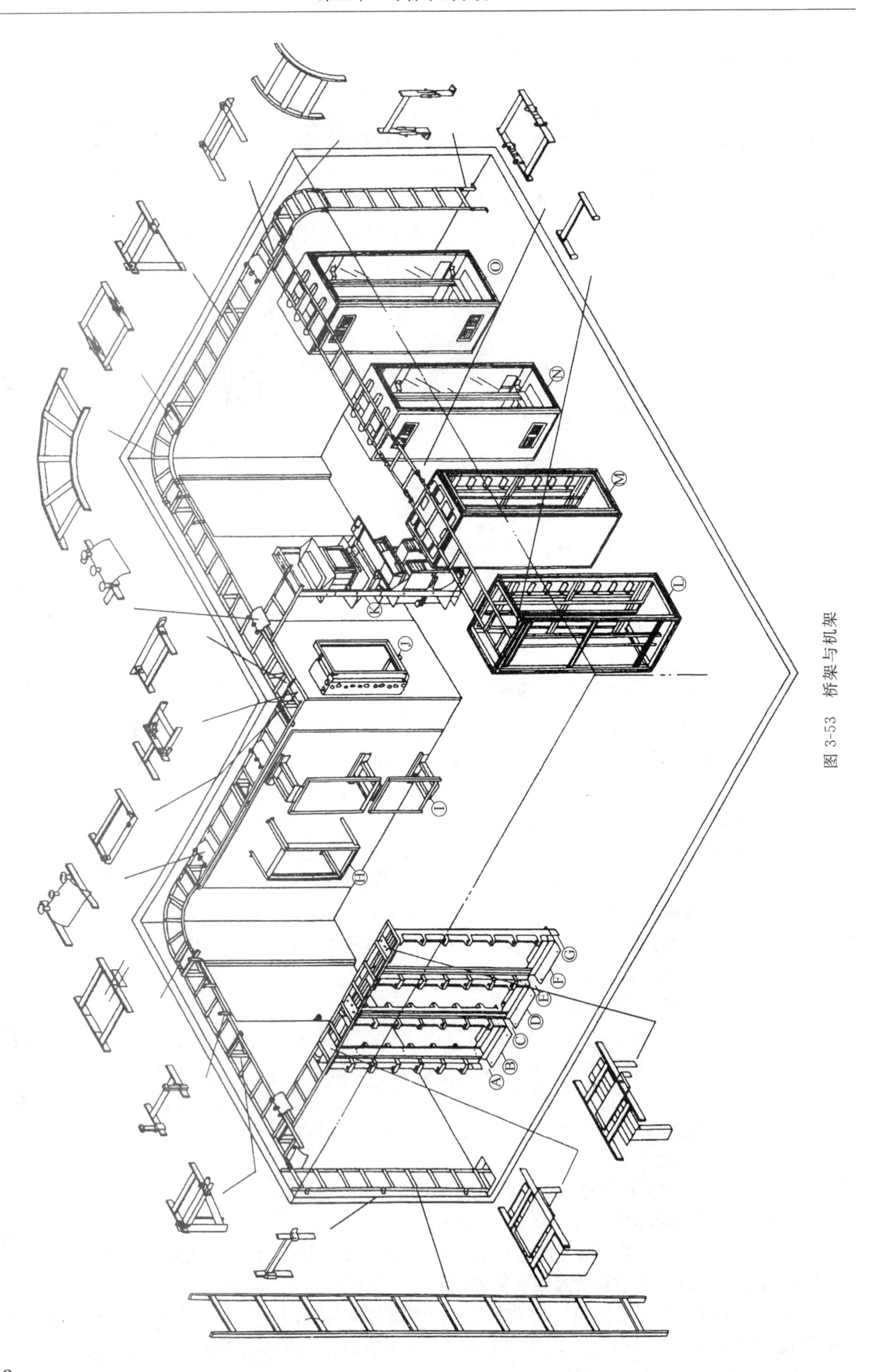

图 3-53　桥架与机架

④ 暗管转弯的曲率半径不应小于该管外径的6倍，如暗管外径大于50mm时，不应小于10倍。

⑤ 暗管管口应光滑，并加有护口保护，管口伸出部位宜为25～50mm。

(3) 网络地板缆线敷设保护要求如下：

① 线槽之间应沟通。

② 线槽盖板应可开启，并采用金属材料。

③ 主线槽的宽度由网络地板盖板的宽度而定，一般宜在200mm左右，支线槽宽度不宜小于70mm。

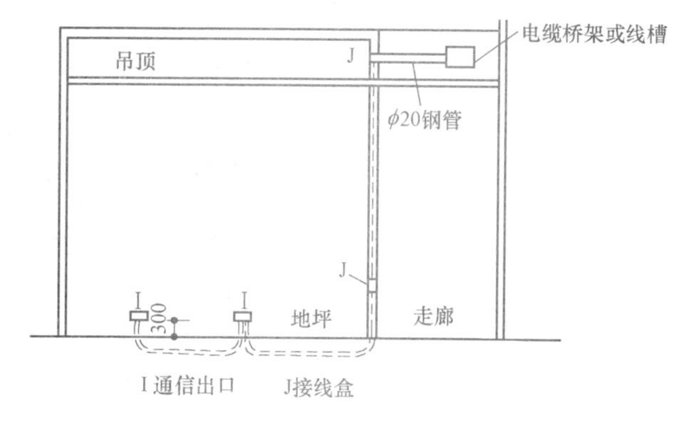

图3-54　电缆桥架或线槽和预埋钢管结合进行的安装

④ 地板块应抗压、抗冲击和阻燃。

(4) 设置缆线桥架和缆线线槽保护要求如下：

① 桥架水平敷设时，支撑间距一般为1.5～3m，垂直敷设时固定在建筑物构体上的间距宜小于2m，距地1.8m以下部分应加金属盖板保护。

② 金属线槽敷设时，在下列情况下设置支架或吊架。

——线槽接头处；

——每间距3m处；

——离开线槽两端出口0.5m处；

——转弯处。

③ 塑料线槽槽底固定点间距一般宜为1m。

(5) 铺设活动地板敷设缆线时，活动地板内净空应为150～300mm。

(6) 采用公用立柱作为顶棚支撑柱时，可在立柱中布放缆线，立柱支撑点宜避开沟槽和线槽位置，支撑应牢固。立柱中电力线和综合布线缆线合一布放时，中间应有金属板隔开，间距应符合设计要求。

(7) 金属线槽接地应符合设计要求。

(8) 金属线槽、缆线桥架穿过墙体或楼板时，应有防火措施。

3. 干线子系统缆线敷设保护方式应符合下列要求：

(1) 缆线不得布放在电梯或供水、供汽、供暖管道竖井中，亦不应布放在强电竖井中。

(2) 干线通道间应沟通。

4. 建筑群子系统采用架空、管道、直埋、墙壁及暗管敷设电、光缆的施工技术要求应按照本地网通信线路工程验收的相关规定执行。

六、设备的安装

这里所谓设备是指配线架（柜）和相应配线设备，包括各种接线模块和接插件。配线柜的线缆布线连接如图3-55所示。

(1) 设备安装宜符合下列要求：

1) 机架或机柜前面的净空不应小于800mm，后面的净空不应小于600mm；

2) 壁挂式配线设备底部离地面的高度不宜小于300mm；

3) 在设备间安装其他设备时，设备周围的净空要求，按该设备的相关规范执行。

(2) 设备间应提供不少于两个220V、10A带保护接地的单相电源插座。

(3) 机柜、机架安装完毕后，垂直偏差应不大于3mm。机柜、机架安装位置应符合设计要求。

(4) 机柜、机架上的各种零件不得脱落或碰坏，漆面如有脱落应予以补漆，各种标志应完整、清晰。

(5) 机柜、机架的安装应牢固，如有抗震要求时，应按施工图的抗震设计进行加固。

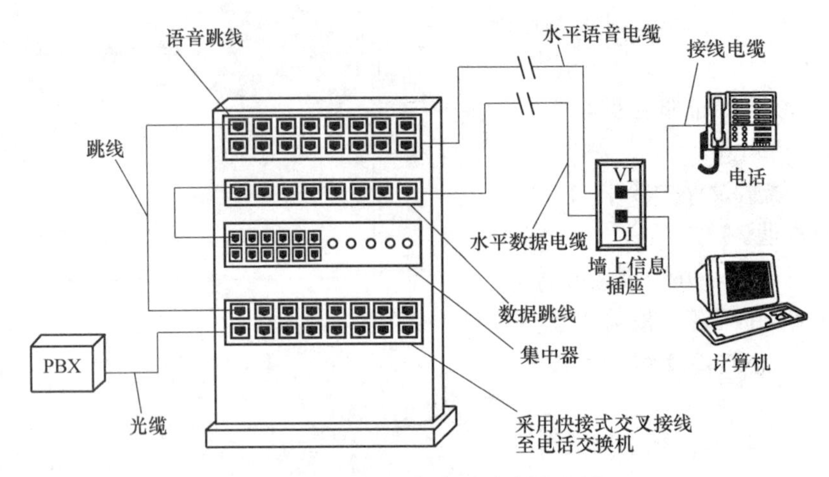

图 3-55　19 英寸机架连接布线电缆

(6) 配线柜（架）的安装方式：

下面介绍通用的 19 英寸（48.26cm）标准机柜的安装，如图 3-56 所示。该机柜产品，是以 U（0.625 英寸+0.625 英寸+0.5 英寸通用孔距）为一个机架（柜）安装单位，可适用于所有 19 英寸设备的安装。在配线架（柜）内，可安装 19 英寸的各种接线盘（如 RJ45 插座接线盘、高频接线模块接线盘和光纤分线接线盘）和用户有源设备（如集线器等）。配线架（柜）结构为组合式，具有多功能机柜的特点，形式灵活，组装方便，能适应各种变化的需要。例如将配线柜两侧的侧板和前后门拆去即成配线架；拆去两侧板左右并架成排（分别在左或右侧单侧并架或两侧同时并架），以适应各种安装环境的变化或容量扩大成为大型配线架时的需要。

1) 插座排与管理线盘的安装

安装插座排或电缆管理线盘前，首先应在配线柜相应的位置上安装四个浮动螺母（浮动螺母的安装方法参见图 3-56（*d*））。然后将所安装设备用附件 M4 螺钉固定在机架上，每安装在一个插座排（至多两个 16 位或 24 位插座，或一个高频接线背装架）均应在相邻位置安装一个管理线盘，以使线缆整齐有序。应注意电缆的施工最小曲率半径应大于电缆外径的 8 倍，长期使用的最小曲率半径应大于电缆外径的 6 倍，如图 3-56（*a*）所示。

2) 用户有源设备的安装

用户有源设备的安装通过使用 8.038.263 托架实现或直接安装在立柱上，如图 3-56（*b*）所示。

3) 空面板安装和机架接地

配线柜中未装设备的空余部分，为了整齐美观，可安装空面板，如图 3-56（*c*）所示，以后扩容时，将空面板再换成需安装的设备。为保证运行安全，架柜应有可靠的接地，如从大楼联合接地体引入其接地电阻应小于或等于 1Ω。

4) 进线电缆管理安装如图 3-56（*e*）所示。

进线电缆可从架、柜顶部或底座引入，将电缆平直安排、合理布置，并用尼龙扣带捆扎在 L 形穿线环上，电缆应敷设到所连接的模块或插座接线排附近的缆线固定支架处，也用尼龙扣带将电缆固定在缆线固定支架上，如图 3-56（*e*）所示。

5) 跳线电缆管理安装如图 3-56（*f*）所示。

跳线电缆的长度应根据两端需要连接的接线端子间的距离来决定，跳线电缆必须整齐合理布置，并安装在 U 形立柱上的走线环和管理线盘上的穿线环上，以使走线整齐有序，便于维护检修，如图 3-56（*f*）所示。

(7) 配线架的安装要求：

1) 所有楼层管理间设备，宜采用 19″标准机架安装。

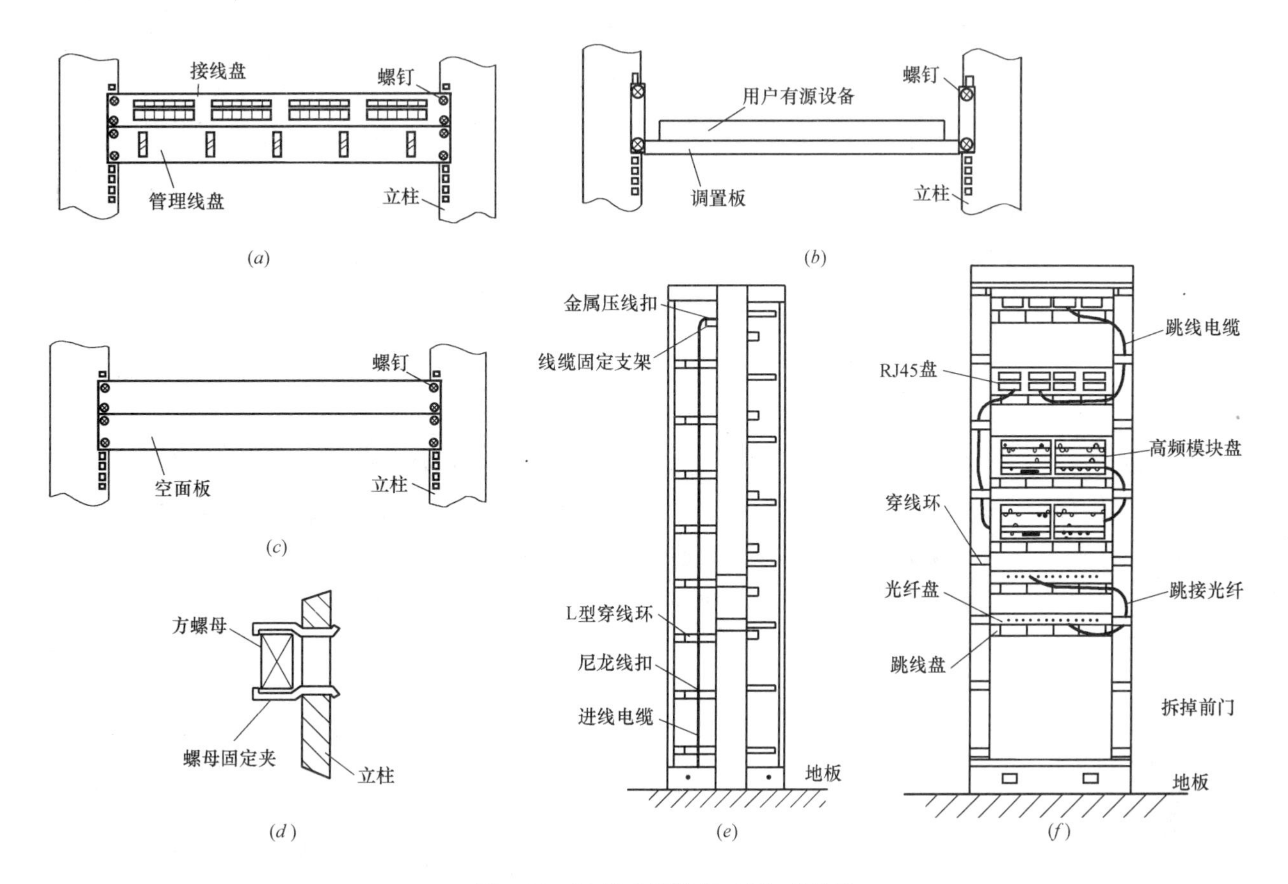

图 3-56　19 英寸配线柜（架）的安装

(a) 插座盘与电缆管理线盘的安装；(b) 用户有源设备的安装；(c) 空面板安装；
(d) 浮动螺母的安装；(e) 进线电缆管理安装；(f) 跳线电缆管理安装

2）水平部分 5 类配线，宜采用快接标准模块式配线架。

3）快接式配线架，应采用背后接线的方式，跳线连接操作在配线架正面进行。

4）语音主干部分宜采用卡接式配线架。

5）配线架应有标识线号的明显位置，以便于管理和维修。

6）连接水平部分的配线架，应明显区分语音和数据两个部分，放置于机架的不同位置，并采用不同色标作为指示。

同一个配线架不得同时用作连接语音和数据的水平布线。

7）配线架应为网络中继设备留有足够的空间余量。

8）配线架上的语音和数据应布置在不同的区域。应能通过接插件方式接线，在水平部分达到语音和数据系统的互换。

9）配线架的摆放及线缆走线应合理；接插件、模块及跳线的标志应齐全；线缆终端必须有编号和标签颜色，以标明线号、线位、区号和房号。

10）机架外壳及屏蔽层应可靠接地。接地线线径及连接方式应按有关规范的规定执行。所有桥架和穿线金属应可靠连通，并应良好接地。

11）各类配线部件安装要求：

① 各部件应完整，安装就位，标志齐全；

② 安装螺丝必须拧紧，面板应保持在一个平面上。

(8) 信息插座的安装要求：

1）安装在活动地板或地面上，应固定在接线盒内，插座面板采用直立和水平等种形式；接线盒盖可开启，并应具有防水、防尘、抗压功能。接线盒盖面板应与地面齐平；安装在墙体上，宜高出地面

300mm；如地面采用活动地板时，应加上活动地板内的净高尺寸。

2）8位模块式通用插座、多用户信息插座或集合点配线模块，安装位置应符合设计要求。

3）8位模块式通用插座底座盒的固定方法按施工现场条件而定，宜采用预置扩张螺钉固定等方式。

4）固定螺丝需拧紧，不应产生松动现象。

5）各种插座面板应有标识，以颜色、图形、文字表示所接终端设备的类型。

（9）工作区的电源要求：

1）每1个工作区至少应配置1个220V交流电源插座；

2）工作区的电源插座应选用带保护接地的单相电源插座，保护接地与零线应严格分开。

七、接地与防火要求

（1）综合布线系统采用屏蔽措施时，必须有良好的接地系统，并应符合下列规定：

1）保护接地的接地电阻值，单独设置接地体时，不应大于4Ω；采用联合接地体时，不应大于1Ω。

2）采用屏蔽布线系统时，所有屏蔽层应保持连续性。

3）采用屏蔽布线系统时，屏蔽层的配线设备（FD或BD）端必须良好接地，用户（终端设备）端视具体情况宜接地，两端的接地应连接至同一接地体。若接地系统中存在两个不同的接地体时，其接地电位差不应大于1Vr. m. s。

（2）采用屏蔽布线系统时，每一楼层的配线柜都应采用适当截面的铜导线单独布线至接地体，也可采用竖井内集中用铜排或粗铜线引到接地体，导线或铜导体的截面应符合标准。接地导线应接成树状结构的接地网，避免构成直流环路。

（3）综合布线的电缆采用金属槽道或钢管敷设时，槽道或钢管应保持连续的电气连接，并在两端应有良好的接地。

（4）干线电缆的位置应尽可能位于建筑物的中心位置。

（5）当电缆从建筑物外面进入建筑物时，电缆的金属护套或光缆的金属件均应有良好的接地。

（6）当电缆从建筑物外面进入建筑物时，应采用过压、过流保护措施，并符合相关规定。

（7）综合布线系统有源设备的正极或外壳，与配线设备的机架应绝缘，并用单独导线引至接地汇流排，与配线设备、电缆屏蔽层等接地，宜采用联合接地方式。

（8）根据建筑物的防火等级和对材料的耐火要求，综合布线应采取相应的措施。在易燃的区域和大楼竖井内布放电缆或光缆，应采用阻燃的电缆和光缆；在大型公共场所宜采用阻燃、低烟、低毒的电缆或光缆；相邻的设备间或交接间应采用阻燃型配线设备。

综合布线系统对电源、接地的要求如表3-26所示。表3-27为综合布线系统工程安装设计一览表。

综合布线系统对电源、接地的要求　　表3-26

项目＼等级	甲级标准	乙级标准	丙级标准
供电电源	(1)应设两路独立电源 (2)设自备发电机组	(1)同左 (2)宜设自备发电机组	可以单回路供电，但须留备用电源进线路径
供电质量	电压波动≤±10%	同左	满足产品要求
接地	(1)单独接地时 $R\leqslant4\Omega$ (2)联合接地网时 $R\leqslant1\Omega$ (3)各层管理间设接地端子排	同左	同左
电源插座	(1)容量：一般办公室≥60VA/m² (2)数量：一般办公室≥20个/100m² (3)插座必须带接地极	(1)容量：一般办公室≥40VA/m² (2)数量：一般办公室≥15个/100m² 同左	(1)容量：一般办公室≥30VA/m² (2)数量：一般办公室≥10个/100m² 同左
设备间、层管理间	设置可靠的交流220V50Hz电源可设置一个插座箱	同左	同左

综合布线系统工程安装设计一览表 **表 3-27**

建筑物内部配线	总配线架(进线与出线分开,语音与数据分开) 楼层配线架(进线与出线分开,语音与数据分开)
线路	水平配线:2×4 对线电缆,无屏蔽、屏蔽及无毒 垂直配线:25、100 对线电缆、无屏蔽、屏蔽、无毒或光纤电缆 电话主干线 电脑主干线 建筑物之间线路——光缆
电缆弯曲半径	铜缆:铜缆直径的 8 倍 光缆:光缆直径的 15 倍
主干线大小计算	电话:所有配线对线数的 50%(建议) 电脑:最大配线架上的所有配线对线数的 25%(建议)
接地线	接地网络阻抗尽可能低 高压电源场地:电阻≤1Ω 高压电源场地:电阻<5Ω
采用屏蔽系统的主要性能	所有金属接地编织网形式的等电位 强电和弱电电缆分开 减少金属回环面积 使用屏蔽和编织网电缆 电源供应进口的保护(电源过滤) 在进入建筑物的所有不同导体上安装过压防护器
电缆通道	弱电电缆通道:语音——数据——图像 强电电缆通道
弱电电缆通道在走廊里的通过	如果是与强电并行的,至少相距 30cm 与荧光灯管相距至少 30cm 直角相交 将电缆通道用金属编织网连接到接地网络上去
配线架工作室	远离电动机至少 2m 面积 4～6m^2 电源供应至少 1kVA 通风系统 "独立"电话 与垂直系统相接 照明至少 200lx 50～60 个接入点 与工作站相距最远 60～80m(特殊情况除外)
办公室里电缆的设计	如果强电和弱电之间是并行的: 少于 2.5m 并行时,至少相距 2cm 大于 2.5 少于 10m 并行时,至少相距 4cm
办公室设计	如果强电和弱电之间是并行的: 用金属骨架做一个 2m×2m 的编织网
信息点数量	2 个八针插座 2 个 220V/16A 电源供应插座 2 个备用插座(如果投资允许)
信息点密度	每 9～10m^2 一个信息 主墙每 1.35m 一个信息点

第七节　工 程 举 例

智能大楼的综合布线系统典型构成如图 3-57 示。如前所述，目前综合布线系统主要用来传输语音和数据，实际上综合布线系统是电话通信线路和计算机网络线路的组合。从图 3-58 中也很明显看出它是两套线路的组合（综合）。电话通信系统是以程控电话交换为中心，经主配线架—主配线架—3 类大对数电缆—楼层配线架（在交接间内）—信息插座—电话机。计算机局域网系统是以计算机机房内的主交换机为中心，经光纤主配线架—多模光缆—光纤配线架—集线器—楼层配线架—信息插座—PC 终端。如果是千兆位以太网，水平子系统可配置超 5 类双绞线。

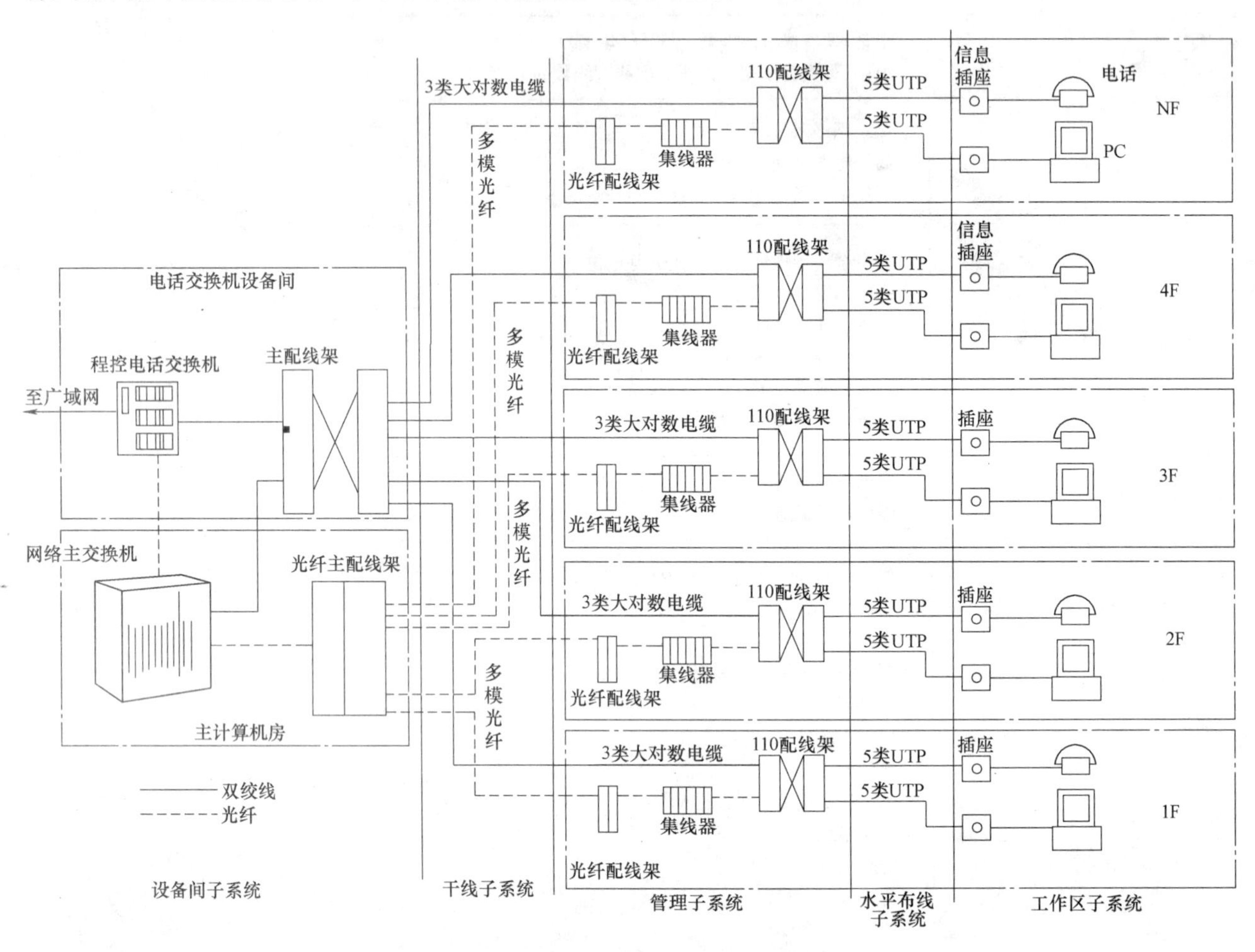

图 3-57　典型综合布线系统构成图

对于智能大楼，现在广泛采用局域网系统，因此可在交接间配线架内，考虑安装相应的网络设备 HUB（集线器）。在交接间插入 HUB 设备以后，可以采用两种方式连接：交叉连接方式和互连方式。其中互连方式可以利用 HUB 的设备电缆取代配线架上模块间的跳线，利用 HUB 的输出端口替代配线架上干线侧的模块，这既可节省投资，又可提高链路性能。综合配置也是以基本配置的信息插座量作为基础配置。在此我们也按照基本配置方法，为每个式作区配置 1 个双信息插座，其中一个用于电话，一个用于计算机终端，即用于电话和计算机终端的信息插座各 1000 个。假定分布于 20 个楼层，每层楼用于计算机终端的信息插座是 50 个。如果用于千兆以太网 1000BASE-T，按每 24 个信息插座配置 4 对双绞线考虑，则为每个层楼布放 3 条 4 对芯 5 类线缆就完全可以，富富有余，并且性能有保证。如果按 4 个 HUB 组合成为一个 HUB 群考虑，则只需要为每个层楼布放 1 条 4 对芯 5 类线缆。

由此可见，楼层水平子系统的开放式办公室或区域布线不要使用大对数 5 类或超 5 类线缆，对于垂直干线子系统也不要使用大对数5类或超5类线缆，这是因为：

(1) 和上面提到的情况相同，网络设备通常是分级连接，在交接间要插入HUB设备，主干线用量并不大，所以不必安装大对数线缆；

(2) 5类的大对数电缆在应用中常常是多对芯线在同时传输信号，容易引入线对之间的近端串扰（NEXT）以及它们之间的NEXT的叠加问题，这对高速数据传输十分不利；

(3) 大对数线缆在配线架上的安装较为复杂，对安装工艺要求比较高。

由上可知，计算机网络的铜缆干线最好不用大对数电缆（图3-58采用光纤线缆），话音系统的主干则不同，在交接间不要插入什么共享的复用或交换设备，为每个用于语音的信息插座至少要配置1对双绞线，主干线用量比较大，所以需要安装大对数线缆。

但是，话音系统的主干，无须采用价格昂贵的5类、“超5类”、6类大对数线缆（例如：5类25对线缆与3类100对线缆的价格相当），应该采用3类大对数电缆，甚至也可以采用市话大对数电缆。

【例1】 某大厦综合布线系统的安装设计

（一）工程概况

某大厦的建筑群由三部分组成：办公楼、培训中心、学员宿舍楼；其中办公楼15层，培训中心2层，宿舍7层，办公楼、学校建筑整体地下1层。办公楼的设备间在办公楼主楼7层，学校及宿舍的设备间设在学校2层。整个工程建筑面积为20173m²。

（二）产品选择

1. 传输信号种类

要求在综合布线上的传输：数据、语音、视频图像。

2. 产品选择及设计功能

采用国际标准的LUCENT的SYSTIMAX结构化布线系统，其产品全面、技术成熟、性能优越。

(1) 信息插座采用五类信息模块，达到100Mbps的数据传输速率。

(2) 水平线缆全部采用五类非屏蔽双绞线，可传输100Mbps的数据信号，并支持ATM。

(3) 干线数据传输选用四芯多模光纤，使主干速度可以达到1000Mbps；语音传输采用三类大对数电缆，充分满足语音传输要求，并支持ISDN；采用四芯单模光纤作为视频会议系统数据干线。

(4) 对于语音类信息点，配线架采用300对110型配线架（110PB2-300FT）；对于数据信息点，采用PACHMAX模块化配线架（PM2150B-48）。

（三）设计说明

设计的PDS系统图如图3-58所示。

1. 工作区

整个建筑的语音点413个，数据点539个，视频会议点2个。在本项目中，所有模块全部采用超五类模块（MPS100BH-262）。数字信息插座采用倾斜45°角的面板；语音信息插座采用单孔插座和双孔插座，内线电话模块与外线电话模块进行颜色上的区分，具体色号可由客户在订货前指定，两者之间除了在颜色上的不同外，其性能完全一样，均为超五类模块。

2. 水平子系统

水平布线是用于将干线线缆延伸到用户工作区。设计采用1061004C＋超五类非屏蔽双绞线（UTP）。这样可以达到100Mbps的数据传输速率，并支持155/622MbpsATM。全部采用超五类双绞线的另一个原因是数据点和语音点可以通过跳线相互转换。

3. 干线子系统

选用三类100对大对数电缆（1010100AGY）及四芯多模光纤（LGBC-004D-LRX）分别作为语音系统和数据系统的干线。多模光纤使用2芯，2芯备用。

4. 管理区

对于话音类信息点：配线架采用300对110型配线架（110PB2-300FT）。110PB2-300FT配线架是一种防火型塑模装置。该配线架装有带标记的横条，每条均可以固定25对电缆，此种横条用五种醒目

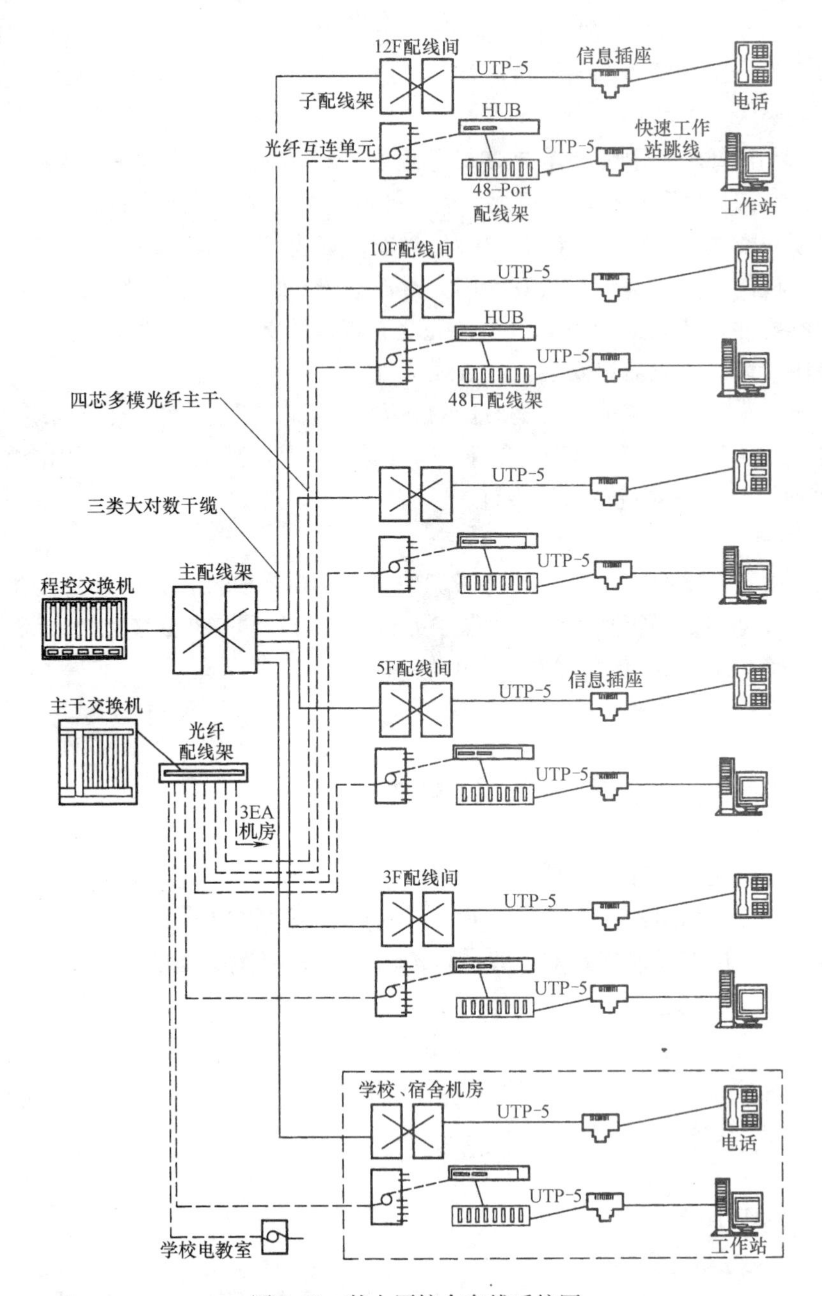

图 3-58　某大厦综合布线系统图

的颜色标出。这处配线架可容纳 22-AWG 至 26-AWG 电缆。

对于数据信息点，采用 PACHMAX 模块化配线架（PM2150B-48)。PACHMAX 模块化配线架是一个模块式连接硬件系统，它与 SYSTIMAX SCS 五类、24AWG 高品质 UTP 线缆、SYSTIMAX SCC 五类 D8AU 跳线相匹配。该配线架采用推入式布线模块，每个可以提供 6 个模块化插座。PACHMAX 配线模块可以从支架的前端或后端进行端接。

对于光纤主干连接，采用 600B2 光纤配线架，它可以用于光纤端接或熔接，并使光纤有组织的对接。

5. 设备间

主配线架采用多组 900 对配线架，端接垂直大对数电缆，管理语音通信。光纤配线架端接各层汇集的光纤，并通过光纤跳线与主干交换机相连。

6. 建筑群子系统

采用一根四芯多模光纤连接办公楼和学校机房。

此外，图 3-59 和图 3-60 是某大楼的综合布线系统的三层和九层的平面图。

图 3-61 给出某商业中心综合楼的综合布线系统图，供安装时参考。

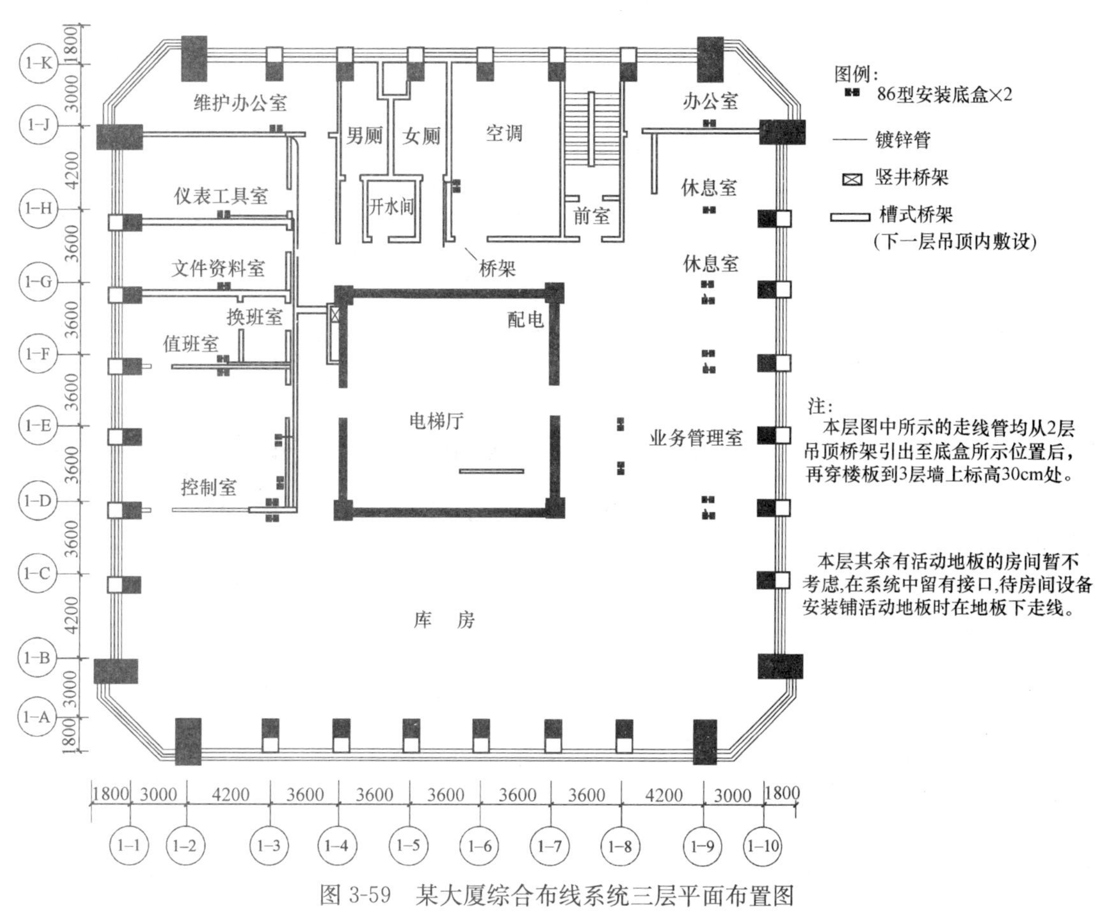

图 3-59　某大厦综合布线系统三层平面布置图

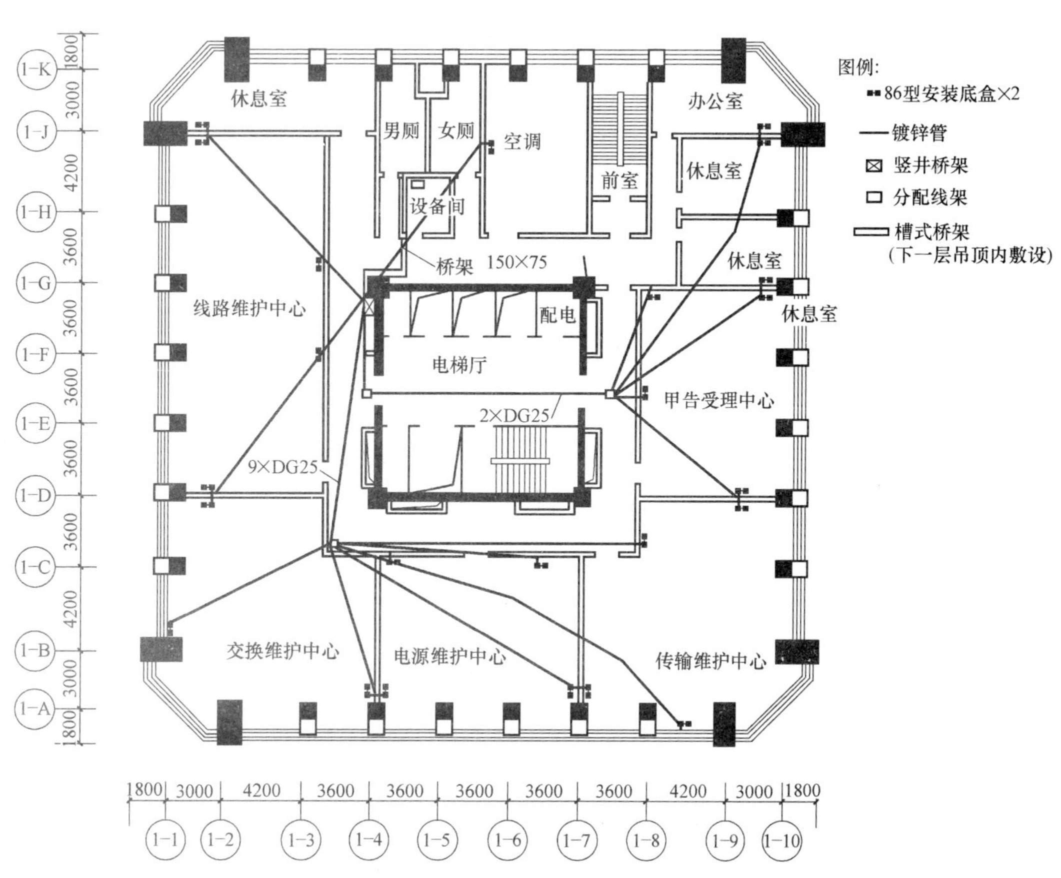

图 3-60　某大厦综合布线系统九层平面布置图

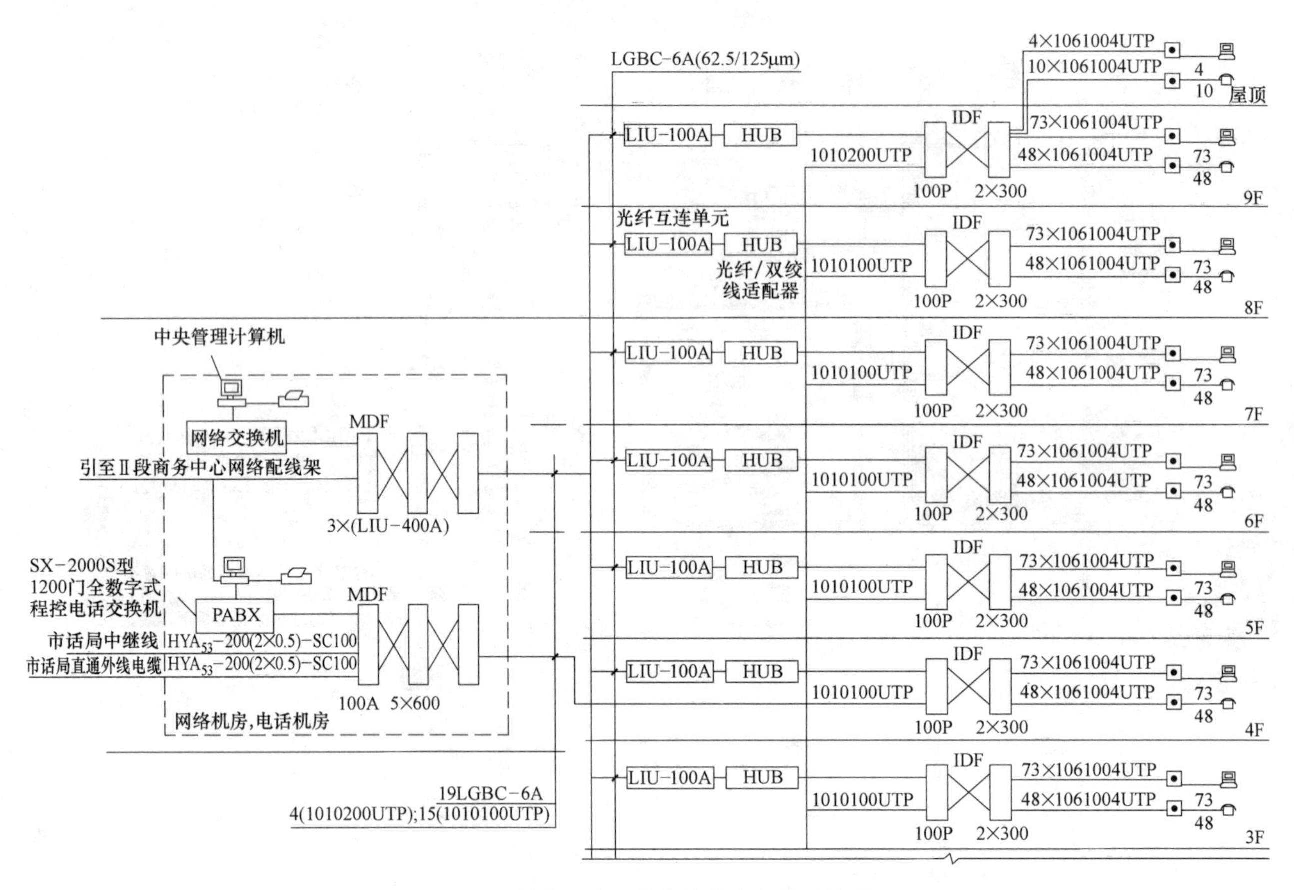

图 3-61 某商业中心综合楼综合布线系统图

第四章　厅堂扩声与公共广播系统

第一节　广播音响系统的类型与基本组成

一、广播音响系统的类型与特点

建筑物的广播音响系统可分成三类：厅堂扩声系统、公共广播（PA）系统和音频会议系统。表4-1列出广播音响系统的类型与特点。

广播音响系统的类型与特点　　**表4-1**

系统类型	使用场所	系统特点
厅堂扩声系统	(1)礼堂、影剧院、体育场馆、多功能厅等； (2)歌舞厅、宴会厅、卡拉OK厅等	(1)服务区域在一个场馆内，传输距离一般较短，故功放与扬声器配接多采用低阻直接输出方式； (2)传声器与扬声器在同一厅堂内，应注意声反馈和啸叫问题； (3)对音质要求高，分音乐扩声和语言扩声等； (4)系统多采用以调音台为控制中心的音响系统
公共广播系统(PA)	(1)商场、餐厅、走廊、教室等； (2)广场、车站、码头、停车库等； (3)宾馆客房(床头柜)	(1)服务区域大、传输距离远，故功放多采用定压式输出方式； (2)传声器与扬声器不在同一房间内，故无声反馈问题； (3)公共广播常与背景音乐广播合用，并常兼有火灾应急广播功能； (4)系统一般采用以前置放大器为中心的广播音响系统
音频会议系统	会议室、报告厅等	(1)为一特殊音响系统，分会议讨论系统、会议表决系统、同声传译系统等几种； (2)常与厅堂扩声系统联用

二、基本音响系统类型

对于所有的厅堂、场馆的音响系统，基本上都可以分成如下两种类型的音响系统。考虑视频显示，则称之为音像系统。

1. 以前置放大器（或AV放大器）为中心的音响系统

图4-1（*a*）所示是以前置放大器为控制中心的音响系统基本框图，图4-1（*b*）所示是以AV放大器为控制中心的系统基本框图。这些系统主要应用于家用音像系统、家庭影院系统、KTV包房音像系统、宾馆等公共广播和背景音乐系统以及一些小型歌舞厅、俱乐部的音像系统中。比较图4-1（*a*）和（*b*）可以看出，两者基本相似，区别仅在于视频接线不同，亦即，前者音频信号线（A）与视频信号线（V）（若使用电视机）是分开走线的；后者则是音频、视频信号线均汇接入AV放大器，并都从AV放大器输出。

2. 以调音台为中心的音响系统

图4-2所示是其典型系统图，图中设备可增可减，调音台是系统的控制中心。这种系统广泛应用于剧场、会堂、电影院、体育场馆等大、中型厅堂扩声系统。本书着重介绍这种类型的扩声系统。

通常，我们将图4-2中调音台左边的传声器、卡座、调谐器、激光唱片等称为音源输入设备；将调

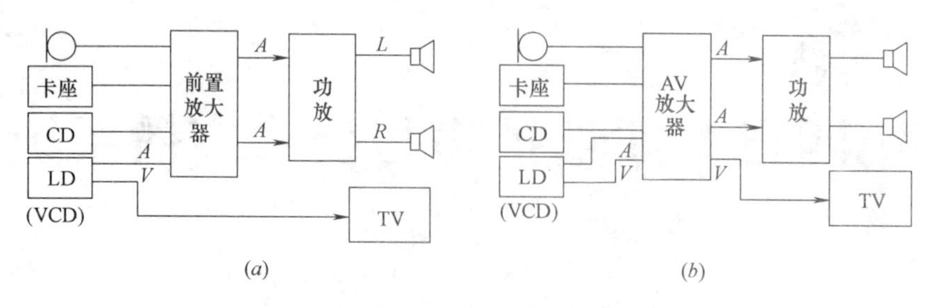

图 4-1　以前置放大器（或 AV 放大器）为中心的广播音响系统

(a) 以前置放大器为中心；(b) 以 AV 放大器为中心

音台右边的压限器、均衡器、效果器（有的还有噪声门、反馈抑制器、延迟器等）统称为周边设备，或称数字信号处理设备。

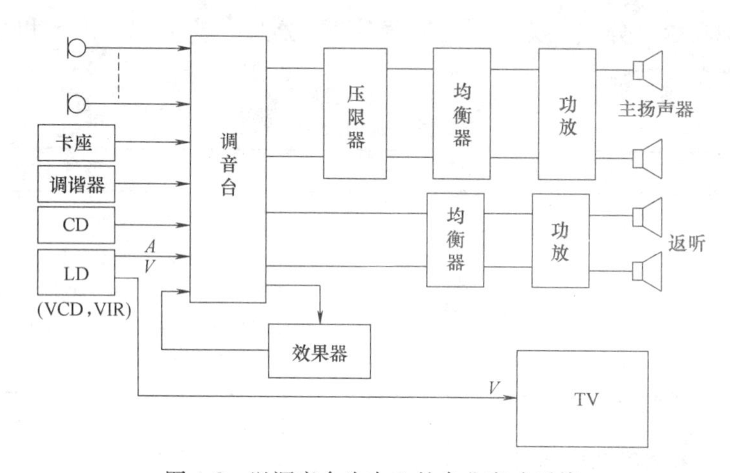

图 4-2　以调音台为中心的专业音响系统

第二节　厅堂扩声系统的类型与组成

一、厅堂扩声系统的类型

厅堂亦称大厅，包括音乐厅、影剧院、会场、礼堂、体育馆、多功能厅和大型歌舞厅等。依使用对象大体可将厅堂分为以下几种。

① 语言厅堂——主要供演讲、会议使用。

② 音乐厅堂——主要供演奏交响乐、轻音乐等使用。

③ 多功能厅堂——供歌舞、戏曲、音乐演出用，并供会议和放映电影等使用。

扩声系统有几种分类方法。

(1) 按工作环境分类

可分为室外扩声系统和室内扩声系统两大类。室外扩声系统的特点是反射声少，有回声干扰，扩声区域大，条件复杂，干扰声强，音质受气候条件影响比较严重等。室内扩声系统的特点是对音质要求高，有混响干扰，扩声质量受房间的建筑声学条件影响较大。

(2) 按声源性质和使用要求分类

① 语言扩声系统，亦称会议类扩声系统。

② 音乐扩声系统，亦称文艺演出类扩声系统。

③ 语言和音乐兼用的扩声系统，亦称多用途类扩声系统。

(3) 按系统的声道数目分类

可分为单声道系统、双声道立体声系统、三声道系统、多声道系统等。

（4）按扬声器的布置方式分类

扬声器的布置是厅堂扩声的重要内容之一，对厅堂扩声扬声器布置的要求如下。

① 使全部观众席上的声压分布均匀。

② 多数观众席上的声源方向感良好，即观众听到的扬声器的声音与看到的讲演者、演员在方向上一致，即视听一致性（声像一致性）好。

③ 控制声反馈和避免产生回声干扰。

扬声器的布置方式一般可分为集中式与分散式以及将这两个方式混合并用的三种方式。三种方式的特点如表 4-2 所示。图 4-3 表示集中式和分散式的两种布置扬声器方式的示意图。至于在观众厅中，采用集中与分散混合并用方式有以下几种情况。

扬声器各种布置方式的特点和设计考虑　　表 4-2

布置方式	扬声器的指向性	优　缺　点	适宜使用场合	设计注意点
集中布置	较宽	①声音清晰度好； ②声音方向感好，且自然； ③有引起啸叫的可能性	①设置舞台并要求视听效果一致者； ②受建筑体形限制不宜分散布置者	应使听众区的直达声较均匀，并尽量减少声反馈
分散布置	较尖锐	①易使声压分布均匀； ②容易防止啸叫； ③声音清晰度容易变坏； ④声音从旁边或后面传来，有不自然的感觉	①大厅净高较低、纵向距离长或大厅可能被分隔成几部分使用时； ②厅内混响时间长，不宜集中布置者	应控制靠近讲台第一排扬声器的功率，尽量减少声反馈；应防止听众区产生双重声现象，必要时采取延时措施
混合布置	主扬声器应较宽，辅助扬声器应较尖锐	①大部分座位的声音清晰度好； ②声压分布较均匀，没有低声压级的地方； ③有的座位会同时听到主、辅扬声器两方向来的声音	①眺台过深或设楼座的剧场等； ②对大型或纵向距离较长的大厅堂； ③各方向均有观众的视听大厅	应解决控制声程差和限制声级的问题，必要时应加延时措施以避免双重声现象

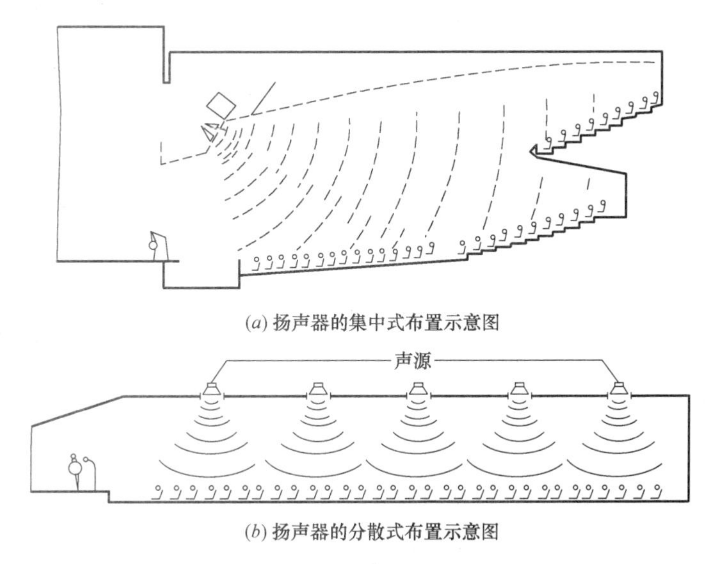

(*a*) 扬声器的集中式布置示意图

(*b*) 扬声器的分散式布置示意图

图 4-3　两种扬声器布置方式

① 集中式布置时，扬声器在台口上部，由于台口较高，靠近舞台的观众感到声音是来自头顶，方向感不佳。在这种情况下，常在舞台两侧低处或舞台的台唇处布置扬声器，叫做“拉声像扬声器”。

② 厅的规模较大，前面的扬声器不能使厅的后部有足够的音量。特别是由于有较深的眺台遮挡，下部得不到台口上部扬声器的直达声。在这种情况下，常在眺台下的顶篷分散布置辅助扬声器。为了维持正常的方向感，应在辅助扬声器前加延迟器。

③ 在集中式布置之外，在观众厅顶篷、侧墙以至地面上分散布置扬声器。这些扬声器用于提供电影、戏剧演出时的效果声，或接混响器，以增加厅内的混响感。

下面以中、大型剧场、会堂、多功能厅等为主要对象，阐述厅堂扩声系统的设计步骤。

二、厅堂扩声系统的设计步骤

剧场、会堂多功能厅等的扩声系统设计包括建声设计和电声设计两部分，而且是两者的统一体。有关建声设计的内容放在第一节说明，本节主要阐述电声设计。

新建项目时，剧场、会堂等的扩声系统设计随着建筑设计不断地深入，可划分为五个阶段，扩声系统设计内容也可归纳为以下内容，如表 4-3 所示。设计步骤如图 4-4 所示。

扩声系统设计内容和过程　　　　**表 4-3**

阶　段	建筑设计	扩声系统设计
规划	建筑物使用目的和规模 环境设计 房间形状、建声条件	确认系统的使用目的、规模、估算； 预测环境噪声(测量)； 预测室内声学环境特性
初步设计	平面布置和平面图 强电设备 空调设备	系统设计、调音室的位置和大小； 大型扬声器系统的配置； 推算电源容量； 推算发热量； 设备招标文件中的技术要求
深化设计	工程设计施工图 安装要求和安装详图 预算 技术指标要求	设备的构成、性能指标的确定； 对建筑的要求(与其他专业的配合)； 确定设备的构成、配管配线图； 做成预算表，最终报价； 确定技术性能指标
施工	施工管理 竣工检查 修改 竣工图	施工管理(工程洽商、检查、变更)； 竣工检查； 声学测量(调整、修改)； 竣工报告； (使用说明书、保修要点、测试报告)
验收	检查	移交

三、厅堂扩声系统的组成

1. 基本构成

厅堂声系统的音频信号流程见图 4-5 (*a*)。扩声系统的基本构成见图 4-5 (*b*)。若采用数字调音台，则信号处理器可含在数字调音台内部。

2. 音源输入设备

音源输入设备的构成见图 4-6，图中实线框设备设在舞台和观众厅中，虚线框设备设在声控室中。

传声器分为有线传声器和无线传声器。当无线传声器的接收机自带天线不能很好地接收信号时，应在舞台附近设置专用的接收天线，将信号传送到声控室中的接收机上。接收天线一般设置在舞台附近。此外，还要注意如下设备的设置。

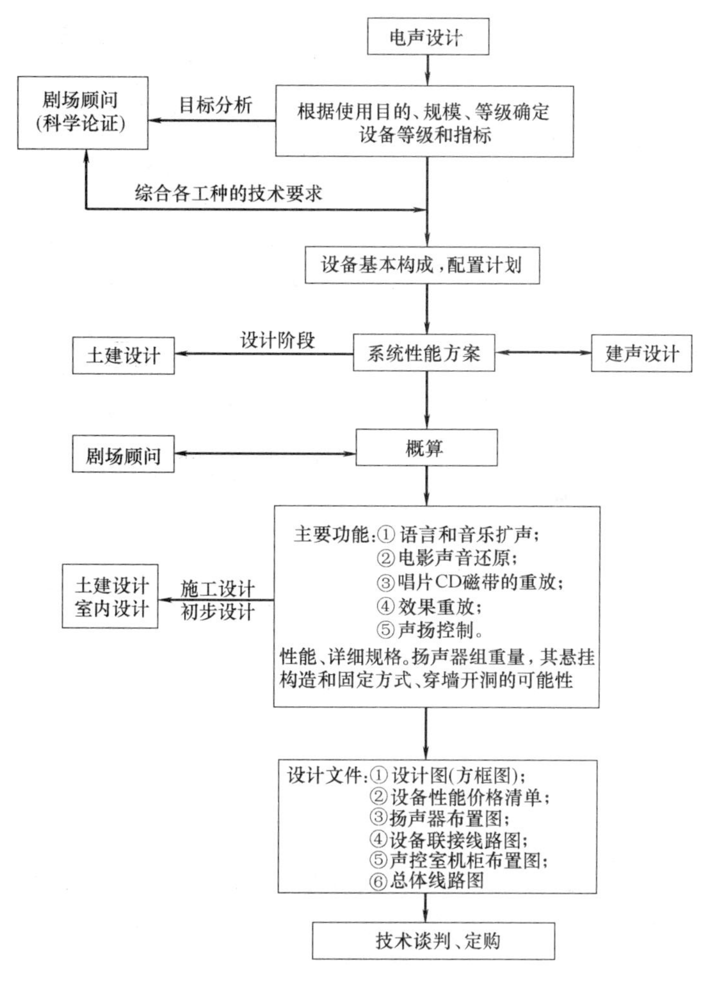

图 4-4　电声设计流程图

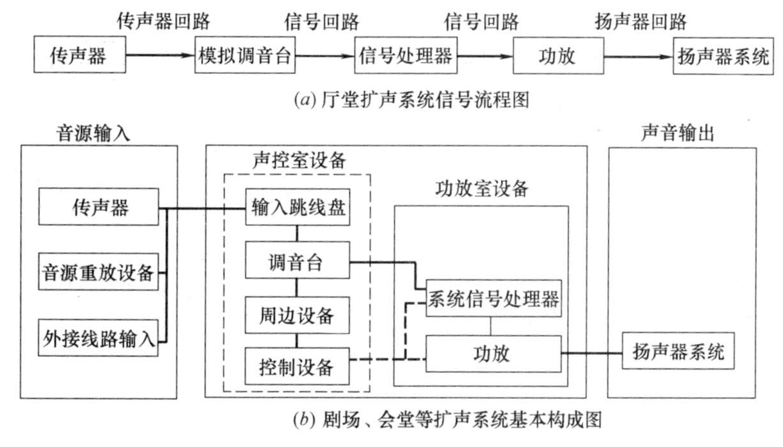

图 4-5　厅堂扩声系统的声频信号流程及基本构成图

(1) 观众厅监听传声器

设置于观众席中声音条件最佳的位置，一般安装在一层楼座眺台前或观众席台墙，宜设置于观众席中舞台全景摄像机的两侧。根据安装位置的声音条件，不再指向性的传声器，应使用两只同样特性的传声器进行拾音。

(2) 传声器接线盒

① 必须在整个舞台区内尽可能多的位置上设置传声器接线盒，传声器插座盒四周应有隔震措施。

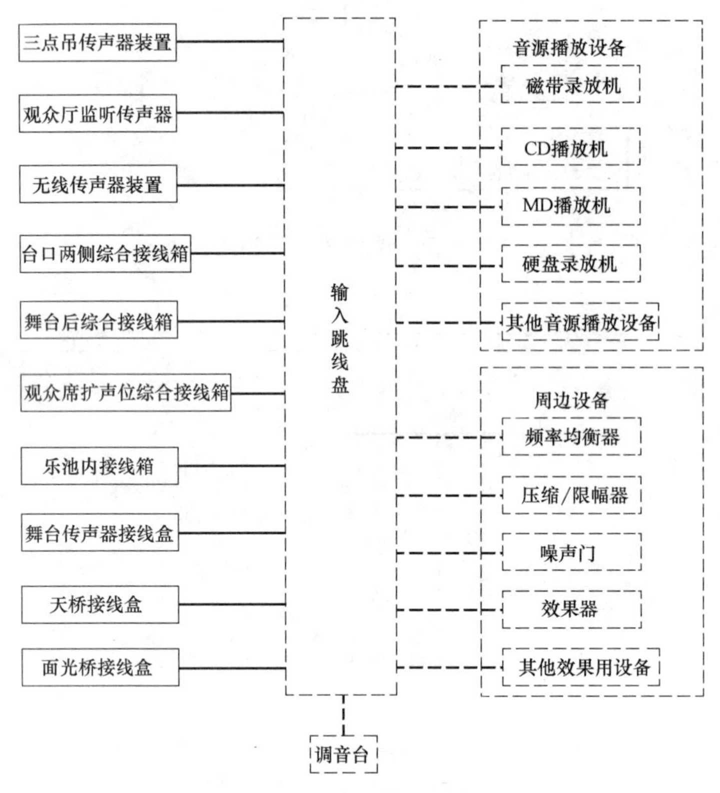

图 4-6　音源输入设备

② 传声器接线盒和扬声器系统接线盒必须分别设置，不得与其他插座混装。

③ 舞台台板传声器回路和扬声器回路专用接线盒，除了设置于舞台前部中央、上场、下场、报幕、主持人经常使用的位置以外，在上场、下场两侧，边幕和二道幕、三道幕附近也应设置。根据需要设置乐池接线盒。图 4-7 所示是舞台板接线盒和综合接线箱位置的示例。

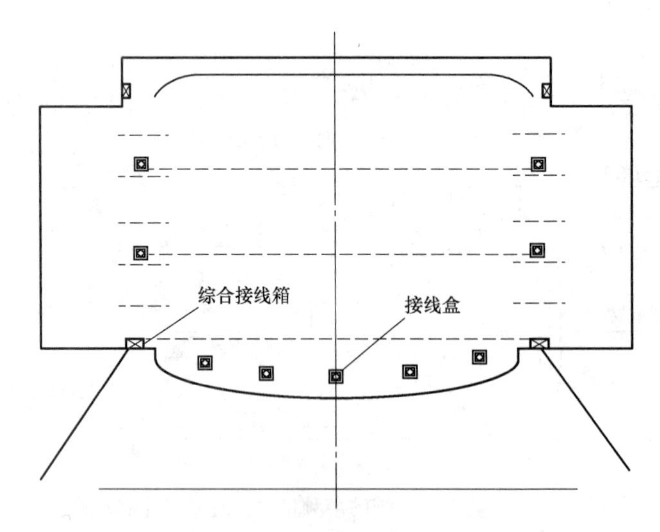

图 4-7　舞台板接线盒和综合接线箱的位置

④ 舞台表演区内、演员通道上不准设置接线盒。

⑤ 接线盒盖开口必须向着舞台方向，以便于出线。

(3) 舞台综合接线箱

台口两侧必须设置综合接线箱。舞台后侧的综合接线箱依据剧场规模和使用情况确定，有乐池时一般在乐池的后墙上也宜设置类似的综合接线箱。

每个综合接线箱内的接口数量由扩声系统设计确定，一般不少于 16 个传声器回路和 4 个扬声器回路，同时设置 2 个以上 27 芯或 37 芯多功能插座。如果观众席中设有流动调音工位，还应再增加必要的回路数。

（4）观众厅综合接线盘

大、中型规模的剧场等演出场所必须在现场调音位的坐席下设置综合接线盘，并与舞台上场台口处的综合接线箱或声控室内跳线盘相连，构成信号传送回路。同时必须在该综合接线盘的附近设置扩声系统专用电源，一般为单相 220V，不小于 5kVA。

3. 声控室及其操作设备

一般声控室最小净面积应大于 15m²，高度和宽度的最小尺寸要大于 2.5m。

观察窗要足够大，使控制人员能看到主席台和 2/3 以上的表演区。观察窗应能开启，以便能直接听到厅内的声音。为了敷线方便，控制室一般采用架空防静电地板。控制室顶、墙宜做吸声结构，以改善监听条件。控制室应有良好的通风，设置独立空调等。图 4-8 所示为声控室一例。

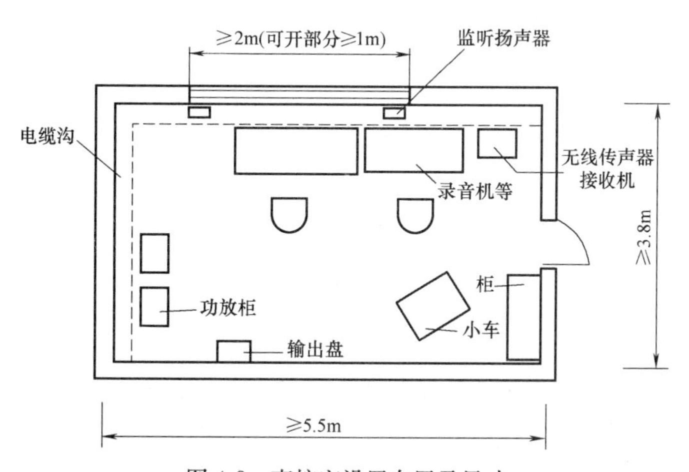

图 4-8　声控室设置布置及尺寸

声控室内的音响设备即图 4-6 中的虚线框的设备。它包括调音台、周边设备、录放音的音源设备、无线传声器接收机及监听音箱等。按照剧场的规模和使用要求，剧场用的调音台有如下几种。

① 主扩声调音台：剧场扩声系统的控制操作中心。在声控室中必须至少设置一台固定安装的专用调音台。根据剧场规模和使用目的，宜使用 16～48 个输入通道、4～8 个编组通道、4～8 个辅助通道、4～8 个矩阵输出通道。

② 辅助调音台：为补充主扩声调音台通道数的不足，有时也临时设置在舞台附近进行简单的调音操作。另外，还用于监听返送、录音等。宜配置 16～24 个输入通道、4 个辅助通道、4～8 个编组输出通道等性能的调音台。有时也专用于舞台返送的调音台。

③ 流动调音台：不使用主扩声调音台时，在舞台附近或观众厅中临时设置使用的调音台。新建剧场时宜设置，一般根据投资情况确定。

放置在声控室的录放音用的音源设备如下。

① 硬盘录音机：扩声系统中最重要的音源设备，通常使用计算机硬盘存储，可在计算机上编辑处理，为多种格式信号输出，选曲方便快捷；即时播放。宜配置两台互相兼容的设备，一主一备。

② CD 播放机：扩声系统中主要的音乐重放方式。应选择可靠性高、具有变调和即时播放功能的专业设备。宜配置两台，一主一备，也可配置 CD-R 刻录机。

③ 盒式磁带录音机：扩声系统中主要的音源设备之一，必须使用坚固耐用和绝对可靠的专业设备。一般录音和重放分开使用，宜配置两台同样的设备互为备份。

④ MD 播放机：应选择音质优良、即时播放的设备。

放置在声控室的设备还有以下几个。

① 输入/输出跳线盘：把来自舞台上的综合接线箱和各种传声器装置，以及效果器、录音机等的声音信号，通过输入跳线盘接入调音台并进行输入通路的交换。同时，将调音台的输出传送到功放的输入并进行通路交换。

② 接线端子盘：音频信号和控制信号必须分别设置。

③ 功放工作状态监视设备：在声控室中可以确认功放输出及扬声器系统工作状态的监控设备。

④ 监听扬声器：设置在声控室中调音台正前上方，音响师用来确认最终场内播放声音效果的扬声器系统。可以在观众厅内监听传声器收集的场内最终声音与演员正在使用的传声器声音之间进行任意切换。

⑤ 呼叫设备：声控室中设置的对讲和呼叫装置，舞台工作者与化妆室、舞台、观众厅等地进行通信联络用的扩声播入设备。也可以进行实况录音，主要内容是将演职人员之间的工作语言记录在存储器中，以便于检查工作中的失误。

4. 功放机房内的设备

如果剧场、会堂、多功能厅的规模不太大，功效可放在声控室内。如果剧场面积大，扬声器系统又设在舞台一侧，距离声控室较远，为此剧场往往在靠近舞台附近设置功放机房。功放机房内除功率大而数量多的功放之外，还配有扬声器处理器（或称扬声器控制器）和输出跳线盘等。扬声器处理器作为扬声器系统的一部分，它含有均衡、限幅、分频、延时等功能，用来调整扬声器系统，使之达到最佳工作状态。输出跳线盘是功放输出和扬声器系统之间连线用的接线盘。

5. 剧场扬声器系统的配置

剧场扬声器系统通常设置在如下几个位置，具体在工程项目中的取舍在扩声系统设计时确定。

（1）台口上方音箱

扩声中最主要的扬声器系统。为了有效地覆盖全部观众席，通常设置在舞台外台口上方、观众席吊顶内最前部位。一般根据台口的宽度、高度和观众席的宽度不同，常采用三种方式：中间一组，左、右各一组，左、中、右各一组。

（2）台口两侧音箱

设置在观众厅内台口两侧。主要用于前区补声，同时具有使台口上方扬声器系统声像“下移”，即拉声像的作用。应与台口上方主扩声音箱同时使用，宜使用同型号产品，避免产生不同音质。

（3）台唇补声音箱

设置在舞台台唇前沿或乐池栏杆上。主要用于前区补声并有拉声像的作用。由于该位置狭小，不易安装，一般选用尺寸小的扬声器系统，间隔为2～3m。根据工程具体情况有时也可不设置。

（4）舞台流动音箱

临时设置在舞台上台口两侧，根据演出需要流动设置使用的音箱。使用时由台口内综合接线箱上引线，在舞台台板上或综合接线箱上设置有必要的音箱接口。

（5）侧墙、顶棚效果声音箱

观众厅内侧墙、后墙以及顶棚上设置的效果声音箱。多用于戏剧演出中的雷鸣、狂风和车船移动等声音效果。专业戏剧场使用大型设备，一般多功能剧场多使用小型扬声器系统。另外，放映电影时也把这些扬声器系统作为环绕声扬声器系统使用。

（6）眺台下补声音箱

设置于眺台下的音箱。用于弥补观众厅台区眺台下声音的不足，多采用吸顶扬声器安装方式，且功率较小。

（7）舞台固定返送音箱

通常在舞台内的上场台口和下场台口的侧墙或假台口中设置固定的返送音箱，向着舞台方向播放。

（8）流动返送音箱

演唱会等演出活动时，在舞台上设置的流动返送音箱，或在边幕条中间用音箱支架设置的流动返送音箱等，在舞台台板上或综合接线箱上设置有必要的音箱接口。

第三节　厅堂扩声系统的要求和特性指标

一、厅堂音质设计的一般要求

厅堂音质的评价包括主观、客观两个方面，但最终要看是否满足使用者的听音要求。这种要求对语言和音乐是不尽相同的，各有侧重点。现在一般认为，良好的音质感受主要有以下几个方面。

1. 合适的响度

响度是厅堂听音的最基本要求。语言和音乐都要求有足够的响度，它们应高于环境噪声，使听众既不费力，又不感到过响而吵闹。对于音乐，比语言的响度要求要高些。

与响度密切相关的客观指标是声压级。对于语言声，一般要求 60～70dB，信噪比≥10dB，如房间大部分座位处的声压级达不到此要求，就要考虑用扩声系统来弥补声压级的不足或提高信噪比。对于音乐声，一般要求声压级在 75～96dB 之间。

2. 视听一致性

亦称声像一致性。就是要求舞台上的演讲者或演员的视觉方向与从扬声器听到的声音方向一致，保持着自然状态。

3. 在混响感（丰满度）和清晰度之间有适当的平衡

语言和音乐都要求声音清晰，但语言要求更高些，音乐则要求有足够的丰满度，而丰满度对于语言则是次要的。

与此密切相关的物理指标是混响时间。如果房间的混响时间过长，则会导致清晰度下降；但混响时间过短，就会影响丰满度。因此，以音乐演出为主的厅堂，丰满度占有重要地位；而会议、报告用的厅堂则以语言清晰度为主。一般来说，对以听语言声为主的房间，如教室、演讲厅、话剧院，混响时间不可过长，以 1s 左右为宜；对听音乐为主的房间，如音乐厅，则希望混响时间长些，如 1.5～2s。最佳混响时间还与音乐的类型和题材有关。

4. 具有一定的空间感

与此有关的物理参量主要是早期侧向声能对早期总声能之比以及双耳听闻的相干性指标。对于音乐厅就是要求观众厅的侧墙距离不要过大，侧墙宜修建成坚硬的声反射面或布置专用反射板。最好使反射声在垂直于听众两耳连线的中间成 55°±20°的角度范围到达听众。对于室内聆听立体声，由于这时立体声的空间感是由扬声器组经立体声效果处理后提供的，故对室内声学的要求有所不同。

5. 具有良好的音色

具有良好的音色，即低、中、高音适度平衡，不失真。

与此有关的物理参量主要是混响时间的频率特性。一般用于语言清晰度为主的厅堂应用较短的混响时间，并采用平（或接近平直）的混响时间频率特性；用于歌剧和音乐演出的厅堂，混响时间应选用较长的值，混响时间频率特性曲线应中、高频平直，而低频高于中频 15%～20%，这样可使演唱和音乐富有低音感，起到美化音色的作用。

6. 低噪声

室外侵入的噪声和建筑内的设备噪声，其中特别是空调制冷设备的噪声，都对听音有妨碍。连续的噪声，尤其是低频噪声会掩蔽语言和音乐；不连续出现的噪声会破坏室内的宁静气氛。因此，必须尽量消除其干扰，并将其控制在允许的范围内。

二、扩声系统特性指标

1. 电气系统特性指标

① 在扩声系统额定带宽及电平工作条件下，从传声器输出端口至功放输出端口通路间的频响应不劣于－1～0dB。

② 在扩声系统额定带宽及电平工作条件下，从传声器输出端口至功放输出端口通路间的总谐波失真不小于0.1%。

③ 在扩声系统额定带宽及电平工作条件下，从传声器输出端口至功放输出端口间通路的信噪比应不劣于通路中最差的单机设备信噪比3dB。

2. 声学特性指标

国家标准《厅堂扩声系统设计规范》（GB 50371—2006）将厅堂扩声系统分为三类：文艺演出类、多用途类和会议类，其声学特性指标和传输频率特性曲线分别如表4-4和图4-9所示。

文艺演出类扩声系统声学特性指标　　**表4-4（*a*）**

等级	最大声压级（dB）	传输频率特性	传声增益（dB）	稳态声场不均匀度（dB）	早后期声能比（可选项）(dB)	系统总噪声级
一级	额定通带*内：大于或等于106dB	以80～8000Hz的平均声压级为0dB,在此频带内允许范围：－4dB～＋4dB；40～80Hz和8000～16000Hz的允许范围见图4-9(*a*)	100～8000Hz的平均值大于或等于－8dB	100Hz时小于或等于10dB；1000Hz时小于或等于6dB；8000Hz时小于或等于＋8dB	500～2000Hz内1/1倍频带分析的平均值大于或等于＋3dB	NR-20
二级	额定通带内：大于或等于103dB	以100～6300Hz的平均声压级为0dB；在此频带内允许范围：－4dB～＋4dB；50～100Hz和6300～12500Hz的允许范围见图4-9(*b*)	125～6300Hz的平均值大于或等于－8dB	1000Hz、4000Hz小于或等于＋8dB	500～2000Hz内1/1倍频带分析的平均值大于或等于＋3dB	NB-20

多用途类扩声系统声学特性指标　　**表4-4（*b*）**

等级	最大声压级（dB）	传输频率特性	传声增益（dB）	稳态声场不均匀度（dB）	早后期声能比（可选项）(dB)	系统总噪声级
一级	额定通带内：大于或等于103dB	以100～6300Hz的平均声压级为0dB,在此频带内允许范围：－4dB～＋4dB；50～100Hz和6300～12500Hz的允许范围见图4-9(*c*)	125～6300Hz的平均值大于或等于－8dB	1000Hz时小于或等于6dB；4000Hz时小于或等于＋8dB	500～2000Hz内1/1倍频带分析的平均值大于或等于＋3dB	NR-20
二级	额定通带内：大于或等于98dB	以125～4000Hz的平均声压级为0dB；在此频带内允许范围：－6dB～＋4dB；63～125Hz和4000～8000Hz的允许范围见图4-9(*d*)	125～4000Hz的平均值大于或等于－10dB	1000Hz、4000Hz时小于或等于＋8dB	500～2000Hz内1/1倍频带分析的平均值大于或等于＋3dB	NR-25

会议类扩声系统声学特性指标　　**表4-4（*c*）**

等级	最大声压级（dB）	传输频率特性	传声增益（dB）	稳态声场不均匀度（dB）	早后期声能比（可选项）(dB)	系统总噪声级
一级	额定通带内：大于或等于98dB	以125～4000Hz的平均声压级为0dB,在此频带内允许范围：－6dB～＋4dB；63～125Hz和4000～8000Hz的允许范围见图4-9(*e*)	125～4000Hz的平均值大于或等于－10dB	1000Hz、4000Hz时小于或等于＋8dB	500～2000Hz内1/1倍频带分析的平均值大于或等于＋3dB	NR-20

续表

等级	最大声压级（dB）	传输频率特性	传声增益（dB）	稳态声场不均匀度（dB）	早后期声能比（可选项）(dB)	系统总噪声级
二级	额定通带内：大于或等于 95dB	以 125～4000Hz 的平均声压级为 0dB；在此频带内允许范围：－6dB～＋4dB；63～125Hz 和 4000～8000Hz 的允许范围见图 4-9(*f*)	125～4000Hz 的平均值大于或等于－12dB	1000Hz、4000Hz 时小于或等于＋10dB	500～2000Hz 内 1/1 倍频带分析的平均值大于或等于＋3dB	NR-25

注：* 额定通带是指优于表 4-5（*a*）、（*b*）、（*c*）中传输频率特性所规定的通带。

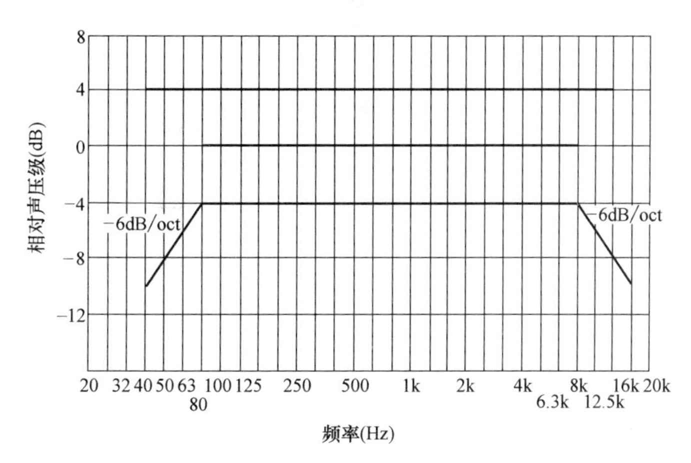

图 4-9（*a*）　文艺演出类一级传输频率特性范围

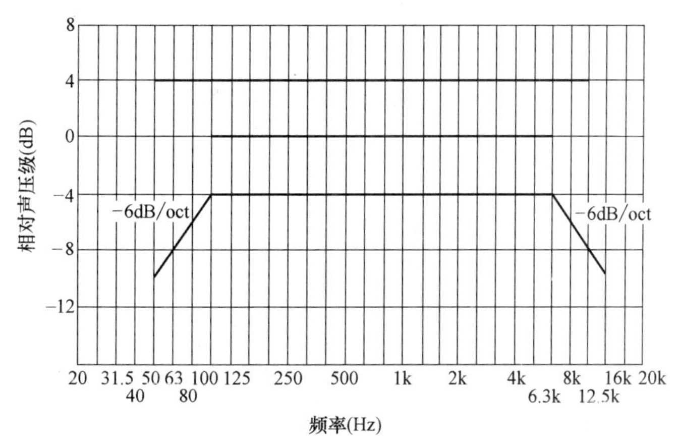

图 4-9（*b*）　文艺演出类二级传输频率特性范围

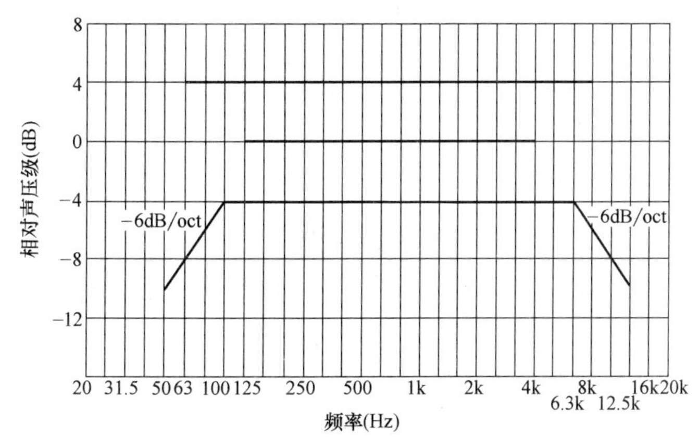

图 4-9（*c*）　多用途类一级传输频率特性范围

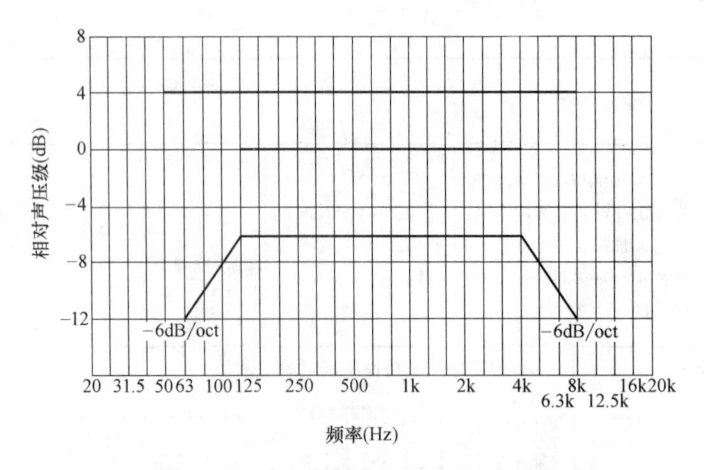

图 4-9（*d*）　多用途类二级传输频率特性范围

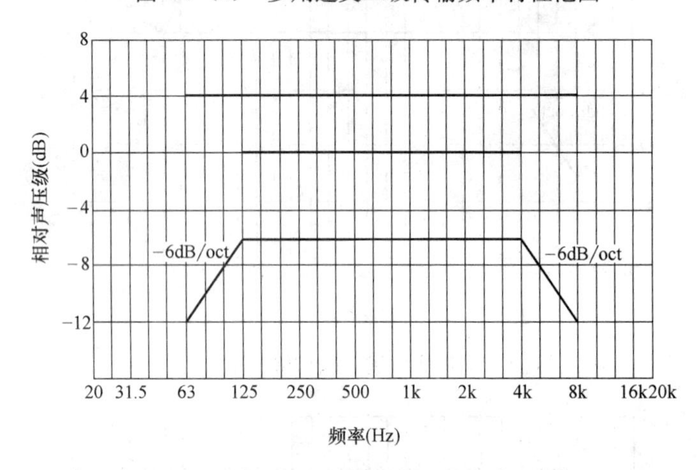

图 4-9（*e*）　会议类一级传输频率特性范围

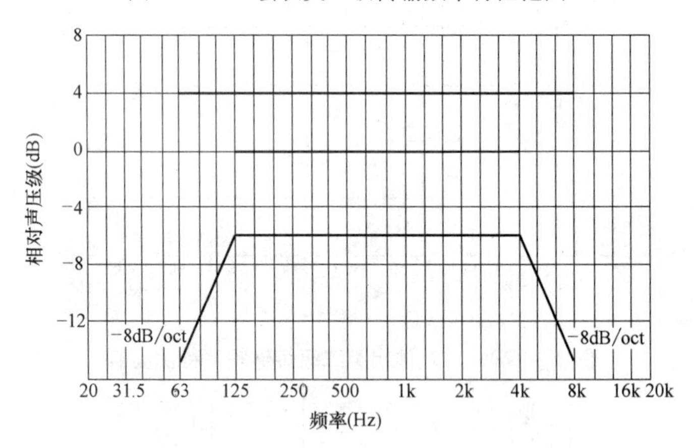

图 4-9（*f*）　会议类二级传输频率特性范围

三、卡拉 OK 歌舞厅音响系统的性能指标

文化部在《卡拉 OK、歌舞厅扩声系统声学特性指标及测量方法》（WH0201—93）标准中规定：歌舞厅、卡拉 OK 厅扩声系统声学特性指标分两级，歌舞厅分三级，迪斯科舞厅分两级，具体要求如下：

（1）歌厅、卡拉 OK 厅扩声系统性能指标（表 4-5）；

（2）歌舞厅扩声系统特性指标（表 4-6）；

（3）迪斯科舞厅扩声系统声学特性指标分为一、二级，具体指标见表 4-7。

歌厅、卡拉OK厅扩声系统声学特性指标　　表4-5

等　级	声学特性					
	最大声压级	传输频率特性	传声增益	声场不均匀度	总噪声级/dB(A)	失真度
一级	100～6300Hz ≥103dB	40～12500Hz以80～8000Hz的平均声压级为0dB，允许+4～-8dB，且在80～8000Hz内允许≤±4dB	125～4000Hz的平均值≥-6dB	100Hz≤10dB 1000Hz、6300Hz ≤8dB	35	5%
二　级（一级卡拉OK厅）	125～4000Hz ≥98dB	63～8000Hz以125～4000Hz的平均声压级为0dB，允许+4～-10dB，且在125～4000Hz内允许≤±4dB	125～4000Hz的平均值≥-8dB	1000Hz、4000Hz ≤8dB	40	10%
二级卡拉OK厅（卡拉OK包间）	250～4000Hz ≥93dB	100～6300Hz以250～4000Hz的平均声压级为0dB，允许+4～-10dB，且在250～4000Hz内允许+4～-6dB	250～4000Hz的平均值≥-10dB	1000Hz、4000Hz ≤12dB 卡拉OK包间不考核	40	13%

歌舞厅扩声系统声学特性指标　　表4-6

等　级	声学特性					
	最大声压级	传输频率特性	传声增益	声场不均匀度	总噪声级/dB(A)	失真度
一级	100～6300Hz ≥103dB	40～12500Hz以80～8000Hz的平均声压级为0dB，允许+4～-8dB，且在80～8000Hz内允许≤±4dB	125～4000Hz的平均值≥-8dB	100Hz≤10dB 1000Hz、6300Hz ≤8dB	40	7%
二级	125～4000Hz ≥98dB	63～8000Hz以125～4000Hz的平均声压级为0dB，允许+4～-10dB，且在125～4000Hz内允许≤±4dB	125～4000Hz的平均值≥-10dB	1000Hz、4000Hz ≤8dB	40	10%
三级	250～4000Hz ≥93dB	100～6300Hz以250～4000Hz的平均声压级为0dB，允许+4～-10dB，且在250～4000Hz内允许+4～-6dB	250～4000Hz的平均值≥-10dB	1000Hz、4000Hz ≤12dB	45	13%

注：1. 一级歌舞厅声场不均匀度舞池与座席分别考核。
2. 二、三级歌舞厅除噪声外所有指标仅在舞池测试。

迪斯科舞厅扩声系统声学特性指标　　表4-7

等　级	声学特性					
	最大声压级	传输频率特性	传声增益	声场不均匀度	总噪声级/dB(A)	失真度
一级	100～6300Hz ≥110dB	40～12500Hz以80～8000Hz的平均声压级为0dB，允许+4～-8dB，且在80～8000Hz内允许≤±4dB	—	100Hz≤10dB 1000Hz、6300Hz ≤8dB	40	7%
二级	125～4000Hz ≥103dB	63～8000Hz以125～4000Hz的平均声压级为0dB，允许+4～-10dB，且在125～4000Hz内允许≤±4dB	—	1000Hz、4000Hz ≤8dB	45	10%

注：1. 歌舞厅扩声系统的声压级，正常使用应在96dB以下为宜，短时间最大声压级应控制在110dB以内。
2. 迪斯科舞厅的扩声系统声学特性指标，只在舞池考核。

四、歌舞厅混响时间（T_{60}）的要求

（1）歌舞厅合适混响时间（500Hz）T（s）与厅容积 V（m^3）的关系见图 4-10。

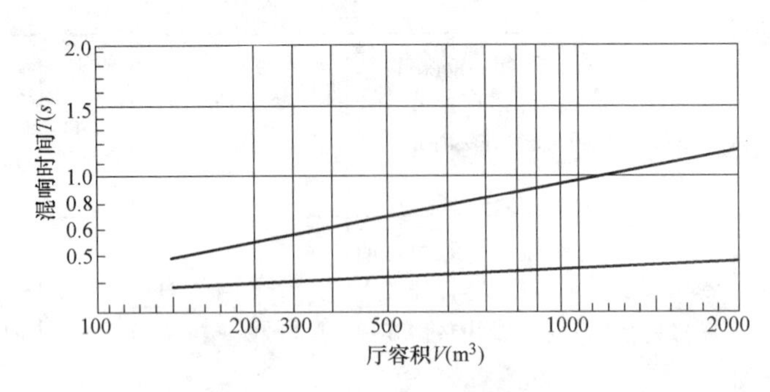

图 4-10　歌舞厅混响时间的范围

（2）歌舞厅各频率混响时间与 500Hz 混响时间的比值如表 4-8 所示。

歌舞厅各频率混响时间与 500Hz 混响时间的比值　　表 4-8

频率/Hz	比值	频率/Hz	比值	频率/Hz	比值	频率/Hz	比值
125	1.0～1.4	2000	0.8～1.0	250	1.0～1.2	4000	0.7～1.0

（3）房间较小的卡拉 OK 厅和 KTV 包房，可参照听音室或音乐欣赏室的要求和指标进行设计。听音室按其用途有两种：一种是供评判监听用，另一种是供音乐欣赏用。对于评判监听使用，要求房间对评判监听活动的干扰小，混响时间要短些；对于音乐欣赏使用，一般要求多一点音乐气氛，混响时间稍长些，并注意照明和室内装饰等。近来随着大屏幕电视的发展，还兴起影像和音响兼顾的 AV 视听室（包括环绕声系统听音室）。国际电工委员会（IEC）参照欧洲的家庭听音室，对听音室的大小和混响时间等提出了 IEC29—B 标准，如表 4-9 所示，可供参考。一般房间为矩形，也可设计成稍呈梯形的四边形，房间不宜采用正方形，或过于窄长形态。混响时间一般取为 0.3～0.6s。

IEC29—B 的听音室规格　　表 4-9

<table>
<tr><td>高度/m</td><td>2.75±0.25</td><td rowspan="2">内部装饰</td><td colspan="2" rowspan="2">音箱前的地面:无地毯。音箱背后与顶棚:呈反射性。音箱的对面:呈吸声性</td></tr>
<tr><td>长度/m</td><td>6.6±0.6</td></tr>
<tr><td>宽度/m</td><td>4.4±0.4</td><td rowspan="3">混响时间</td><td>频率/Hz
100</td><td>混响时间/s
0.4～1.0</td></tr>
<tr><td>房间容积/m³</td><td>80±20</td><td>400
1000</td><td>0.4～0.6
0.4～0.6</td></tr>
<tr><td>尺寸比</td><td>1(高)∶2.4(长)∶1.6(宽)</td><td>8000</td><td>0.2～0.6</td></tr>
</table>

五、声压级的计算

为了计算听者在某处听到的声压级大小，在扩声系统中常用如下公式进行计算。

将扬声器（或音箱）看作声源，其直达声压级 L_p 可表示为

$$L_p = L_o + 10\lg P_L - 20\lg r \tag{4-1}$$

式中，P_L 为加到扬声器的电功率（W）；r 为扬声器与被测点的听音距离（m）；L_o 为扬声器的灵敏度（dB），即在扬声器加上 1W 电功率时在轴向 1m 处测得的声压级。

由式（4-1）可以得出如下重要结论。

① 若扬声器的电功率加倍，即 $10\lg(2P_L) = 3\text{dB} + 10\lg P_L$，则声压级 L_p 增加 3dB；若电功率增至 10 倍，则声压级 L_p 增加 10dB。

② 若听音距离加倍，则声压级 L_p 减少 6dB。

【例】 设在轴向灵敏度为 92dB 的扬声器上加入 200W 电功率，试求距离扬声器 8m 处的声压级。由上式可以求得

$$L_p = 92 + 10\lg 200 - 20\lg 8 = 97 \quad (\text{dB})$$

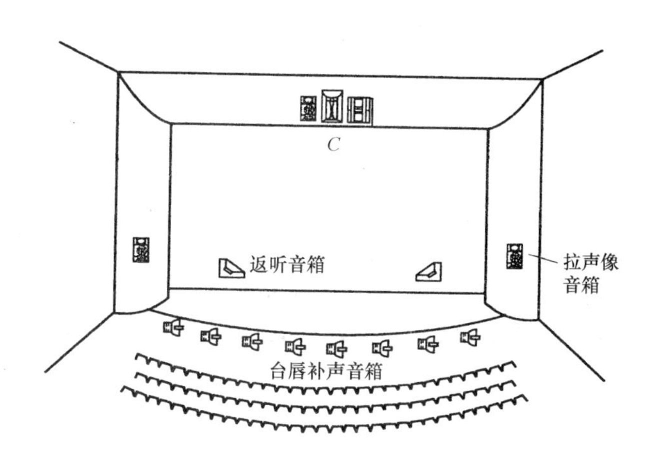

(a) 单声道

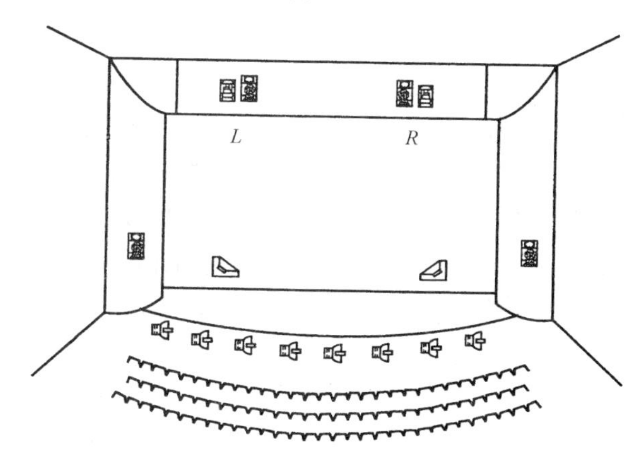

(b) 双声道

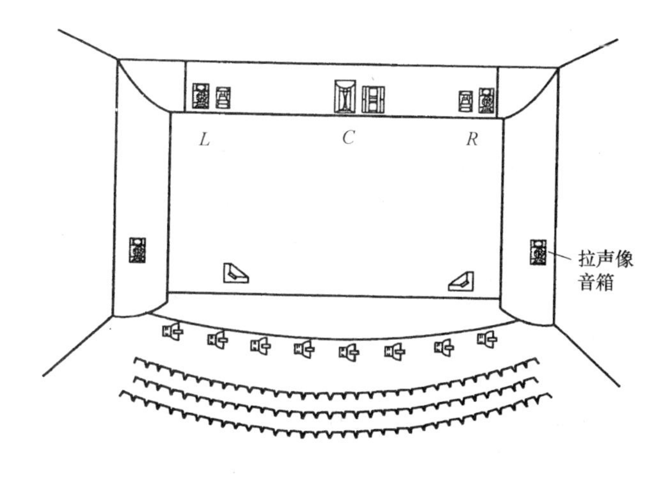

(c) 三声道

图 4-11　扬声器布局图

第四节　厅堂扩声的扬声器布置与系统构成

一、剧场、会堂的扬声器布置

剧场、会堂等的扩声系统，按其声道数分类，可分为单声道系统、双声道系统、三声道系统等。

1. 单声道扩声系统

如图 4-11（*a*）所示，一般将主扩声扬声器布置在舞台口上方的中央位置（*c*）。这种布置方式，语言清晰度高，视听方向感比较一致（又称声像一致性），适用于以语言扩声为主的厅堂。图中舞台两侧的拉声像音箱，是利用哈斯效应，将中央声道的声像下拉。台唇音箱也起下位声像和补声的作用。

2. 双声道系统

如图 4-11（*b*）所示，主扬声器布置在舞台两侧上方或舞台口上方两侧，此种布置声音立体感较单声道系统强，但当舞台很宽时，前排两侧距扬声器较近的座位可能会出现回声，因此它适用于以文艺演出为主且体形较窄或中、小型场所的扩声。

3. 三声道系统

如图 4-11（*c*）所示，一般将左（*L*）、中（*C*）、右（*R*）三路主扬声器布置在舞台口上方的左、中、右位置上，三声道系统大大增强了声音的空间立体感，因此适用于以文艺演出为主的大、中型厅堂的扩声。三声道系统又分为两种：一种是空间成像系统（SIS），它通常使用具有左、中、右三路主输出的调音台，而且左、中、右三路主扬声器声可分别独立地覆盖全场；另一种是 $C/(L+R)$ 方式，即中置（*C*）扬声器单独覆盖全场，左（*L*）和右（*R*）两路扬声器加起来共同覆盖全场。

三声道系统，尤其是空间成像系统（SIS）既可实现声像在左、中、右方向移动的效果，也可实现声像在左、右之间移动，左、中之间移动和右、中之间移动的效果，所以它进一步改善了声像的空间感，它还利用了人的心理学的作用，使人们获得更高的主观听觉感受。因此，SIS 扩声系统具有如下优点。

（1）根据需要，可以选择单声道、双声道、三声道三种模式工作。通常，单声道模式适于演讲或会议使用，双声道模式适于立体声音乐放送，三声道模式适于演出。

（2）较好地解决了音乐和人声兼容扩声的问题。可按不同频率均衡，适应音乐和人声的不同要求。而且观众可以根据自己的需要，利用人的心理声学效应——鸡尾酒会效应（即选听效应），从演出中选听人声和音乐声，人声和音乐声兼容放音的问题也就得到了很好的解决。

（3）提高了再现声音的立体感。SIS 可以将声音图像在左、中、右不同方向进行群落分布，加强了立体声效果，使得再现声音立体感有所提高，主要表现在以下两个方面。

① 声像具有更好的多声源分布感，听音者听到的早期反射声和混响声更加接近实际情况，临场感、声包围感和声像定位感也得以提高。

② 可以比较好地突出某个独立的声音。由于各个声源的声像具有多方向、多方位的分布感，某些需要得到突出的声源声音能够较好地显示出来，这对于再现如独唱、独奏领唱等声音大有益处。

（4）使声音更加逼真清晰。SIS 的噪声感受比纯单声道或普通双声道系统相对要小些，这是因为 SIS 改善了声音的空间感，使得背景噪声在多个方向分布，即噪声分布更加分散，而声源声音是集中在一个方向上，与噪声相比优势明显，亦即声源声音受噪声影响更小，因此听觉信噪比有所提高，声音听起来会更加清晰。

图 4-12 所示是某剧场的扬声器布置实例。它采用三声道系统方式。每路主音箱由四箱体组成的线阵列音箱组成，安装在声桥内；舞台两侧安装两个全频音箱，起拉低声像作用；台唇安装 4 个小音箱，起前排拉声像和补声作用；台上有两个舞台监听（返听）音箱；因有文艺演出，故在台唇两边安装两个超低音音箱，以增强低音震撼效果。图 4-13 是日本某剧场扬声器布置实例，也是三声道系统方式。图 11-13（*b*）平面图的上半部为二楼，下半部为一楼。

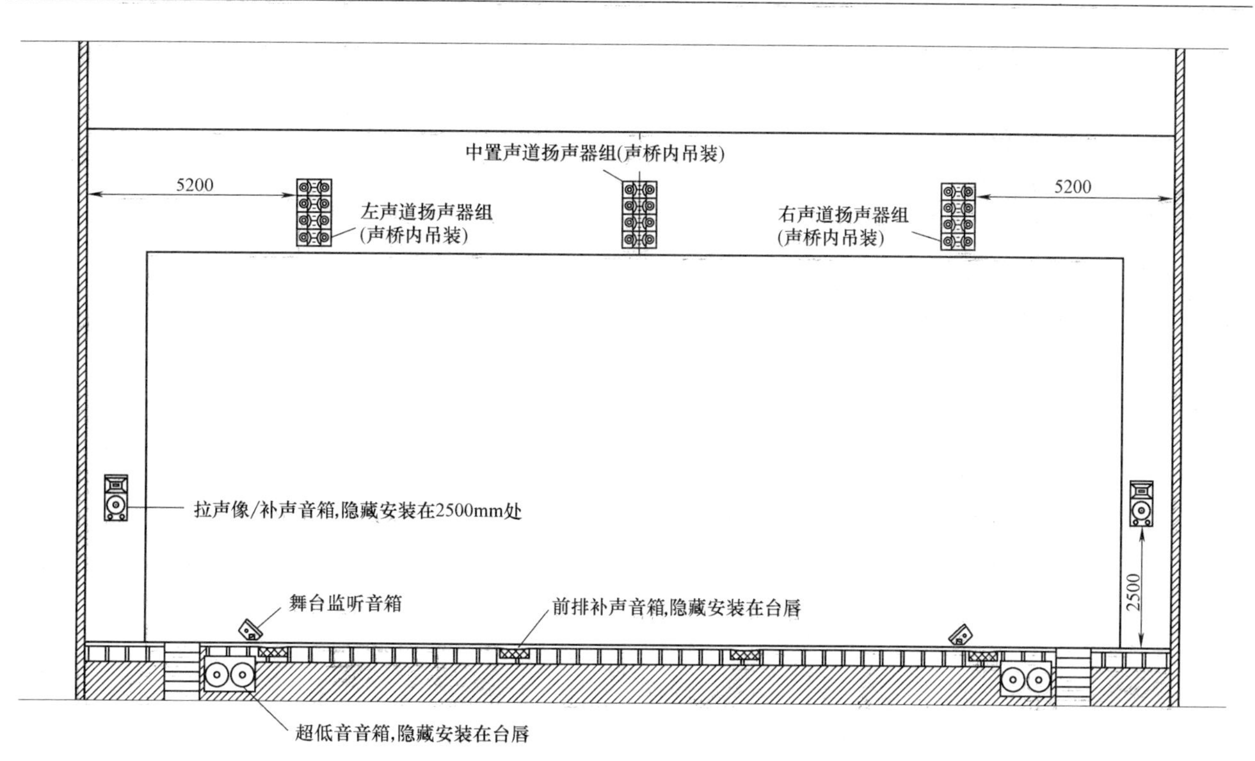

图 4-12　剧场扬声器的布置实例

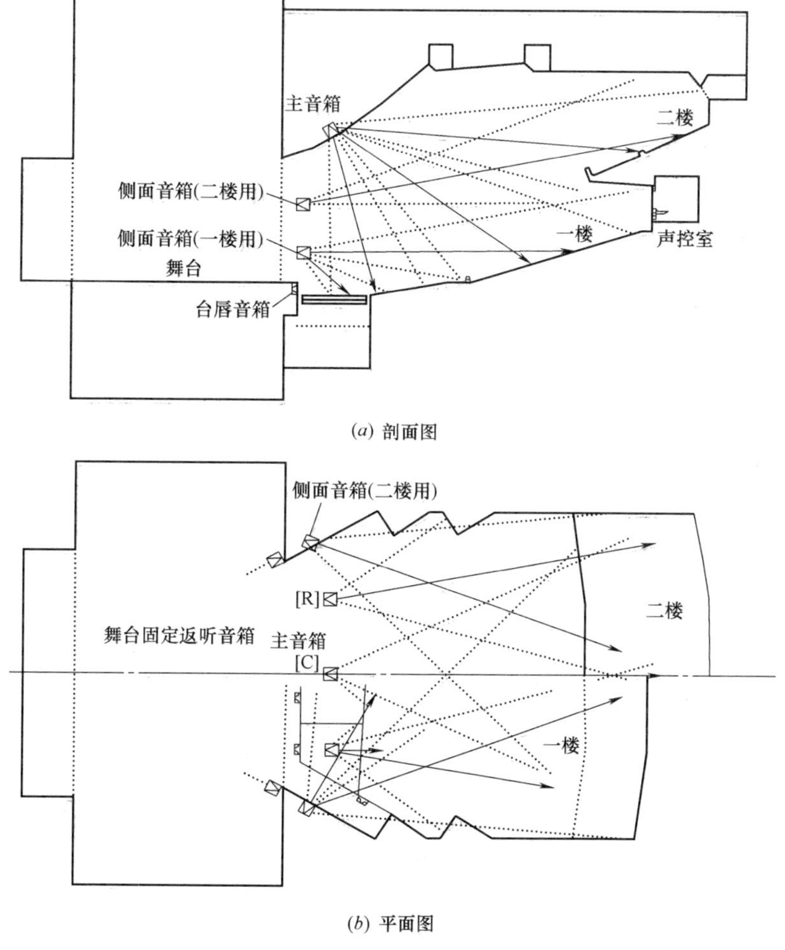

图 4-13　日本某剧场的扬声器布置实例

二、厅堂扩声系统的构成方式

1. 模拟式扩声系统

如图 4-14 所示，它与图 4-2 一样。是典型的第一代模拟式扩声系统。

2. 采用数字处理器的扩声系统

如图 4-15 所示，它与图 4-5（*a*）一样，是第二代扩声系统方式。它将图 4-14 主声道中的延迟器、均衡器、压限器、分频器等功能能集成在数字处理器（DSP）中，加接均衡器主要为调试方便。但调音台还是模拟式。

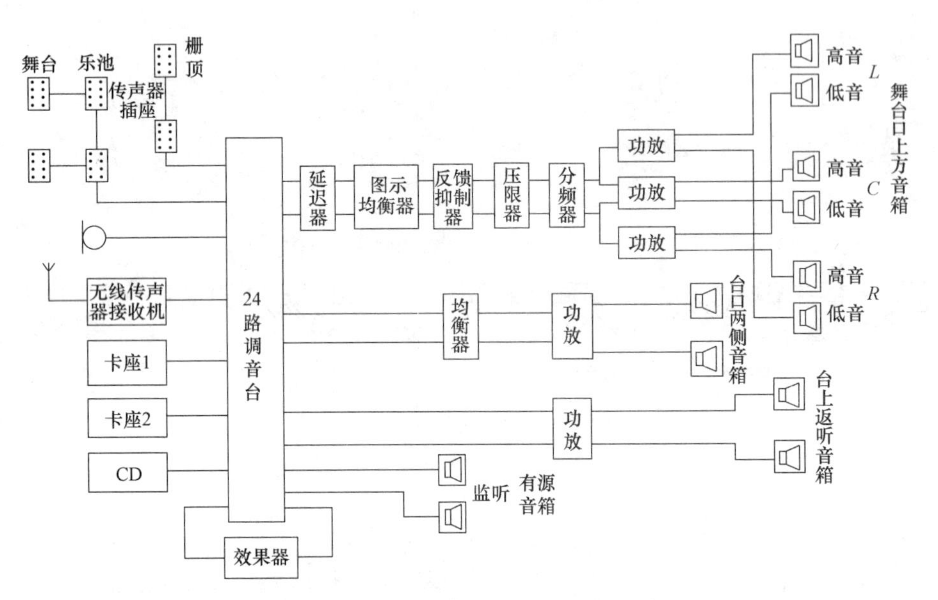

图 4-14　典型模拟式扩声系统图

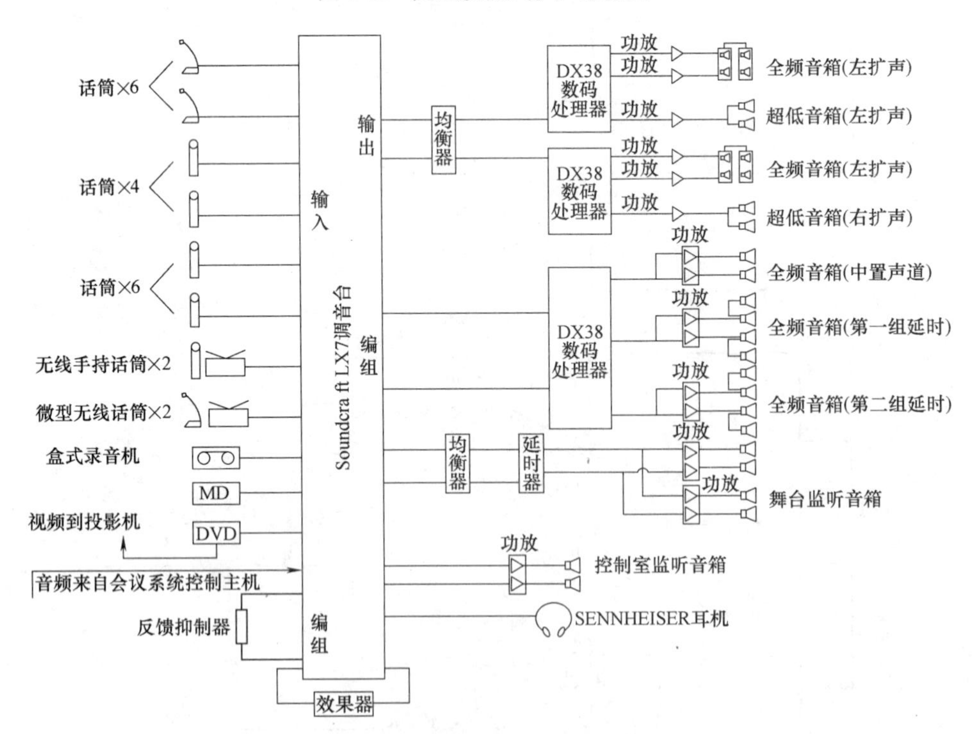

图 4-15　多功能厅扩声系统原理图

图 4-15 是 1000 座席的某多功能厅的扩声系统原理图。该厅功能以会议为主，并满足一般的中小型文艺演出的要求。根据其建筑特点，该多功能厅扩声系统包含左、中、右扩声，同时为提高整个声场均

匀度，在观众席的中后部设置了两组延时扬声器组。

左、中、右扬声器组安装在声桥内，左、右扬声器组由全音音箱和超低扬声器组成，由于多功能厅净空高小，声桥的高度低，中置扬声器选用宽度小的扬声器横放在声桥内。两组延时扬声器组也是选用宽度小的扬声器，放置在观众席的中后场，用以提高整个声场的均匀度。舞台监听扬声器服务于会议时的主席台成员或文艺演出时演员的监听。调音台则选用 24 路调音台。音频处理器采用 3 台数码处理器，它具有滤波、压缩限幅、相位调整、延时、分频、参数均衡、频率补偿、电平控制等功能。

3. 数字式扩声系统

如果将图 4-15 中的模拟式调音台改用数字调音台，则性能和功能都大为改善。但若数字调音台还是以模拟方式输出，则整个系统作了二次 A/D、D/A 转换，给音质造成损害。因此，数字调音台还是以数码方式输出到数字处理器（DSP），这就成了图 4-16 的数字扩声系统方式。

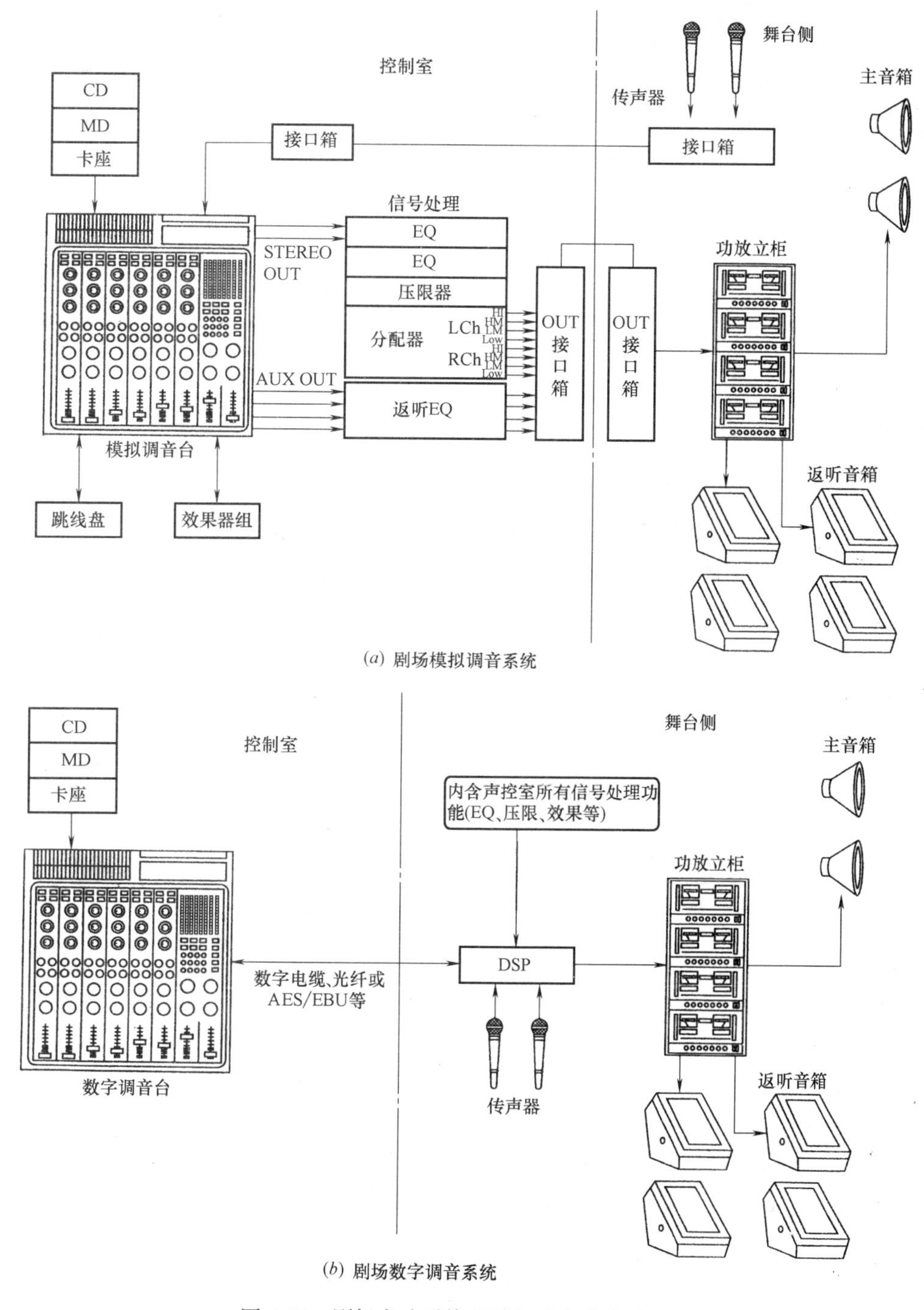

(a) 剧场模拟调音系统

(b) 剧场数字调音系统

图 4-16　剧场音响系统两种组成方式的对比

目前，对于大多数中、大型剧场的音响系统，已经实现数字化，亦即除了传声器和扬声器之外，从调音台到数字信号处理设备（DSP），包括从声控室到舞台的信号传输，实现了全数字化。这大大地降低外界噪声干扰的影响，提高了系统的信噪比，并且整个音响系统过程只作一次 A/D、D/A 转换，使音质大为提高。此外，数字的传输线缆也简单化，布线、安装施工也大为方便。

图 4-16 是采用模拟调音台和数字调音台的两种剧场舞台音响系统的比较。从图 4-16（*a*）可见，模拟调音台方式使用较多的周边设备［如均衡器（EQ）、压限器、分频器、延迟器等］和输入、输出接续盘等，输入和输出的信号传输线（如多传声器输入线、多路主输出线、返听辅助输出线等）繁多而冗长；而从采用数字调音台的图 11-16（*b*）可见，数字调音台系统方式的结构和配线要简捷得多，这不但提高了系统的音质和性能指标，也简化了布线和施工的复杂性。显然，这代表着现代剧场舞台音响系统和技术的发展方向。目前存在的问题是，数字调音台的价格还较贵，国产数字调音台还在开发中。

图 4-16（*b*）中从声控室到舞台的数字音频传输线可采用数字网线（如 5 类双绞线）、同轴电缆、光缆等。例如，AES/EBU（美国音频工程协会/欧洲广播联盟）制定的数字音频接口标准，使用的传输线可以是同轴电缆或双绞线，其允许的传输距离可达 100m。超过 100m 的数字传输宜采用数字光纤传输系统，采用光纤传输有以下优点。

① 光纤信号传输比数字传输的距离更远（距离 2km 也没有衰减问题）。

② 光纤是完全绝缘的，抗射频干扰（RFI）和电磁干扰（EMI），还消除了接地环路的干扰问题。

③ 安装简便，它可方便地在天花布线，绕过障碍物、穿过墙壁或在地下布线。

第五节　电影院的声学设计

一、电影院的等级分类

电影院有专用和兼用（如影剧院）两种，但要求基本相同。剧场、会堂等除了用来演出、开会之外，往往还要求可以放映电影，这就成了影剧场、多功能厅或多功能剧场。对于多功能剧场、多功能会堂的音响系统，人们往往会想是否将原来设计的演出、开会用的扩声系统与电影声音重放系统合用或部分合用。由于两者音响系统的要求不同，扬声器的布置方式也不同，所以不宜合用。比较适宜的做法是两者分开设计，设计成两套独立的音响系统。

目前，电影主要包括 35mm 的普通银幕电影（画面高度比为 1∶1.375)、变形宽银幕电影（画面高度比 1∶2.35)、遮幅宽银幕电影（高度比为 1∶1.85 或 1∶1.66）三种，如表 4-10 所示。随着数字电影的出现，电影院除了放映上述传统的三种电影之外，还应该能兼映数字电影。所谓数字电影，是指用数字技术实现画面和声音的获取、记录、传输和重放的电影。

银幕画幅制式、高宽比、片门尺寸和镜头焦距　　表 4-10

画幅制式	高宽比	片门尺寸(mm)	镜头焦距
变形宽银幕	1∶2.35	21.3×18.1	①变形镜头的画面扩展系数为 2 ②国产放映镜头焦距以 10mm 分挡,订购以 5mm 分挡 ③进口放映镜头焦距以 5mm 分挡,订购以 2.5mm 分挡 ④ 数字电影使用变焦镜头
遮幅银幕	1∶1.85	20.9×11.3	
数字电影	1∶1.78	—	
遮幅银幕	1∶1.66	20.9×12.6	
普通银幕	1∶1.375	20.9×15.2	

我国对电影院的等级分类规定如下。

(1) 电影院的规模按总座位数可划分为特大型、大型、中型和小型四个。不同规模的电影院座位符合下列规定。

① 特大型电影院的总座位数应大于 1800 个，观众厅不宜少于 11 个。

② 大型电影院的总座位数宜为1201～1800个，观众厅宜为8～10个。

③ 中型电影院的总座位数宜为701～1200个，观众厅宜为5～7个。

④ 小型电影院的总座位数宜小于等于700个，观众厅不宜小于4个。

为此，电影院建筑可分为特、甲、乙、丙四个等级，其中特级、甲级和乙级电影院建筑的设计使用年限不应小于50年，丙级电影院建筑的设计使用年限不应小于25年。各等级电影院建筑的耐火等级不宜低于二级。

（2）观众厅应符合下列规定。

① 观众厅的设计应与银幕的设置空间统一考虑，观众厅的长度不宜大于30m，观众厅长度与宽度的比例宜为（1.5±0.2）∶1。

② 楼面均布活动荷载，标准值应取3kN/m²。

③ 观众厅体形设计，应避免声聚焦、回声等声学缺陷。

④ 观众厅净高度不宜小于视点高度、银幕高度与银幕上方的黑框高度（0.5～1.0m）三者的总和。

⑤ 新建电影院的观众厅不宜设置楼座。

⑥ 乙级及以上电影院观众厅每座平均面积不宜小于1.0m²。

⑦ 丙级电影院观众厅每座平均面积不宜小于0.6m²。

二、观众厅对混响时间和噪声控制的要求

① 观众厅的声学设计应保证观众厅内达到合适的混响时间、均匀的声场、足够的响度，满足扬声器对观众席的直达辐射声能要求，保持视、听力方向一致，同时避免回声、颤动回声、声聚焦等声学缺陷并控制噪声侵入。

② 观众厅内具有良好立体声效果的坐席范围宜覆盖全部坐席的2/3以上。

③ 观众厅的后墙应采用防止回声的全频带强吸声结构。

④ 银幕后墙面应进行吸声处理。银幕后作中、高频吸声材料能有效控制银幕后中、高频反射声，有利于银幕后组主扬声器的声像定位。

⑤ 电影院观众厅混响时间应根据观众厅的实际容积按下列公式计算或从图4-17中确定。

500Hz时的上限公式为

$$T_{60} \leqslant 0.07653V^{0.287353} \tag{4-2}$$

500Hz时的下限公式为

$$T_{60} \leqslant 0.032808V^{0.333333} \tag{4-3}$$

式中，T_{60}为观众厅混响时间（s）；V为观众厅的实际容积（m³）。

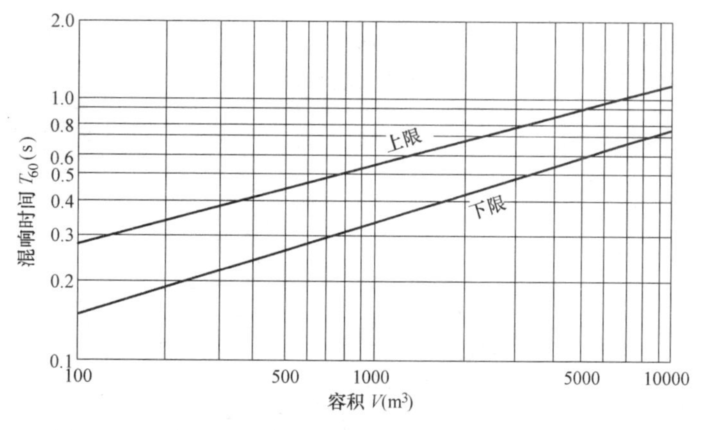

图4-17　电影院观众厅内要求的混响时间与其容积的关系

⑥ 特、甲、乙级电影院观众厅混响时间的频率特性应符合表4-11的规定，而丙级电影院观众厅混

响时间的频率特性只要求符合表 11-13 中 125Hz、250Hz、500Hz、100Hz、200Hz、400Hz 的规定。

特、甲、乙级电影院观众厅混响时间的频率特性 **表 4-11**

f(HZ)	63	125	250	500	1000	2000	4000	8000
T_{60}^{f}/T_{60}^{500}	1.00～1.75	1.00～1.25	1.00～1.25	1.00	0.85～1.00	0.70～1.00	0.55～1.00	0.40～0.90

⑦ 电影院内各类噪声对环境的影响，应按现行国家标准《城市区域环境噪声标准》GB 3096—2008 执行。

⑧ 观众厅宜利用休息厅、门厅、走廊等公共空间作为隔声、降噪措施，观众厅出入口宜设置声闸、隔声门。

⑨ 当放映机及空调系统同时开启时，空场情况下观众席背景噪声不应高于 NR 噪声评价曲线对应的声压级（表 4-12）。

电影院观众席背景噪声的声压级 **表 4-12**

电影院等级	特　级	甲　级	乙　级	丙　级
观众席背景噪声(dB)	NR25	NR30	NR35	NR40

⑩ 观众厅与放映机房之间的隔墙应进行隔声处理，中频（500～100Hz）隔声量不宜小于 45dB；相邻观众厅之间的隔声量为低频不应小于 50dB，中、高频不应小于 60dB；观众厅隔声门的隔声量不应小于 35dB。设有声闸的空间应进行吸声减噪处理。

⑪ 设有空调系统或通风系统的观众厅，应采取防止厅与厅之间串音的措施。空调机房等设备用房宜远离观众厅。空调或通风系统均应采用消声降噪、隔振措施。

三、电影系统的制式与扬声器布置

目前，数字立体声电影系统主要为 Doldy（杜比）、DTS 与 SDDS 三种制式，如表 4-13 和图 4-18 所示。不过其中杜比 SR 属于模拟立体声系统，而且 SDDS8 声道方式的影片在我国应用较少，因此这里主要针对 Doldy 与 DTS 的 5.1 和 6.1 声道四种方式进行叙述。

数字立体声电影系统的主流制式 **表 4-13**

类别 参数及特点	杜比 SR	杜比 SR-D	DTS	SDDS
英文全名及缩写	Dolby Spectral Record System(Dolby SR)	Dolby Spectral Recording-Digital(Dolby SR-D)	Digital Thrater System (DTS)	Sony Digital Dynamic Sound(SDDS)
中文名	杜比频谱记录系统/杜比 4-2-4 模拟立体声系统	杜比数字频谱记录系统/杜比 SR-D 数字立体声系统	数字影剧院系统	索尼数字动态声
录制方式	模拟矩阵 4-2-4 环绕声制式	数字声频压缩编/解码环绕声制式	数字声频压缩编/解码环绕声制式	数字声频压缩编/解码环绕声制式
储存声道	2 声道	5.1 声道	5.1 声道	7.1 声道
重放声道	4 声道：L、R、C、S	5.1 声道：L、C、R、LS、RS、SW	5.1 声道：L、C、R、LS、RS、SW	7.1 声道：L、LC、C、RC、R、LS、RS 和 SW
扩展模式		杜比 SR/D-EX/杜比数码 EX 6.1 声道环绕声：L、C、R、LS、RS、SW、CS	DTS-ES 6.1 声道数字影剧院扩展系统：L、C、R、LS、RS、SW、CS	
音箱布局	见图 11-35(a)	见图 11-35(b)	同 SR-D，见图 11-35(c)	见图 11-35(d)

续表

类别 参数及特点	杜比 SR	杜比 SR-D	DTS	SDDS
解码器	解码器 CP-65	解码器 CP-6500	DTS 数字声音处理器 DTS-6	SDDS 数字立体声处理器 DFP-D3000
特点	录音时把四路环绕声信号通过矩阵电路编码为两路复合信号，记录到胶片的两条声迹上；还音时，通过解码器把两路复合信号还原为左、中、右和环绕四路立体声信号	数字信号压缩编码采用“适应编码”技术，压缩率约为12∶1。数字声迹录在模拟声迹一侧的齿孔之间	采用相干声学编码方式，压缩率为4∶1，数字声迹录在光盘上，由专用的光盘驱动器读取，另外在电影胶片边沿录有时间同步码，用来控制光驱还音与画面的同步	采用自适应变换声学编码方式，数字压缩率约为5∶1。其声迹录在胶片外沿

注：L表示左，R表示右，C表示中置，S表示环绕，LS表示左环绕，RS表示右环绕，CS表示中环绕，RS表示后环绕，SW表示重低音。

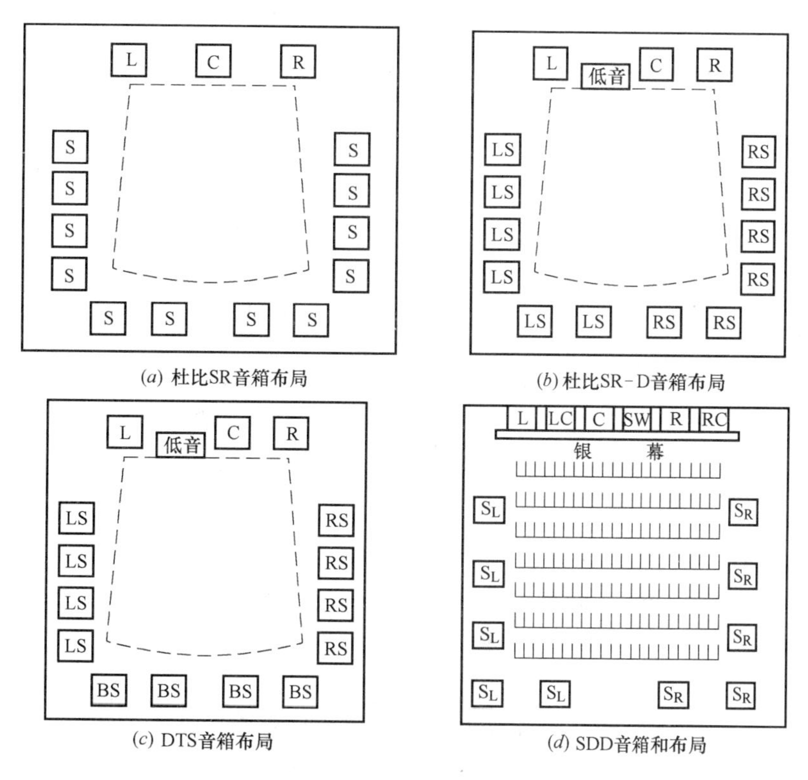

图 4-18　专业影院的音箱布局

图 4-19 表示典型的电影立体声扬声器在观众厅内的布置方式。数字立体声电影系统的左、中、右扬声器通常安装于银幕背后，可装在移动的小车上，或吊于吊杆上随银幕一同升降。左、右扬声器尽可能靠银幕两侧，使声像定位更明显。

（1）银幕后电影还音扬声器应采用高、低分频的扬声器系统。系统中、高频扬声器应为恒定指向性号筒扬声器，其水平指向性不宜小于 90°，垂直指向性不宜小于 40°。

（2）扬声器的安装高度与倾斜角应以其高频扬声器的声辐射中心与声辐射轴线定位，声辐射中心宜置于银幕下沿高度的 1/2～2/3 处，声辐射轴线宜指向最后一排观众席距地面 1.10～1.15m 处，如图 4-20所示。

（3）扬声器及其支架应安装牢固，避免产生共振噪声。

（4）立体声主声道扬声器的布置应符合下列规定。

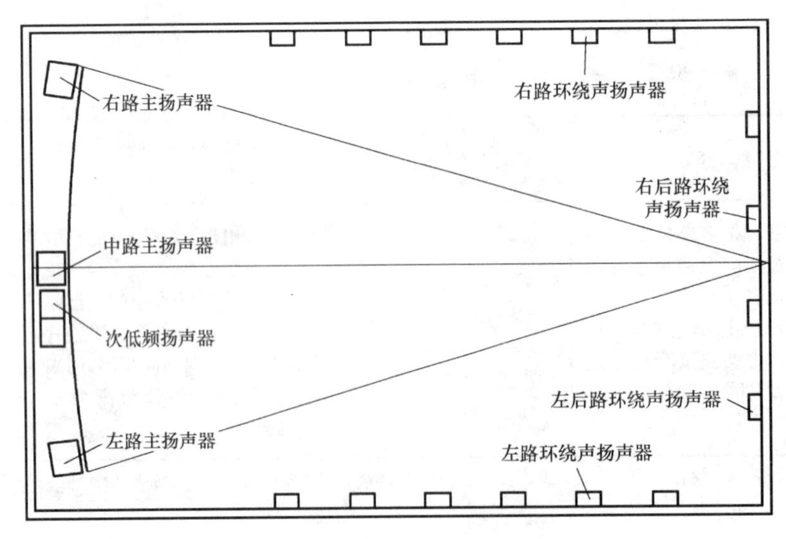

图 4-19　观众厅内电影立体声扬声器布置方式

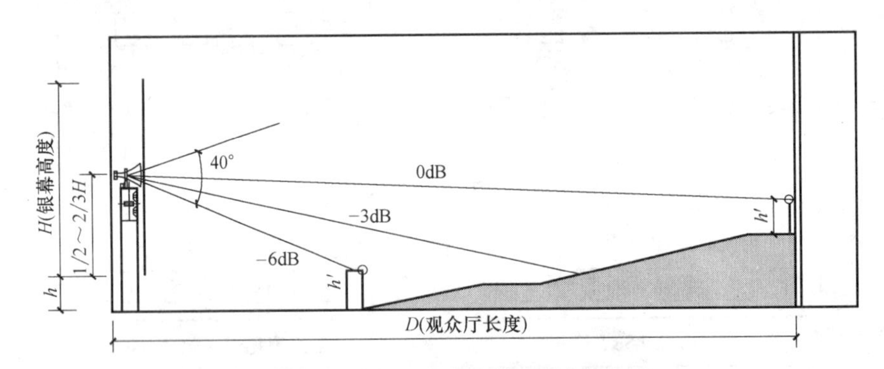

图 4-20　银幕后扬声器安装高度与倾斜角

① 银幕后宜设置三组或五组扬声器，扬声器的声辐射中心高度应一致。

② 扬声器间距相等，且有足够大的距离，两侧扬声器的边距不宜超过银幕边框。

(5) 立体环绕声扬声器的布置应符合下列规定。

① 扬声器应设置在观众厅的侧墙与后墙，可按两路（左、右）或四路（左、右、左后、右后）布置，配置数量宜根据扬声器的放声距离、功率要求与指向性来确定，配置后的扬声器应能进行合理的阻抗串、并联分配。

② 观众厅前区第一台扬声器的水平位置不宜超过第一排坐席。考虑到声音的哈斯效应，前区与扬声器与后区扬声器间的最大距离不应大于 17m。扬声器间距应一致，并应配合声学装修设计。

③ 扬声器的安装高度可以扬声器声辐射中心距地面高度为基准，根据观众厅的宽度，由下式计算：

$$H=(W\sqrt{W^2-16}+90)/6W \tag{4-4}$$

式中，H 为扬声器声辐射中心距地面高度（m）；W 为观众厅的宽度（m）。

④ 侧墙扬声器的声辐射轴线宜垂直指向其对面侧边坐席 1.10～1.15m 处，后墙扬声器的声辐射轴线宜垂直指向观众席前排距地面 1.10～1.15m 处，如图 4-21 所示。

⑤ 侧墙和后墙的环绕声扬声器之间的距离宜取 2.4～3m。

(6) 次低频声道扬声器的布置宜符合下列规定。

① 宜设置在银幕后中路主声道扬声器任意一侧地面，并作减振处理。

② 配置数量可根据扬声器的放声距离、功率要求来确定。

③ 多台扬声器宜集中放置在一处，充分利用扬声器的互耦效应。

(7) 观众厅的声压级最大值与最小值之差不应小于 6dB，最大值与平均值之差不应大于 3dB。

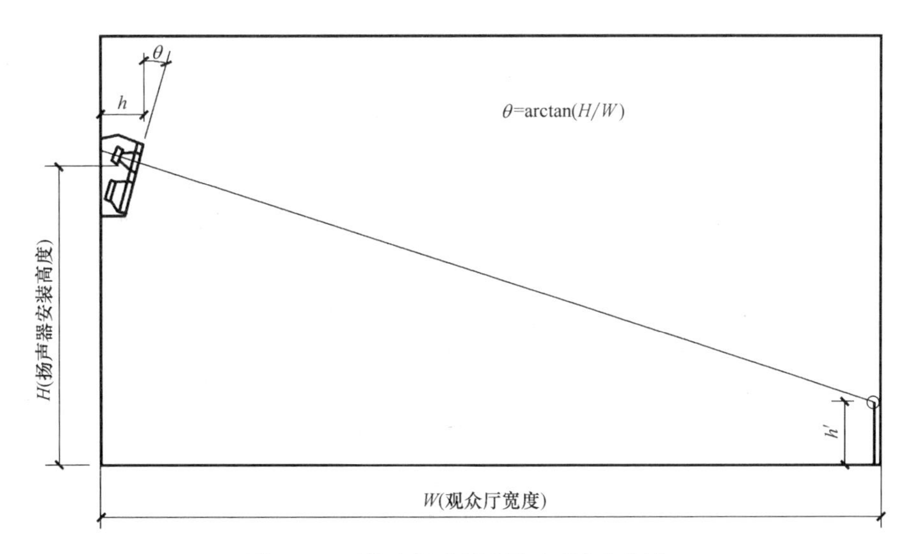

图 4-21　环绕声扬声器安装高度与倾斜角

四、电影还音系统设计与示例

电影院有两类：一类是专用电影院，前面所述主要针对这类电影院；还在一类是影剧院、多功能会堂、礼堂等，既要有开会、文艺演出的功能，又要有放映电影的功能，这时就有建声和电声系统的兼容设计问题。

在建声方面，由于会议、文艺演出和放映电影对厅堂的建声（特别是混响时间）要求不同，文艺演出要求的混响时间较长，会议和放映电影要求混响时间较短，这时往往要作折中考虑。

在电声方面，比较理想的做法是设置两套互相独立的扩声系统：其中一套是会议、演出用的单声道或双声道扩声系统，音箱采用固定安装形式；而放映电影则另配一套扩声系统，按左、中、右、环绕和超低音等多声道系统设计，放电影用的左、中、右三套音箱分别装在 3 台小车上做成移动式，放电影时摆放在银幕背后，举行会议或演出时藏起不用。这种方案的放声效果好，但造价高。

另一种是演出与电影共用一套功放和音箱或者部分设备（如超低音音箱和功放）共用的方案，这时可用继电器或眺线盘或综合数字处理器，将功放输入端由电影解码器切换到演出状态的调音与输出端。这种方法虽节约开支，但效果要差一些。

图 4-22 所示是第一种方案的电影专用的多制式还音系统实例。图中杜比 CP650D SR-D 数字解码器放映制式扩展性较强，向下可兼容杜比 SR 和 Pro Logic 模拟解码方式，向上还可通过添加插卡升级到杜比 EX 数字解码方式。同时，它还可外接 DTS-6D DTS 解码器，使电影系统不但能播放杜比解码制式电影，还能播放 DTS 解码制式电影。

DTS-6D DTS 还音处理器选用 5.1 声道播放数字声迹，并可读取 DTS 时间码。它配备三个 CD-ROM 光盘驱动器，放音时间最多可达到 5h，第三个驱动器可用于预告片光盘或放映时间特长的影片。

为了保证观众席能满足数码电影院标准，系统中所有选用的设备均符合电影 THX 标准。电影主扬声器选用 JBL 三只 4000 系列的 4678C-4LF 二分频专业电影扬声器。主扬声器 JBL4675C-4LF 的分频通过 JBL5235 分频器和 JBL53-5333 分颇卡实现。

电影次低频音箱选用两只功率达 1200W 的 JBL 4642 超低音音箱，延展系统的频响，保证放映时低频部分的厚度、力度及动态需求。系统选用 12 只 JBL 8340A 大功率环绕扬声器，其中左、右环绕扬声器各 4 只，后墙扬声器 4 只。LSR25P 有源扬声器作为监听扬声器，提供给机房内的工作人员监听电影放映现场的音频信号。功放全部采用著名品牌 CROWN（皇冠）CE 系列。

电影采用两台珠江 FG35-2ES 放映机，放映传统胶片影片。应该指出，现代数字电影目前主要是运用 DLP 数字投影机和视频压缩编码等技术，实现无胶片放映的电影。

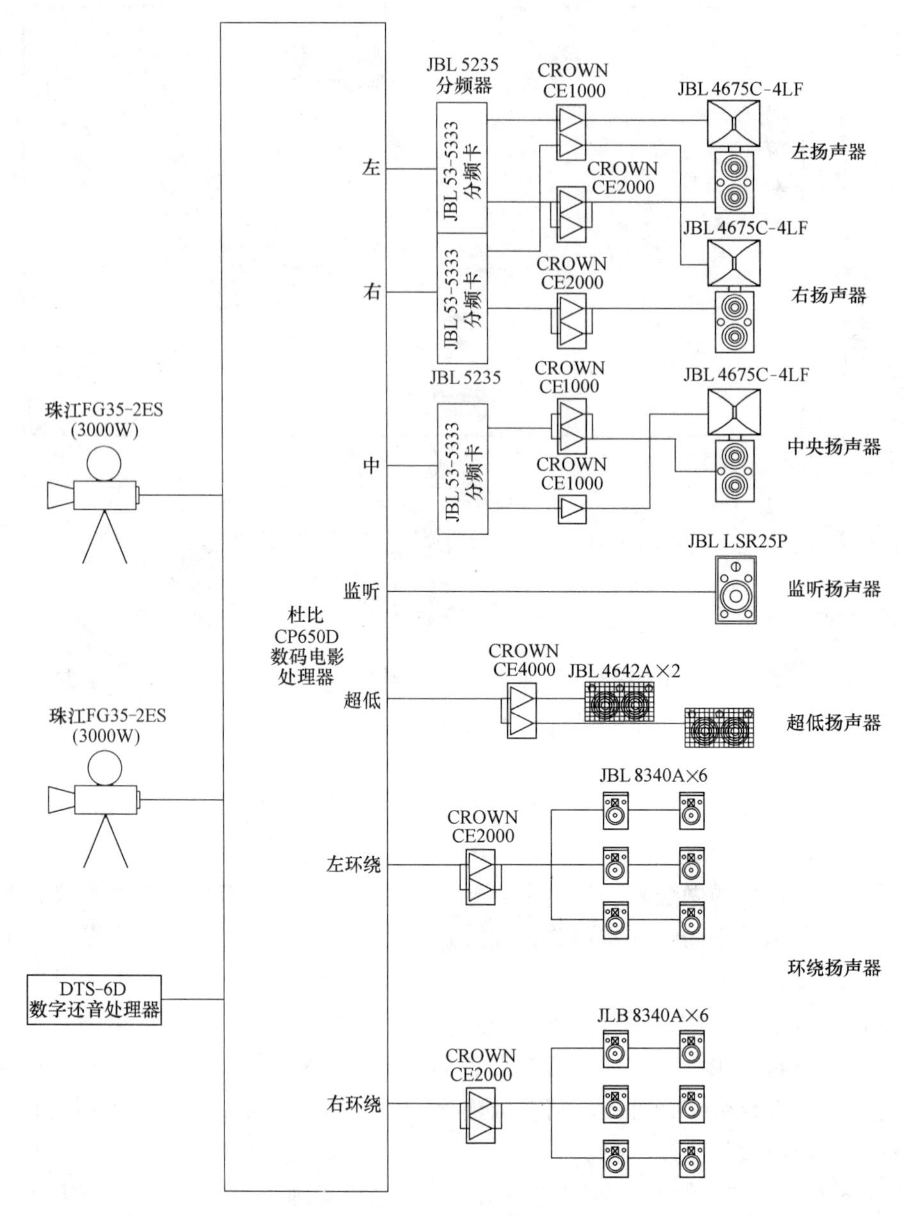

图 4-22　电影还音系统实例

第六节　KTV包房和歌舞厅的音箱布置

一、立体声音箱布置

1. 音箱摆位的一般原则

首先，要求音箱左、右两侧在声学上对称。这里是指两侧声学性能的对称，而不是视觉上的对称。例如，一面是砖墙，另一面是关闭的玻璃窗，尽管看上去两侧不对称，但就声反射等的声学性能而言两者还是相近的；但若一面为砖墙，另一面为透声材料（如薄木板或打开的窗），那就不对称了。此时应在木板一面尽可能减少声音走失，或在砖墙一面铺设吸声材料，使两面尽量平衡。

图 4-23 所示是在左、右两面声学对称的房间内一对音箱的布置方式。一对音箱是放在房间长边还是短边，并无定论，主要视房间布置方便而定，通常图 4-23（*b*）容易布置些。两个音箱的距离，对一般房间以 1.5～2m 为宜；在听音人数多时，可增大到 2.5～3.2m。为了减少侧墙反射对节目音质的影

响，音箱不能太靠近两边侧墙，一般要求距离侧墙在 0.5m 以上。如果离侧墙足够远，例如图 11-23（*b*）中的 $2l_1 \geqslant l_2$（如 l_1 为几米），则侧墙的影响可以忽略不计，即可以不管两侧声学性能是否对称。

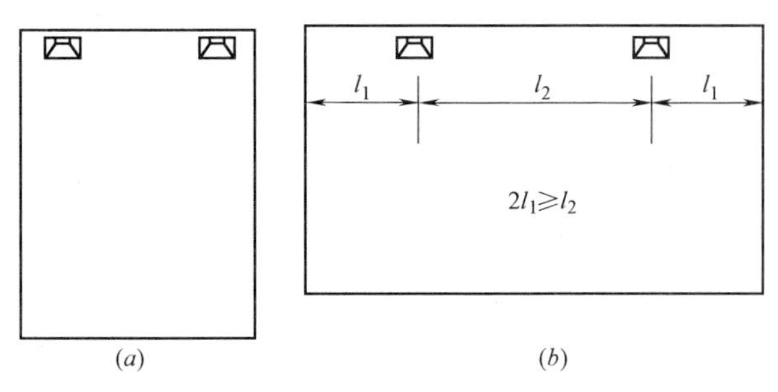

图 4-23　声学对称房间的音箱布置

关于音箱布置和最佳听音位置，一般来说，最佳听音乐位置是在与一对音箱分别处于等边三角形的一个顶点，即与两音箱的张角成 60°。著名声学家 H. F. Olson 推荐如图 4-24 所示的音箱布置和最佳听音范围。图中 A 点与两音箱的张角成 60°。一般听音乐与音箱的张角在 50°以上为好。但听音者若离音箱太近，则声像群难以正确地展开；不过也不能离得和太远，否则两组音箱等于合并成一组，变成了单声道听音。

为了利用早期反射声，通常听者房间在声源（音箱）一端的墙面，即听者面对的前墙面不设置强吸声材料而形成反射壁，以保持足够的反射声能，而后墙则做成高度吸声。这种布置有利于立体声声像展宽和响度感，但对声像定位和避免声染色有不利的影响。故也有人提出采用前墙和前侧墙都吸声而后墙为幕布的方式。利用幕布进行吸声处理是卡拉 OK 厅、歌舞厅常用的简便方法。幕布应尽可能厚实些，其面积可以调节。一般幕布皱褶越多，吸声效果越强。幕布不要贴墙挂，应与墙壁间隔 10～20cm。

2. 音箱摆法及其对音质的影响

音箱的指向性是描述扬声器把声波散布到空间各个方向去的能力，通常用声压级随声波辐射方向变化的指向性图表示。图 4-25 表示了音箱的水平指向性，而音箱的垂直指向性与水平指向性类似。音箱的指向性与频率密切相关。频率越高，声压分布越窄，指向性越强；频率越低，声压分布越宽，指向性越弱。一般频率在 300Hz 以下无明显的指向性，在 1.5kHz 以上指向性比较明显。频率越高，声波束越窄，在扬声器旁边听到的声音就越少。低频的指向性几乎是以音箱为中心的一个圆，表示各方向的声音一样响；中频的指向性比较明显，呈宽波束。当人们围绕音箱走动，正面轴向的声音最大，到达背面时声音的响度就逐渐降低；高频的声波辐射仅是正面轴向一宽束。音箱的水平指向性和垂直指向性大致都是这样。

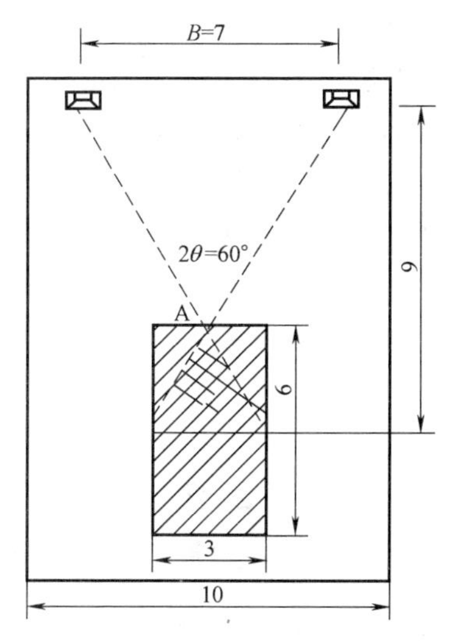

图 4-24　音箱布置和最佳听音范围

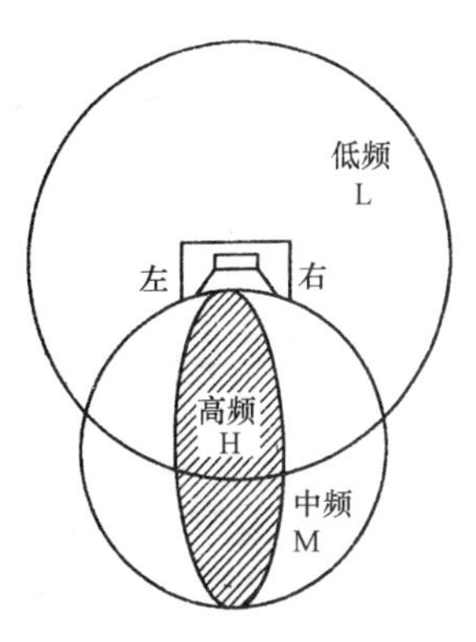

图 4-25　音箱的水平指向性

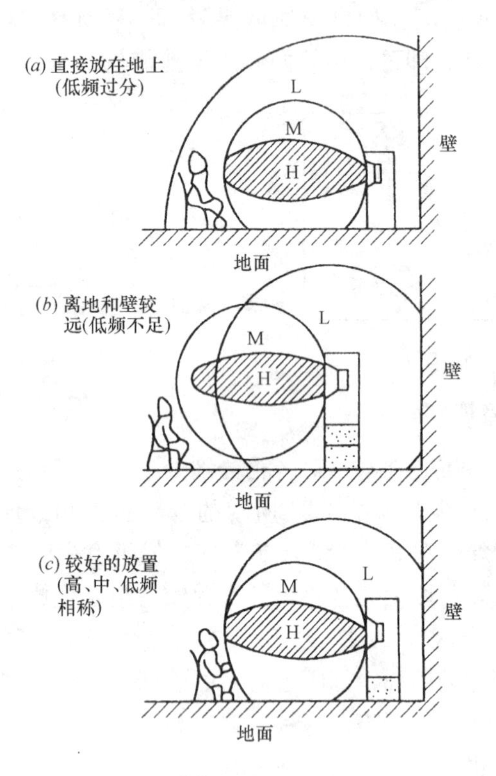

图 4-26　音箱与地面和墙面的距离对低音的影响

音箱可以放在地上、书架上、桌上或挂在墙上，下面以常见的放在地上的情况进行说明，地板和墙壁通常为混凝土结构。如图 4-26（*a*）所示，如果将音箱直接放在地上，则由于低频声能量受地面、墙壁的大量反射而使低频声过强，从而不自然地加重了低音而引起轰鸣声。图 4-26（*b*）是离地面和墙壁都比较远的放法，这时由于低频声的能量反射弱而感到低音不足。因此上述两种放法不妥，且还会使高频声不能有效地到达人耳。图 4-26（*c*）是比较适中的高度和位置，此时高频、中频、低频的能量相接近，而且考虑到背后墙壁和侧墙的反射，使中频和低频的能量比较适当。通常，这适当的高度大致是音箱的高频单元与聆听者的耳朵齐平，或者说音箱的台脚高度大致是低频单元口径的 1～2 倍。音箱与背后墙壁的间距对一般家庭来说为 10～20cm。

以上说明了音箱与地面、墙面的距离大小主要影响低音。音箱与墙、地面越靠近。低音增强越多。图 4-27 表示音箱的各种摆法对低音的影响。图 4-27 中（1）为音箱孤立悬空在房间中央，离地板、墙壁、顶棚都有较大的距离；（2）为音箱挂在墙上或埋在墙中，且离侧墙有一定距离，此时低音比（1）增强 1 倍；（3）之（*a*）与（2）的情况相似，低音增强 1 倍，而（*b*）是音箱放在贴近后墙的地面上，低音将比（1）增强 4 倍，即 12dB；（4）是音箱放在贴墙的书架或立柜中的情况，它与（3）情况类似；（5）是音箱放在地面的墙角处，低音将比（1）增强 8 倍，即 18dB。低音之所以会增强的原因是原来（1）向 4π 空间发射的声能，在（2）～（5）中分别被集中在 2π、π、$\frac{\pi}{2}$的窄小空间内，因此低音的声能被增强了。低音增强起始频率与低音单元的口径大小有关，一般从 100Hz 或几百赫开始。

因此，要想在听音房间中获得最佳的低音效果，必须进行多次尝试，变更音箱的摆法，这对容易引起低音“轰鸣”的房间尤为重要，有时音箱适当升高或稍离侧墙、后墙就会获得明显的改善。例如，若听音感觉明亮度差，声音含糊不清，这主要是由于低音过多，缺乏中、高频等造成的，如果不是扬声器本身特性造成，则房间的驻波效应引起的轰鸣声是一个重要原因，特别是听音者背后墙壁的强反射所致。为此，可以把音箱面稍微向上，而且在背后墙壁放置吸声较好的书架和厚帘布。此外，还要注意靠近音箱的天花板上的荧光灯或室内物体是否有共振产生，并防止音箱本身的振动传至地板。

为了使音箱有适当的高度，通常在音箱下面设置台脚。台脚的材料有水泥、木材和铁材等，不论何种材料，应以重而结实为宜。不要使用中空的箱体作台脚，否则容易引起箱共鸣而造成中低音的轰鸣声。也可以用混凝土块作台脚，简单实用。台脚下的地板必须坚实，否则地板（例如木板）就成了振动板，会把音箱传来的低频振动增强，使音质变得浑浊或含糊不清。如果地板是不坚实的木板，则应在台脚下放一坚实的水泥板，并在音箱四角与台脚之间加橡胶垫等减振措施。

二、卡拉 OK 歌厅音箱的布置

图 4-28 所示是卡拉 OK 歌厅的音箱和电视设备的一般布置示例。歌厅的面积在 20～40m²。对于卡拉 OK 歌厅，由于面积较小和需要的音量比舞厅或歌舞厅小，故一般不必选用高声压级、高灵敏度的大口径娱乐级音箱，而适宜采用声音较柔和而逼真的专业级监听音箱。

对于卡拉 OK 歌厅、往往还须装设大屏幕电视机（监视器）或投影电视机。如果歌厅面积较大，还

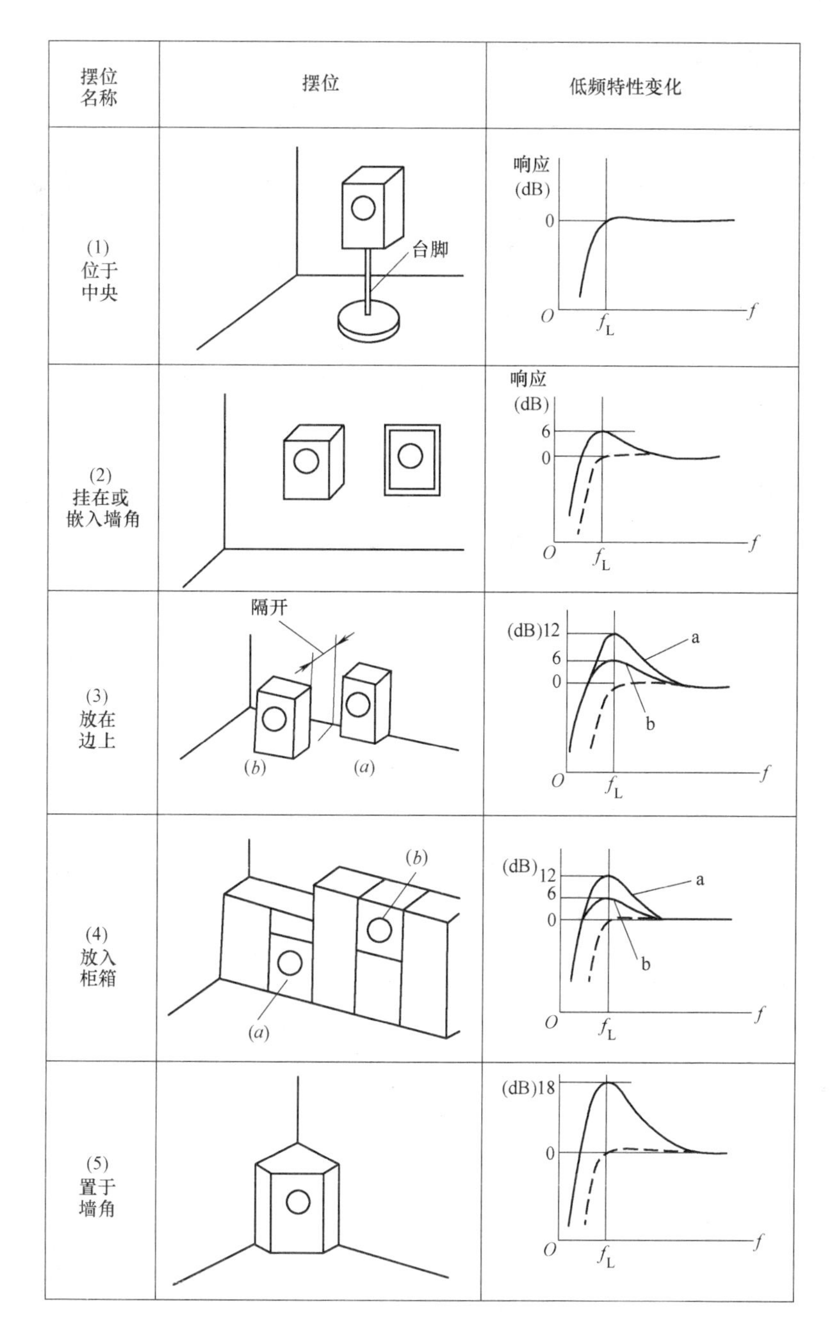

图 4-27　音箱的摆位对低音的影响

须装设多台电视机或监视器。为此，音箱的摆放位置除了要注意防止声反馈引起的啸叫外，还要注意不要影响顾客观看电视图像。通常是将电视机和投影屏幕适当挂高一些，而将音箱放低一些。图中将音箱放在卡拉OK演唱者（传声器）的前面，就是为了防止声反馈而引起的啸叫。

三、以交谊舞为主的舞厅音箱布置

当舞厅设有舞台时，则音箱可放在舞台前方的两侧，如图4-29所示。图中厅堂面积约为20×10=200（m^2），可使用两组音箱，每组音箱为一个200W全频带组合音箱与一个200W低音音箱（放在下面）。音箱可平放，或面稍朝向舞池。当歌舞厅面积较大时，两侧音箱可以加倍并排放位置。

也可以用四个音箱摆放在舞池的四角，如图4-30所示，这时左（L）、右（R）声道以相对方式连接。如果舞厅很长，呈长方形，则可用八组音箱，左、右声道的接法如图4-31所示。图中的超低音音箱原则上可放在任何位置，因为超低音无方向性，故放在地上、墙边均可，可通过实地试放若干位置而定。

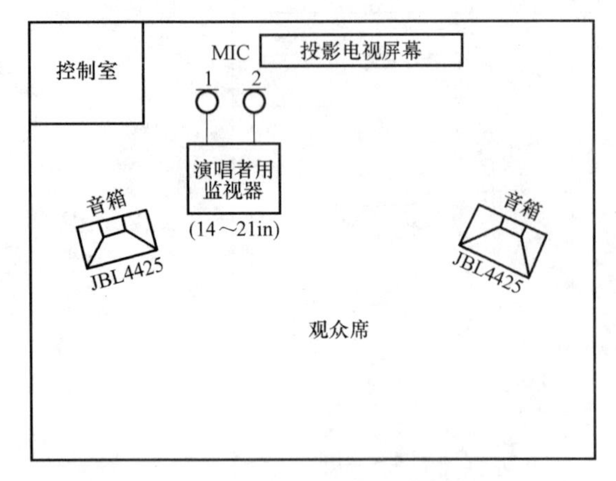

图 4-28　卡拉 OK 歌厅音箱和电视设备布置示例

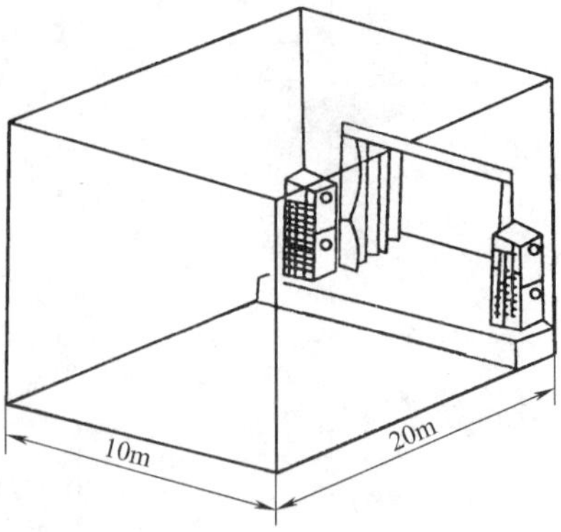

图 4-29　舞厅的音箱布置之一

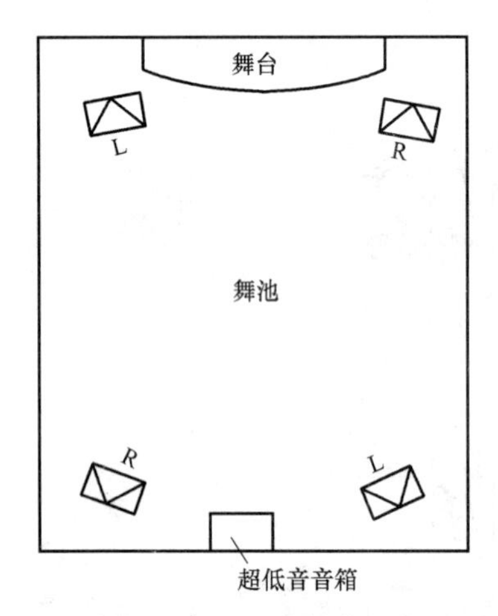

图 4-30　舞厅的音箱布置之二

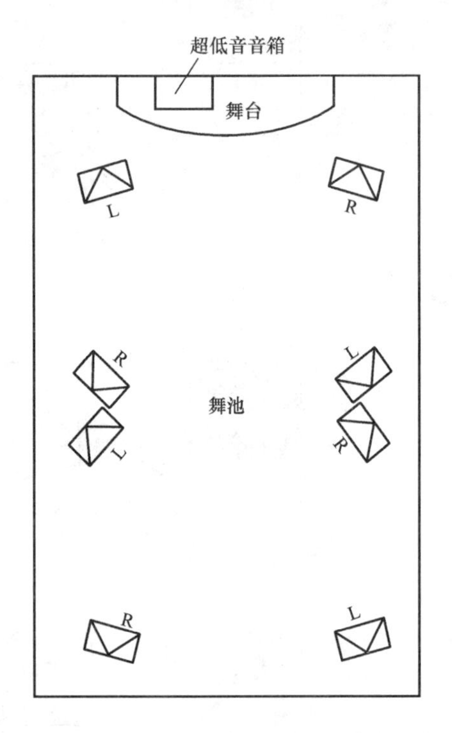

图 4-31　舞厅的音箱布置之三（适于较长的舞厅）

四、迪斯科舞厅的音箱布置

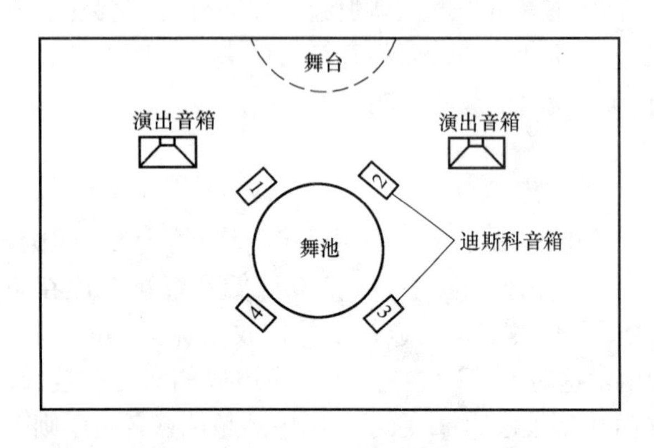

图 4-32　迪斯科舞厅的音箱布置

对于迪斯科舞厅，常用四个或八个音箱吊装在舞池天花板的四角，方向集中指向舞池中央，如图 4-32 所示，这样可使跳舞者感受到强劲的音响效果。有些舞厅还增加四个低音或超低音音箱，靠近地面放在舞池四角或两对侧，专门播放低音或超低音，效果更佳。当然，所配置的功放设备（尤其是提供给低音的功放）也要增加。上述的布置还有一个优点，就是利用扬声器的指向特性，加上四面墙壁的吸声材料和沙发等的吸声作用，使舞池四周的座位附近不致出现边强的乐音，客人可以方便地稍事休息和交谈。为了适应演出的要求，必须在舞台前面两侧另外摆放两组高音、中音和低音音箱。这两组音箱用于播送歌手演唱和乐队伴奏的音乐信号。如果这个歌舞厅兼作卡拉 OK 演唱，那么这两组音箱也就兼作播放卡拉 OK 演唱和伴奏之用。

图 4-33 是迪斯科舞厅的布线图示列。如房间较大，或要更强响度，可加多主音箱和超低音音箱的数量。如有歌手演唱，还可如图 4-22 在舞台口两侧布置演唱音箱。

五、KTV 包房的音箱布置

对于 KTV 包房的音箱布置，可参照家庭听音或家庭影院的布置方法。图 4-34 是一种 5.1 声道的家庭影院系统音箱布置图。在 KTV 包房中，由于人多或房间较大，音箱功率可加大，左（L）、中（C）、右（R）三个主音箱可以吊装，电视机也可改用投影电视。

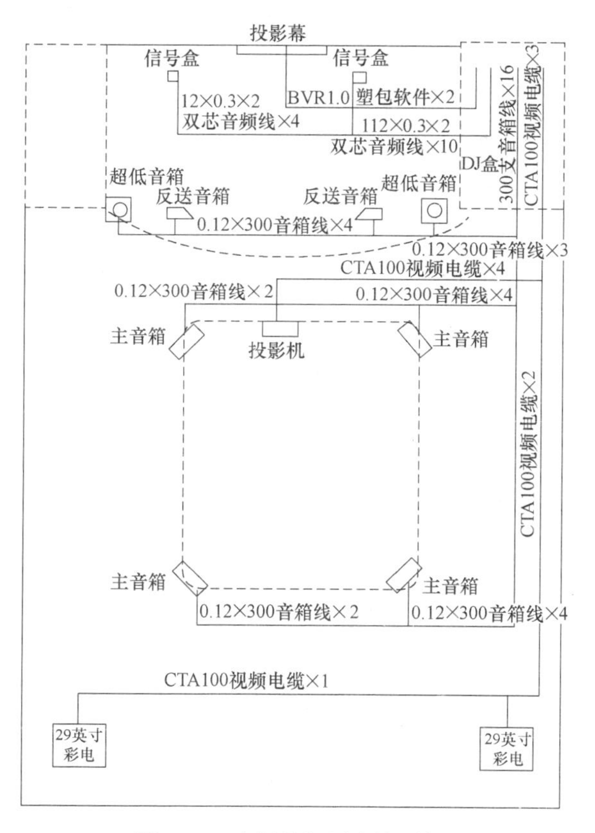

图 4-33　迪斯科舞厅布线图例

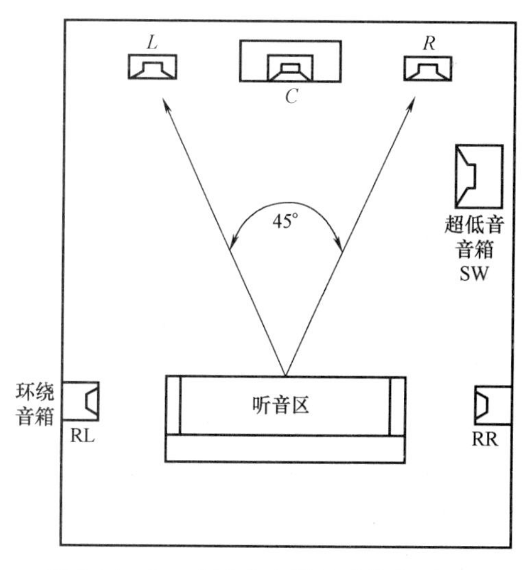

图 4-34　5.1 声道家庭影院系统典型配置

第七节　厅堂建筑声学设计

一、厅堂建筑声学设计步骤

厅堂建筑声学的设计流程如图 4-35 所示。

二、厅堂的体形设计

1. 厅堂体形设计原则

剧场的建筑声学设计主要体现在观众厅的体形设计和混响设计。体形设计包括平面和剖面的形式，它关系到大厅的音量、声强分布、声扩散、早期反射声的分布和消除音质缺陷一系列的声学问题。因此，体形设计对大厅的音质起到重要作用。体形设计主要由建筑师负责，建声设计必须从方案阶段就介

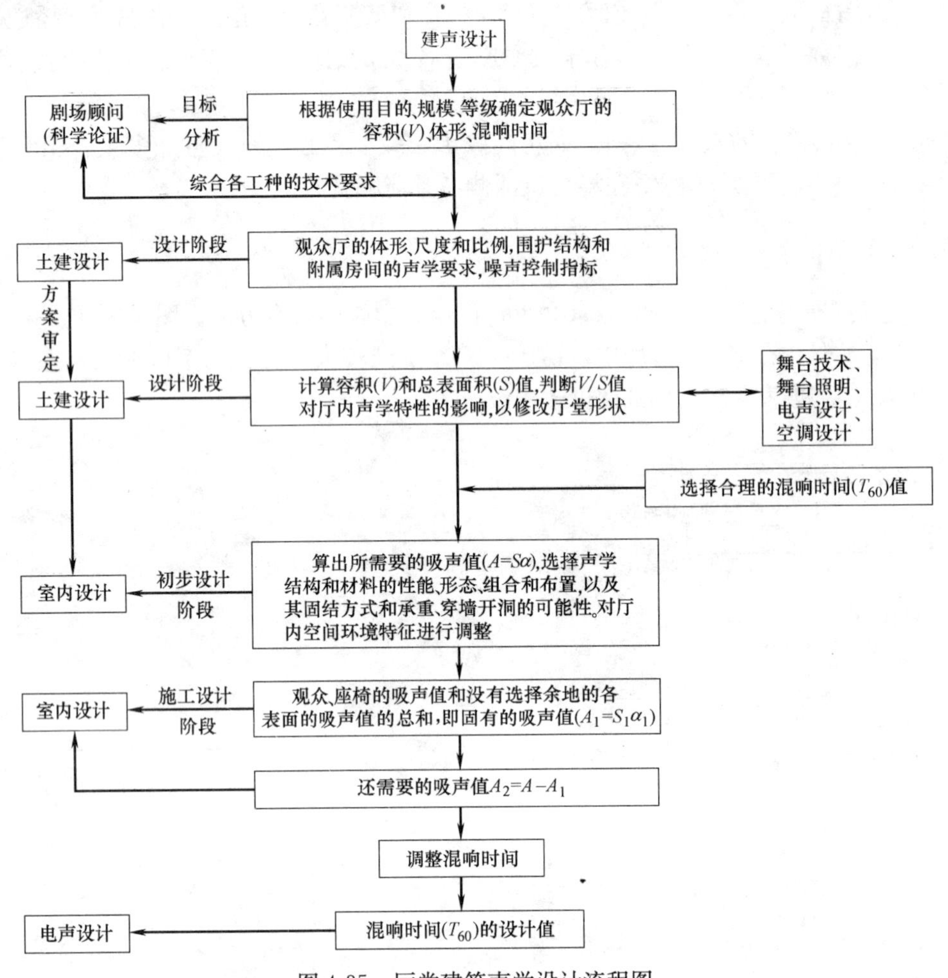

图 4-35　厅堂建筑声学设计流程图

入，目的是把声学要求渗入到体形设计中去，才能为大厅获得良好的音质奠定基础。

对于一个体积一定的大厅，大厅体形直接决定反射声的时间和空间分布，甚至影响直达声的传播。因此，体形设计是音质设计的重要内容。大厅体形设计原则如下。

① 充分利用声源的直达声。

② 争取和控制早期反射声，使其具有合理的时间和空间分布。

③ 适当的扩散处理，使声场达到一定的扩散程度。

④ 防止出现声学缺陷，如回声、多重回声、声聚集、声影以及在小房间中可能出现的低频染色现象等。

图 4-36 所示为常用的几种观众厅平面形式，并分析了其对室内音质可能产生的影响。

2. 扩散设计

观众厅的声场要求有一定的扩散性。声场扩散对录音室尤其重要。观众厅中的包厢、挑台、各种装饰等，对声音都有扩散作用。必要时，还可将墙面和顶棚设计成扩期面，尤其在可能产生声聚集及回声等的表面需要做扩散处理，图 4-37 所示为几种扩散体的尺寸要求。欲取得良好的扩散效果，它们的尺寸应满足如下关系：

$$a \geqslant \frac{2}{\pi}\lambda \tag{4-5}$$

$$b \geqslant 0.15a \tag{4-6}$$

式中，a 为扩散体宽度（m）；b 为扩散体凸出高度（m）；λ 为能有效扩散的最低频率声波波长（m）。

如果对下限为 125Hz 的声波起有效扩散作用，a 必须在 1.8m 以上，b 须大于 0.27m。扩散体尺寸

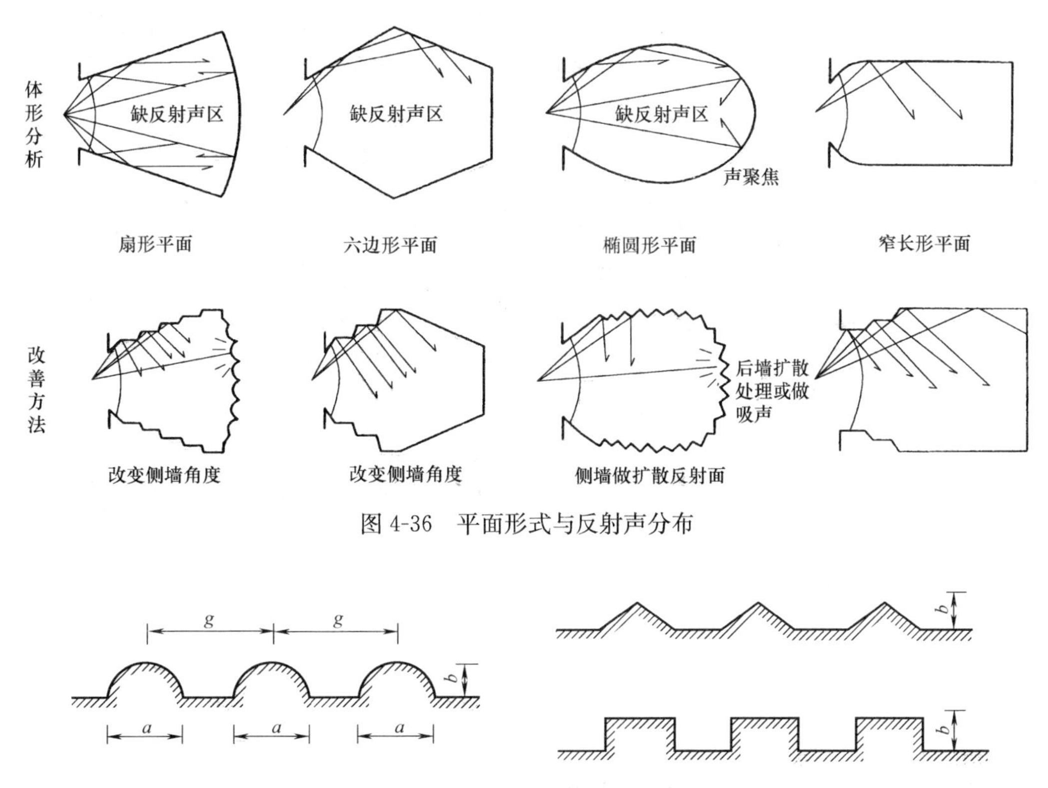

图 4-36　平面形式与反射声分布

图 4-37　几种扩散体尺寸要求

与声波波长相当时扩散效果最好，太大又会引起定向反射。

3. 声学缺陷的防止

体形设计不当，会出现聚集、回声、颤动回声、声影等音质缺陷。图 4-38 所示为音质设计有问题的厅堂存在的声学缺陷。

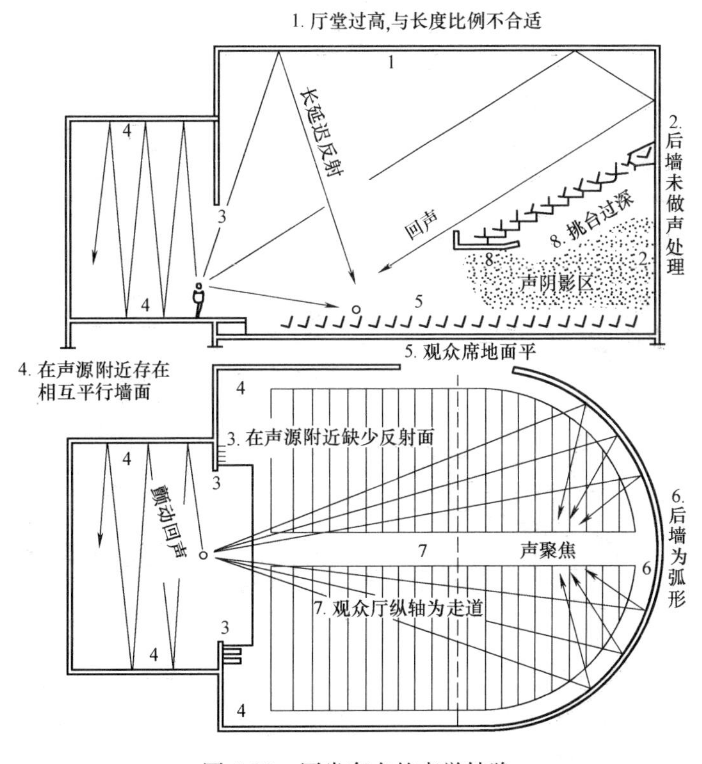

图 4-38　厅堂存在的声学缺陷

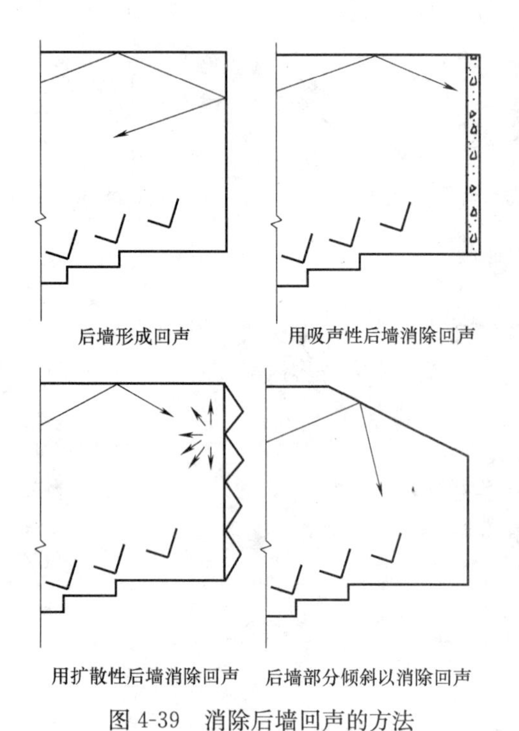

图 4-39　消除后墙回声的方法

当反射声延迟时间过长，一般是直达声过后 50ms，强度又很大，这时就可能形成回声。观众厅中最容易产生回声的部位是后墙和后墙相接的顶棚，以及挑台栏板等，这些部位把声波反射到观众席前区（图 4-38 的 2）和舞台，因此延迟时间很长。如果后墙、挑台栏板为弧形，更会对反射声产生聚集作用，从而加强回声的强度。为此，可采取如图 4-39 所示的方法消除回声。另外，在电影院，环绕声扬声器在侧墙如布置不当，容易引起平行侧墙之间的多重反射而形成多重回声。

三、混响设计

混响时间与音质清晰度密切相关。混响时间短，声音清晰但不丰满；混响时间长，声音丰满但不清晰。对于一般要求不高的大厅，控制好混响时间，保证良好的语言清晰度，就可以在使用时获得很好的满意度。

混响设计具体内容如下。

(1) 最佳混响时间及其频率特性的确定。

(2) 混响时间计算。

(3) 吸声材料选择、吸声结构的确定及布置

不同用途的大厅有不同的最佳混响时间值。图 4-40 所示是国家标准（GB/T 50356—2005）推荐的歌剧院、戏曲/话剧院、电影院、会堂、礼堂、多功能厅等的中频混响时间值范围。丰满度要求较高的大厅（如音乐厅）需要较长的混响时间，清晰度要求较高的房间（如会堂等）的混响时间要短一些，录音、放音用房间（如录音室、电影院）应有更短的混响时间。最佳混响时间根据房间容积大小可适当调整。房间容积大，混响时间可适当延长；房间容积小，混响时间可适当缩短。对多功能厅，可以做可调混响。

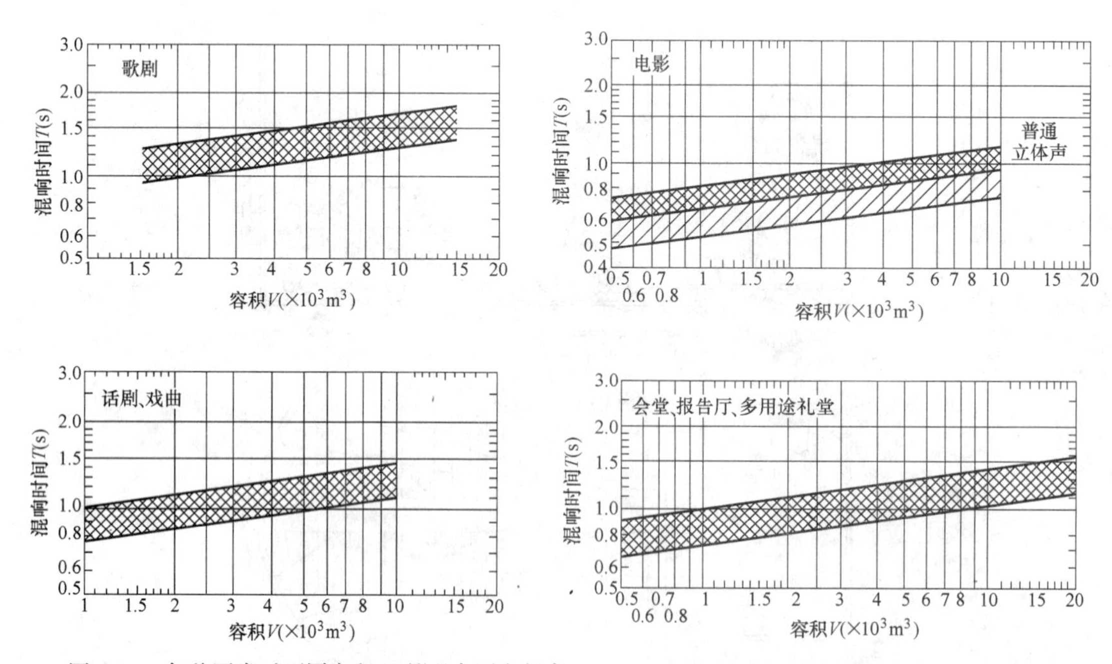

图 4-40　各种厅堂对不同容积 V 的观众厅在频率 500～1000Hz 时满场的合适混响时间 T 的范围

在得到中频最佳混响时间值以后，还要以此为基础，根据房间使用性质确定各倍频程中心频率的混

响时间，即混响时间频率特性。图 4-41 所示是推荐的混响时间频率特性曲线。

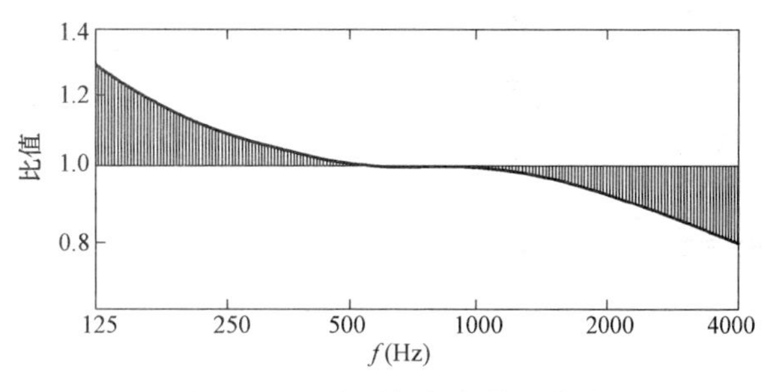

图 4-41　混响时间频率特性曲线

图中横坐标是频率，纵坐标是与中频混响时间的比率。表 4-14 给出了各种厅堂的混响时间频率特性的比值，即高频混响时间尽可能与中频一致，而中频以下可以保持与中频一致，或者随着频率的降低而适当延长，这取决于房间用途。音乐厅低频混响时间需要比中频长，以获得温暖感，在 125Hz 附近宜为中频的 1.3～1.6 倍。用于语言的大厅，应有较平直的混响时间频率特性。

混响时间频率特性比值（*R*）　　　　**表 4-14**

频率(Hz)	歌剧院	戏曲、话剧院	电影院	会场、礼堂、多用途厅堂
125	1.00～1.30	1.00～1.10	1.10～1.20	1.00～1.20
250	1.00～11.15	1.00～1.10	1.10～1.10	1.00～1.10
2000	0.90～1.00	0.9～1.00	0.9～1.00	0.90～1.00
4000	0.80～1.00	0.8～1.00	0.8～1.00	0.80～1.00

空气对高频声有较强的吸收，特别是房间容积很大时，高频混响时间通常会比中频短。但由于人们已经习惯，故允许高频混响时间稍短些。

四、吸声材料和吸声结构

在室内音质设计中，吸声材料和吸声结构用途广泛，主要用途有：用于控制房间的混响时间，使房间具有良好的音质；消除回声、颤动回声、声聚焦等声学缺陷；室内吸声降噪；管道消声。材料和结构吸声能力的大小通常用吸声系数 α 表示，一般把吸声材料 $\alpha \geqslant 0.2$ 的材料称为吸声材料，表 4-15 所示为吸声材料和结构的种类及特性。虽然吸声材料和结构的种类很多，但按照吸声机理，常用吸声材料和结构可分为两大类，即多孔性吸声材料和共振声结构。依其吸声机理可分为三大类，即多孔吸声材料、共振型吸声结构和兼有两者特点的复合吸声结构，如矿棉板吊顶结构等。

主要吸声材料种类及其吸声特性　　　　**表 4-15**

类　　型	基本构造	吸声特性	材料举例	备　　注
多孔吸声材料		1 0.5 0 125　500　2000	超细玻璃棉，岩棉，珍珠岩，陶粒，聚氨酯泡沫塑料	背后附加空腔，可吸低频
穿孔板结构		1 0.5 0 125　500　2000	穿孔石膏板，穿孔 FC 板，穿孔胶合板，穿孔钢板，铝合金板	板后加多孔材料，使吸声范围展宽，吸声系数增大

续表

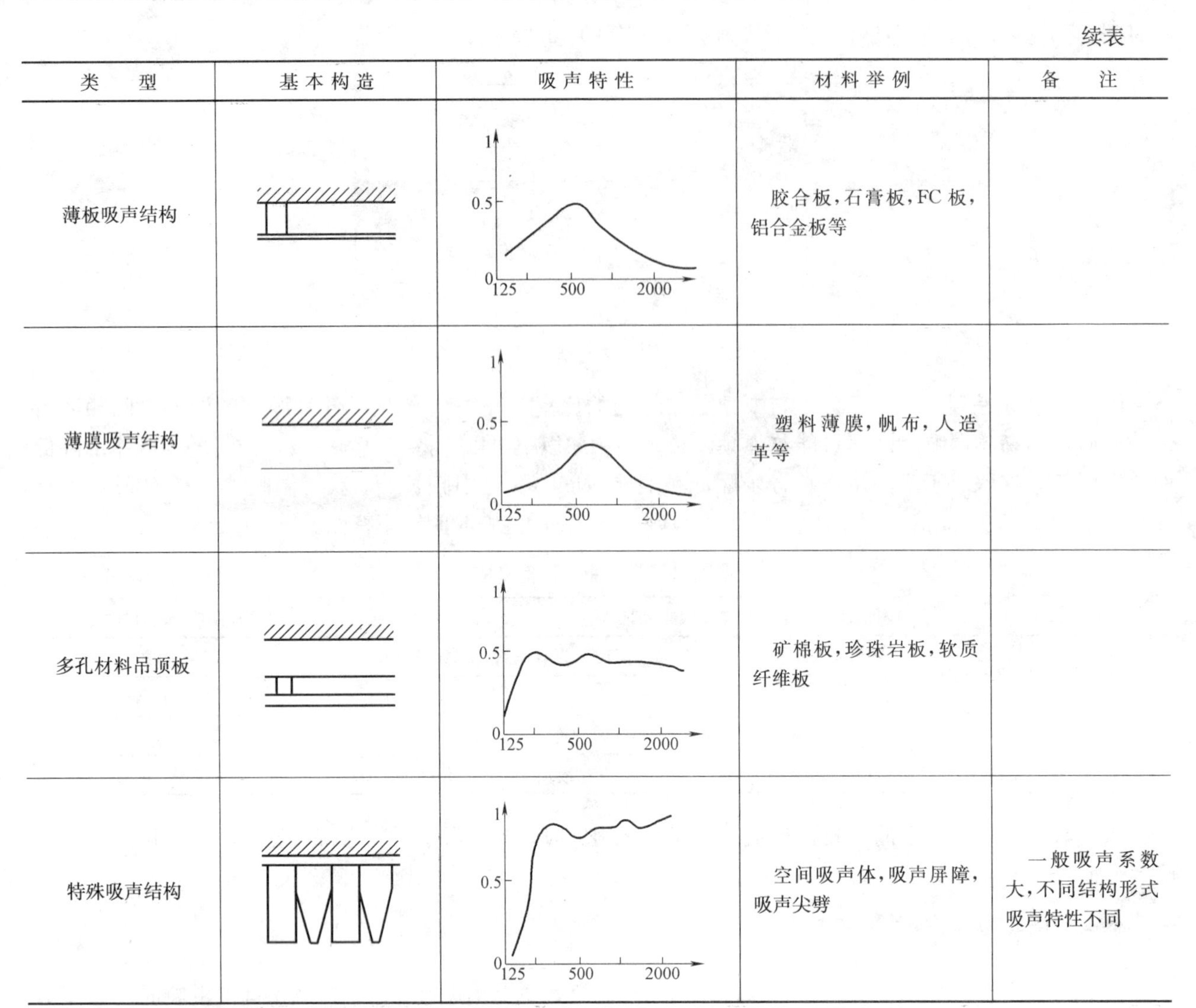

类　型	基本构造	吸声特性	材料举例	备　注
薄板吸声结构			胶合板，石膏板，FC板，铝合金板等	
薄膜吸声结构			塑料薄膜，帆布，人造革等	
多孔材料吊顶板			矿棉板，珍珠岩板，软质纤维板	
特殊吸声结构			空间吸声体，吸声屏障，吸声尖劈	一般吸声系数大，不同结构形式吸声特性不同

注：吸声特性栏中，纵坐标为吸声系数 α，横坐标为倍频程中心频率（单位 Hz）。

1. 多孔吸声材料

（1）吸声机理及吸声特性

多孔吸声材料的构造特点是具有大量内外连通的孔隙和气泡，当声波入射其中时，可引起空隙中的空气振动。由于空气的黏滞阻力，空气与孔壁的摩擦。相当一部分声能转化成热能而被损耗。此外，当空气绝热压缩时，空气与孔壁之间不断发生热交换，由于热传导作用，也会使一部分声能转化为热能。

某些保温材料，如聚苯和部分聚氯乙烯泡沫塑料，内部也有大量气泡，但大部分为单个闭合，互不连通，因此，吸声效果不好。使墙体表面粗糙，如水泥拉毛的做法，并没有改善其透气性，因此并不能提高其吸声系数。

影响多孔吸声材料吸声性能的因素主要有材料的空气流阻、孔隙率、表观密度和结构因子。其中结构因子是由多孔材料结构特性所决定的物理量。此外，材料厚度、背后条件、面层情况以及环境条件等因素也会影响其吸声特性。

（2）多孔吸声材料特性

多孔吸声材料包括纤维材料和颗粒材料。纤维材料有：玻璃棉、超细玻璃棉、矿棉等无机纤维及其毡、板制品，棉、毛、麻等有机纤维织物。颗粒材料有膨胀珍珠岩、微孔砖等板块制品。

多孔吸声材料一般有良好的中高频吸声性能，其吸声机理不是因为表面的粗糙，而是因为多孔材料具有大量内外连通的微小空隙或气泡。通常，多孔材料的吸声能力与其厚度、密度有关。如图4-42所示，随着厚度增加，中低频吸声系数显著增加，高频变化不大。厚度不变，增加密度也可以提高中低频吸声系数，不过比增加厚度的效果小。在同样用料的情况下，当厚度不受限制时，多孔材料以松散为宜。

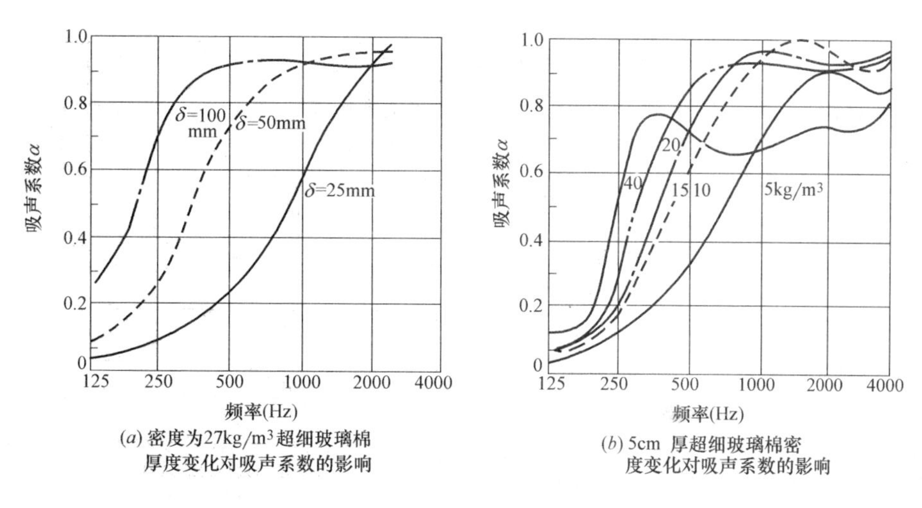

图 4-42　不同厚度和密度的超细玻璃棉的吸声系数

多孔材料背后有无空气层，对吸声性能有重要影响。一般说来，其吸声性能随着空气层厚度的增加而提高，如图 4-43 所示。因此，大部分纤维板状多孔材料都是周边固定在木龙骨上，离墙 5～15cm 安装。

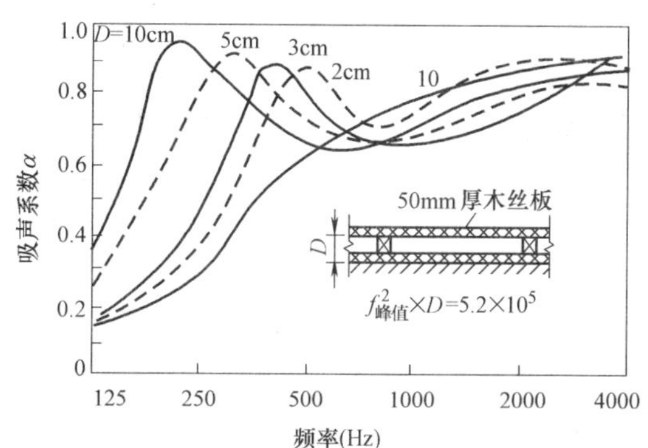

图 4-43　背后空气层厚度对吸声性能影响的实例

多孔材料如超细玻璃棉、矿棉等使用时需加防护面层，以满足施工和装饰的要求。如面层采用钢板网、织物等完全透气材料时，吸声性能基本不受影响。用穿孔薄板作面层，穿孔率大至 30%以上时，吸声性能也基本不受影响；穿孔率降低，中高频尤其是高频吸声性能将降低；穿孔率更小时就成为共振型吸声材料。在多孔吸声材料表面喷刷油漆或涂料，将使材料表面气孔受堵，降低中高频吸声性能。

帘幕也是一种很好的多孔吸声材料。就吸声效果而言，丝绒最好，平绒次之，棉麻织品再次之，化纤类帘幕吸声系数较低。用帘幕调节吸声效果：一是控制它与墙面或玻璃的间距（即空气层厚度），如图 4-44 所示；二是调节帘幕的褶裥（褶皱程度），如图 4-45 所示。由图 4-45 可见，使帘幕与墙面或玻璃距离 10cm 以上和利用较深的褶裥（相当于增加帘幕有效厚度），有利于提高吸声性能。

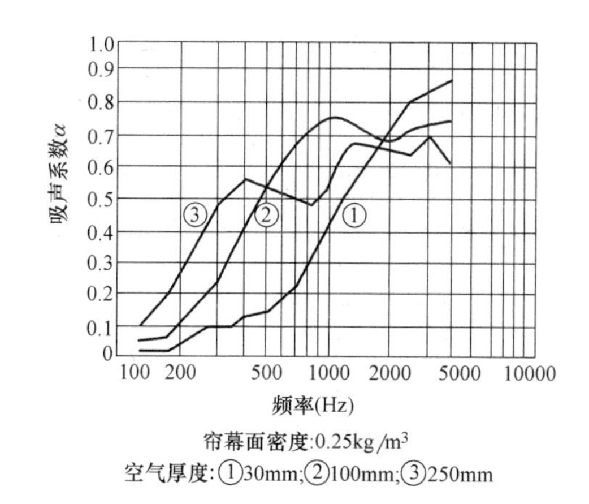

图 4-44　帘幕的吸声性能

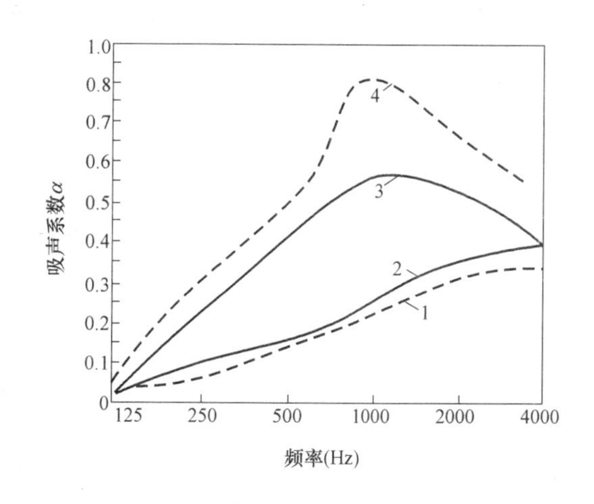

图 4-45　帘幕吸声性能与褶裥的关系

地毯也是一种很好的多孔吸声材料，而且它还有隔绝撞击声的效果。剪切绒毛地毯的绒毛越长、越密，吸声性能越好。纤维形的地毯吸声效果较差。

2. 共振吸声结构

穿孔板吸声结构和薄板、薄膜吸声结构都可看作利用共振吸声原理的吸声结构。

穿孔板吸声结构具有适合于中频的吸声特性。它是由金属板、薄木板、石膏板等穿以一定密度的小孔或缝后，周边固定在龙骨上，背后留有空气层而构成的共振吸声系统。因此它可视为由许多并联的亥姆霍兹共振器组成。穿孔板共振吸声结构的共振频率可用下式计算：

$$f_0=\frac{c}{2\pi}\sqrt{p(\delta+0.8d)D}\text{(Hz)} \tag{4-7}$$

式中，c 为声速，一般取 34000cm/s；p 为穿孔率，即穿孔面积与总面积之比；D 为板后空气层厚度（cm）；δ 为板厚（cm）；d 为穿孔直径（cm）。

穿孔板的吸声特性如图 4-46 所示，在共振频率附近有最大的吸声系数。为了在较宽的频率范围内有较高的吸声系数，一种办法是在穿孔板后铺设多孔吸声材料，如图 4-46 中③所示。多孔吸声材料离开穿孔板放置，吸声效果要差一些，如图 4-46 中②所示。另一种办法是穿孔的孔径很小，小于 1mm（穿孔率为 1%～3%），称为微穿孔板。微穿孔板常用薄金属板制成，一般不再铺设多孔吸声材料，可在较宽频带内获得较好的吸声效果，做成双层微穿孔结构，吸声性能更好。

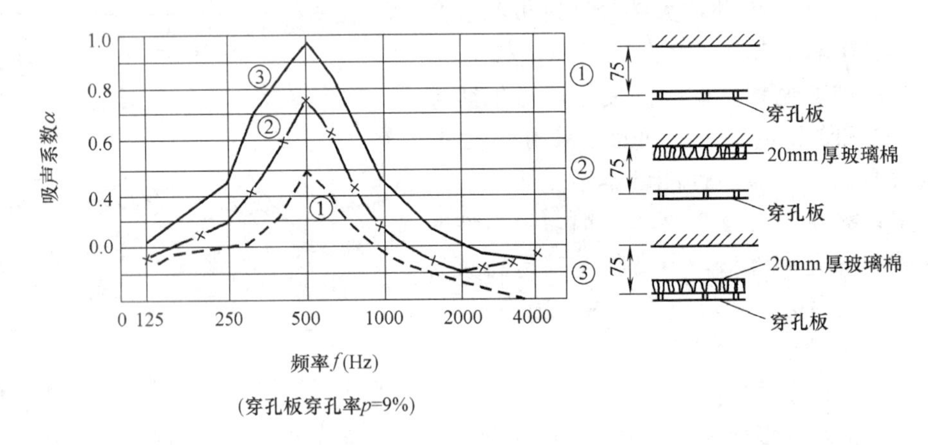

图 4-46　穿孔板的吸声特性

吸声结构可根据建筑要求做成各种形式。图 4-47 所示是吸声结构的基本做法。吸声结构龙骨间距一般为 400～600mm。多孔吸声材料可固定于龙骨之间，并靠近面层（或面板）。表 4-16 列出了部分最常用的吸声材料、吸声结构等的吸声系数值，供参考选用。

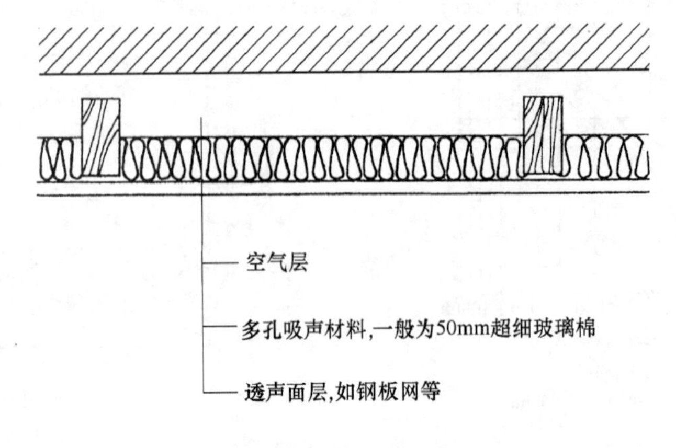

图 4-47　吸声结构基本做法

常用吸声材料和吸声结构的吸声系数　　**表 4-16**

序号	吸声材料及其安装情况	吸声系数α					
		125Hz	250Hz	500Hz	1000Hz	2000Hz	4000Hz
1	50mm厚超细玻璃棉，表观密度20kg/m³，实贴	0.20	0.65	0.80	0.92	0.80	0.85
2	50mm厚超细玻璃棉，表观密度20kg/m³，离墙50mm	0.28	0.80	0.85	0.95	0.82	0.84
3	50mm厚尿醛泡沫塑料，表观密度14kg/m³，实贴	0.11	0.30	0.52	0.86	0.91	0.96
4	矿棉吸声板；厚12mm，离墙100mm	0.54	0.51	0.38	0.41	0.51	0.60
5	4mm厚穿孔FC板，穿孔率20%，后空100mm，填50mm厚超细玻璃棉	0.36	0.78	0.90	0.83	0.79	0.64
6	其他同上，穿孔率改为4.5%	0.50	0.37	0.34	0.25	0.14	0.07
7	穿孔钢板，孔径2.5mm，穿孔率15%，后空30mm，填30mm厚超细玻璃棉	0.18	0.57	0.76	0.88	0.87	0.71
8	9.5mm厚穿孔石膏板，穿孔率8%，板后贴桑皮纸，后空50mm	0.17	0.48	0.92	0.75	0.31	0.13
9	其他同上，后空改为360mm	0.58	0.91	0.75	0.64	0.52	0.46
10	三夹板，后空50mm，龙骨间距450mm×450mm	0.21	0.73	0.21	0.19	0.08	0.12
11	其他同上，后空改为100mm	0.60	0.38	0.18	0.05	0.05	0.08
12	五夹板，后空50mm，龙骨间距450mm×450mm	0.09	0.52	0.17	0.06	0.10	0.12
13	其他同上，后空改为100mm	0.41	0.30	0.14	0.05	0.10	0.16
14	12.5mm厚石膏板，后空400mm	0.29	0.10	0.05	0.04	0.07	0.09
15	4mm厚FC板，后空100mm	0.25	0.10	0.05	0.05	0.06	0.07
16	3mm厚玻璃窗，分格125mm×350mm	0.35	0.25	0.18	0.12	0.07	0.04
17	坚实表面，如水泥地面、大理石面、砖墙水泥砂浆抹灰等	0.02	0.02	0.02	0.03	0.03	0.04
18	木格栅地板	0.15	0.10	0.10	0.07	0.06	0.07
19	10mm厚毛地毯实铺	0.10	0.10	0.20	0.25	0.30	0.35
20	纺织品丝绒密度0.13kg/m³，直接挂墙上	0.03	0.04	0.11	0.17	0.24	0.35
21	木门	0.16	0.15	0.10	0.10	0.10	0.10
22	舞台口	0.30	0.35	0.40	0.45	0.50	0.50
23	通风口（送、回风口）	0.80	0.80	0.80	0.80	0.80	0.80
24	人造革沙发椅（剧场用），每个座椅吸声量	0.10	0.15	0.24	0.32	0.28	0.29
25	观众坐在人造革沙发椅上，人与座椅单个吸声量	0.19	0.23	0.32	0.35	0.44	0.42
26	观众坐在织物沙发椅上，单个吸声量	0.15	0.16	0.30	0.43	0.50	0.48

3. 吸声材料的选择与布置

吸声材料的作用是控制混响时间，消除音质缺陷。吸声材料从性能上可划分为以下三类。

（1）多孔吸声材料。对高频声吸声效果较好。

（2）薄膜或薄板共振吸声结构。用于中低频声的吸收。

（3）穿孔板共振吸声结构。吸音频率随需要调节。

吸声材料选择、吸声结构构造确定。应注意低频、中频、高频吸声的平衡，保证所需的音色，同时兼顾建筑装饰效果。

布置的原则如下：

（1）要使吸声材料充分发挥作用，应将其布置在最容易接触声波和反射次数最多的表面上，通常顶棚和地面反射次数要比侧墙多1倍，因此许多厅堂把吸声材料布置在顶棚上。如果要利用顶棚反射，就要把吸声材料放在其他易于声波接触的表面上。

(2) 舞台附近的顶棚及侧墙均采用吸声系数小的材料来布置，以便把有用的前几次反射声（35～50ms）反射到观众厅的后部。

(3) 为了不使后墙反射回来的声音（超过50ms的）影响观众听觉，常需在护墙板以上部分布置较高吸声值的材料（α在0.7以上），减弱回声强度，使它不被发觉。过高的顶棚、过大的跨度有可能产生回声时，也应布置吸声材料来解决。

一般而言，舞台口周围的墙面、顶棚、侧墙下部应当布置反射性能好的材料，以便向观众席提供早期反射声。观众厅的后墙宜布置吸声材料或结构，以消除回声干扰。如所需要吸声量较多时，可以在大厅中后部顶棚、侧墙上部布置吸声材料和结构。

对于有高大舞台空间的演出大厅来说，观众厅和舞台空间通过舞台开口成为"耦合空间"。当舞台空间吸声较少时，它就会将较多的混响声返回给观众厅，使大厅清晰度降低。因此，应该注意舞台上应有适当的吸声。吸声材料的用量应以舞台空间的混响时间与观众厅基本相同为宜。至于耳光、面光室，内部也应适当布置一些吸声结构，使耳光口、面光口成为一个吸声口。

室内音质设计中，并不是所有的声环境都要增加吸声材料。有时为了获得较长的混响时间，必须控制吸声总量，尤其对音乐厅和歌剧院更是如此，而且，除建筑装修中应减小吸声外，对座椅的吸声也必须加以控制，如沙发椅软面靠背不宜过高过宽，以减小吸声。

4. 混响时间计算

混响时间T_{60}计算可按如下步骤进行。

(1) 根据观众厅设计图，计算房间的体积V和总内表面积S。

(2) 根据混响时间设计值，采用伊林修正公式计算，求出房间平均吸声系数$\bar{\alpha}$。

伊林修正公式如下：

$$T_{60}=\frac{0.16V}{[-S\ln(1-\bar{\alpha})+4mV]} \tag{4-8}$$

式中，V为房间容积（m^2）；S为室内总表面积（m^2）；4m为空气吸声系数，见表4-17。

空气吸声系数4*m*值（室温20℃）　　**表4-17**

频率(Hz)	室内相对湿度				
	30%	40%	50%	60%	70%
1000	0.005	0.004	0.004	0.004	0.003
2000	0.012	0.010	0.010	0.009	0.009
4000	0.038	0.029	0.024	0.022	0.021
6300	0.084	0.062	0.050	0.43	0.040
8000	0.120	0.095	0.077	0.065	0.057

求出的平均吸声系数乘以总内表面积S，即为房间所需总吸声量。一般计算频率取125～4000Hz，共6个倍频程中心频率。

(3) 计算房间内固有吸声量，包括室内家具、观众、舞台口、耳面光口等吸声量。房间所需总吸声量减去固有吸声量即为需要增加的吸声量。

(4) 查阅材料及结构的吸声系数（表4-16中列有部分吸声材料和吸声结构和吸声系数），从中选择适当的材料及结构，确定各自的面积，以满足所需增加的吸收量及频率特性。一般常需反复选择、调整，才能达到要求。

混响设计也可在确定房间混响时间设计值及体积后，先根据声学设计的经验及建筑装修效果要求确定一个初步方案，然后验算其混响时间，通过反复修改、调整设计方案，直到混响时间满足设计要求为止，通常是各频带混响时间计算值应在设计值的±10%范围内。表 4-18 为一观众厅混响时间计算实例。

观众厅混响时间计算表（$V=5400m^3$，$\sum s=2480m^2$） **表 4-18**

序号	项　目	材料及做法	面积（m^2）	吸声系数和吸声结构（m^3）											
				125Hz		250Hz		500Hz		1000Hz		2000Hz		4000Hz	
				α	$S\alpha$	α	$S\alpha$	α	$S\alpha$	α	$S\alpha$	α	$S\alpha$	α	$S\alpha$
1	观众及座椅	观众席及周边 0.5m 宽走道	550	0.54	297	0.66	363	0.75	412.5	0.85	467.5	0.83	456.5	0.75	412.5
2	吊顶	5mm 厚 FC 板，大空腔	900	0.20	180	0.07	63	0.05	45	0.05	45	0.06	54	0.07	63
3	墙面 1	三夹板，后空 50mm	150	0.21	31.5	0.73	109.5	0.21	31.5	0.19	28.5	0.08	12	0.12	18
4	墙面 2	9.5mm 厚穿孔石膏板，穿孔率 $p=8\%$，板后贴桑皮纸，空腔 50mm	100	0.17	17	0.48	48	0.92	92	0.75	75	0.31	31	0.13	13
5	墙面 3	水泥抹面	376	0.02	7.5	0.02	7.5	0.02	7.5	0.03	11.3	0.03	11.3	0.03	11.3
6	走道、乐池	混凝土面	240	0.02	4.8	0.02	4.8	0.02	4.8	0.03	7.2	0.03	7.2	0.03	7.2
7	门	木板门	28	0.16	4.5	0.15	4.2	0.10	2.8	0.10	2.8	0.10	2.8	0.10	2.8
8	开口	舞台口、耳光口、面光口	130	0.30	39	0.35	45.5	0.40	52	0.45	58.5	0.50	65	0.50	65
9	通风口	送、回风口	6	0.8	4.8	0.8	4.8	0.8	4.8	0.8	4.8	0.8	4.8	0.8	4.8
	$4mV$											48.6		118.8	
	$\sum s\alpha$			586.1		650.3		652.4		700.6		644.1		597.6	
	$\bar{\alpha}$			0.236		0.262		0.263		0.285		0.260		0.240	
	$\ln(1-\bar{\alpha})$			0.269		0.304		0.305		0.333		0.301		0.276	
	T_{60}			1.30		1.15		1.15		1.05		1.09		1.08	

第八节　扩声控制室（机房）

一、扩声控制室的设置

扩声控制室的设置应根据工程实际情况具体确定。一般说来，剧院礼堂类建筑宜设在观众厅的后部。过去往往将声控室设在舞台上台侧的耳光室位置，但总觉得不理想。这是因为它不能全面观察到舞台，对调音控制不利；对观众区的观察受限制，控制室的灯光及人员活动都会对观众有影响；不能听到场内的扩声实际效果，而且还往往与灯光位置矛盾，控制室面积受限制等。控制室面积一般应大于 $15m^2$，且室内作吸声处理。当控制室设在观众厅后面时，观察用的玻璃窗宜为 1.5～2m（宽）×1m（高），且窗底边应比最后一排地面高 1.7m 以上，以免被观众遮挡视线。

二、机房设备布置

扩声机房内布置的设备主要有调音台、周边设备，例如均衡器、延时器、混响器、压缩限幅器，以及末级功率放大器和监听音箱等，所有设备均可置于同一房间内。

机房内须设置输入转换插口装置，以连接厅堂内所有传声器馈线，设置输出控制盘，以分路控制所有供声扬声器。扬声器连接馈线也由控制盘输出端引出。输入转换插口装置与输出控制盘均须暗设，嵌装在机房相应位置平面内，距地为 0.5～1m。

设备在机房内的布置可根据信号传输规律，由低至高依次排列。调音台应尽量靠近输入转换插口装置，功率放大器机柜应尽量靠近输出控制盘。功率放大器机柜可稍远离调音台，机房内所配备的稳定电源更要远离弱信号处理设备。

落地安装的设备或设备机柜，机面与墙的距离不应小于 1.5m，机背与墙、机侧与墙的净距不应小于 1m。并列布置时，若设备两侧需检修，其间距不应小于 0.8m。

调音系统中调音台的位置应靠近观察窗台，便于调音师观察与监听。

由于机房的面积，机房的体形不完全一致，因此机房内设备的布置只要符合上述布置要求，可因地制宜，灵活变动。图 4-23 与图 4-24 为四种机房设备布置实例。

三、机房设备线路敷设

机房内各设备间的线路连接，可采用地下电缆槽形式。地下电缆槽可在机房地板下部设置，其上部采用可拆下的活动地板，如图 4-48 和前述图 4-8 所示。

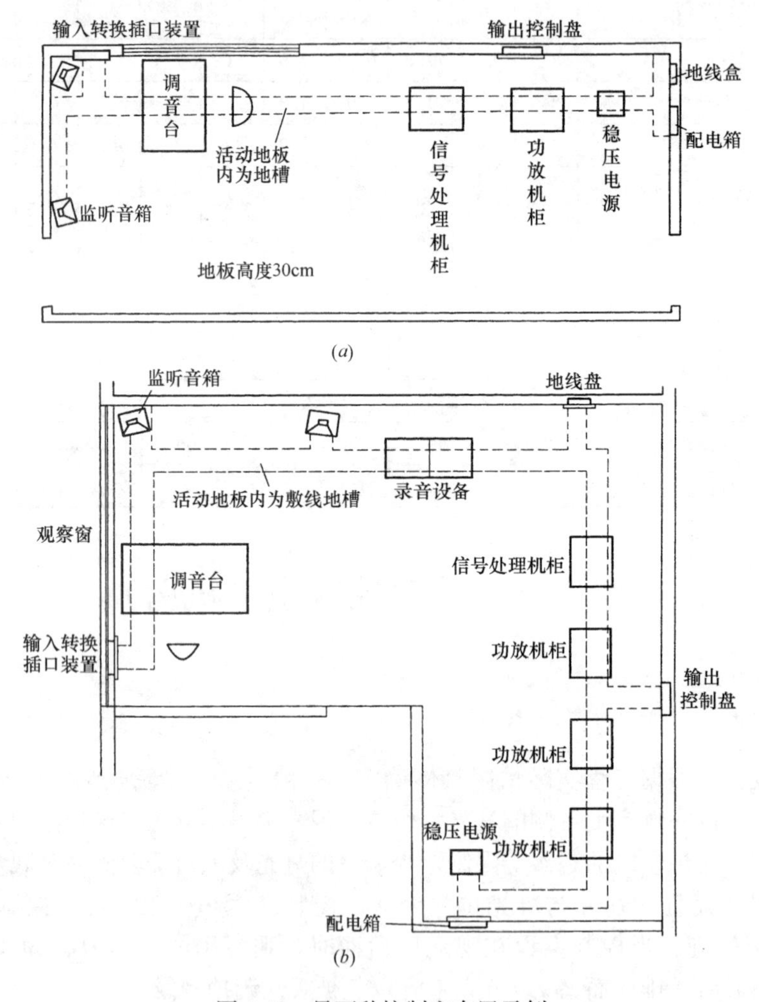

图 4-48　另两种控制室布置示例

(a) 中型扩声机房设备布置示例；(b) 大型扩声机房设备布置示例

交流电源线在地槽中须远离低电平信号线敷设，否则需单独敷设在专用铁管内，以隔离其对低电平信号线的干扰。

传声器输入线，低电平信号传输线与功率放大器的输出线应分开敷设，不得将这些线同位置敷设，或同线捆扎与穿管，消除高电平信号对低电平信号的干扰。

所有低电平信号传输线都应采用金属屏蔽线，其传输馈接方式可视信号强弱，采用平衡式或非平衡式。

四、机房的电源要求

（1）大型扩声系统，宜从交流低压配电盘上引两路专用电源作主用、备用供电回路。主用、备用供电回路在机房内可采用手动切换。

（2）为了防止舞台灯光或观众厅照明用可控硅调压器对声频设备的干扰，有条件时交流供电回路须和可控硅调压器的配电回路分开，各从不同变压器低压配电盘上引电：否则须配置隔离变压器隔离可控硅调压器的干扰。

（3）须根据机房内所有设备消耗功率值，选用相应功率的交流稳压器。

五、机房的接地要求

（1）所有声频设备均要与信号地线作可靠的星地连接，保证整个系统处于良好的工作状态。

（2）传声器信号输入线及其他低电平信号传输线的屏蔽层均应和调音台、信号处理设备或功率放大器的输入端通地点进行一点接地。

（3）控制室应设置保护接地和工作接地。单独专用接地时，接地电阻≤4Ω，共同接地网接地时，接地电阻≤1Ω。

六、机柜

1. 标准机架

国际上最通用的专业音响器材的尺寸力 19 英寸宽，高度不统一。用占几个“U”（基本单位为 1 个“U”）来表示，深度不等。由此 19 英寸的机架称为安装电声设备的标准机架，机架两边按统一的规格（以 1 个 U 为基准）攻成若干丝孔，可直接用螺钉将设备固定在机架上，可以随意调整上下位置。机架设有专门的接地螺栓，应用 4mm^2 截面的铜线将该点与音控室的接地处连接，并与调音台的音频信号参考电位（地）相连。供音频信号参考电位（地）的接地端子位置不能与电源 220V 的接地端共用，应分为一定距离的两点。

2. 设备排列

设备在机柜中排列，有条件情况下，应使低电平的信号处理设备与高电平输出的功率放大器分机柜放置，两类设备完全分开，可消除对低电平信号的干扰。如果放置在同一个机柜内，原则上应做到低电平信号处理设备在机柜上部、高电平信号输出设备在机柜下部。

图 4-49 示出了扩声音响声频设备在机柜上放置方式实例。由图可以看出，设备在机柜上的排列是按照设备工作电平的高低，即设备的用电梯度，由低至高，从上往下排列。

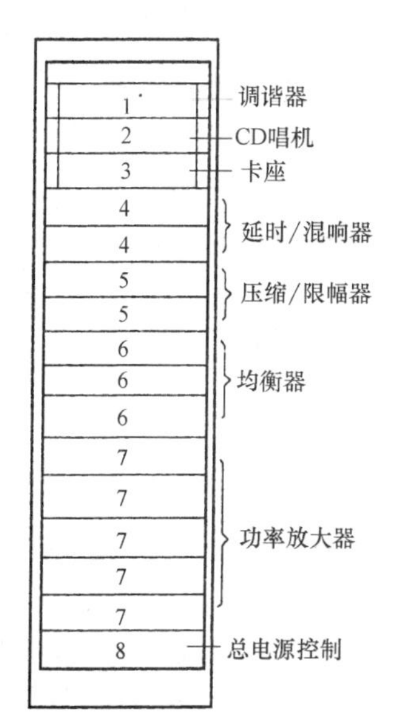

图 4-49　扩声用声频设备排列

3. 结线捆扎

机柜上各种接线必须分类捆扎，通过导线槽通向所要连接的设备端子。同类线可捆扎在一道，不同类线要分开排列。输入信号线（例如光电池信号输入线）与输出信号线或电源线，一定要分开捆扎，而且不能平行走向，最好垂直成某一角度（通常在 45°～90°），功率输出线要单独引出。所有接线要捆扎整齐，在机柜内位置明确，并做出相应标志，便于维修时查找。

4. 通风

机柜底部应安装排风设备，使机柜内部处于良好通风状态，保证声频设备与环境温度保持有一个稳定的热平衡状态，避免设备温度持续上升，造成设备损坏。

第九节　公共广播系统

一、公共广播系统的种类

公共建筑公众区的有线广播和旅馆的客房广播等公共广播系统，与剧场、会堂、歌舞厅的厅堂扩声系统不同，后者因服务区域较小，传输距离较短，通常采用直接输出（低阻输出）和传输的方式，而公共广播系统则有如下特点：

（1）服务区域广，传输距离长，故为了减少功率传输损耗，采取与厅堂扩声系统不同的传输方式。

（2）播音室与服务区一般是分开的，即传声器与扬声器不在同一房间内，故没有声反馈的问题。

公共广播又称有线广播，亦称 PA（Public Address）广播，按照使用性质和功能分，可分为三种：

1. 业务性广播系统

这是以业务及行政管理为主的语言广播，用于办公楼、商业楼、学校、车站、客运码头及航空港等建筑物。业务性广播宜由主管部门管理。

2. 服务性广播系统

这是以欣赏性音乐或背景音乐为主的广播，对于一至三级的旅馆、大型公共活动场所，应设服务性广播。旅馆的服务性广播节目不宜超过五套。

背景音乐简称 BGM，是 Back Ground Music 的缩写，它的主要作用是掩盖噪声并创造一种轻松和谐的气氛。听的人若不专心听，就不能辨别其声源位置，音量较小，是一种能创造轻松愉快环境气氛的音乐。背景音乐通常是把记录在磁带、唱片上的 BGM 节目，经过 BGM 重放设备（磁盘录音机、激光唱机等）使其输出分配到各个走廊、门厅和房间内的扬声器，变成重放音乐。

3. 火灾事故广播系统

它是用来满足火灾时引导人员疏散的要求。背景音乐广播等可与火灾事故广播合并使用。当合并时，应按火灾事故广播的要求确定系统。

另一方面，公共广播系统按传输方式又可分为音频传输方式和载波传输方式两种。而音频传输方式常见的有两种：定压式和终端带功放的有源方式。

1. 定压式

它的原理与强电的高压传输原理相类似，即在远距离传输时，为了减少大电流传输引起的传输损耗增加，采用变压器升压，以高压小电流传输，然后在接收端再用变压器降压相匹配，从而减少功率传输损耗。同样，在定压式宾馆广播系统中，用高电压（例如 70V、100V 或 120V）传输，馈送给散布在各处的终端，每个终端由线间变压器（进行降压和阻抗匹配）和扬声器组成。其系统构成如图 4-50 所示，定压式亦称高阻输出方式。

采用定压式设计时应该注意：

（1）为施工方便，各处的终端一般采取并联接法，而接于同一个功率放大器上的各终端（线间变压器和扬声器）的总阻抗应大于或等于功率放大器的额定负载阻抗值，即

$$Z_0 \leqslant \frac{Z_L}{n} \tag{4-9}$$

式中　Z_0——功放额定负载阻抗；

Z_L——各终端扬声器的阻抗；

n——终端个数。

若功率放大器的额定输出功率为 W_0，定压输出的额定电压为 V_0，则 Z_0 可由下式求得：

$$Z_0 = \frac{V_0^2}{W_0} \tag{4-10}$$

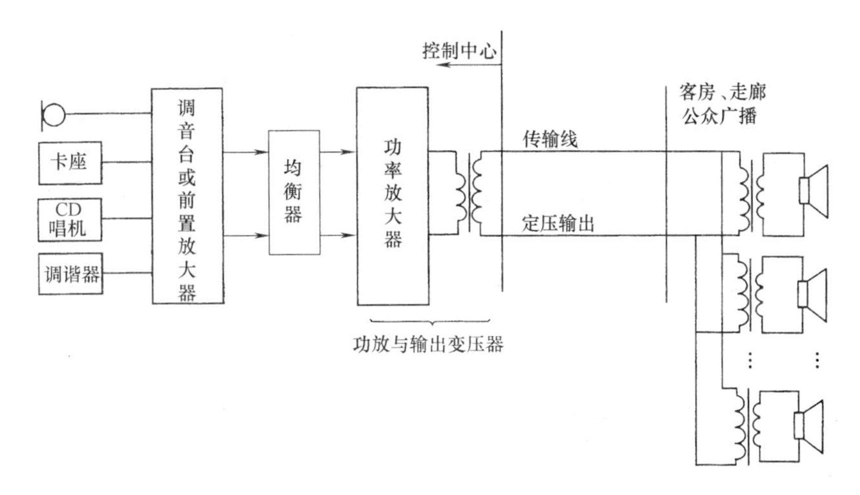

图 4-50　定压式音频传输广播系统

（2）每个终端（扬声器）的额定输出功率应大于所需声压级的电功率的 3 倍以上。设扬声器的额定功率为 W_L，达到所需声压级的电功率为 W_S，则有

$$W_L \geqslant 3W_S \tag{4-11}$$

事实上，由于满足定压条件，故有

$$V_0 = \sqrt{W_L Z_L} \tag{4-12}$$

因此只要将相应定压端子的扬声器终端并接到功率放大器的输出端，而保证 $nW_L \leqslant W_0$ 即可。

定压式的音频传输方式，适于远距离有线广播。由于技术成熟，布线简单，设备器材配套容易，造价费用较低，广播音质也较好。因此获得广泛的应用。

2. 终端带功放的方式

这种方式又称为有源终端方式，或称低阻输出式音频传输方式。这种方式的基本思路是将控制中心的大功率放大器分解成小功率放大器，分散到各个终端去，这样既可解除控制中心的能量负担，又避免了大功率音频电能的远距离传送。其系统组成如图 4-51 所示。这种方式的主要特点是：

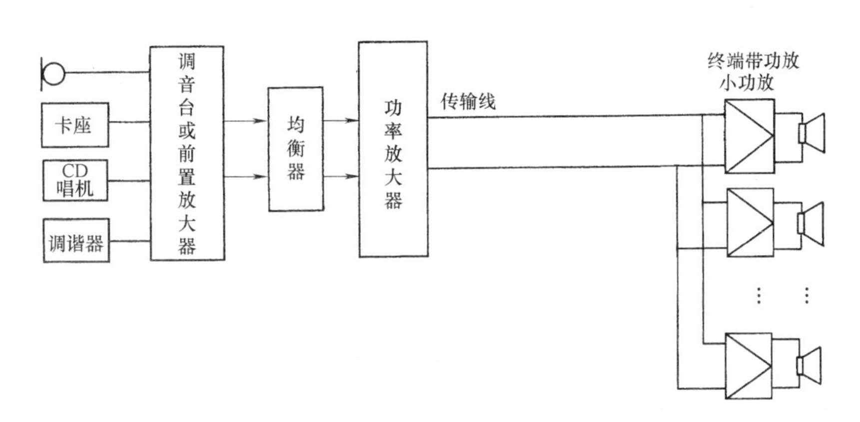

图 4-51　终端带功放音频传输方式

（1）每一个终端扬声器均由紧靠自己的小功率放大器（又称终端放大器）驱动。终端仅向传输线路索取 0dB 信号，终端放大器的功率不受限制，视扬声器而定。

（2）控制中心只负责小信号处理，包括信号控制、音色修饰和适当放大。输出放大器采用低阻、无变压器输出（如 OTL 或 OCL），功率不必很大，几瓦以上即可。

（3）传输线路是低阻抗小电流线路，理论上输出信号为毫瓦级信号就够了，传输电流比定压式小；适当提高传输电平有利于提高信噪比。

由上述特点可以看出这种系统有如下优点：

第一，由于解除了控制中心的能量负担，故大大地提高了运行的可靠性和配置的灵活性。

第二，由于传输线仅传输小信号，而且是低阻抗输出，所以传输距离可以很远；不存在终端匹配问题，终端的规模和数量均可任意设计；对传输线的要求很低，用普通双绞线即可，不需大截面导线，因线路呈低阻抗，故一般也不需屏蔽；而且由于传输信号电平低，故也不会对邻近系统造成干扰。

第三，由于取消了定压式输出的大功率音频变压器，可改善音质，节约投资，当然终端部分的投资要增大。

在实际工程中，终端放大器的供电电源原则上就近由电力网引入。当需要对终端进行分别控制时，电源线可从控制中心引出，电源线同信号传输线可用同一线管敷设，不会引入工频干扰，但要做好安全绝缘。

这种方式既可用于宾馆客房等广播系统，也可用于大范围的体育场馆、会场的扩声系统。实际上，由带功放的有源音箱构成的扩声系统即是此方式。

3. 载波传输方式

载波传输方式是将音频信号经过调制器转换成被调制的高频载波，经同轴电缆传送至各个用户终端，并在终端经解调还原成声音信号。由于宾馆都设有 CATV（共用天线电视）系统，所以这种方式一般都利用 CATV 传输线路进行传送。为了便于和 VHF 频段混合，又考虑调频广播同时进入系统，故目前一般采用调频制，采用我国规定的调频广播波段（87～108MHz）在此频段内开通数路自办节目，一般可设置 1～2 套广播节目和 3～4 套自办音乐节目（背景音乐等）。这些节目源信号被调制成 VHF 频段的载波信号，再与电视频道信号混合后接到 CATV 电缆线路中去，在接收终端（例如客房床头柜）设有一台调频接收机，即可解调和重放出声音信号。这种方式的系统组成如图 4-52 所示。

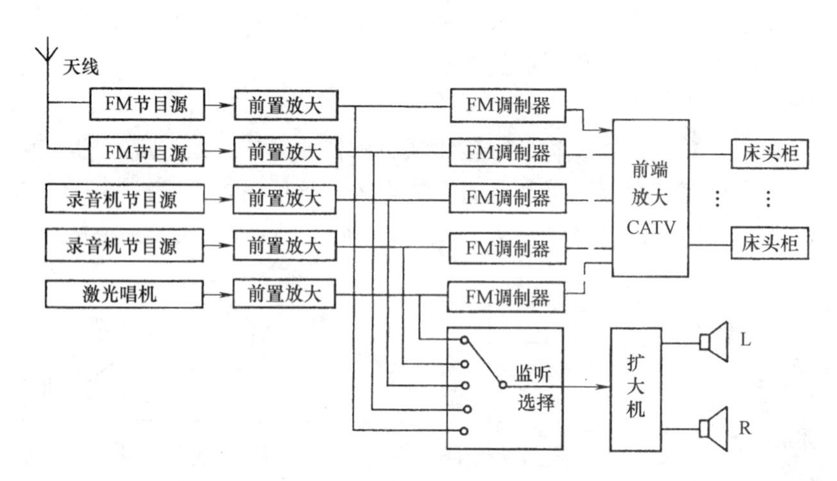

图 4-52　载波传输广播系统

表 4-19 列出三种公共广播系统方式的比较。

公共广播系统分类　　**表 4-19**

类　型	原　理	特　点
定压式 （图 4-41）	功放用升压（定压）小电流传输，每个终端由线间变压器降压并与扬声器匹配	(1)技术成熟、布线简单、应用广泛； (2)传输损耗小，音质较好； (3)设备器材配套容易，造价较低
有源终端式 （终端带功放式） （图 4-42）	将控制中心的功放分解或多个小功放，分散到各个终端去，以低阻小电流传输	(1)控制中心功耗小，传输电流也较小； (2)终端放大器的功率不受限制； (3)终端较复杂
载波传输式 （图 4-43）	音频信号经调制器变成被调制的高频载波，通过 CATV 同轴电缆传送至用户终端，并调解成声音信号	(1)可与 CATV 系统共用； (2)终端需有解调器（调频接收设备）； (3)最初工程造价较高，维修要求高

二、公共广播系统的方式与应备功能

(一) 系统方式的选择

在前面已经述及用于宾馆广播音响系统的三种方式，即定压式音频传输方式，终端带功放的音频传输方式和载波传输方式。从目前的使用情况来看，在宾馆走廊、门厅、电梯间、商场等公众区广播中还是以定压式为多。在宾馆客房广播中，这三种方式都有应用，各有优缺点。

应该指出，在公共广播系统中，按其前面端组方式来分，可分如图 4-53 所示的三种方式。图 4-53 (*a*)为传统的以前置放大器为中心的方式。为了在两个区域播放不同广播内容，可采用“输入选择＋双前置放大器”方式，如图 4-53 (*b*) 所示。近年来出现音频矩阵方式，见图 4-53 (*c*)，它适用于区多，规模大的场合。

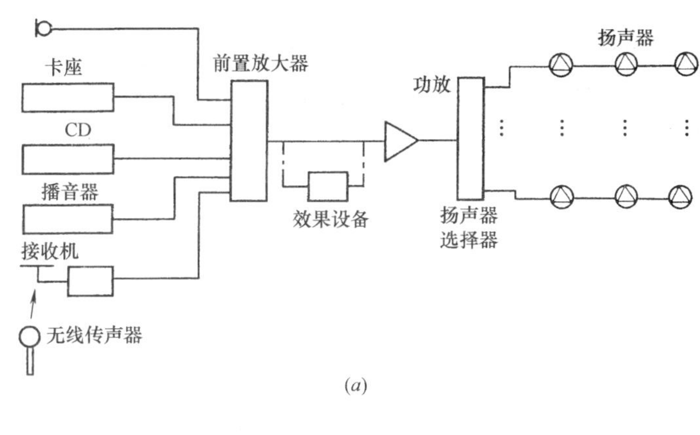

(*a*)

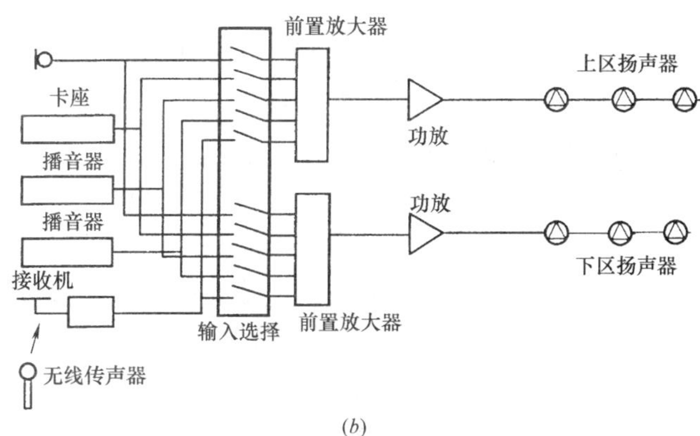

(*b*)

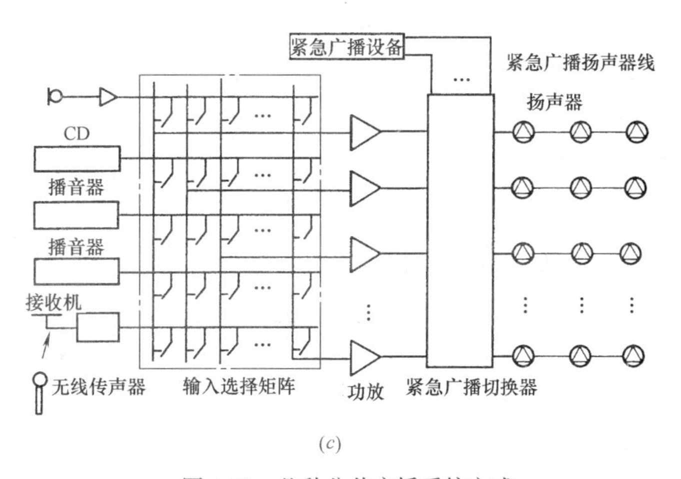

(*c*)

图 4-53　几种公共广播系统方式

(*a*) 前置放大器方式；(*b*) 输入选择＋双前置放大器方式；(*c*) 音频矩阵方式

（二）应备功能

1. 公共广播系统应能实时发布语声广播，且应有一个广播传声器处于最高广播优先级。

2. 当有多个信号源对同一个广播分区进行广播时，优先级别高的信号应能自动覆盖优先级别低的信号。

3. 业务广播系统的应备功能除应符合前述第1条的规定外，尚应符合表4-20的规定。

业务广播系统的其他应备功能　　表 4-20

级　别	其他应备功能	级　别	其他应备功能
一级	编程管理，自动定时运行（允许手动干预）且定时误差不应大于10s；矩阵分区；分区强插；广播优先级排序；主/备功率放大器自动切换；支持寻呼台站；支持远程监控	二级	自动定时运行（允许手动干预）；分区管理；可强插；功率放大器故障告警
		三级	—

4. 背景广播系统的应备功能除应符合前述第31条的规定外，尚应符合表4-21的规定。

背景广播系统的其他应备功能　　表 4-21

级　别	其他应备功能	级　别	其他应备功能
一级	编程管理，自动定时运行（允许手动干预）；具有音调调节环节；矩阵分区；分区强插；广播优先级排序；主支持远程监控	二级	自动定时运行（允许手动干预）；具有音调调节环节；分区管理；可强插
		三级	—

5. 紧急广播系统的应备功能除应符合前述第1条的规定外，尚应符合下列规定：

（1）当公共广播系统有多种用途时，紧急广播应具有最高级别的优先权。公共广播系统应能在手动或警报信号触发的10s内，向相关广播区播放警示信号（含警笛）、警报语声文件或实时指挥语声。

（2）以现场环境噪声为基准，紧急广播的信噪比应等于或大于12dB。

（3）紧急广播系统设备应处于热备用状态，或具有定时自检和故障自动告警功能。

（4）紧急广播系统应具有应急备用的电源，主电源与备用电源切换时间不应大于1s；应急备用电源应能满足20min以上的紧急广播。以电池为备用电源时，系统应设置电池自动充电装置。

（5）紧急广播音量应能自动调节至不小于应备声压级界定的音量。

（6）当需要手动发布紧急广播时，应设置一键到位功能。

（7）单台广播功率放大器失效不应导致整个广播系统失效。

（8）单个广播扬声器失效不应导致整个广播分区失效。

（9）紧急广播系统的其他应备功能尚应符合表4-22的规定。

紧急广播系统的其他应备功能　　表 4-22

级　别	其他应备功能	级　别	其他应备功能
一级	具有与事故处理中心（消防中心）联动的接口；与消防分区相容的分区警报强插；主/备电源自动切换；主/备功率放大器自动切换；支持有广播优先级排序的寻呼台站；支持远程监控；支持备份主机；自动生成运行记录	二级	与事故处理系统（消防系统或手动告警系统）相容的分区警报强拭插；主/备功率放大器自动切换
		三级	可强插紧急广播和警笛；功率放大器故障告警

三、电声性能指标

1. 公共广播系统在各广播报务区内的电声性能指标应符合表4-23的规定。

公共广播系统电声性能指标 **表 4-23**

指标 性能 分类	应备声压级	声场不均匀度（室内）	漏出声衰减	系统设备信噪比	扩声系统语言传输指数	传输频率特性（室内）
一级业务广播系统	≥83dB	≤10dB	≥15dB	≥70dB	≥0.55	图 3.3.1-1
二级业务广播系统		≤12dB	≥12dB	≥65dB	≥0.45	图 3.3.1-2
三级业务广播系统		—	—	—	≥0.40	图 3.3.1-3
一级背景广播系统	≥80dB	≤10dB	≥15dB	≥70dB	—	图 3.3.1-1
二级背景广播系统		≤12dB	≥12dB	≥65dB	—	图 3.3.1-2
三级背景广播系统		—	—	—	—	—
一级紧急广播系统	≥86dB *	—	≥15dB	≥70dB	≥0.55	—
二级紧急广播系统		—	≥12dB	≥65dB	≥0.45	—
三级紧急广播系统		—	—	—	≥0.40	—

注 *：紧急广播的应备声压级尚应符合前述第 5 条第（2）款的规定。

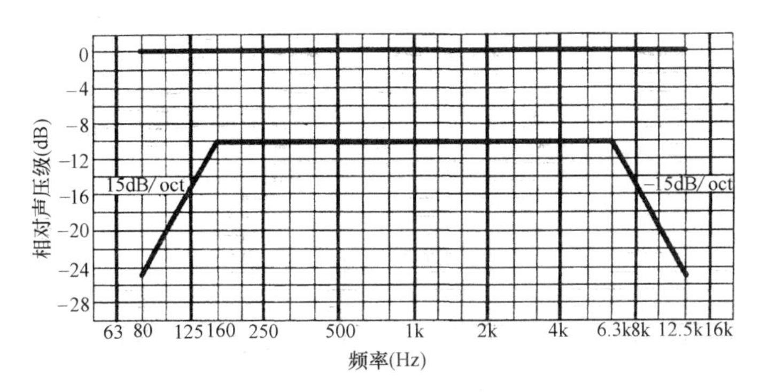

图 4-54 一级业务广播、一级背景广播室内传输频率特性容差域
（以实测传输频率特性曲线的最大值为 0dB）

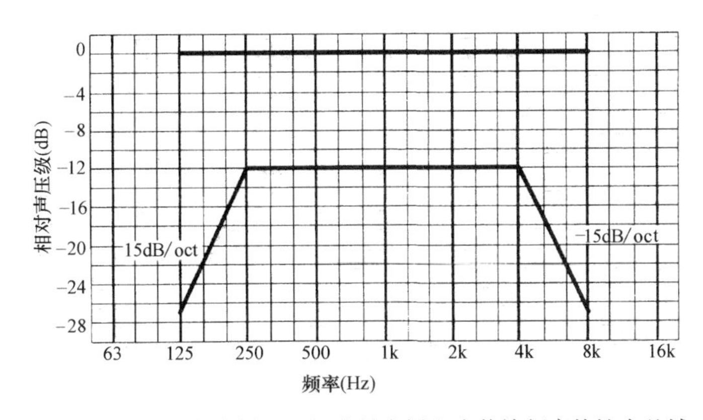

图 4-55 二级业务广播、二级背景广播室内传输频率特性容差域
（以实测传输频率特性曲线的最大值为 0dB）

2. 公共广播系统配置在室内时，相应的建筑声学特性宜符合国家现行标准《剧场、电影院和多用途厅堂建筑声学设计规范》GB/T 50356 和《体育馆声学设计及测量规程》JGJ/T 131 有关规定。

四、系统构建

1. 公共广播系统的用途和等级应根据用户需要、系统规模及投资等因素确定。

2. 公共广播系统可根据实际情况选用无源终端方式、有源终端方式或无源终端和有源终端相结合的方式构建。

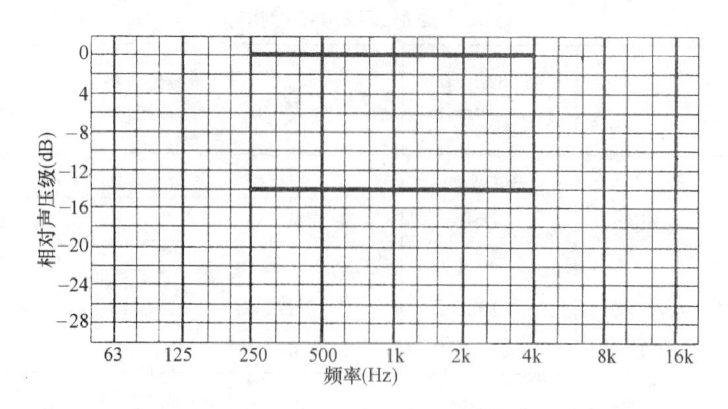

图 4-56　三级业务广播室内传输频率特性容差域

（以实测传输频率特性曲线的最大值为 0dB）

3. 广播分区的设置应符合下列规定：

（1）紧急广播系统的分区应与消防分区相容。

（2）大厦可按楼层分区，场馆可按部门或功能块分区，走廊通道可按结构分区。

（3）管理部门与公众场所宜分别设区。

（4）重要部门或广播扬声器音量需要由现场人员调节的场所，宜单独设区。

（5）每一个分区内广播扬声器的总功率不宜太大，并应同分区器的容量相适应。

4. 分区广播的设计考虑

为了适应各个分区对广播信号的声级有近似相等声级大小的要求，在广播系统设计上可采用如下方法：

（1）每一分区配置一台独立的功率放大器，该放大器上有音量大小的控制功能。

（2）在满足扬声器与功率放大器匹配的情况下，某几个分区也可以共用一台功率放大器，并在功率放大器和各分区扬声器之间安装扬声器分区选择器，以便选择和控制这些分区扬声器的接通或断开。

（3）由于功率放大器输出功率目前最大为 240W 或 300W，例如日本 TOA 公司最大一种功率放大器为 240W，当一个分区扬声器的功率超过 240W 时，可采用两台或更多的功率放大器。这些功率放大器的输入端可以并联在一起，接至同一节目信号，但应注意这些功率放大器的输出端不能直接并联在一起，而是按扬声器与功率放大器匹配的原则将该分区扬声器分成几组，分别接至各功率放大器的输出端上。

（4）在某些分区的部分扬声器加装扬声器音量控制器，用来控制某些扬声器的音量大小或关断。有些扬声器产品带有衰减器，也可用来调整声级的大小。

五、扬声器和功率放大器的确定

1. 对以背景音乐广播为主的公共广播，常用顶棚吸顶扬声器布置方式。图 4-57 和图 4-58 列出菱形排列利方形排列两种方式及其电平差。显然，扬声器的间距越小，听音的电平差（起伏）越小。但扬声器数量越多。

2. 如前所述，用作背景音乐广播的顶棚扬声器，在确定扬声器数量时必须考虑到扬声器放声能覆盖所有广播服务区。以宾馆走廊为例，一个安装在吊顶上的顶棚扬声器（例如 2W，覆盖角 90°）大约能覆盖 6～8m 长的走廊。对于门厅或较大房间也可以此估算和设计，扬声器安排的方式可以是正方形或六角形等，视建筑情况而定。

3. 在确定功率放大器的数量时，如果经费允许，建议每个分区根据该区扬声器的总功率选用一种型号适宜的功率放大器。这样，功率放大器的数量就等于各分区数量的总和。

4. 扬声器与功率放大器的配接已在上一节叙述。对于定压式功率放大器，要求接到某一功率放大

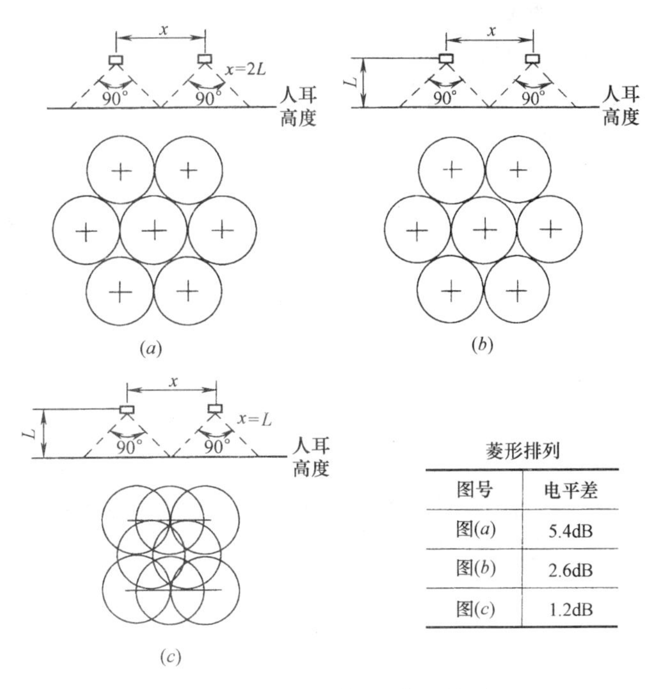

菱形排列

图号	电平差
图(*a*)	5.4dB
图(*b*)	2.6dB
图(*c*)	1.2dB

图 4-57　吸顶扬声器菱形排列

（*a*）边-边；（*b*）最小重叠；（*c*）中心-中心

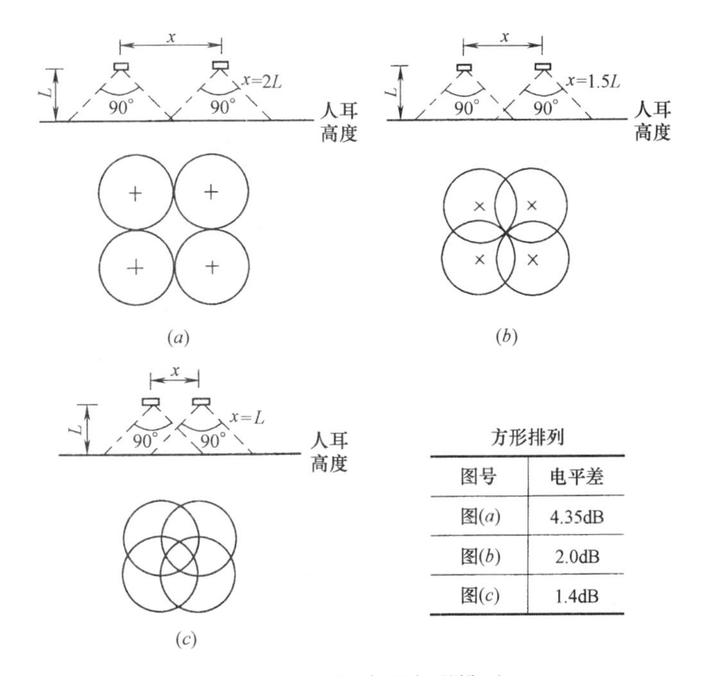

方形排列

图号	电平差
图(*a*)	4.35dB
图(*b*)	2.0dB
图(*c*)	1.4dB

图 4-58　吸顶扬声器方形排列

（*a*）边-边；（*b*）最小重叠；（*c*）中心-中心

器输出端上的所有扬声器并联总阻抗应大于或等于该功率放大器的额定负载阻抗值，否则将会造成功率放大器的损坏。

5. 功率放大器的容量一般按下式计算：

$$P=K_1K_2\sum P_0 \tag{4-13}$$

式中　P——功放设备输出总电功率（W）。

P_0——$K_i \cdot P_i$，每分路同时广播时最大电功率。

P_i——第 i 支路的用户设备额定容量。

K_i——第 i 分路的同时需要系数：

服务性广播时，客房节目每套 K_i 取 0.2～0.4；

背景音乐系统 K_i 取 0.5～0.6；

业务性广播时，K_i 取 0.7～0.8；

火灾事故广播时，K_i 取 1.0。

K_1——线路衰耗补偿系数：

线路衰耗 1dB 时取 1.26；

线路衰耗 2dB 时取 1.58。

K_2——老化系数，一般取 1.2～1.4。

6. 非紧急广播用的广播功率放大器，额定输出功率不应小于其所驱动的广播扬声器额定功率总和的 1.3 倍。

7. 用于紧急广播的广播功率放大器，额定输出功率不应小于其所驱动的广播扬声器额定功率总和的 1.5 倍；全部紧急广播功率放大器的功率总容量，应满足所有广播分区同时发布紧急广播的要求。

8. 有线广播系统中，从功放设备的输出端至线路上最远的用户扬声器箱间的线路衰耗宜满足以下要求：

(1) 业务性广播不应大于 2dB (1000Hz 时)；

(2) 服务性广播不应大于 1dB (1000Hz 时)。

9. 根据国际标准，功放的定压输出分为 70V、100V 和 120V 三档。由于公共建筑一般规模不大，并考虑到安全，故一般输出电压宜采用 70V 或 100V。

10. 若采用定阻输出的馈电线路，宜符合下列规定：

(1) 用户负载应与功率放大设备额定功率匹配；

(2) 功率放大设备的输出阻抗应与负载阻抗匹配；

(3) 对空闲分路或剩余功率应配接阻抗相等的假负载，假负载的功率不应小于所替代负载功率的 1.5 倍；

(4) 低阻抗输出的广播系统馈电线路的阻抗，应限制在功放设备额定输出阻抗的允许偏差范围内。

11. 有线广播功放设备应设置备用功率单元。其备用数量应根据广播的重要程度确定。备用功率单元应设自动或手动投入环节，用于重要广播的环节，备用功率单元应处于热备用状态或能立即投入。

12. 民用建筑选用的扬声器除满足灵敏度、频响、指向性等特性及播放效果的要求外，尚宜符合下列规定：

(1) 办公室、生活间、客房等，可采用 1～2W 的扬声器箱；

(2) 走廊、门厅及公共活动场所的背景音乐、业务广播等扬声器箱宜采用 3～5W；

(3) 在建筑装饰和室内净高允许的情况下，对大空间的场所宜采用声柱（或组合音箱）；

(4) 在噪声高、潮湿的场所设置扬声器时，应采用号筒扬声器，其声压级应比环境噪声大 10～15dB；

(5) 室外扬声器应采用防潮保护型。

13. 在一至三级旅馆内背景音乐扬声器的设置应符合下列规定：

(1) 扬声器的中心间距应根据空间净高、声场及均匀度要求、扬声器的指向性等因素确定。要求较高的场所，声场不均匀度不宜大于 6dB。

(2) 根据公共活动场所的噪声情况，扬声器的输出宜就地设置音量调节装置；当某场所有可能兼作多种用途时，该场所的背景音乐扬声器的分路宜安装控制开关。

(3) 与火灾事故广播合用的背景音乐扬声器，在现场不宜装设音量调节或控制开关。

14. 建筑物内的扬声器箱明装时，安装高度（扬声器箱底边距地面）不宜低于 2.2m。

六、有线广播控制室

1. 广播控制室设置原则：

（1）办公楼类建筑，广播控制室宜靠近主管业务部门，当消防值班室与其合用时，应符合消防有关规定；

（2）旅馆类建筑，服务性广播宜与电视播放合并设置控制室；

（3）航空港、铁路旅客站、港口码头类建筑，广播控制室宜靠近调度室；

（4）设置塔钟自动报时扩音系统的建筑，控制室宜设在楼房顶层。

2. 广播控制室的技术用房应根据工程的实际需要确定，一般宜符合下列规定：

（1）一般广播系统只设控制室，当录、播音质量要求高或有噪声干扰时，应增设录播室；

（2）大型广播系统宜设置机房、录播室、办公室和仓库等附属用房。录播室与机房之间应设观察窗和联络信号。

3. 功放设备立柜的布置应符合下列规定：

（1）柜前净距不应小于1.5m；

（2）柜侧与墙、柜背与墙的净距不应小于0.8m；

（3）柜侧需要维护时，柜间距离不应小于1m；

（4）采用电子管的功放设备单列布置时，柜间距离不应小于0.5m；

（5）在地震区，应对设备采取抗震加固措施。

4. 需要接收无线电台信号的广播控制室，当接收点处的电台信号场强小于1mV/m，或受钢筋混凝土结构屏蔽影响者，应设置室外接收天线装置。

5. 有线广播的交流电源宜符合下列规定：

（1）有一路交流电源供电的工程，宜由照明配电箱专路供电。当功放设备容量在250W及以上时，应在广播控制室设电源配电箱。

（2）有二路交流电源供电的工程，宜采用二回路电源在广播控制室互投供电。

6. 交流电源电压偏移值一般不应大于±10%。当电压偏移不能满足设备的限制要求时，应在该设备的附近装设自动稳压装置。

7. 广播用交流电源容量一般为终期广播设备的交流电源耗电容量的1.5～2倍。

8. 各种节目信号线应采用屏蔽线并穿钢管。管外皮应接保护地线。

9. 广播控制室应设置保护接地和工作接地，一般按下列原则处理：

（1）单独设置专用接地装置，接地电阻不应大于4Ω；

（2）接至共同接地网，接地电阻不应大于1Ω；

（3）工作接地应构成系统一点接地。

工作接地是将传声器线路的屏蔽层、调音台、功放机柜等输入插孔通地点均接在一点处。形成一点接地，以防止低频干扰。保护接地可与交流电源有关设备外露可导电部分采取共同接地，以保障人身安全。

七、线路敷设

1. 建筑物内的有线广播配线应符合下列规定：

（1）旅馆客房的服务性广播线路，因节目套数较多，故宜采用线对为绞合型的电缆。其他广播线路宜采用铜芯塑料绞合线。广播线路需穿管或线槽敷设。

（2）不同分路的导线宜采用不同颜色的绝缘线区别。

2. 当传输距离在3km以内时，广播传输线路宜采用普通线缆传送广播功率信号；当传输距离大于3km，且终端功率在千瓦级以上时，广播传输线路宜采用五类线缆、同轴电缆或光缆传送低电平广播信号。

3. 当广播扬声器为无源扬声器，且传输距离大于100m时，额定传输电压宜选用70V、100V；当传输距离与传输功率的乘积大于1km·kW时，额定传输电压可选用150V、200V、250V。

4. 公共广播系统室内广播功率传输线路，衰减不宜大于 3dB（1000Hz）。

5. 火灾隐患地区使用的紧急广播传输线路及其线槽（或线管）应采用阻燃材料。

6. 具有室外传输线路（除光缆外）的公共广播系统应有防雷设施。公共广播系统的防雷和接地应符合现行国家标准《建筑物电子信息系统防雷技术规范》GB 50343 的有关规定。

7. 室外广播线路的敷设路由及方式应根据总图规划及专业要求确定。当采用埋地敷设时，应符合下列规定：

（1）埋设路由不应通过预留用地或规划未定的场所；

（2）埋设路由应避开易使电缆损伤的场所，减少与其他管路的交叉跨越；

（3）直埋电缆应敷设在绿化地带下，当穿越道路时，对穿越段应穿钢管保护。

8. 当需要在室外架设广播馈电线路时，应符合下列规定：

（1）广播馈电线宜采用控制电缆。

（2）与路灯照明线路同杆架设时，广播线应在路灯照明线的下面，两种导线间的最小垂直距离不应小于 1m。

（3）广播馈电线最低线位距地的距离：人行道上，一般不宜小于 4.5m；跨越车辆行道时，不应小于 5.5m；广播用户入户线高度不应小于 3m。

（4）室外广播馈电线至建筑物间的架空距离超过 10m 时，应加装吊线，并在引入建筑物处将吊线接地，其接地电阻不应大于 10Ω。

八、紧急广播功能

目前，公共广播系统往往与火灾事故广播合用，平时为各广播区域提供背景音乐广播或寻呼广播服务，火灾发生时则提供消防报警紧急广播。这种背景音乐广播和紧急广播功能的结合，有利于设备的充分利用和节约投资。我国有关部门制定的《火灾自动报警系统设计规范》（GB 50116—98）指出："火灾时应能在消防控制室将火灾疏散层的扬声器和公共广播音响扩音机强制转入火灾事故广播状态"；对宾馆客房内"床头控制柜内设有服务性音乐广播的扬声器时，应有火灾应急广播功能"。可见紧急广播功能是必不可少的。

对于具有紧急广播功能的公共广播系统，需要注意：

1. 消防报警信号应在系统中具有最高优先权，可对背景音乐和呼叫找人等状态具备切断功能。

2. 应便于消防报警值班人员进行操作。

3. 传输电缆和扬声器应具有防火特性。例如，日本 TOA 公司的几种防火扬声器列出了可在 380℃ 空气气流中支持 15min 的指标。

4. 最好设置独立的电源设备，在交流电断电的情况下要保证报警广播的实施。例如 TOA 公司采用 24V 的镍镉蓄电池（可充电）能在断电时工作。一般按坚持 10min 工作进行设备配套。

九、工程举例

【例 1】 某宾馆为 10 层，每层有 30 套客房，每套客房有音响控制板一套，每层走廊安装顶棚扬声器 20 只，每层为一个广播分区。

要求广播系统功能为：每层客房和走廊可从 AM/FM 调谐器、磁带放音机和激光唱机中任选一套作为背景音乐广播，在发生火灾事故等紧急情况下，在消防控制中心室可遥控强制广播系统进入消防报警广播。因此，该宾馆广播系统可以广播如下节目信号：可接收广播 AM/FM 无线电广播信号；可连续播放盒式磁带节目信号；可提供激光唱片的节目信号；用传声器播送语言信号，利用播叫传声器可在广播控制室进行寻呼广播，利用遥控传声器可在消防控制室对特定楼层进行消防报警广播。

根据上述要求，所设计的宾馆广播音响系统的方框图如图 4-59 所示。该系统采用日本 TOA 公司的产品（我国天津神瞳视听技术公司有生产与之相当的产品），关于系统设计要求考虑如下：

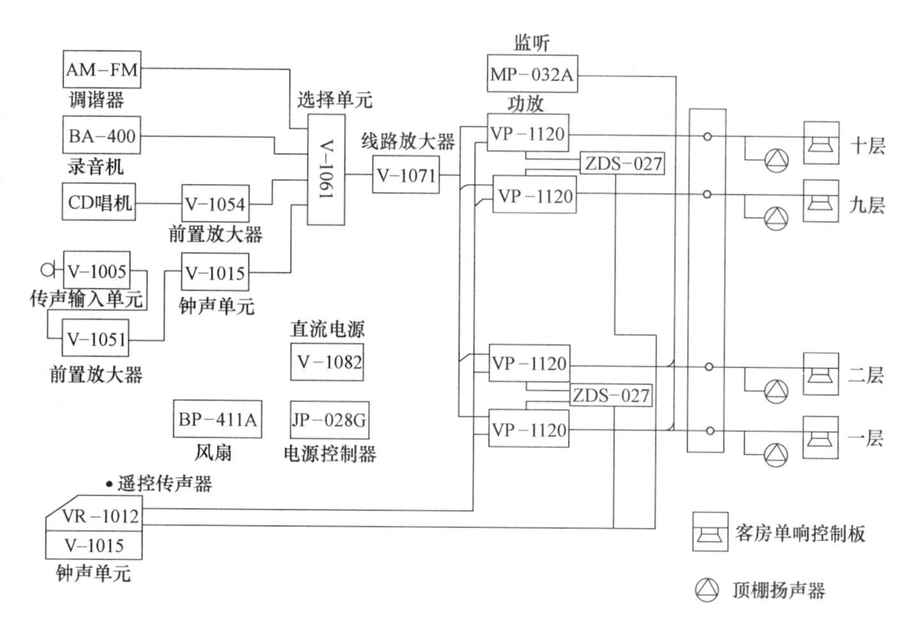

图 4-59　某宾馆广播音响系统方框图

1. 扬声器负载功率及功率放大器

由于该系统广播分区是按层划分的，每层客房床头柜控制板为 30 套，采用 1Wϕ165mm 的纸盆扬声器，所需电功率为 1×30W=30W。客房走廊设置 20 只国产 TYZ3-1 型 3W 顶棚扬声器，所需电功率为 3×20W=60W。这样每层共需电功率为 90W，故可选用 VP-1120A 型 120W 功率放大器供给。

2. 节目电源信号

根据系统功能需要，采则 AM/FM 数字调谐式的调谐器来播放广播信号；采用 BA-400 型四盒带式磁带放音机可保证 4h 连续播放盒式磁带节目信号；采用激光唱机播放高保真的音乐信号。各套节目之间的切换由 V-1061 型节目选择器实现。

播叫传声器选用国产 CD1-3 型传声器设置在广播控制室，可进行通知或找人；遥控传声器选用 TOA 公司配套的 VR-1012 型遥控传声器，设置在消防控制室供作火灾报警分层紧急广播之用。

3. 其他设备的配套

为了使系统中各单元之间达到阻抗和电平匹配状态以及满足其他功能的需要，在传声器输出插入 V-1015 型钟声单元，其作用是在讲话广播的开始送出一个钟声信号，提醒听众注意，并具有传声器信号与钟声信号自动切换和状态指示。此外，还接入 V-1051 型传声器前置放大器单元，它可将传声器输出的电信号予以放大，并且输出电平可调，具有优先权选择等七种可选功能。在激光唱机输出还接入 V-1054型辅助前置放大器单元，以对 CD 唱机（或其他设备）的输出信号进行接入与放大，并 H 输出电平可调，具有哑音功能。为了实现电平和阻抗匹配，还在主线路上接入 V-1071 型线路放大器单元，它可将节目信号由−20dB 放大至 0dB，并具有高、低音调节，以及输出电平调整和指示。

为实现主机整体功能，需配齐 CR-411N 型机架（宽 566mm×高 2000mm×厚 435mm）、JP-028G 型电源控制器（通过它实现对整个机架的集中供电）、V-1082 型直流电源单元（为主机各前级提供直流电源），以及 BU-411AN 型风扇单元（为机架通风散热），设“自动”档工作时机架内温度达到 40℃风扇自动启动工作。此外还应配置 ZDS-027 型紧急电源，每台紧急电源可为两台 VP-1120 型功率放大器供电。除此之外，还应配齐必要的安装件、散热通风板、空面板等。

4. 系统消防报警广播功能的实现

在消防控制室设置的 VR-1012 型遥控传声器，可对该系统进行消防报警紧急广播。根据消防规范中有关规定，当火灾发生时，通过遥控传声器的分区可以对失火层及其上、下相邻两层进行消防报警广播。对该广播分区各种扬声器，无论原来把音量控制开关放在“开”，还是放在“关”的位置，此时一律自动强制接通报警广播信号，使报警信号发挥最大效能。

通常，消防报警广播系统应有两套电源：交流 220V 和直流 24V 蓄电池组。当交流电一旦发现断电情况下，则由 VR-1012 遥控传声器通过紧急电源控制开关，将 ZDS-027 型紧急电源内的镍镉电池组直流 24V 电压直接加至功率放大器 24V 直流电压输入端，从而实现了消防报警广播功能。

5. 传输线考虑

影响线路传输损耗的因素有线路终端扬声器负载阻抗、线路的长度及安装线铜芯截面积。为减小馈至扬声器负载的音频功率信号的传输损耗，须对线路的型号和截面积进行合理选择。例如，一个中等规模的宾馆，可选择 RVl. 5 型安装线。通常线路上损耗的音频功率要控制在 5%以内。

【例 2】 某会堂为 16 层，地下 2 层，要求系统兼有背景音乐和紧急广播功能。由于广播分区多，规模较大，因此采用日本 TOA 的 SX-1000 型矩阵主机。它不仅具有如图 4-53（*c*）所示的矩阵输入选择功能，其输出也为矩阵方式。所以广播分区和节目广播多样化都非常方便。系统的组成如图 4-60 所示。

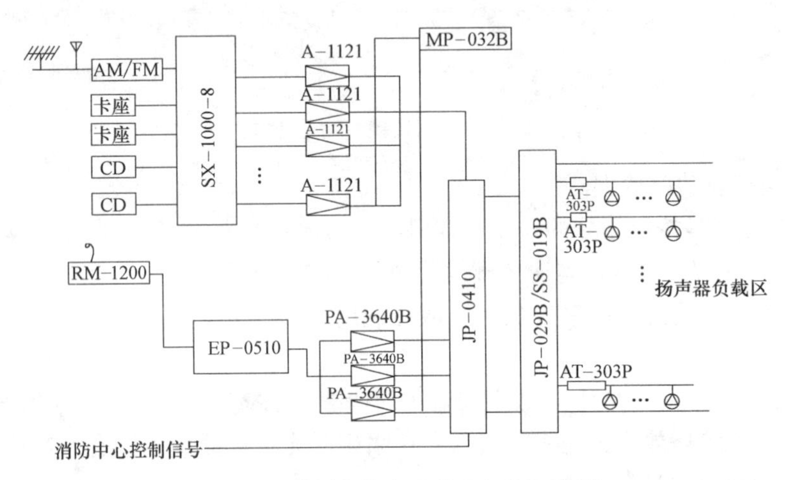

图 4-60　使用矩阵方式的 PA 系统示例

TOA 的 SX-1000 矩阵式系统具有如下特点：

（1）矩阵构成的信号开关切换是由电脑控制。因此广播的启动条件、广播系统（输入声源的加强处理）、优先权、周边机器的控制等多项功能，可在不需变更机器连接或接线的情况下，通过软件设定即可对广播功能进行设定及变更。软件设定是通过矩阵本体（主面板）的图形液晶画面及设定键即可完成。此外，亦可经由与矩阵本体相连接的个人电脑来设定。

（2）可对矩阵本体及远距离遥控麦克风的工作过程进行记录，并可对机器的故障进行自动诊断，其内容可在矩阵本体或主个人电脑进行监控。机器发生故障时可通知主机。

（3）根据远距离遥控麦克风及广播声源、功率放大器等输入输出机器的数目与种类，选用不同规模的矩阵模块（界面模板）。声音信号的最小组成矩阵单位为 4 输入/输出，并可依 4 输入/输出为单位进行增设，可配接系统规模最大达到 64 输入/64 输出。

（4）在声音输入界面模板的声音输入端子旁边，设置有专用的控制输入矩阵（控制声音输入）。控制输入/控制输出是以 16 输入/16 输出为单位，最大可以增设至 128 输入/128 输出。可用来对功率放大器的电源进行开关控制，亦可对扬声器、选择器进行控制。

（5）紧急广播部分采用 TOA 专为智能化系统设计智能型紧急广播控制机 EP-0510，它是火灾或其他灾难的报警、疏散指挥的必要设备，其功能有：

1）具备音响报警功能。音响警报由火警自动报警设备传出信号进行启动，并具有两段的警报动作（语言合成器的自动广播）以及警报解除的广播。

2）具有周全的动作检测机能。功率放大器故障检测回路，扬声器不发出任何声音，即可进行紧急用广播的动作检测。

3）与个人电脑连接可实现多样机能。可通过电脑进行数据交换（用记忆卡或 RS-232C 直接连接），电脑做成的程序数据的传送及机器数据的读取十分方便，可在短时间内进行设定及维修检查。

4）火灾紧急广播操作优先于其他任何声源，当紧急广播时，对规定的楼层或区域进行强切广播。即按消防规定对火灾层及其相邻上、下层进行紧急广播；而对于非紧急区域或楼层不影响正常广播，以免引起恐慌和混乱。

该系统的背景音乐放送，即日常服务性广播的声源设置三套：①AM/FM 广播；②CD（2 台，甲方要求）；③卡座（2 台）。以上三套节目经音频矩阵进行信号矩阵分配，对办公楼内需送三套声源的区域，分送三套声源进功率放大器送至床头面板。自主选择其中一套进行放音。公共区域进行背景音乐的放送由播音员控制。从三套声源中选择一套经功率放大器放大后送至各区域的扬声器进行背景音乐放送。区域放送的总音量可调。并设有扬声器区域选择开关，通过开关控制分区的背景音乐的放送与关闭。各分区没有音量调节器，可对该区域音量根据该区域的实际情况决定对区域的背景音响的音量大小及是否重新选择放送背景音乐。

广播区域的划分应以消防规范为准，每层为一个区域，合计 18 个区域。设计为 20 个区域，留有两个备用区域。紧急广播与背景音乐共用一套扬声器，扬声器按要求，吸顶选用 TOA 的 PC-646R，挂壁选用 BS-301W，设计最大输出功率为 3W。总功率按扬声器的总量配置。背景音响与紧急广播各设一套功率放大器，功率放大器选用 VP-1060B 及 PA-3640B。分区的音量控制器选用 AT-303P。系统为定压传输方式，采用 100V。

系统具备综合检测功能，扬声器不发出任何声音即可进行紧急广播设备各种功能的动作检测。系统设有自检功能，每天 24h 不间断对系统主机设备及各扬声器回路的状态进行检测，当发现有任何非正常状态，即通过指示灯显示。各扬声器输入回路配备保护电路，当扬声器回路发生短路现象时，将会自动切断与主机设备的联系，保证了功放及控制设备的安全，当故障处理结束后，通过复位即可恢复正常使用。

系统的设备清单如表 4-24 所示。

系统设备清单 **表 4-24**

序　号	品牌型号和设备名称	产　地	单　位	数　量
1	SX-1000-8　八进八出矩阵	日本	台	1
2	VP-1060B　功率放大器	日本	台	3
3	PA-3640B　功率放大器	日本	台	6
4	EP-0510　紧急广播控制器	日本	台	1
5	EP-029-10　10 区域紧急广播扩充器	日本	台	1
6	JP-0410　紧急广播接线箱	日本	台	1
7	JP-039-10　10 区域紧急广播扩充接线箱	日本	台	1
8	JP-029B　背景音乐模式接线箱	日本	台	2
9	SS-019B　背景音乐模式扬声器选择器	日本	台	2
10	PC-646R　吸顶扬声器	日本	只	240
11	AT-303P　音量控制器	日本	只	12
12	BS-330W　挂壁式箱型扬声器	日本	只	25
13	RM-1200　智能型遥控话筒	日本	台	1
14	先锋　CD 唱机	日本	台	2
15	先锋 606　卡座	日本	台	2
16	AM/FM　天线	国产	台	1
17	先锋　AM/FM　调谐器	日本	台	1
18	MP-032B　10 路监听器	日本	台	1

第十节　网络技术在音响系统中的应用

如今，大型剧场舞台音响系统不仅实现了数字化，而且正在向网络化方向发展。数字调音台和数字信号处理技术的广泛使用，使系统不仅具备原来模拟设备的性能和功能，而且通过数字化技术与网络的结合，使音响系统发生了质的变化，系统的处理能力和管理能力大为增强。

一、音频网络的典型拓扑形式

目前，用于音频网络的典型拓扑形式主要有如下几种。

① 点对点网络。如图 4-61（*a*）所示，这种网络只有两个网络设备，并通过简单网络连接。这种网络是最简单的网络形式。

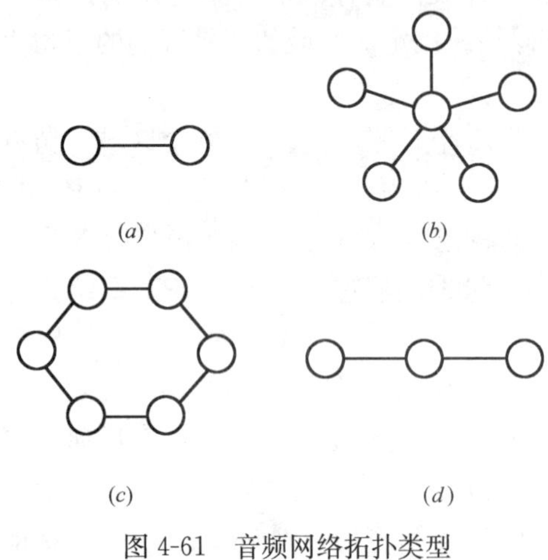

图 4-61　音频网络拓扑类型

② 星形网络。如图 4-61（*b*）所示，目前常用的 CobraNet 等就是采用星形网络结构。现在计算机网络广泛利用这种形式的网络。它的优点是，网络设备呈分布式配置，且便于添加设备和去掉设备。它的缺点是，处于网络中心的以太网交换机一旦出现故障，将影响所有设备。

③ 环形网络。如图 4-61（*c*）所示，前述的 OPTOCORE 和 EtherSound 等就采用这种形式的网络。环形网络的优点在于，网络中的信息流可以在环中顺时针，也可以逆时针方向传送，因此环中的某个设备出现故障，不会影响整个网络。它的缺点是，添加设备或去年设备比较麻烦，必须重新接线。

④ 菊花链形（级联式）网络。如图 4-61（*d*）所示，EthreSound 也可采用这种网络形式，还有 AVIOM 等采用这种网络。这种网络形式的优点是，设备之间就是简单的级联（串接），网络容易连接。它的缺点是，除了两端设备之外，任一设备发生故障，都将使级联式网络一分为二。

二、CobraNet 和 EtherSound 网络技术

1. CobraNet

网络音频系统的核心技术是能满足声频信号在网络中传输和分配的专用音频网络，该网络应该由一个为业内厂商公认的音频网络协议、支持该协议的硬件和软件所组成。

在网络音频系统中，各种音频设备，如音源设备、音频处理器、调音台、功放等均应能适用上述专业音频网络。

美国 Peak Audio 公司的 CobraNet 正是为满足上述要求而开发的专用音频网络技术。由于它具有良好的支持音频传输的能力，所以被越来越多的音频设备厂商和机构认可，正在上升为新的、公认的国际标准之一。CobraNet 完全兼容以太网，网络音频的数据流可以通过双绞线按以太网 100Base-T 标准格式的方式入网传输。

① CobraNct 数据是不压缩的音频数据流，CobraNet 在音频取样速率上支持 48kHz 和 96kHz，分辨率支持 16bit、20bit 和 24bit 三种，默认是 48kHz、20bit，音质可以达到广播级。CobraNet 把音频信号打成数据包，以便在以太网上传输，这种数据包称为 Bundle。一个 Bundle 的数据量可以包含八路 20bit 的数字音频数据，还包括通信数据和非同步 IP 数据。一个 Bundle 的数据流达到 8Mbit/s 左右。

② 在 100Mbit/s 快速以太网上，CobraNet 可以支持 64 路音频信号。也就是说在 100MB 以太网上能传输 8 个 Bundle，如果需要传输更多音频信号，只需要提高网络带宽。如果工作在千兆以太网上，

CobraNet 可搭载 640 路音频数据。

③ 许多 CobraNet 设备具有两个以太网接口。尽管这些接口不能同时工作来增加有效带宽，但却是提高系统冗余和容错性的好方法。如果主用的以太网接口出现问题，比如网线故障，或者是交换机上的相应端口出了故障，备用的以太网接口就能自动启用，保证网络传输不会中断。

④ 所有遵循 CobraNet 协议制造的设备都能接入 CobraNet，它们之间可以互连传递信息，具有很好的互操作性。因此，工程设计人员可以自由地选择各个厂家生产的 CobraNet 设备，组成一个完整的系统。但生产这些设备必须首先取得美国 PeakAudio 公司认证。目前有多家公司能提供多种 CobraNet 声频设备，如美国的 QSC、CROWN、PEAVEY、RANE、EAW、SYMETRIX、IVIE、EV 和日本的 YAMAHA 和 TOA 等。

⑤ CorraNet 数据包并不遵循以太网 CSMA/CD 机制，所以不宜与计算机网络混合使用。

⑥ CobraNet 采用的是将数据封装在帧中进行传输，每一次的封装、解封装都会产生延时问题，这一问题主要是由以太网的特性所决定的。

为了解决延时问题，Peak Audio 公司制定了三个不同延迟时间的封装传输、解封装过程，分别是 1.33ms、3.66ms、5.33ms。延时问题是由于数据同步而产生的。延迟的时间在 CobraNet 中是固定的，也就是说，当从一个发送设备开始，中间不管经过多少个接收端，它的延时都是在这三个数值之间。默认状态下，CobraNet 给出的延迟时间是 5.33ms。对于大部分的音频系统而言 5.33ms 的延时用人耳是听不出来的，在这一延时状态下的 CobraNet 是最为稳定的，数据的误码率可以降到最低。受环境及网络内其他数据的影响，误码是必然存在的，而一旦采用另外两种延时的话，对网络数据的要求就会提高，在一些大型网络中相对的误码产生概率也会增大。

⑦ CobraNet 允许数据从一个端口通过 5 类双绞线/100Base-Tx 网络传输到另一台设备上的传输距离达 100m，若通过光纤传输达 2km。CobraNet 支持各类以太网设备，它可以与一般常见又不昂贵的控制器、交换机、开关、布线等兼容。CobraNet 可以提供清晰的数字音频传输，不会降低音频信号的质量，在传输过程中不会发生数字失真。当传输 24bit 的音频时，动态范围是 146.24dB，失真度是 0.000049%，频响是 0～24kHz±0dB。所以，CobraNet 的性能远远好于如今的 A/D 和 A/D 转换技术。

总之，CobraNet 技术以其优良的性能、良好的互通性、低成本的造价、可靠稳定的测试等，已被越来越多的音响设备厂商和机构认可，正在成为音响业界公认的国际标准之一。

作为示例，图 4-62 表示由 YAMAHA 数字调音台（M7CL、LS9、01V96）、数字系统处理器 DME（DME64N、DME24N）、音频 I/O（DME4io-C、DME8i-C、DME8o-C）、网络功放（TX6n）构成的 CobraNet 星形网络，它们都接至网络交换机上。其中数字调音台和网络功放必须插装上 CobraNet I/O 网卡 MY16-CⅡ才能接入 CobraNet，而数字系统处理 DME、DME 音频 I/O 则可直接接入网络。在 DME 音频 I/O 上接上传声器、音源设备，在功放上接上扬声器，那就成为完整的音响系统了。

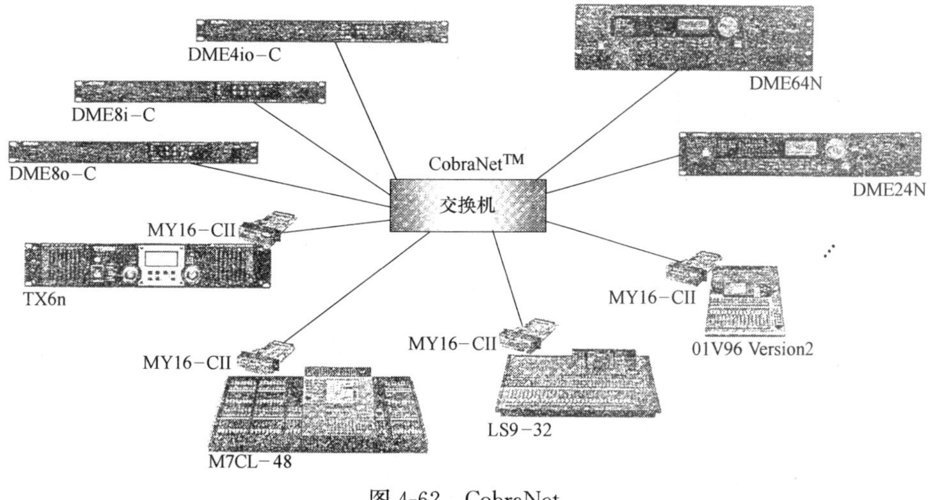

图 4-62 CobraNet

2. EtherSound

EtherSound是由法国Digigram公司开发的同样基于以太网传输音频信号的技术，传输能力为单方向64个24bit、48kHz（或44.1kHz）取样频率的音频通道，不支持传递串口信号以及其他IP数据。相比较而言，EtherSound虽然在功能性上无法满足多种应用的需求，但它最为突出的特点是延时极短，因此目前EtherSound的主要应用领域是现场演出行业。

EtherSound也是架构在以太网标准下的音频信号传输协议，能够采用菊花链的形式进行网络组建，也可以采用环形网络的方式进行组建。与CobraNet不同的是，EtherSound中不允许存在其他非EtherSound设备，整个网络环境中除了交换机就不能再添加其他任何设备了。如此一来网络的多功能性相对就受到了制约。

EtherSound网络技术更适于带有直接连接的相对简单的音频系统，可以实现多通道数字音频以极低的延迟时间通过标准以太网布线传输。这种高级的、易于管理的协议设计可以处理高达64个通道的数字音频，可以轻松在100m的距离内用高性能的恰当电缆双向传输48通道24bit、48kHz的音频，对于EtherSound，用户可以使用标准以太网交换机和路由器创建适合自己要求的任何网络配置。

YAMAHA公司不仅支持CobraNet的协议，也支持EtherSound协议。若要接入EtherSound，只要在YAMAHA的数字调音台和DME等设备的扩展槽上插装MY16-ES64网卡即可。

表4-25所示为CobraNet与EtherSound两种网络的对比。

CobraNet与EtherSound的对比　　**表4-25**

项目＼网络	EtherSound	CobraNet	项目＼网络	EtherSound	CobraNet
拓扑类型	菊花链，环形	星形、环形	设备数量	无限制	一个VLAN下<120个传送器
路由方式	总线访问	MAC地址访问	传送长度	无限制	同步范围内
同步方式	自同步(不精确)	同步数据(精确)	音频通道	128～1024	交换网络中无上限
传送方式	总线＋广播	点对点＋广播＋多播	网络带宽	固定带宽	依据通道带宽可变
网络延时	最小125μs	最小1.33ms(固定延时)	适用范围	现场演出/录音	工程应用
网络冗余	环形冗余(ES100/Giga)	环形冗余/多交换机			

3. 音频网络技术的特点

网络音频技术是指扩声系统和公共广播系统利用网络（以太网）及其相关设备（硬件和软件）对音频信号进行数字化处理、数字传输和数字控制的技术。与传统方式相比，网络音频技术具有以下特点。

① 以太网在传输音频信号的同时，还可传输控制信号，从而对系统的分组模式和重复信息、文本信息、邮件信息等进行智能化管理。

② 基于网络传输的扩声系统作为一种网络终端设备，可方便地嵌入到现有的网络系统中，从而省去线缆敷设和传输设备的安装。另外，由于系统采用双向传输模式，可方便地确定故障设备的位置，维护简便。

③ 以太网系统的综合布线技术、传输模式和传输协议均有可遵循的国际标准，从而保证了系统的可靠性、灵活性、兼容性和可扩展性。

④ 低成本。目前局域网和广域网都基于以太网构建，以太网设备大量应用于生产和生活，价格很低。将其引入到扩声系统，则很多原有的网络设备可直接使用，不存在兼容问题，使扩声、广播系统的造价降低。

三、音频网络技术的应用示例

图4-63是CobraNet网络技术在剧场中应用示例。图中使用PMSD数字调音台，通过MY16-C扩展卡将音频信号通过5类线和CobraNet传送到远在舞台侧的功放室内的数字系统处理器DME64N进行扬声器处理，并将各ACU16-C功放控制单元的D/A转换信号送往功放及扬声器。PM5D经CobraNet直接控制DME64N，控制室内的计算机可对功放室内功放的运行状态进行监控。

图4-64是CobraNet网络技术在公共广播中的应用示例。

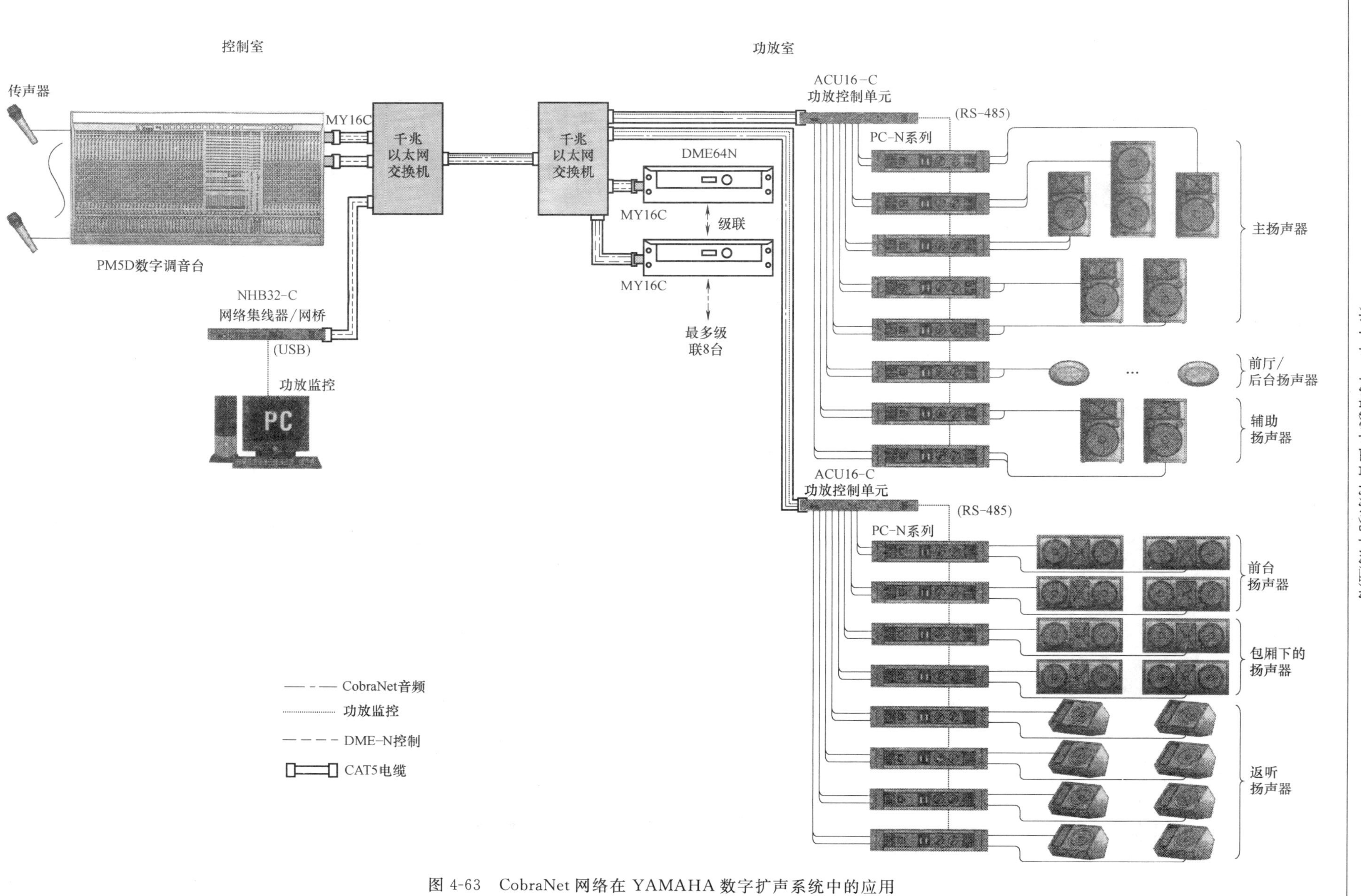

图 4-63　CobraNet 网络在 YAMAHA 数字扩声系统中的应用

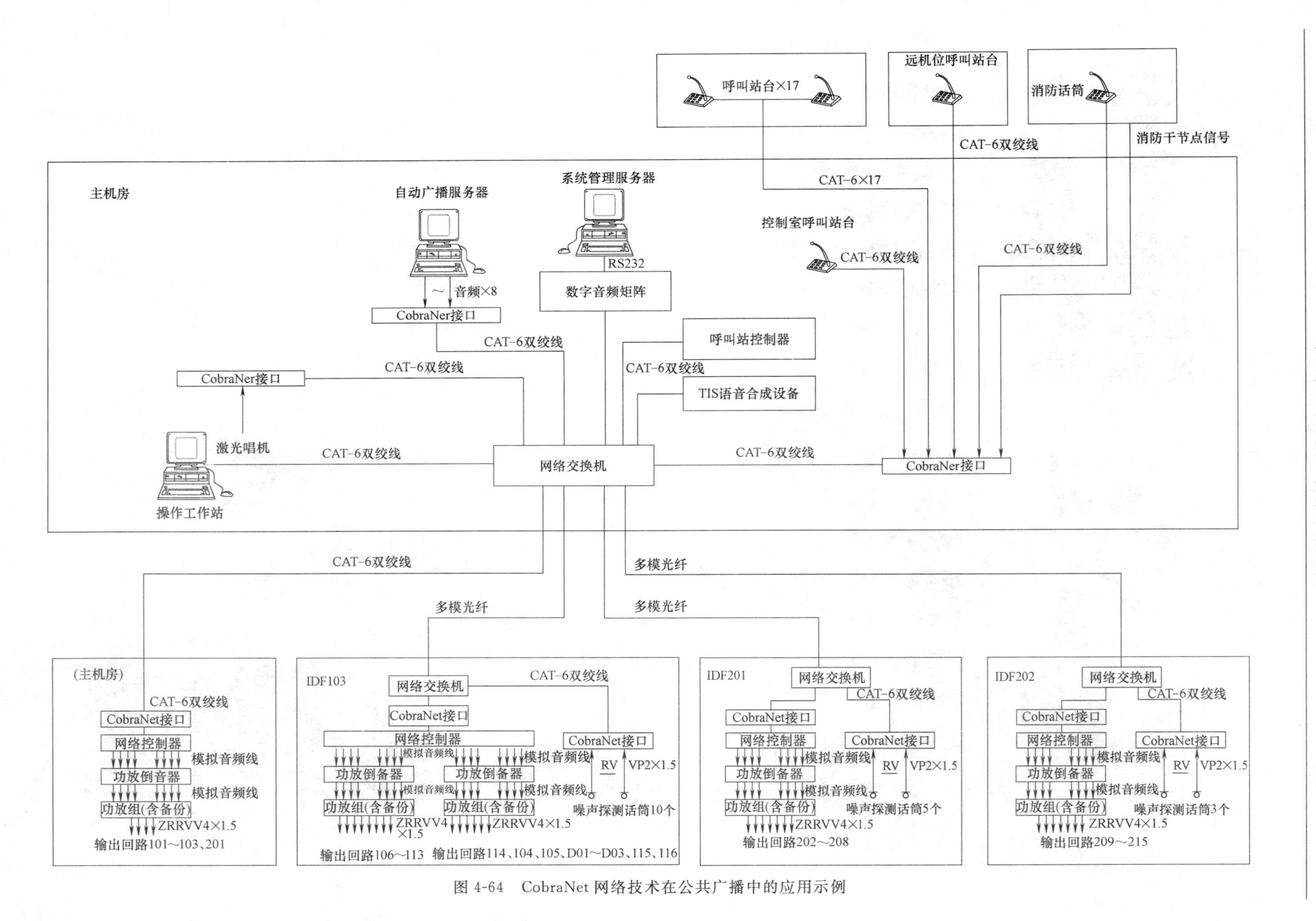

图 4-64　CobraNet 网络技术在公共广播中的应用示例

第五章　音频与视频会议系统

会议系统大致可分为音频会议系统和视频会议系统两类，前者是以语音为主的会议系统，有时也辅以视频设备；后者是以图像通信为主的会议系统，也常辅以声音作为伴音。

下面先从音频会议系统讲起。音频会议系统有三种：会议讨论系统，会议表决会议，同声传译系统。

作为会议室的排列，通常有两种形式：

(1) 圆桌会议形式　代表们围着一张桌子或一组桌子就坐，全体代表都能参加会议。

(2) 讲台讲演形式　演讲者在房间前面的一个讲台或桌子前讲话，那里通常还有一张为主席而设的桌子或操纵台，代表或听众面向讲台就座。发言者与在坐的主席、委员及代表能连续地参加讨论，听众能在一定限度内提问和讨论。

第一节　会议讨论系统

一、会议讨论系统的分类与组成

会议讨论系统是一个可供主席和代表分散自动或集中手动控制传声器的单通路声系统。在这个系统中，所有参加讨论的人，都能在其坐位上方便地使用传声器。通常是分散扩声的，由一些发出低声级的扬声器组成，置于距代表不大于1m处，也可以使用集中的扩声，同时应为旁听者提供扩声。

1. 会议讨论系统根据设备的连接方式可分为有线会议讨论系统和无线会议讨论系统；其中有线会议讨论系统又可分为手拉手式会议讨论系统和点对点式会议讨论系统。根据音频传输方式的不同，会议讨论系统可分为模拟会议讨论系统和数字会议讨论系统。会议讨论系统的分类见表5-1。

会议讨论系统的分类　　表5-1

设备连接方式		有线(手拉手式/点对点式)	无线(红外线式/射频式)
音频传输方式	模拟	模拟有线会议讨论系统	模拟无线会议讨论系统
	数字	数字有线会议讨论系统	数字无线会议讨论系统

2. 手拉手式会议讨论系统可由会议系统控制主机或自动混音台、有线会议单元、连接线缆和会议管理软件系统组成，见图5-1。图5-2是台电手拉手会议讨论系统示例，表5-2是其设备配置示例。

3. 点对点式会议系统可由传声器控制装置（混音台/媒体矩阵）、会议传声器和连接线缆组成。

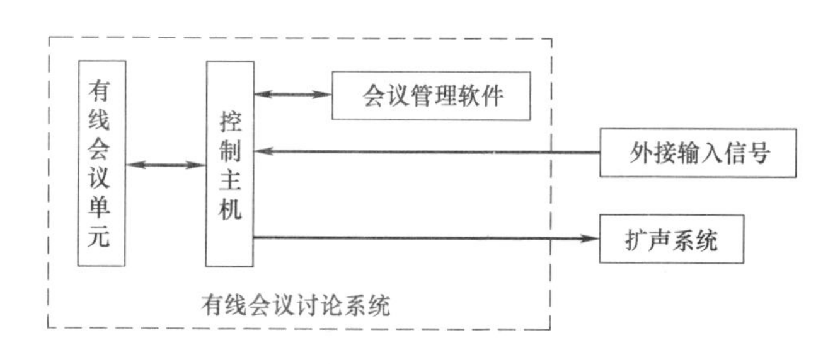

图5-1　有线会议讨论系统的组成

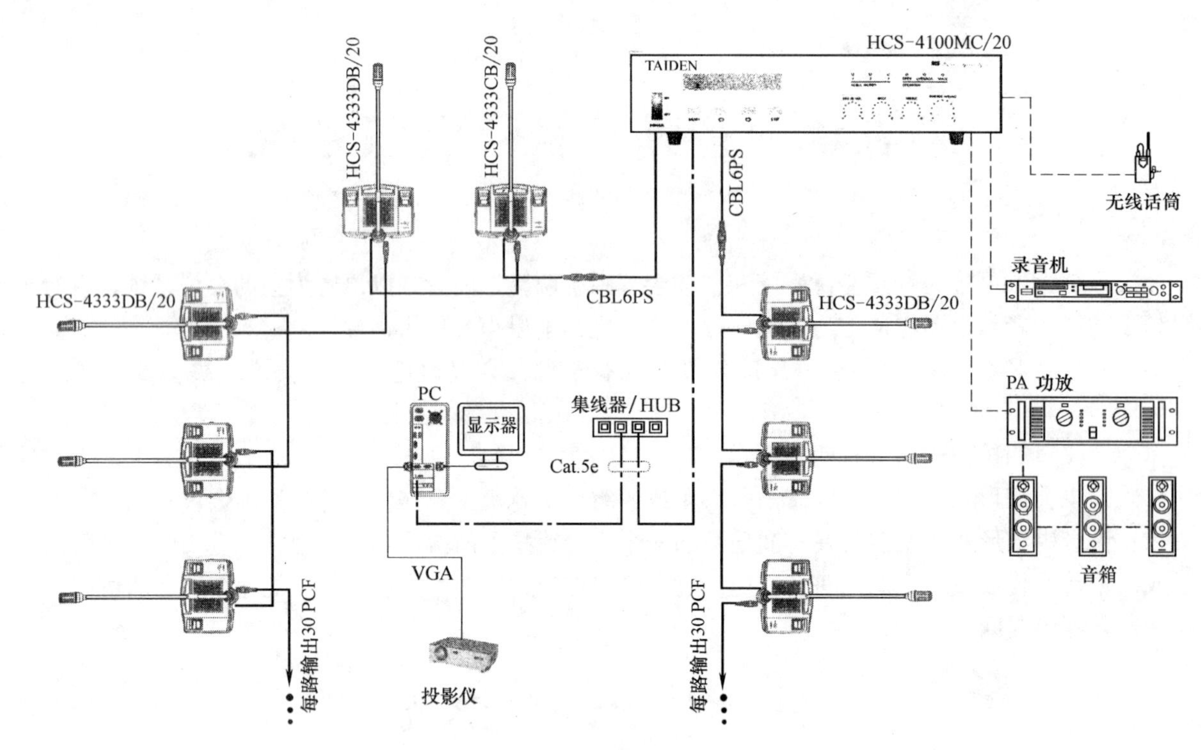

图 5-2　会议讨论系统（台电）

设备配置表　　**表 5-2**

台面式单元			嵌入式单元		
型　　号	设 备 名 称	数量	型　　号	设 备 名 称	数量
HCS-4100MC/20	控制主机	1	HCS-4100MC/20	控制主机	1
HCS-4333CB/20	主席单元	1	HCS-4360C/20	主席单元	1
HCS-4333DB/20	代表单元	71	HCS-4363D/20	代表单元	71
HCS-4210/20	基础设置软件模块	1	HCS-4210/20	基础设置软件模块	1
HCS-4213/20	话筒控制软件模块	1	HCS-4213/20	话筒控制软件模块	1
* CBL6PS-05/10/20/30/40/50	6 芯延长电缆	6	* CBL6PS-05/10/20/30/40/50	6 芯延长电缆	6
公共部分					
型　　号	设 备 名 称	数量	型　　号	设 备 名 称	数量
	操作电脑	1	#	会场扩声系统	1
#	投影仪或其他显示设备	2	#	无线话筒	1

注：#根据用户需要而定，*根据会场布局而定。

4. 无线会议讨论系统可由会议系统控制主机、无线会议单元、信号收发器、连接主机与信号收发器的线缆和会议管理软件系统组成，见图 5-3。

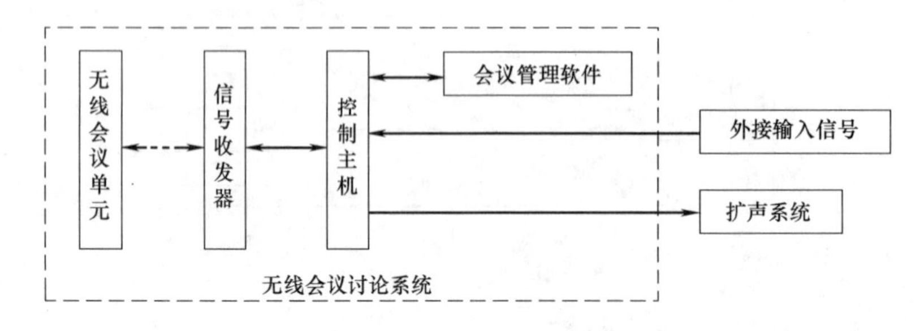

图 5-3　无线会议讨论系统的组成

无线会议系统以其易于安装和移动，便于使用和维护，不会对建筑物有影响等优点而逐渐成为会议系统技术的一个重要发展方向。目前，无线会议系统主要有两种，一是基于射频（无线电）技术的无线会议系统，另一个是红外无线会议系统。基于射频技术采用模拟音频传输的无线会议系统易受外来恶意干扰及窃听，并且需要无线电频率使用许可；而模拟红外无线会议系统则在音质表现上不尽如人意，其频率响应一般为100Hz～4kHz，只相当于普通电话机的音质水平。为此，最近还发展出数字红外无线会议系统。

具有会议讨论功能的红外会议单元通常包括一个麦克风、一个话筒开关按键，及扬声器、电池等部件。红外会议讨论单元接收来自红外会议系统主机以红外光形式广播的音频信号和控制信号，并以红外光形式向红外会议系统主机发送控制信号。话筒打开时，红外会议讨论单元同时以红外光形式向红外会议系统主机发送数字音频信号。整个系统可以使用任意数量的红外会议讨论单元，但是在同一时刻最多只有4支红外会议讨论单元的话筒能打开。图5-4为红外无线数字会议讨论系统示例（台电）。图中HCS-5300MC为数字红外会议主机，4311M为视频切换器（可实现摄像自动跟踪），5300TA为红外收发器（吸顶式），5302为主席机或代表机。

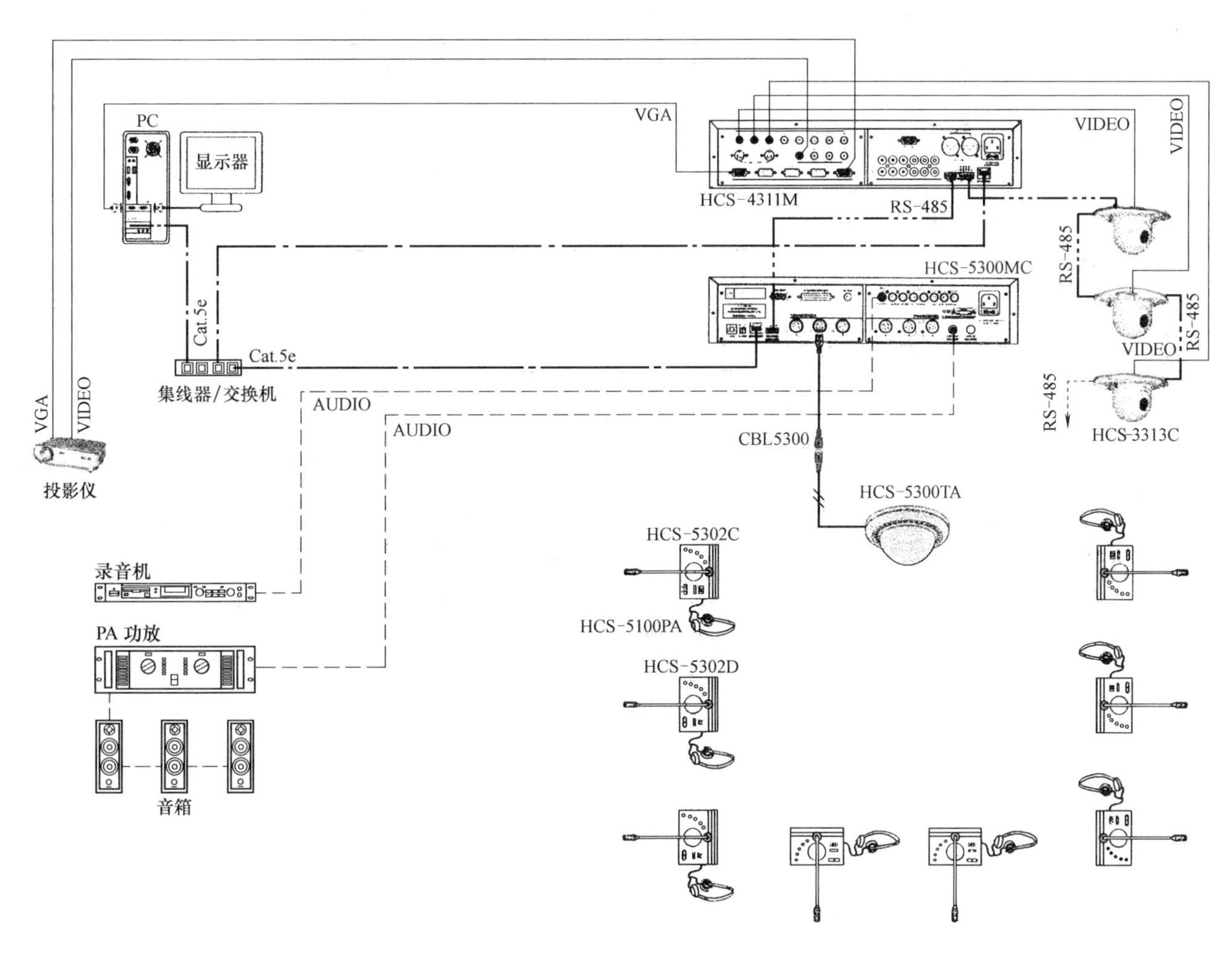

图5-4 红外无线数字会议讨论系统示例（台电）

二、会议讨论系统的功能设计要求

1. 会议讨论系统应具有以下功能：

（1）宜采用单指向性传声器。

（2）大型会场宜具有内部通话功能。

（3）系统可支持同步录音录像功能，可具备发言者独立录音功能。

（4）必须具备消防报警联动功能。

（5）技术人员的设备应具有以下功能：

① 应具有头戴耳机，应能进行音频监听。

② 应能用节目电平指示器，连续指示原声通路的电平（自动控制系统为可选）。

③ 应具有音量控制功能（自动音量控制的系统为可选）。

④ 宜具有内部通话用的传声器。

⑤ 对附加信号源可提供辅助输入装置。

⑥ 可提供辅助输出装置把原声通路接到扩声系统。

⑦ 可配备带地线隔离的音频分配器供记者录音。

2. 手拉手式会议讨论系统应具有以下功能：

（1）会议单元上应有传声器工作按钮开关和传声器状态指示器，主席会议单元应设有优先按钮开关，会议单元可内置扬声器。

（2）对会议单元传声器的控制可采用以下方式：

① 传声器可由代表会议单元上的按钮或操作人员的控制设备开启；

② 会议单元上有一个“请求发言”按钮，供代表发信号给操作人员，由操作人员决定否开启传声器；

③ 只有操作人员或会议组织人员能够控制传声器：

④ 自动排队和按顺序接通的系统；

⑤ 主席的传声器能优先或不优先工作；

⑥ 代表声控启动传声器；

⑦ 主席的传声器始终保持常开状态。

（3）可配置定时发言功能。

（4）会议单元可配置显示屏。

（5）可配置操作人员显示屏、主席台显示屏等，由操作人员和/或主席集中控制传声器。

（6）可配置所需功能的会议管理软件。

（7）技术人员的设备应具有以下功能：

① 应能使技术人员按会议程序及主席的指令监听和控制会议室中所有的会议单元。

② 应能监视各个请求和已开启的代表传声器。

3. 点对点式会议讨论系统应具有以下功能：

（1）会议传声器可设有静音或开关按钮，并具有相应指示灯。

（2）传声器控制装置应能支持所需会议传声器的数量。

说明：在点对点式会议讨论系统中，每一台会议传声器都需要接入传声器控制装置进行混音。因此，在系统中需要配备多少台会议传声器，传声器控制装置就需要多少路的混音。

三、会议讨论系统性能要求

1. 会议讨论系统中从会议单元传声器输入到会议系统控制主机或传声器控制装置输出端口的系统传输电性能要求应符合表 5-3 中的规定。

2. 传声器数量大于 100 只时不宜用模拟会议讨论系统。

3. 当会议单元到会议系统控制主机的最远距离大于 50m 时，不宜用模拟有线会议讨论系统。

4. 会议单元和会议传声器应具有抗射频干扰能力。采用射频无线会议讨论系统时，需确保会场附近没有与本系统相同或相近频段的射频设备工作。

5. 对会议有保密性和防恶意干扰要求时，宜采用有线会议讨论系统，或采用红外无线会议讨论系统，一般地说，有线会议讨论系统具有较好的保密性，并能防止恶意干扰。

会议讨论系统电性能要求　　表 5-3

特　性	模拟有线会议讨论系统	数字有线会议讨论系统	模拟无线会议讨论系统	数字无线会议讨论系统
频率响应	125Hz～12.5kHz(±3dB)	80Hz～15.0kHz(±3dB)	125Hz～12.5kHz(±3dB)	80Hz～15.0kHz(±3dB)
总谐波失真（正常工作状态下）	≤1%（125Hz～12.50kHz）	≤0.5%（80Hz～15.0kHz）	≤1%（125Hz～12.5kHz）	≤0.5%（80Hz～15.0kHz）
串音衰减	≥60dB（250Hz～4.0kHz）	≥70dB（250Hz～4.0kHz）	≥60dB（250Hz～4.0kHz）	≥70dB（250Hz～4.0kHz）
计权信号噪声比	≥60dB(A计权)	≥80dB(A计权)	≥60dB(A计权)	≥80dB(A计权)

注：频率响应、总谐波失真、串音衰减、计权信号噪声比的测量方法应按《声频放大器测量方法》GB 9001 中相关条款执行。

在红外无线会议讨论系统中，信号是通过红外光进行传输的，在开会时采取关闭门窗和在透明的门窗上加挂遮光窗帘等措施，将会场的光线与外界隔离，即可起到会议保密和防止恶意干扰的效果。

对于射频无线会议讨论系统，信号可以穿透墙壁。因此，为防止有人用与本系统相同的设备在会场外窃听，需要对设备和相关技术人员严格管理。其次要避免在会场附近有与本系统相同或相近频段的射频设备工作，或用与本系统相同或相近频段的射频设备进行恶意干扰。

6. 设计无线会议讨论系统时，应考虑信号收发器和会议单元的接收距离。信号收发器可采用吊装、壁装或流动方式安装。

7. 设计红外线会议讨论系统时，会场不宜使用等离子显示器。若必须使用等离子显示器，应避免在距离等离子显示器 3m 范围内使用红外线会议单元和安装信号红外线收发器，或在等离子显示器屏幕上加装红外线过滤装置。

四、会议讨论系统主要设备要求

1. 固定座席的场所，可采用有线会议讨论系统或无线会议讨论系统；临时搭建的场所或对会场安装布线有限制的场所，宜采用无线会议讨论系统；也可有线/无线两者混合使用。

2. 进行会议讨论系统设备选择，应考虑不同类型会议讨论系统能够支持的最大传声器数量。

3. 手拉手式会议讨论系统中，会议系统控制主机的选择应符合下列规定：

（1）应能支持所需的会议单元传声器控制方式。

（2）对于有线会议讨论系统，会议系统控制主机宜支持会议单元的带电热插拔。

（3）应具备发言单元检测功能。

（4）必须具备消防报警联动触发接口。

4. 会议系统控制主机提供消防报警联动触发接口，一旦消防中心有联动信号发送过来，系统立即自动终止会议，同时会议讨论系统的会议单元及翻译单元显示报警提示，并自动切换到报警信号，让与会人员通过耳机、会议单元扬声器或会场扩声系统聆听紧急广播；或者立即自动终止会议，同时会议讨论系统的会议单元及翻译单元显示报警提示，让与会人员通过会场扩声系统聆听紧急广播。

5. 可具有连接视像跟踪系统的接口和通讯协议。

6. 可具有实现同步录音录像功能的接口，可提供传声器独立输出。

7. 大型会议和重要会议，宜备份 1 台会议系统控制主机，会议系统控制主机宜只有主机双机“热备份”功能。主机双机“热备份”功能是指当主控的会议系统控制主机出现故障时，备份的会议系统控制主机可自动进行工作，而不中断会议进程。如果需要由人工来启用备份主机，即称为“冷备份”方式。

8. 有线会议讨论系统应满足会议单元的供电要求。当系统中会议单元的数量超过单台会议系统控制主机的负载能力时，需要配置适当数量的扩展主机（供电单元）来为会议单元供电。

9. 宜具有网络控制接口，实现远端集中控制。

10. 可具备主/从工作模式，实现多会议室扩展功能。亦即，可以将多台会议系统控制主机通过电缆连接起来，将其中一台设置为主工作模式，其余控制主机设置为从工作模式（此时，这些控制主机相当于供电单元），从而组成一个更大的会议系统。主要用于多房间配置、会议设备租赁，以及会议规模经常变化的场合。

第二节　会议表决系统

一、会议表决系统分类与组成

1. 会议表决系统宜由表决系统主机、表决器、表决管理软件及配套计算机组成，见图 5-5。

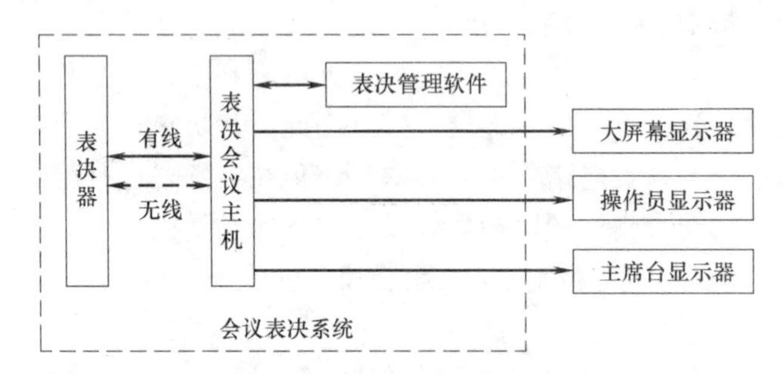

图 5-5　会议表决系统的组成

2. 会议表决系统根据设备的连接方式可分为有线会议表决系统和无线会议表决系统。其中有线会议表决系统根据表决速度的不同可分为普通有线会议表决系统和高速（表决速度＜1ms/单元）有线会议表决系统两类。图 5-6 是台电数字有线会议表决系统示例。无线会议表决系统可分为射频式无线会议表决系统和红外线式无线会议表决系统两类。

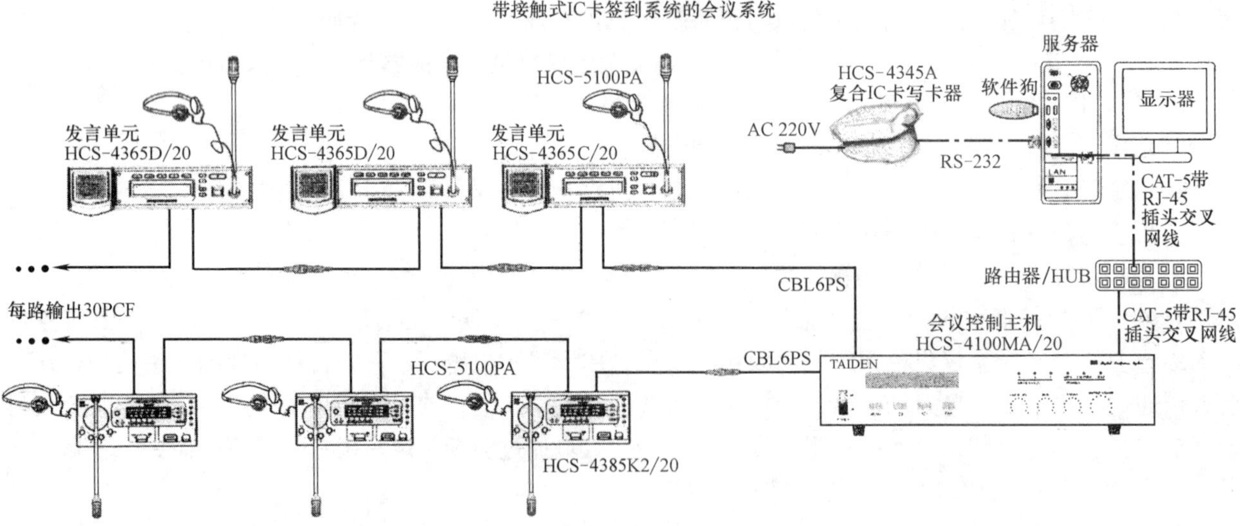

图 5-6　数字有线会议表决系统（台电）

图中 HCS-4100MA/20 会议控制主机（带表决功能，64 通道），4365 为带表决功能的发言单元（面板有 IC 卡签到插口），4345A 为 IC 卡发卡器。

二、会议表决系统功能设计要求

1. 表决器可具有如下多种投票表决形式：

（1）“赞成”/“反对”；

（2）“赞成”/“反对”/“弃权”；

(3) 多选式：1/2/3/4/5（从多个候选议案/候选人中选一个）；

(4) 评分式：——/—/0/+/++。即为候选议案/候选人进行评分（打分）。

2. 会议表决系统可具有以下功能：

(1) 可以选择秘密表决或公开表决方式。

(2) 可选择第一次按键有效或最后一次按键有效的表决方式。

(3) 可选择由主席或操作人员启动表决程序。

(4) 可预先选定表决的持续时间，或者由主席决定表决的终止。

(5) 表决结果的显示可以选择直接显示或延时显示。

(6) 在表决结束时，最后的统计结果可以直方图/饼状图/数字文本显示等方式显示给主席、操作人员和代表。

(7) 可满足会场大屏幕显示和主席显示屏显示内容不同的要求。

3. 在进行电子表决之前，应先进行电子签到。电子签到可有以下方式：

(1) 利用会议单元上的签到按键进行签到；

(2) 利用会议单元上的 IC 卡读卡器进行签到；

(3) 与会代表佩带内置有非接触式 IC 卡的代表证通过签到门便可自动签到。

(4) 可实时显示代表签到情况。

(5) 表决器可配置显示屏，在线显示表决结果、签到信息等。

4. 会议表决系统的控制方式如下：

系统按安装方式有三种形式，根据会场大小、功能、系统构成形式和管理要求酌情确定。

(1) 固定式：设备和电缆的敷设是固定的，系统的单机是组合成整体的。

(2) 半固定式：设备是可移动的或固定的，电缆是固定安装的，系统中的某些设备可固定安装或放在桌子上。

(3) 移动式：系统所有设备，包括电缆的敷设都是可插接的和可移动的，这种方式在实践中很少应用。

第三节 同声传译系统

一、同声传译系统的组成与分类

同声传译系统是在使用不同国家语言的会议等场合，将发言者的语言（原语）同时由译员翻译，并传送给听众的设备系统。

1. 会议同声传译系统由翻译单元、语言分配系统、耳机，以及同声传译室组成，如图 5-7 所示。

2. 语言分配系统根据设备的连接方式可分为有线语言分配系统和无线语言分配系统；根据音频传输方式的不同，语言分配系统可分为模拟语言分配系统和数字语言分配系统。语言分配系统的分类见表 5-4。

语言分配系统的分类 **表 5-4**

设备连接方式		有线	无线(红外线式)	无线(射频式)
音频传输方式	模拟	模拟有线语言分配系统	模拟红外语言分配系统	模拟射频语言分配系统
	数字	数字有线语言分配系统	数字红外语言分配系统	数字射频语言分配系统

有线语言分配系统可由会议系统控制主机和通道选择器组成（图 5-7）。无线语言分配系统可由发射主机、辐射单元和接收单元组成，见图 5-8。而无线式又可分为感应天线式和红外线式两种，其中以红外线式较为先进。各种类型的特点如表 5-5 所示。

译语收发方式及其特点　　**表 5-5**

方　式	特　点
有线式	(1)由通道选择放大器将译语信号放大,然后每路分别通过管线送至各接收点(耳机) (2)根据通道数需配有多芯电缆线 (3)音质好 (4)可避免信息外部泄漏,保密度高
无线式	(1)分为使用电磁波的感应环形天线方式和使用红外线的红外无线方式两种 (2)通过设置环形天线或红外辐射器发送,施工方便 (3)红外无线式的音质较好,感应天线式的音质稍差 (4)感应天线式有信息泄漏到外部的可能,但红外无线式保密度高

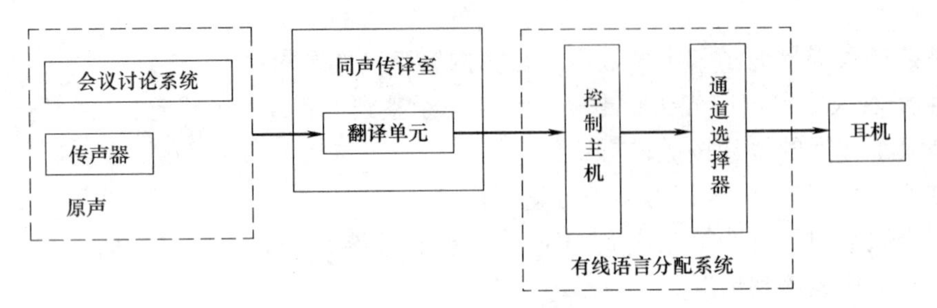

图 5-7　有线会议同声传译系统的组成

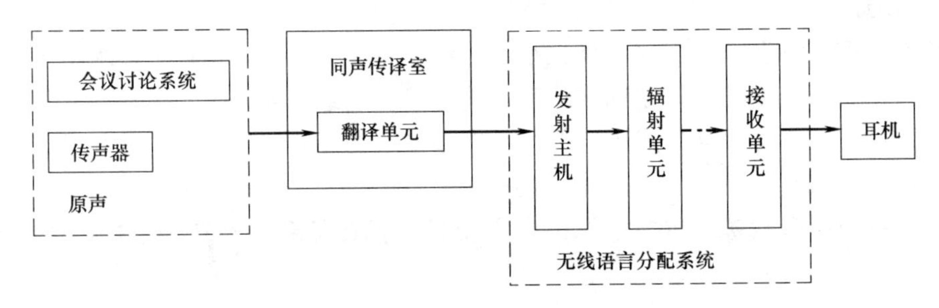

图 5-8　无线会议同声传译系统的组成

3. 按翻译过程来分：

同声传译系统又分直接翻译和二次翻译两种形式。图 5-7 和图 5-8 实际上就是直接翻译系统，在使用多种语言的会议系统中，直接翻译要求译音员懂多种语言。例如，在会议使用汉语、英语、法语、俄语四种语言时，要求译员能听懂四国语言，这对译员要求太严格了。

二次翻译的同声传译系统如图 5-9 所示。会议发言人的讲话先经第一译音员翻译成各个译音员（二次译音员）都熟悉的一种语言，然后由二次译音员再转译成一种语言。由此可见，二次翻译系统对译音员要求低一些，仅需要懂两种语言即可，而且二次翻译系统所需的译员室的数量比会议使用语言少一个。但是，它与直接翻译相比，译出时间稍迟，并且翻译质量会有所降低。

在使用很多种语言（例如 8 种以上）的多通路同声传译系统时，采用混合方式较为合理，即一部分

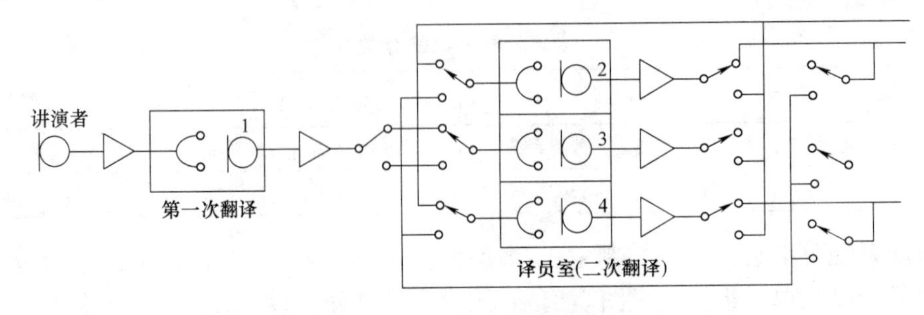

图 5-9　二次翻译的同声传译系统

语言直接翻译，另一部分语言作二次翻译。

4. 同声传译系统若干示例：

（1）有线式同声传译系统（四种语言），见图 5-10。图中会议桌旁的每位代表都设有一套话筒和耳机（或扬声器），如将两者做成一体，就成为代表机。对于主席机和译员机也与之类似。旁听席只有耳机，没有发言权。

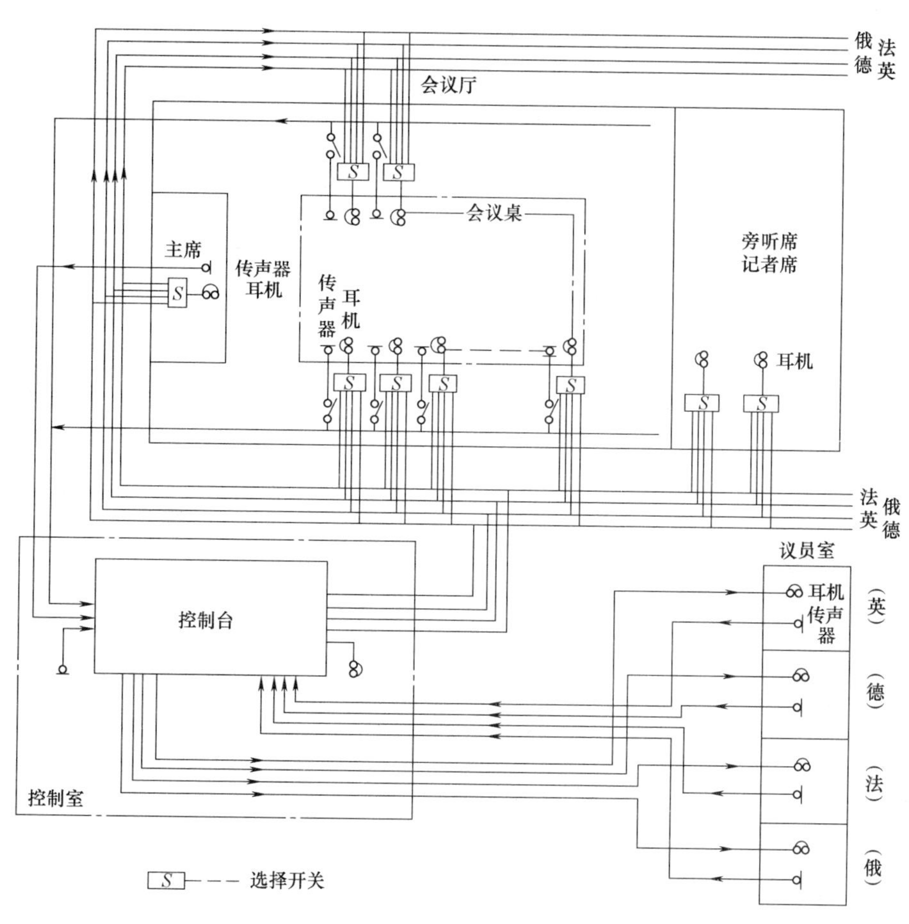

图 5-10　有线式同声传译系统（四种语言）

（2）图 5-11 是台电有线同声传译系统。这是一个可进行多语言会议的工程配置，可实现以下功能：

① 会议讨论发言功能

② 同声传译功能，最多可实现 63＋1 种语言的同声传译

③ 与会代表可以调节通道选择器，采用监听耳机可以收听多种语种，单元具有通道号 LCD 显示屏

④ 摄像机自动跟踪功能

增加扩展主机，系统最多可连接 4096 台会议单元。代表机有台式和座椅扶手式，本例采用扶手式嵌入单元还具有手持式麦克风可供选择。表 5-6 是图 5-11 设备清单示例。

（3）感应天线式同声传译系统。这是一种无线式系统，如图 5-12 所示。它是利用电磁感应原理，先在地板上或围着四周墙壁，装设一个环形天线，通常使用长波（约 140kHz）作载波，听众使用位于环形天线圈定的工作区域内的接收机，接收发射机发送的载有译语的电磁波信号。例如，日本 SONY 公司的 SX-1310A/B 发射机，可以利用译员传声器的信号调制成三个单独频道的载波，因此可传译三种语言。

感应天线式同声传译系统的优点是不需要连接电缆，安装较简便，可以实现天线圈定区域内稳定、可靠的信号传输（接收）。而在圈定区域外，信号则随距离的加大而迅速衰减，但仍有泄漏到外部的可能，故有保密性差的缺点。近来，感应天线式已被后述的性能更优的红外线式所取代。

有线同声传译系统清单 表 5-6

型　号	设备名称	数量	型　号	设备名称	数量
HCS-4100MA/20	控制主机	1	HCS-4213/20	话筒控制软件模块	1
HCS-4347C/20	主席单元	1	HCS-4215/20	视频控制软件模块	1
HCS-4347D/20	代表单元	66	HCS-4216/20	同声传译软件模块	1
HCS-4340CA/20	多功能连接器(连接主席单元)	1	* CBL6PS-05/10/20/30/40/50	6芯延长电缆	6
HCS-4340DA/20	多功能连接器(连接代表单元)	66		控制电脑	1
HCS-4385K2/20	翻译单元	5		以太网交换机	1
HCS-5100PA	头戴式立体声耳机	72	#	投影仪若其他显示设备	2
HCS-4311M	会议专用混合矩阵	1	#	会场扩声系统	1
HCS-3313C	高速云台摄像机	4	#	无线话筒	1
HCS-4210/20	基础设置软件模块	1			

注：#根据用户需要而定。
*根据会场布局而定。

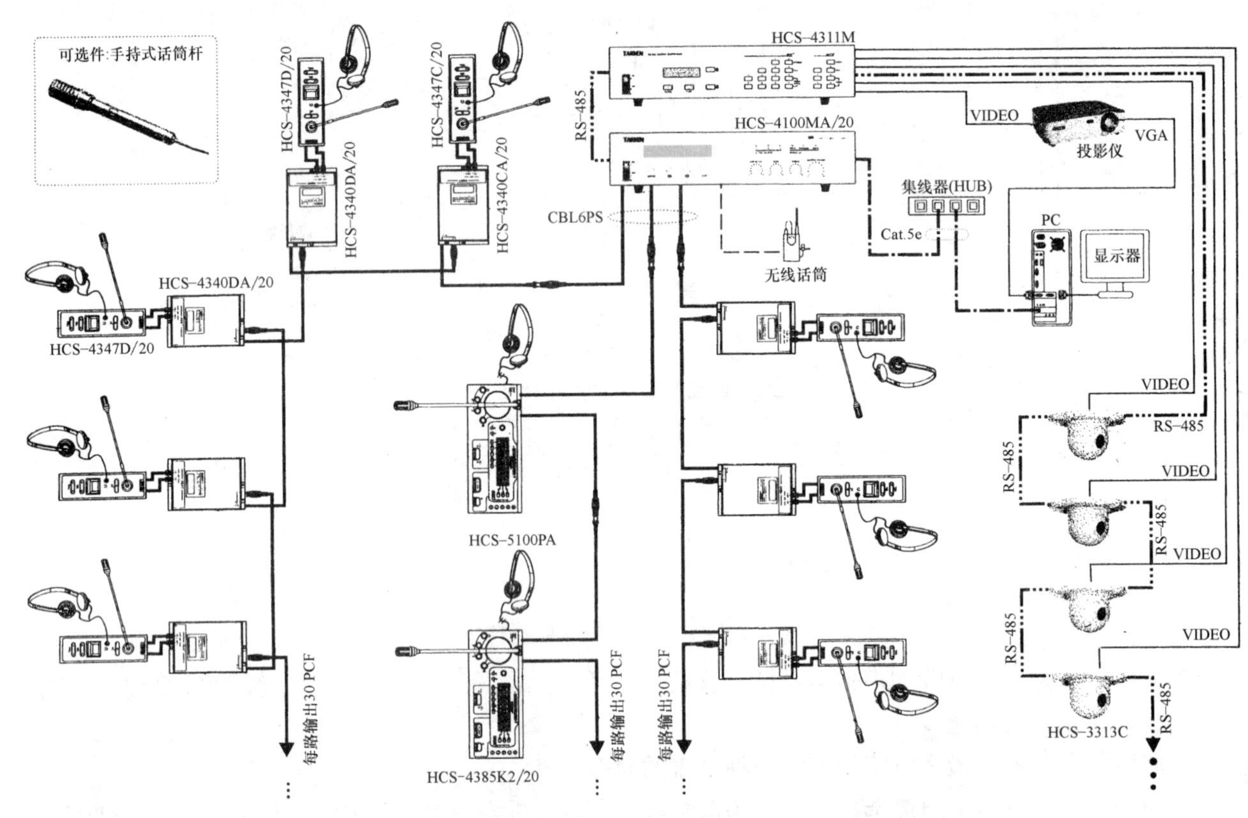

图 5-11 有线同声传译系统（台电）

关于环形天线的装设，可采用如下方法：

① 铺在会场四周地毯下（无抗静电措施的地毯）；

② 在混凝土地上挖细沟槽布在其中；

③ 在混凝土地上埋设塑料管布在其中；

④ 与装修配合，沿吊顶四周敷设；

⑤ 在四周装修的墙中敷设。

二、红外同声传译系统的性能指标和设备要求

红外线式同声传译系统的基本组成原理图如图 5-13 所示，主要由调制器、辐射器、接收机、电源等组成。

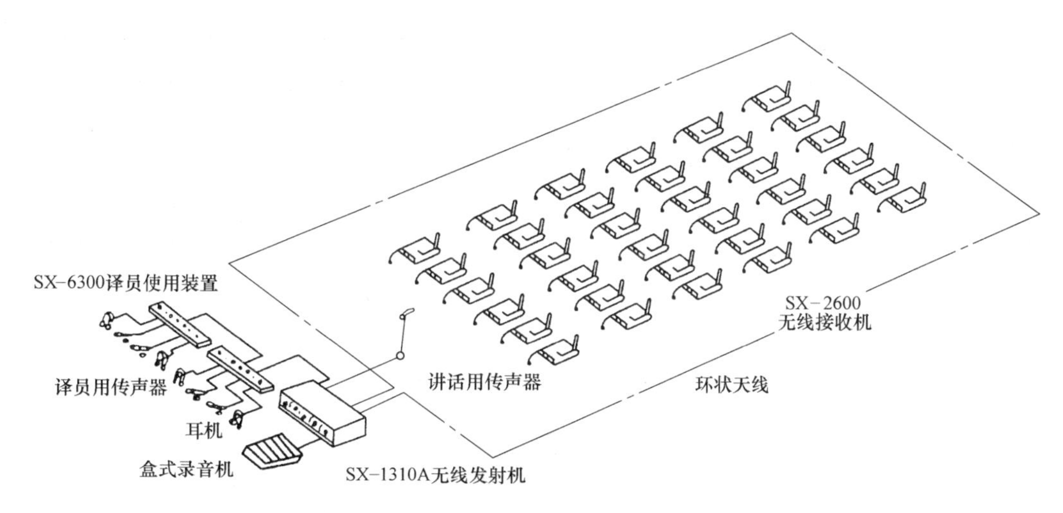

图 5-12　感应天线式同声传译系统

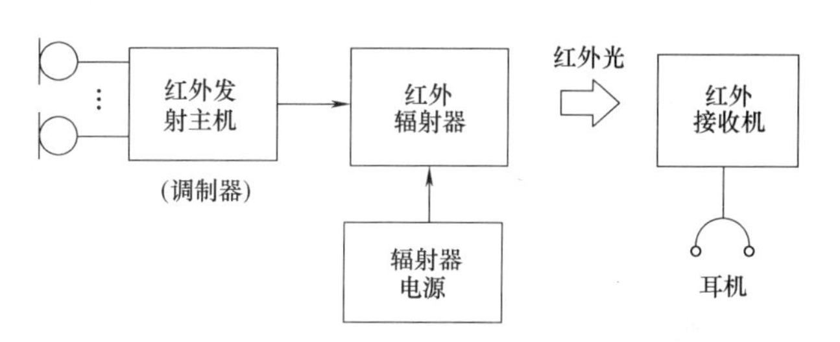

图 5-13　红外同声传译系统的基本组成原理图

红外光的产生一般都采用砷化镓发光二极管，频谱接近红外光谱，其波长约为 880～1000nm。由于人眼能感受到的可见光波长范围约为 400～700nm，所以这类光人们看不到，且对人体健康无害。红外辐射光的强弱是由砷化镓二极管内流过的正向电流大小决定的，利用这一点就很容易达到对红外光的幅度调制。在红外同声传译设备中，为了抑制噪声，音频不直接调制光束，而是先让不同的音频调制不同的副载频，再让这些已调频波对光束进行幅度调制。

红外光的接收通常采用 PIN 硅二极管进行光电转换，从已调红外光中检出不同副载频的混合信号。为了增大红外接收面积，二极管的外形做成半球形，使各个方向来的光线向球心折射，并且在球面与管芯之间夹有黑色滤光片，以滤掉可见光。

图 5-13 的工作过程如下：会议代表的发言通过话筒传输到各个翻译室，由各翻译人员译成各种语言，用电缆送到调制器（又称发射主机）。调制器内设有多个通道，每个通道设有一个副载频，完成对一路语言（即一种语言）的调频。调制器内的合成器将这些多路已调频波合成，并放大到一定幅度，由电缆输送给辐射器，在辐射器里完成功率放大和对红外光进行光幅度调制，再由红外发光二极管阵列向室内辐射已被调制的红外光。电源用于辐射器的供电。

红外接收机位于听众席上，其作用是从接收到的已调红外光中解调出音频信号。它的组成除了前端的光电转换部分以外，红外接收机还设有波道选择，以选择各路语言，由光电转换器检出调频信号，再经混频、中放、鉴频，还原成音频信号，由耳机传给听众。

（一）系统性能指标

1. 红外线同声传译系统从红外发射主机到红外接收单元输出端口的系统传输特性指标如表 5-7 和图 5-14～图 5-16 所示。

系统传输特性指标　　　　**表 5-7**

特　　性	模拟红外线同声传译系统	数字红外线同声传译系统
调制方式	FM	DQPSK
副载波频率范围(－3dB)	2MHz～6MHz	
频率响应	250Hz～4kHz 的允许范围 (图 5-14)	标准品质:125Hz～10kHz 的允许范围(图 5-15) 高品质:125Hz～20kHz 的允许范围(图 5-16)

续表

特　　性	模拟红外线同声传译系统	数字红外线同声传译系统
总谐波失真(正常工作状态下)	≤4%(250Hz～4kHz)	≤1%(200Hz～8kHz)
串音衰减	≥40dB(250Hz～4kHz)	≥75dB(200Hz～8kHz)
计权信号噪声比(红外辐射单元工作覆盖范围内)	≥40dB(A)	≥75dB(A)

注：频率响应、总谐波失真、串音衰减、计权信号噪声比的测量方法应按现行国家标准《声频放大器测量方法》GB 9001 的有关规定执行。

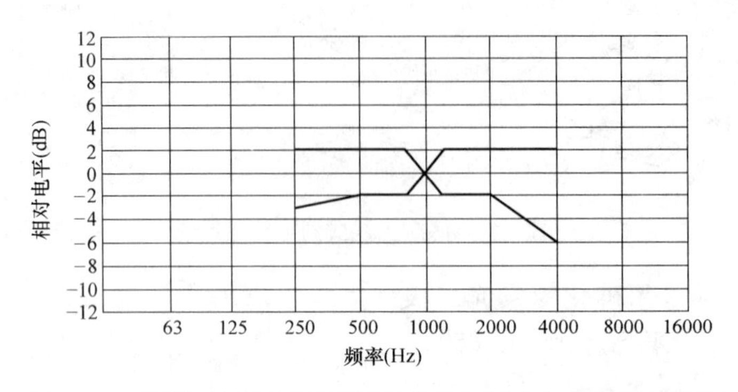

图 5-14　模拟红外线同声传译系统的传输频率响应的允许范围

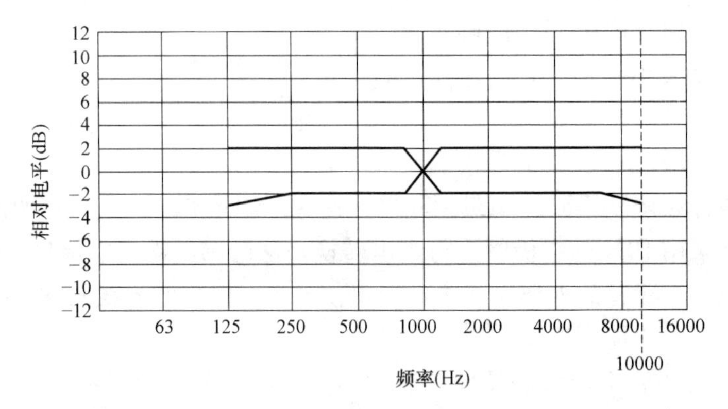

图 5-15　标准品质数字红外线同声传译系统的传输频率响应的允许范围

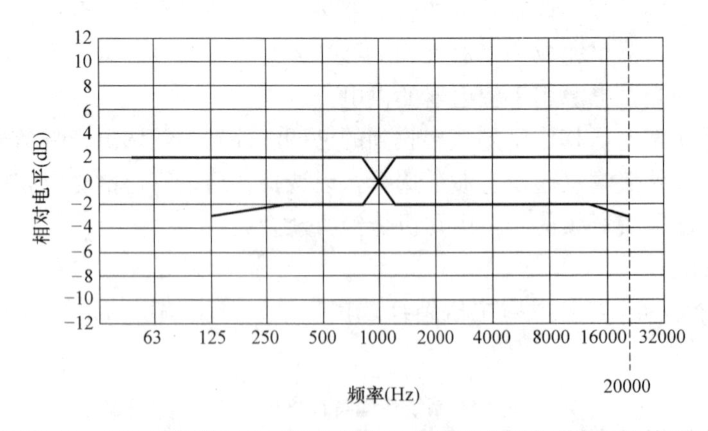

图 5-16　高品质数字红外线同声传译系统的传输频率响应的允许范围

2. 翻译单元的特性指标如表 5-8 和图 5-17 所示。

(二) 红外同声传译系统的设备要求

1. 红外发射主机应符合下列规定：

(1) 多组语音输入通道应满足同声传译语种数量的需要。

翻译单元的特性指标 **表 5-8**

特　　性	要　　求
频率响应	125Hz～12.5kHz 的允许范围(图 3.2.2)
总谐波失真(正常工作状态下)	≤1%(200Hz～8kHz)
串音衰减	≥60dB(200Hz～8kHz)
计权信号噪声比	≥60dB(A)

注：频率响应、总谐波失真、串音衰减、计权信号噪声比的测量方法应按现行国家标准《声频放大器测量方法》GB 9001 的有关规定执行。

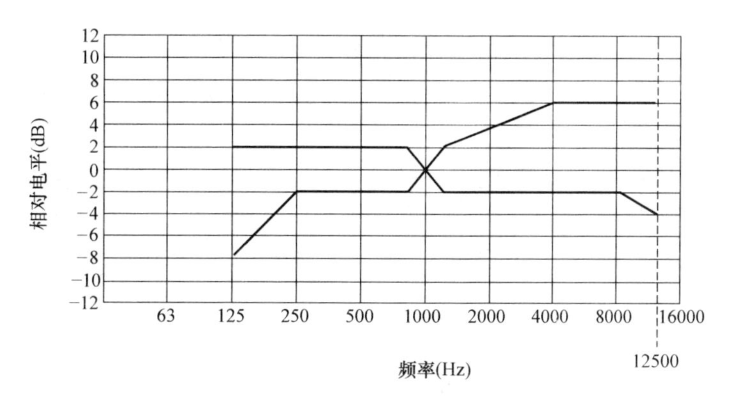

图 5-17 翻译单元频率响应的允许范围

(2) 应具有自动或手动电平控制。

(3) 宜具有多路红外信号输出接口。

(4) 宜能产生多种频率音频测试信号。

(5) 应具有输入通道接入指示功能。

(6) 必须具备消防报警联动触发接口。

(7) 宜具有在会议休息期间向所有通道播放音乐的功能。

2. 红外辐射单元应符合下列规定：

(1) 副载波通道数应满足同声传译语种数量的需要。

(2) 应具有工作状态指示灯。

(3) 在安装红外辐射单元的附近应配置电源插座，红外辐射单元与红外发射主机的电源宜共用一组接地装置。

(4) 应具有与红外发射主机同步开关机功能。

(5) 应具有自动增益控制功能，增益控制范围不宜小于 10dB。

(6) 可串行连接多台，链路的最后一台红外辐射单元必须进行终端处理。

(7) 红外辐射单元与红外发射主机之间、红外辐射单元与红外辐射单元之间应采用带有 BNC 接头的同轴电缆连接。连接电缆线路衰减不宜大于 10dB。当连接电缆线路衰减超过 10dB 时，红外辐射单元的工作覆盖面积会缩小到 1/3 以下。使用线路衰减常数为 0.057dB/m 的 RG-5 型同轴电缆，线路衰减 10dB 对应约 175m 的线缆长度。如红外辐射单元具有自动增益控制（AGC）功能，则可以将衰减的信号“提升”回来，从而保证其工作覆盖面积。将具有自动增益控制（AGC）功能的红外辐射单元串行连接，可以实现信号的远距离传输。常用的同轴电缆线路衰减常数见表 5-9。

同轴电缆线路衰减常数 **表 5-9**

型　　号	衰减常数(dB/m)	型　　号	衰减常数(dB/m)
RG－3	≤0.086	RG－7	≤0.044
RG－5	≤0.057	RG－9	≤0.036

（8）红外辐射单元的空间覆盖范围为近似椭球形，实际工作覆盖范围为该椭球形与红外接收单元所在平面（收听平面）相切而成的近似椭圆形的面积。红外辐射单元安装位置过低时，会场中前排的人会遮挡后排人的收听。因此，实际工程中红外辐射单元需要有一定的安装高度和投射角度，不同的安装高度和投射角度以及频道数目对应不同的工作覆盖面积（如图 5-18～图 5-20 所示）。显然，红外辐射单元的安装高度应小于所选用红外辐射单元的最大辐射距离。

房间内物体、墙壁和天花板的表面状况和颜色对红外辐射也会产生影响，平滑、光洁的表面对红外线反射性能良好，暗而粗糙的表面对红外线吸收较大。红外辐射单元也不宜正对窗户。

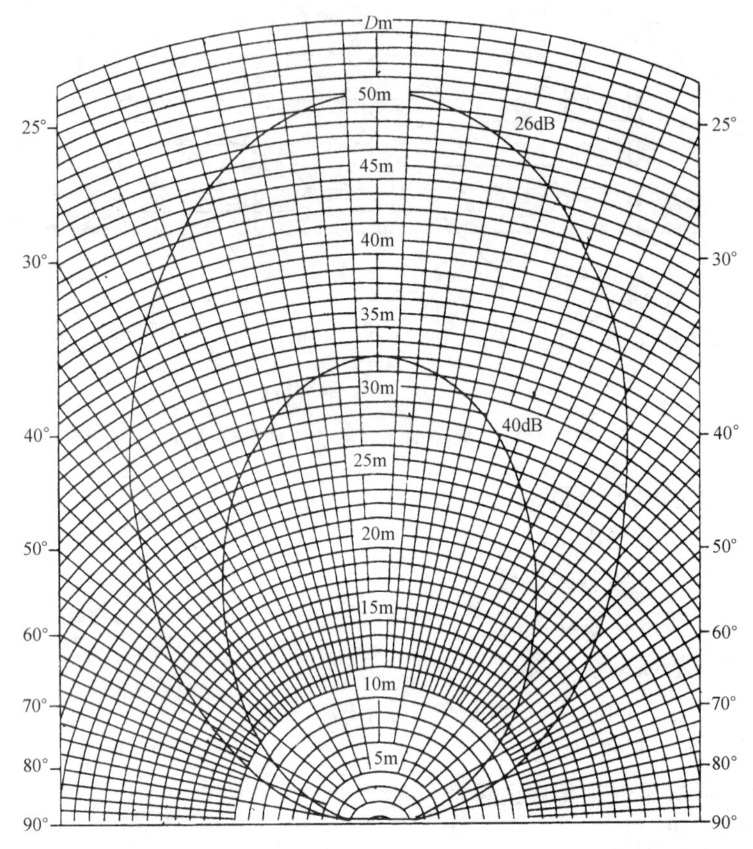

图 5-18　某红外辐射单元水平安装的工作覆盖范围

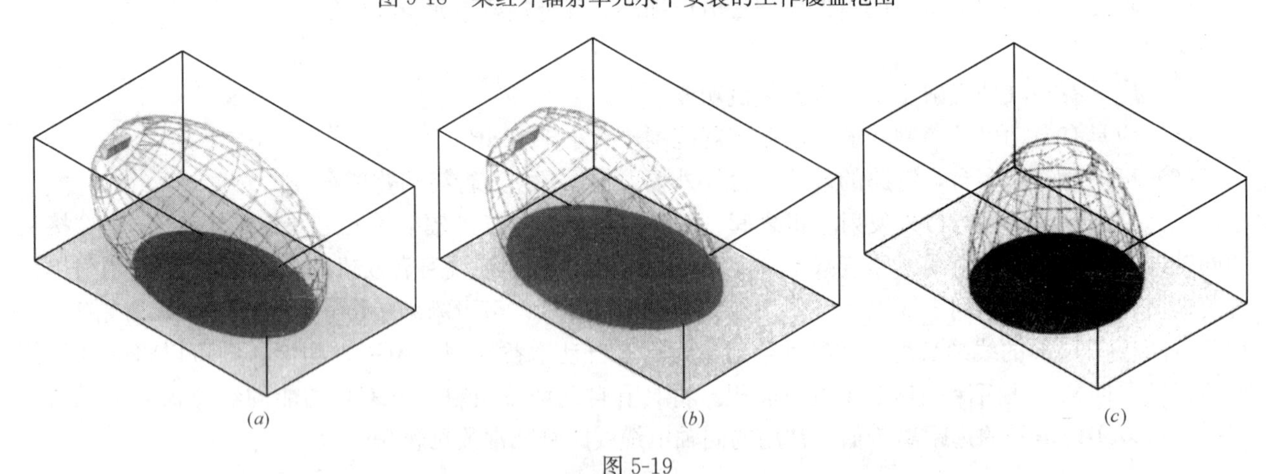

图 5-19

（a）16m 高，15°安装的工作覆盖范围（26dB）；（b）16m 高、30°安装的工作覆盖范围（26dB）；（c）20m 高、垂直安装的工作覆盖范围（26dB）

总之，通过图 5-18～图 5-20 的分析和比较，可以看出以下带有普遍意义的重要结论：

① 在一定安装高度下，安装的倾斜角度 θ 越大，覆盖区域 A 越大；

② 在一定安装角度下，安装高度 H 越高，则覆盖区域 A 越小；

③ 在一定条件下，辐射器的输出功率越大，覆盖区域 A 也越大；

④ 辐射器的使用通道数越多，则覆盖区域 A 越小，如图 5-16 所示。

⑤ 应该指出，辐射器辐射区域的大小还与信噪比 S/N 有关，以上辐射区域的大小一般指信噪比为 40dB（A），若信噪比减小，则辐射区域将增大。

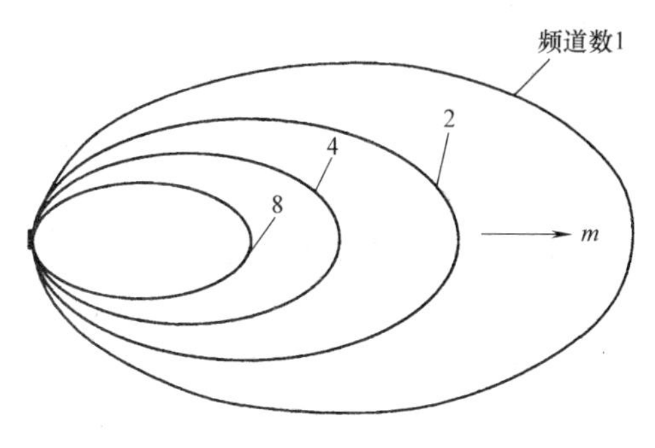

图 5-20　不同通道数的辐射覆盖范围

（9）需要在会场红外服务区内安装多个红外辐射单元时，覆盖同一区域的各个红外辐射单元间的信号延时差不宜超过载波周期的 1/4。从红外发射主机到红外辐射单元经过同轴线缆进行传输，线缆传输会产生时延（延时常数为 5.6ns/m）。由于多个红外辐射单元与红外发射主机之间的线缆长度不等，导致红外辐射单元之间的信号相位会产生差别，从而导致信号重叠区的接收信号变差，甚至出现红外信号接收盲区。实际工程中，覆盖同一区域的两个红外辐射单元间的信号延时差不超过载波周期的 1/4 时，信号重叠区的接收信号变差状况不明显，两个红外辐射单元到红外发射主机的连接线缆总长度差允许的最大值可通过以下公式计算：

$$L=1/(4\cdot f\cdot t)$$

式中：f——载波频率；

t——线缆传输延时常数，为 5.6ns/m。

例：对于调频副载波频率为 2MHz 的信号通道，两个红外辐射单元到红外发射主机的连接线缆总长度差不宜超过 $1/(4\times2\times10^{6}\times5.6\times10^{-9})\approx22\text{m}$。

解决信号干涉问题有两种途径：一是尽可能使各红外辐射单元到红外发射主机的连接线缆总长度接近等长。二是调节各个红外辐射单元的延迟时间，使各红外辐射单元的信号相位接近一致。当用串行连接方式连接红外发射主机和各红外辐射单元时，应尽可能使从红外发射主机引出的线路对称。为使各红外辐射单元到红外发射主机的连接线缆总长度等长，也可以将各红外辐射单元与红外发射主机采用等长的线缆进行星型连接。这种方式通常会造成连接线缆很大的浪费，因此一般不推荐采用。如红外辐射单元具有延时补偿功能，可以在系统安装调试时，调节各个红外辐射单元的延迟时间，使各红外辐射单元的信号相位接近一致。

（10）宜具有对传输线缆信号延时补偿功能。

3. 红外接收单元应符合下列规定：

（1）红外接收单元的重量不应大于 200g。

（2）一次充电或电池支持的连续工作时间不应小于 15h。

（3）应具有通道选择器、音量控制器和通道号的显示功能，并宜具有相应通道的语种名称、信号接收强度和内置电池电量的显示功能。

（4）室内使用红外接收单元时，应采取避免太阳光直射措施；在室外或在太阳光直射的环境下使用红外接收单元时，应选用可以在太阳光直射环境下工作的红外接收单元。

4. 翻译员和代表的耳机应符合下列规定：

（1）翻译员应使用由两个贴耳式耳机组成的头戴耳机。头戴耳机应具有隔离环境噪声的作用。

（2）代表的耳机可选择使用头戴耳机、听诊式耳机或耳挂式耳机等。

5. 翻译单元应符合下列规定：

（1）应为每个翻译员配备一个可单独控制听说的控制器及相关的指示器。两个翻译员共用一个翻译单元时，每个翻译员的控制器都应有完整的控制功能。指示器应能够立即显示正在使用的功能。

（2）输入通道选择器的通道选择动作应平滑，不应产生机械或电噪声；通道间不应短路。输入通道预选器应设置一个旋钮开关，在一般情况下应接入原声通道。当开关旋转在转译位置上时，输入通道应置于通道选择器上。

(3) 音量控制器应使用对数式电位器。音调控制器应设置连续可调降低低音电平的控制器，125Hz的电平比1kHz的电平应至少降低12dB。也可设置连续可调提升高音电平的控制器，8kHz的电平比1kHz的电平提升不应小于12dB。

(4) 应为每个翻译员配备一个头戴耳机或带传声器的头戴耳机的连接器插口，翻译单元耳机输出端应有防短路保护。

(5) 监听扬声器应设有音量控制器。当同一同声传译室内的任一个传声器工作时，监听扬声器应立即静音。

(6) 每个翻译单元的输出通道选择器应有不少于两个输出通道可供选择，并应具有输出通道占用指示功能和互锁功能，语种的符号应紧靠通道选择键。应设置用于翻译员提示会议主持、演讲人和操作员的专用音频通道。

(7) 传声器接通键应具有把接入一个通道的所有翻译员传声器都断开时，原声自动进入该通道的功能。供两位翻译员使用的翻译单元上的传声器控制器可由一个开关控制。

(8) 暂停键应能切断翻译员的传声器信号，而不接回到原声通道，在切断传声器信号时必须同时关闭传声器状态指示器。

(9) 每一个传声器应设置一个“接通”状态指示器。

三、同声传译室与线缆敷设

1. 一般要求

(1) 同声传译室应位于会议厅的后部或侧面。

(2) 同声传译室与同声传译室、同声传译室与控制室之间应有良好的可视性，翻译员宜能清楚地观察到会议厅内所有参会人员、演讲者、主席以及相关的辅助设施等。不能满足时，应在同声传译室设置显示发言者影像的显示屏。

(3) 在同声传译室内，应为每个工作的翻译员配置独自的收听和发言控制器，并联动相应的指示器。

(4) 红外线同声传译系统与扩声系统的音量控制应相互独立，宜布置在同一房间，并由同一个操作员监控。

2. 固定式同声传译室

(1) 同声传译室内装修材料应采用防静电、无反射、无味和难燃的吸声材料。

(2) 同声传译室的内部三维尺寸应互不相同，墙不宜完全平行，并应符合下列规定（图5-21）：

① 两个翻译员室的宽度应大于或等于2.50m，三个翻译员室的宽度应大于或等于3.20m。

② 深度应大于或等于2.40m。

③ 高度应大于或等于2.30m。

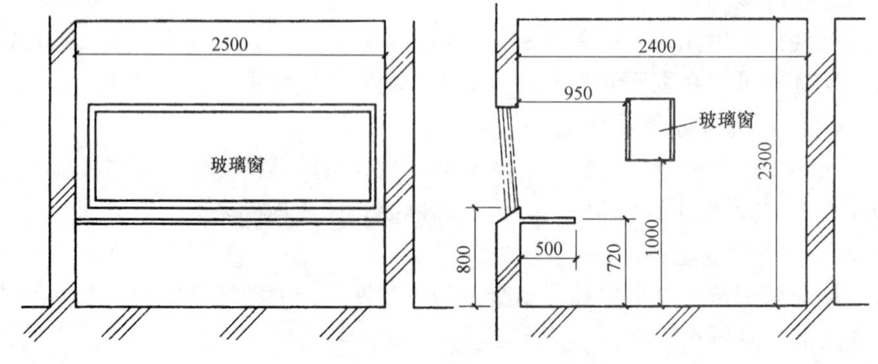

图5-21　译员室规格（ISO 2603）

(3) 倍频程带宽为 125Hz～4000Hz 时，同声传译室的混响时间宜为 0.3s～0.5s。

(4) 同声传译室墙壁的计权隔声量宜大于 40dB。

(5) 同声传译室的门应隔声，隔声量宜大于 38dB。门上宜留不小于 0.20m×0.22m 的观察口，也可在门外配指示灯。

(6) 同声传译室的前面和侧面应设有观察窗。前面观察窗应与同声传译室等宽，观察窗中间不应有垂直支撑物。侧面观察窗由前面观察窗向侧墙延伸不应小于 1.10m。观察窗的高度应大于 1.20m，观察窗下沿应与翻译员工作台面平齐或稍低。

(7) 同声传译室的温度应保持在 18℃～22℃，相对湿度应在 45%～60%，通风系统每小时换气不应少于 7 次。通风系统应选用低噪声产品，室内背景噪声不宜大于 35dB (A)。

(8) 翻译员工作台长度应与同声传译室等宽，宽库不宜小于 0.66m，高度宜为 0.74m±0.01m；腿部放置空间高度不宜小于 0.45m。工作台面宜铺放减振材料。

(9) 同声传译室照明应配置冷光源的定向灯，灯光应覆盖整个工作面。灯具亮度可为高低两档调节；低档亮度应为 100lx～200lx，高档亮度不应小于 300lx；也可为 100lx～300lx 连续可调。

3. 移动式同声传译室

(1) 移动式同声传译室应采用防静电、无味和难燃的材料，内表面应吸声。

(2) 移动式同声传译室空间应满足规定数量的翻译员并坐、进出不互相干扰的要求，并应符合下列规定：

① 空间宽敞时宜采用标准尺寸。一个或两个翻译员时的宽度应大于或等于 1.60m，三个翻译员时的宽度应大于或等于 2.40m；深度应大于或等于 1.60m；高度应大于或等于 2.00m。

② 因空间限制不能应用标准尺寸时，一个或两个翻译员使用的移动式同声传译室的宽度应大于或等于 1.50m，深度应大于或等于 1.50m，高度应大于或等于 1.90m。

(3) 移动式同声传译室的混响时间应符合前述的固定式的规定。

(4) 移动式同声传译室墙壁计权隔声量宜大于 18dB (1kHz)。

(5) 移动式同声传译室的门应朝外开、带铰链，不得用推拉门或门帘；开关时应无噪声，并且门上不应有上锁装置。

(6) 移动式同声传译室的前面和侧面应设有观察窗。前面观察窗应与同声传译室等宽；中间垂直支撑宽度宜小，并不应位于翻译员的视野中间。侧面观察窗由前面观察窗向侧面延伸不应小于 0.60m，并超出翻译员工作台宽度 0.10m 以上。观察窗的高度应大于 0.80m，观察窗下沿距翻译员工作台面不应大于 0.10m。

(7) 移动式同声传译室的通风系统每小时换气不应小于 7 次。通风系统应选用低噪声产品，室内背景噪声不宜大于 40dB (A)。

(8) 翻译员工作台的长度应与移动式同声传译室等宽，宽度不宜小于 0.50m，高度宜为 0.73m±0.01m；腿部放置空间高度不宜小于 0.45m。工作台面宜铺放减振材料。

(9) 移动式同声传译室照明应符合前述的固定式规定。

4. 线缆敷设

(1) 室内线缆的敷设应符合下列规定：

① 应采用低烟低毒、阻燃线缆。

②（红外发射）控制主机至红外辐射单元之间信号电缆应采用金属管、槽敷设。

③ 信号电缆和电力线平行时，其间距应大于或等于 0.3m；信号电缆与电力线交叉敷设时，宜相互垂直。

④ 建筑物内信号电缆暗管敷设与防雷引下线最小净距应符合表 5-10 的规定。

(2) 室外线缆的敷设应符合下列规定：

① 信号电缆在通信管内敷设时，不宜与通信电缆共用管孔。

信号电缆暗管敷设与防雷引下线最小净距（mm）　　表 5-10

管线种类	平行净距	垂直交叉净距
防雷引下线	1000	300

② 线缆在沟道内敷设时，应敷设在支架上或线槽内。当线缆进入建筑物时，应进行防水处理。

③ 当传输线缆与其他线路共沟敷设时，最小间距应符合表 5-11 的规定。

电缆与其他线路共沟的最小间距（m）　　表 5-11

种　类	最 小 间 距
220V 交流供电线	0.5
通信电缆	0.1

（3）信号线路与具有强磁场、强电场的电气设备之间的净距应大于 1.5m；当采用屏蔽线缆或穿金属保护管或在金属封闭线槽内敷设时，宜大于 0.8m。

（4）敷设电缆时，多芯电缆的最小弯曲半径应大于其外径的 6 倍；同轴电缆的最小弯曲半径应大于其外径的 15 倍；光缆的最小弯曲半径不应小于其外径的 15 倍。

（5）线缆槽敷设截面利用率不应大于 60%，线缆穿管敷设截面利用率不应大于 40%。

（6）传输方式与布线应根据信号分辨率与传输距离确定，并宜符合表 5-12 的规定。

传输方式与布线要求　　表 5-12

信号分辨率	传输距离	传 输 方 式	传 输 线 缆
XGA 及以下	≤15m	模拟或数字传输方式	RGB 同轴屏蔽电缆或 DVI 屏蔽电缆
	＞15m	数字传输方式	DVI 屏蔽电缆或光缆＋均衡器
SXGA 及以上	≤10m	模拟或数字传输方式	RGB 同轴屏蔽电缆或 DVI 屏蔽电缆
	＞10m	数字传输方式	DVI 屏蔽电缆或光缆＋均衡器
HDTV	≤5m	模拟或数字传输方式	RGB 同轴屏蔽电缆或 DVI 屏蔽电缆
	＞5m	数字传输方式	HDHI、DisplayPort 屏蔽电缆或 DVI 屏蔽电缆或光缆＋均衡器
IP 视频	≤100m	网络传输方式	超 5 类及以上类别对绞电缆
	＞100m	网络传输方式	超 5 类及以上类别对绞电缆＋均衡器

第四节　数字会议系统设计举例

一、BOSCH 数字网络会议（DCN）系统

（一）系统组成

BOSCH（博世）的数字会议网络（DCN）系统（顺便指出，本系统原为 Philips 公司产品，现已被博世 BOSCH 公司收购）是在我国广泛应用的一种会议系统，是全数字化的会议系统。其中央控制器（主机）LBB 3500 系列集会议讨论、表决和同声传译于一体，配以相应的主席机、代表机和译员机等，即可满足各种功能的会议要求。图 5-22 是其典型系统组成。BOSCH 的 DCN 数字会议系统的主要设备如表 5-13 所示。下面先介绍 DCN 的几种中央控制器。

（二）设计示例

某会议厅要求具有发言讨论、表决和同声传译的会议功能，其中要求有表决、发言权的代表机为 45 个，同声传译要求六种语言，即包括母语为 1＋6 同声传译，并要求对代表具有身份卡认证功能。旁听席约 100 个。此外，还要求对与会代表发言进行摄像自动跟踪。

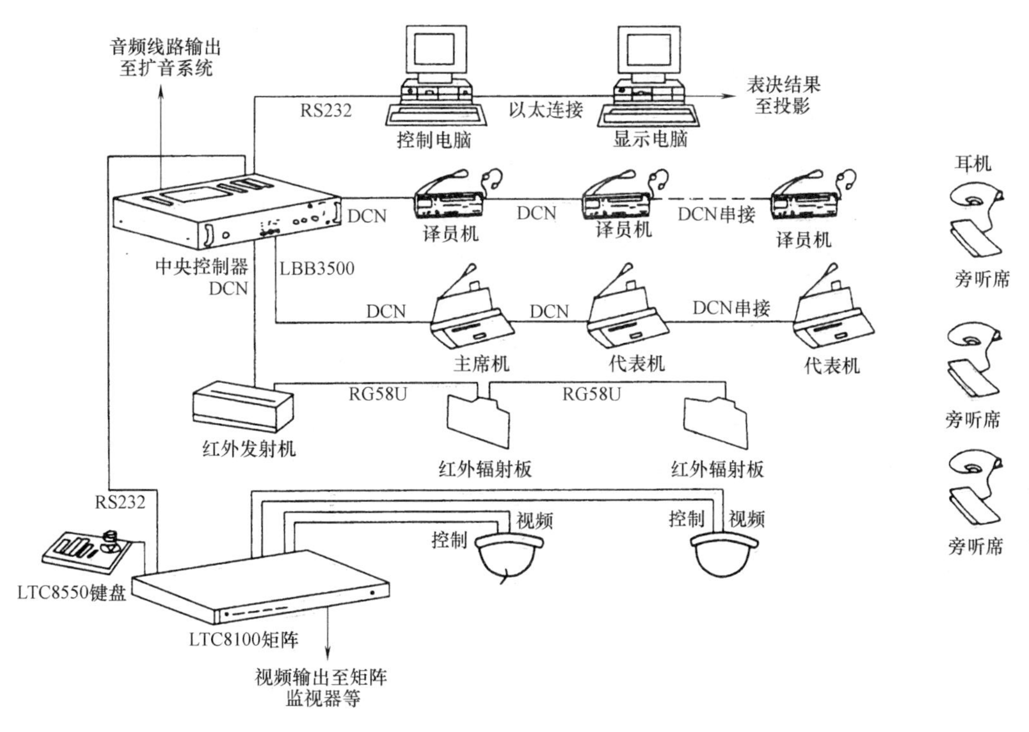

图 5-22 博世 DCN 会议系统图

BOSCH DCN 数字会议系统主要设备 **表 5-13**

型 号	品 名	说 明
LBB 3500/05	标准型中央控制器	无机务员的会议控制，可向≤90 台发言单元提供电源
LBB 3500/15	增强型中央控制器	由机务员控制会议，可配 PC 机控制，可向≤180 台发言单元供电
LBB 3500/35	多中央控制器	用于 240 台以上发言单元
LBB 3506/00	增容电源	与中央控制器配合，可增加 180 台发言单元供电
LBB 3544/00	标准表决代表机	表决机，配话筒可增加发言，讨论功能
LBB 3545/00	表决＋传译代表机	带通道选择器，可供同声传译用
LBB 3546/00	表决＋传译代表机	加带 LCD 显示和身份卡读出器
LBB 3547/00	表决＋传译主席机	加带 LCD 显示和身份卡读出器
LBB 3530/00	标准讨论代表机	讨论式会议用
LBB 3530/50	标准讨论代表机	同上，话筒为加长杆
LBB 3531/00	讨论＋传译代表机	加带通道选择器，可供讨论＋同声传译用
LBB 3531/50	讨论＋传译代表机	同上，话筒为加长杆
LBB 3533/00	标准讨论主席机	讨论式会议用
LBB 3533/00	标准讨论主席机	同上，话筒为加长杆
LBB 3534/00	讨论＋传译主席机	加带通道选择器
LBB 3534/00	讨论＋传译主席机	同上，话筒为加长杆
LBB 3520/10	译员机	带 LCD 显示，可适配 15 个语种
LBB 9095/30	译员耳机	与译员机配接
LBB 3440/00	轻型耳机	
LBB 3442/00	挂耳单耳机	
LBB 3410/05	红外辐射器	宽束，2W
LBB 3410/15	红外辐射器	窄束，2W
LBB 3411/00	红外接收器	12.5W
LBB 3412/00	红外接收器	25W

设计如下：系统的组成仍如图 6-22 所示，只是要确定所用设备的型号和数量。设计如表 5-14 所示。由于要求代表机和主席机具备发言讨论、表决和同声传译等功能，故选用具有这些功能的代表机为 LBB 3546/00（配 LBB 3549/00 标准话筒）和主席机为 LBB 3547/00（配以 LBB 3540/50 长颈话筒）。所用的主席机和代表机型号是高档的多功能机，除具备一般的主席机和代表机的发言讨论、表决和同声传译功能（其中带通道选择器用于同声传译，机内平板扬声器的声音清晰，当话筒发言时自动静音，避免啸叫等）外，还增设身份认证卡读卡器和带背景照明的图形 LCD 显示屏。读卡器可用以识别代表身份和情况，并可在 LCD 显示屏上显示出个人情况、表决结果等信息。

系统示例的设备清单　　表 5-14

设备型号	数　量	说　明
会议控制主机		
(1)LBB 3500/15	1	增强型中央控制器(180 PCF)
会议发言/表决单元		
(2)LBB 3547/00 LB 3549/50	1 1	主席机带 LCD 屏幕 长话筒
(3)LBB 3546/00 LBB 3549/00	45 45	代表机带 LCD 屏幕 标准话筒
(4)LBB 3516/00		100km DCN 安装电缆
同声翻译单元		
(5)LBB 3520/10 LBB 3015/04	6 6	译员台　带背照光 动圈式耳机
(6)LBB 3420/00 LBB 3421/00 LBB 3423/00 LBB 3424/00	1 2 1 1	红外线发射机箱 频道模块(4 通道/模块) 接门器模块(DCN 用) 基本模块
(7)LBB 3433/00 LBB 3440/00	50 50	七路红外线接收机 轻型耳机
(8)LBB 3412/00	2	红外辐射板,25W
(9)RG58U		50Ω 同轴电缆(200m,辐射板用)
(10)LBB 3404/0	1	接收机储存箱(可装 100 个接收器)
摄像联动系统		
(11)LTC 8100/50	1	ALLEGIANT 8100 系统,8 路视频输入/2 路视频输出
(12)LTC 8555/00	1	视频控制矩阵键盘
(13)G3ACS5C	2	G3 室内天花式彩色摄像机模块,数码遥控,室内吊顶用,透明球罩,$24V_{ac}$,50Hz
身份卡认证		
(14)LBB 3557/00	1	晶片型身份编码器
(15)LBB 3559/05	100	晶片型身份认证卡(100 张)

注：表中尚未包括相应软件和附件。

由于所用的主席机、代表机、译员机的耗电系数（PCF）为 2.5，其总数为 52 个，故总 PCF＝52×2.5＝130（未包括电缆分路器等）。有关 DCN 设备的电源耗电系数（PCF）见表 5-15。

至于主席机、代表机和译员机的安装，很简单，如图 5-22 所示的那样呈串接形式即可。

（三）红外辐射器特性及其布置

在同声传译会议系统的工程设计中，一个重要问题是红外辐射器的布置。辐射器是辐射红外光的装置，做成扁平矩形结构，其辐射面是由数百只红外发光二极管排列成矩阵形式，从而产生如图 5-19 所示的具有椭球体形的辐射特性。

DCN 设备的耗电系数（PCF） **表 5-15**

DCN 设备型号	设备名称	PCF	DCN 设备型号	设备名称	PCF
LBB 3510/00	个人电脑网络卡	1	LBB 3533/××	主席讨论机	1
LBB 3512/00	数据分配卡	1	LBB 3534/××	主席讨论带通道选择器	1
LBB 3513/00	模拟音频输入/输出模块	1	LBB 3535/00	双音频接口器	1.5
LBB 3514/00	干线电缆分路器	1	LBB 3540/15	多用连接器带芯片卡读出器	2
LBB 3515/00	分配器	1	LBB 3544/00	代表机	2.5
LBB 3520/10	译员机	2.5	LBB 3545/00	代表机带通道选择器	2.5
LBB 3524/00	电子通道选择面盘	0.5	LBB 3546/00	代表机带 LCD 图形显示及芯片卡读出器	2.5
LBB 3524/10	电子通道选择面盘带背照光	0.5			
LBB 3526/10	电子通道选择面盘带背照光	0.5			
LBB 3530/××	代表讨论机	1	LBB 3547/00	主席机带 LCD 图形显示及芯片卡读出器	2.5
LBB 3531/××	代表讨论带通道选择器	1			

(1) 首先，应保证会议厅全部处于红外信号的覆盖区域内，并有足够强度的红外信号。图 5-23～图 5-25 是红外辐射器布置的三个示例。图 5-24 中若用两只辐射器即可覆盖全场，则这两只辐射器以对角相对布置比安装同一边两角为好。

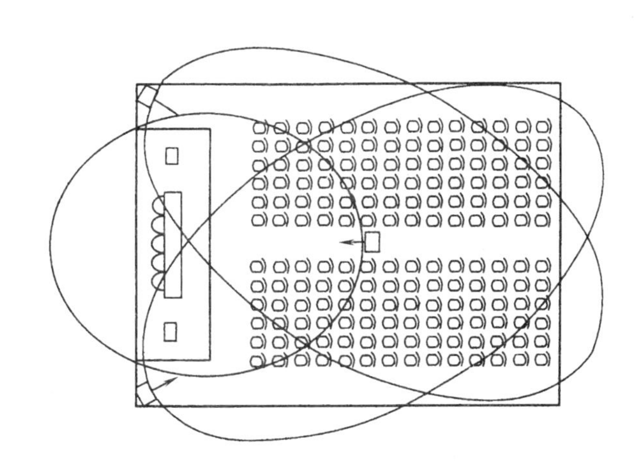

图 5-23 红外辐射器布置示例之一

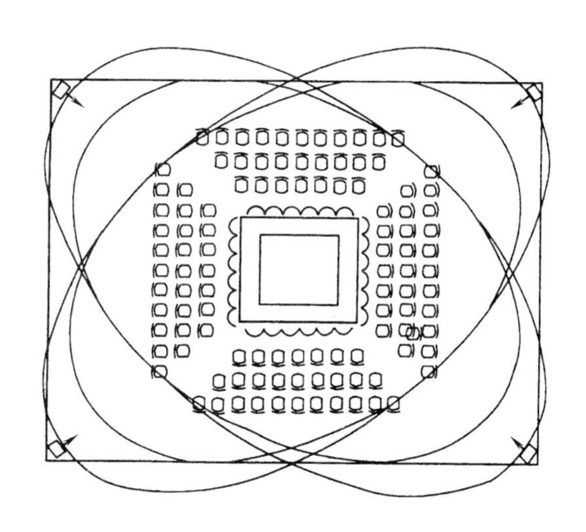

图 5-24 红外辐射器布置示例之二

(2) 红外光的辐射类似可见光，大的和不透明的障碍物会产生阴影，使得信号的接收有所减弱，而且移动的人和物体也会产生类似问题。为此，辐射器要安装在足够高的高度，使得移动的人也无法遮挡红外光。此外，红外光也会被淡色光滑表面所反射，被暗色粗糙表面所吸收。因此，在布置辐射器时，首先要保证对准听众区的直射红外光畅通无阻，其次要尽量多地利用漫反射光（主要是早期反射光），以使室内有充足的红外光强。

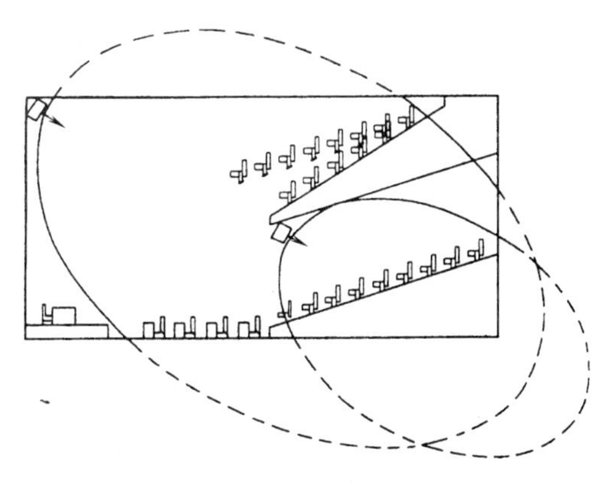

图 5-25 红外辐射器布置示例之三

(3) 会议厅要尽可能避免太阳光照射，否则日光将导致红外信号接收的信噪比下降，为此可用不透光的浅窗帘遮挡。同样，白炽灯和暖气加热器也会辐射高强度的红外光，因此在这些环境中就必须安装多一些红外辐射器。同理，若会议在室外明亮的日光下举行，则也要增加辐射器数量。

（4）安装红外辐射器的数量，除了上述与会议厅面积大小、形式以及环境照明有关系，还与同声传译的语种数有关。当语种数增多时，由于每个语种占用功率减少，故也应增加辐射器数量。通常应适当增加1～2只。

（5）辐射器安装时不宜面对大玻璃门或窗。因为透明的玻璃表面不能反射红外光，而且还有可能因红外光泄漏室外而产生泄密。当然，此时也可用厚窗帘等不透光物体进行遮挡。

（6）若室内使用如电子镇流器等的节能型荧光灯，其会产生振荡频率约为28kHz的谐波干扰，这要影响低频道（即0～3频道）的信号接收。同样，在这种背景干扰电平较高的会议厅中，也有必要增设辐射器。

（7）红外接收机也有一定指向性，即接收灵敏度随方向而改变。通常，接收机竖放时其最大灵敏方向在正面斜上方45°方向上。在此轴上下左右45°范围内，灵敏度变化不大，其余方向的接收效果则明显降低。

（8）在接线上，尤其要注意译员控制盒与调制器（发送机）的配接，通常宜采用平衡输入形式。辐射器往往采用有线遥控，遥控电源由发送机供给。此外，应考虑输出线的配接问题，防止接地不当造成自激。在飞利浦公司的同声传译设备中，上述接线一般都使用专用的配线电缆。

（四）辐射器布置的工程实例

图5-26是上海某艺术中心具有300坐位的豪华型电影与会议两用厅，面积约为370m²，要求有四种语言的同声传译系统。该厅使用两个辐射器，安装在前方左右两侧高约8m的顶棚板上，朝向观众席。另外，还设有备用出线盒。顺便指出，图5-24的译员室设在后面，这主要是建筑上的考虑，但从同声传译角度来看并不理想。因为译员距离主席台较远，看不清发言者的口形变化，亦即翻译时不能跟着发言者节奏变化。所以，译员室最好设在主席台附近的两侧。此外，若考虑主席台上坐着多位代表，则如图5-23所示，宜在厅中央吊顶再配一个辐射器。

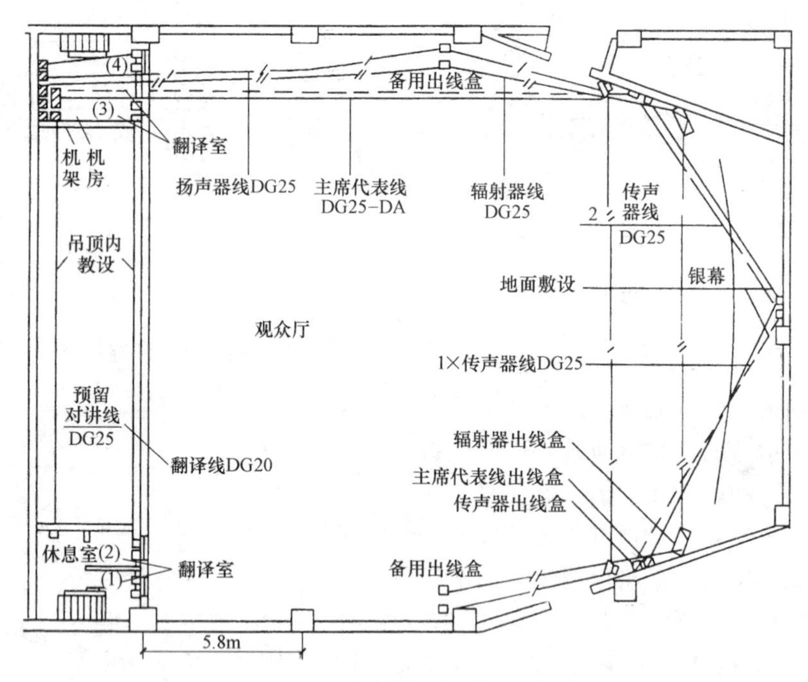

图5-26　红外同声传译设计示例

二、台电（TAIDEN）全数字会议系统

1. 概述

2004年，深圳台电公司自主开发出MCA-STREAM多通道音频数字传输技术，将数字音频技术和综合网络技术全面地引入到会议系统中，推出一套64通道的全数字会议系统。基于MCA-STREAM技

术的 HCS-4100 全数字会议系统可实现：

（1）一条专用的六芯电缆（兼容通用的带屏蔽超五类线）可传输多达 64 路的原声和译音信号，避免采用复杂的多芯电缆，大大方便了施工布线，增强了系统的可靠性；

（2）在传输过程中信号的质量和幅度都不会衰减，彻底地解决了音响工程中地线带来的噪声和其他设备（如舞台灯光、电视录像设备等）引起的干扰，信号的信噪比达到 96dB，串音小于 85dB，频响达到 40～16kHz，音质接近 CD 品质；

（3）长距离传输同样能提供接近 CD 的高保真完美音质，适用于从中小型会议室到大型会议场馆、体育场等多种场合。

（4）利用全数字技术平台实现了双机热备份、发言者独立录音功能、集成的内部通话功能等多项创新功能。

HCS-4100 全数字会议系统由会议控制主机、会议单元和应用软件组成，并采用模块化的系统结构。只需把 HCS-4100 全数字会议系统的会议单元手拉手连接起来，就可以组成各种形式的会议系统。

图 5-27 是使用台电 HCS-4100 主机构成具有发言管理、投票表决、同声传译及摄像自动跟踪功能的全数字会议系统示例。它可实现如下功能：

（1）会议发言管理功能（会议讨论功能）；

（2）有线及无线投票表决功能；

（3）同声传译功能，最多可实现 63＋1 种语种的有线同声传译；

（4）摄像机自动跟踪功能；

（5）大屏幕投影显示功能；

（6）IC 卡签到功能

此外，会议最多可连接 4096 台会议单元及 10000 台无线表决单元。配置数字红外线语言分配系统可实现更多的代表加入会议（数量不受限制）。

作为示例，假设会议代表有 3500 人，会场面积 4000 平方米，其中需要发言的人数为 100 人，其余代表都要求具有投票表决及同声传译功能，参与会议的代表分别来自 12 个不同语种的国家，设备配置如表 5-16 所示。

系统设备清单 **表 5-16**

型　号	设备名称	数量	型　号	设备名称	数量
HCS-4100MA/20	控制主机	1	HCS-3922	接触式 IC 卡	3500
HCS-4386C/20	主席单元	1	HCS-5100M/16	16 通道红外线发射主机	1
HCS-4386D/20	代表单元	99	HCS-5100T/35	红外线发射单元	30
HCS-4100ME/20	扩展主机	1	HCS-5100R/16	16 通道红外线接收单元	3400
HCS-4100MTB/00	投票表决系统主机	6	HCS-5100PA	头戴式立体声耳机	3524
HCS-4390BK	无线表决单元	3400	HCS-5100KS	红外线接收单元运输箱	34
HCS-4391	RF 收发器	1	HCS-4311M	会议专用混合矩阵	1
HCS-4385K2/20	翻译单元	24	* HCS-3313C	高速云台摄像机	5
HCS-4110M/20	8 通道模拟音频输出器	2	HCS-4215/20	视频控制软件模块	1
HCS-4210/20	基础设置软件模块	1	* CBL6PS-05/10/20/30/40/50	6 芯延长电缆	9
HCS-4213/20	话筒控制软件模块	1	#	控制电脑	5
HCS-4214/20	表决管理软件模块	1	#	投影仪或其他显示设备	2
HCS-4216/20	同声传译软件模块	1	#	会场扩声系统	1
HCS-4345B	发卡器	1			

注：# 根据用户需要而定，* 根据会场布局而定。

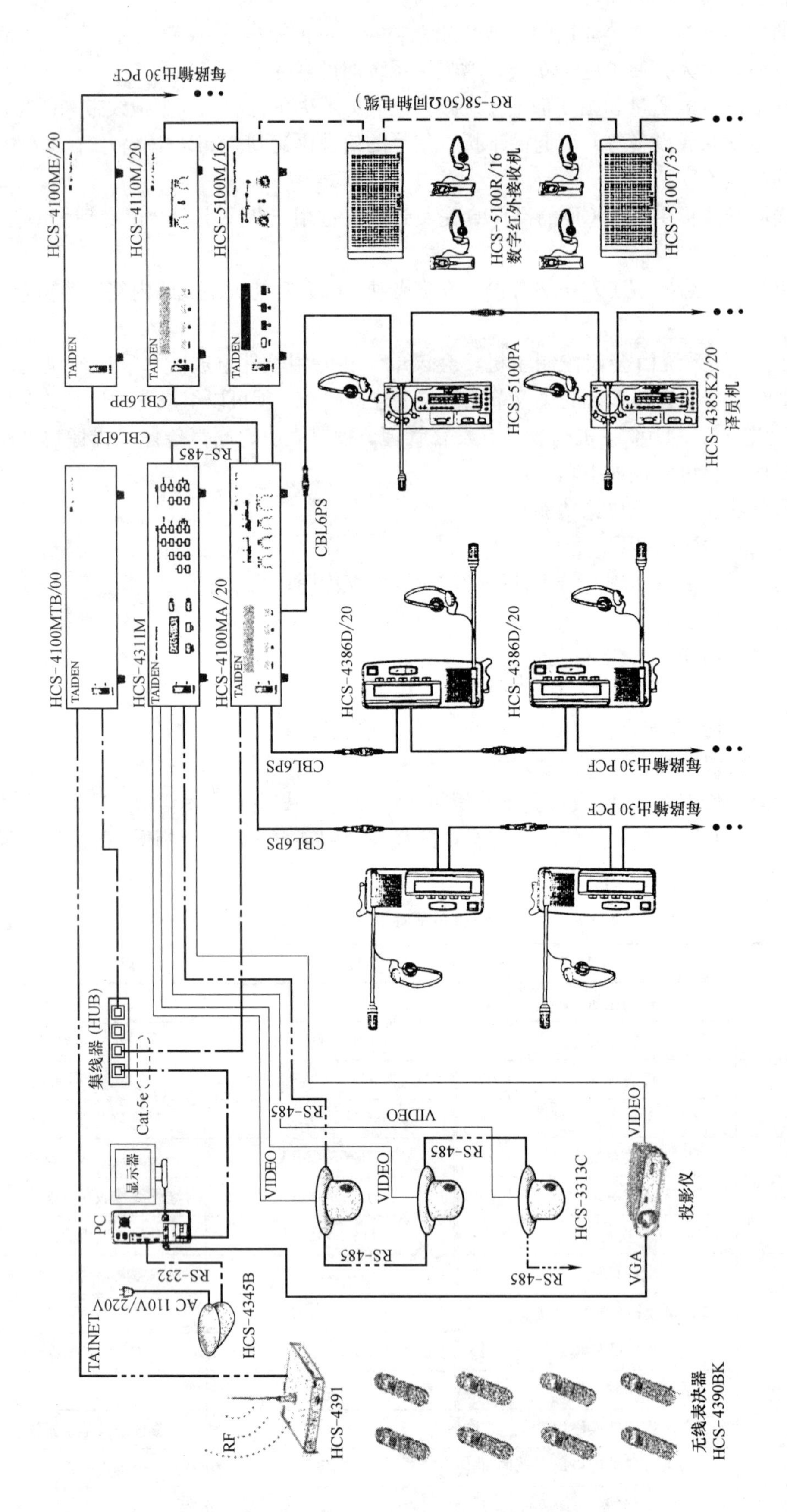

图 5-27　具有发言管理、投票表决、同声传译、投影显示和自动跟踪摄像等功能的智能会议系统

2. 系统设备

（1）HCS-4100MA/20 会议控制主机

会议控制主机（图 1）是数字会议系统的核心设备，它为所有会议单元供电，也是系统硬件与系统，应用软件间的连接及控制的桥梁。

① 与控制计算机通过局域网连接，可实现会议系统远程控制、远程诊断和系统升级。

② 可实现双机热备份，备份机自动切换。

③ 多个独立会议系统扩展成为更大的会议系统。

④ 可设置 IP 地址，在一条 6 芯网线上最多可双向传送 64 个语种或计算机信息。

⑤ 实施会议发言管理功能、投票表决功能（有线）和同声传译（有线）功能。

⑥ 6 路会议单元输出端口，每路最多可连接 30 台会议单元（代表机和主席机），每台控制主机最多可支持 6×30 台=180 台会议单元（HCS-4386D）。

（2）HCS-4110M 8 通道模拟音频输出器

D/A 转换，8 通道模拟音频输出，供扩声系统、模拟录音、无线同声传译和监听耳机使用。

（3）HCS-4100MTB/00 无线投票表决控制机

① 与主控计算机通过 TCP/IP 网络协议连接控制，内设 IP 地址。

② 与 HCS-4391 表决发射机和 HCS-4390AK 无线投票表决单元连用，最多可使用 10000 个无线投票表决单元。

（4）HCS-5100M/16　16 通道红外发射主机

① 有 4 通道/8 通道/16 通道模拟音频输入。两台发射机级联，最多可传送 32 种语言。

② 采用 2～6MHz 频分（FDM）多路副载频调制技术。

③ 与 HCS-5100T 红外线发射板连接，产生 15W/25W/35W 多种红外线发射功率。

④ 15W 的最大有效作用距离为 30m；25W 的最大有效作用距离为 50m；35W 的最大有效作用距离为 97m。（发射角水平±40°，垂直±22°）。

⑤ 与 HCS-5100R（4～32 通道）红外线接收机配套使用。

（5）摄像机自动跟踪拍摄系统

自动拍摄系统由摄像机（HCS-3313C）HCS-4311M 音视频/VGA 混合矩阵切换台组成。

① HCS-4310M：16×8 视频切换矩阵，可与计算机及智能中央集中控制系统连接，实现摄像机自动跟踪。

② HCS-4311M：8×4 视频矩阵、4×1VGA 矩阵和 6×1 音频矩阵，可与计算机及智能中央集中控制系统连接，实现摄像机自动跟踪拍摄。

（6）HCS-4100ME 会议扩展主控机

每台 HCS-4100MA 会议控制主机最多可连接 180 台会议单元，需连接更多会议单元时可采用 HCS-4100ME 扩展主控机。每台扩展主控机最多可连接 180 台会议单元。

3. 台电全数字会议系统若干创新功能

（1）高速大型会议表决系统

目前，国际上大型会议表决系统的普遍做法是表决系统主机与表决器间通过 RS-485（半双工传输协议）接口连接，表决系统主机与电脑通过 RS-232 串口连接。RS-485 接口的数据传输速率较低，一般小于 20kb/s，表决系统主机对一个表决器查询的时间一般在 10ms 以上。对于一个 1000 席的大型会议表决系统，进行一轮表决结果查询就需要近 10s 时间，显得太长。

台电表决系统的 TAIDEN 高速有线表决器内置高性能 CPU，并与表决系统主机通过专用 6 芯线进行连接，数据传输速率达到全双工 100Mb/s，表决系统主机与电脑也通过高速以太网连接。代表按键表决后，TAIDEN 表决器立即将表决结果以 100Mb/s 的速率主动传输给表决系统主机，传输时间仅需不到 1ms。对于 1000 席的大型会议表决系统，其表决结果的统计时间不到 1ms，表决统计速度提高了约1万倍！在这个系统中，任何位置的代表按三个表决键的任何一个时，都可以实时地看到对应按键的表决结果自动加1，这种实时响应的速度是其他大型表决系统难以做到的，避免了以往等待表决结果的尴尬，也令代表非常容易地感受到系统的准确性而毫无悬念。

(2) 会议系统主机双机热备份

会议系统主机双机备份是重大会议场合必备的功能，在会议系统中会议系统主机起着给会议单元供电和控制整个会议系统过程的作用。当会议系统主机的CPU死机或者出现故障就会导致整个会议系统的瘫痪。以往的做法是另行配备一套一样的主机，一旦出现意外，就换主机。采用这种方式，会议发言、同声传译等工作都难免要中断，影响了会议的顺利进行。

TAIDEN全数字会议系统，可以实现会议系统主机的双机热备份。TAIDEN全数字会议系统主机有主/从两种工作模式。对于重大会议场合，可以将一台备用的会议系统主机设置为从模式，连接到工作于主模式下的系统主机，当工作于主模式下系统主机出现“死机”等意外时，工作于从模式下系统主机会自动检测到这一意外情况，并自动启动，接替原主模式系统主机的工作，这一过程完全不会影响到与会者的发言和同声传译等工作，从而保证整个会议没有间断地顺利进行。

(3) 发言者独立录音功能

在手拉手会议系统中，有多支会议话筒可以同时开启。目前国际上的会议系统主机都仅有混音输出，即：输出由多支开启的会议话筒的音频信号的混音信号（有时还包括外部音频输入信号）。然而会议发言人的声音有大有小、音调有高有低，目前这种仅有混音输出的会议系统主机不能对各支开启的麦克风的音频特性进行单独修饰，对各支开启的会议话筒单独录音的功能也无法实现。

TAIDEN全数字会议系统在混音器的输入端给每一输入增设带音频输出的旁路音频输出电路，使含该音频输出装置的会议系统主机不仅可以输出所有开启的会议话筒混音后的音频信号，还可以对各支开启的麦克风的音频特性进行单独修饰或单独录音，适合各发言人以及组织者着重处理的需要。

(4) 集成的内部通话功能

在大型会议系统工程，特别是有同声传译功能的系统需要具有内部通话功能，即必须有一个从翻译员到主席、发言者到操作员处，或从操作员到主席或发言者处传输信息的音频通路。在会议过程中出现异常时（例如代表不用话筒就开始发言或其他紧急情况），翻译员就能通过内部通话功能，小心地通知主席和/或发言人。

TAIDEN全数字会议系统采用独创MCA-STREAM多通道数字音频传输技术，可以在一根六芯线缆上同时传输64路音频数据及控制数据。当同声传译用不了64通道时，就可以把多余的通道用做内部通话的音频通道，而TAIDEN的一些会议单元也配备LCD菜单和相应的按键，配合操作员机和TAIDEN内部通信软件模块，即可为主席、与会代表、翻译员和操作员之间提供双向通话功能。这样集成的内部通话功能，无需另配设备。而早先的会议系统为实现内部通信功能需要另行配置内部通信电话，增加了成本，安装和使用也不方便。

第五节　会议系统的配套设备

一、会议签到系统

1. 类型

会议签到系统是数字会议系统的重要组成部分，它有如下几种类型：

(1) 按键签到：与会代表按下具有表决功能的会议单元上的签到键进行签到；

(2) 接触式IC卡签到：与会代表在入场就座后将（接触式）IC卡插入会议单元内置的IC卡读卡器，即可进行接触式的IC卡签到，适于中小型会议使用。

(3) 1.2m远距离会议签到系统（通常设在出入口）。

代表只需佩戴签到证依次通过签到门便可自动签到，大大提高了签到速度。代表经过签到门时，显示屏立即显示代表的相关信息，包括代表姓名、照片、所属代表团和代表座位安排等信息。签到门口的摄像机拍摄代表相片并与代表信息中的相片进行自动比对，获得认可后闸机自动放行。它适合大型的、重要的国际会议签到。

(4) 10cm近距离感应式IC卡会议签到系统（通常设在出入口）。

会议代表只要把代表证（IC卡）靠近签到机，即可完成签到程序。该系统组成简单，造价不高，易于维护，适用于各种会场签到。

2. 会场出入口签到管理系统宜由会议签到机（含签到主机及门禁天线）、非接触式IC卡发卡器、非接触式IC卡、会议签到管理软件（包括服务器端模块和客户端模块）、计算机及双屏显卡组成，见图5-28。

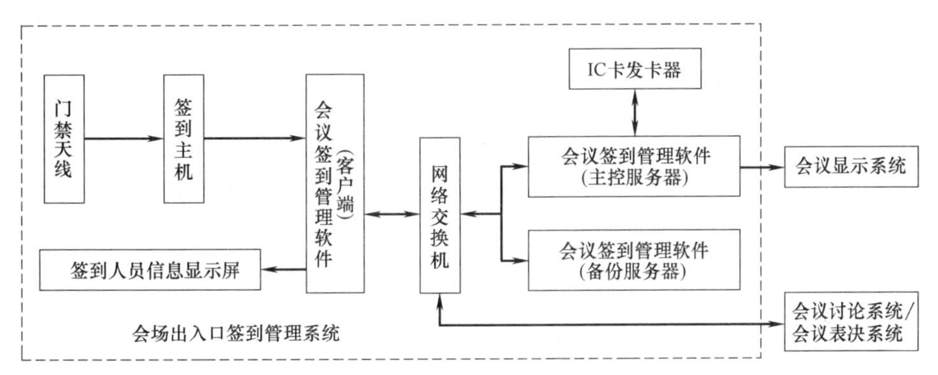

图5-28　会场出入口签到管理系统的组成

会场出入口签到管理系统可分为远距离会场出入口签到管理系统和近距离会场出入口签到管理系统，如图5-29和图5-30所示。

3. 会议签到系统的功能要求

(1) 应为会议提供可靠、高效、便捷的会议签到解决方案；会议的组织者应能够方便地实时统计出席大会的人员情况，包括应到会议人数、实到人数及与会代表的座位位置。

(2) 宜具有对与会人员的进出授权、记录、查询及统计等多种功能，在代表进入会场的同时完成签到工作。

(3) 非接触式IC卡应符合以下要求：

① IC卡宜采用数码技术，密钥算法，授权发行。

② 宜由会务管理中心统一进行IC卡的发卡、取消、挂失、授权等操作。

③ IC卡宜进行密码保护。

(4) 宜配置签到人员信息显示屏，显示签到人员的头像、姓名、职务、座位等信息。

(5) 应能够设置报到开始/结束时间，并应具有手动补签到的功能。

(6) 可自行生成各种报表，并提供友好、人性化的全中文视窗界面，支持打印功能。

(7) 可生成多种符合大会要求的实时签到状态显示图，并可由会议显示系统显示。

(8) 可分别为会议签到机、会场内大屏幕、操作人员、主席等提供不同形式和内容的签到信息显示。

(9) 代表签到时，可自动开启其席位的表决器，未签到的代表其席位的表决器应不能使用。

(10) 应具备中途退场统计功能。

(11) 各会议签到机宜采用以太网连接方式，并应保证与其他网络系统设备进行连接和扩展的安全性。

(12) 某个会议签到机发生故障时，不应影响系统内其他会议签到机和设备的正常使用。若网络出现故障，应保证数据能即时备份，网络故障恢复后应能自动上传数据。

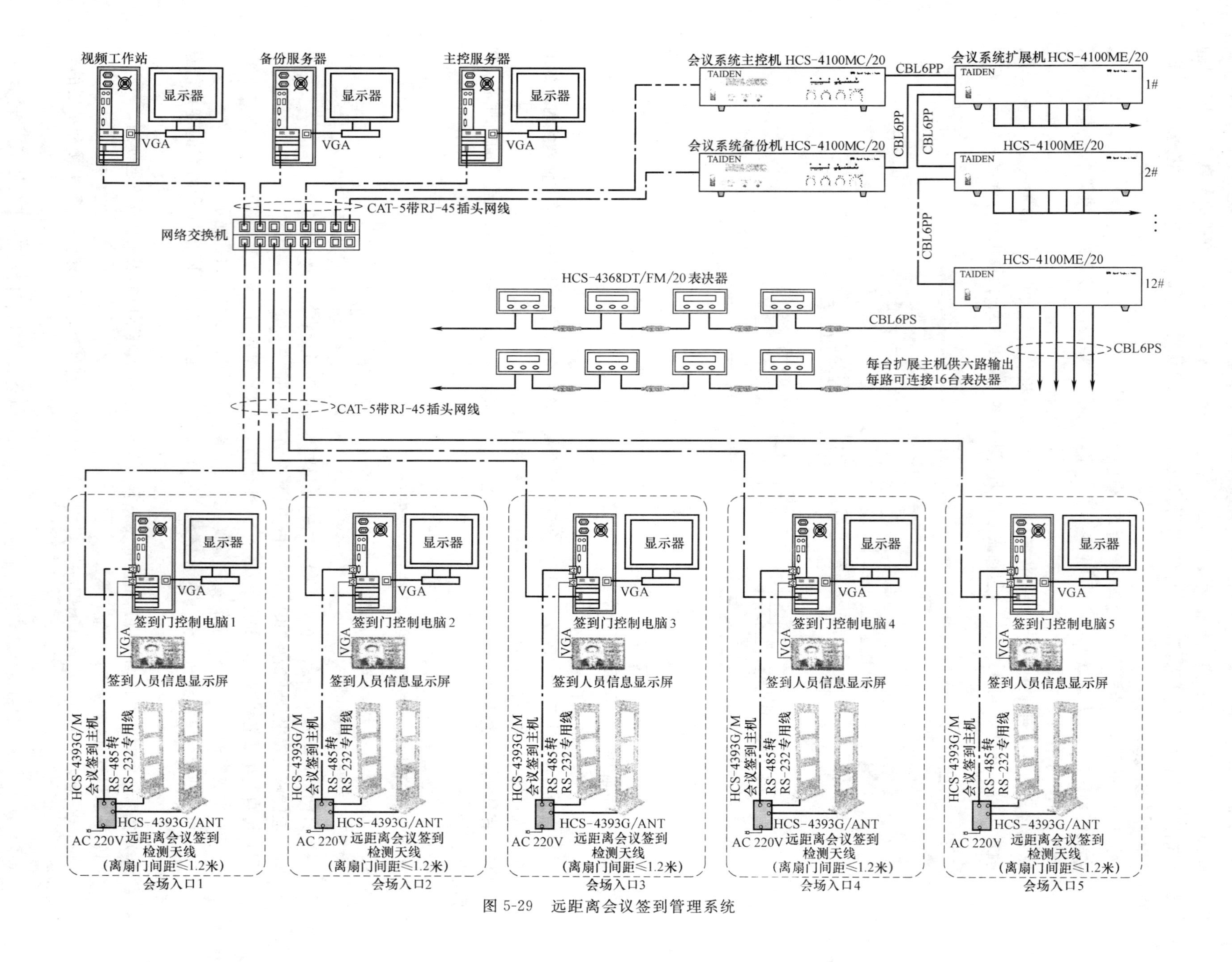

图 5-29 远距离会议签到管理系统

HCS-4393A近距离会议签到系统连接图

HCS-4393A 近距离会议签到机(3)
HCS-4393A 近距离会议签到机(2)
HCS-4393A 近距离会议签到机(1)
彩色液晶显示屏
IC卡感应区
AC 220V
HCS-4345A 复合IC卡写卡器
软件狗
服务器
显示器
RS-232
路由器/HUB
CAT-5带RJ-45插头交叉网线

图 5-30 台电近距离会议签到系统

二、显示器与投影电视

1. 显示器件分类

近年来，显示技术获得迅速的发展，当前显示技术主要为两大类型，如图 5-31 所示。第一类是直视式的屏幕显示技术；第二类是投影式的显示技术。目前，作为大屏幕电视机大量应用的主要是直视式的 CRT（阴极射线管）、PDP（等离子体显示器）、LCD（液晶显示器）、LED（发光二极管）等，投影式的有 CRT 投影、液晶（LCD、LCoS）投影、DLP（数字微镜）投影等。

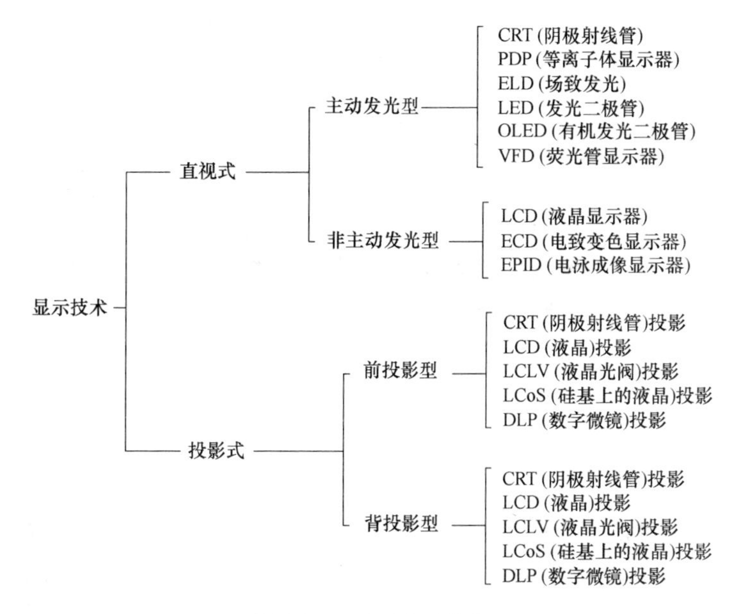

图 5-31 显示技术分类

表 5-17 列出了各种显示器的特性比较。

各种显示器特性比较 **表 5-17**

性　能	CRT	LCD	PDP	VFD	OLED	LED
画面尺寸	中	中	大	小	中	很大
显示容量	很好	很好	好	差	好	好
清晰度	好	很好	普通	差	普通	差
亮度	很好	好	好	很好	好	很好
对比度	好	很好	普通	普通	普通	普通
灰度	好	好	好	差	普通	普通

续表

性　能	CRT	LCD	PDP	VFD	OLED	LED
显示色数	好	好	好	差	色不纯	好
响应速度	快	慢	较快	较快	较快	较快
视角	好	较好	好	好	好	好
功耗	普通	小	较大	大	小	较大
体积/质量	差	好	好	好	最好	—
寿命	长	长	长	长	较短	很长
性价比	好	较好	可接受	很好	差	很好

2. 会议显示系统一般由信号源、传输路由、信号处理设备和显示终端组成，如图 5-32 所示。

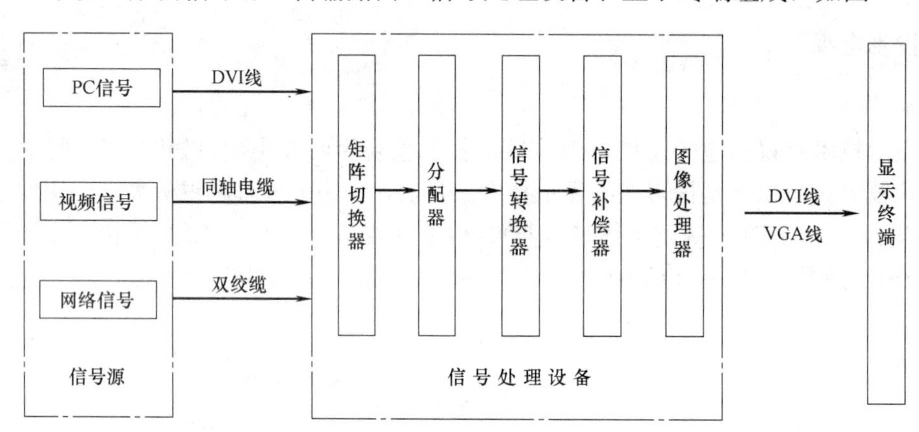

图 5-32　会议显示系统的组成

3. 投影机

一般说来，屏幕尺寸大于 102cm（40 英寸）的彩色电视机宜采用投影电视机（简称投影机，亦称投影电视）。投影电视是采用投影方式在屏幕上形成彩色图像。目前，投影机大体可分为三种类型，分别为 CRT 投影机、LCD 投影机、DLP 投影机。

（1）CRT 投影机

CRT 是英文 Cathode Ray Tube 的缩写，一般译为阴极射线管。CRT 技术是应用最早、最广的一种投影成像技术，它作为最成熟的投影技术，具有显示色彩丰富、色彩还原好、分辨率高、几何失真调解能力强等特点。但同时，该技术导致分辨率与亮度相互制约，所有 CRT 投影机的亮度普遍较低，到目前为止，其亮度始终在 2300ANSI 1m 左右。另外，CRT 投影机还具有焦汇聚调整复杂、长时间显示静止画面 CRT 易受灼伤、体积庞大、价格昂贵等缺点，目前很少应用。

（2）LCD 液晶投影机

LCD 是英文 Liquid Crystal Display 的英文缩写，译为液晶显示。LCD 技术是利用液晶的光电效应，通过电路控制液晶单元的透光率及影机反射率，从而产生不同灰度层次及多达 1670 百万种色彩的靓丽图像。

液晶光阀式投影机的光学系统因为只用一个投影透镜，所以可用变焦距透镜，画面大小调节和投影调整都很方便，没有 CRT 式投影机那样的麻烦。液晶光阀式投影机种类很多，按照所用液晶片数量分为单片式和三片式两类；按光源的光束是否透过液晶光阀，又分为透射式和反射式。通常三片式的亮度比单片式要高，但价格也较贵，同样反射式的亮度也高于透射式。

按照液晶片的图像信号写入方法来分，液晶光阀式投影机又可分为电写入和光写入两种。

电写入型透射式液晶光阀投影机就是通常所谓的液晶显示投影机。它是用电写入方法在三块液晶片或一块液晶片上分别产生 R、G、B 电视图像，以此作为光的阀门，在相应的三基色强光源照射下，液晶片对光强度进行调制，并通过光学放大投影到屏幕产生大屏幕彩色图像。它与 CRT 式投影机相比，具有体积小、结构简单、质量轻和调整方便等优点。图 5-33 所示是顺序反射镜方式的液晶显示彩色投影机原理图。

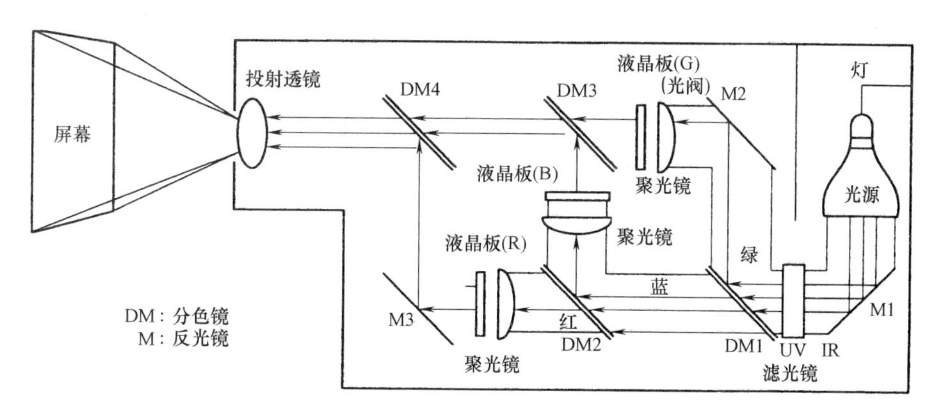

图 5-33　顺序反射镜方式的三板式液晶显示彩色投影机原理图

由图 5-33 可见，从光源发出的白光经过分色镜分解成红（R）、绿（G）、蓝（B）三基色光。其中 DM1 能反射绿光而通过红光和蓝光，DM2 能反射蓝光而通过红光。M1、M2、M3 均为反光镜。M1 将光源的白光全部反射，UV/IR 滤光镜为紫外线/红外线滤光镜，可滤除不可见光的干扰。经 DM1 反射的绿光再经 M2 反射通过聚光镜和液晶板（G），受液晶板（G）调制的绿光通过 DM3、DM4 和投射镜头将绿色图像投射到屏幕上。DM2 反射的蓝光通过聚光镜和液晶板（B）形成受蓝光液晶板调制的蓝光。经 DM3 反射通过 DM4 和投射镜头将蓝色图像投射到屏幕上。被液晶板（R）调制的红光则由 M3 和 DM4 反射后通过投射镜头将红色图像投射到屏幕上。三基色图像合成后就成为全彩色图像。

光写入型液晶光阀投影机又称图像光放大（Image Light Amplifler，ILA）型光寻址液晶光阀投影机，简称 ILA 型液晶投影机。这是美国休斯公司和日本 JVC 公司合作开发的产品。如图 5-34 所示，它是利用光写入方法，亦即液晶片的图像光源写入，采用光驱动的光/光变换型的液晶光阀，来产生投影图像显示的，而且，与传统的采用透射光的液晶显示投影机不同，ILA 液晶投影机采用反射光形式，因此具有高亮度、高清晰度和大屏幕等的优点。其理论亮度值可达 12000ANSI 流明，像素可做到 HDTV 水平（1920×1080），最高甚至可达10000×4000，对比度可达 1000：1，而透射式液晶光阀的对比度难以做到 400：1 以上。近来兴起的硅基液晶（LCoS）投影机也是反射式，对比度可达 1300：1 以上。

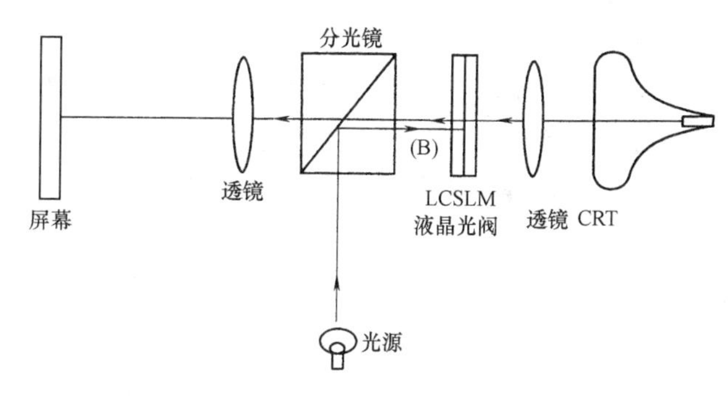

图 5 34　CRT 光写入型 ILA 液晶光阀投影机原理图

（3）数字光学处理（DLP）投影机

数字光学处理（Digit Light Procession，DLP）投影机是美国德州仪器公司发明的一种全新的投影显示方式。它以数字式微型反射镜器件（Digital Micromirror Device，DMD，简称微镜）作为光阀成像器件，采用 DLP 技术调制视频信号，驱动 DMD 光路系统，并通过投影透镜获得大屏幕图像显示。

DLP 投影机的技术核心是 DMD（微镜）。这是一种基于机电半导体技术的微型铝质反射镜矩阵芯片，矩阵中每一个 DMD 相当于一个像素，面积仅有 16μm×16μm，共计数十万个以上，并可通过静电控制使 DMD 作±10°转动。当对芯片某 DMD 输入数字“1”时，DMD 被转动+10°。此时 DMD 将入射光反射到成像透镜，并投射到屏幕上，呈“开”的亮状态；当输入数字“0”时，DMD 被转动－10°，从而把入射光反射到透镜以外的地方，呈“关”的暗状态。这种数字式的投影机还可以通过控制DMD开关的时间比来改变像素的灰度等级。DLP投影机见图5-35所示。

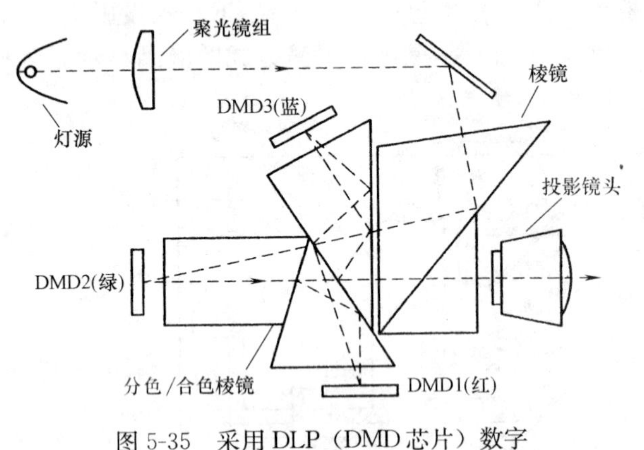

图5-35　采用DLP（DMD芯片）数字影院投影机结构原理图

DLP投影机的主要特点如下。

① 由于DMD是利用DMD反射光线的，所以它具有反射式投影系统的共同优点，即光效率很高，光通量也由外光源的功率决定，可达到数千流明，最高可达30000ANSI流明。再则，由于DMD在有光照射和无反射之间亮度值相差极大，所以可以显示很高的对比度，达到800∶1或1000∶1以上。

② 依靠半导体存储器件的成熟制造技术，可以在一块很小的芯片上制作出许多像素（DMD）单元，通常在不到一平方英寸面积上可做到1028×768或1600×1200，甚至高达2048×1680，因而可制造出小体积的高清晰度投影机，满足SVGA、XGA和HDTV显示是不成问题的，因为半导体存储器可做到单片16MB以上。

③ 运用技术成熟，控制灵活方便。DMD采用成熟的存储器寻址操纵方式，可以方便地用在计算机显示上，因而运用普及、发展迅猛。

④ 成品率不高，价格贵。DMD虽然是利用成熟的半导体存储器工艺，可以做出高密度像素，但是其工艺流程和加工要求比存储器复杂得多。总之，DLP投影机发展迅速，已成为液晶投影机的强劲竞争对手。

4. 投影方式的分类

按投影方式分，可分为前投式和背投式两种。前投式是指投影机与屏幕分离，投影机从屏幕前方进行投影的方式。前投式的优点是屏幕尺寸大，通常在254cm（100英寸）以上，是常用的方式。

背投式有两种：一种是投影机与屏幕分离，它的屏幕可以很大，但要求背后空间较大；另一种背投式是将投影机与屏幕装在一个较大的机箱内，投影管的图像经反射后投向屏幕。这种一体化背投式投影机的缺点是屏幕大小有限，而且屏幕中心容易出现比较显眼的明亮区域（称为“热点”），影响视觉效果。

前投式和背投式的投影管投影机各有优、缺点。前投式的优点在于光路可以加长，因此屏幕尺寸能做得较大，能容许上百名观众同时观看；缺点是由于屏幕尺寸的增大，图像质量有不同程度的下降。它要求有较好的观看环境，外界杂散光会影响对比度（必须遮光），因此一般适合于娱乐场所和专业场合使用。背投式投影机的优点是可在明亮的环境下观看，常在会堂、舞台两侧使用。其缺点是对背后空间大小有较为严格的要求，见图5-36。

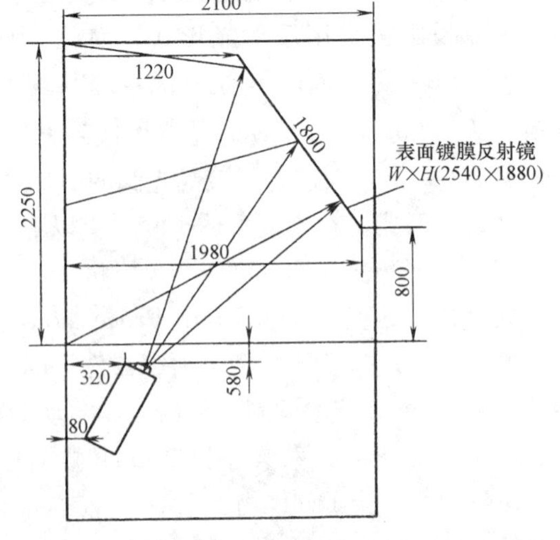

图5-36　BG6500投影机分离背投式安装图
（使用透镜焦距为1.27的镜头）

5. 投影屏幕

屏幕也是投影机的重要组成部分，它的质量优劣对投影图像质量有很大影响。屏幕是一种复杂的光学部件，它将投影先聚合起来，通过反射或透射的方式传送。屏幕的性能与屏幕增益、材料、尺寸和悬挂方式有关。

不同的投影屏幕有不同的光增益，这种光增益又称屏幕增益，它是指屏幕的材质与同样体积的全漫射纯白样板的亮度比。屏幕增益的大小主要取决于屏幕的材质和形式。目前，前投式屏幕主要有弧形金属幕、平面珠光幕、奶白玻璃幕。其中金属幕的光增益最高，但因屏幕呈弧形，故可视角小；平面珠光幕的光增益较低，但可视角大；奶白玻璃幕的光增益居中，可视角也较大。背投式屏幕有硬质透射幕和软质透射幕两种。硬质透射幕的光增益较高，观看效果也好。

要想取得良好的视觉效果，不仅要选取合适的投影机，也需要适合的屏幕。

（1）屏幕类型

① 正投屏幕　有手动挂幕和电动挂幕两种类型；还有双腿支架幕、三角支架幕、金属平面幕、弧面幕等。

② 背投屏幕　多种规格的硬质背投屏幕（分双曲线幕和弥散幕）和软质背投屏幕（弥散幕）；硬质幕的画面效果要优于软质幕。

（2）屏幕尺寸　要选择最佳的屏幕尺寸主要取决于使用空间的面积和观众座位的多少及位置的安排。选择屏幕尺寸主要参考以下几点：

① 屏幕高度要让每一排的观众都能清楚地看到投影画面的内容。

② 屏幕到第一排座位的距离应小于2倍屏幕的高度。

③ 投影机可供收看的有效视区，如表5-18所示。

投影机收看的有效视区　　**表5-18**

投影机画面尺寸	投影机有效观看视区			画面尺寸（长×宽，mm）
cm	英寸	画面与第一排座位的最小距离(m)	画面与最后一排座位的最大距离(m)	
129	50	2	15	1016×762
152	60			1219×914
183	72	3	20	1468×1101
254	100	4	25	2050×1500
310	120	5	30	2400×1800
510	200			4000×3000

④ 正投屏幕材料。其参数如表5-19所示。

正投屏幕资料　　**表5-19**

屏幕材料		屏幕参数		
中文名称	英文名称	视角	亮度增益	面　料
白塑幕	Matte White	50°	1.1	防火、防霉，可清洁
VS1.5	Video Spectral.5	35°	1.5	防火、防霉，可水洗
玻珠幕	Glass Beaded	30°	2.5	防火、防霉
金属幕	Super Wonder-Lite	40°	2.5	防霉，可清洁
极化幕	Polarized Screen	35°	2.75	防火、防霉
高能幕	High Power	25°	2.8	防火、防霉，可清洁
前/后投影幕	Dual Vision	50°	1.0	防火、防霉，可清洁
背投软幕	Da-Mat	50°	1.1	防火、防霉，可清洁
高级家庭影院幕	Cinema Vision	45°	1.3	防火、防霉，可清洁
高级珍珠型幕	Pearlescent	35°	2.0	防火、防霉，可清洁

屏幕尺寸大小与投影距离还有一定关系，例如图5-37所示。虽可调焦，但有一定范围，如屏幕大或距离短，还可通过另配短焦镜头。

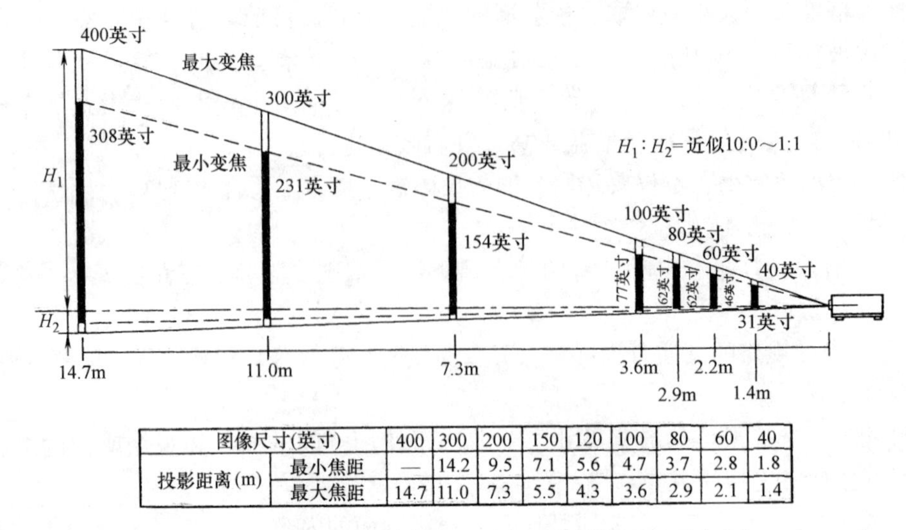

图像尺寸(英寸)		400	300	200	150	120	100	80	60	40
投影距离(m)	最小焦距	—	14.2	9.5	7.1	5.6	4.7	3.7	2.8	1.8
	最大焦距	14.7	11.0	7.3	5.5	4.3	3.6	2.9	2.1	1.4

图 5-37 LCD投影机的投影尺寸与距离的关系（可变焦）

三、会议录制及播放系统

1. 会议录制及播放系统由信号采集设备和信号处理设备组成，如图 5-38 所示。会议录制及播放系统可分为分布式录播系统和一体机录播系统。

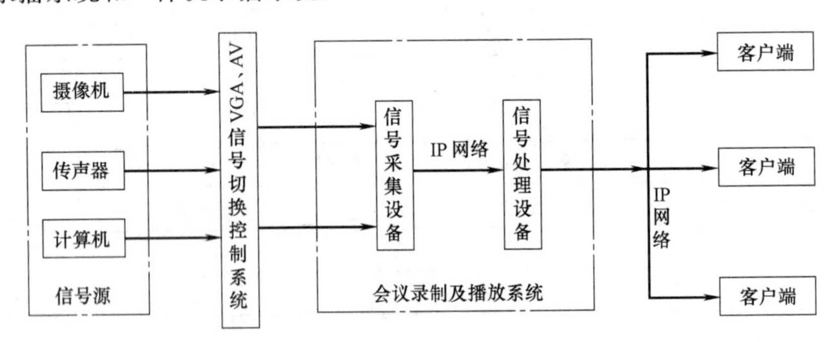

图 5-38 会议录播系统

2. 会议录制及播放系统的功能要求

(1) 系统应具有对音频、视频和计算机信号录制、直播、点播的功能。

(2) 系统应具有对会议室内的各种信号（条文说明：AV、RGB、VGA 等）进行采集、编码、传输、混合、存储的能力。

(3) 系统应具有多种控制方式及人机访问界面，方便管理者及用户的管理和使用。

(4) 播放系统宜具有可视、交互、协同功能。

3. 会议录制及播放系统的性能要求

(1) 设计 AV、VGA 等信号切换控制系统及 IP 网络通信系统时，应为会议录制播放系统的接入预留适当的接口。

(2) 系统宜支持 2 路音视频信号和 1 路 VGA 信号的同步录制，并宜具备扩展能力。

(3) 计算机信号的采集宜支持软件和硬件等多种方式。

(4) 系统宜能配合远程视频会议功能使用，并不宜占用任何视频会议系统资源。

(5) 系统宜采用基于 IE 浏览器的系统管理和使用界面的 B/S 架构。

(6) 系统应支持集中控制系统对设备进行管理和操作。

(7) 系统应支持遥控器对设备进行管理和操作。

(8) 系统应具有监控功能。

(9) 系统应支持双机热备份方式。

四、会议摄像及其自动跟踪

1. 分类与组成

会议摄像系统分为会场摄像和跟踪摄像。通常由图像采集、图像传输、图像处理和图像显示部分组成，如图5-39所示。

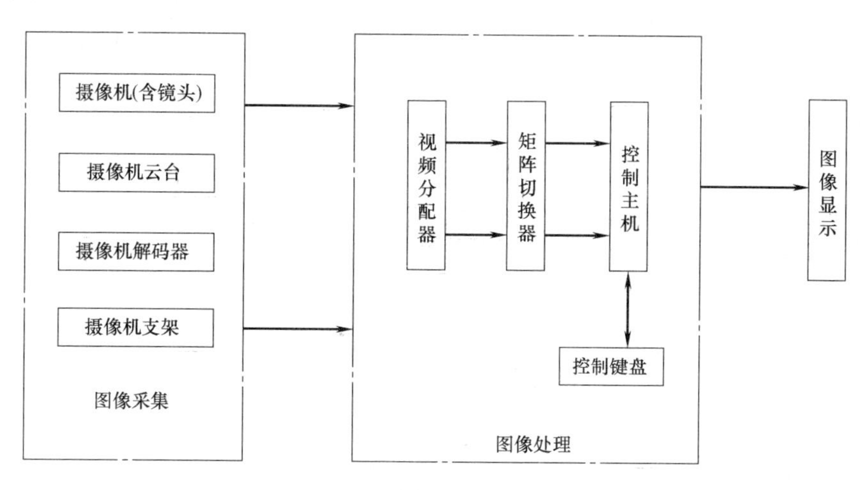

图5-39

2. 自动跟踪摄像机的要求

(1) 跟踪摄像机应具有预置位功能，预置位数量应大于发言者数量。

(2) 摄像机镜头应根据摄像机监视区域大小设计使用定焦镜头或变焦镜头。

(3) 摄像机镜头应具有光圈自动调节功能。

(4) 模拟黑白摄像机水平清晰度不应低于570线，彩色摄像机水平清晰度不应低于480线。

(5) 标准清晰度数字摄像机水平和垂直清晰度水平不应低于450线，高清晰度数字摄像机水平和垂直清晰度不应低于720线。

用于会议跟踪摄像机云台水平最高旋转速度不宜低于260度/秒，垂直最高旋转速度不宜低于100度/秒。

(6) 摄像机云台应选择低噪声产品。

(7) 摄像机云台信噪比不应小于50dB。

(8) 摄像机最低照度不宜大于1.0LUX。

(9) 云台摄像机调用预置位偏差不应大于0.1°。

第六节　智能集中控制系统

一、系统组成与功能要求

1. 组成

集中控制系统可由中央控制主机、触摸屏、电源控制器、灯光控制器、挂墙控制开关等设备组成，如图5-40所示。根据控制及信号传输方式的不同，集中控制系统可分为无线单向控制、无线双向控制、有线控制等形式。

2. 功能要求

(1) 集中控制系统宜具有开放式的可编程控制平台和控制逻辑，以及人性化的中文控制界面。

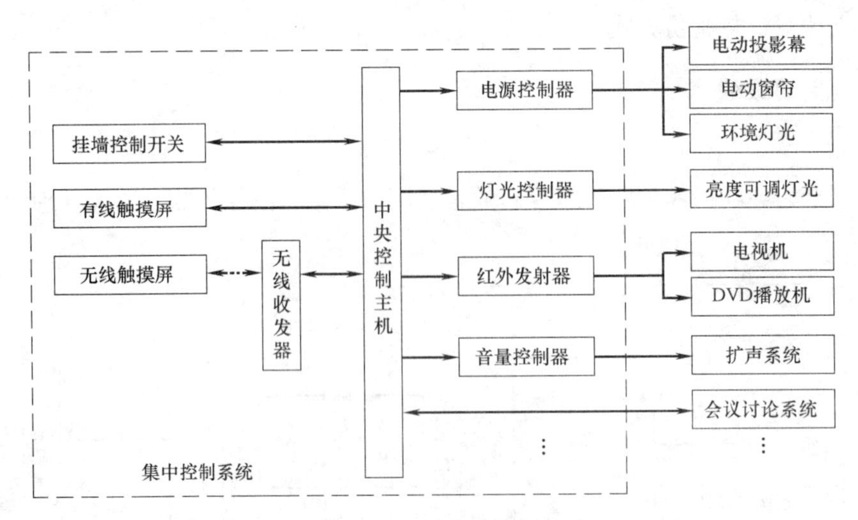

图 5-40　集中控制系统的组成

(2) 宜具有音量控制功能。

(3) 可具有混音控制功能。

(4) 宜能够与会议讨论系统进行连接通讯。

(5) 可控制音视频切换和分配。

(6) 可控制 RS-232 协议设备。

(7) 可控制 RS-485 协议设备。

(8) 可控制 RS-422 协议设备。

(9) 可对需要通过红外线遥控方式进行控制和操作的设备进行集中控制。

(10) 可集中控制电动投影幕、电动窗帘、投影机升降台等会场电动设备。

(11) 可对安防感应信号联动反应。

(12) 可扩展连接多台电源控制器、灯光控制器、无线收发器、挂墙控制开关等外围控制设备。

(13) 宜具有场景存贮及场景调用功能。

(14) 宜能够配合各种有线和/或无线触摸屏，实现遥控功能。

二、集中控制系统的设计

1. 快思聪（CRESTRON）集中控制系统

智能集中控制系统，就是对会议室或视听室的所有电子电气设备进行集中控制和管理，包括音响设备、视频投影设备、环境设备、计算机系统等。它可以控制信号源的切换、具体设备的操作、环境的变化等。控制方式可以采用：触摸屏式、手持无线或红外线式、有线键盘式以及计算机平台。目前，最有名的智能集中控制系统有两家：CRESTRON（快思聪）和 AMX。下面以 CRESTRON（快思聪）遥控系统为主进行说明。

(1) 控制主机

图 5-41 是快思聪（CRESTRON）控制系统的组成。它由控制主机、控制器（用户界面）、控制卡、接口和软件等组成。控制主机是 CRESTRON 控制系统的核心，按档次依次有 CNRACKX、CNMSX-PRO、CNMSX-AV、STS（STS-CP）等型号。

(2) 触摸屏

作为用户的控制器（用户界面）有：有线和无线的触摸屏、按键式控制面板和计算机等。其中最常用、直观方便的控制器是触摸屏。触摸屏分有线式和无线式，按颜色又分为彩色和黑白两种。

此外，快思聪（CRESTRON）控制系统还配有一些控制键盘，接口和管理软件等。

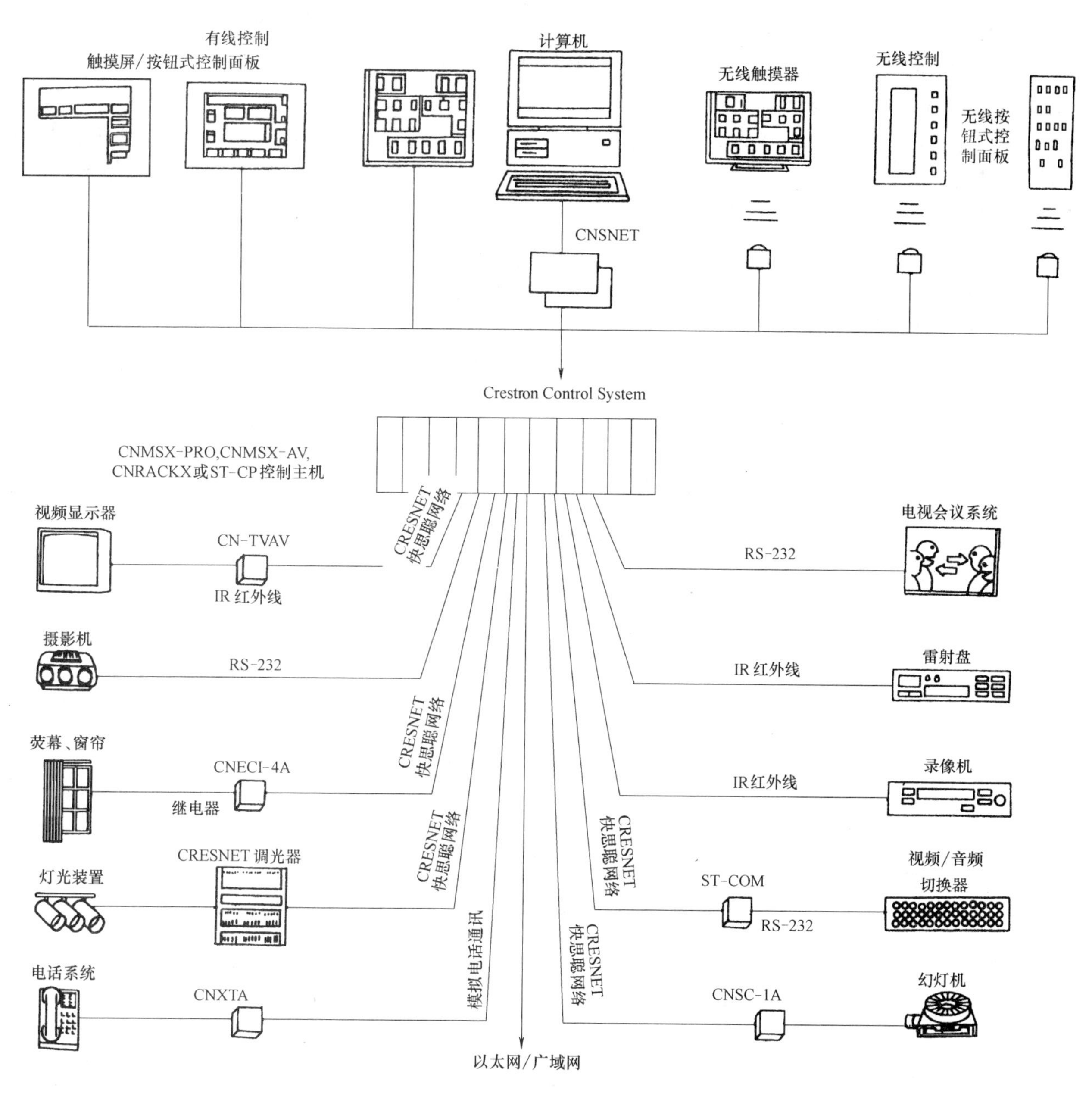

图 5-41　集中控制系统示意图

三、设计步骤与举例

（一）设计步骤

智能集中控制系统的设计步骤大致如下：

（1）确定系统中哪些设备需要控制；

（2）确定控制这些设备的控制方式；

（3）确定受控设备每一部分所需的控制功能；

（4）确定所需的 CRESTRON 控制设备；

（5）根据用户要求和系统的复杂性来选择控制器（用户界面）；

（6）画出控制系统图，明确布线和接口方式；

（7）控制系统的设备安装、编程和调试。

（二）设计举例

【例 1】 某大厦会议室集控系统。

图 5-42 表示利用快思聪（CRESIRON）进行集控的会议室系统。该会议室具有会议发言和讨论管理功能，根据需要，要求设置 2 台主席机和 60 个代表机，并具有录音功能。采用 Philips 公司的产品。还要求设置投影机（正投）和视频展示台（实物投影仪）。根据用户要求和会议功能需要，要求受控的设备有：投影机、电动投影幕、实物投影仪、录像机、矩阵切换器、室内灯光、电动窗帘以及会议讨论扩声系统的扩声音量。这些受控设备及其控制方式如表 5-20 所示。

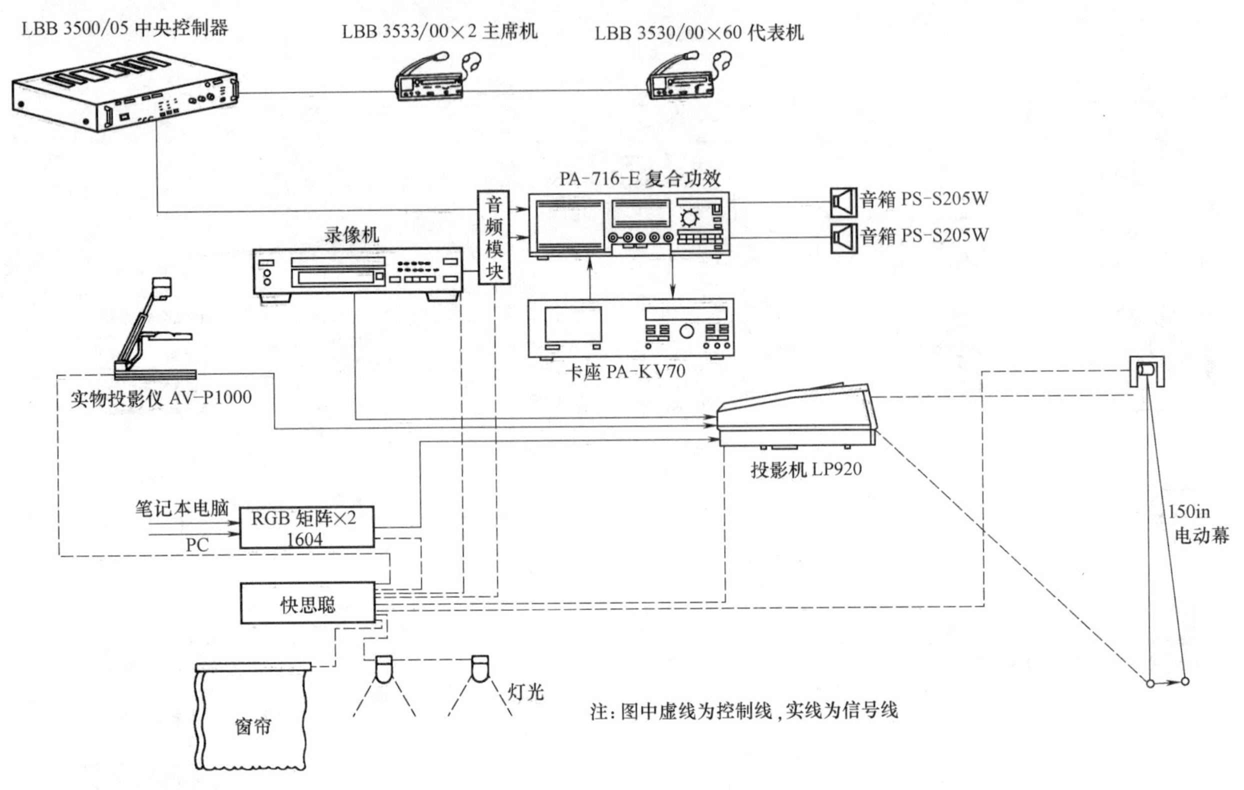

图 5-42　会议室集控系统

受控设备与控制方式　　**表 5-20**

设　备	型　号	控 制 方 式
投影机	LP920	红外或 RS-232
电动屏幕	帝屏 150in	继电器
实物投影仪	JVC AV-P1000	红外或 RS232
矩阵切换器	RGB-1604	红外或 RS232
录像机	JVC S7600	红外
灯光		RS232
电动窗帘		继电器
音量控制模块		音量(RVVP 线传输)

【例 2】 某大型多功能会议厅集控系统

该多功能厅具有会议演讲、讨论、家庭影院式播放和一般开会扩声等功能。根据会议厅的功能要求，要求利用快思聪（CRESTRON）集控系统能对会议讨论系统、节目源设备（DVD、录像机、录放式 MD）、功放、投影机、实物投影仪（视频展示台）、电动投影屏幕、自动跟踪用球形摄像机、音视频矩阵以及电动窗帘和灯光照明等众多设备进行智能集控。

整个会议厅的系统构成如图 5-43 所示。图中虚线为控制线，集控主机采用快思聪的 CNMS-AV，

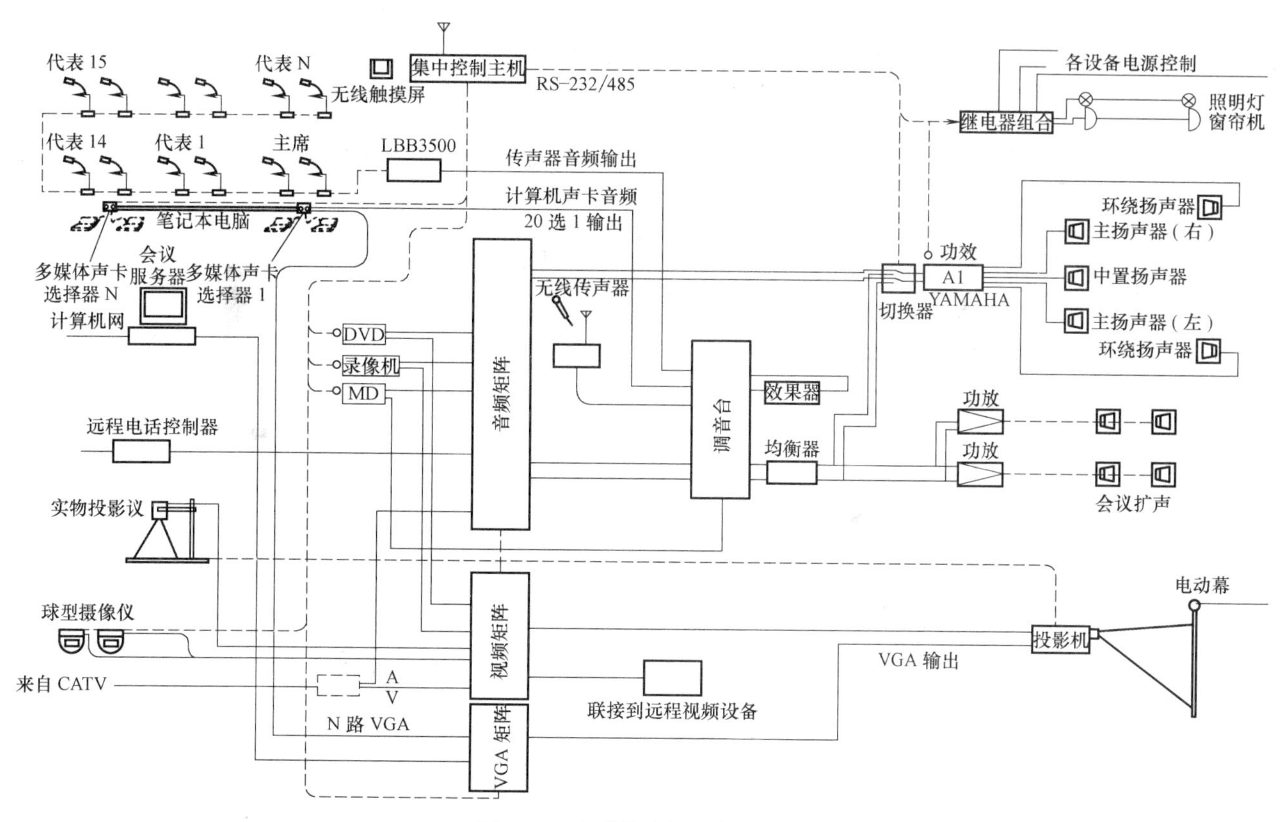

图5-43　多功能会议厅集控系统

配以无线触摸屏（STC-1550C）进行无线遥控。系统主要受控设备及功能如下：

（1）多媒体声卡选择器（PCA-3）

它用以接驳笔记本电脑，可每个代一台，进行地址编码，并受集控主机控制。当选择某代表发言时，该代表的笔记本电脑声卡输出信号通过扩声系统放音，而其他未被选中的笔记本电脑可自由工作，不受影响。

（2）远程电话控制器（DHYK-02）

它可在任何地方利用手机或电话，对会议厅的设备进行控制，并可通过扩声设备进行遥控发言。

（3）音视频矩阵（AVS-804）

可以利用手动和集控两种方法进行控制选择音视频节目源设备，由RS232和红外控制。该矩阵具有8路视频、音频输入，4路视频、音频输出，并可全矩阵同步联动，任意切换。

（4）VGA矩阵（VGAS-1804）

该矩阵具有多达18个笔记本电脑的接口，可通过无线触摸屏，任意选择一个笔记本电脑信号进行投影显示。该机切换快捷，一次接入，提高了会议效率。

上述四种设备系台湾鼎电公司生产，其性能介绍如表5-21所示。

台湾鼎电公司智能产品的性能介绍　　**表5-21**

设备名称	型　号	主要性能、功能
多媒体声卡选择器	PCA-3	每个单元可设置地址码。2路音频输入，1路音频输出，通过RS-485接口控制切换
远程电话控制器	DHYK-01	用电话键控制，含8路继电器触点，1路语音输出
	DHYK-02	同上功能，另带有语音提示，便于操作
音视频矩阵切换器	AVS-804	可集控或手动控制，8路立体声输入，8路视频输入，4路立体声输出，4路视频输出，含RS-485接口，可同步切换
	AVS-808	同上功能，不同是立体声、视频输出均8路

续表

设备名称	型　号	主要性能、功能
VGA 矩阵切换器	VGAS-1804	18 路 VGA 信号输入，4 路 VGA 信号输出，含标准 D 型 15 芯接口，并带有液晶状态显示
	RGBS-1804	18 路 RGBHV 信号输入，4 路 RGBHV 信号输出，BNC 接口，并带液晶状态显示，具有长线补偿

（5）球形摄像机（SMD-12）

可用作自动跟踪发言者摄像使用，具有 64 个预置点。当代表发言时，摄像机能自动高速定位在该代表方位上，将发言图像及时播出。

（6）实物投影仪（视频展示台）

这里采用日本 JVC AV-P850CE，它具有 460 线清晰度，具有 RS-232C 接口、15 芯数字接口，12 倍变焦功能，拍摄镜头可灵活转动，并具有 5 方位臂杆，能实现多角度拍摄，另外还备有 35mm 幻灯片夹具。

图 5-43 系统中的主要设备清单如表 5-22 所示。

主要设备清单　　**表 5-22**

序号	名　称	品牌	型号	产地	单位	数量
	音视频部分					
1	DCN 会议主机	飞利浦	LBB 3500/05	荷兰	台	1
2	代表机（含主席机一台）	飞利浦		荷兰	台	18
3	无线话筒（双收双发含主机）	思雅	LX88-Ⅱ	美国	套	1
4	DVD	松下	RV-660	日本	台	1
5	SVHS 录像机	JVC	S7600	日本	台	1
6	MD 录音机	SONY	MDS-JE640	日本	台	1
7	远程电话控制器	鼎电	DHYK-02	台湾	台	1
8	输入切换器	鼎电	ASW-02	台湾	台	1
9	调音台	YAMAHA	MX200	日本	台	1
10	AV 音视频矩阵	鼎电	AVS-804	台湾	台	1
11	VGA 矩阵	鼎电	VGAS-1804	台湾	台	1
12	数字效果器	YAMAHA	REV100	日本	台	1
13	均衡器	DOD	DOD231	美国	台	1
14	AV 功效	YAMAHA	YAMAHA A1	日本	台	1
15	主音箱	BOSE	BOSE 402	美国	只	2
16	环绕音箱	JVC	SP-T325	日本	只	2
17	中置音箱	BOSE	BOSE VCS-10	美国	只	1
18	多媒体声卡选择器	鼎电	PCA-3	台湾	台	18

第七节　会议电视系统

一、概述

会议电视系统，又称视频会议系统，或称远程视频会议系统。它是一种使用专门的音频/视频设备，通过传输网络系统，实现远距离点与点、点与多点间的现代会议系统。也就是说，利用相关的通信网络建立链路实现在两地（或多个地点之间）进行会议的一种多媒体通信方式。它可以实时地传送声音、图像和文件，与会人员可以通过电视发表意见、观察对方表情和有关信息，并能展示实物、图纸、文件和实拍的电视图像，增加临场感。还可以通过传真、电子白板等现代化的办公手段传递文件、图表，用以讨论问题。在效果上可以替代现场会议，图像、语言和数据等信息可以通过一条信道进行传递。除此之外，还应用于远程教育、远程医疗等实时传送音频、视频和数据的业务。支持远程电视会议的通信网络。一般由IAN、DDN专线、ISDN、ADSL、ATM、INTERNET、INTRANET等，并遵循各自的通信协议。

1. 会议电视系统应根据使用者的实际需求确定，可采用下列系统：

(1) 大中型会议电视系统（宜用在各分会场会议电视内，供各方多人开会者使用）；

(2) 小型会议电视系统（宜用在办公室或家庭会议电视场合使用）；

(3) 桌面型会议电视系统（宜用在个人与个人的通信上）。

2. 会议电视系统应支持H.320、H.323、H.324、SIP标准协议。它们的支持传输速率应符合下列规定：

① H.320标准协议的大中型视频会议系统，应支持传输速率64kbit/s～2Mbit/s（见图5-44）；

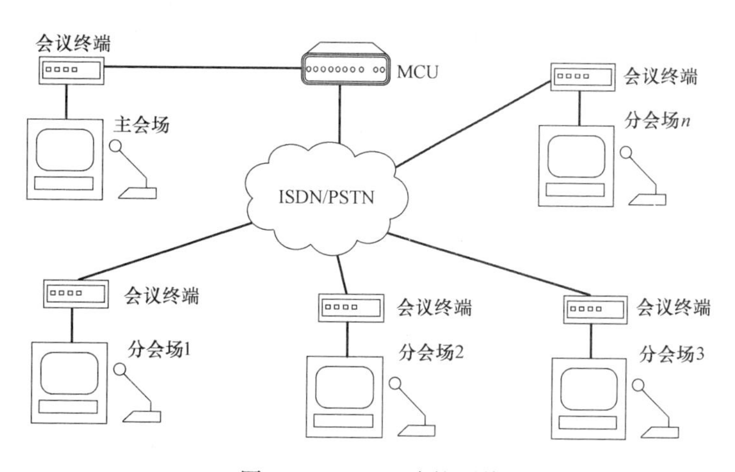

图5-44　H.320会议系统

② H.323标准协议的桌面型视频会议系统，应支持传输速率不小于64kbit/s；

③ H.320和H.323小型会议视频系统，应支持传输速率128kbit/s；

④ H.324标准协议的可视电话系统，应支持小于64kbit/s的传输速率；

⑤ SIP标准协议的会议视频系统应符合支持传输速率小于128kbit/s。

3. 会议电视系统的标准

视频会议系统的国际标准主要有H.320和H.323两个标准。H.320标准以基于电路交换的方式开放视频会议业务，传输方式、速率要求与网络本身的构成有关。而H.323标准是专门为分组交换网络设计的，与传输网络无关联性。因此，H.323会议系统可以建立在局域网内，局域网间及INTERNET上。H.320、H.323两种标准的特点和应用见表5-23。

H.320、H.323两种标准的特点、优势和应用比较表　　**表5-23**

标准项目	H.320	H.323
应用场所	需设置专用会议室的会议电视系统	不需设置专用会议室的IP视讯会议系统
传输网络	电路交换网络，如VSAT，DDN，ISDN，帧中继，ATM等	IP分组交换网络，如LAN，INTERNET等
系统稳定性	由于采用专用线路，一旦建立连接，带宽资源是独享的，稳定性有保证	分组交换网中的带宽是统计复用的，因此容易出现网络拥塞等现象
语音、图像质量	清晰、实时性好	有时会出现抖动、延时
安全性	电路交换网络的连接是物理连接，安全性高	公网上运营会议电视采用用户认证和加密方式来保证会议内容的安全性

续表

标 准 项 目	H. 320	H. 323
操作维护难易度	需要对专用网络进行维护	操作维护简单方便
系统扩容能力	规模相对固定	扩容能力强
设备费用	建设、租用网络和购买多点交互视频会议所需的会议终端与MCU设备资金投入较大	充分利用公网资源，用户只需使用PC作为会议终端即可
应用领域	1. 通常是政府、军队、金融等安全敏感的行业； 2. 适合图像语音质量和稳定性要求较高的场合	企业用户和个人用户，更多的应用在远程办公、远程教育等领域
发展前景	需要租用专用电路，投入较高，但技术成熟、保密性高，仍受用户青睐	随着分组交换网的日益普及、普通用户的需求增长，优势明显

二、基于H. 320标准的会议电视系统

会议电视系统由多点控制单元MCU、会议终端、网关等主要部件构成（图5-45）。在多点会议情况下，会议终端之间的交互通过MCU来进行控制与切换；会议终端由摄像机及麦克风等设备组成，可对视、音频媒体信号进行数字编解码，终端之间可实现双向媒体互动；通过模拟互接和H. 320视频终端（或MPEG视频终端）进行视频互通。

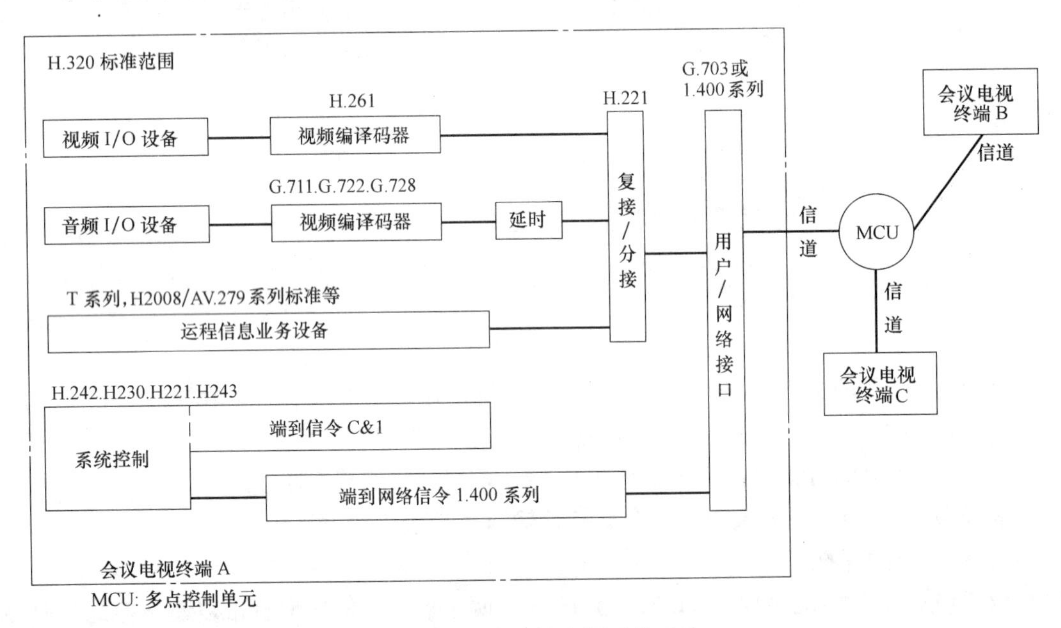

图5-45　多点会议电视通信系统

1. 会议电视系统的组网

（1）多点会议电视系统主要由通信链路、会议电视终端设备、多点控制设备MCU或音、视频切换矩阵实现组网，两种组网方式可由用户根据不同的需求选择使用。

（2）涉及地域较广，用户终端较多的会议电视专网采用MCU组网方式时，根据需要可设置中央多点管理系统（CMMS）和监控管理工作站。

（3）MCU组网方式是各会场会议电视系统终端设备通过传输信道连接到MCU，通过MCU实现切换。

（4）音、视频切换矩阵组网方式是会场会议电视系统终端设备通过传输信道连接到音、视频切换矩阵，通过音、视频切换矩阵进行切换。

基于MCU组网可采用级联方式，MCU级联数通常为3级以下，当为3级以上时可采用模拟转接方式。

2. 会议电视系统设备组成

（1）专用终端设备

专用终端设备是组成会议电视系统的基本部件，如图 5-46 所示。它包括提供视频/音频的输入/输出，会议管理功能等的外围设备，其配置应结合会议的规模合理的设置。

每一会场应配置一台会议电视终端设备（CODEC 编码解码器），特别重要会场应备用一台，并满足下列基本要求：

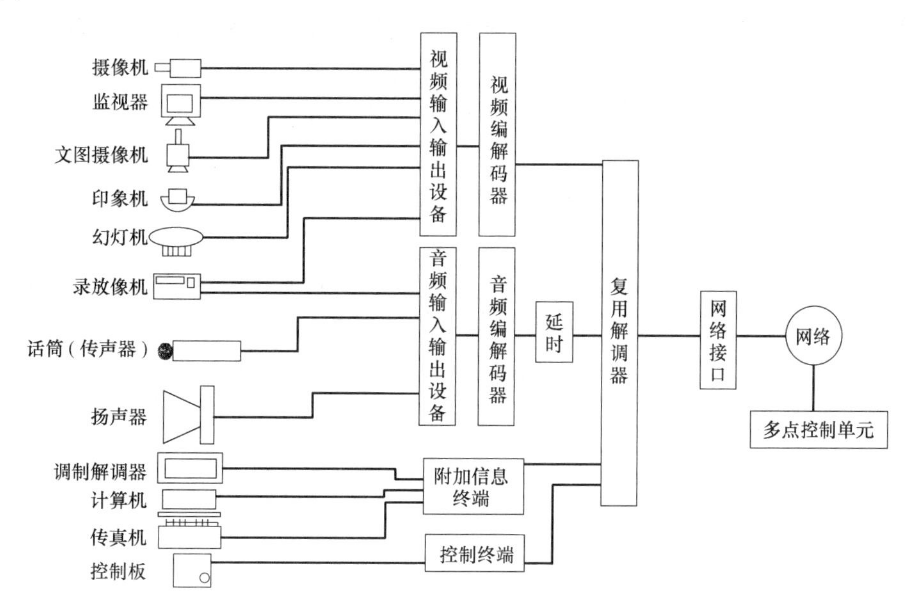

图 5-46　会议电视终端系统 7

① 视频编解码器宜以全公共中间格式（CIF）或 1/4 公共中间格式（QCIF）的方式处理图像；根据需要也可以采用 4CIF 或其他格式的编解码方式。

② 音频编解码器应具备对音频信号进行 PCM、ADPCM 或 LDCELP 编解码的能力。

③ 视频、音频输入、输出设备应满足多路输入和输出以及分画面和消除回声等功能要求。

④ 多路复用和信号分离设备，应能将视频、音频、数据、信令等各种数字信号组合到 64～1920kbit/s 或更高比特率的数字码流内，或从码流中分离出相应的各种信号，成为与用户和网路接门兼容的信号格式，该格式应符合相关规定。

⑤ 用户和网路的接口应符合 V. 35，G. 703，ISDN 等接口标准，并应符合国家相关标准。

⑥ 会场的操作控制和显示应采用菜单式操作界面和汉化显示终端。全部会场的终端设备，MCU 和级联端口的状态信息，应在工作站的显示屏幕上一次全部显出。菜单操作界面的会场地址表格中，应只对完好的会场信息做出操作响应，用以保证播送的画面质量。

（2）多点控制设备

多点控制设备（MCU）的配置数量和容量应根据组网方式确定，并符合下列基本要求：

① 在三个或三个以上的会议电视终端进行会议通信时，必须设置一台或多台 MCU。在点对点的会议电视系统中只涉及两个会议终端系统，可不经过 MCU 或音、视频切换矩阵。

② 多点控制设备应能组织多个终端设备的全体或分组会议，对某一终端设备送来的视频、音频、数据、信令等多种数字信号，广播或转送至相关的终端设备的混合和切换（分配）而不得影响音频/视频等信号的质量。

③ 多点控制设备与传输信道的接口，应能进行 2～3 级级联组网和控制。

④ 多点控制设备的传输信道端口数量，在 2048kbit/s 的速率时，一般不应少于 12 个。

⑤ 同一个多点控制设备应能同时召开不同传输速率的电视会议。

⑥ 在一个 MCU 的系统中，可采取单个星形组网，同时组织互相独立的几组会议室（终端）；在多

个 MCU 的系统中，可采取多个 MCU 连接的星形、星形树状或线形结构。

⑦ 多点控制设备支持会议召集和支持主席控制，会议主持人控制，语音控制和支持 Web 界面远程控制等多种控制功能。

3. 摄像机和传声器的配置原则：

① 会议电视的每一会场应配备带云台的受控摄像机。面积较大的会议室，还宜按照需要增加辅助摄像机和一台图文摄像机，以满足功能需求和保证从各个角度摄取会场全景或局部特写镜头。

② 会议电视会场应根据参与发言的人数确定传声器的配置数量，其数量不宜超过 10 个。

③ 根据会议室的大小和照度，选择适宜的显示、扩声设备和投影机。

4. 编辑导演、调音台等设备的配置原则：

① 由多个摄像机组成的会场，应采用编辑导演设备对数个画面进行预处理。该设备应能与摄像机操作人员进行电话联系，以便及时调整所摄取的画面。

② 单一摄像机的会场可不设编辑导演设备，由会议操作人员直接操作控制摄取所需的画面。

③ 声音系统的质量取决于参与电视会议的全部会场的声音质量。每一会场必须按规定的声音电平进行调整。由多个传声器组成的会场应采用多路调音台对发言传声器进行音质和音量控制，保证话音清晰，防止回声干扰。设置单个传声器的会场不设调音台。

5. 时钟同步：

(1) 在一个会议电视系统中，必须设立一个（唯一）主 MCU、以此 MCU 上的时钟为主（为基准），其他各从 MCU 和终端设备均从中提取时钟同步信号，即全网采用主从同步方式。

(2) 外接时钟接口可采用 2048kHz 模拟接口或 2048kbit/s 数字接口。

6. 会议电视系统主要功能：

(1) 系统内任意节点都可设置为主会场，便于用户召开现场会议，全部会场应可以显示同一画面，亦可显示本地画面。

(2) 主会场可遥控操作参加会议的全部受控摄像机的动作。全部会场的画面可依次显示或任选其主会场可任选以下几种切换控制方式：

① 声控模式：是一种全自动工作模式，按照谁发言显示谁的原则，由声音信号控制图像的自动切换。当无人发言时，输出会场全景或其他图像。

② 发言者控制模式：通常与声控模式混合使用，仅适合于参加会议的会场较少的情况。要发言的人通过编码译码器向主会场 MCU 请求，如果被认可便自动将图像、声音信号播放到所有与 MCU 相连的终端，并告知发言者他的图像和声音已被其他会场收到。

③ 主席控制模式：由主会场主席（或组织者）行使控制权，会议主席根据会议进行情况和分会场发言情况，决定在某个时刻人们应看到哪个会场，由主席点名谁发言（申请发言者需经主席认可）。

④ 广播/自动扫描模式：按照预先设定好的扫描间隔自动切换广播机构的画面，可将画面设置在某个特定会场（这个会场被称为广播机构），而这个会场中的代表则可定时、轮流地看到其他各个分会场。

⑤ 连续模式：将大屏幕分割成若干窗口，使与会者可同时看到多个分会场。

控制模式都是应用程序驱动器工作的，当有新的需求时，可用新的控制模式。

7. 会议电视音频、视频质量定性评定应达到表 5-24 指标。会议电视的建筑及环境要求见后述第七节。

会议电视效果的质量评定指标 **表 5-24**

视频质量定性评定	音频质量定性评定
1. 图像质量：近似 VCD 图像质量。 2. 图像清晰度：送至本端的固定物体的图像清晰可辨。 3. 图像连续性：送至本端的运动图像连续性良好，尤严重拖尾现象。 4. 图像色调及色饱和度：本端观察到的图像与被摄实体对照，色调及色饱和度良好。	1. 回声抑制：主观评定由本地和对方传输造成的回声量值，应无明显回声。 2. 唇音同步：动作和声音无明显时间间隔。 3. 声音质量：主观评定系统音质，应清晰可辨、自然圆润。

三、基于 H.323 标准的会议电视系统

1. 基于 H.323 的 IP 视讯会议系统涵盖了音频/视频及数据在以 IP 包为基础的信息互通，并基于 ≤10/100Mbit/s 的 LAN 网络，实现不同厂商的产品能够互连互操作。其网络拓扑结构如图 5-47 所示。

2. H.323 的终端设备。图 5-48 给出了 H.323 终端设备的结构框图。H.323 标准规定了终端采用的编码标准、包格式、流量控制等内容，包含了视频、音频、数据控制等模块。

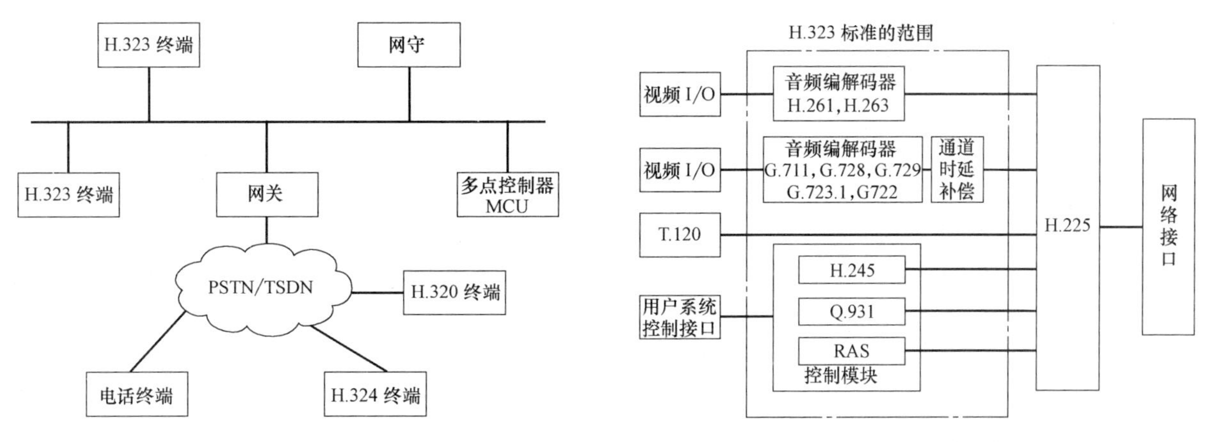

图 5-47　H.323 的网络拓扑结构　　　　图 5-48　H.323 终端设备及接口

视频模块负责对视频源（如摄像机）获取的视频信号进行编码以便于传输，同时对接收到的数据进行解码，将其还原成视频信号以便显示。视频通道至少应支持 H.261，QCIF 标准，它可以提供分辨率为 176×144 的画面。该通道还可以支持其他质量更高的编码标准（如 H.263）和画面尺寸（如 CIF 为 352×288）。

音频模块负责对音频源（如话筒）获取的音频信号进行编码以便于传输，同时对接收到的数据进行解码，将其还原成音频信号以便播放。

数据通道支持的服务有电子白板、文件交换、数据库访问等。

控制模块为终端设备的操作提供信令和流量控制。用 H.245 标准来完成终端设备的功能交换、通道协商等。

H.225 层将编码生成的视频、音频、数据、控制流组成标准格式的 IP 包发送出去，同时从接收的信包中检出视频、音频、数据和控制数据转给相应模块。收发 IP 包均使用标准的实时传输协议 RTP（Real Time Protocol）和 RTCP（Real Time Control Protocol）来进行。

3. H.323 的多点控制单元 MCU 与会议模式。

H.323 建议规定 MCU 由多点控制（Multipoint Control，MC）和多点处理（Multipoint Processing，MP）两个部分组成。

所谓的会议模式规定了根据参加会议的终端数目而确定的会议开始方式以及信息的收发方式。H.323 规定了三种会议模式：

① 点到点模式。这是一种两点之间的会议模式。两个端点可以都在 LAN 上，也可以一个在 LAN 上，另一个在电路交换网上，会议开始时为点到点模式，会议开始后可以随时加入多个点，从而实现多点会议。

② 多点模式。这是三个或三个以上端点之间的会议模式。在这种模式中必须要有 MC 设备对各端点的通信能力进行协商，以便选择公共的参数启动会议。

③ 广播模式。这是一种一点对多点的会议模式。在会议过程中一个端点向其他端点发送信息，而其他端点只能接收，不能发送。

此外，H.323 还规定了三种不同的会议类型：

① 集中型。所有参加会议的端点均以点对点模式与一个 MCU 通信。各个端点向 MCU 传送其数据流（控制、音频、视频和数据）。MC 通过 H.245 集中管理会议，而 MP 负责处理和分配来自各端点的音频、视频和数据流。若 MCU 中的 MP 具有强大的变换功能，那么不同的端点可以用不同的音频、视频和数据格式及比特率参加会议。

② 分散型。在分散型会议中，参加会议的端点将其音频和视频信号以多点传送方式传送到所有其他的端点而无需使用 MCU。此时 MC 位于参加会议的某个端点之中，其他端点通过其 H.245 信道与 MC 进行功能交换，MC 也提供会议管理功能，例如主席控制、视频广播及视频选择。由于会议中没有 MP 设备，所以各端点必须自己完成音频流的混合工作，并需要选择一种或多种收到的视频流以便显示。

③ 混合型。顾名思义，在混合型会议中，一些端点参加集中型会议，而另一些端点则参加分散型会议。一个端点仅知道它自己所参加的会议类型，而不了解整个会议的混合性质。一个混合的多点会议可包括：集中式音频端点将音频信号单地址广播给 MP，以便进行混频和输出（并将视频信号以单地址广播给其他端点）；集中式视频端点将视频信号单地址广播给 MP，以便进行混频、选择和输出（并将音频信号以单地址广播给其他端点）。

从 H.323 规定的会议模式和会议类型来看，只有集中型的会议才需要 MP，而一个 MCU 可以包含一个 MC 和一个或多个 MP，当然也可以没有 MP。

4. H.320 标准与 H.323 标准互连混合的组网模式如图 5-49 所示。

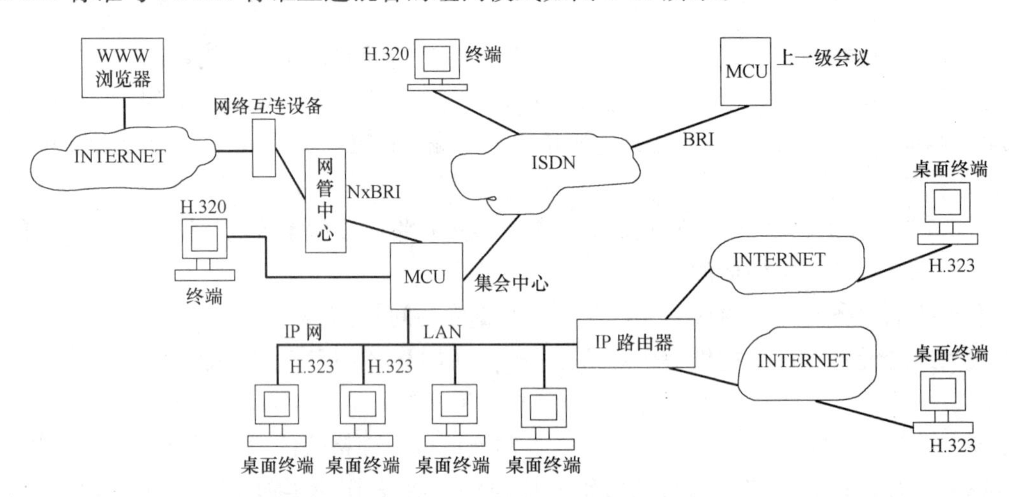

图 5-49　H.320 与 H.323 互连混合组网模式

（1）该图利用所配置 MCU 支持集中式会议，终端可与 MCU 在同一个 LAN 上，或终端在 INTERNET 上，经路由器访问 MCU，构建混合式视频会议系统。对于接口类型，如 H.320 终端可为 E1、ISDN、V35 等方式，H.323 终端以太网等方式均可接入 MCU。

（2）所配 MCU 可将网关模块化，使不同系统（H.320，H.323，H.324 等）的终端与 MCU 之间的连接透明，灵活，方便组网。

5. 桌面交互式会议电视系统：

桌面型视频会议系统将视频会议与个人计算机融为一体，一般由一台个人计算机配备相应的软硬件构成（摄像头、麦克风、用于编解码的硬件或软件），在多个地点进行多方会议时还应设置一台多点控制设备，进行对图像语音的切换、控制。这样的系统可在公共交换电话网（PSTN）、综合业务数字网（ISDN）、局域网（LAN）上实现其功能。与会者在办公室桌前或家中就可以通过自己的终端设备或计算机参与电视会议，他们可以发表意见，观察对方的形象和有关信息，同时双方（多方）还可以共享应用程序，利用电子白板（软件）进行书面交流。

基于 H.323 标准的桌面会议系统，将多媒体计算机与通信网络技术相结合，使用灵活、广泛，在局域网上运行非常方便。系统构成如图 5-50 所示。桌面终端如图 5-51 所示。

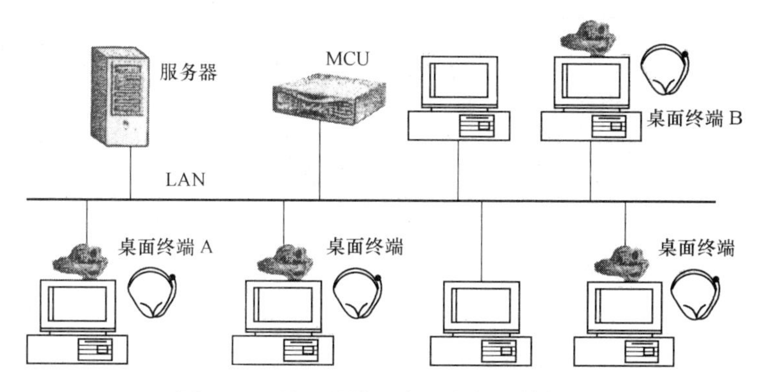

图 5-50　基于局域网桌面会议系统框图

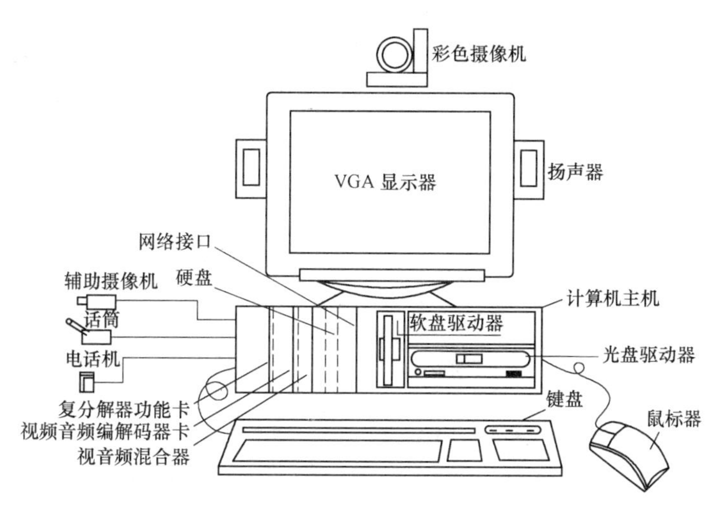

图 5-51　桌面型会议电视终端

第八节　会议电视系统的安装

一、会议电视的建筑要求

会议电视的建筑要求如表 5-25 所示。

建筑要求表　　**表 5-25**

序号	房间名称	室内最低净高（m）	楼、地面等效均布活荷载（N/m²）	地面类型	室内墙面处理	室内顶棚处理	窗地面积比	门	外窗
1	会议室	3.5（注）	3000	水泥地，加防静电地毯	结合吸音材料选用和布置	同左		双扇外开门，宽度不小于 1.5m，满足隔音要求	满足隔音要求
2	控制室	3.0	6000	防静电地板	水泥石灰砂浆粉，表面涂白色或浅色油漆	同左	1/6	单扇外开门，宽度不小于 1m	良好防尘
3	传输室	3.0	6000	同上	同上	同上	1/6	同上	良好防尘

注：会议室最低净高一般为 3.5m，当会议室较大时，应按最佳的容积比来确定。

二、会议电视系统对会议室的要求

1. 会议室的布局与照度

（1）会议电视系统会议室的大小与参加人数有关，在扣除第一排到监视器的距离外，按每人 2～2.5m^2 的占用空间来考虑，顶棚板高度应大于 3m。

（2）会议室的桌椅布置应保证每位与会者有适当的空间，一般应不小于 150cm×70cm，主席台还要适当加宽到 150cm×90cm。

（3）从观看效果来看，监视器的布局常放置在相对于与会者中心的位置，距地高度大约 1m 左右。人与监视器的距离大约为 4～6 倍屏幕高度，大约 2～3m。各与会者到监视器的水平视角不大于 60°。最好将电视机置于会议室最前面正对人的地方。

（4）摄像机的布置应使被摄入人物都收入视角范围内，并宜从几个方位摄取画面，方便获得会场全景或局部特写镜头。

（5）麦克风和扬声器的布置应尽量使麦克风置于各扬声器的辐射角之外，扬声器宜分散布置。扩声系统的功率放大器应采用数个小容量功率放大器集中设置在同一机房的方式，用合理的布线和切换系统，保证会议室在损坏一台功放时，不造成会场声音中断。声音信号输入功率放大器之前，应采用均衡器和反馈抑制器进行处理，以提高声音信号的质量。

（6）影响画面质量的一个重要因素，是会场四周的景物和颜色，以及桌椅的色调。一般忌用“白色”“黑色”之类的色调，这两种颜色对人物摄像将产生反光及“夺光”的不良效应。所以墙壁四周、桌椅均采用米黄色、浅绿、浅咖啡色等；南方宜用冷色；北方宜用暖色，建议用米黄色。摄像背景（被摄人物背后的墙）不适挂有山水等景物画，否则将增加摄像对象的信息量，不利于图像质量的提高。可以考虑在室内摆放花卉盆景等清雅物品，增加会议室整体高雅、活泼、融洽气氛，对促进会议效果很有帮助。

（7）为了保证声绝缘与吸声效果，室内应铺有地毯；顶棚板最好采用泡沫或纤维材料；四周墙壁内应装有隔音毯；墙面应装有吸音毯；窗帘外层：纱帘；中间层：银灰色隔光窗帘；内层：浅米黄色装饰窗帘；门采用木门并软包。

（8）灯光照度是会议室的基本必要条件。从窗户射入的光比日光灯或三基色灯偏高，如室内有这两种光源（自然及人工光源），就会产生有蓝色投射和红色阴影区域的视频图像；另一方面是召开会议的时间是随机的，上午、下午的自然光源照度与色温均不一样。因此会议室应避免采用自然光源，而采用人工光源，所有窗户都应用深色窗帘遮挡。在使用人工光源时，应选择冷光源，以色温为 3200K 的“三基色灯”（RGB）效果最佳。避免使用热光源，如高照度的碘钨灯等。图 5-52 为会议室的剖面图。

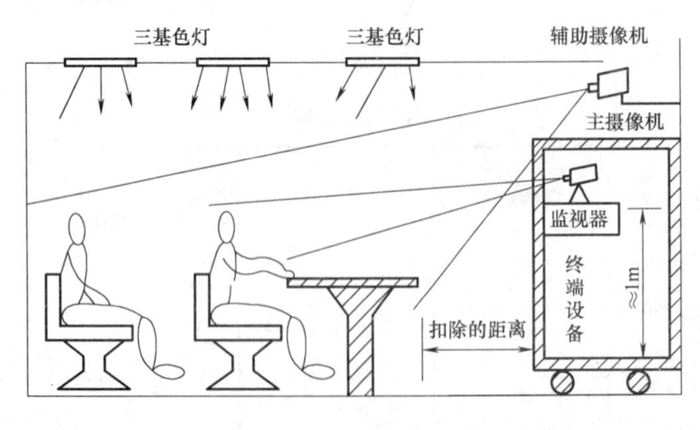

图 5-52　会议室剖面图

（9）会议室的照度，主席区平均照度不应低于 800lx，一般区的平均照度不应低于 500lx，水平工作面计算距地高度为 0.8m。为防止脸部光线不均匀（眼部鼻子和全面下阴影）三基色灯应旋转适当的位置，这在会议电视安装时调试确定。对于监视器及投影电视机，它们周围的照度不能高于80lx，应在50～80lx之间，否则将影响观看效果。为了确保文件、图表的字迹清晰，对文件图表区域的照度应不大于700lx。

2. 会议室的布线

会议电视应采用暗敷方式布放缆线，会议室距机房应预先埋设地槽或管子，布设时，在不影响美观的情况下尽可能走最短路线。为保证电视会议室供电系统的安全可靠，减省通过电源的接触而带来的串扰，会议室音视频及计算机控制系统的设备供电应与照明、空调及其他相关设施的供电电缆应分别进行铺设，并分别配置专用的配电箱，用以对相应的设备分别进行开关控制，即照明、空调等配电箱及音视频配电箱。会议室供电系统所需线缆均应走金属电线管，如改造工程不具备铺设金属管时应走金属线槽或金属环绕管（蛇皮管）。

三、会议电视系统的机房布置

对于采用大型会议室型的高清晰会议电视系统，一般都配有专用的会议电视设备机房（也称会议控制室），用于放置会议设备、视音频设备、传输接口设备、控制设备等。为便于实时观察会议室情况，会议机房最好建在会议室隔壁，并在与会议室之间的墙壁上设置观察窗。

（1）机房的大小随设备多少和会场的重要性而定。

1）非主会场单位，一般在20m^2左右，顶棚板高度3m以上即可。

2）主会场单位，会议机房应有30～40m^2大小；一般主会场机房都设有监视各分会场图像的多画面电视墙，所以顶棚板高度要在4m以上。

（2）作为主会场机房，一般要放置4类设备：

1）一类是会议设备、传输接口设备及不需控制的视音频设备，放在19英寸标准机柜或机架上；

2）第二类是用于显示各分会场图像和主会场各视频源的电视墙，一般靠一面墙放置；

3）第三类是用于放置会议控制设备和视音频设备控制器的操作台，放在电视墙的前方便于观察电视墙画面；

4）第四类则是UPS电源部分。

（3）非主会场单位由于设备较少，则只有第三部分和第四部分，而第一部分的会议设备等就放在操作台下方，用于监视远端图像和本地视频源的监视器则可放在操作台上前方的位置。

（4）机房设备的布置应保证适当的维护距离，机面与墙的净距离不应小于150cm，机背和机侧（需维护时）与墙的净距离不应小于80cm。

（5）机房应铺设防火防静电地板，下设走线槽，走传输线、视音频线、控制线及电源线等，电源线要和其他信号线分开走，避免电源信号干扰。

（6）集中放置设备的机柜内要做好通风、散热措施，机房温度要求18～25℃，相对湿度60%～80%。

（7）保持机房内的空气新鲜，每人每小时的换气量不小于18m^3，室内空调气体的流速不宜大于1.5m/s。设备和操作台区域光线要良好，宜采用日光灯。安全消防方面要配备通信设备专用的灭火器。

（8）控制室的机架设备区平均照度不低于100lx，垂直工作面计算距地高度为1.2m。

四、会议电视系统的供电与接地

（1）系统采用的交流电源应按一级负荷供电，其电压允许变化范围为220V+20%至220V－15%，电压波动超过范围的，应采用交流稳压或调压设备。电源系统要按三相五线制设计，即系统的交流电源的零线与交流电源的保护地线不共用且应严格分开。

（2）为保证会议室供电系统的安全可靠，以减少经电源途径带来的电气串扰，应采用三套供电系统。一套供电系统作为会议室照明供；第二套供电系统作为整个机房设备的供电，并采用不间断电源系统（UPS）；第三套供电系统用于空调等设备的供电。

（3）摄像机、监视器、编辑导演设备等视频设备应采用同相电源，确保这些设备间传送的视频信号，不因电源相位的差异而影响质量。功放、混音器、调音台及其他音频转接设备应与会议终端设备采用同相电源，并且采用同一套地线接地屏蔽，确保音频信号在转接的过程中不会因屏蔽接地不良或电源相位的差异产生杂音，交流电源的杂音干扰电压不应大于 100mV。

（4）会议室周围墙上隔 3～5m 装一个 220V 的三芯电源插座。每个插座容量不低于 2kW，地线接触可靠。供电系统总容量应大于实际容量的 1～1.5 倍。

（5）供电系统线缆截面积应符合用电容量要求。选用主线为 $4mm^2$；辅线为 $1.5mm^2$；供电电缆主会场用线 $16mm^2$、分会场用线为 $10mm^2$ 的多股聚氯乙烯绝缘阻燃软导线。

（6）接地是电源系统中比较重要的问题。控制室或机房、会议室所需的地线，宜在控制室或机房设置的接地汇流排上引接。如果是单独设置接地体，接地电阻不应大于 4Ω；设置单独接地体有困难时，也可与其他接地系统合用接地体。接地电阻不应大于 0.5Ω。必须强调的是，采用联合接地的方式，保护地线必须采用三相五线制中的第五根线，与交流电源的零线必须严格分开，否则零线不平衡电源将会对图像产生严重的干扰。

（7）电视会议室、控制室、传输室等房间的周围墙上或地面上应每隔 3～5m 安装一个 220V 三芯电源插座。

五、会议室的声学要求与系统检查

为保证隔声和吸声效果，室内铺有地毯，窗户宜采用双层玻璃，进出门应考虑隔声装置。会议室的混响时间要求如图 5-53 所示，即会议室容积＜$200m^3$ 时，混响时间取 0.3～0.5s；200～$500m^3$ 时取 0.5～0.6s；500～$1000m^3$ 时取 0.6～0.8s。

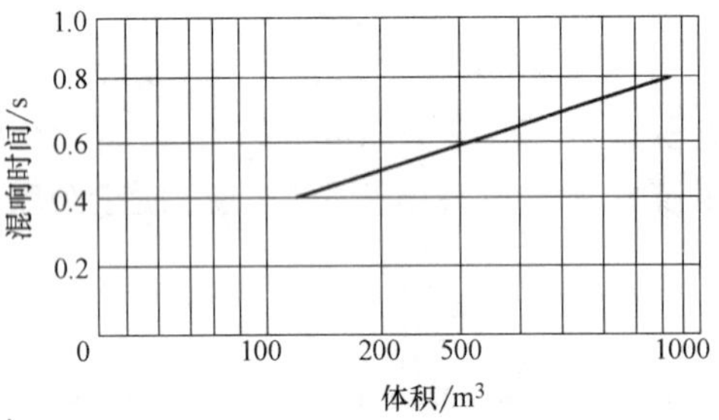

图 5-53 会议室混响时间曲线

会议室的环境噪声级要求不应大于 40dB（A），护围结构的隔声量不应低于 50dB，以形成良好的开会环境。若室内噪声大，如空调机的噪声过大，就会大大影响音频系统的性能，其他会场就很难听清该会场的发言，甚至在多点会议采用“语音控制模式”时，MCU 将会发生持续切换到该会场的现象。

下面将会议电视系统的会场条件汇总于表 5-26，以便检查和做好设备安装前的准备。

会议电视系统会场环境条件检查表 **表 5-26**

项目	技术要求		完成情况及备注
会议室基本条件	温度条件	18～25℃	
	湿度条件	60%～80%	
	环境噪声	小于 40dB	
	清洁度	优良	
会议室照明情况	灯光效果良好	使用三基色灯，每排灯开关单独控制	
	第一排前上方安装射灯，增加主席区照度		
	平均照度	大于 500lx	
	主席区照度	大于 800lx	
	电视屏幕周围	小于 80lx	
会议室装修情况	窗帘要求	能有效隔绝自然光	
	门窗要求	能有效隔音	

续表

项　　目	技术要求		完成情况及备注
会议室装修情况	墙壁装修	有吸音材料	
	顶棚板装修	增加吸音面积	
	地板装修	有防静电、防火地毯	
	桌椅色调	浅色为主，忌用白色	
	摄像背景	浅色为主，柔和不花哨，背景不复杂	
机房基本条件	与会议室走线距离	小于 40m	
	温度条件	18～25℃	
	湿度条件	60%～80%	
	空余面积	大于 $10m^2$	
	清洁度	优良	
机房装修情况	走线槽位已经预留		
	室内走线槽位已经预留		
	地板装修	有防静电、防火地板	
会议室及机房电源供电情况	照明、系统设备、空调分别是三套供电系统		
	电源电压及波动范围	220V(±10%)	
	会议室第一排或前两排灯采用 UPS 供电		
	UPS 电源	2000W 以上	
会议室及机房设备接地情况	设备放置处墙上或地插配备足够的三相插座，每隔 1～2m 一个，分布合理		
	保护地与交流零线严格分开		
	□单独接地	保护地电阻小于 4Ω	
	□联合接地	保护地电阻小于 0.5Ω	
	UPS 输出接保护地线		
	三相电源插座接地良好		
传输情况	传输机房与会议室走线距离小于 150m		
	传输机房与会议室走线距离介于 150m 与 5000m 之间		
	传输机房是否有－48V 电源		
	走线槽位已经预留		
	传输类型传输 2M		
	电缆传输线规格型号	75Ω 单股同轴电缆(或 120Ω 的对称电缆)，主备用各一对	
	传输线进入会议室或控制间		
	电缆传输线实际长度不超过 150m		
其他建议	墙面为米黄色，墙群线咖啡色，地毯驼色		
	桌子米黄色，椅子咖啡色，墙面不挂画幅		
备注			

六、会议电视系统的设备安装

设备安装包括会议设备（多点控制机和终端机）的安装以及与外部配套设备和传输设备的连接三部分，步骤如下：

（一）会议设备安装

1. 多点控制机（MCU）和终端机的上架固定

一般高清晰会议电视系统的MCU和终端机都是标准19英寸宽，MCU服务器可视用户情况放在传输机房或者视频会议机房。前者便于和传输设备连接，后者和终端放在一起，便于日常使用和维护。如果MCU放在视频会议机房，由于MCU服务器一般要用直流48V供电，而视频会议机房一般只有交流220V电源，则还要增加一台220V转48V的电源模块，该电源模块也是标准19英寸宽，可放在MCU上方。

终端放在视频会议机房，放在标准19英寸机柜上或操作台前上方的19英寸槽中，一般和矩阵、DVD、录像机、功放等放在一起。

2. MCU网管控制台和终端控制台的安装

MCU网管控制台采用个人计算机（PC）服务器，随MCU服务器放在传输机房的操作室或视频会议机房，位置就放在操作台中，和MCU服务器之间通过以太网口连接，可通过集线器（Hub）连接，也可用交叉网线直接点对点连接。网管控制台服务器上须安装用于会议管理和诊断的网管控制台软件，有T.120数据会议应用的还要安装数据会议服务器软件。

终端控制台一般采用个人计算机（PC），放在视频会议机房的操作台中，与高清终端之间也是用以太网线连接，可用集线器或用交叉网线直接连接。终端控制台PC上要安装高清晰会议系统终端软件，有T.120数据会议的还要安装T.120数据会议网关。

（二）会议设备与配套设备的连接

1. MCU和终端机与电源连接及接保护地

为保证会议系统的供电安全可靠，减少电源途径带来的串扰整个会议设备和机房设备的供电，应该和会议室照明供电、空调等动力设备的供电隔离，并配备不间断电源系统（UPS）供电。一套满配置的高清MCU和终端（含控制台）功率在1500V·A之内，其他配套设备的功耗可查其使用手册，考虑后期扩容会增加设备，UPS余量按50%～100%考虑。为避免电源波动对信号干扰，电源走线要和信号线隔离，机柜（或机架）内的电源线和信号线也应分边走。

设备接电源时应注意所有设备火线（L）、零线（N）接入时要一致，零线千万不要和工作地线（G）混接。

接地保护是会议电视设备安装中比较重要的问题，会议电视设备一般在后背板左下部提供了接地螺钉，用带接线端子的铜导线接到机房的通信设备保护地排上。

2. MCU和多画面解码阵列的连接

由于会议终端在同一时间只能收看一个远端会场的图像，而MCU是所有下挂终端的视频码流的汇接点。所以，为了实时观察各分会场的图像，可以在MCU处配置多画面系统（即解码阵列），解出各分会场的图像输出到电视墙或经画面分割器到大屏幕显示。由于高清晰会议电视系统是采用MPEG-2编码，所以MCU处的码流是同步数据流（TS），与解码阵列的接口则是异步串行接口（ASI）。ASI接口所用电缆也是75Ω同轴电缆，不过由于传送的码流高达270M，所以长度不能超过20m。一般一个ASI接口可以传递4个端口的码流，所以满配置24端口的MCU也只用6个多画面ASI输出接口。为了能将多画面（用画面分割器混合的）传送到各分会场，MCU还设立了一个多画面回传的ASI输入接口。

3. 终端机视频输入输出接口的连接

终端机的输入视频接口一般有4个，分别为复合视频（CVBS）1-4。如果会场没配视频切换矩阵，则4个视频源分别接主、辅摄像机及DVD、录像机等视频输入设备。有视频切换矩阵，则只将CVBSI接到矩阵1路输出，视频输入设备经过矩阵切换送给终端。

摄像机的转动、镜头聚焦等操作可由终端控制台软件控制或外置云台控制器控制，一般一体化单CCD摄像机都由终端软件控制，外置云台的3CCD等高级摄像机用外置控制器控制。终端控制摄像机的串口可用控制台PC机的串口或终端上的串口。

终端的视频输出分两种，一是本地图像监控输出，接会场本地图像显示电视和机房本地监控电视；二是远端图像输出，接会场远端图像显示电视和机房远端监控电视。同样若是有视频切换矩阵，则全接到矩阵以进行切换。

视频线缆采用75Ω同轴电缆，带屏蔽层电缆最大有效长度为100m，超过范围的要加分配器等中继设备延长，终端、矩阵和监视器的视频接头端子一般为BNC，电视机、投影等显示输出设备的接口为莲花头。

4. 终端音频输入输出接口的连接

终端的音频输入接口类型分两种，一是MIC（麦克风）输入，接有源MIC；二是LINE IN（线路输入），接调音台、DVD、录像机等设备。选择MIC还是LINE输入都要在终端控制台上进行设置。

终端音频输出为LINE信号输出，有调音台等音频系统的，接调音台输入，送到会场扩音系统。没有调音台的直接接扩音设备或会场电视音频输入口。终端音频输入输出和音频外设一样都是非平衡接口，音频线缆采用2芯带屏蔽电缆，最大有效长度100m。接头端子终端和调音台都是ϕ6.3mm标准单声道插头，DVD、录像机、电视、扩音等设备是莲花头。

（三）会议电视设备布置的要求

（1）话筒和扬声器的布置应尽量使话筒置于各扬声器的辐射角之外。

（2）摄像机的布置应使被摄人物都收入视角范围之内，并宜从几个方位摄取画面，方便地获得会场全景或局部特写镜头。

（3）监视器或大屏幕背投影机的布置，应尽量使与会者处在较好的视距和视角范围之内。

（4）机房设备布置应保证适当的维护间距，机面与墙的净距不应小于1500mm；机背和机侧（需维护时）与墙的净距不应小于800mm。当设备按列布置时，列间净距不应小于1000mm；若列间有座席时，列间净距不应小于1500mm。

（5）会议室桌椅布置应保证每个与会者有适当的空间，一般不应小于1500mm×700mm。主席台还宜适当加宽至1500mm×900mm。

（6）会议电视的相关房间应采用暗敷的方式布放缆线，在建造或改建房屋时，应事先埋设管子、安置桥架、预留地槽和孔洞、安装防静电地板等，以便穿线。

（7）安装设备应符合下列要求：

1）机架应平直，其垂直偏差度不应大于2mm。

2）机架应排列整齐，有利于通风散热，相邻机架的架面和主走道机架侧面均应成直线，误差不应大于2mm。

3）缆线布放应整齐合理，在电缆走道或槽道中布放电缆，以及机架内布放电缆均应绑扎，松紧适度。

4）电缆走道或槽道的布置均应水平或直角相交，其偏差不应大于2mm。

5）任何缆线与设备采用插接件连接时，必须使插接件免受外力的影响，保持良好的接触。

6）设备或机架的抗震加固应符合设计要求。

7）布放缆线不应扭曲或护套破损，并不应使缆线降低绝缘或其他特性。

（四）会议设备与传输设备的连接

1. MCU与传输2Mbit/s接口（E1）的连接

MCU是终端的线路汇接点，是传输接口集中点，尤其是高清晰会议系统，每个会场要4对E1线路，如FOCUS8000MCU满配置24个端口共96对E1接口，所以线缆比较多。为了走线方便整洁，MCU到传输E1接口的线缆都采用8股75Ω同轴电缆，每根电缆接1个会场。采用细缆最大有效长度为100m，粗缆最大有效长度可到120m。MCU的E1接头端子采用的是BNC接头，传输DDF配线架采用的是L9头。

2. MCU与会场终端的E1接口连接

同上为了走线方便整洁，也采用8股75Ω同轴电缆，如果MCU和终端不在同一机房，最大走线长度不能超过150m，电缆两端接头均为BNC头。

3. 分会场终端与传输E1接口的连接

同样建议采用8股75Ω同轴电缆，最大走线长度不能超过120m，终端是BNC接头，传输DDF配线架是L9头。

七、电视会议室实例

电视会议室的平面布置示例参见图5-54，图上设备名称参见表5-27。

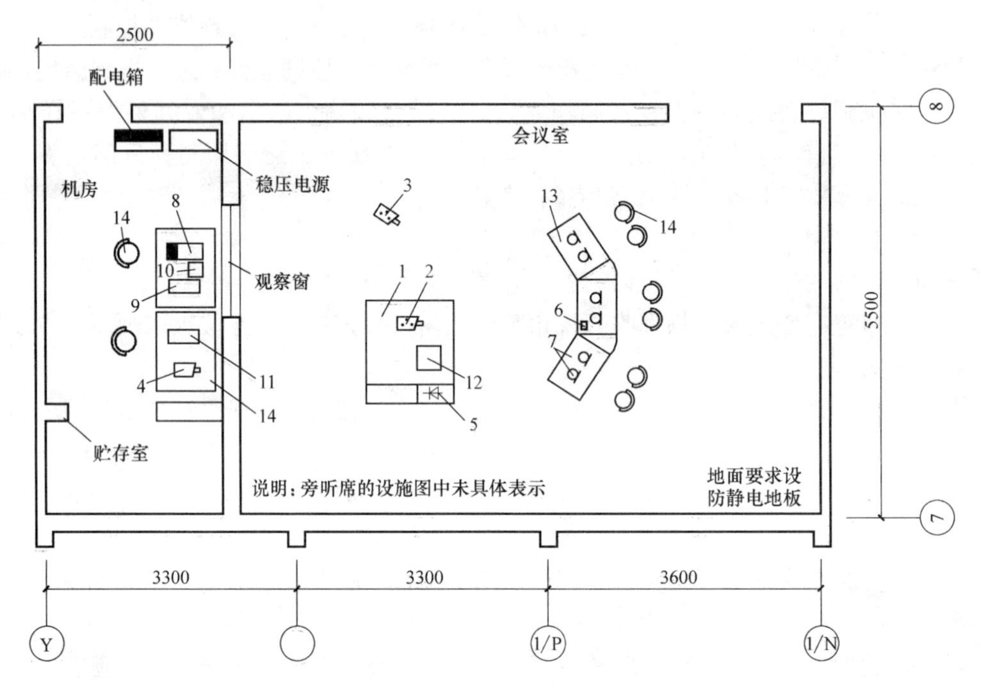

图5-54　电视会议室的图像显示设备平面布置模式

电视会议设备一览表　　**表5-27**

编号	名　称	单位	数量	编号	名　称	单位	数量
1	会议终端处理器	套	1	8	终端管理系统	套	1
2	主摄像机	台	1	9	打印机	台	1
3	辅助摄像机	台	1	10	录像机	台	1
4	图文摄像机	台	1	11	多点控制单元	台	1
5	音箱	台	1	12	监视器	台	1
6	会议控制盒	台	1	13	会议桌	个	3
7	传声器(桌式)	个	6	14	转椅、工作台	个	按需要

第六章　有线电视和卫星电视接收系统

第一节　有线电视系统与电视频道

一、CATV系统的组成

CATV系统一般由两端、干线传输和用户分配三个部分组成，如图6-1所示。前端部分主要包括电视接收天线、频道放大器、频率变换器、自播节目设备、卫星电视接收设备、导频信号发生器、调制器、混合器以及连接线缆等部件。前端信号的来源一般有三种：①接收无线电视台的信号；②卫星地面接收的信号；③各种自办节目信号。CATV系统的前端主要作用是：

(1) 将天线接收的各频道电视信号分别调整到一定电平，然后经混合器混合后送入干线；

(2) 必要时将电视信号变换成另一频道的信号，然后按这一频道信号进行处理；

(3) 将卫星电视接收设备输出的信号通过调制器变换成某一频道的电视信号送入混合器；

(4) 自办节目信号通过调制器变换成某一频道的电视信号而送入混合器；

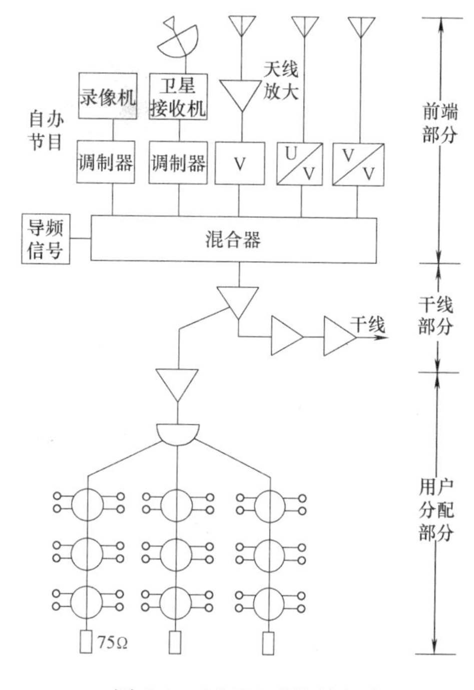

图6-1　CATV系统的组成

(5) 若干线传输距离长（如大型系统），由于电缆对不同频道信号衰减不同等原因，故加入导频信号发生器，用以进行自动增益控制（AGC）和自动斜率控制。

干线传输系统是把前端接收处理、混合后的电视信号，传输给用户分配系统的一系列传输设备。一般在较大型的CATV系统中才有干线部分。例如一个小区许多建筑物共用一个前端，自前端至各建筑物的传输部分称为干线。干线距离较长，为了保证末端信号有足够高的电平，需加入干线放大器，以补偿电缆的衰减。电缆对信号的衰减基本上与信号的频率的平方根成正比，故有时需加入均衡器以补偿干线部分的频谱特性，保证干线末端的各频道信号电平基本相同。对于单幢大楼或小型CATV系统，可以不包括干线部分，而直接由前端和用户分配网络组成。

用户分配部分是CATV系统的最后部分，主要包括放大器（宽带放大器等）、分配器、分支器、系统输出端以及电缆线路等。它的最终目的是向所有用户提供电平大致相等的优质电视信号。

应该指出，CATV原为共用天线（Community Antenna TV）系统的英文缩写，现一般指通过同轴电缆、光缆或其组合来传输、分配和交换声音与图像信号的电缆电视（Cable TV，缩写也是CATV）系统，如图6-2所示。图6-2（*a*）是传统的共用天线电视系统，是单向广播电视系统；图6-2（*b*）是现今的有线电视（CATV）系统，是双向电视接收系统。其中放大器为双向放大器，而分配器、分支器因是无源网络，因此也是双向器件。双向传输是有线电视传输网络的发展趋势，如图6-3所示。

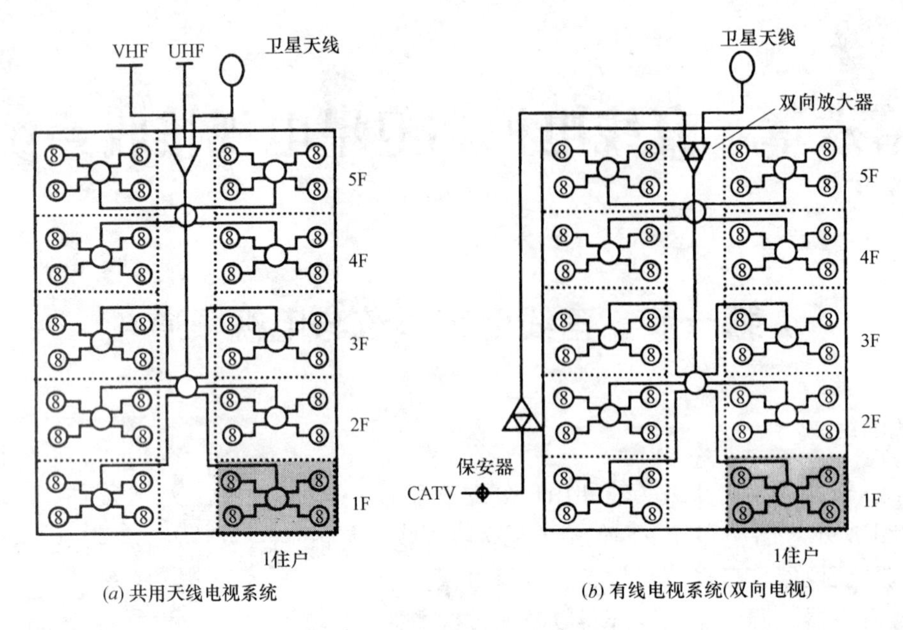

(a) 共用天线电视系统　　(b) 有线电视系统(双向电视)

图 6-2　两种 CATV 系统

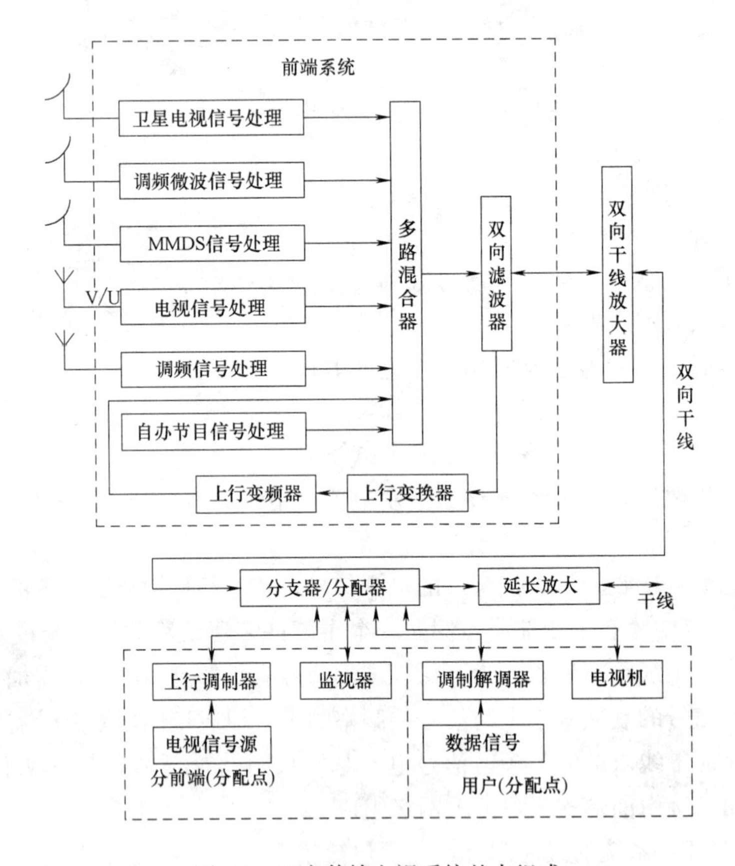

图 6-3　双向传输电视系统基本组成

二、有线电视系统的分类

1. 有线电视系统规模宜按用户终端数量分为下列四类：

A 类：10000 户以上；

B 类：2001～10000 户；

C 类：301～2000 户；

D类：300户以下。

2. 在城市中设计有线电视系统时，其信号源应从城市有线电视网接入，可根据需要设备自设分前端。A类、B类及C类系统传输上限频率宜采用862MHz系统，D类系统可根据需要和有线电视网发展规划选择上限频率。按工作频率分类的CATV系统如表6-1所示。

按工作频率分类的CATV系统 **表6-1**

名称	工作频率	可用频道数	特点
全频道系统	48.5～958MHz	VHF有DS1～12频道 UHF有DS13～68频道 理论上可容纳68个频道	① 只能采用隔频道传输方式 ② 受全频道器件性能指标限制 ③ 实际上可传输约12个频道左右 ④ 适于小型系统。传输距离小于1km
300MHz邻频传输系统	48.5～300MHz	考虑增补频道最多28个频道： DS1～12，Z1～Z16 （其中DS5一般不采用）	① 因利用增补频道，故用户需增设一台机上变换器 ② 适于中、小型系统
550MHz邻频传输系统	上限频率550MHz	可用频道数60个	适于中、大型系统
750MHz邻频传输系统	上限频率750MHz	除60个模拟频道外，550MHz～750MHz带宽可传送25个数字频道	适于中、大型系统
862MHz邻频传输系统	上限频率862MHz	除60个模拟频道外550MHz～862MHz带宽可传送39个数字频道	适于中、大型系统

当小型城镇不具备有线电视网，采用自设接收天线及前端设备系统时，C类及以下的小系统或干线长度不超过1.5km的系统，可保持原接收频道的直播。B类及以上的较大系统、干线长度超过1.5km的系统或传输频道超过20套节目的系统，宜采用550MHz及以上传输方式。

3. 在新建和扩建小区的组网设计中，宜以自设前端或子分前端、光纤同轴电缆混合网（HFC）方式组网如图6-4所示；或光纤直接入户（FTTH）。网络宜具备宽带、双向、高速及三网融合功能。

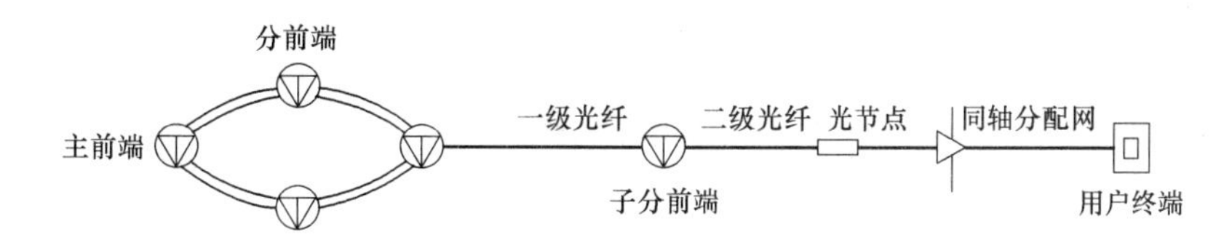

图6-4 典型的网络拓扑结构图

在HFC的有线电视中，通常干线传输部分采用光纤传输，用户分配部分仍然采用同轴电缆传输。HFC网络分为单向HFC网络和双向HFC网络。单向HFC网与传统的CATV类似。这里着重介绍双向HFC网，即双向有线电视网。

双向HFC系统由前端、光缆传输、光节点、电缆分配和用户终端设备等组成。前端与光节点是通过光缆连接的，光节点与用户之间是由电缆分配网络连接的。

双向光缆（干线）系统的组成有以下3种形式：即环型、星型和树型。在大中型干线传输系统中常采用环形结构，一般城域网常采用星型结构。在光缆传输电缆分配系统（HFC）中的电缆分配系统一般为树枝型结构。在HFC双向传输系统中，光缆传输部分为空间分割，即用1芯光纤传输下行信号，用另1芯光纤传输上行信号；电缆分配系统为频率分割。在双向HFC系统中的光节点，既是光下行信号的光/电（O/E）转换之处，又是上行信号的电/光（E/O）转换之处，也是频分和空分的交汇处。

4. 使用星形分光器的分支系统

在较大的住宅小区（或建筑群），可以将全小区分成若干片，每片有500～2000个用户，输出端每个片为一个光节点，每个光节点设一台接收机。根据小区规模情况，可算出每个光发射机能够提供的光节点数，以及中心前端需要的光发射机台数。分光器通常不应多于10路为宜。星形分光器的分支系统结构图如图6-5所示。

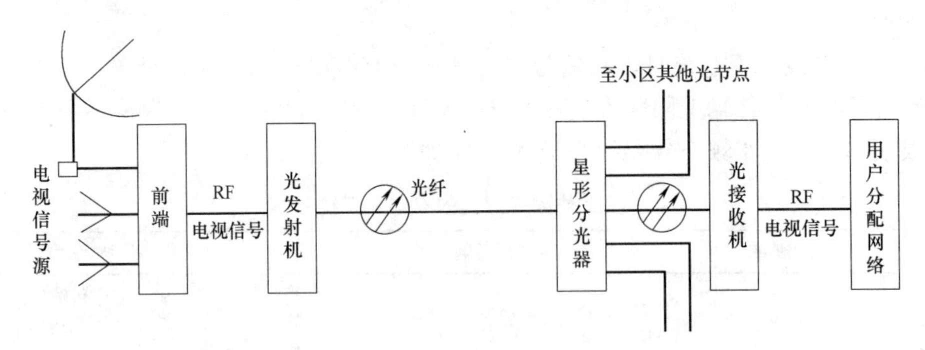

图 6-5　CATV 光纤传输系统采用星型分光器

有多个住宅小区或建筑群，距离光发射端较远时，一般应增设光中继站或光放大器。采取如图 6-6、图 6-7 所示传输模式。

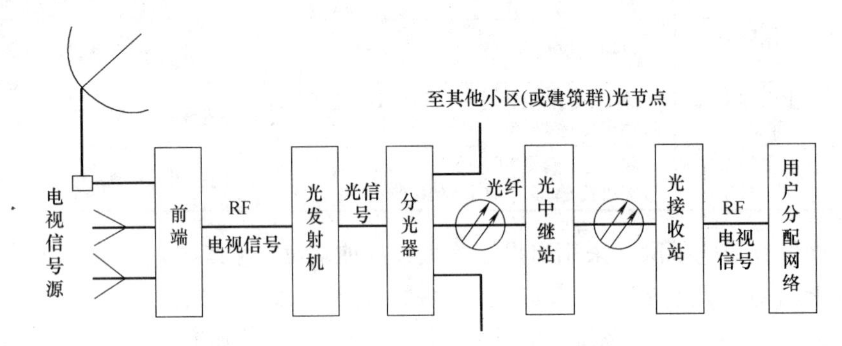

图 6-6　CATV 光纤传输系统采用光中继器

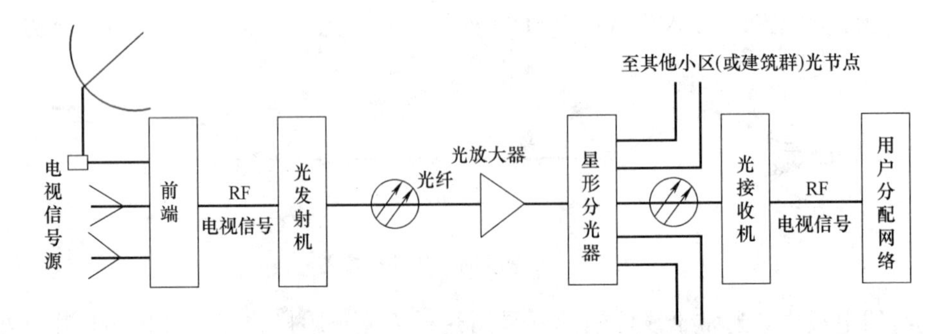

图 6-7　CATV 光纤传输系统采用光放大器

第二节　CATV 系统性能参数

一、无线电视的频率分配

1. 我国关于电视频道的划分（表 6-2）

电视频道的划分　　　　**表 6-2**

波段	电视频道	频率范围 (MHz)	中心频率 (MHz)	图像载波 (MHz)	伴音载波 (MHz)
Ⅰ波段	DS—1	48.5～56.5	52.5	49.75	56.25
	DS—2	56.5～64.5	60.5	57.75	64.25
	DS—3	64.5～72.5	68.5	65.75	72.25
	DS—4	76～84	80	77.25	83.75
	DS—5	84～92	80	85.25	91.75

续表

波段	电视频道	频率范围(MHz)	中心频率(MHz)	图像载波(MHz)	伴音载波(MHz)
Ⅱ波段（增补频道 A_1）	Z—1	111～119	115	112.25	118.75
	Z—2	119～127	123	120.25	126.75
	Z—3	127～135	131	128.25	134.75
	Z—4	135～143	139	136.25	142.75
	Z—5	143～151	147	144.25	150.75
	Z—6	151～159	155	152.25	158.75
	Z—7	159～167	163	160.25	166.75
Ⅲ波段	DS—6	167～175	171	168.25	174.75
	DS—7	175～183	179	176.25	182.75
	DS—8	183～191	187	184.25	190.75
	DS—9	191～199	195	192.25	198.75
	DS—10	199～207	203	200.25	206.75
	DS—11	207～215	211	208.25	214.75
	DS—12	215～223	219	216.25	222.75
A_2波段（增补频道）	Z—8	223～231	227	224.25	230.75
	Z—9	231～239	235	232.25	238.75
	Z—10	239～247	243	240.25	246.75
	Z—12	247～255	251	248.25	254.75
	Z—13	255～263	259	256.25	262.75
	Z—14	263～271	267	264.25	270.75
	Z—15	271～279	275	272.25	278.75
	Z—16	279～287	283	280.25	286.75
	Z—16	287～295	291	280.25	294.75
B波段（增补频道）	Z—17	295～303	299	296.25	302.75
	Z—18	303～311	307	304.25	310.75
	Z—19	311～319	315	312.25	318.75
	Z—20	319～327	323	320.25	326.75
	Z—21	327～335	331	328.25	334.75
	Z—22	335～343	339	336.25	342.75
	Z—23	343～351	347	344.25	350.75
	Z—24	351～359	355	352.25	358.75
	Z—25	359～367	363	360.25	366.75
	Z—26	367～375	371	368.25	374.75
	Z—27	375～383	379	376.25	382.75
	Z—28	383～391	387	384.25	390.75
	Z—29	391～399	395	392.25	398.75
	Z—30	399～407	403	400.25	406.75
	Z—31	407～415	411	408.25	414.75
	Z—32	415～423	419	416.25	422.75
	Z—33	423～431	427	424.25	430.75
	Z—34	431～439	435	432.25	438.75
	Z—35	439～447	443	440.25	446.75
	Z—36	447～455	451	448.25	454.75
	Z—37	455～463	459	456.25	462.75
Ⅳ波段	DS—13	470～478	474	471.25	477.75
	DS—14	478～486	482	479.25	485.75
	DS—15	486～494	490	487.25	493.75
	DS—16	494～502	498	495.25	501.75
	DS—17	502～510	506	503.25	509.75
	DS—18	510～518	514	511.25	517.75
	DS—19	518～526	522	519.25	525.75
	DS—20	526～534	530	527.25	533.75
	DS—21	534～542	538	535.25	541.75
	DS—22	542～550	546	543.25	549.75
	DS—23	550～558	554	561.25	557.75
	DS—24	558～566	562	559.25	565.75

续表

波段	电视频道	频率范围 (MHz)	中心频率 (MHz)	图像载波 (MHz)	伴音载波 (MHz)
Ⅴ波段	DS—25	604～612	608	605.25	611.75
	DS—26	612～620	616	613.25	619.75
	DS—27	620～628	624	621.25	627.75
	DS—28	628～636	632	629.25	635.75
	DS—29	636～644	640	637.25	643.75
	DS—30	644～652	648	645.25	651.75
	DS—31	652～660	656	653.25	659.75
	DS—32	660～668	664	661.25	667.75
	DS—33	668～676	672	669.25	675.75
	DS—34	676～684	680	677.25	683.75
	DS—35	684～692	688	685.25	691.75
	DS—36	692～700	696	693.25	699.75
	DS—37	700～708	704	701.25	707.75
	DS—38	708～716	712	709.25	715.75

(1) 目前我国电视广播采用Ⅰ、Ⅲ、Ⅳ、Ⅴ四个波段，Ⅰ、Ⅲ波段为 VHF 频段（1～12 频道），Ⅳ、Ⅴ波段为 UHF 频段（13～68 频道）。

(2) Ⅰ与Ⅲ波段之间和Ⅲ与Ⅳ波段之间为增补频道 *A*、*B* 波段，这是因为 CATV 节目不断增加和服务范围不断扩大而开辟的新频道。

(3) 每个频道之间的间隔为 8MHz。

(4) 在Ⅰ波段与 *A* 波段（增补频道）之间空出的 88～171MHz 频道划归调频（FM）广播、通信等使用，有时称Ⅱ波段。其中 87～108MHz 为 FM 广播频段。

2. CATV 波段的划分（表 6-3）

5～1000MHz 上行、下行波段划分表（GY/T 106—1999）　　表 6-3

序号	波段名称	标准频率分割范围(MHz)	使用业务内容
1	R	5～65	上行业务
2	X	65～87	过渡带
3	FM	87～108	调频广播
4	A	110～1000	模拟电视、数字电视、数据通信业务

二、CATV 系统性能参数

1. CATV 系统下行传输主要技术参数见表 6-4。

2. 双向传输网络

(1) 上行传输通道主要技术要求见表 6-5。

(2) 上行信道频率配置见表 6-6。

(3) 有线电视网络目前已广泛采用光纤、同轴电缆混合（HFC）网络结构。根据社会信息化发展的需求，升级为双向交互网的 HFC 网络可以开展多种数据业务。为此国家广播电影电视总局发布了《HFC 网络上行传输物理通道技术规范》GY/T 180—2001。规定了上行传输信道的技术要求。而上行信道的频率配置只作为使用的建议。

CATV 系统下行传输主要技术参数　　表 6-4

序号	项　目		电 视 广 播	调 频 广 播
1	系统输出口电平(dBμV)		60～80	47～70 (单声道或立体声)
2	系统输出口频道间载波电平差	任意频道间(dB)	≤10　≤8(任意 60MHz 内)	≤8(VHF)
		相邻频道间(dB)	≤3	≤6(任意 60MHz 内)
		伴音对图像(dB)	−17±3(邻频传输系统) −7～−20(其他)	—

续表

序号	项　　目		电 视 广 播	调 频 广 播
3	频道内幅度/频率特性(dB)		任意频道幅度变化范围为2(以载频加1.5MHz为基准)，在任何0.5MHz频率范围内，幅度变化不大于0.5	任何频道内幅度变化不大于2，在载频的75kHz频率范围内变化斜率每10kHz不大于0.2
4	载噪比(dB)		≥43(B=5.75MHz)	≥41(单声道) ≥51(立体声)
5	载波互调比(dB)		≥57(对电视频道的单频干扰)≥54(电视频道内单频互调干扰)	≥60 (频道内单频干扰)
6	载波复合三次差拍比(dB)		≥54	—
7	交扰调制比(dB)		≥46±10log(N−1)式中N为电视频道数	—
8	载波交流声比(%)		≤3	—
9	载波复合二次差拍比(dB)		≥54	—
10	色/亮度时延差(ns)		≤100	—
11	回波值(%)		≤7	—
12	微分增益(%)		≤10	—
13	微分相应(度)		≤10	—
14	频率稳定度	频道频率(kHz)	±25	±10(24小时内) ±20(长时间内)
		图像伴音频率间隔(kHz)	±5	—
15	系统输出口相互隔离度(dB)		≥30(VHF) ≥22(其他)	—
16	特性阻抗(Ω)		75	75
17	相邻频道间隔		8MHz	≥400kHz
18	辐射与干扰	寄生辐射	待定	—
		电视中频干扰(dB)	<−10° (相对于最低电视信号)	—
		抗扰度(dB)	待定	—
		其他干扰	按相应国家标准	—

注：在任何系统输出口，电视接收机中频范围内的任何信号电平应比最低的VHF电视信号电平低10dB以上，不高于最低的UHF电视信号电平。

上行传输通道主要技术要求　　**表6-5**

序　　号	项　　目	技 术 指 标	备　　注
1	标称系统特性阻抗(Ω)	75	—
2	上行通道频率范围(MHz)	5～65	基本信道
3	标称上行端口输入电平(dBμV)	100	此电平为设计标称值，并非设备实际工作电平
4	上行传输路由增益差(dB)	≤10	服务区内任意用户端口上行
5	上行通道频率响应(dB)	≤10	7.4MHz～61.8MHz
		≤1.5	7.4MHz～61.8MHz任意3.2MHz范围内
6	上行最大过载电平(dBμV)	≥112	三路载波输入，当二次或三次非线性产物为−40dB时测量
7	载波/汇集噪声比(dB)	≥20(Ra波段) ≥26(Rb、Rc波段)	电磁环境最恶劣的时间段测量。一般为18：00～22：00；注入上行载波电平为100dBμV；波段划分见表16.11.1-4
8	上行通道传输延时(μs)	≤800	—

续表

序　号	项　目	技术指标	备　注
9	回波值(%)	≤10	—
10	上行通道群延时(ns)	≤300	任意3.2MHz范围内
11	信号交流调制比(%)	≤7	—
12	用户电视端口噪声抑制能力(dB)	≥40	—
13	通道串扰抑制比(dB)	≥54	—

上行信道频率配置　　**表 6-6**

波段	上行信道	频率范围(MHz)	中心频率(MHz)	备注
Ra	R1	5.0～7.4	6.2	上行窄带数据信道区，实际配置时可细分。尽可能避开窄带强干扰(如短波电台干扰等)。 在5MHz～8MHz左右，群延时可能较大。 若本频段干扰较低，也可选择作为宽带数据信道使用。 实际配置时也可将每个信道划分为2～16个子信道
	R2	7.4～10.6	9	
	R3	10.6～13.8	12.2	
	R4	13.8～17.0	15.4	
	R5	17.0～20.2	18.6	
Rb	R6	20.2～23.4	21.8	上行宽带数据区，也可将每个信息划分为2～16个子信道供较低数据调制率时使用
	R7	23.4～26.6	25	
	R8	26.6～29.8	28.2	
	R9	29.8～33.0	31.4	
	R10	33.0～36.2	34.6	
	R11	36.2～39.4	37.8	
	R12	39.4～42.6	41	
	R13	42.6～45.8	44.2	
	R14	45.8～49.0	47.4	
	R15	49.0～52.2	50.6	
	R16	52.2～55.4	53.8	
	R17	55.4～58.6	57	
Rc	R18	58.6～61.8	60.2	上行窄带数据区，该区在实际配置时可细分。 62MHz～65MHz群延时可能较大
	R19	61.8～65.0	63.4	

(4) 有线电视系统光缆—电缆混合(HFC)网络双向传输网络设计的原则如下：

① 光纤节点FTTF到小区

分配节点后放大器的级连3～5级，覆盖用户500～2000户。

② 光纤节点到路边FTTC

分配节点后放大器的级连1～2级，覆盖用户500户以下，是有线电视传输宽带综合业务网的主要形式。

③ 光纤节点到楼FTTB

直接用光接收机输出RF信号电平，直带几十个用户。为无放大器系统。

3. 有线电视系统总技术指标(表6-7)

有线电视系统总技术指标　　**表 6-7**

有线电视系统运行总技术指标	载噪比CNR 44dB	组合三次差拍比CTB 56dB	组合二次差拍比CSO 55dB
	载噪比CNR 43dB	组合三次差拍比CTB 54dB	组合二次差拍比CSO 54dB

4. 有线电视子系统设计技术指标分配(表6-8)。

有线电视子系统设计技术指标分配　　**表 6-8**

项目 \ 类别		前端子系统		光纤系统子系统		电缆传输分配网子系统	
		分配值	设计值	分配值	设计值	分配值	设计值
A	CNR	1%	64	49%	47.1	50%	47
	CTBR	5%	82	55%	61.2	40%	64
	CSOR	10%	65	50%	58	40%	59

续表

项目＼类别		前端子系统		光纤系统子系统		电缆传输分配网子系统	
		分配值	设计值	分配值	设计值	分配值	设计值
B	CNR	2.5%	60	50%	61.2	47.5%	47.2
	CTBR	10%	76	50%	62	40%	64
	CSOR	10%	65	50%	58	40%	59
C	CNR	6%	56	50%	47	44%	46.8
	CTBR	20%	70	40%	64	40%	64
	CSOR	20%	62	40%	59	40%	59
D	CNR	16%	52	50%	47	34%	48.7
	CTBR	20%	70	40%	64	40%	64
	CSOR	20%	62	40%	59	40%	59

注：表中A、B、C、D的分类：A—10000户以上；B—2000户以上；C—300户以上；D—300户以下。

5. 系统输出口电平设计值宜符合下列要求：

(1) 非邻频系统可取 (70±5)dBμV；

(2) 采用邻频传输的系统可取 (64±4)dBμV。

(3) 系统输出口频道间的电平差的设计值不应大于表6-9的规定。

系统输出口频道间电平差（单位：dB）　　**表6-9**

频　道	频　段	系统输出口电平差
任意频道	超高频段	13
	甚高频段	10
	甚高频段中任意60MHz内	6
	超高频段中任意100MHz内	7
相邻频道		2

第三节　电视接收天线与卫星天线

一、电视接收天线

1. 种类：分电视接收天线（多采用八木天线，见图6-8）和卫星电视天线（多采用抛物面天线，见后述）。

表6-10列出CATV的八木天线特性要求。

CATV共用天线的特性要求　　**表6-10**

种类		频　道	增益(dB)	驻波比	半功率角(度)	前后比(dB)
频　带	振子数					
VHF宽频段	3	1～5 6～12	2.5～5	2.0以上	70以下	9以上
	5	1～5 6～12	3～7	2.0以下	65以下	10以上
	8	6～12	4～8	2.0以下	55以下	10以上
VHF单频道专用	3	低频道	5以上	2.0以下	70以下	9.5以上
	5	低频道	6以上	2.0以下	65以下	10.5以上
	8	高频道	9.5以上	2.0以下	55以下	12以上
UHF低频道	20以上	13～24	12以上	2.0以下	45以下	15
UHF高频道	20以上	25～68	12以上	2.0以下	45以下	15

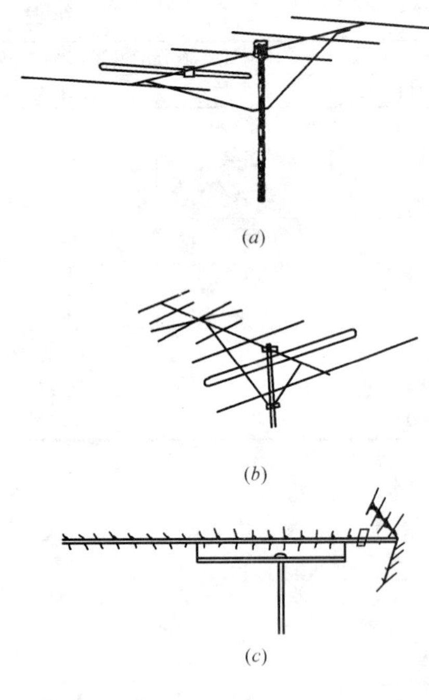

图 6-8　三种八木接收天线
(a) VHF 频道天线；(b) 宽频带天线；(c) UHF 频道天线

2. 接收天线的选择应符合下列规定：

(1) 当接收 VHF 段信号时，应采用频道天线，其频带宽度为 8MHz。

(2) 当接收 UHF 段信号时，应采用频段天线，其带宽应满足系统的设计要求。接收天线各频道信号的技术参数应满足系统前端对输入信号的质量要求。

(3) 接收天线的最小输出电平可按公式 (6-1) 计算，当不满足公式 (6-1) 要求时，应采用高增益天线或加装低噪声天线放大器：

$$S_{\min} \geqslant (C/N)_{\mathrm{h}} + F_h + 2.4 \qquad (6\text{-}1)$$

式中　$S_{\min}$——接收天线的最小输出电平 (dB)；

F_h——前端的噪声系数 (dB)；

$(C/N)_{\mathrm{h}}$——天线输出端的载噪比 (dB)；

2.4——PAL-D 制式的热噪声电平 (dBμV)。

(4) 当某频道的接收信号场强大于或等于 100dBμV/m 时，应加装频道转换器或解调器、调制器。

(5) 接收信号的场强较弱或环境反射波复杂，使用普通天线无法保证前端对输入信号的质量要求时，可采用高增益天线、抗重影天线、组合天线 (阵) 等特殊形式的天线。

3. 当采用宽频带组合天线时，天线输出端或天线放大器输出端应设置分频器或接收的电视频道的带通滤波器。

4. 接收天线的设置应符合下列规定：

(1) 宜避开或远离干扰源，接收地点场强宜大于 54dBμV/m，天线至前端的馈线应采用聚乙烯外护套、铝管或四屏蔽外导体的同轴电缆，其长度不宜大于 30m。

(2) 天线与发射台之间，不应有遮挡物和可能的信号反射，并宜远离电气化铁路及高压电力线等。天线与机动车道的距离不宜小于 20m。

(3) 天线宜架设在较高处，天线与铁塔平台、承载建筑物顶面等导电平面的垂直距离，不应小于天线的工作波长。

二、电视接收天线的架设

(一) 天线架设位置的选择

正确选择接收天线的架设位置，是使系统取得一定的信号电平及良好信噪比的关键。在实际工作过程中，首先应对当地接收情况有所了解，可用带图像的场强计如 APM-741FM (用 LFC 型或同类型场强计亦可) 进行信号场强测量及图像信号分析，以信号电平及接收图像信号质量最佳处为接收天线安装位置，并将天线方向固定在最高场强方向上，完成初安装、调试工作。有时由于接收环境比较恶劣，要接收的某频道信号存在重影、干扰及场强较低的情况，此时应在一定范围内实际选点，以求最佳接收效果，选择该频道天线的最佳安装位置。在具体选择天线安装位置时，主要应注意如下几点：

(1) 天线与发射台之间不要有高山、高楼等障碍物，以免造成绕射损失。

(2) 天线可架设在山顶或高大建筑物上，以提高天线的实际高度，也有利于避开干扰源。

(3) 要保证接收地点有足够的场强和良好的信噪比，要细致了解周围环境，避开干扰源。接收地点的场强应该大于 46dBμV，信噪比要大于 40dB。

(4) 尽量缩小馈线长度，避免拐弯，以减少信号损失。

（5）天线位置（一般也就是机房位置）应尽量选在本 CATV 系统的中心位置，以方便信号的传输。

独立杆塔接收天线的最佳绝对高度 h_j 为

$$h_j=\frac{\lambda \cdot d}{4h_1} \quad (\mathrm{m}) \tag{6-2}$$

式中　λ——天线接收频道中心频率的波长（m）；

d——天线杆塔至电视发射塔间的距离（m）；

h_1——电视发射塔的绝对高度（m）。

（二）天线基座和竖杆的安装

天线的固定底座有两种形式：一种由 12mm 和 6mm 厚钢板做肋板，同天线竖杆装配焊接而成；另一种是钢板和槽钢焊接成底座，天线竖杆与底座用螺栓紧固，如图 6-9 所示。

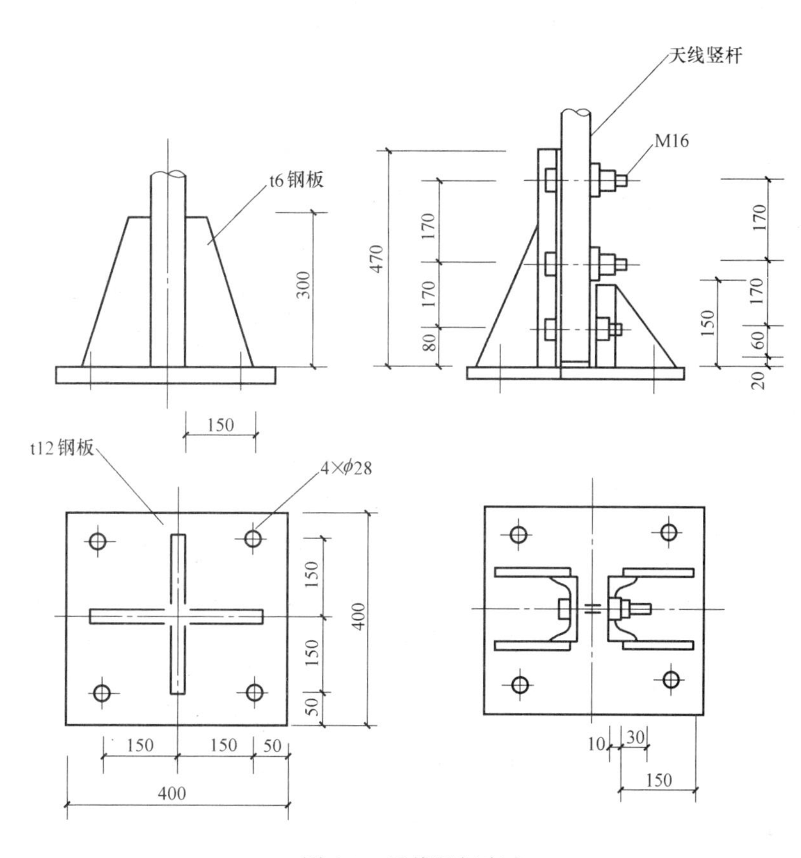

图 6-9　天线竖杆底座

天线竖杆底座是用地脚螺栓固定在底座下的混凝土基座上。在土建工程浇注混凝土屋面时，应在事先选好的天线位置浇注混凝土基座，在浇注基座的同时应在天线基座边沿适当位置上预埋几根电缆导入管（装几副天线就预埋几根），导入管上端应处理成防水弯或者使用防水弯头，并将暗设接地圆钢敷设好一同埋入基座内，如图 6-10 所示。

在浇灌水泥底座的同时，应在距底座中心 2m 的半径上每隔 120°处预埋 3 个拉耳环（地锚），以便紧固钢线拉绳用。为避免钢丝拉绳对天线接收性能的影响，每隔小于 1/4 最高接收频道的波长处串入一个绝缘子（即拉绳瓷绝缘子）以绝缘。拉绳与拉耳环（地锚）之间用花篮螺丝连接，并用它来调节拉绳的松紧。拉绳与竖杆的角度一般在 30°～45°。此外，在水泥底座沿适当距离预埋若干防水型弯管，以便穿进接收天线的引入电缆，如图 6-11 所示。

当接收信号源多，且不在同一方向上时，则需采用多副接收天线。根据接收点环境条件等，接收天线可同杆安装或多杆安装。为了合理架设天线，应注意以下事项：

（1）竖杆选择与架设注意事项：

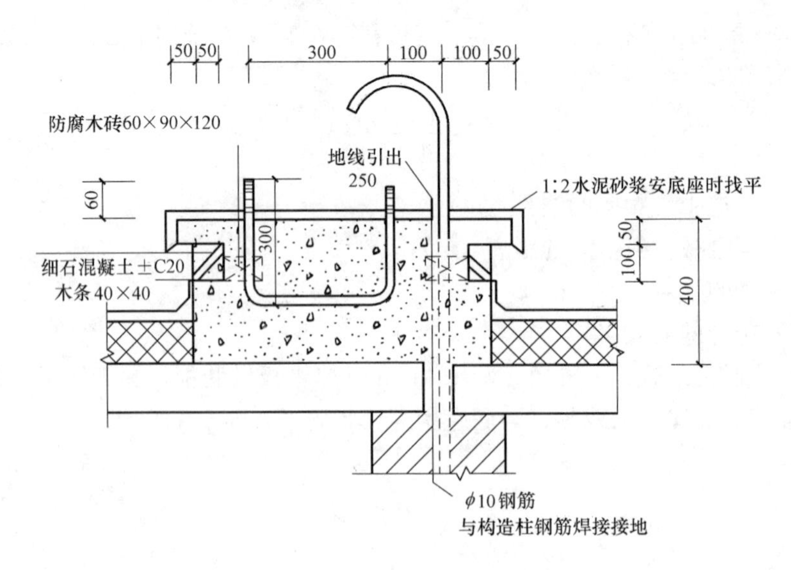

图 6-10　底座式天线基座安装图

① 一般情况下，竖杆可选钢管。其机械强度应符合天线承重及负荷要求，以免遇强风时发生事故。

② 避雷针（有关天线避雷要求参见后述第四节之四）与金属竖杆之间用电焊焊牢，焊点应光滑、无孔、无毛刺，并做防锈处理。避雷针可选用 ϕ20mm 的镀锌圆钢，长度不少于 2.5m，竖杆的焊接长度为圆钢直径的 10 倍以上。

③ 竖杆全长不超过 15m 时，埋设深度取全长的 1/6；当其超过 15m 时，埋设深度取 2.5m。若遇土质松软时，可用混凝土墩加固。

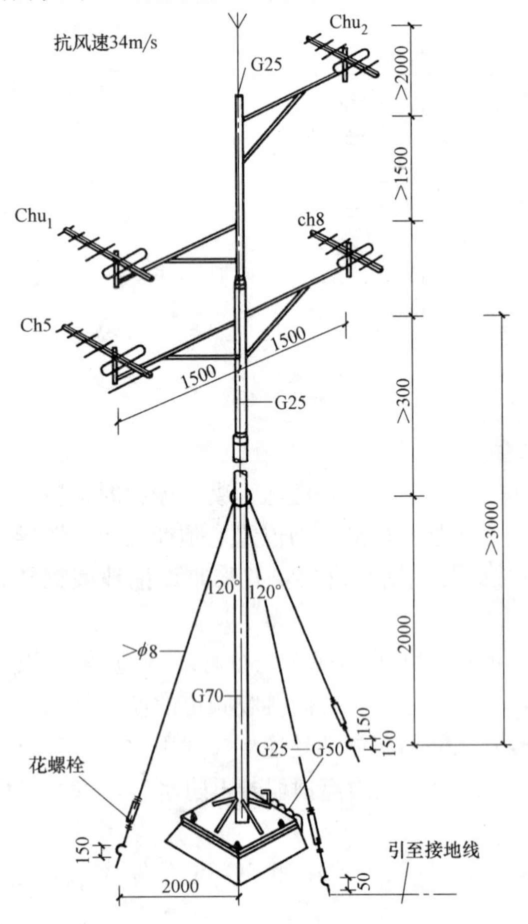

图 6-11　同杆多副天线架设示意图

④ 竖杆底部用 ϕ10mm 钢筋或 25mm×4mm 扁钢与防雷地线焊牢。

⑤ 在最低层天线位置下面约 30cm 处，焊装 3 个拉线耳环。拉线应采用直径大于 6mm 的多股钢绞线，并以绝缘子分段，最下面可用花篮螺栓与地锚连接并紧固。三根拉线互成 120°，与立杆之间的夹角在 30°～45°之间。天线较高需二层拉线时，上层拉线不应穿越天线的主接收面，不能位于接收信号的传播路径上，二层天线一般共有同一地锚。

(2) 天线与屋顶（或地面）表面平行安装，最低层天线与基础平面的最小垂直距离不小于天线的最长工作波长，一般为 3.5～4.5m，否则会因地面对电磁波的反射，使接收信号产生严重的重影等。

(3) 多杆架设时，同一方向的两杆天线支架横向间距应在 5m 以上，或前后间距应在 10m 以上。

(4) 接收不同信号的两副天线叠层架设，两天线间的垂直距离应大于或等于半个工作波长；在同一横杆上架设，两天线的横向间距也应大于或等于半个工作波长，如图 6-12 所示。

(5) 多副天线同杆架设，一般将高频道天线架设在上层，低频道天线架设在下层。同杆多副天线架设的示例可参阅图 6-11。

三、卫星电视广播的频率分配

卫星电视广播系统由上行发射站、星体和接收站三大部分组成。上行发射站是将电视中心的节目送往广播电视卫星，同时接收卫星转发的广播电视信号，以监视节目质星。星体是卫星电视广播的核心，它对地面是相对静止的，卫星上的星载设备包括天线、太阳能电源、控制系统和转发器。转发器的作用是把上行信号经过频率变换及放大后，由定向天线向地面发射，以供地面的接收站接收卫星信号。然后接收到的卫星电视信号进入闭路电视（CATV）传输到用户的示意图见图 6-13 的（A）～(I)。

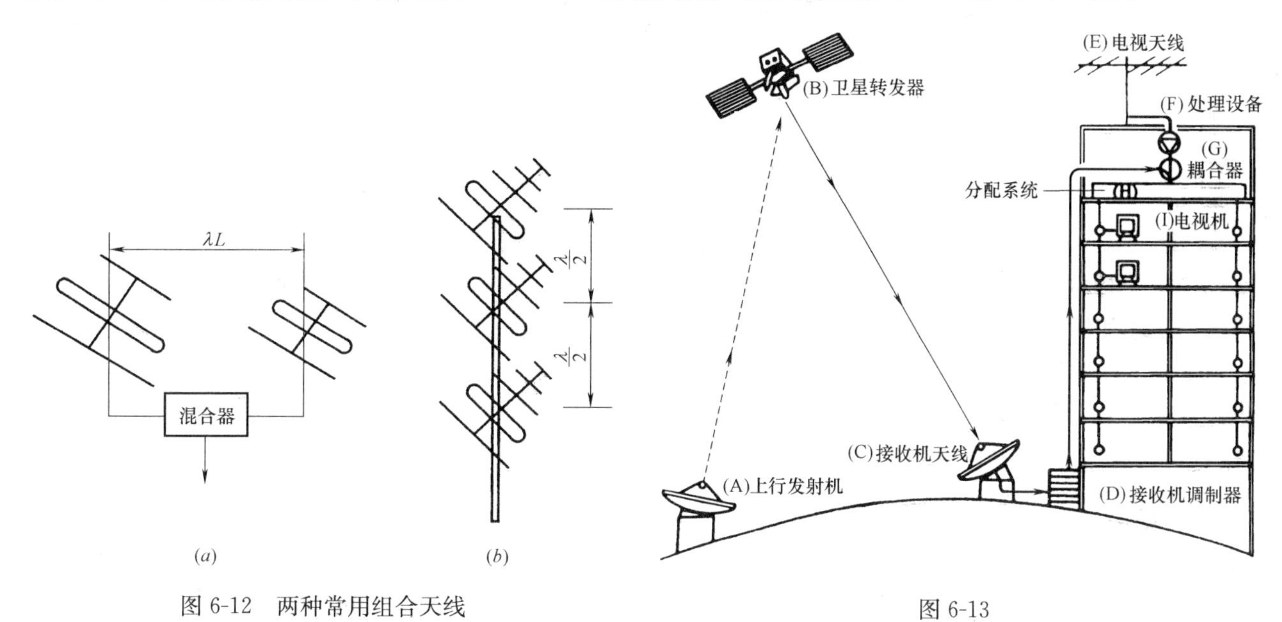

图 6-12 两种常用组合天线

图 6-13

我国目前卫星电视接收多在 C 波段，其频率覆盖为 3.7～4.2GHz，C 波段通信卫星传输电视频率分配如表 6-11 所示。

C 波段电视频道划分 **表 6-11**

频道	1	2	3	4	5	6	7	8	9	10	11	12
频率 (MHz)	3727.48	3746.66	3765.84	3785.04	3804.20	3823.38	3842.56	3861.74	3880.92	3900.10	3919.28	3938.46
频道	13	14	15	16	17	18	19	20	21	22	23	24
频率 (MHz)	3957.64	3976.82	3996.00	4015.18	4034.36	4053.54	4072.72	4091.90	4111.08	4130.26	4149.44	4168.62

根据 WARC1979 年规定，12GHz 即 Ku 波段为我国广播卫星主发射站的上行频率，欧洲为 10.7～11.7GHz，其他地区为 14.5～14.8GHz，另外还规定 7.3～18.1GHz 为全世界通用。表 6-12 为 Ku 波段电视频道分配表。

Ku 波段电视频道的划分 **表 6-12**

频道	1	2	3	4	5	6	7	8	9	10	11	12
频率 (MHz)	11727.48	11746.46	11765.84	11789.02	11804.20	11823.38	11842.56	11861.74	11880.92	11900.10	11919.28	11938.46
频道	13	14	15	16	17	18	19	20	21	22	23	24
频率 (MHz)	11957.64	11976.82	11996.00	12015.18	12035.36	12053.54	12072.72	12091.90	12110.08	12130.26	12149.44	12186.62

四、卫星电视接收系统的组成

卫星电视接收系统通常由接收天线、高频头和卫星接收机三大部分组成，如图 6-14 所示。接收天

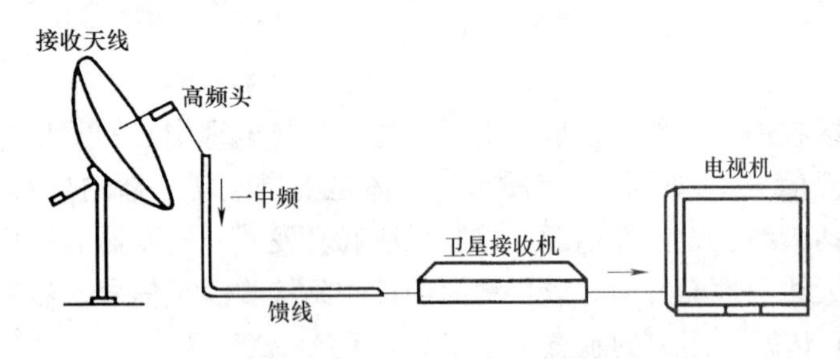

图 6-14　卫星电视直接接收系统的组成

线与天线馈源相连的高频头，通常放置在室外，所以又合称为室外单元设备。卫星接收机一般是放置在室内，与电视机相接，所以又称为室内单元设备。室外单元设备与室内单元设备之间通过一根同轴电缆相连，将接收的信号由室外单元送给室内单元设备即接收机。

卫星电视接收，首先是由接收天线收集广播卫星转发的电磁波信号，并由馈源送给高频头；高频头将天线接收的射频信号 f_{RF}（C 频段的频率范围是 3700～4200MHz，Ku 频段的频率范围是 11.7～12.5GHz）经低噪声放大后，变频到固定为 950～1450MHz 或 950～1750MHz 频率的第一中信号 f_{1F1}；一中频信号由同轴电缆送给室内单元的接收机，接收机从宽带的一中频信号（$B=$500MHz 或 $B=$800MHz）中选出所需接收的某一固定的电视调频载波（带宽的通常为 27MHz），再变频至解调前的固定第二中频频率（通常为 400MHz）上，由门限扩展解调器解调出复合基带信号，最后经视频处理和伴音解调电路输出图像和伴音信号。

卫星电视的接收，按接收设备的组成形式分为家庭用的个体接收和 CATV 用的集体接收（图 6-15）两种方式。家用个体接收方式一般为一碟（天线）一机，比较简单。用户电视机与接收电视信号的制式相同，或者使用了多制式电视机，则不必加制式转换器；若用户电视机制式与接收电视节目制式不同，可在接收机解调出信号之后加上电视制式转换器进行收看。

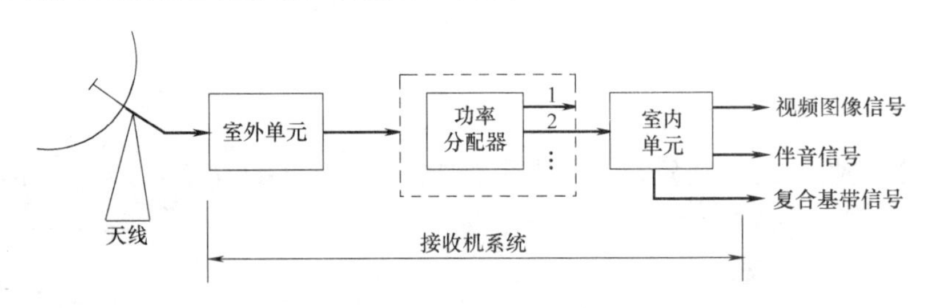

图 6-15　卫星电视接收站设备组成

集体接收和个体接收在设备配置上是有区别的，其主要区别有：

（1）对卫星电视接收的载噪比 C/N 值要求不同

门限值代表卫星接收机的灵敏度，载噪比的门限电平越低，灵敏度越高。卫星接收机系统 C/N 值主要由天线口径和高频头噪声温度决定。

个体接收方式因传输电缆短，损耗小，只用一台卫星接收机，所以 C/N 值刚达到门限值即可用，最新卫星接收机采用锁相环门限扩展解调技术，门限电平已降为 60dB，故采用 1.5m 小天线，噪声温度为 25～28°K 的高频头，接收效果就很好了。

集体接收方式因其用户有数十至上百户，且必须把信号传输到远处，故要求将信号放大、分配和混合等处理，使信号的信噪比减低，因此要求信号源的载噪比 C/N 值高，为此天线口径要采用 3m 以上，并选用 25°K 的高频头。

（2）设备使用条件不同

集体接收方式在接收同一颗卫星上的信号时，一套节目（即一个频道）配一台卫星接收机，调整好后不要轻易改变频道，以便用户的电视机固定预置频道，而且在接收不同卫星时要另外安装天线，几副天线能方便调准不同卫星，一般不再调整。

个体接收方式则希望用一副天线能方便调准不同卫星，所以对天线要求能电动驱动、电子跟踪，对馈源也要求极化可调，且室内要有电子控制调整极化器，使一副天线能达到最大使用效益。

五、卫星接收天线的种类与选用

天线分系统是接收站的前端设备。它的作用是将反射面内收集到的经卫星转发的电磁波聚集到馈源口，形成适合于波导传输的电磁波，然后送给高频头进行处理。

用于卫星电视接收系统的接收站天线，其主要电性能要求宜符合表 6-13 的规定。

C 频段、Ku 频段天线主要电性能要求　　**表 6-13**

技术参数	C 频段要求	Ku 频段要求	天线直径、仰角
接收频段	3.7～4.2GHz	10.9～12.8GHz	C 频段≥ϕ3m
天线增益	40dB	46dB	C 频段≥ϕ3m
天线效率	55%	58%	C、Ku≥ϕ3m
噪声温度	≤48K	≤55K	仰角 20°时
驻波系数	≤1.3	≤1.35	C 频段≥ϕ3m

接收天线，按其馈电方式不同分为三类：前馈式抛物面天线、后馈式卡塞格伦天线和偏馈式抛物面天线。接收天线，按其反射面的构成材料来分，又可分为铝合金的、铸铝的、玻璃钢的、铁皮和铝合金网状四种。目前，铝合金板材加工成反射面的天线，其性能最好，使用寿命也长；铸铝反射天面的天线，尽管成本有所降低，但反射面的光洁度不高，天线效率低，性能要低于铝合金反射面的天线；玻璃钢反射面的天线，成本也低，但反射面的镀层容易脱落，使用寿命不长；铁皮反射面天线，其成本最低，但容易生锈腐蚀，使用寿命最短；铝合金网状天线，其效率均不如前面的板状天线，但由于重量轻、价格低、风阻小及架设容易，较适合于多风、多雨雪等场所采用。

板状天线的反射面，是由合金铝板、玻璃钢喷涂特种涂料等以相同瓜瓣状的数块（如 8 块、12 块、18 块等）拼装起来，或是整块压铸而成的。网状天线的反射面，多采用铝丝编织材料，用密集的辐射梁及加强盘组成。网状天线虽不及板状天线的增益高（因漏场大）、经久耐用、精密度高，但是它具有重量轻、价格低、风阻小及架设容易等优点，因而较多地作为楼顶架设的闭路电视系统，以及在多风、多雨雪等场所采用。各种接收天线的性能比较如表 6-14 和表 6-15 所示。

各种接收天线的性能比较　　**表 6-14**

天线类型		优　点	缺　点
后馈板状		效率高，性能好	成本高，加工安装复杂
前馈板状	铝合金	性能较好，效率高，强度大	成本较高，重量较大
	铸铝	成本低，加工简单	面的光洁度不高，易碎
	玻璃钢	成本低，加工简单，耐酸、碱、盐雾	镀层易脱落，寿命不长
	铁皮	成本最低	易锈，寿命不长
前馈网状		抗风、雨、雪性能好，重量轻	效率低，增益不高

3 种材料的抛物面天线比较　　**表 6-15**

结　构	制作工艺	优　点	缺　点
铝合金板状结构	采用硬铝板或易成型的 LF21-22 防锈铝板在模具中用气压、旋压成型（整体）或拉伸成型（多瓣），然后铆接在支撑径向梁架上，形成抛物面主反射面	强度大、精度高、结实耐用、效率高、组装方便	重量较大，对基座要求高，价格较贵
网状结构	由铝网或不锈钢网在抛物线辐射筋上敷设而成，多用于前馈天线，精度由辐射筋保证。因辐射筋是有间距，加上网面凹凸不平，网面上有能量泄漏损失	重量轻、风阻小、运输安装方便、对基座要求低、价格便宜	效率等指标比实体天线差，耐用性差
玻璃钢结构	在玻璃表面覆盖金属网或喷涂一层 0.5mm 厚铝合金，构成整个抛物面结构形式，也可以做成多瓣式	造价低、适应温度范围大、耐酸碱、耐盐雾、耐潮湿，适用于沿海、岛屿地区	易变形老化

（一）反射面

1. 前馈抛物面天线（图 6-16）

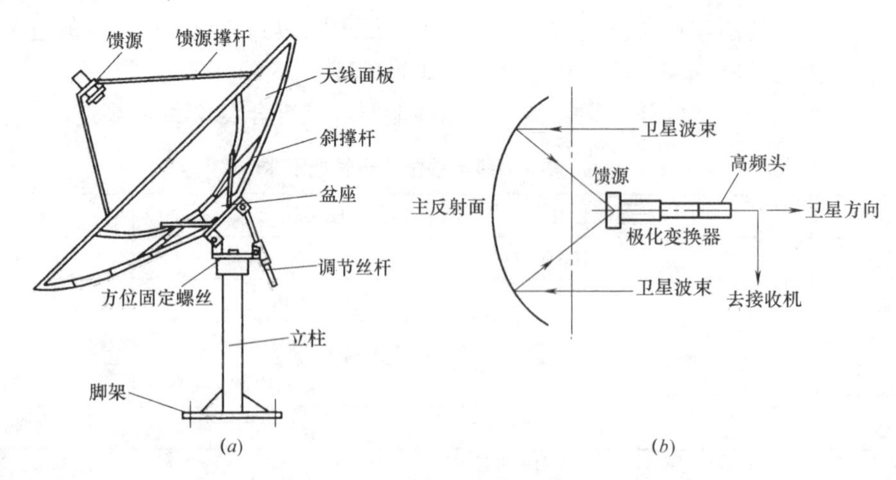

图 6-16　前馈式天线结构示意图

（*a*）结构图；（*b*）剖面图

2. 后馈式抛物面天线（图 6-17）

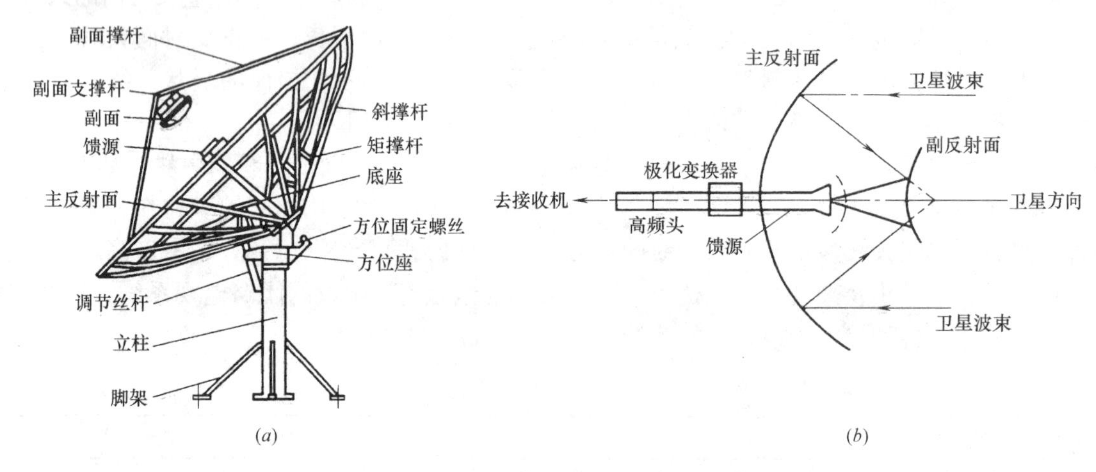

图 6-17　卡氏接收天线结构示意图

（*a*）结构图（后馈线）；（*b*）剖面图

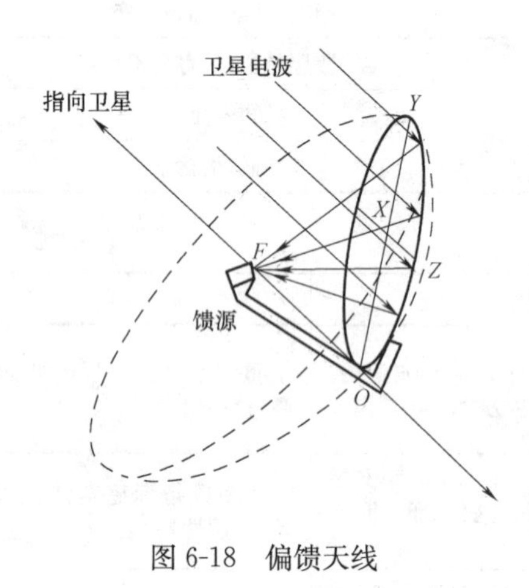

图 6-18　偏馈天线

后馈式抛物面天线效率较高，在要求相同增益的条件下，其口径比前馈式抛物面天线小，对较大型的天线来说，可降低造价。但后馈式抛物面天线结构复杂，加工、安装和调试要求高，如主副反射面交角、同心度、焦距和相位中心至副反射面的距离等。因此在实际的工程中对天线的几何尺寸要做必要的修正。

3. 偏馈式抛物面天线

偏馈式抛物面天线适于小口径场合。口径小于 2m 的卫星电视接收天线，特别是 Ku 波段大功率卫星电视接收天线，多用这种天线。这类天线也有单偏置和双偏置之分。以单偏置为例，其结构如图 6-18 所示。这种天线是由抛物面的一部分截面构成。

偏馈式抛物面天线与前、后馈抛物面天线相比有以下优点：

（1）它能有效地降低口面遮挡的影响，使旁瓣电平比前、后馈两者的都低得多，使天线噪声电平明显降低。

（2）从馈源发出的电波仅一小部分返回馈源，因而反射波不会影响偏置天线，尤其是其阻抗几乎不受反射波影响。因此可获得较佳的驻波系数。

（3）当采用较大的 f/D 设计时，不会影响天线结构的刚性。架设时，反射器与地面近乎垂直，积雪的影响较小。

（4）效率较前、后馈抛物面天线高。普通前馈式的效率只有 50%，后馈式的为 50%～60%，而偏馈式天线可达 70%。偏馈式天线的缺点是存在交叉极化，即与天线极化垂直的有害极化电平较高。另外，结构不对称会使加工成本提高。

4. 卫星天线的选用

（1）天线口径的选择

当天线直径小于 4.5m 时，宜采用前馈式抛物面天线。当天线直径大于或等于 4.5m，且对其效率及信噪比均有较高要求时，宜采用后馈式抛物面天线。当天线直径小于或等于 1.5m 时，特别是 Ku 频段电视接收天线宜采用偏馈式抛物面天线。当天线直径大于或等于 5m 时，宜采用电动跟踪天线。

目前我国 C 波段卫星电视的天线口径主要是 1.5～3m，对于收看大功率的卫星，可选用 1.8m 口径天线。在要求不高时，用户可选 2m 左右天线，Ku 波段为 0.6～1.2m。大家知道，如果高频头噪声温度减小时，相应的天线口径可减小；否则，天线口径将增大，用户可根据价格进行综合考虑。实际上，天线价格占整套系统的一半左右，天线口径尺寸 D 与价格的关系是：价格正比于 $D^{2.5}$ 左右，不同口径天线差价较大，而高频头的噪声温度对价格的影响就相对小得多，所以应尽可能用低噪声温度的高频头，以便减小天线口径，使系统价格下降。另外，还要考虑天线抗风能力、调整的灵活性、锁定装置的精密牢固、馈源的密封特性等问题。

（2）选购天线时，应按“Ku 或 C 波段卫星电视接收地球站天线通用技术条件”中的要求进行选择，还应考虑到生产厂家的产品是否通过技术鉴定和具有认定的专门天线测试机构的测试记录。天线的主要特性参量有以下几种：

① 天线增益（G）和品质因素（Q）：G 表示天线集中辐射的程度，其单位通常用“dB”表示，以 0.6m 口径天线为例，信息产业部标准为：优等 35.6dB，一等 35.2dB，合格 34.8dB。3m 天线增益要大于或等于 39.5dB，系统品质因素 Q 要大于 17.8dB。

我们从天线增益 G 公式得知，天线口径增加一倍，G 增加四倍。另外，G 与 f 成正比，所以 Ku 波段接收天线 G 比 C 波段高。天线增益是天线重要参数，所以我们在接收信号时，尽量增加天线口径，最好选用 Ku 波段接收。

② 天线的方向性与旁瓣特性：天线的方向性用半功率角表示。它是天线方向图中主瓣上功率值下降一半时所对应的角度。增益高，波束就窄，半功率角就小。标准要求：天线广角旁瓣峰值 90% 应满足给定的包络线；第一副瓣电平应不大于 −14dB（优等和一等值）。不同口径无线的技术参数如表 6-16。

③ 电压驻波比（$VSWR$）：标准要求：优等 1.25∶1，合格 <1.3∶1。

④ 天线效率（η）：天线效率为有效面积/抛物面天线外径所包含的面积之比。也可定义为开口面积中捕获电波能量的有效部分。标准要求：优等 65%，一等 60%，合格 55%。

实体天线的效率 η 比网状高 50%，天线的 η 与天线精度和材质有关，精度高，材质优良，η 也高。

⑤ 天线噪声温度（T）：要求：优等 >35dB，一等 >30dB，合格 >25dB。

（3）应考虑安装调试是否方便，安装时应有能正确地指导用户使用俯仰座上的刻度对星。

（4）应考虑工艺水平和造型。一般采用模具成型技术生产的天线，可保证反射面的机械加工精度，手工作坊生产的天线则难以保证精度要求。

（5）应考虑结构设计是否合理。一个好的系统结构设计，能通过机械定位装置保证天线的焦点与馈源的相位中心相重合，并保证天线的指向精度，从而满足天线系统的总精度。此外，还应考虑结构是否坚实、牢固。

（6）由于天线都安装在室外，容易受到大气腐蚀，因此还应考虑天线的防腐性能处理。

不同口径天线的技术参数　　　　**表 6-16**

天线口径（m）	频率范围（GHz）	增益（dB）	驻波比	第一旁瓣（dB）	焦距（mm）	俯仰调整	方位调整	使用环境（℃）	抗风	重量（kg）
1.8	3.7～4.2	35.5	1.2	−12	720	0°～90°	360°	−30～50	8 级工作正常，10 级保精度，12 级不破坏	80
2.4	3.7～4.2	37.8	1.2	−12	960	0°～90°	360°	−30～50		95
3	3.7～4.2	40	1.2	≤−12	1125	0°～90°	360°	−30～50		180
3.2	3.7～4.2	40.5	1.2	≤−12	1125	0°～90°	360°	−30～50		195
3.5	3.7～4.2	41.5	1.16	−12	前 1130 后 1185	0°～90°	360°	−30～50		250
4.5	3.7～4.2	43.5	1.16	−13	前 1800 后 1630	0°～90	360°	−30～50		480
6	3.7～4.2	47	1.16	−13	前 2100 后 1906	0°～90°	360°	−30～50		1500
7.6	3.7～4.2	57	≤1.25	−14	后 2000	0°～90°	电动±80°	−30～50		2200

（7）天线种类的选用：网状天线增益比实体低 0.5～1dB，玻璃钢天线增益同实体差不多，这两种天线价格都较实体便宜，特别是网状天线，几乎较实体便宜一半。选择时，应根据各种天线特点和所在地环境等因素考虑，如要经济一些可选用网状或玻璃钢天线；沿海和风力较大的山区，可选用结构强度较好的网状天线；沿海、岛屿和多雨地区可选用玻璃钢天线。而对要求收看质量高、经济条件又较好的可选用实体天线，在大中城市、工业区集中的地方，因空气污染严重，从延长寿命考虑可选用实体板状天线。

（二）馈源喇叭（馈源扬声器）

馈源是天馈系统的心脏。馈源的作用是将被天线拓射面收集聚集的电磁波转换为适合于波导传输的某种单一模式的电磁波。由于馈源形如喇叭，又称为馈源喇叭（馈源扬声器）。馈源喇叭本身具有辐射相位中心。当其相位中心与天线反射面焦点重合，方能使接收信号的功率全部转换到天线负载上去。

天线常用的馈源盘形式有角锥扬声器、圆锥扬声器、开口波导和波纹扬声器等。前馈馈源常采用波纹扬声器，又称波纹盘；后馈馈源常用介质加载型扬声器，它是在普通圆锥扬声器里面加上一段聚四氟乙烯衬套构成的。

现给出一体化三环型馈源的结构示意图（图 6-19）及一体化单环形槽馈源结构剖面图（图 6-20）。图中波导口应加装塑料密封盖（或密封套），这样可防止脏物、昆虫等进入波导内，否则会出现图像信号弱、噪点严重、伴音小、噪声大等现象。图中圆矩形波导变换器又称过渡波导。

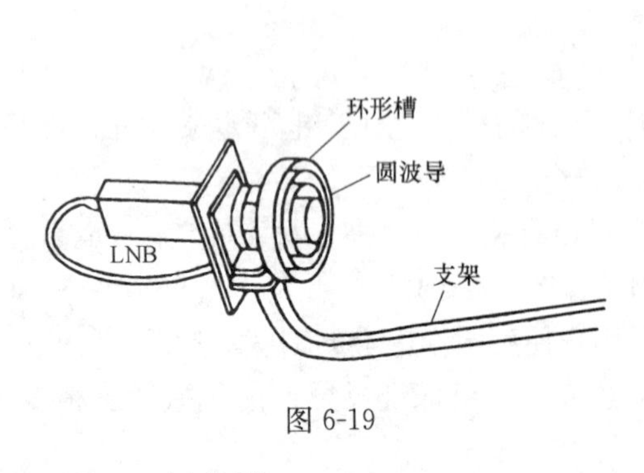

图 6-19

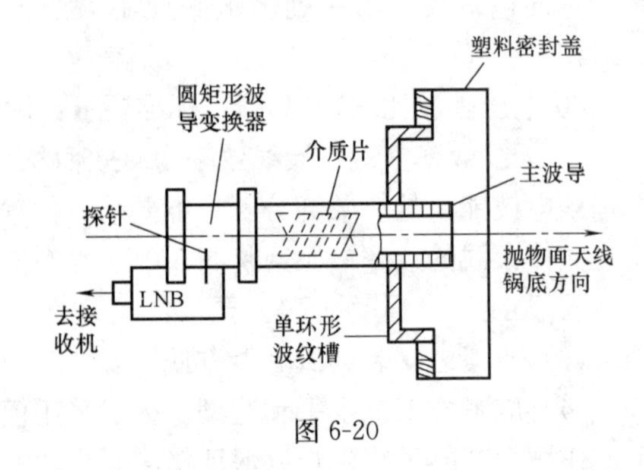

图 6-20

（三）极化器

现代卫星电视为了扩大传输容量，采用两个不同方式的极化波相互隔离的特性来传送不同的节目，即频率复用。在馈源系统中，采用极化器的目的就是为了实现双极化接收。极化器采用90°移相器作为控制馈源系统的极化方向，选择与卫星电视信号一致的极化波，抑制其他形式的极化波，以获得极化匹配，实现最佳接收。

常用的双极化馈源有两种类型，一种是馈源的两个法兰盘位于同一个平面上，而另一种是馈源的两个法兰盘位于相互垂直的平面上。此外还有将C、Ku波段双极化馈源安装在一起的组合式馈源。

我国自己发射的卫星，均接收水平（H）或垂直（V）线极化波。收垂直极化波时，使接收天线的矩形波导的窄边垂直于水平面；当接收水平极化波时，使接收天线的矩形波导窄边平行于水平面，但在实际收视中还应微微转动矩形波导，即调节极化角 ρ，直至接收机电平指示最大，这时就达到极化匹配的目的。

（四）高频头的选购

高频头一定要选用噪声温度低（C频段20～30°K，Ku频段0.7～0.9dB）、本振相位噪声小、本振频率稳定度高、动态增益大（约65dB）的高频头，尤其在接收卫星数字信号时，高频头的本振相位噪声和本振频率稳定度大小对接收信号质量是至关重要的。用于数字压缩卫星接收系统的高频头要求本振相位噪声小于－65dBc/Hz（在1kHz处），本振频率稳定度小于±500kHz。选购时应按我国标准的技术要求选用（表6-17）。

C频段、Ku频段高频头主要技术参数　　**表6-17**

技术参数	C频段要求	Ku频段要求	备　注
工作频段	3.7～4.2GHz	11.7～12.2GHz	可扩展
输出频率范围	950～2150MHz		—
功率增益	≥60dB	≥50dB	—
振幅/频率特性	≤3.5dB	±3dB	带宽500MHz
噪声温度	≤18K	≤20K	－25～25℃
镜像干扰抑制比	≥50dB	≥40dB	—
输出口回波损耗	≥10dB	≥10dB	—

此外，使用一体化馈源高频头最好选用双线极化馈源高频头，这样卫星下行的两种极化波可以在IRD上通过极化电控切换来选择所需的垂直或水平极化波。

（五）室内单元（卫星接收机）的选择

（1）室内单元和室外单元应注意配套购买，避免发生接口电平、阻抗、连接电缆、室外单元供电、第一中频覆盖范围和本振频率高低的要求不符等问题，并需注意主要指标，例如噪声温度 T_E，高、中频和视频带宽，DG、DP失真等。

（2）购买进口卫星电视接收机时，必须注意频段、制式、接口电平、中频频率、电缆阻抗和电源供电等是否符合要求，如有不符，有的就不能使用，有的须对有关部分进行改机及检验，使其符合要求后才能使用。

（3）卫星电视接收宜采用两次变频方式，以便其用一副天线和一套室外单元，同时接收卫星下发同频段内多套电视节目。

（4）必须选购具有门限扩展解调器的接收机，以降低门限电平，在 C/N 值不高的情况下，使其具有一定的门限储备余量，以获得稳定和较高的图像质量。

（5）关于选购卫星数字电视接收机IRD，其各项技术要求必须符合国家广电行业标准GY/T 148—2000《卫星数字电视接收机技术要求》。要求门限值越小越好。

第四节　卫星天线的安装

一、站址选择

卫星地面站站址选择关系到接收卫星电视信号的质量、基建投资以及维护管理是否方便等。站址的选择要考虑诸多因素，如地理位置、视野范围、电磁干扰、地质和气象条件等，有时还要进行实地勘察和收测，最后选定最佳站址。其主要考虑有：

（1）计算接收天线的仰角和方位角

根据站址的地理经度、纬度及欲收卫星轨道的经度，可采用图表法或计算公式计算出站址处接收天线的方位角和仰角，观察接收前方（正南方向东西范围）视野是否开阔，应无任何阻挡。

（2）要避开微波线路、高压输电线路、飞机场、雷达站等干扰源

一般用微波干扰场强测试仪来测站址处有否微波杂波干扰。当接收机灵敏度为－60dBm时，如干扰电平小于－35dBm，则不会对图像信号造成干扰。

（3）卫星电视接收站以尽可能与CATV前端合建在一起为宜。这样既节约基建费用，亦便于操作和管理。室内单元可置于机房内，接收天线的架设地点距室内单元一般以小于30m、衰减不超过12dB为宜。但当采用6m天线、$G \geqslant 60$dB的高增益高频头时，可用小于50m长度的电缆；如采用3m天线、$G=54$dB左右高频头，则电缆长度应小于20m。如因场地、干扰等某种原因，需要把天线架设在离室内单元较远之处时，它们之间的连接应改用低耗同轴电缆，或增设一个能补偿电缆损耗（放大信号）的高频宽带线性放大器。

（4）其他因素考虑：如交通方便、地质结构坚实及气象条件等。

表6-18给出了我国部分主要城市卫星地面接收站接收某些中外卫星时的天线仰角和方位角，供天线安装调试时使用。

二、卫星天线的安装

抛物面天线的安装，一般按照厂家提供的结构安装图安装，抛物面天线的反射板有整体结构和分瓣结构两种，大口径天线多为分瓣结构。天线座架主要有立柱座架和三角脚座架两种（立柱座架较为常见），下面介绍安装步骤。

（1）安装天线座架

把脚座架安装在准备好的基座上，校正水平后，固紧座脚螺丝。然后装上俯仰角和方位角调节部件。安装天线座架要注意方向。

（2）拼装天线反射板

天线反射板的拼装要求按生产厂家说明进行安装，反射板和反射板相拼接时，螺丝暂不紧固，待拼装完后，在调整板面平整时再固紧，在安装过程中不要碰伤反射板，同时还注意安装馈源支杆的三瓣反射板的位置。

（3）安装馈源支架和馈源固定盘

（4）固定天线面

将拼装好的天线反射面装到天线座架上，并用螺钉固紧，使天线面大致对准所接收的卫星方向。

（5）馈源、高频头的安装

把高频头的矩形波导口对准馈源的矩形波导口，两波导口之间应对齐，并在凹槽内垫上防水橡皮圈，用螺钉紧固。将连接好的馈源、高频头装入固定盘内，对准抛物面天线中心焦点位置。理论和实践证明，由于矩形波导中的主模TE_{10}电场矢量平行于窄边，当馈源矩形波导口的窄边平行地面时，为水平极化，矩形波导口窄边垂直地面时，为垂直极化。对于圆极化波（如历旋圆极化波），应使矩形导波口的两窄边垂直线与移相器内的螺钉或介质片所在平面相交成45°角。

（6）高频头的安装　高频头的安装较为简单，将高频头的输入波导口与馈源或极化器输出波导口对齐，中间加密封橡胶垫圈，并用螺钉固紧。高频头的输出端与中频电缆线的播送端相接拧紧，并敷上防水粘胶或橡皮防水套，加钢制防水保护管套效果更理想。

（7）接收机的安装　接收机放置于室内。应选择通风良好，能防尘、防震，不受风吹、雨淋、日晒，并靠近监视器或电视机的位置。将中频输入线、电源输出线、音视频输出线和射频输出线按说明书的要求进行连接。

我国31个省会城市、直辖市接收11颗重要电视卫星的天线仰角和方位角　单位（度）　表6-18

卫星名称			亚洲3S号		亚洲2号		亚太1号		亚太1A号		亚太2R号		泛美-2号		泛美-4号		泛美-8号		中星1号		中新1号		鑫诺-1号	
轨道位置(度)(东经)			105.5		100.5		138		134		76.5		169		68.5		166		87.5		88		110.5	
主要城市	东经（度）	北纬（度）	仰角（度）	方位角（度）	仰角（度）	方位角（度）	仰角（度）	方位角（度）	仰角（度）	方位角（度）	仰角（度）	方位角（度）	仰角	方位角	仰角	方位角	仰角	方位角	仰角	方位角	仰角	方位角	仰角	方位角
北京	116.45	39.92	42.45	196.77	40.96	204.00	38.74	148.39	40.38	153.76	28.37	232.54	19.62	116.17	22.91	239.93	21.77	118.68	35.05	220.76	35.32	220.17	43.41	189.22
天津	117.2	39.13	43.09	198.16	41.49	205.42	39.82	148.95	41.45	154.43	28.38	233.73	20.53	116.40	22.79	240.99	22.72	118.91	35.28	222.10	35.56	221.52	44.17	190.54
石家庄	114.48	38.03	44.94	194.38	43.56	202.00	39.55	144.76	41.43	150.08	30.93	231.72	18.99	113.70	25.34	239.23	21.25	116.09	37.72	219.56	37.99	218.95	45.74	186.44
太原	112.53	37.87	45.50	191.35	44.34	199.14	38.68	142.19	40.70	147.35	32.34	229.83	17.57	112.13	26.83	237.58	19.86	114.45	38.91	217.25	39.18	216.62	46.07	183.30
呼和浩特	111.63	40.82	42.39	189.33	41.44	196.74	35.64	142.85	37.53	147.80	30.78	227.10	15.72	112.71	25.70	235.09	17.89	115.10	36.72	214.42	36.96	213.79	42.80	181.72
沈阳	123.38	41.8	38.39	205.82	36.39	212.33	39.47	158.62	40.52	164.28	22.62	238.02	23.46	123.11	17.09	244.88	25.43	125.91	29.61	227.34	29.91	226.81	39.96	198.93
长春	125.35	43.88	35.63	207.51	33.62	213.74	37.84	162.05	38.67	167.62	20.16	238.79	23.47	126.00	14.81	245.64	25.30	128.91	26.95	228.26	27.24	227.75	37.26	200.93
哈尔滨	126.63	45.75	33.36	208.34	31.38	214.40	36.16	164.31	36.85	169.76	18.33	239.10	23.04	128.14	13.16	245.99	24.76	131.12	24.89	228.63	25.17	228.12	34.98	201.98
上海	121.48	31.22	49.69	208.92	47.08	216.49	49.43	150.22	51.16	156.80	29.68	242.58	27.58	115.39	23.00	248.65	30.06	117.79	38.36	232.43	38.73	231.91	51.72	200.52
南京	118.78	31.04	51.05	204.59	48.72	212.64	48.23	145.93	50.22	152.18	31.98	240.44	25.40	113.23	25.35	246.81	27.91	115.50	40.48	229.67	40.84	229.11	52.73	195.76
杭州	120.19	30.26	51.24	207.48	48.69	215.37	49.71	147.48	51.63	153.99	31.23	242.18	26.93	113.79	24.47	248.29	29.46	116.09	39.98	231.85	40.36	231.32	53.17	198.71
合肥	117.27	31.86	50.77	201.54	48.69	209.72	46.64	144.35	48.70	150.34	32.73	238.52	23.79	112.60	26.25	245.17	26.29	114.85	40.94	227.29	41.29	226.71	52.19	192.67
福州	119.30	26.08	55.86	209.19	53.02	217.75	53.09	142.40	55.39	149.17	34.03	244.60	27.84	110.44	26.84	250.27	30.55	112.50	43.46	234.66	43.87	234.13	57.98	199.39
南昌	115.89	28.68	54.63	200.90	52.48	209.83	48.64	139.75	51.04	145.72	35.64	239.69	23.83	109.80	28.83	246.18	26.46	111.85	44.31	228.39	44.67	227.79	56.01	191.12
济南	117.00	36.65	45.78	198.82	44.05	206.39	42.06	147.25	43.85	152.87	30.08	235.04	21.52	115.00	24.19	242.16	23.81	117.42	37.39	223.46	37.70	222.88	46.94	190.80
郑州	113.63	34.76	48.69	194.06	47.25	202.25	42.00	141.53	44.14	146.92	33.70	233.01	19.65	111.49	27.74	240.42	22.06	113.72	40.98	220.70	41.27	220.08	49.48	185.47
武汉	114.31	30.52	53.15	196.97	51.36	205.82	46.06	139.17	48.45	144.82	35.86	236.79	21.80	109.78	29.33	243.72	24.37	111.86	44.01	224.85	44.35	224.23	54.19	187.47

续表

卫星名称			亚洲 3S 号		亚洲 2 号		亚太 1 号		亚太 1A 号		亚太 2R 号		泛美-2 号		泛美-4 号		泛美-8 号		中星 1 号		中新 1 号		鑫诺-1 号	
轨道位置(度)(东经)			105.5		100.5		138		134		76.5		169		68.5		166		87.5		88		110.5	
主要城市	东经（度）	北纬（度）	仰角（度）	方位角（度）	仰角（度）	方位角（度）	仰角（度）	方位角（度）	仰角（度）	方位角（度）	仰角（度）	方位角（度）	仰角	方位角	仰角	方位角	仰角	方位角	仰角	方位角	仰角	方位角	仰角	方位角
长沙	113.00	28.21	56.05	195.56	54.29	205.12	47.10	135.39	49.75	140.92	38.29	237.42	21.44	107.68	31.54	244.31	24.10	109.60	46.75	225.25	47.10	224.60	56.96	185.27
广州	113.23	23.16	61.52	199.04	59.32	209.87	51.16	130.44	54.21	136.04	40.91	242.20	23.16	104.98	33.55	248.34	25.99	106.63	50.39	230.78	50.79	230.14	62.71	186.91
海口	110.35	20.02	65.88	193.92	63.97	206.89	50.86	123.16	54	128.01	45.17	242.96	21.16	101.78	37.54	249.08	24.09	103.16	55.01	230.90	55.42	230.21	66.53	179.56
南宁	108.33	22.84	63.07	187.25	61.83	119.50	47.32	124.26	50.67	128.92	45.45	237.98	18.60	102.30	38.23	245.04	21.44	103.80	54.43	224.42	54.79	223.66	63.15	174.42
成都	104.04	30.07	54.91	177.08	54.74	187.03	39.14	126.64	42.14	130.99	43.86	226.14	13.02	103.17	37.92	234.95	15.64	104.94	50.55	210.65	50.79	209.84	54.24	167.26
贵阳	106.71	26.57	58.93	182.70	58.20	193.67	43.56	126.35	46.69	130.92	44.42	232.46	16.23	103.22	37.79	240.39	18.96	104.87	52.33	217.91	52.64	217.13	58.67	171.57
昆明	102.73	25.04	60.56	173.47	60.61	185.25	41.18	120.89	44.57	124.87	48.63	229.33	12.91	100.53	42.07	238.11	15.68	102.03	56.12	212.75	56.39	211.84	59.45	162.13
拉萨	91.11	29.71	51.93	152.63	53.86	161.54	28.80	114.88	32.17	118.08	51.83	207.74	1.81	96.07	47.43	220.04	4.42	97.62	55.14	187.25	55.19	186.25	49.37	144.61
西安	108.95	34.27	50.00	186.11	49.19	194.77	39.57	135.39	42.03	140.30	37.31	228.47	16.02	107.97	31.57	236.55	18.47	110.05	44.04	214.90	44.30	214.21	50.14	177.24
兰州	103.73	36.03	48.15	176.99	48.05	185.48	34.81	130.80	37.41	135.22	39.26	221.18	11.25	105.15	34.16	230.20	13.66	107.18	44.78	206.33	44.96	205.58	47.57	168.58
西宁	101.74	36.56	47.40	173.70	47.57	182.08	33.09	129.07	35.74	133.34	39.95	218.35	9.52	104.01	35.11	227.73	11.91	106.02	44.99	203.07	45.17	202.31	46.59	165.49
银川	106.27	38.47	45.44	181.23	45.04	189.22	34.61	135.17	36.93	139.80	35.77	222.59	12.54	107.78	30.78	231.23	14.85	109.95	41.33	208.64	41.53	207.95	45.22	173.21
乌鲁木齐	87.68	43.77	36.45	155.07	37.91	161.79	19.26	119.85	21.85	123.44	38.30	195.94	−2.42	96.02	35.98	206.69	−0.27	98.13	39.54	180.26	39.54	179.53	34.58	148.68
重庆	106.50	29.58	55.56	182.04	54.89	192.10	41.36	128.64	44.04	133.27	42.45	229.68	15.72	104.30	36.28	237.90	17.90	106.12	50.58	209.90	50.40	213.96	55.07	171.86

下面以国产 3m 天线为例介绍安装过程。

在选定的接收地点按图 6-21 所示预制天线基座。基座下面的底层应是大于 $1kg/cm^2$ 压强的坚实土质（顶层）组成。基座中采用 ϕ12mm 的螺纹钢筋，钢筋间相互扎紧固定。浇注混凝土前，将地脚螺栓按图 6-21 所示尺寸正确安放。混凝土按 300 级考虑。$1m^3$ 材料比为 425 号水泥 430kg；中砂 623kg；碎石 1245kg；水 $0.18m^3$。水的比例要严格控制，否则影响混凝土质量。在浇注过程中必须振动捣实，保养期 15 天，以达到 $210kg/cm^2$ 的压强。

天线安装时先清除基座上的水泥灰渣，并将地脚螺栓涂上黄油，参照图 6-22 和表 6-19，然后按如下步骤进行安装：

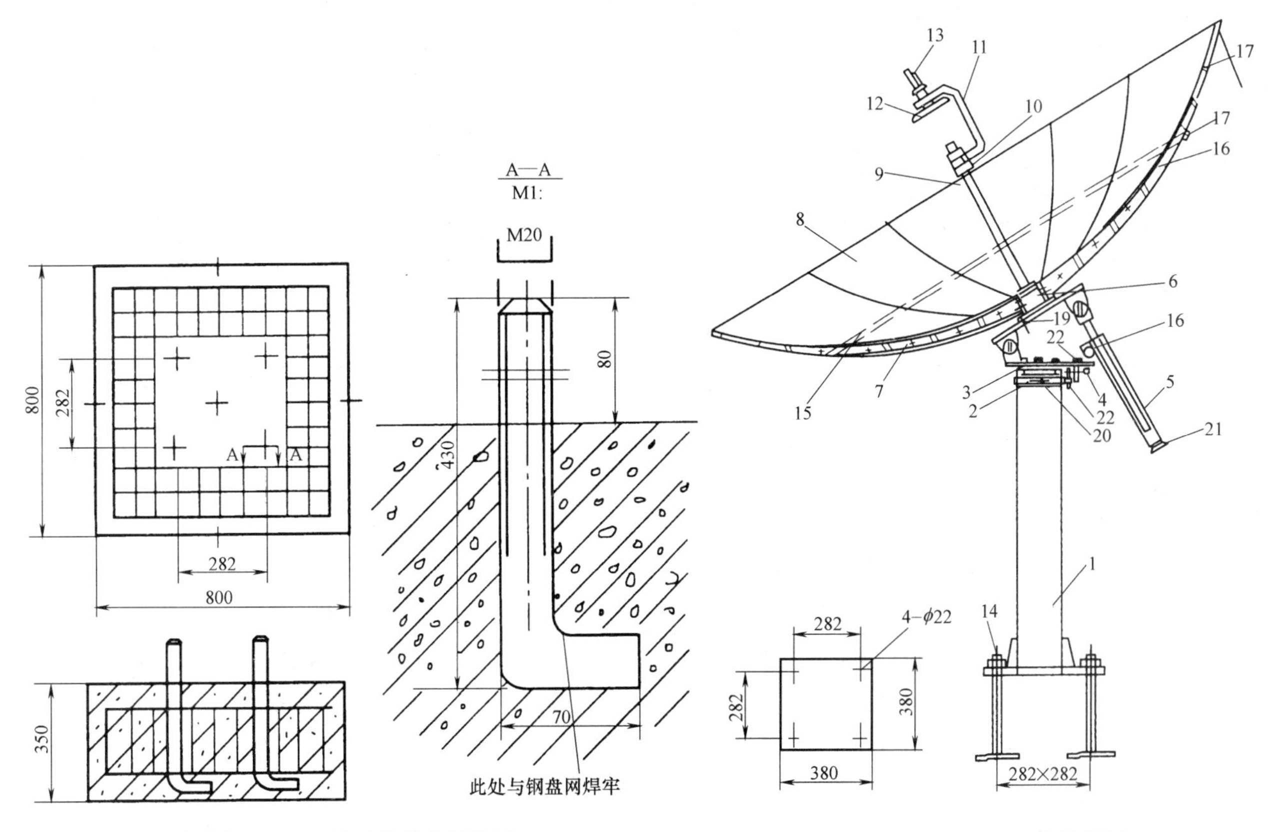

图 6-21　卫星天线基座结构图

图 6-22　3m 卫星天线结构图

3m 天线安装零部件明细表　　**表 6-19**

序　号	零部件名称	规　格	3m(件)	备　注
1	立柱		1	
2	固定夹		1	厂方装配
3	固定螺栓	M20×60 M12×60	1 3	厂方装配 厂方装配
4	方位微调装置		1	厂方装配
5	俯仰调节装置		1	厂方装配
6	中心筒		1	厂方装配，按用户需要
7	辐射梁		12	无编号、任意安装
8	反射面(主面)		12	无编号、任意安装
9	馈源杆		1	厂方装配
10	调节螺帽	M24	2	
11	馈源座		1	

续表

序　号	零部件名称	规格	3m(件)	备　注
12	馈源		1	
13	高频头		1	
14	地角螺栓 螺母	M20×410 M20	4 4	厂方供 厂方供
15	撑杆		12	
16	夹紧螺栓		1	厂方装配
17	螺栓	M8×20	63	标准件袋装
18	螺栓	M8×20	60	标准件袋装
	平垫	Φ8	153	标准件袋装
	螺母	M8	28	标准件袋装
19	螺栓	M12×30	6	厂方装配
20	固定夹螺栓	M12×35	1	厂方装配
21	调节手轮		1	厂方装配
22	方位调节座螺帽	M12	2	厂方装配
	3米焦距　C波段	1065～1068mm		

(1) 安装立柱。用4个M20螺母（14）将立柱（1）固定在地脚螺栓上，注意保持中心和地面垂直。

(2) 安装辐射梁。将12片辐射梁（7）用M8×20螺钉与中心筒（6）顺序连成整体，辐射梁无编号可任意互换。

(3) 反射面安装。将反射面（8）用M8×20螺钉依次（无编号）与辐射梁连接好，保证反射面边接平滑、圆整。

(4) 馈源组安装。先将馈源（12）与高频头（13）连成整体，高频头不得错位，再将馈源组用哈夫夹固定在弓形架（10）上，然后再把弓形架安装到馈源杆（9）上。

(5) 总装。将馈源支架用M8×20螺钉安装到反射面中间的中心筒上，按极化方式的要求调整好馈源的角度；将同轴电缆一端接在高频头上，另一端从馈源杆上端孔穿入，而从天线背后引出至前端；调整方位、俯仰两个角度的松紧，并固定在所需的工作位置上。

图6-23是一种3.5m网状卫星接收天线的装配图。

三、避雷针的安装

(1) 避雷针的高度应满足天线在避雷针的45°保护角之内，如图6-24所示。避雷针可装在天线竖杆上，也可安装独立的避雷针。独立避雷针与天线之间的最小水平间距应大于3m。

(2) 避雷针一般采用圆钢或紫铜制成，避雷针长度应按设计要求确定，并不应小于2.5m，直径不应小于20mm。接闪器与竖杆的连接宜采用焊接。焊接的搭接长度宜为圆钢直径的10倍。当采用法兰连接时，应另加横截面不小于48mm^{2}的镀锌圆钢电焊跨接。

(3) 独立避雷针和接收天线的竖杆均应有可靠的接地。当建筑物已有防雷接地系统时，避雷针和天线竖杆的接地应与建筑物的防雷接地系统的地连接。当建筑物无专门的防雷接地可利用时，应设置专门

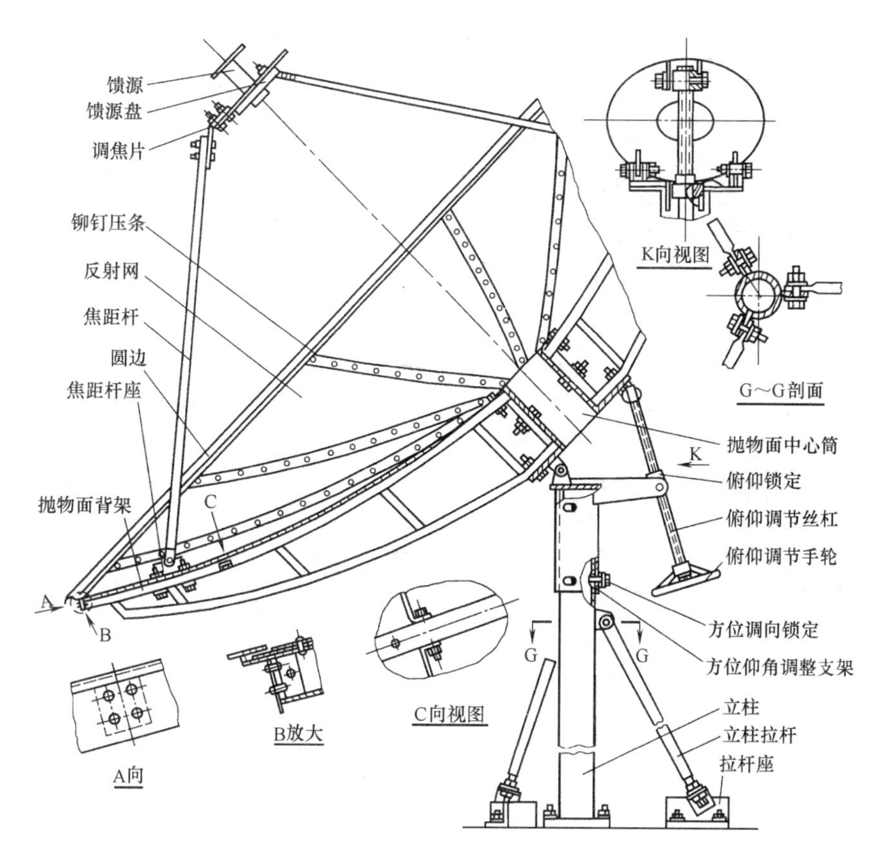

图 6-23　3.5m 网状卫星电视接收天线装配图

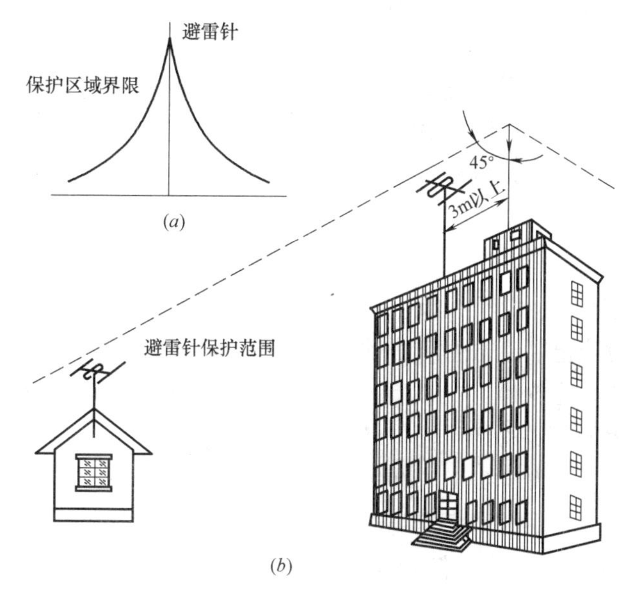

图 6-24　单根避雷针的保护区域

的接地装置，从接闪器至接地端的引下线最好采用两根，从不同方位以最短的距离沿建筑物引下；其接地电阻不应大于 4Ω。

（4）避雷针引下线一般采用圆钢或扁钢，圆钢直径为 10mm，扁钢为 25×4（mm^2），暗敷时，截面应加大一倍，可参见图 6-25 所示。

（5）避雷带支撑件间的距离在水平直线部分一般为 1～1.5m，垂直部分为 1.5～2m，转弯部分为 0.5m。

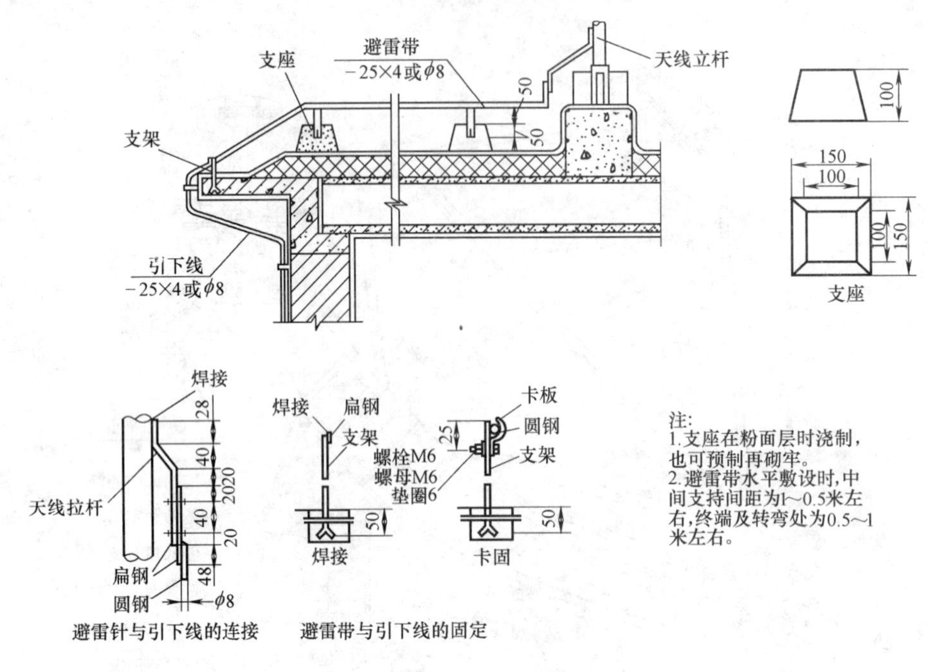

图 6-25　平面屋顶防雷装置做法图

第五节　前　　端

一、前端系统的组成与类型

前端是 CATV 系统的核心，它的主要作用是将天线接收的信号和各种自办节目信号（如摄像、录像、VCD、DVD 等）进行处理（包括频率变换、解调、调制、放大和混合等），并混合成一路宽带复合信号输往后续的传输系统。前端系统设备质量与调试效果的好坏，将直接影响整个 CATV 系统图像和伴音的传输质量和收视效果。CATV 前端设备从信号传输方式来说，基本上可划分为两大类，即全频道传输系统（包括隔频传输系统）的前端和邻频道传输系统的前端，见图 6-26。目前，新建的系统一般以采用邻频前端为宜。

对邻频前端的主要技术要求是：

（1）邻频抑制：为防止上、下邻频载波干扰及视频中频干扰，要求带外抑制达到 45dB 以上。

（2）寄生输出抑制：为防止频道寄生产物的干扰，寄生输出抑制应达到 60dB 以上。

（3）载频稳定性：邻频系统各频道的载频总偏差应不大于 20kHz，本频道图像伴音载波间距的误差不大于 10kHz，以防止因频率漂移产生图像和伴音失真。

（4）相邻频道间电平差：不大于 1dB，以防止高电平频道对低电平频道的干扰。

（5）各频道电平差：要求相距 9 个频道间的载波电平差不大于 2dB。

（6）A/V 功率比：为防止本频道的伴音信号对相邻频道的图像信号产生干扰，要求 A/V 比应达到 −17dB，而且在 −10～−20dB 间可调。

（7）通带特性：要求 −0.75～+6MHz 内的幅度变化不大于 ±1dB，以免造成图像清晰度的下降、镶边和轮廓不清等现象。

二、前端系统举例

【例 1】 PBI-2000 通用型邻频前端系统

下面介绍美国 PBI 集团公司生产的前端设备。美国 PBI 国际企业集团是著名的 CATV 产品生产企

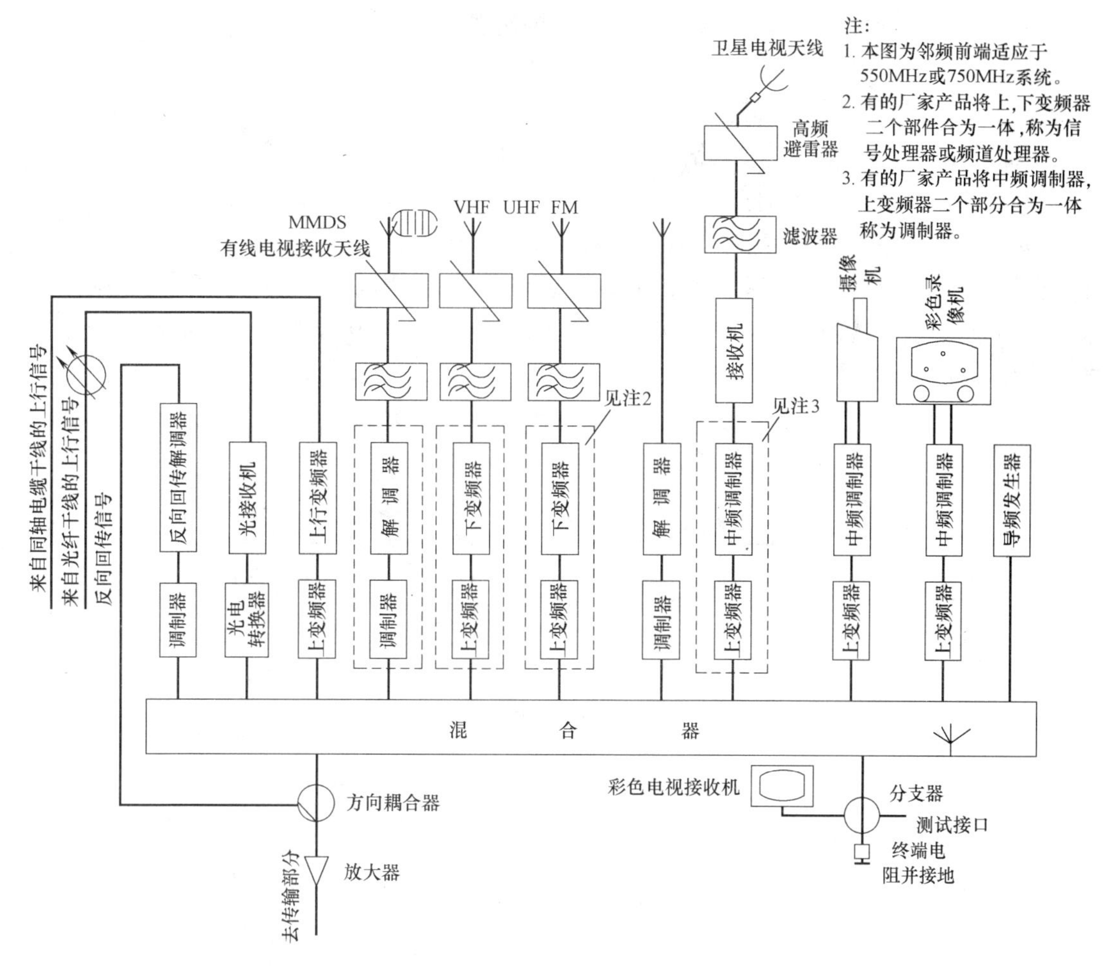

图 6-26 邻频前端系统的典型模式

业。该企业先后推出 PBI-1000、PBI-2000、PBI-2500、PBI-3000 和 PBI-4000 等前端设备，可满足不同档次的需要。各系列 PBI 产品的特点如下：

1. PBI-2000 系列

(1) 产品技术性能较好、性能价格比高、经济实用；

(2) 采用锁相环（PLL）技术，性能稳定可靠；

(3) 使用先进杂波抑制技术，能大幅度降低杂波影响；

(4) 输出动态范围大，即使在输入信号较弱或较大起伏时，均能保证输出信号有满意的信噪比；

(5) 采用标准 19 英寸机柜，安装容易、维护方便。

2. PBI-2500 系列

(1) 中频调制，适用于 750MHz 的邻频传输系统，可传输更多频道电视节目，是 PBI-2000 的升级产品；

(2) 采用 PLL 锁相技术，使图像和伴音载波频率具有高度稳定性；

(3) 采用高性能声表面波（SAW）滤波器，带外抑制能力强；

(4) 视频具有 AGC 功能，确保输出电平的稳定；

(5) 采用标准 19 英寸机柜，安装、维护方便，美观大方。

3. PBI-3000 系列

(1) 是广播级 750MHz 中频处理的邻频前端系统，适用于十万户左右大中型新建系统或老系统的改造；

(2) 采用双重频率合成方式 PLL 锁定技术，性能稳定可靠；

(3) 采用中频调制处理方案，提高调制性能；

(4) 内含高性能声表面波（SAW）滤波器，带外抑制强；

(5) 采用优质单频道放大器，射频输出电平高达 120dBμV；

(6) 具有优异的高频及视频线性度；

(7) 采用标准 19 英寸机柜，安装、维护方便，美观大方。

4. PBI-4000M 捷变式邻频调制器

PBI-4000M 是可编程高性能电视调制器，适用于 870MHz 邻频有线电视系统。

下面先介绍适于中小型 CATV 系统的 PBI-2000 系列的应用。图 6-27 是其典型应用示例，它是用于接收北京地区 16 路邻频传输的 PBI-2000 通用型邻频前端系统。它可接收亚太 1A 和亚卫 2 号两颗卫星，计 8 个电视节目；还接收两路来自北京有线电视台发出的 MMDS 微波电视信号以及一路北京电视 2 台开路发射（通过八木天线接收）的电视信号。此外还有一路自办节目，共计 14 路电视节目信号。

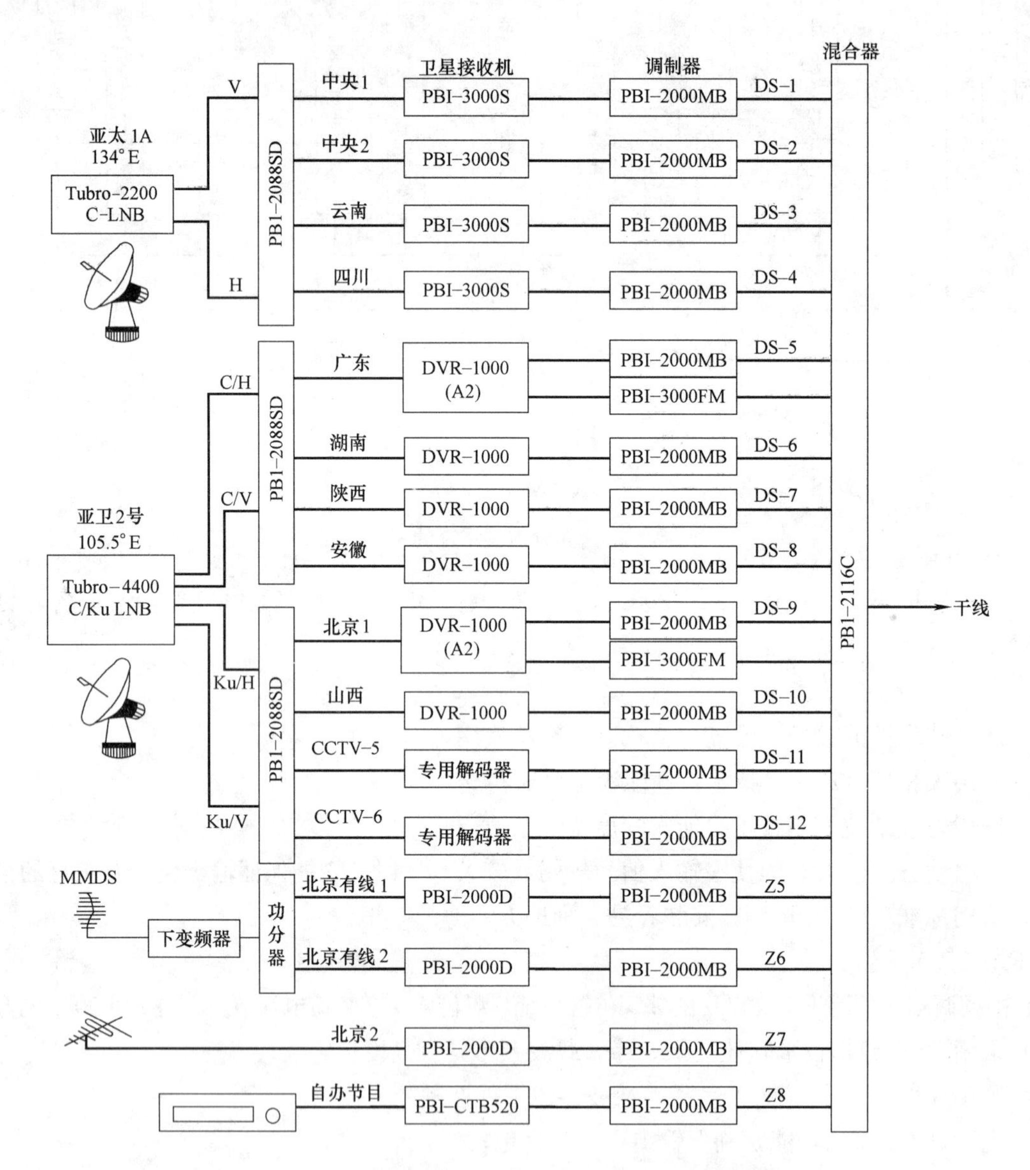

图 6-27　中小型 CATV 系统的 PBI-2000 系列典型实例

Turbo-2200 是 C 波段工程专用双极性双输出馈源一体化高频头。由于双极化输出是由密封在高频头体内的两块电路独立完成，因此信号基本没有损耗，从而保证同时接收完美的双极化卫星电视信号。Turbo-4400 是 C/Ku 双波段双极性四输出的高频头。汇集 C、Ku 波段及水平、垂直极化的接收功能于一体，具有四个独立输出端口，并配有精巧的一体化馈源；C、Ku 高频头采用分体式设计，可独立调整极化方向，以保证最佳接收效果；具有超低的噪声温度和相位噪声，完全满足数字压缩节目的接收。其主要技术性能如下：输入频率为 3.4～4.2GHz（C 波段）、12.2～12.7GHz（Ku 波段）；对应本振频率为 5.15GHz、11.25GHz；增益为 65dB；镜频抑制度为 45dB（最小值）；输出端电压驻波比为2.5∶1（最大值）；交叉极化隔离度为 30dB；电源为 DC12～24V。

【例 2】 某宾馆大楼要求接收无线电视信号 8、14、20、26、33 频道的五套节目；并接收亚洲一号（ASIASAT-1）的卫视体育台、中文台、音乐台、综合台（英语）、新闻台、云贵台的六套节目；接收亚太一号（APSTAR-1）的 CNN（英国有线广播网）和华娱台的二套节目；此外自办录像节目一套，共计 14 套节目。

由于节目较多，质量要求高，并考虑到将来的发展，本系统采用 550MHz 邻频传输方式，传输频道可达 30 个以上，为今后增加频道留有余地。

卫星电视接收设备的典型配置方框图如图 6-28 所示，图中每路均配上制式转换器，用以将非 PAL-D制信号转换成 PAL-D 制信号。即使某路卫星节目为 PAL-D 制，也设置制转器，这是为了今后可能改换节目，免去再申请配置的麻烦。最后，所设计的系统前端方框图见图 6-29。

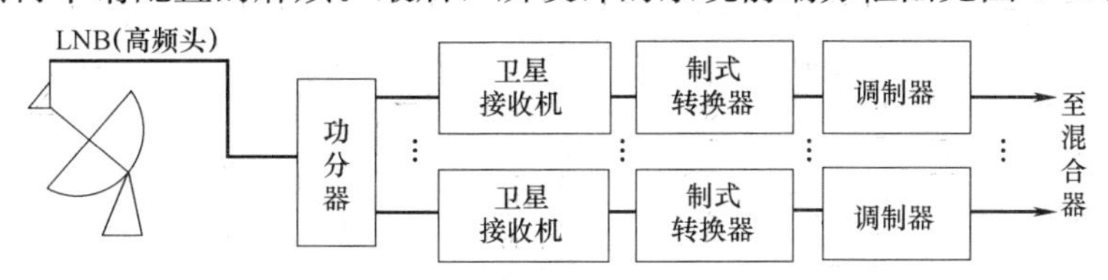

图 6-28　卫星接收典型配置

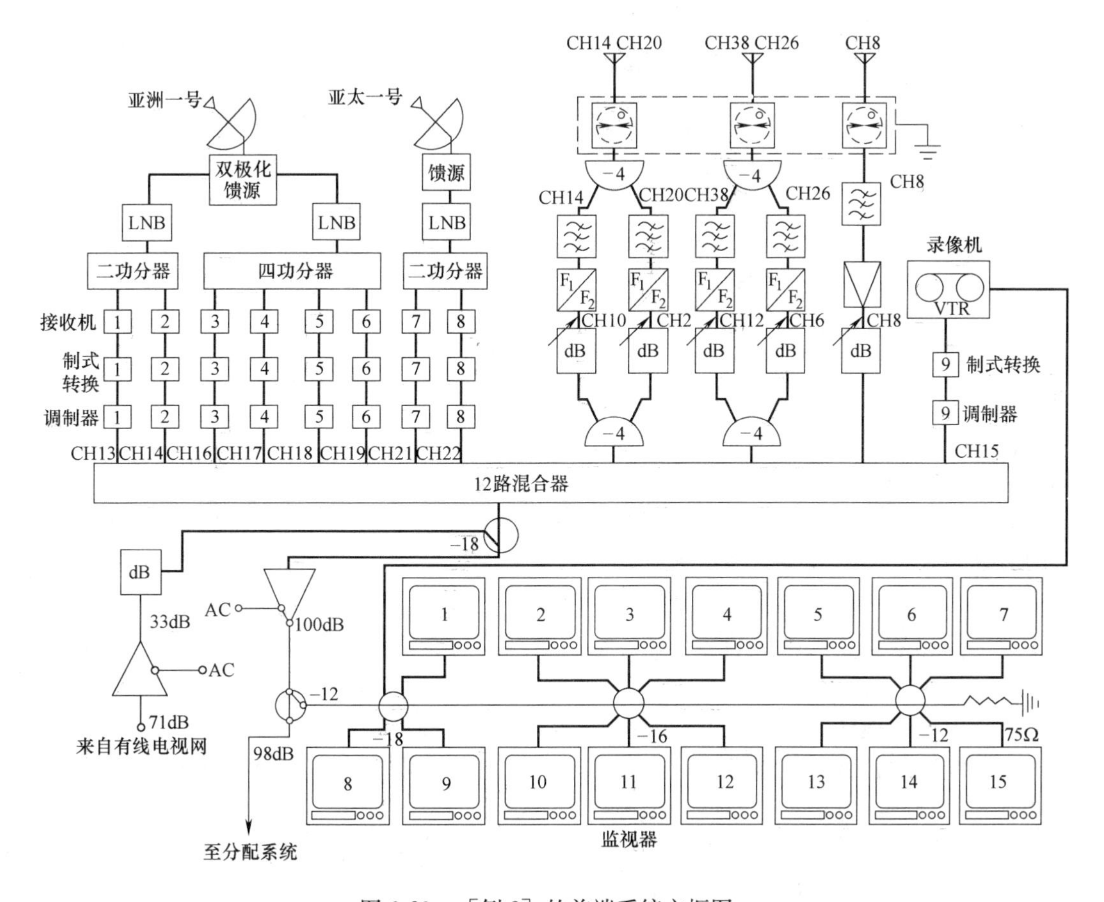

图 6-29　［例 2］的前端系统方框图

三、前端设备的布线与安装

1. 前端设备的布置

前端设备的布置应根据实际情况合理布局，要求既整洁、美观、实用，又便于管理和维护。前端设备根据使用情况可分开放置，经常使用（操作）的设备如录像机、字幕添加器等应放置在专门的操作台上，与之相对应的设备就近放在操作台内或背面。而其他设备如卫星电视接收机、调制器、放大器等应放在立柜内，较小的部件如功分器、电源插座等可放置在立柜后面或侧面并用螺钉固定好。卫星电视接收机与调制器可以统一放置也可以分开放置在立柜内。前端设备的装置立柜如图 6-30 所示，其规格按设备规模而定，如设备过多，可以用多个立柜。注意柜内堆放设备的上、下层之间应有一定距离，以利设备的放置和散热。

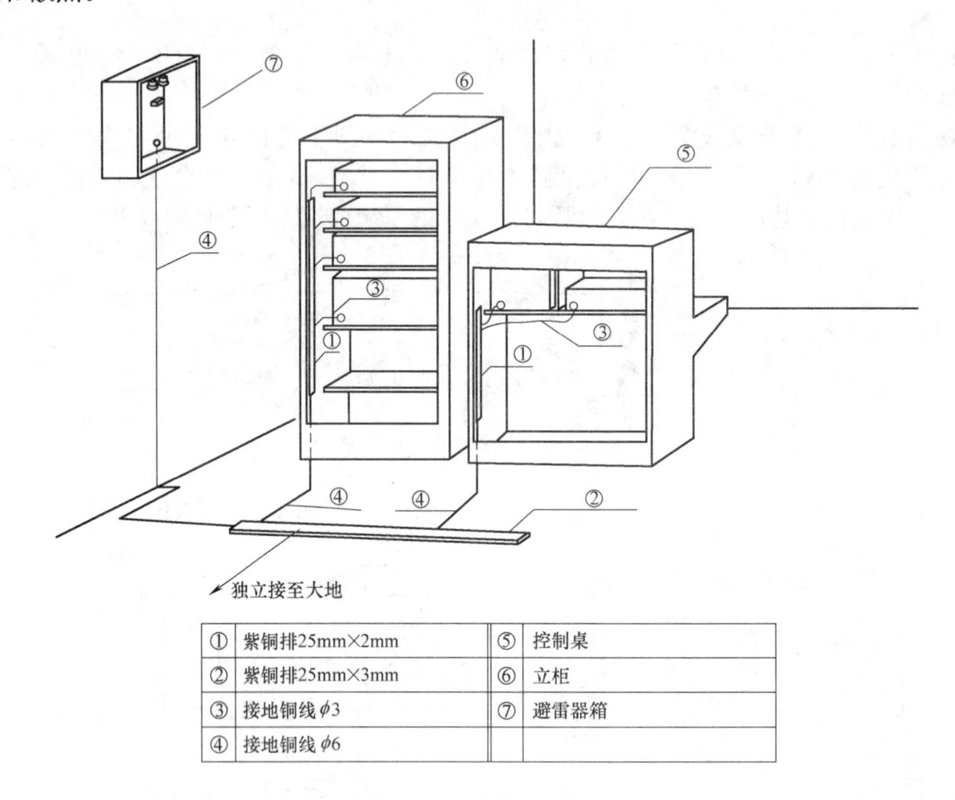

①	紫铜排25mm×2mm	⑤	控制桌
②	紫铜排25mm×3mm	⑥	立柜
③	接地铜线 $\phi3$	⑦	避雷器箱
④	接地铜线 $\phi6$		

图 6-30　机房接地图

2. 前端设备的布线

前端设备布置完毕，就可以连接相关线路。把卫星接收天线高频头的输出电缆接入功分器（或接收机），用适当长度的电缆线连接功分器与接收机；把接收机和录像机等设备的视频、音频输出接入相应的调制器输入端，然后用电缆把调制器的射频输出和电视接收天线输出接入混合器相对应的输入频道上；最后用电缆连接混合器的输出端与主放大器的输入端。

由于前端设备在低电压、大电流和高频率的状况下工作，因此布线工作十分重要，如布线不当，会产生不必要的干扰和信号衰减，影响信号的传输质量，同时又不便于对线路的识别。在布线时，要注意以下几个方面：

（1）电源、射频、视频、音频线绝不能相互缠绕在一起，应分开敷设；

（2）射频电缆线的长度越短越好，走线不宜迂回，射频输入、输出电缆尽量减少交叉；

（3）视频、音频线不宜过长，不能与电源线平行敷设；

（4）各设备之间接地线要良好接地，射频电缆的屏蔽层要与设备的机壳接触良好；

（5）电缆与电源线穿入室内处要留防水弯头，以防雨水流入室内；

（6）电源线与传输电缆要有避雷装置。

3. 前端机房和自办节目站

（1）确定前端机房和自办节目站的面积宜符合以下要求：

有自办节目功能的前端，应设置单独的前端机房。其使用面积为 12～30m^2；播出节目在 10 套以下时，前端机房的使用面积宜为 20m²；播出节目每增加 5 套，机房面积宜增加 10m²。另外，如有用于自制节目的演播室，其使用面积约为 30～100m²。

（2）演播室的工艺设计宜符合下列要求：

① 演播室天幕高度：3.0～4.5m；

② 室内噪声：NR25；

③ 混响时间：0.35～0.8s；

④ 室内温度：夏季不高于 28℃，冬季不低于 18℃；

⑤ 演播室演区照度不低于 500lx，色温 3200K。

（3）前端机房系统设计时要根据系统规模的大小，使用电视频道的多少等情况，确定使用标准箱或标准立柜的数量。

（4）标准前端箱或立柜应采用屏蔽性能良好的金属材料。箱或柜的结构要坚固，防尘、散热效果良好。

（5）部件和设备在前端箱或立柜中应满足流程布局合理、高低电平分开、操作方便、便于维修、安装牢固、标识明确等要求，并应保留不少于两个电视频道部件的空余位置。

（6）街道以上前端机房系统应设置图像质量监视装置，采用三台以上监视器时，各监视器间应采用屏蔽措施，防止互相串扰。

（7）街道以上系统在前端机房内应设置电源、电压、分路电流监视装置，还应能分别监视机房内各集中供电路的电压和电流的工作情况。

（8）街道以上前端机房系统在前端应设置前端输出电平监视装置。

（9）街道以上前端机房应有温湿度监视装置。

（10）街道以上系统的前端应有电源稳压设备。

（11）前端机房的安全防火应按二级以上的标准设计。

4. 前端机房设备与控制台的安装要求

（1）前端设备的安装不宜靠近具有强电磁场干扰和具有高电位危险的设备，如电梯机房控制屏（盘）旁、交流配电盘和低压配电屏旁等处。

（2）前端箱应避免安装在高温、潮湿或易受损伤的场所（如厨房、浴室、锅炉房等）。

（3）按机房平面布置图进行设备机架与控制台定位。机架背面、侧面与墙净距不小于 0.8m。控制台正面与墙的净距离不应小于 1.2m，侧面与墙或其他设备的净距在主要通道上不应小于 1.5m，在次要通道不应小于 0.8m。

（4）机架与控制台到位后，均应进行垂直度调整，并从一端按顺序进行，几个机架并排在一起时，两机架间的缝隙不得大于 3mm。机架面板应在同一直线上，并与基准平行，前后偏差不大于 3mm。相互有一定间隔而排成一列的设备，其面板前后偏差不应大于 5mm。

（5）机架与控制台安装竖直平稳，前端机房所有设备应摆放在购置或自制的标准机架上。

（6）机架内机盘、部件和控制台的设备安装应牢固，固定用的螺丝、垫片、弹簧垫片均应按要求安装，不得遗漏。

5. 机房内电缆的布放要求

（1）当采用地槽时，电缆由机架底部引入，顺着地槽方向理直，按电缆的排列顺序放入槽内，顺直无扭绞，不得绑扎。电缆进出槽口时，拐弯处应成捆绑扎，并应符合最小弯曲半径要求。

（2）当采用架槽时，电缆在槽架内布放可不绑扎，并宜留有出线口。电缆应由机架上方的出线口引入，引入机架的电缆应成捆绑扎，绑扎应整齐美观。

（3）当采用电缆走道时，电缆也应由机架上方引入。走道上布放的电缆应在每个梯铁上进行绑扎。上下走道间的电缆或电缆离开走道进入机架内时，应在距离弯点 1cm 处开始，每隔 20cm 空绑一次。

（4）当采用防静电地板时，电缆应顺直无扭绞，不得使电缆盘结；在引入机架处应成捆绑扎。

（5）各种电缆用管道要分开敷设，绑扎时要分类，视、音频电缆严禁与电源线及射频线等同管埋设或一起绑扎。

（6）电缆的敷设在两端应留有裕量，并标示明显的永久性标记。

(7) 各种电缆插头的装设应遵照生产厂家的要求实施，并应做到接触良好、牢固、美观。

6. 机房内接地母线的路由、规格应符合设计规定，并满足下列要求

(1) 接地母线表面应完整，并应无明显锤痕以及残余焊剂渣；铜带母线应光滑无毛刺，绝缘线的绝缘层不得有老化龟裂现象。

(2) 接地母线应铺放在地槽和电缆走道中央或固定在架槽的外侧，母线应平整，不歪斜，不弯曲。母线与机架或机顶的连接应牢固端正。

(3) 铜带母线在电缆走道上应采用螺丝固定，铜绞线的母线在电缆走道上应绑扎在梯铁上。

(4) 机房地线接地母线电阻≤1Ω，机房地线装置单独设置，其接地阻≤4Ω。

(5) 电缆从房屋引入引出，在入口处要加装防水罩；电缆向上引时，应在入口处做成滴水弯，其弯度不得小于电缆的最小弯曲半径。电缆沿墙上下时，应设支撑物，将电缆固定（绑扎）在支撑物上，支撑物的间距可根据电缆的数量确定，但不得大于1m。

(6) 在有光端机（发送机、接收机）的机房中，光缆经由走线架、拐弯点（前、后）应予绑扎，上下走道或爬墙的绑扎部件应垫胶管，端机上的光缆留10～20m裕量，余缆应盘成圈放在机房外终端点。

(7) 前端机房的总接地装置不应与工频交流地互通，也不应与房屋建筑避雷装置互通，应单独设置接地装置，接地电阻不大于4Ω。

(8) 由于条件限制，前端机房的总接地线只能利用房屋建筑避雷接地或工频交流供电系统的接地时，只能在地面或地下总接地排处连接在一起，此时，总接地排的接地电阻不应大于1Ω。

(9) 避雷器箱汇接到机房总接地装置时，连接线应用铜质线，直径不小于6mm；在室内的其余设备接地连接线也应用大于3mm的铜质线，且保证无损伤。

(10) 总接地排在室内应用不小于25mm×3mm或50m×1mm的铜排，在室外时，可用扁铁、圆钢等材料，室内外接地线连接时一定要可靠。机架接地要求有25mm×2mm的紫铜汇流排，各设备单元接地可用直径3mm软铜线（也可用铜编织线）接到汇流排上。机架与总接地排用直径大于等于6mm以上的铜质线连接（图6-30）。

(11) 前端机房的电源插座都应固定，且应安装在不易危及人身安全不易损坏的地方，电源线的绝缘层不得有老化龟裂的现象。

(12) 配电进线各相线及零线均接电源避雷器，接地接至设备地。

(13) 机房内应配有消防器材和满足相应的保安要求。

第六节　传输分配系统和传输线

一、传输线缆

作为CATV的传输媒介主要包括：电缆、光缆和微波以及它们的混合型。电缆是CATV最早采用的传输媒介，目前大多数中、小型CATV（如大楼）系统还是完全电缆传输。电缆网一般是树形结构，而大中型CATV系统通常采用光缆和电缆混合传输（HFC）。其中光缆网一般是星形结构，用于干线传输；电缆网是树形结构，用于分配网络。下面着重介绍同轴电缆。

同轴电缆性能的好坏，不仅直接影响到信号的传输质量，还影响到系统规模的大小、寿命的长短和合理的造价等。

同轴电缆由同轴结构的内外导体构成，内导体（芯线）用金属制成并外包绝缘物，绝缘物外面是用金属丝编织网或用金属箔制成的外导体（皮），最外面用塑料护套或其他特种护套保护。

CATV用的同轴电缆，各国都规定为75Ω，所以使用时必须与电路阻抗相匹配，否则会引起电波的反射。

同轴电缆的衰减特性是一个重要性能参数。它与电缆的结构、尺寸、材料和使用频率等均有关系。

(1) 电缆的内外导体的半径越大，其衰减（损耗）则越小。所以，大系统长距离传输多采用内导体粗的电缆。

(2) 同一型号的电缆中绝缘物外径越粗，其损耗越小。即使绝缘外径相同，但型号不同，则因绝缘

物的材料和形状以及结构不同，其损耗也不同。

（3）同一同轴电缆的损耗与工作频率的平方根成正比，即

$$\frac{A_2}{A_1}=\sqrt{\frac{f_2}{f_1}} \tag{6-3}$$

式中 A_1——为频率 f_1 下的衰减（dB）；

A_2——为频率 f_2 下的衰减（dB）。

例如，某一同轴电缆在频率为200MHz时损耗为10dB，则在800MHz频率时的损耗增加到20dB。这是结算值，实际上考虑到高频介质损耗等，要比此值大一些。

（4）由于同轴电缆的内外导体是金属，中间是塑料或空气介质，所以电缆的衰减与温度有关。随着温度增高，其衰减值也增大。经验估计，电缆的衰减是随温度增加而增加的比例约为0.15%（dB/℃）。

在选用同轴电缆时，要选用频率特性好、电缆衰减小、传输稳定、防水性能好的电缆。目前，国内生产的CATV用同轴电缆的类型可分为实芯和藕芯电缆两种。芯线一般用铜线，外导体有两种：一种是铝管，另一种为铜网加铝箔。绝缘外套又分单护套和双护套两种。

在CATV工程中，以往常用SYKV型同轴电缆，近来由于宽带发展要求，常用SYWV型同轴电缆。干线一般采用SYWV-75-12型（或光缆），支干线和分支十线多用SYWV-75-12或SYWV-75-9型，用户配线多用SYWV-75-5型。

表6-20列出了国内外部分同轴电缆主要技术指标，供读者参考。75-5、75-7主要用于分配网；75-9、75-12主要用于支线及分配线；干线传输应使用75-12以上的电缆（或光缆）。

国内外部分同轴电缆主要技术指标 **表6-20**

电缆型号		内导体直径mm	绝缘直径mm	外导体结构	护套材料	护套最大外径mm	特性阻抗Ω	最大衰减系数20℃dB/100m				最小回波损耗dB	
								50MHz	200MHz	550MHz	800MHz	VHF	UFH
75-5	SYWV-75-5	1.00	4.8	铝塑带+编织	PVC	7.5	75±3	4.8	9.7	16.8	20.3	20	18
	RG6系列	1.02	4.57	铝塑带+编织	PVC	6.91	75±3	4.7	9.0	15.4	18.8	20	20
	5C-HFL	1.20	5.0	铝塑带+编织	PVC	8.0	75±3	—	9.0	—	—	20.8	20.8
	FK-5-P	1.00	4.8	铝塑带+编织	PVC	7.2	75±3	4.6	8.9	15.8	19.0	20	20
75-7	SYWV-75-7	1.66	7.25	铝塑带+编织	PVC	10.3	75±2.5	3.2	6.4	10.7	13.3	20	18
	RG11系列	1.63	7.11	铝塑带+编织	PVC	13.16	75±3	3.0	5.6	10.0	12.3	20	20
	7C-HFL	1.80	7.0	铝塑带+编织	PVC	10.5	75±3	—	6.2	—	—	20.8	20.8
	KF-7-P	1.60	7.0	铝塑带+编织	PVC	10.3	75±2.5	3.0	5.8	10.3	12.8	20	20
75-9	SYWV(Y)-75-9	2.15	9.0	铝塑带+编织或铝管	PVC	12.2	75±2.5	2.4	5.0	8.5	10.4	20	18
	ACW9PTC、412	2.26	9.3	铝管	中密度聚乙烯	12.5	75±2	2.13	4.36	7.44	9.14	24	22
	FK-9-P	2.05	8.8	铝塑带+编织	PVC	12.0	75±2	2.3	4.5	8.0	9.9	20	20
	FK-9-L	2.05	8.8	铝管	高密度聚乙烯	12.0	75±2	2.3	4.5	8.0	9.9	24	22
	BK-9-L	2.18	8.8	铝管	高密度聚乙烯	12.0	75±2	2.1	4.2	7.4	9.2	26	24
75-12	SYWV(Y)-75-12	2.77	11.5	铝管	PVC或低密度聚乙烯	16.7	75±2	1.9	3.9	6.7	8.2	20	18
	ACE7PTC、500	2.78	11.5	铝管	中密度聚乙烯	14.7	75±2	1.69	3.48	5.99	7.35	24	22
	BK-12-L	2.85	11.7	铝管	高密度聚乙烯	14.7	75±2	1.65	3.41	5.94	7.20	26	24
75-13	QR540	3.15 铜包铝	13.03	铝管	高密度聚乙烯	15.49	75±2	1.44	3.04	5.18	6.30	26	26
	MC^2500	3.10 铜包铝	11.9	铝管	高密度聚乙烯	14.90	75±2	1.48	3.04	5.09	6.28	26	26
	TX10565J	3.28 铜包铝	13.2	铝管	高密度聚乙烯	15.90	75±2	1.48	3.0	5.12	6.30	26	26
75-14	BK-14-L	3.28 铜	13.3	铝管	高密度聚乙烯	16.5	75±1.5	1.42	2.85	5.10	6.25	26	26

屏蔽特性也是一个重要性能。屏蔽特性以屏蔽衰减（dB）表示，dB数越大表明电缆的屏蔽性能越好。电缆的屏蔽特性好，不但可防止周围环境中的电磁干扰影响本系统，也可防止电缆的传输信号泄漏而干扰其他设备。一般来说，金属管状的外导体具有最好的屏蔽特性，采用双层铝塑带和金属网也能获得较好的屏蔽效果。现在为了发展有线电视宽带综合业务网，生产了具有四层屏蔽的接入网同轴电缆，其屏蔽特性很好。

二、传输分配系统的设计

（一）用户分配系统的方式

基本方式有四种，如图6-31所示。

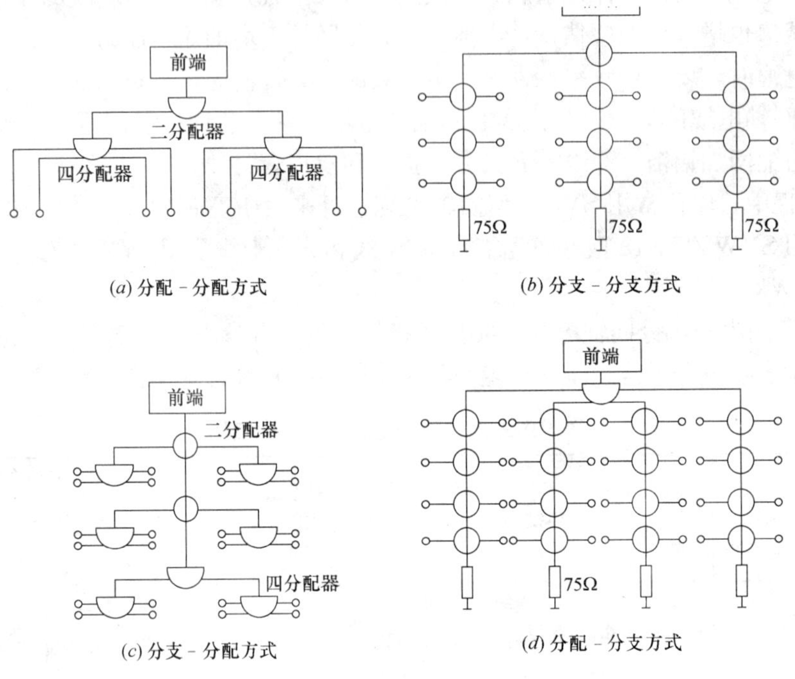

图6-31

（二）用户分配系统的设计

1. 分配系统的设计内容主要包括以下几项：

① 满足系统指标分配给分配系统的各种指标要求；

② 通过各种分支器、分配器的不同选取和组合，最终能使系统输出端口（用户端口）的电平值设计在70dBμV±5dBμV以内（非邻频系统）或65dBμV±4dBμV以内（邻频系统）；

③ 根据用户分布情况确定电平分配结构；

④ 设计延长放大器、用户分配放大器和分配网络电平值，对系统的各项指标进行验算；

⑤ 合理选择各段的电缆型号和其他器材；

⑥ 要考虑网络的未来发展，适合于未来的功能扩展，如双向网及信息高速公路等。

2. 合理选择分配系统所用器材

① 用户分配放大器。选择用户分配放大器应注意其频率范围、最大增益、最大输出电平、噪声系数等指标。除此之外，还应注意用户分配放大器的功能是否满足系统要求，如AGC功能、ALG功能、温度补偿功能等。考虑未来系统功能的扩展，用户分配放大器最好应留有反向放大模块的位置，以便于今后升级为双向传输网络，对放大器相关功能的选择要根据当地的具体条件结合干线放大器功能来确定。一般在整个系统中，放大器的功能选择不应完全一致，最好间隔使用不同功能的放大器，以弥补相互间的不足。由于用户分配放大器处于有源传输网络的末端，应选择最大传输电平尽可能大的放大器，以带动更多的用户。

② 电缆。对分配系统射频电缆的选择应根据系统传输信号的频率范围来考虑，如种类太多，将造

成更多的浪费，同时也给施工带来不便。一般支干线（用户分配放大器到各分支器、分配器之间的电缆）选用-9、-7 电缆；而由分支器、分配器输出口到用户终端盒选用-5 电缆。常见的组合形式是：干线-12、支干线-9、进户-5；或干线-12、支干线-7、进户-5。对电缆的损耗指标要根据系统相应的频率范围来查表或查看电缆产品说明书。

③ 分支器、分配器。对分支器、分配器的选择应考虑室内用还是室外用、过流型还是非过流型，以及频率范围、分配损耗、插入损耗、分支损耗等。对分配器的分配损耗一般可按下述参数考虑：

分配数	分配损耗
二分配	4dB
三分配	6dB
四分配	8dB
六分配	10dB

对分支器的插入损耗和分支损耗可以查表或查产品说明书。

对大楼（例如高层建筑）从上至下进行分配时，一般上层的分支衰减量应取大一些，下层的分支衰减量应小一些，这样才能保证上、下层用户端的电平基本相同。同时，分支器的主输出口空余时，也必须接 75Ω 的负载。

④ 用户盒。用户盒是有线电视系统最末端的部件。通常都安装在用户家里。有明装盒和暗装盒之分，有单孔（TV）和双孔（TV、FM）之分。由于现代有线电视系统中很少有传输 FM 信号的，所以现在大多选用单孔用户盒，很少选用双孔用户盒。

3. 分配系统各点电平的计算

分配系统各点电平的计算方法主要有正推法和倒推法两种。

① 正推法。以用户分配放大器输出电平为基础，从前往后逐步减去电缆损耗、分支分配器损耗，最后求出用户端口电平值，一直到电平不能再满足输出端口电平的要求为止。

② 倒推法。以分配网络最后一个用户端口电平为基础，非邻频传输系统用户端口电平为 70dB±5dB 以内，邻频传输系统为 65dB±4dB 以内，从后往前加上电缆损耗、分支分配器损耗，最后计算出放大器的输出电平，一直到用户分配放大器所能提供的最大输出电平为止。

用正推法计算分配网络各点电平比较符合人们的习惯，一般来说用户分配放大器的输出电平都是已知的，为了尽可能带动更多的用户，放大器输出电平一般都比较高，通常在 100～115dB 之间。这样由前向后推算比较直观，直到计算结果不能满足用户端口电平为止，不需反复计算调整放大器输出电平及各分支器、分配器的各种损耗。而倒推法首先是不符合人们的习惯，其次是倒推法计算的结果往往需要反复调整分支损耗且不易使各端口电平保持一致。所以，一般在工程设计时都采用正推法计算分配系统各点电平。

如果计算结果不能满足用户端口电平的规定值，就要调整前端设备的输出电平和改变分支损耗值，以适应用户端口电平的需要。必要时可增加用户分配放大器或衰减器，或调整用户分配放大器的斜率。改变分配方式时，要注意使各用户端口电平差尽可能小，一般应在 10dB 以内。用户分配放大器的输出电平也不能太高，一般最大输出电平为 120dB 左右，而实际调整用户分配放大器时应控制在 115dB 以内。同时还要注意到在电缆较长的分配网络中，电缆对高频道信号的衰减大，对低频道信号的衰减小，所以在计算电平分配时通常只在高频段和低频段各列举一个频道进行计算。

图 6-32 所示为采用分配-分支方式的小型无源分配系统。系统为邻频系统，频率范围为 55～550MHz，支线采用 SYWV-75-9 电缆，其在信号频率高、低端的衰减量分别为 7.73dB/100m 和 2.25dB/100m。从分支器到用户端口采田 SYWV-75-5 电缆，其在信号频率高、低端的衰减量分别为 14.72dB/100m 和 4.40dB/100m。四分配器的分配损耗为 8dB，四分支器的分支损耗和插入损耗如表 6-21 所示。系统结构如图 6-32 所示。其计算过程如下。

四分支器损耗（dB）　　**表 6-21**

序号	1	2	3	4	5	6
插入损耗	4.2	3.6	2.2	1.2	1.0	1.0
分支损耗	8	12	16	20	24	28

用户分配放大器输出电平为110dB，斜率为10dB，四分配器输出端电平为102dB（92dB）。

第一支路：括号内为频率低端电平。

分支器1输入电平＝102－0.5×7.73＝98.14（dB）
（92－0.5×2.25＝90.88dB）

用户①端口电平＝98.14－28－0.15×14.72＝67.94（dB）
（90.88－28－0.15×4.4＝62.22dB）

分支器2输入电平＝98.14－1－0.03×7.73＝96.91（dB）
（90.88－1－0.03×2.25＝89.81dB）

用户②端口电平＝96.91－28－0.15×14.72＝66.71（dB）
（89.81－28－0.15×4.4＝61.15dB）

分支器3输入电平＝96.91－1－0.03×7.73＝95.68（dB）
（89.81－1－0.03×2.25＝88.74dB）

用户③端口电平＝95.68－24－0.15×14.77＝69.48（dB）
（88.74－24－0.15×4.4＝64.08dB）

分支器4输入电平＝95.68－1－0.03×7.73＝94.45（dB）
（88.74－1－0.03×2.25＝87.67dB）

用户④端口电平＝94.45－24－0.15×14.77＝68.25（dB）
（87.67－24－0.15×4.4＝63.01dB）

分支器5输入电平＝94.45－1－0.03×7.73＝93.22（dB）
（87.67－1－0.03×2.25＝86.60dB）

用户⑤端口电平＝93.22－24－0.15×14.77＝67.02（dB）
（86.60－24－0.15×4.4＝61.94dB）

分支器6输入电平＝93.22－1－0.03×7.73＝91.99（dB）
（86.60－1－0.03×2.25＝85.53dB）

用户⑥端口电平＝91.99－20－0.15×14.77＝69.79（dB）
（85.53－20－0.15×4.4＝64.87dB）

依此类推，可以计算出各支路、各用户端口电平，如图6-32所示。由于2、3支路相同，只计算一路即可。

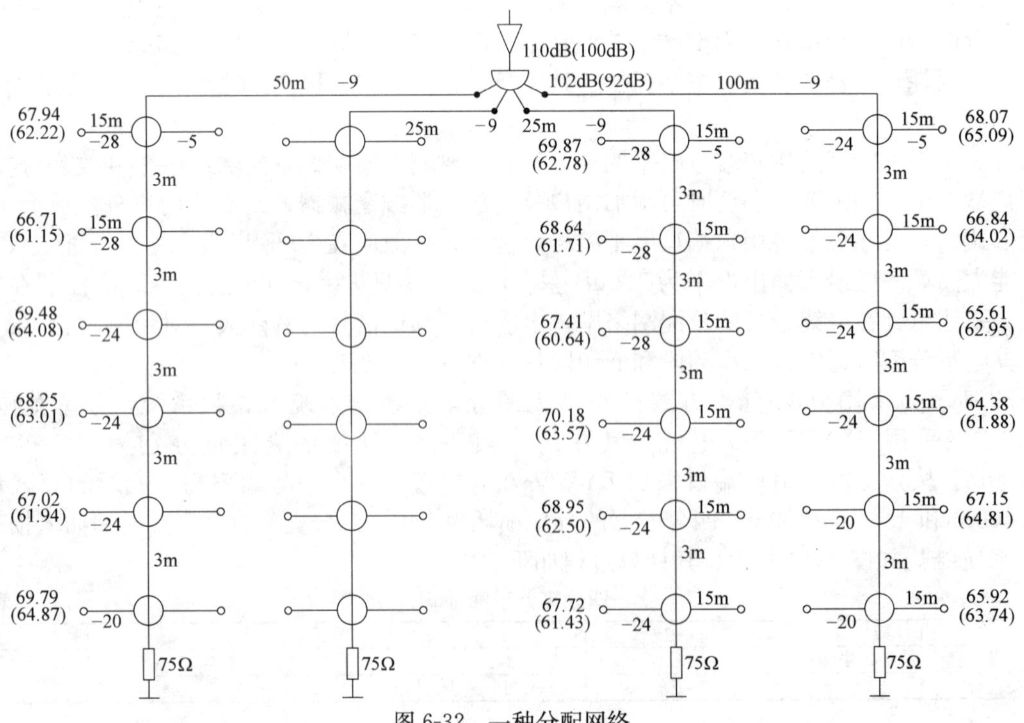

图6-32　一种分配网络

三、传输分配系统的工程举例

【例 1】 有一幢 18 层高层住宅大楼，楼层间距为 2.8m，每层为 8 个用户（有的为 7 户），要求接收 5、8、14、20 四个频道电视节目，试设计该系统，并画出其施工设计图。

设计成的系统图如图 6-33 所示。图 6-34 为标准层的平面图。其 1-1 剖面图如图 6-35（*a*）所示，图中市有线电视网的电缆由一层挂墙引入，直往上至顶层机房，接入前端的输出处，用作接收市有线电视节目时使用。市有线电视网电缆也可埋地（埋深 0.6～0.8m）引入，如图 6-35（*a*）下部的虚线所示。共用天线机房设在顶层，其平面图如图 6-35（*b*）所示，分前端箱则设在第 9 层。图 6-35（*c*）是 18 层屋顶的平面图，图中标出天线基础的位置。该系统的分干线电缆采用 SYKV-75-9 型。从分支器到用户线采用 SYKV-75-5 型，穿管 DG20。

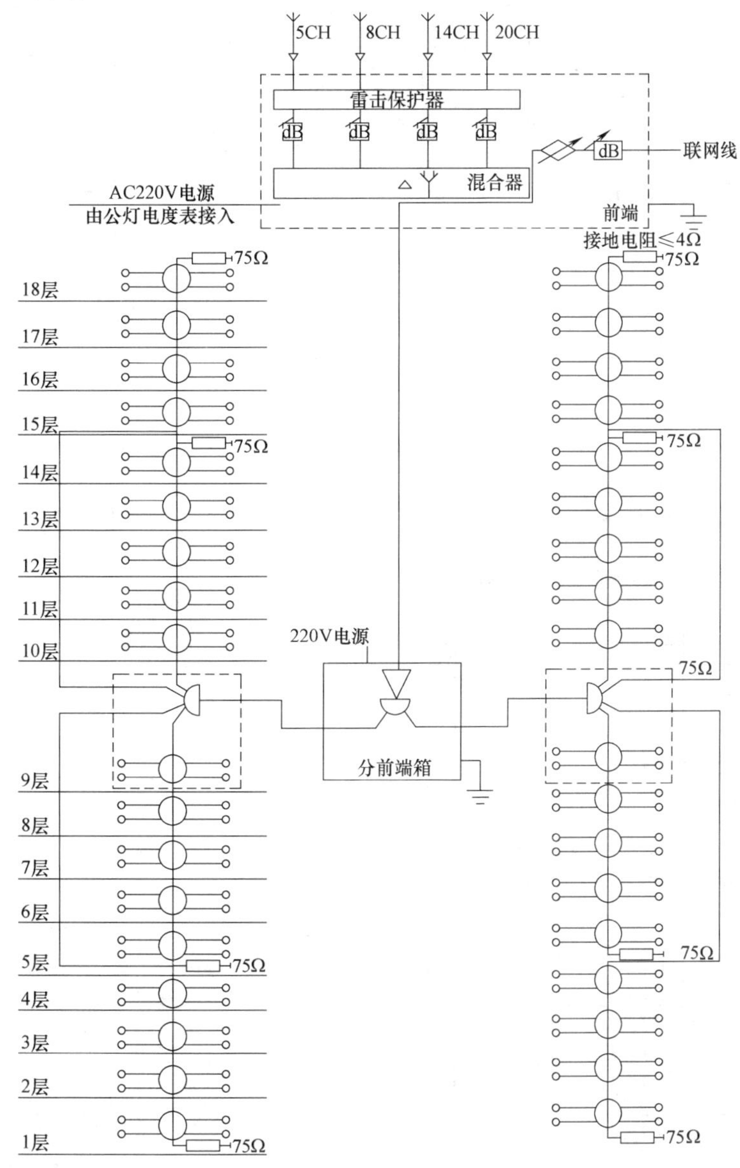

图 6-33 18 层住宅楼系统设计图

【例 2】 某高层宾馆的 CATV 系统。

图 6-36 为某高层宾馆的 CATV 的传输分配系统图。它采取分支—分配—分支方式，这种方式设计计算简便，调试容易，通过各分支干线上的放大器的调整，可以方便地使各用户终端满足各项指标要求。各楼层的分支器分配在图中只画出两层（即图中右侧的第 15、26 两层），其他各层与这类似，为节省篇幅而省略未画。前端设备可参阅图 6-29。

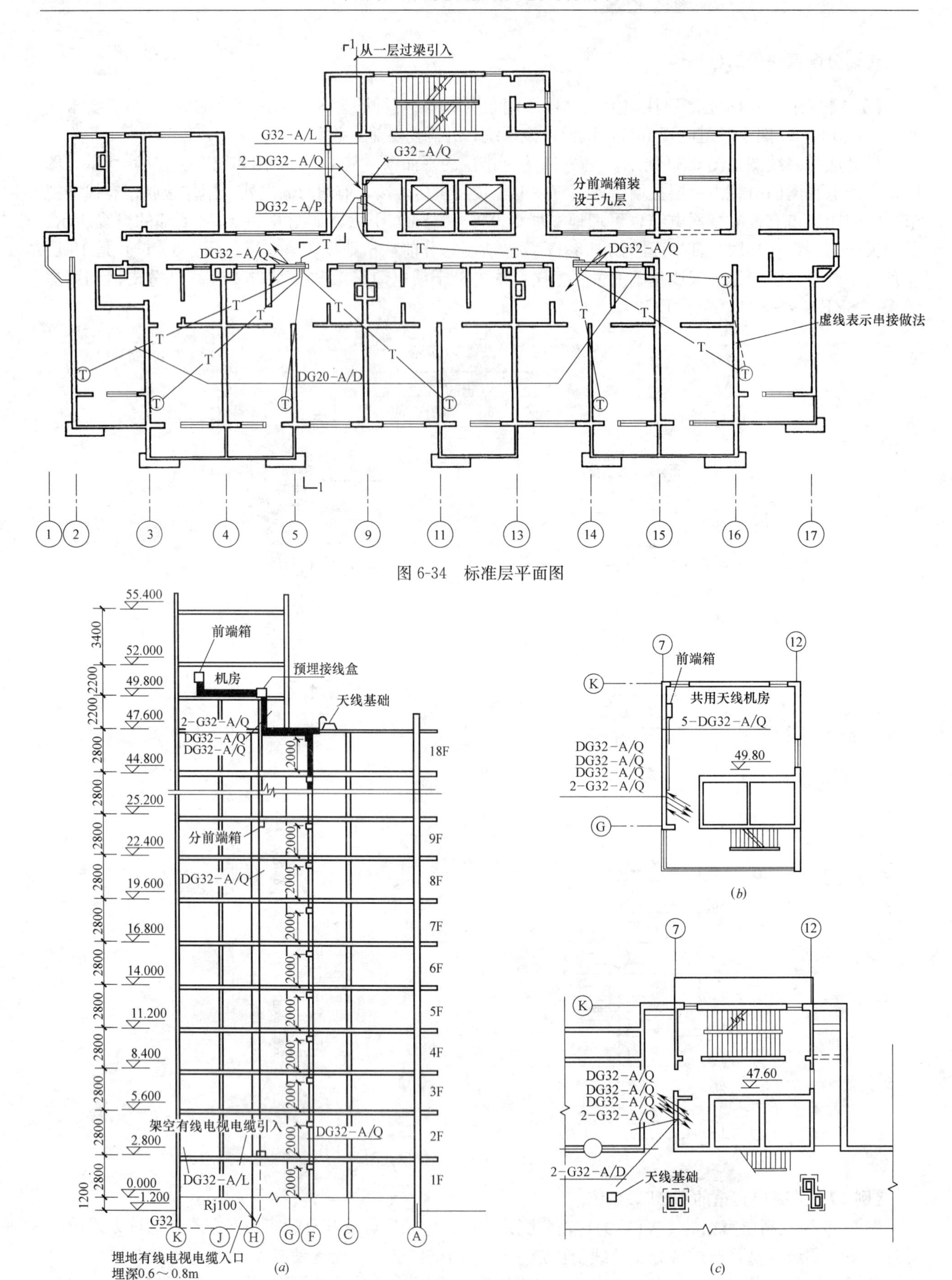

图 6-34　标准层平面图

图 6-35　平、剖面图

(*a*) 1-1 剖面图；(*b*) 机房平面图；(*c*) 18 层屋顶平面图

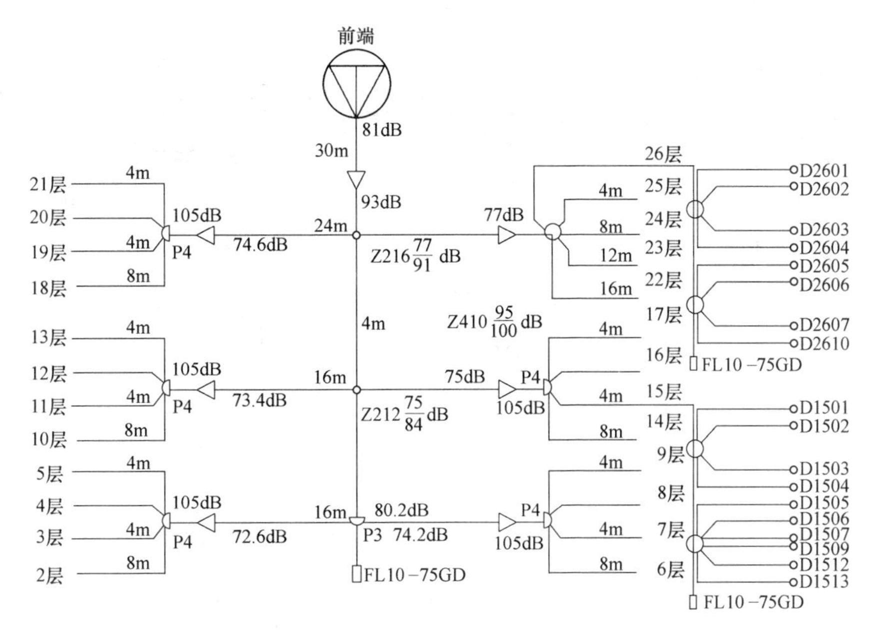

图 6-36　某高层宾馆 CATV 传输分配系统图

第七节　传输分配系统的施工

一、建筑物之间的线路施工

1. 建筑物间线路架空敷设要求

(1) 从支撑杆上引入电缆跨过街道或庭院时，电缆架设最小高度应大于 5m。电缆在固定到建筑物上时，应安装吊钩和电缆夹板，电缆在进入到建筑物之前先做一个 10cm 的滴水弯。

(2) 在居民小区内建筑物间跨线时，有车道的地方不低于 4.5m，无车道的地方不低于 4m。

(3) 建筑物间电缆的架设，应根据电缆及钢绞线的自重而采用不同的结构安装方式，如图 6-37 所示。其中图 (*a*)、(*b*) 为两种不同结构的安装方式，进出建筑物的电缆应穿带滴水弯的钢管敷设，钢管在建筑物上安装完毕后，应对墙体按原貌修复。

(4) 在架设电缆时，一般要求建筑物间电缆跨距不得大于 50m，在其跨距大于 50m 时，应在中间另加立杆支撑。在跨距大于 20m 的建筑物间的吊线，采用规格为 1×7-4.2mm 的钢绞线，在跨距小于 20mm 的建筑物间的吊线可用 1×7-2.4mm；同一条吊线最多吊挂两根电缆，用电缆挂钩将支线电缆挂在吊线上面，挂钩间距为 0.5m，如图 6-38 所示。

2. 建筑物间线路暗埋敷设要求

建筑物间跨线需暗埋时，应加钢管保护，埋深不得小于 0.8m，钢管出地面后应高出地面 2.5m 以上，用卡环固定在墙上，电缆出口加防雨保护罩。

3. 建筑物上沿墙敷设电缆要求

(1) 在建筑物上安装的墙担（拉台）应在一层至二层楼之间，墙担间距不超过 15m，墙担用 ϕ10 膨胀螺栓固定在建筑物外墙上，电缆经过建筑物转角处要安装转角担，电缆终端处安装终端担。

(2) 沿建筑物外墙敷设的吊线可用 1×7-2.4mm 的钢绞线，钢绞线应架在一、二层间空余处，以不影响开窗为宜。

(3) 电缆沿墙敷设应横平竖直，弯曲自然，符合弯曲半径要求。挂钩或线卡间距为 0.5m。

二、建筑物内的电缆敷设

建筑物内的电缆敷设按新旧建筑物分成明装和暗装两种方式。

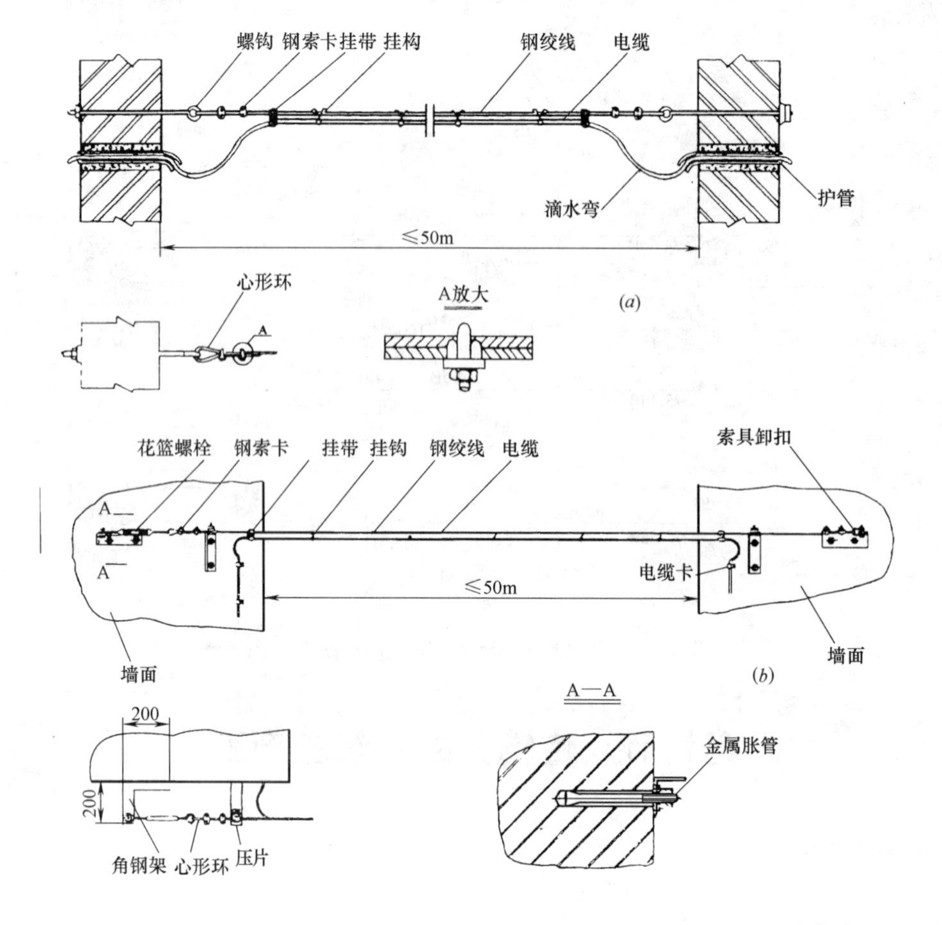

图 6-37　支线电缆跨接方式

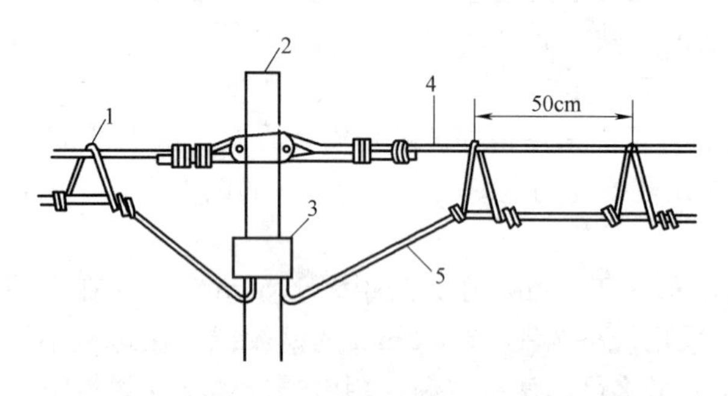

图 6-38　架空明线的安装示意图

1—电缆挂环；2—电杆；3—干线部件防水箱；4—钢丝；5—电缆

1. 建筑物内电缆的明装要求

（1）电缆由建筑物门栋窗户侧墙打孔进入楼道，孔内要求穿带防水弯的钢管保护，以免雨水进入，电缆要留滴水弯，在钢绞线处用绑线扎牢。

（2）电缆进入建筑物内后，需沿楼梯墙上方用钢钉卡或木螺丝加铁卡，将电缆固定并引至分支盒，电缆转弯处要注意电缆的弯曲半径要求。电缆卡之间的间距为 0.5m，如图 6-39 所示。

（3）楼层之间的电缆必须加装不少于 2m 长的保护管加以保护。一种是用分支器箱配 ϕ45mm 或 ϕ30mm 的镀锌钢管保护，分支器放在分支盒内，钢管用铁卡环固定在墙上；另一种是用铁盒或塑料防水盒配 ϕ20～ϕ25mm 的 PVC 管保护，分支器放在防水盒内，PVC 管用铁卡加膨胀管木螺丝固定在墙上。

（4）电缆的敷设过程中，不得对电缆进行挤压、扭绞及施加过大拉力，外皮不得有破损。

2. 建筑物内电缆的暗装要求

对于新建房屋应采用分支—分配式设计并暗管预埋。电缆的暗装是指电缆在管道、线槽、竖井内敷设。有线电视系统管线是由建筑设计人员进行设计的，不同建筑物内的管道设计会有所不同。有的宾馆、饭店和写字楼的各种专用线路，包括有线系统是利用竖井和顶棚中的线槽或管道敷设的。砖结构建筑物的管道是在建筑施工时预埋在墙中，而板状结构建筑物的管道可事先预埋浇注在板墙内。敷设电缆时必须按照建筑设计图纸施工。电缆的暗装如图 6-40 所示。

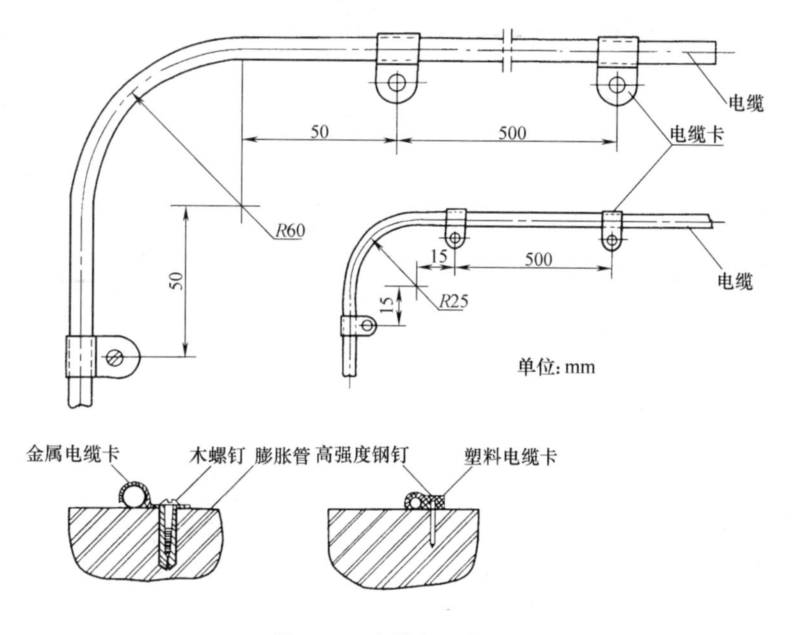

图 6-39　电缆的固定方法

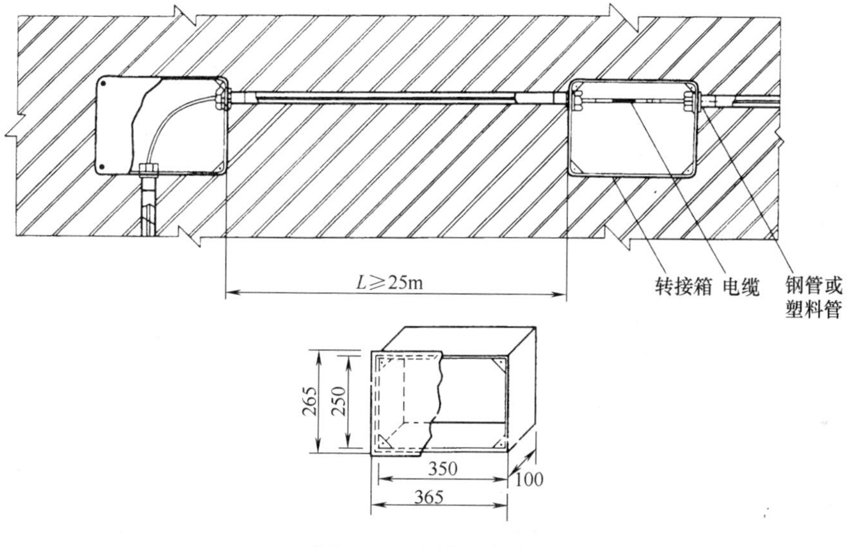

图 6-40　电缆的暗装

在管道中敷设电缆时应注意下列问题：

(1) 电缆管道在大于 25m 及转弯时，应在管道中间及拐角处配装预埋盒，以利电缆顺利穿过。

(2) 预埋的管道内要穿有细铁丝（称为带丝），以便拉入电缆；管道口要用软物或专用塑料帽堵上，以防泥浆、碎石等杂物进入管道中。

(3) 电缆在线槽或竖井内敷设时，要求电缆与其他线路分开走线，以避免出现对电视信号的干扰。

(4) 敷设电缆的两端应留有一定的余量，并要在端口上做上标记，以免将输入、输出线搞混。

三、分配系统的安装

分配系统在有线电视系统中分布最广，也最贴近用户，主要设备和装置有：分配放大器、分配器、分支器、终端盒及电缆等。

(一) 电缆接头要求

电缆经连接器接入分配放入器，所用的连接器型号由分配放大器输入口决定。一般要求对 SYWV-75-9、SYWV-75-12 型电缆应使用针形连接器，而不提倡使用冷压或环加 F 形连接器；对 SYWV-75-7

型电缆应使用带针防水 F 形连接器，如图 6-41 所示；对 SYWV-75-5 型电缆可使用冷压或环加 F 形连接器，如图 6-42 所示。

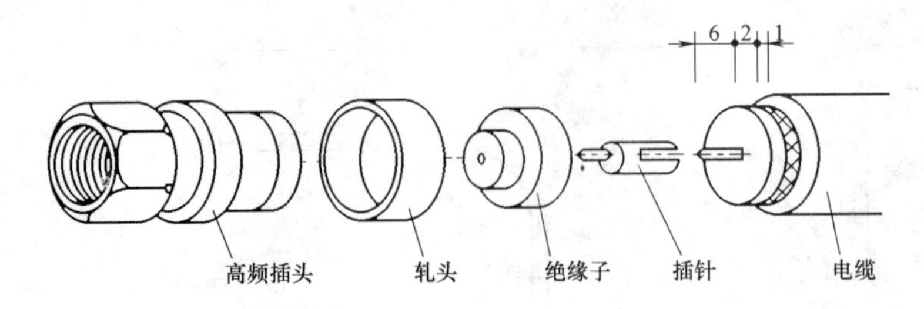

图 6-41　带插针的 F 形连接器

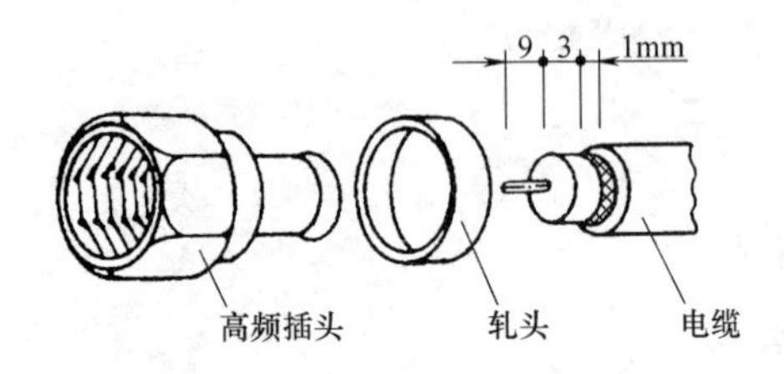

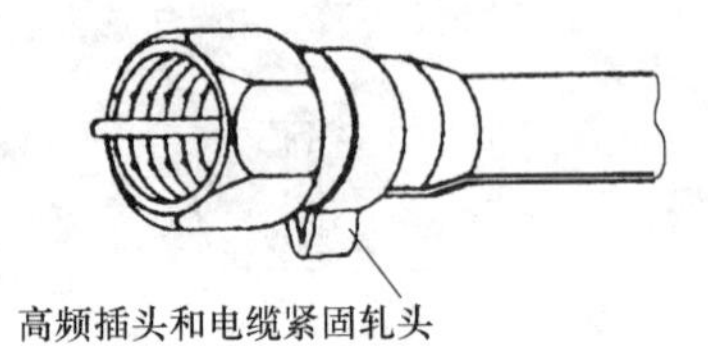

图 6-42　环加 F 形连接器

（二）分配放大器的安装要求

根据建筑物的设计方案的不同，分配放大器可能安装在室外，也可能安装在室内。

（1）在建筑物外安装分配放大器，应使用防水型分配放大器，其安装方法与干线放大器相同。

（2）新建房屋可将分配放大器安装在预埋的分前端箱内。

（3）在建筑物内明装情况下，应在不影响人行的位置安装铁箱，箱体底部距楼道地面不低于 1.8m，将分配放大器安装在铁箱内。

（三）分支器、分配器的安装要求

分配系统所用分支器、分配器的输入、输出端口通常是 F 形插座（分英制、公制两种），可配接 F 形冷压接头，各空接端口应接 75Ω 终端负载。

1. 分支、分配器的明装要求

（1）安装方法是按照部件的安装孔位，用 ϕ16mm 合金钻头打孔后，塞进塑料膨胀管，再用木螺丝对准安装孔加以紧固。塑料型分支器、分配器或安装孔在盒盖内的金属型分配分支器，则要揭开盒盖对准安装盒钻眼；压铸型分配、分支器，则对准安装孔钻眼。

（2）对于非防水型分配器和分支器，明装的位置一般是在分配器箱内或走廊、阳台下面，必须注意防止雨淋受潮，连接电缆水平部分留出长 250～300mm 左右的余量。然后导线向下弯曲，以防雨水顺电缆流入部件内部。

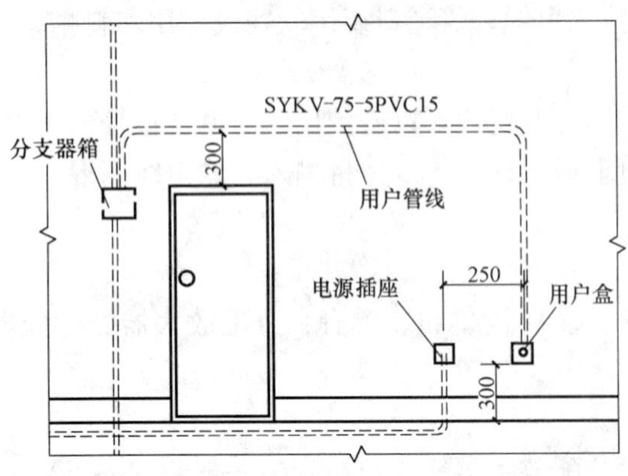

图 6-43　用户盒安装位置

2. 分支、分配器的暗装要求

暗装有木箱与铁箱两种，并装有单扇或双扇箱门，颜色尽量与墙面相同。在木箱上装分配器或分支器时，可按安装孔位置，直接用木螺丝固定。采用铁箱结构，可利用二层板将分配器或分支器固定在二层板上，再将二层板固定在铁箱上。

（四）用户盒安装

用户盒也分明装与暗装，明装用户盒（插座）只有塑料盒一种，暗装盒又有塑料盒、铁盒两种，应根据施工图要求进行安装。一般盒底边距地 0.3～

1.8m，用户盒与电源插座盒应尽量靠近，间距一般为0.25m，如图6-43所示。

1. 明装

明装用户盒直接用塑料胀管和木螺丝固定在墙上，因盒突出墙体，应特别注意在墙上明装，施工时要注意保护，以免碰坏。

2. 暗装

暗装用户盒应在土建主体施工时将盒与电缆保护管预先埋入墙体内，盒口应和墙体抹灰面平齐，待装饰工程结束后，进行穿放电缆，接线安装盒体面板。面板应紧贴建筑物表面。

用户终端盒是系统与用户电视机连接的端口。用户盒的面板有单孔（TV）和双孔（TV、FM），盒底的尺寸是统一的，如图6-44所示。一般统一的安装在室内安放电视机位置附近的墙壁上，但每幢楼或每个单元的布线及用户终端盒的安装应统一在一边。用户终端盒的安装要求牢固、端正、美观，接线牢靠。

用户电缆应从门框上端附近钻孔进入住户，用塑料钉卡住钉牢，卡距应小于0.4m，布线要横平竖直，弯曲自然，符合弯曲半径要求。用户盒的安装如图6-44（明装）和图6-45（暗装）所示。用户盒无论明装还是暗装，盒内均应留有约100～150mm的电缆余量，以便安装和维修时使用。

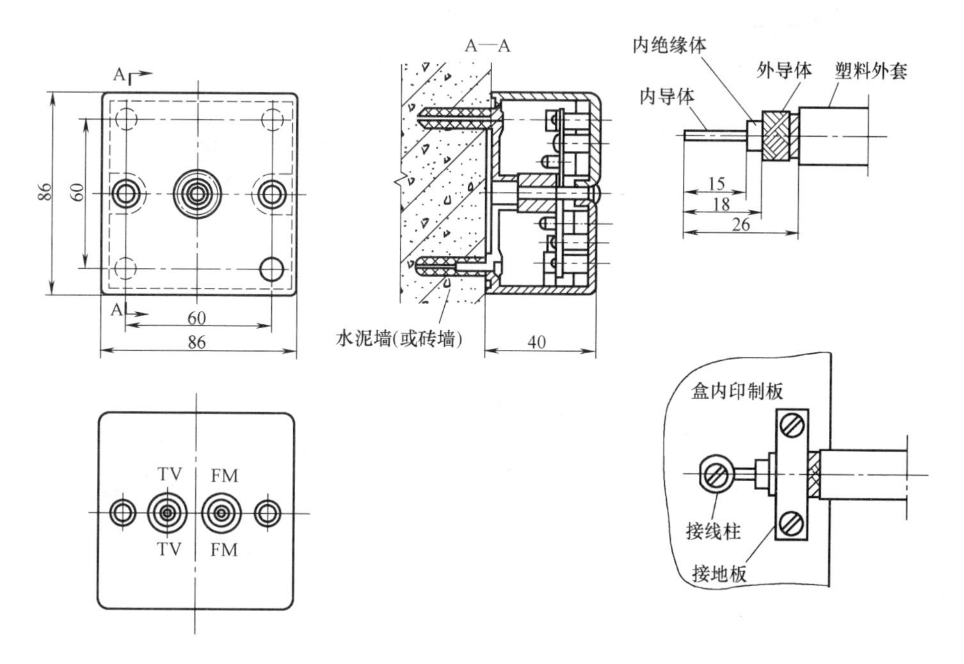

图6-44　用户盒（串接—分支）明装示意图

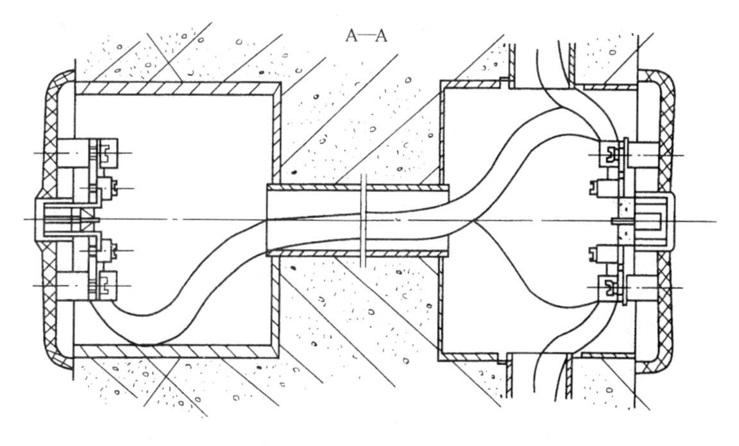

图6-45　相邻两个用户盒的安装法（暗装）

第七章　视频监控系统

第一节　系统构成与设计要求

一、视频监控系统的系统构成

1. 视频监控系统（英文缩写 CCTV），亦称视频安防监控系统，包括前端设备、传输设备、处理/控制设备和记录/显示设备四部分。

2. 根据对视频图像信号处理/控制方式的不同，视频安防监控系统结构宜分为以下模式：

（1）简单对应模式：监视器和摄像机简单对应（图 7-1 和图 7-2）。

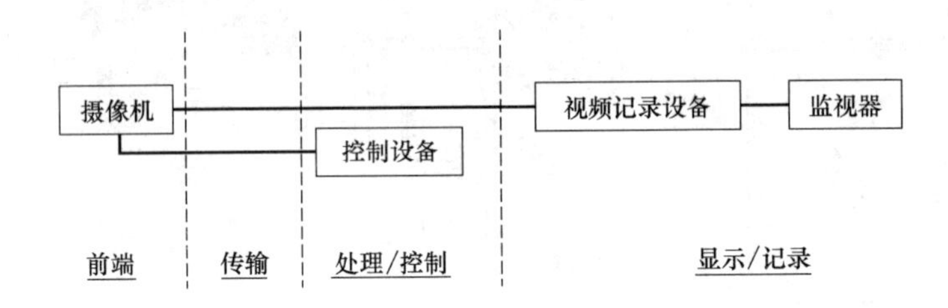

图 7-1　简单对应模式

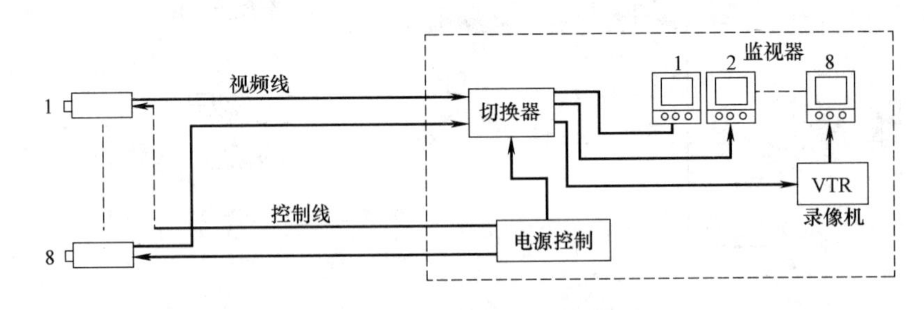

图 7-2　简单监控系统

（2）时序切换模式：视频输出中至少有一路可进行视频图像的时序切换（图 7-3 和图 7-4）。

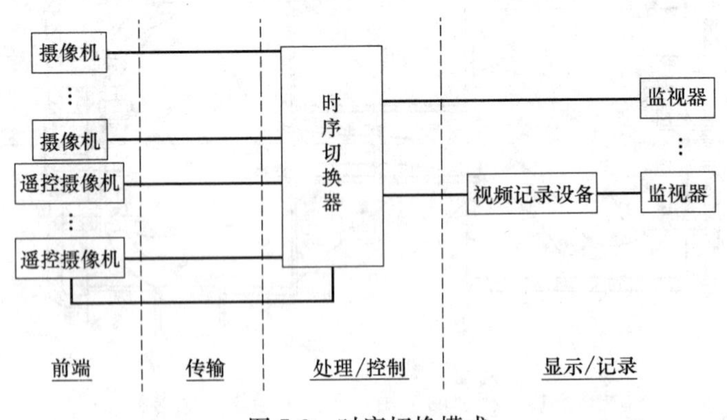

图 7-3　时序切换模式

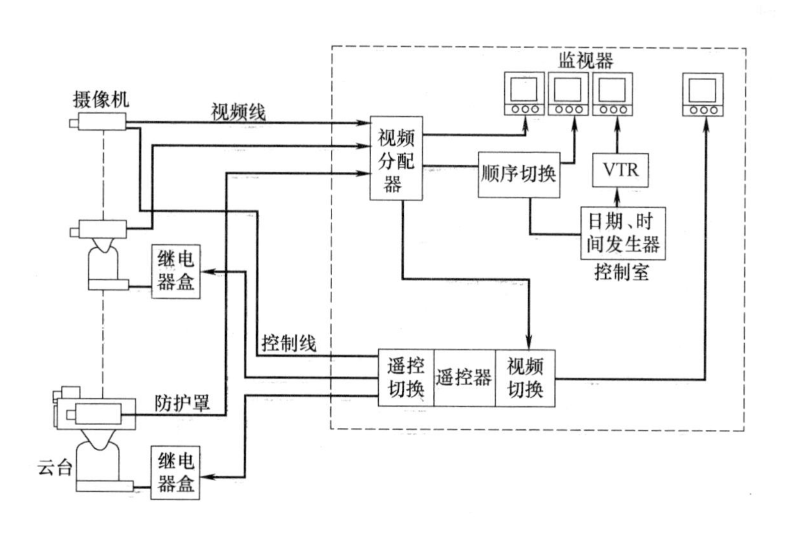

图 7-4　时序切换和间接遥控系统

（3）矩阵切换模式：可以通过任一控制键盘，将任意一路前端视频输入信号切换到任意一路输出的监视器上，并可编制各种时序切换程序（图 7-5 和图 7-6）。

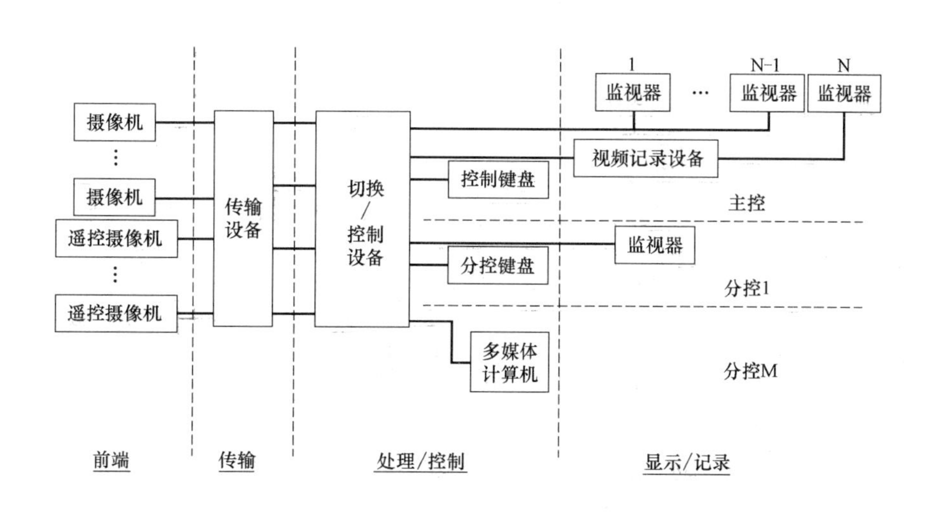

图 7-5　矩阵切换模式

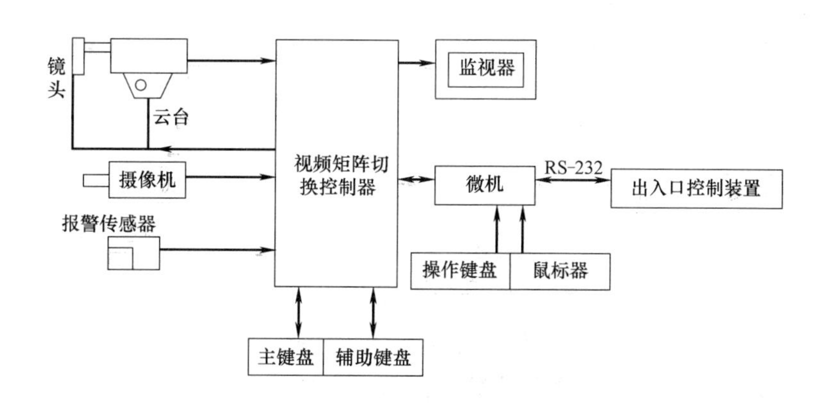

图 7-6　微机加矩阵切换器方框图

图 7-7 是采用矩阵切换方式的电视监控系统示例。

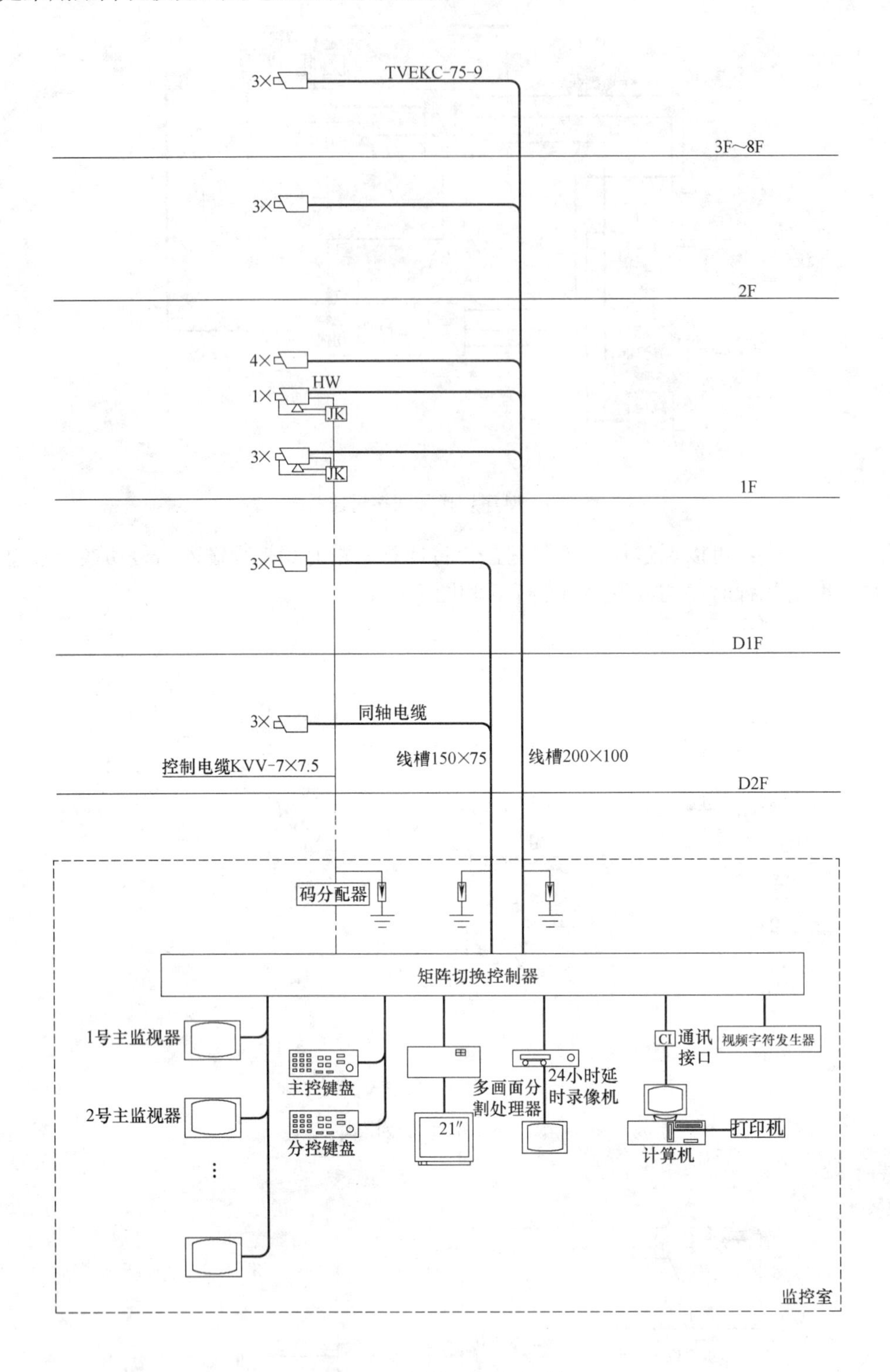

图 7-7　电视监控系统示例

注　1. 摄像机配管图中未注管路的均为 RC25。

2. 四层为 3×，五~七层为 4×，顶层 2×。

（4）数字视频网络虚拟交换/切换模式：模拟摄像机增加数字编码功能，被称作网络摄像机，数字视频前端可以是网络摄像机，也可以是别的数字摄像机。数字交换传输网络可以是以太网和 DDN、SDH 等传输网络。数字编码设备可采用具有记录功能的 DVR 或视频服务器，数字视频的处理、控制和记录措施可以在前端、传输和显示的任何环节实施（图 7-8）。

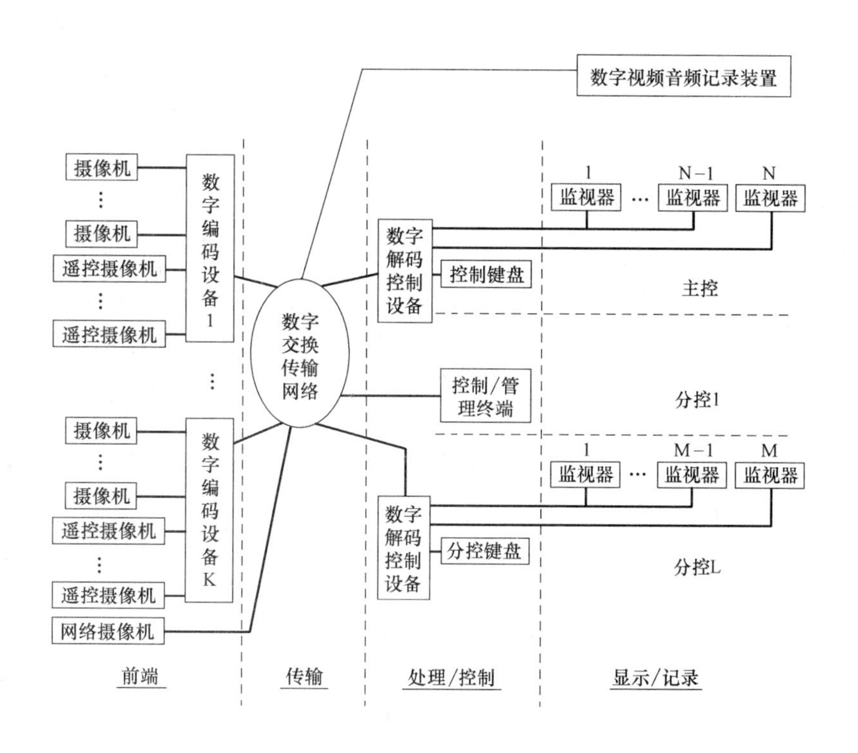

图 7-8　数字视频网络虚拟交换/切换模式

视频安防监控系统示意图示例见图 7-9（a）、（b）。

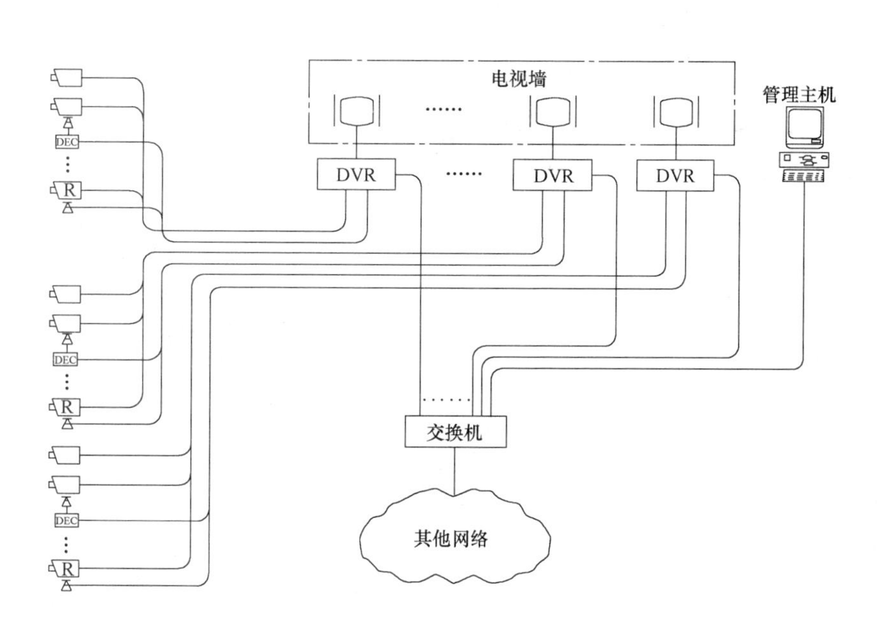

图 7-9（a）　视频监控系统示例之一

注：1. 本系统为采用数字录像机监控及记录的视频监控系统。数字录像机（DVR）构成本地局域网，由管理主机统一控制。电视墙图像信号直接来自数字录像机的输出。

2. 数字录像机构成的本地网络经过一定的安全防护措施，可与其他网络连通，将数字视频信号送到其他网络终端上去。

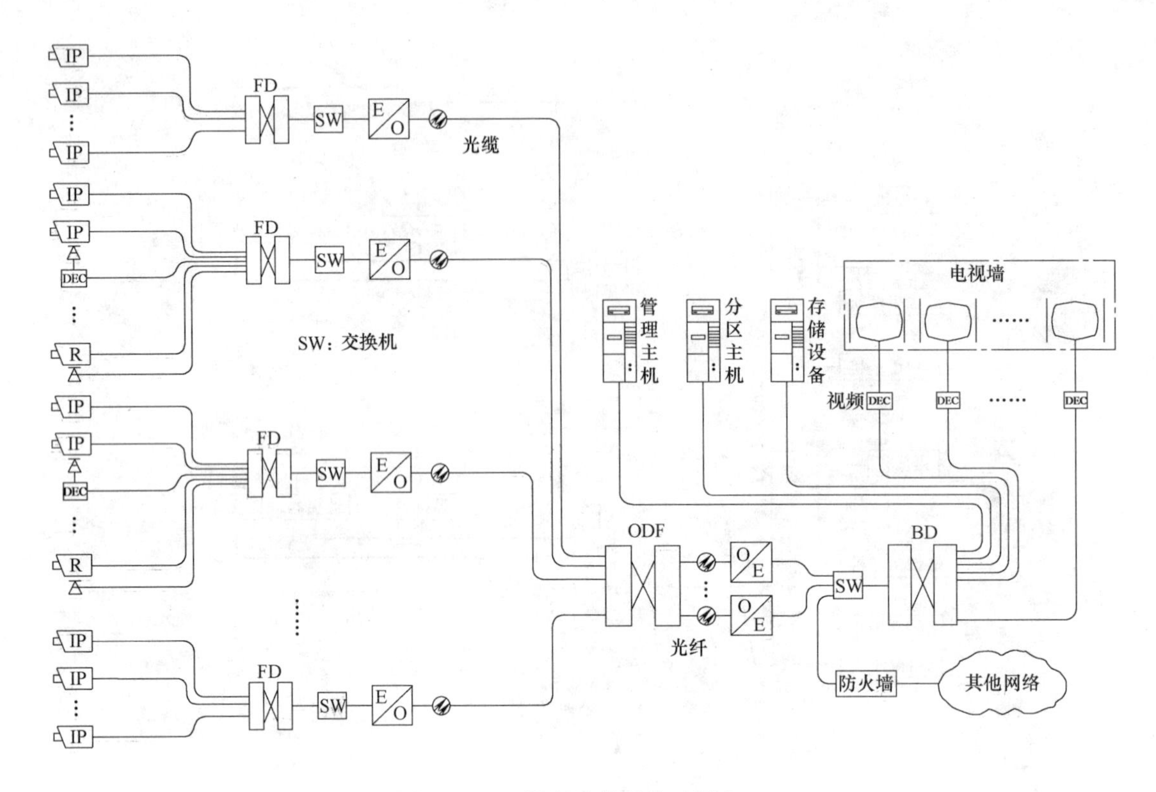

图 7-9（*b*）　视频监控系统示例之二

注：1. 本系统为数字视频网络虚拟交换/切换模式的视频监控系统，摄像机采用具有数字视频信号输出的网络摄像机。

2. 本系统采用集中存储方式。若采用分布存储方式时，要求增加具有本地数字视频数据存储的视频服务器或数字录像机。

视频监控系统已有三代发展历史：

（1）全模拟图像监控方式。主要由摄像机、视频矩阵、监视器、录像机组成，采用模拟方式传输，如图 7-2、图 7-4、图 7-6 及图 7-7 所示。

（2）基于 DVR（硬盘录像机）技术的模拟＋数字混合监控方式。前端摄像机采用模拟方式传输，后端用 DVR 完成数字图像处理、压缩、录像、显示和网络传输。见图 7-9、图 7-10。

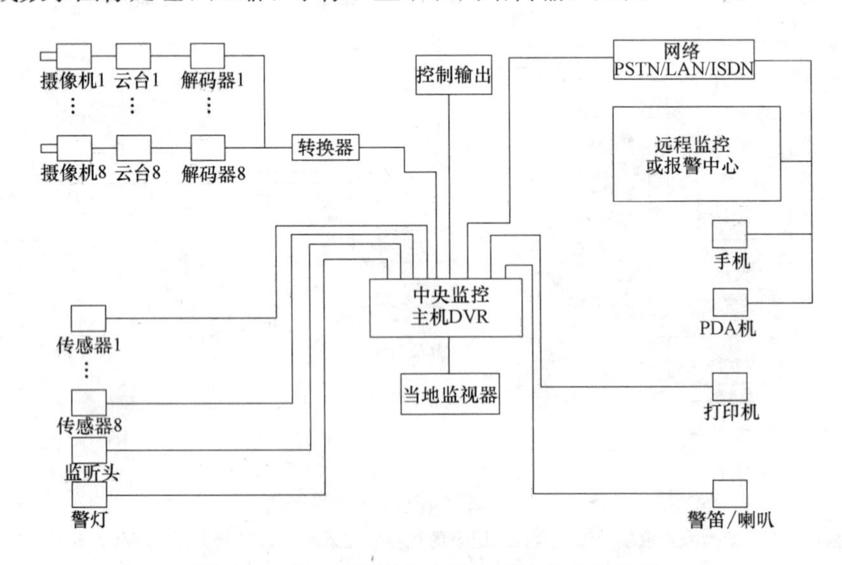

图 7-10　以 DVR 为核心的小型视频监控系统

（3）全数字化网络监控方式。摄像信号经数字压缩，送到网络或服务器，网络上用户可通过软件或浏览器观看图像，并可控制云台镜头等。见图 7-9（*b*）。

表7-1给出电视监控系统的三个发展进程。

视频监控的发展进程　　表7-1

项目＼代别	第一代(模拟矩阵)	第二代(多媒体主机或DVR)	第三代(网络虚拟矩阵)
前端	普通摄像机、高速球	同第一代	网络摄像机、网络高速球"第一代"的前端设备＋网络视频接入器
传输	视频:视频电缆 控制:双绞缆 电源:电源电缆	同第一代	视频、控制：网线 电源:电源电缆
后端	矩阵 画面分割器 切换器 录像机(或DVR) 监视器	多媒体控制主机或DVR 监视器 多媒体监控系统控制软件	可上网的普通电脑 系统管理及控制软件
互联互通	仅可"一对一" 不可"互联互通"	同第一代	可以"互联互通",通过上网在普通浏览器下即可进行,无需特殊软件支持,"想在哪看,就在哪看"
传输方式	摄像头与监控者是一对一式的传输	同第一代	摄像头与监控者是通过网络形式传输,不是一对一式传输
线缆利用	一条视频线上只能传一路视频	同第一代	多路视频和控制可以在一条网线上反复用
监控主机选择	监控主机的输入/输出路数需固定且扩容困难	同第一代	视频输入/输出路数可任意由软件设定,无需硬件扩容,十分方便
视频监控输入/输出	每路输入或输出视频均需一路电缆与主机相连,导致成捆电缆进入监控室,并接入主机	同第一代	"一根网线"进主控室和主控电脑相联,即构成控制主机
增减前端摄像机	增减前后端摄像机时需重新布线	同第一代	无需在工程前认真设计监控系统,可随时增减、更改前端摄像头位置
设置分控	分控监视器需逐一布线连接	某些DVR和多媒体主机可通过网络增设分控	在网络内可任意设置分控而无需再布线
实现远程监控	实现远程联网困难	可实现远程监控,但操控不方便	十分方便实现远程联网,无需增加任何其他设备
控制协议	高速球、解码器与主机协议需一致,某些视频主机协议不公开	同第一代	网络协议是国际统一标准,不存在主机与高速球、解码器等协议兼容问题

二、视频监控系统的功能和性能

（一）视频监控系统的功能要求

1. 应根据各类建筑物安全防范管理的需要，对建筑物内（外）的主要公共活动场所、通道、电梯及重要部位等进行视频探测、图像实时监视和有效记录、回放。监视图像信息和声音信息应具有原始完整性。

2. 系统的画面显示应能任意编程，能自动或手动切换，画面上应用摄像机的编号、部位、地址和时间、日期显示。系统记录的图像信息应包含图像编号、地址、记录时的时间和日期。

3. 矩阵切换和数字视频网络虚拟交换/切换模式的系统应具有系统信息存储功能，在供电中断或关机后，对所有编程信息和时间信息均应保持。

4. 系统应能独立运行，也能与入侵报警系统，出入口控制系统、火灾报警系统、电梯控制等系统联动。当发生报警或其他系统向视频系统发出联动信号时，系统能按照预定工作模式，切换出相应部位的图像至指定监视器上，并能启动视频记录设备，其联动响应时间不大于4s。

5. 辅助照明联动应与相应联动摄像机的图像显示协调同步。同时具有音频监控能力的系统宜具有视频音频同步切换的能力。

6. 系统应预留与安全防范管理系统联网的接口，实现安全防范管理系统对视频安防监控系统的智能化管理与控制。

（二）视频监控系统的性能指标

1. 在正常工作照明条件下模拟复合视频信号应符合以下规定：

视频信号输出幅度　　$1V_{P-P}\pm3dB$ VBS（全电视信号）

实时显示黑白电视水平清晰度　　≥400TVL

实时显示彩色电视水平清晰度　　≥270TVL

回放图像中心水平清晰度　　≥220TVL

黑白电视灰度等级　　≥8

随机信噪比　　≥36dB

2. 在正常工作照明条件下数字信号应符合以下规定：

单路画面像素数量　　≥352×288（CIF）

单路显示基本帧率：　　≥25fps

数字视频的最终显示清晰度应满足本条第1款的要求。

3. 图像质量的主观评价，可采用五级损伤制评定，图像等级应符合表7-2的规定。系统在正常工作条件下，监视图像质量不应低于4级，回放图像质量不应低于3级。在允许的最恶劣工作条件下或应急照明情况下，监视图像质量不应低于3级；在显示屏上应能有效识别目标。

五级损伤制评定图像等级　　**表7-2**

图像等级	图像质量损伤主观评价	图像等级	图像质量损伤主观评价
5	不觉察损伤或干扰	2	损伤或干扰较严重，令人相当讨厌
4	稍有觉察损伤或干扰，但不令人讨厌	1	损伤或干扰极严重，不能观看
3	有明显损伤或干扰，令人感到讨厌		

4. 视频安防监控系统的制式应与通用的电视制式一致；选用设备、部件的视频输入和输出阻抗以及电缆的特性阻抗均应为75Ω，音频设备的输入、输出阻抗为高阻抗。

5. 沿警戒线设置的视频安防监控系统，宜对沿警戒线5m宽的警戒范围实现无盲区监控；

6. 系统应自成网络独立运行，并宜与入侵报警系统、出入口控制系统、火灾自动报警系统及摄像机辅助照明装置联动；当与入侵报警系统联动时，系统应对报警现场进行声音或图像复核。

三、视频监控系统的摄像设防要求

1. 重要建筑物周界宜设置监控摄像机；

2. 地面层出入口、电梯轿厢宜设置监控摄像机；停车库（场）出入口和停车库（场）内宜设置监控摄像机；

3. 重要通道应设置监控摄像机，各楼层通道宜设置监控摄像机；电梯厅和自动扶梯口，宜预留视频监控系统管线和接口；

4. 集中收款处、重要物品库房、重要设备机房应设置监控摄像机；

5. 通用型建筑物摄像机的设置部位应符合表7-3的规定。

摄像机的设置部位　　**表7-3**

建设项目 / 部位	饭店	商场	办公楼	商住楼	住宅	会议展览	文化中心	医院	体育场馆	学校
主要出入口	★	★	★	★	☆	★	★	★	★	☆
主要通道	★	★	★	★	△	★	★	★	★	☆

续表

部位＼建设项目	饭店	商场	办公楼	商住楼	住宅	会议展览	文化中心	医院	体育场馆	学校
大堂	★	☆	☆	☆	☆	☆	☆	☆	☆	△
总服务台	★	☆	△	△	—	☆	☆	△	☆	—
电梯厅	△	☆	☆	△	—	☆	☆	☆	☆	△
电梯轿厢	★	★	☆	△	△	★	☆	☆	☆	△
财务、收银	★	★	★	—	—	★	☆	★	☆	☆
卸货处	☆	★	—	—	—	★	—	☆	—	—
多功能厅	☆	△	△	△	—	☆	☆	△	△	△
重要机房或其出入口	★	★	★	☆	☆	★	★	★	★	☆
避难层	★	—	★	★	—	—	—	—	—	—
检票、检查处	—	—	—	—	—	☆	☆	—	★	△
停车库(场)	★	★	★	☆	△	☆	☆	☆	☆	△
室外广场	☆	☆	☆	△	—	☆	☆	△	☆	☆

注：★应设置摄像机的部位；☆宜设置摄像机的部位；△可设置或预埋管线部位。

第二节　摄像机及其布置

一、摄像机分类

摄像机处于 CCTV 系统的最前端，它将被摄物体的光图像转变为电信号——视频信号，为系统提供信号源，因此它是 CCTV 系统中最重要的设备之一。

摄像机按摄像器件类型分为电真空摄像管的摄像机和 CCD（固体摄像器件）摄像机，目前一般都采用 CCD 摄像机。

1. 按颜色划分

有黑白摄像机和彩色摄像机。由于目前彩色摄像机的价格与黑白摄像机相差不多，故大多采用彩色摄像机。

2. 按图像信号处理方式划分

（1）数字式摄像机（网络摄像机）。

（2）带数字信号处理（DSP）功能的摄像机。

（3）模拟式摄像机。

3. 按摄像机结构区分

（1）普通单机型，镜头需另配。

（2）机板型（board type）：摄像机部件和镜头全部在一块印刷电路板上。

（3）针孔型（pinhole type）：带针孔镜头的微型化摄像机。

（4）球型（dome type）：是将摄像机、镜头、防护置或者还包括云台和解码器组合在一起的球形或半球形摄像前端系统，使用方便。

4. 按摄像机分辨率划分

（1）影像像素在 25 万像素（pixel）左右、彩色分辨率为 330 线、黑白分辨率 400 线左右的低档型。

（2）影像像素在 25～38 万之间、彩色分辨率为 420 线、黑白分辨率 500 线上下的中档型。

（3）影像像素在 38 万点以上、彩色分辨率大于或等于 480 线、黑白分辨率 600 线以上的高分辨率型。

5. 按摄像机灵敏度划分

（1）普通型：正常工作所需照度为 1～3lx；

(2) 月光型：正常工作所需照度为0.1lx左右；

(3) 星光型：正常工作所需照度为0.01lx以下；

(4) 红外照明型：原则上可以为零照度，采用红外光源成像。

6. 按摄像元件的CCD靶面大小划分

有1英寸、$\frac{2}{3}$英寸、$\frac{1}{2}$英寸、$\frac{1}{3}$英寸、$\frac{1}{4}$英寸等几种。目前是$\frac{1}{2}$英寸摄像机所占比例急剧下降，$\frac{1}{3}$英寸摄像机占据主导地位，$\frac{1}{4}$英寸摄像机将会迅速上升。各种英寸靶面的高、宽尺寸和表7-4所示。

CCD摄像机靶面像场a、b值　　**表7-4**

摄像机管径 /in(mm) \ 像场尺寸	1 (25.4)	$\frac{2}{3}$ (17)	$\frac{1}{2}$ (13)	$\frac{1}{3}$ (8.5)	$\frac{1}{4}$ (6.5)
像场高度 a/mm	9.6	6.6	4.6	3.6	2.4
像场宽度 b/mm	12.8	8.8	6.4	4.8	3.2

二、摄像机的镜头

(一) 摄像机镜头的分类

1. 按摄像机镜头规格分

有1英寸……$\frac{1}{4}$英寸等规格，镜头规格应与CCD靶面尺寸相对应，即摄像机靶面大小为$\frac{1}{3}$英寸时，镜头同样应选$\frac{1}{3}$英寸的。

2. 按镜头安装分

C安装座和CS安装（特种C安装）座。两者之螺纹相同，但两者到感光表面的距离不同。前者从镜头安装基准面到焦点的距离为17.526mm，后者为12.5mm。

3. 按镜头光圈分

手动光圈和自动光圈。自动光圈镜头有二类：

① 视频输入型——将视频信号及电源从摄像机输送到镜头来控制光圈；

② DC输入型——利用摄像机上的直流电压直接控制光圈。

4. 按镜头的现场大小分

(1) 标准镜头：视角30°左右，在$\frac{1}{2}$英寸CCD摄像机中，标准镜头焦距定为12mm；在$\frac{1}{3}$英寸CCD摄像机中标准镜头焦距定为8mm。

(2) 广角镜头：视角在90°以上，可提供较宽广的视景。1/2和1/3英寸CCD摄像机的广角镜头标准焦距分别为6mm和4mm。

(3) 远摄镜头：视角在20°以内，此镜头可在远距离情况下将拍摄的物体影像放大，但使观察范围变小。1/2英寸和1/3英寸CCD摄像机远摄镜头焦距分别为大于12mm和大于8mm。

(4) 变焦镜头：(zoom lens) 也称为伸缩镜头，有手动变焦镜头（manual zoom lens）和电动变焦镜头（motorized zoom lens）两类。其输入电压多为直流8～16V，最大电流为30mA。

(5) 手动可变焦点镜头：(vari-focus lens) 它介于标准镜头与广角镜头之间，焦距连续可变，既可将远距离物体放大，同时又可提供一个宽广视景，使监视宽度增加。这种变焦镜头可通过设置自动聚焦于最小焦距和最大焦距两个位置，但是从最小焦距到最大焦距之间的聚焦，则必须通过手动聚焦实现。

(6) 针孔镜头：镜头端头直径几毫米，可隐蔽安装。

5. 按镜头焦距分

(1) 短焦距镜头：因入射角较宽，故可提供较宽广的视景。

(2) 中焦距镜头：标准镜头，焦距长度视 CCD 尺寸而定。

(3) 长焦距镜头：因入射角较窄，故仅能提供狭窄视景，适用于长距离监视。

(4) 变焦距镜头：通常为电动式，可作广角、标准或远望镜头用。表 7-5 和表 7-6 列出定焦和变焦镜头的参数。

常用定焦距镜头参数表　　**表 7-5**

焦距(mm)	最大相对孔径	像场角度		分辨能力(线数/mm)		透射系数	边缘与中心照度比(%)
		水平	垂直	中心	边缘		
15	1∶1.3	48°	36°	—	—	—	—
25	1∶0.95	32°	24°	—	—	—	—
50	1∶2	27°	20°	38	20	—	48
75	1∶2	16°	12°	35	17	0.75	40
100	1∶2.5	14°	10°	38	18	0.78	70
135	1∶2.8	10°	7.7°	30	18	0.85	55
150	1∶2.7	8°	6°	40	20	—	—
200	1∶4	6°	4.5°	38	30	0.82	80
300	1∶4.5	4.5°	3.5°	35	26	0.87	87
500	1∶5	2.7°	2°	32	15	0.84	90
750	1∶5.6	2°	1.4°	32	16	0.58	95
1000	1∶6.3	1.4°	1°	30	20	0.58	95

常用变焦距镜头参数表　　**表 7-6**

焦距(mm)	相对孔径	视场角			最近距离(m)
		对角线	水　平	垂　直	
12～120	1∶2	5°14′ 49°16′	4°12′ 40°16′	3°10′ 30°1′	1.3
12.5～50	1∶1.8	12°33′ 47°28′	10°03′ 38°48′	7°33′ 92°35′	1.2
12.5～80	1∶1.8	8°58′ 47°28′	6°18′ 38°18′	4°44′ 29°34′	1.5
14～70	1∶1.8	8°58′ 42°26′	7°12′ 34°54′	5°24′ 26°32′	1.2
15～150	1∶2.5	6°04′ 55°50′	4°58′ 45°54′	30°38′ 35°08′	1.7
16～64	1∶2	9°48′ 37°55′	7°52′ 30°45′	5°54′ 23°18′	1.2
18～108	1∶2.5	8°24′ 47°36′	6°44′ 38°48′	5°02′ 29°34′	1.5
20～80	1∶2.5	11°20′ 43°18′	9°04′ 35°14′	6°48′ 26°44′	1.2
20～100	1∶1.8	9°04′ 35°14′	7°16′ 28°30′	5°26′ 21°34′	1.3
25～100	1∶1.8	9°04′ 35°14′	7°16′ 28°30′	5°26′ 21°34′	2

(二) 镜头特性参数

镜头的特性参数很多，主要有焦距、光圈、视场角、镜头安装接口、景深等。

所有的镜头都是按照焦距和光圈来确定的，这两项参数不仅决定了镜头的聚光能力和放大倍数，而且决定了它的外形尺寸。

焦距一般用毫米表示，它是从镜头中心到主焦点的距离。光圈即是光圈指数 F，它被定义为镜头的焦距（f）和镜头有效直径（D）的比值，即

$$F=\frac{f}{D} \tag{7-1}$$

也即光圈 F 是相对孔径 D/f 的倒数，在使用时可以通过调整光阑口径的大小来改变相对孔径。

光圈值决定了镜头的聚光质量，镜头的光通量与光圈的平方值成反比（$1/F^2$）。具有自动可变光圈的镜头可依据景物的亮度来自动调节光圈。光圈 F 值越大，相对孔径越小。不过，在选择镜头时要结合工程的实际需要，一般不应选用相对孔径过大的镜头，因为相对孔径越大，由边缘光量选成的像差就大，如要去校正像差，就得加大镜头的重量和体积，成本也相应增加。

视场是指被摄物体的大小。视场的大小应根据镜头至被摄物体的距离、镜头焦距及所要求的成像大小来确定，如图 7-11 所示。其关系可按下式计算：

$$H=\frac{aL}{f} \tag{7-2}$$

$$W=\frac{bL}{f} \tag{7-3}$$

式中　H——现场高度（m）；

W——视场高度（m），通常 $W=\frac{4}{3}H$；

L——镜头至被摄物体的距离（视距 m）；

f——焦距（mm）；

a——像场高度（mm）；

b——像场宽度（mm）。

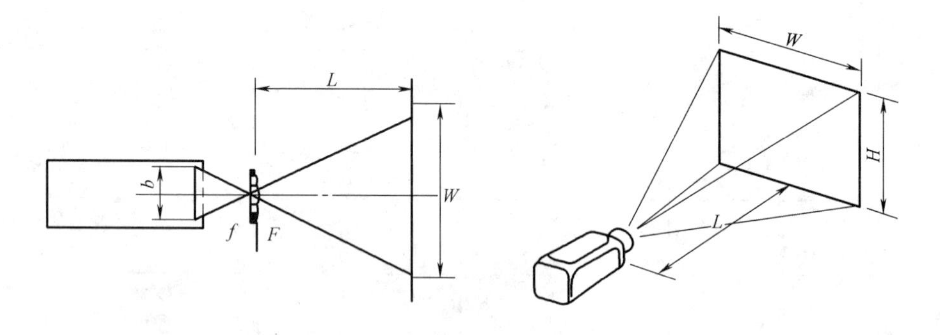

图 7-11　镜头特性参数之间的关系

例如，已知被摄物体距镜头中心的距离为 3m，物体的高度为 1.8m，所用摄像机 CCD 靶面为 $\frac{1}{2}$ 英寸，由表 7-4 查得其靶面垂直尺寸 a 为 4.6mm，则由上式可求得镜头的焦距为：

$$f=\frac{aL}{H}=\frac{4.6\times3000}{1800}\approx8\text{mm}$$

可见，焦距 f 越长，视场角越小，监视的目标也小。

对于镜头焦距的选择，相同的成像尺寸，不同焦距长度的镜头的视场角也不同。焦距越短，视场角越大，所以短焦距镜头又称广角镜头。根据视场角的大小可以划分为以下五种焦距的镜头：长角镜头视场角小于 45°；标准镜头视场角为 45°～50°；广角镜头视场角在 50°以上；超广角镜头视场角可接近 180°；大于 180°的镜头称为鱼眼镜头。在 CCTV 系统中常用的是广角镜头、标准镜头、长角镜头。表 7-7 列出了长角镜头与广角镜头各项性能之对比，供选择镜头焦距时参考。标准镜头的各项性能是广角镜头与长角镜头的折衷效果。

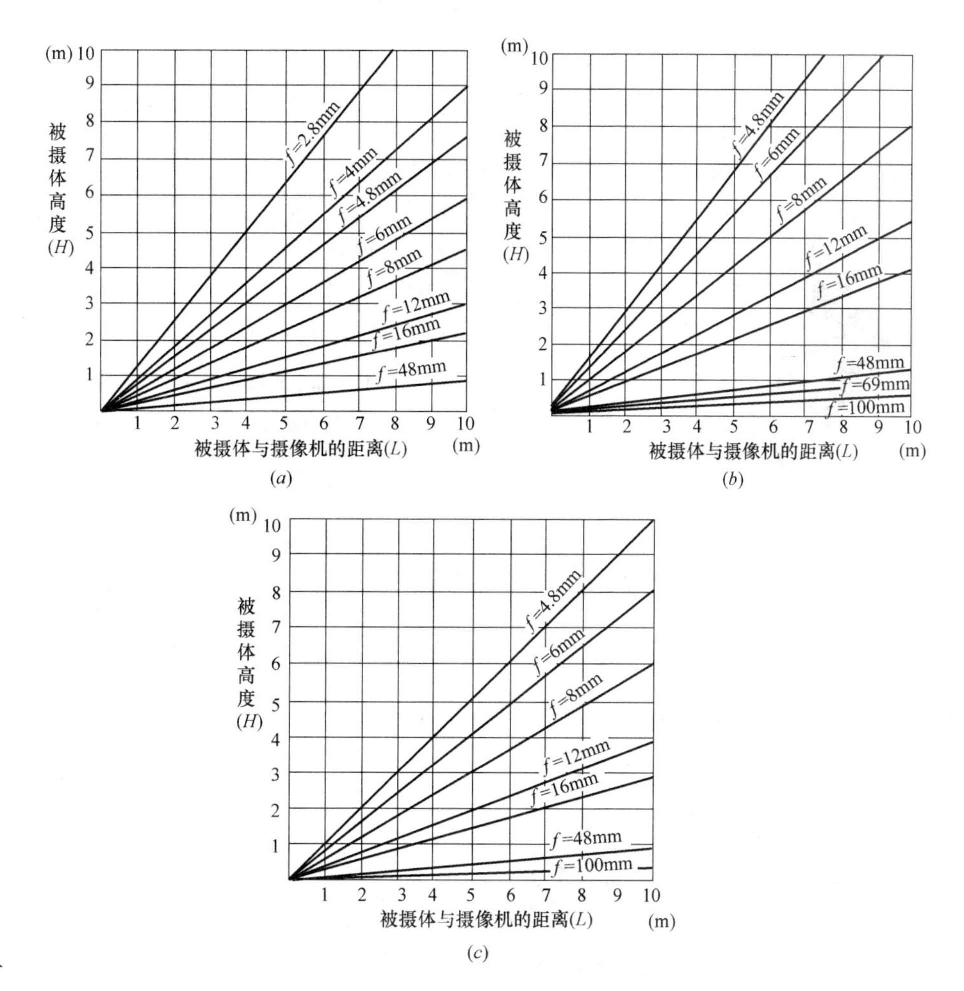

图 7-12　镜头参数计算图

(a) $\frac{1}{3}$英寸摄像机；(b) $\frac{2}{3}$英寸摄像机；(c) $\frac{1}{2}$英寸摄像机

长焦距镜头和广角镜头的性能比较　　**表 7-7**

性能 \ 类别	广 角 镜 头	长 焦 镜 头
景深	深	浅
取景显像	小	大
聚焦要求	低	高
远近感	有夸张效果，甚至变形	画面压缩，深度感小，变形小
使用效果	适应全景	应用于特写
画调	硬调	软调
适合场合	(1)实况全景场面 (2)拍摄小场所 (3)显示被摄体为主，又要交待其背景	(1)被摄体离镜头较远 (2)被摄体清楚，而其他距离的物体模糊 (3)适用于不变形的展现近景的摄制

作为例子，对于银行柜员所使用的监控摄像机，其覆盖的景物范围有着严格的要求，因此景物视场的高度（或垂直尺寸）H 和宽度（或水平尺寸）W 是能确定的。例如摄取一张办公桌及部分周边范围，假定 $H=1500\text{mm}$，$W=2000\text{mm}$，并设定摄像机的安装位置至景物的距离 $L=4000\text{mm}$。现选用 1/3 英寸 CCD 摄像机，则由表 7-4 查得：$a=3.6\text{mm}$，$b=4.8\text{mm}$，将它代入（7-2）式和（7-3）式可得：

$$f=\frac{aL}{H}=\frac{3.6\times4000}{1500}=9.6\text{mm}$$

$$f=\frac{bL}{W}=\frac{4.8\times4000}{2000}=9.6\text{mm}$$

故选用焦距为 9.6mm 的镜头，便可在摄像机上摄取最佳的、范围一定的景物图像。

以上是指定焦距镜头的选择方法，可知长焦距镜头可以得到较大的目标图像，适合于展现近景和特写画面，而短焦距镜头适合于展现全景和远景画面。在 CCTV 系统中，有时需要先找寻被摄目标，此时需要短焦距镜头，而当找寻到被摄目标后又需看清目标的一部分细节。例如防盗监视系统，首先要监视防盗现场，此时要把视野放大而用短焦距镜头；图 7-13 为不同焦距镜头所对应的视场角图（设所用镜头配接$\frac{2}{3}$英寸 CCD 摄像机）。

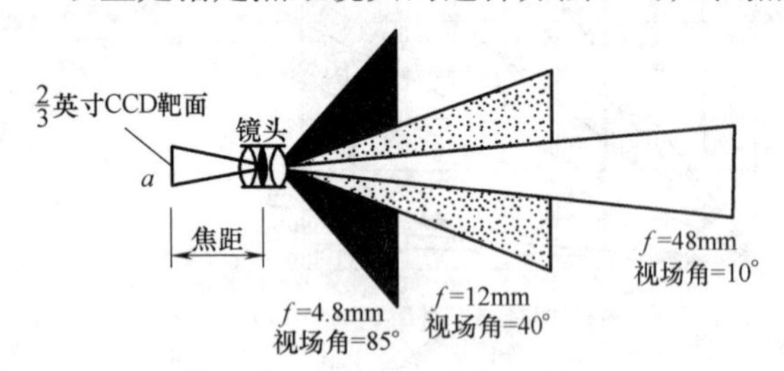

图 7-13　不同焦距镜头所对应的视场角

景深是指焦距范围内的景物的最近和最远点之间的距离。改变景深有三种方法：

① 使用长焦距镜头。

② 增大摄像机和被摄物体的实际距离。

③ 缩小镜头的焦距。第③种是最常用的改变景深的方法。

（三）镜头的选择

合适镜头的选择由下列因素决定：

① 再现景物的图像尺寸；

② 处于焦距内的摄像机与被摄体之间的距离；

③ 景物的亮度。

因素①和②决定了所用镜头的规格，而③对于摄像机的选择有一定影响。在一定的意义上，②和③具有相互依赖的关系，景深在很大程度上决定于镜头最大的光圈值，它也决定于光通量的获得。

一旦发现窃贼则需要把行窃人的某一部分如脸部进行放大，此时则要用长焦距镜头。变焦距镜头的特点是在成像清楚的情况下通过镜头焦距的变化，来改变图像的大小和视场角的大小。因此上述防盗监视系统适合选择变焦距镜头，不过变焦距镜头的价格远高于定焦距镜头。对广播电视系统，因被摄体一般都是移动的，故一般不采用定焦距镜头。对 CCTV 系统，由于被摄体的移动速度和最大移动距离远小于广播电视拍摄电视节目时被摄体的移动速度和最大移动距离，又由于变焦距镜头价格高，所以在选择镜头时首先要考虑被摄体的位置是否变化。如果被摄体相对于摄像机一直处于相对静止的位置，或是沿该被摄体成像的水平方向具有轻微的水平移动（如监视仪表指数等），应该以选择定焦距镜头为主。而在景深和视角范围较大，且被摄体属于移动性的情况下，则应选择变焦距镜头。

三、云台和防护罩的选择

摄像机云台是一种安装在摄像机支撑物上的工作台，用于摄像机与支撑物之间的连接，云台具有水平和垂直回转的功能。云台与摄像机配合使用能达到扩大监视范围的作用。

云台的种类很多，可按不同方式分类如下：

1. 按安装部位分

室内云台和室外云台（全天候云台）。室外云台对防雨和抗风力的要求高，而其仰角一般较小，以保护摄像机镜头。

2. 按运动方式分

有固定支架云台和电动云台。电动云台按运动方向又分水平旋转云台（转台）和全方位云台两类。表 7-8 列出几种常用电动云台的特性。

几种常用电动云台的特性　　表 7-8

项目＼性能＼种类		室内限位旋转式	室外限位旋转式	室外连续旋转式	室外自动反转式
水平旋转速度		6°/s	3.2°/s	—	6°/s
垂直旋转速度		3°/s	3°/s	3°/s	—
水平旋转角		0°～350°	0°～350°	0°～350°	0°～350°
垂直旋转角	仰	45°	15°	30°	30°
	俯	45°	60°	60°	60°
抗风力		—	60m/s	60m/s	60m/s

3. 按承受负载能力分

轻载云台——最大负重 20 磅（9.08kg）；

中载云台——最大负重 50 磅（22.7kg）；

重载云台——最大负重 100 磅（45kg）；

防爆云台——用于危险环境，可负重 100 磅。

4. 按旋转速度分

恒速云台——只有一档速度，一般水平转速最小值为 6～12°/s，垂直俯仰速度为 3～3.5°/s。

可变速云台——水平转速为 0～>400°/s，垂直倾斜速度多为 0～120°/s，最高可达 400°/s。

摄像机作为电子设备，其使用范围受元器件的使用环境条件的限制。为了使摄像机能在各种条件下应用，就要使用防护罩。防护罩的种类很多，如图 7-14 所示的分类。

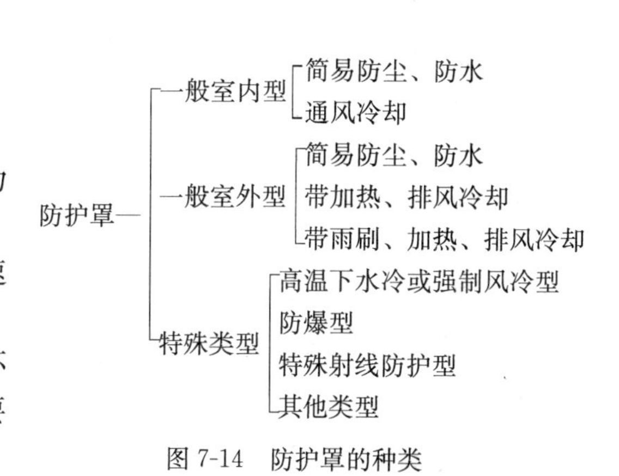

图 7-14　防护罩的种类

第三节　视频监控系统设备的选择与安装

一、摄像机选择与设置要求

1. 监视目标亮度变化范围大或须逆光摄像时，宜选用具有自动电子快门和背光补偿的摄像机。

2. 需夜间隐蔽监视时，宜选用带红外光源的摄像机（或加装红外灯作光源）。

3. 所选摄像机的技术性能宜满足系统最终指标要求；电源变化范围不应大于±10%（必要时可加稳压装置）；温度、湿度适应范围如不能满足现场气候条件的变化时，可采用加有自动调温控制系统的防护罩。

4. 监视目标的最低环境照度应高于摄像机要求最低照度的 50 倍，设计时应根据各个摄像机安装场所的环境特点，选择不同灵敏度的摄像机。一般摄像机最低照度要求为 0.3lx（彩色）和 0.1lx（黑白）。

5. 根据安装现场的环境条件，应给摄像机加装防护外罩，防护罩的功能包括防高温、防低温、防雨、防尘，特别场合还要求能有防辐射、防爆、防强振等的功能。在室外使用时（即高低温差大，露天工作，要求防雨、防尘），防护罩内宜加有自动调温控制系统和遥控雨刷等。

6. 根据摄像机与移动物体的距离确定摄像机的跟踪速度，高速球摄像机在自动跟踪时的旋转速度一般设定为 100°/s。

7. 摄像机应设置在监视目标区域附近不易受外界损伤的位置，不应影响现场设备运行和人员正常活动，同时保证摄像机的视野范围满足监视的要求。摄像机应有稳定牢固的支架，其设置的高度，室内距地面不宜低于2.5m；室外距地面不宜低于3.5m。室外如采用立杆安装，立杆的强度和稳定度应满足摄像机的使用要求。电梯轿厢内的摄像机应设置在电梯轿厢门侧左或右上角。

8. 摄像机应尽量避免逆光设置，必须逆光设置的场合（如汽车库、门庭），除对摄像机的技术性能进行考虑外，还应设法减小监视区域的明暗对比度。

9. 网络摄像机的网络传输方式，主要有以太网络、XDSL模式、ISDN电话模式、有线电视Cable Modem、无线网络、移动电话模式等。根据网络线路的特点，以太网络适用于城市联网传输和大型公共建筑内的传输；XDSL适用于办公室、商店和住宅；电话模式适用于不需要高速传输的地方；移动电话或无线网络适用于远程摄像机。

二、镜头选择与设置要求

1. 镜头尺寸应与摄像机靶面尺寸一致，视频监控系统所采用的一般为1英寸以下（如1/2英寸、1/3英寸）摄像机。

2. 监视对象为固定目标时，可选用定焦镜头。如贵重物品展柜。

3. 监视目标视距较大时可选用长焦镜头。

4. 监视目标视距较小而视角较大时，可选用广角镜头。如电梯轿厢内。

5. 监视目标的观察视角需要改变和视角范围较大时，应选用变焦镜头。

6. 监视目标的照度变化范围相差100倍以上，或昼夜使用摄像机的场所，应选用光圈可调（自动或电动）镜头。

7. 需要进行遥控监视的（带云台摄像机）应选用可电动聚焦、变焦距、变光圈的遥控镜头。

8. 摄像机需要隐藏安装时，如天花板内、墙壁内、物品里，镜头可采用小孔镜头、棱镜镜头或微型镜头。

三、云台选择与设置要求

1. 所选云台的负荷能力应大于实际负荷的1.2倍并满足力矩的要求。

2. 监视对象为固定目标时，摄像机宜配置手动云台（又称为支架或半固定支架），其水平方向可调15°～30°，垂直方向可调±45°。

3. 电动云台可分为室内或室外云台，应按实际使用环境来选用。

4. 电动云台要根据回转范围、承载能力和旋转速度等三项指标来选择。

5. 云台的输入电压有交流220V，交流24V，直流12V等。选择时要结合控制器的类型和视频监控系统中的其他设备统一考虑。一般应选用带交流电机的云台，它的转速是恒定的，水平旋转速度一般为3°/s～10°/s，垂直转速为4°/s；需要在很短时间内移动到指定位置的应选用带预置位快球型一体化摄像机。

6. 云台转动停止时，应具有良好的自锁性能，水平和垂直转向回差应不大于1°。

7. 室内云台在承受最大负载时，噪声应不大于50dB。

8. 云台电缆接口宜位于云台固定不动的位置，在固定部位与转动部位之间（摄像机为固定部位）的控制输入线和视频输出线应采用软螺旋线连接。

四、防护罩选择与设置要求

1. 防护罩尺寸规格要与摄像机的大小相配套。

2. 室内防护罩，除具有保护、防尘、防潮湿等功能。有的还起装饰作用，如针孔镜头、半球形玻璃防护罩。

3. 室外防护罩一般应具有全天候防护功能、防晒、防高温（>35℃）、防低温（<0℃）、防雨、防

尘、防风沙、防雪、防结霜等，罩内设有自动调节温度、自动除霜装置，宜采用双重壳体密封结构。选择防护罩的功能可依实际使用环境的气候条件加以取舍。

4. 特殊环境可选用防爆、防冲击、防腐蚀、防辐射等特殊功能的防护罩。

五、视频切换控制器选择与设置要求

1. 控制器的容量应根据系统所需视频输入、输出的最低接口路数确定，并留有适当的扩展余量。

2. 视频输出接口的最低路数由监视器、录像机等显示与记录设备的配置数量及视频信号外送路数决定。

3. 控制器应能手动或自动编程，并使所有的视频信号在指定的监视器上进行固定的时序显示，对摄像机、电动云台的各种动作（如转向、变焦、聚焦、调制光圈等动作）进行遥控。

4. 控制器应具有存储功能，当市电中断或关机时，对所有编程设置，摄像机号、时间、地址等均可记忆。

5. 控制器应具有与报警控制器（如火警、盗警）的联动接口，报警发生时能切换出相应部位摄像机图像，予以显示与记录。

6. 大型综合安全消防系统需多点或多级控制时，宜采用多媒体技术，使文字信息、图表、图像、系统操作，在一台 PC 机上完成。

六、视频报警器选择与设置要求

1. 视频报警器将监视与报警功能合为一体，可以进行实时的、大视场、远距离的监视报警。激光夜视视频报警器可实现夜晚的监视报警，适用于博物馆、商场、宾馆、仓库、金库等处。

2. 视频报警器对于光线的缓慢变化不会触发报警，能适应时段（早、中、晚等）和气候不同所引起的光线变化。

3. 当监视区域内出现火光或黑烟时，图像的变化同样可触发报警，视频报警器可兼有火灾报警和火情监视功能。

4. 数字式视频报警器可在室内、室外全天候使用。

5. 视频报警器对监视区域里快速的光线变化比较敏感，在架设摄像机时，应避免环境光对镜头的直接照射，并尽量避免在摄像现场内经常开、关的照明光源。

七、监视器选择与设置要求

1. 视频监控系统实行分级监视时，摄像机与监视器之间应有恰当的比例。重点观察的部位不宜大于 2∶1，一般部位不宜大于 10∶1。录像专用监视器宜另行设置。

2. 安全防范系统至少应有两台监视器，一台做固定监视用，另一台做时序监视或多画面监视用。

3. 清晰度：应根据所用摄像机的清晰度指标，选用高一档清晰度的监视器。一般黑白监视器的水平清晰度不宜小于 600TVL，彩色监视器的水平清晰度不宜小于 300TVL。

4. 根据用户需要可采用电视接收机作为监视器。有特殊要求时可采用背投式大屏幕监视器或投影机。

5. 彩色摄像机应配用彩色监视器，黑白摄像机应配用黑白监视器。

6. 监视者与监视器屏幕之间的距离宜为屏幕对角线的 4～6 倍，监视器屏幕宜为 230mm～635mm（9 英寸～25 英寸）。

八、录像机选择与设置要求

1. 防范要求高的监视点可采用所在区域的摄像机图像全部录像的模式。

2. 数字录像机（DVR）是将视频图像以数字方式记录、保存在计算机硬盘里，并能在屏幕上以多画面方式实时显示多个视频输入图像。选用 DVR 的注意事项如下：

（1）DVR 的配套功能：如画面分割、报警联动、录音功能、动态侦测等指标；

（2）DVR 储存容量及备份状况，如挂接硬盘的数量，硬盘的工作方式，传输备份等；

（3）DVR 远程监控一般要求有一定的带宽，如果距离较远，无法铺设宽带网，则采用电信网络进行远程视频监控。

3. 数字录像机的储存容量应按载体的数据量及储存时间确定。载体的数据量可参考表 7-9 数据。

载体数据量参考值　　**表 7-9**

序　号	名　称	数　据　量	15min 平均数据量
1	MS Word 文档	6.5KB/页	100KB(15 页)
2	IP 电话	G729,10Kbps	1MB
3	照片	JPEG,100KB/页	3MB(30 页)
4	手机电视	QCIF H.264,300Kbps	33MB
5	标清电视	SDTV H.264,2Mbps	222MB
6	高清电视	HDTV H.264,10Mbps	1120MB

注：标清电视可作为参考，目前安防视频监控中看到的视像质量要比标清视像质量差一些。H3C 数字视频监控存储视像是按照 D1 格式，因此回放的质量较高。一般的视频监控解决方案用 DVR 录像达不到 D1，回放的质量就差一些。

4. 用户根据应用的实际需求，选择各种类型的录像机产品：

（1）可选择 4、8、16 路，记录格式可选用 CIF，4CIF，D1（标清视像压缩后的 2Mbps 传输率即 D1）等；

（2）以 mpeg4/h.264 为主，可根据需要支持抓拍；

（3）实时播放、实时查询、快速下载等；

（4）保存容量及记录时间等。

九、摄像点的布置与安装

摄像点的合理布置是影响设计方案是否合理的一个方面。对要求监视区域范围内的景物，要尽可能都进入摄像画面，减小摄像区的死角。要做到这点，当然摄像机的数量越多越好，这显然是不合理的。为了在不增加较多的摄像机的情况下能达到上述要求，就需要对拟定数量的摄像机进行合理的布局设计。

摄像点的合理布局，应根据监视区域或景物的不同，首先明确主摄体和副摄体是什么，将宏观监视与局部重点监视相结合。图 7-15 是几种监视系统摄像机的布置实例。当然，这些例子并不是说是最佳布置，因为各使用场合即使类型相同其使用要求也可能不同。另外，还需考虑系统的规模和造价等因素。

当一个摄像机需要监视多个不同方向时，如前所述应配置遥控电动云台和变焦镜头。但如果多设一、二个固定式摄像机能监视整个场所时，建议不设带云台的摄像机，而设几个固定式摄像机，因为云台造价很高，而且还需为此增设一些附属设备。如图 7-16a 所示，当带云台的摄像机监视门厅 A 方向时，B 方向就成了一个死角，而云台的水平回转速度一般在 50Hz 时约为 3°/s～6°/s，从 A 方向转到 B 方向约为 20～40s，这样当摄像机来回转动时就有部分时间不能监视目标。如果按图 7-16b 设置两个固定式摄像机，就能 24h 不间断地监视整个场所，而且系统造价也较低。

摄像机镜头应顺光源方向对准监视目标，避免逆光安装。如图 7-17 所示，被摄物旁是窗（或照明灯），摄像机若安装在图中 a 位置，由于摄像机内的亮度自动控制（自动靶压调整，自动光圈调整）的作用，使得被摄体部分很暗，清晰度也降低，影响观看效果。这时应改变取景位置（如图 7-17 中 b），或用遮挡物将强光线遮住。如果必须在逆光地方安装，则可采用可调焦距、光圈、光聚焦的三可变自动光圈镜头，并尽量调整画面对比度使之呈现出清晰的图像。尤其可采用带有三可变自动光圈镜头的 CCD 型摄像机。

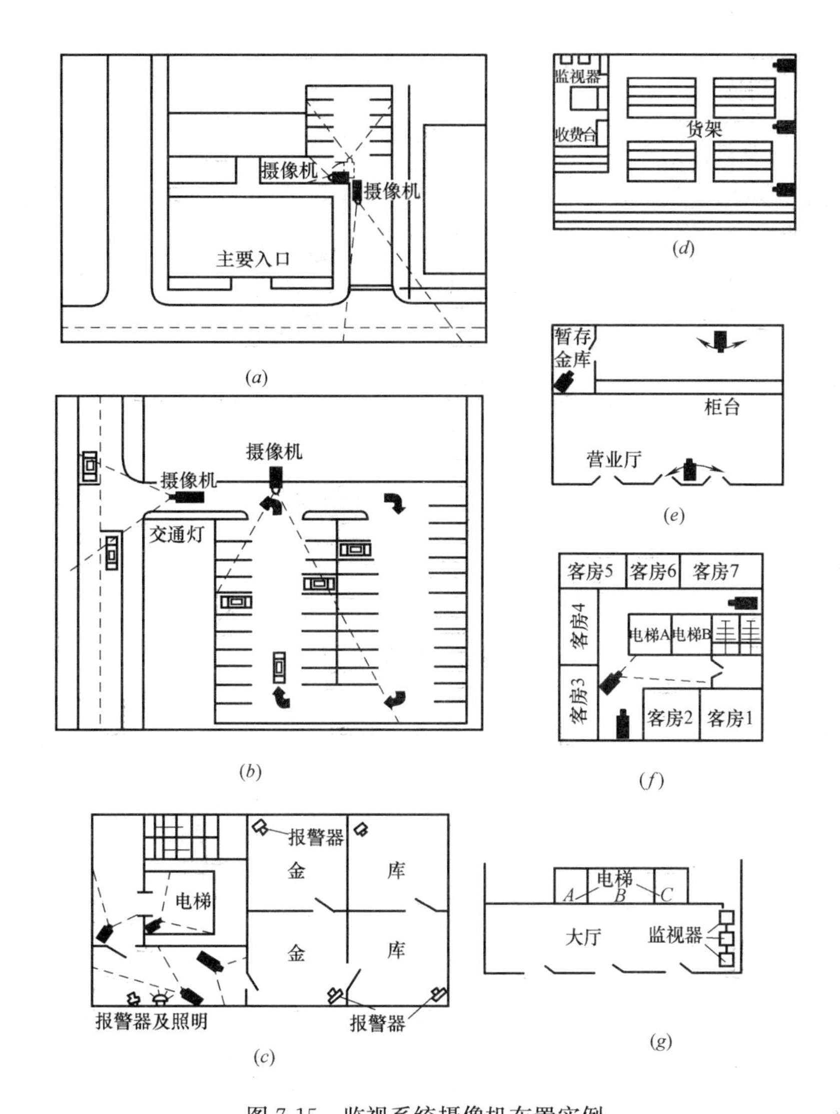

图 7-15　监视系统摄像机布置实例

(*a*) 需要变焦场合；(*b*) 停车场监视；(*c*) 银行金库监控；(*d*) 超级市场监视；(*e*) 银行营业厅监视；(*f*) 宾馆保安监视；(*g*) 公共电梯监视

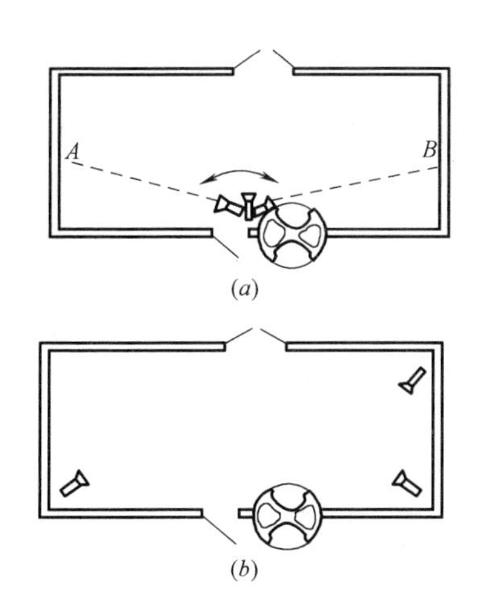

图 7-16　门厅摄像机的设置

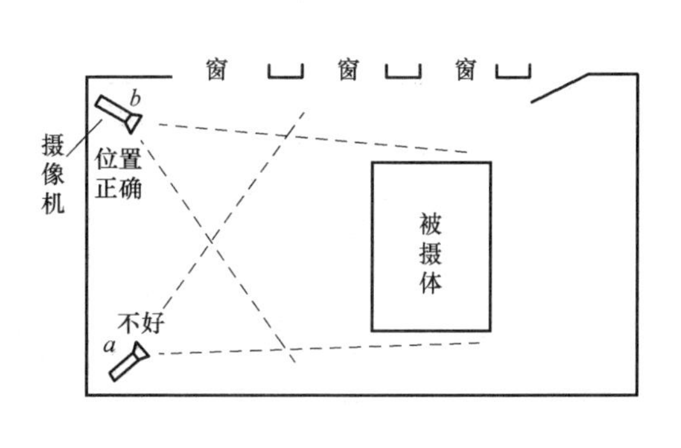

图 7-17　摄像机应顺光源方向设置

对于摄像机的安装高度，室内以2.5～5m为宜；室外以3.5～10m为宜，不得低于3.5m。电梯轿厢内的摄像机安装在其顶部，与电梯操作器成对角处，且摄像机的光轴与电梯两壁及天花板均成45°。

摄像机宜设置在监视目标附近不易受外界损伤的地方，应尽量注意远离大功率电源和工作频率在视频范围内的高频设备，以防干扰。从摄像机引出的电缆应留有余量（约1m），以不影响摄像机的转动。不要利用电缆插头和电源插头去承受电缆的自重量。

由于监视再现图像其对比度所能显示的范围仅为（30～40）：1，当摄像机的视野内明暗反差较大时，就会出现应看到的暗部看不见。此时，对摄像机的设置位置、摄像方向和照明条件应进行充分的考虑和调整。

摄像机的安装工艺示例见图7-18～图7-26。

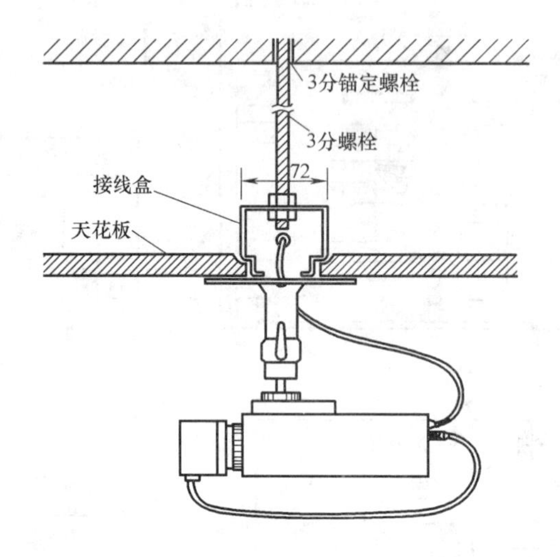

图7-18　吊顶安装之一

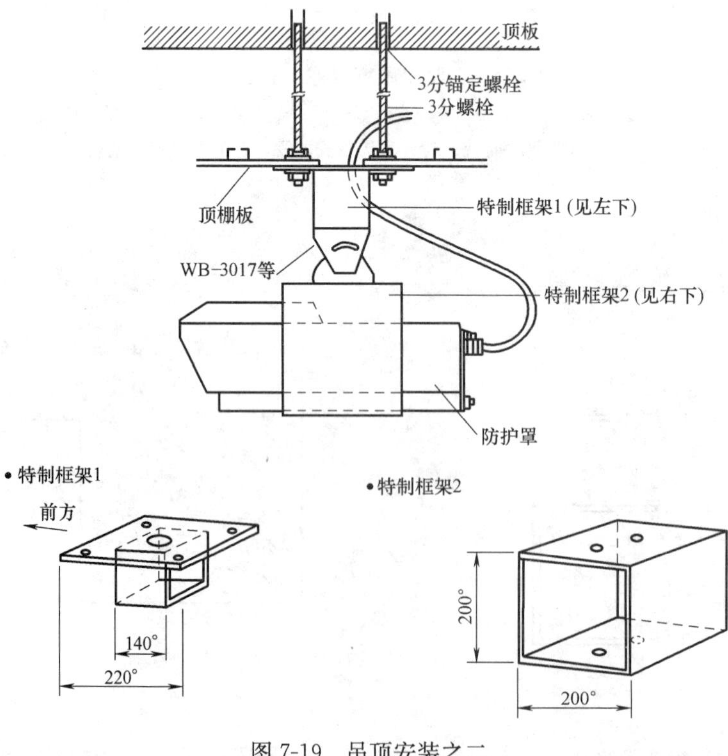

图7-19　吊顶安装之二

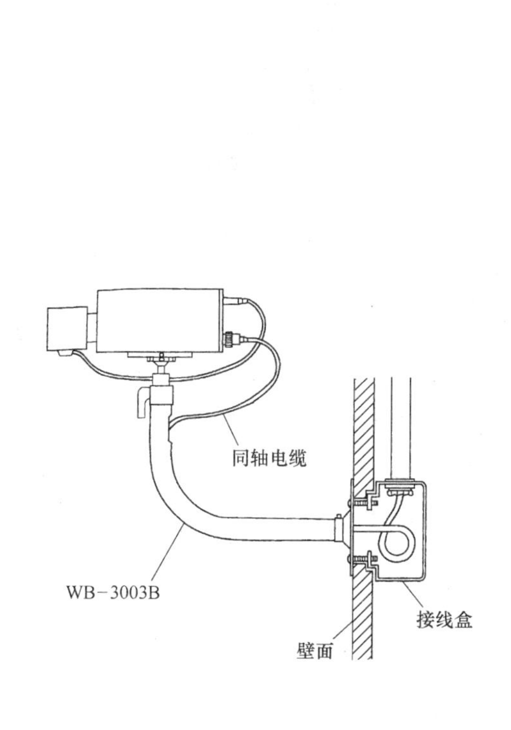

图 7-20 墙壁安装

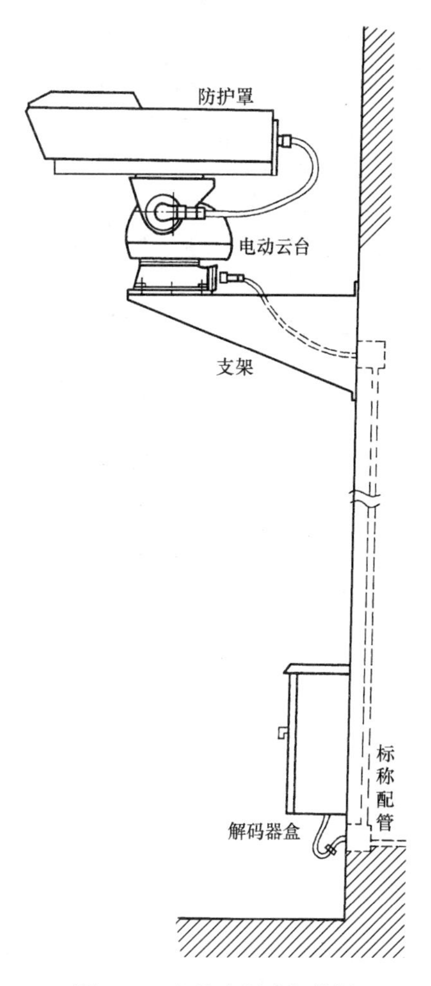

图 7-21 室外水泥墙安装例

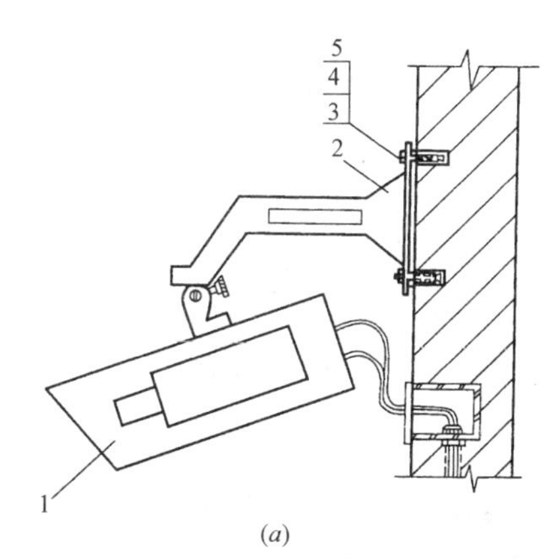

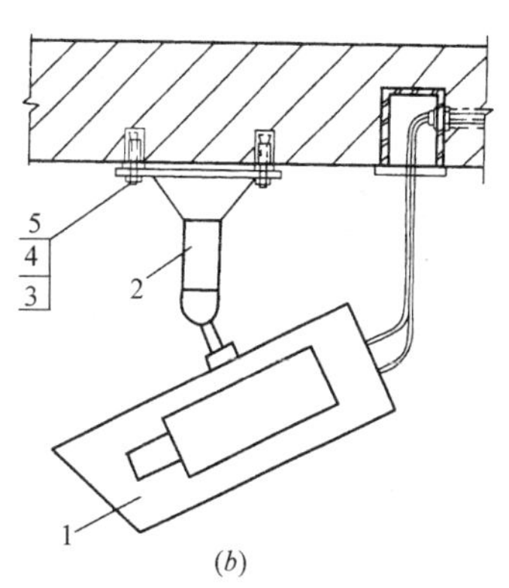

编号	名称	型号规格	单位	数量	备注	编号	名称	型号规格	单位	数量	备注
1	摄像机		台	1		3	膨胀螺栓	M8×70	个	4	
2	支架	与摄像机配套	个	1		4	螺母	M8	个	4	GB 52—76
						5	垫圈	8	个	4	GB 97—76

图 7-22 壁装与吊装

(*a*) 壁装；(*b*) 吊装

注：1. 壁装支架距屋顶 1.5m 左右。

2. 吊装适用于层高 2.5m 以下场所。

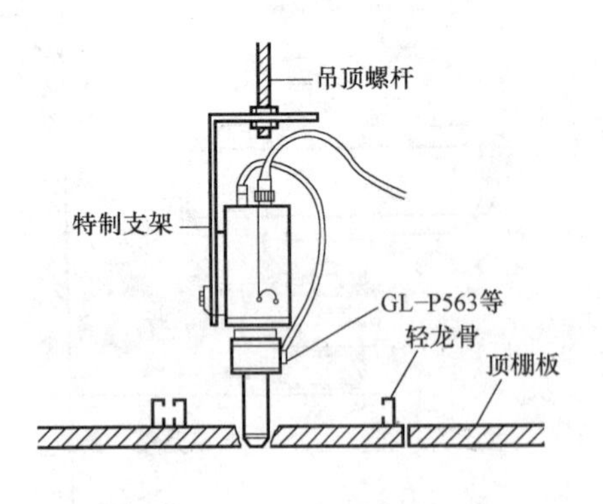

图 7-23　针孔镜头吊顶安装之一

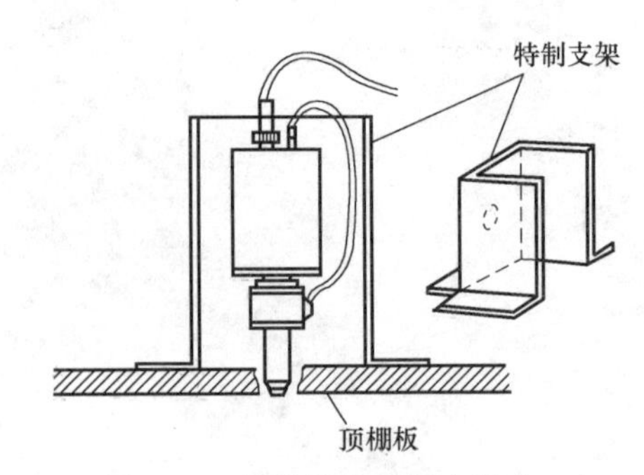

图 7-24　针孔镜头吊顶安装之二

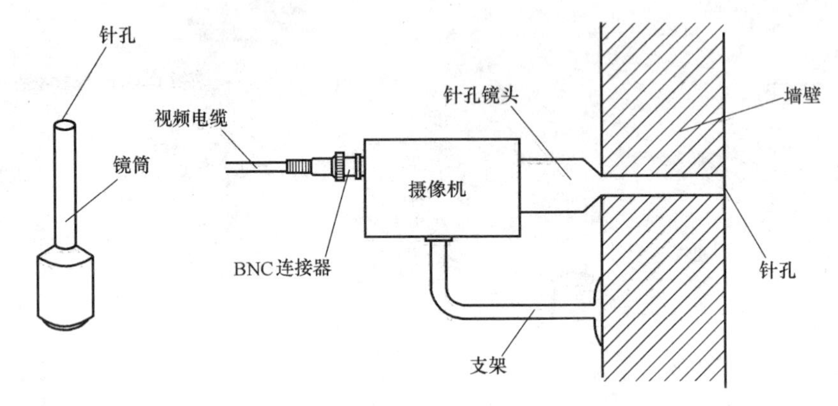

图 7-25　针孔镜头的外形及其安装示意图

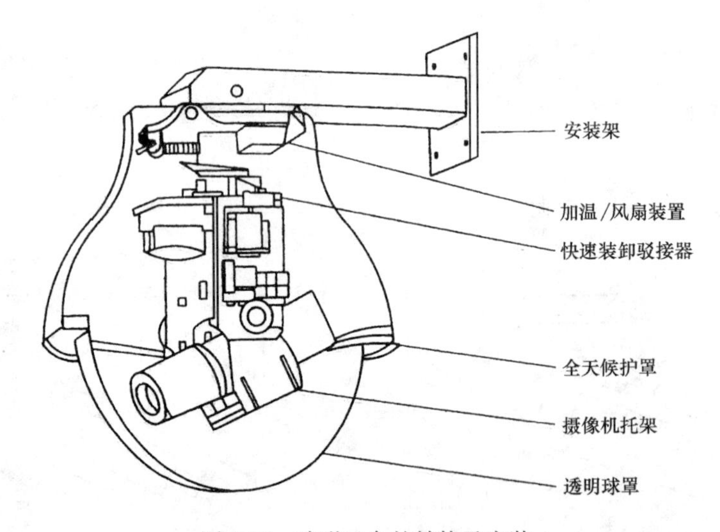

图 7-26　球形云台的结构及安装

关于解码器的安装：

解码器通常安装在现场摄像机附近，安装在吊顶内，要预留检修口，室外安装时要选用具有良好的密封防水性能的室外解码器。

解码器通过总线实现云台旋转，镜头变焦、聚焦、光圈调整，灯光、摄像机开关，防护罩清洗器、雨刷，辅助功能输入、位置预置等功能。

解码器电源一般多为 AC220V 50Hz，通过 RS485 串口和系统主机通讯，DC 6～12V 输出供聚焦、变焦和改变光圈速度，另有电源输出供给云台，都为 AC 24V 50Hz 标准云台。

解码器安装时需完成以下 6 项工作：

① 解码器地址设定。解码器地址通常由8位二进制开关确定，开关置OFF时为0（零），ON时为1。

② 镜头电压选择（6V、10V）。

③ 摄像机DC电压选择。

④ 雨刷工作电压选择。

⑤ 云台工作电压选择。

⑥ 辅助功能输入。

图7-27是某解码器的接线示例。

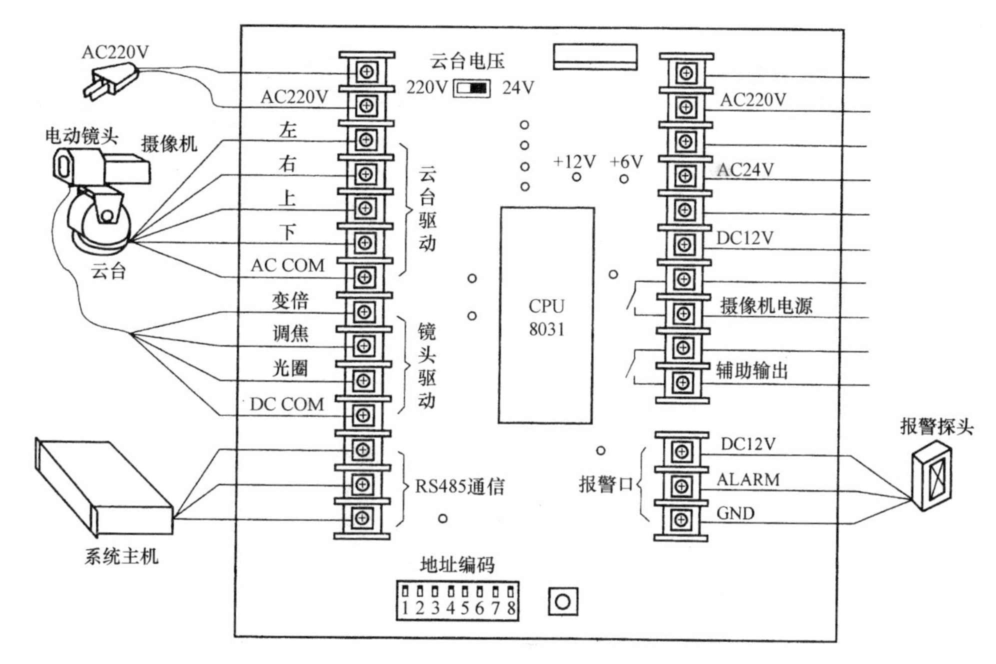

图7-27　某解码器的接线示意图

第四节　传输方式与线缆工艺

一、传输方式

视频监控系统有（视频信号和控制信号）两种信号传输。

1. 视频信号传输

视频信号传输又有两种方式：

(1) 模拟视频监控系统的视频信号传输方式分为有线和无线方式。有线方式则有采用同轴电缆（几百米传输距离）和采用光端机加光缆（可达几十公里）两种传输方式 。智能建筑中每路视频传输距离多为几百米，故常用同轴电缆传输。

(2) 数字视频监控系统的视频信号传输方式如图7-28也有三种方式。它的关键设备是网络视频服务器和网络摄像机，基于宽带IP网络传输，故其传输技术就是局域网技术。

1) 网络视频服务器

网络视频服务器是最近几年面世的第三代全数字化远程视频集中监控系统的核心设备，利用它可以将传统摄像机捕捉的图像进行数字化编码压缩处理后，通过局域网、广域网、无线网络、Internet或其他网络方式传送到网络所延伸到的任何地方，千里之外的网络终端用户通过普通计算机就可以对远程图像进行实时的监控、录像、管理。网络视频服务器基于网络实现动态图像实时传输的特点，使得以往必

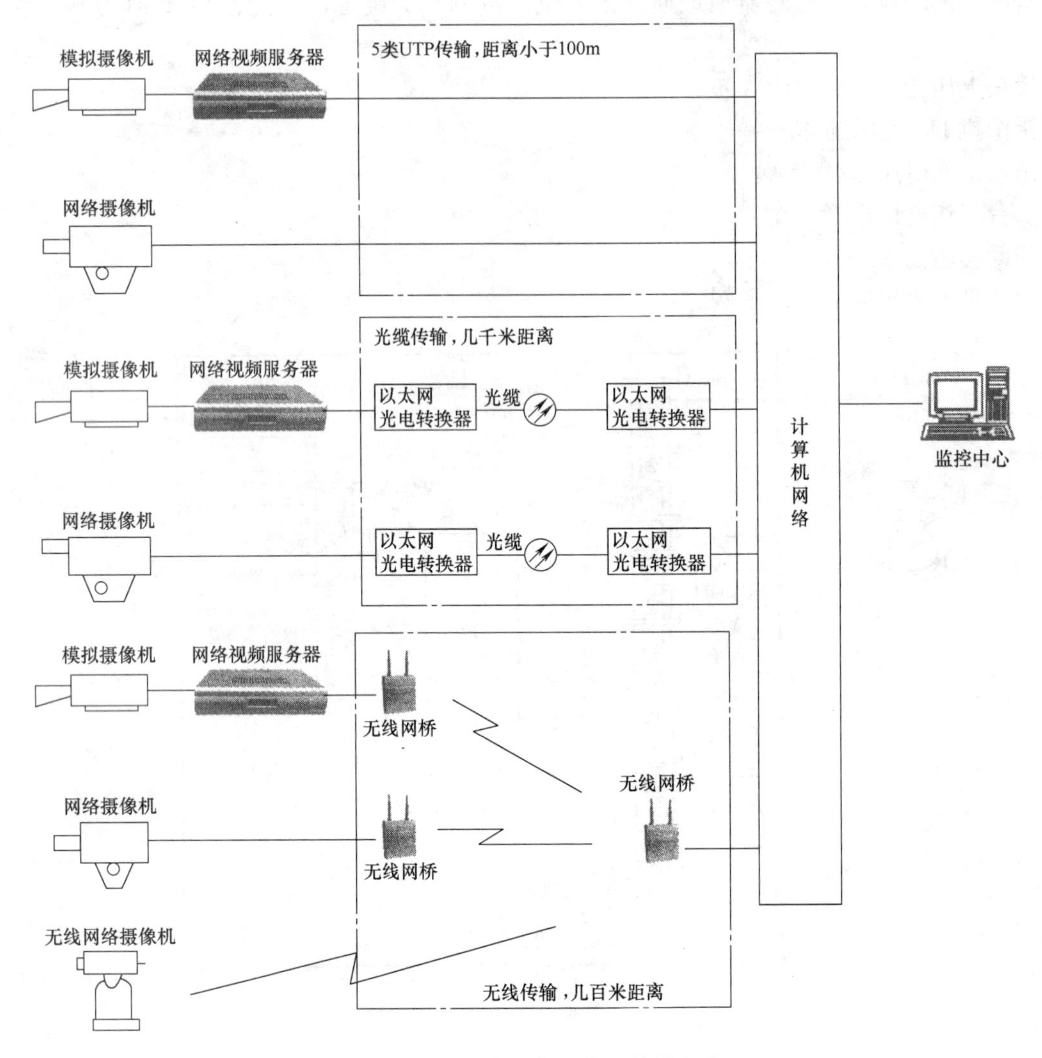

图 7-28　数字视频监控系统的传输方式

须局限在区域范围的图像监控系统，变成可以不受时间与地域的限制。

2）网络摄像机

网络摄像机是集视频压缩技术、计算机技术、网络技术、嵌入式技术等多种先进技术于一体的数字摄像设备，是传统摄像机＋网络视频服务器的集合。它的主要特点为：

① 包括一个镜头、光学过滤器、影像感应器、视频压缩卡、Web 服务器、网卡等设备。

② 采用嵌入式系统，无需计算机的协助便可独立工作。

③ 有独立的 IP 地址，可通过 LAN、DSL，连接或无线网络适配器直接与以太网连接。

④ 支持多种网络通信协议，如 TCP/IP，局域网上的用户以及 Internet 上的用户使用标准的网络浏览器，就可以根据 IP 地址对网络摄像机进行访问。

⑤ 观看通过网络传输的实时图像。

⑥ 通过对镜头、云台的控制，对目标进行全方位的监控。

⑦ 先进的网络摄像机还包含很多其他更有吸引力的功能，例如运动探查、电子邮件警报和 FTP 报警等。

⑧ 采用 MPEG4 视频压缩技术，解决了图像数字化和带宽之间的矛盾，算法的特点在于它实现了高质量视频图像的极高压缩比。对比同样的 DVD 图像质量，压缩比相对 MPEG2 提高了 3～5 倍以上，MPEG4 技术使网络摄像机实用化。

2. 控制信号的传输

对数字视频监控系统而言，控制与信号是在同一个IP网传输，只是方向不同。在模拟视频监控系统中，控制信号的传输一般采用如下两种方式。

(1) 通信编码间接控制。采用RS-485串行通信编码控制方式，用单根双绞线就可以传送多路编码控制信号，到现场后再行解码，这种方式可以传送1km以上，从而大大节约了线路费用。这是目前智能建筑监控系统应用最多的方式。

(2) 同轴视控。控制信号和视频信号复用一条同轴电缆。其原理是把控制信号调制在与视频信号不同的频率范围内，然后与视频信号复合在一起传送，到现场后再分解开。这种一线多传方式随着技术的进一步发展和设备成本的降低，也是方向之一。

二、线缆的选择与布线

1. 传输方式的选择（表7-10）

图像传输介质　　**表7-10**

传输介质	传输方式	特　点	适 用 范 围
同轴电缆	基带传输	设备简单、经济、可靠，易受干扰	近距离，加补偿可达2km
	调幅、调频	抗干扰好，可多路，较复杂	公共天线、电缆电视
双绞线（电话线）	基带传输	平衡传输，抗干扰性强，图像质量差	近距离，可利用电话线
	数字编码	传送静止、准实时图像，抗干扰性强	报警系统，可视电话，也可传输基带信号，可利用网线
光纤传输	基带传输	IM直接调制，图像质量好，抗电磁干扰好	应用电视，特别是大型系统
	PCM FDM(频分多路) WDM(波分多路)	双向传输，多路传输	干线传输
无线	微波、调频	灵活、可靠，易受干扰和建筑遮挡	临时性、移动监控
网络	数字编码、TCP/IP	实时性、连续性要求不高时可保证基本质量，灵活性、保密性强	远程传输，系统自主生成，临时性监控

(1) 传输距离较近，可采用同轴电缆传输视频基带信号的视频传输方式。采用视频同轴电缆传输方式时，同轴电缆应采用SYV75系列产品。SYV75-5的同轴电缆适用于300m以内模拟视频信号的传输。当传输的彩色电视基带信号，在5.5MHz点的不平坦度大于3dB时，宜加电缆均衡器；当大于6dB时，应加电缆均衡放大器。

(2) 传输距离较远，监视点分布范围广，或需进电缆电视网时，宜采用射频同轴电缆传输。采用射频同轴电缆传输方式时，应配置射频调制、解调器、混合器、放大器等。射频同轴电缆（SYWV）适用于距离较远、多路模拟视频信号的传输。

(3) 长距离传输或需避免强电磁场干扰的传输，宜采用传输光调制信号的光缆传输方式。当有防雷要求时，应采用无金属光缆。

(4) 系统的控制信号可采用多芯线直接传输或将遥控信号进行数字编码用电（光）缆进行传输。

2. 线缆选型

(1) 同轴电缆：

① 应根据图像信号采用基带传输还是射频传输，确定选用视频电缆还是射频电缆。

② 所选用电缆的防护层应适合电缆敷设方式及使用环境（如环境气候、存在有害物质、干扰源等）。

③ 室外线路，宜选用外导体内径为9mm的同轴电缆，采用聚乙烯外套。

④ 室内距离不超过500m时，宜选用外导体内径为7mm的同轴电缆，且采用防火的聚氯乙烯外套。

⑤ 终端机房设备间的连接线，距离较短时，宜选用的外导体内径为3mm或5mm，且具有密编铜网外导体的同轴电缆。

(2) 其他线缆选择：

① 通信总线　　RVVP2×1.5mm^2；

② 摄像机电源　　RVS2×0.5mm^2；

③ 云台电源　　RVS5×0.5mm^2；

④ 镜头　　RVS (4～6)×0.5mm^2；

⑤ 灯光控制　　RVS2×1.0mm^2；

⑥ 探头电源　　RVS2×1.0mm^2；

⑦ 报警信号输入　　RVS2×0.5mm^2；

⑧ 解码器电源　　RVS2×0.5mm^2。

(3) 无线传输系统设计：

① 传输频率必须经过国家无线电管理委员会批准；

② 发射功率应适当，以免干扰广播和民用电视；

③ 无线图像传输宜采用调频制；

④ 无线图像传输方式主要有高频开路传输方式和微波传输方式：

a. 监控距离在10km范围内时，可采用高频开路传输方式。

b. 监控距离较远且监视点在某一区域较集中时，应采用微波传输方式，其传输距离最远可达几十公里。需要传输距离更远或中间有阻挡物的情况时，可考虑加微波中继。

(4) 电缆的敷设要求：

① 电缆的弯曲半径应大于电缆直径的15倍。

② 电源线宜与信号线、控制线分开敷设。

③ 室外设备连接电缆时，宜从设备的下部进线。

④ 电缆长度应逐盘核对，并根据设计图上各段线路的长度来选配电缆。宜避免电缆的接续，当电缆接续时，应采用专用接插件。

(5) 架设架空电缆时，宜将电缆吊线固定在电杆上，再用电缆挂钩把电缆卡挂在吊线上；挂钩的间距宜为0.5～0.6m。根据气候条件，每一杆档应留出余兜。

(6) 墙壁电缆的敷设，沿室外墙面宜采用吊挂方式；室内墙面宜采用卡子方式。

墙壁电缆当沿墙角转弯时，应在墙角处设转角墙担。电缆卡子的间距在水平路径上宜为0.6m；在垂直路径上宜为1m。

(7) 直埋电缆的埋深不得小于0.8m，并应埋在冻土层以下；紧靠电缆处应用沙或细土覆盖，其厚度应大于0.1m，且上压一层砖石保护。通过交通要道时，应穿钢管保护，电缆应采用具有铠装的直埋电缆，不得用非直埋式电缆作直接埋地敷设。转弯地段的电缆，地面上应有电缆标志。

(8) 敷设管道电缆，应符合下列要求：

① 敷设管道线之前应先清刷管孔；

② 管孔内预设一根镀锌铁线；

③ 穿放电缆时宜涂抹黄油或滑石粉；

④ 管口与电缆间应衬垫铅皮，铅皮应包在管口上；

⑤ 进入管孔的电缆应保持平直，并应采取防潮、防腐蚀、防鼠等处理措施。

(9) 管道电缆或直埋电缆在引出地面时，均应采用钢管保护。钢管伸出地面不宜小于2.5m；埋入地下宜为0.3～0.5m。

(10) 光缆的敷设应符合下列规定：

① 敷设光缆前，应对光纤进行检查，光纤应无断点，其衰耗值应符合设计要求。

② 核对光缆的长度，并应根据施工图的敷设长度来选配光缆。配盘时应使接头避开河沟、交通要道和其他障碍物；架空光缆的接头应设在杆旁 1m 以内。

③ 敷设光缆时，其弯曲半径不应小于光缆外径的 20 倍。光缆的牵引端头应做好技术处理；可采用牵引力有自动控制性能的牵引机进行牵引。牵引力应加于加强芯上，其牵引力不应超过 150kg；牵引速度宜为 10m/min；一次牵引的直线长度不宜超过 1km。

④ 光缆接头的预留长度不应小于 8m。

⑤ 光缆敷设完毕，应检查光纤有无损伤，并对光缆敷设损耗进行抽测。确认没有损伤时，再进行接续。

(11) 架空光缆应在杆下设置伸缩余兜，其数量应根据所在负荷区级别确定，对重负荷区宜每杆设一个；中负荷区 2～3 根杆宜设一个；轻负荷区可不设，但中间不得绷紧，光缆余兜的宽度宜为 1.52～2m；深度宜为 0.2～0.25m（图 7-29）。

光缆架设完毕，应将余缆端头用塑料胶带包扎，盘成圈置于光缆预留盒中；预留盒应固定在杆上。地下光缆引上电杆，必须采用钢管保护如图 7-29 所示。

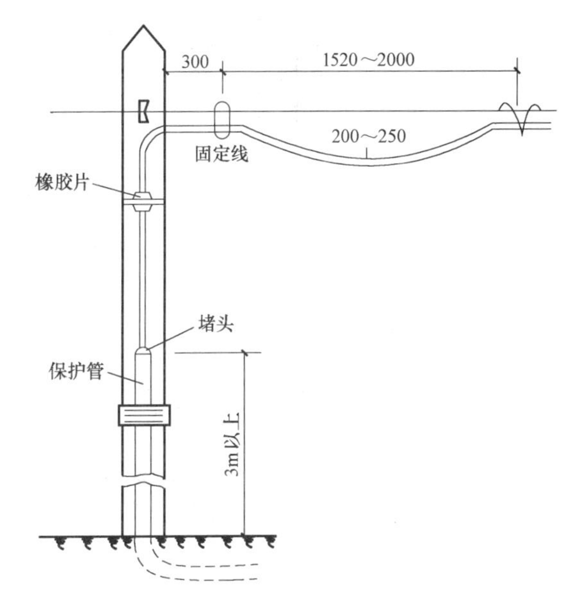

图 7-29　光缆的余兜及引上线钢管保护

(12) 在桥上敷设光缆时，宜采用牵引机终点牵引和中间人工辅助牵引。光缆在电缆槽内敷设不应过紧；当遇桥身伸缩接口处时应作 3～5 个“S”弯，并每处宜预留 0.5m。当穿越铁路桥面时，应外加金属管保护。光缆经垂直走道时，应固定在支持物上。

(13) 管道光缆敷设时，无接头的光缆在直道上敷设应由人工逐个入孔同步牵引。预先做好接头的光缆，其接头部分不得在管道内穿行；光缆端头应用塑料胶带包好，并盘成圈放置在托架高处。

(14) 光缆的接续应由受过专门训练的人员操作，接续时应采用光功率计或其他仪器进行监视，使接续损耗达到最小，接续后应做好接续保护，并安装好光缆接头护套。

(15) 光缆敷设后，宜测量通道的总损耗，并用光时域反射计观察光纤通道全程波导衰减特性曲线。

(16) 在光缆的接续点和终端应作永久性标志。

三、监控室的安装施工

1. 监控室的布局

(1) 根据系统大小，宜设置监控点或监控室。监控室的设计应符合下列规定：

① 监控室宜设置在环境噪声较小的场所；

② 监控室的使用面积应根据设备容量确定，宜为 12～50m^2；

③ 监控室的地面应光滑、平整、不起尘。门的宽度不应小于 0.9m，高度不应小于 2.1m；

④ 监控室内的温度宜为 16～30℃，相对湿度宜为 30％～75％；

⑤ 监控室内的电缆、控制线的敷设宜设置地槽；当属改建工程或监控室不宜设置地槽时，也可敷设在电缆架槽、电缆走道、墙上槽板内，或采用活动地板；

⑥ 根据机柜、控制台等设备的相应位置，应设置电缆槽和进线孔，槽的高度和宽度应满足敷设电缆的容量和电缆弯曲半径的要求；

⑦ 监控室内设备的排列，应便于维护与操作，并应满足安全、消防的规定要求。

图 7-30 为监控室的设备布置示例。

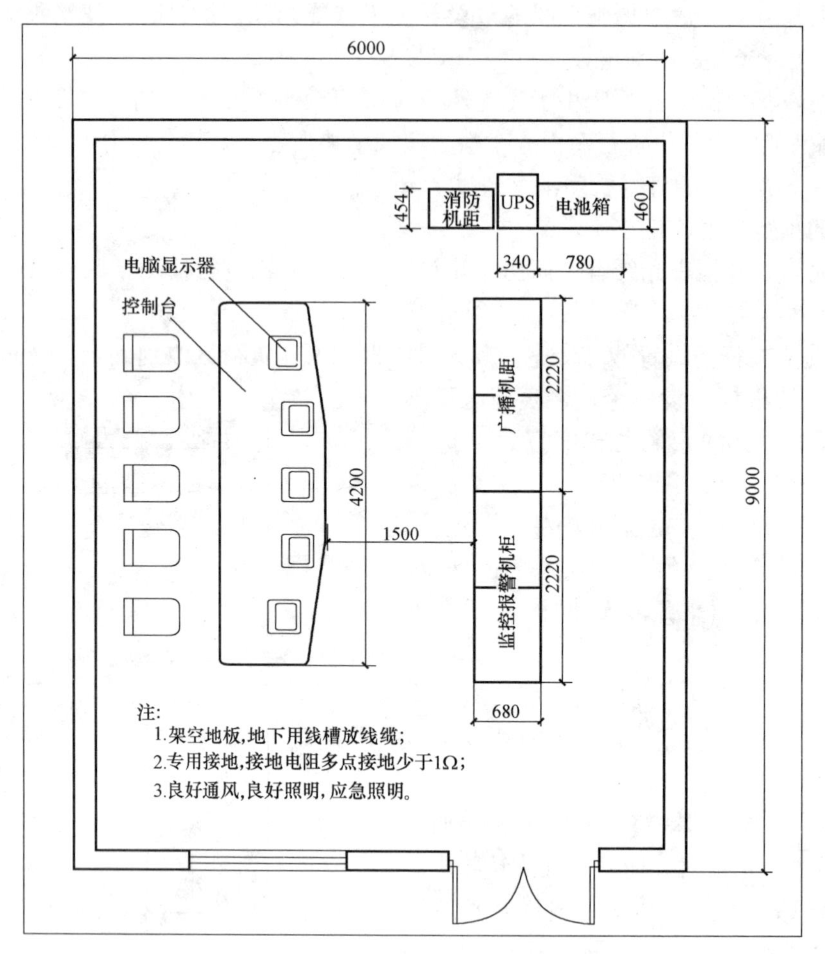

图 7-30　监控室设备布置图

（2）监控室根据需要宜具备下列基本功能：

① 能提供系统设备所需的电源；

② 监视和记录；

③ 输出各种遥控信号；

④ 接收各种报警信号；

⑤ 同时输入输出多路视频信号，并对视频信号进行切换；

⑥ 时间、编码等字符显示；

⑦ 内外通信联络。

（3）控制室一般分为两个区，即终端显示区及操作区。操作区与显示区的距离以监视者与屏幕之间的距离为屏幕对角线的 4～6 倍设置为宜。

（4）控制台的设置：

① 控制台的设置应便于操作和维修，正面与墙的净距离不应小于 1.2m，两侧面与墙或其他设备的净距离在主通道不应小于 1.5m，在次要通道不应小于 0.8m。

② 控制台的操作面板（基本的组成：操作键盘和九寸监视器），应置于操作员既方便操作又便于观察的位置。图 7-31 和图 7-32 为监控室的控制台布置和形式示例。

（5）监视器的设置：

① 较小的控制室，宜用吊架把监视器吊于顶棚上；大、中型控制室的监视器宜用监视器架摆放，

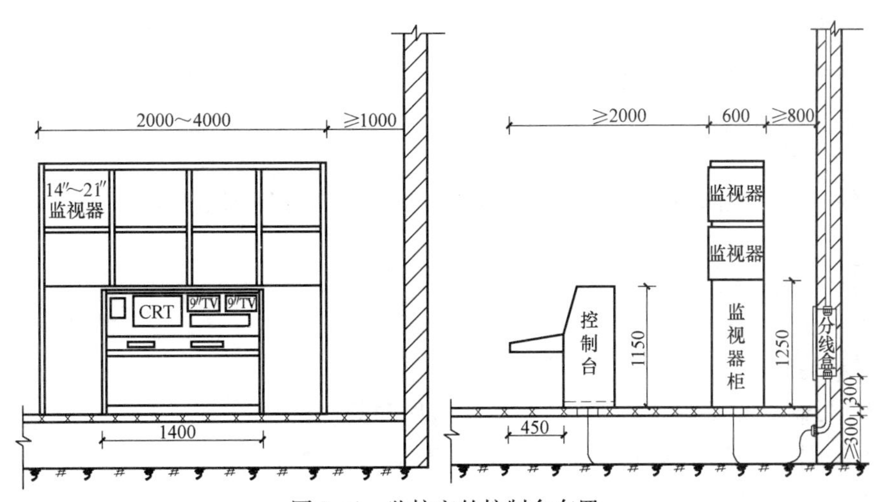

图 7-31　监控室的控制台布置

注：1. 控制室供电容量约 3～5kVA。
2. 控制室内应设接地端子。
3. 图中尺寸仅供参考。

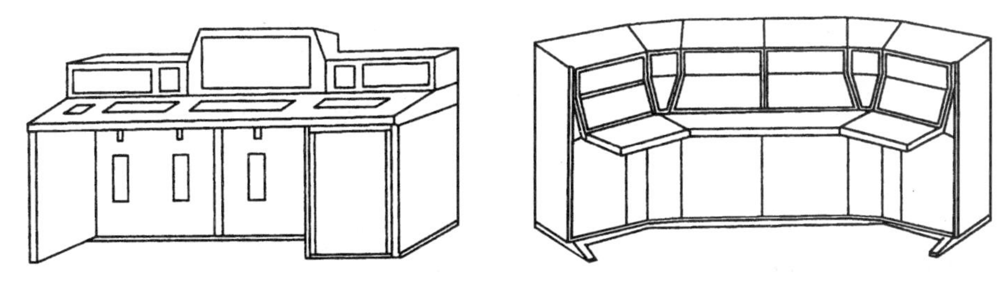

图 7-32　控制台形式

一般呈内扇形或一字形，监视器架的背面和侧面距墙的距离不应小于 0.8m。

② 固定于机柜内的监视器应留有通风散热孔。

③ 监视器的安装位置应使屏幕不受外界强光直射，当有不可避免的强光入射时，应加光罩遮挡。

④ 与室内照明设计合理配合，以减少在屏幕上因灯光反射引起对操作人员的眩目。

⑤ 监视器的外部调节旋钮应暴露在方便操作的位置，并加防护盖。

图 7-33 为监视器机架布置示例，表 7-11 则表示监视器屏幕尺寸与可供观看的最佳距离。

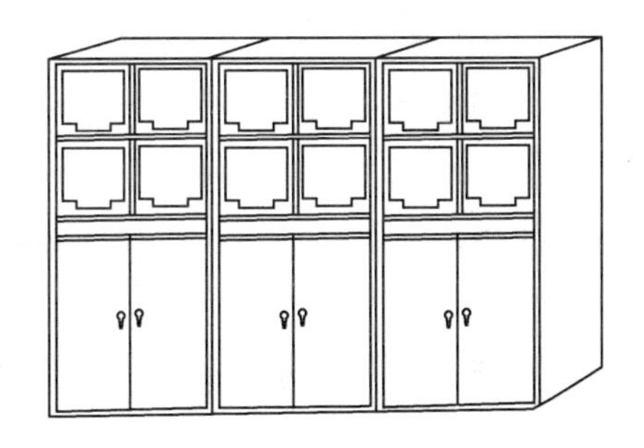

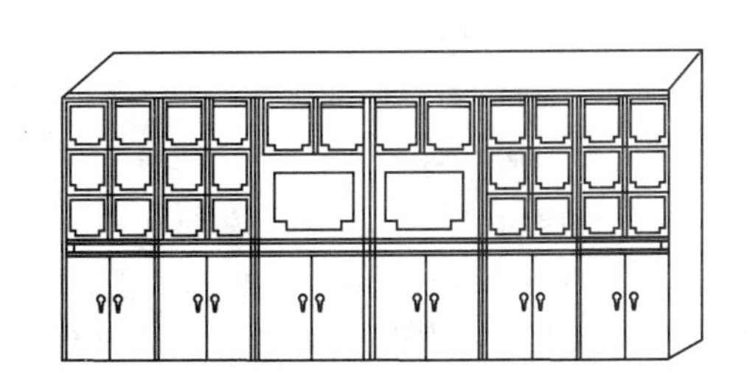

图 7-33　监视器机架布置

监视器屏幕尺寸与可供观看的最佳距离　　**表 7-11**

监视器规格(对角线)		屏幕标称尺寸		可供观看的最佳距离	
(cm)	(英寸)	宽(cm)	高(cm)	最小观看距离(m)	最大观看距离(m)
23	9	18.4	13.8	0.92	1.6
31	12	24.8	18.6	1.22	2.2
35	14	28.0	21.0	1.42	2.5
43	17	34.4	25.8	1.72	3.0

（6）控制室内照明：

① 控制室内的平均照度应≥200lx。

② 照度均匀度（即最低照度与平均照度之比）应≥0.7。

（7）控制室内布线设计：

① 控制室内的电缆、控制线的敷设宜采用地槽。槽高、槽宽应满足敷设电缆的需要和电缆弯曲半径的要求。

② 对活动地板的要求：

a. 防静电；

b. 架空高度≥0.25m；

c. 根据机柜、控制台等设备的相应位置，留进线槽和进线孔。

③ 对不宜设置地槽的控制室，可采用电缆槽或电缆架架空敷设。

（8）系统照明：

① 监视目标所需最低照度：

a. 黑白电视系统，监视目标最低照度应≥10lx；

b. 彩色电视系统，监视目标最低照度应≥50lx。

② 监视目标处于雾气环境时，黑白电视系统宜采用高压水银灯作配光，彩色电视系统宜采用碘钨灯作配光。

③ 具有电动云台的监视系统，照明灯宜设置在摄像机防护罩上或设置在与云台同方向转动的其他装置上。

2. 监控室的安装施工

（1）机架安装应符合下列规定：

① 机架安装位置应符合设计要求，当有困难时可根据电缆地槽和接线盒位置作适当调整。

② 机架的底座应与地面固定。

③ 机架安装应竖直平稳；垂直偏差不得超过1‰。

④ 几个机架并排在一起，面板应在同一平面上并与基准线平行，前后偏差不得大于3mm；两个机架中间缝隙不得大于3mm。对于相互有一定间隔而排成一列的设备，其面板前后偏差不得大于5mm。

⑤ 机架内的设备、部件的安装，应在机架定位完毕并加固后进行，安装在机架内的设备应牢固、端正。

⑥ 机架上的固定螺钉、垫片和弹簧垫圈均应按要求紧固不得遗漏。

（2）控制台安装应符合下列规定：

① 控制台位置应符合设计要求；

② 控制台应安放竖直，台面水平；

③ 附件完整、无损伤、螺钉紧固，台面整洁无划痕；

④ 台内接插件和设备接触应可靠，安装应牢固，内部接线应符合设计要求，无扭曲脱落现象。

（3）监控室内，电缆的敷设应符合下列要求：

① 采用地槽或墙槽时，电缆应从机架、控制台底部引入，将电缆顺着所盘方向理直，按电缆的排列次序放入槽内；拐弯处应符合电缆曲率半径要求。

电缆离开机架和控制台时，应在距起弯点10mm处成捆空绑，根据电缆的数量应隔100～200mm空绑一次。

② 采用架槽时，架槽宜每隔一定距离留出线口。电缆由出线口从机架上方引入，在引入机架时应成捆绑扎。

③ 采用电缆走道时，电缆应从机架上方引入，并应在每个梯铁上进行绑扎。

④ 采用活动地板时，电缆在地板下可灵活布放，并应顺直无扭绞；在引入机架和控制台处还应成捆绑扎。

（4）在敷设的电缆两端应留适度余量，并标示明显的永久性标记。

（5）各种电缆和控制线插头的装设应符合产品生产厂的要求。

（6）引入、引出房屋的电（光）缆，在出入口处应加装防水罩。向上引入、引出的电（光）缆，在出入口处还应做滴水弯，其弯度不得小于电（光）缆的最小弯曲半径。电（光）缆沿墙上下引入、引出时应设支持物。电（光）缆应固定（绑扎）在支持物上，支持物的间隔距离不宜大于1m。

（7）监控室内光缆的敷设，在电缆走道上时，光端机上的光缆宜预留10m；余缆盘成圈后应妥善放置，光缆至光端机的光纤连接器的耦合工艺，应严格按有关要求进行。

（8）监视器的安装应符合下列要求：

① 监视器可装设在固定的机架和柜上，也可装设在控制台操作柜上，当装在柜内时，应采取通风散热措施；

② 监视器的安装位置应使屏幕不受外来光直射，当有不可避免的光时，应加遮光罩遮挡；

③ 监视器的外部可调节部分，应暴露在便于操作的位置，并可加保护盖。

四、供电与接地

（1）系统的供电电源应采用220V、50Hz的单相交流电源，并应配置专门的配电箱。当电压波动超出+5%～10%范围时，应设稳压电源装置。稳压装置的标称功率不得小于系统使用功率的1.5倍。

（2）摄像机宜由监控室引专线经隔离变压器统一供电，当供电线与控制线合用多芯线时，多芯线与电缆可一起敷设。远端摄像机可就近供电，但设备应设置电源开关、熔断器和稳压等保护装置。

（3）系统的接地，宜采用一点接地方式。接地母线应采用铜质线。

（4）系统采用专用接地装置时，其接地电阻不得大于4Ω；采用综合接地网时，其接地电阻不得大于1Ω。

（5）应采用专用接地干线，由控制室引入接地体，专用接地干线所用铜芯绝缘导线或电缆，其芯线截面不应小于16mm^2。

（6）接地线不能与强电交流的地线以及电网零线短接或混接，接地线不能形成封闭回路。

（7）由控制室引到系统其他各设备的接地线，应选用铜芯绝缘软线，其截面积不应小于4mm^2。

（8）光缆传输系统中，各监控点的光端机外壳应接地，且宜与分监控点统一连接接地。光缆加强芯、架空光缆接续护套应接地。

（9）架空电缆吊线的两端和架空电缆线路中的金属管道应接地。

（10）进入监控室的架空电缆入室端和摄像机装于旷野、塔顶或高于附近建筑物的电缆端，应设置避雷保护装置。

（11）防雷接地装置宜与电气设备接地装置和埋地金属管道相连，当不相连时，两者间的距离不宜小于20m。

（12）不得直接在两建筑屋顶之间敷设电缆，应将电缆沿墙敷设置于防雷保护区以内，并不得妨碍车辆的运行。

（13）系统的防雷接地与安全防护设计应符合现行国家标准《工业企业通信接地设计规范》（GBJ 79—85）、《建筑物防雷设计规范》（GB 50057—94）和《声音和电视信号的电缆分配系统》（GB/T 6510—1996）的规定。

第五节　工 程 举 例

【例1】 某大楼的电视监控系统。

该大楼共22层，设置摄像机76台，采用矩阵主机进行控制，控制室设在首层，该电视监控系统图及摄像机的楼层配置如图7-34所示。下面着重介绍一下该大楼大堂和电梯间的摄像机布置。

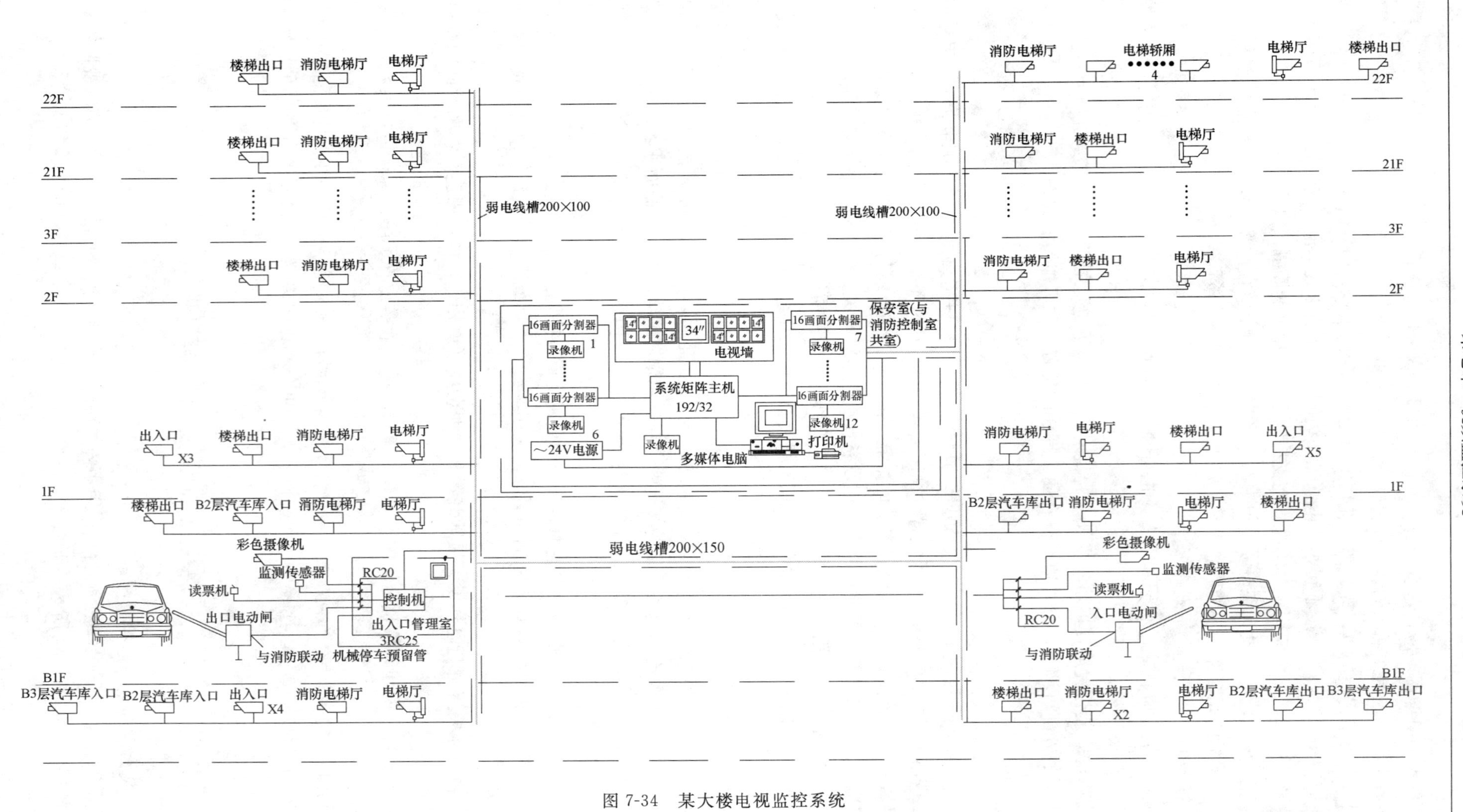

图 7-34　某大楼电视监控系统

图 7-35 是该大楼大堂门口和电梯间的摄像机布置示例。用来摄像监视大堂门口的摄像机 C，由于直对屋外，需采用具有逆光补偿的摄像机。对于电梯轿厢内摄像机的布置，以往通常设在电梯操作器对角轿厢顶部处，左右上下互成 45°对角，如图中 A 处。但这种布置摄取乘客大部分时间为背部，不如布置在 B 处，能大部分时间摄取乘客正面。摄像机可选用带 3mm 自动光圈广角镜头、隐蔽式黑白或彩色摄像机。

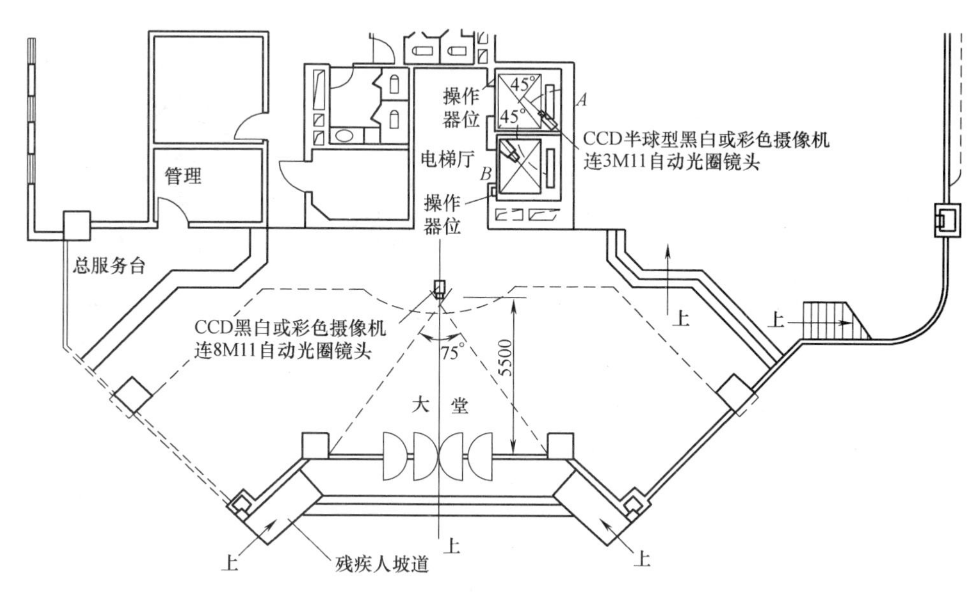

图 7-35　某大楼大堂门口、电梯摄像机布置

【例 2】 某智能小区的电视监控系统

该小区在主要出入口、管理大楼等处共设置摄像机 80 台，其中小区内集中绿地及景观的中心区域还设置 2 台云台摄像机。装设在车库内的摄像机将与设置在各自监测范围内的双鉴移动探测器联动，当这些探测器探测到车库内的移动物体并发出报警时，系统将联动相应的摄像机并在监视器上显示相应的报警画面，安保人员还可以控制其中的 1 台云台摄像机进行监控。布置在周界上的摄像机将与周界红外探测器联动。

考虑到系统既要有一定的先进性，还要提高系统的性价比，因此采用国产极锐数字硬盘录像系统。80 台摄像机所摄取的监控画面通过 5 台硬盘录像机的分割、处理及控制，在 5 台 19 英寸专业监视器上全面显示，系统另设 1 台 19 英寸专业显示器作为显示报警联动画面使用，所有监控画面及报警联动画面 24h 记录在硬盘上。

该系统配置如表 7-12 所示，整个系统的结构图如图 7-36 所示。

闭路电视监控系统配置一览表　　**表 7-12**

序号	名　称	型号	品牌	产地	数量
1	黑白摄像机	ST-BC3064	日立	日本	80
2	自动光圈镜头(8.0mm)	SSG0812	精工	日本	74
3	电动三可变镜头	SSL06036M	精工	日本	6
4	内置全方位室外云台带球型防护罩	VD-9109D	亚安	中国	6
5	19″显示器		大水牛	中国	6
6	硬盘录像机	DRM16	极锐	中国	5
7	硬盘	80G/7200	迈拓	美国	10
8	双鉴移动探测器	DT-906	CK	美国	16
9	摄像机防护罩			中国	74
10	支架			中国	74
11	云台支架			中国	6

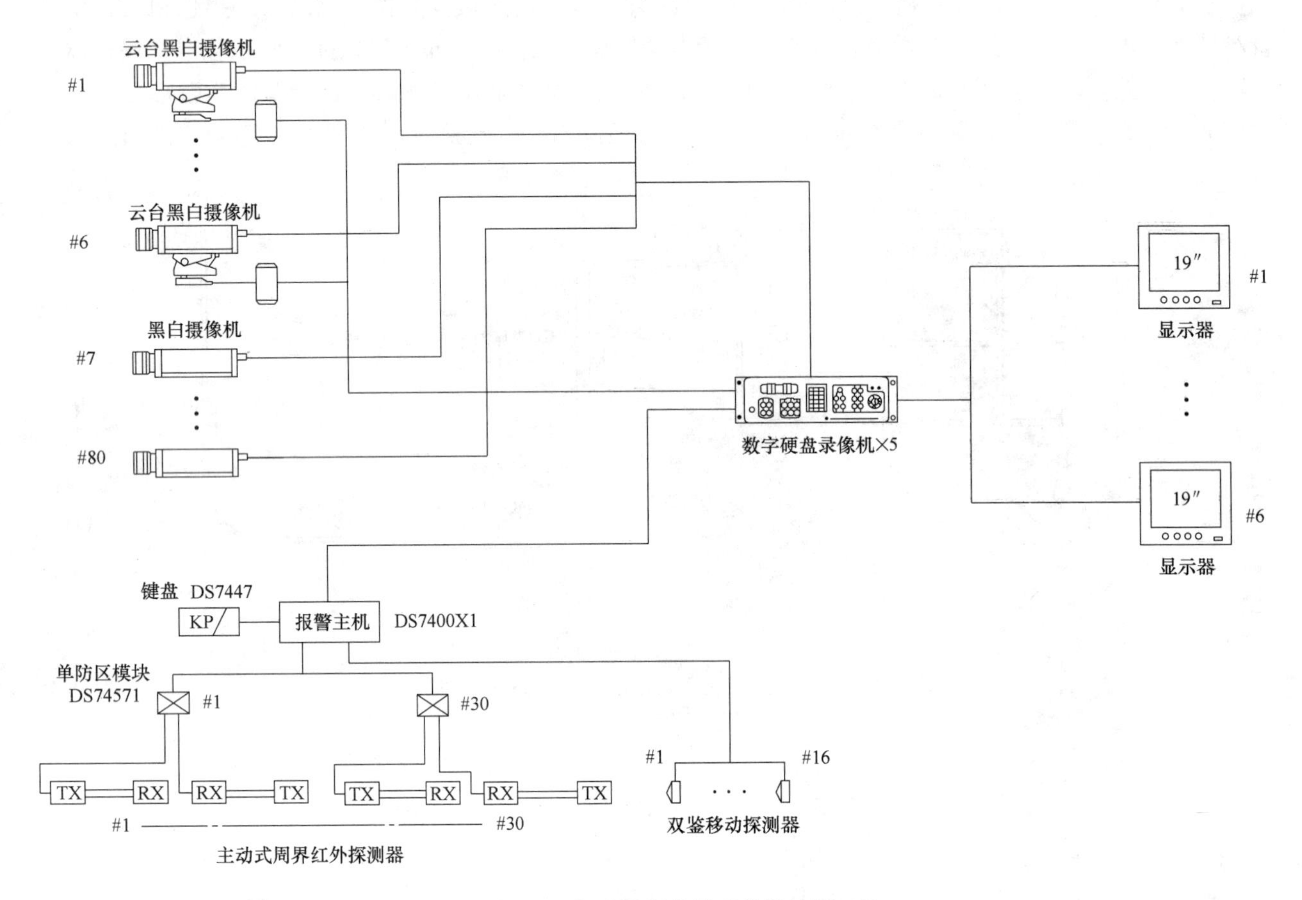

图 7-36　闭路电视监控系统结构图

【例 3】 某大厦的监控电视防盗系统

本大厦是一座按五星级标准建设的集宾馆和办公楼于一体的综合大楼，要求整个系统的视频输入（监视点）为 96 个，视频输出为 16 个。为此采用美国 AD 公司的 AD2052R96-16 型主机，该主机为一个机箱构成，输入和输出采用模块式，每块视频输入模块为 16 路视频输入，每块视频输出模块为 4 路视频输出，最大扩充容量可达 512 路输入、32 路输出，因此适于大型系统使用。而且其集成度高，机箱数量少，且价格也比 AD1650 便宜，功能反而略有增加。由于该大厦装饰豪华，故在比较注目的位置安装美观的一体化快变速球形摄像机，固定的摄像机也采用半球形护罩或斜坡式护罩。系统图如图 7-37 所示。

由于 AD2052 主机没有 AD 控制码接口，控制信号必须通过高速数据线连接 AD2091 控制码发生分配器。它可把主机 CPU 的控制信号变换成 AD 接收器采用的控制码（曼彻斯特码），最多可提供 64 个独立的缓冲控制码输出，分 4 组，每组 16 个，每组可控制 64 个摄像机。多台设备级联，最多可控制 1024 个摄像机，每个输出可用电缆传送 1500m。

由于系统需要防盗报警联动，故配置 AD2096 报警输入接口设备和 AD2032 报警输出响应器。AD2096 有 64 个触点回路，能把报警输入转换成报警信号编码，供 AD 矩阵切换控制主机使用。主机经编程后，能自动将报警摄像机切换到指定的监视上，启动预置功能及辅助功能，对报警触点作出响应。该机通过 RS232 通信接口与主机连接。AD2032 能提供 32 个可编址 A 型继电器（双极、单掷、常开触点）分成两组，每组 16 个，为矩阵系统提供外部设备继电器触点控制回路。每组继电器可编程，对两组分开的监视器作出响应。继电器可启动录像机、报警器或其他报警装置。AD2032 与 AD2052 主机通过高速数据线连接，与 AD1650 主机则通过 AD 控制码连接使用。

本系统还配置 2 台黑白双工 16 画面处理器 AD1480/16。该机可在一台录像机上记录多达 16 路视频

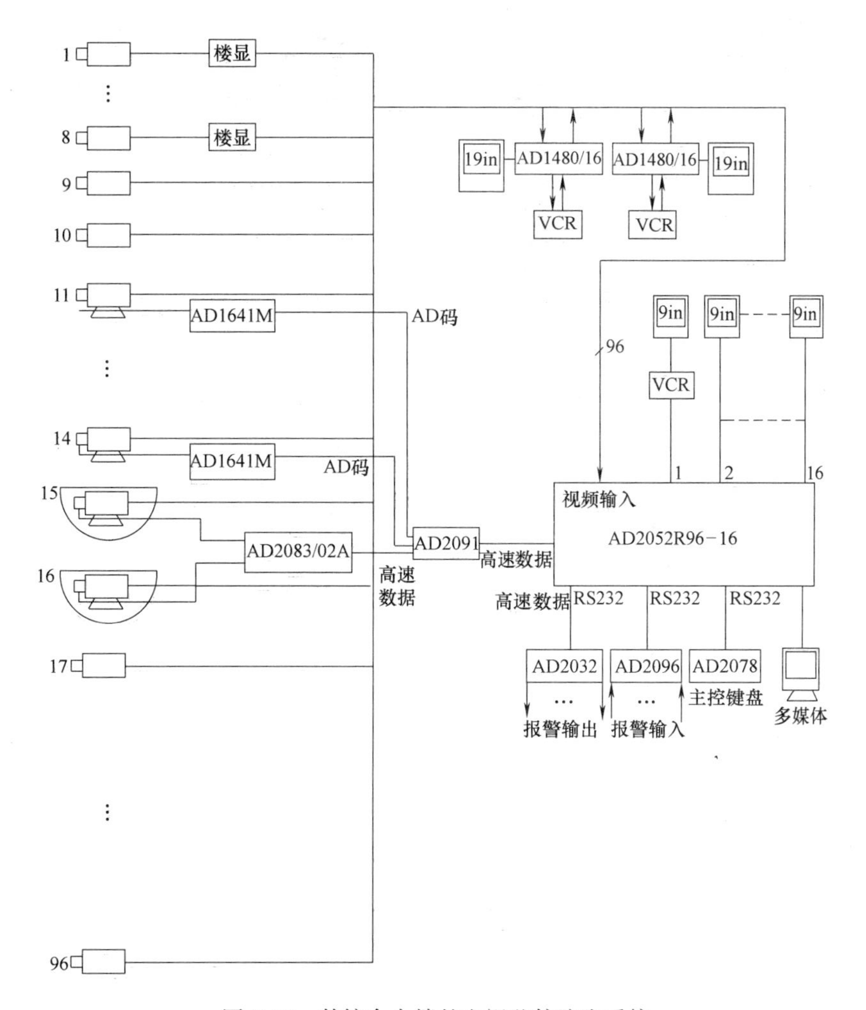

图 7-37　某综合大楼的电视监控防盗系统

信号，可用两台录像机同时录像或回放，图像显示方式有：全屏幕、4 画面、9 画面或 16 画面等。

整个系统的设备器材如表 7-13 所示。

某综合大楼监控系统的设备器材　　**表 7-13**

序　号	设备器材名称	型号规格	数　量
1	1/3in 高分辨力黑白摄像机	TK-S350EG	94
2	一体化高变速球形黑白摄像机	AD9112/B10	2
3	球形摄像机吸顶安装附件	AD9202	2
4	球形码发生分配器	AD2083/02	1
5	室外全方位云台	AD1240/24	3
6	室内全方位云台	AD1215/24	1
7	室内解码器	AD164M-1X	1
8	室外解码器	AD1641M-2EX	3
9	室外全天候防护罩	AD1335/14SH24	3
10	室内防护罩	AD1335/14	1
11	室内摄像机防护罩	AD1317/8	6
12	室内吸顶斜坡防护罩	AD1303	84
13	室内云台支架	AD1381	4
14	室内防护罩支架	AD1371C	6
15	矩阵切换控制主机	AD2052R96-16	1
16	主控键盘	AD2078	1
17	多媒体软件及视霸卡	AD5500	1
18	控制码发生分配器	AD2091X	1
19	报警输入接口设备	AD2096X	1

续表

序　　号	设备器材名称	型号规格	数　　量
20	报警输出响应器	AD2032X	1
21	黑白16画面处理器	AD1480/16	2
22	2.8mm自动光圈镜头	SSG0284NB	8
23	4.0mm手动光圈镜头	SSE0412	24
24	8.0mm手动光圈镜头	SSE0812	48
25	4.0mm自动光圈镜头	SSG0412NB	10
26	6倍二可变焦镜头	SSL06036GNB	1
27	12倍三可变镜头	SSL06072	3
28	24h专业录像机	WV-AG6124	3
29	9in黑白专业监视器	WV-BM900	16
30	20in黑白专业监视器	WV-BM1900	2
31	楼层显示器		8
32	5in半球形护罩	XTK-5	30
33	电源供电器		1

第八章　安全防范系统

第一节　入侵（防盗）报警系统

一、安全防范系统的内容（见表8-1）

安全防范系统内容　　表8-1

项　目	说　明
视频安防（闭路电视）监控系统	采用各类摄像机，对建筑物内及周边的公共场所、通道和重要部位进行实时监视、录像，通常和报警系统、出入口控制系统等实现联动。 视频监控系统通常分模拟式视频监控系统和数字式视频监控系统，后者还可网络传输、远程监视。视频监控系统内容已在第七章阐述
入侵（防盗）报警系统	采用各类探测器，包括对周界防护、建筑物内区域/空间防护和某些实物目标的防护。 常用的探测器有：主动红外探测器、被动红外探测器、双鉴探测器、三鉴探测器、振动探测器、微波探测器、超声探测器、玻璃破碎探测器等。在工程中还经常采用手动报警器、脚挑开关等作为人工紧急报警器件
出入口控制（门禁）系统	采用读卡器等设备，对人员的进、出，放行、拒绝、记录和报警等操作的一种电子自动化系统。 根据对通行特征的不同辨识方法，通常有密码、磁卡、IC卡或根据生物特征，如指纹、掌纹、瞳孔、声音等对通行者进行辨识
巡更管理系统	是人防和技防相结合的系统。通过预先编制的巡逻软件，对保安人员巡逻的运动状态（是否准时、遵守顺序巡逻等）进行记录、监督，并对意外情况及时报警。 巡更管理系统通常分为离线式巡更管理系统和在线式（或联网式）巡更管理系统。在线式巡更管理系统通常采用读卡器、巡更开关等识别。采用读卡器时，读卡器安装在现场往往和出入口（门禁）管理系统共用，也可由巡更人员持手持式读卡器读取信息
停车场（库）管理系统	对停车场（库）内车辆的通行实施出入控制、监视以及行车指示、停车计费等的综合管理。停车场管理系统主要分内部停车场、对外开放的临时停车场，以及两者共用的停车场
访客对讲系统	是对出入建筑物实现安全检查，以保障住户的安全。 访客对讲系统在住宅、智能化小区中已得到广泛采用，将在第十一章阐述
安全防范综合管理系统	早期的安全防范系统大都是以各子系统独立的方式工作，特点是子系统单独设置，独立运行。子系统间若需联动，通常都通过硬件连接实现彼此之间的联动管理。目前由于计算机技术、通信技术和网络技术的飞速发展，开始采用安全防范综合管理系统，也称集成化安全防范系统。 集成化安全防范系统的特点是采用标准的通信协议，通过统一的管理平台和软件将各子系统联网，从而实现对全系统的集中监视、集中控制和集中管理，甚至可通过因特网进行远程监视和远程控制。 集成化安全防范系统使建筑物的安全防范系统成为一个有机整体，可方便地接入建筑智能化集成管理系统。从而可有效地提高建筑物抗事故、灾害的综合防范能力和发生事故、灾害时的应变能力以及增强调度、指挥、疏散的管理手段等

二、入侵（防盗）报警系统构成

1. 入侵报警系统通常由前端设备（包括探测器和紧急报警装置）、传输设备、处理/控制/管理设备和显示/记录设备四个部分构成。

2. 入侵报警系统根据信号传输方式的不同分为四种基本模式：分线制、总线制、无线制、公共网络。

（1）分线制系统模式：探测器、紧急报警装置通过多芯电缆与报警控制主机之间采用一对一专线相联，见图8-1。

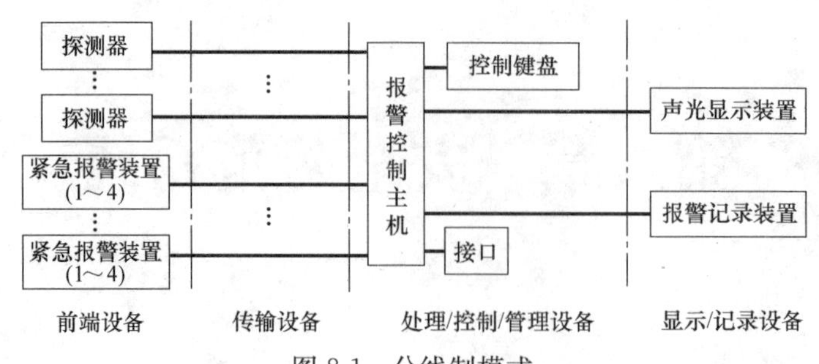

图 8-1　分线制模式

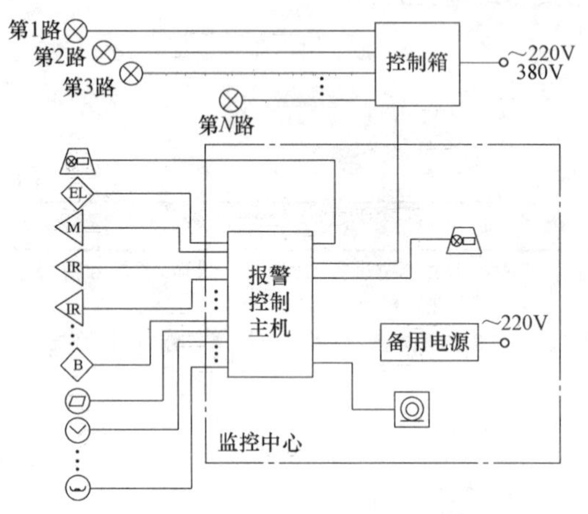

图 8-2　分线制入侵报警系统模式二

分线制入侵报警系统模式二如图 8-2 所示。探测器的数量小于报警主机的容量，系统可根据区域联动开启相关区域的照明和声光报警器，备用电源切换时间应满足报警控制主机的供电要求。有源探测器宜采用不少于四芯的 RVV 线，无源探测器宜采用两芯线。

分线制入侵报警系统模式三如图 8-3 所示。备用电源切换时间应满足周界报警控制器的供电要求，前端设备的选择、选型应由工程设计确定。

（2）总线制系统模式：

总线制入侵报警系统模式如图 8-4 所示。总线制控制系统是将探测器、紧急报警装置通过其相应的编址模块，与报警控制器主机之间采用报警总线（专线）相连。与分线制入侵报警系统相同，它也是由前端设备、传输设备、处理/控制/管理设备和显示/记录设备四部分组成，二者不同之处是其传输设备通过编址模块使传输线路变成了总线制，极大地减少了传输导线的数量。

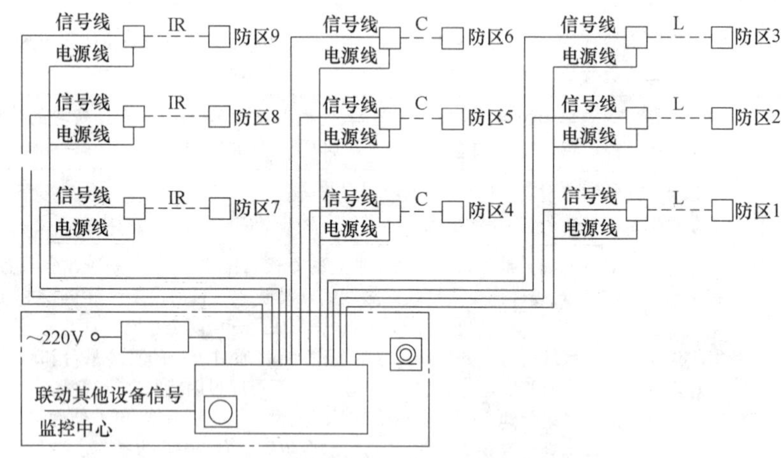

图 8-3　分线制入侵报警系统模式三

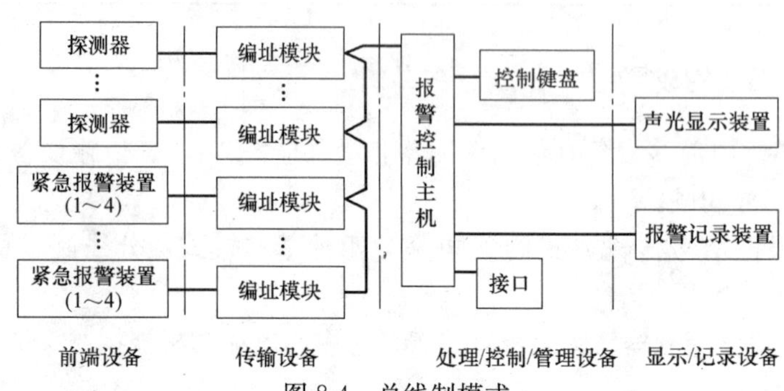

图 8-4　总线制模式

总线制入侵报警系统示例见图 8-5。

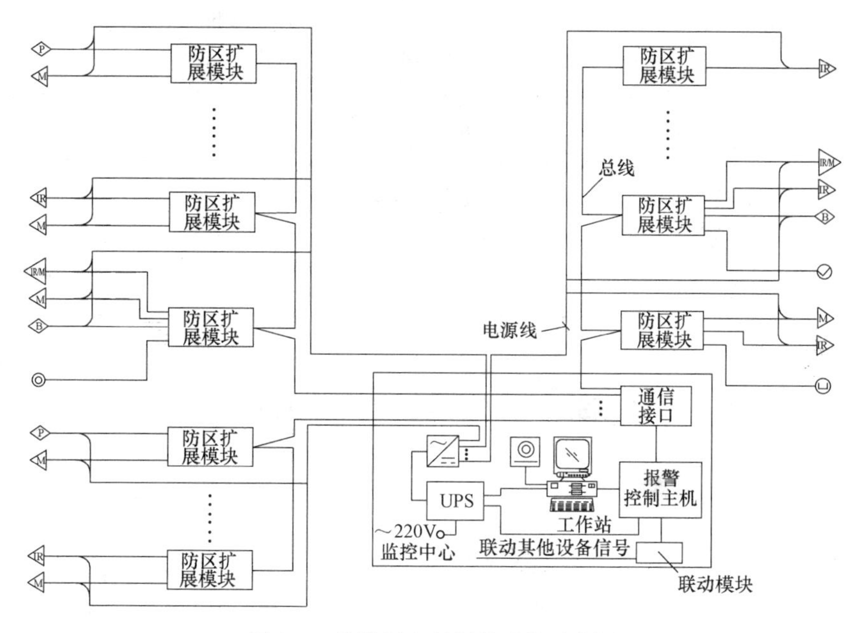

图 8-5 总线制入侵报警系统示意图

注：总线的长度不宜超过 1200m。防区扩展模块是将多个编址模块集中设置。

（3）无线制模式：探测器、紧急报警装置通过其相应的无线设备与报警控制主机通讯，其中一个防区内的紧急报警装置不得大于 4 个（图 8-6）。

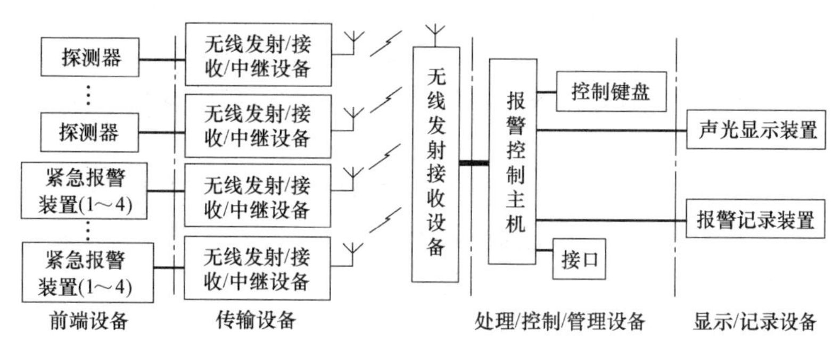

图 8-6 无线制模式

（4）公共网络模式：探测器、紧急报警装置通过现场报警控制设备和/或网络传输接入设备与报警控制主机之间采用公共网络相连。公共网络可以是有线网络，也可以是有线—无线—有线网络（图 8-7）。

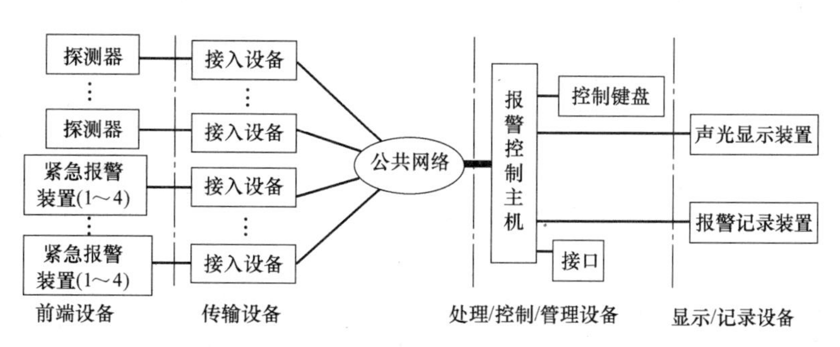

图 8-7 公共网络模式

以上四种模式可以单独使用，也可以组合使用；可单级使用，也可多级使用。

3. 安全防范系统的设防区域与部位（表 8-2）

安全防范系统设防区域及部位　　表 8-2

序号	主要区域和部位	具体范围
1	周界	宜包括建筑物、建筑群外层周界、楼外广场、建筑物周边外墙、建筑物地面层、建筑物顶层等
2	出入口	宜包括建筑物、建筑群周界出入口、建筑物地面层出入口、办公室门、建筑物内和楼群间通道出入口、安全出口、疏散出口、停车库(场)出入口等
3	通道	宜包括周界内主要通道、门厅(大堂)、楼内各楼层内部通道、各楼层电梯厅、自动扶梯口等
4	公共区域	宜包括会客厅、商务中心、购物中心、会议厅、酒吧、咖啡厅、功能转换层、避难层、停车库(场)等
5	重要部位	宜包括重要工作室、重要厨房、财务出纳室、集中收款处、建筑设备监控中心、信息机房、重要物品库房、监控中心、管理中心等

第二节　报警探测器

一、报警探测器的种类

防盗报警探测器又称入侵探测器，是专门用来探测入侵者的移动或其他动作的由电子及机械部件所组成的装置。它通常是由各种类型的传感器和信号处理电路组成的，又称为入侵报警探头。

入侵探测器的种类繁多，分类方式也有多种。

（一）按用途或使用的场所不同来分

可分为户内型入侵探测器、户外型入侵探测器、周界入侵探测器、重点物体防盗探测器等。

（二）按探测器的探测原理不同或应用的传感器不同来分

可分为雷达式微波探测器、微波墙式探测器、主动式红外探测器、被动式红外探测器、开关式探测器、超声波探测器、声控探测器、振动探测器、玻璃破碎探测器、电场感应式探测器、电容变化探测器、视频探测器、微波—被动红外双技术探测器、超声波—被动红外双技术探测器等。

（三）按探测器的警戒范围来分

可分为点型探测器、线型探测器、面型探测器及空间型探测器。

点型探测器的警戒范围是一个点，线型探测器的警戒范围是一条线，面型探测器的警戒范围是一个面，空间型探测器的警戒范围是一个空间。请参看表 8-3。

按探测器的警戒范围分类　　表 8-3

警戒范围	探测器种类
点型	开关式探测器(压力垫、门磁开关、微动开关式等)
线型	主动式红外探测器、激光式探测器、光纤式周界探测器
面型	振动探测器、声控—振动型双技术玻璃破碎探测器、电视报警器
空间型	雷达式微波探测器、微波墙式探测器、被动红外探测器、超声波探测器、声控探测器、视频探测器、微波—被动红外双技术探测器、超声波—被动红外双技术探测器、声控型单技术玻璃破碎探测器、次声波—玻璃破碎高频声响双技术玻璃破碎探测器、泄漏电缆探测器、振动电缆探测器、电场感应式探测器、电容变化式探测器

（四）按探测器的工作方式来分

可分为主动式探测器与被动式探测器。

主动式探测器在担任警戒期间要向所防范的现场不断发出某种形式的能量，如红外线、超声波、微波等能量。

而被动式探测器在担任警戒期间本身则不需要向所防范的现场发出任何形式的能量，而是直接探测来自被探测目标自身发出的某种形式的能量，如红外线、振动等能量。

二、报警探测器的主要性能指标

报警器主要有 5 项性能指标，它们是有效性、可靠性、最大传输距离、连续工作时间和功耗。

1. 有效性

报警器的有效性性能指标可以用探测范围和探测灵敏度来表示。

探测范围指探测器所警戒的区域，通常用距离和角度来表示。例如，某被动红外探测器探测范围为：视场角2°，探测距离为24m。也有的探测器用 $X_m \times X_m$ 来表示。例如，某些双技术探测器探测范围为：12m×12m；18m×18m等。

探测灵敏度指探测器对输入的探测信号（变化的物理量）的响应能力。在报警器中（指模拟传感器）探测灵敏度指能使报警器发出报警信号的最小输入探测信号。它除了与传感器灵敏度有关外，还往往与处理器中放大量有关。因此通过调整放大器的放大倍数，可以调整探测灵敏度。但在实际应用中，不要机械地理解为灵敏度越高越好或越低越好。太高会产生误报，太低则会导致漏报。所以说，只有根据实际应用的场合，选取最佳的灵敏度，才能取得最佳的使用效果。

2. 可靠性

目前，报警器的可靠性经常用平均无故障工作时间和探测率、漏报率及误报率来衡量。

（1）用平均无故障工作时间（Mean Time Between Failures，简称MTBF）来表示

一个元器件、整机或系统，在规定的环境条件下，实现规定的功能，称其为“无故障”状态；如果在规定的时间内，在规定的环境条件下，不能实现规定的功能，则称其为“故障”或“失效”状态。两次故障之间的时间间隔，称为无故障工作时间。某类产品每出现两次故障的时间间隔的平均值，称为平均无故障工作时间。目前，报警器的平均无故障工作时间分为三个等级：A级，5000h；B级，20000h；C级，60000h。

（2）用探测率、漏报率和误报率来衡量

① 探测率。当出现危险情况时，报警器发出报警信号的现象叫做探测。探测率可用下式表示：

$$探测率=\frac{因出现危险情况而报警的次数}{出现危险情况的次数}\times 100\%$$

② 漏报率。当出现危险情况时，报警器没有发出报警信号的现象叫做漏报警。漏报率可用下式表示：

$$漏报率=\frac{因出现危险情况而未报警的次数}{出现危险情况的次数}\times 100\%$$

③ 误报率。在没有出现危险情况时，报警器发出报警信号的现象叫做误报警。误报率通常有两种表示方法。一种用报警器在单位时间内，没有出现危险情况而主动产生报警信号的次数表示。单位时间用年、月、日均可，此种表示方法称绝对误报指标；另一种用下式表示：

$$误报率=\frac{误报次数}{误报次数+出现危险情况而产生报警信号的次数}\times 100\%$$

3. 最大传输距离

指在报警器正常工作的前提下，从探测器到报警控制器之间的传输距离。

4. 连续工作时间

指在报警器正常使用的情况下，能够连续开机使用的最长工作时间。人们总是希望连续工作时间长一点。

5. 功耗

报警器工作时本身所消耗的电功率，通常分为警戒状态（亦称守候状态），下的功耗和报警状态下的功耗两种。警戒状态（守候状态）功耗指无报警情况下，报警器处于警戒工作时的功率消耗；报警状态下的功耗指在出现危险情况时，报警器发出报警信号的功率消耗。对功耗指标来讲，当然希望小点好。

三、各种探测器的特点与安装设计

常用各种入侵报警器的特点与安装要点见表8-4。

（一）微波移动探测器（雷达式微波探测器）

它是利用频率为300～300000MHz（通常为10000MHz）的电磁波对运动目标产生的多普勒效应构成的微波探测器。它又称为多普勒式微波探测器，或称雷达式微波探测器。其安装使用要求如下：

（1）微波移动探测器对警戒区域内活动目标的探测是有一定范围的。其警戒范围为一个立体防范空间，其控制范围比较大，可以覆盖60°～95°的水平辐射角，控制面积可达几十～几百平方米。

（2）微波对非金属物质的穿透性既有好的一面，也有坏的一面。好的一面是可以用一个微波探测器监控几个房间，同时还可外加修饰物进行伪装，便于隐蔽安装。坏的一面是，如果安装调整不当，墙外行走的人或马路上行驶的车辆以及窗外树木晃动等都可能造成误报警。解决的办法是，微波探测器应严禁对着被保护房间的外墙、外窗安装。同时，在安装时应调整好微波探测器的控制范围和其指向性。通常是将报警探测器悬挂在高处（距地面1.5～2m左右），探头稍向下俯视，使其方向性指向地面，并把探测器的探测覆盖区限定在所要保护的区域之内。这样可使因其穿透性能造成的不良影响减至最小。

（3）微波探测器的探头不应对准可能会活动的物体，如门帘、窗帘、电风扇、排气扇或门、窗等可能会活动的部位。否则，这些物体都可能会成为移动目标而引起误报。

（4）在监控区域内不应有过大、过厚的物体，特别是金属物体，否则在这些物体的后面会产生探测的盲区。

（5）微波探测器不应对着大型金属物体或具有金属镀层的物体（如金属档案柜等），否则这些物体可能会将微波辐射能反射到外墙或外窗的人行道或马路上。当有行人和车辆经过时，经它们反射回的微波信号又可能通过这些金属物体再次反射给探头，从而引起误报。

（6）微波探测器不应对准日光灯、水银灯等气体放电灯光源。日光灯直接产生的100Hz的调制信号会引起误报，尤其是发生故障的闪烁日光灯更易引起干扰。这是因为，在闪烁灯内的电离气体更易成为微波的运动反射体而造成误报警。

（7）雷达式微波探测器属于室内应用型探测器。由其工作原理可知，在室外环境中应用时，无法保证其探测的可靠性。

（8）当在同一室内需要安装两台以上的微波探测器时，它们之间的微波发射频率应当有所差异（一般相差25MHz左右），而且不要相对放置，以防止交叉干扰，产生误报警。

（二）超声波报警器

超声波报警器的工作方式与上述微波报警器类似，只是使用的不是微波而是超声波。因此，多普勒式超声波报警器也是利用多普勒效应，超声发射器发射25～40kHz的超声波充满室内空间，超声接收机接收从墙壁、顶棚、地板及室内其他物体反射回来的超声能量，并不断与发射波的频率加以比较。当室内没有移动物体时，反射波与发射波的频率相同，不报警；当入侵者在探测区内移动时，超声反射波会产生大约±100Hz多普勒频移，接收机检测出发射波与反射波之间的频率差异后，即发出报警信号。

超声波报警器在密封性较好的房间（不能有过多的门窗）效果大，成本较低，而且没有探测死角，即不受物体遮蔽等影响而产生死角，但容易受风和空气流动的影响，因此安装超声收发器时不要靠近排风扇和暖气设备，也不要对着玻璃和门窗。

（三）红外线报警器

红外线报警器是利用红外线的辐射和接收技术构成的报警装置。根据其工作原理又可分为主动式和被动式两种类型。

1. 主动式红外报警器的组成

主动式红外报警器是由收、发装置两部分组成。发射装置向装在几米甚至几百米远的接收装置辐射一束红外线，当被遮断时，接收装置即发出报警信号，因此它也是阻挡式报警器，或称对射式报警器。

主动式红外探测器的安装设计要点如下：

（1）红外光路中不能有可能阻挡物（如室内窗帘飘动、室外树木晃动等）；

（2）探测器安装方位应严禁阳光直射接收机透镜内；

（3）周界需由两组以上收发射机构成时，宜选用不同的脉冲调制红外发射频率，以防止交叉干扰；

常用探测器技术参数 **表 8-4**

名称	适用场所与安装方式		主要特点	安装设计要点	适宜工作环境和条件	不适宜工作环境和条件	附加功能
超声波多普勒探测器	室内空间型	吸顶式	没有死角且成本低	水平安装，距地宜小于 3.6m	警戒空间要有较好密封性	简易或密封性不好的室内；有活动物和可能活动物；环境嘈杂，附近有金属打击声、汽笛声、电铃等高频声响	智能鉴别技术
		壁挂式		距地 2.2m 左右，透镜的法线方向宜与可能入侵方向成 180°角			
微波多普勒探测器	室内空间型，挂墙式		不受声、光、热的影响	距地 1.5～2.2m 左右，严禁对着房间的外墙，外窗，透镜的法线方向宜与可能入侵方向成 180°角	可在环境噪声较强、光变化、热变化较大的条件下工作	有活动物和可能活动物；微波段高频电磁场环境；防护区域内有过大、过厚的物体	平面天线技术；智能鉴别技术
被动红外入侵探测器	室内空间型	吸顶式	被动式(多台交叉使用互不干扰)，功耗低，可靠性较好	水平安装，距地宜小于 3.6m	日常环境噪声，温度在 15℃～25℃时探测效果最佳	背景有热冷变化，如：冷热气流，强光间歇照射等；背景温度接近人体温度；强电磁场干扰；小动物频繁出没场合等	自动温度补偿技术；抗小动物干扰技术；防遮术；抗强光干扰技术
		挂墙式		距地 2.2m 左右，透镜的法线方向宜与可能入侵方向成 90°角			
		楼道式		距地 2.2m 左右，视场面对楼道			
		幕帘式		在顶棚与立墙拐角处，透镜的法线方向宜与窗户平行	窗户内窗台较大或与窗户平行的墙面无遮挡，其他与上同	窗户内窗台较小或与窗户平行的墙面有遮挡或紧贴窗帘安装，其他与上同	智能鉴别技术
微波和被动红外复合入侵探测器	室内空间型	吸顶式	误报警少(与被动红外探测器相比)；可靠性较好	水平安装，距地宜小于 4.5m	日常环境噪声，温度在 15℃～25℃时探测效果最佳	背景温度接近人体温度；环境嘈杂，附近有金属打击声、汽笛声、电铃等高频声响；小动物频繁出没场合等	双一单转换型；自动温度补偿技术；抗小动物干扰技术；防遮挡技术；智能鉴别技术
		挂墙式		距地 2.2m 左右，透镜的法线方向宜与可能入侵方向成 135°角			
		楼道式		距地 2.2m 左右，视场面对楼道			
被动式玻璃破碎探测器	室内空间型，有吸顶、壁挂等		被动式；仅对玻璃破碎等高频声响敏感	所要保护的玻璃应在探测器保护范围之内，并应尽量靠近所要保护玻璃附近的墙壁或天花板上。具体按说明书的安装要求进行	日常环境噪声	环境嘈杂，附近有金属打击声、汽笛声、电铃等高频声响	智能鉴别技术
振动入侵探测器	室内、外		被动式	墙壁、顶棚、玻璃；室外地面表层物下面，保护栏网或桩柱，最好与防护对象实现刚性连接	远离振源	地质板结的冻土或土质松软的泥土地，时常引起振动或环境过于嘈杂的场合	智能鉴别技术
主动红外入侵探测器	室内、外(一般室内机不能用于室外)		红外线、便于隐蔽	红外光路不能有阻挡物；严禁阳光直射接收机透镜内；防止入侵者从光路下方或上方侵入	室内周界控制；室外"静态"干燥气候	室外恶劣气候，特别是经常有浓雾、毛毛雨的地域或动物出没的场所、灌木丛、杂草、树叶树枝多的地方	
遮挡式微波入侵探测器	室内、室外周界控制		受气候影响小	高度应一致，一般为设备垂直作用高度的一半	无高频电磁场存在场所；收发机间无遮挡物	高频电磁场存在场所；收发机间有可能有遮挡物	报警控制设备宜有智能鉴别技术
振动电缆入侵探测器	室内、室外均可		可与室内各种实体防护周界配合使用	在围栏、房屋墙体、围墙内侧或外侧高度的 2/3 处。网状围栏上安装固定间隔应小于 30m，每 100m 预留 8～10m维护环	非嘈杂振动环境	嘈杂振动环境	报警控制设备宜有智能鉴别技术
泄漏电缆入侵探测器	室内、室外周界控制		可随地型埋设、可埋入墙体	埋入地域应尽量避开金属堆积物	两探测电缆间无活动物体；无高频电磁场存在场所	高频电磁场存在场所；两探测电缆间有易活动物体(如灌木丛等)	报警控制设备宜有智能鉴别技术

续表

名称	适用场所与安装方式	主要特点	安装设计要点	适宜工作环境和条件	不适宜工作环境和条件	附加功能
磁开关入侵探测器	各种门、窗、抽屉等	体积小、可靠性好	舌簧管宜置于固定框上，磁铁置于门窗的活动部位上，两者宜安装在产生位移最大的位置，其间距应满足产品安装要求	非强磁场存在情况	强磁场存在情况	在特制门窗使用时宜选用特制门窗专用门磁开关
紧急报警装置	用于可能发生直接威胁生命的场所（如银行营业所、值班室、收银台等）	利用人工启动（手动报警开关、脚踢报警开关等）发出报警信号	要隐蔽安装，一般安装在紧急情况下人员易可靠触发的部位	日常工作环境	危险爆炸环境	防误触发措施，触发报警后能自锁，复位需采用人工再操作方式

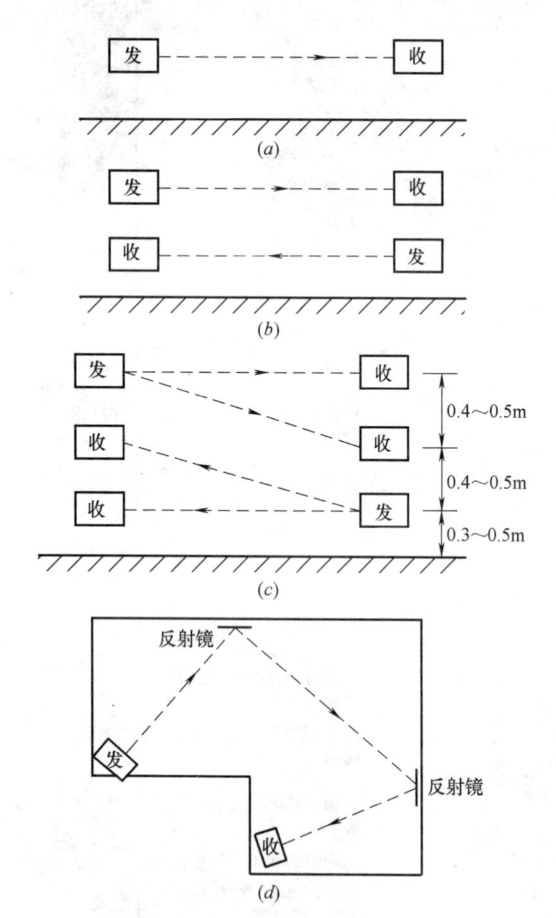

图 8-8　主动式红外报警器的几种布置

(4) 正确选用探测器的环境适应性能，室内用探测器严禁用于室外；

(5) 室外用探测器的最远警戒距离，应按其最大射束距离的 1/6 计算；

(6) 室外应用要注意隐蔽安装；

(7) 主动红外探测器不宜应用于气候恶劣，特别是经常有浓雾、毛毛细雨的地域，以及环境脏乱或动物经常出没的场所。

图 8-8 表示主动式红外探测器的几种布置方式：

① 单光路由一只发射器和一只接收器组成，如图 8-8 (*a*) 所示，但要注意入侵者跳跃或下爬入而导致漏报。

② 双光路由两对发射器和接收器组成，如图 8-8 (*b*) 所示。图中两对收、发装置分别相对，是为了消除交叉误射。不过，有的厂家产品通过选择振荡频率的方法来消除交叉误射，这时，两只发射器可放在同一侧，两只接收器放在另一侧。

③ 多光路构成警戒面，如图 8-8 (*c*) 所示。

④ 反射单光路构成警戒区，如图 8-8 (*d*) 所示。

图 8-9 是利用四组主动式红外发射器和接收器构成一个矩形的周界警戒线示例。

2. 被动式红外报警器原理

被动式红外报警器不向空间辐射能量，而是依靠接收人体发出的红外辐射来进行报警的。被动式红外报警器在结构上可分为红外探测器（红外探头）和报警控制部分。红外探测器目前用得最多的是热释电探测器，作为人体红外辐射转变为电量的传感器。

目前视场探测模式常设计成多种方式，例如有多线明暗间距探测模式，又可划分上、中、下三个层次，即所谓广角型；也有呈狭长形（长廊型）的，如图 8-10 所示。

在探测区域内，人体透过衣饰的红外辐射能量被探测器的透镜接受，并聚焦于热释电传感器上。图中所形成的视场既不连续，也不交叠，且都相隔一个盲区。当人体（入侵者）在这一监视范围中运动时，顺次地进入某一视场又走出这一视场，热释电传感器对运动的人体一会儿看到，一会儿又看不到，再过一会儿又看到，然后又看不到，于是人体的红外线辐射不断地改变热释电体的温度，使它输出一个又一个相应的信号，此就是作为报警信号。传感器输出信号的频率大约为 0.1～10Hz，这一频率范围由探测器中的菲涅尔透镜、人体运动速度和热释电传感器本身的特性决定。

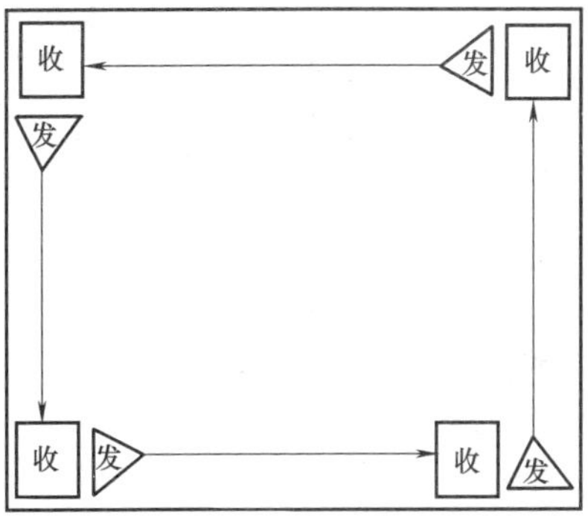

图 8-9　利用红外收、发器构成的周界警戒线

3. 被动式红外探测器的特点及安装使用要点

（1）主要特点

① 被动式红外探测器属于空间控制型探测器。由于其本身不向外界辐射任何能量，因此就隐蔽性而言更优于主动式红外探测器。另外，其功耗可以做得极低，普通的电池就可以维持长时间的工作。

② 由于红外线的穿透性能较差，在监控区域内不应有障碍物，否则会造成探测“盲区”。

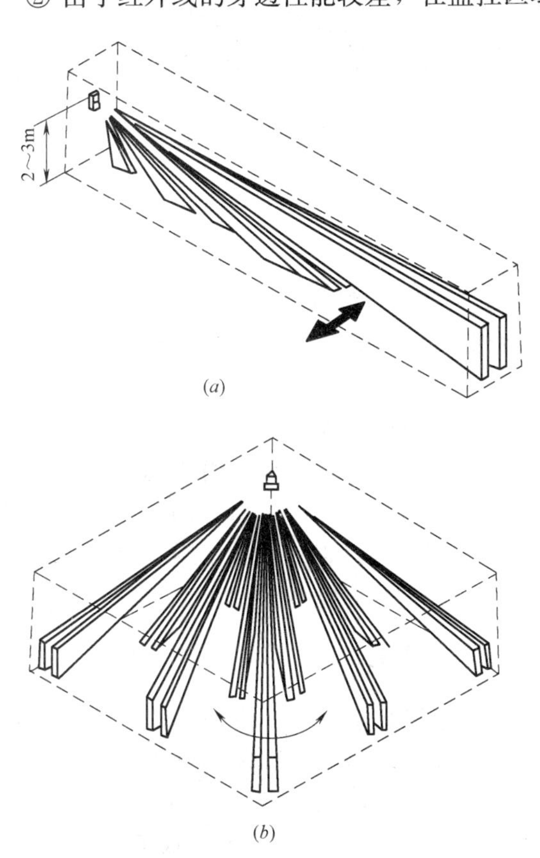

图 8-10　红外探测器的探测模式
(a) IR71M (4×2)；(b) IR73M (11×2)

③ 为了防止误报警，不应将被动式红外探测器探头对准任何温度会快速改变的物体，特别是发热体，如电加热器、火炉、暖气、空调器的出风口、白炽灯等强光源以及受到阳光直射的窗口等。这样可以防止由于热气流的流动而引起的误报警。

（2）被动式红外探测器安装要点

被动式红外探测器根据视场探测模式，可直接安装在墙上、顶棚上或墙角，其布置和安装的原则如下：

① 探测器对横向切割（即垂直于）探测区方向的人体运动最敏感，故布置时应尽量利用这个特性达到最佳效果。如图 8-11 中 A 点布置的效果好；B 点正对大门，其效果差。

② 布置时要注意探测器的探测范围和水平视角。如图 8-12 所示，可以安装在顶棚上（也是横向切割方式），也可以安装在墙面或墙角，但要注意探测器的窗口（菲涅耳透镜）与警戒的相对角度，防止“死角”。

图 8-13 是全方位（360°视场）被动红外探测器安装在室内顶棚上的部位及其配管装法。

③ 探测器不要对准加热器、空调出风口管道。警戒区内最好不要有空调或热源，如果无法避免热源，则应与热源保持至少 1.5m 以上的间隔距离。

④ 探测器不要对准强光源和受阳光直射的门窗。

⑤ 警戒区内注意不要有高大的遮挡物遮挡和电风扇叶片的干扰，也不要安装在强电处。

⑥ 选择安装墙面或墙角时，安装高度在 2～4m，通常为2～2.5m。

图 8-14 给出一种安装示例。如图所示，在房间的两个墙角分别安装探测器 A 和 B，探测器 C 则安装在走廊里用来监视两个无窗的储藏室和主通道（入口）。图中箭头所指方向为入侵者可能闯入的走向。

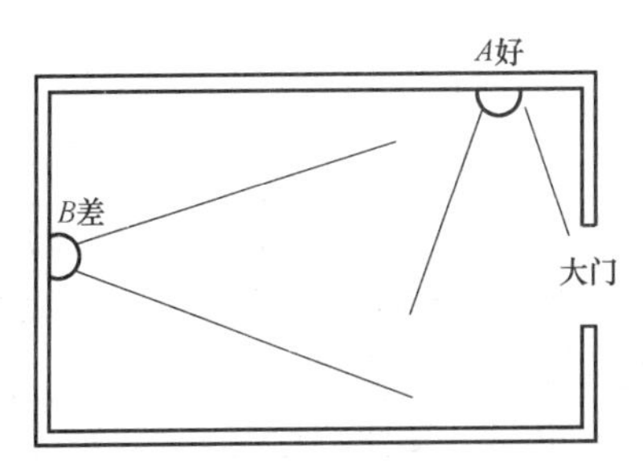

图 8-11　被动式红外探测器的布置之一

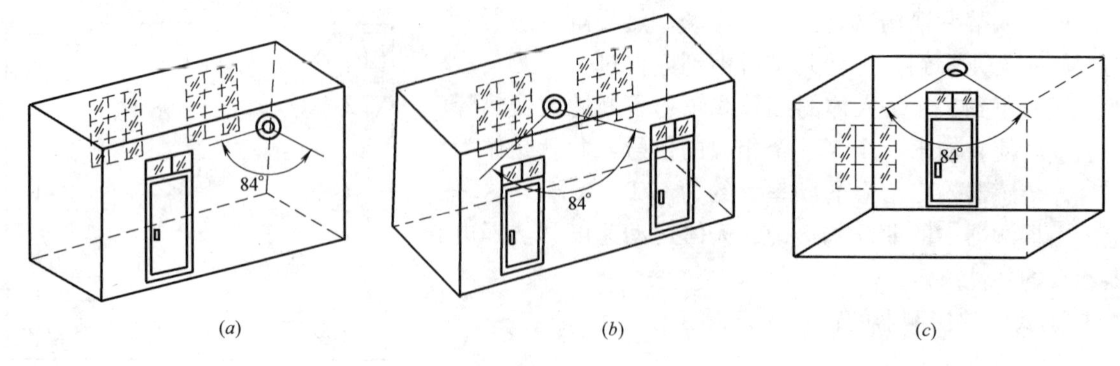

图 8-12　被动式红外探测器的布置之二

(*a*) 安装在墙角可监视窗户；(*b*) 安装在墙面监视门窗；(*c*) 安装在房顶监视门

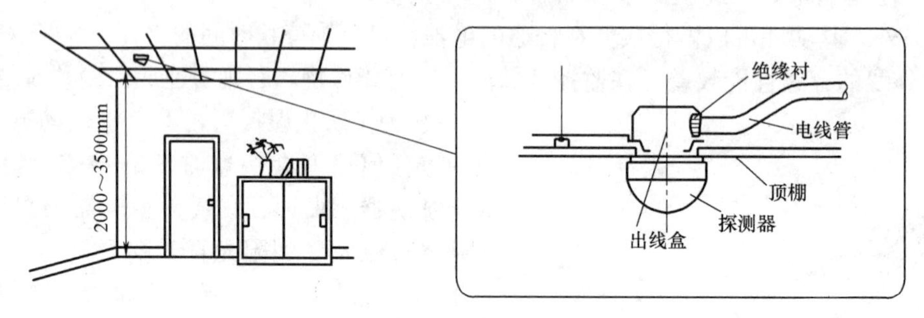

图 8-13　被动式红外探测器的安装

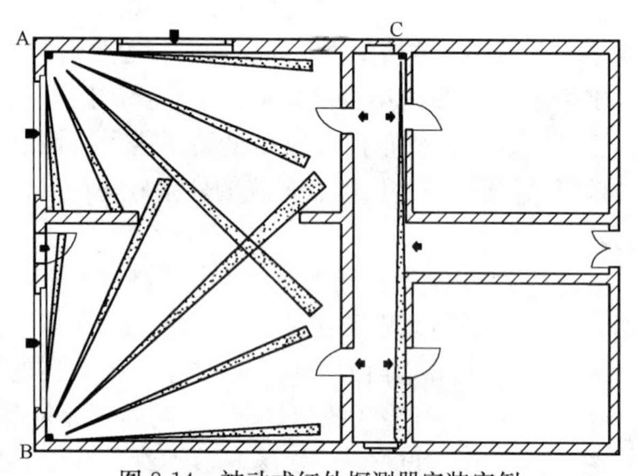

图 8-14　被动式红外探测器安装实例

(图中箭头表示可能入侵方向)

(四) 微波—红外复合探测器

目前常用的双技术报警器是微波—被动红外报警器。它是把微波和被动红外两种探测技术结合在一起，同时对人体的移动和体温进行探测并相互鉴证之后才发出报警。由于两种探测器的误报基本上互相抑制了，而两者同时发生误报的概率又极小，所以误报率大大下降。例如，微波—被动红外双技术报警器的误报率可以达到单技术报警器误报率的$\frac{1}{421}$；并且通过采用温度补偿措施，弥补了单技术被动红外探测器灵敏度随温度变化的缺点，使双技术探测器的灵敏度不受环境温度的影响，故使它得到广泛的应用。双技术报警器的缺点是价格比单技术报警器昂贵，安装时需将两种探测器的灵敏度都调至最佳状态较为困难。

图 8-15 是美国 C&K 公司生产的 DT-400 系列双技术移动探测器的探测图形，图 8-15 (*a*) 为顶视图，图 8-15 (*b*) 为侧视图。该双技术探测器是使用微波＋被动红外线双重鉴证。微波的中心频率为 10.525GHz，微波探测距离可调。这种组合探测器的灵敏度为 2～4 步，探测范围有 6m×6m (DT420T 型)；11m×9m (DT435T 型)；15m×12m (DT450T 型)；12m×12m (DT440S 型)；18m×18m (DT460S 型) 等规格产品。工作温度为－18～65.6℃。

图 8-16 是 C&K 公司新开发的 DT-5360 型吸顶式双技术探测器。这是可安装在顶棚上的视角为 360°的微波—被动红外探测器，具有直径 15m 的探测范围，分别有 72 视区，分成三个 360°视场，安装高度为 2.4～5m。尤其是它可嵌入式安装，使探测器外壳大部分埋在顶棚内，因此隐蔽性好，并可减少撞坏的可能。其他特性与上述 DT-400 系列相类似。

微波—被动红外双技术探测器的特点和安装要求如下：

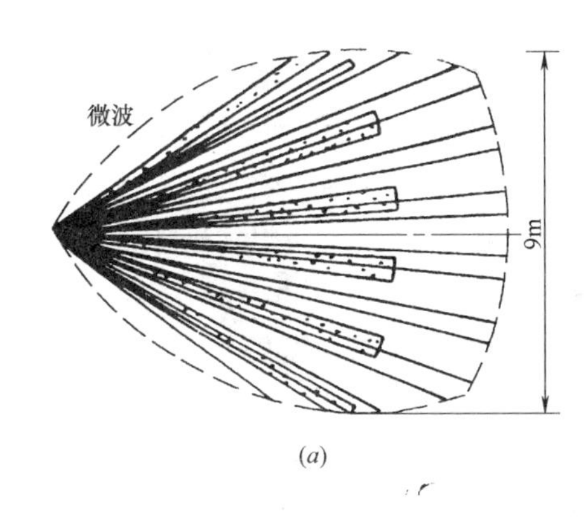

(a)

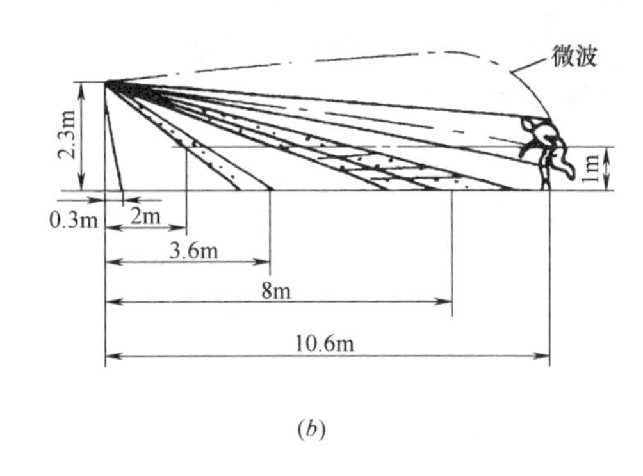

(b)

图 8-15 DT-400 系列双技术移动探测器的探测图形

(a) 顶视图；(b) 侧视图

微波—被动红外双技术入侵探测器适用于室内防护目标的空间区域警戒。与被动红外单技术探测器相比，微波—被动红外双技术探测器具有如下特点：

(1) 误报警少，可靠性高；

(2) 安装使用方便（对环境条件要求宽）；

(3) 价格较高，功耗也较大。

选用时，宜含有如下防误报、漏报技术措施：

(1) 抗小动物干扰技术；

(2) 当两种探测技术中有一种失效或发生故障时，在发出故障报警的同时，应能自动转换为单技术探测工作状态。

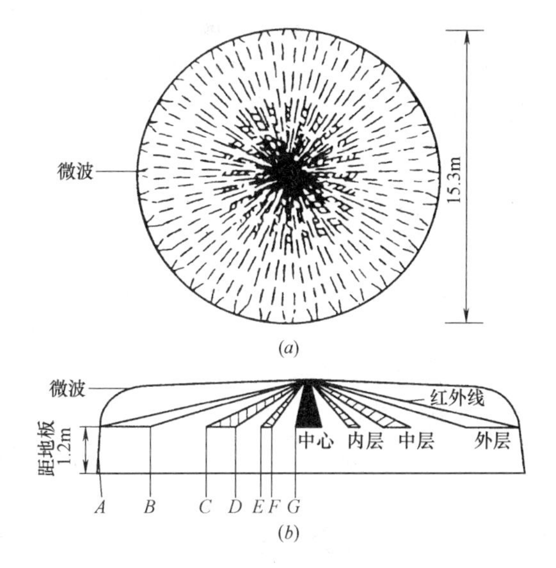

图 8-16 DT-5360 型吸顶式双技术探测器

(a) 顶视图；(b) 侧视图

其安装设计要点如下：

(1) 壁挂式微波—被动红外探测器，安装高度距地面 2.2m 左右，视场与可能入侵方向应成 45°角为宜（若受条件所限，应首先考虑被动红外单元的灵敏度）。探测器与墙壁的倾角视防护区域覆盖要求确定。

布置和安装双技术探测器时，要求在警戒范围内两种探测器的灵敏度全可能保持均衡。微波探测器一般对沿轴向移动的物体最敏感，而被动红外探测器则对横向切割探测区的人体最敏感，因此为使这两种探测传感器都处于较敏感状态，在安装微波—被动红外双技术探测器时，应使探测器轴线与保护对象的方向成 45°夹角为好。当然，最佳夹角还与视场图形结构有关，故实际安装时应参阅产品说明书而定。

(2) 吸顶式微波—被动红外探测器，一般安装在重点防范部位上方附近的顶棚上，应水平安装。

(3) 楼道式微波—被动红外探测器，视场面对楼道（通道）走向，安装位置以能有效封锁楼道（或通道）为准，距地面高度 2.2m 左右。

(4) 应避开能引起两种探测技术同时产生误报的环境因素。

(5) 防范区内不应有障碍物。

(6) 安装时探测器通常要指向室内，避免直射朝向室外的窗户。如果躲不开，应仔细调整好探测器的指向和视场。

(五) 玻璃破碎入侵探测器

1. 工作原理

玻璃破碎探测器是专门用来探测玻璃破碎功能的一种探测器。当入侵者打碎玻璃试图作案时，即可发出报警信号。

按照工作原理的不同，玻璃破碎探测器人体可以分为两大类。一类是声控型的单技术玻璃破碎探测器。另一类是双技术玻璃破碎探测器。这其中又分为两种：一种是产控型与振动型组合在一起的双技术玻璃破碎探测器，另一种是同时探测次声波及玻璃破碎高频声响的双技术玻璃破碎探测器。

声控型单技术玻璃破碎探测器的工作原理与前述的声控探测器相似，利用驻极体话筒来作为接收声音信号的声电传感器，由于它可将防范区内所有频率的音频信号（20～20000Hz）都经过声→电转换而变成为电信号。因此，为了使探测器对玻璃破碎的声响具有鉴别的能力，就必须要加一个带通放大器，以便用它来取出玻璃破碎时发出的高频声音信号频率。

经过分析与实验表明：在玻璃破碎时发出的响亮而刺耳的声响中，包括的主要声音信号的频率是处于大约在10～15kHz的高频段范围之内。而周围环境的噪声一般很少能达到这么高的频率。因此，将带通放大器的带宽选在10～15kHz的范围内，就可将玻璃破碎时产生的高频声音信号取出，从而触发报警。但对人的走路、说话、雷雨声等却具有较强的抑制作用，从而可以降低误报率。

2. 声控—振动型双技术玻璃破碎探测器

声控—振动型双技术玻璃破碎探测器是将声控探测与振动探测两种技术组合在一起，只有同时探测到玻璃破碎时发出的高频声音信号和敲击玻璃引起的振动时，才能输出报警信号。因此，与前述的声控式单技术玻璃破碎探测器相比，可以有效地降低误报率，增加探测系统的可靠性。它不会因周围环境中其他声响而发生误报警。因此，可以全天时（24h）地进行防范工作。

3. 次声波—玻璃破碎高频声响双技术玻璃破碎探测器

这种双技术玻璃破碎探测器比前一种声控—振动型双技术玻璃破碎探测器的性能又有了进一步的提高，是目前较好的一种玻璃破碎探测器。次声波是频率低于20Hz的声波，属于不可闻声波。

经过实验分析表明：当敲击门、窗等处的玻璃（此时玻璃还未破碎）时，会产生一个超低频的弹性振动波，这时的机械振动波就属于次声波的范围，而当玻璃破碎时，才会发出一高频的声音。

次声波—玻璃破碎高频声响双技术玻璃破碎探测器就是将次声波探测技术与玻璃破碎高频声响探测技术这样两种不同频率范围的探测技术组合在一起。只有同时探测到敲击玻璃和玻璃破碎时发生的高频声音信号和引起的次声波信号时，才可触发报警。实际上，是将弹性波检测技术（用于检测敲击玻璃窗时所产生的超低频次声波振动）与音频识别技术（用于探测玻璃破碎时发出的高频声响）两种技术融为一体来探测玻璃的破碎。一般设计成当探测器探测到超低频的次声波后才开始进行音频识别，如果在一个特定的时间内探测到玻璃的破碎音，则探测器才会发出报警信号。由于采用两种技术对玻璃破碎进行探测，可以大大地减少误报。与前一种双技术玻璃破碎探测器相比，尤其可以避免由于外界干扰因素产生的窗、墙壁振动所引起的误报。

美国C&K公司开发生产的FG系列双技术玻璃破碎探测器就是采用超低频次声波检测和音频识别技术对玻璃破碎进行探测的。如果超低频检测技术探测到玻璃被敲击时所发出的超低频波，而在随后的一段特定时间间隔内，音频识别技术也捕捉到玻璃被击碎后发出的高频声波，那么双技术探测器就会确认发生玻璃破碎，并触发报警，其可靠性很高。其中FC-1025系列探测器可防护的玻璃（无论何种玻璃）最小尺寸为28cm×28cm。玻璃必须牢固地固定在房间的墙壁上或安装在宽度不小于0.9m的隔板上。可防护的玻璃的最小厚度和最大厚度，如表8-5所示。

FG-1025系列探测器可防护的玻璃的最小、最大厚度　　**表8-5**

玻璃类型	最小厚度	最大厚度	玻璃类型	最小厚度	最大厚度
平板	3/32英寸(2.4mm)	1/4(6.4mm)	嵌线	1/4英寸(6.4mm)	1/4(6.4mm)
钢化	1/8英寸(3.2mm)	1/4(6.4mm)	镀膜②	1/8英寸(3.2mm)	1/4(6.4mm)
层压①	1/8英寸(3.2mm)	9/16(14.3mm)	密封绝缘①	1/8英寸(3.2mm)	1/4英寸(6.4mm)

注：① 对层压型和密封绝缘型玻璃，仅当玻璃的两个表面被击碎时才能起到保护作用。

② 对于镀膜玻璃，如果其内表面覆有3μm的防裂纹膜或高强度玻璃完全防护膜，则最大探测距离缩小到4.6m。

玻璃破碎探测器的安装位置是装在镶嵌着玻璃的硬墙上或顶棚上，如图 8-17 所示的 A、B、C 等。探测器与被防范玻璃之间的距离不应超过探测器的探测距离。注意探测器与被防范的玻璃之间，不要放置障碍物，以免影响声波的传播；也不要安装在振动过强的环境中。

4. 玻璃破碎探测器的主要特点及安装使用要点

(1) 玻璃破碎探测器适用于一切需要警戒玻璃防碎的场所；除保护一般的门、窗玻璃外，对大面积的玻璃橱窗、展柜、商亭等均能进行有效的控制。

(2) 安装时应将声电传感器正对着警戒的主要方向。传感器部分可适当加以隐蔽，但在其正面不应有遮挡物。也就是说，探测器对防护玻璃面必须有清晰的视线，以免影响声波的传播，降低探测的灵敏度。

(3) 安装时要尽量靠近所要保护的玻璃，尽可能地远离噪声干扰源，以减少误报警。例如像尖锐的金属撞击声、铃声、汽笛的啸叫声等均可能会产生误报警。

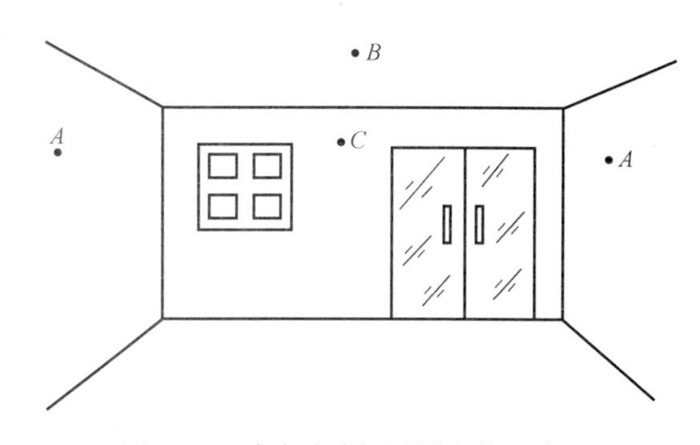

图 8-17　玻璃破碎探测器安装示意图

实际应用中，探测器的灵敏度应调整到一个合适的值，一般以能探测到距探测器最远的被保护玻璃即可，灵敏度过高或过低，就可能会产生误报或漏报。

(4) 不同种类的玻璃破碎探测器，根据其工作原理的不同，有的需要安装在窗框旁边（一般距离框 5cm 左右），有的可以安装在靠近玻璃附近的墙壁或顶棚上，但要求玻璃与墙壁或顶棚之间的夹角不得大于 90°，以免降低其探测力。

次声波—玻璃破碎高频声响双鉴式玻璃破碎探测器安装方式比较简易，可以安装在室内任何地方，只需满足探测器的探测范围半径要求即可。如 C&K FG-730 系列双鉴式玻璃破碎探测器的探测范围半径为 9m。其安装位置如图 8-17 所示的 A 点，最远距离为 9m。

(5) 也可以用一个玻璃破碎探测器来保护多面玻璃窗。这时可将玻璃破碎探测器安装在房间的顶棚板上，并应与几个被保护玻璃窗之间保持大致相同的探测距离，以使探测灵敏度均衡。

(6) 窗帘、百叶窗或其他遮盖物会部分吸收玻璃破碎时发出的能量，特别是厚重的窗帘将严重阻挡声音的传播。在这种情况下，探测器应安装在窗帘背面的门窗框架上或门窗的上方；同时为保证探测效果，应在安装后进行现场调试。

(7) 探测器不要装在通风口或换气扇的前面，也不要靠近门铃，以确保工作的可靠性。

(8) 目前生产的探测器，有的还把玻璃破碎探测器（单技术型或双技术型）与磁控开关或被动红外探测器组合在一起，做成复合型的双鉴器。这样可以对玻璃破碎探测和入侵者闯入室内作案进行更进一步的鉴证。

(六) 开关报警器

开关报警器常用的传感器有磁控开关、微动开关和易断金属条等。当它们被触发时，传感器就输出信号使控制电路通或断，引起报警装置发出声、光报警。

1. 磁控开关

磁控开关全称为磁开关入侵探测器，又称门磁开关。它是由带金属触点的两个簧片封装在充有惰性气体的玻璃管（称干簧管）和一块磁铁组成，见图 8-18。

当磁铁靠近干簧管时，管中带金属触点两个簧片，在磁场作用下被吸合，a、b 接通；磁铁远离干簧管达一定距离时干簧管附近磁场消失或减弱，簧片靠自身弹性作用恢复到原位置，a、b 断开。

使用时，一般是把磁铁安装在被防范物体（如门、窗等）的活动部位（门扇、窗扇），如图 8-19 所示。干簧管装在固定部位（如门框、窗框）。磁铁与干簧管的位置需保持适当距离，以保证门、窗关闭磁铁与簧管接近时，在磁场作用下，干簧管触点闭合，形成通路。当门、窗打开时，磁铁与干簧管远离，干簧管附近磁场消失，其触点断开，控制器产生断路报警信号。图 8-20 表示磁控开关在门、窗的安装情况。

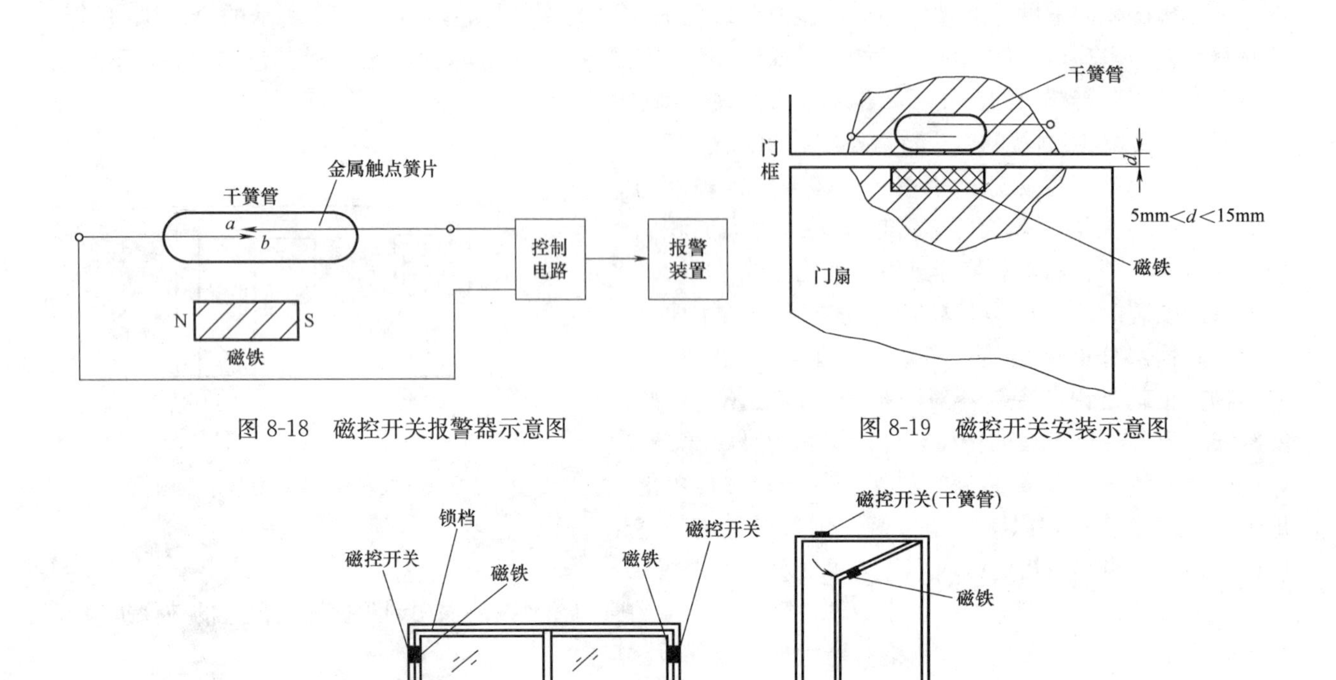

图 8-18　磁控开关报警器示意图

图 8-19　磁控开关安装示意图

图 8-20　安装在门窗上的磁控开关

干簧管与磁铁之间的距离应按所选购的产品要求予以正确安装，像有些磁控开关一般控制距离只有1～1.5cm左右，而国外生产的某些磁控开关控制距离可达几厘米，显然，控制距离越大对安装准确度的要求就越低。因此，应注意选用其触点的释放、吸合自如，且控制距离又较大的磁控开关。同时，也要注意选择正确的安装场所和部位，像古代建筑物的大门，不仅缝隙大，而且会随风晃动，就不适宜安装这种磁控开关。在卷帘门上使用的磁控开关的控制距离起码应大于4cm以上。

磁控开关的产品大致分为明装式（表面安装式）和暗装式（隐藏安装式）两种，应根据防范部位的特点和防范要求加以选择。安装方式可选择螺丝固定、双面胶贴固定或紧配合安装式及其他隐藏式安装方式。在一般情况下，特别是人员流动性较大的场合最好采用暗装。即把开关嵌装入门、窗框的木头里，引出线也要加以伪装，以免遭犯罪分子破坏。

磁控开关也可以多个串联使用，把它们安装在多处门、窗上，无论任何一处门、窗被入侵者打开，控制电路均可发出报警信号。这种方法可以扩大防范范围，见图8-21。

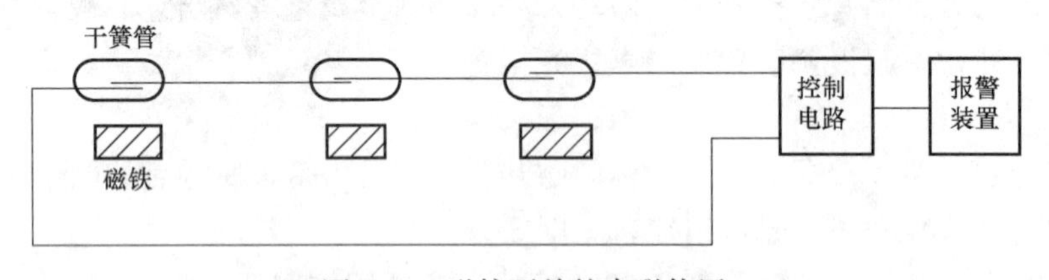

图 8-21　磁控开关的串联使用

磁控开关由于结构简单，价格低廉，抗腐蚀性好，触点寿命长，体积小，动作快，吸合功率小，因而经常采用。

安装、使用磁控开关时，也应注意如下一些问题：

（1）干簧管应装在被防范物体的固定部分。安装应稳固，避免受猛烈振动，使干簧管碎裂。

（2）磁控开关不适用于金属门窗，因为金属易使磁场削弱，缩短磁铁寿命。此时，可选用钢门专门型磁控开关，或选用微动开关或其他类型开关器件代替磁控开关。

（3）报警控制部门的布线图应尽量保密，联线接点接触可靠。

（4）要经常注意检查永久磁铁的磁性是否减弱，否则会导致开关失灵。

（5）安装时要注意安装间隙。

磁开关入侵探测器，由于它价格便宜，性能可靠，所以一直备受用户青睐。磁开关入侵探测器有一个重要的技术指标是分隔隙，即磁铁盒与开关盒相对移开至开关状态发生变化时的距离。国家标准《磁开关入侵探测器》（GB 15209—94）中规定，磁开关入侵探测器按分隔间隙分为 3 类。

A 类：大于 20mm；B 类：大于 40mm；C 类：大于 60mm。

应该注意，上述分类绝非产品质量分级，使用中要根据警戒门窗的具体情况选择不同类别的产品。一般家庭推拉式门窗厚度在 40mm 左右，若安装 C 类门磁，门窗已被打开缝，报警系统还不一定报警，此时若用其他磁铁吸附开关盒，则探测系统失灵，作案可能成功。如果选用 A 类产品，则上述情况不易发生。总之，一定要根据门窗的厚度、间隙、质地选用适宜的产品，保证在门窗被开缝前报警。

铁质门窗、塑钢门窗（内有铁质骨架）应选择铁制门窗专用磁开关入侵探测器，以防磁能损失导致系统的误报警。

磁开关入侵探测器的安装也有些讲究，除安装牢固外，一般在木质门窗上使用时，开关盒与磁铁盒相距 5mm 左右；金属门窗上使用时，两者相距 2mm 左右；安装在推拉式门窗上时，应距拉手边 150mm 处，若距拉手边过近，则系统易误报警；过远，便出现门窗已被开缝还未报警的漏报警现象。

2. 微动开关

微动开关是一种依靠外部机械力的推动，实现电路通断的电路开关，见图 8-22。

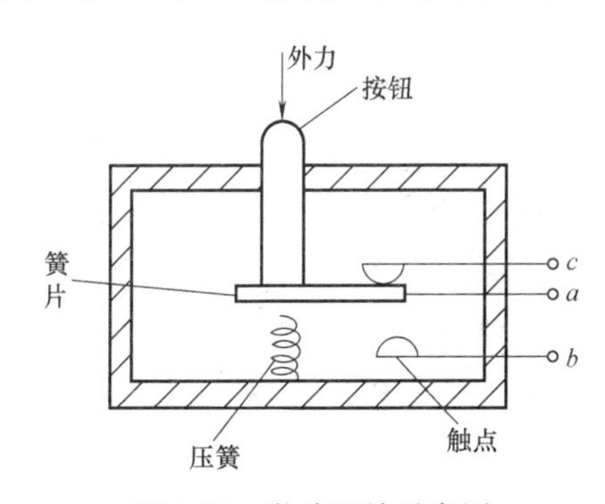

图 8-22　微动开关示意图

外力通过传动元件（如按钮）作用于动作簧片上，使其产生瞬时动作，簧片末端的动触点 a 与静触点 b、c 快速接通（a 与 b）和切断（a 与 c）。外力移去后，动作簧片在压簧作用下，迅速弹回原位，电路又恢复 a、c 接通，a、b 切断状态。

我们可以将微动开关装在门框或窗框的合页处，当门、窗被打时，开关接点断开，通过电路启动报警装置发出报警信号。也可将微动开关放在需要被保护的物体下面，平时靠物体本身的重量使开关触点闭合，当有人拿走该物体时，开关触点断开，从而发出报警信号。

微动开关的优点是：结构简单、安装方便、价格便宜、防振性能好、触点可承受较大的电流，而且可以安装在金属物体上。缺点是抗腐蚀性及动作灵敏程度不如前述的磁控开关。

3. 紧急报警开关

当在银行、家庭、机关、工厂等各种场合出现入室抢劫、盗窃等险情或其他异常情况时，往往需要采用人工操作来实现紧急报警。这时，就可采用紧急报警按钮开关和脚挑式或脚踏式开关。

紧急报警按钮开关安装在隐蔽之处，需要由人按下其按钮，使开关接通（或断开）来实现报警。此种开关安全可靠，不易被误按下，也不会因振动等因素而误报警。要解除报警必需要由人工复位。

在某些场合也可以使用脚挑式或脚踏式开关。如在银行储蓄所工作人员的脚下可隐蔽性地安装这种类型的开关。一旦有坏人进行抢劫时，即可用脚挑或脚踏的方法使开关接通（或断开）来报警。要解除报警同样要由人工复位。安装这种形式的开关一方面可以起到及时向保卫部门或上一级接警中心发出报警信号的作用，另一方面不易被犯罪分子觉察，有利于保护银行工作人员的人身安全。

利用紧急报警开关发出报警信号，可以根据需要采用有线或无线的发送方式。

4. 易断金属导线

易断金属导线是一种用导电性能好的金属材料制作的机械强度不高、容易断裂的导线。用它作为开关报警器的传感器时，可将其捆绕在门、窗把手或被保护的物体之上，当门窗被强行打开，或物体被意外移动搬起时，金属线断裂，控制电路发生通断变化，产生报警信号。目前，我国使用线径在0.1～0.5mm的漆包线作为易断金属导线。国外采用一种金属胶带，可以像胶布一样粘贴在玻璃上并与控制电路连接。当玻璃破碎时，金属胶条断裂而报警。但是，建筑物窗户太多或玻璃面积太大，则金属条不太适用。易断金属导线具有结构简单、价格低廉的优点；缺点是不便于伪装，漆包线的绝缘层易磨损而出现短路现象，从而使报警系统失效。

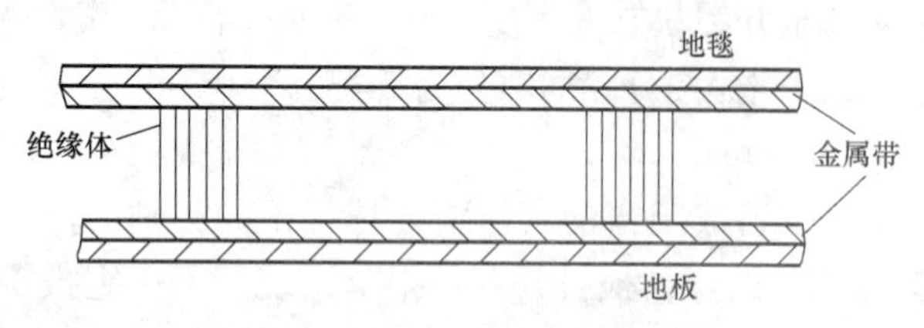

图8-23　压力垫使用情况示意图

5. 压力垫

压力垫也可以作为开关报警器的一种传感器。压力垫通常放在防范区域的地毯下面，如图8-23所示，将两条长条形金属带平行相对应地分别固定在地毯背面和地板之间，两条金属带之间有几个位置使用绝缘材料支撑，使两条金属带互不接触。此时，相当于传感器开关断开。当入侵者进入防范区，踩踏地毯，地毯相应部位受重力而凹陷，使地毯下没有绝缘物支撑部位的两条金属带接触。此时相当于传感器开关闭合，发出报警信号。

6. 振动入侵探测器

振动探测器是一种在警戒区内能对入侵者引起的机械振动（冲击）发出报警的探测装置。它是以探测入侵者的走动或进行各种破坏活动时所产生的振动信号作为报警的依据。例如，入侵者在进行凿墙、钻洞、破坏门、窗、撬保险柜等破坏活动时，都会引起这些物体的振动。以这些振动信号来触发报警的探测器就称为振动探测器。

（1）振动探测器的基本工作原理

振动传感器是振动探测器的核心组成部件。它可以将因各种原因所引起的振动信号转变为模拟电信号，此电信号再经适当的信号处理电路进行加工处理后，转换为可以为报警控制器接收的电信号（如开关电压信号）。当引起的振动信号超过一定的强度时，即可触发报警。当然，对于某些结构简单的机械式振动探测器可以不设信号处理这部分电路，振动传感器本身就可直接向报警控制器输出开关电压信号。

应该指出的是，引起振动产生的原因是多种多样的，有爆炸、凿洞、电钻孔、敲击、切割、锯东西等多种方式，各种方式产生的振动波形是不一样的，即产生的振动频率、振动周期、振动幅度三者均不相同。不同的振动传感器因其结构和工作原理的不同，所能探测的振动形式也各有所长。因此，应根据防范现场最可能产生的振动形式来选择合适的振动探测器。

振动探测器按其传感器工作原理可分为位移式传感器（少用）、速度式传感器（如电动式）和加速度传感器（如压电式）等三种。

电动式振动传感器的结构如图8-24所示。它主要是由一根条形永久磁铁和一个绕有线圈的圆形筒组成。永久磁铁的两端用弹簧固定在传感器的外壳上，套在永久磁铁外围的圆筒上绕有一层较密的细铜丝线圈，这样，线圈中就存在着由永久磁铁产生的磁通。

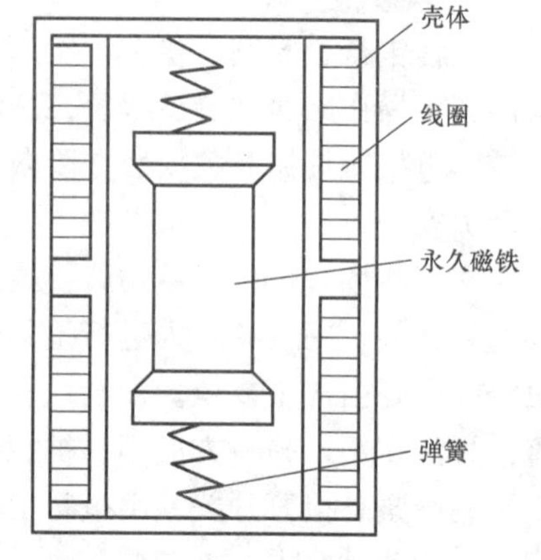

图8-24　电动式振动传感器

将这种探测器固定在墙壁、顶棚板、地表层或周界的钢丝网上，当外壳受到振动时，就会使永久磁铁和线圈之间产生相对运动。由于线圈中的磁通不断地发生变化，根据电磁感应定律，在线圈两端就会产生感应电动势，此电动势的大小与线圈中磁通的变化率成正比。将线圈与报警电路相连，当感应电动势的幅度大小与持续时间满足报警要求时，即可发出报警信号。

电动式振动探测器对磁铁在线圈中的垂直加速位移尤为敏感，

因此，当安装在周界的钢丝网面上时，对强行爬越钢丝网的入侵者有极高的探测率。电动式振动探测器也可用于室外进行掩埋式安装，构成地面周界报警系统，用来探测入侵者在地面上走动时所引起的低频振动，因此，通常又称为地面振动探测器（或地音探测器）。每根传输线可连接几十个（如 25～50 个）探测器，保护约 60～90m 长的周界。它适用于地音振动入侵和建筑物振动入侵的探测。

（2）振动探测器的主要特点及安装使用要点

① 振动探测器基本上属于面控制型探测器。它可以用于室内，也可以用于室外的周界报警。优点是在人为设置的防护屏障没有遭到破坏之前，就可以做到早期报警。

振动探测器在室内应用明敷、暗敷均可；通常安装于可能入侵的墙壁、顶棚板、地面或保险柜上；安装于墙体时，距地面高度 2～2.4m 为宜。传感器垂直于墙面。其在室外应用时，通常埋入地下，深度在 10cm 左右，不宜埋入土质松软地带。

② 振动式探测器安装在墙壁或顶棚板等处时，与这些物体必须固定牢固，否则将不易感受到振动。用于探测地面振动时，应将传感器周围的泥土压实，否则振动波也不易传到传感器，探测灵敏度会下降。在室外使用电动式振动探测器（地音探测器），特别是泥土地，在雨季（土质松软）、冬季（土质冻结）时，探测器灵敏度均明显下降，使用者应采取其他报警措施。

③ 振动探测器安装位置应远离振动源（如室内冰箱、空调等，室外树木等）。在室外应用时，埋入地下的振动探测器应与其他埋入地中的一些物体，如树木、电线杆、栏网桩柱等保持适当的距离；否则，这些物体因遇风吹引起的晃动而导致地表层的振动也会引起误报。因此，振动传感器与这些物体之间一般应保持 1～3m 以上的距离。

④ 电动式振动探测器主要用于室外掩埋式周界报警系统中。其探测灵敏度比压电晶体振动探测器的探测灵敏度要高。电动式振动探测器磁铁和线圈之间易磨损，一般相隔半年要检查一次，在潮湿处使用时检查的时间间隔还要缩短。

7. 声控报警探测器

声控报警器用传声器做传感器（声控头），用来控制入侵者在防范区域内走动或作案活动发出的声响（如启闭门窗、拆卸搬运物品、撬锁时的声响），并将此声响转换为报警电信号经传输线送入报警主控器。此类报警电信号既可送入监听电路转换为音响，供值班人员对防范区直接监听或录音；同时也可以送入报警电路，在现场声响强度达到一定电平时启动告警装置发出声光报警。

声控报警器通常与其他类型的报警装置配合使用，作为报警复核装置（又称声音复核装置，简称监听头），可以大大降低误报及漏报率。因为任何类型报警器都存在误报或漏报现象。若有声控报警器配合使用，在报警器报警的同时，值班员可监听防范现场有无相应的声响，若听不到异常的声响时，可以认为是报警器出现误报。而当报警器虽未报警但是由声控报警器听到防范现场有撬门、砸锁、玻璃破碎的异常声响时，可以认为现场已被入侵而报警器产生漏报，可及时采取相应措施。鉴于此类报警器有以上优点，故在规划警戒系统时，可优先考虑采用这种报警器材。

声音复核装置使用时应该注意：

① 声音复核装置只能配合其他探测器使用。

② 警戒现场声学环境改变时，要调节声音复核装置的灵敏度。如警戒区从未铺地毯到铺上较厚的地毯；从未挂窗帘到挂上较厚的窗帘；从较少货物到货物的大量增多等。

8. 场变化式报警器

对于高价值的财产防盗报警，如对保险箱等，可采用场变化式报警器，亦称电容式报警系统，如图 8-25 所示。

需要保护的财产（如金属保险箱）独立安置，平时加有电压，形成静电场，亦即对地构成一个具有一定电容量的电容器。当有人接近保险箱周围的场空间时，电介质就发生变化，与此同时，等效电容量也随之发生变化，从而引起 LC 振荡回路的振荡频率发生变化，分析处理器一旦采集到这一变化数据，立即触发继电器报警，在作案之前就能发出报警信号。

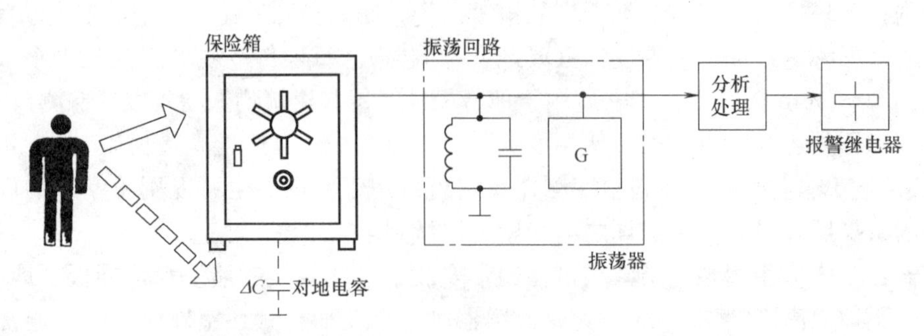

图 8-25　按电容原理工作的信号器用于财产的监控保护

9. 周界报警器

为了对大型建筑物或某些场地的周界进行安全防范，一般可以建立围墙、栅栏，或采用值班人员守护的方法。但是围墙、栅栏有可能受到破坏或非法翻越，而值班人员也有出现工作疏忽或暂时离开岗位的可能。为了提高周界安全防范的可靠性，可以安装周界报警装置。实际上，前述的主动红外报警器和摄像机也可作周界报警器。

周界报警器的传感器可以固定安装在现有的围墙或栅栏上，有人翻越或破坏时即可报警。传感器也可以埋设在周界地段的地层下，当入侵者接近或越过周界时产生报警信号，使值守人员及早发现，及时采取制止入侵的措施。

下面介绍几种专用的周界报警传感器。

(1) 泄漏电缆传感器

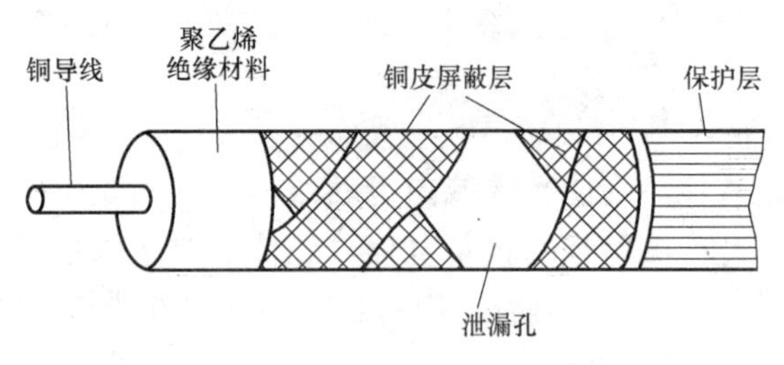

图 8-26　泄漏电缆结构示意图

这种传感器类似于电缆结构，见图 8-26。其中心是铜导线，外面包围着绝缘材料（如聚乙烯），绝缘材料外面用两条金属（如铜皮）屏蔽层以螺旋方式交叉缠绕，并留有方形或圆形孔隙，以便露出绝缘材料层。

电缆最外面是聚乙烯塑料构成的保护层。当电缆传输电磁能量时，屏蔽层的空隙处便将部分电磁能量向空间辐射。为了使电缆在一定长度范围内能够均匀地向空间泄漏能量，电缆空隙的尺寸大小是沿电缆变化的。

把平行安装的两根泄漏电缆分别接到高频信号发射器和接收器就组成了泄漏电缆周界报警器。当发射器产生的脉冲电磁能量沿发射电缆传输并通过泄漏孔向空间辐射时，在电缆周围形成空间电磁场，同时与发射电缆平行的接收电缆通过泄漏孔接收空间电磁能量，并沿电缆送入接收器。

这种周界报警器的泄漏电缆可埋入地下，如图 8-27 所示。当入侵者进入控测区时，使空间电磁场的分布状态发生变化，因而使接收电缆收到的电磁能量产生变化，此能量变化量就是初始的报警信号，经过处理后即可触发报警器工作。

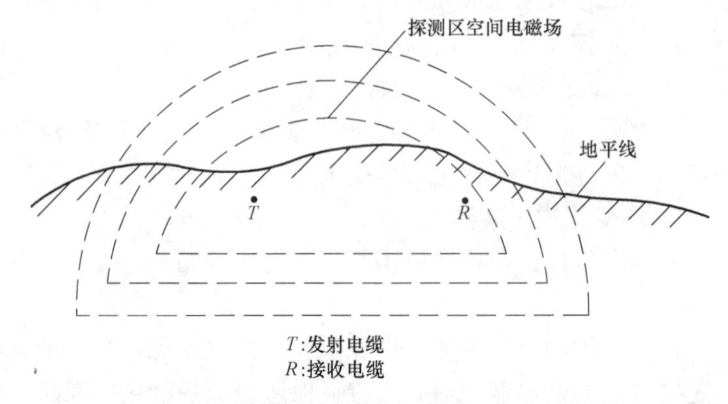

图 8-27　泄漏电缆埋入地下及产生空间场的示意图

此周界报警器可全天候工作，抗干扰能力强，误报和漏报率都比较低，适用于高保安、长周界的安全防范场所。

泄漏电缆入侵探测器适用于室外周界，或隧道、地道、过道、烟囱等处的警戒。其主要特点如下：

① 隐蔽性好，可形成一堵看不见的，但有一定厚度和高度的电磁场“墙”。

② 电磁场探测区不受热、声、振动、气流干扰源影响，且受气候变化（雾、雨、雪、风、温、湿）影响小。

③ 电磁场探测区不受地形、地面不平坦等因素的限制。

④ 无探测盲区。

⑤ 功耗较大。

选用时宜具有以下防误报、漏报技术措施：采用信号数字化处理、存储、鉴别技术和入侵位置判别技术。

泄漏电缆入侵探测器的安装要点如下：

① 泄漏电缆视情况可隐藏安装在隧道、地道、过道、烟囱、墙内或埋入警戒线的地下。

② 应用于室外时，埋入深度及两根电缆之间的距离视电缆结构、电缆介质、环境及发射机的功率而定。

③ 泄漏电缆探测主机就近安装于泄漏电缆附近的适当位置，注意隐蔽安装，以防破坏。

④ 泄漏电缆通过高频电缆与泄漏电缆探测主机相连，主机输出送往报警控制器。

⑤ 周界较长，需由一组以上泄漏电缆探测装置警戒时，可将几组泄漏电缆探测装置适当串接起来使用。

⑥ 泄漏电缆埋入的地域要尽量避开金属堆积物，在两电缆间场区不应有易移动物体（如树等）。

（2）平行线周界传感器

这种周界传感器是由多条（2～10条）平行导线构成的，见图8-28。在多条平行导线中，有部分导线与振荡频率为1～40kHz的信号发生器连接，称之为场线；工作时，场线向周围空间辐射电磁能量。另一部分平行导线与报警信号处理器连接，称之为感应线；场线辐射的电磁场在感应线中产生感应电流。当入侵者靠近或穿越平行导线时，就会改变周围电磁场的分布状态，相应地使感应线中的感应电流发生变化，报警信号处理器检测出此电流变化量作为报警信号。

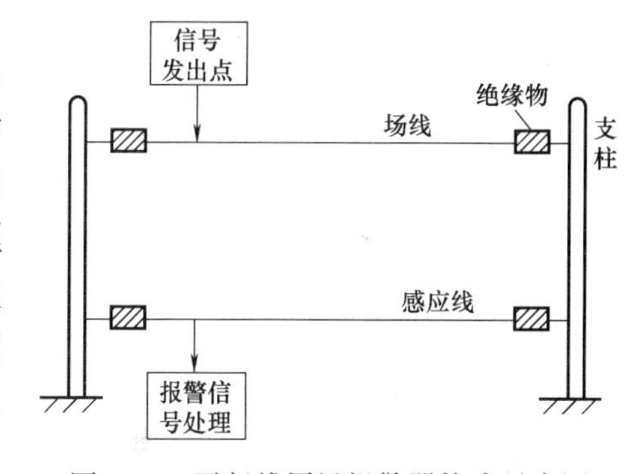

图8-28　平行线周界报警器构成示意图

平行线电场周界传感器可以全天候工作，误报及漏报率都较低。安装方式可灵活多样，可安装在现有围墙或栅栏的顶端、侧面等部位，也可将平行导线安装在支柱上兼作周界栅栏使用。

第三节　防盗报警工程的设备选型与设计示例

一、设备选型与使用

（一）报警探测器的选用原则

报警探测器应按以下要求选择使用：

（1）根据防范现场的最低温度、最高温度，选择工作温度与之相匹配的主动红外报警探测器；

（2）主动红外报警探测器由于受雾影响严重，室外使用时均应选择具有自动增益功能的设备；

（3）多雾地区、环境脏乱及风沙较大地区的室外不宜使用主动红外报警探测器；

（4）探测器的探测距离较实际警戒距离应留出20%以上的余量；

（5）室外使用时应选用双光束或四光束主动红外报警探测器；

（6）在空旷地带或围墙、屋顶上使用主动红外报警探测器时，应选用具有避雷功能的设备；

（7）遇有折墙，且距离又较近时，可选用反射器件，从而减少探测器的使用数量；

（8）室外使用主动红外入侵探测器时，其最大射束距离应是制造厂商规定的探测距离的6倍以上。

（二）小型系统设备设计考虑

1. 控制设备的选型

（1）报警控制器的常见结构主要分为台式、柜式和壁挂式三种，小型系统的控制器多采用壁挂式；

（2）控制器应符合《防盗报警控制器通用技术条件》（GB 12663—90）中有关要求；

（3）应具有可编程和联网功能；

（4）设有操作员密码，可对操作员密码进行编程，密码组合不应小于10000；

（5）具有本地报警功能，本地报警喇叭声强级应大于80dB；

（6）接入公共电话网的报警控制器应满足有关部门入网技术要求；

（7）具有防破坏功能。

2. 值班室的布局设计

（1）控制器应设置在值班室，室内应无高温、高湿及腐蚀气体，且环境清洁，空气清新。

（2）壁挂式控制器在墙上的安装位置：其底边距地面的高度不应小于1.5m。如靠门安装时，靠近其门轴的侧面距离不应小于0.5m，正面操作距离不应小于1.2m。

（3）控制器的操作、显示面板应避开阳光直射。

（4）引入控制器的电缆或电线的位置应保证配线整齐，避免交叉。

（5）控制器的主电源引入线宜直接与电源连接，应尽量避免用电源插头。

（6）值班室应安装防盗门、防盗窗、防盗锁、设置紧急报警装置以及同处警力量联络和向上级部门报警的通信设施。

（三）大、中型系统设备设计考虑

1. 控制设备的选型

（1）一般采用报警控制台（结构有台式和柜式）。

（2）控制台应符合《防盗报警中心控制台》（GB/T 16572—1996）的有关技术性能要求。

（3）控制台应能自动接收用户终端设备发来的所有信息（如报警、音、像复核信息）。采用微处理技术时，应同时有计算机屏幕上实时显示（大型系统可配置大屏幕电子地图或投影装置），并发出声、光报警。

（4）应能对现场进行声音（或图像）复核。

（5）应具有系统工作状态实时记录、查询、打印功能。

（6）宜设置"黑匣子"，用以记录系统开机、关机、报警、故障等多种信息，且值班人员无权更改。

（7）应显示直观、操作简便。

（8）有足够的数据输入、输出接口，包括报警信息接口、视频接口、音频接口，并留有扩充的余地。

（9）具备防破坏和自检功能。

（10）具有联网功能。

（11）接入公共电话网的报警控制台应满足有关部门入网技术要求。

2. 控制室的布局设计

（1）控制室应为设置控制台的专用房间，室内应无高温、高湿及腐蚀气体，且环境清洁，空气清新。

（2）控制台后面板距墙不应小于0.8m，两侧距墙不应小于0.8m，正面操作距离不应小于1.5m。

（3）显示器的屏幕应避开阳光直射。

（4）控制室内的电缆敷设宜采用地槽。槽高、槽宽应满足敷设电缆的需要和电缆弯曲半径的要求。

（5）宜采用防静电活动地板，其架空高度应大于 0.25m，并根据机柜、控制台等设备的相应位置，留进线槽和进线孔。

（6）引入控制台的电缆或电线的位置应保证配线整齐，避免交叉。

（7）控制台的主电源引入线宜直接与电源连接，应尽量避免用电源插头。

（8）应设置同处警力量联络和向上级部门报警的专线电话，通信手段不应少于两种。

（9）控制室应安装防盗门、防盗窗和防盗锁，设置紧急报警装置。

（10）室内应设卫生间和专用空调设备。

二、安全防范工程的线缆敷设

1. 电缆的敷设

（1）根据设计图纸要求选配电缆，尽量避免电缆的接续。必须接续时应采用焊接方式或采用专用接插件。

（2）电源电缆与信号电缆应分开敷设。

（3）敷设电缆时应尽量避开恶劣环境，如高温热源、化学腐蚀区和煤气管线等。

（4）远离高压线或大电流电缆，不易避开时应各自穿配金属管，以防干扰。

（5）电缆穿管前应将管内积水、杂物清除干净，穿线时涂抹黄油或滑石粉。进入管口的电缆应保持平直，管内电缆不能有接头和扭结。穿好后应做防潮、防腐处理。

（6）管线两固定点之间的距离不得超过 1.5m。下列部位应设置固定点：

① 管线接头处；

② 距接线盒 0.2m 处；

③ 管线拐角处。

（7）电缆应从所接设备下部穿出，并留出一定余量。

（8）在地沟或顶棚板内敷设的电缆，必须穿管（视具体情况选用金属管或塑料管）。

（9）电缆端作好标志和编号。

（10）明装管线的颜色、走向和安装位置应与室内布局协调。

（11）在垂直布线与水平布线的交叉处要加装分线盒，以保证接线的牢固和外观整洁。

2. 光缆的敷设

（1）敷设光缆前，应检查光纤有无断点、压痕等损伤。

（2）根据施工图纸选配光缆长度，配盘时应使接头避开河沟、交通要道和其他障碍物。

（3）光缆的弯曲半径不应小于光缆外径的 20 倍。光缆可用牵引机牵引，端头应作好技术处理。牵引力应加于加强芯上，大小不应超过 150kg。牵引速度宜为 10m/min；一次牵引长度不宜超过 1km。

（4）光缆接头的预留长度不应小于 8m。

（5）光缆敷设一段后，应检查光缆有无损伤，并对光缆敷设损耗进行抽测，确认无损伤时，再进行接续。

（6）光缆接续应由受过专门训练的人员操作，接续时应用光功率计或其他仪器进行监视，使接续损耗最小。接续后应做接续保护，并安装好光缆接头护套。

（7）光缆端头应用塑料胶带包扎，盘成圈置于光缆预留盒中，预留盒应固定在电杆上。地下光缆引上电杆，必须穿入金属管。

（8）光缆敷设完毕时，需测量通道的总损耗，并用光时域反射计观察光纤通道全程波导衰减特性曲线。

（9）光缆的接续点和终端应作永久性标志。

三、防盗报警工程举例

【例 1】 某大厦防盗报警系统

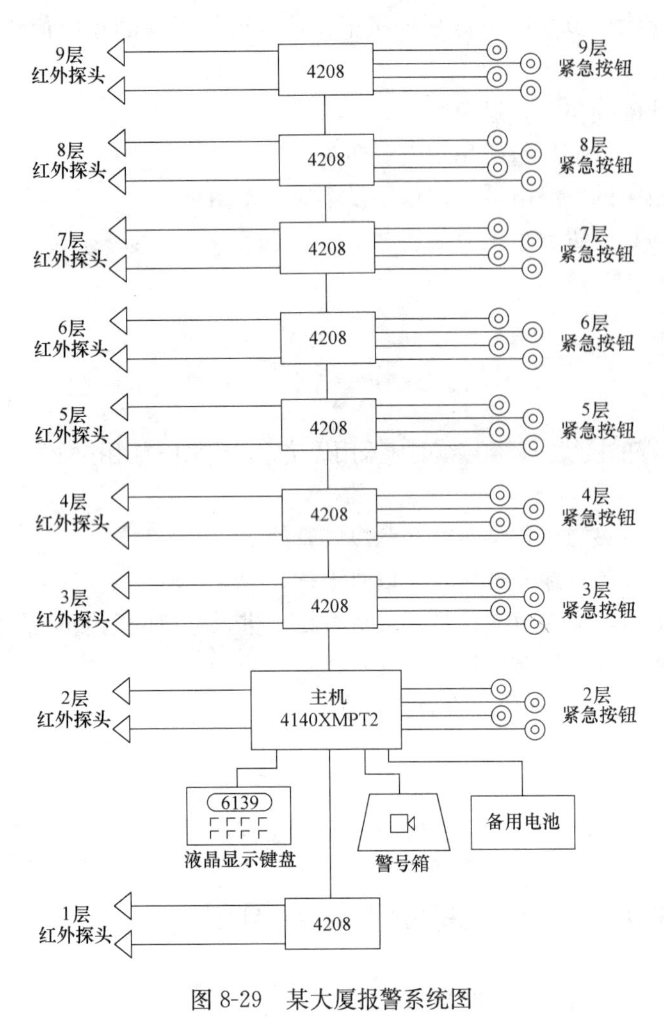

图 8-29　某大厦报警系统图

某大厦是一幢现代化的 9 层涉外高务办公楼。根据大楼特点和安全要求，在首层各出入口各配置 1 个双鉴探头（被动红外/微波探测器），共配置 4 个双鉴探头，对所有出入口的内侧进行保护。二楼至九楼的每层走廊进出通道，各配置 2 个双鉴探头，共配置 16 个双鉴探头；同时每层各配置 4 个紧急按钮，共配置 32 个紧急按钮。紧急按钮安装位置视办公室具体情况而定。整个防盗报警系统如图 8-29 所示。

保安中心设在二楼电梯厅旁，约 $10m^2$。管线利用原有弱电桥架为主线槽，用 DG20 管引至报警探测点（或监控电视摄像点）。防盗报警系统采用美国（ADEMCO）（安定宝）大型多功能主机 4140XMPT2。该主机有 9 个基本接线防区，可总线式结构，扩充防区十分方便，可扩充多达 87 个防区，并具备多重密码、布防时间设定、自动拨号以及“黑匣子”记录等功能。

图 8-29 中的 4208 为总线式 8 区（提供 8 个地址）扩展器，可以连接 4 线探测器。6139 为 LCD 键盘。关于各楼层设备（包括摄像机）的分配表如表 8-6 所示。

图 8-30 是金库中利用监控电视和被动红外/微波双鉴报警探测器进行安全防范的布置图。

各楼层设备分布表　　表 8-6

楼层	摄像机		报警器		
	固定云台	自动云台	双鉴探头	紧急按钮	门磁开关
1	2	1	4	0	0
2	3	0	2	4	0
3	2	0	2	4	0
4	2	0	2	4	0
5	2	0	2	4	0
6	2	0	2	4	0
7	2	0	2	4	0
8	2	0	2	4	0
9	1	0	2	4	0
电梯	2	0	0	0	0
合计	20	1	20	32	0

【例 2】 某大学的安全防范系统设计

该大学占地约 130 亩，有近 5 万 m^2 的建筑群。该建筑群包括综合教学楼、图书馆办公楼、学生会堂、电教中心、学生宿舍等几座主要建筑物，主要是教学、办公和各种服务设施。要求设计一个包括电视监控和防盗报警在内的安全防范系统。

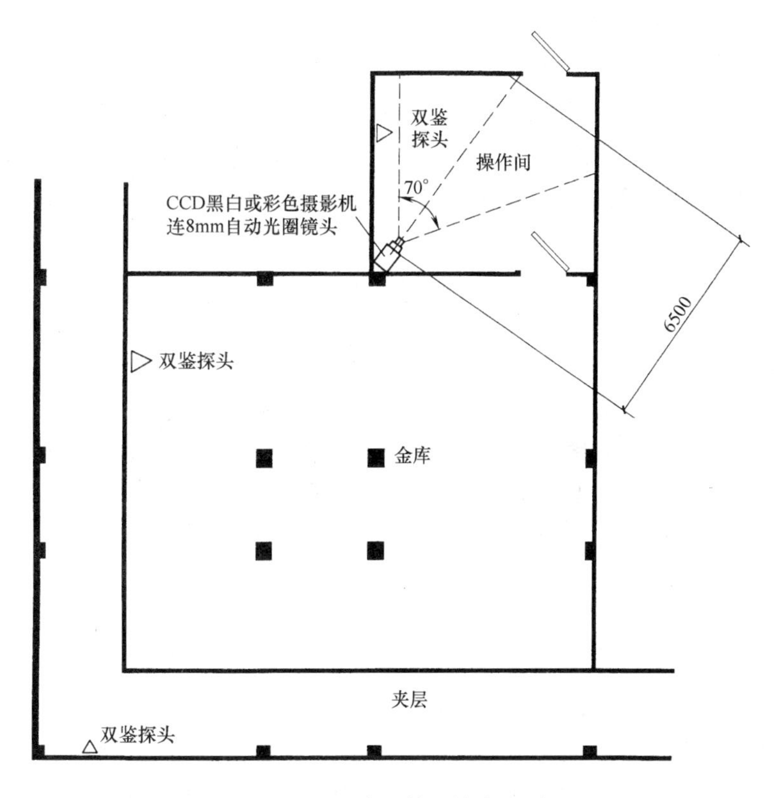

图 8-30　金库监控系统布置图

本安全防范系统包括电视监控系统（CCW）和防盗报警系统，共有 47 个电视监控点和 33 个防区 64 个防盗报警点。系统主要由前端——摄像设备和报警设备、监控终端——安防中心和视频传输线路组成。安全防范系统原理图如图 8-31 所示。

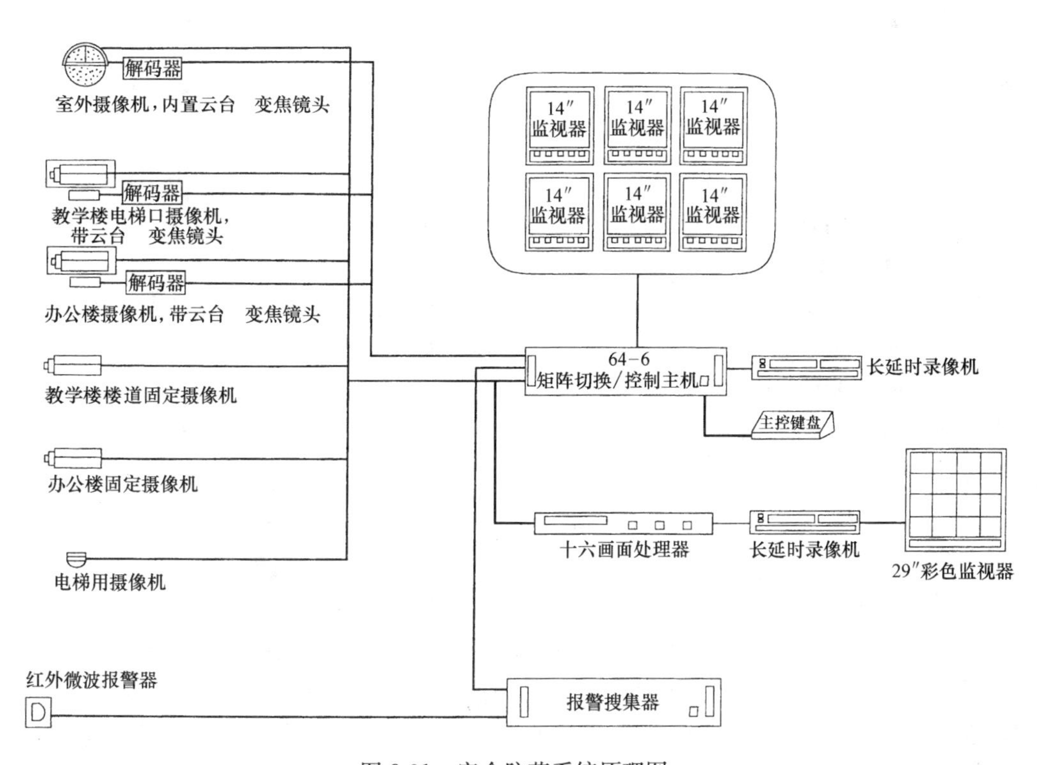

图 8-31　安全防范系统原理图

前端把现场发生的情况通过传输线路传送到监控终端，通过报警系统和监视器来观察并录取现场情况，平时可对进入综合教学楼和图书馆办公楼的人员进行一般性的观察，观察是否有人非法混入到综合教学和图书馆办公楼。夜间和节假日在无人出入综合教学楼和图书馆办公楼的时候，报警设备和摄像设备进入警戒状态，一旦有入侵入重点场所和重点部位，报警器发出报警信号传至安防中心，报警控制主机发出报警声，同时在报警监视器上显示报警的房间号，值班人员可以通过手动切换至该楼层的摄像机，观察楼道情况。

由前端来的信号，有些部分比较重要，如综合教学楼门厅、南大门、东大厅等，需要进行长时间的监视录像，而有些属于一般的监视。对于重点的监视，将把信号一方面送到16画面机（美国AD），另一方面送到矩阵切换器（美国AD—16504—6）进行时序切换（矩阵切换主机考虑到二期工程扩展，我们选用矩阵64路输入），再通过5台14″监视器来进行时序观看。前端来的报警信号，通过报警收集器收集，矩阵控制将联动图像，使时序状态立即成为固定观察，确定是否发生意外情况。配置两台日本松下AC—6024长时间录像机，对重点部位（共16个点）进行存档记录。

分控中心设在院办公室或院长办公室，院领导可以通过分控中心任意调用图像并控制云台变焦动作，作为管理和了解院内外情况的辅助手段，使院领导不出办公室就可以了解院内各重点部位的情况。

1. 电视监控系统

（1）电梯

综合教学楼共有3部电梯，它是人员出入最频繁的地方，有时也往往是最不容易被人注意的地方。作案人员一是可以通过电梯进入教室或教研室进行犯罪；二是对电梯内的设备进行破坏，故在每个电梯内各安装了一台带伪装的日本CEC-38摄像机，该型摄像机系一体化机，3.8mm镜头，造型美观。这样既不引起正常进出入员的注意，又可对非法人员进行监视，保证了电梯的安全和教室等场所设备的安全。

（2）综合教学楼一层

一层是来往人员最多且最复杂的地方，作案人员也随时有混入的可能，因此一层的安全尤为重要，而且考虑到一层的监控设备要求也相对要高些，做到美观实用。在一层的门厅安装一套全方位黑白高分辨率日本WATEC摄像机，6倍变焦，微型云台，360°全方位旋转，体积小，带伪装，不易被人察觉；电梯厅和楼梯口处也安装一套日本WATEC摄像机；在左右两个消防楼梯口各安装一台黑白固定日本CEC-60摄像机，6mm镜头和摄像机一体化，体积小巧，适合白天和黑夜有光源情况下使用。这样就将所有通往楼道上的出入口全部置于监控之下，并随时监测着从大门进入楼内、上下电梯、进出楼梯的各种人员情况，一旦发现问题，可以通过记录下来的录像带查找可疑人员。

（3）综合教学楼6～12层

从综合教学楼的平面图中可以看到，6～12层共有两个楼梯和一个电梯口，作案人员除了从电梯直接进入各层外，楼梯也是一个进入教室、教研室等处的主要途径。为了预防可能发生的事情，在6层、10层、11层左右两个消防楼梯口各安装一台黑白、固定式日本CEC-60摄像机；在电梯厅和楼梯口各安装一台全方位、变焦、日本WATEC摄像机。当发现可疑情况时，通过旋转云台跟踪可疑目标，并对图像进行放大观察；同时为了确保楼道内的安全，在楼层的东西两端各安装一台黑白、固定式日本CEC-60摄像机，一旦有人擅自闯入教室、实验室等处，便可被及时发现。

（4）图书馆办公楼一层

由于办公楼和图书馆合用一楼，而且像财务室、院长办公室和院档案室等重要部门均设在本楼，所以本层的监控设备也需要做到全方位观察，美观实用。在图书馆出入大厅安装两台全方位、黑白、日本WATEC摄像机，用于观察出入图书馆及办公区的人员；在财务室的走廊安装一台全方位、黑白、日本WATEC摄像机，用于观察出入财务室的人员情况。在两个楼梯口各安装一台固定、黑白、日本CEC-60摄像机。

（5）图书馆办公楼2～5层

在办公区楼道东西两端各安装一台固定、黑白、日本 CEC-60 摄像机，用于观察进入各楼层及楼道内的人员情况。

（6）校园周界

在距南大门 10m、东大门 6m 处的弱电井边上，各安装了一根 3m 高的摄像机专用铁杆，铁杆上装有一台日本松下室外球形黑白全方位摄像机，视频线缆和控制线缆通过弱电井和弱电综合管道引至安防中心。摄像机属全天候，具有自动加温、自动散热，360°旋转及 10 倍变焦镜头，用于观察出入校园和周围人员及校园内部的情况，以便及时发现情况，提前做好应急准备。

2. 防盗报警系统

（1）综合教学楼 6 层、11 层、12 层

6 层的主要部位是资料室和教室；11 层的主要部位是 PMI 加工室、机房、PMI 调机室和 PMI 研究室；12 层的主要部位是 PMI 研究室、电磁屏蔽室、PMI 加工室、PMI 调机 1 室、PMI 调机 2 室。因此对这些部位的防范相当重要，在上述房间安装了 2～3 只美国 ADEMCO 1484EX 双鉴报警器，主要控制门窗，以防人擅自闯入，若有人进入，报警器将发出信号通知安防中心，以便迅速处理。此双鉴报警器是微波红外型，控测范围大，且不受温度影响。由于采用两种探测技术，必须同时感应到入侵者的体温及移动才发出报警信号，因此误报率低，稳定性高；另外，它对于各种环境干扰和其他因素引起的假报警有相互抑制作用，抗干扰能力强。报警器采用广角墙壁安装，安装高度为 2.4～2.5m，这样，既有利于提高报警灵敏度，同时报警器不易受空气气流、射频等的干扰，降低误报率。

（2）图书馆办公楼 1 层、5 层

1 层的重要部位是财务室和财务机房，在财务办公室安装 1 台报警器，在财务机房安装 2 台报警器。

5 层的重要部位是大小两个档案室，所以在大档案室安装 4 台报警器，在小档案室安装 3 台报警器，确保档案室的安全。

报警器为美国 ADEMCO 148EX 双鉴报警器，均采用广角墙壁安装，安装高度为 2.4～2.5m，一旦有人在无人时段侵入上述区域，立即将报警信号传送到安防中心。

3. 安防中心

安防中心是整个安全防范系统的神经中枢，它不允许非值班人员随意进入。而且一旦有重大案件发生时，首先遭袭击的便是安防中心的工作人员，因此在安防中心的门口安装了一套台湾 PH-902 可视对讲系统。如有人欲进入安防中心，必先按门铃通知值班人员，值班人员在室内观察，经确认后，只要一按开关，门即自动打开。这样既保证了值班人员的生命安全，也避免了外界不必要的干扰。

安防中心设在综合教学楼一层，面积为 37.4m²，其具体情况如下：

1）地面敷设抗静电架空活动地板，架空高度 30cm。

2）为保证设备和系统可靠地工作，电源由专用的配电箱双路供电，总容量为 5kW。摄像机和报警器由安防中心引专线集中供电，并由中心操作通断。

3）室内有通风设施和柜机空调。

4）整个系统采用综合接地，接地电阻小于 1Ω。

第四节　出入口控制系统

一、出入口控制系统的组成与要求

出入口控制系统又称门禁控制系统（Access Control System）它主要由识读、执行、传输和管理/控制四部分组成，见图 8-32 和图 8-33。

（1）身份识读（目标识别）。

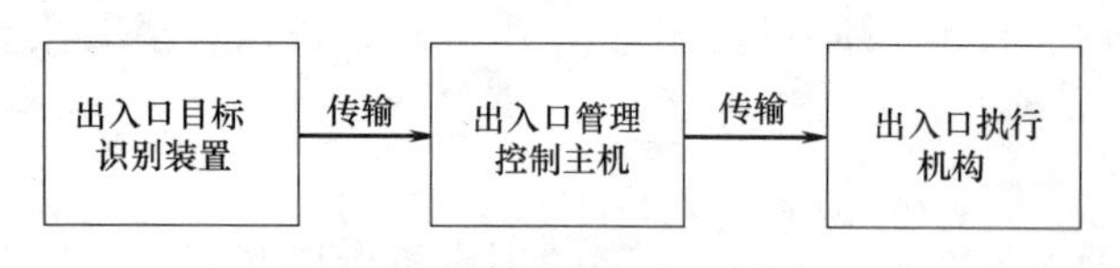

图 8-32　出入口控制系统的基本组成

身份识读是出入口控制系统的重要组成部分，其作用是对通行人员的身份进行识别和确认。实现身份识读的种类和方式很多，主要包括密码类、卡证类、生物识别类以及复合类身份识别方式。

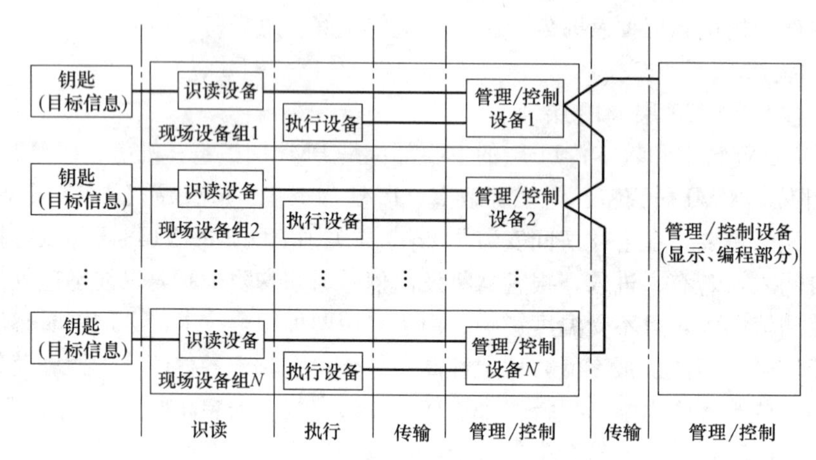

图 8-33　网络型出入口控制系统组成示意图

（2）出入口管理控制主机。出入口管理子系统是出入口控制系统的管理与控制中心，亦即是出入口控制主机。它是将出入口目标识别装置提取的目标身份等的信息，通过识别、对比，以便进行各种控制处理。

出入口控制主机可根据保安密级要求，设置出入门管理法则。既可对出入者按多重控制原则进行管理，也可对出入人员实现时间限制等，对整个系统实现控制；并能对允许出入者的有关信息，出入检验过程等进行记录，还可随时打印和查阅。

（3）电锁与执行。

电锁与执行部分包括各种电子锁具、挡车器、三辊匝等控制设备。这些设备动作灵敏、执行可靠性高，且具有良好的防潮、防腐性能；具有足够的机械强度及防破坏的能力。

电子锁具种类繁多，按工作原理不同可分为电插锁、磁力锁、阳极锁、阴极锁和剪力锁等，可以满足各种木门、玻璃门、金属门的安装需要。每种电子锁具都有自己的特点，在安全性、方便性和可靠性上也各有差异，应视具体情况来选择使用。

二、个人识别技术

在出入口控制装置中使用的出入凭证或个人识别方法，主要有如下三大类：密码、卡片和人体特征识别技术。它们的优缺点见表 8-7。

各种识别方法的比较　　**表 8-7**

分类		原理	优点	缺点	备注
代码识别		对输入预先登记的密码进行确认	不用携带物品、价廉	不能识别个人身份、会泄密或遗忘	要定期更改密码
卡片	磁卡	对磁卡上的磁条存储的个人数据进行读取与识别	价廉、有效	伪造更改容易、会忘带卡或丢失	为防止丢失和伪造，可与密码法并用
	IC 卡	对存储在 IC 卡中的个人数据进行读取与识别	伪造难、存储量大、用途广泛	会忘带卡或丢失	
	非接触式 IC 卡	对存储在 IC 卡中的个人数据进行非接触式的读取与识别	伪造难、操作方便、耐用	会忘带卡或丢失	

续表

分类		原理	优点	缺点	备注
生物特征识别	指纹	对输入指纹与预先存储的指纹进行比较与识别	无携带问题、安全性极高、装置易小型化	对无指纹者不能识别	效果好
	掌纹	输入掌纹与预先存储的掌纹进行比较与识别	无携带问题、安全性很高	精确度比指纹法略低	
	视网膜	用摄像输入视网膜与存储的视网膜进行比较与识别	无携带问题、安全性极高	对弱视或瞳眼不足而视网膜充血以及视网膜病变者无法对比	注意摄像光源强度不一致对眼睛有伤害

常用编码识读设备的选择与安装见表8-8。用人体生物特征识读设备的选择与安装见表8-9。常见执行设备的选择与安装见表8-10。

常用编码识读设备及应用特点 **表8-8**

序号	名称	适应场所	主要特点	适宜工作环境和条件	不适宜工作环境和条件
1	普通密码键盘	人员出入口;授权目标较少的场所	密码易泄漏、易被窥视,保密性差,密码需经常更换	室内安装;如需室外安装,需选用密封性良好的产品	不易经常更换密码且授权门标较多的场所
2	乱序密码键盘	人员出入口;授权目标较少的场所	密码易泄漏,密码不易被窥视,保密性较普通密码键盘高,需经常更换		
3	磁卡识读设备	人员出入口;较少用于车辆出入口	磁卡携带方便,便宜,易被复制、磁化,卡片及读卡设备易被磨损,需经常维护		室外可被雨淋处;尘土较多的地方;环境磁场较强的场所
4	接触式IC卡读卡器	人员出入口	安全性高,卡片携带方便,卡片及读卡设备易被磨损,需经常维护	室内安装;适合人员通道可安装在室内、外;适合人员通道	室外可被雨淋处;静电较多的场所
5	接触式TM卡(纽扣式)读卡器	人员出入口	安全性高,卡片携带方便,不易被磨损		尘土较多的地方
6	条码识读设备	用于临时车辆出入口	介质一次性使用,易被复制、易损坏	停车场收费岗亭内	非临时目标出入口
7	非接触只读式读卡器	人员出入口;停车场出入口	安全性较高,卡片携带方便,不易被磨损,全密封的产品具有较高的防水、防尘能力	可安装在室内、外;近距离读卡器(读卡距离<500mm)适合人员通道;远距离读卡器(读卡距离,>500mm)适合车辆出入口	电磁干扰较强的场所;较厚的金属材料表面;工作在900MHz频段下的人员出入口;无防冲撞机制(防冲撞:可依次读取同时进入感应区域的多张卡),读卡距离>1m的人员出入口
8	非接触可写、不加密式读卡器	人员出入口;消费系统一卡通应用的场所;停车场出入口	安全性不高,卡片携带方便,易被复制,不易被磨损,全密封的产品具有较高的防水、防尘能力		
9	非接触可写、加密式读卡器	人员出入口;与消费系统一卡通应用的场所;停车场出入口	安全性高,无源卡片,携带方便不易被磨损,不易被复制,全密封的产品具有较高的防水、防尘能力		

常用人体生物特征识读设备及应用特点 **表8-9**

序号	名称	主要特点		适宜工作环境和条件	不适宜工作环境和条件
1	指纹识读设备	指纹头设备易于小型化;识别速度很快,使用方便;需人体配合的程度较高	操作时需人体接触识读设备	室内安装;使用环境应满足产品选用的不同传感器所要求的使用环境要求	操作时需人体接触识读设备,不适宜安装在医院等容易引起交叉感染的场所
2	掌形识读设备	识别速度较快;需人体配合的程度较高			

续表

序号	名称	主要特点		适宜工作环境和条件	不适宜工作环境和条件
3	虹膜识读设备	虹膜被损伤、修饰的可能性很小，也不易留下被可能复制的痕迹；需人体配合的程度很高；需要培训才能使用	操作时不需人体接触识读设备	环境亮度适宜、变化不大的场所	环境亮度变化大的场所，背光较强的地方
4	面部识读设备	需人体配合的程度较低，易用性好，适于隐蔽地进行面像采集、对比			

常用执行设备技术参数　　**表 8-10**

序号	应用场所	执行设备名称	安装设计要点
1	单向开启、平开木门（含带木框的复合材料门）	阴极电控锁	适用于单扇门；安装位置距地面 900～1100mm 门边框处；可与普通单舌机械锁配合使用
		电控撞锁、一体化电子锁	适用于单扇；安装于门体靠近开启边，距地面 900～1100mm 处；配合件安装在边门框上
		磁力锁、阳极电控锁	安装于上门框，靠近门开启边；配合件安装于门体上；磁力锁的锁体不应暴露在防护面（门外）
		自动平开门机	安装于上门框；应选用带闭锁装置的设备或另加电控锁；外挂式门机不应暴露在防护面（门外）；应有防夹措施
2	单向开启，平开镶玻璃门（不含带木框门）	阳极电控锁	适用于单扇门；安装位置距地面 90～110cm 边门框处；可与普通单舌机械锁配合用
		磁力锁	安装于上门框，靠近门开启边；配合件安装于门体上；磁力锁的锁体不应暴露在防护面（门外）
		自动平开门机	安装于上门框；应选择带闭锁装置的设备或另加电控锁；外挂式门机不应暴露在防护面（门外）；应有防夹措施
3	单向开启、平开玻璃门	带专用玻璃门夹的阳极电控锁	安装位置同本表第 1 条相关内容；玻璃门夹的作用面小应安装在防护面（门外）；无框（单玻璃框）门的锁引线应有防护措施
		带专门玻璃门夹的磁力锁	
		玻璃门夹电控锁	
4	双向开启、平开玻璃门	带专用玻璃门夹的阳极电控锁	同本表第 3 条相关内容
		玻璃门夹电控锁	
5	单扇、推拉门	阳极电控锁	同本表第 1、3 条相关内容
		磁力锁	安装于边门框；配合件安装于门体上；不应暴露在防护面（门外）
		推拉门专用电控挂钩锁	根据锁体结构不同，可安装于上门框或边门框；配合件安装于门体上；不应暴露在防护面（门外）
		自动推拉门机	安装于上门框；应选用带闭锁装置的设备或另加电控锁；应有防火措施
6	双扇、插拉门	阳极电控锁	同本表第 1、3 条相关内容
		推拉门专用电控挂钩锁	应选用安装于上门框的设备；配合件安装于门体上；不应暴露在防护面（门外）
		自动推拉门机	同本表第 5 条相关内容
7	金属防盗门	电控撞锁、磁力锁、自动门机	同本表第 1 条、第 5 条相关内容
		电机驱动锁舌电控锁	根据锁体结构不同，可安装于门框或门体上

续表

序号	应用场所	执行设备名称	安装设计要点
8	防尾随人员快速通道	电控三棍闸、自动启闭速通门	应与地面有牢固的连接；常与非接触式读卡器配合使用；自动启闭速通门应有防夹措施
9	小区大门、院门等（人员、车辆混行通道）	电动伸缩栅栏门	固定端与地面应牢固连接；滑轨应水平铺设；门开口方向应在值班室一侧；启闭时应有声、光指示并有防夹措施
		电动栅栏式栏杆机	应与地面有牢固的连接，适用于不限高的场所，不宜选用闭合时间小于3s的产品，应有防砸措施
10	一般车辆出入口	电动栏杆机	应与地面有牢固的连接；用于有限高的场所时，栏杆应有曲臂装置；应有防砸措施
11	防闯车辆出入口	电动升降式地挡	应与地面有牢固的连接；地挡落下后，应与地面在同一水平面上；应有防止车辆通过时，地挡顶车的措施

三、出入口控制系统的设计

1. 系统应根据建筑物的使用功能和安全防范管理的要求，对需要控制的各类出入口，按各种不同的通行对象及其准入级别，对其进、出实施实时控制与管理，并应具有报警功能。

目前，常用的出入口控制系统有基于总线结构和基于网络的出入口控制系统两种。

（1）基于总线结构的出入口控制系统。图8-34为基于总线结构的出入口控制系统。本系统管理主机与总线之间通过通信器连接，控制器与控制器之间用RS485总线连接；通信器通信端口的数量根据所连接的总线数量确定；前端设备的选择由工程设计确定。

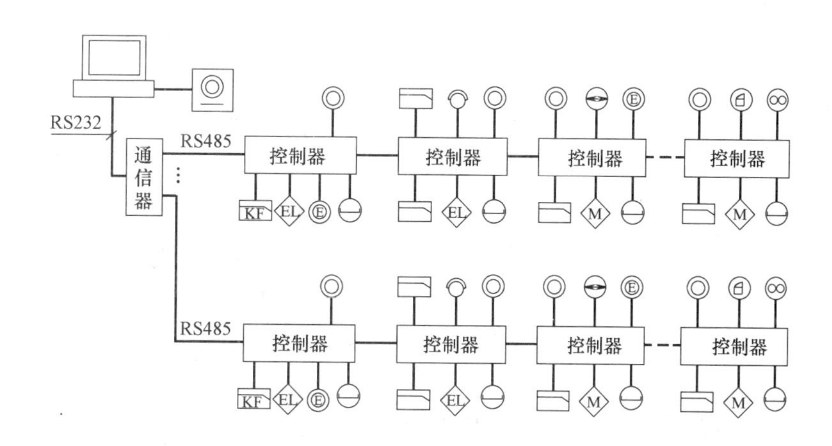

图8-34　基于总线结构的出入口控制系统

（2）基于网络的出入口控制系统。图8-35为基于网络的出入口控制系统。本系统服务器与各子网主机之间通过网络连接，控制器与控制器之间由RS485连接；通信器的通信端口数量根据所连接的总线数量确定；前端设备的选择由工程设计确定。

图8-36是使用以太网传输的出入口控制系统。图中有使用与类双绞线的以太网和以RS485连接的方式示例。

四、一卡通系统

1. 功能要求：

（1）一卡通宜具有出入口控制、电子巡查、停车场管理、考勤管理、消费管理等功能；

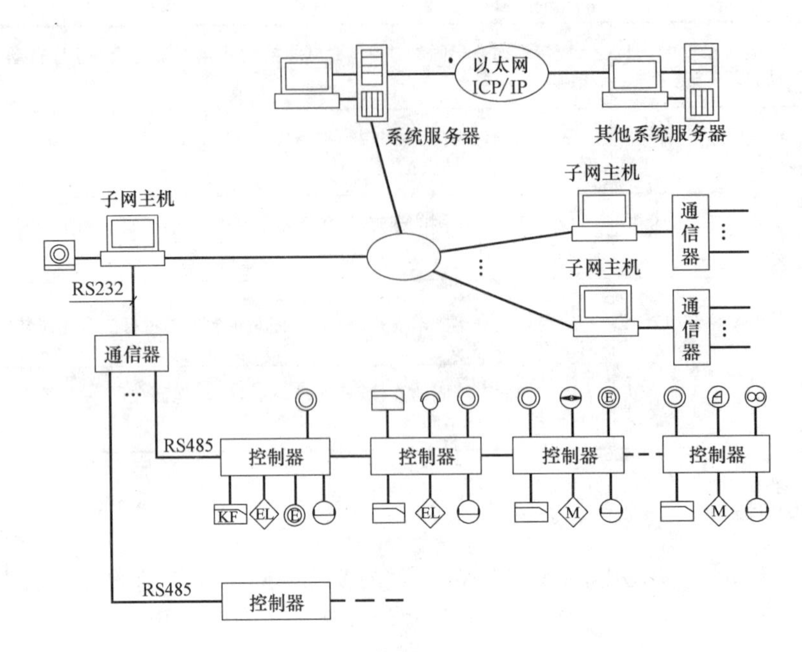

图 8-35　基于网络的出入口控制系统

(2) 一卡通系统由“一卡、一库、一网”组成，“一卡”，在一张卡片上实现开门、考勤、消费等多种功能；“一库”，在同一个软件平台上，实现卡的发行、挂失、充值、资料查询等管理，系统用一个数据库；“一网”，各系统的终端接入局域网进行数据传输和信息交换。

应该指出这里所述的一卡通系统是根据建设方物业信息管理部门要求设置的。设计应用时，消费系统应严格按照银行、财务信息规定执行，高风险安防系统不宜介入。

2. 系统设计及设备选择：

1) 在要求不高的场合，可选用一卡多库的方案。各个应用系统各配备一台计算机，一套管理软件。

2) 一卡通系统应选用智能型非接触式 IC 卡。一张 IC 卡能分成多个独立的区域，每个区域都有自己的密码并能读和写。

3) 感应式 IC 卡与读卡器的读写距离愈大价格愈高，通常读写距离为 100mm～300mm，在停车库(场) 管理系统中，一般为 400～700mm，较理想的读写距离为 30～150mm。在小型工程中，为了降低投资，停车库(场) 管理系统单独使用一张读写距离较大的感应式 IC 卡，不纳入该工程中的一卡通系统。

4) 用于银行储蓄和支出的一卡通系统，卡片选用双面卡，正面为感应式，背面为接触式。

5) 一卡通系统的软件：

① 出入口控制软件；

② 考勤软件；

③ 会所收费管理软件；

④ 售餐管理软件；

⑤ 企事业“一卡通”软件 (出入口控制/考勤/会议报到/售餐消费)；

⑥ 小区“一卡通”软件 (出入口控制/考勤/电子巡查/会所消费)；

⑦ 校园“一卡通”软件 (食堂/图书馆/机房/宿舍门禁)；

⑧ 其他特殊要求的软件。

图 8-37 是学校的一卡通系统示例。

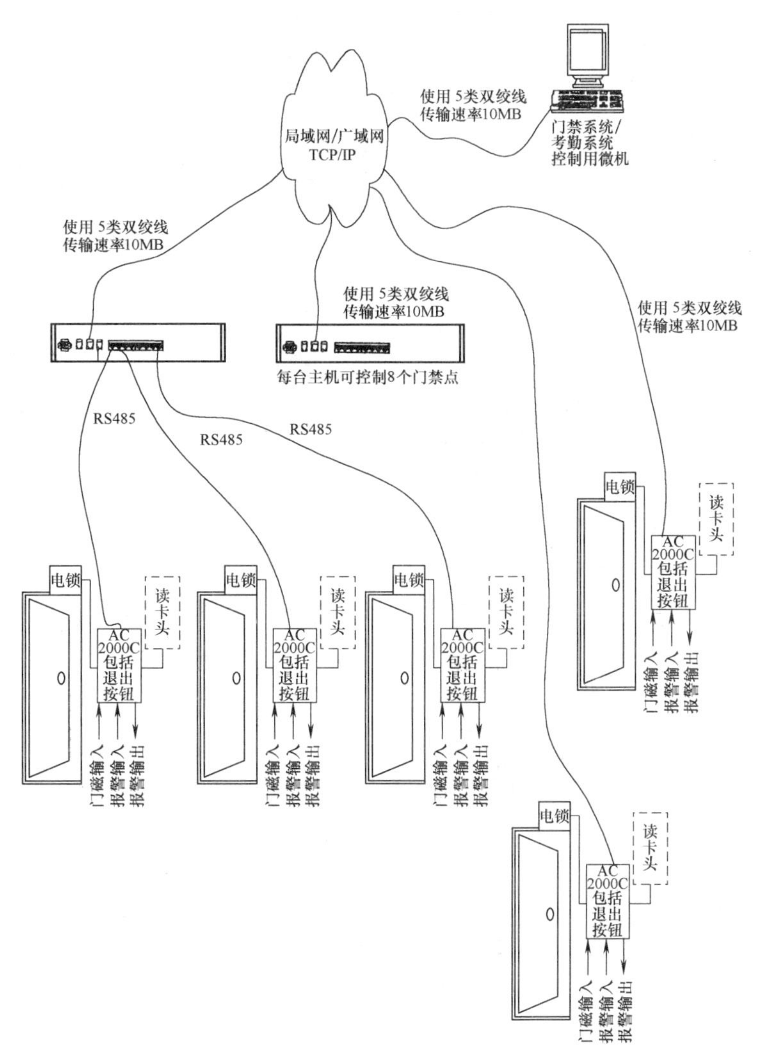

图 8-36　使用以太网传输的门禁系统网络结构示例

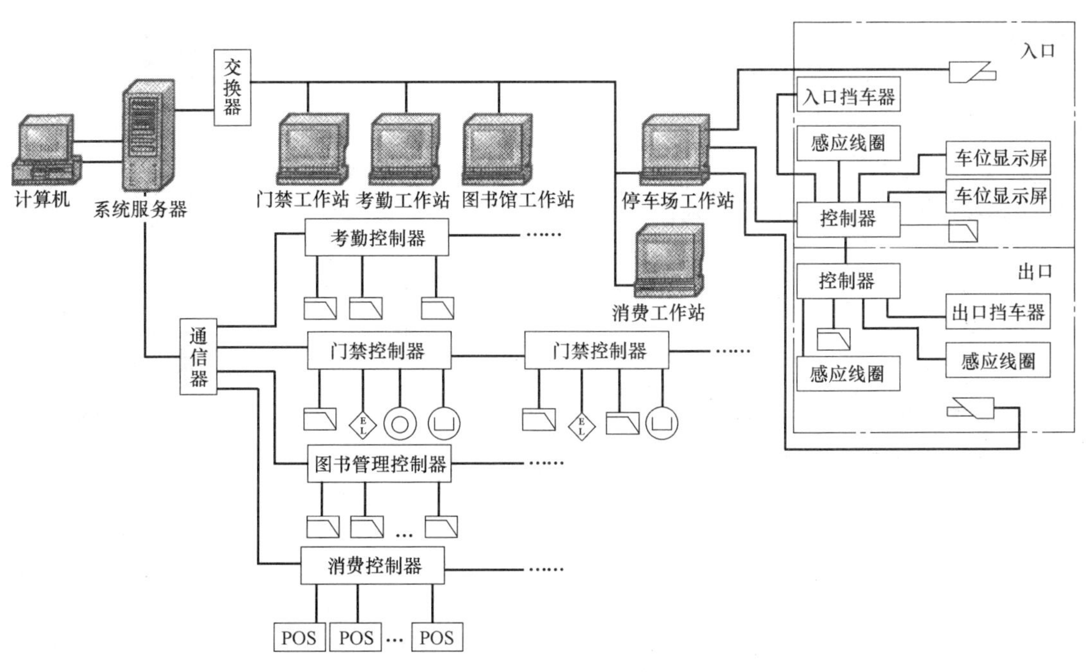

图 8-37　一卡通系统

五、门禁系统的安装

门禁控制系统的设备布置如图 8-38 所示。电控门锁的选择应根据门的材质、门的开启方向等。门禁控制系统的读卡器距地 1.4m 安装。安装时应根据锁的类型、安装位置、安装高度、门的开启方向等。

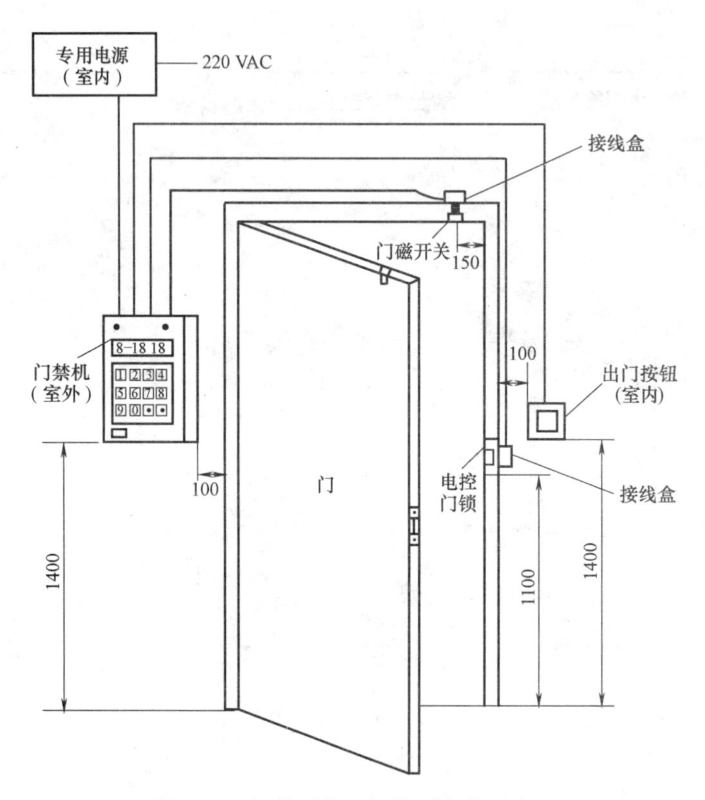

图 8-38　门禁系统现场设备安装示意图

如图 8-39 所示有的磁卡门锁内设置电池，不需外接导线，只要现场安装即可。阴极式及直插式电控门锁通常安装在门框上，在主体施工时在门框外侧门锁安装高度处预埋穿线管及接线盒，锁体安装要与土建工程配合。

在门扇上安装电控门锁时，需要通过电合页进行导线的连接，门扇上电控门锁与电合页之间可预留软塑料管，在主体施工时在门框外侧电合页处预埋导线管及接线盒，导线选用 RVS2×1.0mm^2，连接应采用焊接或接线端子连接，如图 8-40 所示。

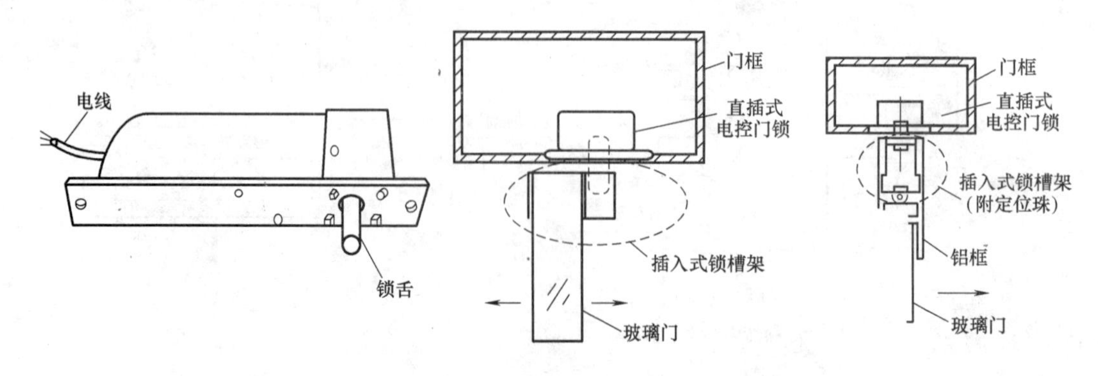

图 8-39　直插式电控门锁安装示意图

电磁门锁是经常用的一种门锁，选用安装电磁门锁要注意门的材质、门的开启方向及电磁门锁的拉力。图 8-41 为电磁门锁的安装示意图。表 8-11 列出几种不同电磁门锁的性能。

门禁控制部分的线缆选型如下：

(1) 门磁开关可采用 2 芯普通通信线缆 RVV（或 RVS），每芯截面积为 0.5mm^2。

(2) 读卡机与现场控制器连线可采用 4 芯通信线缆（RVVP）或 3 类双绞线，每芯截面积为 0.3～0.5mm^2。

(3) 读卡机与输入/输出控制板之间可采用 5～8 芯普通通信线缆（RVV 或 RVS）或 3 类双绞线，每芯截面积为 0.3～0.5mm^2。

(4) 输入/输出控制板与电控门锁、开门按钮等均采用 2 芯普通通信线缆（RVV），每芯截面积为 0.75mm^2。

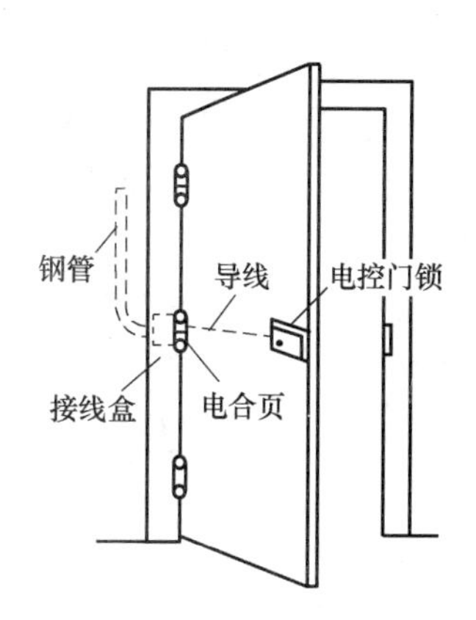

图 8-40　电控门锁与电合页安装示意图

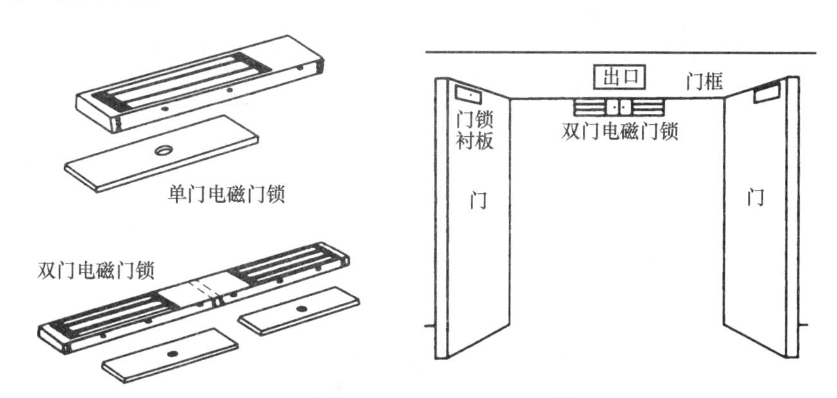

图 8-41　电磁门锁安装示意图

电磁门锁规格、外形尺寸、性能　　**表 8-11**

型号	外形尺寸 $L \cdot H \cdot W$/mm	输入电压 DC/V	消耗电流/mA	拉力/kg	单/双门
CCW30S	166×36×21	12/24	370/185	120	单门
EM2	228×39×24	12/24	490/245	280	单门
CM2600	476×48×25.5	12/24	2×530/265	2×280	双门
EM4	268×73×40	12/24	490/245	500	单门
EM12	536×73×40	12/24	2×480/245	2×500	双门

第五节　电子巡更系统

电子巡更系统是一个人防和技防相结合的系统。它通过预先编制的巡逻软件，对保安人员巡逻的运动状态（是否准时、遵守顺序等）进行记录、监督，并对意外情况及时报警。

一、系统组成

电子巡更系统可分离线式和在线式（或联网式）两种。

1. 离线式电子巡更系统

离线式电子巡更系统通常有：接触式和非接触式两类。

(1) 接触式：在现场安装巡更信息钮，采用巡更棒作巡更器，见图 8-42。巡更员携巡更棒按预先编制的巡重班次、时间间隔、路线巡视各巡更点，读取各巡更点信息，返回管理中心后将巡更棒采集到的数据下载至电脑中，进行整理分析，可显示巡更人员正常、早到、迟到、是否有漏检的情况。

（2）非接触式：在现场安装非接触式磁卡，采用便携式IC卡读卡器作为巡更器。巡更员持便携式IC卡读卡器，按预先编制的巡更班次、时间间隔、路线，读取各巡更点信息，返回管理中心后将读卡器采集到的数据下载至电脑中，进行整理分析，可显示巡更人员正常、早到、迟到、是否有漏检的情况。

现场巡更点安装的巡更钮、IC卡等应埋入非金属物内，周围无电磁干扰，安装应隐蔽安全，不易遭到破坏。

在离线式电子巡更系统的管理中心还配有管理计算机和巡更软件。

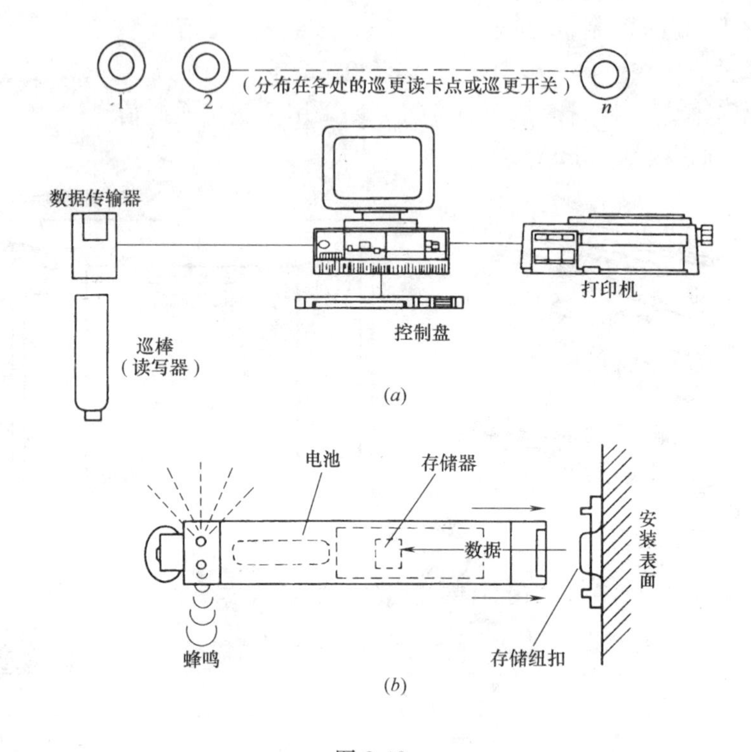

图 8-42

(a) 离线式电子巡更系统示意图；(b) 巡棒和信息纽扣

2. 在线式电子巡更系统（图 8-43）

在线式一般多以共用防侵入报警系统设备方式实现，可由防侵入报警系统中的警报接收与控制主机编程确定巡更路线。每条路线上有数量不等的巡更点。巡更点可以是门锁或读卡机，视作为一个防区。巡更人员在走到巡更点处，通过按钮、刷卡、开锁等手段，将以无声报警表示该防区巡更信号，从而将巡更人员到达每个巡更点时间、巡更点动作等信息记录到系统中，从而在中央控制室，通过查阅巡更记录就可以对巡更质量进行考核。

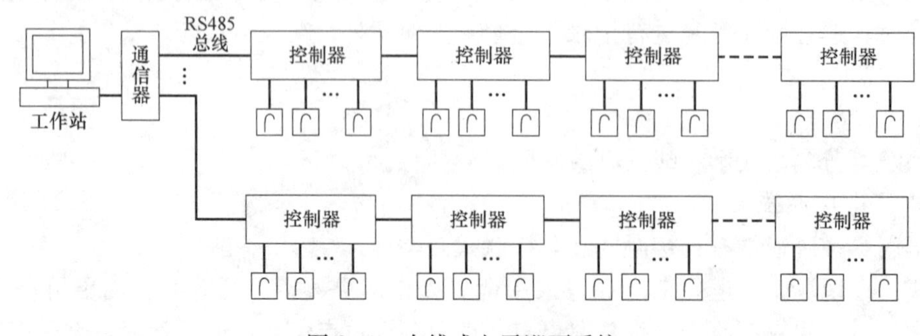

图 8-43　在线式电子巡更系统

在线式和离线式电子巡更系统的比较　　表 8-12

比较项目	离线式电子巡更系统	在线式电子巡更系统
系统结构	简单	较复杂
施工	简单	较复杂
系统扩充	方便	较困难
维护	一般无需维修	不需经常维修
投资	较低	较高
对巡更过程中意外事故的反应功能	无	可及时反应
对巡更员的监督功能	有	极强
对巡更员的保护功能	无	有

二、设计要求

1. 系统可独立设置，也可与出入口控制系统或入侵报警系统联合设置。

2. 系统应能编制保安人员巡查软件，在预先设定的巡查图中，用读卡器或其他方式，对巡查保安人员的行动、状态进行监督和记录。在线式巡查系统的保安人员在巡查发生意外情况时，可以及时向安防监控中心报警。

3. 系统设备选择与设置应满足下列要求：

(1) 对于新建的智能建筑，可根据实际情况选用在线式或离线式巡查系统；

(2) 对于住宅小区，宜选用离线式巡查系统；

(3) 对于已建的建筑物宜选用离线式巡查系统；

(4) 对实时性要求高的场所宜选用在线式巡查系统；

(5) 巡查点宜设置于楼梯口、楼梯间、电梯前室、门厅、走廊、拐弯处、地下停车场、重点保护房间附近及室外重点部位；

(6) 巡查点安装高度宜为底边距地 1.4m。

第六节　停车库管理系统

一、系统模式和组成

1. 工作模式

停车场（库）管理系统的组成取决于管理系统的工作模式，通常有以下几类：

(1) 半自动停车场（库）管理系统：由管理人员、控制器、自动道闸组成。由人工确认是否对车辆放行。

(2) 自动停车场（库）管理系统根据其功能的不同可分成：

a. 内部停车场（库）管理系统：面向固定停车户、长期停车户和储值停车户，或仅用于内部安全管理，它只具备车辆的出入管理、监视和记录等功能；

b. 收费停车场（库）管理系统：除对进出的车辆实现自动出入管理外，还增加了对临时停车户实行计时、收费管理。

在上述两种自动停车场（库）管理系统中，还可附加图像对比功能的管理：在车辆入口处记录车辆的图像（车型、颜色、车牌号），在车辆出场（库）时，对比图像资料，一致时放行。防止发生盗车事故。

2. 系统组成

停车场（库）管理系统通常由入口管理系统、出口管理系统和管理中心等部分组成，如图 8-44 所示。系统的基本部件是车辆探测器、读卡机、发卡（票）机、控制器、自动道闸、满位显示器、计/收费设备和管理计算机。

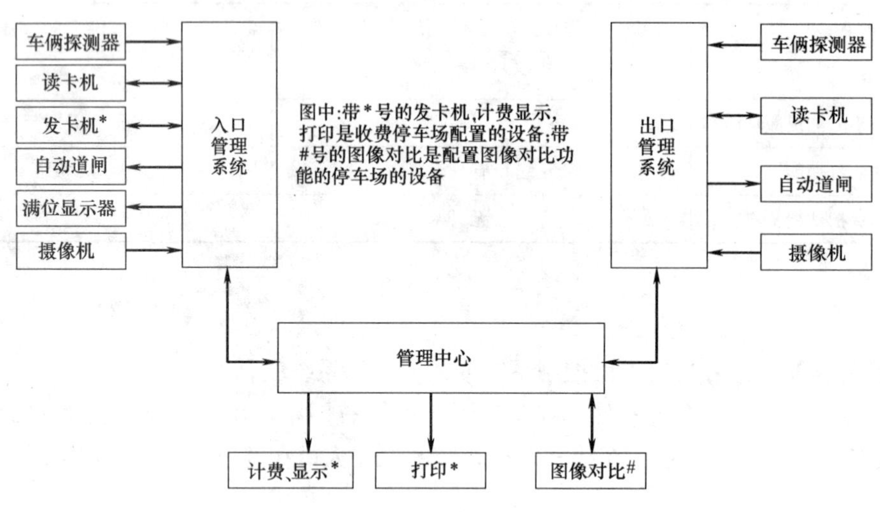

图 8-44　停车场（库）管理系统框图

（1）车辆探测器

车辆探测器是感应数字电路板，传感器都采用地感线圈，由多股铜芯绝缘软线按要求规格现场制作，线圈埋于栏杆前后地下 5cm～10cm，只要路面上有车辆经过，线圈产生感应电流传送给电路板，车辆探测器就会发出有车的信号。对车辆探测器的要求是灵敏度和抗干扰性能符合使用要求。

（2）读卡机

对出入口读卡机的要求与出入口控制（门禁）系统对读卡器的要求相同，要求对有效卡、无效卡的识别率高；“误识率”和“拒识率”低；对非接触式感应卡的读卡距离和灵敏度符合设计要求等。

（3）发卡（票）机

发卡（票）机是对临时停车户进场时发放的凭证。有感应卡、票券等多种形式，一般感应卡都回收复用。对收费停车场入口处的发卡（票）机的要求是吐卡（出票）功能正常；卡（票）上记录的进场信息（进场日期、时间）准确。

（4）通行卡

停车场（库）管理系统所采用的通行卡可分：ID 卡、接触式 IC 卡、非接触式 IC。非接触式 IC 卡还按其识别距离分成近距离（20mm 左右）、中距离（30mm～50mm 左右）和长距离（70mm 以上）等种。

（5）控制器

控制器是根据读卡机对有效卡的识别，符合放行条件时，控制自动道闸抬起放行车辆。对控制器的要求是性能稳定可靠，可单独运行，可手动控制，可由管理中心指令控制，可接受其他系统的联动信号，响应时间符合要求等。

（6）自动道闸

自动道闸对车辆的出入起阻挡作用。自动道闸一般长 3m～4m（根据车道宽度选择），通常有直臂和曲臂两种形式，前者用于停车场出入口高度较高的场合，后者用于停车场出入口高度较低，影响自动道闸的抬杆。其动作由控制器控制，允许车辆放行时抬杆，车辆通过后落杆。对自动道闸的要求是升降功能准确；具有防砸车功能。防砸车功能是指在栏杆下停有车辆时，栏杆不能下落，以免损坏车辆。

（7）满位显示器

满位显示器是设在停车场入门的指示屏，告知停车场是否还有空车位。它由管理中心管理。对满位显示器的要求是显示的数据与具体情况相符。

二、车辆出入的检测与控制系统的安装

（一）车辆出入检测方式

车辆出入检测与控制系统如图 8-45 所示。为了检测出入车库的车辆，目前有两种典型的检测方式：红外线方式和环形线圈方式，如图 8-46 所示。

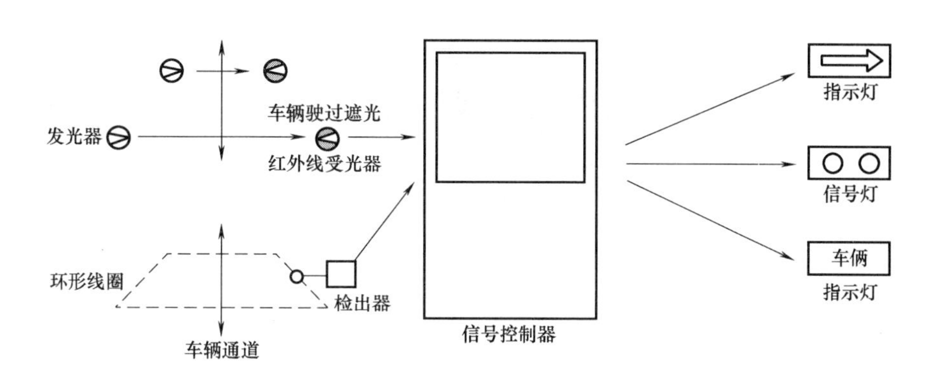

图 8-45　车辆出入检测与控制系统

1. 红外线检测方式

如图 8-46（*a*）所示，在水平方向上相对设置红外收、发装置，当车辆通过时，红外光线被遮断，接收端即发出检测信号。图中一组检测器使用两套收发装置，是为了区分通过是人还是汽车。而采用两组检测器是利用两组的遮光顺序，来同时检测车辆行进方向。

安装时如图 8-47 所示，除了收、发装置相互对准外，还应注意接收装置（受光器）不可让太阳光线直射到。此外，还有一种将受光器改为反射器的收发器＋反射器的方式。

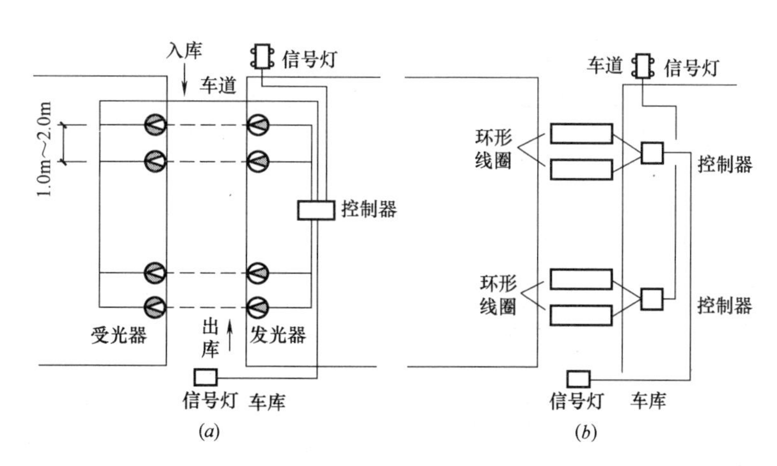

图 8-46　检测出入车辆的两种方式

（*a*）红外光电方式；（*b*）环形线圈方式

2. 环形线圈检测方式

如图 8-46（*b*）所示，使用电缆或绝缘电线做成环形，埋在车路地下，当车辆（金属）驶过时，其金属体使线圈发生短路效应而形成检测信号。所以，线圈埋入车路时，应特别注意有否碰触周围金属。环形线圈周围 0.5m 平面范围内不可有其他金属物。环形线圈的施工可参见图 8-48。

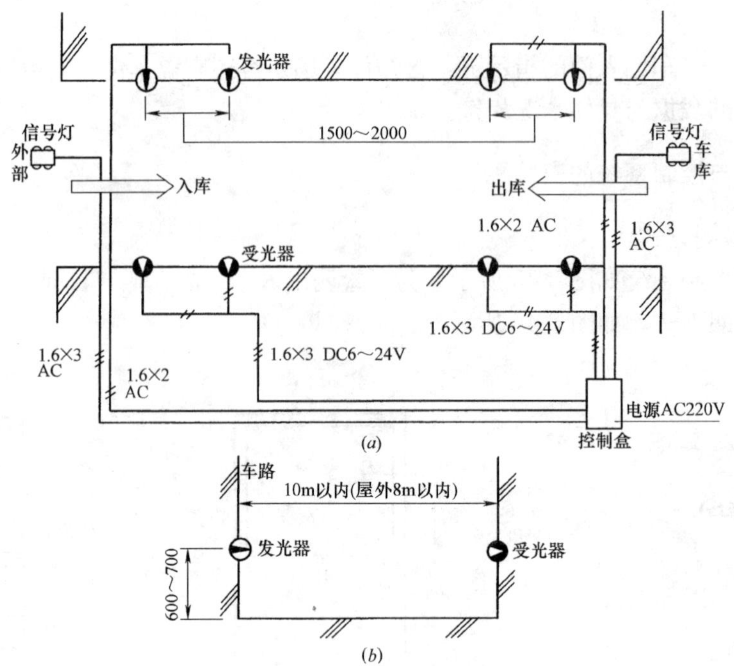

(*a*)

(*b*)

图 8-47　红外光电检测的施工

(*a*) 设备配置平面图；(*b*) 设备配置侧面图

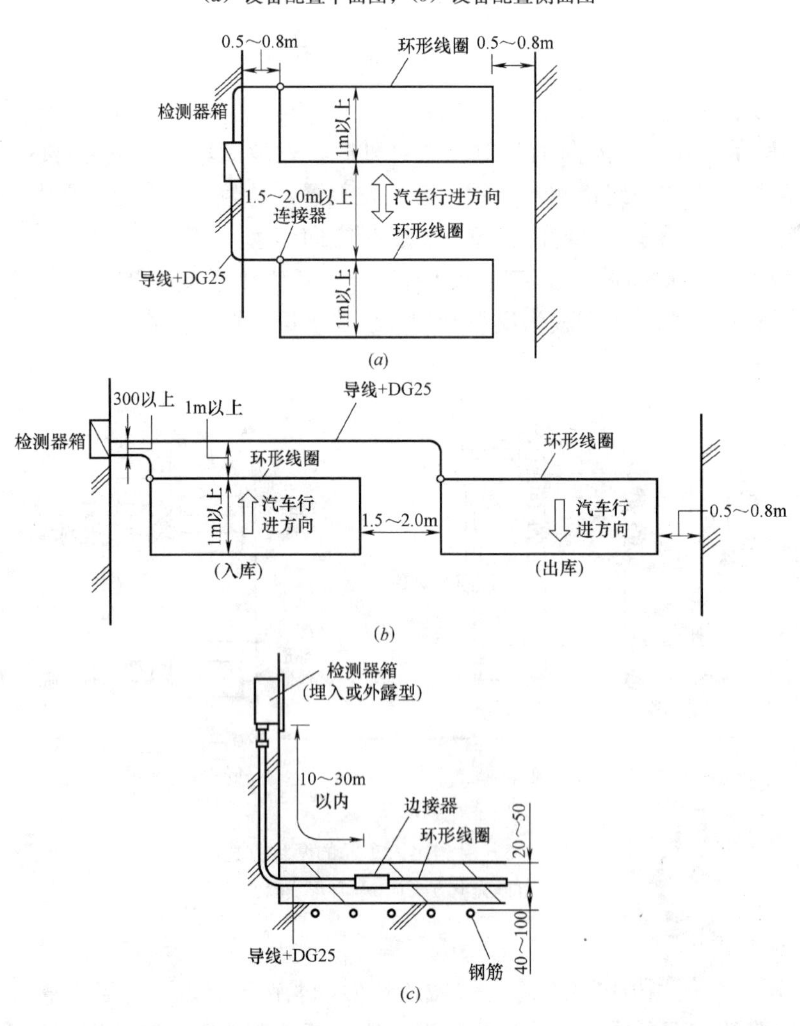

(*a*)

(*b*)

(*c*)

图 8-48　环形线圈的施工

(*a*) 平面图（出入库单车道）；(*b*) 平面图（出入库双车道）；(*c*) 剖面图

（二）信号灯控制系统的设计

停车库管理系统的一个重要用途是检测车辆的进出。但是车库有各种各样，有的进出为同一口同车道，有的为同一口不同车道，有的不同出口。进出同口的，如引车道足够长则可进出各计一次；如引车道较短，又不用环形线圈式，则只能检"出"或"进"通常只管（检测并统计）"出"。

信号灯（或红绿灯）控制系统，根据前述两种车辆检测方式和三种不同进出口形式，可有如下几种配置的设计：

（1）环形线圈检测方式。出入不同口：如图 8-49（*a*）所示，通过环形线圈 L1 使灯 S1 动作（绿灯），表示"进"；通过线圈 L2 使灯 S2 动作（绿灯）。

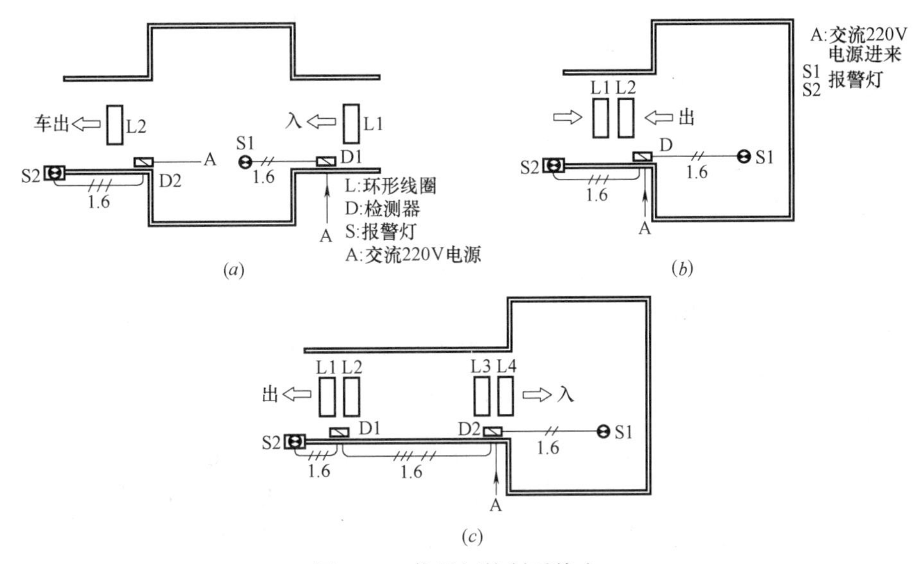

图 8-49　信号灯控制系统之一

（*a*）出入不同口时以环形线圈管理车辆进出；（*b*）出入同口时以环形线圈管理车辆进出；
（*c*）出入同口而车道长时以环形线圈管理车辆进出

（2）环形线圈检测方式。出入同口且车道较短：如图 8-49（*b*）所示，通过环形线圈 L1 先于 12 动作而使灯 S1 动作，表示"进车"；通过线圈 L2 先于 L1 而使灯 S2 动作，表示"出车"。

（3）环形线圈检测方式。出入同口且车道较长：如图 8-49（*c*）所示在引车道上设置四个环形线圈 L1～L4。当 L1 先于 L2 动作时，检测控制器 D1 动作并点亮 S1 灯，显示"进车"；反之，当 L4 先于 L3 动作时，检测控制器 D2 动作并点亮 S2 灯，显示"出车"。

（4）红外线检测方式。出入不同口：如图 8-50（*a*）所示，车进来时，D1 动作并点亮 S1 灯；车出去时，D2 动作并点亮 S2 灯。

（5）红外线检测方式。出入同口且车道较短：如图 8-50（*b*）所示，通过红外线检测器辨识车向，核对"出"的方向无误时，才点亮 S 灯而显示"出车"。

（6）红外线检测方式。出入同口且车道较长：如图 8-50（*c*）所示，车进来时，D1 检测方向无误时就点亮 S1 灯，显示"进车"；车出去时 D2 检测方向无误时就点亮 S2 灯并显示"出车"。

以上叙述的环形线圈和红外线两种检测方式各有所长，但从检测的准确性来说，环形线圈方式更为人们所采用，尤其对于与计费系统相结合的场合，大多采用环形线圈方式。不过，还应注意的是：

（1）信号灯与环形线圈或红外装置的距离至少在 5m 以上，最好有 10～15m。

（2）在积雪地区，若车道下设有解雪电热器，则不可使用环形线圈方式；对于车道两侧没有墙壁时，虽可竖杆来安装红外收发装置，但不美观，此时宜用环形线圈方式。

三、车辆显示系统的安装设计

有些停车库在无停车位置时才显示"车辆"灯，考虑比较周到的停车库管理方式则是一个区车辆就

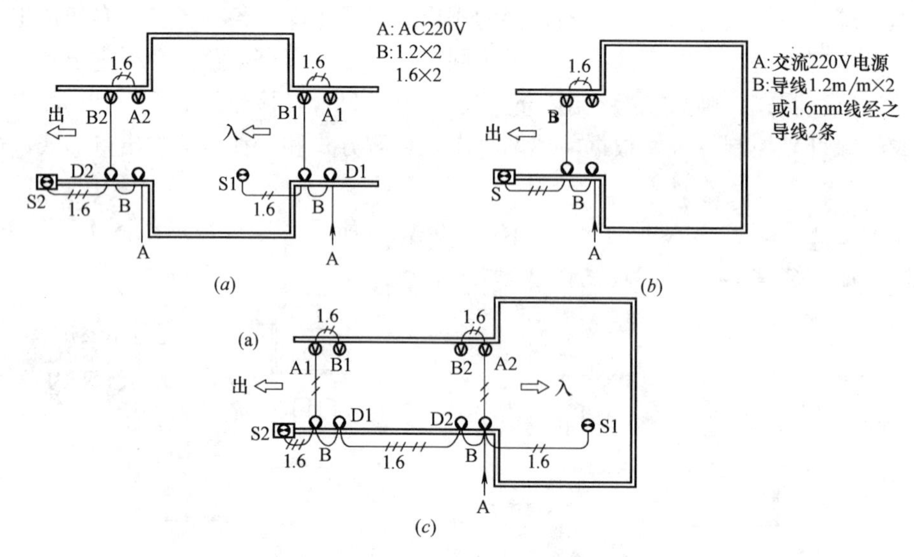

图 8-50　信号灯控制系统之二

(*a*) 出入不同口时以光电眼管理车辆进出；(*b*) 出入同口时以光电眼管理车辆进出；

(*c*) 出入同口而车道长时以光电眼管理车辆进出

打出那一区车辆的显示。例如，“地下一层已占满”、“请开往第 3 区停放”等指示。不管怎样，车满显示系统的原理不外乎两种：一是按车辆数计数；二是按车位上检测车辆是否存在。

按车辆计数的方式，是利用车道上的检测器来加减进出的车辆数（即利用信号灯系统的检测信号），或是通过入口开票处和出口付款处的进出车库信号而加减车辆数。当计数达到某一设定值时，就自动地显示车位已占满，“车辆”灯亮。

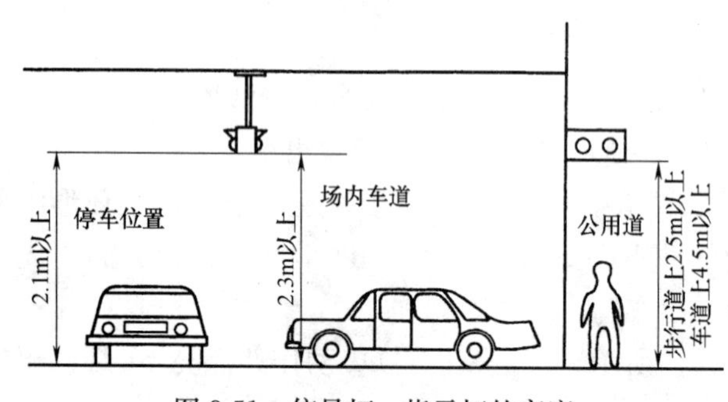

图 8-51　信号灯、指示灯的高度

按检测车位车辆与否的方式，是在每个车位设置探测器。探测器的探测原理有光反射法和超声波反射法两种，由于超声波探测器便于维护，故常用。

关于停车库管理系统的信号灯、指示灯的安装高度如图 8-51 所示。

四、工程举例

（一）采用环形线圈检测方式的示例

1. 系统构成

如图 8-52 所示，它由出票验票机、闸门机、收费机、环形线圈感应器等组成。汽车入库时，在检测到有效月票或按压取票后，闸门机上升开启；当汽车离开复位线圈感应器时闸门机自动放下关闭。出库部分可采用人工收费或设置验票机（或读卡机），检测到有效月票后，闸门机自动上升开启，当汽车驶离复位线圈感应器后闸门机自动放下关闭。图中收费亭一般设在出库那侧（即图中面朝出口），收费亭各设备的设置如图中的左上方所示。

图中 PRC-90E 型收费机（收费控制器）面板上有四组不可复位装置：车道（进出）总计数，（时租）交易总计数，月租总计数，可选的自由进出总计数；并有指示灯显示收费系统状态。当车辆驶进出口，停车收费亭旁，收费机指示灯亮，收费机并向主收费机传送信息，司机出示原据，收银员利用收费机自动计费，并同时显示给收银员和司机。收费后收费机发出信号启动闸门机开闸。汽车驶离复位线圈感应器，收费机指示灯灭，闸门自动关闭，并使车道总计数加一次。

图 8-53 是某交易所的停车库自动管理系统及流程示意图。

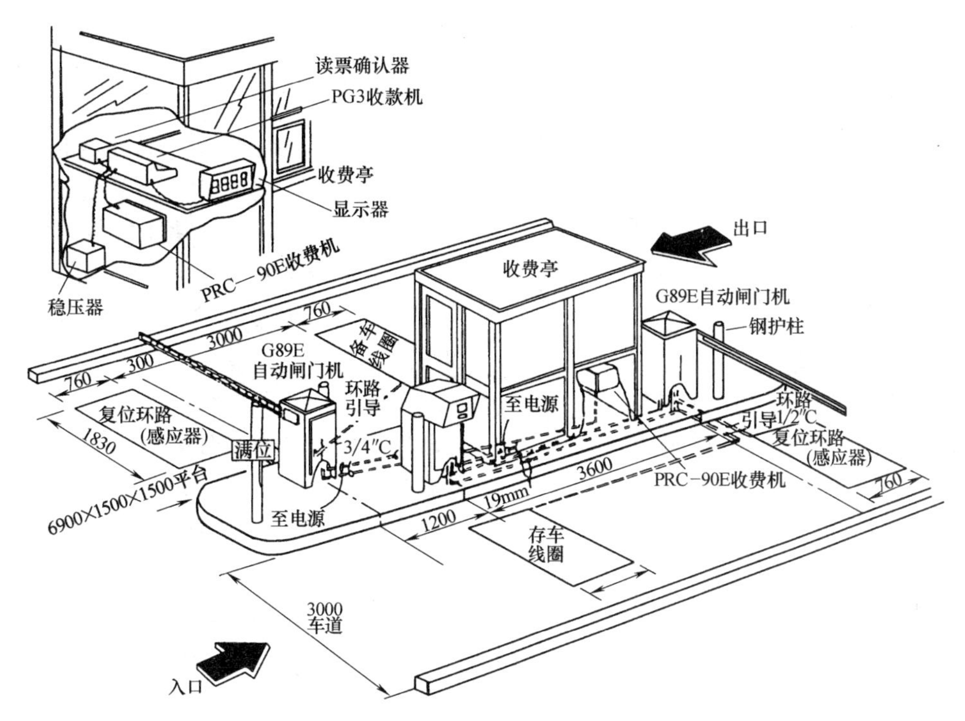

图 8-52 时租、月租出口管理型

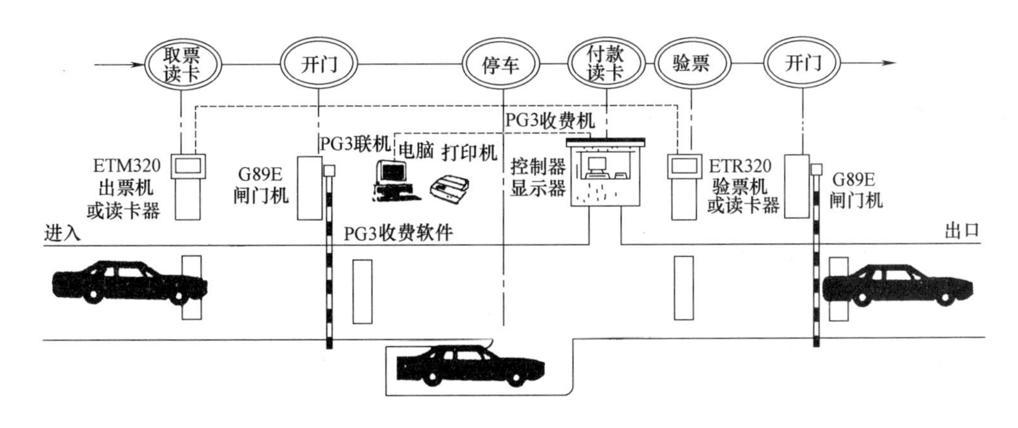

图 8-53 某停车库自动管理系统示意图

2. 车道设备布置设计

本停车库为两进两出车道，其设备布置设计如图 8-54 所示。图中每个环形线圈的沟槽的宽×深为 40mm×40mm。

供给出入口每个安装岛的电源容量为 AC220V/20A，并带独立断路器（空气开关）。每个收费亭要求提供 2 只 15A/220V 三眼插座。所有线路不得与感应线圈相交，并与线圈的距离至少为 60mm。出口处的备车线圈应埋在收费窗前。装在入口处的满位指示灯和警灯为落地式安装，安装高度不超过 2.1m。

（二）采用红外光电检测方式的示例

本工程在地下 2 层和地下 3 层设有停车库，能停放几百辆汽车。根据要求，选择了一种引进视频处理技术的车库管理系统，用现代多媒体技术对视频影像进行存储、加载智能码、调用、对比及识别，使得进出的车辆同时处于该系统电脑的监控之下，与传统的系统只认车辆出入票证就放行相比，要先进、安全、可靠得多。该系统采用多媒体中央控制技术，车库的出入口显示、引导以及收费均可纳入自动运

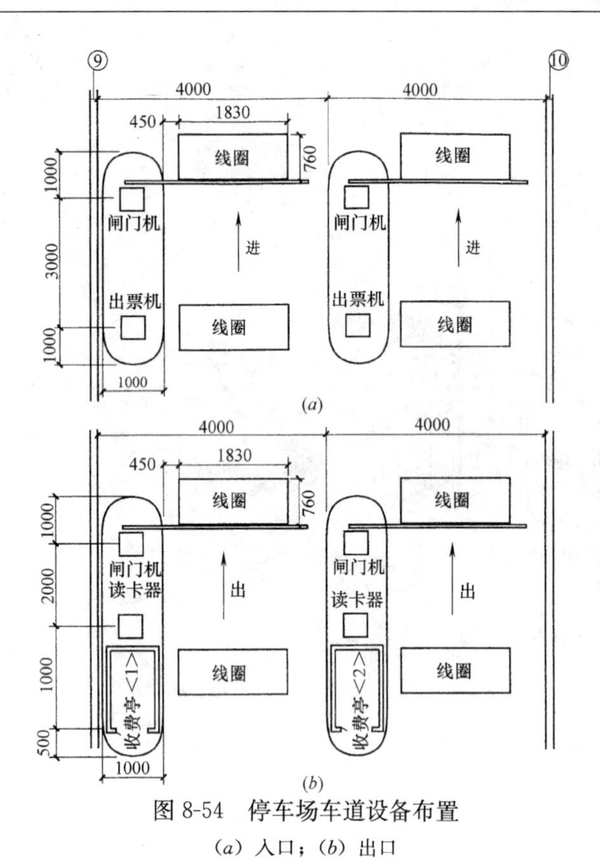

图 8-54　停车场车道设备布置
(a) 入口；(b) 出口

作、人工监督的方式。该系统采用电脑自动收费系统，从车辆的定位感应开始，从入库的出卡、读卡开始计时，一直到车辆出库的读卡结束，彻底解决了人工收费可能出现的错、乱问题。该系统对用户操作均采用汉字显示与语音播放相结合的提示方式，必要时用户可通过对讲系统和值班工作人员通话，以寻求帮助。因此，不会因为用户不了解系统的操作或误操作而导致不方便或延误进入车库。该车库停车场入口和出口管理系统如图 8-55 所示。

图中红外发射器和红外反射器均为一一对应，为避免因为人员通过时遮挡红外线反射而误计数，采取两个红外发射器和两个红外反射器为一组，只有同时遮挡这两个红外发射器发出的红外线，才视为车辆通过。因此，在一组中，两个红外发射器的间距一般在 2.5～3m 左右，高度在 0.5m 左右。图中最左边的一组红外发射（反射）器引至别处（在平面图中有表示），其目的是告知司机，在哪层停车场还有空位。入口和出口的平面布置见图 8-56 和图 8-57。

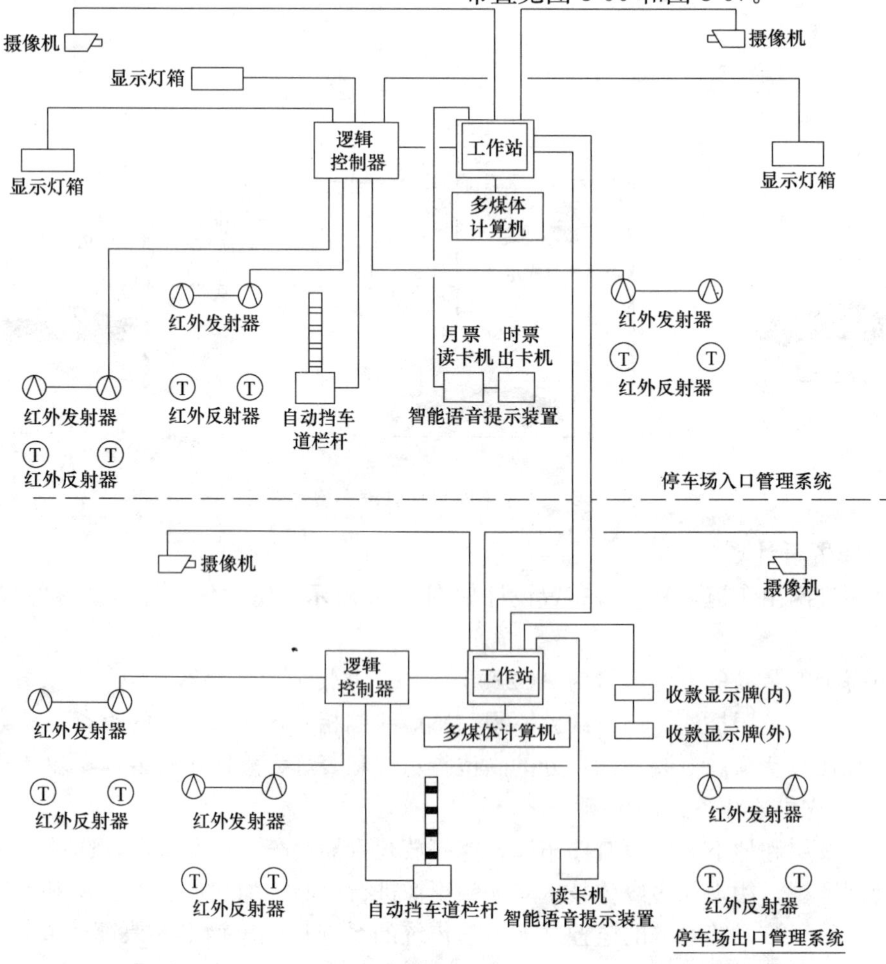

图 8-55　停车场管理系统

车辆在进入车库时，在挡杆前停顿取票或刷卡，车辆将一组红外发射器遮挡，两台摄像机同时摄下进场车辆前后两帧图像。图像主要摄下的是车辆的牌号及车辆的特征，如车型、颜色等，并将此图像储存在计算机上。计算机同时将该车司机出票或刷卡的号码一并输入计算机，将这些图像和数据统一作为该车的识别标志。入口处计算机与出口处计算机相连，当该车要出库时，出口处的两台摄像机同时摄下该车前后两帧图像，再根据有效的凭证，从入口处计算机将该车的图像调来，四帧图像进行比较，确认无误后则放行。至于收款，在出口处值班室内外均有提示牌，司机将停车凭证输入后，计算机立即算出该交费用，并在值班室内外设提示牌。收费结束后，挡车道栏杆升起，车辆放行。

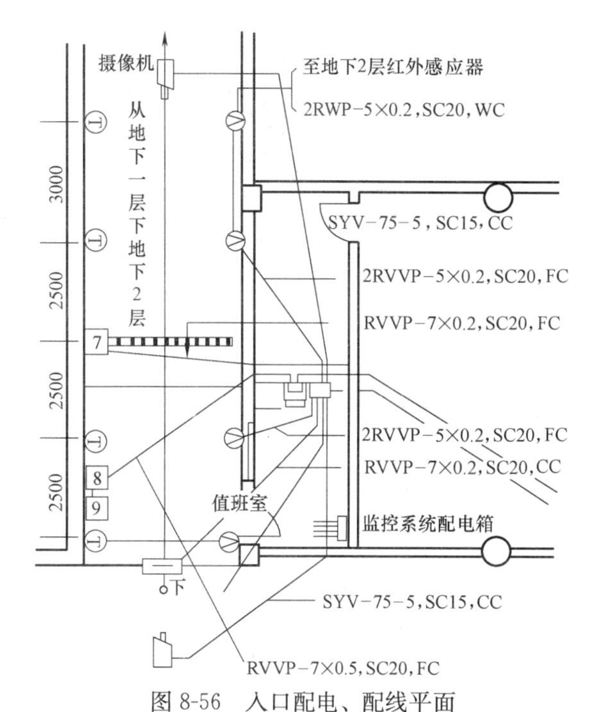

图 8-56　入口配电、配线平面

图中：⑦—自动挡车道栏杆；⑧—月票读卡机；⑨—时票出卡机；Ⓐ—红外发射器；Ⓣ—红外反射器。

车库的配电线路均采用 ZRDV 型导线，其原因是由于该工程为超高层建筑，而停车库是在主体建筑的地下 2 层和地下 3 层。若为一般高层建筑，则可采用一般的 BV 线。

此种系统较好地解决了车辆被盗的问题。此系统也可以将入口处和出口处的信息图像等传送到保安监控中心，使中心能实时监视车库出入口的情况，再配以停车场内的闭路监视摄像机，则整个停车库全方位地在保安监视的范围内，提高了停车的安全性。

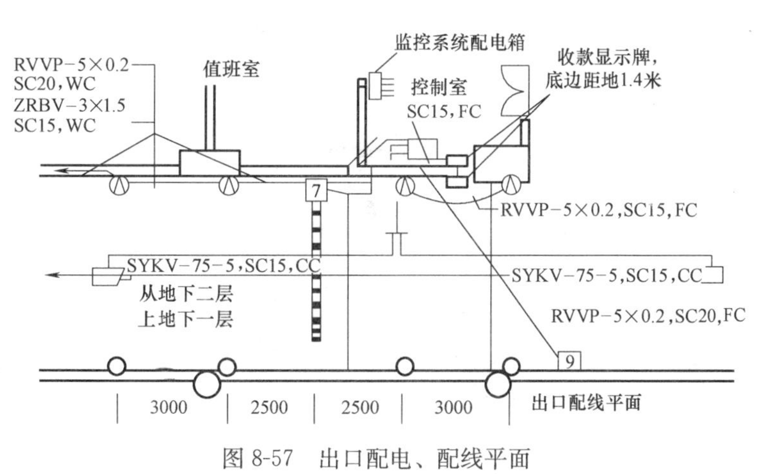

图 8-57　出口配电、配线平面

第九章　火灾自动报警系统

第一节　火灾报警和灭火系统的设计内容

参见表 9-1～表 9-5。

火灾报警与灭火系统的设计内容　　表 9-1

设备名称	内　容
报警设备	火灾报警器(探测器、报警器),火灾自动报警控制器,紧急报警设备(电铃、警笛、声光报警、紧急电话、紧急广播)
自动灭火设备	洒水喷头、泡沫、粉末、二氧化碳、卤化物灭火设备
手动灭火设备	消火器(泡沫粉末)、室内外消防栓
防火排烟设备	探测器、控制盘、自动开闭装置、防火卷帘门、防火门、排烟口、排烟机、空调设备(停)
通讯设备	应急通讯机、一般电话、对讲电话、手机等
避难设备	应急照明装置、引导灯、引导标志牌、应急口、避难楼梯等
有关设施	洒水送水设备、应急插座、消防水池、应急电梯、电气设备监视、闭路监控电视、电梯运行监视、一般照明等

设计项目与电气专业配合的内容　　表 9-2

序号	设计项目	电气专业配合措施
1	建筑物高度	确定电气防火设计范围
2	建筑防火分类	确定电气消防设计内容和供电方案
3	防火分区	确定区域报警范围、选用探测器种类
4	防烟分区	确定防排烟系统控制方案
5	建筑物室内用途	确定探测器形式类别和安装位置
6	构造耐火极限	确定各电气设备设置部位
7	室内装修	选择探测器形式类别、安装方法
8	家具	确定保护方式、采用探测器类型
9	屋架	确定屋架探测方法和灭火方式
10	疏散时间	确定紧急和疏散标志、事故照明时间
11	疏散路线	确定事故照明位置和疏散通路方向
12	疏散出口	确定标志灯位置指示出口方向
13	疏散楼梯	确定标志灯位置指示出口方向
14	排烟风机	确定控制系统与联锁装置
15	排烟口	确定排烟风机联锁系统
16	排烟阀门	确定排烟风机联锁系统
17	防火烟卷帘门	确定探测器连动方式
18	电动安全门	确定探测器连动方式
19	送回风口	确定探测器位置
20	空调系统	确定有关设备的运行显示及控制
21	消火栓	确定人工报警方式与消防泵联锁控制
22	喷淋灭火系统	确定动作显示方式
23	气体灭火系统	确定人工报警方式、安全启动和运行显示方式
24	消防水泵	确定供电方式及控制系统
25	水箱	确定报警及控制方式
26	电梯机房及电梯井	确定供电方式、探测器的安装位置
27	竖井	确定使用性质、采取隔离火源的各种措施必要时放置探测器
28	垃圾道	设置探测器
29	管道竖井	根据井的结构及性质,采取隔断火源的各种措施,必要时设置探测器
30	水平运输带	穿越不同防火区,采取封闭措施

电气消防设计与建筑的配合　　**表 9-3**

序号	名称	内　　容
1	消防控制室	在具有报警、防排烟和灭火系统时设置，仅此其中一、二项时设置值班室
		地面为活动木地板，宜设在首层出入方便处
		门应向疏散方向开启，并应在入口处设置明显的标志
		盘前操作距离，单列布置≥1.5m，双列布置≥2m。值班人员经常工作一面盘距墙≥3m。控制盘排列长度>4m 时，盘两端应设宽度≥1m 的通道
		需设置火灾信号接收盘、事故扩音机盘、防排烟控制盘，消防设备控制盘，监视盘，继电器盘和设备电源盘，视其系统规模确定使用面积
		与值班室、消防水泵房、空调机房、卤代烷管网灭火系统应急操作处，设固定对讲电话
2	建筑物高度	指从室外地坪至女儿墙高度<50m 不做报警系统。>50m 应做报警系统，于规定房间(电梯机房、配电室、空调机房)内设置探测器。特殊工程按建筑防火等级而定
		>50m 按一类建筑做消防设计 <50m 按二类建筑做消防设计
3	报警区域	应按防火分区或楼层划分，可将 1 个防火分区划分为 1 个报警区域，又可将同层几个防火分区划分为 1 个报警区域，但不得跨越楼层
		每个防火分区至少设置 1 个手动报警器，区内任何位置到就近 1 个报警器距离<30m，距地 1.5m 安装
		不同防火分区的路线不宜穿入同 1 根管内
4	探测区域	单独划分者，敞开或封闭楼梯间、防烟楼梯间前室、电梯前室、走廊、电梯井道顶部、电梯机房、疏散楼梯夹层
		按独立房间规定，1 个探测区域面积≤500m²。但从入口能看清内部时，则≤1000m²
		对于非重点建筑，相邻 5 间房为 1 个探测区域，其面积≤400m²。若 10 个房间时≤1000m²
5	探测器	探测区域内的每个房间至少设置 1 只探测器，特殊工程视建筑防火等级决定
		疏散楼梯 3 层设置 1 个，装于休息板上
		电梯井设置时，于井道上方的机房顶棚上
		周围 0.5m 内不应有遮挡物
		在宽度<3m 的内走道顶棚上居中布置，感烟(温)探测器间距≤1.5m，至端墙间距≤规定距离之半
6	区域报警控制器	设在有人值班的房间或场所
		1 个报警区域设置 1 台，系统中≤3 台
		仅用 1 台警戒数个楼层时，在每层楼梯口设楼层灯光显示装置
		墙上安装时，底边距地≥1.5m。靠近门轴的侧面距离≥0.5m，正面操作距离≥1.2m
7	集中报警控制器	设在有人值班的专用房间或消防值班室内
		设 1 台可配以 2 台以上区域报警控制器
		与后墙距离≥1m。一侧靠墙时另一侧距离≥1m
		正面操作距离、单列布置≥1.5m、双列布置≥2m、值班人员经常工作一面盘距墙≥3m
8	顶板布置	探测器、喷洒头、水流阀、风口、灯具、扬声器与之统一协调
		检查顶板垫层厚度是否提供消防管线暗敷的条件
9	应急照明	双路电源送至走廊灯和大厅内局部设置的顶灯，灯型尽量与之相一致。互投电源盘设置以 6kW 为界限
		消防控制室、柴油发电机房、变配电室、通讯、空调、排烟机房等室内照度≥5lx
10	疏散指示标志	出入口上方预留暗装标志灯条件，走廊距地 0.5m 处设标有方向指示的疏散灯，灯间距<20m，视工程性质确定双路电源或应急灯
		疏散走廊及其交叉口、拐弯处、安全出口处安装
11	事故广播	共同磋商扬声器位置，确定事故广播与背景音乐是同置于消防控制室，还是单设广播室
		装于走廊、大厅等处，应保证本楼任何部位到最近扬声器距离≤25m，扬声器功率≥3W
		床头控制柜内设置扬声器时，应有火灾事故广播功能
		火灾确认后、启动本层和上下两层的事故广播，但首层，着火除启动 1、2 层外，还需启动地下各层

续表

序号	名称	内　容
12	电梯	索取电梯订货图，确定设备容量和选择恰当的电源盘位置
		向电梯送双回路电源，于末端互投
		火灾确认后，发出控制信号，强制普通电梯全部停于首层启动消防电梯，并接受其反馈信号
13	防火卷帘门	向各樘门上电动机送消防电源于吊顶内，其自带操作盘于墙的两面暗装。火灾确认后关闭，并接受其返回信号
		控制在入口处，探测器设置在一面，而防火分区的卷帘门则两侧设探测器
		有小门一次动作，无小门分两次落下
14	电动防火门	向各樘门上送消防电源至顶板或墙上的磁力闭门器，火灾确认失压后返回信号
15	线路敷设	消防控制、通讯和警报线路穿金属管暗敷于非燃烧体结构内，保护层厚度≥30mm
16	手动报警器	安装在消火栓附近的墙面距地 1.5m 处，之间步行距离≤0.5m

电气消防设计与结构的配合　　表 9-4

序号	名称	内　容
1	梁的高度	＞0.5m 时，需在梁的两侧安装探测器
		在梁上安装一般探测器时，与顶板距离应≤0.5m、安装瓦斯探测器时则应≤0.3m
		探测器距墙、梁边的水平距离≥0.5m
		梁高＞0.5m 时，瓦斯探测器应装在有煤气灶一侧顶板上
2	梁至顶棚间距	决定消防管线暗敷于吊顶内的条件
		对安装探测器有密切关系
3	梁突出顶棚的高度	＜200mm 的顶棚上设置探测器，可不考虑梁对探测器保护面积的影响
		在 200～600mm 时，按照保护面积设置
		＞600mm 时，被梁隔断的每个梁间区域至少设置 1 只探测器
4	梁间距	＜1m 时可视为平顶棚
5	穿梁	预制梁时，上下消防立管要求建筑墙往一侧砌
6	房间高度极限	梁高限度 220mm 时，3 级感温探测器为 4m
		梁高限度 225mm 时，2 级感温探测器为 6m
		梁高限度 275mm 时，1 级感温探测器为 8m
		梁高限度 375mm 时，感烟探测器为 12m
7	弱电竖井	较复杂工程，区域报警器间的线路经竖井内通过时，井位关系需选择适当
8	墙面留洞	提交防火卷帘门控制盘两面墙留洞部位及标高
		提交应急照明盘墙面留洞部位及标高

电气消防设计与设备的配合　　表 9-5

序号	名称	内　容
1	探测器	安装在回风口附近时，距进风口水平距离≥1.5m
		湿式自动喷水灭火系统：温度达 68℃时→喷头玻璃泡破→闭式喷头喷水→水流指示器报警指示某个区域着火→与此同时管内压力降低→报警阀开启→侧水流使压力开关动作→启动喷淋泵→并向消防控制室返回启泵和报警阀、闸阀开启信号。本系统的厨房、车库等处可酌情不设感温探测器
		干式自动喷水灭火系统：温度达 68℃时→喷头玻璃泡破→闭式喷头放气（事先由压缩机向报警阀以上干管充气）→气压降低膜片推开报警阀→水流指示器，指示某个区域着火→与此同时侧水流使压力开关动作→启动喷淋泵→并向消防控制室返回启泵和报警阀、闸阀开启信号。本系统的厨房、车库等处可酌情不设感温探测器

续表

序号	名称	内　　容
2	探测器	预作用自动喷水灭火系统：温度达65℃时→感温探测器报警→操作释压阀→泄水后预作用报警阀开启→管道充水的同时侧水流使压力开关动作→启动喷淋泵→温度达68℃时→喷头玻璃泡破裂而喷水
		雨淋水幕自动喷水灭火系统：温度达65℃时→感温探测器报警→操作释压阀→泄水后雨淋报警阀开启水充上去，开式喷头大量喷水→与此同时，侧水流使压力开关动作→启动喷淋泵
3	手动报警器	一般和消火栓按钮成双成对安装，手动给信号，消防控制室启泵
4	排烟风机	送双路电源，在火灾报警、开启排烟口后，启动排烟风机并接受其返回信号
5	排烟阀	平时关闭，火灾时接受自动发来的或远距离操纵系统输入的电气信号，阀门开启（微动开关常开接点闭合）→向消防控制室输出信号
6	正压送风机	送双路电源，火灾报警后开启有关排烟阀，联动启动有关部位的正压送风机并接受其返回信号
7	空调	送单路电源，火灾报警后停止空调系统
		或用分励脱扣方式停掉空调机组的总电源
		或用失压脱扣方式停掉空调机组的控制电源
8	消火栓灭火系统	着火时，按下消火栓按钮，获得启动指令，并返回启泵按钮位置和消防泵工作、故障状态信号
		无消防控制室，有手动报警器，消防泵气压罐控制需有此线路，并返回启泵按钮位置和消防泵工作、故障状态信号
		有消防控制室，虽有手动报警器，但消防泵非气压罐控制仍需有此线路，并返回启泵按钮位置和消防泵工作、故障状态信号
		有消防控制室和手动报警器，消防泵为气压罐控制，不做此线路。仅返回消防泵工作、故障状态信号即可
9	自动喷水灭火系统	向消防泵、喷淋泵送双路电源，报警、泄水致使报警阀、闸阀开启后，侧水流让压力开关动作而启动消防泵或喷淋泵，并向消防控制室返回工作、故障状态信号
10	水流指示器	水系统灭火中指示某个区域着火的信号显示
11	泡沫干粉灭火	控制系统的启、停显示系统的工作状态
12	卤代烷 CO_2 灭火系统	控制系统的紧急启动、切断装置
		由两个探测器（感烟和感温或离子和光电）联动的控制设备，具有30s可调的延时装置
		显示手动、自动工作状态
		具有报警、喷射各阶段的声、光报警信号和切除装置
		延时阶段具有自动关闭防火门、窗，停止空调系统的功能

第二节　火灾自动报警系统的构成与保护对象

一、火灾自动报警系统的组成

火灾自动报警系统主要由火灾探测装置、火灾报警控制器以及信号传输线路等组成。更仔细地分，火灾自动报警系统的构成如下：

（1）报警控制系统主机；

（2）操作终端和显示终端；

（3）打印设备（自动记录报警、故障及各相关消防设备的动作状态）；

(4) 彩色图形显示终端；
(5) 带备用蓄电池的电源装置；
(6) 火灾探测器；
(7) 手动报警器（破玻璃按钮、人工报警）；
(8) 消防广播；
(9) 疏散警铃；
(10) 输入、输出监控模块或中继器（用于监控所有消防关联的设施）；
(11) 消防专用通信电话；
(12) 区域报警装置（区域火灾显示装置）；
(13) 其他有关设施。

二、火灾自动报警与联动设置要求

1. 应设置火灾自动报警与联动控制系统的多层及单层建筑如表 9-6 所列。

应设置火灾联动系统的多层及单层建筑　　表 9-6

序号	低层建筑类型
1	9 层及 9 层以下的设有空气调节系统，建筑装修标准高的住宅
2	建筑高度不超过 24m 的单层及多层公共建筑
3	单层主体建筑高度超过 24m 的体育馆、会堂、影剧院等公共建筑
4	设有机械排烟的公共建筑
5	除敞开式汽车库以外的Ⅰ类汽车库，高层汽车库、机械式立体汽车库、复式汽车库，采用升降梯做汽车疏散口的汽车库

2. 应设置火灾自动报警与联动控制系统的高层建筑如表 9-7 所列。

应设置火灾联动系统的高层建筑　　表 9-7

序号	高层建筑类型
1	有消防联动控制要求的一、二类高层住宅的公共场所
2	建筑高度超过 24m 的其他高层民用建筑，以及与其相连建筑高度不超过 24m 的裙房
3	建筑高度超过 250m 的民用建筑的火灾自动报警与联动控制的设计，应提交国家消防主管部门组织专题研究、论证

3. 应设置火灾自动报警与联动控制系统的地下民用建筑如表 9-8 所列。

应设置火灾联动系统的地下民用建筑　　表 9-8

序号	地下民用建筑类型
1	铁道、车站、汽车库（Ⅰ类、Ⅱ类）
2	影剧院、礼堂
3	商场、医院、旅馆、展览厅、歌舞娱乐放映游艺场所
4	重要的实验室、图书库、资料库、档案库

三、火灾自动报警系统保护对象分级

1. 民用建筑火灾自动报警系统保护对象分级，应根据其使用性质、火灾危险性、疏散和扑救难度等综合确定，分为特级、一级、二级。火灾自动报警系统保护对象分级详见表 9-9。

火灾自动报警系统保护对象分级（GB 50116—1998）　　**表 9-9**

等级	保护对象	
特级	建筑高度超过 100m 的高层民用建筑	
一级	建筑高度不超过 100m 的高层民用建筑	一类建筑
	建筑高度不超过 24m 的民用建筑及建筑高度超过 24m 的单层公共建筑	(1)200 床及以上的病房楼，每层建筑面积 1000m² 及以上的门诊楼 (2)每层建筑面积超过 3000m² 的百货楼、商场、展览楼、高级旅馆、财贸金融楼、电信楼、高级办公楼 (3)藏书超过 100 万册的图书馆、书库 (4)超过 3000 座位的体育馆 (5)重要的科研楼、资料档案楼 (6)省级（含计划单列市）的邮政楼、广播电视楼、电力调度楼、防灾指挥调度楼 (7)重点文物保护场所 (8)大型以上的影剧院、会堂、礼堂
	工业建筑	(1)甲、乙类生产厂房 (2)甲、乙类物品库房 (3)占地面积或总建筑面积超过 1000m² 的丙类物品库房 (4)总建筑面积超过 1000m² 的地下丙、丁类生产车间及物品库房
	地下民用建筑	(1)地下铁道、车站 (2)地下电影院、礼堂 (3)使用面积超过 1000m² 的地下商场、医院、旅馆、展览厅及其他商业或公共活动场所 (4)重要的实验室，图书、资料、档案库
二级	建筑高度不超过 100m 的高层民用建筑	二类建筑
	建筑高度不超过 24m 的民用建筑	(1)设有空气调节系统的或每层建筑面积超过 2000m²、但不超过 3000m² 的商业楼、财贸金融楼、电信楼、展览楼、旅馆、办公楼，车站、海河客运站、航空港等公共建筑及其他商业或公共活动场所 (2)市、县级的邮政楼、广播电视楼、电力调度楼、防灾指挥调度楼 (3)中型以下的影剧院 (4)高级住宅 (5)图书馆、书库、档案楼
	工业建筑	(1)丙类生产厂房 (2)建筑面积大于 50m²，但不超过 1000m² 的丙类物品库房 (3)总建筑面积大于 50m²，但不超过 1000m² 的地下丙、丁类生产车间及地下物品库房
	地下民用建筑	(1)长度超过 500m 的城市隧道 (2)使用面积不超过 1000m² 的地下商场、医院、旅馆、展览厅及其他商业或公共活动场所

注：1. 一类建筑、二类建筑的划分，应符合现行国家标准《高层民用建筑设计防火规范》（GB 50045）的规定；工业厂房、仓库的火灾危险性分类，应符合现行国家标准《建筑设计防火规范》（GBJ 16）的规定。
2. 本表未列出的建筑的等级可按同类建筑的类比原则确定。

2. 下列民用建筑的火灾自动报警系统保护对象分级可按表 9-10 划分。

民用建筑的火灾自动报警系统保护对象分级　　**表 9-10**

等级	保护对象	等级	保护对象
一级	电子计算中心	一级	大型及以上铁路旅客站
	省(市)级档案馆		省(市)级及重要开放城市的航空港
	省(市)级博展馆		一级汽车及码头客运站
	4 万以上座位大型体育场	二级	大、中型电子计算站
	星级以上旅游饭店		2 万以上座位体育场

四、火灾自动报警系统保护方式和探测范围

1. 报警区域应按防火分区或楼层划分；一个报警区域宜由一个或同层相邻几个防火分区组成。

2. 每个防火分区允许的最大建筑面积见表 9-11。

每个防火分区的允许最大建筑面积　　**表 9-11**

建筑类别	未设自动灭火系统 每个防火分区建筑面积(m^2)	设有自动灭火系统 每个防火分区建筑面积(m^2)
一类建筑	1000	2000
二类建筑	1500	3000
地下室	500	1000

3. 探测区域应按独立房（套）间划分。一个探测区域的面积不宜超过 500m^2。从主要出入口能看清其内部，且面积不超过 1000m^2 的房间，也可划分一个探测区域。

4. 红外光束线型感烟火灾探测器的探测区域长度不宜超过 100m，缆式感温火灾探测器的探测区域不宜超过 200m；空气管差温火灾探测器的探测区域长度宜在 20～100m。

5. 符合下列条件之一的二级保护建筑，可将数个房间划为一个探测区域。

（1）相邻房间不超过 5 个，总面积不超过 400m^2，并在每个门口设有灯光显示装置。

（2）相邻房间不超过 10 个，总面积不超过 1000m^2，在每个房间门口均能看清其内部，并在门口设有灯光显示装置。

6. 表 9-12 所列的建筑场所应分别单独划分探测区域。

应分别单独划分探测区域的建筑场所　　**表 9-12**

序号	单独划分探测区域的建筑场所类型
1	敞开或封闭楼梯间
2	防烟楼梯间前室
3	消防电梯前室、消防电梯与防烟楼梯间合用的前室
4	走道、坡道、管道井、电缆隧道
5	建筑物闷顶、夹层

第三节　火灾自动报警系统的设计

一、火灾自动报警与消防联动控制的系统方式

（1）区域报警系统，宜用于二级保护对象；

（2）集中报警系统，宜用于一、二级保护对象；

（3）控制中心系统，宜用于特级、一级的保护对象。

参见表 9-13 及图 9-1～图 9-3。

火灾报警与消防联动控制系统分类　　**表 9-13**

名称	系统组成	保护范围	适用场所
区域系统	1～n 台区域报警控制器	保护对象仅为某一局部范围或某一设施	图书馆、电子计算机房、专门有人值班
集中系统	1～2 台集中报警控制器中间楼层设楼层显示器和复示盘	保护对象少且分散；或保护对象多，但没有条件设区域报警器的场所	无服务台（或楼层值班室）的写字楼、商业楼、综合办公楼

续表

名称	系统组成	保护范围	适用场所
区域—集中系统	1台集中报警控制器2台及以上区域报警器	规模较大,保护控制对象较多有条件设置区域报警器需要集中管理或控制	有服务台旅(宾)馆
控制中心系统	多个消防控制室(或值班室)和一个消防控制中心	规模大,需要集中管理	群体建筑与超高层建筑

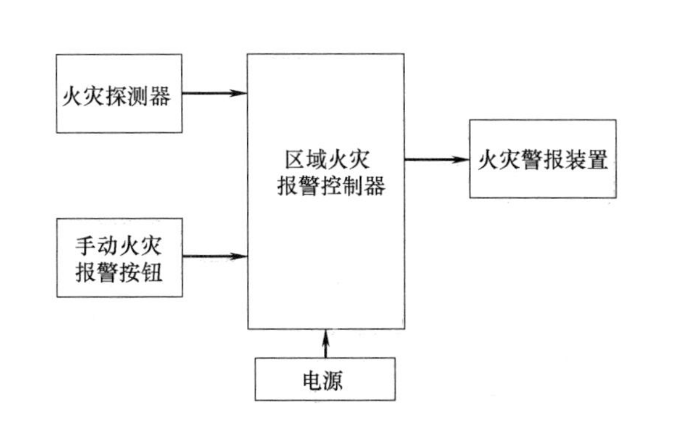

图 9-1　区域报警系统框图

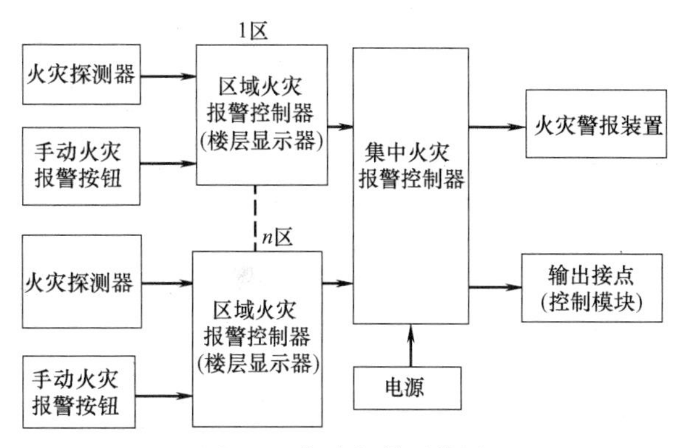

图 9-2　集中报警系统图

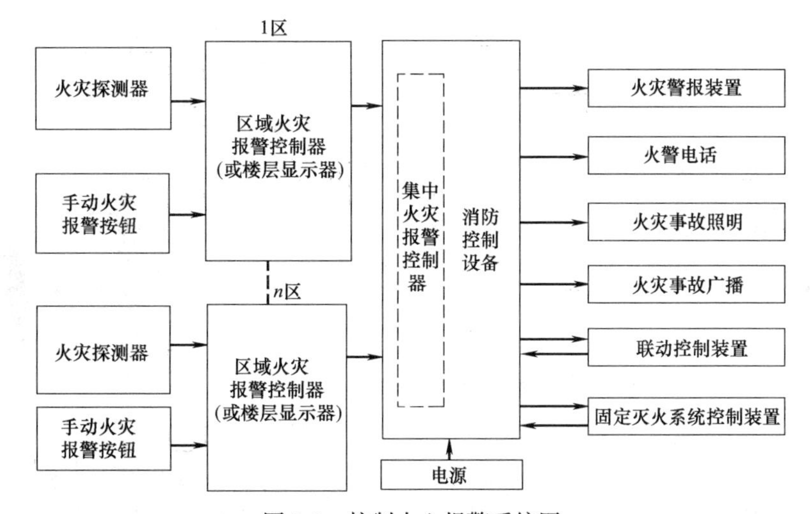

图 9-3　控制中心报警系统图

二、火灾自动报警系统的线制

所谓线制是指探测器与控制器之间的传输线的线数。它分为多线制和总线制，参见图 9-4。

目前，二总线制火灾自动报警系统获得了广泛的应用。在火灾自动报警系统与消防联动控制设备的组合方式上，总线制火灾自动报警系统的设计有两种常用的形式。

（1）消防报警系统与消防联动系统分体式

这种系统的设计思想是分别设置报警控制器和联动控制器，报警控制器负责接收各种火警信号，联动控制器负责发出声光报警信号和启动消防设备。即系统分设报警总线和联动控制总线，所有的火灾探测器通过报警总线回路接入报警控制器，各类联动控制模块则通过联动总线回路接入联动控制器，联动设备的控制信号和火灾探测器的报警信号分别在不同的总线回路上传输。报警控制器和联动控制器之间通过通讯总线相互连接。系统简图如图 9-5 所示。

此种系统的特点是由于分别设置了控制器及总线回路，报警系统与联动系统相对独立运行，整个报警与联动系统的可靠性较高；但系统的造价也较高，设计较为复杂，管线较多，施工与维护较为困难。

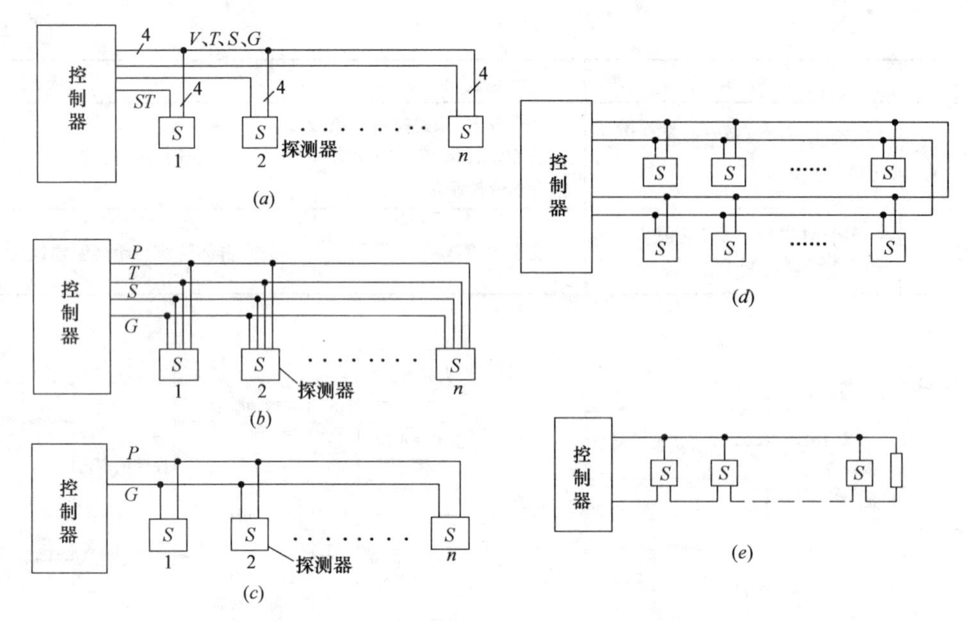

图 9-4　火灾报警控制器的线制与连接方式

（a）多线制；（b）四总线制；（c）二总线制；（d）环形二总线制；（e）链式连接方式

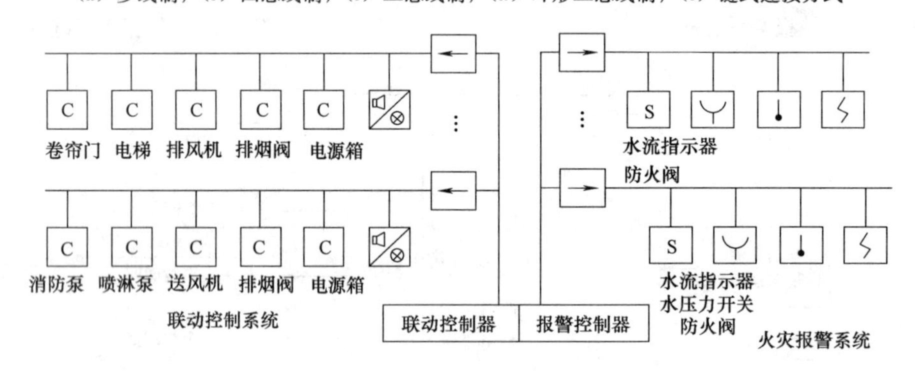

图 9-5　系统简图

该系统适合于消防报警及联动控制系统规模较大的特级、一级保护现象。

（2）消防报警系统与消防联动系统一体式

这种系统的设计思想是将报警控制器和联动控制器合二为一，即将所有的火灾探测器与各类联动控制模块均接入报警控制器，在同一总线回路中既有火灾探测器，也有消防联动设备控制模块，联动设备的控制信号和火灾探测器的报警信号在同一总线回路上传输。报警控制器既能接收各种火警信号，也能发出报警信号和启动消防设备。系统简图如图 9-6 所示。

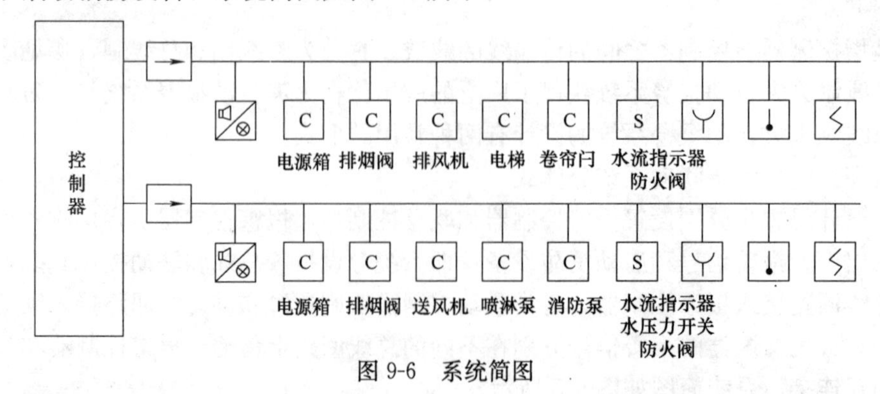

图 9-6　系统简图

此系统的特点是整个报警系统的布线极大简化，设计与施工较为方便，便于降低工程造价；但由于报警系统与联动控制系统共用控制器总线回路，余度较小，系统整体可靠性略低。该系统适合于消防报警及联动控制系统规模不大的二级保护对象。另外在设计与施工中要注意系统的布线应按消防联动控制线路的布线要求设计施工。

三、智能火灾报警系统

火灾自动报警系统发展至今，大致可分为三个阶段：

（1）多线制开关量式火灾探测报警系统，这是第一代产品。目前国内除极少数厂家生产外，它已处于被淘汰的状态。

（2）总线制可寻址开关量式火灾探测报警系统，这是第二代产品，尤其是二总线制开关量式探测报警系统目前还被大量采用。

（3）模拟量传输式智能火灾报警系统，这是第三代产品。目前我国已开始从传统的开关量式的火灾探测报警技术，跨入具有先进水平的模拟量式智能火灾探测报警技术的新阶段。它使系统的误报率降低到最低限度，并大幅度地提高了报警的准确度和可靠性。

传统的开关量式火灾探测报警系统对火灾的判断依据，仅仅是根据某种火灾探测器探测的参数是否达到某一设定值（阈值）来确定是否报警，只要探测的参数超过其自身的设定值就发出报警信号（开关量信号）。这一判别工作是在火灾探测器中由硬件电路实现，探测器实际上起着触发器件的作用。由于这种火灾报警的判据单一，对环境背景的干扰影响无法消除，或因探测器内部电路的缓慢漂移，从而产生误报警。

模拟量式火灾探测器则不同，它不再起触发器件的作用，即不对灾情进行判断，而仅是用来产生一个与火灾现象成正比的测量值（模拟量），起着传感器的作用，而对火灾的评估和判断由控制器完成。所以，模拟量火灾探测器确切地说应称为火灾参数传感器。控制器能对传感器送来的火灾探测参数（如烟的浓度）进行分析运算，自动消除环境背景的干扰，同时控制器还具有存储火灾参数变化规律曲线的功能，并能与现场采集的火灾探测参数对比，来确定是否报警。在这里，判断是否发生了火灾，火灾参数的当前值不是判断火灾的惟一条件，还必须考查在此之前一段时间的参数值。也就是说，系统没有一个固定的阈值，而是“可变阈”。火灾参数的变化必须符合某些规律，因此这种系统是智能型系统。当然，智能化程度的高低，与火灾参数变化规律的选取有很大的关系。完善的智能化分析是“多参数模式识别”和“分布式智能”，它既考查火灾中参数的变化规律，又考虑火灾中相关探测器的信号间相互关系，从而把系统的可靠性提高到非常理想的水平。表 9-14 列出两种火灾自动报警系统的比较。

两种火灾自动报警系统之比较　　**表 9-14**

	传统火灾自动报警系统	智能火灾自动报警系统
探测器(传感器)	开关量	模拟量
火灾探测最佳灵敏度	不惟一	惟一(随外界环境变化而自行调整)
报警阀值	单一	多态(预警、报警、故障等)
探测器灵敏漂移	无补偿	“零点”自动补偿
信号处理算法	简单处理	各种火灾算法
自诊断能力	无	有
误报率	高(达 20∶1)	低(至少降低一个数量级甚低至几乎为零)
可靠性	低	高

应该指出，这里所说的开关量系统或模拟量系统，指的是从探测器到控制器之间传输的信号是开关量还是模拟量。但是，以开关量还是模拟量来区分系统是传统型还是智能型是不准确的。例如，从探测器到控制器传输的信号是模拟量，代表烟的浓度，但控制器却有固定的阈值，没有任何的模式分析，则系统还是传统型的，并无智能化。再如，探测器若本身软硬件结构相当完善，智能化分析能力很强，探测器本身能决定是否报警，且没有固定的阈值，而探测器报警后向控制器传输的信号却是报警后的开关量。显然，这种系统是智能型而不是传统型。因此，区分传统型系统与智能型系统的简单办法不是“开关量”与“模拟量”之别，而是“固定阈”与“可变阈”之别。

目前，智能火灾报警系统按智能的分配来分，可分为三种形式系统：

1. 智能集中于探测部分，控制部分为一般开关量信号接收型控制器

这种智能因受到探测器体积小等的限制，智能化程度尚处在一般水平，可靠性往往也不是很高。

2. 智能集中于控制部分，探测器输出模拟量信号

这种系统又称主机智能系统。它是将探测器的阈值比较电路取消，使探测器成为火灾传感器，无论烟雾影响大小，探测器本身不报警，而是将烟雾影响产生的电流、电压变化信号以模拟量（或等效的数字编码）形式传输给控制器（主机），由控制器中的微计算机进行计算、分析、判断，作出智能化处理，辨别是否真正发生火灾。

这种主机智能系统的主要优点有：灵敏度信号特征模型可根据探测器所在环境特点来设定；可补偿各类环境干扰和灰尘积累对探测器灵敏度的影响，并能实现极脏功能；主机采微处理机技术，可实现时钟、存储、密码、自检联动、联网等多种管理功能；可通过软件编辑实现图形显示、键盘控制、翻译等高级扩展功能。但是，由于整个系统的监测、判断功能不仅全部要控制器完成，而且还要一刻不停地处理成百上千个探测器发回的信息，因此出现系统程序复杂、量大、探测器巡检周期长，势必造成探测点大部分时间失去监控、系统可靠性降低和使用维护不便等缺点。目前，此种智能系统的产品较多。

3. 智能同时分布在探测器和控制器中

这种系统称为分布智能系统。它实际上是主机智能与探测器智能两者相结合，因此也称为全智能系统。在这种系统中，探测器具有一定的智能，它对火灾特征信号直接进行分析和判决，然后传给控制器作进一步智能处理和判决，并显示判决结果。智能火灾报警系统的传输方式均为总线制。

第四节　消防联动控制系统的设计考虑

一、消防联动控制设计要求

1. 消防联动控制对象应包括下列设施：

(1) 各类自动灭火设施；

(2) 通风及防、排烟设施；

(3) 防火卷帘、防火门、水幕；

(4) 电梯；

(5) 非消防电源的断电控制；

(6) 火灾应急广播、火灾警报、火灾应急照明、疏散指示标志的控制等。

2. 消防联动控制应采取下列控制方式：

(1) 集中控制；

(2) 分散控制与集中控制相结合。

3. 消防联动控制系统的联动信号，其预设逻辑应与各被控制对象相匹配，并应将被控对象的动作信号送至消防控制室。

4. 当采用总线控制模块控制时，对于消防水泵、防烟和排烟风机的控制设备，还应在消防控制室设置手动直接控制装置。

5. 消防联动控制设备的动作状态信号，应在消防控制室显示。

消防联动控制系统图如图 9-7 所示，火灾报警与消防控制关系如图 9-8 所示。

二、消防设备的联动要求与控制逻辑关系

参见表 9-15 及表 9-16。

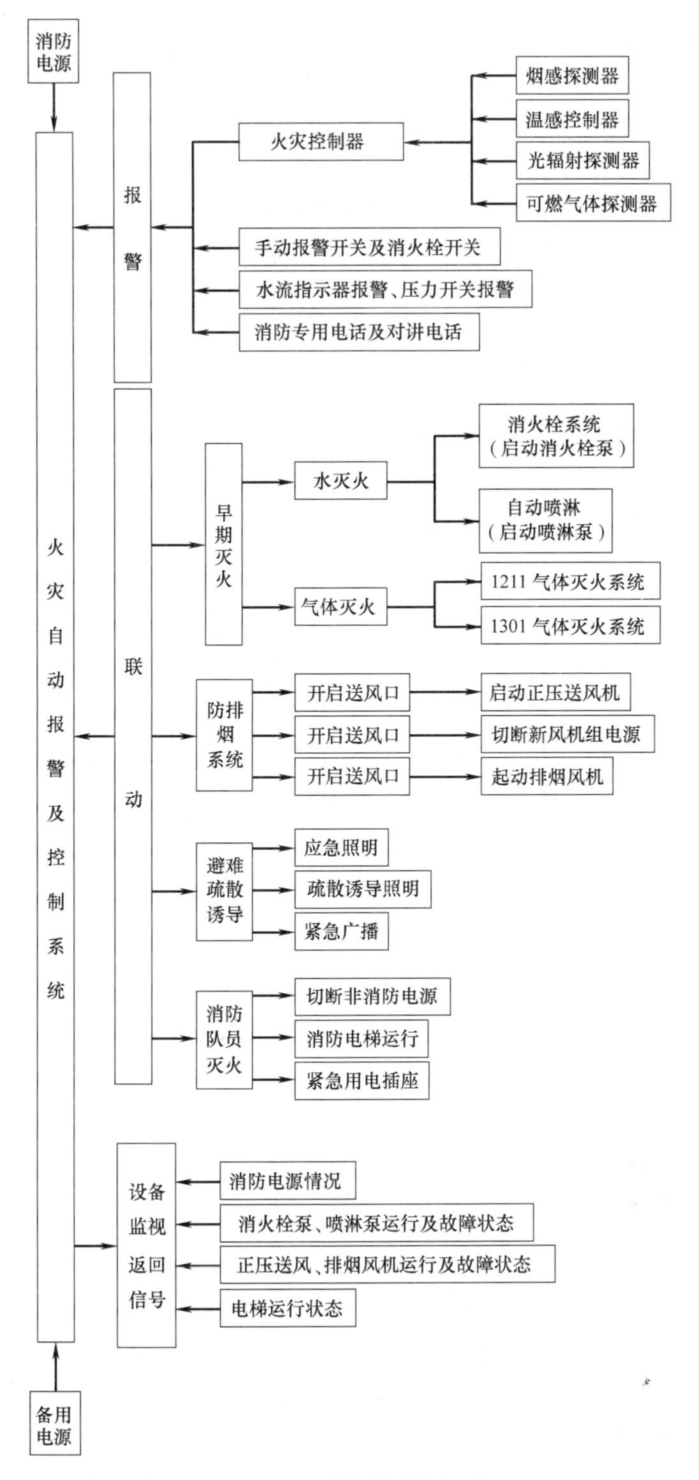

图 9-7　联动控制系统框图

消防设备及其联动要求　　**表 9-15**

消防设备	火灾确认后联动要求
火灾警报装置应急广播	1. 二层及以上楼层起火，应先接通着火层及相邻上下层； 2. 首层起火，应先接通本层，二层及全部地下层； 3. 地下室起火，应先接通地下各层及首层； 4. 含多个防火分区的单层建筑，应先接通着火的防火分区
非消防电源箱	有关部位全部切断
消防应急照明灯及紧急疏散标志灯	有关部位全部点亮

续表

<table>
<tr><th colspan="2">消 防 设 备</th><th>火灾确认后联动要求</th></tr>
<tr><td colspan="2">室内消火栓系统水喷淋系统</td><td>1. 控制系统启停；
2. 显示消防水泵的工作状态；
3. 显示消火栓按钮的位置；
4. 显示水流指示器，报警阀，安全信号阀的工作状态</td></tr>
<tr><td rowspan="2">其他灭火系统</td><td>管网气体灭火系统</td><td>1. 显示系统的自动、手动工作状态；
2. 在报警、喷射各阶段发出相应的声光报警并显示防护区报警状态；
3. 在延时阶段，自动关闭本部位防火门窗及防火阀，停止通风空调系统并显示工作状态</td></tr>
<tr><td>泡沫灭火系统
干粉灭火系统</td><td>1. 控制系统启停；
2. 显示系统工作状态</td></tr>
<tr><td rowspan="3">其他防火设备</td><td>防火门</td><td>门任一侧火灾探测器报警后，防火门自动关闭且关门信号反馈回消防控制室</td></tr>
<tr><td>防火卷帘</td><td>疏散通道上：
1. 烟感报警，卷帘下降至楼面 1.8m 处；
2. 温感报警，卷帘下降到底；
防火分隔时：
探测器报警后卷帘下降到底；
3. 卷帘的关闭信号反馈回消防控制室</td></tr>
<tr><td>防排烟设施
空调通风设施</td><td>1. 停止有关部位空调送风，关闭防火阀并接受其反馈信号；
2. 启动有关部位的放烟排烟风机，排烟阀等，并接受其反馈信号；
3. 控制挡烟垂壁等防烟设施</td></tr>
</table>

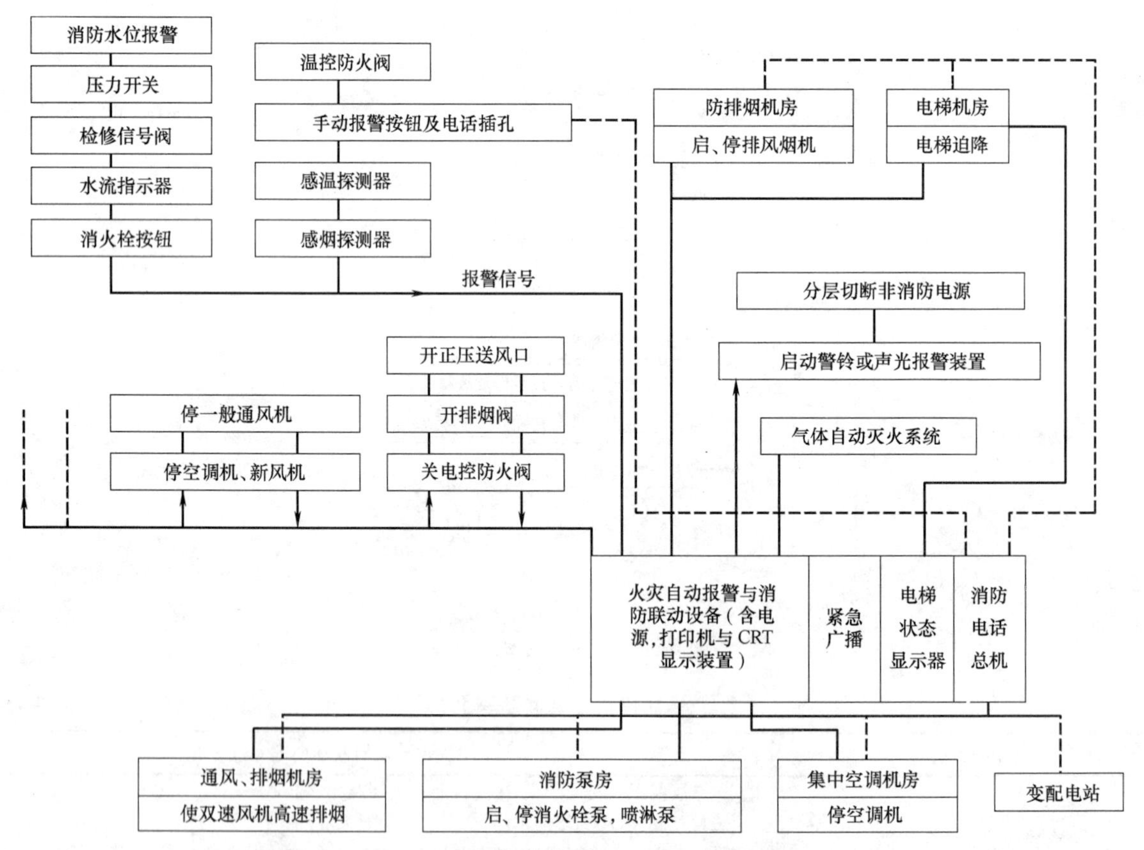

图 9-8　火灾报警与消防控制关系方框图

注：对分散于各层的数量较多的装置，如各种阀等，为使线路简单，宜采用总线模块化控制；对于关系全局的重要设备，如消火栓泵、喷淋泵、排烟风机等，为提高可靠性，宜采用专线控制或模块与专线双路控制；对影响很大，万一误动作可能造成混乱的设备，如警铃、断电等，应采用手动控制为主的方式。

消防控制逻辑关系表　　**表 9-16**

控制系统	报警设备种类	受控设备及设备动作后结果	位置及说明
水消防系统	消火栓按钮	启动消火栓泵	泵房
	报警阀压力开关	启动喷淋泵	泵房
	水流指示器	报警,确定起火层	水支管
	检修信号阀	报警,提醒注意	水支管
	水防水池水位或水管压力	启动、停止稳压泵等	
预作用系统	该区域探测器或手动按钮	启动预作用报警阀充水	该区域(闭式喷头)
	压力开关	启动喷淋泵	泵房
水喷雾系统	感温、感烟同时报警或紧急按钮	启动雨淋阀,起动喷淋泵(自动延时 30s)	该区域(开式喷头)
空调系统	感烟探测器或手动按钮	关闭有关系统空调机、新风机、送风机	
		关闭本层电控防火阀	
	防火阀 70℃温控关闭	关闭该系统空调机或新风机、送风机	
防排烟系统	感烟探测器或手动按钮	打开有关排烟机与正压送风机	地下室,屋面
		打开有关排烟口(阀)	
		打开有关正压送风口	火灾层及上下层
		两用双速风机转入高速排烟状态	
		两用风管中,关正常排风口,开排烟口	
	防火阀 280℃温控关闭	关闭有关排烟风机	地下室、屋面
	可燃气体报警	打开有关房间排风机,关闭煤气管道阀门	厨房、煤气表房等
防火卷帘防火门	防火卷帘门旁的感烟探测器	该卷帘或该组卷帘下降一半	
	防火卷帘门旁的感温探测器	该卷帘或该组卷帘归底	
		有水幕保护时,起动水幕电磁阀和雨淋泵	
	电控常开防火门旁感烟或感温探测器	释放电磁铁,关闭该防火门	
	电控挡烟垂壁旁感烟或感温探测器	释放电磁铁,该挡烟垂壁或该组挡烟垂壁下垂	
手动为主系统	手动或自动,手动为主	切断火灾层非消防电源	火灾层及上下层
	手动或自动,手动为主	起动火灾层警铃或声光报警装置	火灾层及上下层
	手动或自动,手动为主	使电梯归首,消防电梯投入消防使用	
	手动	对有关区域进行紧急广播	火灾层及上下层
消防电话		随时报警、联络、指挥灭火	

三、消防控制设备的控制及显示功能

1. 消防控制设备对室内消火栓系统应有下列控制、显示功能：

(1) 专线及总线自动或手动控制消火栓泵的起、停；

(2) 显示消火栓泵的工作、故障状态；

(3) 显示消防水池的水位、消防水泵的电源是否处于正常状态；

(4) 显示消火栓按钮的位置；

(5) 消火栓按钮应采用 50V 以下的安全电压。

2. 消防控制设备对自动喷水和水喷雾灭火系统应有下列控制、显示功能：

(1) 专线及总线自动或手动控制喷水（雾）泵的启、停；参见图 9-9。

(2) 显示水流指示器、信号阀、压力开关、低气压报警开关、消防水池和消防水箱的水位、消防喷水（雾）泵电源是否处于正常状态；

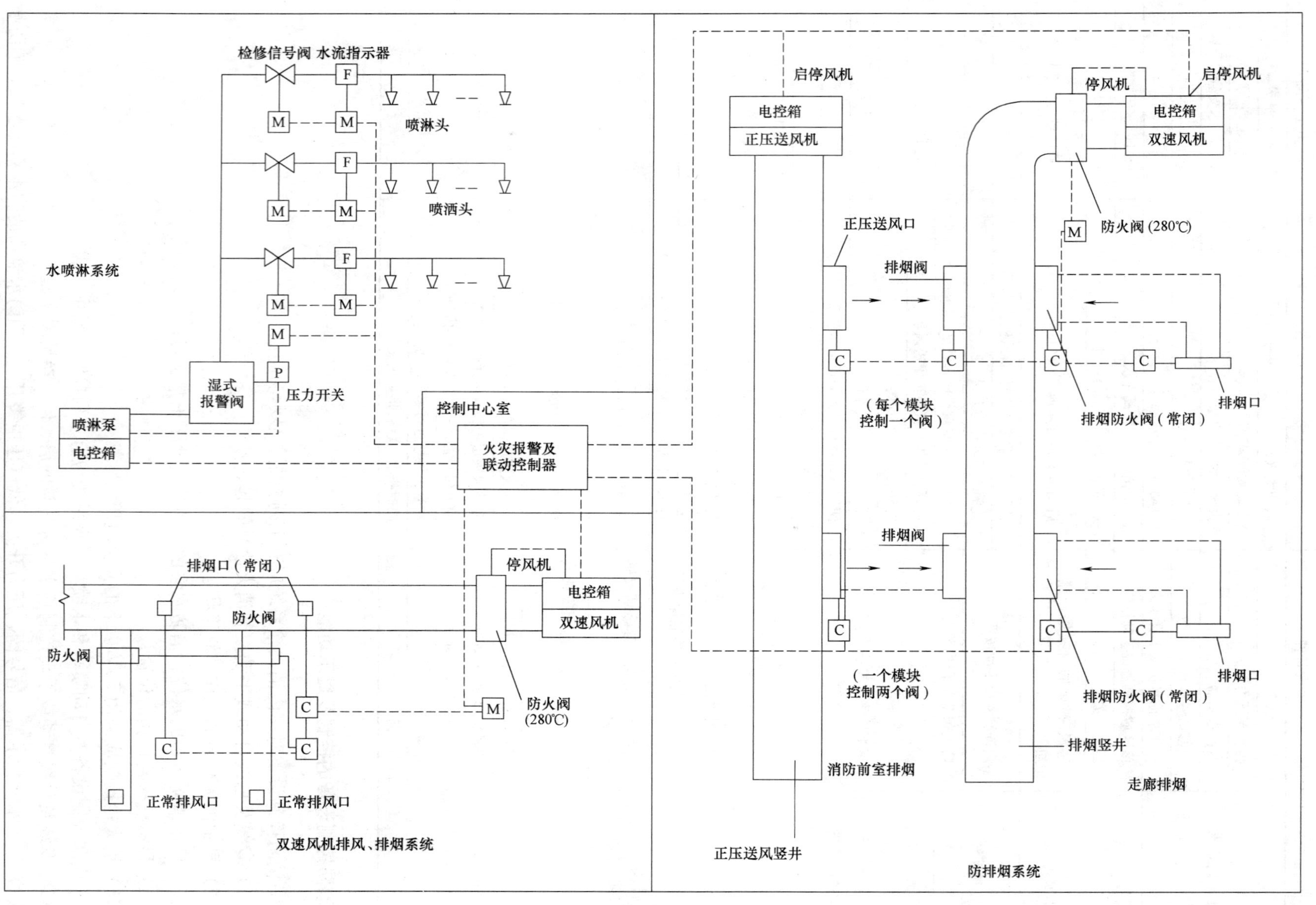

图 9-9　水喷淋系统和防排烟系统控制实例

（3）显示消防喷水（雾）泵的工作、故障状态；

（4）控制电磁阀、电动阀的开启。

3. 消防水泵控制柜应设置手动和自动巡检消防水泵的功能，自动巡检功能应符合下列规定：

（1）自动巡检周期不宜大于7d，但应能按需任意设定；

（2）自动巡检时，消防泵按消防方式逐台启动运行，每台泵运行时间不少于2min，对控制柜一次回路中主要低压器件逐一检查其动作状态；

（3）设备应能保证在巡检过程中遇消防信号时自动退出巡检，进入消防运行状态；

（4）巡检中发现故障应有声、光报警；具有故障记忆功能的设备；应记录故障的类型及故障发生的时间等；

（5）采用工频方式巡检的设备，应有防超压的措施。设巡检泄压回路的设备，回路设置应安全可靠。

4. 消防控制设备对气体灭火系统应有下列控制、显示功能：

（1）采用气体灭火系统的防护区，应选用灵敏度级别高的火灾探测器，其报警信号应由同一防护区域内相邻的两个及以上独立的火灾探测器或一个火灾探测器及一个手动报警按钮的报警信号，作为系统的联动触发信号，探测器的组合宜采用感烟火灾探测器和感温火灾探测器；

（2）显示系统所处的手动、自动转换状态；

（3）自动控制装置应在接到两个独立的火灾信号后才能启动；手动控制装置和手动与自动转换装置应设在防护区疏散出口的门外便于操作的地方，安装高度为中心点距地面1.5m；

（4）在报警、喷射各阶段，控制室应有相应防护区域的火灾探测器的报警信号、选样阀动作的反馈信号、压力开关的反馈信号的声、光警报，并能手动切除声响信号；

（5）在释放气体阶段，应自动关闭该防护区域的防火门、窗、停止送排风机及关闭相应阀门，停止空气调节系统及关闭设置在该防护区域的电动防火阀，关闭有关部位的防火阀；

（6）在储瓶间内或防护区疏散出口门外便于操作的地方，应设置机械应急操作手动启、停控制按钮；

（7）主要出入口门上方应设气体灭火剂喷放指示标志灯及相应的声、光警报信号，同时防护区采用的相应气体灭火系统的永久性标志牌；灭火剂喷放指示灯信号，应保持到防护区通风换气后，以手动方式解除；

（8）在防护区内设置手动与自动控制的转换装置，当人员进入防护区时，应能将灭火系统转换为手动控制方式；当人员离开防护区时，应能恢复为自动控制方式；防护区内外应设手动、自动控制状态的显示装置；

（9）经过有爆炸危险和变电、配电场所的管网，以及布设在以上场所的金属箱体等，应设防静电接地；

（10）气体灭火系统的手动控制与应急操作应有防止误操作的警示显示与措施。

5. 消防控制设备对泡沫灭火系统应有下列控制、显示功能：

（1）控制泡沫泵及消防水泵的启、停；

（2）控制泡沫灭火系统有关电动阀门的开启；

（3）显示系统的工作状态。

6. 消防控制设备对干粉灭火系统应有下列控制、显示功能：

（1）控制系统的启、停；

（2）显示系统的工作状态。

7. 消防控制设备对常开防火门的控制应符合下列要求：

（1）门任一侧的火灾探测器报警后，防火门应自动关闭；

（2）防火门关闭信号应送到消防控制室。

8. 消防控制设备对防火卷帘的控制应符合下列要求：

（1）疏散通道上的防火卷帘两侧，应设置感烟、感温火灾探测器组及警报装置，且两侧应设置手动控制按钮，参见图9-10。

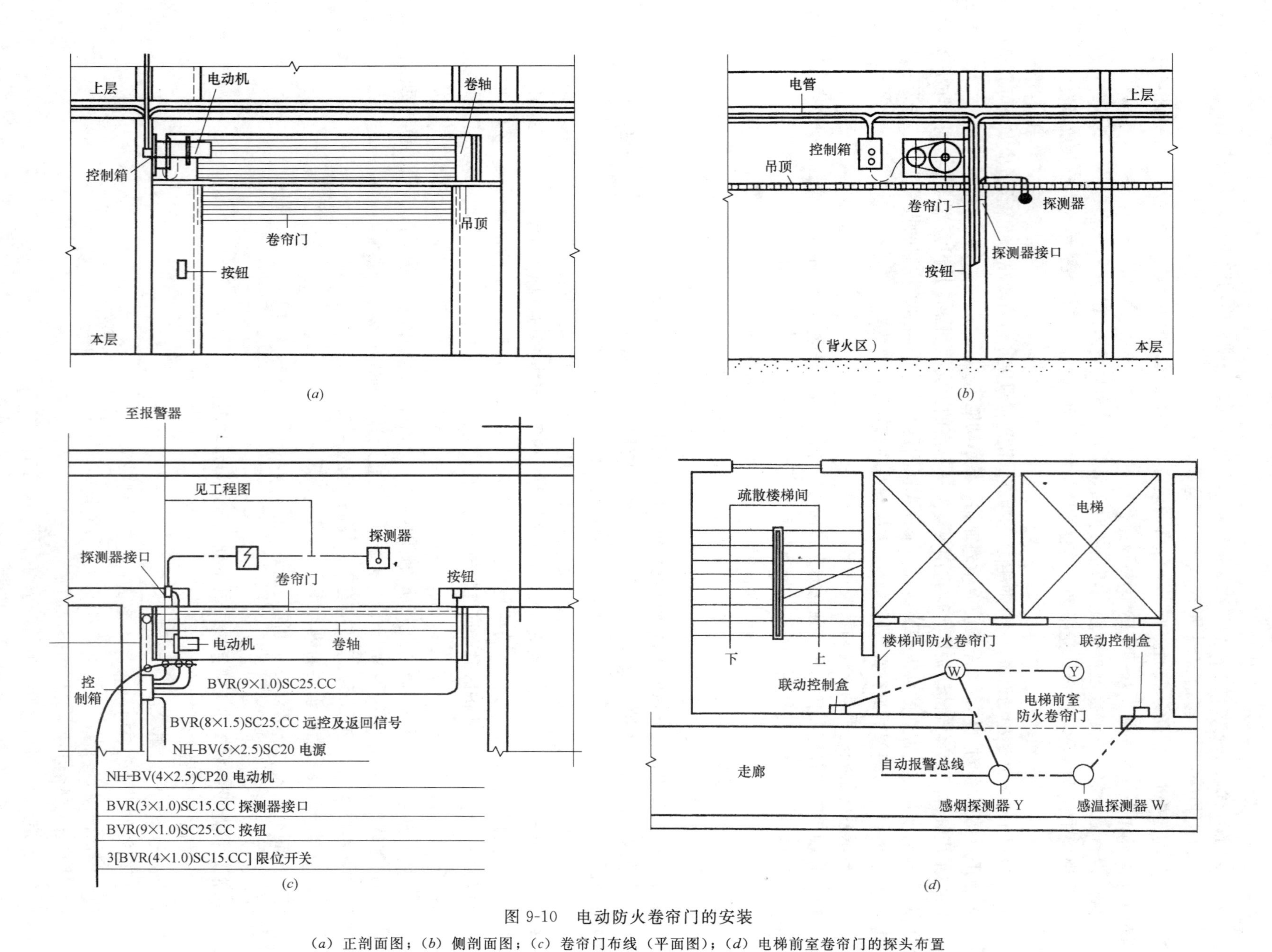

图 9-10　电动防火卷帘门的安装

（*a*）正剖面图；（*b*）侧剖面图；（*c*）卷帘门布线（平面图）；（*d*）电梯前室卷帘门的探头布置

(2) 疏散通道上的防火卷帘，应按下列程序自动控制下降：感烟探测器动作后，卷帘下降至地（楼）面1.8米；感温探测器动作后，卷帘下降到底；

(3) 用作防火分隔的防火卷帘，火灾探测器动作后，卷帘应下降到底；

(4) 感烟、感温探测器的报警信号及防火卷帘的关闭信号应选至消防控制室。

9. 火灾报警后，消防控制设备对防烟、排烟设施应有下列控制、显示功能：

(1) 启动有关部位的防烟、排烟风机和排烟阀等，并接收其反馈信号；

(2) 控制挡烟垂壁等防烟设施；

(3) 控制排烟窗的开启，并接收其反馈信号。

10. 非消防电源断电及电梯的应急控制应符合下列要求：

(1) 确认火灾后，应能在消防控制室或在变电所按防火分区切除非消防电源；

(2) 确认火灾后，消防控制室发出指令，控制所有电梯降至首层或转换层，打开门后，非消防电梯断电，消防电梯投入消防使用；

(3) 消防控制室应显示消防电梯及客梯运行状态，并接收其反馈信号；

(4) 火灾发生时，停止有关部位的空调机、送风机，关闭电动防火阀，并接收其反馈信号。

11. 消防报警系统与照明、安全防范系统的联动：

(1) 火灾发生时，应能在消防控制室自动点亮疏散通道上的应急照明；

(2) 火灾发生时，应能在消防控制室自动打开疏散通道上的由出入口控制系统控制的通道门；

(3) 火灾发生时，应能在消防控制室自动打开设有汽车库管理系统的电动栏杆。

第五节　火灾探测器及其安装设计

一、火灾探测器的种类与性能

参见图9-11与表9-17～表9-19。

探测器的种类与性能　　表9-17

<table>
<tr><th colspan="3">火灾探测器种类名称</th><th colspan="2">探测器性能</th></tr>
<tr><td rowspan="2">感烟式探测器</td><td rowspan="2">定点型</td><td>离子感烟式</td><td colspan="2">及时探测火灾初期烟雾，报警功能较好。可探测微小颗粒（油漆味、烤焦味及大相对分子质量气体分子，均能反应并引起探测器动作；当风速大于10m时不稳定，甚至引起误动作）</td></tr>
<tr><td>光电感烟式</td><td colspan="2">对光电敏感。宜用于特定场合。附近有过强红外光源时可导致探测器不稳定；其寿命较前者短</td></tr>
<tr><td rowspan="11">感温式探测器</td><td colspan="2">缆式线型感温电缆</td><td rowspan="11">火灾早、中期产生一定温度时报警，且较稳定。凡不可采用感烟探测器，非爆炸性场所，允许一定损失的场所选用</td><td>不以明火或温升速率报警，而是以被测物体温度升高到某定值时报警</td></tr>
<tr><td rowspan="4">定温式</td><td>双金属定温</td><td rowspan="4">它只以固定限度的温度值发出火警信号，允许环境温度有较大变化而工作比较稳定，但火灾引起的损失较大</td></tr>
<tr><td>热敏电阻</td></tr>
<tr><td>半导体定温</td></tr>
<tr><td>易熔合金定温</td></tr>
<tr><td rowspan="3">差温式</td><td>双金属差温式</td><td rowspan="3">适用于早期报警，它以环境温度升高率为动作报警参数，当环境温度达到一定要求时发出报警信号</td></tr>
<tr><td>热敏电阻差温式</td></tr>
<tr><td>半导体差定温式</td></tr>
<tr><td rowspan="3">差定温式</td><td>膜盒差定温式</td><td rowspan="3">具有感温探测器的一切优点而又比较稳定</td></tr>
<tr><td>热敏电阻差定温式</td></tr>
<tr><td>半导体差定温式</td></tr>
</table>

续表

火灾探测器种类名称		探测器性能
感光式探测器	紫外线火焰式	监测微小火焰发生，灵敏度高，对火焰反应快，抗干扰能力强
	红外线火焰式	能在常温下工作。对任何一种含碳物质燃烧时产生的火焰都能反应。对恒定的红外辐射和一般光源（如灯泡、太阳光和一般的热辐射，x、γ射线）都不起反应
可燃气体探测器		探测空气中可燃气体含量、浓度，超过一定数值时报警
复合型探测器		是全方位火灾探测器，综合各种长处，使用各种场合，能实现早期火情的全范围报警

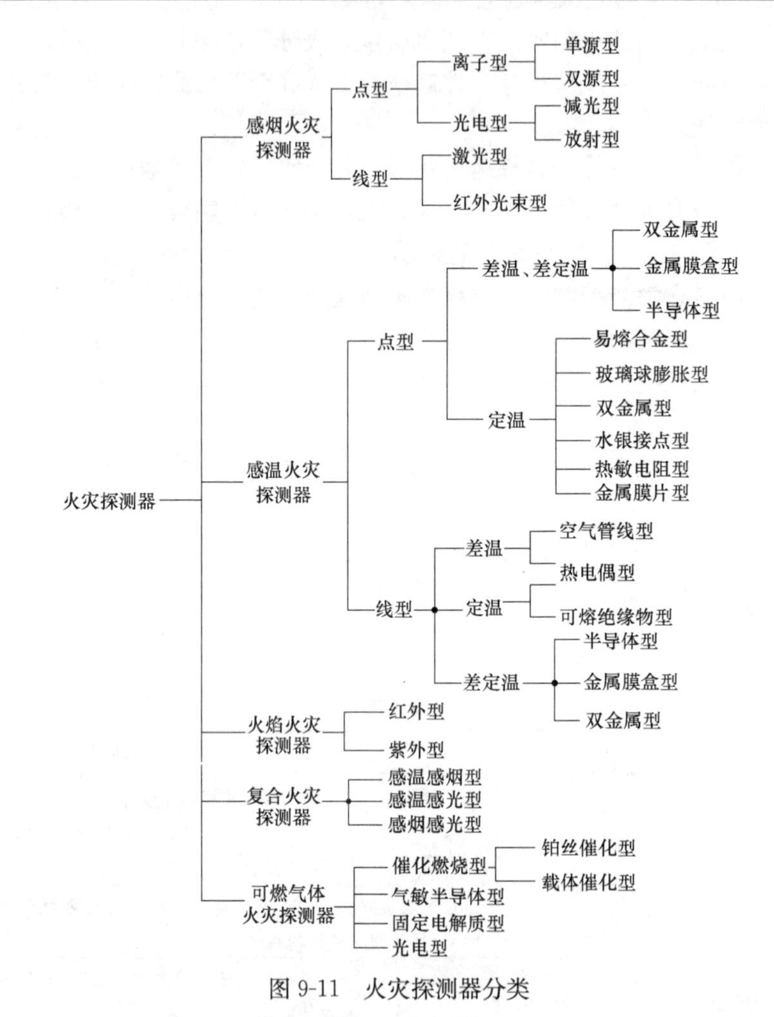

图 9-11　火灾探测器分类

常用火灾探测器分类比较表　　**表 9-18**

	探测器型	性能特点	适用范围	备注
感烟探测器	点型离子感烟探测器	灵敏度高，历史悠久，技术成熟，性能稳定，对阴燃火的反应最灵敏	宾馆客房、办公楼、图书馆、影剧院、邮政大楼等公共场所	
	点型光电感烟探测器	灵敏度高，对湿热气流扰动大的场所适应性好	同上	易受电磁干扰，散射光型黑烟不灵敏
	红外光束（激光）线型感烟探测器	探测范围大，可靠性及环境适应性好	会展中心、演播大厅、大会堂、体育馆、影剧院等无遮挡大空间	易受红外光、紫外光干扰，探测视线易被遮挡

续表

	探测器型	性能特点	适用范围	备注
感温探测器	点型感温探测器	性能稳定，可靠性及环境适应性好	厨房、锅炉间、地下车库、吸烟室等	造价较高，安装维护不便
	缆式线型感温探测器	同上	电气电缆井、变配电装置、各种带式传送机构等	造价较高，安装维护不便
火焰探测器		对明火反应迅速，探测范围广	各种燃油机房、油料储藏库等火灾时有强烈火焰和少量烟热的场所	易受阳光和其他光源干扰，探测易被遮挡，镜头易被污染
复合探测器		综合探测火灾时的烟雾温度信号，探测准确，可靠性高	装有联动装置系统、单一探测器不能确认火灾的场所	价格贵，成本高

感烟探测器适用场所、灵敏度与感烟方式的关系　　表 9-19

序号	适用场所	灵敏度级别选择	感烟方式及说明
1	饭店、旅馆、写字楼、教学楼、办公楼等的厅堂、卧室、办公室、展室、娱乐室、会议室等处	厅堂、办公室、大会议室、值班室、娱乐室、接待室等，用中低档，可延时工作。吸烟室、小会议室，用低档，可延时工作。卧室、病房、休息厅、展室、衣帽室等，用高档，一般不延时工作	早期热解产物中烟气溶胶微粒很小的，用离子感烟式更好；微粒较大的，用光电感烟式更好。可按价格选择感烟方式，不必细分
2	计算机房、通信机房、影视放映室等处	高档或高、中档分开布置联合使用，不用延时工作方式	考虑装修情况和探测器价格选择：有装修时，烟浓度大，颗粒大，光电更好；无装修时，离子更好
3	楼梯间、走道、电梯间、机房等处	高档或中档均可，采用非延时工作方式	按价格选定感烟方式
4	博物馆、美术馆、图书馆等文物古建单位的展室、书库、档案库等处	灵敏度级别选高档，采用非延时工作方式	按价格和使用寿命选定感烟方式。同时还应设置火焰探测器，提高反应速率和可靠性
5	有电器火灾危险的场所，如电站、变压器间、变电所和建筑配电间	灵敏度级别必须选高档，采用非延时工作方式	早期热解产物微粒小，用离子，否则，用光电；必须与紫外火焰探测器配用
6	银行、百货商场、仓库	灵敏度级别可选高档或中档，采用非延时工作方式	有联动探测要求时，可用有中、低档灵敏度和双信号探测器，或与感温探测器配用，或采用烟温复合式探测器
7	可能产生阴燃火，或发生火灾不早期报警将造成重大损失的场所	灵敏度级别必须选高档，必须采用非延时工作方式	烟温复合式探测器；烟温光配合使用方式；必须按有联动要求考虑

二、火灾探测器的选择

（一）点型火灾探测器的选择

（1）对不同高度的房间，可按表 9-20 选择点型火灾探测器。

（2）点型火灾探测器选用的场所如表 9-21 所示。表 9-6 列出高层民用建筑及其有关部位的火灾探测器类型选择表。

根据房间高度选择探测器　　**表 9-20**

房间高度 h(mm)	感烟探测器	感温探测器			火焰探测器
		一　级	二　级	三　级	
$12<h\leqslant 20$	不适合	不适合	不适合	不适合	适合
$8<h\leqslant 12$	适合	不适合	不适合	不适合	适合
$6<h\leqslant 8$	适合	适合	不适合	不适合	适合
$4<h\leqslant 6$	适合	适合	适合	不适合	适合
$h\leqslant 4$	适合	适合	适合	适合	适合

适宜选用或不适宜选用火灾探测器的场所　　**表 9-21**

<table>
<tr><th colspan="2">类　型</th><th>适宜选用的场所</th><th>不适宜选用的场所</th></tr>
<tr><td rowspan="2">感烟探测器</td><td>离子式</td><td rowspan="2">(1)饭店、旅馆、商场、教学楼、办公楼的厅堂、卧室、办公室等
(2)电子计算机房、通讯机房、电影或电视放映室等
(3)楼梯、走道、电梯机房等
(4)书库、档案库等
(5)有电器火灾危险的场所</td><td>符合下列条件之一的场所
(1)相对湿度长期大于 95%
(2)气流速度大于 5m/s
(3)有大量粉尘、水雾滞留
(4)可能产生腐蚀性气体
(5)在正常情况下有烟滞留
(6)产生醇类、醚类、酮类等有机物质</td></tr>
<tr><td>光电式</td><td>符合下列条件之一的场所：
(1)可能产生黑烟
(2)大量积聚粉尘
(3)可能产生蒸气和油雾
(4)在正常情况下有烟滞留</td></tr>
<tr><td colspan="2">感温探测器</td><td>符合下列条件之一的场所
(1)相对湿度经常高于 95%以上
(2)可能发生无烟火灾
(3)有大量粉尘
(4)在正常情况下有烟和蒸汽滞留
(5)厨房、锅炉房、发电机房、茶炉房、烘干车间等
(6)吸烟室、小会议室等
(7)其他不宜安装感烟探测器的厅堂和公共场所</td><td>(1)可能产生阴燃火或发生火灾不及时报警将造成重大损失的场所，不宜选择感温探测器
(2)温度在 0℃以下的场所，不宜选用定温探测器
(3)温度变化较大的场所，不宜选用差温探测器</td></tr>
<tr><td colspan="2">火焰探测器
(感光探测器)</td><td>符合下列条件之一的场所
(1)火灾时有强烈的火焰辐射
(2)无阴燃阶段的火灾
(3)需要对火焰作出快速反应</td><td>符合下列条件之一的场所
(1)可能发生无焰火灾
(2)在火焰出现前有浓烟扩散
(3)探测器的镜头易被污染
(4)探测器的“视线”易被遮挡
(5)探测器易受阳光或其他光源直接或间接照射
(6)在正常情况下有明火作业以及 X 射线、弧光等影响</td></tr>
<tr><td colspan="2">可燃气体探测器</td><td>(1)使用管道煤气或天然气的场所
(2)煤气站和煤气表房以及存储液化石油气罐的场所
(3)其他散发可燃气体和可燃蒸汽的场所
(4)有可能产生一氧化碳气体的场所，宜选择一氧化碳气体探测器</td><td>除适宜选用场所之外所有的场所</td></tr>
</table>

高层民用建筑及其有关部位火灾探测器类型的选择表 **表 9-22**

项目	设置场所	火灾探测器的类型											
		差温式			差定温式			定温式			感烟式		
		Ⅰ级	Ⅱ级	Ⅲ级	Ⅰ级	Ⅱ级	Ⅲ级	Ⅰ级	Ⅱ级	Ⅲ级	Ⅰ级	Ⅱ级	Ⅲ级
1	剧场、电影院、礼堂、会场、百货公司、商场、旅馆、饭店、集体宿舍、公寓、住宅、医院、图书馆、博物馆等	△	○	○	△	○	○	○	△	△	×	○	○
2	厨房、锅炉房、开水间、消毒室等	×	×	×	×	×	×	△	○	○	×	×	×
3	进行干燥、烘干的场所	×	×	×	×	×	×	△	○	○	×	×	×
4	有可能产生大量蒸汽的场所	×	×	×	×	×	×	△	○	○	×	×	×
5	发电机室、立体停车场、飞机库等	×	○	○	×	○	○	○	×	×	×	△	○
6	电视演播室、电影放映室	×	×	△	×	×	△	○	○	○	×	○	○
7	在第一项中差温式及差定温式有可能不预报火灾发生的场所	×	×	×	×	×	×	○	○	○	×	○	○
8	发生火灾时温度变化缓慢的小间	×	×	×	○	○	○	○	○	○	△	○	○
9	楼梯及倾斜路	×	×	×	×	×	×	×	×	×	△	○	○
10	走廊及通道										△	○	○
11	电梯竖井、管道井	×	×	×	×	×	×	×	×	×	△	○	○
12	电子计算机房、通信机房	△	×	×	△	×	×	△	×	×	△	○	○
13	书库、地下仓库	△	○	○	△	○	○	○	×	×	△	○	○
14	吸烟室、小会议室等	×	×	○	○	○	○	○	×	×	×	×	○

注：1. ○表示适于使用。

2. △表示根据安装场所等状况，限于能够有效地探测火灾发生的场所使用。

3. ×表示不适于使用。

（二）线型火灾探测器的选择

1. 下列场所宜选用红外光束感烟探测器：

（1）无遮挡高大空间的库房、博物馆、展览馆等；

（2）古建筑、文物保护的高大厅堂馆所等；

（3）装设红外光束感烟探测器的场所，需采取防止吊车、叉车等机械日常操作遮挡红外光束，引起误报的措施。

2. 下列场所或部位宜选择线型感温探测器：

(1) 公路隧道、铁路隧道等；

(2) 不易安装点型探测器的夹层、闷顶；

(3) 其他环境恶劣不适合点型探测器安装的危险场所。

3. 下列场所或部位，宜选择缆式线型定温探测器：

(1) 电缆隧道、电缆竖井、电缆夹层、电缆桥架等；

(2) 配电装置、开关设备、变压器等；

(3) 各种皮带输送装置；

(4) 控制室、计算机室的闷顶内、地板下及重要设施隐蔽处等；

(5) 其他环境恶劣不适合点型探测器安装的危险场所。

4. 下列场所宜选择空气管式线型差温探测器：

(1) 可能产生油类火灾且环境恶劣的场所；

(2) 不易安装点形探测器的夹层、闷顶。

(三) 图像型火灾探测器的选择

1. 双波段火灾探测器的选用

(1) 双波段火灾探测器采用双波段图像火焰探测技术，在报警方式上属于感火焰型火灾探测器件，具有可以同时获取现场的火灾信息和图像信息的功能特点，将火焰探测和图像监控有机地结合在一起，为防爆型。

(2) 双波段火灾探测器可用于易产生明火的各类场所，如家具城、档案库、电气机房、物资库、油库等大空间以及环境恶劣场所。

(3) 双波段火灾探测器的设计要求各产品不尽相同，实际工程中应参见相关产品样本。

2. 线型光束图像感烟探测器的选用

(1) 线形光束图像感烟火灾探测器采用光截面图像感烟火灾探测技术，在报警方式上属于线型感烟火灾探测器件，它可对被保护空间实施任意曲面式覆盖，具有分辨发射光源和其他干扰光源的功能，具有保护面积大、响应时间短的特点。

(2) 线形光束图像感烟火灾探测器可用于在发生火灾时产生烟雾的场所，烟草单位的烟叶仓库、成品仓库，纺织企业的棉麻仓库、原料仓库等大空间以及环境恶劣场所。

3. 下列场所或部位宜选用缆式线型感温探测器：

(1) 电缆隧道、电缆夹层、电缆竖井、重要的电缆桥架、托盘等；

(2) 配电装置、开关设备、变压器等；

(3) 各种皮带输送装置；

(4) 控制室、计算机室的闷顶内、地板下及重要设施隐蔽处等；

(5) 其他环境恶劣不适合点型探测器安装的危险场所。

4. 下列场所宜选用空气管式线型差温探测器：

(1) 可能产生油类火灾且环境恶劣的场所；

(2) 不易安装点型探测器的夹层、闷顶。

(四) 可燃气体探测器的选择

1. 下列场所宜选用可燃气体探测器：

(1) 使用管道煤气或天然气的厨房；

(2) 燃气站和燃气表房以及大量存储液化石油气罐的场所；

(3) 其他散发可燃气体和可燃蒸汽的场所；

(4) 有可能产生一氧化碳气体的场所，宜选用一氧化碳气体探测器。

2. 爆炸性气体场所气体探测器的选用：

（1）防爆场所选用的探测器应为防爆型；

（2）探测器的报警灵敏度应按照所需探测的气体进行标定，一级报警后（达到爆炸下限的25%）应控制启动有关排风机、送风机，二级报警后（达到爆炸下限的50%）应控制切断有关可燃气体的供应阀门。

3. 可燃气体探测器的安装：

（1）探测器的安装高度应根据所需检测的气体的比重确定，可燃气体密度小于空气密度（如天然气、城市煤气），可燃气体探测器安装位置应距离顶棚0.3m，可燃气体密度大于空气密度（如液化石油气），可燃气体探测器安装位置应距离地面0.3m；

（2）探测器的水平安装位置应靠近燃气阀门、管道接头、燃气表、燃气用具等气体容易泄露的部位。

（3）线形光束图像感烟火灾探测器的设计要求各产品不尽相同，实际工程中应参见相关产品样本。

（五）吸气式烟雾探测器的选择

1. 吸气式烟雾探测器适用于火灾的早期监测，下列场所宜采用吸气式烟雾探测器：具有高空气流量、高大开敞空间、隐蔽探测、人员高度密集、有强电磁波产生或不允许有电磁干扰、人员不宜进入等特别重要场所。

2. 探测器按功能分为两类：

（1）吸气式烟雾探测报警器：具有烟雾探测功能，具有复位、消音、自检功能，可独立于消防报警控制器使用，可对报警信号进行本地或远程输出；

（2）吸气式烟雾探测器：具有烟雾探测功能，不具有复位、消音、自检功能，不能够脱离消防报警控制器独立使用，所有对探测器的操作均需通过消防报警控制器来完成。

3. 探测区域不应跨越防火分区，一条管路的探测区域不宜超过500m²，一台探测器的探测区域不宜超过2000m²。

4. 吸气式烟雾探测火灾报警系统的每个采样孔可视为一个点式感烟探测器，采样孔的间距不应大于相同条件下点式感烟探测器的布置间距。

5. 在单独的房间设置的采样孔不得小于2个。

6. 一台探测器的采样管总长不宜超过200m，单管长度不宜超过100m。采样孔总数不宜超过100个，单管上的采样孔数量不宜超过25个。

7. 吸气式烟雾探测器的工作状态应在消防控制室或值班室内集中显示。

三、火灾探测器的布置与安装

（一）点型火灾探测器的安装

1. 探测区域内的每个房间至少应设置一只点型火灾探测器。

2. 感烟、感温探测器的保护面积和保护半径应按表9-23确定。

3. 感烟、感温探测器的安装间距不应超过图9-12中由极限曲线D_1～D_{11}（含D_9）所规定的范围。

4. 一个探测区域内所需设置的探测器数量按下式计算：

$$N \geqslant \frac{S}{K \cdot A}$$

式中　N——一个探测区域所需设置的探测器数量（个），N取整数；

S——一个探测区的面积（m²）；

A——一个探测器的保护面积（m²）；

K——修正系数，重点保护建筑取0.7～0.9，非重点保护建筑取1.0。

感烟、感温探测器的保护面积和保护半径　　表 9-23

<table>
<tr><th rowspan="4">火灾探测器的种类</th><th rowspan="4">地面面积 S(m²)</th><th rowspan="4">房间高度 h(m)</th><th colspan="6">探测器的保护面积 A 和保护半径 R</th></tr>
<tr><th colspan="6">屋顶坡度</th></tr>
<tr><th colspan="2">θ≤15°</th><th colspan="2">15°<θ≤30°</th><th colspan="2">θ>30°</th></tr>
<tr><th>A(m²)</th><th>R(m)</th><th>A(m²)</th><th>R(m)</th><th>A(m²)</th><th>R(m)</th></tr>
<tr><td rowspan="3">感烟探测器</td><td>S≤80</td><td>h≤12</td><td>80</td><td>6.7</td><td>80</td><td>7.2</td><td>80</td><td>8.0</td></tr>
<tr><td rowspan="2">S>80</td><td>6<h≤12</td><td>80</td><td>6.7</td><td>100</td><td>8.0</td><td>120</td><td>9.9</td></tr>
<tr><td>h≤6</td><td>60</td><td>5.8</td><td>80</td><td>7.2</td><td>100</td><td>9.0</td></tr>
<tr><td rowspan="2">感温探测器</td><td>S≤30</td><td>h≤8</td><td>30</td><td>4.4</td><td>30</td><td>4.9</td><td>30</td><td>5.5</td></tr>
<tr><td>S>30</td><td>h≤8</td><td>20</td><td>3.6</td><td>30</td><td>4.9</td><td>4.0</td><td>6.3</td></tr>
</table>

探测器设置数量的具体计算步骤如下：

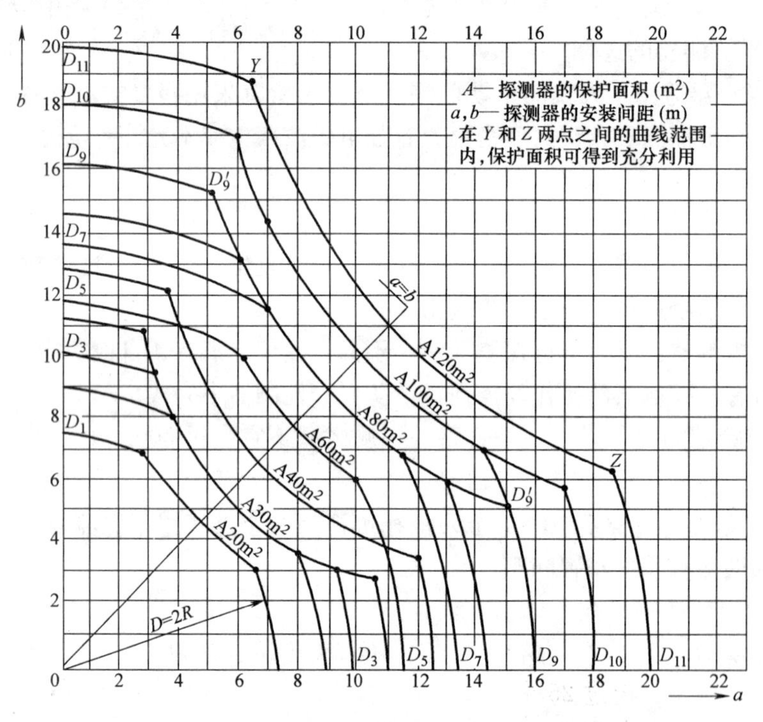

图 9-12　由探测器的保护面积 A 和保护半径 R 确定探测器的安装间距 a、b 的极限曲线

(1) 根据探测器监视的地面面积 S、房间高度 h、屋顶坡度 Q 及火灾探测器的种类查表 9-23，得出使用一个不同种类探测器的保护面积（A）和保护半径值（R），再考虑修正系数 K，计算出所需探测器数量，取整数；

(2) 根据保护面积 A 和保护半径 R，由图 11-62 中二极限曲线选取探测器安装的间距不应大于 a、b，然后具体布置探测器；

(3) 检验探测器到最远点的水平距离是否超过探测器保护半径，如超过时，应重新安排探测器或增加探测器数值。

【例题】 一个地面面积为 30m×40m（1200m²）的生产车间，其屋顶坡度为 15°，房间高度为 8m，使用感烟探测器保护，求需要多少只探测器？

【解】 (1) 按已知条件从表 9-23 中，可知一个探测器保护面积 $A=80\text{m}^2$，保护半径 $R=6.7\text{m}$，选 $K=1.0$。因此，该车间应安装感烟探测器数量为：

$$N=\frac{1200}{1.0\times 80}=15\text{只}$$

(2) 根据 $A=80$，在二极限曲线 D_7 的曲线段 YZ 上选取探测器安装间距 a、b 的数值。结合现场形状，选取 $a=8$m，$b=10$m。其布点情况见图 9-13。

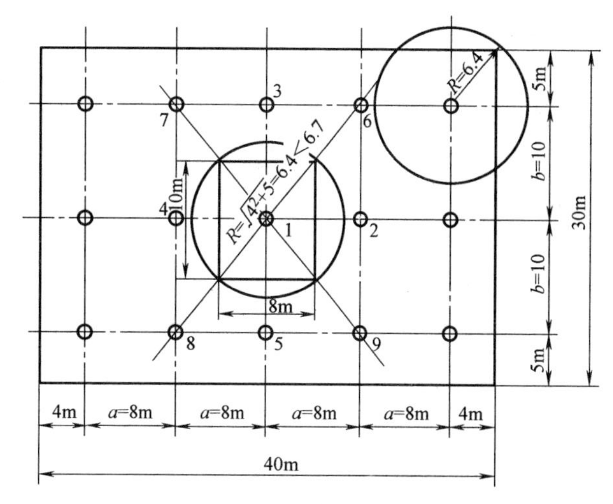

图 9-13　布点情况

(3) 探测器布点初步确定以后，还需要检查是否满足保护半径要求。因为探测器到最远的水平距离为 $R=6.4$m<6.7m，故符合要求。

5. 探测器一般安装在室内顶棚上。探测器周围 0.5m 内不应有遮挡物。

探测器至墙壁、梁边的水平距离不应小于 0.5m，如图 9-14 所示。

6. 探测器至空调送风口边的水平距离不应小于 1.5m，至多孔送风顶棚孔口的水平距离不应小于 0.5m。

7. 在宽度不于 3m 以内的走道顶棚上设置探测器时宜居中布置。感温探测器的安装间距 L 不应超过 10m，感烟探测器的安装间距 L 不应超过 15m。探测器至端墙的距离不应大于探测器安装间距的一半，见图 9-14 (*b*) 平面图。

8. 探测器的安装距离见表 9-24。探测器一般不安装在梁上，若不得已时，应按图 9-14 规定安装。探测器上的确认灯应朝向进门时易观察的位置。

9. 在梁突出顶棚的高度小于 200mm 的顶棚上设置感烟、感温探测器时，可不考虑对探测器保护面积的影响。

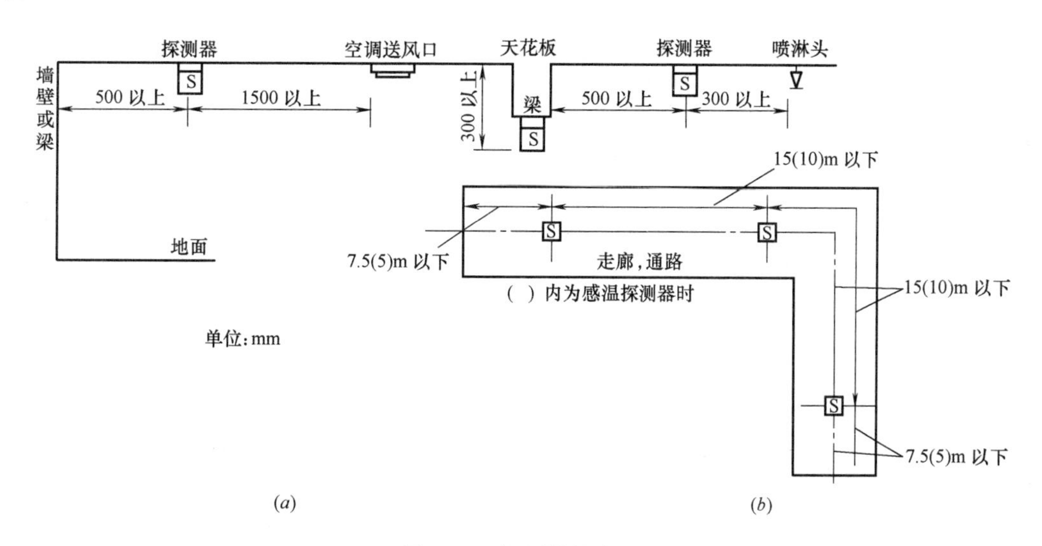

图 9-14　探测器的布置

(*a*) 剖面图；(*b*) 平面图

感烟、感温探测器安装要求　　**表 9-24**

安装场所	要求	安装场所	要求
感温探测器间距	<10m	距电风扇净距	≥1.5m
感烟探测器间距	<15m	距不突出的扬声器净距	≥0.1m
探测器至墙壁、梁边的水平距离	≥0.5m	距多孔送风顶棚孔净距	≥0.5m
至空调送风口边的水平距离	>1.5m	与各种自动喷水灭火喷头净距	≥0.3m
与照明灯具的水平净距	>0.2m	与防火门、防火卷帘间距	1~2m
距高温光源灯具	>0.5m	探测器周围 0.5m 内,不应有遮挡物	

当梁突出顶棚的高度在200～600mm时，应按有关规定的图表确定探测器的安装位置。和一个探测器能够保护的梁间区域的个数。

当梁突出顶棚的高度超过600mm时，被梁隔断的每个梁间区域至少设置一个探测器；

当被梁隔断的区域面积超过一个探测器的保护范围面积时，则应将被隔断的区域视为一个探测区，并应按有关规定计算探测器的设置数量。

10. 当房屋顶部有热屏障时，感烟探测器下表面至顶棚的距离应符合表9-25的规定。

感烟探测器下表面距顶棚（或屋顶）的距离　　表9-25

探测器的安装高度 h(m)	感烟探测器下表面距顶棚(或屋顶)的距离 d(mm)					
	顶棚(或层顶)坡度 θ					
	$\theta \leqslant 15°$		$15° \leqslant \theta < 30°$		$\theta > 30°$	
	最小	最大	最小	最大	最小	最大
$h \leqslant 6$	30	200	200	300	300	500
$6 < h \leqslant 8$	70	250	250	400	400	600
$8 < h \leqslant 10$	100	300	300	500	500	700
$10 < h \leqslant 12$	150	350	350	600	600	800

11. 探测器宜水平安装；如受条件限制必须倾斜安装时，倾斜角不应大于45°；大于45°时，应加木台安装（如图9-15所示）。

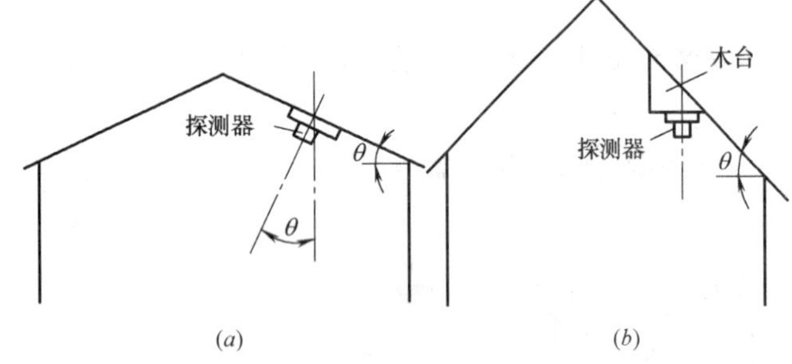

图9-15　探测器的安装角度

(a) $\theta \leqslant 45°$时；(b) $\theta > 45°$时

12. 电梯井、升降机井、管道井和楼梯间等处应安装感烟探测器。

(1) 楼梯间及斜坡道：

① 楼梯间顶部必须安装一只探测器。

② 楼梯间或斜坡道，可按垂直距离每10～15m高处安装一只探测器。为便于维护管理，应在房间面对楼梯平台上设置（如图9-16所示）。

③ 地上层和地下层楼梯间若需要合并成一个垂直高度考虑时，只允许地下一层和地上层的楼梯间合用一个探测器。

(2) 电梯井、升降机井和管道井：

① 电梯井　只需在正对井道的机房屋顶下装一只探测器。

② 管道井（竖井）未按每层封闭的管道井（竖井）应在最上层顶部安装。在下述场合可以不安装探测器：

a. 隔断楼板高度在三层以下且完全处于水平警戒范围内的管道井（竖井）及其他类似场所；

b. 管道井（竖井）经常有大量停滞灰尘、垃圾、臭气或风速常在5m/s以上。

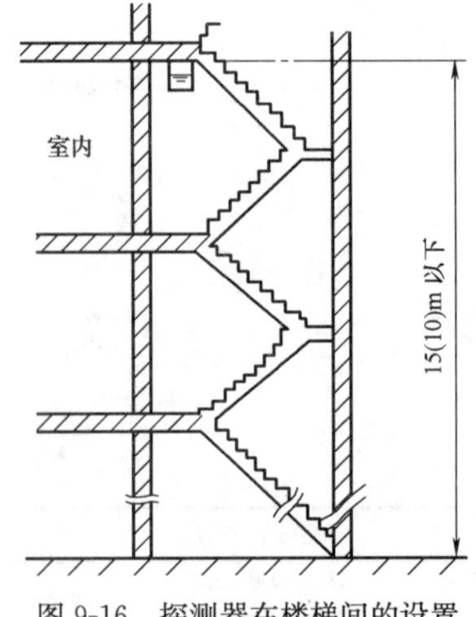

图9-16　探测器在楼梯间的设置

13. 在下列场所可不设置感烟、感温探测器：

(1) 火灾探测器的安装面距地面高度大于12m（感烟）、8m（感温）的场所；

(2) 因气流影响，使探测器不能有效发现火灾的场所；

(3) 闷顶和夹层间距小于50cm的场所；

(4) 闷顶及相关吊顶内的构筑物和装修材料是难燃型或已装有自动喷水灭火系统的闷顶或吊顶的场所；

(5) 难以维修的场所；

(6) 厕所、浴室及类似场所。

(二) 可燃气体探测器的安装要求

1. 探测器的安装位置应根据被测气体的密度、安装现场的气流方向、湿度等各种条件而确定。密度大，比空气重的气体，探测器应安装在探测区域的下部；密度小，比空气轻的气体，探测器应安装在探测区域的上部。

2. 在室内梁上安装探测器时，探测器与顶棚距离应在 200mm 以内。

3. 在可燃气体比空气重的场合，气体探测器应安装距煤气灶 4m 以内，距地面应为 300mm。梁高大于 0.6m 时，气体探测器应安装在有煤气灶的梁的一侧，在可燃气体比空气轻的场合，气体探测器安装同一般点型火灾探测器，参见图 9-17 所示。

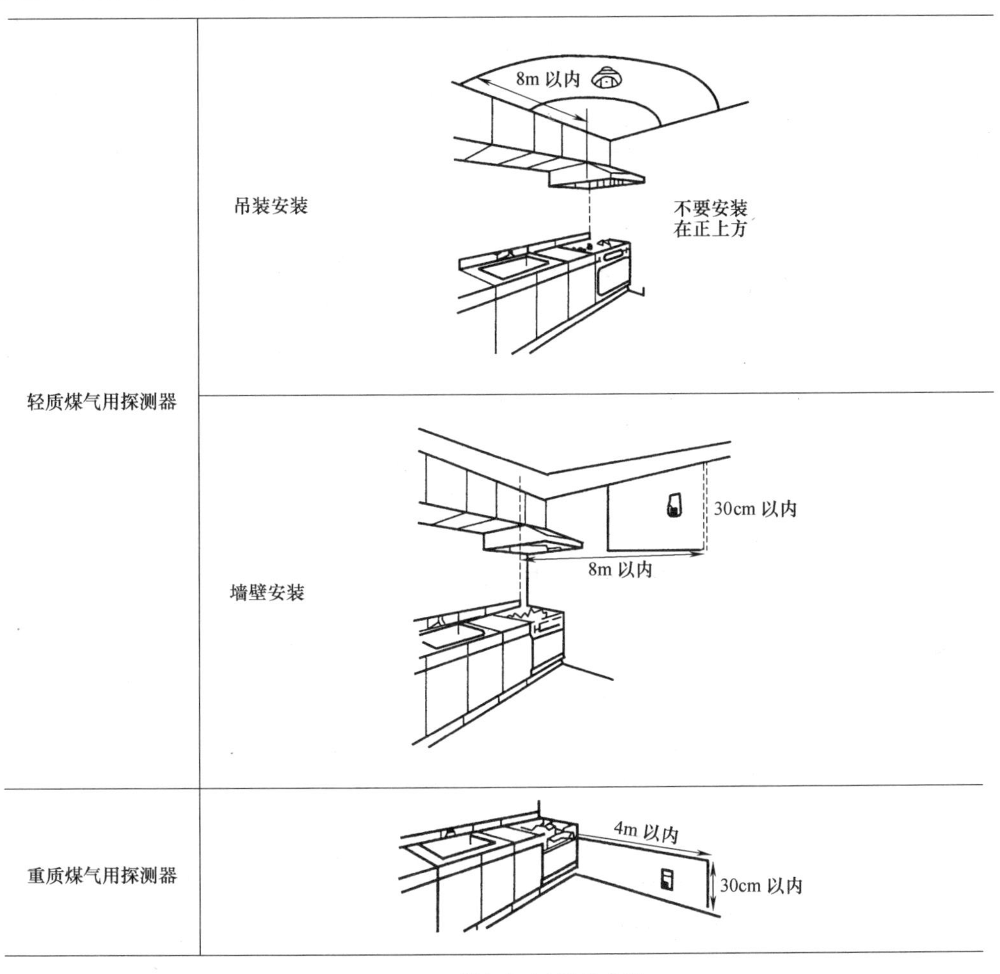

图 9-17　煤气探测器的安装

4. 防爆型可燃气体探测器安装位置依据可燃气体比空气重或轻分别安装在泄漏处的上部或下部，与非爆型可燃气体探测器安装相同。无论传统型圆形探测器还是变送器式方形探测器都采用墙上安装或利用钢管安装方式，后者利用直径 50mm 钢管或现有水、气管作为支撑钢管，加以 U 形螺栓管卡固定圆形探测器。而方形探测器要以 U 形螺栓管卡固定在直径 80mm 的钢管或现有水、气管上。支撑钢管安装方式适用于可燃气体比空气重的场合，探测器探测端面离地面高度以 0.3～0.6m 为宜。

(三) 线形光束感烟探测器的安装

线形光束感烟探测器与点型减光式光电感烟探测器的工作原理是一样的，只是烟不必进入点型光电探测器的采样室中。因此，点型光电感烟探测器能使用的场合，线形光束感烟探测器都可以使用。但是一般说来，线形光束感烟探测器较适宜安装在下列场所：

① 无遮挡大空间的库房、博物馆、纪念馆、档案馆、飞机库等；

② 古建筑、文物保护的厅堂馆所等；

③ 发电厂、变配电站等；

④ 隧道工程。

下列场所不宜使用线形光束探测器：

① 在保护空间有一定浓度的灰尘、水气粒子，且粒子浓度变化较快的场所；

② 有剧烈振动的场所；

③ 有日光照射或强红外光辐射源的场所。

线形光束感烟探测器的安装如下图 9-18 和图 9-19：

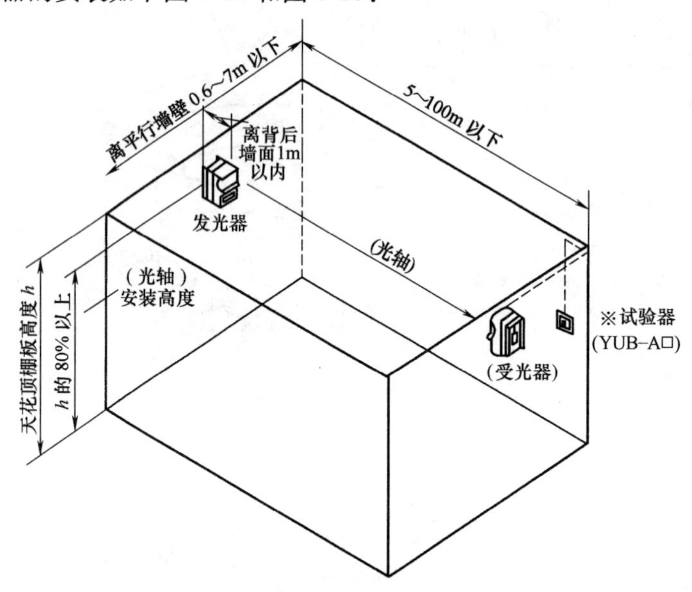

图 9-18　线型光电探测器的安装

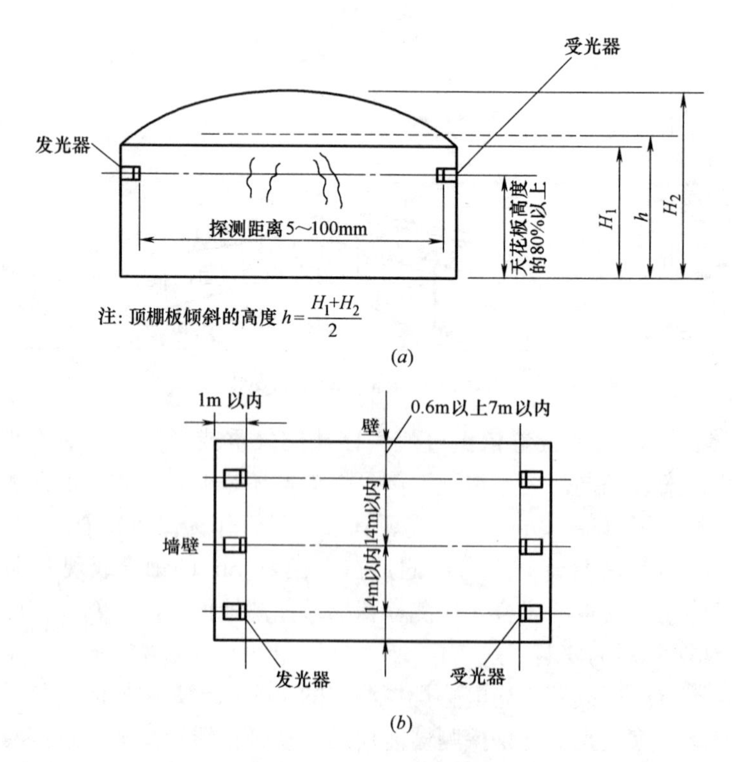

图 9-19　光电探测器的布置

(*a*) 正面图；(*b*) 平面图

1. 红外光束感烟探测器安装位置应选择烟最容易进入的光束区域，不应有其他障碍遮挡光束及不利的环境条件影响光束，发射器和接收器都必须固定可靠，不得松动。

2. 光束感烟探测器的光束轴线距顶棚的垂直距离宜为 0.3～1.0m，距地面高度不宜超过 20m。

3. 当房间高度为 8～14m 时，除在贴近顶棚下方墙壁的支架上设置外，宜在房间高度 1/2 的墙壁或支架上也设置光束感烟探测器。当房间高度为 14～20m 时，探测器宜分 3 层设置。

4. 相邻两组光束感烟探测器的水平距离最大不应超过 14m，探测器和发射器之间的距离不宜超过 100m。

（四）缆式线形定温探测器的安装方法

线形定温火灾探测器由两根弹性钢丝分别包敷热敏材料，绞对成形，绕包带再加外护套而制成。在正常监视状态下，两根钢丝间阻值接近无穷大。由于有终端电阻的存在，电缆中通过微小的监视电流。当电缆周围温度上升到额定动作温度时，其钢丝间热敏绝缘材料性能被破坏，绝缘电阻发生跃变，几近短路，火灾报警控制器检测到这一变化后报出火灾信号。当线形定温火灾探测器发生断线时，监视电流变为零，控制器据此可发出故障报警信号。

线形定温火灾探测器配加的单芯铜线作为接地保护使用。户外型线形定温火灾探测器在最外层编织绝缘纤维护套，起保护内部传感部件的作用，适合室外使用。屏蔽型线形定温火灾探测器在最外层编织金属丝护套，能起到良好的电磁屏蔽作用。使用时将金属丝接地，以防止强电磁场干扰信号串入线形定温火灾探测器，影响报警控制器，可提高系统的安全性和可靠性，同时也适合防爆场所使用。

1. 线形定温火灾探测器的选用

在选用下列保护对象的火灾报警系列时，宜优先选用线形定温火灾探测器：

（1）电缆桥架、电缆隧道、电缆夹层、电缆沟、电缆竖井；

（2）运输机、皮带装置、铁路机车；

（3）配电装置：包括开关设备、变压器、变电所、电机控制中心、电阻排等；

（4）除尘器中的布袋尘机、冷却塔、市政设施；

（5）货架仓库、矿山、管道线栈、桥梁、港口船舰；

（6）冷藏库、液体、气体贮藏容器；

（7）在火药、炸药、弹药火工品等有爆炸危险的场所必须选用防爆系列的线形定温火灾探测器。

2. 线形定温火灾探测器的安装

（1）安装时，应根据安装地点环境温度范围选用线形定温火灾探测器规格等级，一般设计原则是超过安装地点通常最高温度 30℃选取线形定温火灾探测器额定动作温度。

（2）线形定温火灾探测器安装在电缆托架或支架上时，宜以正弦波方式敷设于所有被保护的动力电缆或控制电缆的外护套上面，尽可能采用接触安装。具体安装方法参照图 9-20，固定卡具选用阻燃塑料卡具。

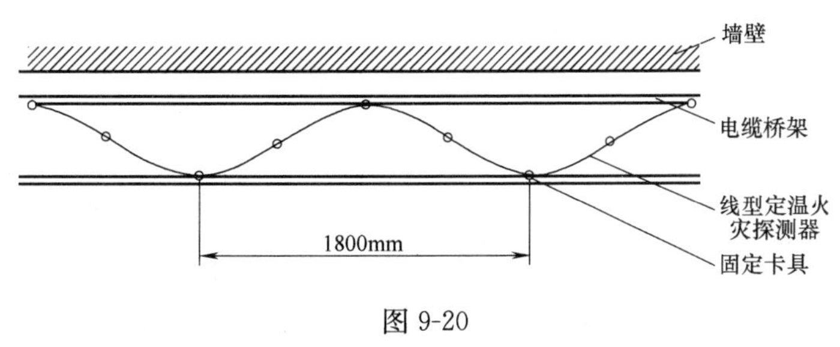

图 9-20

（3）在传送带上安装

在传送带宽度不超过 0.3m 的条件下，用一根和传送带长度相等的线形定温火灾探测器来保护。线形定温火灾探测器应是直接固定于距离传送带中心正上方不大于 225mm 的附属件上。附属件可以是一根吊线，也可以借助于现场原有的固定物。吊线的作用是提供一个支撑件。每隔 75m 用一个紧线螺栓来固定吊线。为防止线形定温火灾探测器下落，每隔 1～5m 用一个紧固件将线形定温火灾探测器和吊线卡紧，吊线的材料宜用 Φ2 不锈钢丝。其单根长度不宜超过 150m（在条件不具备时也可用镀锌钢丝来代替），如图 9-21 所示。

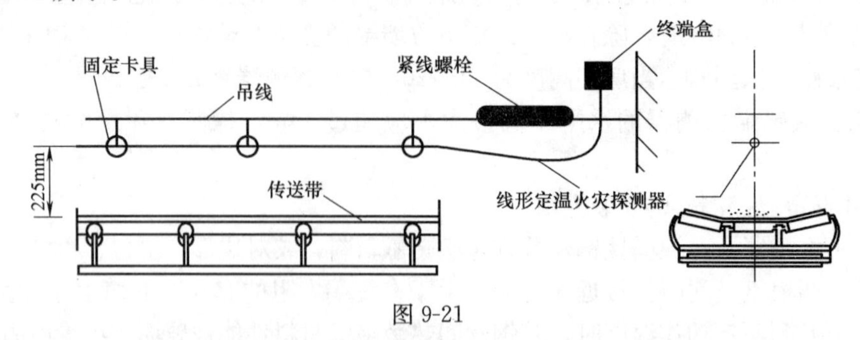

图 9-21

另一种方法是将线形定温火灾探测器安装于靠近传送带的两侧，可将线形定温火灾探测器通过导热板和滚珠轴承连接起来，以探测由于轴承摩擦和煤粉积累引起的过热。一般设计安装原则是在不影响平时运行和维护的情况下根据现场情况而定。

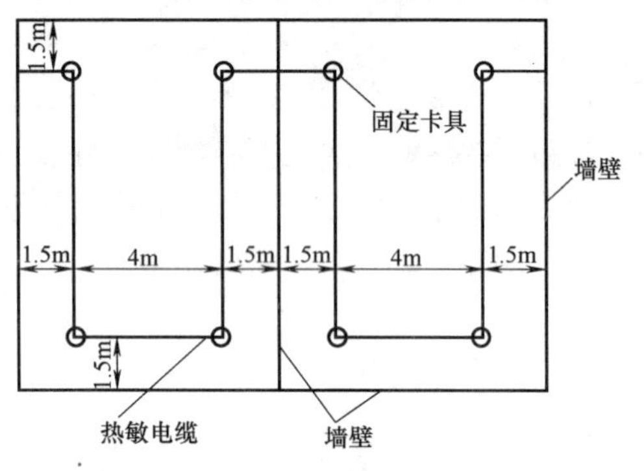

图 9-22　热敏电缆线路之间及其和墙壁之间的距离

（4）在建筑物内敷设线形定温火灾探测器时，其距顶棚不宜大于 500mm（一般在 200～300mm 内选择）；其与墙壁之间的距离约为 1500mm。它宜以方波形式敷设。方波间的距离不宜超过 4000mm，如图 9-22 所示。

（5）如果线形定温火灾探测器敷设在走廊、过道等长条形状建筑时，宜用吊线以直线方式在中间敷设。吊线应有拉紧装置，每隔 2m 用固定卡具把电缆固定在吊线上，如图 9-23 所示。

（6）安装于动力配电装置上

图 9-24 说明线形定温火灾探测器呈带状安装于电机控制盘上。由于采用了安全可靠的线绕扎结，使整个装置都得到保护。其他电气设备如变压器、刀闸开关、主配电装置、电阻排等在其周围温度不超过线形定温火灾探测器允许工作温度的条件下，均可采用同样的方法。

（7）安装于灰尘收集器或沉渣室、袋室、冷却塔、浮顶罐及市政设施、高架仓库等场所。安装方法可参照室内顶棚下的方式，在靠近和接触安装时可参照电缆托架的方式。

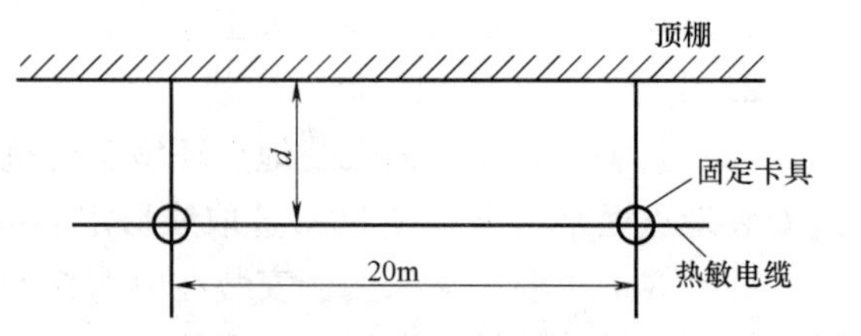

图 9-23　热敏电缆在顶棚下方安装

d=0.5m 以下（通常为 0.2～0.3m）

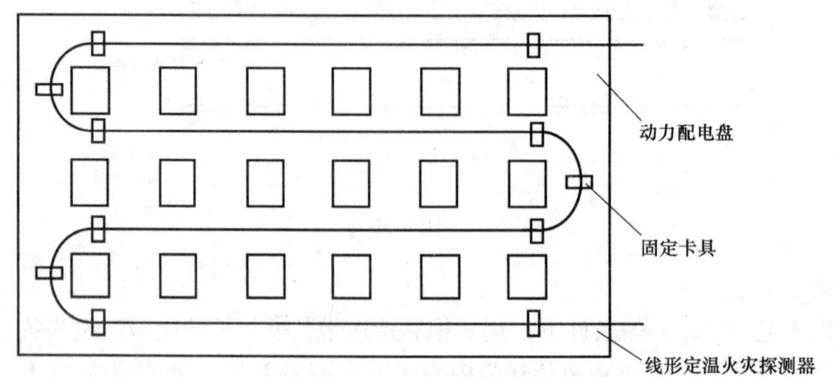

图 9-24　线形定温火灾探测器控制盘内带状敷设

(8) 缆式线形定温火灾探测器的接线盒、终端盒可安装在电缆隧道内或室内，并应将其固定于现场附近的墙壁上。安装于户外，应加外罩雨箱。

(五) 空气管线形差温探测器的安装

1. 使用安装时的注意事项

(1) 安装前必须做空气管的流通试验，在确认空气管不堵、不漏的情况下再进行安装。

(2) 每个探测器报警区的设置必须正确，空气管的设置要有利于一定长度的空气管足以感受到温升速率的变化。

(3) 每个探测器的空气管两端应接到传感元件上。

(4) 同一探测器的空气管互相间隔宜不大于5m，空气管至墙壁距离宜为1～1.5m。当安装现场较高或热量上升后有阻碍，以及顶部有横梁交叉几何形状复杂的建筑，间隔要适当减小。

(5) 空气管必须固定在安装部位，固定点间隔在1m之内。

(6) 空气管应安装在距安装面100mm处，难以达到的场所不得大于300mm。

(7) 在拐弯的部分空气管弯曲半径必须大于5mm。

(8) 安装空气管时不得使铜管扭弯、挤压、堵塞，以防止空气管功能受损。

(9) 在穿通墙壁等部位时，必须有保护管、绝缘套管等保护。

(10) 在人字架顶棚设置时，应使其顶部空气管间隔小一些，相对顶部比下部较密些，以保证获得良好的感温效果。

(11) 安装完毕后，通电监视：用U形水压计和空气注入器组成的检测仪进行检验，以确保整个探测器处于正常状态。

(12) 在使用过程中，非专业人员不得拆装探测器，以免损坏探测器或降低精度。另外应进行年检，以确保系统处于完好的监视状态。

2. 安装实例

这里举空气管线差温探测器在顶棚上安装的实例，如图9-25所示。另外，当空气管需要在人字形顶棚、地沟、电缆隧道、跨梁局部安装时，应按工程经验或厂家出厂说明进行。

(六) 火焰探测器安装要求（图9-26）

(1) 红外火焰探测器应安装在能提供最大视场角的位置。在有梁顶棚或锯齿形顶棚时，安装位置应选最高处的下面。探测器的有效探测范围内不应有障碍物。探测器安装时，应避开阳光或灯光直射或反射到探测器上。若无法避开反射来的红外光时，应采取防护措施，对反射光源加以遮挡，以免引起误报。探测器安装间距（L）应小于安装高度（H）的两倍（即$L<2H$）。安装在潮湿场所应采取防水措施，防止水滴侵入。

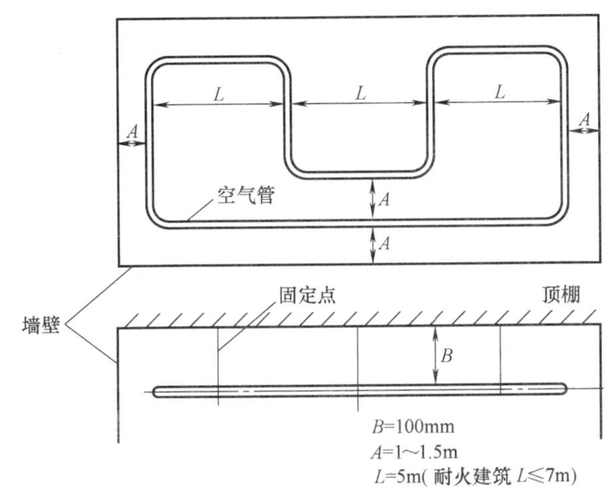

图9-25　空气管探测器在顶棚上的安装示意

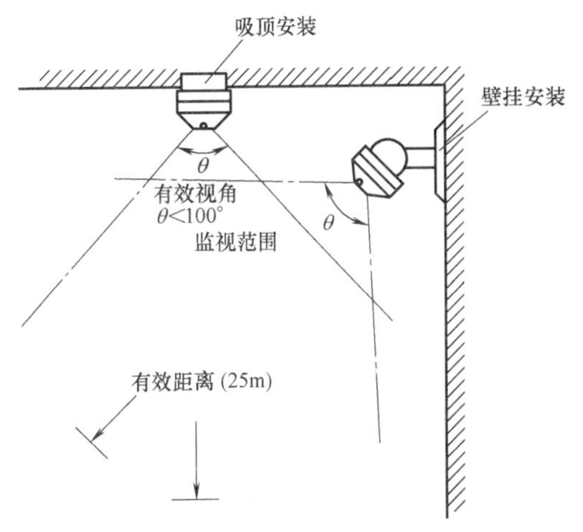

图9-26　火焰探测器吸顶和壁挂安装

（2）紫外火焰探测器的安装应处于其被监视部位的视角范围以内，但不宜在可能产生火焰区域的正上方，其有效探测范围内不应有障碍物。安装在潮湿场所时应采用密封措施。

（七）空气抽样火灾探测系统的安装

空气抽样火灾探测系统是一种火灾初始阶段探测的火灾自动报警设备，其安装应符合下列规定：

（1）该系统保护面积应不大于2000m²。

（2）每个探测器保护面积应不大于100m²。

（3）按网格覆盖理论规定探测器与墙壁之间的距离应不超过5m；两个探测器的间距应不超过10m。

（4）管路采用顶棚板下方安装，隐藏式安装或在回风口安装。

（5）管路采用单管、双管、三管或四管系统。单管或双管系统，每管的长应不大于100m；三管或四管系统，每管的管长应不大于50m。每根管的取样孔应不大于25个。

四、手动报警装置的安装

国家规范规定：火灾自动报警系统应有自动和手动两种触发装置。所谓触发装置是指能自动或手动产生火灾报警信号的器件。

自动触发器件是火灾探测器、水流指示器、压力开关等。

手动报警按钮、消防泵启动按钮是人工手动发送信号、通报火警的触发器件。人工报警简便易行，可靠性高，是自动系统必备的补充。手动报警按钮一般情况下不兼作启泵的作用，但如果这两个触发装置在某一工程中，设置标准完全重合时，可以考虑兼容。

关于手动火灾报警按钮的设置，要求报警区域内的每个防火分区，至少设置一个手动报警按钮。

1. 手动火灾报警按钮应安装在下列部位：

（1）大厅、过厅、主要公共活动场所的出入口；

（2）餐厅、多功能厅等处的主要出入口；

（3）主要通道等经常有人通过的地方；

（4）各楼层的电梯间、电梯前室。

2. 手动火灾报警按钮安装的位置，应满足在一个防火分区内的任何位置到最邻近的一个手动火灾报警按钮的步行距离，不大于25m。

3. 手动火灾报警按钮在墙上的安装高度为1.3～1.5m。按钮盒应具有明显的标志和防误动作的保护措施。

4. 手动火灾报警按钮应安装牢固，并不得倾斜。

5. 手动火灾报警按钮的外接导线应留有不小于100mm的余量，端部应有明显标志。

五、接口模块的安装

（1）接口模块含输入、输入/输出、切换及各种控制动作模块以及总线隔离器等。

（2）总线隔离器设置应满足以下要求：当隔离器动作时，被隔离保护的输入/输出模块不应超过32个。

（3）为了便于维修模块，应将其装于设备控制柜内或吊顶外，吊顶外应安装在墙上距地面高1.5m处。若装于吊顶内，需在吊顶上开维修孔洞。

（4）安装有明装和暗装两种方式，前者将模块底盒安装在预埋盒上，后者将模块底盒预埋在墙内或安装在专用装饰盒上。

六、火灾报警控制器的安装

1. 火灾报警控制器的安装应符合下列要求：

（1）火灾报警控制器（以下简称控制器）在墙上安装时，其底边距地（楼）面高度宜为

1.3～1.5m；落地安装时，其底宜高出地坪 0.1～0.2m。

（2）控制器靠近其门轴的侧面距离不应小于 0.5m，正面操作距离不应小于 1.2m。

落地式安装时，柜下面有进出线地沟；如果需要从后面检修时，柜后面板距离不应小于 1m；当有一侧靠墙安装时，另一侧距离不应小于 1m。

（3）控制器的正面操作距离：当设备单列布置时不应小于 1.5m；双列布置时不应小于 2m；在值班人员经常工作的一面，控制盘前距离不应小于 3m。

2. 控制器应安装牢固，不得倾斜。安装在轻质墙上时应采取加固措施。

3. 引入控制器的电缆或导线应符合下列要求：

（1）配线应整齐、避免交叉，并应固定牢固。

（2）电缆芯线和所配导线的端部均应标明编号，并与图纸一致；字迹清晰不易褪色；并应留有不小于 200mm 的余量。

（3）端子板的每个接线端，接线不得超过两根。

（4）导线应绑扎成束；其导线引入线穿线后，在进线管处应封堵。

4. 控制器的主电源引入线应直接与消防电源连接，严禁使用电源插头。主电源应有明显标志。

5. 控制器应接地牢固，并有明显标志。

6. 竖向的传输线路应采用竖井敷设。每层竖井分线处应设端子箱。端子箱内的端子宜选择压接或带锡焊接的端子板。其接线端子上应有相应的标号。分线端子除作为电源线、故障信号线、火警信号线、自检线、区域号外，宜设两根公共线供给调试作为通讯联络用。

7. 消防控制设备在安装前应进行功能检查，不合格者，不得安装。

8. 消防控制设备的外接导线，当采用金属软管作套管时，其长度不宜大于 2m，且应采用管卡固定。其固定点间距不应大于 0.5m。金属软管与消防控制设备的接线盒（箱）应采用锁母固定，并应根据配管规定接地。

9. 消防控制设备外接导线的端部应有明显标志。

10. 消防控制设备盘（柜）内不同电压等级、不同电流类别的端子应分开，并有明显标志。

七、其他设备的安装

（1）楼层显示器采用壁挂式安装，直接安装在墙上或安装在支架上。其底边距地面的高度宜为 1.3～1.5m，靠近其门轴的侧面距离不应小于 0.5m，正面操作距离不应小于 1.2m。

（2）接线端子箱作为一种转接施工线路，是一种便于布线和查线的接口装置，还可将一些接口模块安装在其内。端子箱采用明、暗两种安装方式，将其安装在弱电竖井内的各分层处或各楼层便于维修调试的地方。

八、火灾应急广播和警报装置

（一）火灾应急广播的设置范围和技术要求

《火灾自动报警系统设计规范》（GB 50116—98）规定：控制中心报警系统应设置火灾应急广播系统；集中报警系统宜设置火灾应急广播系统。火灾应急广播主要用来通知人员疏散及发布灭火指令。

（1）火灾应急广播扬声器的设置，应符合下列要求：

1）在民用建筑内，扬声器应设置在走道和大厅等公共场所。每个扬声器的额定功率不应小于 3W，其数量应能保证从一个防火分区内的任何部位到最近一个扬声器的距离不大于 25m。走道内最后一个扬声器至走道末端的距离不应大于 12.5m。

2）在环境噪声大于 60dB 的场所设置的扬声器，在其播放范围内最远点的播放声压级应高于背景噪声 15dB。

3）客房设置专用扬声器时，其额定功率不宜小于 1W。

(2) 火灾事故广播播放疏散指令的控制程序：

1) 地下室发生火灾，应先接通地下各层及首层。若首层与2层具有大的共享空间时，也应接通2层；

2) 首层发生火灾，应先接通本层、2层及地下各层；

3) 2层及2层以上发生火灾，应先接通火灾层及其相邻的上、下层。

(3) 火灾事故广播线路应独立敷设，不应和其他线路（包括火警信号、联动控制等线路）同管或同线槽槽孔敷设。

(4) 火灾应急广播与公共广播（包括背景音乐等）合用时应符合以下要求：

1) 火灾时，应能在消防控制室将火灾疏散层的扬声器和公共广播扩音机强制转入火灾应急广播状态。

2) 消防控制室应能监探用于火灾应急广播时的扩音机的工作状态，并具有遥控开启扩音机和采用传声器广播的功能。

3) 床头控制柜设有扬声器时，应有强制切换到应急广播的功能。

4) 火灾应急广播应设置备用扩音机，其容量不应小于火灾应急广播扬声器最大容量总和的1.5倍。有关火灾事故广播和背景音乐广播合用的设计可参见第四章。

(5) 火灾应急广播的控制方式有以下几种形式：

1) 独立的火灾应急广播。这种系统配置专用的扩音机、分路控制盘、音频传输网路及扬声器。当发生火灾时，由值班人员发出控制指令，接通扩音机电源，并按消防程序起动相应楼层的火灾事故广播分路。系统方框原理图见图9-27。

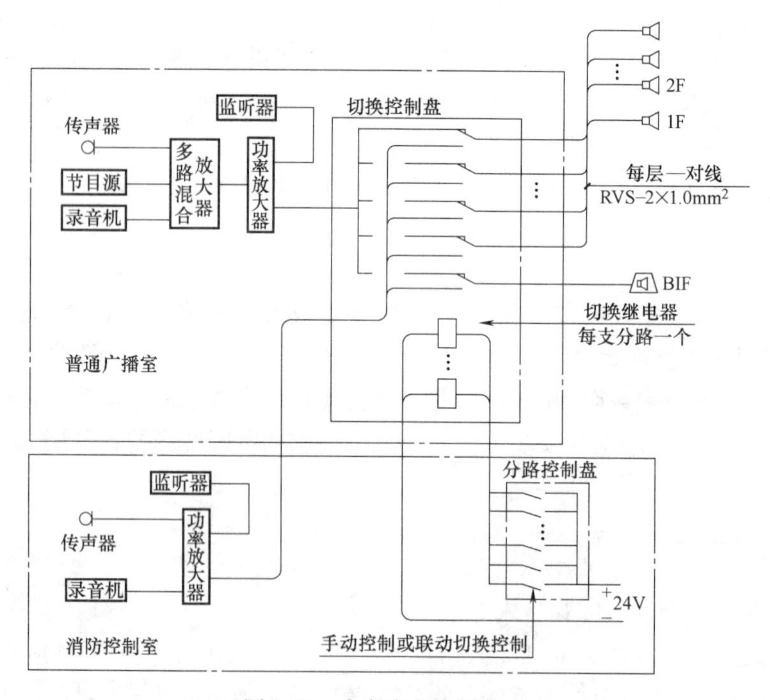

图9-27 火灾应急广播系统

2) 火灾应急广播与广播音响系统合用。在这种系统中，广播室内应设有一套火灾应急广播专用的扩音机及分路控制盘，但音频传输网路及扬声器共用。火灾事故广播扩音机的开机及分路控制指令由消防控制中心输出，通过强拆器中的继电器切除广播音响而接通火灾事故广播，将火灾事故广播送入相应的分路，其分路应与消防报警分区相对应。

利用消防广播具有切换功能的联动模块，可将现场的扬声器接入消防控制器的总线上，由正常广播和消防广播送来的音频广播信号，分别通过此联动模块的无源常闭触点和无源常开触点接在扬声器上。

火灾发生时，联动模块根据消防控制室发出的信号，无源常闭触点打开，切除正常广播，无源常开触点闭合，接入消防广播，实现消防强切功能。一个广播区域可由一个联动模块控制，如图 9-28 所示。

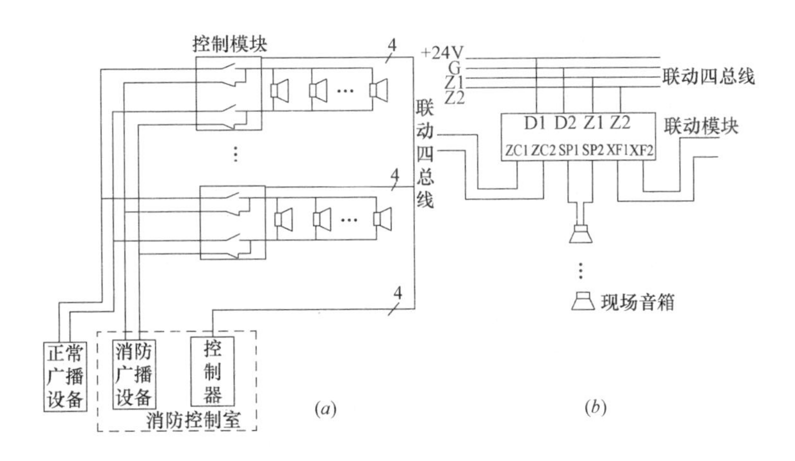

图 9-28　总线制消防应急广播系统示意图

(*a*) 控制原理方框图；(*b*) 模块接线示意图

Z1,Z2—信号二总线连接端子；D1,D2—电源二总线连接端子；ZC1,ZC2—正常广播线输入端子；XF1,XF2—消防广播线输入端子；SP1,SP2—与扬声器连接的输出端子

（二）火灾警报装置

未设置火灾应急广播的火灾自动报警系统，应设置火灾警报装置。

火灾警报装置是在火灾时能发出火灾音响及灯光的设备。由电笛（或电铃）与闪光灯组成一体（也有只有音响而无灯光的）。音响的音调与一般音响有区别，通常是变调声（与消防车的音调类似），其控制方式与火灾应急广播相同。

火灾警报装置的设置范围和技术要求如下：

规范规定：设置区域报警系统的建筑，应设置火灾警报装置；设置集中报警系统和控制中心报警系统的建筑，宜装置火灾警报装置。同时还规定：在报警区域内，每个防火分区至少安装一个火灾警报装置。其安装位置，宜设在各楼层走道靠近楼梯出口处。警报装置宜采用手动或自动控制方式。

为了保证安全，火灾警报装置应在火灾确认后，由消防中心按疏散顺序统一向有关区域发出警报。在环境噪声大于 60dB(A) 的场所设置火灾警报装置时，其声压级应高于背景噪声 15dB(A)。

九、消防专用电话的安装

1. 消防专用电话，应建成独立的消防通信网络系统。

2. 消防控制室、消防值班室或工厂消防队（站）等处应装设向公安消防部门直接报警的外线电话（城市 119 专用火警电话用户线）。

3. 消防控制室应设消防专用电话总机，且宜选择共电式电话总机或对讲通信电话设备。

4. 下列部位应设置消防专用电话分机：

（1）消防水泵房、备用发电机房、配变电室、主要通风和空调机房、排烟机房、消防电梯机房及其他与消防联动控制有关的且经常有人值班的机房；

（2）灭火控制系统操作装置处或控制室；

（3）企业消防站、消防值班室、总调度室。

5. 设有手动火灾报警按钮、消火栓按钮等处宜设置电话塞孔。电话塞孔在墙上安装时，其底边距地面高度宜为 1.3～1.5m。

6. 特级保护对象的各避难层应每隔 20m 设置一个消防专用电话分机或电话塞孔。

7. 工业建筑中下列部位应设置消防专用电话分机：

（1）总变、配电站及车间变、配电所；

（2）工厂消防队站，总调度室；

（3）保卫部门总值班室；

（4）消防泵房、取水泵房（处）、电梯机房；

（5）车间送、排风及空调机房等处。

工业建筑中手动报警按钮、消火栓启泵按钮等处宜设消防电话塞孔。

十、消防控制室和系统接地

1. 消防控制室的设置

（1）消防控制室宜设置在建筑物的首层（或地下1层），门应向疏散方向开启，且入口处应设置明显的标志，并应设置直通室外的安全出口。

（2）消防控制室周围不应布置电磁场干扰较强及其他影响消防控制设备工作的设备用房，不应将消防控制室设于厕所、锅炉房、浴室、汽车间、变压器室等的隔壁和上、下层相对应的房间。

（3）有条件时宜设置在防灾监控、广播、通讯设施等用房附近，并适当考虑长期值班人员房间的朝向。

2. 消防控制室的设备布置

（1）设备面盘前的操作距离：单列布置时不应小于1.5m；双列布置时不应小于2m。

（2）在值班人员经常工作的一面，控制屏（台）至墙的距离不应小于3m。

（3）控制屏（台）后的维修距离不宜小于1m。

（4）控制屏（台）的排列长度大于4m时，控制屏（台）两端应设置宽度不小于1m的通道。

（5）集中报警控制器（或火灾通用报警控制器）安装在墙上时，其底边距地高度应为1.3～1.5m；靠近其门轴的侧面距墙不应小于0.5m；正面操作距离不应小于1.2m。

（6）消防控制室的送、回风管在其穿墙处应设防火阀。

（7）消防控制室内严禁与其无关的电气线路及管路穿过。

（8）火灾自动报警系统应设置带有汉化操作的界面，可利用汉化的CRT显示和中文屏幕菜单直接对消防联动设备进行操作。

（9）消防控制室在确认火灾后，宜向BAS系统及时传输，显示火灾报警信息，且能接收必要的其他信息。

消防报警控制室设备安装如图9-29及图9-30所示。

3. 系统接地

为保证火灾自动报警系统和消防设备正常工作，对系统的接地规定如下：

（1）火灾自动报警系统应在消防控制室设置专用接地板，接地装置的接地电阻值应符合下列要求：

① 当采用专用接地时，接地电阻值不应大于4Ω；

② 当采用联合接地时，接地电阻值不应大于1Ω。

（2）火灾报警系统应设专用接地干线，由消防控制室引至接地体。

（3）专用接地干线应采用铜芯绝缘导线，其芯线截面积不应小于$25mm^2$，专用接地干线宜穿硬质型塑料管埋设至接地体。

（4）由消防控制室接地板引至各消防电子设备的专用接地线应选用铜芯塑料绝缘导线，其芯线截面积不应小于$4mm^2$。

（5）消防电子设备凡采用交流供电时，设备金属外壳和金属支架等应作保护接地。接地线应与电气保护接地干线（PE线）相连接。

图9-31画出共用接地和专用接地的示意图。

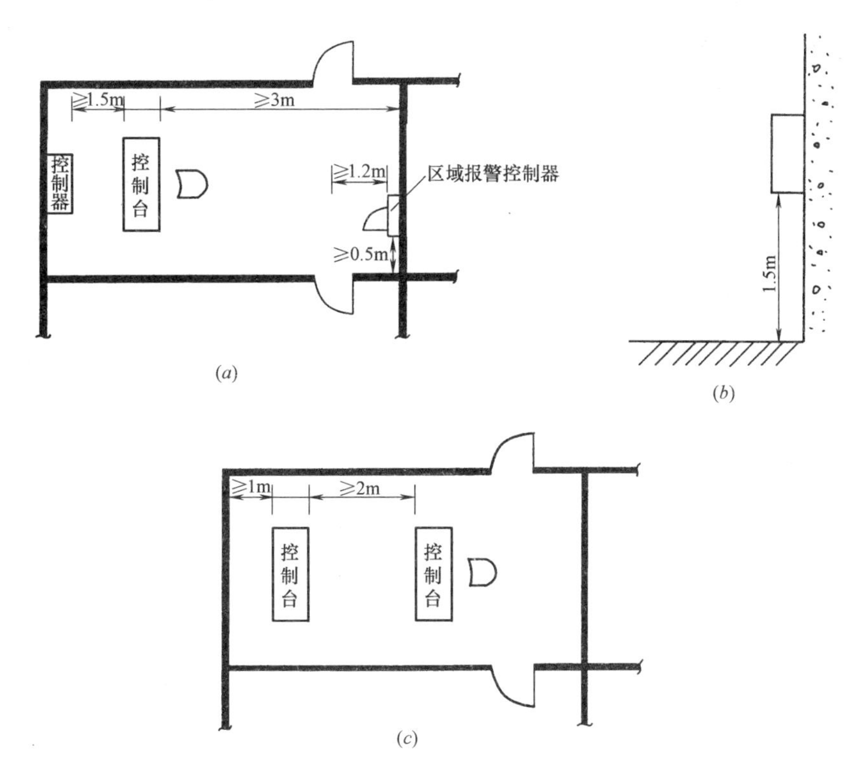

图 9-29　消防报警控制室设备安装示意

(a) 布置图；(b) 壁挂式侧面图；(c) 双列布置图

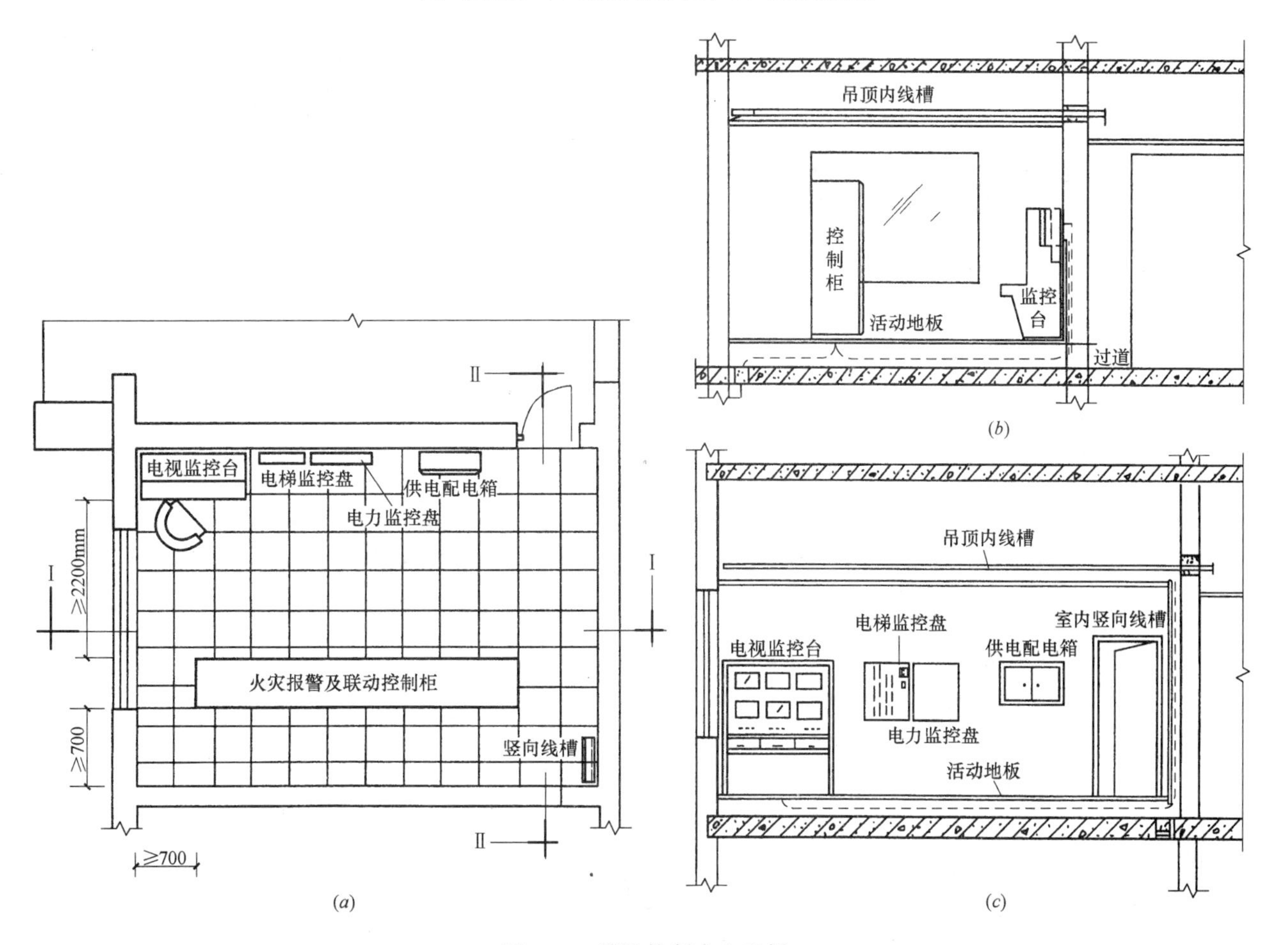

图 9-30　消防控制中心示例

(a) 平面图；(b) Ⅱ—Ⅱ剖面图；(c) Ⅰ—Ⅰ剖面图

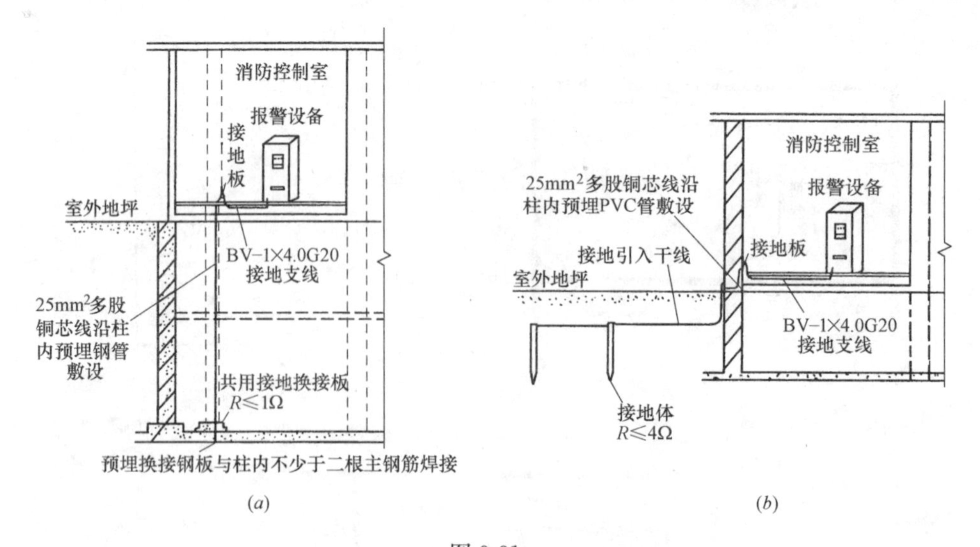

图 9-31

(*a*) 共用接地装置示意图；(*b*) 专用接地装置示意图

第六节　布线与配管

一、布线的防火耐热措施

1. 火灾报警系统和消防设备的传输线应采用铜芯绝缘导线或铜芯电缆，推荐采用 NH 氧化镁防火电缆耐火电缆或 ZR 阻燃型电线电缆等产品。这些线缆的电压等级不应低于交流 250V，线芯的最小截面一般应符合表 9-26 的要求。

火灾自动报警系统用导线最小截面　　**表 9-26**

类　　别	线芯最小截面(mm^2)	备　　注
穿管敷设的绝缘导线	1.00	
线槽内敷设的绝缘导线	0.75	
多芯电缆	0.50	
由探测器到区域报警器	0.75	多股铜芯耐热线
由区域报警器到集中报警器	1.00	单股铜芯线
水流指示器控制线	1.00	
湿式报警阀及信号阀	1.00	
排烟防火电源线	1.50	控制线>1.00mm^2
电动卷帘门电源线	2.50	控制线>1.50mm^2
消火栓控制按钮线	1.50	

2. 系统布线采取必要的防火耐热措施，有较强的抵御火灾能力，即使在火灾十分严重的情况下，仍能保证消防系统安全可靠的工作。

所谓防火配线是指由于火灾影响，室内温度高达 840℃时，仍能使线路在 30min 内可靠供电。

所谓耐热配线是指由于火灾影响，室内温度高达 380℃时，仍能使线路在 15min 内可靠供电。

无论是防火配线还是耐热配线，都必须采取合适的措施：

(1) 用于消防控制、消防通信、火灾报警以及用于消防设备（如消防水泵、排烟机、消防电梯等）的传输线路均应采取穿管保护。

金属管、PVC（聚氯乙烯）硬质或半硬质塑料管或封闭式线槽等都得到了广泛应用。但需注意，传输线路穿管敷设或暗敷于非延燃的建筑结构内时，其保护层厚度不应小于 30mm。若必须明敷时，在线管外用硅酸钙筒（壁厚 25mm）或用石棉、玻璃纤维隔热筒（壁厚 25mm）保护。

(2) 在电缆井内敷设有非延燃性绝缘和护套的导线、电缆时，可不穿管保护，对消防电气线路所经过的建筑物基础、顶棚、墙壁、地板等处均应采用阻燃性能良好的建筑材料和建筑装饰材料。

(3) 电缆井、管道井、排烟道、排气道以及垃圾道等竖向管道，其内壁应为耐火极限不低于 1h 的非燃烧体，并且内壁上的检查门应采用丙级防火门。

3. 为满足防火耐热要求，对金属管端头接线应保留一定余度；配管中途接线盒不应埋设在易于燃烧部位，且盒盖应加套石棉布等耐热材料。

以上是建筑消防系统布线的防火耐热措施，除此之外，消防系统室内布线还应遵照有关消防法规规定，做到：

(1) 不同系统、不同电压、不同电流类别的线路不应穿于同一根管内或线槽内的同一槽孔内；

(2) 建筑物内不同防火分区的横向敷设的消防系统传输线路，如采用穿管敷设，不应穿于同一根管内；

(3) 建筑物内如只有一个电缆井（无强电与弱电井之分），则消防系统弱电部分线路与强电部分线路应分别设置于同一竖井的两侧；

(4) 火灾探测器的传输线路应选择不同颜色的绝缘导线，同一工程中相同线别的绝缘导线颜色要一致，接线端子要设不同标号；

(5) 绝缘导线或电缆穿管敷设时，所占总面积不应超过管内截面积的 40%，穿于线槽的绝缘导线或电缆总面积不应大于线槽截面积的 60%。

消防系统的防火耐热布线见图 9-32。

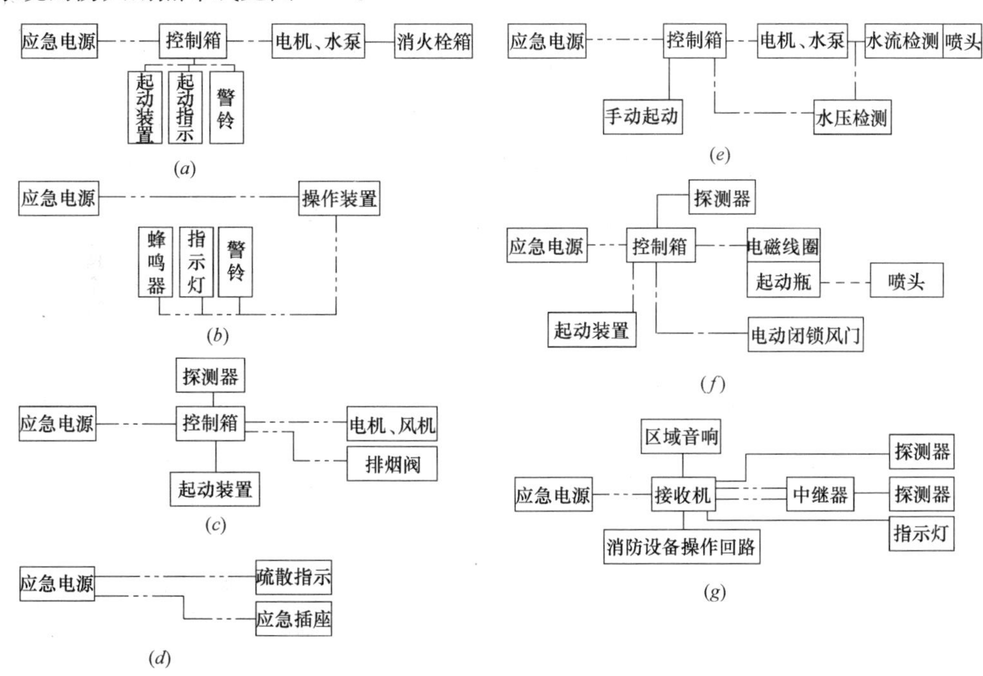

图 9-32　建筑消防系统防火耐热布线示意图

(*a*) 消火栓灭火系统；(*b*) 声、光报警装置；(*c*) 防排烟系统；(*d*) 疏散诱导及应急插座装置；
(*e*) 自动水喷淋灭火系统；(*f*) 自动气全喷洒灭火系统；(*g*) 火灾自动报警系统

图中：—··—耐火线；—·—耐热线；——一般线；- - - -管道线

二、系统的配线

系统的配线如下：

(1) 回路总线

指主机到各编址单元之间的联动总线。导线规格为 RVS-2×1.5m² 双色双绞多股塑料软线。要求回路电阻小于40Ω，是指从机器到最远编址单元的环线电阻值（两根导线）。

（2）电源电线

指主机或从机对编址控制模块和显示器提供的DC24V电源。电源总线采用双色多股塑料软线，型号为RVS-2×1.5mm^2。接模块的电源线用RVS-2×1.5mm^2。

（3）通信总线

指主机与从机之间的联接总线，或者主机——从机——显示器之间的联接总线。通信总线采用双色多绞多股塑料屏蔽导线，型号为RVVP-2×1.5mm^2；距离短（<500m）时，可用2×1.0mm^2。

（4）联动系统控制线：总线联动系统控制选用RVS双色双绞线，多线联动控制系统选用KVV电缆线，其余用BVR或BV线。

三、管线的安装

管线安装的要求如下：

1. 火灾自动报警系统报警线路应采用穿金属管、阻燃型硬制塑料管或封闭式线槽保护；消防控制、通信和警报线路在暗敷时宜采用阻燃型电线穿保护管敷设在不燃结构层内（保护层厚度3cm）。控制线路与报警线路合用明敷时应穿金属管并喷涂防火涂料，其线采用氧化镁防火电缆。总线制系统的布线，宜采用电缆敷设在耐火电缆桥架内，或有条件的可选用铜皮防火电缆。

2. 消火栓泵、喷淋泵电动机配电线路宜选用穿金属管并埋设在非燃烧体结构内的电线，或选用耐火电缆敷设在耐火型电缆桥架或选用氧化镁防火型电缆。

3. 建筑物各楼层带双电源切联的配电箱至防火卷帘的电源应采用耐火电缆。

4. 消防电梯配电线路应采用耐火电缆或氧化镁防火电缆。

5. 火灾应急照明线路、消防广播通讯应采用穿金属管保护电线，并暗敷于不燃结构内，且保护层厚度不小于30mm，或采用耐火型电缆明敷于吊顶内。

6. 布线使用的非金属管材、线槽及其附件应采用不燃或非延燃性材料制成。

7. 管线经过建筑物的变形缝（包括沉降缝、伸缩缝、抗震缝等）处，应采用以下措施：

（1）管线经过建筑物的变形缝处，宜采用两个接线盒分别设置在变形缝两侧。

（2）一个接线盒，两端应开长孔（孔直径大于保护管外径2倍以上），变形缝的另一侧管线通过此孔伸入接线盒处。

（3）连接线缆及跨接地线均应呈悬垂状而有余量。无论变形缝两侧采用两个或一个接线盒，必须呈弯曲状留有余量。

（4）工作接地线应采用铜芯绝缘导线或电缆，不得利用镀锌扁铁或金属软管。

8. 管线安装时，还应注意如下几点：

（1）不同系统、不同电压、不同电流类别的线路，应穿于不同的管内或线槽的不同槽孔内。

（2）同一工程中相同线别的绝缘导线颜色应一致，导线的接头应在接线盒内焊接，或用端子连接，接线端子应有标号。

（3）敷设在多尘和潮湿场所管路的管口和管子连接处，均应作密封处理。

（4）存在下列情况时，应在便于接线处装设接线盒：

① 管子长度每超过45m，无弯曲时；

② 管子长度每超过30m，有一个弯曲时；

③ 管子长度每超过20m，有两个弯曲时；

④ 管子长度每超过12m，有三个弯曲时。

（5）管子入盒时，盒外侧应套锁母，内侧应装护口。在吊顶内敷设时，盒的内外侧均应套锁母。

（6）线槽的直线段应每隔1.0～1.5m设置吊点或支点，在线槽接头处、距接线盒0.2m处及线槽走向改变或转角处亦应设吊点或支点，吊装线槽的吊杆直径应大于6mm。

四、控制设备的接线要求

1. 报警控制器的配线要求如下：

(1) 配线应整齐，避免交叉，并应固定牢靠；

(2) 电缆芯线和所配导线的端部均应标明编号，并与图纸一致，字迹清晰不易褪色；

(3) 端子板的每个接线端，接线不得超过两根；

(4) 电缆芯和导线应留有不小于 20cm 的余量；

(5) 导线应绑扎成束，导线引入线穿线后应在进线处封堵。

2. 报警控制器的电源与接地要求如下：

(1) 控制器的主电源引入线应直接与消防电源连接，严禁使用电源插头。主电源应有明显标志。

(2) 控制器的接地应牢固并有明显标志，工作接地线与保护接地线必须分开。

3. 消防联动控制设备的接线的要求如下：

(1) 消防控制设备盘（柜）内不同电压等级、不同电流类别的端子应分开，并有明显标志。

(2) 消防控制设备的外接导线，当采用金属软管作套管时，其长度不宜大于 1m，并应采用管卡固定，其固定点间距不应大于 0.5m。金属软管与消防控制设备的接线盒应采用锁母固定，并应根据配管规定接地。外接导线端部应有明显标志。

第七节　工 程 举 例

如图 9-33 所示，某综合楼的 1～4 层为商业用房，每层在商业管理办公室设区域报警控制器或楼层显示器；5～12 层是宾馆客房，每层服务台设区域报警控制器；13～15 层是出租办公用房，在 13 层设

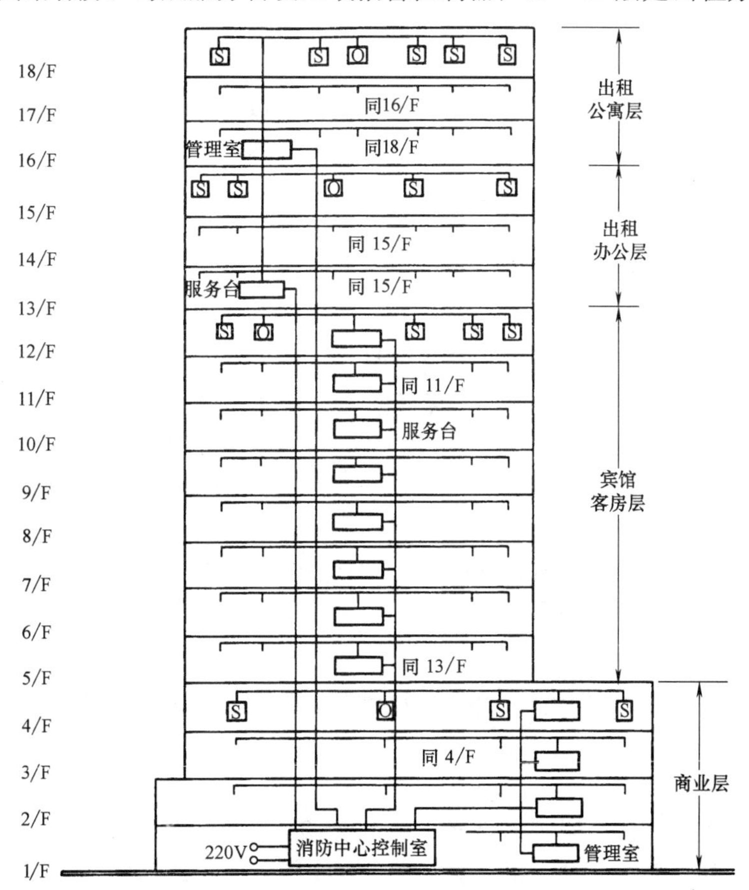

图 9-33　宾馆、商场综合楼自动报警系统示意图

一台区域控制器警戒13～15层；16～18层是公寓，在16层设一台区域控制器。全楼共18层按其各自的用途和要求设置了14台区域报警控制器或楼层显示器和一台集中报警控制器和联动控制装置。下面利用上海松江电子仪器厂生产的JB-2002型模拟量火灾报警控制器进行工程布线设计。

JB-2002型控制器是一种模拟量火灾报警控制系统，它集火灾自动报警和消防联动控制于一体，是一个能适应多种规模的智能化系统。下面首先介绍一下JB-2002火灾报警控制系统的特点和性能。

（一）JB-2002型火灾报警控制系统的特点

（1）控制器主机集报警与联动控制于一体，同时满足《火灾报警控制器通用技术条件》（GB 4717—93）和《消防联动控制设备通用技术条件》（GB 16806—97）双项标准检测要求。系统采用全总线通讯技术，报警与联动控制在同一对总线回路，且报警部分模拟量与开关量兼容，从而简化方便了系统设计和现场布线。系统信号传输以串行码数字通讯方式，短路保护措施，及强有力的抗干扰措施，使系统能正常有效地处于最佳工作状态。总线长度可达1500m。

（2）本系统中所有模拟量火灾探测器均采用了新型微功耗单片机（带A/D转换），能将各种火灾信息参数（如烟浓度、温度等）及非火灾环境信息参数准确无误地传送至控制器主机。本底补偿、可变窗长、能量积分算法的引入，提高了系统的报警准确率，降低了误报率。控制器还可对模拟量探测器的灵敏度（Ⅰ～Ⅲ级）根据不同场合进行设定和更改。

（3）控制器为多CPU系统，每个回路均有3个8位CPU，对探测器、模块进行巡检操作（发码、收码）和数据处理，及时将探测器的数据、联动模块的动作信息传输给主CPU。主CPU采用16位单片机，负责调度各回路板的工作情况，处理火警、联动及故障信息的判别、显示、打印及人机对话与控制。系统通过RS-485接口联接火灾显示盘，并标准配备一组RS-232接口提供给BA等上一级管理系统。

（4）控制器采用320×240或640×480点阵液晶显示屏，以液晶汉字显示为主，数码管显示为辅，可直接显示各报警点、联动点以及火灾显示盘的各类信息数据和状态信号，内容丰富，信息量大，直观清晰，方便实用。

（5）控制器操作采用一、二级密码输入、下拉式菜单提示，进行多项选择操作，可进行系统配置、联动控制编程、系统自检、定点检测、数据查看及模拟量探测器数据曲线动态显示等功能操作，直观方便。

（6）本产品系列主机容量覆盖面大，单台主机的点数可从200点（1回路）至4800点（24回路），其中联动点可从64点至1536点。可配置十多种模拟量、开关量探测器及联动控制模块，可连接63台火灾显示盘。同时标准配备二线制多线联动控制点6点（壁挂式）或16点（柜式）。

（7）系统自备汉字库通过编程对每个探测器、联动模块可最多用10个汉字或20个英文字符描述其所在部位的名称，可方便迅速地找到事发地点。

（8）控制器具有对火警原始数据及系统运行情况（开机、关机、复位等）进行备份记录的功能。

（9）可通过电话线传输实现对控制器进行系统设置、联动编程等远程控制操作。

（10）一台2002集中机通过RS-485接口可联接16台2002区域机，通讯距离可达1500m。集中机采用彩色大屏幕触摸式液晶显示，Windows 98视窗操作系统，并自带CRT功能。集中机除了能正确接收反映各区域机的运行状态和数据信息外，还具有对各区域机进行远程编程操作和远程控制功能。

（11）控制器主机除自身配用的主机电源外，还配备有相关容量的联动外控电源（容量不够时还可追加增配）。主机电源、联动外控电源均含备电。主、备电自动切换，以保证整个火灾报警控制系统正常运行的连续性。

（12）本系统可接入的开关量探测器、模块及外围配套产品均与JB-1501A火灾报警控制器（联动型）系统兼容。

（二）系统说明

利用JB-2002型火灾报警控制器构成的火灾自动报警和消防联动控制系统，如图9-34所示。从图中可以看出，它具有报警、控制和显示的功能，接上HJ-1756和HJ-1757还具有消防电话和消防广播等功能。本系统采用二总线制，所以设计和安装十分简便。各种模拟量火灾探测器（开关量探测器也兼

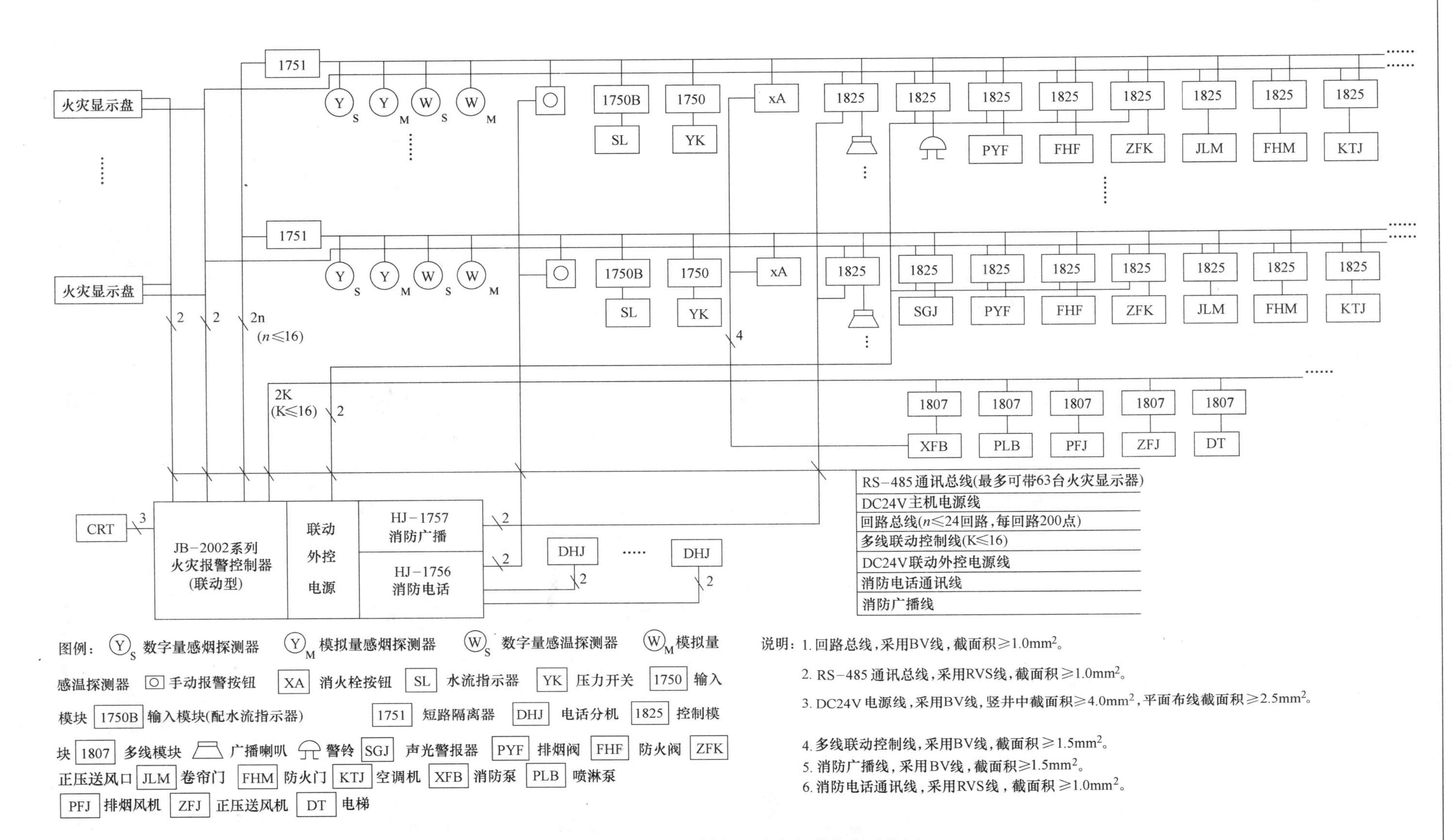

图 9-34 JB-2002型模拟量火灾报警控制系统图

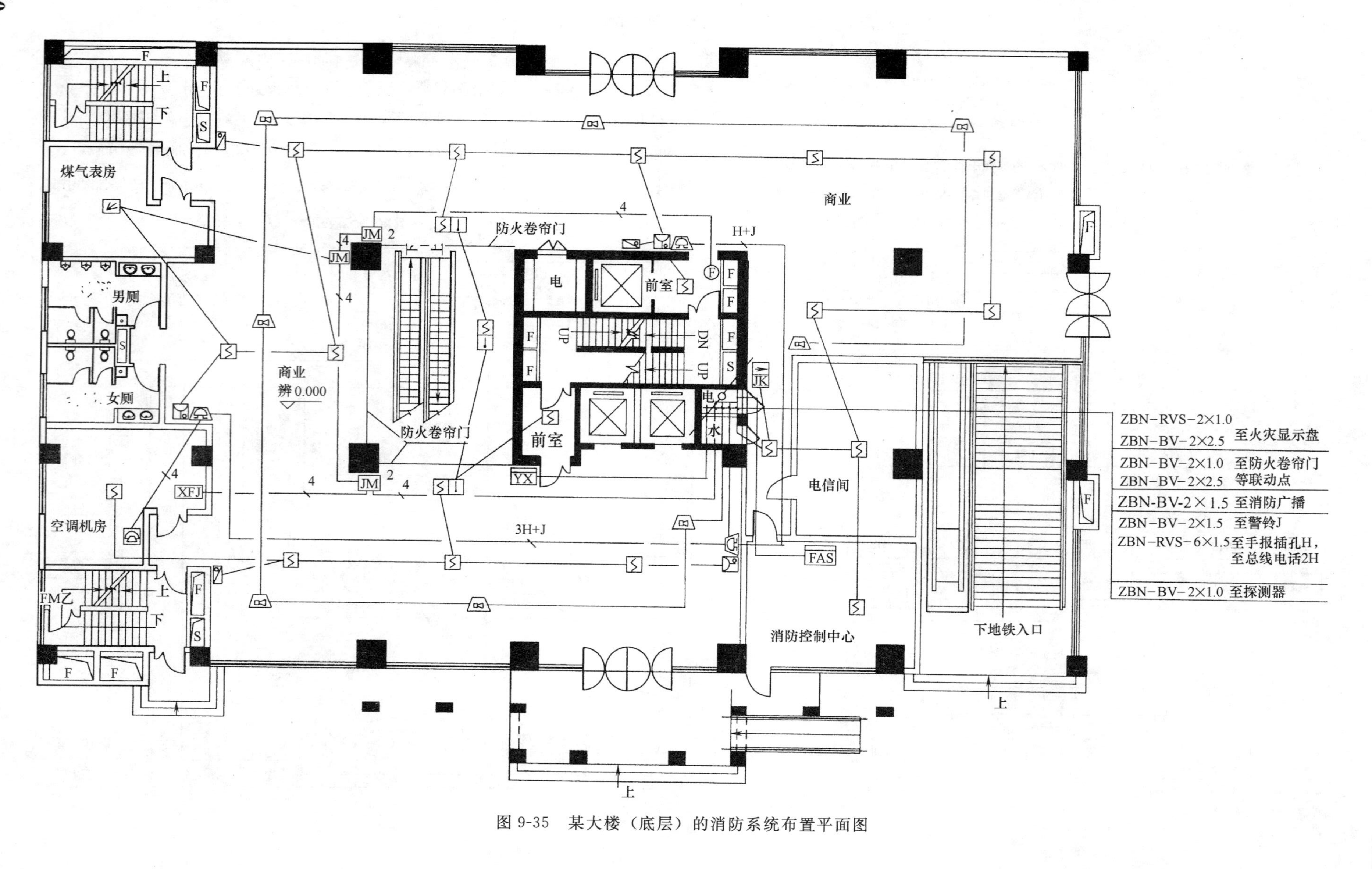

图 9-35　某大楼（底层）的消防系统布置平面图

容）和设备控制模块、输入模块等并接在总线上即可。某大楼的布线设计如图 9-35 所示，其图例说明如图 9-36 所示。

图例	设备名称	图例	设备名称
FAS	火灾报警控制器(联动型)	F	排烟阀　正压风阀
	消防广播		扬声器
	二线式电话主机	DY	非消防电源
	总线式电话主机	SF	湿式报警阀
	光电感烟探测器	DT	电梯　控制箱
		JM	防火卷帘门　控制箱
	点型差定温探测器	XFJ	新风机　控制箱
			可燃气体探测器
	手动报警按钮(带电话插孔)	SFJ	送风机　控制箱
JK	监控阀	ZYFJ	正压风机　控制箱
	水流指示器	PYFJ	排烟风机　控制箱
	消火栓按钮	YX	火灾显示盘
	警铃		总线式电话分机
XFB	消防泵　控制箱		接线端子箱
PLB	喷淋泵　控制箱		

图 9-36　设备图例说明

JB-2002 系列控制器的总线回路最多为 24 回路，每回路可有 200 个编码地址点，因此最大容量可达 4800 点之多。每回路中，开关量部分可占地址≤127 点，其中联动控制模块可占地址≤64 点。开关量点数确定后，其余点数可配置模拟量探测器。对于消防泵、风机等消防设备采用多线联动方式，多线联动点的容量为 16～48 点。

图 9-34 中 1825 控制模块用于对各类层外控消防设施，例如各类电磁阀、警铃、声光报警器、防火卷帘门等实施可靠控制。火警时，经逻辑控制关系，由模块内的继电器输出触点来控制外控设施的动作，动作状态信号可通过无源常开触点接模块无源接点反馈端，或将 AC220V 加至模块交流反馈端，经总线返回给主机。

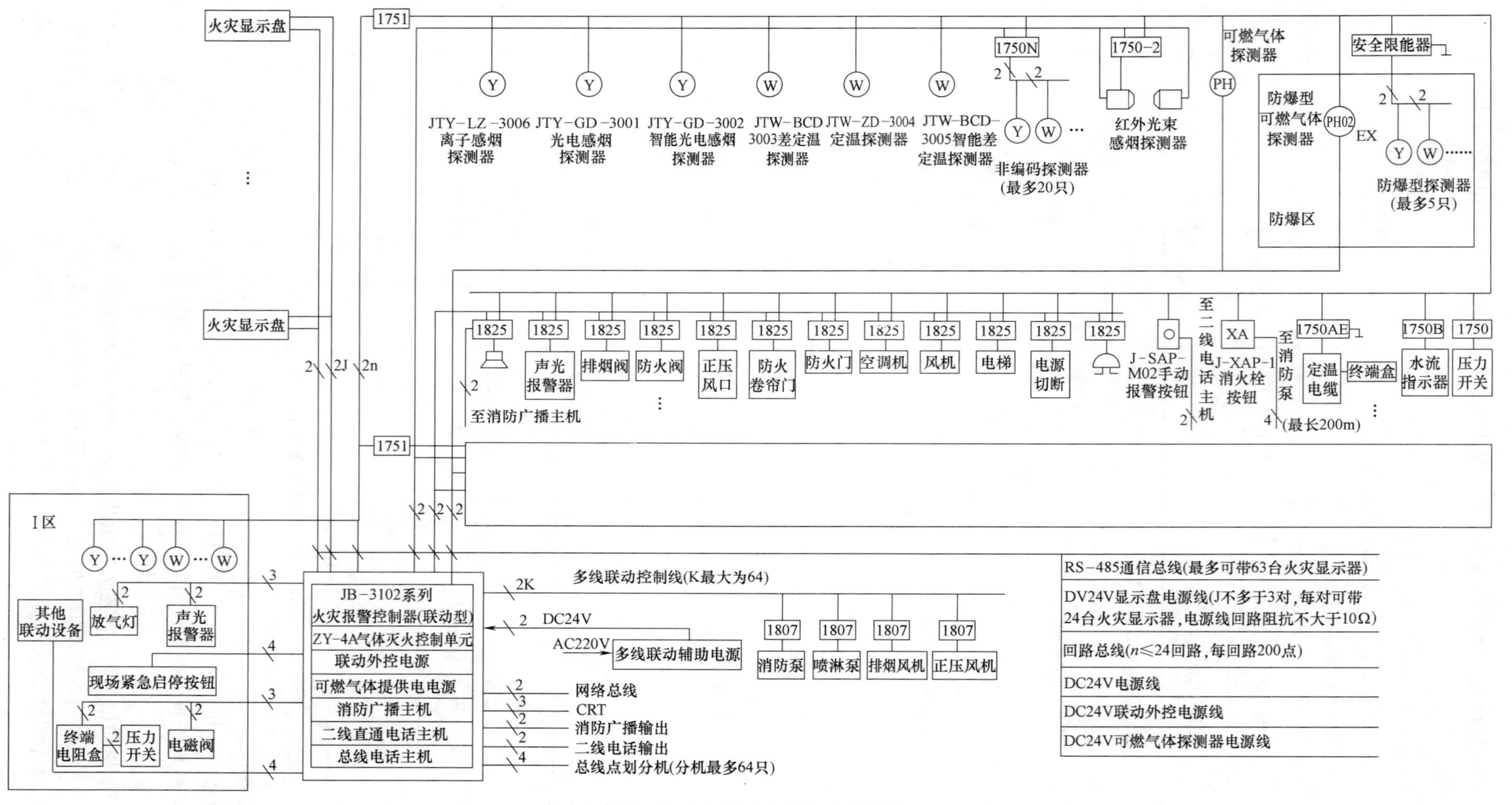

图 9-37　JB-3120 型火灾报警控制系统图

注：1. 回路总线，采用 BV 线，截面积≥1.0mm²。

2. RS-485 通信总线，采用 RVS 线，截面积≥1.0mm²。

3. DC24V 电源线，采用 BV 线竖井中截面积≥4.0mm²，平面布线截面积≥2.5mm²。

4. 多线联动控制线，采用 BV 线截面积≥1.5mm²。

5. 消防广播线，采用 BV 线截面积≥1.5mm²（应单独穿管）。

6. 消防电话通信线，采用 RVS 线，截面积≥1.5mm²（应单独穿管）。

1807 多线模块用于对消防泵、喷淋泵、排烟风机、正压送风机等消防设施实施可靠控制。控制器经二根线（M+，M—）控制 1807 实现对消防设施的启动、停机控制、动作状态反馈以及线路开路、短路故障反馈等功能。

图 9-34 系统中还使用 CRT 微机显示系统进行显示与管理。

（三）JB-3102 型火灾报警控制系统（图 9-37）

JB-3102 型火灾报警控制系统由上海松江电子仪器厂设计并生产。它在继承了 JB-QGZ-2002 火灾报警控制系统优点的基础上，最新开发了新一代智能火灾报警控制系统。其主要特点是：模拟量智能型、全总线型、联动型、局域网络化（对等结构式）。控制器集火灾报警和联动控制于一体，系统采用全总线通信技术，报警与联动控制共线，模拟量与开关量兼容。控制器单机最大容量为 24 回路，每回路 200 点，总共 4800 点（其中总线联动控制点不超过 1024 点）。多线控制联动点最大容量为 64 点，最多可配火灾显示盘 63 台。可接入 ZY-4A 型气体灭火控制单元，最多为 8 套 32 个灭火区。可通过 CAN 总线将 16 台控制器联网构成火灾报警控制局域网系统，无需集中控制器，局域网系统的报警、联动最大容量可达 7 万多点。

第十章　建筑设备自动化系统（BAS）

第一节　建筑设备自动化系统概述

建筑设备自动化系统（Building Automation system，简称 BAS），亦称建筑设备监控系统，是将建筑物或建筑群内的电力、照明、空调、给排水、电梯、防灾、保安、车库管理等设备或系统，以集中监视、控制和管理为目的而构成的一个综合系统。它的目的是使建筑物成为安全、健康、舒适、温馨的生活环境和高效的工作环境，并能保证系统运行的经济性和管理的智能化。因此，广义地说，建筑设备自动化（BAS）也包括消防自动化（FA）和保安自动化（SA）。这种广义的 BAS 监控系统亦即建筑设备管理系统（BMS）。广义 BAS 所包含的监控内容如图 10-1 和图 10-2 所示。有关消防、保安等内容已在

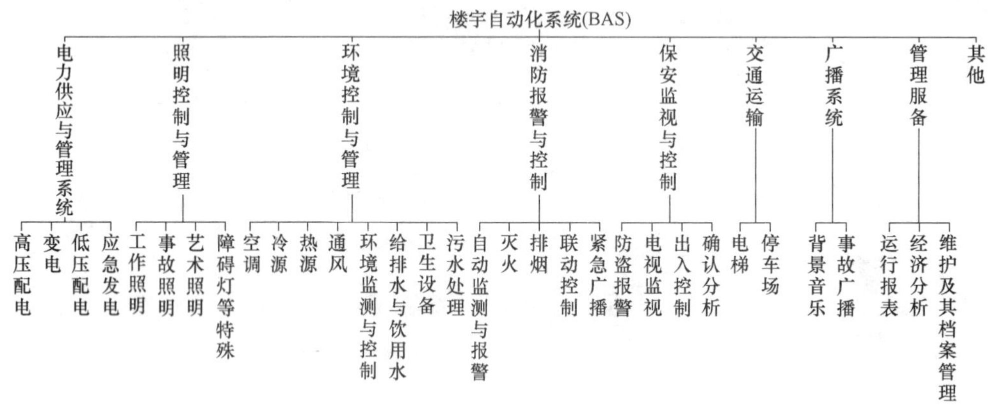

图 10-1　楼宇自动化系统（BAS）的范围

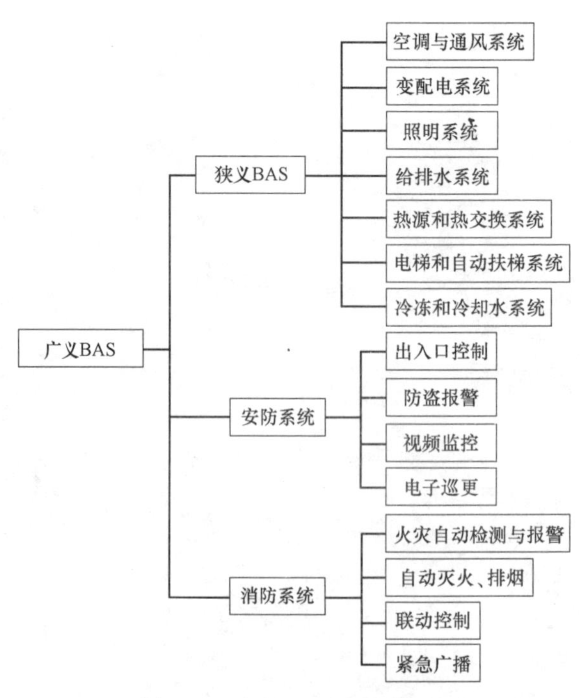

图 10-2　广义 BAS 和狭义 BAS

前面几章详述，而且，由于目前我国的管理体制要求等因素，要求独立设置（如消防系统、保安系统等）的情况较多，故本章着重以空调、给排水等系统为主进行叙述。

第二节　DDC与集散型控制系统

一、集散型控制系统的基本组成

BAS系统的监控是通过计算机控制系统实现，目前广泛采用集散型计算机控制系统，又称分布式控制系统（Distribuited Control System，简称DCS)。它的特征是“集中管理，分散控制”。即以分布在现场被控设备处的多台微型计算机控制装置（即DDC）完成被控设备的实时监测和控制，以安装于中央监控室的中央管理计算机完成集中操作、显示、报警、打印与优化控制，从而形成分级分布式控制。近年来出现的现场总线控制系统（Fiel Bus Control System，简称FCS）则是新一代分布式控制系统。

由上述可见，集散型计算机控制基本系统如图10-3所示，主要由如下四部分构成：传感器与执行器、DDC（直接数字控制器）、通讯网络及中央管理计算机。通常，中央管理计算机（或称上位机、中央监控计算机）设置在中央监控室内，它将来自现场设备的所有信息数据集中提供给监控人员，并接至室内的显示设备、记录设备和报警装置等。DDC作为系统与现场设备的接口，它通过分散设置在被控设备的附近，收集来自现场设备的信息，并能独立监控有关现场设备。它通过数据传输线路与中央监控室的中央管理监控计算机保护通信联系，接受其统一控制与优化管理。中央管理计算机与DDC之间的信息传送，由数据传输线路（通信网络）实现，较小规模的BAS系统可以简单用屏蔽双绞线作为传输介质。BAS系统的末端为传感器和执行器。它是装置在被控设备的传感（检测）元件和执行元件。这些传感元件如温度传感器、湿度传感器、压力传感器、流量传感器、电流电压转换器、液位检测器、压差器、水流开关等，将现场检测到的模拟量或数字量信号输入至DDC，DDC则输出控制信号传送给继电器、调节器等执行元件，对现场被控设备进行控制。图10-4是一种典型的大楼BAS系统的示例。

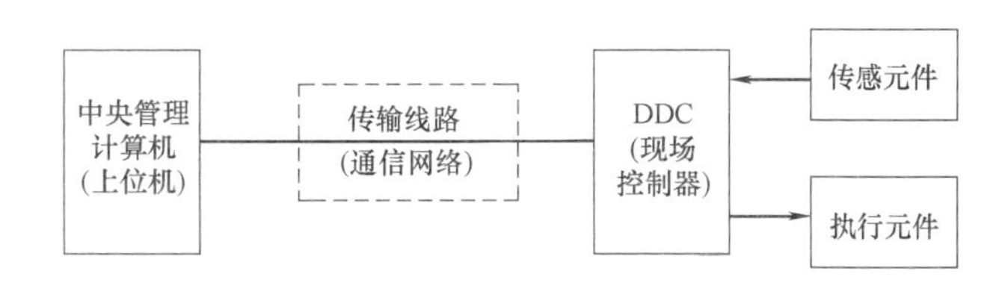

图10-3　集散型控制系统基本组成

二、建筑设备监控系统组成

建筑设备监控系统通常由监控计算机、现场控制器、仪表和通信网络四个主要部分组成。在大型建筑中：也可将火灾自动报警系统、安全技术防范系统等集成为建筑设备管理系统。

1. 建筑设备监控系统，宜采用分布式系统和多层次的网络结构。大型系统宜采用由管理、控制、现场设备三个网络层构成的三层网络结构，其网络结构应符合图的规定；中型系统宜采用两层或三层的网络结构，其中两层网络结构宜由管理层和现场设备层构成；小型系统宜采用以现场设备层为骨干构成的单层网络结构或两层网络结构。如图10-5为建筑设备监控系统三层网络结构示意。

2. 建筑设备监控系统的三个网络层，应具有下列不同的软件：

(1) 管理网络层的客户机和服务器软件；

(2) 控制网络层的控制器软件；

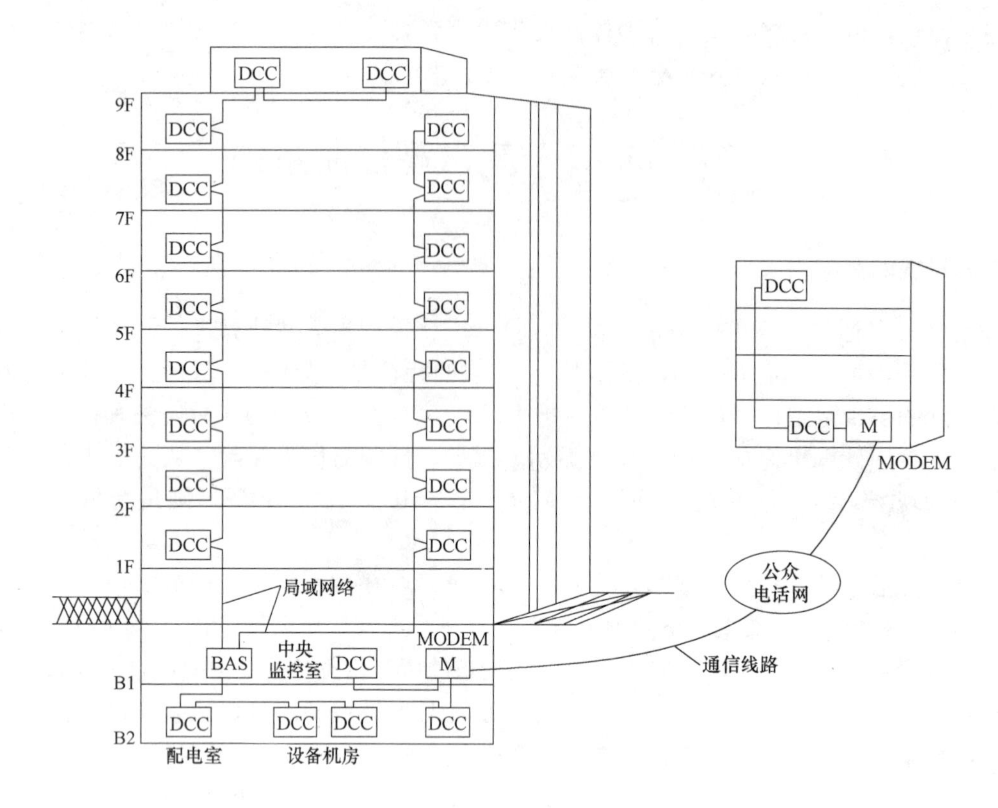

图 10-4　大楼 BAS 系统示例

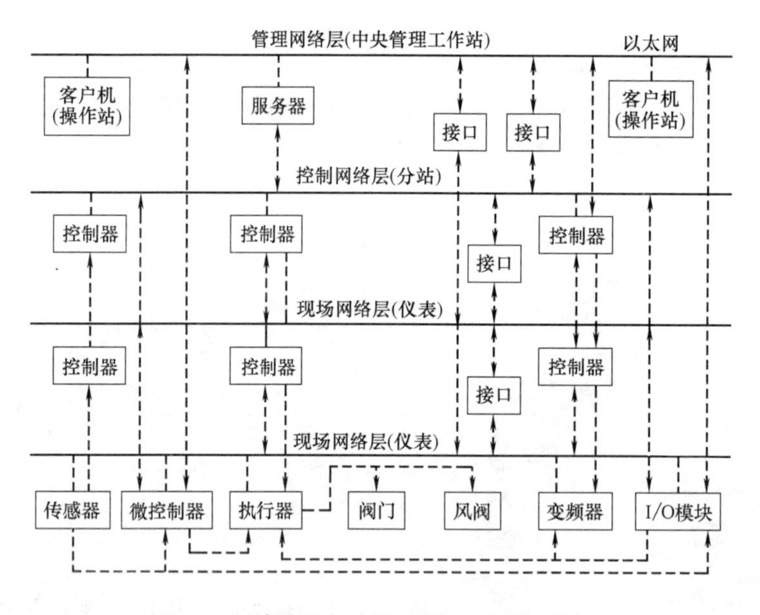

图 10-5　建筑设备监控系统三层网络结构

（3）现场网络层的微控制器软件。

3. 中央管理计算机

中央管理计算机担负着整个建筑或建筑群的能量控制与管理、防火与保安的监控及环境的控制与管理等关键任务，起着类似人脑的重要指挥作用，因此称为工作站、操作站、上位机或中央机。除要求完善的软件功能外，硬件必须可靠。每台 DDC 只关系到个别设备的工作，而中央管理计算机却关系到整个系统，并且连续 24h 不间断工作。如此高的可靠性要求，对于普通的商用个人计算机用作中央机显然是不合适，也是不能被接受的。提高计算机可靠性通常采用两种方式：

(1) 工业控制机　尽可能用高可靠性计算机，但万一发生故障，就会死机。

(2) 容错计算机　同时使用两台或多台计算机完成同一任务，利用增加冗余度来提高整体可靠性。万一主机故障，备份机自动快速投入，以保障系统继续正常运行。

为保证实时性，通常采用两台计算机互为热备份的“双机热备份”或称“双机容错”方法。在一定条件下，双机容错系统允许采用性能较好的商用微型计算机。

三、DDC（现场控制器）

直接数字控制器（Direct Digital Controller，DDC），通常用作集散控制系统中的现场控制站，通过通信总线与中央控制站联系。通常它安装在被控设备的附近。DDC的核心是控制计算机，通过模拟量输入通道（AI）和开关量输入通道（DI）采集实时数据，然后按照一定的控制规律进行计算，最后发出控制信号，并通过模拟量输出通道（AO）和开关量输出通道（DO）直接控制生产过程。如图10-6所示。

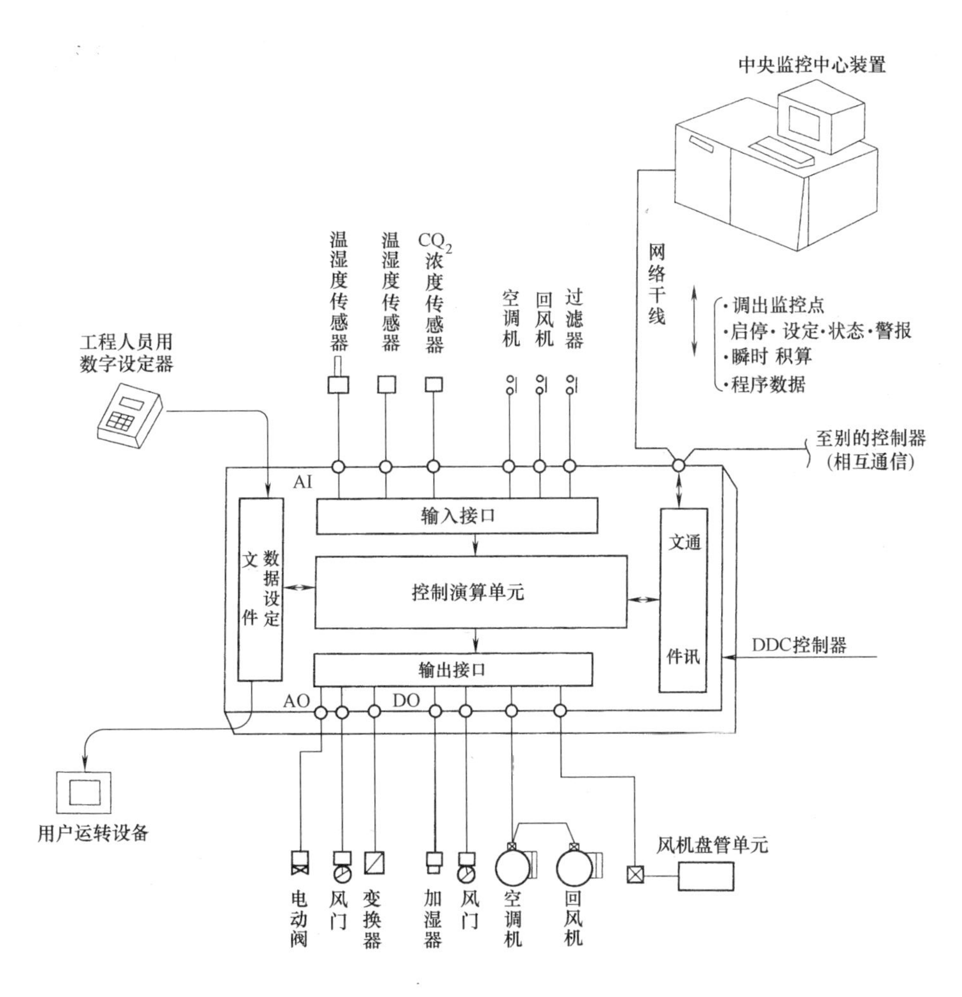

图10-6　DDC控制器的构成

在DDC的系统设计和使用中，主要掌握DDC的输入和输出的连接。根据信号形式的不同，DDC的输入和输出有如下四种：

(1) 模拟量输入（Analogy Input，缩写为AI）

模拟量输入的物理量有温度、湿度、浓度、压力、压差、流量、空气质量、CO_2、CO、氨、沼气等气体含量、脉冲计数、脉冲频率、单相（三相）电流、单相（三相）电压、功率因数、有功功率、无功功率、交流频率等，这些物理量由相应的传感器感应测得，再经过变送器转变为电信号送入DDC的模拟输入口（AI）。此电信号可以是电流信号（一般为0～10mA），也可以是电压信号（0～5V或0～10V）。电信号送入DDC模拟量输入AI通道后，经过内部模拟/数字转换器（A/D）将其变为数字量，再由DDC计算机进行分析处理。

（2）数字量输入（DI）：

DDC计算机可以直接判断DI通道上的开关信号，如启动继电器辅助接点（运行状态）、热继电器辅助接点（故障）、压差开关、冷冻开关、水流开关、水位开关、电磁开关、风速开关、手自动转换开关、0～100%阀门反馈信号等，并将其转化成数字信号，这些数字量经过DDC控制器进行逻辑运算和处理。DDC控制器对外部的开关、开关量传感器进行采集。DI通道还可以直接对脉冲信号进行测量，测量脉冲频率，测量其高电平或低电平的脉冲宽度，或对脉冲个数进行计数。

一般数字量接口没有接外设或所接外设是断开状态时，DDC控制器将其认定为“0”，而当外设开关信号接通时，DDC控制器将其认定为“1”。

（3）模拟量输出（AO）：

DDC模拟量输出（AO）信号是0～5V、0～10V间的电压或0～10mA、4～20mA间的电流。其输出电压或电流的大小由计算机内数字量大小决定。由于DDC计算机内部处理的信号都是数字信号，所以这种连续变化的模拟量信号是通过内部数字/模拟转换器（D/A）产生的。通常，模拟量输出（AO）信号用来控制电动比例调节阀、电动比例风阀等执行器动作。

（4）数字量输出（DO）：

开关量输出（DO）亦称数字量输出，它可由计算机输出高电平或低电平，通过驱动电路带动继电器或其他开关元件动作，也可驱动指示灯显示状态。DO信号可用来控制开关、交流接触器、变频器以及可控硅等执行元件动作。交流接触器是启停风机、水泵及压缩机等设备的执行器。控制时，可以通过DDC的DO输出信号带动继电器，再由继电器触头接通交流接触器线圈，实现设备的启停控制。

四、仪表—传感器和执行器

1. 仪表的分类及主要功能

建筑设备监控系统中常用的仪表分为检测仪表（如传感器、变送器）和执行仪表（如电动、气动执行器）两大类。

建筑设备监控系统中常用的检测仪表包括：温度、湿度、压力、压差、流量、水位、一氧化碳、二氧化碳、照度、电量等测量仪表。执行仪表包括电动调节阀、电动蝶阀、电磁阀、电动风阀执行机构等。

检测仪表分为处理模拟量信号的传感器类仪表和处理开关量的控制器类仪表，检测仪表的主要功能是将被检测的参数稳定准确可靠地转换成现场控制器可接受的电信号。

执行仪表分为对被调量可进行连续调节的调节阀类仪表和对被调量进行通断两种状态控制的控制阀类仪表，执行仪表的主要功能是接受现场控制器的信号，对系统参数进行自动或远程调节。

2. 检测仪表的选择原则

检测仪表的选择包括仪表的适用范围、量程、输出信号、测量精度、外形尺寸、防护等级、安装方式等。检测仪表的选择原则：在满足仪表测量精度和安装场所要求的前提下，应尽量选择结构简单、稳定可靠、价格低廉、通用性强的检测仪表。

3. 常用传感器如表10-1所示。各种传感器的要求如下：

（1）温度传感器量程应为测点温度的1.2～1.5倍，管道内温度传感器热响应时间不应大于25s，当在室内或室外安装时，热响应时间不应大于150s；

（2）压力（压差）传感器的工作压力（压差），应大于测点可能出现的最大压力（压差）。的1.5倍，量程应为测点压力（压差）的1.2～1.3倍；

常用监控用传感器　　表10-1

名　　称	用　　途
温度开关	可以用于调节空调环境温度(三速开关),主要用于风机盘管的控制
差压开关	可以用于测量送风风道中过滤网是否堵塞,以及测量连通器中的液位高度
气体流量开关	可以用于检测气体的流量及气流的通断状态,以保证系统的正常工作
水流开关	是检测液体流量状态的电子开关,用于检测空调、供暖、供水等系统
温度传感器	传感器的电阻与其温度相对应,测量其电阻即可计算对应温度
湿度传感器	新一代湿度传感器采用了最新的固体化湿度感应元件,湿度感应能力从0至100%,并可以在一个宽阔的温度范围内工作。其响应速度快,可靠性高,使用寿命长,适用于制冷站及空调系统
电阻远传压力表	压力、压差传感器用于测量液体的压力和压差,且大部分用来测量水管中的表压力。输出参数是电压比例信号,工作温度在－40～＋85℃,在楼宇自控中被用于测量供水管网的压力
压力传感器	模拟量压力、压差传感器可以测量空气、液体的压力及压差等
压差传感器	模拟量压力、压差传感器可以测量空气、液体的压力及压差等,被测压力或压差经过变送器作用于传感器,使桥路的输出电压与被测压力或压差成比例变化
电动平衡阀	安装在供热系统及空调系统的回水干管及支管上,可精确调节阻力,起到开关、测量、调节等重要作用

(3) 流量传感器量程应为系统最大流量的1.2～1.3倍，且应耐受管道介质最大压力，并且有瞬态输出；

液位传感器宜使正常液位处于仪表满量程的50%；

(4) 成分传感器的量程应按检测气体、浓度进行选择，一氧化碳气体宜按0～300ppm（1ppm＝1mg/m^3，下同）或0～500ppm；二氧化碳气体宜按0～2000ppm或0～10000ppm（ppm＝10^{-6}）。

4. 风量传感器宜采用皮托管风量测量装置，其测量的风速范围不宜小于2～16m/s，测量精度不应小于5%。

5. 水管道的两通阀宜选择等百分比流量特性；蒸汽两通阀，当压力损失比大于或等于0.6时，宜选用线性流量特性；小于0.6时，宜选用等百分比流量特性。

6. 水泵、风机变频器输出频率范围应为1～55Hz，变频器过载能力不应小于120%额定电流，变频器外接给定控制信号应包括电压信号和电流信号，电压信号为直流0～10V，电流信号为直流4～20mA。

五、DDC控制的原理和方法

(一) 新风机组的DDC控制

下面以新风机组的监测控制为例，来说明如何利用DDC进行计算机监测控制。

图10-7是一台典型的新风处理空调机（简称新风机）。所谓新风机系指处理新风负荷的。它根据送风温度或湿度进行控制。空气—水换热器夏季通入冷水对新风降温降湿，冬季通入热水对空气加热。干蒸汽加湿器则在冬季对新风加湿。

新风机组采用直接数字控制器DDC进行控制，即利用数字计算机，通过软件编程实现如下控制功能：

(1) 风机启停控制及运行状态显示

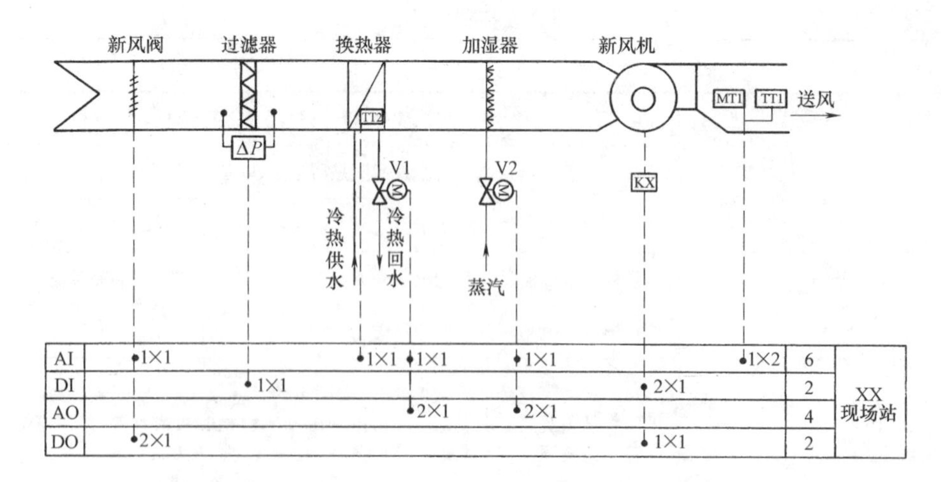

图 10-7　新风机组控制原理图

DDC 通过事先编制的启停控制软件，通过 1 路 DO 通道控制风机的启停，将风机电机主电路上交流接触器的辅助触点作为开关量输入（DI 信号），输入 DDC 监测风机的运行状态；主电路上热继电器的辅助触点信号（1 路 DI 信号）作为风机过载停机报警信号。

（2）送风温、湿度监测及控制

在风机出口处设 4～20mA 电流输出的温、湿度变送器各一个（TT1、MT1），接至 DDC 的 2 路 AI 输入通道上，分别对空气的温度和相对湿度进行监测，以便了解机组是否将新风处理到所要求的状态，并以此控制盘管水阀和加湿器调节阀。

送风温度控制，即定出风温度控制：控制器根据内部时钟确定设定温度（夏季和冬季设定值不同），比较温度变送器所采集的送风温度，采用 PID 控制算法或其他算法，通过 1 路 AO 通道调节热交换盘管的二通电动调节水阀 V1，以使送风温度与设定值一致。

水阀应为连续可调的电动调节阀。图中采用 2 个 AO 输出通道控制，一路控制执行器正转，开大阀门；另一路控制执行器反转，关小阀门。为了解准确的阀位还通过 1 路 AI 输入通道检测阀门的阀位反馈信号。如果阀门控制器中安装了阀位定位器，也可以通过 AO 输出通道输出 4～20mA 或 0～10mA 的电流信号直接对阀门的开度进行控制。

新风相对湿度控制：控制器根据测定的湿度值 MT1，与设定湿度值进行比较，用 PI 控制算法，通过 1 个 AO 通道控制加湿电动调节阀 V2，使送风湿度保持在所需的范围。干蒸汽加湿器也是通过一个电动调节阀来调节蒸汽量，其控制原理与水阀相同。

（3）过滤器状态显示及报警

风机启动后，过滤网前后建立起一个压差，用微压差开关即可监视新风过滤器两侧压差。如果过滤器干净，压差将小于指定值；反之如果过滤器太脏，过滤网前后的压差变大，超过指定值，微压差开关吸合，从而产生“通”的开关信号，通过一个 DI 输入通道接入 DDC。微压差开关吸合时所对应的压差可以根据过滤网阻力的情况预先设定。这种压差开关的成本远低于可以直接测出压差的微压差传感器，并且比微压差传感器可靠耐用。因此，在这种情况下一般不选择昂贵的可连续输出的微压差传感器。

（4）风机转速控制

由 DDCl 路 AI 通道测量送风管内的送风压力，调节风机的转速，以调节送风量，确保送风管内有足够的风压。

（5）风门控制

在冬季停机后为防止盘管冻结，可选择通断式风阀控制器，通过 1 路 DO 通道来控制，当输出为高电平时，风阀控制器打开风阀，低电平时关闭风阀。为了解风阀实际的状态，还可以将风阀控制器中的全开限位开关和全关限位开关通过2个DI输入通道接入DDC。

也可对回风管和新风管的温度与湿度进行检测，计算新风与回风的焓值，按回风与新风的焓值比例，控制回风门和新风门的开启比例，从而达到节能的目的。

（6）安全和消防控制

只有风机确实启动，风速开关检测到风压后，温度控制程序才会工作。

当火灾发生时，由消防联动控制系统发出控制信号，停止风机运行，并通过1路DO通道关闭新风阀。新风阀开/闭状态通过2路DI送入控制器。

（7）防冻保护控制

在换热器水盘管出口安装水温传感器，测量出口水温。一方面供控制器用来确定是热水还是冷水，以自动进行工况转换；同时还可以在冬季用来监测热水供应情况，供防冻保护用。水温传感器可使用4～20mA电流输出的温度变送器，接到DDC的AI通道上。

当机组内温度过低时（如盘管出口水温低于5℃或送风温度低于10℃），为防止水盘管冻裂，应停止风机，关闭风阀，并将水阀全开，以尽可能增加盘管内与系统间水的对流，同时还可排除由于水阀堵塞或水阀误关闭造成的降温。

防冻保护后，如果热水恢复供应，应重新启动风机，恢复正常运行。为此需设一防冻保护标志P_t，当产生防冻动作后，将P_t置为1。当测出盘管出口水温大于35℃，并且P_t为1时，可认为热水供应恢复，应重新开启风机，打开新风阀，恢复控制调节动作，同时将标志P_t重置为0。

如果风道内安装了风速开关，还可以根据它来预防冻裂危险。当风机电机由于某种故障停止，而风机开启的反馈信号仍指示风机开通时，或风速开关指示出风速度过低，也应关闭新风阀，防止外界冷空气进入。

（8）连锁控制

启动顺序控制：

启动新风机—开启新风机风阀—开启电动调节水阀—开启加湿电动调节阀。

停机顺序控制：

关闭新风机—关闭加湿电动调节阀—关闭电动调节水阀—关闭新风机风阀。

（9）最小新风量控制

为了保证基本的室内空气品质，通常采用测量室内CO_2浓度的方法来衡量。从节能角度考虑，室内空气品质的控制一般希望在满足室内空气品质的前提下，将新风量控制在最小。由于通常情况下人是CO_2惟一产生源，控制CO_2的浓度在一定的限度下，能有效地保证新风量满足标准的要求。而且与传统的固定新风量的控制方案相比，在保证室内空气品质不变的前提下，以CO_2浓度作为指标的控制方案具有明显的节能效果。

按照图10-7的设置，可知需要DI通道2路、AI通道6路（用于湿度测量及电动水阀、电动蒸汽阀阀位测量）、DO通道2路、AO通道2路。由此可以选择DDC现场控制器。只要它能够提供上述输入输出通道，并有足够的数据存贮区及编程空间，通讯功能与建筑物内空调管理系统选择的通讯网络兼容，原则上都可以选用。

（二）空调机组的DDC控制

空调机组的DDC控制原理如图10-8所示。控制中心对空调机组工作状态的监控有：

过滤器阻力（ΔP），冷、热水阀门开度，加湿器阀门开度，送风机与回风机的启、停，新风、回风与排风风阀的开度，新风、回风以及送风的温度、湿度。根据设定的空调机组工作参数与上述监测的状态参数情况，控制中心来控制送、回风机的启、停，新风与回风的比例调节，换热器盘管的冷、热水流量，加湿器的加湿量等，以保证空调区域空气的温度与湿度既能在设定的范围内满足舒适性要求，又能使空调机组以最低的能耗方式运行。

系统的控制原理和功能及其软硬件配置如表10-2所示。

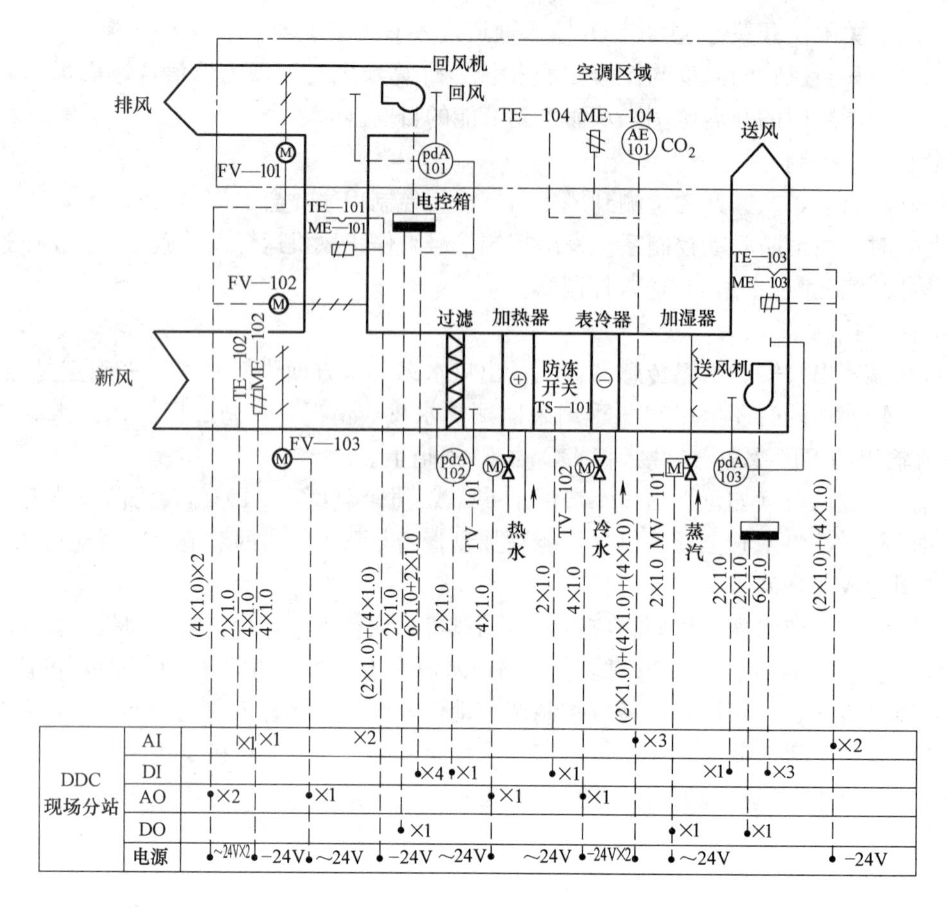

图 10-8 空调机组 DDC 控制系统原理图

系统的控制原理、功能及软硬件配置表 **表 10-2**

序号	主要功能	功能原理说明	所需监控硬件设置	所需软件实现
1	设备安全运行			
1.1	温度自动调节	保证空调区域内的温度符合设计指标。根据回风温度与设定温度，对冷/热水阀开度进行 PID 调节，从而控制回风温度。在夏季工况时，当回风温度高于设定值时，调节水阀开大；当回风温度低于设定值时，调节水阀开小。在冬季工况时，当回风温度高于设定值时，调节水阀关小；当回风温度低于设定值时，调节水阀开大。使回风温度始终控制在设定值范围内	回风温度传感器、回水调节阀	设定温度、PID 调节程序、设定及调整 PID 调节参数
1.2	湿度自动调节	保证空调区域内的湿度符合设计指标。根据回风湿度与设定湿度比较，开关加湿装置对湿度进行自动调节	回风湿度传感器、加湿装置电气接口	设定湿度、开关加湿装置程序
1.3	盘管防冻保护	防止在冬季时热交换盘管中的水因低温结冰而冻裂盘管	防冻开关	防冻开关动作时的连锁保护程序
1.4	空气洁净监测保护	阻止室外脏空气的进入保证室内空气清洁	新风阀执行机构、过滤器压差开关	停机时关闭风阀连锁程序、过滤器堵塞时报警程序
1.5	设备故障监测	及时发现风机、水阀、风阀的运行故障	风机压差开关、风机运行状态电气接口、水阀状态反馈测点、风阀开启状态监测	状态异常时报警程序

续表

序号	主要功能	功能原理说明	所需监控硬件设置	所需软件实现
1.6	最少风量保证	出于节能的需要，室内的已处理后的空气通过回风管道循环利用，但需要保证一定的新风量，避免室内新风量不足	新风阀执行机构、回风阀执行机构	最小新风量设定、新风阀回风阀连锁运行程序
1.7	风阀水阀风机连锁运行	当机组停止使用时关闭风阀，阻止室外脏空气进入，关闭水阀停止温度自动调节，减少冷或热负荷，关闭加湿装置。在冬季当机组停止使用时需适当开启热水阀防止盘管冻损	新风阀执行机构、回风阀执行机构、风机启停电气接口	季节判断，连锁程序
2	设备节能高效运行			
2.1	时间表启停	机组按预定的时间表自动启停，节省人力，减少能源浪费	风机启停电气接口	假日表、时间表程序
2.2	室外能源利用	在春秋过渡季节充分利用室外能源，减少冷源热源的消耗	室外温湿度传感器	季节判断，过渡季温度自动调节程序
2.3	调节精度自动调节	同一个空调服务区域在不同的季节和不同的时间段调整调节精度，适当的调节精度可减少设备频繁动作，减少能量抵损	—	控制参数调节程序
3	设备管理			
3.1	设定参数自动调节	同一个空调服务区域在不同的季节和不同的时间段自动调整设定参数，适应不同时间段的使用需要，提高服务质量	—	设定参数自动调整程序
3.2	设备运行时间累积	累积风机运行时间，根据功率计算能耗，累积过滤器运行时间，定期更换	风机压差开关、过滤器压差开关	风机运行时间累积、用电量计算、过滤器运行时间累积、过滤器定期更换提示程序
3.3	设备运行参数或状态监测	监测和记录设备运行参数和状态，积累建筑物和机电设备运行数据，为节能措施提供分析数据，当有故障时便于及时定位故障点解决	风机状态电气接口、水阀反馈测点、风机手自动状态电气接口、加湿装置状态反馈电气接口、风阀状态监测点、温湿度传感器、送风温湿度传感器、室内温湿度传感器	关键数据长期记录

（三）排风风机的DDC控制

排风风机的DDC控制方案如图10-9所示，其主要功能为：

（1）风机控制：分站根据其内部的软件及时钟，按时间程序或事件来启动或停止风机（闭合或断开控制回路）。

（2）过滤器报警：风机启动后，过滤网前后将建立起一个风压。如果过滤器干净，风压将小于一个指定值，接触器的干接点会断开。反之如果过滤器太脏，过滤网前后的风压变大，接触器的干接点将闭合。分站根据接触器的干接点的情况会发出过滤网报警信息。

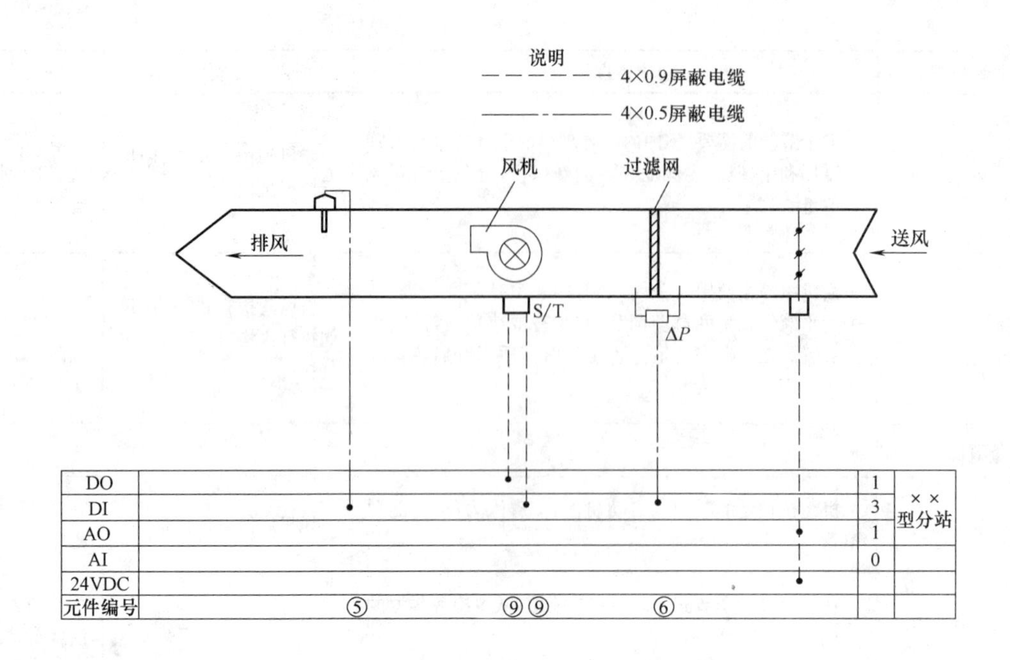

图 10-9　排风风机控制方案示意

（四）冷却水塔的 DDC 控制

冷却水塔的控制方案如图 10-10 所示，该控制方案的主要功能是：分站可以根据软件及内设时钟来控制冷却塔的启动和停止。启动时，首先控制打开水阀，然后启动风机。冷却塔启动期间，分站根据探测到的水温及设定温度，决定风机是否运转或开启几台风机。如果停止冷却塔，首先关闭水阀，然后停止风机。

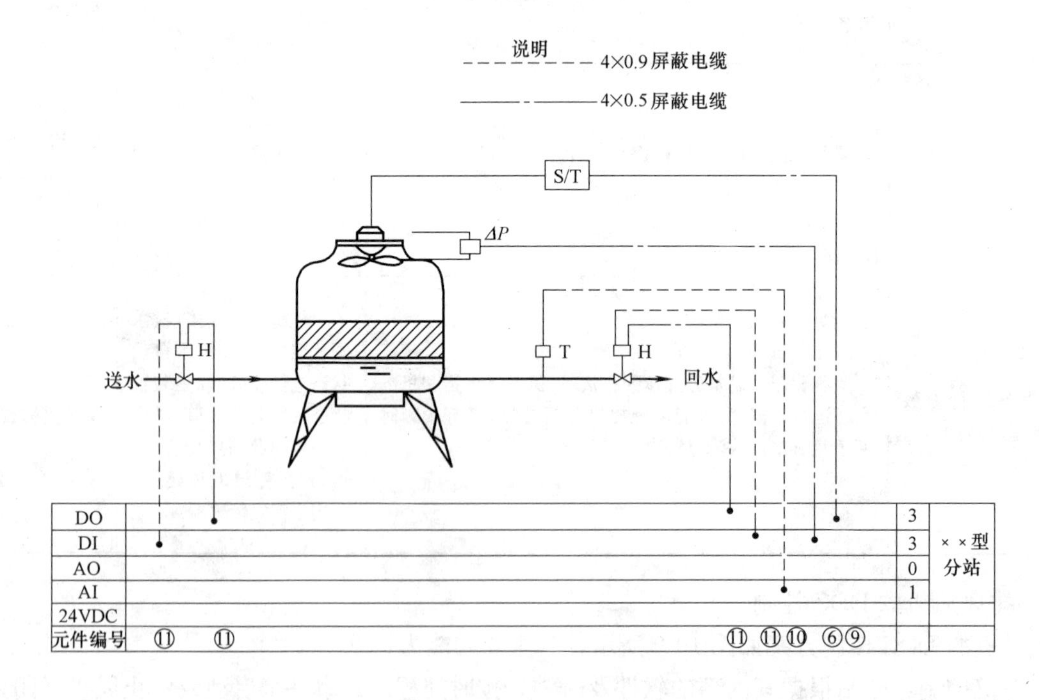

图 10-10　冷却水塔控制方案示意

（五）水箱的 DDC 控制

典型水箱控制方案如图 10-11 所示。它的主要控制功能是：分站根据水箱水位来控制补水泵的启停。当水箱水位达到高水位时，停止补水泵，直至水位降到低水位。当水箱水位降到低水位时，启动补

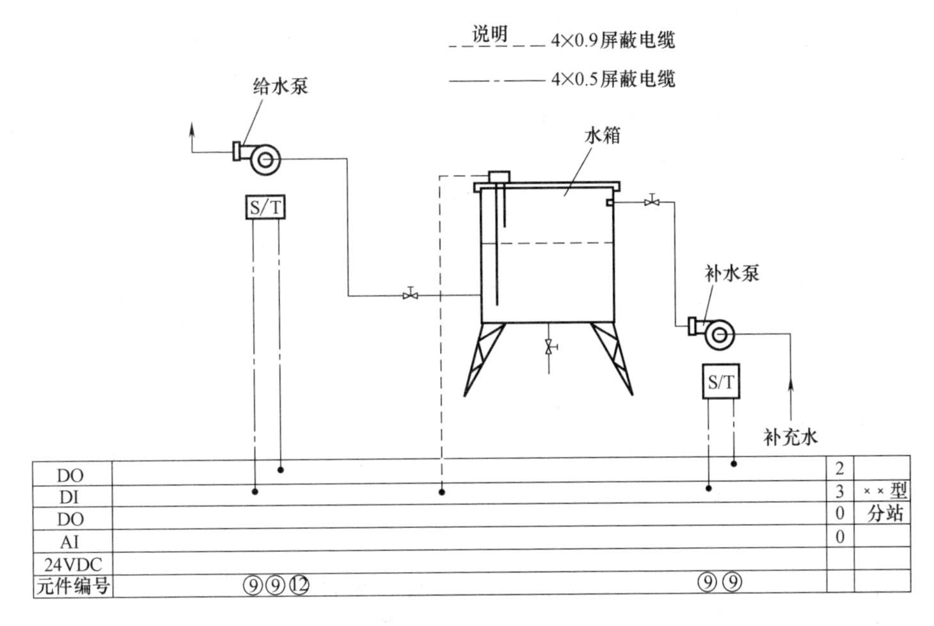

图 10-11　典型水箱控制方案示意

水泵，直至水箱水位达到高水位。另外可根据要求，采用增加一个水位探测点或采用软件手段来保护供水泵。

（六）电梯的 DDC 控制

大楼的电梯有自动扶梯和直升电梯，电梯的 DDC 控制就是对建筑物内的各种电梯实行集中的控制和管理，并执行联动程度。其控制框图如图10-12所示。

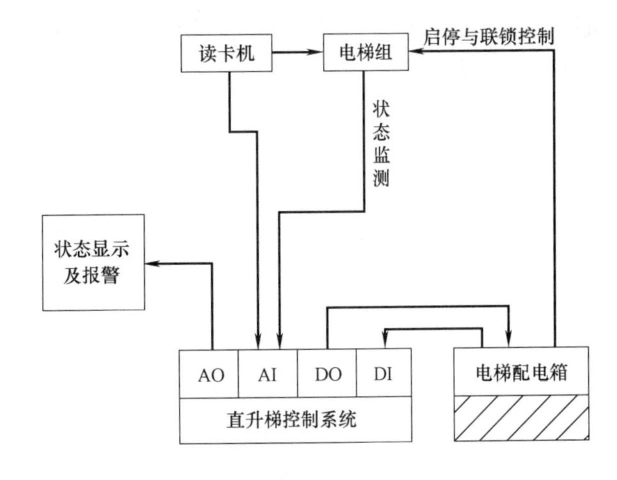

图 10-12　电梯组群控功能

自动扶梯的 DDC 控制主要完成以下功能：

（1）自动扶梯定时启/停；

（2）自动扶梯运行状态检测，在发生故障时向系统管理中心报警；

（3）根据自动扶梯使用繁忙程度，实现最佳调度。

直升梯的 DDC 控制主要完成以下功能：

（1）多台电梯集中控制，当任一层用户按叫电梯时，最接近用户同方向电梯将率先到达用户层，以节省用户的等待时间。

（2）自动检测电梯运行的繁忙程度，以控制电梯组的启/停的台数，节省能源；同时，显示并监视每部电梯的运行状态。

（3）电梯发生故障时，向系统管理中心报警。

（4）根据电梯运行状态，自动启/停电梯。

（5）部分电梯装有智慧卡读卡机，供工作人员（持智慧卡）使用。

第三节　智能建筑的 BAS 设计

一、设计原则与步骤

BAS 的设计原则是功能实用，技术先进，设备及系统具有良好开放性和可集成性，选择符合主流标准的系统和产品，保证在建筑物生命周期内BAS系统的造价和运行维护费用尽可能低，系统安全、可靠，具有良好容错性。设计步骤如下：

（1）技术需求分析。设计人员应根据建筑物的实际情况及业主的要求（一般通过招标文件体现），依据相关规范与规定，确定建筑物内实施自动控制及管理的各个功能子系统。

根据业主提供的技术数据与设计资料（一般为设计图纸），确认各功能子系统所包括的需要监控、管理的设备数量。

（2）确定各功能子系统的控制方案。对于需要进行楼宇设备自动化子系统的控制功能给出详细说明，明确系统的控制方案及要达到的控制目标，以指导工程设备的安装、调试及施工。选定实现BAS的系统和产品。

（3）确定系统监控点及监控设备。在控制方案的基础上，确定被控设备进行监控的点位、监控点的性质以及选用的传感器、阀门及执行机构，并选配相应的控制器、控制模块。根据中央监控中心的功能和要求，确定中央监控系统的硬件设备数量及系统软件、工具软件需求的种类与数量。采用监控点表进行统计。

（4）统计汇总控制设备（传感器、控制器）清单。对选配的控制设备、软件列表统计与汇总。

（5）绘制各种被控设备的控制原理图，绘制出整个设备BAS施工平面图及系统图。

（6）采用组态软件完成系统、画面及控制组态和软件设计。

二、集散型BAS网络结构形式

1. 单层网络结构

单层网络结构为工作站＋现场控制设备（图10-13），现场设备通过现场控制网络互相连接，工作站通过通信适配器直接接入现场控制网络。它适用于监控节点少、分布比较集中的小型楼宇自控系统。单层网络结构有如下特点：

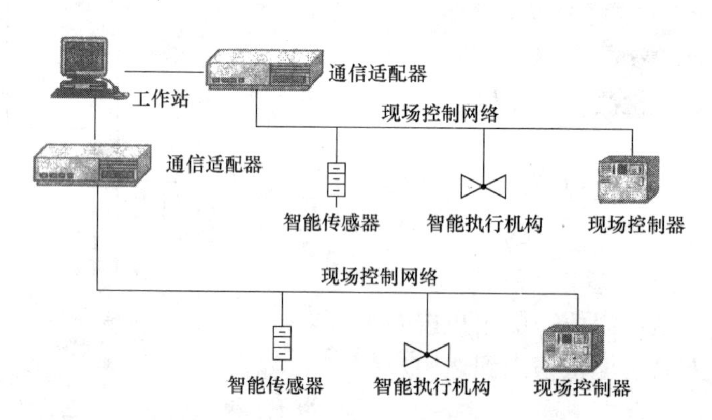

图10-13　工作站＋现场控制设备的单层网络结构

（1）整个系统的网络配置、集中操作、管理及决策等全部由工作站承担。

（2）控制功能分散在各类现场控制器及智能传感器、智能执行机构之中。

（3）同一条现场控制总线上所挂接的现场设备之间可以通过点对点或主从的方式直接进行通信，而不同总线的设备直接通信必须通过工作站中转。

目前，绝大多数的BAS产品都支持这种网络结构，构建简单，配置方便。缺点是，只支持一个工作站，该工作站承担不同总线设备直接通信中转的任务，控制功能分散不够彻底。

2. 两层网络结构

两层网络结构为操作员站（工作站、服务器）＋通信控制器＋现场控制设备（图10-14所示），现场设备通过现场控制网络互相连接，操作员站（工作站、服务器）采用局域网中比较成熟的以太网等技术构建，现场控制网络和以太网等上层网络之间通过通信控制器实现协议转换、路由选择等。两层网络结

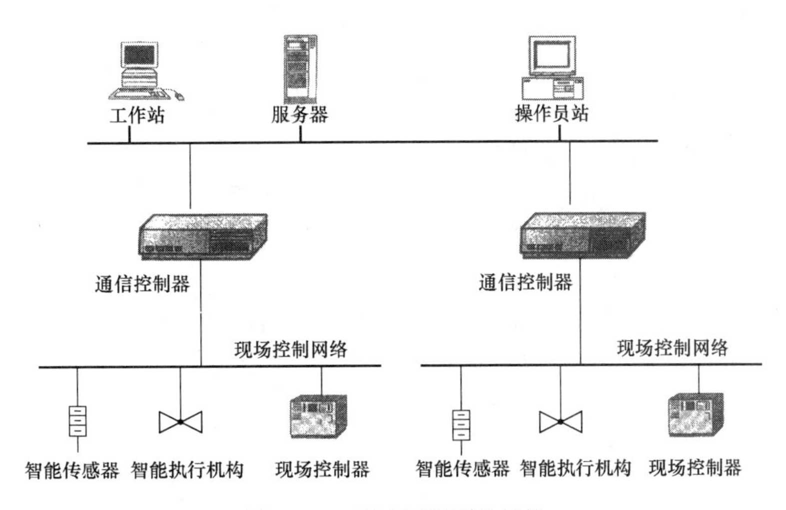

图 10-14　BAS 两层网络结构

构适用大多数 BAS，其特点是：

(1) 现场控制设备之间通信要求实时性高，抗干扰能力强，对通信效率要求不高，一般采用控制总线（例如现场总线、N2 总线等）完成。

(2) 操作员站（工作站、服务器）之间由于需要进行大量数据、图形的交互，通信带宽要求高，而对实时性、抗干扰能力要求不高，所以多采用以太网技术。

(3) 通信控制器可以由专用的网桥、网关设备或工控机实现。不同 BAS 产品中，通信控制器的功能强弱不同。功能简单的只是起到协议转换的作用，在采用这种产品的网络中，不同现场总线之间设备的通信仍要通过工作站进行中转；复杂的可以实现路由选择、数据存储、程序处理等功能，甚至可以直接控制输入输出模块，起到 DDC 的作用，这种设备已不再是简单的通信控制器，而是一个区域控制器，例如美国 Johnson Controls 的网络控制单元（NCU）。

(4) 绝大多数 BAS 产商在底层控制总线上都有一些支持某种开放式现场总线的技术（如由美国 Echelon 公司推出的 Lonworks 现场总线技术）的产品。这样两层网络都可以构成开放式的网络结构，不同产品之间能够方便地实现互联。

3. 三层网络结构

三层网络结构为操作员站（工作站、服务器）+通信控制器+现场大型通用控制设备+现场控制设备（图 10-15 所示）。现场设备通过现场控制网络互相连接；操作员站（工作站、服务器）采用局域网中比较成熟的以太网等技术构建；现场大型通用控制设备采用中间层控制网络实现互联。中间层控制网络和以太网等上层网络之间通过通信控制器实现协议转换、路由选择等。三层网络结构适用监控点相对分散、联动功能复杂的 BAS 系统。

三层网络结构 BAS 系统特点：

1) 在各末端现场安装一些小点数、功能简单的现场控制设备，完成末端设备基本监控功能，这些小点数现场控制设备通过现场控制总线相连。

2) 小点数现场控制设备通过现场控制总线接入一个大型通用现场控制器，大量联动运算在此控制设备内完成。这些大型通用现场控制器也可以带一些输入、输出模块直接监控现场设备。

3) 大型通用现场控制器之间通过中间控制网络实现互联，这层网络在通信效率、抗干扰能力等方面的性能介于以太网和现场控制总线之间。

图 10-16 所示是西门子 APOGEE 楼宇自动化系统结构，采用三层网络架构。楼宇系统可支持不同的通信协议，包括 BACnet、OPC、LonWorks、Modbus 和 TCP/IP 等。

4. 按系统大小确定网络结构

建设设备监控系统，宜采用分布式系统和多层次的网络结构。并应根据系统的规模、功能要求及选

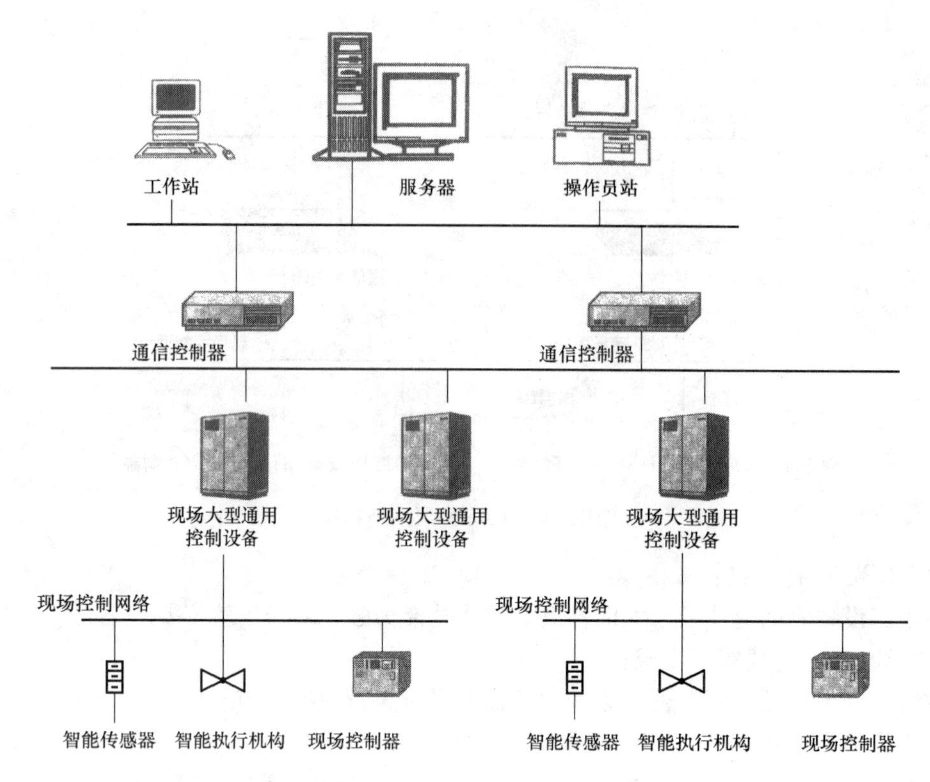

图 10-15　BAS 三层网络结构

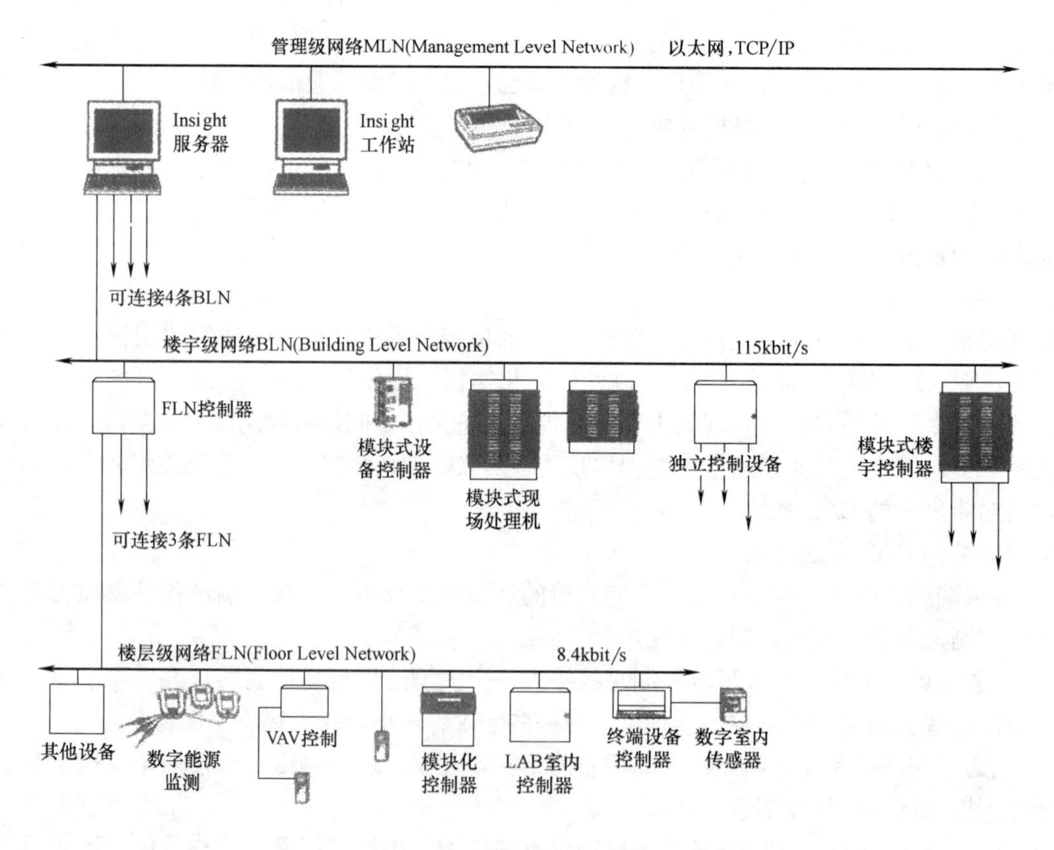

图 10-16　西门子 APOGEE 楼宇自动化系统结构

用产品的特点，采用单层、两层或三层的网络结构，但不同网络结构均应满足分布式系统集中监视操作和分散采集控制（分散危险）的原则。BAS 规模如表 10-3 所示。

建筑设备监控系统规模 表10-3

系统规模	实时数据库点数
小型系统	999及以下
中型系统	1000～2999
大型系统	3000及以上

大型系统宜采用由管理、控制、现场设备三个网络层构成的三层网络结构，其网络结构应符合图10-5的规定。

中型系统宜采用两层或三层的网络结构，其中两层网络结构宜由管理层和现场设备层构成。

小型系统宜采用以现场设备层为骨干构成的单层网络结构或两层网络结构。各网络层应符合下列规定：

（1）管理网络层应完成系统集中监控和各种系统的集成；

（2）控制网络层应完成建筑设备的自动控制；

（3）现场设备网络层应完成末端设备控制和现场仪表设备的信息采集和处理。

三、集散型BAS设计方法

1. 按楼宇建筑层面组织的集散型BAS系统

这种设计方法是先按楼宇建筑层面划分大系统，再按功能划分子系统。对于大型的商楼宇、办公楼宇，往往是各个楼层有不同的用户和用途（如首层为商场，二层为某机构总部……），因此，各个楼层对BAS系统的要求会有所区别，按楼宇建筑层面组织的集散BAS系统能很好地满足要求。按楼宇建筑层面组织的集散型BAS系统如图10-17所示。

这种结构的特点是：

（1）由于是按建筑层面组织的，因此布线设计及施工比较简单，子系统（区域）的控制功能设置比较灵活，调试工作相对独立。

（2）整个系统的可靠性较好，子系统失灵不会波及整个楼宇系统。

（3）设备投资较大，尤其是高层建筑。

（4）较适合商用的多功能建筑。

2. 按楼宇设备功能组织的集散型BAS系统

这种设计方法是先按功能划分大系统，再按楼宇建筑层面划分子系统。这是常用的系统结构，按照整座楼宇的各个功能系统来组织（图10-18）。这种方案的特点有：

（1）由于是按整座建筑设备功能组织的，因此布线设计及施工比较复杂，调试工作量大。

（2）整个系统的可靠性较弱，子系统失灵会波及整个建筑系统。

（3）设备投资省。

（4）较适合功能相对单一的建筑（如企业、政府的办公楼、高级住宅等）。

3. 混合型的集散型BAS系统

这是兼有上述两种结构特点的混合型，即某些子系统（如供电、给排水、消防、电梯）采用按整座楼宇设备功能组织的集中控制方式，另外一些子系统（如灯光照明、空调等）则采用按楼宇建筑层面组织的分区控制方式。这是一种灵活的结构系统，它兼有上述两种方案的特点，可以根据实际的需求而调整。

四、BAS中的监测点及相应传感器

为了明确BAS设计对象，根据BAS中一般的对象环境和功能要求，总结出BAS中基本监测点、接口位置及常用传感器，如表10-4所示，而实际的监控点应根据具体工程进行设计。

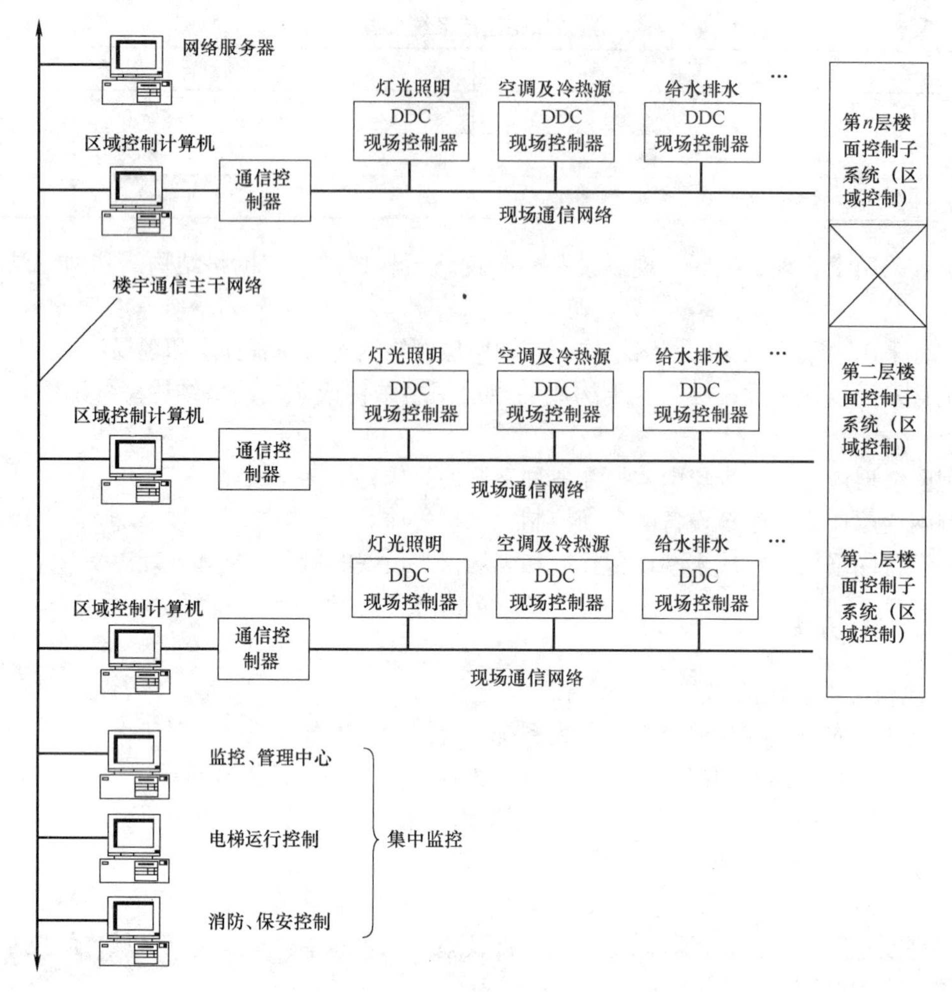

图 10-17　按楼层面组织的集散型 BAS 系统

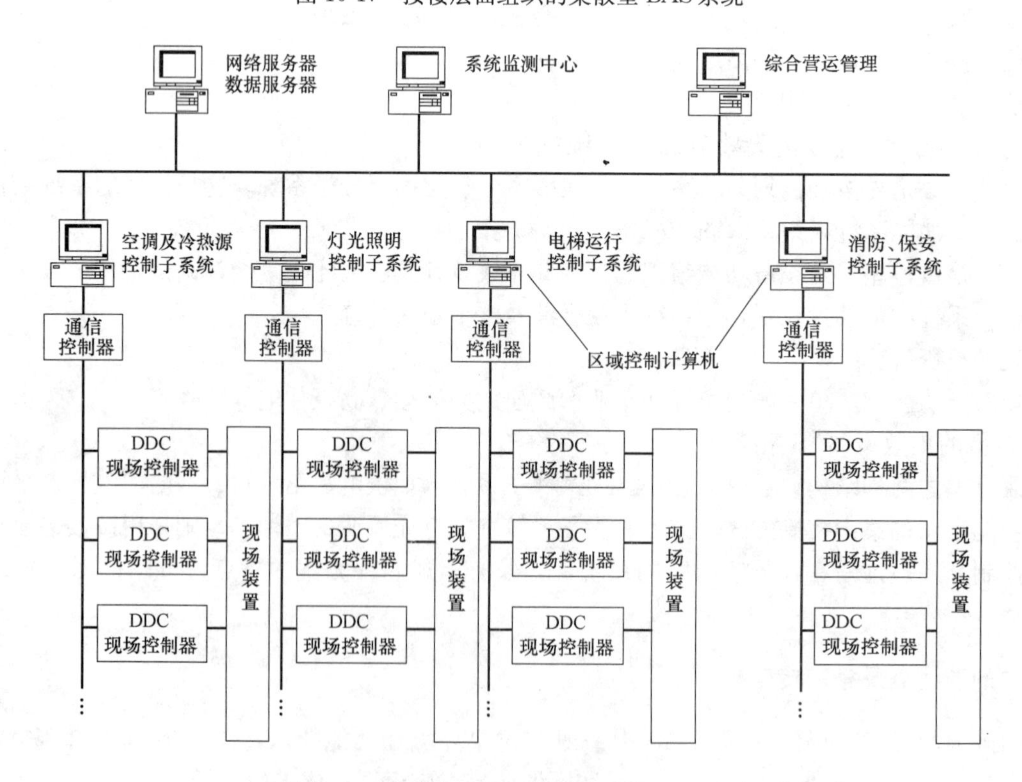

图 10-18　按设备功能组织的集散型 BAS 系统

BAS 中基本监测点、接口位置及相应传感器　　　**表 10-4**

系统		监控点	接口位置或常用传感器
供配电系统	变配电部分	高压进、出线柜断路器状态/故障；高、低压联络柜母线联络开关状态/故障；直流操作柜断路器/故障；低压进、出线柜断路器/故障；低压配电柜断路器/故障；市电/发电转换柜断路器状态/故障；动力柜断路器状态/故障(DI)① 高、低压进线电压、电流，直流操作柜电压、电流；动力电源柜进线电流、电压；低压进线、动力进线有功功率，无功功率，功率因素；低压进线、动力进线电量(AI)	信号取出点：相应断路器辅助触点 电压、电流变送器；有功功率、无功功率、功率因素变送器；电量变送器
供配电系统	变配电部分	变压器温度(AI)	温度传感器
供配电系统	应急发电机与蓄电池组	发电机输出电压、电流、有功功率、无功功率、功率因数(AI)	电压、电流变送器；有功功率、无功功率、功率因素变送器
供配电系统	应急发电机与蓄电池组	发电机配电屏蔽断路器状态(DI)	配电屏蔽断路器辅助开关
供配电系统	应急发电机与蓄电池组	发电机油箱油位(AI)	液位传感器
供配电系统	应急发电机与蓄电池组	发电机冷却水泵、冷却风扇的开/关控制(DO)	DDC 数字输出接口
供配电系统	应急发电机与蓄电池组	发电机冷却水泵运行状态(DI)	信号取出点：水流开关
供配电系统	应急发电机与蓄电池组	发电机冷却风扇的故障(DI)	风扇主电路接触器的辅助接口
供配电系统	应急发电机与蓄电池组	发电机冷却水泵、冷却风扇的故障(DI)	相应主电路热继电器的辅助接口
供配电系统	应急发电机与蓄电池组	蓄电池电压②(AI)	直流电压传感器
照明系统		室外自然光度测量(AI)	自然光(照度)传感器
照明系统		分区(楼层)照明、事故照明、航标灯、景观灯等电源开/关控制(DO)	DDC③数字输出接口
照明系统		分区(楼层)照明、事故照明、航标灯、景观灯等电源运行状态/故障(DI)	相应电源接触器的辅助触点
照明系统		分区(楼层)照明、事故照明、航标灯、景观灯等电源手/自动状态(DI)	信号取出点：相应电源控制回路
空调与冷热源系统	空调系统	送风机、回风机运行状态(DI)	动力柜主电路接触器的辅助接点
空调与冷热源系统	空调系统	送风机、回风机故障状态(DI)	相应主电路热继电器的辅助接点
空调与冷热源系统	空调系统	送风机、回风机手/自动状态(DI)	相应主动力柜控制回路
空调与冷热源系统	空调系统	送风机，回风机开/关控制(DO)	相应电源接触器的辅助触点
空调与冷热源系统	空调系统	空调冷冻水/热水阀门、加湿阀门调节；新风口、回风口，排风口风门开度控制(AO)	DDC 模拟输出口
空调与冷热源系统	空调系统	防冻报警(DI)	低温报警开关
空调与冷热源系统	空调系统	过滤网压差报警(DI)	过滤网压差传感器
空调与冷热源系统	空调系统	新风、回风、送风温度(AI)	风管式温度传感器
空调与冷热源系统	空调系统	室外温度(AI)	室外温度传感器
空调与冷热源系统	空调系统	新风、回风、送风湿度(AI)	风管式湿度传感器
空调与冷热源系统	空调系统	送风风速(AI)	风管式风速传感器
空调与冷热源系统	空调系统	空气质量(AI)	空气质量传感器(CO_2、CO 浓度)

续表

系　统			监　控　点	接口位置或常用传感器
空调与冷热源系统	制冷系统		冷水机组、冷冻水泵、冷却水泵、冷却塔风机、冷却塔进水电动蝶阀开/关控制(DO)	DDC数字输出接口
			冷水机组、冷却塔风机运行状态(DI)	相应动力柜主电路接触器的辅助接点
			冷冻水泵、冷却水泵运行状态(DI)	相应水泵出水口的水流开关
			冷水机组、冷冻水泵、冷却水泵、冷却塔风机故障(DI)	相应主电路热继电器的辅助接点
			冷水机组、冷冻水泵、冷却水泵、冷却塔风机手/自动控制(DI)	相应动力柜控制回路
			冷冻水压差旁通阀(AO)	DDC模拟输出接口
			冷冻水供水、回水温度；冷却塔进水、出水温度(AI)	分水器进水口、集水器出水口水管温度传感器；冷却塔进水、回水温度传感器
			冷冻水供水/回水压差(AI)	分水器进水口和集水器之间压差传感器
			冷冻水总回水流量(AI)	集水器出水口电磁流量计
			冷却水泵出口压力(AI)	冷却水泵出水口压力传感器
			电动蝶阀开关位置监测(DI)	开关输出点
	热源系统	电[④]锅炉部分	锅炉出口热水温度、压力测量(AI)	分水器进口温度、压力传感器
			锅炉热水流量测量(AI)	集水器出口流量传感器
			锅炉回水干管压力测量(AI)	集水器出口压力传感器
			锅炉、热水泵运行状态(DI)	动力柜主电路接触器的辅助接点
			锅炉、热水泵故障状态(DI)	相应动力柜主电路热继电器的辅助接点
			锅炉、热水泵、电动蝶阀开关控制(DO)	DDC数字输出接口
			热水泵手/自动状态(DI)	动力柜控制电路
			电动蝶阀开关位置监测(DI)	开关输出点
		热交换部分	二次水循环泵、补水泵运行状态(DI)	相应动力柜主电路接触器的辅助接点
			二次水循环泵、补水泵故障状态(DI)	相应动力柜主电路热继电器的辅助接点
			二次水循环泵、补水泵手/自动状态(DI)	相应动力柜控制回路
			二次水出口、分水器供水、二次热水回水温度测量	温度传感器
			二次热水回水流量、供回水压力测量(AI)	流量传感器，压力/压差传感器
			二次水循环泵、补水泵自停控制(DO)	DDC数字输出口
			一次热水/蒸汽、换热器二次电动阀控制(AO)	DDC模拟输出口
			差压旁通阀门开度控制(AO)	DDC模拟输出口
			膨胀水箱水位监测(DI)	膨胀水箱内液位开关
给排水系统			给、排水泵运行状态(DI)	给、排水泵动力柜主接触辅助触点
			给、排水泵运行状态故障(DI)	给、排水泵动力柜主电路热继电器辅助触点
			给、排水泵手/自动转换状态(DI)	给、排水泵动力柜控制电路
			给、排水泵开/关控制(DO)	DDC数字输出接口
			给、排水水流开关状态(DI)	给、排水水流开关状态输出
			给水系统：地下水、高位水箱(高位水箱给水系统)水位监测；排水系统：集水坑水位监测(DI)	水位开关，一般有溢流、启泵、停泵、低限位报警四个液位开关
			给水系统：管网给水压力监测(水泵直接给水或者气压式给水系统)(DI)	管式液压传感器

续表

系 统	监 控 点	接口位置或常用传感器
电梯系统	电梯运行状态、方向、所处楼层、故障报警、紧急状况报警(DI)	电梯控制箱运行状态、方向、所处楼层、故障报警、紧急状况报警输出口
	电梯运行的开/关控制(DO)	DDC数字输出接口
	消防控制(DO)	消防联动控制器的输出模块

注：① 控制点类型分为：AI（Analog Input，模拟监测）；DI（Digital Input，状态/数字监测）；AO（Analog Output，模拟调节/控制）；DO（Digital Output，状态/数字控制）。

② 直流蓄电池组的作用是提供220、110、24V直流电。它通常设置在高压配电室内，为高压主开关操作、保护、自动装置及事故照明等提供电流电源。

③ DDC（Direct Digital Controller），指集散控制系统的现场控制器，即直接数字控制器。

④ 燃煤和燃油锅炉属于压力容器，国家有专门技术规范和管理机构，因此这类锅炉的运行控制不纳入BAS。最多只对锅炉的开停状态进行监控，而它们的运行由专门的控制系统完成。

五、BAS监控功能设计

BAS监控功能设计的基础是建筑设备控制的工艺图及其技术要求。认真研究目标建筑物的建筑图样及变配电、照明、冷热源、空调通风、给排水等系统的设计图样、工艺设计说明、设备清单等工程资料，然后根据实际工程情况，依照各监控对象的监控原理（参见第7章）进行监控点数及系统方案设计，并完成监控点数表的制作。

监控点数表是把各类建筑设备要求监控的内容按模拟量输入AI，模拟量输出AO，数字/开关量输入DI及数字/开关量输出DO分类，逐一列出的表格。由监控点数表，可以确定在某一区域内设置需监控的内容，从而选择现场控制器（DDC）的形式与容量。典型的监控点数表例如表10-4所示。

按监控点数表选择DDC时，其输入/输出端一般应留有15%～20%的裕量，以备输入/输出端口故障或将来有扩展需要时使用。正确确定监控点数是深化BAS设计的基础。

此外，DDC分站位置选择宜相对集中，一般设在机房或弱电间内，以达到末端元件距离（一般不超过50m）较短为原则；分站设置应远离有压输水管道，在潮湿、有蒸汽场所应采取防潮、防结露措施，分站还应该远离（间距至少1.5m）电动机、大电流母线、电缆通道，以避免电磁干扰。在无法躲避干扰源时，应采取可靠的屏蔽和接地措施。

国家标准《智能建筑设计标准》（GB/T 50314—2000）按照各建筑设备监控功能分为三级：甲级、乙级和丙级，对各种建筑设备的监控功能分级标准和要求如表10-5所示。

建筑设备监控功能分级表 **表10-5**

设备名称	监控功能	甲级	乙级	丙级
压缩式制冷系统	(1)启停控制和运行状态显示	○	○	○
	(2)冷冻水进出口温度、压力测量	○	○	○
	(3)冷却水进出口温度、压力测量	○	○	○
	(4)过载报警	○	○	○
	(5)水流量测量及冷量记录	○	○	○
	(6)运行时间和启动次数记录	○	○	○
	(7)制冷系统启停控制程序的设定	○	○	○
	(8)冷冻水旁通阀压差控制	○	○	○
	(9)冷冻水温度再设定	○	×	×
	(10)台数控制	○	×	×
	(11)制冷系统的控制系统应留有通信接口	○	○	×

续表

设备名称	监控功能	甲级	乙级	丙级
吸收式制冷系统	(1)启停控制和运行状态显示	○	○	○
	(2)运行模式、设定值的显示	○	○	○
	(3)蒸发器、冷凝器进出口水温测量	○	○	○
	(4)制冷剂、溶液蒸发器和冷凝器的温度及压力测量	○	○	×
	(5)溶液温度压力、溶液浓度值及结晶温度测量	○	○	×
	(6)启动次数、运行时间显示	○	○	○
	(7)水流、水温、结晶保护	○	○	×
	(8)故障报警	○	○	○
	(9)台数控制	○	×	×
	(10)制冷系统的控制系统应留有通信接口	○	○	×
蓄冰制冷系统	(1)运行模式(主机供冷、溶冰供冷与优化控制)参数设置及运行模式的自动转换	○	○	×
	(2)蓄冰设置溶冰速度控制，主机供冷量调节，主机与蓄冷设备供冷能力的协调控制	○	○	×
	(3)蓄冰设备蓄冰量显示，各设备启停控制与顺序启停控制	○	○	×
热力系统	(1)蒸汽、热水出口压力、温度、流量显示	○	○	○
	(2)锅炉气泡水位显示及报警	○	○	○
	(3)运行状态显示	○	○	○
	(4)顺序启停控制	○	○	○
	(5)油压、气压显示	○	○	○
	(6)安全保护信号显示	○	○	○
	(7)设备故障信号显示	○	○	○
	(8)燃料耗量统计记录	○	×	×
	(9)锅炉(运行)台数控制	○	×	×
	(10)锅炉房可燃物、有害物质浓度监测报警	○	×	×
	(11)烟气含氧量监测及燃烧系统自动调节	○	×	×
	(12)热交换器能按设定出水温度自动控制进汽或水量	○	○	○
	(13)热交换器进汽或水阀与热水循环泵联锁控制	○	×	×
	(14)热力系统的控制系统应留有通信接口	○	○	×
冷冻水系统	(1)水流状态显示	○	×	×
	(2)水泵过载报警	○	○	×
	(3)水泵启停控制及运行状态显示	○	○	○
冷却系统	(1)水流状态显示	○	×	×
	(2)冷却水泵过载报警	○	○	×
	(3)冷却水泵启停控制及运行状态显示	○	○	○
	(4)冷却塔风机运行状态显示	○	○	○
	(5)进出口水温测量及控制	○	○	○
	(6)水温再设定	○	×	×
	(7)冷却塔风机启停控制	○	○	○
	(8)冷却塔风机过载报警	○	○	×

续表

设备名称	监控功能	甲级	乙级	丙级
空气处理系统	(1)风机状态显示	○	○	○
	(2)送回风温度测量	○	○	○
	(3)室内温、湿度测量	○	○	○
	(4)过滤器状态显示及报警	○	○	○
	(5)风道风压测量	○	○	×
	(6)启停控制	○	○	○
	(7)过载报警	○	○	×
	(8)冷热水流量调节	○	○	○
	(9)加湿控制	○	○	○
	(10)风门控制	○	○	○
	(11)风机转速控制	○	○	×
	(12)风机、风门、调节阀之间的联锁控制	○	○	○
	(13)室内 CO_2 浓度监测	○	×	×
	(14)寒冷地区换热器防冻控制	○	○	○
	(15)送回风机与消防系统的联动控制	○	○	○
变风量(VAV)系统	(1)系统总风量调节	○	○	×
	(2)最小风量控制	○	○	×
	(3)最小新风量控制	○	○	×
	(4)再加热控制	○	○	×
	(5)变风量(VAV)系统的控制装置应有通信接口	○	○	×
排风系统	(1)风机状态显示	○	○	×
	(2)启停控制	○	○	×
	(3)过载报警	○	○	×
风机盘管	(1)室内温度测量	○	×	×
	(2)冷热水阀开关控制	○	×	×
	(3)风机变速与启停控制	○	×	×
整体式空调机	(1)室内温、湿度测量	○	×	×
	(2)启停控制	○	×	×
给水系统	(1)水泵运行状态显示	○	○	○
	(2)水流状态显示	○	×	×
	(3)水泵启停控制	○	○	○
	(4)水泵过载报警	○	○	×
	(5)水箱高低液位显示及报警	○	○	○
排水及污水处理系统	(1)水泵运行状态显示	○	×	×
	(2)水泵启停控制	○	×	×
	(3)污水处理池高低液位显示及报警	○	×	×
	(4)水泵过载报警	○	×	×
	(5)污水处理系统留有通信接口	○	×	×

续表

设备名称	监控功能	甲级	乙级	丙级
供配电设备监视系统	(1)变配电设备各高低压主开关运行状况监视及故障报警	○	○	○
	(2)电源及主供电回路电流值显示	○	○	○
	(3)电源电压值显示	○	○	○
	(4)功率因数测量	○	○	○
	(5)电能计量	○	○	○
	(6)变压器超温报警	○	○	×
	(7)应急电源供电电流、电压及频率监视	○	○	○
	(8)电力系统计算机辅助监控系统应留有通信接口	○	○	×
照明系统	(1)庭园灯控制	○	×	×
	(2)泛光照明控制	○	×	×
	(3)门厅、楼梯及走道照明控制	○	×	×
	(4)停车场照明控制	○	×	×
	(5)航空障碍灯状态显示、故障报警	○	×	×
	(6)重要场所可设智能照明控制系统	○	×	×
	应对电梯、自动扶梯的运行状态进行监视	○	×	×
	应留有与火灾自动报警系统、公共安全防范系统、车库管理系统通信接口	○	○	×

注：○表示有此功能，×表示无此功能。

六、BAS设计应注意的问题

1. 中央控制室选址及室内设备布置

（1）中央控制室应尽量靠近控制负荷中心，应离变电所、电梯机房、水泵房等会产生强电磁干扰的场所15m以上。上方及毗邻无用水和潮湿的机房及房间。

（2）室内控制台前应有1.5m的操作距离，控制台离墙布置时，台后应有大于1m的检修距离，并注意避免阳光直射。

（3）当控制台横向排列总长度超过7m时，应在两端各留大于1m的通道。

（4）中央控制室宜采用抗静电架空活动地板，高度不小于20cm。

2. 建筑设备自动化系统的电源要求

（1）中央控制室应由变配电所引出专用回路供电，中央控制室内设专用配电盘。负荷等级不低于所处建筑中最高负荷等级。

（2）通常要求系统的供电电源的电压不大于±10%，频率变化不大于±1Hz，波形失真率不大于20%。

（3）中央管理计算机应配置UPS不间断供电设备，其容量应包括建筑设备自动化系统内用电设备总和并考虑预计的扩展容量，供电时间不低于30min。

（4）现场控制器的电源应满足下述要求：①Ⅰ类系统（650～4999点），当中央控制室设有UPS不间断供电设备时，现场的电源由UPS不间断电源以放射式或树干式集中供给。②Ⅱ类系统（1～649点），现场控制器的电源可由就地邻近动力盘专路供给。③含有CPU的现场控制器，必须设置备用电池组，并能支持现场控制器运行不少于72h，保证停电时不间断供电。

3. 现场控制器设置原则

（1）现场控制器的设置应主要考虑系统管理方式、安装调试维护方便和经济性。一般按机电系统平面布置进行划分。

（2）现场控制器要远离输水管道，以免管道、阀门跑水，殃及控制盘。在潮湿、蒸汽场所，应采取防潮、防结露等措施。

(3) 现场控制器要离电机、大电流母线、电缆1.5m以上，以避免电磁干扰。在无法满足要求时，应采取可靠屏蔽和接地措施。

(4) 现场控制器位置选择宜相对集中，一般设在机房或弱电小间内；以达到末端元件距离较短为原则（一般不超过50m）。

(5) 现场控制器一般可选用壁挂式结构，在设备集中的机房控制模块较多时，可选落地柜式结构，柜前操作净距不小于1.5m。

(6) 每台现场控制器输入输出接口数量与种类应与所控制的设备要求相适应，并留有10%～20%的余量。

4. 建筑设备自动化系统的布线方式

(1) 建筑设备自动化系统线路包括：电源线、网络通信线和信号线。①电源线一般BV－(500V) 2.5mm^2 铜芯聚氯乙烯绝缘线。②网络通信线需由采用何种计算机局域定及建筑设备自动化系统在数据传输率、未来可兼容性和硬件成本等多方面综合考虑确定。一般有同轴电缆（不同厂商的产品不尽相同）；有的系统采用屏蔽双绞线或非屏蔽双绞线（分3、4、5三个级别）；在强干扰环境中和远距离传输时，宜选用光缆。③信号缆一般采用线芯截面1.0mm^2 或1.5mm^2 的普通铜芯导线或控制电缆，对信号线是否需要采用软线及屏蔽线应根据具体控制系统与控制要求确定。

(2) 建筑设备自动化系统线路均采用金属管或金属线槽保护，网络通信线和信号线不能与电源线共管敷设，当其必须做无屏蔽平等敷设时，间距不小于0.3m，如敷于同一金属线槽，需设金属分隔。

5. 建筑设备自动化系统监控点统计

(1) 根据各工种设备的选型，核定对指定监控点的实施监控的技术可行性。

(2) 建筑设备自动化系统监控点可通过编制监控点总表来进行统计，参见表10-6和表10-7。较小型系统可编制一个监控点总表，中型以上系统应按不同对象系统编制多个监控点表，组成监控点总表。

DDC监控表　　**表10-6**

共　页　第　页

<table>
<tr><td colspan="2">项目：</td><td rowspan="3">设备位号</td><td rowspan="3">通道号</td><td colspan="4">DI类型</td><td colspan="4">DO类型</td><td colspan="8">模拟量输入点AI要求</td><td colspan="5">模拟量输出点AO要求</td><td rowspan="3">DDC供电电源引自</td><td colspan="4">管线要求</td></tr>
<tr><td colspan="2">DDC编号</td><td rowspan="2">接点输入</td><td colspan="3">电压输入</td><td rowspan="2">接点输出</td><td colspan="3">电压输出</td><td colspan="6">信号类型</td><td colspan="2">供电电源</td><td colspan="3">信号类型</td><td colspan="2">供电电源</td><td rowspan="2">导线规格</td><td rowspan="2">型号</td><td rowspan="2">管线编号</td><td rowspan="2">穿管直径</td></tr>
<tr><td>序号</td><td>监控点描述</td><td></td><td></td><td>其他</td><td></td><td></td><td>其他</td><td>温度</td><td>湿度</td><td>压力</td><td>流量</td><td></td><td>其他</td><td></td><td>其他</td><td></td><td></td><td>其他</td><td></td><td>其他</td></tr>
<tr><td>1</td><td></td><td></td><td></td><td></td><td></td><td></td><td></td><td></td><td></td><td></td><td></td><td></td><td></td><td></td><td></td><td></td><td></td><td></td><td></td><td></td><td></td><td></td><td></td><td></td><td></td><td></td><td></td><td></td><td></td></tr>
<tr><td>2</td><td></td><td></td><td></td><td></td><td></td><td></td><td></td><td></td><td></td><td></td><td></td><td></td><td></td><td></td><td></td><td></td><td></td><td></td><td></td><td></td><td></td><td></td><td></td><td></td><td></td><td></td><td></td><td></td><td></td></tr>
<tr><td>3</td><td></td><td></td><td></td><td></td><td></td><td></td><td></td><td></td><td></td><td></td><td></td><td></td><td></td><td></td><td></td><td></td><td></td><td></td><td></td><td></td><td></td><td></td><td></td><td></td><td></td><td></td><td></td><td></td><td></td></tr>
<tr><td>4</td><td></td><td></td><td></td><td></td><td></td><td></td><td></td><td></td><td></td><td></td><td></td><td></td><td></td><td></td><td></td><td></td><td></td><td></td><td></td><td></td><td></td><td></td><td></td><td></td><td></td><td></td><td></td><td></td><td></td></tr>
<tr><td>5</td><td></td><td></td><td></td><td></td><td></td><td></td><td></td><td></td><td></td><td></td><td></td><td></td><td></td><td></td><td></td><td></td><td></td><td></td><td></td><td></td><td></td><td></td><td></td><td></td><td></td><td></td><td></td><td></td><td></td></tr>
<tr><td>6</td><td></td><td></td><td></td><td></td><td></td><td></td><td></td><td></td><td></td><td></td><td></td><td></td><td></td><td></td><td></td><td></td><td></td><td></td><td></td><td></td><td></td><td></td><td></td><td></td><td></td><td></td><td></td><td></td><td></td></tr>
<tr><td>7</td><td></td><td></td><td></td><td></td><td></td><td></td><td></td><td></td><td></td><td></td><td></td><td></td><td></td><td></td><td></td><td></td><td></td><td></td><td></td><td></td><td></td><td></td><td></td><td></td><td></td><td></td><td></td><td></td><td></td></tr>
<tr><td>8</td><td></td><td></td><td></td><td></td><td></td><td></td><td></td><td></td><td></td><td></td><td></td><td></td><td></td><td></td><td></td><td></td><td></td><td></td><td></td><td></td><td></td><td></td><td></td><td></td><td></td><td></td><td></td><td></td><td></td></tr>
<tr><td>9</td><td></td><td></td><td></td><td></td><td></td><td></td><td></td><td></td><td></td><td></td><td></td><td></td><td></td><td></td><td></td><td></td><td></td><td></td><td></td><td></td><td></td><td></td><td></td><td></td><td></td><td></td><td></td><td></td><td></td></tr>
<tr><td>10</td><td></td><td></td><td></td><td></td><td></td><td></td><td></td><td></td><td></td><td></td><td></td><td></td><td></td><td></td><td></td><td></td><td></td><td></td><td></td><td></td><td></td><td></td><td></td><td></td><td></td><td></td><td></td><td></td><td></td></tr>
<tr><td>11</td><td></td><td></td><td></td><td></td><td></td><td></td><td></td><td></td><td></td><td></td><td></td><td></td><td></td><td></td><td></td><td></td><td></td><td></td><td></td><td></td><td></td><td></td><td></td><td></td><td></td><td></td><td></td><td></td><td></td></tr>
<tr><td>12</td><td></td><td></td><td></td><td></td><td></td><td></td><td></td><td></td><td></td><td></td><td></td><td></td><td></td><td></td><td></td><td></td><td></td><td></td><td></td><td></td><td></td><td></td><td></td><td></td><td></td><td></td><td></td><td></td><td></td></tr>
<tr><td>13</td><td></td><td></td><td></td><td></td><td></td><td></td><td></td><td></td><td></td><td></td><td></td><td></td><td></td><td></td><td></td><td></td><td></td><td></td><td></td><td></td><td></td><td></td><td></td><td></td><td></td><td></td><td></td><td></td><td></td></tr>
<tr><td>14</td><td></td><td></td><td></td><td></td><td></td><td></td><td></td><td></td><td></td><td></td><td></td><td></td><td></td><td></td><td></td><td></td><td></td><td></td><td></td><td></td><td></td><td></td><td></td><td></td><td></td><td></td><td></td><td></td><td></td></tr>
</table>

续表

项目：		设备位号	通道号	DI类型				DO类型				模拟量输入点AI要求								模拟量输出点AO要求					DDC供电电源引自	管线要求			
DDC编号				接点输入	电压输入			接点输出	电压输出			信号类型						供电电源		信号类型			供电电源						
序号	监控点描述						其他				其他	温度	湿度	压力	流量		其他		其他			其他		其他		导线规格	型号	管线编号	穿管直径
15																													
16																													
17																													
18																													
19																													
20																													
	合计																												

BAS监控点一览表　　**表10-7**

共　页　第　页

项目		设备数量	输入输出点数量统计				数字量输入点DI							数字量输出点DO			模拟量输入点AI															模出点AO			电源	
日期																																				
序号	设备名称		数字输入DI	数字输出DO	模拟输入AI	模拟输出AO	运行状态	故障报警	水流检测	差压报警	液位检测	手/自动		启停控制	阀门控制	开关控制	风温检测	水温检测	风压检测	水压检测	湿度检测	差压检测	流量检测	阀位	电压检测	电流检测	有功功率	无功功率	功率因数	频率检测	其他	风阀	水阀			
1	空调机组																																			
2	新风机组																																			
3	通风机																																			
4	排烟机																																			
5	冷水机组																																			
6	冷冻水泵																																			
7	冷却水泵																																			
8	冷却塔																																			
9	热交换器																																			
10	热水循环泵																																			
11	生活水泵																																			
12	清水池																																			
13	生活水箱																																			
14	排水泵																																			

（3）编制监控点总表应满足下述要求：①为划分和确定现场控制提供依据。②为确定系统硬件和应用软件设置提供依据。③为规划通信道提供依据。④为系统能以简捷的键盘操作命令进行访问和调用具有标准格式显示报告与记录文件创造前提。

（4）建筑设备自动化系统监控点总表格式。编制监控点总表，应以现场控制器为单位，按模拟输入、数字输入、模拟输出、数字输出等种类分别统计。

第四节　BAS监控中心

1. 监控中心宜设在主楼低层，可单独设置，也可与其他弱电系统的控制机房，如消防、安防监控系统等集中设置。

（1）控制机房如单独设置，应远离潮湿、灰尘、振动、电磁干扰等场所，避免与建筑物的变配电室相邻及阳光直射。如集中设置，除上述要求外，还必须满足消防控制室的设计规范要求。

（2）监控中心应设空调，一般可取自集中空调系统；当仍不能满足产品对环境的要求时，应增设一台专用的空调装置，此时应设空调室并采取噪声隔离措施。

（3）中央控制室宜设铝合金骨架架空的活动地板，高度不低于 0.2m；各类导线在活动地板下线槽内敷设，电源线与信号线之间应采取隔离措施。若设有竖井时活动地板下部应与其相通。

（4）不间断电源设备按规模设专用室时，其面积可参照有关规定及设备占地面积确定，但不得小于 $4m^2$。

放置蓄电池的专用电源室应设机械排风装置，火警时应自动关闭。该室与中央控制室不得有任何门窗或非密闭管道相通。

（5）规模较大系统且有多台监视设备布置于中央控制室时，监控设备应呈弧形或单排直列布置；屏前净空按操作台前沿计算不得小于 1.5m，屏后净空不得小于 1m。

（6）中央控制室宜采用顶棚暗装室内照明，室内最低平均照度宜取 150～200lx，必要时可采用壁灯作辅助照明。

（7）监控中心应根据系统规模大小设置卤代烷或二氧化碳等固定式或手提式灭火装置，禁止采用水喷淋装置。

（8）规模较大的系统，在中央控制室宜设直通室外的安全出口。

图 10-19 是一种监控中心布局示意图。它的 BAS 与 CCTV 及公共广播等系统合置在一起，仅供参考。

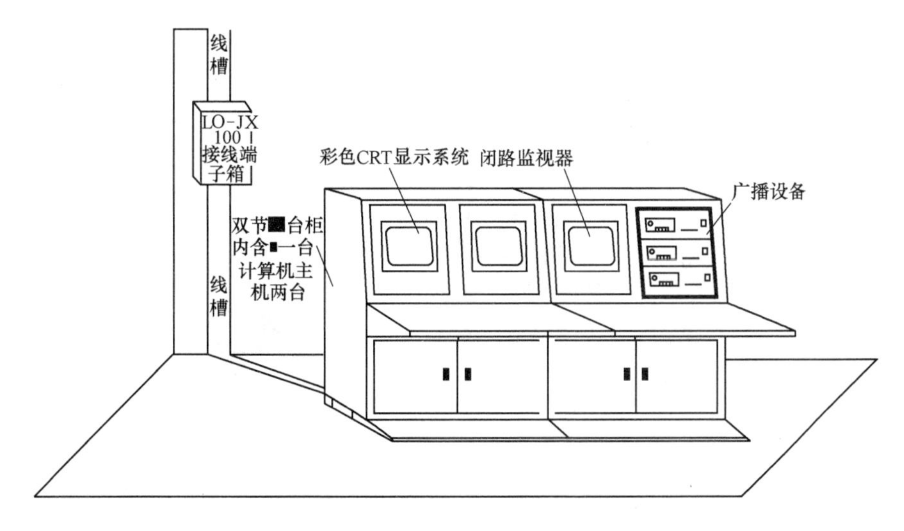

图 10-19　管理中心的布局示意图

2. 楼宇自动化系统的电源要求

（1）中央控制室应由变配电所引出专用回路供电，中央控制室内设专用配电盘。负荷等级不低于所处建筑中最高负荷等级。

（2）通常要求系统的供电电源的电压波动不大于±10％，频率变化不大于±1Hz，波形失真率不大于 20％。

（3）中央管理计算机应配置UPS不间断供电设备。其容量应包括建筑设备自动化系统内用电设备总和并考虑预计的扩展容量，供电时间不低于30min。

（4）现场控制器的电源应满足下述要求：

① Ⅰ类系统（650～4999点），当中央控制室设有UPS不间断供电设备时，现场控制器的电源由UPS不间断电源以放射式或树干式集中供给；

② Ⅱ类系统（1～649点），现场控制器的电源可由就地邻近动力盘专路供给；

③ 含有CPU的现场控制器，必须设置备用电池组，并能支持现场控制器运行不少于72h，保证停电时不间断供电。

第五节　工程举例

目前国内的楼宇自控系统市场基本为国外品牌一统天下，市场份额最大的是HONEY-WELL、SIEMENS、JOHNSON这三家，其次有INVENSYS、DELTA、TREND、TAC、ALC、日本山武等，国内有清华同方（RH6000）、海湾公司（HW-BA5000）、浙大中控（OptiSYS）和北京利达（BABEL）等。

【例1】 图10-20是某超高层建筑的BA系统结构图10-21为BAS分布图。该BA系统采用美国Johnson（江森）公司的METASYS楼宇自动化系统。此系统使用工业标准的ARCNET高速通信网络作为通信主干线，如图10-20所示。各分站控制器和操作站均与ARCNET网络相连，其通信速度为2.5Mbit/s。操作站（中央管理计算机）采用PC微机，各分站采用DDC，系统为两级网络结构。图10-20中的网络控制器（NCU）设于现场，直接与ARCNET网络和现场的DDC控制器连接。它也可脱离ARCNET网络独立工作。

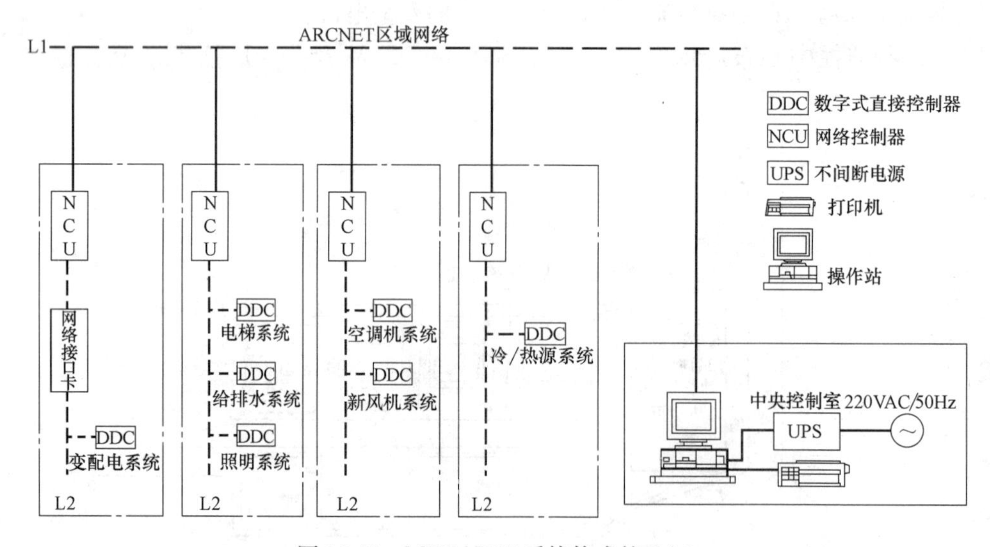

图10-20　METASYS系统构成的BAS

网络控制器NCU中带有网络控制模块、数字控制模块、多样化模块。网络控制模块是NCU的主处理机，负责监控接到NCU上的控制点及与中央操作站互相通信；数字控制模块执行控制程序，如PID控制、连锁控制等，可接受10个通用输入点和10个通用输出点；多样化模块直接连接现场二态输入/输出监控点，并受网络控制模块的指令控制。

图10-21中的DX或VAV都是直接数字控制器DDC。Johnson91系列DDC装于现场，它带有显示屏及功能按钮等。其主要功能有：比例控制、比例加积分控制、比例加积分加微分控制、开关控制、平均值、最大/最小值选择、焓值计算、逻辑、联锁等，对被控设备进行监视和控制。

BAS监控中心一般设在大楼底层，房间面积约15～20m² 左右。监控中心宜与消防中心、公共广播

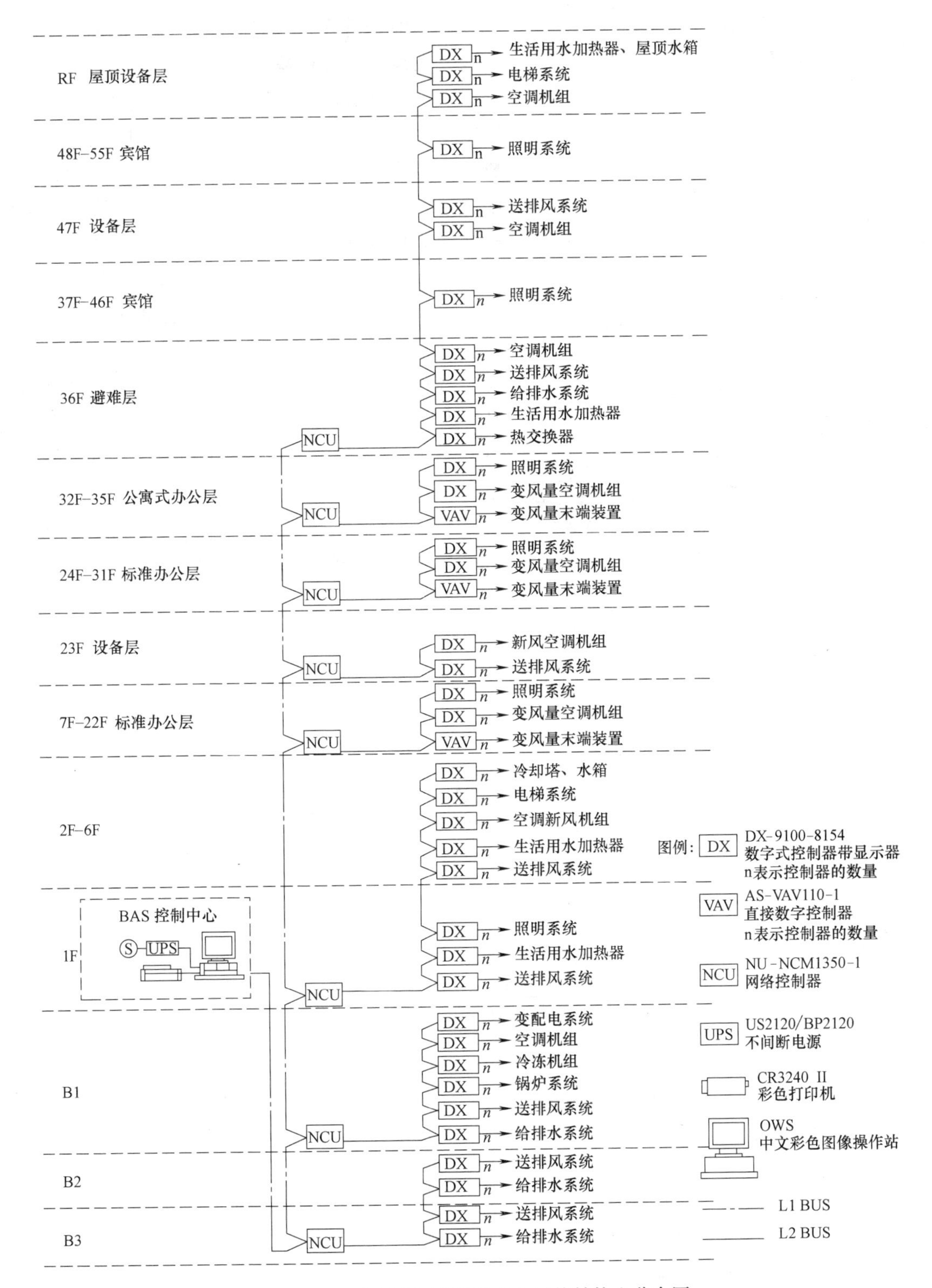

图 10-21　某超高层建筑的 BA 系统结构和分布图

系统同室或相邻，以便于布线和管理。图 10-22 是 BA 系统与消防、保安、公共广播系统的控制室合用的平面布置图示例。

【例 2】 某金融大厦的 BA 系统设计

图 10-23 是某金融大厦的 BA 系统结构及分布图。该大厦为一幢建筑面积 55000m^2 的综合性办公大楼，共 40 层。机电设备主要分布在地下 2 层、地上 5 层、20 层及 39 层四个楼层。整个建筑物根据各专业所提供的监控要求为 459 个输入输出点。

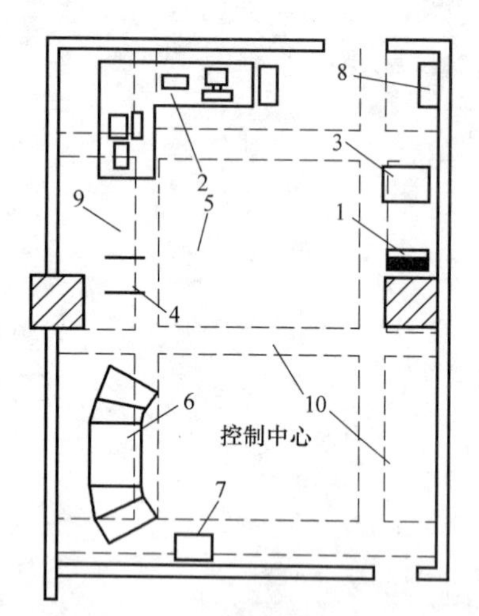

图 10-22　监控中心示例
1—机房电源配电箱（带备用电源）；2—BA 系统总控操作台；3—BA 系统 UPS 电源；4—CCTV 监视系统显示屏；5—CCTV 监视系统操作台；6—消防报警系统总控制台；7—紧急广播柜；8—CATV 系统前端设备机箱；9—电梯运行状态显示屏；10—木地板电缆沟（有盖板）

设计前期首先根据各专业所提供的监控资料按楼层分区分类编制监控点数表，以确定各设备层输入的模拟量、数字量点数，及输出的模拟量、数字量点数，模拟量包括温度、压力、湿度、流量、电流、电压等参数。数字量包括状态信号和故障报警信号。而提供数字量的接点必须是无源接点。根据所选用的 DDC 分站设备的容量，即有多少个模拟输入点（AI），多少个数字输入点（DI），多少个模拟输出点（AO），多少个数字输出点（DO），再考虑将来如有可能发展，还应预留一些备用发展点，来确定 DDC 分站的数量和位置，该大厦 BA 系统选用了瑞典 TA-6711 系统，上位机为 486PC 机，整个大厦共设置了 31 个 DDC 控制器。安装设备时，DDC 分站应尽量靠近被控对象，且便于巡视、维护，环境应干燥。

本 BA 系统包括空调子系统、空调冷热源子系统、给排水子系统、消防子系统、电梯子系统和巡更子系统等。

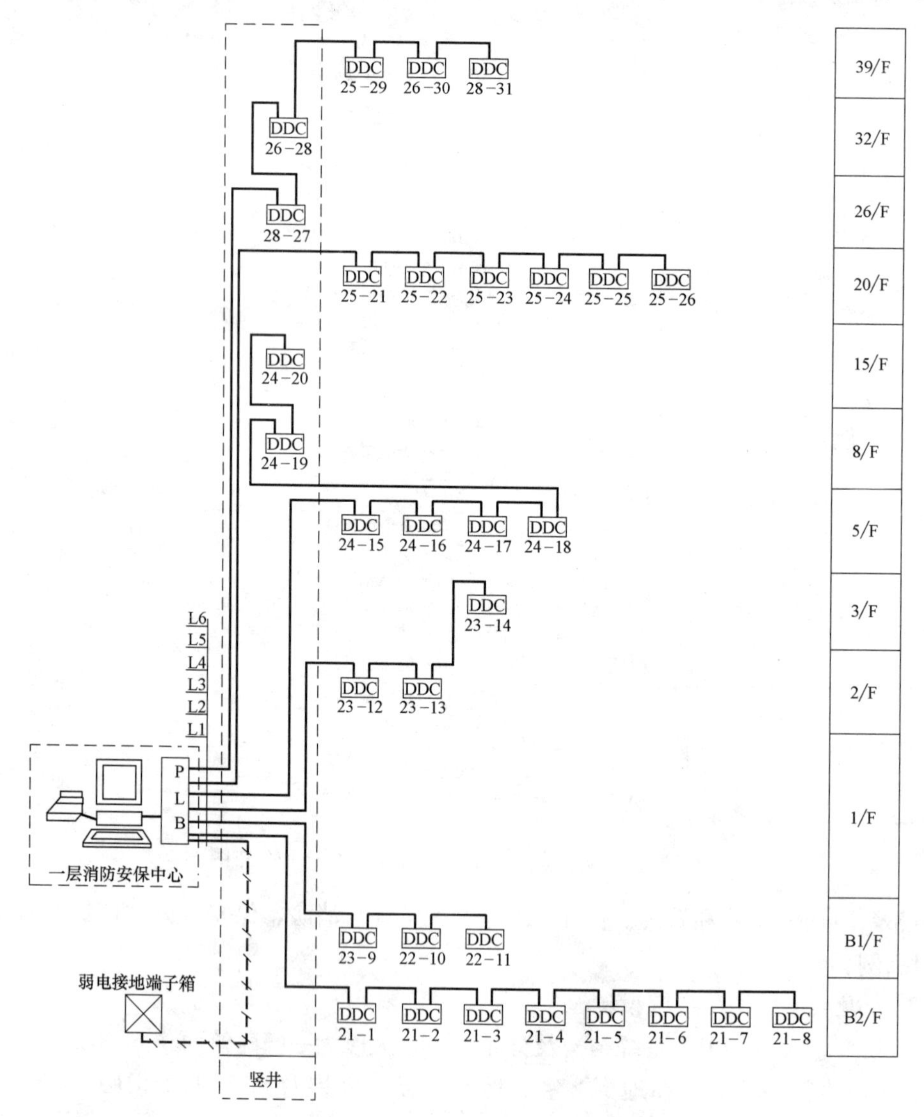

图 10-23　某金融大厦 BA 系统结构及分布图

第六节　BAS 工程的安装

一、线缆敷设与选择

1. 线路敷设

(1) BAS 线路通常包括：电源线、网络通讯电缆和信号线三类。

电源线一般采用 BV-(500) 2.5mm^2 铜芯聚氯乙烯绝缘线。

网络通讯电缆采用同轴电缆（有 50、75、93Ω 等几种）和双绞线。

信号线一般选用线芯截面 1.0mm^2 或 1.5mm^2 的普通铜心导线或控制电缆。

(2) BAS 线路均采用金属管、金属线槽或带盖板的金属桥架配线方式。网络通讯线和信号线不得与电源线共管敷设，当其必须做无屏蔽平行敷设时，间距不小于 0.3m，如敷于同一金属线槽，需设金属隔离。

(3) 高层建筑内，通信干道在竖井内与其他线路平行敷设时，应按上述 (2) 规定办理（同轴电缆可采用难燃塑料管敷设）。

条件允许时应单设弱电信号配线竖井。

每层建筑面积超过 1000m^2 或延长距离超过 100m 时，宜设两个竖井，以利分站布置和数据通信。

(4) 水平方向布线宜采用：顶棚内的线槽、线架配线方式；地板上的架空活动地板下或地毯下配线方式以及沟槽配线方式；楼板内的配线管、配线槽方式；房间内沿墙配线方式。

2. 通信线缆选择

现场控制器及监控计算机之间的通信线，在设计阶段宜采用控制电缆或计算机专用电缆中的屏蔽双绞线，截面为 0.5～1mm^2。如在系统招标后完成设计，则应根据选定系统的要求选择线缆。

3. 仪表控制电缆选择

仪表控制电缆宜采用截面为 0.75～1.5mm^2 的控制电缆，根据现场控制器要求选择控制电缆的类型，一般模拟量输入、输出采用屏蔽电缆，开关量输入、输出采用非屏蔽电缆。大口径电动控制阀应根据其实际消耗功率选择电缆截面和保护设备。

4. 电缆桥架选择

在线缆较为集中的场所宜采用电缆桥架敷设方式。

强、弱电电缆宜分别敷设在电缆桥架中，当在同一桥架中敷设时，应在中间设置金属隔板。

电缆在桥架中敷设时，电缆截面积总和与桥架内部截面积比一般应不大于 40%。

电缆桥架在走廊与吊顶中敷设时，设计应注明桥架规格、安装位置与标高。

电缆桥架在设备机房中敷设时，设计应注明桥架规格，安装位置与标高可根据现场实际情况决定。

5. 电缆管道的选择

建筑设备监控系统中的信号、电源与通信电缆所穿保护管，宜采用焊接钢管。电缆截面积总和与保护管内部截面积比应不大于 35%。

6. 仪表导压管路选择与安装

仪表导压管路选择，应符合工业自动化仪表有关设计规范。一般选择 $\phi14\times1.6$ 无缝钢管。

仪表导压管路敷设，应符合工业自动化仪表管路敷设有关规定，一次阀、二次阀、排水阀、放气阀、平衡阀等管路敷设应符合标准坡度要求。

7. 当建筑物每层都设有设备机房，并且上下对齐时，宜采用在机房楼板埋管、直接垂直走线方式，敷设现场控制器的通信线路及电源线路。

当建筑物设备机房未设置在上下对齐位置时，宜采用在竖井中走线方式敷设现场控制器的通信线路及电源线路。

二、系统设备的安装

（1）中央控制及网络通讯设备应在中央控制室的土建和装饰工程完工后安装。

（2）现场控制设备的安装位置选在光线充足、通风良好、操作维修方便的地方。

（3）现场控制设备不应安装在有振动影响的地方。

（4）现场控制设备的安装位置应与管道保持一定距离，如不能避开管道，则必须避开阀门、法兰、过滤器等管道器件及蒸汽口。

（5）设备及设备各构件间应连接紧密、牢固，安装用的坚固件应有防锈层。

（6）设备在安装前应做检查，并应符合下列规定：

① 设备外形完整，内处表面漆层完好；

② 设备外形尺寸、设备内主板及接线端口的型号及规格符合设计规定。

（7）有底座设备的底座尺寸，应与设备相符，其直线允许偏差为每米±1mm。当底座的总长超过5m时，全长允许偏差为±5mm。

（8）设备底座安装时，其上表面应保持水平。水平方向的倾斜度允许偏差为每米±1mm，当底座的总长超过5m时，全长允许偏差为±5mm。

（9）柜式中央控制及网络通讯设备的安装应符合下列规定：

① 应垂直、平正、牢固；

② 垂直度允许偏差为每米±1.5mm；

③ 水平方向的倾斜度允许偏差为每米±1mm；

④ 相邻设备顶部高度允许偏差为±2mm；

⑤ 相邻设备接缝处平面度允许偏差为±1mm；

⑥ 相邻设备间接缝的间隙，不大于±2mm。

三、输入设备的安装

1. 一般规定

（1）各类传感器的安装位置应安装在能正确反映其性能的位置，便于调试和维护的地方。

（2）水管型温度传感器、蒸汽压力传感器、水管压力传感器、水流开关、水管流量计不宜安装在管道焊缝及其边缘上开孔焊接。

（3）风管型温、湿度传感器、室内温度传感器、风管压力传感器、空气质量传感器应避开蒸汽放空口及出风口处。

（4）管型温度传感器、水管型压力传感器、蒸汽压力传感器、水流开关的安装应在工艺管道安装同时进行。

（5）风管压力、温度、湿度、空气质量、空气速度、压差开关的安装应在风管保温完成之后。

（6）水管型压力、压差、蒸汽压力传感器、水流开关、水管流量计的开孔与焊接工作，必须在工艺管道的防腐、衬里、吹扫和压力试验前进行。

（7）各传感器与现场DDC的接线一般可选用RVV或RVVP2×1.0（或3×1.0）线缆。

2. 温、湿度传感器的安装

（1）室内外温、湿度传感器的安装要符合设计的规定和产品说明要求外还应达到下列要求：

① 不应安装在阳光直射、受其他辐射热影响的位置和远离有高振动或电磁场干扰的区域。

② 室外温、湿度传感器不应安装在环境潮湿的位置。

③ 安装的位置不能破坏建筑物外观及室内装饰布局的完整性。

④ 并列安装的温、湿度传感器距地面高度应一致。高度允许偏差为±1mm。同一区域内安装的温、

湿度传感器高度允许偏差为±5mm。

⑤ 室内温、湿度传感器的安装位置宜远离墙面出风口，如无法避开，则间距不应小于2m。

⑥ 墙面安装附近有其他开关传感器时，距地高度应与之一致。其高度允许偏差为±5mm，传感器外形尺寸与其他开关不一样时，以底边高度为准。

⑦ 检查传感器到DDC之间的连接线的规格（线径截面）是否符合设计要求。对于镍传感器的接线总电阻应小于3Ω，1kΩ铂传感器的接线总电阻应小于1Ω。

（2）风管型温、湿度传感器的安装（图10-24）：

风管型温、湿度传感器应安装在风管的直管段，如不能安装在直管段，则应避开风管内通风死角的位置安装。

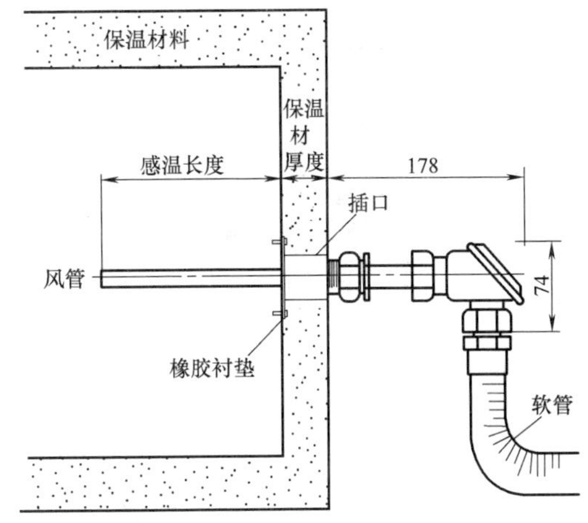

图10-24　风管式温度传感器的安装

（3）水管型温度传感器（图10-25）：

① 水管型温度传感器的开孔与焊接工作，必须在工艺管道的防腐、衬里、吹扫和压力试验前进行；

② 水管型温度传感器的感温段大于管道口径的1/2时可安装在管道顶部，如感温段小于管道口径的1/2时应安装在管道的侧面或底部；

③ 水管型温度传感器的安装位置应选在水流温度变化灵敏和具有代表性的地方，不宜选在阀门等阻力部件的附近、水流束呈死角处以及振动较大的地方。

3. 压力传感器与压差传感器的安装

（1）风管型压力传感器与压差传感器的安装：

① 风管型压力传感器应安装在气流流束稳定和管道的上半部位置；

② 风管型压力传感器应安装在风管的直管段，如不能安装在直管段，则应避开风管内通风死角的位置；

③ 风管型压力传感器应安装在温、湿度传感器的上游侧；

④ 高压风管其压力传感器应装在送风口，低压风管其压力传感器应装在回风口。

（2）水管型压力与压差传感器的安装（图10-26）：

① 水管型压力与压差传感器的取压段大于管道口径的2/3时，可安装在管道顶部；如取压段小于管道口径的2/3时，应安装在管道的侧面或底部。

② 水管型压力与压差传感器的安装位置应选在水流流束稳定的地方，不宜选在阀门等阻力部件的附近和水流束呈死角处以及振动较大的地方。

③ 水管型压力与压差传感器应安装在温、湿度传感器的上游侧。

④ 高压水管其压力传感器应装在进水管侧；低压水管其压力传感器应装在回水管侧。

（3）蒸汽压力传感器：

① 蒸汽压力传感器应安装在管道顶部或下半部与工艺管道水平中心线成45°夹角的范围内；

② 蒸汽压力传感器的安装位置应选在蒸汽压力稳定的地方，不宜选在阀门等阻力部件的附近和蒸汽流动呈死角处以及振动较大的地方；

③ 蒸汽压力传感器应安装在温湿度传感器的上游侧。

4. 压差开关的安装（图10-27）

（1）风压压差开关安装离地高度不应小于0.5m；

（2）风压压差开关引出管的安装不应影响空调器本体的密封性；

（3）风压压差开关的线路应通过软管与压差开关连接；

（4）风压压差开关应避开蒸汽放空口；

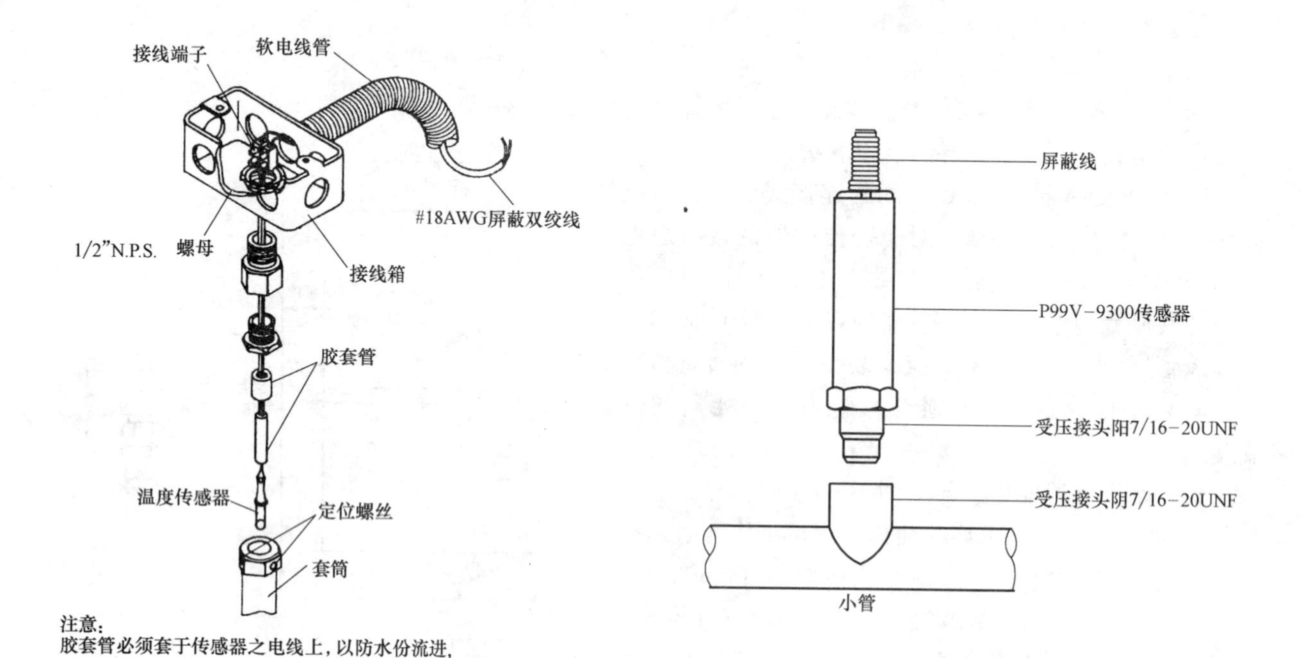

图 10-25　水管式温度传感器安装图

图 10-26　压力传感器安装图

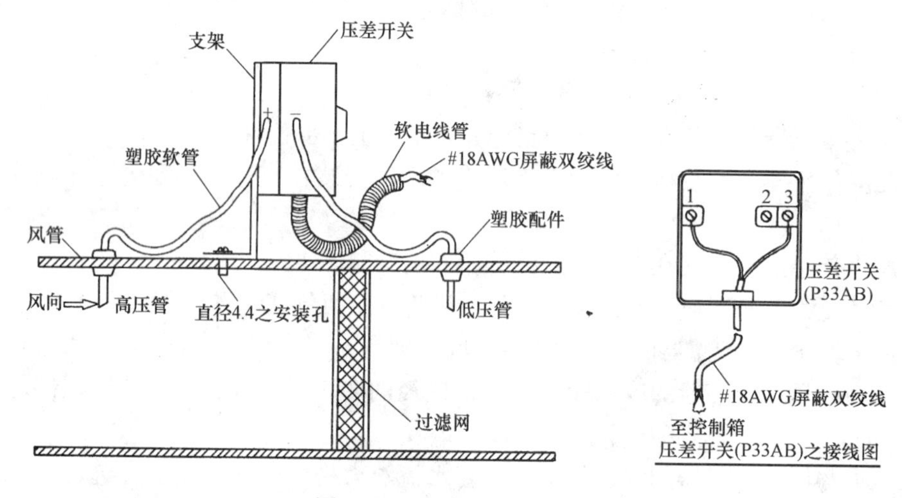

图 10-27　压差开关安装图

（5）空气压差开关内的薄膜应处于垂直平面位置。

5. 水流开关的安装（图 10-28）

（1）水流开关上标识的箭头方向应与水流方向一致；

（2）水流开关应安装在水平管段上，不应安装在垂直管段上。

6. 水管流量传感器的安装（图 10-29）

（1）水管流量传感器的取样段大于管道口径的 1/2 时，可安装在管道顶部；如取样段小于管道口径的 1/2 时，应安装在管道的侧面或底部。

（2）水管流量传感器的安装位置应选在水流流束稳定的地方，不宜选在阀门等阻力部件的附近和水流束呈死角处以及振动较大的地方。

（3）水管流量传感器应安装在直管段上，距弯头距离应不小于 6 倍的管道内径。

（4）电磁流量计（图 10-30）：

① 电磁流量计应安装在避免有较强的交直流磁场或有剧烈振动的场所。

② 流量计、被测介质及工艺管道三者之间应该连成等电位，并应接地。

③ 电磁流量计应设置在流量调节阀的上游。流量计的上游应有直管段，长度L为$10D$（D—管径）；下游段应有4～5倍管径的直管段。

④ 在垂直的工艺管道安装时，液体流向自下而上，以保证导管内充满被测液体或不致产生气泡，水平安装时必须使电极处在水平方向，以保证测量精度。

（5）涡轮式流量传感器：

① 涡轮式流量传感器安装时要水平，流体的流动方向必须与传感器壳体上所示的流向标志一致。

如果没有标志，可按下列方向判断流向：

a）流体的进口端导流器比较尖，中间有圆孔；

b）流体的出口端导流器不尖，中间没有圆孔。

② 当可能产生逆流时，流量变送器后面装设止逆阀，流量变送器应装在测压点上游，并距测压点3.5～5.5倍管径的位置。测温应设置在下游侧，距流量传感器6～8倍管径的位置。

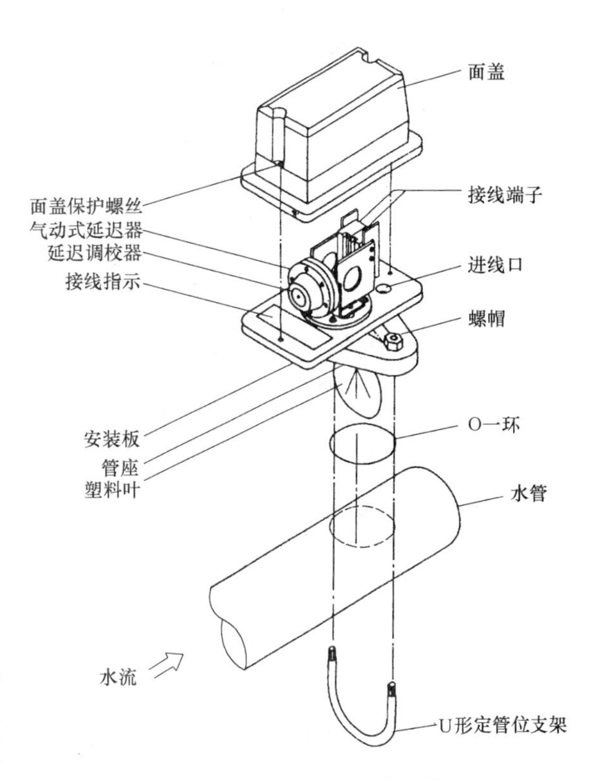

图10-28　水流开关安装图样

③ 流量传感器需要装在一定长度的直管上，以确保管道内流速平稳。流量传感器上游应留有10倍管径的直管，下游有5倍管径长度的直管。若传感器前后的管道中安装有阀门，管道缩径、弯管等影响流量平稳的设备，则直管段的长度还需相应增加。

流量传感器信号的传输线宜采用屏蔽和带有绝缘护套的电缆。

7. 电量传感器的安装

（1）按设计和产品说明书的要求，检查各种电量传感器的输入与输出信号是否相符。

（2）检查电量传感器的接线是否符合设计和产品说明书的接线要求。

（3）严防电压传感器输入端短路和电流传感器输入端开路。

（4）电量传感器裸导体相互之间或者与其他裸导体之间的距离不应小于4mm；当无法满足时，相互间必须绝缘。

8. 空气质量传感器

（1）空气质量传感器应安装在回风通道内。

（2）空气质量传感器应安装在风管的直管段。如不能安装在直管段，则应避开风管内通风死角的位置。

（3）探测气体比重轻的空气质量传感器应安装在风管或房间的上部。探测气体比重重的空气质量传感器应安装在风管或房间的下部。

9. 风机盘管温控设备安装

（1）温控开关与其他开关并列安装时，距地面高度应一致，高度允许偏差为±1mm；与其他开关安装于同一室内时，高度允许偏差为±5mm。温控开关外形尺寸与其他开关不一样时，以底边高度为准。

（2）电动阀阀体上箭头的指向应与水流方向一致。

（3）风机盘管电动阀应安装于风机盘管的回水管上。

（4）四管制风机盘管的冷热水管电动阀共用线应为零线。

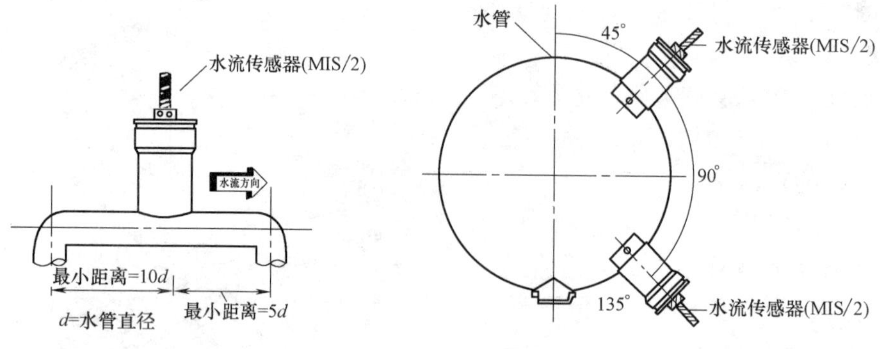

注意事项：
1.传感器可以垂直安装或水平安装；
2.安装图1为传感器安装位置，在直管上与转角之间的最少距离；
3.安装图2为传感器，以水平安装时之角度，应当45°至135°之间，最佳之角度为90°；
4.除MIS/2外，其他配件由他方提供

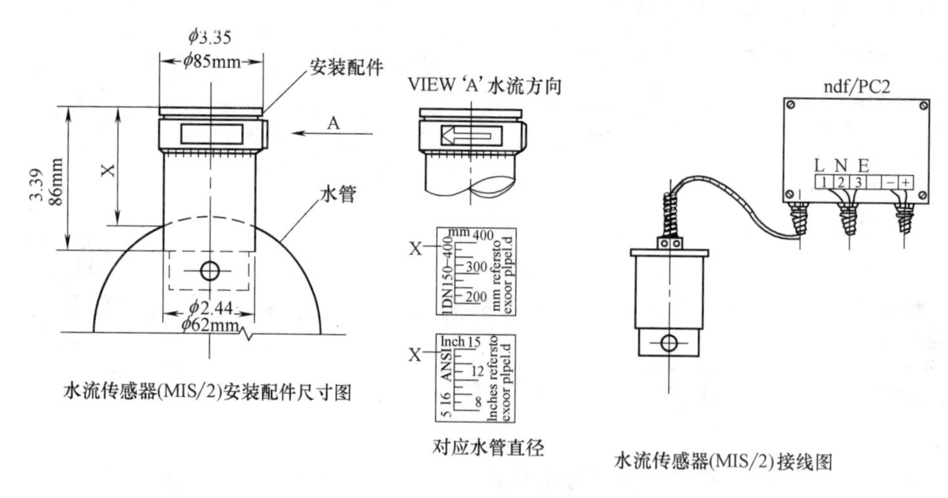

图 10-29　水流传感器安装接线图

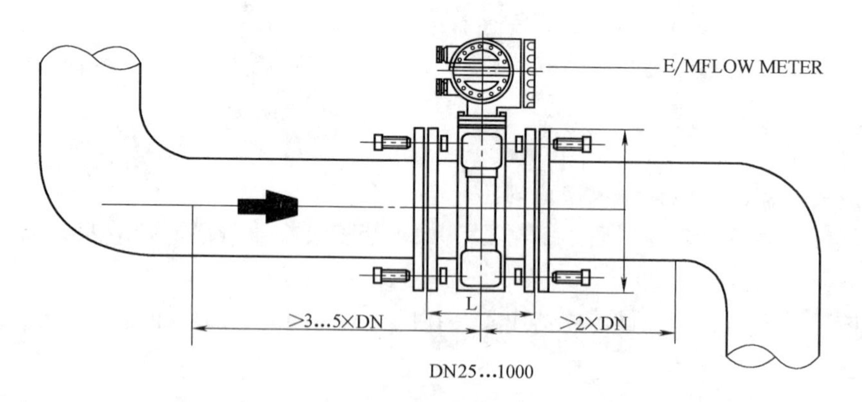

图 10-30　电磁流量器安装图

10. 风速传感器

空气速度传感器应安装在风管的直管段。如不能安装在直管段，则应避开风管内通风死角的位置。

11. 控制屏、显示屏设备安装

(1) 机房控制显示屏安装应在中央控制室的土建和装饰工程完工后安装。

(2) 控制显示屏各构件间应连接紧密，牢固。安装用的坚固件应有防锈层。

（3）控制显示屏在安装前应做检查，并应符合下列规定：

① 显示屏外形完整，内外表面漆层完好；

② 显示屏外形尺寸、型号及规格符合设计规定。

（4）控制显示屏的安装应符合下列规定：

① 应垂直、平正、牢固；

② 垂直度允许偏差为每米±1.5mm；

③ 水平方向的倾斜度允许偏差为每米±1mm；

④ 相邻显示屏顶部高度允许偏差为±2mm；

⑤ 相邻显示屏镶接处平面度允许偏差为±1mm；

⑥ 相邻显示屏镶接处的间隙，不大于±0.5mm。

四、输出设备的安装

1. 风阀控制器安装

（1）风阀控制器上的开闭箭头的指向应与风门开闭方向一致。

（2）风阀控制器与风阀门轴的连接应固定牢固。

（3）风阀的机械机构开闭应灵活，无松动或卡塞现象。

（4）风阀控制器安装后，风阀控制器的开闭指示位应与风阀实际状况一致。风阀控制器宜面向便于观察的位置。

（5）风阀控制器应与风阀门轴垂直安装，垂直角度不小于85°。

（6）风阀控制器安装前应按安装使用说明书的规定检查线圈。阀体间的绝缘电阻、供电电压、控制输入等应符合设计和产品说明书的要求。

（7）风阀控制器在安装前宜进行模拟动作。

（8）风阀控制器的输出力矩必须与风阀所需的力距相匹配并符合设计要求。

（9）当风阀控制器不能直接与风门挡板轴相连接时，则可通过附件与挡板轴相连。其附件装置必须保证风阀控制器旋转角度的调整范围。

2. 电动调节阀的安装（图10-31）

（1）电动阀阀体上箭头的指向应与水流方向一致。

（2）与空气处理机、新风机等设备相连的电动阀一般应装有旁通管路。

（3）电动阀的口径与管道通径不一致时，应采用渐缩管件，同时电动阀口径一般不应低于管道口径两个档次，并应经计算确定满足设计要求。

（4）电动阀执行机构应固定牢固。阀门整体应处于便于操作的位置。手动操作机构面向外操作。

（5）电动阀应垂直安装于水平管道上，尤其对大口径电动阀不能有倾斜。

（6）有阀位指示装置的电动阀，阀位指示装置应面向便于观察的位置。

（7）安装于室外的电动阀应有适当的防晒、防雨措施。

（8）电动阀在安装前宜进行模拟动作和试压试验。

（9）电动阀一般安装在回水管上。

（10）电动阀在管道冲洗前，应完全打开，清除污物。

（11）检查电动阀门的驱动器，其行程、压力和最大关闭力（关阀的压力）必须满足设计和产品说明书的要求。

（12）检查电动调节阀的、型号、材质必须符合设计要求。其阀体强度、阀芯泄漏试验必须满足产品说明书有关规定。

（13）电动调节阀安装时，应避免给调节阀带来附加压力。当调节阀安装在管道较长的地方时，其阀体部分应安装支架和采取避振措施。

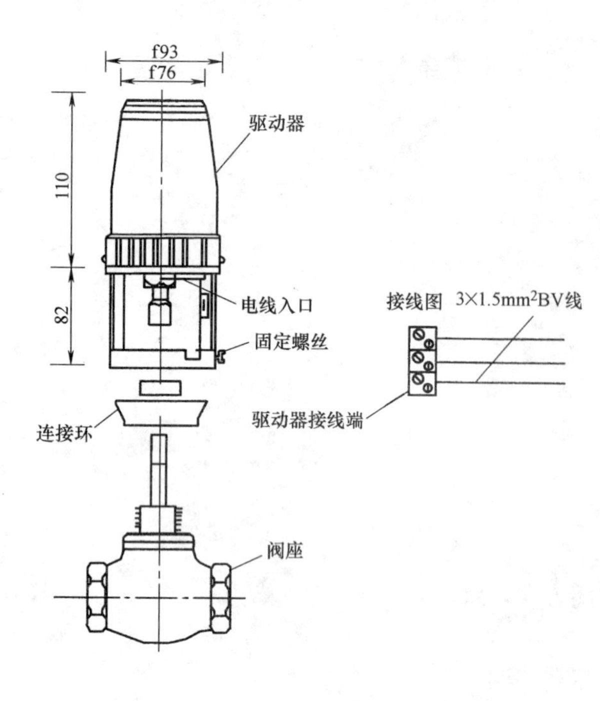

图 10-31　电动调节阀的安装方法

（14）检查电动调节阀的输入电压、输出信号和接线方式，应符合产品说明书和设计的要求。

3. 电磁阀的安装

（1）电磁阀阀体上箭头的指向应与水流方向一致；

（2）与空气处理机和新风机等设备相连的电磁阀旁一般应装有旁通管路；

（3）电磁阀的口径与管道通径不一致时，应采用渐缩管件，同时电磁阀口径一般不应低于管道口径两个档次，并应经计算确定满足设计要求；

（4）执行机构应固定牢固，操作手柄应处于便于操作的位置；

（5）执行机构的机械传动应灵活，无松动或卡塞现象；

（6）有阀位指示装置的电动阀，阀位指示装置应面向便于观察的位置；

（7）电磁阀安装前应按安装使用说明书的规定检查线圈与阀体间的绝缘电阻；

（8）如条件许可，电磁阀在安装前宜进行模拟动作和试压试验；

（9）电磁阀一般安装在回水管口；

（10）电磁阀在管道冲洗前，应完全打开。

五、电源与接地

1. 建筑设备监控系统的现场控制器和仪表宜采用集中供电方式，即从控制机房放射式向现场控制器和仪表敷设供电电缆，以便于系统调试和日常维护。

2. 监控计算机及其外围设备应由设在控制机房的专用配电柜（箱）供电，不与照明或其他动力负荷混接，专用配电柜（箱）的供电电源应符合建筑物的负荷等级的要求，宜由两路电源供电至机房自动切换。有条件时可配置 UPS 不间断电源，其供电时间不少于 30min。

3. 控制机房配电柜，总电源容量不小于系统实际需要电源容量的 1.2 倍。配电柜内对于总电源回路和各分支回路，都应设置断路器作为保护装置，并明显标记出所供电的设备回路与线号。

4. 电源线规格与截面选择

向每台现场控制器的供电容量，应包括现场控制器与其所带的现场仪表所需用电容量。宜选择铜芯控制电缆或电力电缆，导线截面应符合相关规范的要求，一般在 1.5～4.0mm² 之间。

5. 接地要求

（1）建筑设备监控系统的控制机房设备、现场控制器和现场管线，均应良好接地。

（2）建筑设备监控系统的接地一般包括屏蔽接地和保护接地。屏蔽接地用于屏蔽线缆的信号屏蔽接地处，保护接地用于正常不带电设备，如金属机箱机柜、电缆桥架、金属穿管等处。

（3）建筑设备监控系统的接地方式可采用集中的联合接地或单独接地方式，应将本系统中所有接地点连接在一起后在一点接地。采用联合接地时接地电阻应小于 1Ω，采用单独接地时接地电阻应小于 4Ω。

第十一章 住宅小区智能化系统

第一节 住宅小区智能化系统的组成与功能等级

智能化住宅小区，是指该小区配备有智能化系统，并达到建筑结构与智能化系统的完美结合。通过高效的管理与优质的服务，为住户提供一个安全、舒适、便利的居住环境，同时可享受数字化生活的乐趣。这里所说的住宅小区智能化系统，是指建筑智能化住宅小区需要配置的系统，总的说来它包括安全防范子系统、管理与监控子系统和通信网络子系统以及其总体集成技术。住宅小区智能化系统的组成框图如图 11-1 所示。

住宅小区的智能化等级将根据其具备的功能和相应投资来决定，建设部在《全国住宅小区智能化技术示范工程建设大纲》中对智能小区示范工程按技术的全面性、先进性划分为三个层次，对其技术含量作出了如下的划分，见表 11-1 及表 11-2。

住宅小区智能化系统功能及等级表　　表 11-1

<table>
<tr><th colspan="3" rowspan="2">功　能</th><th rowspan="2">性　质</th><th colspan="3">等 级 标 准</th></tr>
<tr><th>最低标准</th><th>普及标准</th><th>较高标准</th></tr>
<tr><td rowspan="11">(一)物业管理及安防</td><td colspan="2">(1)小区管理中心</td><td>对小区各子系统进行全面监控</td><td>*</td><td>*</td><td>*</td></tr>
<tr><td rowspan="4">(2)小区公共安全防范</td><td>A. 周界防范系统</td><td>对楼宇出入口,小区出入口,主要交通要道,停车场,楼梯等重要场所进行远程监控</td><td></td><td>*</td><td>*</td></tr>
<tr><td>B. 电子巡更系统</td><td>在保安人员巡更路线上设置巡更到位触发按钮(或 IC 卡),监督与保护巡更人员</td><td></td><td>*</td><td>*</td></tr>
<tr><td>C. 防灾及应急联动</td><td>与 110、119 等防盗,防火部门建立专线联系及时处理各种问题</td><td></td><td>*</td><td>*</td></tr>
<tr><td>D. 小区停车场管理</td><td>感应式 IC 卡管理</td><td></td><td>*</td><td>*</td></tr>
<tr><td colspan="2">(3)三表(电表,水表、煤气表)计量(IC 卡或远传)</td><td>自动将三表读数传送到控到控制中心</td><td>*</td><td>*</td><td>*</td></tr>
<tr><td rowspan="3">(4)小区机电设备监控</td><td>A. 给排水,变电所集中监控</td><td>实时监控水泵的运行情况,对电力系统监控</td><td></td><td>*</td><td>*</td></tr>
<tr><td>B. 电梯,供暖监控</td><td>实时监控电梯,供暖设备的运行情况</td><td></td><td></td><td>*</td></tr>
<tr><td>C. 区域照明自动监控</td><td></td><td></td><td>*</td><td>*</td></tr>
<tr><td colspan="2">(5)小区电子广告牌</td><td>向小区居民发布各种信息</td><td></td><td>*</td><td>*</td></tr>
<tr><td colspan="6"></td></tr>
<tr><td rowspan="3">(二)信息通信服务与管理</td><td colspan="2">(1)小区信息服务中心</td><td>对各信息服务终端进行系统管理</td><td></td><td>*</td><td>*</td></tr>
<tr><td colspan="2">(2)小区综合信息管理</td><td>房产管理,住户管理,租金与管理费管理统计报表,住户可以通过社区网进行物业报修</td><td></td><td>*</td><td>*</td></tr>
<tr><td colspan="2">(3)综合通信网络</td><td>HBS、ISDN、ATM 宽带网</td><td></td><td></td><td>*</td></tr>
</table>

续表

功能			性质	等级标准		
				最低标准	普及标准	较高标准
(三)住宅智能化	(1)家庭保安报警		门禁开关,红外线报警器	*	*	*
	(2)防火,防煤气泄漏报警		煤气泄漏,发生火灾时发出告警报,烟感、温感、煤气泄漏探测器	*	*	*
	(3)紧急求助报警	消防手动报警	紧急求助按钮-1	*	*	*
		防盗,防抢报警	紧急求助按钮-2(附无线红外按钮)	*	*	*
		医务抢救报警	紧急求助按钮-3(附无线红外按钮)	*	*	*
		其他求助报警	紧急求助按钮-4	*	*	*
	(4)家庭电器自动化控制		在户外通过电话对家用电器进行操作,实现远程控制			*
	(5)家庭通信总线接口	音频	应用 ISDN 线路提供了 128K 的带宽,住户可在家中按需点播 CD 的音乐节目	*	*	*
		视频	宽带网的接入采用 ADSL 和 FTTB 加上五类双绞线分别能提供 MPEG1 和 MPEG2 的 VCD 点播	*	*	*
		数据	通过 HBS 家庭端口传输各类数据		*	*
(四)铺设管网	根据各功能要求统一设计,铺设管网		建立小区服务网络	按二级功能	按一级功能	按一级功能

注：表中 * 号表示具有此功能。

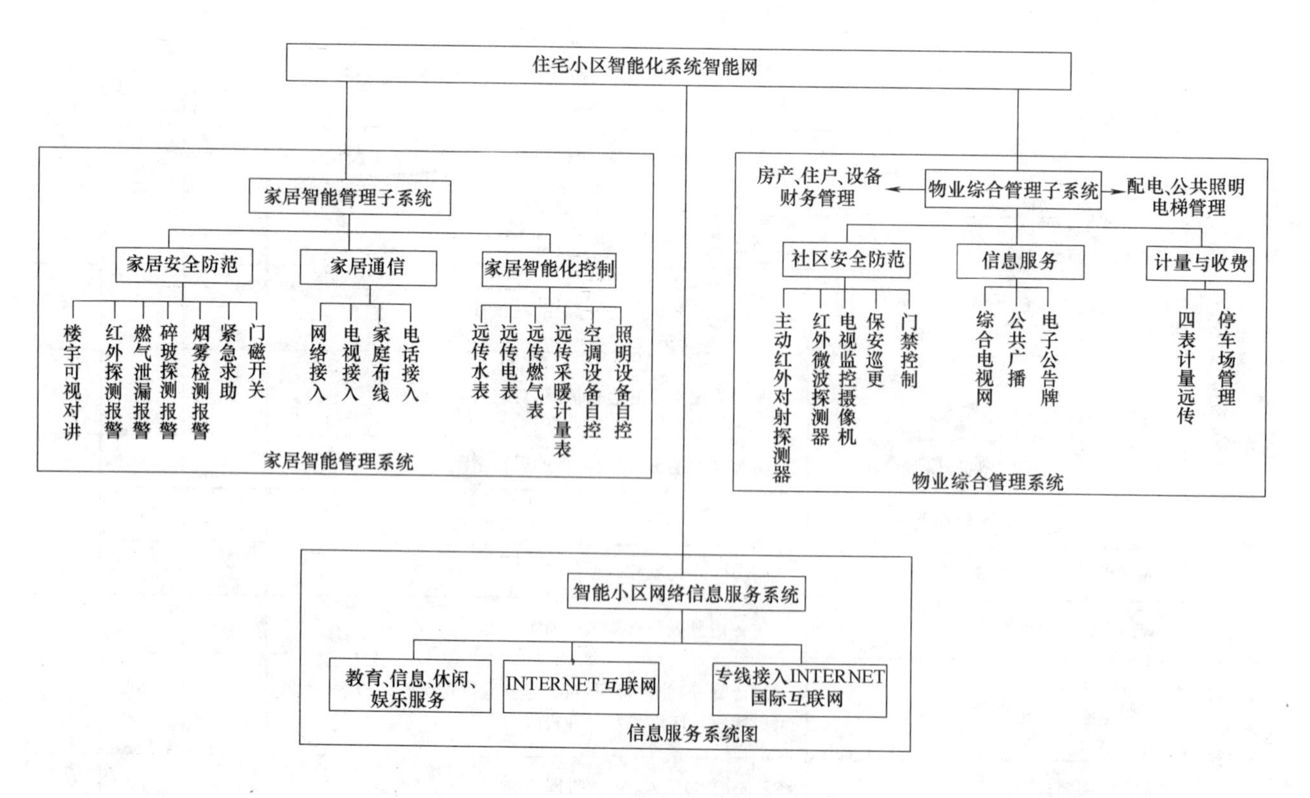

图 11-1　社区智能化系统的组成

普通楼宇智能化系统与住宅小区智能化系统的比较 **表 11-2**

项目		普通楼宇	住宅小区
安全防范系统	视频监控系统	相同	相同
	入侵报警系统	相同	相同
	出入口控制系统	相同	相同
	巡更系统	基本相同	相同
	停车场管理系统	相同	有小区管理的特点
	访客对讲系统	一般无	小区特有
火灾自动报警系统	自动手动报警系统	基本相同	非强制性要求，参照执行
	联动控制系统	基本相同	内容不全相同
	紧急广播系统	基本相同	原则相同
监控与管理系统	设备监控系统	基本相同	小区的重点不同
	表具数据自动抄收及远传	一般只到楼层	小区特有，计量到户
	物业管理系统	基本相同	基本相同
	家庭控制器	无	小区特有
	智能卡管理系统	相同	相同
通信网络系统	电话系统	相同	相同
	接入网系统	相同	相同
	卫星电视及有线电视	相同	相同
	公共广播系统	相同	相同
信息网络系统	接入网系统	相同	相同
	信息服务系统	相同	相同
	计算机信息网络系统	相同	相同
综合布线系统		基本相同	小区有自身的特点
智能化系统集成		相同	相同

第二节 住宅小区安全防范系统

一、住宅小区安全防范系统的防线构成

为给智能住宅小区建立一个多层次、全方位、科学的安全防范系统，一般可构成五道安全防线，以便为小区居民提供安全、舒适、便捷的生活环境。这五道安全防线是：

第一道防线，由周界防越报警系统构成，以防范翻越围墙和周界进入小区的非法侵入者；

第二道防线，由小区电视监控系统构成，对出入小区和主要通道上的车辆、人员及重要设施进行监控管理；

第三道防线，由保安电子巡逻系统构成，通过保安人员对小区内可疑人员、事件进行监管，以及夜间电子巡更；

第四道防线，由联网的楼宇对讲系统构成，可将闲杂人员拒之楼梯外；

第五道防线，由联网的家庭报警系统构成，当窃贼非法入侵住户家或发生如煤气泄漏、火灾、老人急病等紧急事件时，通过安装在户内的各种自动探测器进行报警，使接警中心很快获得情况，以便迅速派出保安或救护人员赶往住户现场进行处理。

二、住宅小区安全防范工程设计

住宅小区的安全防范工程，根据建筑面积、建设投资、系统规模、系统功能和安全管理要求等因素，由低至高分为基本型、提高型、先进型三种类型，见表11-3。5万m^2以上的住宅小区应设置监控中心。

三种类型住宅小区安全防范工程设计标准的比较　　表11-3

住宅小区类型	基本型	提高型	先进型
周界	①沿小区周界应设置实体防护设施(围栏、围墙等)或周界电子防护系统。 ②实体防护设施沿小区周界封闭设置，高度不应低于1.8m，围栏的竖杆间距不应大于15cm。围栏1m以下不应有横撑。 ③周界电子防护系统沿小区周界封闭设置(小区出入口除外)，应能在监控中心通过电子地图或模拟地形图显示周界报警的具体位置，应有声、光指示，应具备防拆和断路报警功能	①沿小区周界设置实体防护设施(围栏、围墙等)和周界电子防护系统。 ②小区出入口应设置视频安防监控系统 ③应满足基本型的第②、③条规定	①沿小区周界设置实体防护设施(围栏、围墙等)和周界电子防护系统。 ②小区出入口应设置视频安防监控系统。 ③应满足基本型的第②、③条规定
公共区域	宜安装电子巡查系统	宜安装电子巡查系统	①安装电子巡查系统。 ②在重要部位和区域设置视频安防监控系统。 ③宜设置停车库(场)管理系统
家庭安全防护	①住宅一层宜安装内置式防护窗或高强度防护玻璃窗。 ②应安装访客对讲系统，并配置不间断电源装置。访客对讲系统主机安装在单元防护门上或墙体主机预埋盒内，应具有与分机对讲的功能。分机设置在住户室内，应具有门控功能，宜具有报警输出接口。 ③访客对讲系统应与消防系统互联，当发生火灾时，(单元门口的)防盗门锁应能自动打开。 ④宜在住户室内安装至少一处以上的紧急求助报警装置。紧急求助报警装置应具有防拆卸、防破坏报警功能，且有防误触发措施；安装位置应适宜，应考虑老年人和未成年人的使用要求，选用触发件接触面大、机械部件灵活、可靠的产品。求助信号应能及时报至监控中心(在设防状态下)	①住宅一层宜安装内置式防护窗或高强度防护玻璃窗。 ②应安装访客对讲系统，并配置不间断电源装置。访客对讲系统主机安装在单元防护门上或墙体主机预埋盒内，应具有与分机对讲的功能。分机设置在住户室内，应具有门控功能，宜具有报警输出接口。 ③访客对讲系统应与消防系统互联，当发生火灾时，(单元门口的)防盗门锁应能自动打开。 ④宜在住户室内安装至少一处以上的紧急求助报警装置。紧急求助报警装置应具有防拆卸、防破坏报警功能，且有防误触发措施；安装位置应适宜，应考虑老年人和未成年人的使用要求，选用触发件接触面大、机械部件灵活、可靠的产品。求助信号应能及时报至监控中心(在设防状态下)	①应符合基本型住宅小区的第①、③、④款的规定。 ②应安装访客可视对讲系统，可视对讲主机的内置摄像机宜具有逆光补偿功能或配置环境亮度处理装置，并应符合提高型住宅小区的第②款的相关规定。 ③宜在户门及阳台、外窗安装入侵报警系统，并符合提高型住宅小区的第③款的相关规定。 ④在户内安装可燃气体泄露自动报警装置
监控中心的设计	①监控中心宜设在小区地理位置的中心，避开噪声、污染、振动和较强电磁场干扰的地方。可与住宅小区管理中心合建，使用面积应根据设备容量确定。 ②监控中心设在一层时，应设内置式防护窗(或高强度防护玻璃窗)及防盗门。 ③各子系统可单独设置，但由监控中心统一接收、处理来自各子系统的报警信息。 ④应留有与接处警中心联网的接口。 ⑤应配置可靠的通信工具，发生警情时，能及时向接处警中心报警	①监控中心宜设在小区地理位置的中心，避开噪声、污染、振动和较强电磁场干扰的地方。可与住宅小区管理中心合建，使用面积应根据设备容量确定。 ②监控中心设在一层时，应设内置式防护窗(或高强度防护玻璃窗)及防盗门。 ③各子系统可单独设置，但由监控中心统一接收、处理来自各子系统的报警信息。 ④应留有与接处警中心联网的接口。 ⑤应配置可靠的通信工具，发生警情时，能及时向接处警中心报警	①应符合基本型住宅小区的第①、②款的规定。 ②安全管理系统通过统一的管理软件实现监控中心对各子系统的联动管理与控制，统一接收、处理来自各子系统的报警信息等，且宜与小区综合管理系统联网。 ③应符合基本型住宅小区的第④、⑤款的规定

1. 基本型安防工程设计

基本型安防系统配置标准参见表11-4。

（1）周界的防护应符合下列规定：

① 沿小区周界应设置实体防护设施（围栏、围墙等）或周界电子防护系统。

② 实体防护设施沿小区周界封闭设置，高度不应低于 1.8m。围栏的竖杆间距不应大于 15cm。围栏 1m 以下不应有横撑。

基本型安防系统配置标准　　表 11-4

序　　号	系统名称	安　防　设　施	基本设置标准
1	周界防护系统	实体周界防护系统	两项中应设置一项
		电子周界防护系统	
2	公共区域安全防范系统	电子巡查系统	宜设置
3	家庭安全防范系统	内置式防护窗(或高强度防护玻璃窗)	一层设置
		访客对讲系统	设置
		紧急求助报警装置	宜设置
4	监控中心	安全管理系统	各子系统可单独设置
		有线通信工具	设置

③ 周界电子防护系统沿小区周界封闭设置（小区出入口除外），应能在监控中心通过电子地图或模拟地形图显示周界报警的具体位置，应有声、光指示，应具备防拆和断路报警功能。

（2）公共区域宜安装电子巡查系统。

（3）家庭安全防范应符合下列规定：

① 住宅一层宜安装内置式防护窗或高强度防护玻璃窗。

② 应安装访客对讲系统，并配置不间断电源装置。访客对讲系统主机安装在单元防护门上或墙体主机预埋盒内，应具有与分机对讲的功能。分机设置在住户室内，应具有门控功能，宜具有报警输出接口。

③ 访客对讲系统应与消防系统互联，当发生火警时，（单元门口的）防盗门锁应能自动打开。

④ 宜在住户室内安装至少一处以上的紧急求助报警装置。紧急求助报警装置应具有防拆卸、防破坏报警功能，且有防误触发措施；安装位置应适宜，应考虑老年人和未成年人的使用要求选用触发件接触面大、机械部件灵活可靠的产品。求助信号应能及时报至监控中心（在设防状态下）。

（4）监控中心的设计应符合下列规定：

① 监控中心宜设在小区地理位置的中心，避开噪声、污染、振动和较强电磁场干扰的地方。可与住宅小区管理中心合建，使用面积应根据设备容量确定。

② 监控中心设在一层时，应设内置式防护窗（或高强度防护玻璃窗）及防盗门。

③ 各安防子系统可单独设置，但由监控中心统一接收、处理来自各子系统的报警信息。

④ 应有与接处警中心联网的接口。

⑤ 应配置可靠的通信工具，发生警情时，能及时向接处警中心报警。

2. 提高型安防工程设计

提高型安防系统配置标准参见表 11-5。

3. 先进型安防工程设计

先进型安防系统配置标准参见表 11-6。

提高型安防系统配置标准　　表 11-5

序　　号	系统名称	安　防　设　施	基本设置标准
1	周界防护系统	实体周界防护系统	设置
		电子周界防护系统	设置

续表

序　　号	系统名称	安　防　设　施	基本设置标准
2	公共区域安全防范系统	电子巡查系统	设置
		视频安防监控系统	小区出入口、重要部位或区域设置
		停车库(场)管理系统	宜设置
3	家庭安全防范系统	内置式防护窗(或高强度防护玻璃窗)	一层设置
		紧急求助报警装置	设置
		联网型访客对讲系统	设置
		入侵报警系统	可设置
4	监控中心	安全管理系统	各子系统宜联动设置
		有线和无线通信工具	设置

先进型安防系统配置标准 **表 11-6**

序　　号	系统名称	安　防　设　施	基本设置标准
1	周界防护系统	实体周界防护系统	设置
		电子周界防护系统	设置
2	公共区域安全防范系统	在线式电子巡查系统	设置
		视频安防监控系统	小区出入口、重要部位或区域、通道、电梯轿厢等处设置
		停车库(场)管理系统	设置
3	家庭安全防范系统	内置式防护窗(或高强度防护玻璃窗)	一层设置
		紧急求助报警装置	设置至少两处
		访客可视对讲系统	设置
		入侵报警系统	设置
		可燃气体泄漏报警装置	设置
4	监控中心	安全管理系统	各子系统宜联动设置
		有线和无线通信工具	设置

三、住宅小区安全防范系统的安装

(一) 周界报警系统

(1) 住宅小区围墙、栅栏、河道等封闭屏障处应安装周界报警系统。

(2) 周界报警系统应具备以下基本要求：

① 周界报警系统设防应全面，无盲区和死角；

② 防区划分应有利于报警时准确定位；

③ 应能在中心控制室通过显示屏、报警控制器或电子地图准确地识别报警区域；

④ 中心报警控制主机收到警情时能同时发出声光报警信号，并具有记录、储存、打印功能；

⑤ 报警响应时间不大于 2 秒。

(3) 周界报警系统前端设备宜选用主动红外入侵探测器。

(4) 主动红外入侵探测器安装应符合以下要求：

① 入侵探测器的探测距离以 100m 以内为宜。周界入侵探测器在安装时，应充分考虑气候对有效探测距离的影响，实际使用距离不超过制造厂规定探测距离的 70%。

② 入侵探测器应采用交叉安装的方式，即在同一处安装两只指向相反的发射装置或接收装置，并使两装置交叉间距不小于 0.3m。

③ 入侵探测器安装在围墙、栅栏上端时，最下一道光轴与围墙、栅栏顶端的间距应为150mm±10mm。安装在侧面时，应安装在围墙、栅栏外侧的上端，且入侵探测器与围墙、栅栏外侧的间距应为175mm±25mm。

（二）电视监控系统

(1) 住宅小区主要出入口、停车场（库）出入口应安装电视监控系统。

(2) 住宅小区的周界、主要通道、住宅楼出入口或电梯轿厢内宜安装电视监控系统。

(3) 室外应选用动态范围大、具有低照度功能的摄像机和自动光圈镜头，大范围监控宜选用带有电动云台和变焦镜头的摄像机，并配置室外防护罩。

(4) 中心控制室应配置图像显示、记录装置。

(5) 系统应能自动、手动切换图像，遥控云台及镜头。

(6) 系统应具有时间、日期的显示、记录功能。

(7) 住宅小区周界安装电视监控系统的，系统应具有报警联动功能。当周界入侵探测器发出报警信号时，报警区域的电视监控图像（夜间与周界照明灯联动）应能立即自动显示在中心控制室的监视器上。

(8) 电梯轿厢内安装摄像机的，应安装在电梯门的左上方或右上方的厢顶部。系统应配置电梯楼层显示器。

(9) 磁带录像机应设定为SP、LP或EP工作方式。硬盘录像机应进行每秒不小于12帧的图像记录。记录保存时间不少于7天。

(10) 在摄像机的标准照度情况下电视监控系统图像信号的技术指标应符合第七章指标的规定。

(11) 电视监控系统的图像质量要求：在摄像机正常工作条件下按《彩色电视图像质量主观评价方法》(GB/T 7401) 的规定评价图像质量，评分等级采用第七章的五级损伤制，图像质量应不低于4级要求。

(12) 住宅小区出入口设置的电视监控系统应能清楚地显示人员的面部特征及出入车辆的车牌号码。

(13) 电视监控系统设计、安装的其他要求应符合《民用闭路监视电视系统工程技术规范》(GB 50198) 的有关规定。

（三）楼宇对讲系统

(1) 住宅楼栋口应安装楼宇对讲电控防盗门。住宅小区的出入口、楼栋口应安装楼宇对讲主机。在住宅内应安装楼宇对讲分机。

(2) 楼宇对讲（可视）系统应具备如下功能：

① 主机能正确选呼任一对讲分机，并能听到电回铃声；

② 主机选呼后，能实现住宅小区出入口与住户、楼栋口与住户间对讲或可视对讲，语音（图像）清晰；

③ 对讲分机能实现电控开锁；

④ 对讲主机可使用密码、钥匙或感应卡等方式开启楼宇对讲电控防盗门锁。

(3) 带有住户报警功能的楼宇对讲（可视）系统，其报警功能应符合住户报警系统和中心报警控制主机的基本要求。

(4) 楼宇对讲系统和楼宇可视对讲系统的其他技术要求应符合《楼宇对讲电控防盗门通用技术条件》(GA/T 72)、《黑白可视对讲系统》(GA/T 269) 有关规定。

（四）住户报警系统

(1) 住户报警系统由入侵探测器、紧急报警（求助）装置、防盗报警控制器、中心报警控制主机和传输网络组成。当住宅内安装的各类入侵探测器探测到警情、紧急报警（求助）装置被启动、出现故障时，中心报警控制主机应准确显示报警或故障发生的地点、防区、日期、时间及类型等信息。

(2) 住宅内应安装紧急报警（求助）装置：多层、高层住宅楼的一、二层住宅应安装入侵探测器。

(3) 其他层面住宅的阳台、窗户以及所有住宅通向公共走道的门、窗等部位宜安装入侵探测器。

(4) 防盗报警控制器应能接收入侵探测器和紧急报警（求助）装置发出的报警及故障信号，具有按时间、部位任意布防和撤防、外出与进入延迟的编程和设置，以及自检、防破坏、声光报警（报警时住宅内应有警笛或报警声）等功能。

（5）防盗报警控制器与中心报警控制主机应通过专线或其他方式联网。

（6）紧急报警（求助）装置应安装在客厅和卧室内隐蔽、便于操作的部位；被启动后能立即发出紧急报警（求助）信号。紧急报警（求助）装置应有防误触发措施，触发报警后能自锁，复位需采用人工操作方式。

（7）入侵探测器的安装应符合以下规定：

① 壁挂式被动红外入侵探测器，安装高度距地面应在 2.2m 左右或按产品技术说明书规定安装。视场中心轴与可能入侵的方向成 90°角左右，入侵探测器与墙壁的倾角应视防护区域覆盖范围确定。

② 壁挂式微波-被动红外入侵探测器，安装高度为 2.2m 左右或按产品技术说明书规定安装。视场中心轴与可能入侵的方向成 45°角左右，入侵探测器与墙壁的倾角应视防护区域覆盖范围确定。

③ 吸顶式入侵探测器，一般安装在需要防护部位的上方且水平安装。

④ 入侵探测器的视窗不应正对强光源或阳光直射的方向。

⑤ 入侵探测器的附近及视场内不应有温度快速变化的热源，如暖气、火炉、电加热器、空调出风口等。

⑥ 入侵探测器的防护区内不应有障碍物。

⑦ 磁开关入侵探测器应安装在门、窗开合处（干簧管安装在门、窗框上，磁铁安装在门、窗扇上，两者间应对准），间距应保证能可靠工作。

（8）住户报警系统的其他技术要求应符合《入侵报警探测器通用技术条件》（GB 10408.1）、《被动红外入侵探测器》（GB 10408.5）（GB 10408.6）《微波和被动红外复合入侵探测器》的有关规定。

（五）电子巡更系统

（1）电子巡更系统根据住宅小区安全防范的需要在小区重要部位设置巡更点，设定保安人员巡更路线。

（2）电子巡更系统应具有如下功能：

① 可在小区重要部位及巡更路线上安装巡更站点；

② 实现巡更路线、时间的设定和修改；

③ 中心控制室应能查阅、打印各巡更人员的到位时间、应具有对巡更时间、地点、人员和顺序等数据的显示、归档、查询和打印等功能；

④ 巡更违规记录提示。

（六）中心控制室

（1）中心控制室应配置中心报警控制主机，能监视和记录入网用户向中心发送的各种信息。该中心能实施对监控目标的监视、监控图像的切换、云台及镜头的控制，并进行录像。

（2）中心控制室应配置能与报警同步的终端图形显示装置，能实时显示发生警情的区域、日期、时间及报警类型等信息。

（3）中心控制室的防雷要求应符合《建筑物防雷设计规范》（GB 50057）的要求并应采用一点接地的方式。采用联合接地时，接地电阻$\leqslant 1\Omega$，单独接地时接地电阻$\leqslant 4\Omega$。

（4）中心控制室应安装与区域报警中心联网的紧急报警装置，以及配备有线电话和无线对讲机。

（5）从电缆桥架或预埋管道进入控制室的电缆应配线整齐，线端应压接线号标识。

（6）中心报警控制主机应具有如下功能：

① 应有编程和联网功能；

② 应具有显示、存储住户报警控制器发送的报警、布撤防、求助、故障、自检，以及声光报警、打印、统计、巡检、查询和记录报警发生的地址、日期、时间、报警类型等各种信息的功能；

③ 应有密码操作保护功能；

④ 至少能存储 30 天的报警信息；

⑤ 紧急报警和入侵报警同时发生时，应符合《防盗报警控制器通用技术条件》（GB 12663）的要求；

⑥ 应配置备用电源。备用电源应满足正常工作 24h 的需要。

图 11-2 是智能化住宅小区安全防范系统集成的示例。

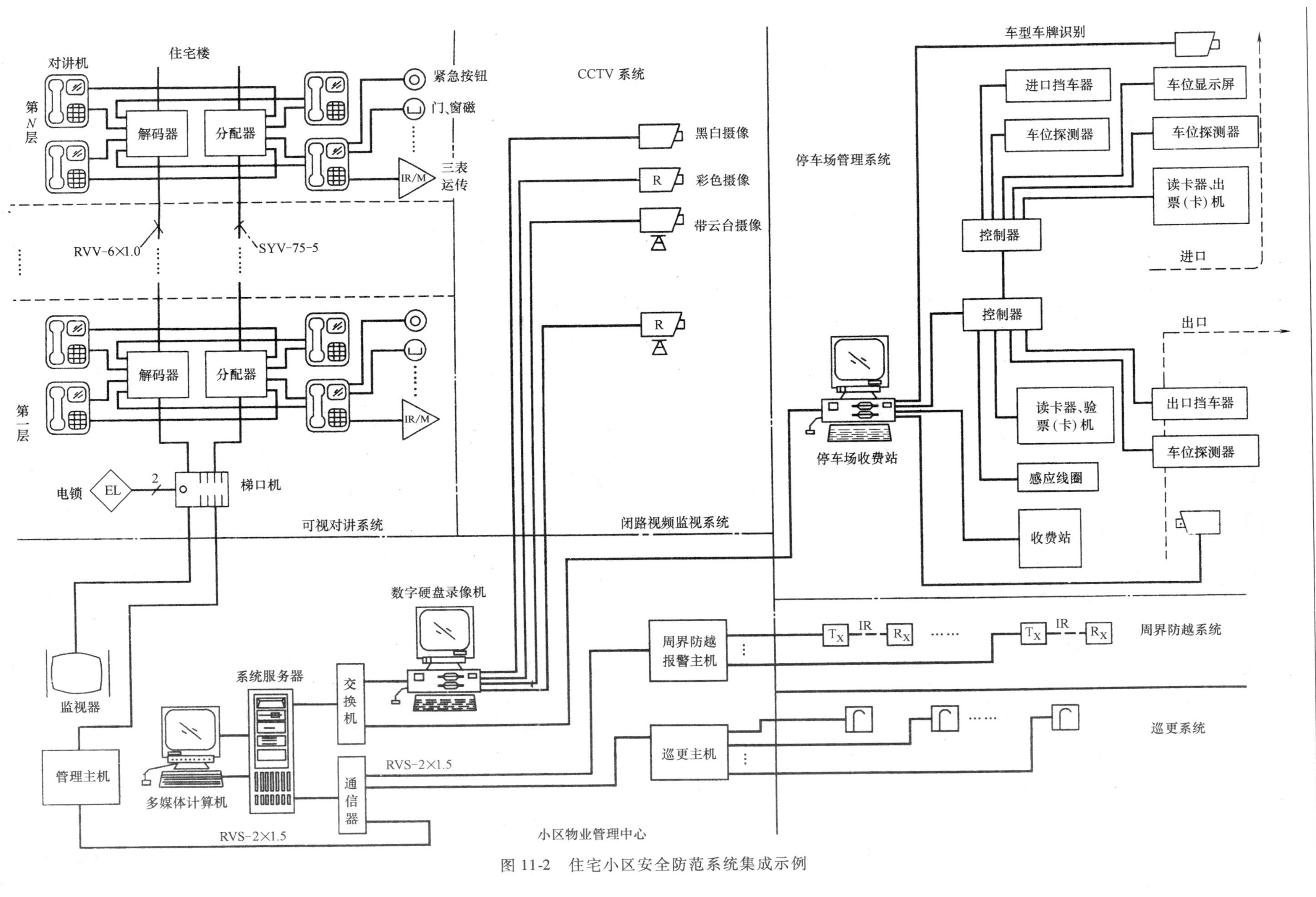

图 11-2　住宅小区安全防范系统集成示例

第三节 访客对讲系统

一、访客对讲系统类型

楼宇对讲系统是一种典型的门禁控制系统。在楼宇的出入口安装身份识别装置，密码锁（锁）或者读卡器，住户需经识别无误后，系统触发电控锁，才能进入楼宇大门。来访者则要通过可视或非可视的对讲系统，由住宅的主人确认无误后，遥控电控锁开启，来访者才能进入楼宇大门。楼宇对讲系统是智能楼宇、智能住宅最基本的防范措施，得到了广泛的应用。楼宇对讲系统的分类如下：

1. 按对讲功能分

可分为单对讲型和可视对讲型。

2. 按线制结构分

可分为多线制、总线加多线制、总线制（表 11-7 及图 11-3）。

三种系统的性能对比　　表 11-7

性　能	多　线　制	总线多线制	总　线　制
设备价格	低	高	较高
施工难易程度	难	较易	容易
系统容量	小	大	大
系统灵活性	小	较大	大
系统功能	弱	强	强
系统扩充	难扩充	易扩充	易扩充
系统故障排除	难	容易	较易
日常维护	难	容易	容易
线材耗用	多	较多	少

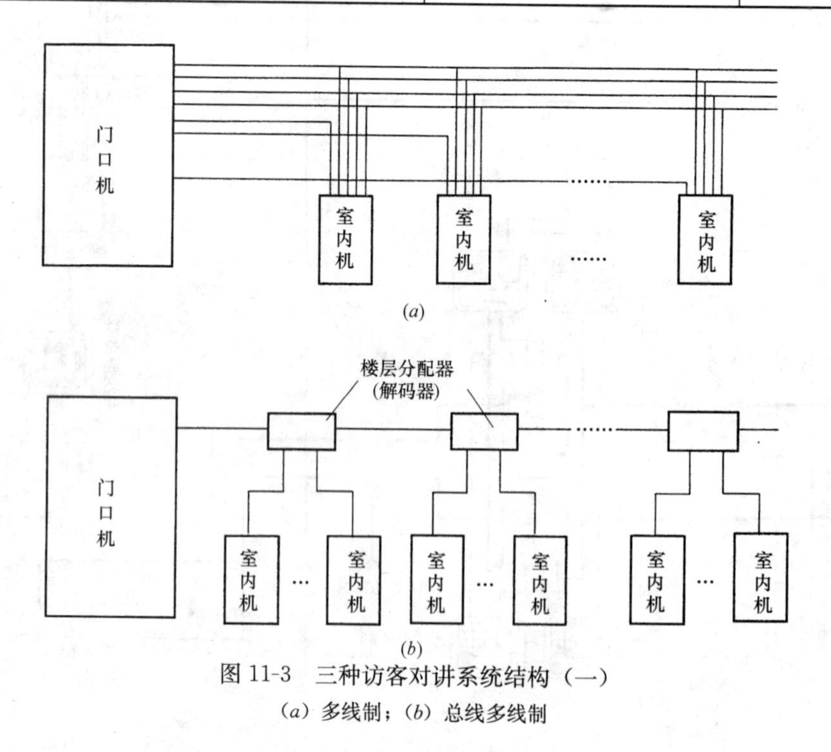

图 11-3　三种访客对讲系统结构（一）

（a）多线制；（b）总线多线制

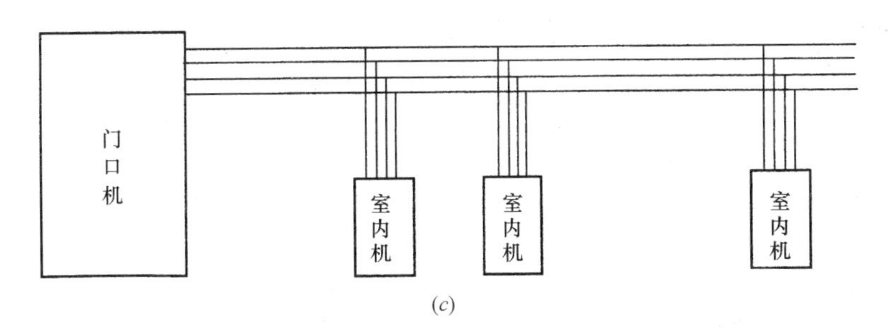

(c)

图 11-3　三种访客对讲系统结构（二）

(c) 总线制

(1) 多线制系统：通话线、开门线、电源线共用，每户再增加一条门铃线。

(2) 总线多线制，采用数字编码技术，一般每层有一个解码器（四用户或八用户）。解码器与解码器之间以总线连接；解码器与用户室内机呈星连接；系统功能多而强。

(3) 总线制：将数字编码移至用户室内机中，从而省去解码器，构成完全总线连接，故系统连接更灵活，适应性更强。但若某用户发生短路，会造成整个系统不正常。

二、访客对讲系统的组成

对讲系统分为可视对讲和非可视对讲。对讲系统由主机、楼层分配器、若干分机、电源箱、传输导线、电控门锁等组成，如图 11-4 所示。

1. 对讲系统

对讲系统主要由传声器和语音放大器、振铃电路等组成，要求对讲语言清晰，信噪比高，失真度低。可视对讲系统则另加摄像机和显示器。

2. 控制系统

一般采用总线制传输、数字编解码方式控制，只要访客按下户主的代码，对应的户主拿下话机就可以与访客通话，以决定是否需要打开防盗安全门。

3. 电源系统

电源系统供给语言放大、电气控制等部分的电源，它必须考虑下列因素：

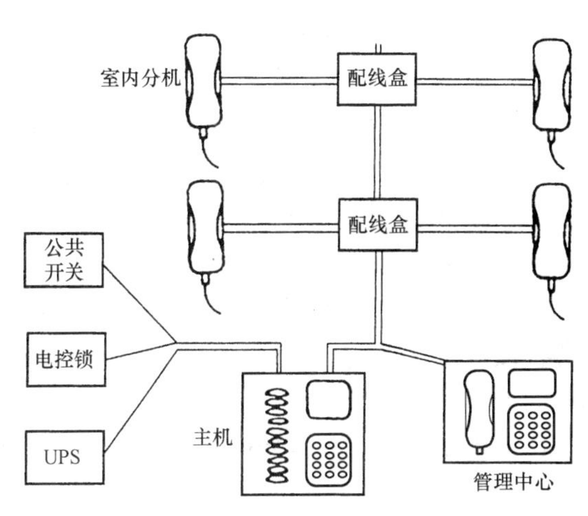

图 11-4　访客对讲系统连接图

注：室内分机可根据需要再设置分机。

(1) 居民住宅区市电电压的变化范围较大，白天负荷较轻时可达 250～260V，晚上负荷重，就可能只有 170～180V，因此电源设计的适应范围要大。

(2) 要考虑交直流两用，当市电停电时，由直流电源供电。

4. 电控防盗安全门

楼宇对讲系统用的电控防盗安全门是在一般防盗安全门的基础上加上电控锁、闭门器等构件组成。防盗门可以是栅栏式的或复合式的，关键是安全性和可靠性。

三、访客对讲系统的基本要求

对讲系统是用于高层、公寓（含办公）、别墅型住宅的访客管理，因此楼宇对讲（含可视与非可视）系统的基本要求是：

(1) 系统具有来访人员与楼宇内居住（办公）人员的双向通话功能。语音要清晰，噪声较小，开锁继电器应有自我保护功能。可视对讲系统的画面质量至少应能达到可用图像的要求；无可视功能，应考虑系统预留可扩充画面可视的可能。

(2) 系统应能使居住(办公)人员进行遥控开启入口门。

(3) 系统的报警部分及防劫求助紧急按钮的报警应能正常工作，防止误报，并具有异地(含楼宇值班室)的声光及部位的报警显示。

四、访客对讲系统的安装

(1) 门口机的安装应符合下列规定：

1) 门口机的安装高度离地面宜1.5～1.7m处，面向访客；

2) 对可视门口机内置摄像机的方位和视角做调整；对不具有逆光补偿功能的摄像机，安装时宜作环境亮度处理。

(2) 管理机安装时应牢固，并不影响其他系统的操作与运行。

(3) 用户机宜安装在用户出入口的内墙，安装的高度离地面宜1.3～1.5m处，保持牢固。

(4) 对讲系统安装后应达到如下性能要求：

1) 画面达到可用图像要求(一般水平清晰度≥200线、灰度等级≥6级、边缘允许有一定的几何失真、无明显干扰)；

2) 声音清楚(无明显噪声)，声级一般不低于60dBA；

3) 附有报警和紧急按钮的系统，需调试报警与紧急按钮的响应速度。

五、工程举例

【例1】 图11-5是韩国金丽牌ML-1000A型非可视对讲系统，它是一种双向对讲数字式大楼管理系统。

系统布线时，电源线与信号线必须分开配线以避免干扰。在图11-5中，中央电脑控制主机与中继器及中继器之间的信号线使用0.4mm六芯屏蔽线，另接2mm二芯电源线并接到电源供电器。其余全部采用0.4mm的四芯线或二芯线。系统的传输距离不大于500m。

例如，有一栋12层住宅楼，每层8个住户。整栋大楼为独立管理，有两个单元，设两个门口机。整栋大楼设一个总管理员，也可以根据实际情况选择不设管理人员。两个单元的任一住户可以通过管理员转接以达到住户间的双向对讲，管理员可呼叫任一住户，并与之双向对讲，管理员可控制开启每一个单元的大门。

该大楼访客对讲系统的设备配置如表11-8所示。

一栋12层96户住宅楼的对讲系统设备配置　　表11-8

序　号	产品型号	产品名称	数　量	备　注
1	ML-803	住户室内对讲机	96	每户一台
2	MCU-1000A	中央电脑控制机	1	每栋楼一台
3	SCU-1010A	中继器	6	每16户一台
4	LAP-101	共同对讲门口机	2	每单元一台
5	ML-101G	管理员对讲机	1	
6	DSU-101	序号显示器	1	管理员室一台
7	MS-100PA	系统供电器	1	一个系统一台

【例2】 可视对讲访客系统

根据住宅用户多少的不同，可视对讲系统又分为直接按键式及数字编码按键式两种系统，其中前者主要适用于普通住宅楼用户，后者既适用于普通住宅楼用户，又适用于高层住宅楼用户。

1. 直接按键式可视对讲系统

直接按键式可视对讲系统的门口机上有多个按键，分别对应于楼宇的每一个住户，因此这种系统的

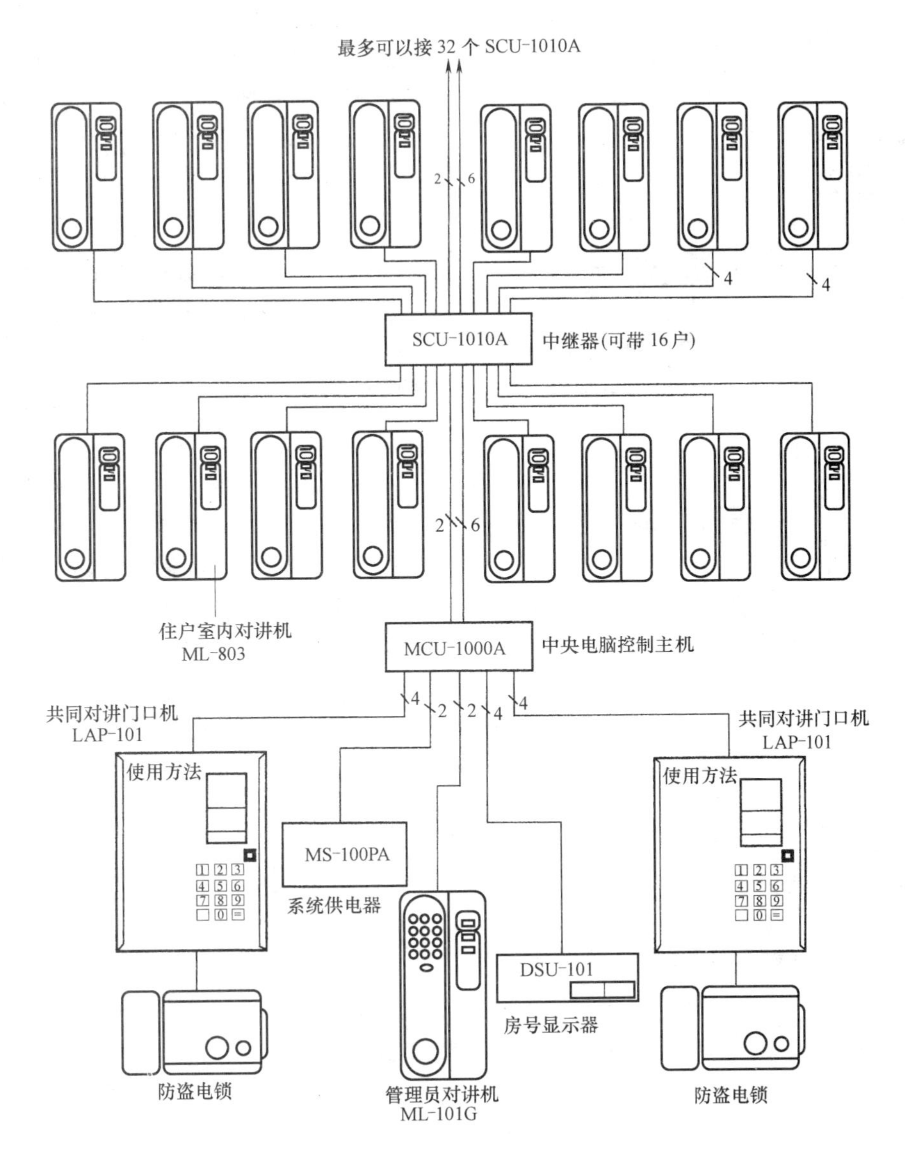

图 11-5　ML-1000A 型单对讲系统

容量不大，一般不超过 30 户。图 11-6 示出 6 户型直接按键式可视对讲系统结构图。由图可见，门口机上具有多个按键，每一个按键分别对应一个住户的房门号，当来访者按下标有被访住户房门号的按键时，被访住户即可在其室内机的监视器上看到来访者的面貌，同时还可以拿起对讲手柄与来访者通话，若按下开锁按钮，即可打开楼宇大门口的电磁锁。由于此门口机为多户共用式，因此，住户的每一次使用时间必须限定，通常是每次使用限时 30s。

由图 11-6 可见，各室内机的视频、双向声音及遥控开锁等接线端子都以总线方式与门口机并接，但各呼叫线则单独直接与门口机相连。因此，这种结构的多住户可视对讲系统不需要编码器，但所用线缆较多。

图 11-6 中的 $S_1 \sim S_6$ 分别是各室内机内部的继电器触点开关（这里为方便对系统的理解，单独取出画于室内机的外部），当来访者在门口机上按下某住户的房门号按键时（假设 101 号按键对应 5 号室内机），即可通过对应的呼叫线传到相应的 5 号室内机，使该室内机内的门铃发出“叮咚”音响，同时，机内的继电器吸合，开关 S_5 将 5 号机的各视频、音频线及控制线接到系统总线上。门口机上设定了按键延时功能，在某房门号键被按下后的 30s 时间内（延时时间可以在内部设定），系统对其他按键是不会响应的，因此，在此期间内其他各室内机均不能与系统总线连接，保证了被访住户与来访者的单独可

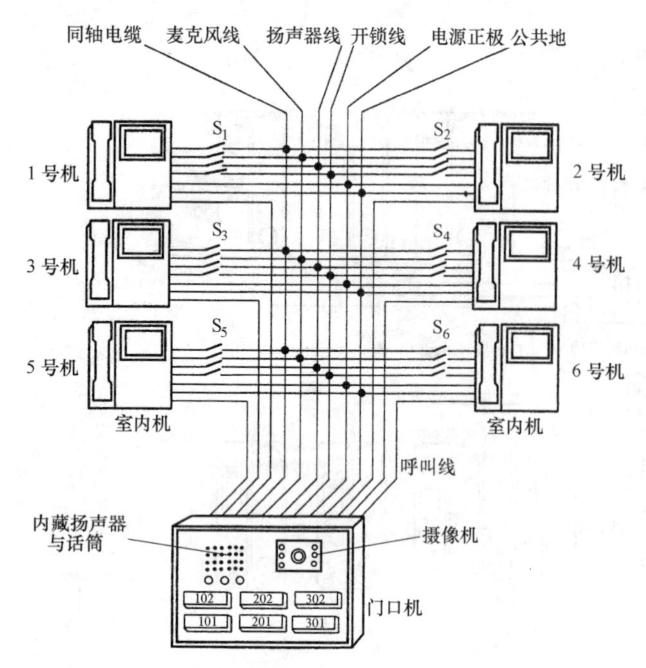

图 11-6　直接按键式可视对讲系统结构图

视通话。此时的电路结构，与前述的单户型可视对讲门铃的结构是完全一样的。当被访住户挂机或延时 30s 后，5 号机内的继电器将自动释放，S_5 与系统总线脱开。

2. 联网式可视对讲系统

联网型的楼宇对讲系统是将大门口主机、门口主机、用户分机与小区的管理主机组网，实现集中管理。住户可以主动呼叫辖区内任何一家住户。小区的管理主机、大门口主机也能呼叫辖区内任何一家住户。来访者在小区的大门口就能通过大门口主机呼叫住户，未经住户允许来访者不能进入小区。有的联网型用户分机除具备可视或非可视对讲、遥控开锁等基本功能外，还允许接各种安防探测器、求助按钮，能将各种安防信息及时送到管理中心。联网型的楼宇对讲系统见图 11-7。门口机除了呼叫功能外还可以通过普通键盘、乱码键盘或读卡器，实现开锁功能。

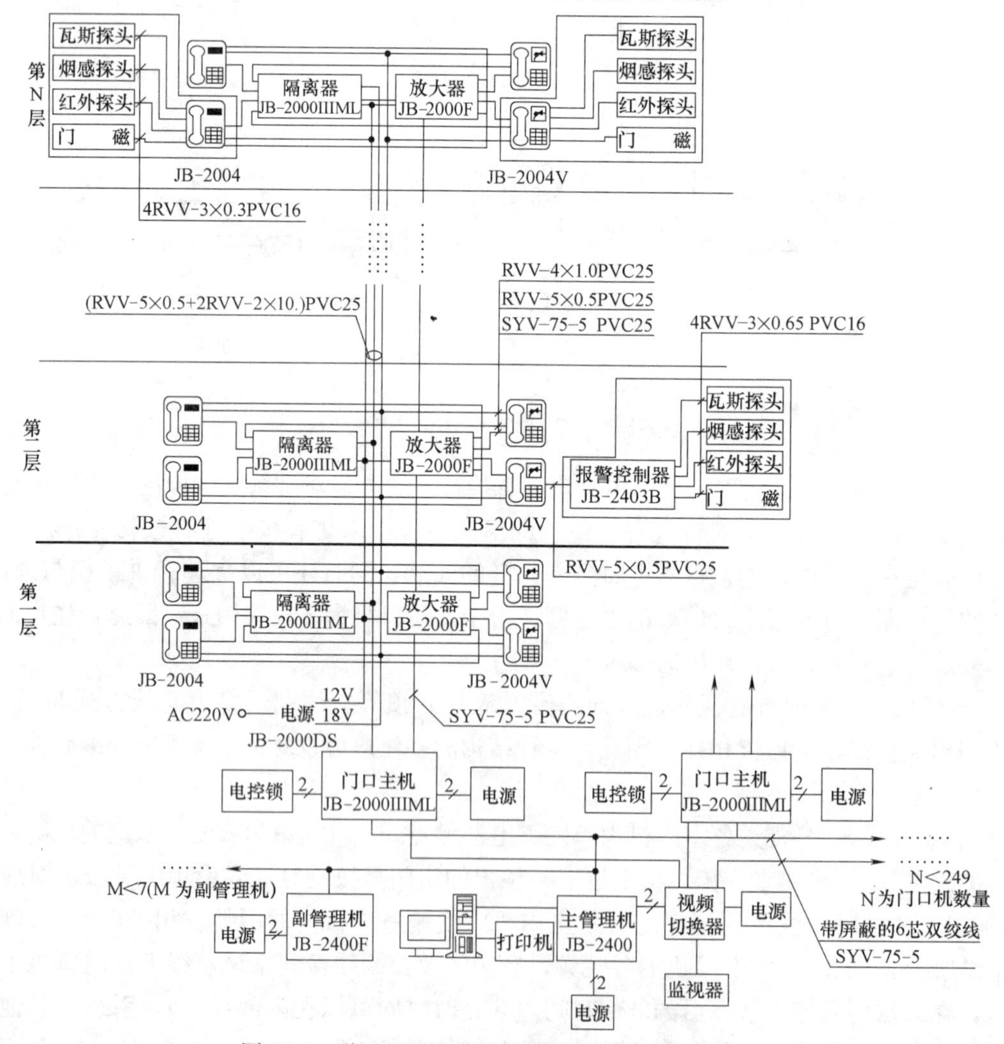

图 11-7　联网型可视带报警模块的对讲系统示意图

3. 与有线电视共用的可视对讲系统

上述系统的视频与音频信号是由系统独立传输的，在一些可视对讲系统中，其视频信号可利用楼宇的CATV（公用无线电视）网传送，即门口摄像机输出经同轴电缆接入调制器，由调制器输出的射频电视信号通过混合器进入大楼CATV系统。调制器的输出电视频道应调制在CATV系统的空闲频道上，并将调定的频道通知用户。在用户与来访者通话的同时，可通过安装在分机面板上的小屏幕或开启电视来观看室外情况。其原理接线如图11-8所示。

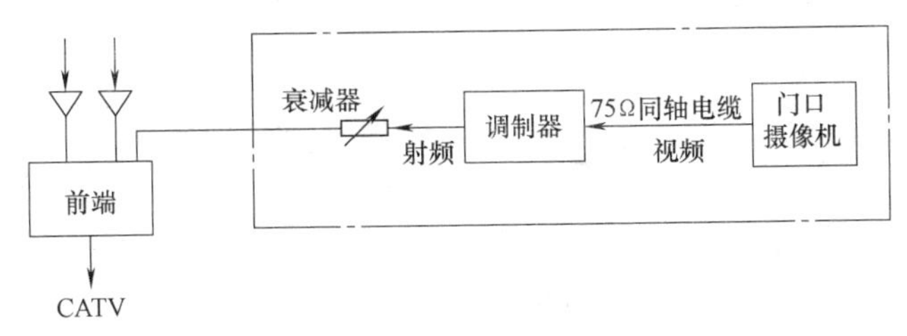

图11-8　可视对讲系统视频与CATV共网原理图

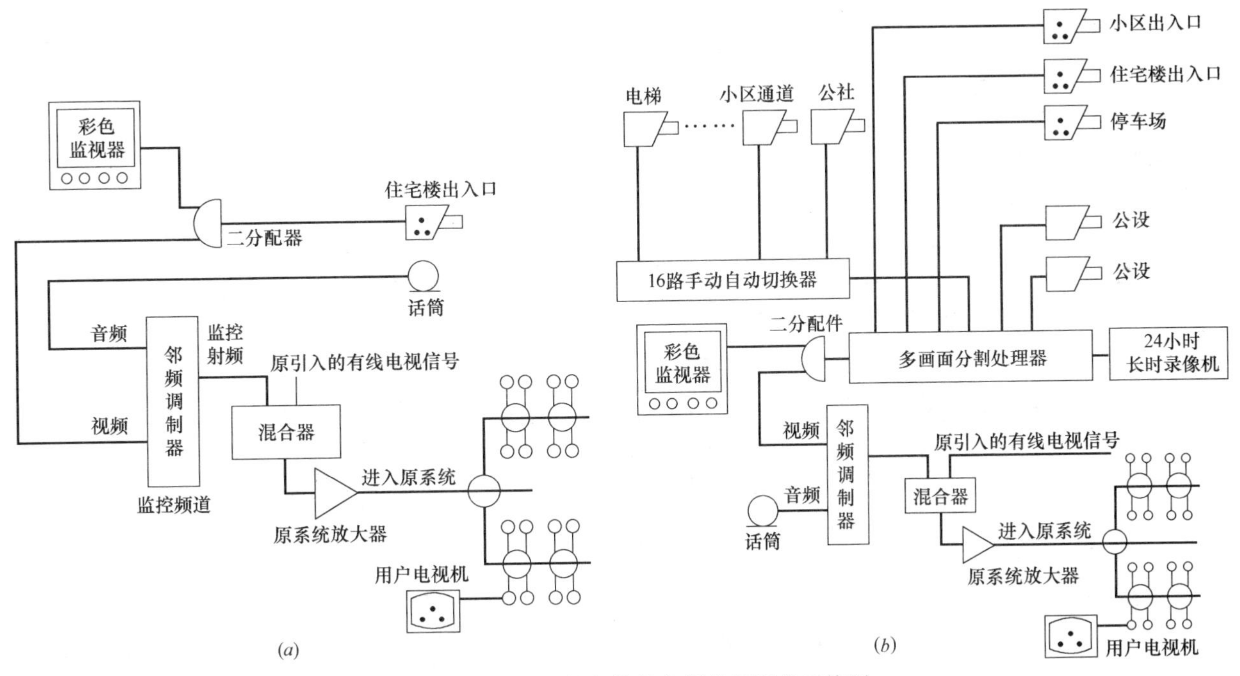

图11-9　小区用射频传输电视监控图像系统图

（a）住宅可视对讲系统；（b）小区保安监视系统

图11-9是利用CATV射频同轴电缆的监控图像系统。其中图（*a*）是住宅可视对讲系统（摄像头设在大楼门口）。图（*b*）是用于小区的安防视频监控系统。安装使用时，说明如下：

（1）邻频调制器输出的监控射频频道必须选择与有线电视信号各频道均不同频的某一频道，其输出电平必须与有线电视信号电平基本一致，以免发生同频干扰或相互交调。

（2）图11-9（*a*）适用于已设置普通电话或住宅对讲系统需增加可视部分的住宅楼。来客可用普通电话或对讲机呼叫住户，住户与来客对话，同时打开电视机设定的频道观察来访者。

（3）图11-9（*b*）方案是利用小区已有的监视系统和有线电视传输网络，实现住户在家利用电视机观察小区内设置监视点的地方。

这种CATV共网方式还可用于背景音乐广播，详见图11-10。该系统有四套自办节目，其中一套背景音乐节目源采用音频传输。另三套节目，将其音频信号采用调频方式，通过各自的调制器后接入CATV前端混合器，再经电视电缆线路输送到各客房床头柜的FM/AM收音机天线输入插孔。图中接线有二线和三线制。三线可用强制功能的消防广播。

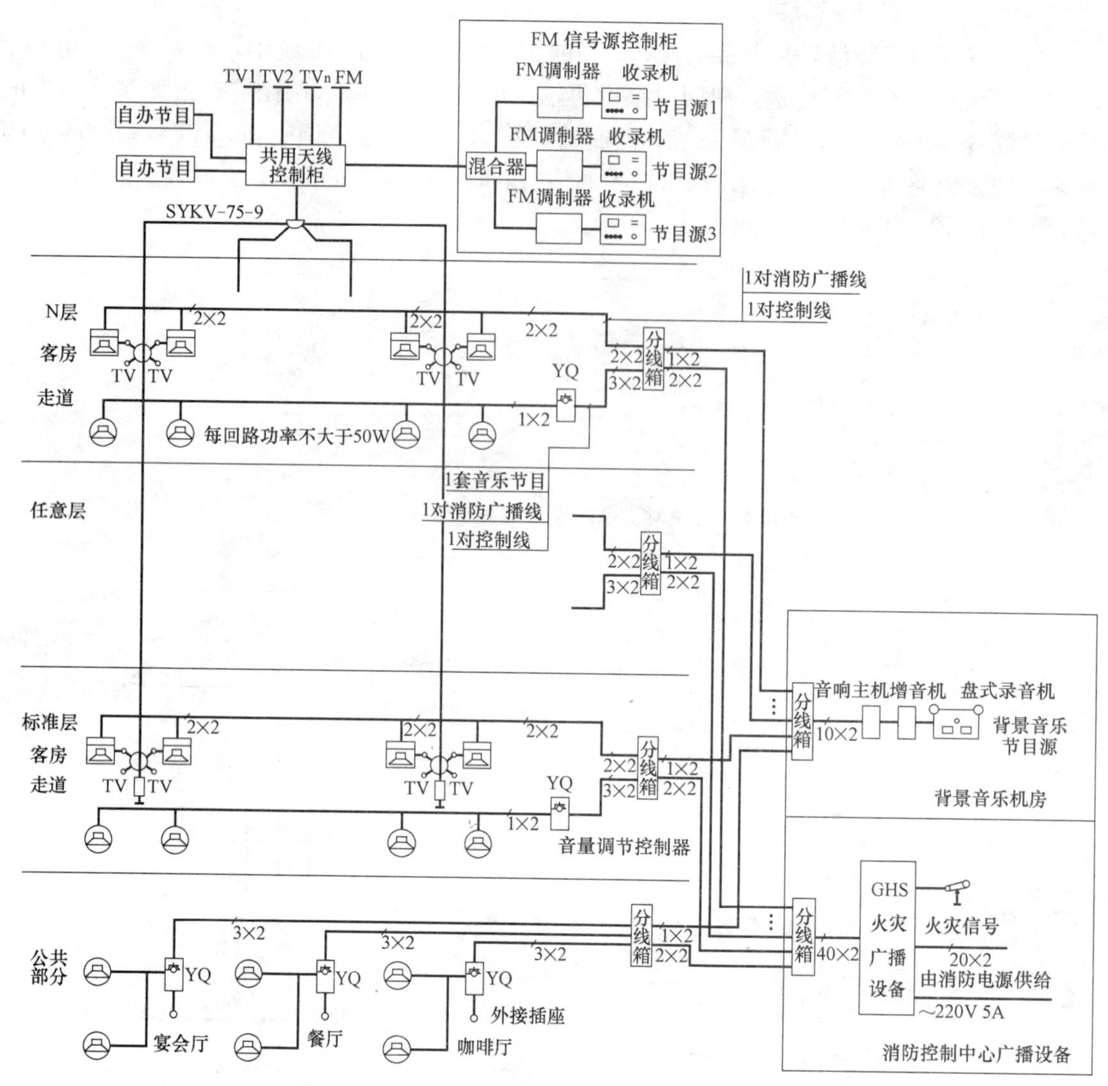

图 11-10　FM 传输背景音乐与消防广播系统示意图

第四节　住宅小区通信网络系统

一、住宅小区通信网络系统方式

对于住宅小区通信网络来说目前大多采用电信网和有线电视网实现。住宅小区通信网络的组成有表11-9所示的几种方式可供选择。

住宅小区通信网络组成　　表 11-9

业务网络	通信方式	设备类型	实施部门	安装地点
电话网	集中用户交换机功能(centrex)	程控电话交换机软件	电信	公用网电话局
	程控交换局远端用户模块	程控电话交换机远端用户模块	电信	物业提供机房
	程控交换局	程控电话交换机	电信	物业提供机房或公用网电话局
	程控用户交换局(站)	程控用户电话交换机	物业	物业提供机房

续表

<table>
<tr><th>业务网络</th><th colspan="3">通信方式</th><th>设备类型</th><th>实施部门</th><th>安装地点</th></tr>
<tr><td rowspan="13">接入网</td><td rowspan="7">光纤接入</td><td rowspan="4">光纤环路</td><td>光纤到小区 FTTL</td><td>光纤线路终端(OLT)</td><td>电信或物业</td><td>电信或物业提供机房</td></tr>
<tr><td>光纤到路边 FTTC</td><td>光纤网络单元(ONU)</td><td>电信或物业</td><td>物业机房或住宅楼设备间</td></tr>
<tr><td>光纤到楼 FTTB</td><td rowspan="2">传输设备(SOH 等)</td><td rowspan="2">电信或物业</td><td rowspan="2">物业机房、住宅楼设备间或小区内(管道)</td></tr>
<tr><td>光纤到户 FTTH</td></tr>
<tr><td rowspan="3">光纤同轴混合(HFC)</td><td rowspan="3"></td><td>局端设备</td><td>广电、电信、物业</td><td>物业提供机房</td></tr>
<tr><td>远端设备</td><td>广电、电信、物业</td><td>物业机房或住宅楼设备间</td></tr>
<tr><td>光纤、同轴传输网</td><td>广电、电信、物业</td><td>小区内</td></tr>
<tr><td colspan="2" rowspan="2">铜缆接入</td><td rowspan="2">高比特数字用户线(HDSL)
非对称数字用户线(ADSL)</td><td>局端设备</td><td>电信或物业</td><td>电信或物业提供机房</td></tr>
<tr><td>远端设备</td><td>电信或物业</td><td>物业机房主或住宅楼设备间</td></tr>
<tr><td colspan="2" rowspan="4">无线接入</td><td rowspan="2">无线用户环路(WLL)</td><td>基站</td><td>电信或物业</td><td>物业机房或住宅楼设备间及用户住处</td></tr>
<tr><td>控制单元</td><td>电信或物业</td><td>物业提供机房</td></tr>
<tr><td rowspan="2">卫星 VSAT 系统</td><td>室外单元</td><td>电信或物业</td><td>物业提供场地</td></tr>
<tr><td>端站设备</td><td>电信或物业</td><td>物业机房或住宅楼设备间</td></tr>
<tr><td rowspan="2">综合业务数字网</td><td colspan="3">窄带综合业务数字程控交换局(H-ISDN)</td><td>ISDN 电话交换设备</td><td>电信或物业</td><td>电信或物业提供机房</td></tr>
<tr><td colspan="3">宽带综合业务数字程控交换局(B-ISDN)</td><td>ATM 交换设备</td><td>电信或物业</td><td>电信或物业提供机房</td></tr>
</table>

（一）住宅小区电话网

住宅小区住户的电话业务主要由公用市话网的所在地电话局提供，电信部门主管运营和维护。利用公用电话网的交换局设备或在小区内设置用户远端模块，可为住户提供市话等各种业务。住宅小区的住户相对比较集中，小区的规模又各不一样，因此在小区物业中心的机房内可设置用户远端模块局，也是电信部门推荐的一种建设方案（参阅第一章）。

利用远端用户交换模块，实质上是将电话局交换设备的用户机架及接线器移至远端，其容量可达到几千线。交换局和远端局之间通过光传输系统及一对光纤实现信息的传送。一般主局和远端局之间均采用单模光纤，支持的距离可达几十公里。

采用远端模块局有如下特点：

（1）远端模块局与母局有相同的用户接口、性能、业务提供和话务负荷能力；

（2）所有的维护和计费在母局进行，远端局可以做到无人值守；

（3）远端局的容量可以是几十门至几千门，并方便扩容；

（4）远端局的交换设备占地面积小，只需在物业中心提供相应的房屋、电源、接地体等条件即可安装；

（5）远端局的业务增加和性能改进可随母局一起升级。小区通信网络参见图 11-11。

对于小区内的集团、企业、公司等单位的用户又可采用集中用户交换机功能的方式，在原有的电话交换机上使用软件去完成虚拟交换。用户可以不建设交换系统，就可实现内部通话及与公用网的电话业务。并且内部通话可不进行计费，用户只需交付入网费，即可享用公用电话网所能提供的多种业务。物业亦可免去日常对交换设备的维护工作。

同时，在电话网上用户可以利用普通电话线，配上一个调制解调器（Modem）拨号上网，实现数据通信，对于大部分的用户来说是较为经济和简便的一种方式，但有接入速率偏低的感觉，况且语音和数据业务不能同时兼有。

利用现有电话网中的用户双绞线采用ADSL调制解调技术，有较好的应用前景。接入能力上行速率达64～640kbit/s，下行速率可达2～8Mbit/s。ADSL非对称的宽带特性可实现PC机与系统视像服务器之间的网络互联，又不会影响语音业务。最大优点是不需要改变现有的市话用户配线网。此种方式的应用在物业应设置ATM交换设备。

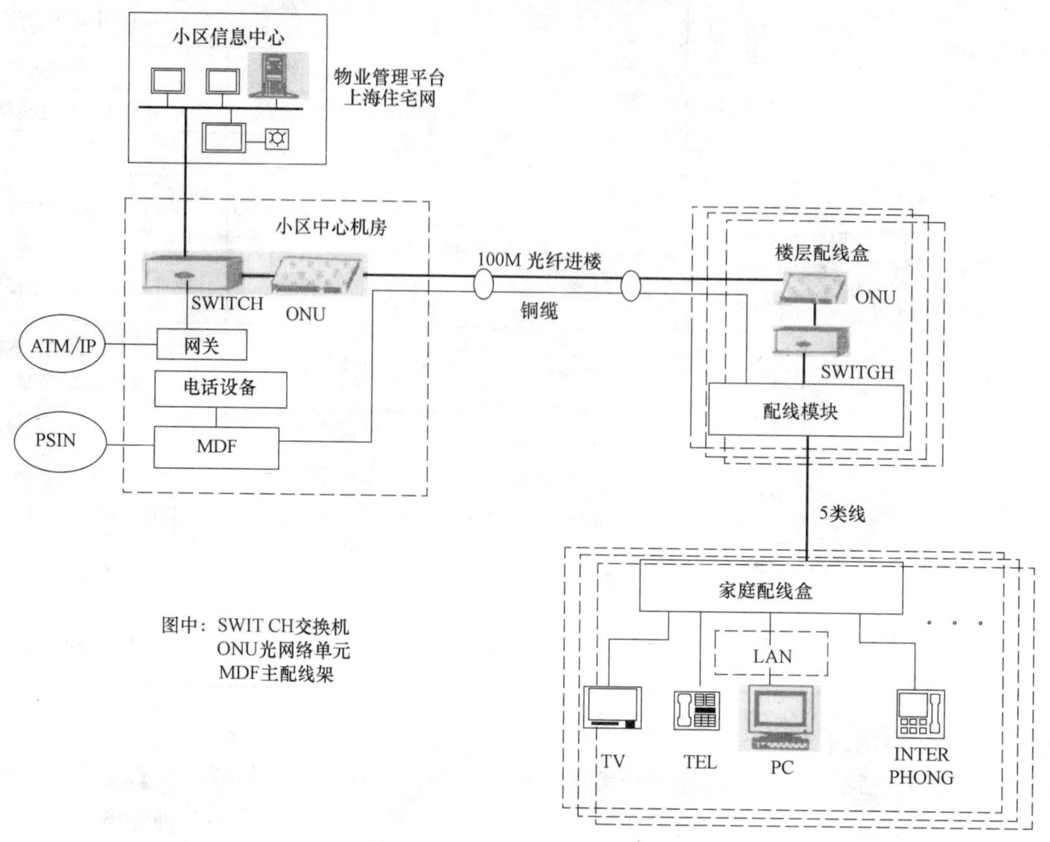

图11-11　小区宽带网络结构图

ATM主要以“信息组”进行复用和交换，克服了分组交换和电路交换方式的局限性，提供64kbit/s～600Mbit/s各种信息业务。对于小区住宅用户可提供的业务主要有VOD、高清晰电视节目、高质量电视信号的传送、可视电话/数字电话业务、电子金融服务等。

（二）住宅小区接入网（表11-10）

各种接入技术的扼要比较　　表11-10

	速率/(bit/s)	基础设施	主 要 优 点	主 要 问 题	发 展 前 景
模拟Modem	56k	现有电话网	成熟，有国际标准，价格低	速度很低，不能接入视频信息，与电话不能并用	发展有限
N-ISDN	64k/128k	现有电话网	成熟、标准化，与电话并用，价格适宜	速度不高，仍无法接入实时视频	是宽带接入前的过渡
ADSL	1.5k～8M	现有电话网	利用现有电话线、宽带接入，可与电话并用	价格较高	FTTH实现前的宽带过渡技术
简化ADSL	64k～1.5M	现有电话网	用户端不需分离器，价格大大低于ADSL	不支持数字电视的接入	可能是近期主要的电信宽带接入方案
Cable Modem	2M～36M	现有有线电视网	利用现有有线电视电缆、宽带接入	非全数字化，速率与用户数成反比	FTTH实现前的广电宽带解决方案
FTTH	155M～622M	新建光纤网	速度极高，能接入所有业务，全数字传输	不够成熟，标准化不够，价格昂贵	理想家庭接入技术

（三）住宅小区局域网（LAN）

在住宅小区智能化系统中，计算机局域网是实现“智能化”的关键，即应用计算机网络技术和现代通信技术，建立局域网并与 Internet 互联，为住户提供完备的物业管理和综合信息服务。

小区局域网结构由接入网、信息服务中心和小区内部网络三部分构成。

（1）接入网：一般系指局域网与 Internet 互联网的连接方式。地区用户接入方式可以有多种选择，可以由电信局、有线电视台或其他 ISP（Internet service Provider）提供该业务。

（2）信息服务中心：信息服务中心是小区局域网的心脏，由路由器、防火墙、Internet 服务器、数据备份设备、交换机、工作站等硬件设备和网络操作系统、Interner 应用服务、数据库、网络管理、防火墙等软件以及针对小区实际需要而二次开发的应用软件等组成。小区是否设信息服务中心应视建设规模和业主的投资情况而定，其功能和提供的服务通常是随着小区的建设和实际需要而逐步完善的。

小区局域网主要可为住户提供物业管理办公自动化、综合信息服务、家居服务和日常生活资讯等功能。根据应用和功能要求，可以列出对小区网络速率的要求，如表 11-11 所示。图 11-12 是住宅小区计算机局域网的示意图。

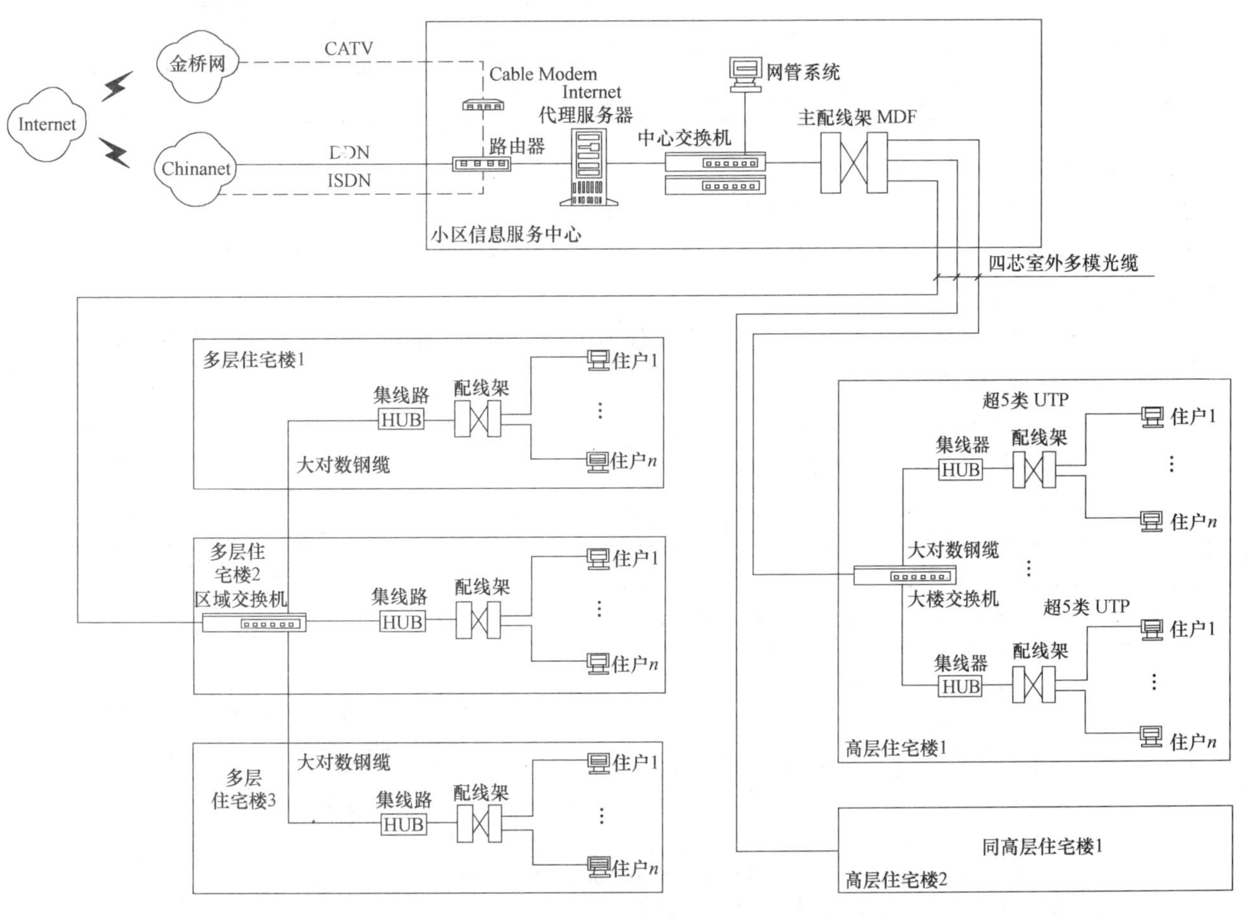

图 11-12　住宅小区计算机局域网示意图

小区网络性能需求一览表　　**表 11-11**

需求名称	速率/(bit/s)	说　明
住户接入速率	56～300k	小区局域网内仅提供多媒体非实时性应用服务和对 Internet 的访问服务
	≥1.5M	如果小区内提供 VCD 档次的 VOD［采用 MPEC-1 方式的 CCIR601 格式的录像，720(像素)×488(线)×30(帧/s)，数据率为 1.5Mbit/s］
	≥4M	如果小区内提供 DVD 档次的 VOD(采用 MPEC-2 方式的最低分辨率视像 352×288×30，数据率为 4Mbit/s；中分辨率视像 720×576×30，为 15Mbit/s)

续表

需求名称	速率/(bit/s)	说　明	
网站/物业管理服务器接入速率	10M	小区用户数≤100,平均每户≥100kbit/s	高峰时段可假定同时访问数为总户数的1/10
	100M	100<小区用户数≤1000,100kbit/s≤平均速率≤1Mbit/s	
	1000M	5000≥小区用户数≥1000,2000kbit/s≤平均速率≤1Mbit/s	
对外互联速率	256k	小区用户数≤100,高峰时段平均每户最低速率≥25.6kbi/s	按1/10用户同时访问网站计算
	2M	100<小区用户数≤1000,20kbit/s<高峰时段最低速率≤200kbit/s	
	10M	4000≥小区用户数≥1000,25kbit/s≤高峰时段最低速率≤100kbit/s	
VOD服务器接入速率	100M	可支持60路VCD节目或支持25路低分辨率DVD节目的同时传输	
	1000M	可支持600路VCD节目或250路低分辨率DVD节目的同时传输,或60路中分辨率的MPEC-Ⅱ视像节目的传输(720像素×576行×30帧/s)	

(四) 住宅小区的布线

小区的布线建设可以分成三个步骤进行，这三个步骤是：

(1) 家庭布线：在每个家庭内安装家庭布线管理中心即家庭配线箱，家庭内部的所有设备电缆都由配线箱分出连接各个设备。

(2) 住宅楼布线：在各个住宅楼设置楼内布线管理中心，即楼内的配线箱，这个楼宇内所有住户的线缆在楼内布线管理中心汇集。

(3) 小区布线管理中心：各个住宅楼的线缆在小区布线管理中心汇集。

表11-12列出小区的各种设备和传输媒介。

智能化小区各种设备及相应传输线缆　　表11-12

	主 要 设 备	传 输 介 质
家庭智能化设备	红外传感器、人体热释电传感器、超声波传感器、开关式传感器、微波传感器、激波传感器、连接110报警机	普通绞线(屏蔽或非屏蔽)或无线传输
	外传报警执行(119火警)装置、自动喷淋装置、温度传感器、烟雾传感器、煤气泄漏传感器、氧传感器、环境自动调节	普通绞线(屏蔽或非屏蔽)或无线传输
	载波电器控制器、家电自动监测控制(电视机、计算机、音响设备、空调机、其他家电设备),卫生间排气扇控制、水、电、气阀门控制,自动抄表(电表、水表、气表、热水表、热量表)	普通绞线(屏蔽或非屏蔽)或无线传输
	电冰箱、洗碗机、电饭煲、微波炉、热水器、食品干燥机、消毒碗柜、抽油烟机、调料柜、米柜、燃气灶,工作状态监测及控制	普通绞线(屏蔽或非屏蔽)
小区物业管理智能化设备	车辆(自行车)管理	普通绞线
	公共区照明控制、声光控开关、定时开关、人体热释电开关	普通绞线
	保安人员巡更系统	普通绞线
	人员进出管理	普通绞线
	电视监控及周边红外监控系统	同轴电缆或绞线
小区智能化通信设备	小区局域网(以太网)、小区程控交换机、传真、电话、可视电话	光纤、五类双绞线、普通绞线
	有线电视系统	同轴电缆、光纤
	地下停车场手机、BP机信号呼入、呼出系统、移动电话系统、移动对讲系统	同轴电缆或无线传输

二、住宅小区宽带网的设计

宽带接入是相对于普通拨号上网方式而言，拨号上网速率因受模拟传输限制最高只有 56kbit/s，根本无法浏览实时传输的网上多媒体信息，连一般的网页浏览也需较长的等待时间，更不用说网上信息的下载。宽带的定义，即按接入的带宽分类，宽带传输速率＞2Mbit/s，而窄带传输速率≤2Mbit/s。

宽带网分为三个层次，分别是核心层、汇聚层、接入层。核心层主要负责 IP 业务汇接包括广域 ATM 网、宽带骨干 IP 网等。汇聚层主要包括分 DDN 宽带专线接入，100M/1000M（快速/千兆以太网）接入，IP 路由寻址等接入等。接入层是直接对用户的最终接入，也就是“最后一公里”，主要包括 10M/100M（LAN）以太网、ADSL（非对称数字线路）、基于 HFC 的 Cable Modem、HomePAN 以及无线接入等方式。下面对目前住宅小区常用的前三种宽带网接入方式的工程设计进行阐述。

1. FTTB＋LAN（以太网）接入方式与工程设计

我国接入网建设，按照光纤尽量靠近用户，以发展光纤接入网为主的原则，已初步实现了光纤到路（FTTC）、光纤到办公室（FTTO）、光纤到楼（FTTB）。目前的发展方向是光纤以太网加局域网接入，即 FTTB（光纤到大楼）＋LAN 的方式。这样，光纤可敷设到楼边，楼内采用局域以太网的方式，线路采用五类双绞线连接。用户无需要任何调制解调设备，在电脑内加装一块以太网网卡即可。这样成本较低，还能提供 10～100Mbit/s 的用户接入速率，而且便于管理、维护，是新建小区的首选接入方式。

由于宽带接入商通常采用先投资，再回报的投资策略，所以一般先为小区免费布线，网络开通前的费用均由宽带接入商投资。在做设计前必须先由小区开发商与宽带接入商签订协议，此后由宽带接入商提供一份技术要求任务书，供小区开发商提供给设计人员设计单体建筑时参考。因设备、线路由宽带接入商垫资，所以设备、线材均由其选型，配置采用低配置型综合布线设计，电话线路仍采用传统电话配线、配管方式。宽带接入只考虑每户设置一个信息接口，如需多个信息接口。需住户自行安装小型 HUB，家庭信息箱中即可提供一个四口 HUB，复式住宅及别墅不受此限制。设计单位根据技术要求条件书，进行楼内盒箱及管线预埋，通常有两种做法：单式和楼栋式。其管线设计方案分别见图 11-13 和图 11-14。图 11-13 为楼栋式进线。三个单元分别表示了两种垂直干管配管方法。图 11-14 中表示单元

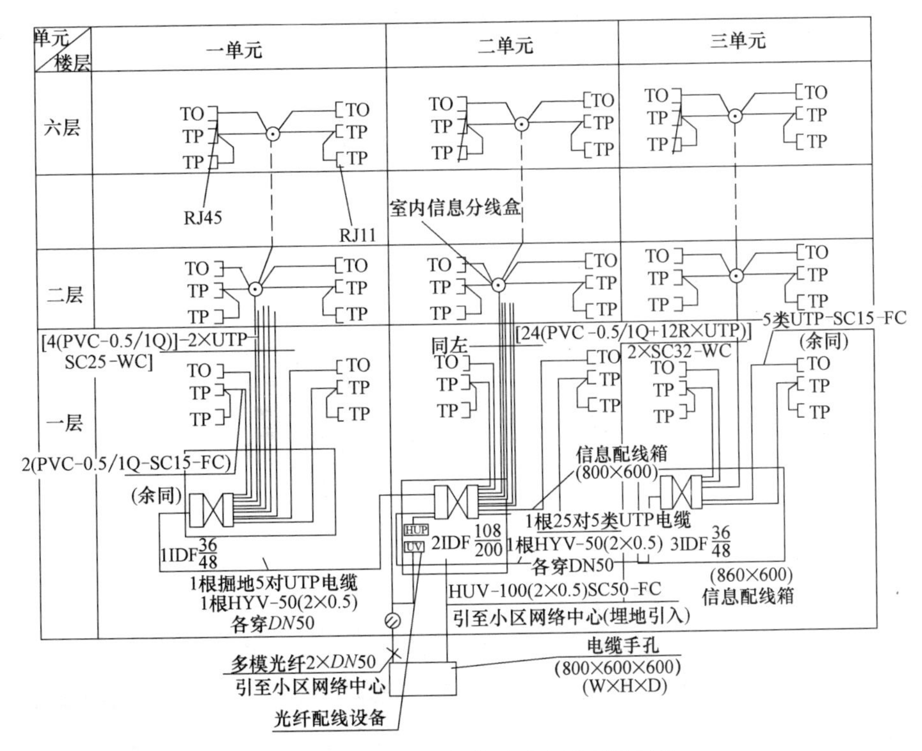

图 11-13　楼栋式宽带网及电话配线系统

式进线。分线盒出线采用电话、数据共管配线至家庭信息配线箱的配线方式。是否采用信息配线箱由工程设计定，一般非智能化住宅可不采用家庭信息配线箱。智能化住宅因牵涉系统较多（如电视、电话、宽带网、访客对讲、三表远传、家庭报警等），需采用家庭信息配线箱。两种配管方式均可采用，具体由宽带接入商确定。

单元式配线，需在每栋楼前设置人孔，与单元电缆手孔相连。楼栋式配线则直接由楼前电缆手孔暗配管至信息配线箱（860mm×600mm×160mm，$W\times D\times H$）。信息配线箱中含有水平安装数据、语音配线架、垂直安装 HUB（以太网交换机）。配线箱暗敷设于单元楼道底层墙上，安装高度底边距地 1.4m。HUB 等设备的供电分别引自公共照明回路，线路采用 BV-500（3×2.5）SC15-FC，并应根据现场供电情况决定是否增加 UPS 供电设备。电话及信息接点均采用不同的配线架，再由一层分别供至各层配线盒。配线盒安装高度距顶 0.3m。由各层配线盒至每户家庭信息配线箱及信息插座均采用穿管暗敷。如采用家庭信息配线箱，其安装高度距地 1.8m。箱盒预埋尺寸应根据设计，参考样本选定。其管径截面利用率双绞用户线为 20%～25%，平行电话用户线为 20%～30%。施工暗管及盒箱时，宽带接入商均需配合施工，线路穿放由其自行施工。小区应设置交换机房，面积在宽带接入商提供的技术任务书中确定，宜设于小区中心会所内或物业管理中心。机房设计牵涉网络设计，由宽带接入商设计、施工。占用房间面积由宽带接入商向小区房地产开发商提出要求，由房地产开发商统一规划、设计、施工，再销售或租赁给宽带接入商。

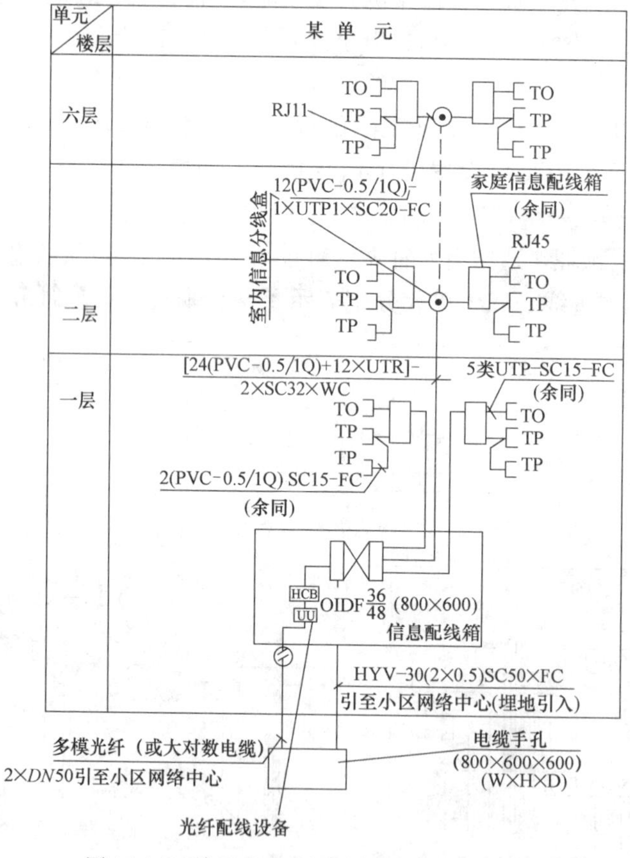

图 11-14　单元式宽带网及电话单元配线系统

2. ADSL 接入

这种接入方式的传输介质均采用普通电话线，适用于用户宽带需求较分散的已有住宅小区，以及光纤短期内无法敷设到的地方。ADSL 的上行信道有 25 个 4kHz 信道，最高上行速率可达 864kbit/s，一般为 640kbit/s。下行信道有 249 个 4kHz 信道，最高下行速率为 8Mbit/s。由于与普通模拟电话占用不同的区段（模拟电话：20Hz～3.4kHz，XD-SL2.5～3.4kHz），所以可在一对电话双绞线上同时传输语音和数据信号，只需加装一个分离器和 ADSL MODEM 即可。但采用此技术需建成一批 ADSL 市话端局，其接入商只有中国电信一家，接入方案主要有 ADSL 直接接入及 ADSL＋LAN 方式。ADSL 直接接入需在电信局设置 DSLAM（DSL Acess Mux 即 DSL 多路复用器），因多路复用器价格较高，所以，此种接入方式成本较高，不适宜推广。而 ADSL＋LAN 的方式，数据从住宅楼到小区直至电信局仍采用光纤以太网方式，楼内则采用 MINIADSL 作为 ADSL 端局，既可省去繁杂的入户线路改造，又降低了 DSLAM 的造价，而且传输距离长，是 ADSL 接入的发展方向。但因电信局不同意此接入方式，而只同意采用直接接入的方式，所以尽管 ADSL＋LAN 有诸多优点，但仍未能得到推广。由于此方式均为电信局端设备改造，用户端无需对线路进行改造，所以多为电信系统自行设计，故不详述。

3. HFC 接入

现有 HFC（有线电视光纤同轴混合网）经过双向改造后，使用 Cablc Modem 就可以构成宽带接入网。一般 HFC 上行数据信道利用 50MHz 的低频段采用 QSPK 或 16QAM 调制方式，下行数据信道利用 170MHz 以上的频段，Cable Modem 采用 DOC-SIS 标准。

由于 HFC 采用总线型结构，共享频段，用户和邻用户分享有限的宽带，当一条线路上用户激增时，速度将会减慢。所以为保证接入速度 ，小区内用户通常只能满足 500 户需求，否则需将一个小区拆分成几个区段，才能保证下行速率为 30Mbit/s，用户端可提供 10Mbit/s 接口。由于受用户数限制，仅有部分小区采用 HFC 方式。现在广播电视局基本采用 HFC＋LAN 方式，因 HFC 的行政主管为广播电视局，所以与 ADSL 接入方式一样缺少接入商竞争。传统 HFC 做法是用户加装分配器分别接至信息接口及电视接口，因广播电视局未获得电话经营权，所以无法提供电话接口。用户加装Cable Modem，根据授权密码使用数据接口。

HFC 接入网的主干系统采用光纤，配线部分则使用现有 CATV 网中的树形分支结构的同轴电缆。每个光网络单元（ONU）连接一个服务区（SA），每个服务区内的用户数一般在 500 户左右（基于通信质量和价格的综合考虑）。用户 PC 需要配置 Cable Modem（电缆调制解调器）才能上网。Cable Modem 可以是单独的设备，也可以是机顶盒中的一块插卡（机顶盒中还可以插入数字电视卡以便在模拟电视机上接收数字电视节目或者插入 IP 电话卡实现在因特网上打电话）。每个 Cable Modem 在用户端有 2 种接口：连接模拟电视机的 AUI 接口和连接 PC 机的 RJ45 双绞线接口。Cable Modem 多采用非对称结构，下行速率达 3M～10Mbit/s，上行速率可达 200k～2Mbit/s。

上述三种住宅小区宽带网接入方式的优缺点如表 11-13 所示。

3 种接入方式的优缺点比较 **表 11-13**

	优　点	缺　点	使用/计费方式
LAN	(1)用户端不需各种调制解调器。 (2)高速：每户独享 10M 带宽。 (3)除了 Intemet 高速接入外，ASP 还提供小区专用虚拟服务器，便于小区实现网络化物业管理和内部信息服务	(1)必须敷设专用网络布线系统； (2)网络设备需占用建筑面积	(1)专线上网，不需拨号。 (2)包月计费，不限使用时间
ADSL	利用电话线，不需专门布线	(1)用户端需要 ADSL Modem 作接入设备。 (2)仅作为 Intemet 接入通道，信息内容受制于 ISP	(1)专线上网，不需拨号。 (2)包月计费，不需缴付电话费，速率 1～4M 可选，使用费用相应递加
HFC	利用双向有线电视网络	(1)树型网络结构，传输速率取决于同一光节点下的用户数量，用户增多速率下降，通常下行速率只有 1～2 Mbit/s，常见的是 400～500Mbit/s； (2)用户端需要 Cable Modem 作接入设备； (3)仅作为 Intemet 接入通道，信息内容受制于 ISP	(1)与有线电视混用，不需拨号。 (2)提供几种包用计费套餐，不限使用时间

第五节　住宅小区综合布线系统

一、住宅小区布线系统方案

(一) 住宅综合布线系统

智能化住宅小区的一个重要特征在于小区的网络化。智能小区的综合布线系统为实现网络化提供了物质基础和基本途径。图 11-15 是一种多层住宅综合布线的系统图示例。

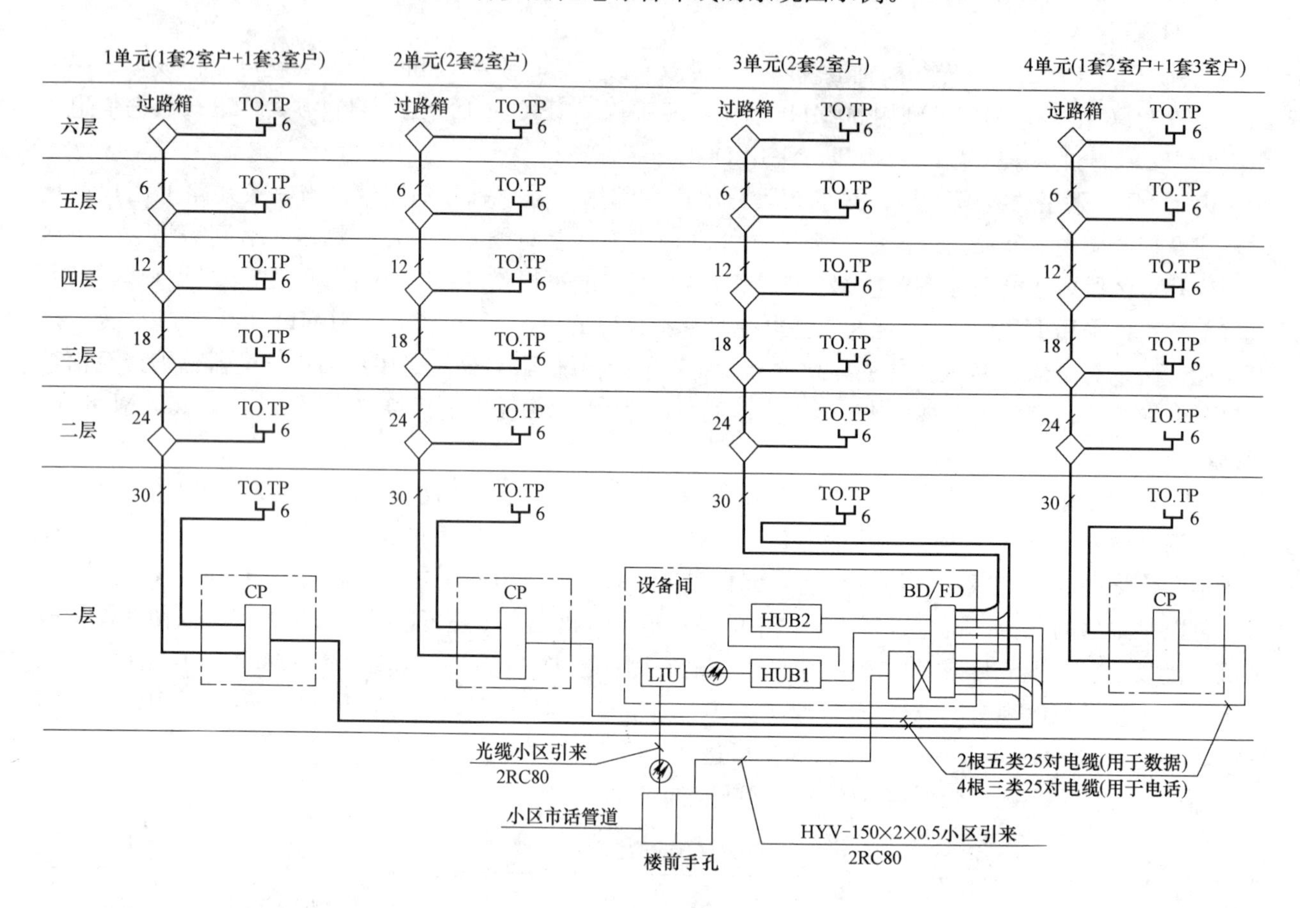

图 11-15　多层住宅综合布线系统图

图中在一层的设备间内设置了 HUB1、HUB2 及 480 对 110 模块（用于语音）、48 个 RJ45 模块（用于数据）的 BD/FD，在其他单元的一层设置了 144 对 110 模块的 CP。从室外引入 1 根光缆（6 芯多模或单模光纤）与 HUB1 连接，HUB1 用两端带 RJ45 插头的电缆与 HUB2 连接，HUB1 和 HUB2 用两端带 RJ45 插头的电缆与 BD/FD 连接；从室外引入的 HYV-150×2×0.5 电话电缆 BD/FD 连接。从 BD/FD 引至其他单元 CP 各 2 根五类 25 对对绞电缆（用于数据）、4 根三类 25 对对绞电缆（用于语音）。由 BD/FD 和各单元的 CP 引至各自单元每个住户各 3 根 4 对对绞电缆。HUB 总的端口数量为 48 口（本建筑物的用户数量），HUB 也可为多台 HUB 进行堆叠（如可采用 2 台 24 端口的 HUB 或 4 台 12 端口的 HUB 等）。支持数据和语音的多层住宅综合布线系统第一种设计方案见图 11-15 中的做法，图中电缆旁边的数字为 4 对对绞电缆的根数。图 11-16 家居综合布线配置示例。

(二) 住宅传统布线系统

小区住宅布线系统有两种方式：一是前述的综合布线系统，二是采用传统线缆的传统布线方法。这里叙述后一种。

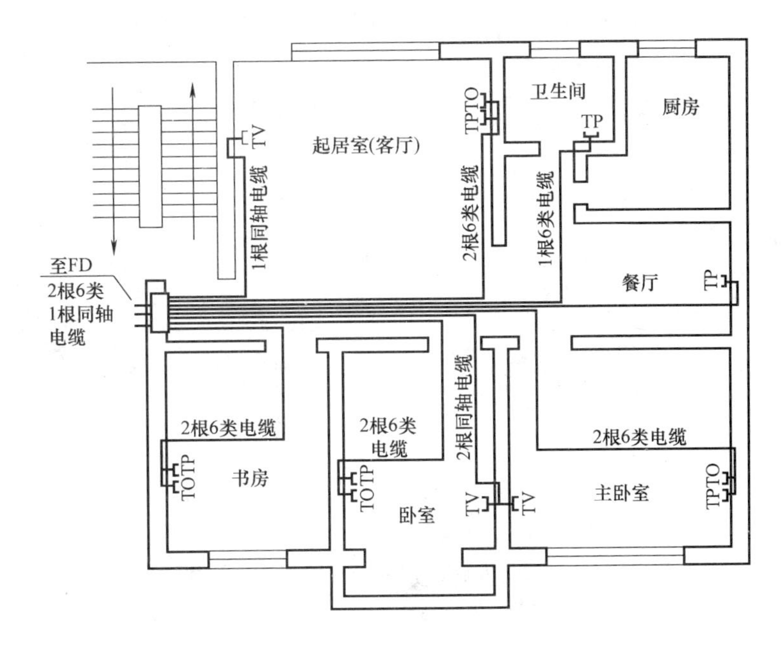

图 11-16　家居综合布线配置

住宅传统布线系统设计方案共四种（图 11-17），这四种设计方案的网络接口设备和主配线设备设置相同，主配线设备至各辅助分离信息插座 ADO/配线箱 DD 的路径不同，并根据所需进线光缆和电话电缆、电视同轴电缆数量及备用管数量确定。

（1）方案一：各单元的各层均设置楼层配线箱，从主配线设备引至每个楼层配线箱的一组电缆，经楼层配线箱将电缆分配给各住户的辅助分离信息插座 ADO/配线箱 DD。该方案见图 11-17 中的 1 单元。

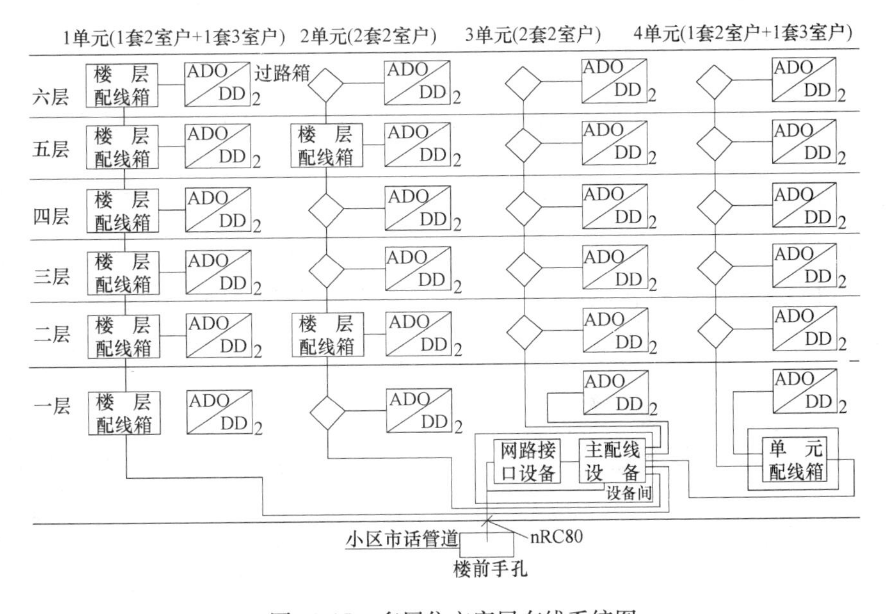

图 11-17　多层住宅家居布线系统图

（2）方案二：各单元的每三层（或每两层）设置一个楼层配线箱，从主配线设备引至每个楼层配线箱的一组电缆，经楼层配线箱将缆线分配给本层及上下层各住户的辅助分离信息插座 ADO/配线箱 DD。该方案见图 11-17 中 2 单元。

（3）方案三：不设置配线箱，从主配线设备接引至各单元住户的 ADO/DD 一组电缆。该方案见图 11-17 中 3 单元。

（4）方案四：各单元的一层设置一个单元配线箱，该单元配线箱负责每个单元的配线。从主配线设备引至每个单元配线箱的一组电缆，经单元配线箱分配给各住户的ADO/DD。该方案见图11-17中的4单元。

二、住宅布线系统的配置与布线

（一）住宅（家居）布线的类型

住宅（家居）布线主要有三种基本类型：

1. 信息系统布线

提供信息服务平台，进行信息的管理，其应用包括电话、传真、计算机、电子邮件、电视（视频会议）、家庭办公及其附加服务。利用信息系统布线可以提供小区和住户间的信息管理，小区和住户家中的日常外部通信。

2. 控制系统布线

提供对住户生存环境的控制，如控制家中的水、电、气、热能表的自动抄送，空调自控、照明控制、家庭防盗报警、访客对讲、监控等，从而实现家庭内部实时、准确、有效、方便的自动化环境控制服务。布线介质可选用双绞线和同轴电缆共同构成，拓扑结构可采用星型、总线型或菊花链型的一种或几种形式的混合。

3. 家庭电子和家庭娱乐的布线

家庭电子和娱乐一般由音频和视频信号组成，如有线电视、家庭影院、视频点播等。传输介质可采用同轴电缆，总线型配置，通过计算机网络作为传输媒体，用户也用通过在电视上加装机顶盒来完成信号的接收和转换。

住宅布线传输方式有多种，有不同的传输介质如同轴电缆、双绞线、光纤电力线载波等有线方式，红外遥控、射频等无线信号传输方式。有线方式具有安全性高、容量大、速率高等优势，无线遥控方式更适合家庭。

（二）住宅布线系统线缆、信息插座

1. 非屏蔽双绞线

4对非屏蔽双绞线（UTP）主要用于干线电缆、跳线和连接信息插座，该线缆要求符合或超过ANSI/TIA/EIA568A标准。

2. 同轴电缆

同轴电缆可使用第六型系列和第十一型系列，其性能符合SCETEIPS-SP-001。设备线和跳线应符合第五十九型系列或第六型系列的同轴电缆，并安装阴型的同轴电缆连接头，要求符合GR-1503-CORE、SCTE IPS-SP-404的第五十九型系列中的电子和安全测试，接头/插座和连接头安装必须符合SCTE IPS-SP-40的标准。

3. 光缆

光缆可使用50/125μm多模光纤或单模光纤或两种光纤一起使用，光纤到信息插座可使用2芯或4芯光纤，光纤插头可用ST或SC单头/双头的多模或单模连接器，连接器应附加A和B的标记以表示SC连接头的位置一及位置二，以方便识别。

4. 信息插座

信息插座必须使用T-568A接线方法，使用4对8芯插座/插头。插座必须安装在墙上，并可选择面板式或盒装式。

（三）住宅布线系统的设置要求

1. 配线箱DD设置

住宅配线箱DD如图11-18的虚线框内，它必须安装在每个家庭内，安装的位置应便于安装和维修。DD内安装有源设备时，需要由配电箱为配线箱DD提供一个交流220V、15A独立回路的电源供电。图11-19是住宅布线平面图示例。

2. 各种信息插座的设置

信息插座的设置一定要保证足够数量，考虑到未来发展的需要。客厅设置四种信息插座，以满足电话、电视、计算机、传真机的需要；书房设置四种信息插座，以满足电话、电视、计算机、传真机的需要；主卧室、卧室各设置三种信息插座，以满足电话、电视、计算机的需要；餐厅设置两种信息插座，以满足电话、电视的需要；卫生间设置一种信息插座，以满足电话的需要；厨房设置一种信息插座，以满足电话的需要。信息插座的设置方法既要满足住户现有的需要，也要满足住户今后房间功能的改变或家具摆放位置改变时的需要。未来服务升级或引入新的服务时，只需将新的硬件设备接到信息插座的缆线上即可。

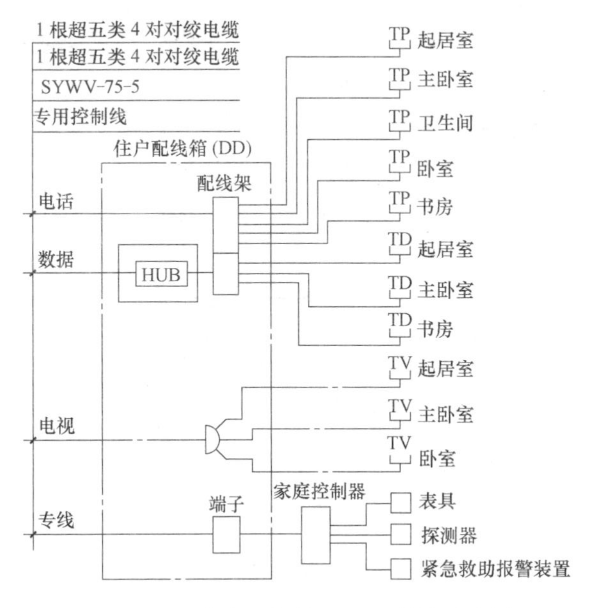

图 11-18　住户配线箱（DD）接线示意图

3. 产配线间

主配线间主要放置分界点、辅助分离缆线、主干缆线、有源设备、保护设备及其他需要与服务供应者接入线连接的设备等。

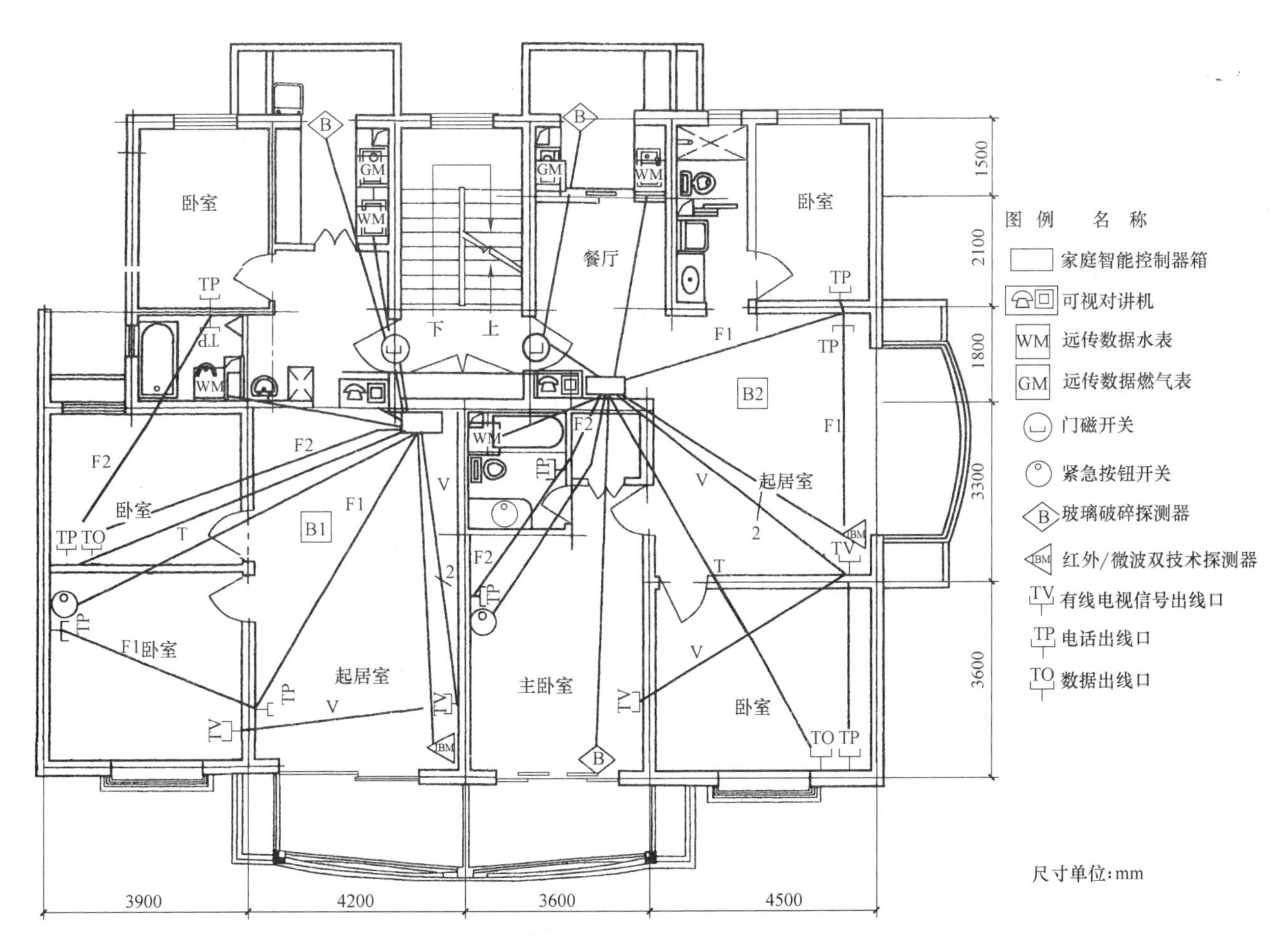

图 11-19　智能化住宅布线平面图

4. 楼层配线间和楼层配线处

楼层配线间和楼层配线处是主干和辅助分离信息电缆端接处、设置楼层配线箱。楼层配线间是安装楼层配线箱的房间，楼层配线处是将楼层配线箱安装在某一墙上的地方。

楼层配线间和楼层配线处要求设置在每层或者每三层（上层、本层和下层）或根据实际情况每若干层设置一个，楼层配线间和楼层配线处应方便接线。

高层住宅楼中，采用楼层配线间，楼层配线间设置在弱电竖井内。

多层住宅楼中，采用楼层配线处，楼层配线处设置在楼梯间内。

楼层配线箱在墙上的最小占用面积应大于表 11-14 的要求。

楼层配线箱的最小占用面积要求　　**表 11-14**

名　称	等级一家居布线	等级二家居布线
楼层配线箱的最小面积(可供五个家庭单元)	370mm(宽)×610mm(高)	775mm(宽)×610mm(高)
每增加一个家庭单元楼层配线箱所需增加的最小面积	32270mm^2	64540mm^2

5. 设备间

设备间可包括主配线间和楼层配线间，一个设备间通常不仅包含服务接线端，还有不同空间的要求。设备间有电源、空调通风系统。

第六节　远程自动抄表系统

一、自动抄表系统的组成

自动抄表系统一般由管理中心计算机、传输控制器、数据采集器、计量表及其传输方式等组成，如图 11-20 所示。

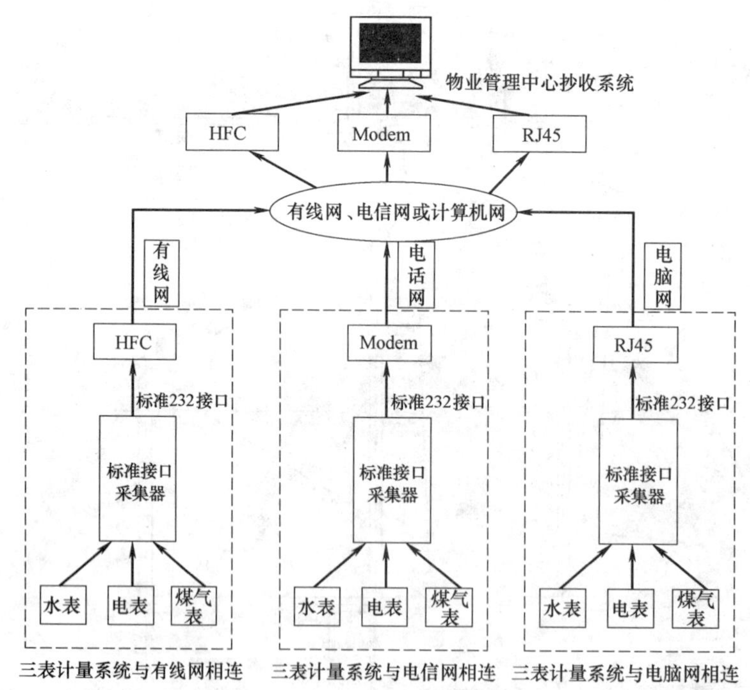

说明：

1. 标准接口三表系统可与有线网、电信网、电脑网做系统集成、它提供标准 232 接口，可走三个网的总线，三种方式根据用户具体要求。
2. 标准接口采集器可以连一户的水表、电表、煤气表，也可单连一个单元的水表、电表或煤气表，表具数为 64 块。

图 11-20　SKJ 标准接口水电气多表远程系统图

1. 水表、电表、气表

可用传统的机械式表，但需加装传感器，目前市面上已有带脉冲输出的电子式电表和远传水表。

2. 数据采集器

对基表（用户表）脉冲进行计数和处理，并存贮结果，同时将数据传至传输控制器并接收传输控制器发来的各种操作命令。通常可做成一种表专用，或三种表共用。对于多层住宅，采集器集中设在首层，而高层住宅可将其分层或隔层设在竖井内。采集器需提供220V电源。可根据基表数量来确定采集器的数量。采集器与基表的连线可采用线径为0.3～0.5mm的四芯线，如RVVP-4×0.3，连线距离一般不宜超过50m。

3. 传输控制器

作用是定时或实时抄录采集器内基表的数据，并将数据存储在存储器内，供计算机随时调用，同时将计算机的指令传输给采集器。控制器可设在小区管理中心，挂墙安装，需220V电源。可根据采集器的数量来确定控制器的个数，控制器与采集器的通信可采用专线方式，通过RS-485串行接口总线将控制器与采集器连接，线路最长可达1km。也可采用电力载波方式（图11-21），利用低压220V电力线路作通信线路。为此，要求控制器与采集器所接电源应在同一变压器的同一相上。同时，对电源质量有一定要求，如线路上不能有特殊频率干扰，电网功率因数 $\cos\phi \geqslant 0.85$ 等。

4. 管理中心计算机

调用传输控制器内基表数据，将数据处理、显示、存贮、打印，并向控制器发出操作指令。系统一般具有查询、管理、自动校时、定时或实时抄表、超载报警、断线检测等功能。中心计算机对一个小区而言，可设在小区管理中心；对一个行业而言，可设在行业主管部门的管理中心（如供电部门可设一个抄表中心对所有电表进行自动抄表）；对一个城市而言，可设在城市三表管理中心（如果存在的话。）中心计算机与控制器的通信通常有专线方式：通过RS-485串行接口总线，将传输控制器与计算机联接，连线最大距离可达3km。如果控制器与计算机设在同一处，则可通过RS-232接口相连；共用电话网通信方式，将计算机和控制器通过调制解调器接入公用电话网（不需专线，需抄表时才接入使用）。

二、自动抄表系统方式

自动抄表系统的实现主要有几种模式，即总线式抄表系统、电力载波式抄表系统和利用电话线路载波方式等。总线式抄表系统的主要特征是在数据采集器和小区的管理计算机之间以独立的双绞线方式连接，传输线自成一个独立体系，可不受其他因素影响，维修调试管理方便。电力载波式抄表系统的主要特征是数据采集器将有关数据以载波信号方式通低供压电力线传送，其优点是一般不需要另铺线路，因为每个房间都有低压电源线路，连接方便。其缺点是电力线的线路阻抗和频率特性几乎每时每刻都在变化，因此传输信息的可靠性成为一大难题，故要求电网的功率因数在0.8以上。

1. 电力载波式自动抄表系统（图11-21）

电力载波采集器与电表、水表、煤气表内传感器之间采用普通导线直接连接，电表、水表、煤气表通过安装在其内传感器的脉冲信号方式传输给电力载波采集器，电力载波采集器接收到脉冲信号转换成相应的计量单位后进行计数和处理，并将结果存储。电力载波采集器和电力载波主控机之间的通信采用低压电力载波传输方式。电力载波采集器平时处于接收状态，当接收到电力载波主控机的操作指令时，则按照指令内容进行操作，并将电力采集器内有关数据以载波信号形式通过低压电力线传送给电力载波主控机。管理中心的计算机和电力载波主控机之间是通过市话网进行通信的。

2. 总线式自动抄表系统（图11-22）

该系统采用光电技术，对电表、水表、煤气表的转盘信息进行采样，采集器计数记录数据。所记录的数据供抄表主机读取。在读取数据时，抄表主机根据实际管辖用户表的容量，依次对所有用户表发出抄表指令；采集器接收指令正确无误后，立即将该采集器记录的用户表数据向抄表主机发送出去；抄表主机与采集器之间采用双绞线连接。

管理中心的计算机与抄表主机之间通过市话网通信。管理中心的计算机将电的有关数据传送给电力公

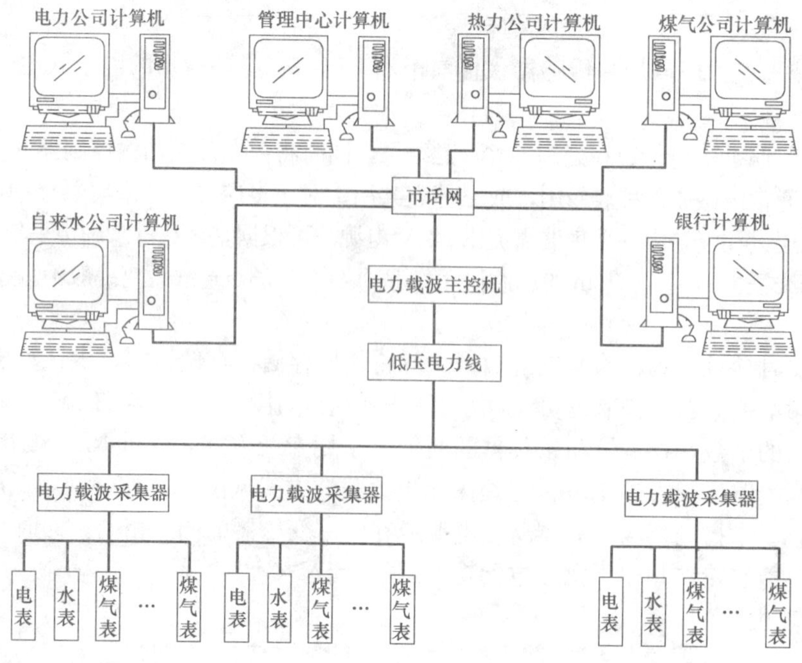

图 11-21　电力载波式集中电、水、煤气自动计量计费系统

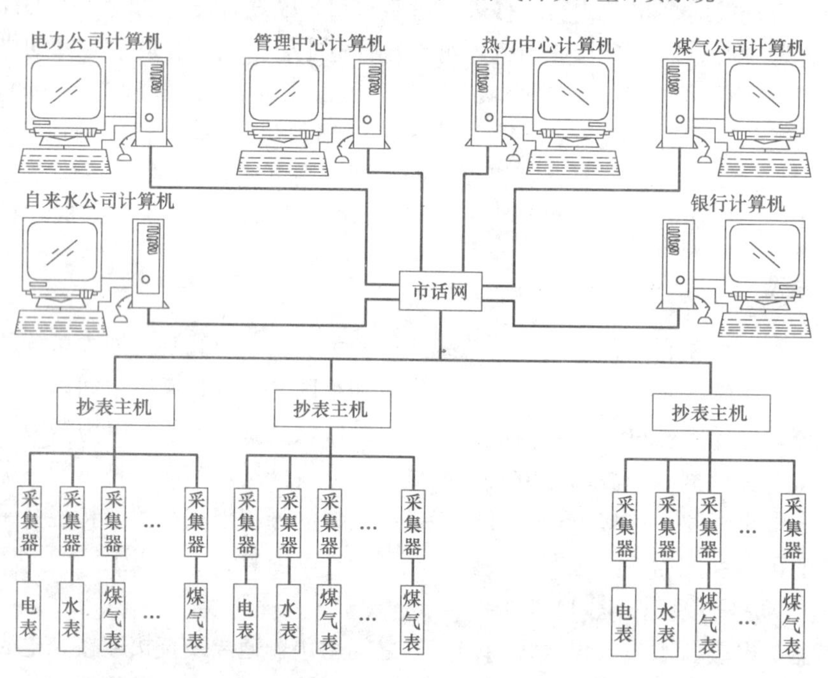

图 11-22　总线式集中电、水、煤气自动计量计费系统

司计算机系统、水的有关数据传送给自来水公司计算机系统、热水的有关数据传送给热力公司计算机系统、煤气的有关数据传送给煤气公司计算机系统。管理中心的计算机可以准确、快速地计算用户应交的电费、水费和煤气费，并在规定的时间将这些数据传送给银行计算机系统，供用户交费、银行收费时使用。

3. 基于 LonWorks 控制网络的自动抄表系统

LonWorks 技术是由美国 Eschlon 公司于 1990 年底推出的全新的智能控制网络技术，它将网络技术由主从式发展到对等式，又发展到现在的客户/服务器方式。不受总线式网络拓扑单一形式的限制，可以选用任意形式的网络拓扑结构。它的通信介质也不受限制，可用双绞线、电力线、光纤、天线、红外线等，并可在同一网络中混合使用。在 LonWorks 技术基础上建立的自动抄表系统，使我们在今后智能化小区的建设中，可以非常简捷地进行系统扩充、升级、增加，如小区安全防范系统、小区停车场管理系统、小区公共照明控制系统、小区电梯控制系统、小区草地喷淋控制系统、住户家电智能化控制系统等。

图 11-23 是基于 LonWorks 总线技术的自动抄表系统，该系统使小区内所有住户实现防盗报警（包括室内红外移动探测，非法进入，门磁开关，红外对射）、煤气泄漏报警、紧急求助报警，及对住户的水表、电表、煤气表的远程抄表计量功能。

它由管理中心主机（上位微机）、校准时钟、路由器、控制器组成。控制器由双绞线联网后，最大距离不超过 2.7km，最多不得超过 64 个控制器，增加重复器最多可带 127 个控制器，为了提高系统容量和覆盖面积，采用路由器，按星型网络结构连接，最多连接 62 个路由器，从而提高系统的网络容量和系统的可靠性。管理中心的计算机（上位机）是客户/服务机构，它含有小区内所有用户信息和网络信息数据库，是系统的中枢机构。

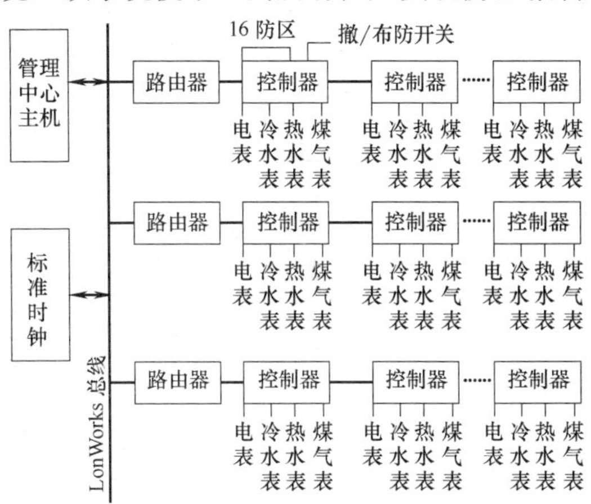

图 11-23　基于 LonWorks 总线技术的自动抄表系统

第七节　家庭智能化系统

一、家庭智能化与家庭控制器

家庭智能化，或称住宅智能化。一般认为，它体现“以人为本”的原则，综合家庭通信网络系统（Home Communication network System，简称 HCS）、家庭设备自动化系统（Home Automation System，简称 HAS）、家庭安全防范系统（Home security system，简称 HSS）等的各项功能，为住户家庭提供安全、舒适、方便和信息交流通畅的生活环境。

家庭控制器主机	通信网络单元	电话通信模块
		计算机网络模块
		CATV 模块
	设备自动化单元	照明监控模块
		空调监控模块
		电器设备监控模块
		三表数据采集模块
	安全防范单元	火灾报警模块
		煤气泄漏报警模块
		防盗报警模块
		对讲及紧急求助模块

图 11-24　家庭控制器主机的组成

目前，家庭智能化系统大多以家庭控制器（亦称家庭智能终端）为中心，综合实现各种家庭智能化功能。图 11-24 是一种家庭控制器。它由中央处理器 CPU、功能模块等组成。它包括如下三大单元：

（1）家庭通信网络单元

家庭通信网络单元由电话通信模块、计算机互联网模块、CATV 模块组成。

（2）家庭设备自动化单元

家庭设备自动化单元由照明监控模块、空调监控模块、电器设备监控模块和电表、水表、煤气表数据采集模块组成。

（3）家庭安全防范单元

家庭安全防范单元由火灾报警模块、煤气泄漏报警模块、防盗报警模块和安全对讲及紧急呼救模块组成。

二、家庭控制器的功能

图 11-25 表示以家庭控制器为中心，与户内外设备的连接图。由此可见系统的功能如下：

（一）家庭控制器主机的功能

通过总线与各种类型的模块相连接，通过电话线路、计算机互联网、CATV 线路与外部相连接。家庭控制器主机根据其内部的软件程序，向各种类型的模块发出各种指令。

（二）家庭通信网络的功能

（1）电话线路

通过电话线路双向传输语音信号和数据信号。

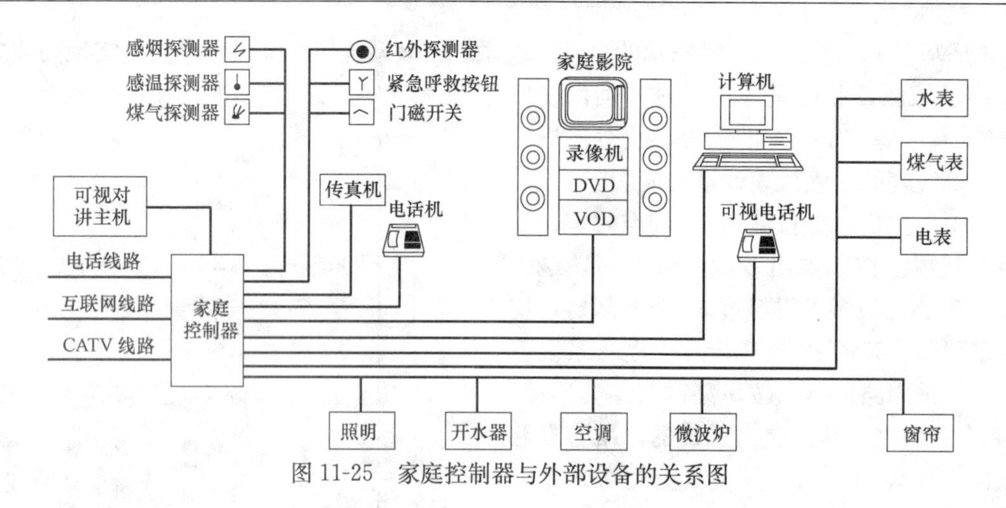

图 11-25　家庭控制器与外部设备的关系图

(2) 计算机互联网

通过互联网实现信息交互、综合信息查询、网上教育、医疗保健、电子邮件、电子购物等。

(3) CATV 线路

通过 CATV 线路实现 VOD 点播和多媒体通信。

(三) 家庭设备自动化的功能

家庭设备自动化主要包括电器设备的集中、遥控、远距离异地的监视、控制及数据采集。

(1) 家用电器进行监视和控制

按照预先所设定程序的要求对微波炉、开水器、家庭影院、窗帘等家用电器设备进行监视和控制。

(2) 电表、水表和煤气表的数据采集、计量和传输

根据小区物业管理的要求在家庭控制器设置数据采集程序，可在某一特定的时间通过传感器对电表、水表和煤气表用量进行自动数据采集、计量，并将采集结果传送给小区物业管理系统。

(3) 空调机的监视、调节和控制

按照预先设定的程序根据时间、温度、湿度等参数对空调机进行监视、调节和控制。

(4) 照明设备的监视、调节和控制

按照预先设定的时间程序分别对各个房间照明设备的开、关进行控制，并可自动调节各个房间的照明度。

(四) 家庭安全防范的功能

家庭安全防范主要包括防火灾发生、防煤气（可燃气体）泄漏、防盗报警、安全对讲、紧急呼救等。家庭控制器内按等级预先设置若干个报警电话号码（如家人单位电话号码、手机电话号码、寻呼机电话号码和小区物业管理安全保卫部门电话号码等），在有报警发生时，按等级的次序依次不停地拨通上述电话进行报警（可报出家中是哪个系统报警了）。

(1) 防火灾发生

通过设置在厨房的感温探测器和设置在客厅、卧室等的感烟探测器，监视各个房间内有无火灾的发生。如有火灾发生家庭控制器发出声光报警信号，通知家人及小区物业管理部门。家庭控制器还可以根据有人在家或无人在家的情况，自动调节感温探测器和感烟探测器的灵敏度。

(2) 防煤气（可燃气体）泄漏

通过设置在厨房的煤气（可燃气体）探测器，监视煤气管道、灶具有无煤气泄漏。如有煤气泄漏家庭控制器发出声光报警信号，通知家人及小区物业管理部门。

(3) 防盗报警

防盗报警的防护区域分成两部分，即住宅周界防护和住宅内区域防护。住宅周界防护是指在住宅的门、窗上安装门磁开关；住宅内区域防护是指在主要通道、重要的房间内安装红外探测器。当家中有人时，住宅周界防护的防盗报警设备（门磁开关）设防，住宅内区域防护的防盗报警设备（红外探测器）撤防。当家人出门后，住宅周界防护的防盗报警设备（门磁开关）和住宅区域防护的防盗报警设备（红

外探测器）均设防。当有非法侵入时，家庭控制器发出声光报警信号，通知家人及小区物业管理部门。另外，通过程序可设定报警点的等级和报警器的灵敏度。

（4）安全对讲

住宅的主人通过安全对讲设备与来访者进行双向通话或可视通话，确认是否允许来访者进入。住宅的主人利用安全对讲设备，可以对大楼入口门或单元门的门锁进行开启和关闭控制。

（五）紧急呼救

当遇到意外情况（如疾病或有人非法侵入）发生时，按动报警按钮向小区物业部管理部门进行紧急呼救报警。

关于智能化住宅的布线示例见前图 11-19。

第八节　住宅小区物业管理系统与小区系统设计

一、物业管理系统的功能与组成

（一）系统的一般功能

小区物业计算机管理系统的硬件部分由计算机网络及其他辅助设备组成，软件部分是集成小区居民、物业管理人员、物业服务人员三者之间关系的纽带，对物业管理中的房地产、住户、服务、公共设施、工程档案、各项费用及维修信息资料进行数据采集、加工、传递、存储、计算等操作，反映出物业管理的各种运行状态。物业软件应以网络技术为基础，面向用户实现信息高度共享，方便物业管理公司和住户的信息沟通。

根据功能实现位置的分布，住宅小区应采用如图 11-26 所示的集中管理的应用系统。小区安全管理除了电视监控系统之外，电子巡更、停车场管理和出入口管理可以采用一个安全管理系统来实现。住户管理可以采用一种设备来实现各种智能化管理目标。并通过现有的网络传输介质（电话、CATV、计算机网络布线等）实现与中央管理系统的互连，以减少投资和管理成本。

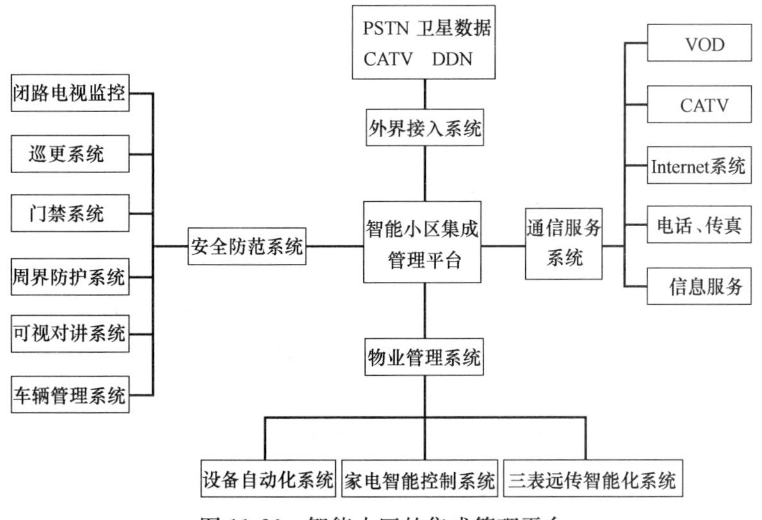

图 11-26　智能小区的集成管理平台

（二）物业管理构成

普通的物业计算机管理系统，可以采用单台或多台独立的单机方式工作，它们可以分别运行不同的相关软件，完成不同的物业管理功能。较为完善的物业管理系统，要求采用计算机联网方式工作，实现系统信息共享，进一步提高办公自动化程度，同时也为小区居民在家上网查询、了解小区物业管理及与自家相关的物业管理情况提供方便。图 11-27 是典型的系统软件功能框图。

二、小区公用设备的控制与管理

现代化物业管理要求对公用设备进行智能化集中管理，主要包括对小区的采暖热交换系统、生活热

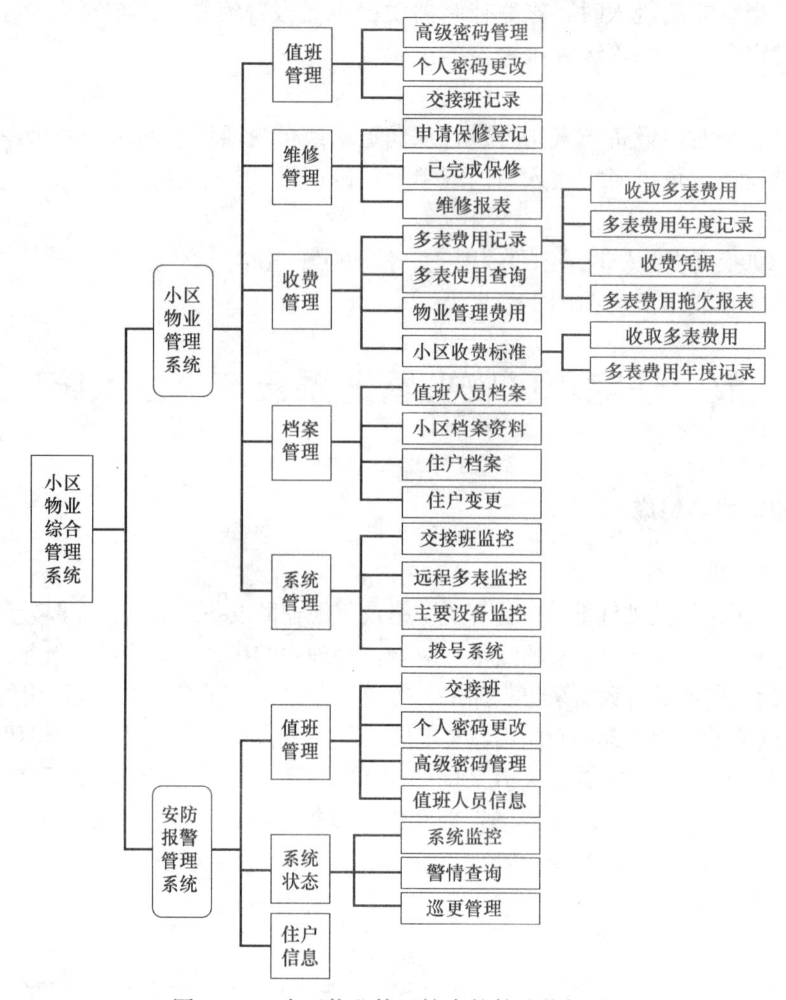

图 11-27　小区物业管理综合软件功能框图

水热交换系统、水箱液位、照明回路、变配电系统等信号进行采集和控制，实现设备管理系统自动化，起到集中管理、分散控制、节能降耗的作用。

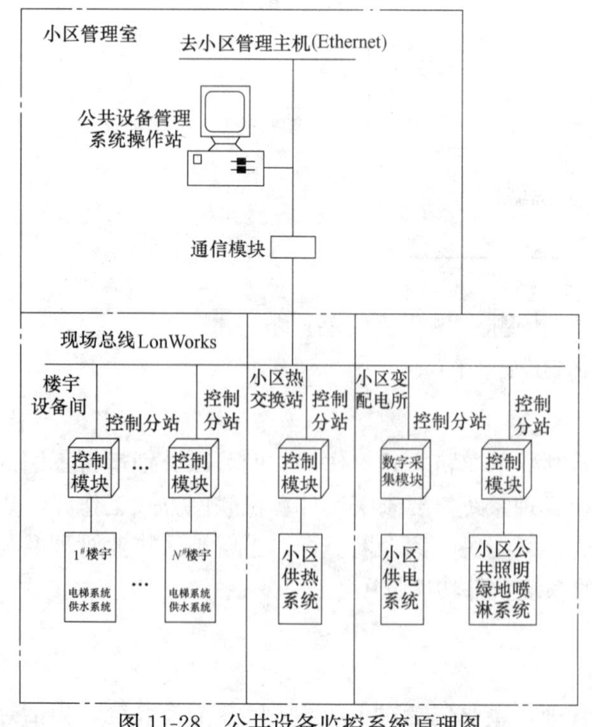

图 11-28　公共设备监控系统原理图

智能化住宅小区的公共设备监控与管理系统主要由给排水监控系统、电梯监控系统、供配电监控系统、灯光照明控制系统和其他监控系统等组成。其原理图见图 11-28。

智能小区的设备监控主要包括两大部分，即有关水的监控部分和有关电的监控部分。水的监控，主要是监控各类水池（包括饮用水池、生活用水池、污水池、消防用水池等）的状态及各种水泵的工作状态。过去通常采用监测水池水位高低来观察水泵工作状态。对于饮用水和生活用水来说，现在通常采用一种压力传感器监测管线水压来推算水池水位的方法，更为科学地保障居民供水压力，同时可以适当缩小相关蓄水池的大小。各类水池蓄水状态及水泵工作状态动态反映到小区物业管理中心计算机上，不仅可以时刻确保小区居民用水等问题，而且也保证了小区相关设备的良好状态。

电力安全对小区整个系统非常重要，一旦电力系统出现故障，小区必须启动一定容量的发电设备，以维持小区基本系统运行工作用电。因此，要求对小区变配电系统的主要设备状态进行实时监测，使物业管理中心随时了解系统电力工作状态，对可能出现的故障及时处理，确保小区用电安全。

公共照明控制是为了合理、科学使用能源，消除“长明灯”现象，并利用合理的控制策略和技术，为人们提供最佳照明条件。

住宅小区建筑设备监控系统的监控对象和功能及其配置要求如表 11-15 所示，其中基本配置是系统应实现的功能，可选配置可根据实际需求合理选配。

监控功能与配置要求 **表 11-15**

监控对象	监控功能	基本配置	可选配置
给排水系统	监测蓄水池、生活水箱、集水井、污水井的液位，并对超高、超低液位进行报警	☆	
	监视生活水泵、消防泵、排水泵、污水处理设备的运行状态	☆	
电梯系统	以直观的动态图形显示电梯的层站、运行方式及综合故障报警	☆	
	保存电梯 24h 内的详细历史信息	☆	
照明系统	对共区域的照明(包括道路、景观、泛光、单元/楼层大堂灯光)设备进行监控	☆	
	监视航空障碍信号灯的状态	☆	
	能按设定的时间表自动控制照明回路开/关	☆	
通风系统	对地下室、地下车库的通风设备进行监控	☆	
	监视风机的运行状态、手/自动开关状态和故障报警	☆	
	能按设定的时间表自动控制风机的启停	☆	
冷热源系统	监视小区集中供冷/热源设备的运行/故障状态；监测蒸汽、冷热水的温度、流量、压力及能耗	☆	
	对热源设备与水泵进行节能方式的组合运行控制		△
其他系统	对园林绿化浇灌实行自动控制		△
	对人工河、喷泉、循环水等景观设备进行监控		△
	对其他特殊建筑设备进行监控		△

注：☆代表基本配置，△代表可选配置

三、住宅小区智能化系统设计举例

某市庭园式住宅小区占地 8.8hm²，由四个住宅组群、一个中心绿地、公共社区组成，总建筑面积约 10 万 m²。根据小区所在地的政治、经济发展水平和文化传统，要求该住宅小区在合理控制工程造价和执行国家标准的基础上，应用现代化信息技术和网络技术，通过精心设计、择优集成、精密施工，提高住宅使用功能，实现住宅智能化，达到安全、舒适、方便、高效、环境优美的先进型智能化住宅小区。

1. 智能化系统的总体要求：

住宅小区智能化系统总体方案如图 11-29 所示，它可分为如下几个方面考虑：

(1) 安全防范系统 周界防越报警系统、闭路电视监视系统、保安巡逻管理系统、可视对讲系统、住宅联网报警系统。

(2) 信息管理系统 三表远传抄收系统、停车场管理系统、紧急广播与背景音乐系统、公共设备集中监控系统、物业综合信息管理系统。

(3) 信息网络系统 网络综合布线系统、住宅小区电话系统、有线电视系统、集成管理系统。

(4) 综合布线系统。

(5) 小区管理中心。

(6) 火灾自动报警系统。

2. 智能化系统设计方案（图 11-29）

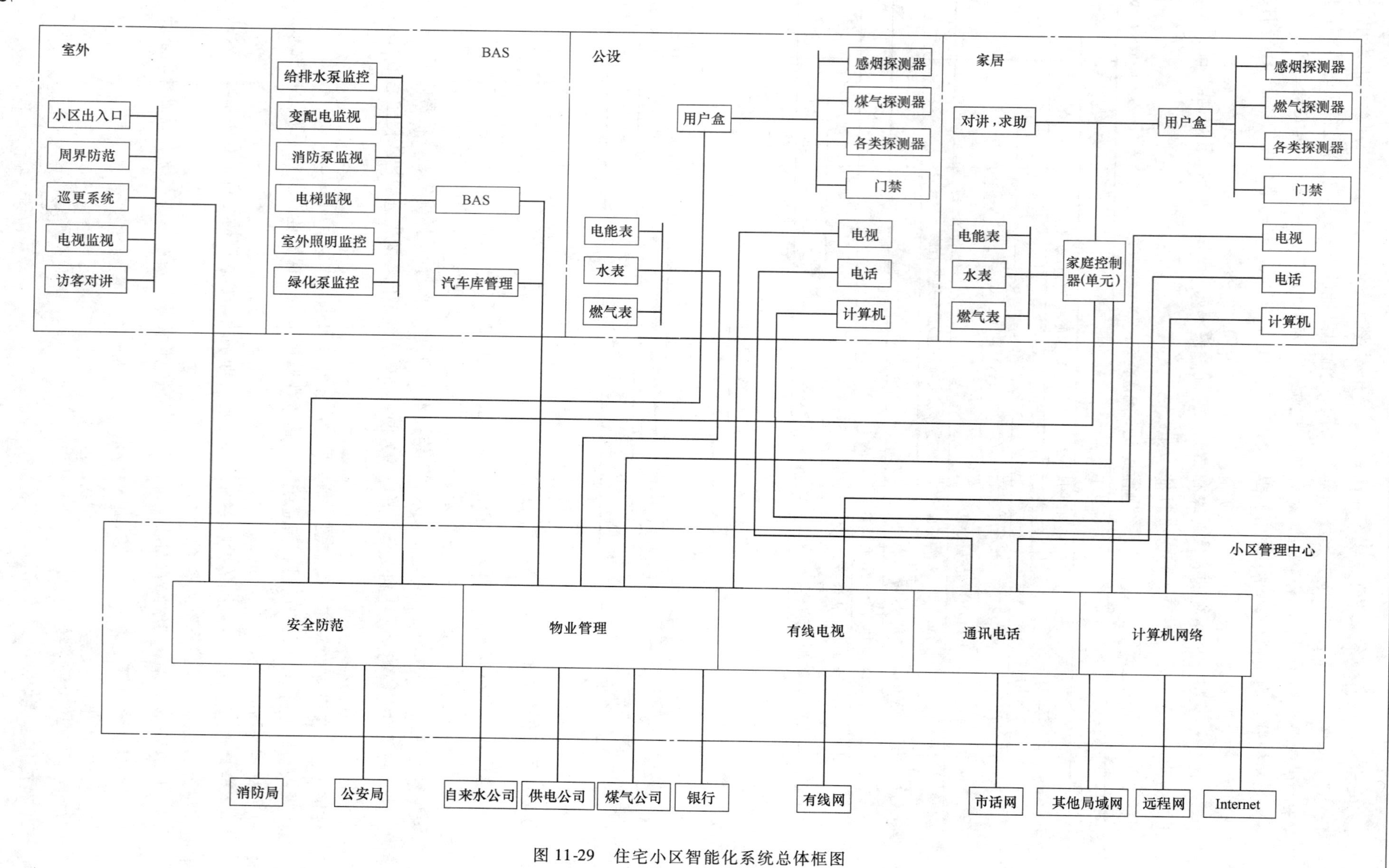

图 11-29　住宅小区智能化系统总体框图

（1）住宅小区安全防范系统　本庭园式住宅小区的安全防范系统是多层次、多级别、多功能设计的有机结合，系统除具备模块化、集成化、规范化之外，还具有实时现场监视和控制及分级管理、分级报警的功能。

1）周界防越报警系统：在住宅小区周界建立必要的围栏，辅以对射式主动红外移动探测器构成小区外围防线，当非正常出入者穿越探测器防范区域即触发报警，有效地防范闲杂人员及犯罪分子通过周界出入小区，减少案件的发生。

根据住宅小区周界特点及选用设备的性能，将本住宅小区周界划分为12个防区，便于发生警情时，保安人员能较准确知道警情发生的位置。报警接收主机安装在物业管理中心，负责周界探测器信号的接收。警情发生时，主机接收到报警信号，显示发生警情的防区。管理人员可通过闭路电视监控系统察看警情发生的现状，通知巡逻保安人员及时赶到出事地点处理警情。

2）闭路电视监控系统：由于小区采用全封闭结合开放出入通道的管理方式，因此需建立闭路电视监控系统对小区一些重要区域和主要出入口进行监控，并进行实时记录，加强小区内部的管理。

本住宅小区的闭路电视监控系统主要针对防范区域进行设计。根据小区的实际情况。共设置16个监控点，对小区行人及车辆出入口、公共场所、小区死角、汽车库出人口进行监视，并确保——定的照度，以便将视频信号传输到物业管理中心。重要部位的摄像点实行24h不间断录像监控。在小区物业管理中心设闭路电视监视屏，管理人员可对小区进行巡回监视或重点监视，也可通过画面分割器同时监视69个摄像点的情况，某处报警时，摄像机自动对准出事地点进行监视录像，并通知保安人员及时赶到现场。

本系统适用于电视摄像机数量在10台以上100台以下的中型保安监视系统。画面分割处理器根据甲方要求，可采用四画面、九画面或十六画面分割处理器。摄像机主要设置在小区进出口处，汽车库进出口处，住宅主要通道处。

3）保安巡更管理系统：为了保证住宅小区管理中心全面、精确了解小区的安全信息，及时处理异常情况。加强对保安人员定时巡视工作的监督和管理，在小区内设置合理的巡更路线及固定巡更点，提高整个小区防范能力，有机地将人防、技防相结合。

根据本住宅小区设计总平面图设定巡更路线，巡更点设在小区主干道及各支路旁边的建筑物上，文化交流中心、幼儿园、地下停车场、中心花园也设置巡更点，小区共设51个巡更点，设3条巡更路线。

巡更开关可设定时间间隔，保安人员在触发前一个巡更开关后，系统会通知下一个巡更开关计时，保安人员应在设定时间内触发下一个巡更开关，否则会向管理中心发出报警信号。保安人员携带数据采集器，每到一个站点触发一次巡更开关，巡逻完毕后，保安人员将数据采集器送回管理中心即可。管理中心通过微机读出保安人员的数据采集器，并打印出信息报表，可全面、准确及时地了解和掌握保安人员的巡更情况。

4）访客对讲系统：访客对讲系统主要针对外来访客进行管理，有效地防范外来人员通过楼梯口轻易进入住宅单元，降低住家盗窃案件发生，同时系统方便了住户的使用。

单对讲由管理员机、电控防盗门主机、住户话机及配件组成，如图11-30所示。图中只画出高层住宅楼（1号楼）和多层住宅（1单元）的标准配置，其余类似。管理员机是系统的核心，安装在住宅小区管理中心。电控防盗门主机安装在住宅楼梯口，供来访者操作使用，呼叫住户或与管理员机联系，或密码开锁。住户话机用于与来访者通话，开启防盗门，也可与管理员机联系，实现来访者、住户、管理员三者之间相互呼叫和对讲，除通话双方外，其他人听不到通话内容，来访者无法知道住户家中是否有人。访客通过设在梯口的主机与住户室内机联系，来访者可按下相应的住户号，住户响应后可与来访者对话，经住户同意开启电控锁，来访者进入梯内。

住户可用室内机直接与管理员进行联系，或按对讲机上的求助键把求助信号传递给中心管理员。在小区的物业管理中心安装管理员总机，通过转换模块接入管理计算机。管理人员通过系统管理软件可了解梯口人员出入状况及住户的求助等信息，同时管理员通过管理员总机可与住户进行信息交流。

5）住宅联网报警系统（图11-29）通过在住户家内安装探测器及报警通信主机，对住家进行安全防范。警情发生时，探测器将探测到的报警信号传输给报警通信主机，主机通过逻辑判断并确认后用总线传输至中心接警计算机，中心管理人员通过接警计算机对警情作出反应，达到对住户家中非法入侵行为进行防范的目的。

根据住宅小区的规划，住宅联网报警系统的室外干线与可视对讲系统共用总线，避免室外部分的布管、布线。室内各探测器与报警通信主机采用单线连接，避免传输过程中受到干扰而出现漏报或误报。

住家入户大门处安装门磁，对企图从大门非法侵入住家的事件发出报警；阳台采用幕帘式红外微波双鉴探测器，对企图从阳台及窗户非法侵入住家的事件发出报警；客厅采用球状红外微波双鉴探测器，提供对住家内部平面及空间的探测，对进入防护区域的非法事件发出报警。主卧安装紧急按钮，当发生抢劫及其他紧急事故时，可按下发出求救信号。

物业管理中心通过计算机进行监测，当发生警情时，中心能立即了解发生警情的住家及相关资料，进一步作出反应。

6）消防报警系统（FAS）：消防控制中心室设在小区中央控制室。按消防规范的要求，该系统应具备对地下停车场、会所和高层电梯前室有火灾探测、手动报警、报警及故障显示、消防通信、火灾事故广播和消防联动控制的能力。

根据探测区的不同情况，采用不同类型的智能火灾探测器。地下停车场采用复合型探测器，会所采用感烟探测器。消防系统应高效可靠，低误报率。

3. 物业信息管理系统

（1）三表远传自动抄收系统　三表抄收指对住户水表、煤气表、电能表费用的抄收。传统的抄收方式，打扰了住户正常的生活；对物业公司来说，收费难已成为物业公司较头疼的事，造成水、电、煤气智能部门经营管理上的困难，通过建立三表远传自动抄收系统减少人工参与，提高小区物业管理水平。

本小区住宅采用三表自动抄收远传系统，每户设计一块电表，一块气表，二块水表，如图11-31所示。

系统通过管理机完成对小区内各耗能表数据的采集，通过电力线载波，由载波终端机传送到物业管理中心，完成对数据的抄收、管理。管理机安装在智能电表箱内，可接入8块耗能表。电表直接在电表箱内连至管理机，水表和煤气表由住户家中引线至电表箱，再连至管理机。载波终端机安装在变压器房内，该终端机可连接多个变压器供电范围内低压电网上的每个管理机，并对其自动调相进行数据双向通信。系统总控管理站安装在物业管理中心，进行小区内用户电量、用气量、用水量的信息采集、存储、统计与综合管理。电力公司、煤气公司和自来水公司可以通过电话MODEM或数据网络传输取得相应的资料。

管理机与载波终端机之间的通信380/220V电力线为载体，直接用电力线进行数据双向传输；载波终端机与总控管理站之间通过电话网进行数据传输。

（2）停车场自动管理系统　通过利用高度自动化的机电设备对停车场进行安全、有效的管理，满足整个小区的住户和管理者对停车场效率、安全、性能以及管理上的高要求。

系统包括住户车辆进出管理、非小区居住人员的车辆进出管理及收费，加强对进出地下车库车辆的有序管理。本住宅小区共有2个地下停车库，采用一进一出停车场管理系统、收费管理方式、接近式读卡技术。

（3）紧急广播与背景音乐系统　背景音乐系统主要在小区中心绿地、喷泉广场、地下车库、小区主要通道等处进行设置，控制中心由广播控制室和消防控制室组成。广播控制室用于日常背景音乐的播放及紧急事件的广播，消防控制室用于发生火灾时，强制切入广播相关事宜。整个系统共分5个回路。菱香园中心花园为1路，叠翠苑组团为1路，望江苑组团为1路，郁金苑组团为1路，清岚苑组团为1路。

（4）公共设备集中监控系统　为确保小区内各项设备运行良好，节约人力和能源，减少维护费用，提高管理效率，对小区内的机电设备进行集中监视和管理。

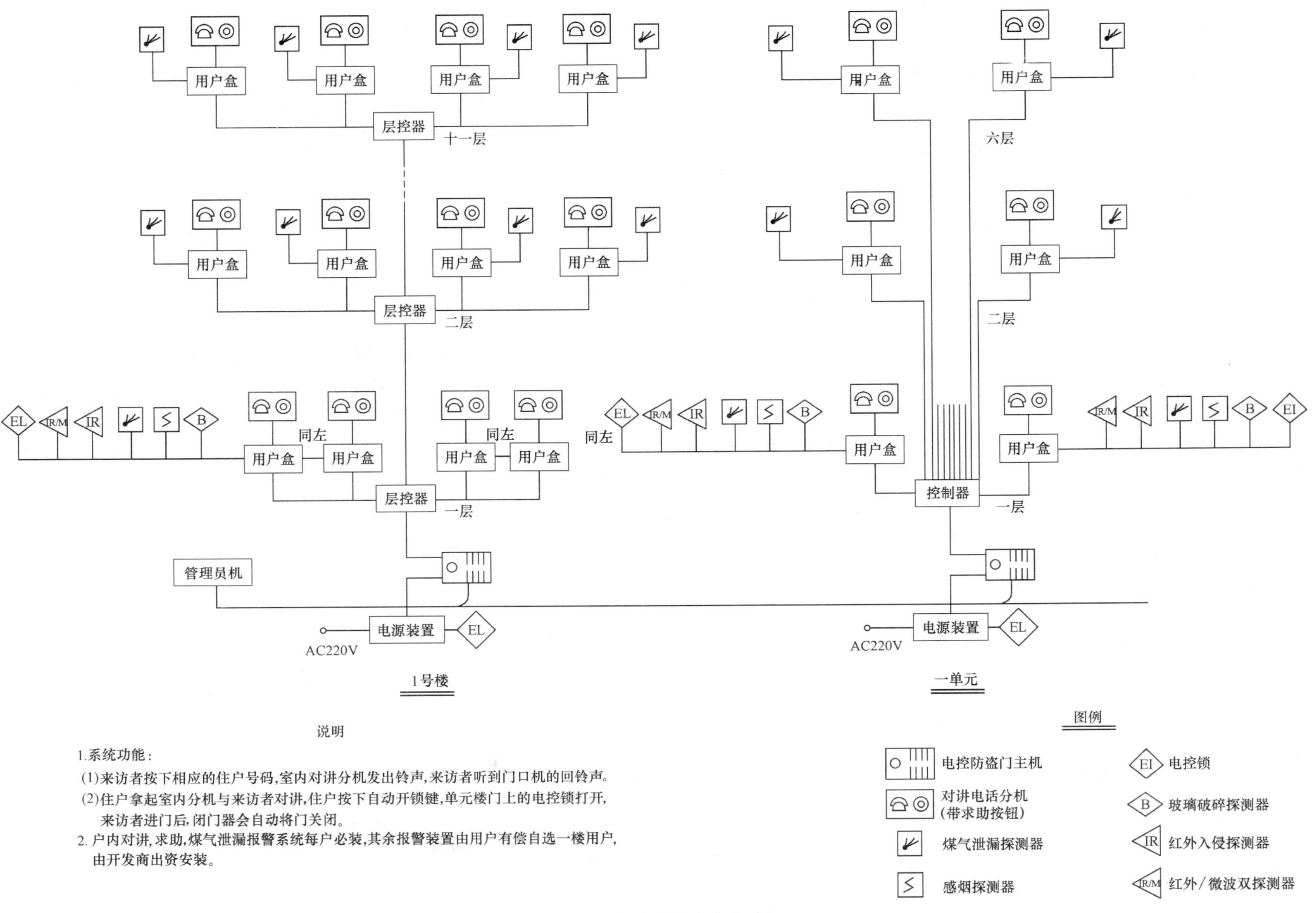

图 11-30　住户内安全防范系统

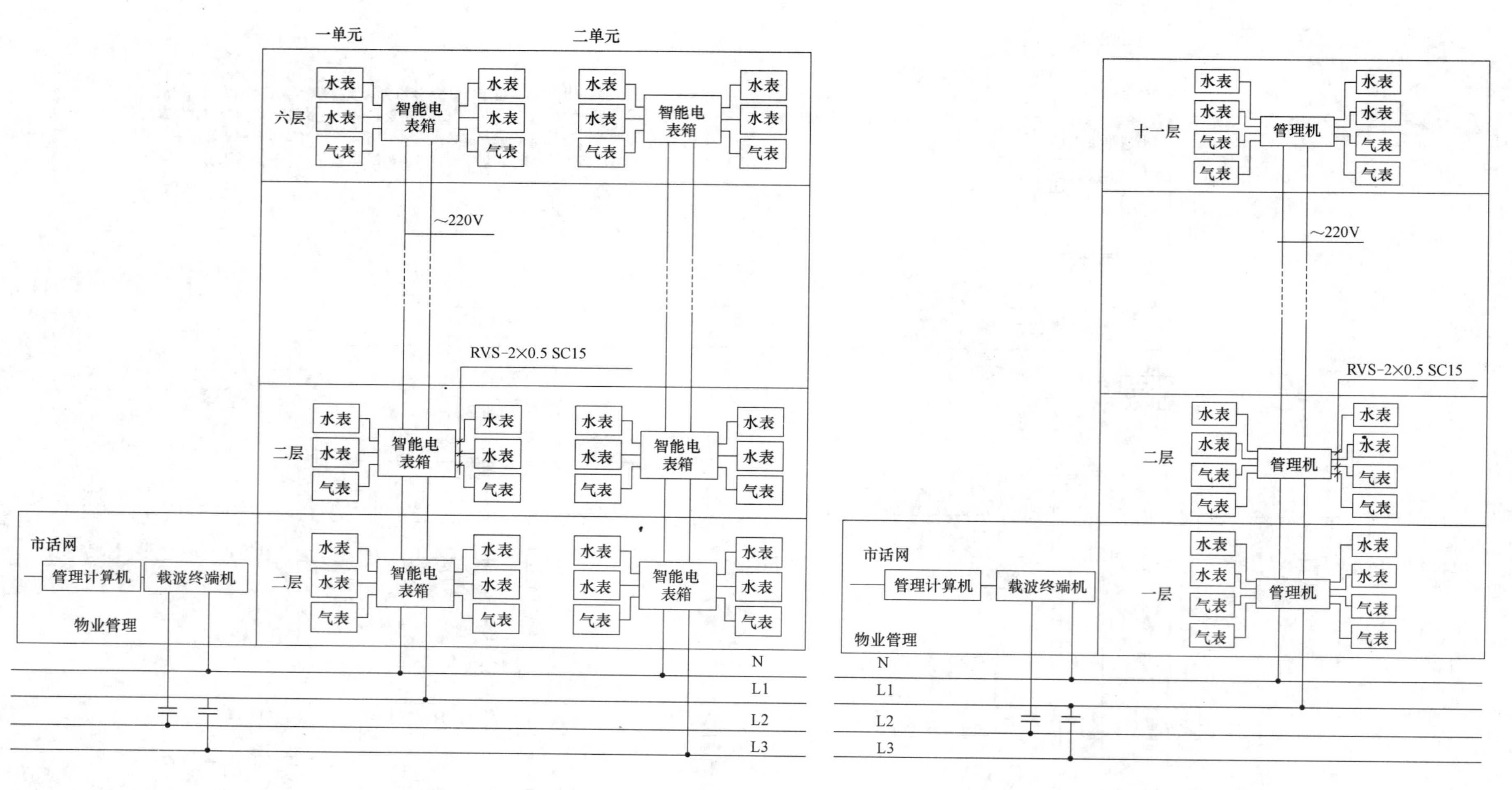

说明

1. 本方案采用电力线作为数据传输介质，省去小区内部布线。表具数据存储在智能箱内，管理计算机可定时查询数据。
2. 多层住宅采用三表自动抄收系统，一层二户，每户一块电表，一块气表，二块水表。
3. 高层住宅采用二表自动抄收系统，一层四户，每户一块气表 一块水表。电表采用磁卡表，先买电后用电。
4. 智能电表箱包括管理机和电能表。

图 11-31 三表自动抄收系统图

BAS监控中心包含一台中央站，对整个小区内的变配电系统、给排水系统、公共照明及电梯系统等设备进行监测和控制。系统中央站采用微型计算机，下位机采用DDC直接数字控制器。

1）给排水监测系统：

监视给水泵、排污泵，排水池（水泵均按1用1备计）。

监控水泵的运行状态和故障报警。当水泵发生故障时，自动投入备用泵。

监控水泵运行状态，根据水池液位高低自动启停水泵。并根据水泵运行时间，自动确定运行与备用泵。

通过DDC采集水泵的工作状态，在小区管理中心就可直接观察各水泵是启动还是停止。

2）变配电监测系统：

监测低压进线电压、电流、有功功率、功率因数、频率等电力参数。

监测变压器超温报警。

监测低压母线断路器的状态。

3）电梯监视系统：

小区内高层建筑的9部电梯。

由于电梯系统的设备及其控制系统均由电梯厂家提供，电梯厂家可提供电梯的运行、故障等信息。现采用LED电梯集中显示，在小区主控中心就可实现对所有电梯的上行、下行、停靠楼层、故障等进行监视。在电梯发生故障时，还可通过电话对讲实现小区主控中心与电梯内受困人员的通话。

4）照明控制系统：

小区内公共照明回路。

照明系统是具有控制管理建筑物的公共照明的功能，按各个区域的要求不同，在低压配电室设置多个独立控制回路，通过DDC分站即可实时检测各个回路的手/自动状态故障，开关状态等。对小区内的公共照明采用定时自动管理方式进行控制，具有高度的可靠性和明显的节能功能。

（5）物业管理综合信息系统

物业管理综合信息系统的核心是“信息化物业综合管理系统”软件，该软件是安装于计算机物业综合管理中心局域网，实现消费、结算、查询物业管理中心、三表数据抄收、小区内部信息服务等系统的网络信息集成。以高效便捷的软硬件体系来协调小区居民、物业管理人员、物业服务人员三者间的关系。

系统分为前台和后台两部分：前台是设在公共场所的多媒体触摸屏电脑，或者个人家庭的PC机，通过小区内部的局域网，进行查询、投诉和报修等事宜。后台是管理中心的服务器，负责采集、处理和存储各子系统的信息。

小区物业中心综合管理系统分为硬件及软件两部分：硬件部分是在物业管理中心内部建立内部计算机局域网，由物业管理计算机、中心服务器、网络工作站及多媒体电脑构成，通过局域网的建立可完成物业管理公司与用户双向沟通，及物业管理公司的内部管理。软件部分即物业管理综合信息查询系统，它是专用于物业管理的一套事务处理软件。分为前台系统和后台系统两大部分，前后台系统紧密相连，共同完成物业管理中的各项工作。

4. 信息网络系统

（1）综合布线系统（图11-32）

本住宅小区综合布线工程总体目标是：以现代通信技术、现代计算机技术、现代管理技术、现代控制技术为技术支撑，建立一个开放的、模块化的系统体系，支持小区电话、数据、图文、图像等多媒体业务的需要。

本住宅小区综合布线系统的设计包括六个部分：用户工作区，配线子系统，干线子系统，设备间，管理和建筑群子系统，各部分之间采用星型拓扑结构连接，如图11-32所示。

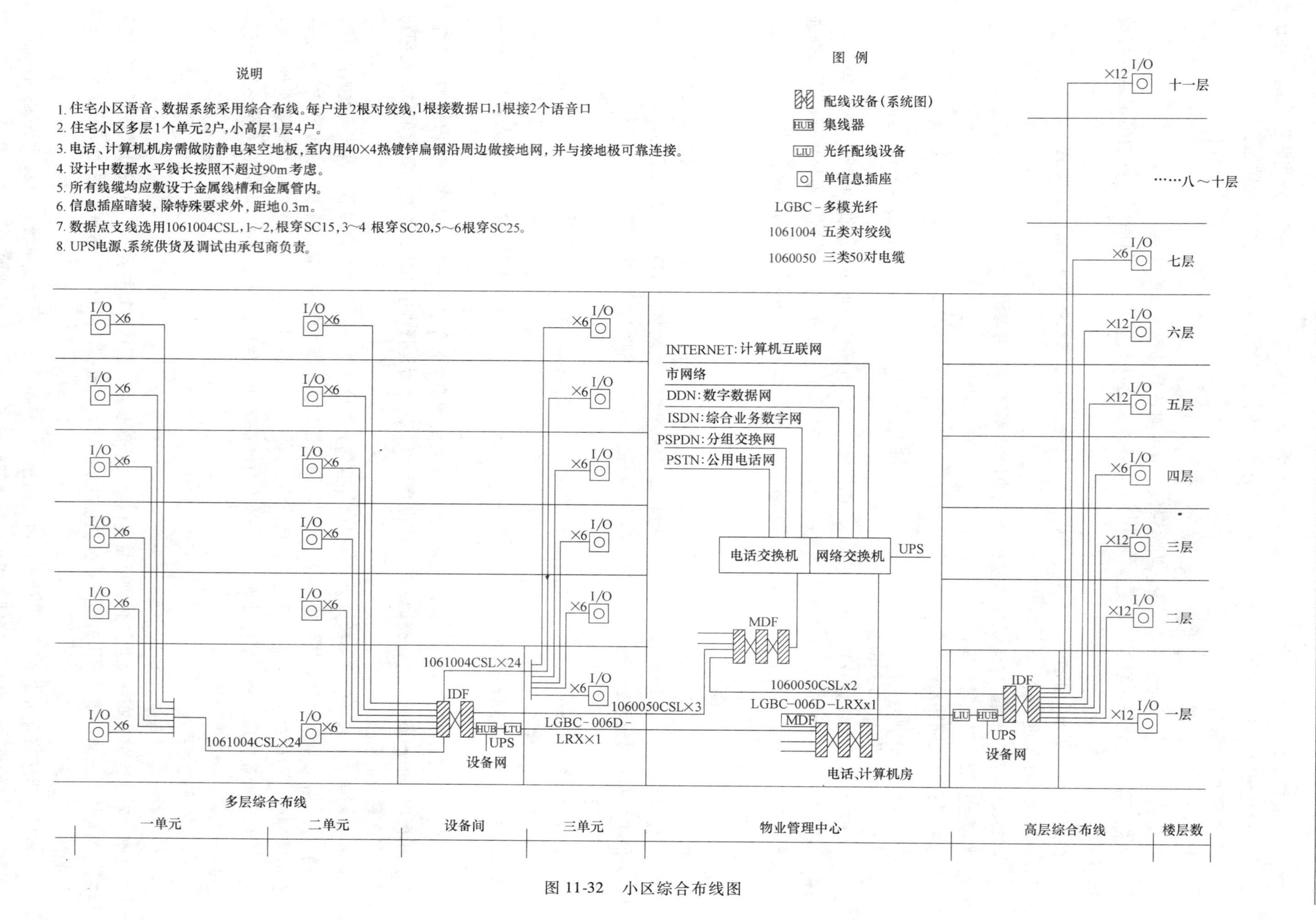

图 11-32　小区综合布线图

用户工作区由终端设备连线和信息插座组成，这些信息插座全部使用 8 芯的 RJ45 模块式插座，可方便与计算机连接。

针对本方案，我们对用户工作区做以下设计：

① 每个家庭住户设 1 个数据点；

② 管理中心根据实际情况每间设 1 个数据点；

③ 文化交流中心、幼儿园可根据需要相应设计。

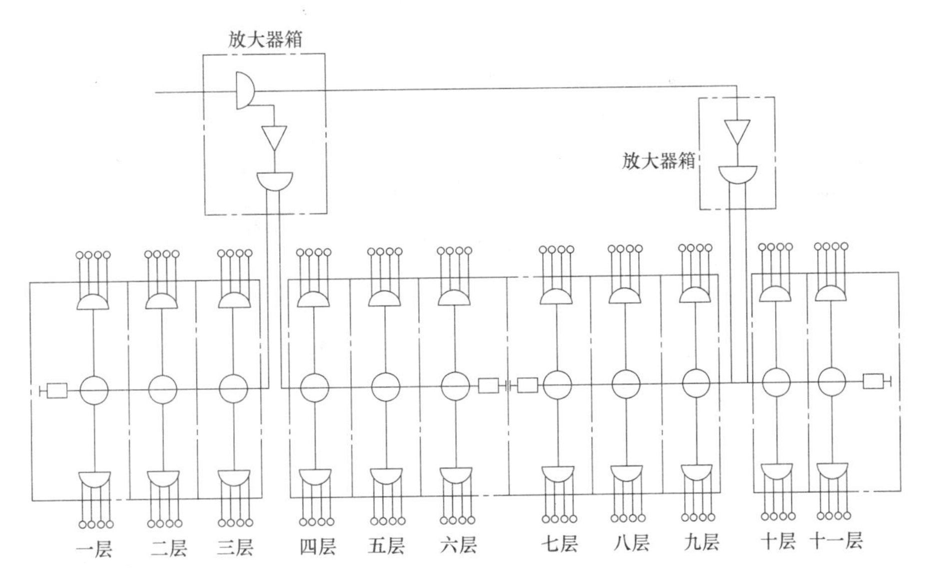

说明：1. 本图进线按有线电视系统下部引入方式考虑。
2. 多层系统：一层2户，每户按2个输出口，1个放大器箱带2个单元24户48个输出口。
3. 高层系统：一层4户，每户按2个输出口，1个放大器箱带6层24户48个输出口。
4. 线框内设备装于楼梯间或竖井内。

图 11-33 高层有线电视传输网

（2）电视监控系统

本住宅小区将闭路电视监控系统的矩阵主机与周界翻越报警系统中心接收主机相连，其前端监控摄像机与周界防范区域对应，多媒体监控主机上绘制有周界电子地图；当周界发生警情时，显示报警区域，同时驱动周界上警灯威慑非法入侵者。

住宅报警接收主机接收到报警时，将警情传送至多媒体监控中心，可启动与报警区域相近的摄像机进行监控、摄像，便于中心控制室人员了解报警区域动态，并通知保安人员进行处理。

在以上系统集成的基础上，融合住宅小区的计算机网络系统，可实现整个小区信息服务管理的集成，这层意义上的集成是指各子系统管理上的集成和信息服务的集成。采用两台上位机集中监控管理，其中一台计算机用于控制管理，一台计算机用于信息管理，其余下位机（子系统主控计算机）分布管理的方式。上位机通过开放式的数据库对各子系统的信息进行分析、处理，最终达到有效管理的目的。上位机和各下位机采用快速以太网连接，下位机完成其系统管理的同时，将主要故障信息发送至上位机，便于管理人员处理。同时，在必要时，上位机可接管下位机的工作。

附录A 各类机房对土建专业的要求

附表1

房间名称		室内净高（梁下或风管下）(m)	楼、地面等效均布活荷载（kN/m²）	地面材料	顶棚、墙面	门（及宽度）	窗
电话站	程控交换机室	≥2.5	≥4.5	防静电地面	涂不起灰、浅色、无光涂料	外开双扇防火门 1.2～1.5m	良好防尘
	总配线架室	≥2.5	≥4.5	防静电地面	涂不起灰、浅色、无光涂料	外开双扇防火门 1.2～1.5m	良好防尘
	话务室	≥2.5	≥3.0	防静电地面	阻燃吸声材料	隔声门 1.0m	良好防尘设纱窗
	免维护电池室	≥2.5	<200A·h时，4.5 200～400A·h时，6.0 ≥500A·h时，10.0 注2	防尘防滑地面	涂不起灰、无光涂料	外开双扇防火门 1.2～1.5m	良好防尘
	电缆进线室	≥2.2	≥3.0	水泥地面	涂防潮涂料	外开双扇防火门 ≥1.0m	—
计算机网络机房		≥2.5	≥4.5	防静电地面	涂不起灰、浅色无光涂料	外开双扇防火门 ≥1.2～1.5m	良好防尘
建筑设备监控机房		≥2.5	≥4.5	防静电地面	涂不起灰、浅色无光涂料	外开双扇防火门 1.2～1.5m	良好防尘
综合布线设备间		≥2.5	≥4.5	防静电地面	涂不起灰、浅色无光涂料	外开双扇防火门 1.2～1.5m	良好防尘
广播室	录播室	≥2.5	≥2.0	防静电地面	阻燃吸声材料	隔声门 1.0m	隔声窗
	设备室	≥2.5	≥4.5	防静电地面	涂浅色无光涂料	双扇门 1.2～1.5m	良好防尘设纱窗
消防控制中心		≥2.5	≥4.5	防静电地面	涂浅色无光涂料	外开双扇甲级防火门 1.5m或1.2m	良好防尘设纱窗
安防监控中心		≥2.5	≥4.5	防静电地面	涂浅色无光涂料	外开双扇防火门 1.5m或1.2m	良好防尘设纱窗
有线电视前端机房		≥2.5	≥4.5	防静电地面	涂浅色无光涂料	外开双扇隔声门 1.2～1.5m	良好防尘设纱窗
会议电视	电视会议室	≥3.5	≥3.0	防静电地面	吸声材料	双扇门≥1.2～1.5	隔声窗
	控制室	≥2.5	≥4.5	防静电地面	涂浅色无光涂料	外开单扇门≥1.0m	良好防尘
	传输室	≥2.5	≥4.5	防静电地面	涂浅色无光涂料	外开单扇门≥1.0m	良好防尘
电信间		≥2.5	≥4.5	水泥地	涂防潮涂料	外开丙级防火门≥0.7m	—

注：1. 如选用设备的技术要求高于本表所列要求，应遵照选用设备的技术要求执行；
2. 当300A·h及以上容量的免维护电池需置于楼上时不应叠放；如需叠放时，应将其布置于梁上，并需另行计算楼板负荷；
3. 会议电视室最低净高一般为3.5m，当会议室较大时，应按最佳容积比来确定；其混响时间宜为0.6～0.8s；
4. 室内净高不含活动地板高度，是否采用活动地板，由工程设计决定，室内设备高度按2.0m考虑；
5. 电视会议室的围护结构应采用具有良好隔声性能的非燃烧材料或难燃材料，其隔声量不低于50dB（A）；电视会议室的内壁、顶棚、地面应做吸声处理，室内噪声不应超过35dB（A）；
6. 电视会议室的装饰布置，严禁采用黑色和白色作为背景色。

附录B　各类机房对电气、暖通专业的要求

附表2

房间名称		空调、通风			电气			备注
		温度(℃)	相对湿度(%)	通风	照度(lx)	交流电源	应急照明	
电话站	程控交换机室	18～28	30～75	—	500	可靠电源	设置	注2
	总配线架室	10～28	30～75	—	200	—	设置	注2
	话务室	18～28	30～75	—	300	—	设置	注2
	免维护电池室	18～28	30～75	注2	200	可靠电源	设置	—
	电缆进线室	—	—	注1	200	—	—	—
计算机网络机房		18～28	40～70	—	500	可靠电源	设置	注2
建筑设备监控机房		18～28	40～70	—	500	可靠电源	设置	注2
综合布线设备间		18～28	30～75	—	200	可靠电源	设置	注2
广播室	录播室	18～28	30～80	—	300	—	—	—
	设备室	18～28	30～80	—	300	可靠电源	设置	—
消防控制中心		18～28	30～80	—	300	消防电源	设置	注2
安防监控中心		18～28	30～80	—	300	可靠电源	设置	注2
有线电视前端机房		18～28	30～75	—	300	可靠电源	设置	注2
会议电视	电视会议室	18～28	30～75	注3	一般区≥500 主席区≥750(注4)	可靠电源	设置	—
	控制室	18～28	30～75	—	≥300	可靠电源	设置	—
	传输室	18～28	30～75	—	≥300	可靠电源	设置	—
电信间	有网络设备	18～28	40～70	注1	≥200	可靠电源	设置	注2
	无网络设备	5～35	20～80					

注：1. 地下电缆进线室、电信间一般采用轴流式通风机，排风按每小时不大于5次换风量计算，并保持负压；
2. 设有空调的机房应保持微正压；
3. 电视会议室新鲜空气换气量应按每人≥30m^3/h；
4. 投影电视屏幕照度不高于75lx，电视会议室照度应均匀可调，会议室的光源应采用色温为3200K的三基色灯。

参考文献

1. 梁华等编著. 简明建筑智能化工程手册. 北京：机械工业出版社，2005.
2. 梁华编著. 智能建筑弱电工程施工手册. 北京：中国建筑工业出版社，2006.
3. 梁华编著. 舞台音响灯光设计与调控技术. 北京：人民邮电出版社，2010.
4. 章云等编著. 建筑智能化系统. 北京：清华大学出版社，2007.
5. 许锦标等主编. 楼宇智能化技术（第3版）. 北京：机械工业出版社，2010.
6. 张九根等编著. 智能建筑工程设计. 北京：中国电力出版社，2007.
7. 陈龙等编著. 智能建筑安全防范系统及应用. 北京：机械工业出版社，2007.
8. 梁华编著. 建筑弱电工程设计手册. 北京：中国建筑工业出版社，1998.
9. 张三明主编. 建筑物理. 武汉：华中科技大学出版社，2009.
10. 江云霞等编著. 综合布线实用教程（第2版）. 北京：国防工业出版社，2008.
11. 彭妙颜等编著. 信息化音视频设备与系统工程. 北京：人民邮电出版社，2008.
12. 迟长春等主编. 有线电视系统工程设计. 天津：天津大学出版社，2009.
13. 有关的国家标准、行业标准和地方标准.